高等职业教育数控技术专业课程改革系列教材

UG CAM 数控自动编程实训教程

常州轻工职业技术学院
江苏省数字化设计与制造工程技术研究开发中心　袁　锋　编著
常州市数字化设计重点实验室

机械工业出版社

本书结合作者多年从事 UG CAD/CAM/CAE 的教学和培训经验，以目前最新版本 UG NX 8.0 中文版为操作平台，详细介绍了 NX/CAM 加工的应用基础、固定轴铣加工技术（包括平面铣、型腔铣和固定轴轮廓铣）、点位加工和集成仿真技术等知识。

本书采用文字和图形相结合的形式，详细介绍了 9 个典型工程案例的数控加工工艺和 UG 软件的操作步骤，并配有操作过程的动画演示，帮助读者更加直观地掌握 UG NX8 的软件界面和操作步骤，易学易懂，使读者能达到无师自通的目标。

本书共分 11 章，第 1 章为数控加工基础知识；第 2 章为 UG NX CAM 基础；第 3 章、第 4 章为平面铣加工实例；第 5 章为钻削加工实例；第 6 章、第 7 章为型腔铣加工实例，第 8 ~ 第 11 章为综合加工实例。

本书可作为 CAD、CAM、CAE 专业课程教材，特别适用于 UG 软件的初、中级用户，各大中专院校机械、模具、机电及相关专业的师生教学、培训和自学使用，也可作为研究生和各工厂企业从事数控加工、自动编程的广大工程技术人员的参考用书。

本书配有操作过程的动画演示，选择本书作为教材的教师可登录 www.cmpedu.com 网站，注册、免费下载。

图书在版编目（CIP）数据

UG CAM 数控自动编程实训教程/袁锋编著．—北京：机械工业出版社，2013.5 (2023.7 重印)
高等职业教育数控技术专业课程改革系列教材
ISBN 978-7-111-42665-3

Ⅰ．①U…　Ⅱ．①袁…　Ⅲ．①数控机床—程序设计—应用软件—高等职业教育—教材　Ⅳ．①TG659

中国版本图书馆 CIP 数据核字（2013）第 113803 号

机械工业出版社（北京市百万庄大街 22 号　邮政编码 100037）
策划编辑：汪光灿　责任编辑：汪光灿
版式设计：霍永明　责任校对：闫玥红
封面设计：张　静　责任印制：郜　敏
北京富资园科技发展有限公司印刷
2023 年 7 月第 1 版第 6 次印刷
184mm×260mm · 28.25 印张 · 699 千字
标准书号：ISBN 978-7-111-42665-3
定价：69.00 元

电话服务　　　　　　　　　网络服务
客服电话：010-88361066　机　工　官　网：www.cmpbook.com
　　　　　010-88379833　机　工　官　博：weibo.com/cmp1952
　　　　　010-68326294　金　书　网：www.golden-book.com
封底无防伪标均为盗版　机工教育服务网：www.cmpedu.com

前 言

UG NX 是 Siemens PLM Software 新一代数字化产品开发系统，UG CAM 以功能丰富、高效率和高可靠性著称，从 2.5 轴/3 轴、高速加工到多轴加工，UG CAM 均提供了 CNC 铣削所需要的完整解决方案，长期处于 CAM 领域的领先地位。

常州轻工职业技术学院为美国 UGS 的授权培训中心、国家级数控培训基地、江苏省数字化设计与制造工程技术研究开发中心、常州市数字化设计重点实验室，常年从事 UG 软件和数控机床的教学培训工作，积累了丰富的教学和培训经验。本书的作者为 UGS 正式授权的 UG 教员，2002～2005 年连续四年担任全国数控培训网络“Unigraphics 师资培训班”教官，现任常州轻工职业技术学院科技处处长，江苏省数字化设计与制造工程技术研究开发中心主任，常州市数字化设计重点实验室主任。领衔的“数字化设计与制造教科研团队”获得 2008 年江苏省优秀教学团队。2008 年负责建设的“使用 UG 软件的机电产品数字化设计与制造”课程被评为国家精品课程，2013 年该课程被评为中国大学资源共享课（www. icourses. cn），向全社会免费开放。

本书结合作者多年从事 UG CAD/CAM/CAE 的教学和培训的经验，以目前最新版本 UG NX 8.0 中文版为操作平台，详细介绍了 NX/CAM 加工的应用基础、固定轴铣加工技术（包括平面铣、型腔铣和固定轴轮廓铣）、点位加工和集成仿真技术等知识。

本书采用文字和图形相结合的形式，详细介绍了 9 个典型工程案例的数控加工工艺和 UG 软件的操作步骤，并配有操作过程的动画演示，帮助读者更加直观地掌握 UG NX8 的软件界面和操作步骤，易学易懂，使读者能达到无师自通的目标。

本教程可作为 CAD、CAM、CAE 专业课程教材。特别适用于 UG 软件的初、中级用户，各大中专院校机械、模具、机电及相关专业的师生教学、培训和自学使用，也可作为研究生和各工厂企业从事数控加工、自动编程的广大工程技术人员的参考用书。

本书在编写过程中得到了常州轻工职业技术学院、常州数控技术研究所与 Siemens PLM Software 的大力支持，在此表示衷心感谢。

由于作者水平有限，谬误欠妥之处，恳请读者指正并提宝贵意见，我的 E-mail：YF2008@ CZILI. EDU. CN。

袁 锋

2013 年 1 月

目录

Contents

第1章 数控加工基础知识

1.1 数字控制与数控机床

数控机床是一种利用数字控制技术进行自动化加工控制，按照事先编制好的程序，实现规定加工动作的金属切削加工机床。

数控机床的被控制对象可以是各种加工过程，而任何生产都有一定的过程。数控机床控制的生产过程，是通过事先编制好的程序以数字形式送入计算机或专用计算装置，利用计算机的高速数据处理能力，将程序进行计算和处理，然后分解为一系列的动作指令，输出并控制生产过程中相应的执行对象，从而可使生产过程能在人不干预或少干预的情况下自动进行，实现生产过程的自动化。

采用数字控制技术的数控机床中会经常接触到以下概念：

1. 数字控制（Numerical Control）**技术**

数字控制技术是一种通过数字化信号对机床的运动及其加工过程进行控制的方法，简称为数控（NC）技术。数控技术不仅用于数控机床的控制，还可用于控制其他机械设备，例如工业机器人、智能装备、自动绘图机等。

2. 数控系统（Numerical Control System）

数控系统即采用数控技术的控制系统，它能自动阅读输入载体上事先给定的程序，并将其译码，从而使机床运动并加工零件。它一般包括数控装置、输入/输出装置、可编程序控制器（PLC）、驱动控制装置等部分，机床本体为其控制对象。

数控系统严格按照外部输入的程序对工件进行自动加工，与普通机床相比，数控机床避免了普通车床需要操作人员大量而又繁琐的手工操作。

3. 数控机床（Numerical Control Machine）

数控系统与被控机床本体的结合体称为数控机床，或者称采用数控系统的机床。它是技术密集度及自动化程度很高的机电一体化加工设备，是一个装有程序控制系统的机床。该系统可逻辑地处理具有使用号码和其它符号编码指令规定的程序。

数控机床集机械制造、计算机、微电子、现代控制及精密测量等多种技术为一体，使传统的机械加工工艺发生了质的变化，这个变化就在于用数控系统实现加工过程的自动化操作。

4. 计算机数控系统（Computerized NC System）

当数控系统的数控装置采用计算机数控装置（CNC 装置）时，该数控系统就称作计算机数控系统，习惯上称为 CNC 系统。CNC 系统一般是由装有数控系统程序的专用计算机、输入/输出设备、可编程序控制器（PLC）、存储器、主轴驱动及进给装置等部分组成。

目前，绝大多数的数控系统都是采用 CNC 装置的计算机数控系统。

1.2 数控机床的组成、工作原理和特点

1.2.1 数控机床的组成及工作原理

数控机床一般由程序载体、输入装置、数控装置、伺服系统、位置反馈系统和机床本体等部分组成，如图 1-1、图 1-2 所示。

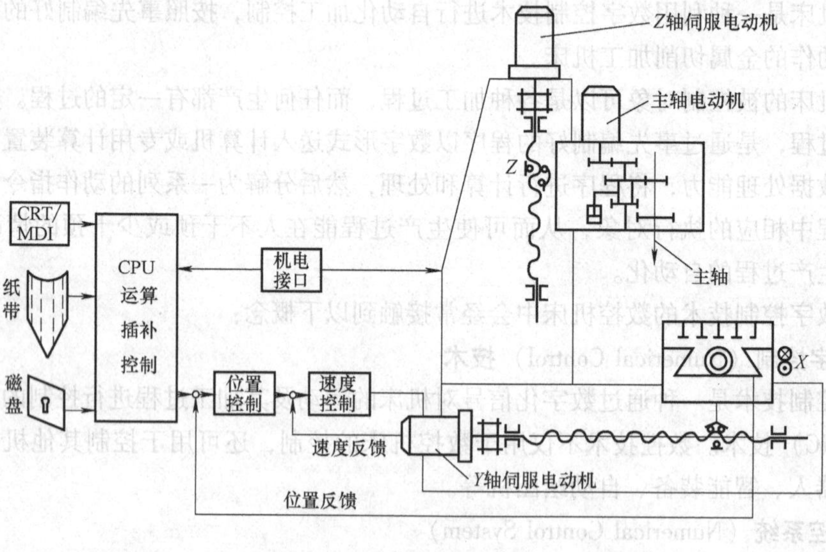
Z轴伺服电动机
主轴电动机
Z
CRT/MDI
纸带
磁盘
CPU
运算
插补
控制
机电接口
主轴
X
位置控制
速度控制
速度反馈
Y轴伺服电动机
位置反馈

图 1-1 数控机床的组成

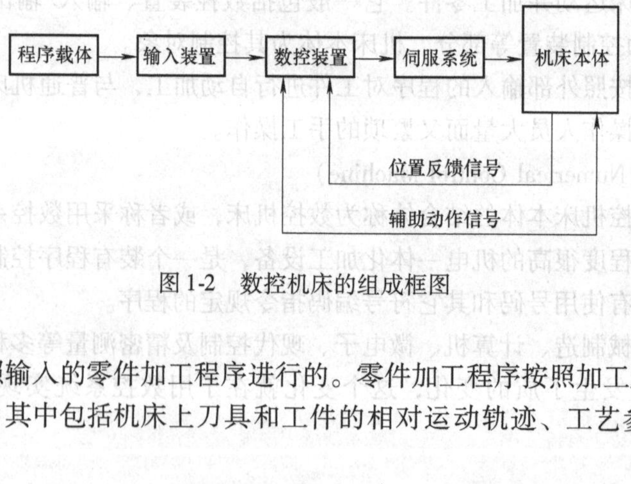
程序载体
输入装置
数控装置
伺服系统
机床本体
位置反馈信号
辅助动作信号

图 1-2 数控机床的组成框图

1. 程序载体

数控机床是按照输入的零件加工程序进行的。零件加工程序按照加工顺序记载着机床加工所需的各种信息，其中包括机床上刀具和工件的相对运动轨迹、工艺参数（走刀量、主

轴转速等）和辅助运动等指令和参数。将零件加工程序以一定的格式和代码，存储在一种载体上，通过数控机床的输入装置，将程序信息输入到数控机床装置内。常见的控制介质是穿孔纸带、录音磁带或软磁盘等。

传统的方式是将编制好的程序记录在穿孔带上，由光电阅读机送入计算机控制装置，但是随着计算机技术的发展，计算机的软硬磁盘驱动器作为存储零件的介质引入数控系统后，凭借着磁盘存储密度大、存储速度快、存取方便等优点，已经成为目前运用最多、最广的控制介质。

2. 输入装置

输入装置的作用是将程序载体内有关加工的信息读入数控装置。根据程序载体的不同，输入装置可以是光电阅读机、录音机或软盘驱动器。

现代数控机床，还可以不用任何程序载体，只需将事先编制好的零件加工程序通过数控装置上的键盘，用手工方式（MDI 方式）输入；或者将加工程序输入到编程计算机中，再由编程计算机用通信方式传送到数控装置。

3. 数控装置

数控装置是数控机床的核心，它根据程序载体通过输入装置传来的加工信息代码，经过识别、译码后送到相应的存储区，再经过数据运算处理输出相应的指令脉冲以驱动伺服系统，进而控制机床的进给机构进行相应的动作。

数控装置一般由存储器、运算器、输入/输出接口板及控制器等组成。其中控制器主要用于对数控机床的一些辅助动作（如刀具的选择与更换、主轴转速控制、切削液开关等）的控制。

4. 伺服系统

伺服系统的作用是把来自数控装置的位置控制移动指令转变成机床工作部件的运动，使工作台精确定位或按规定的轨迹移动，加工出符合图样要求的零件。伺服系统由伺服驱动电路、功率放大电路、伺服电动机、传动机构和检测反馈装置组成，它的伺服精度和动态响应是影响数控机床的加工精度、表面质量和生产率的主要因素之一。

在数控机床的伺服系统中，常用的伺服驱动元件有步进电动机、直流伺服电动机、交流伺服电动机等。根据接受指令不同，有脉冲式和模拟式，其中步进电动机采用脉冲式驱动方式，而直流伺服电动机、交流伺服电动机采用的则是模拟式驱动方式。

5. 位置反馈系统

位置反馈系统的作用是通过传感器将测量到的伺服电动机的角位移和数控机床执行机构的直线位移转换成电信号，反馈给数控装置，与指令位置随时进行比较，并由数控装置发出指令，纠正所产生的误差，从而实现工作台的精确定位。

闭环、半闭环数控系统的精度取决于位置反馈系统的测量装置，所以测量装置是高性能数控机床的重要组成部分，通常安装在数控机床的工作台或丝杠上。

6. 机床本体

在开始阶段，数控机床的机床本体是使用通用机床本体，只是在自动变速、刀架或工作台自动转位和手柄等方面有点改变。后来，在数控机床设计时，采用了许多新的加强刚性、减少热变形、提高精度的措施，提高了数控机床的强度、刚度和抗振性，在传动系统与刀具系统的部件结构、操作机构等方面也都发生了很大的变化，其目的是为了满足数控技术的要求和更为充分地发挥数控机床的效能。

数控机床的机械部件包括主传动系统、进给传动系统及辅助装置。对于加工中心类数控机床，还有存放刀具的刀库、自动换刀装置（ATC）和自动托盘交换装置等部件。

总体说来，数控机床是程序载体通过数控机床的输入装置，将零件加工程序输入到数控装置内，由数控装置对输入的程序和数据进行数字计算、逻辑判断等操作，再发出各种动作指令给伺服系统，驱动数控机床的进给机构进行运动。当数控机床执行机构的位移与所需的指令位置发生误差后，由位置反馈系统反馈给数控装置，并由数控装置发出指令，消除所产生的误差。

1.2.2 数控机床的特点

近年来，数控机床的柔性、精确性、可靠性和集成性等各方面功能越来越完善，它在自动化加工领域的占有率也越来越高。作为一种灵活的、高效能的自动化机床，数控机床较好地解决了复杂、精密、多变的单件与小批量的零件加工问题。概括起来，与其它加工方法相比，采用数控机床有以下特点：

（1）适应性强，适合加工单件或小批量复杂工件。在数控机床上加工零件，当被加工工件发生变化时，只需重新编制新工件的加工程序，重新选择、更换所使用的刀具，而对机床则不需要作任何调整，就能实现对新工件的加工。

（2）加工精度高。数控机床的加工完全是自动进行的，这种方式避免了操作人员的人为操作误差，同一批工件的尺寸一致性好，产品合格率高，加工质量稳定。另外，数控机床的传动系统和机床结构都具有很高的刚度和热稳定性，进给系统采用消除间隙措施，并由数控系统对反向间隙与丝杠螺距误差等进行自动补偿，所以工件的加工精度较高。

（3）生产效率高。数控机床的主轴转速和进给量的调速范围都比普通机床的范围大，机床刚性好，能根据程序中编制的指令进行快进和工进并精确定位，这样有效地提高了空行程的运动速度，大大缩短了加工时间。另外，数控机床不需要专用的工夹具，因而可以省去工夹具的设计和制造时间。与普通机床相比，数控机床生产率可提高 2 ~3 倍。

（4）减轻工人的劳动强度。数控机床的加工是自动进行的，在工件加工过程中不需要操作人员进行繁重的重复性手工操作，这使工人的劳动强度大大减轻。

（5）能加工复杂型面。数控机床能加工普通机床难以加工的复杂型面零件。

（6）有利于生产管理的现代化。用数控机床加工零件，能精确地估算零件的加工工时，为实现生产过程的计算机管理与控制奠定了基础。

1.3 数控机床的分类

自 1958 年出现第一台数控机床以来，数控机床无论是在品种、数量还是在技术水平等方面都已经得到了迅速发展，目前数控机床的品种很多，据不完全统计已经有 500 多个品种规格，归纳起来，一般可以按照下面四种方法来进行分类。

1.3.1 按工艺类型分类

（1）金属切削类数控机床，如数控车床、数控铣床、数控钻床、数控磨床及加工中心等。

（2）金属成形类数控机床，如数控冲床、数控折弯机、数控剪板机、数控弯管机等。

（3）数控特种加工机床，如数控线切割机床、数控电火花机床、数控激光切割机、数控等离子切割机等。

（4）其他数控机床，如数控三坐标测量机、数控快速成形机等。

1.3.2　按控制的运动轨迹分类

按照可以控制的刀具与工件之间相对运动的轨迹，数控机床可以分为点位控制数控机床、直线控制数控机床、轮廓控制数控机床等。

1. 点位控制数控机床

这类机床的数控装置只能控制机床上的移动部件如刀具从一个位置（点）精确地移动到另一个位置（点），在移动过程中不进行加工，至于两点之间的移动速度和移动轨迹则并不影响加工的精度，因而没有严格的要求。为了尽可能地保证精确定位并提高生产率，一般是先快速移动到接近最终定位点的位置，接着以低速精确移动到最终定位点。

常见的点位控制数控机床有数控钻床、数控坐标镗床、数控冲床、数控点焊机等。图1-3为点位控制数控钻床加工示意图。

2. 直线控制数控机床

直线控制数控机床工作时，数控系统除了控制点与点之间的准确位置外，还要保证两点间移动的轨迹必须是一条直线，而且对其移动速度也要进行控制，例如，在数控车床上车削阶梯轴、在数控铣床上铣削台阶面等。由于它只能作单坐标切削进给运动，所以不能加工比较复杂的平面与轮廓。图1-4为直线控制数控车床加工示意图。

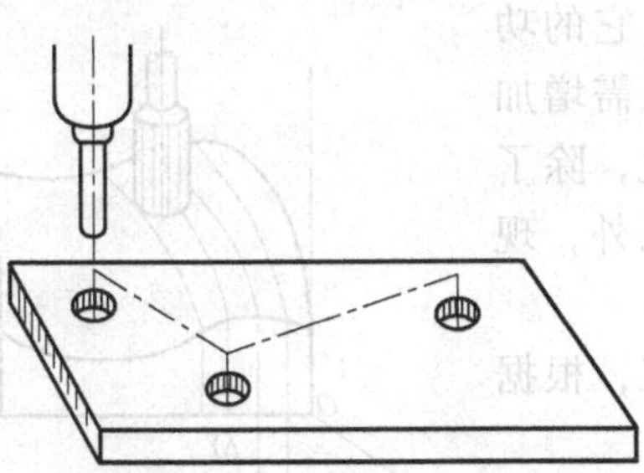

图1-3　点位控制数控钻床加工示意图

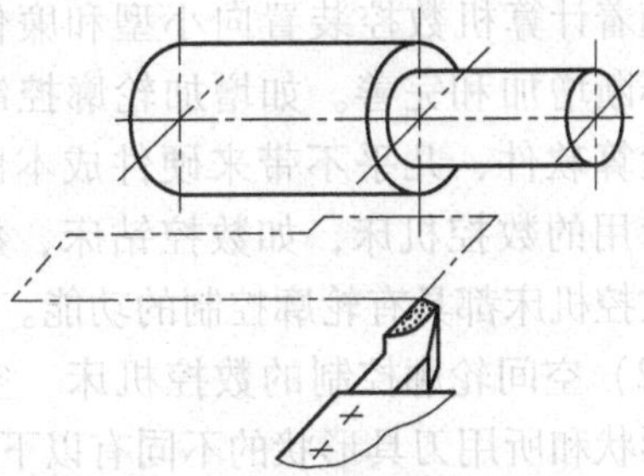

图1-4　直线控制数控车床加工示意图

3. 轮廓控制数控机床

轮廓控制数控机床能够对两个或者两个以上的坐标轴同时进行控制，不仅能控制机床移动部件的起点和终点坐标，而且还可以控制整个加工过程中每一点的移动速度和位置。也就是说，只要控制机床移动部件的移动轨迹，就能加工出形状复杂的零件。轮廓控制数控机床又分平面轮廓控制的数控机床与空间轮廓控制的数控机床。

（1）平面轮廓控制的数控机床　这类机床又称为连续控制或多坐标联动数控机床，它具有两轴联动的插补运算功能和刀具半径补偿功能。典型代表有加工曲面零件的数控车床和铣削曲面轮廓的数控铣床，其加工零件的轮廓形状如图1-5所示。零件的轮廓可以由直线、圆弧或任意平面曲线（如抛物线、阿基米德螺旋线等）组成。不管零件轮廓由何种线段组成，加工时通常用小段直线来逼近曲线轮廓。

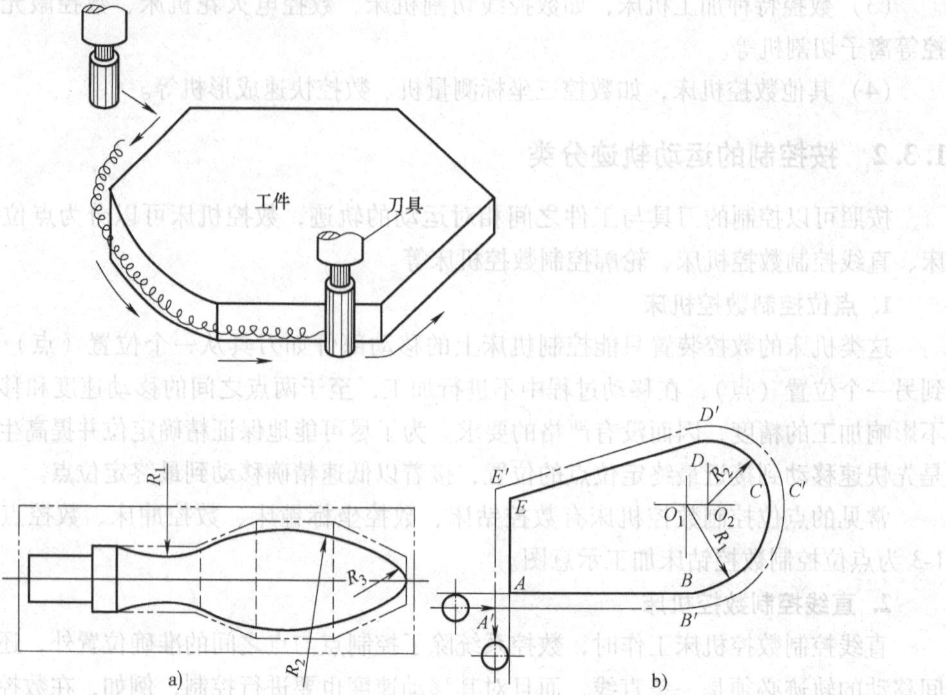
工件
刀具
a)
b)

图 1-5　平面轮廓控制的数控机床加工示意图

a）车削加工的零件轮廓形状　b）铣削加工的零件轮廓形状

随着计算机数控装置向小型和廉价方向发展，它的功能也不断增加和完善。如增加轮廓控制功能，则只需增加插补运算软件，几乎不带来硬件成本的提高。因此，除了少数专用的数控机床，如数控钻床、数控冲床等以外，现代的数控机床都具有轮廓控制的功能。

（2）空间轮廓控制的数控机床　空间轮廓加工，根据轮廓形状和所用刀具形状的不同有以下几种：

1）三轴两联动加工。以 X、Y、Z 三轴中任意两轴作插补运动，第三轴作周期性进给，刀具采用球铣刀，用“行切法”进行加工。如图 1-6 所示，在 Y 向分为若干段，球头铣刀沿 XZ 平面的曲线进行插补加工，当一段加工完后进给 ΔY，再加工另一相邻曲线，如此依次用平面曲线来逼近整个曲面，这种方法也称为两轴半控制加工。

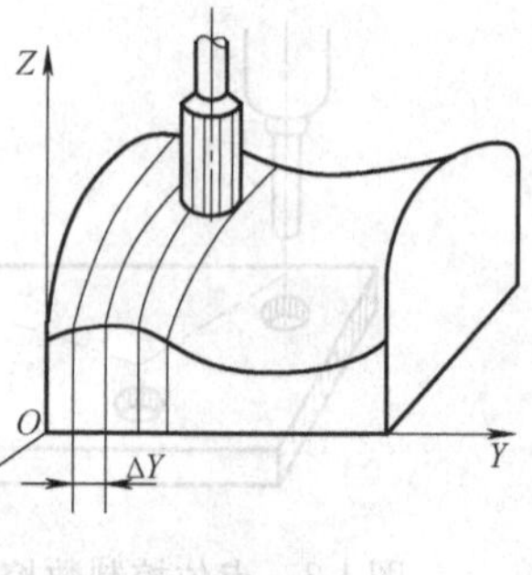

图 1-6　三轴两联动加工

2）三轴联动加工。图 1-7 为用球头刀加工一空间曲面，它可用空间直线去逼近，用空间直线插补功能进行加工，但编程计算较为复杂，其加工程序一般采用自动编程系统来编制。

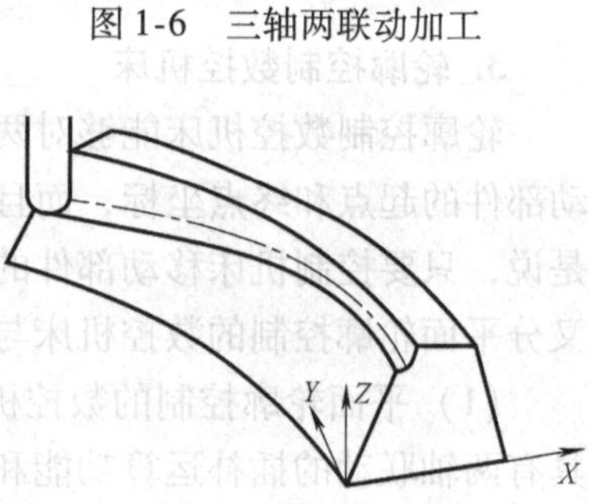

图 1-7　三轴联动加工空间曲面

3）四轴联动加工。如图 1-8 所示的飞机大梁，它的加工表面是直纹扭曲面，若用三轴联动机床和球头铣刀加工不但生产率低，而且零件表面的表面粗糙度值也很大。为此，可以采用圆柱铣刀周边切削方式，在四轴机床上加工，除三个移动坐标的联动外，为保证刀具与工件型面在全长上始终贴合，刀具还应绕 O_1（或 O_2）作摆动联动。由于摆动运动，导致直线移动坐标要有附加的补偿移动，其附加运动量与摆心的位置有关，也需在编程时进行计算，加工程序要决定四个坐标轴的位移指令，以控制四轴联动加工。因此，编程相当复杂。

4）五轴联动加工。所有的空间轮廓几乎都可以用球头刀按“行切法”进行加工。对于一些大型的曲面轮廓，零件尺寸和曲面的曲率半径都比较大，改用端铣刀进行加工，可以提高生产率和减少加工的残留量（减小表面粗糙度值）。

如图 1-9 所示，用端铣刀加工时，刀具的端面与工件轮廓在切削点处的切平面相重合（加工凸面），刀位点的坐标位置可以由三个自动进给坐标轴来实现，刀具轴线的方向角则可以由任意两个绕坐标轴旋转的圆周进给坐标的两个转角合成实现。因此，用端铣刀加工空间曲面轮廓时，需控制五个坐标轴，即三个直线坐标轴、两个圆周进给坐标轴进行联动。

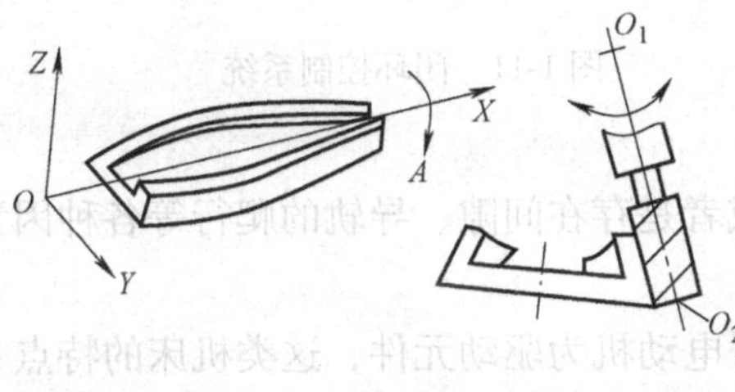
Z
X
A
O
Y
O_1
O_2

图 1-8　四轴联动加工

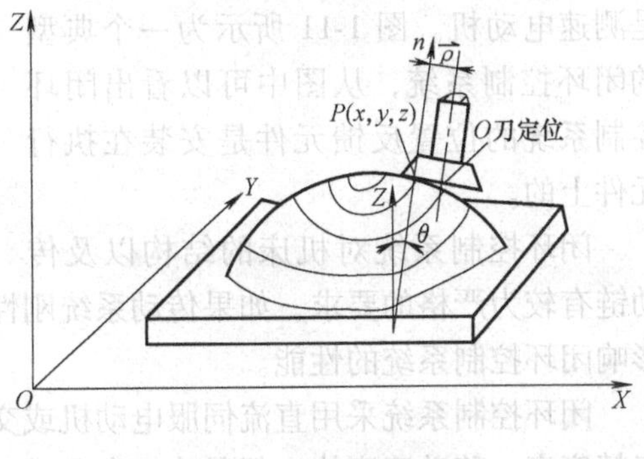
Z
n
P
P(x, y, z)
O刀定位
Y
Z
θ
O
X

图 1-9　五轴联动加工

五轴联动的数控机床是功能最全、控制最复杂的一种数控机床，五轴联动加工的程序编制也是最复杂的，应使用自动编程系统来编制。

上述数控机床是从加工功能来分类的，如果从控制轴数和联动轴数的角度来考虑，上述的各类机床可分为两轴联动数控机床、三轴三联动数控机床、四轴三联动数控机床、五轴四联动数控机床、五轴五联动数控机床等。

1.3.3　按伺服系统的控制方式分类

数控机床按照对被控制量有无检测反馈装置可分为开环控制和闭环控制两种。在闭环系统中，根据检测反馈装置安装的部位又分为半闭环控制和全闭环控制两种。

1. 开环控制系统的数控机床

开环控制系统中没有检测反馈装置，一般是以步进电动机或功率步进电动机作为执行元件。数控装置对工件的加工程序进行处理后，发出信号给伺服驱动系统，每发出一个指令脉冲经过驱动电路放大后，就驱动步进电动机旋转一个角度，再由传动机构带动工作台产生相应的位移。图 1-10 即为一典型的开环控制系统。

开环控制系统结构简单、成本较低，但是由于受步进电动机的步距精度和工作效率以及传动机构的传动精度的影响，开环系统的精度和速度都较低，所以目前这类系统只在经济型数控机床上使用。

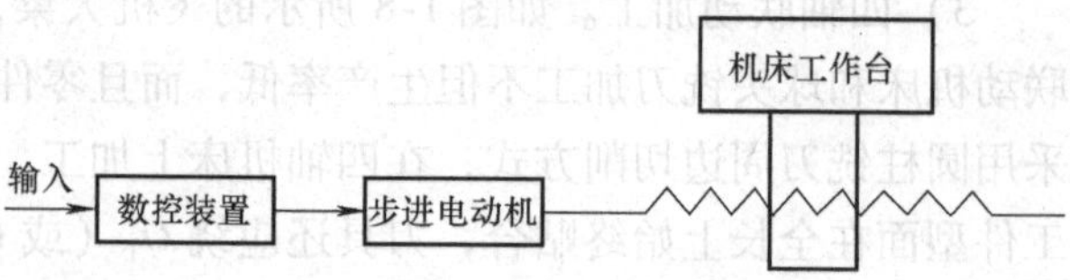
机床工作台
输入
数控装置
步进电动机

图 1-10　开环控制系统

2. 闭环控制系统的数控机床

闭环控制系统的数控机床具有位置控制回路和速度控制回路两个回路。位置控制回路，是通过装在机床移动部件上的位置反馈元件，将测量到的实际位移值反馈到数控装置中，再由数控装置对位移指令和实际位置反馈信号随时进行比较，根据比较的差值进行控制，直到差值消失为止，从而实现工作台的精确定位。而速度控制回路，则是利用与伺服电动机同轴刚性连接的速度测量元件，随时对电动机的转速进行测量，得到速度反馈信号，将它与速度指令信号相比较，得到速度误差信号，对驱动电动机的转速随时校正。常用的速度检测元件是测速电动机。图 1-11 所示为一个典型的闭环控制系统，从图中可以看出闭环控制系统的位置反馈元件是安装在执行元件上的。

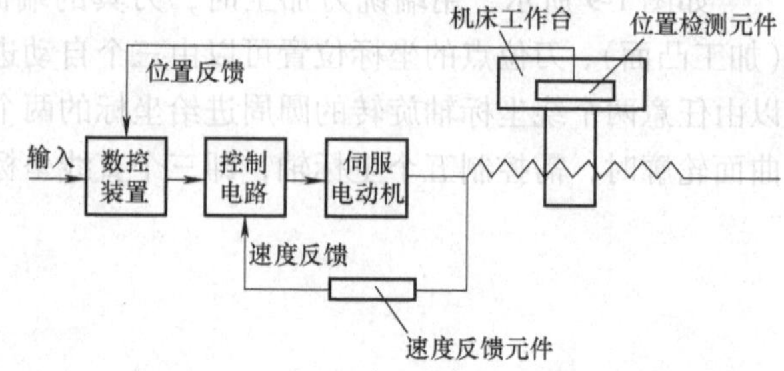
机床工作台
位置检测元件
位置反馈
输入
数控装置
控制电路
伺服电动机
速度反馈
速度反馈元件

图 1-11　闭环控制系统

闭环控制系统对机床的结构以及传动链有较为严格的要求，如果传动系统刚性不足或者是存在间隙、导轨的爬行等各种因素将影响闭环控制系统的性能。

闭环控制系统采用直流伺服电动机或交流伺服电动机为驱动元件，这类机床的特点是加工精度高、移动速度快，但是由于伺服电动机的控制电路比较复杂，检测元件价格较为昂贵，因此伺服电动机的调试和维修比较复杂，所以成本比较高。

3. 半闭环控制系统的数控机床

与闭环控制系统相比，由于反馈系统内不包含工作台，所以称为半闭环控制系统。半闭环控制系统并不直接检测工作台的位移量，它将位置反馈元件安装在驱动电动机的端部或传动丝杠的端部，通过与伺服电动机有联系的转角检测元件如光电编码器，检测出伺服电动机或丝杠的转角，进而推算出工作台的实际位移量，反馈到计算机数控装置中进行位置比较，用差值进行控制。

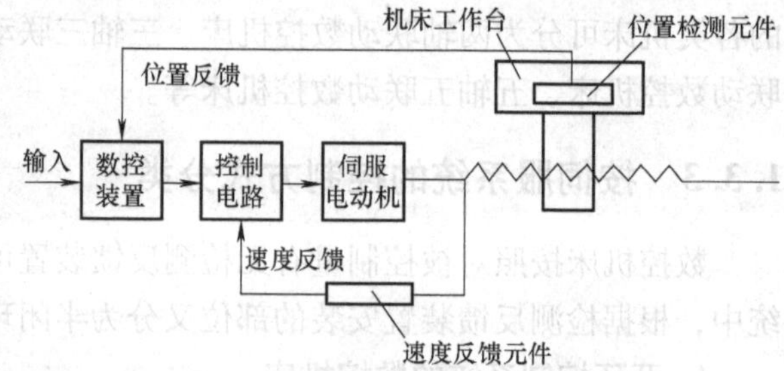
机床工作台
位置检测元件
位置反馈
输入
数控装置
控制电路
伺服电动机
速度反馈
速度反馈元件

图 1-12　半闭环控制系统

半闭环控制系统可以获得比开环控制系统更高的精度，但是位移精度较闭环控制系统要低。另外，由于它稳定性好、成本较低、调试维修容易，兼顾了开环和闭环两者的特点，所以，目前大多数数控机床都采用半闭环控制系统。图 1-12 所示为一个典型的半闭环控制系统。

1.3.4 按功能水平分类

（1）经济型数控机床。经济型数控机床大多指采用开环控制系统的数控机床。这类机床的伺服系统大多采用步进电动机驱动，其功能简单，价格便宜但精度较低，适用于自动化程度要求不高的场合。

（2）标准型数控机床。这类数控机床的伺服系统大多采用直流、交流电动机驱动，其功能较为齐全，价格适中，广泛用于加工形状复杂或精度要求较高的工件。标准型数控机床也称全功能数控机床。

（3）多功能型数控机床。这类数控机床功能齐全，价格较贵，一般应用于加工复杂零件的大中型机床及柔性制造系统、计算机集成制造系统中。

1.4 数控机床坐标系

1. 机床坐标系确定

数控机床坐标系是为了确定工件在机床中的位置、机床运动部件的特殊位置（如换刀点、参考点等）以及运动范围（如行程范围）等而建立的几何坐标系。

数控机床上的坐标系是采用右手直角笛卡儿坐标系。如图 1-13 所示，图中大拇指的指向为 *X* 轴的正方向，食指指向为 *Y* 轴的正方向，中指指向为 *Z* 轴的正方向。而围绕 *X*、*Y*、*Z* 轴旋转的圆周进给坐标轴 *A*、*B*、*C* 则按右手螺旋定则判定。机床各坐标轴及其正方向的确定原则是：

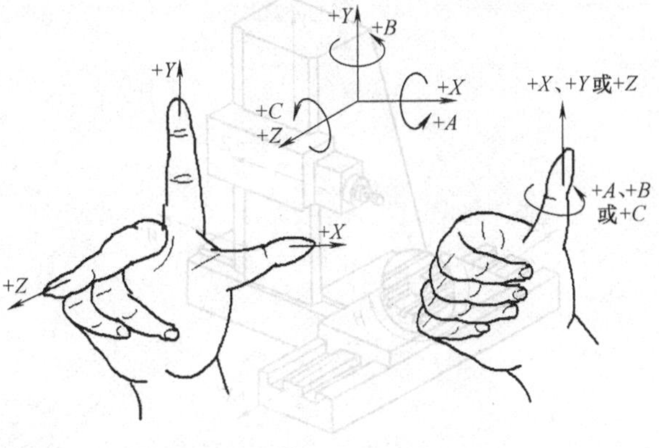
+Y
+B
+X
+C
+Z
+A
+X、+Y或+Z
+Y
+A、+B
或+C
+X
+Z
图 1-13 右手直角笛卡儿坐标系

（1）先确定 *Z* 轴。以平行于机床主轴的刀具运动坐标为 *Z* 轴，若有多根主轴，则可选垂直于工件装夹面的主轴为主要主轴，*Z* 坐标则平行于该主轴轴线。若没有主轴，则规定垂直于工件装夹表面的坐标轴为 *Z* 轴。*Z* 轴正方向是使刀具远离工件的方向。如立式铣床，主轴箱的上、下或主轴本身的上、下即可定为 *Z* 轴，且是向上为正；若主轴不能上下动作，则工作台的上、下便为 *Z* 轴，此时工作台向下运动的方向定为正向。

（2）再确定 *X* 轴。*X* 轴为水平方向且垂直于 *Z* 轴并平行于工件的装夹面。在工件旋转的机床（如车床、外圆磨床）上，*X* 轴的运动方向是径向的，与横向导轨平行。刀具离开工件旋转中心的方向是正方向。对于刀具旋转的机床，若 *Z* 轴为水平（如卧式铣床、镗床），则沿刀具主轴后端向工件方向看，右手平伸出方向为 *X* 轴正向；若 *Z* 轴为垂直（如立式铣、镗床，钻床），则从刀具主轴向床身立柱方向看，右手平伸出方向为 *X* 轴正向。

（3）最后确定 *Y* 轴。在确定了 *X*、*Z* 轴的正方向后，即可按右手定则定出 *Y* 轴正方向。

数控车床的机床坐标系如图 1-14 所示，数控铣床的机床坐标系如图 1-15 所示。

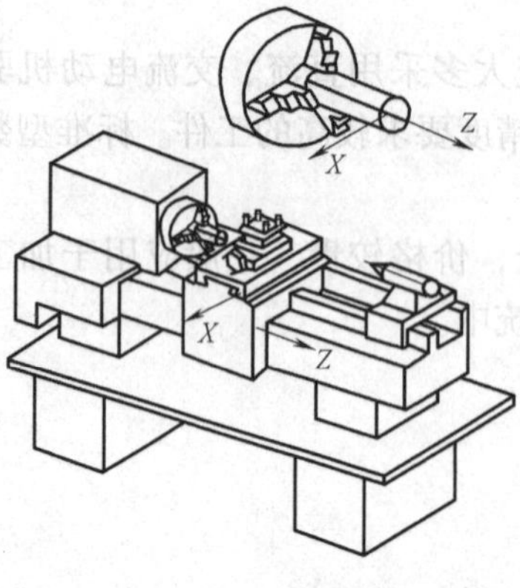
Z
X
X
Z

图 1-14　数控车床的机床坐标系

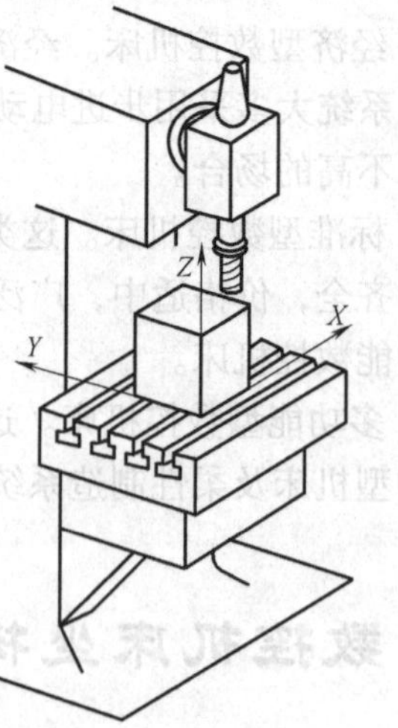
Z
X
Y

图 1-15　数控铣床的机床坐标系

卧式镗铣床的机床坐标系如图 1-16 所示，五轴加工中心的机床坐标系如图 1-17 所示。

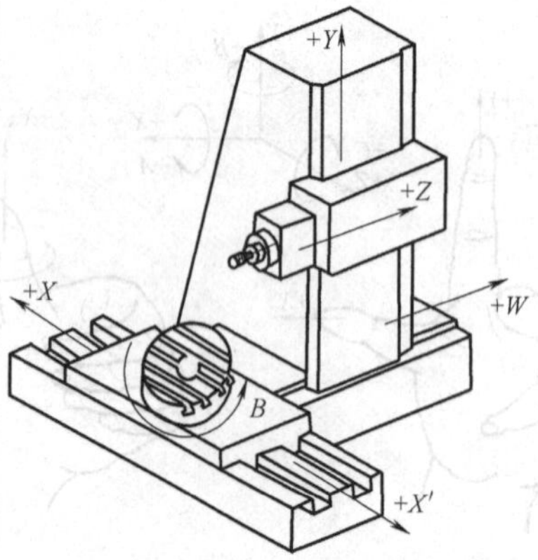
+Y
+Z
+X
+W
B
+X′

图 1-16　卧式镗铣床的机床坐标系

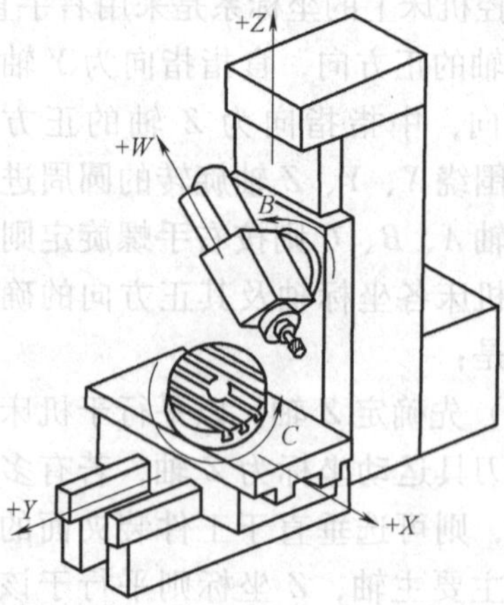
+Z
+W
B
C
+Y
+X

图 1-17　五轴加工中心的机床坐标系

2. 机床原点（机床零点）

机床坐标系是机床固有的坐标系，它是制造和调整机床的基础，也是设置工件坐标系的基础，一般不允许随意变动。机床坐标系的原点称为机床原点或机床零点，在机床经过设计、制造和调整后，这个原点便被确定下来，它是机床上固定的一个点。数控车床一般将机床原点定义在卡盘后端面与主轴旋转中心的交点上，数控铣床的机床原点一般设在机床加工范围下平面的左前角，如图 1-18 所示。

3. 参考点

参考点是机床上另一个固定点，该点是刀具退离到一个固定不变的极限点，其位置由机械挡块或行程开关来确定。数控机床的型号不同，其参考点的位置也不同。一般在机床起动

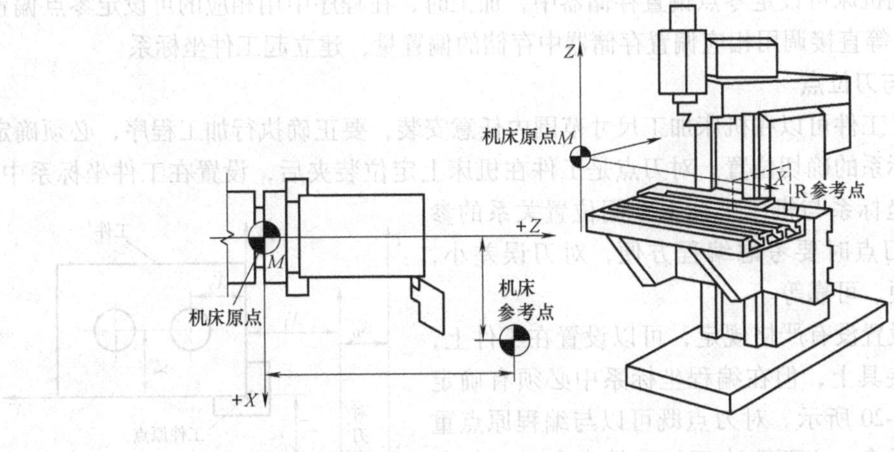
Z
机床原点M
X
R参考点
+Z
M
机床原点
机床
参考点
+X

图 1-18 数控机床原点、参考点和工件原点的对应位置关系

后，首先要执行手动返回参考点的操作，这样数控系统才能通过参考点间接确认出机床零点的位置，从而在数控系统内部建立一个以机床零点为坐标原点的机床坐标系。这样在执行加工程序时，才能有正确的工件坐标系。

4. 工件坐标系（编程坐标系、加工坐标系）

工件坐标系是编程时使用的坐标系，也称编程坐标系或加工坐标系，编制数控程序时，首先要建立一个工件坐标系，程序中的坐标值均以此坐标系为依据。工件坐标系是编程人员在编程时使用的，在编程时，应首先设定工件坐标系，工件坐标系采用与机床运动坐标系一致的坐标方向。

5. 工件原点（编程原点、工件零点）

工件坐标系的原点简称工件原点或工件零点，也是编程的程序原点即编程原点或加工原点。工件原点的位置是任意的，由编程人员在编制程序时根据零件的特点选定。程序中的坐标值均以工件坐标系为依据，将编程原点作为计算坐标值时的起点。编程人员在编制程序时，不用考虑工件在机床上的安装位置，只要根据零件的特点及尺寸来编程。工件原点一般选择在便于测量或对刀的基准位置，同时要便于编程计算。选择工件原点的位置时应注意以下几点：

1）工件原点应选在零件图的尺寸基准上，以便坐标值的计算，使编程简单。

2）尽量选在精度较高的加工表面上，以提高被加工零件的加工精度。

3）对于对称的零件，一般工件原点设在对称中心上。

4）对于一般零件，工件原点通常设在工件外轮廓的某一角上。

5）工件原点在 Z 轴方向，一般设在工件表面上。

图 1-19 为数控铣床机床坐标系与工件坐标系的关系图。图中的 X、Y、Z 为机床坐标系，X'、Y'、Z' 为工件坐标系。工件坐标系原点与机床坐标系原点间各坐标系的偏置量可通过测量，然后

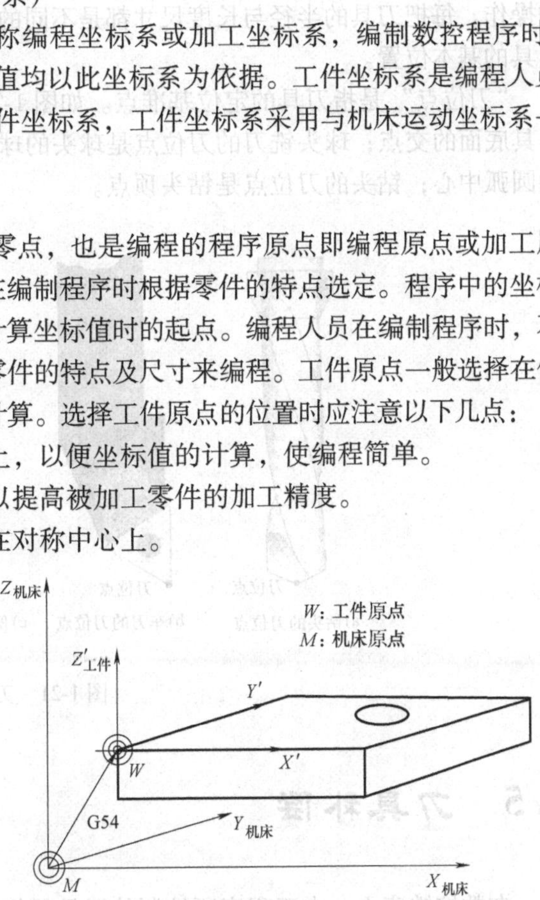
Z机床
W: 工件原点
M: 机床原点
Z'工件
Y'
X'
W
G54
Y机床
M
X机床

图 1-19 数控铣床机床坐标系与工件坐标系的关系图

将其数值输入到机床可设定零点偏置存储器中，加工时，在程序中用相应的可设定零点偏置指令 G54、G55 等直接调用相应偏置存储器中存储的偏置量，建立起工件坐标系。

6. 对刀点与刀位点

在加工时，工件可以在机床加工尺寸范围内任意安装，要正确执行加工程序，必须确定工件在机床坐标系的确切位置。对刀点是工件在机床上定位装夹后，设置在工件坐标系中，用于确定工件坐标系与机床坐标系空间位置关系的参考点。选择对刀点时要考虑编程方便，对刀误差小，加工时检查方便、可靠等。

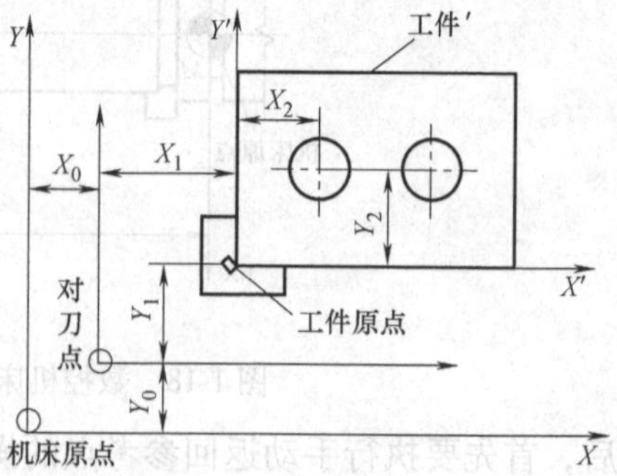

Y
Y′
工件′
X₂
X₀
X₁
Y₂
X′
对刀点
Y₁
工件原点
Y₀
机床原点
X

图 1-20　对刀点

对刀点的设置没有严格规定，可以设置在工件上，也可以设置在夹具上，但在编程坐标系中必须有确定的位置，如图 1-20 所示。对刀点既可以与编程原点重合，也可以不重合，主要取决于加工精度和对刀的方便性。当对刀点与编程原点重合时，$X_1=0$，$Y_1=0$。

对刀点要尽可能选择在零件的设计基准或者工艺基准上，这样才能保证零件的精度要求。在使用对刀点确定加工原点时，就需要进行“对刀”。所谓对刀是指使“刀位点”与“对刀点”重合的操作。每把刀具的半径与长度尺寸都是不同的，刀具装在机床上后，应在控制系统中设置刀具的基本位置。

“刀位点”是指刀具的定位基准点。如图 1-21 所示，圆柱铣刀的刀位点是刀具中心线与刀具底面的交点；球头铣刀的刀位点是球头的球心点或球头顶点；车刀的刀位点是刀尖或刀尖圆弧中心；钻头的刀位点是钻头顶点。

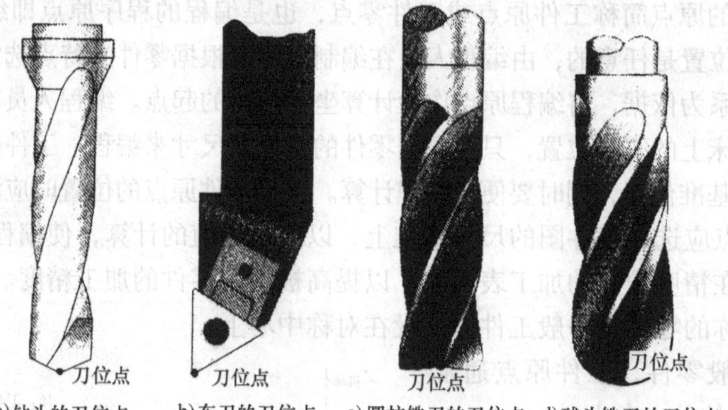

刀位点
刀位点
刀位点
刀位点

a)钻头的刀位点　b)车刀的刀位点　c)圆柱铣刀的刀位点　d)球头铣刀的刀位点

图 1-21　刀位点

1.5 刀具补偿

在数控铣床上，由于程序所控制的刀具刀位点的轨迹和实际刀具切削刃切削出的形状并不重合，它们在尺寸大小上存在一个刀具半径和刀具长短的差别，因此，需要根据实际加工的形状尺寸算出刀具刀位点的轨迹坐标来控制加工。数控铣床刀具补偿类型分为以下两类：①刀具半径补偿，即补偿刀具半径对工件轮廓尺寸的影响；②刀具长度补偿，即补偿刀具长度方向尺寸的变化。

刀具补偿的方法也分为两种：①人工预刀补，即人工计算刀补量；②机床自动刀补，即数控系统具有刀具补偿功能。

1. 刀具半径补偿

（1）刀具半径补偿的作用。在数控铣床上进行轮廓铣削时，由于刀具半径的存在，刀具中心轨迹与工件轮廓不重合。人工计算刀具中心轨迹编程，计算过程相当复杂，且刀具直径变化时必须重新计算，修改程序。

当数控系统具备刀具半径补偿功能时，数控编程只需按工件轮廓进行，数控系统自动计算刀具中心轨迹，使刀具偏离工件轮廓一个半径值，即进行刀具半径补偿。

（2）刀具半径补偿的过程。刀具补偿的过程主要分为以下三步。

1）刀具补偿创建：在刀具从起点接近工件时，刀具中心轨迹从与编程轨迹重合过渡到与编程轨迹偏离一个偏置量的过程。

2）刀具补偿进行：刀具中心始终与编程轨迹相距一个偏置量直到刀补取消。

3）刀具补偿取消：刀具离开工件，刀具中心轨迹要过渡到与编程轨迹重合的过程。

（3）刀具半径补偿指令。G41为刀具半径左补偿，G42为刀具半径右补偿。刀具补偿位置的左右应是顺着编程轨迹前进的方向进行判断的，如图1-22所示。G40为取消刀具补偿。使用刀具半径补偿的注意点：

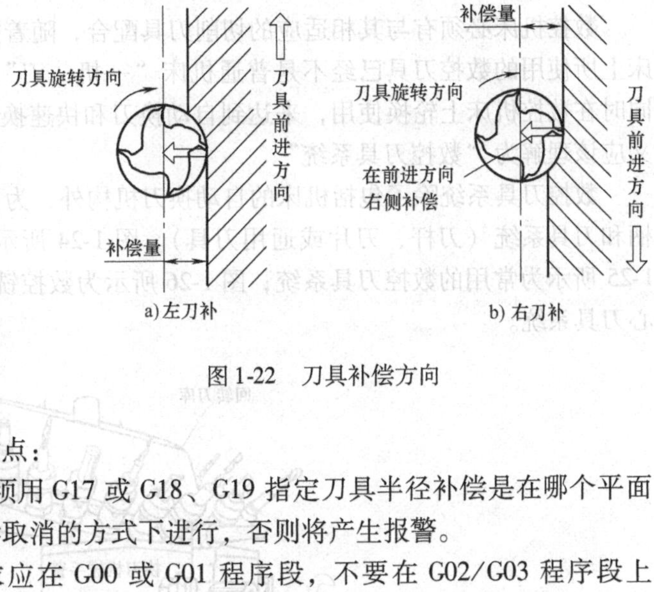

刀具旋转方向
刀具前进方向
补偿量
a) 左刀补
补偿量
刀具旋转方向
在前进方向右侧补偿
刀具前进方向
b) 右刀补

图1-22　刀具补偿方向

1）在进行刀具半径补偿前，必须用G17或G18、G19指定刀具半径补偿是在哪个平面上进行。平面选择的切换必须在补偿取消的方式下进行，否则将产生报警。

2）刀具补偿的引入和取消要求应在G00或G01程序段，不要在G02/G03程序段上进行。

3）当刀具补偿数据为负值时，则G41、G42功效互换。

2. 刀具长度补偿

（1）刀具长度补偿的作用。刀具长度补偿用于刀具轴向（*Z*向）的补偿。使刀具在轴向的实际位移量比程序给定值增加或减少一个偏置量。刀具长度尺寸变化时，可以在不改动程序的情况下，通过改变偏置量达到加工尺寸。利用该功能，还可在加工深度方向上进行分层铣削，即通过改变刀具长度补偿值的大小，经过多次运行程序而实现。

（2）刀具长度补偿的方法。刀具长度补偿方法有如下三种。

1）将不同长度刀具通过对刀操作获取差值。

2）通过 MDI 方式将刀具长度参数输入刀具参数表。

3）执行程序中刀具长度补偿指令。

（3）刀具长度补偿指令。刀具长度补偿可以使用以下指令：G43 为刀具长度正补偿；G44 为刀具长度负补偿；G49 为取消刀具长度补偿；G43、G44、G49 均为模态指令。具体的计算方法如图 1-23 所示，其中 Z 为指令终点位置，H 为刀具补偿号地址，用 H00 ~ H99 来指定，它用来调用内存中刀具长度补偿的数值。

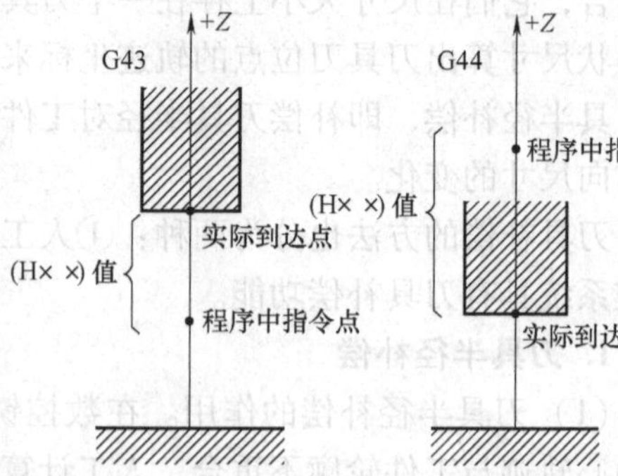
+Z
G43
实际到达点
(H× ×) 值
程序中指令点
+Z
G44
程序中指令点
(H× ×) 值
实际到达点

图 1-23　刀具长度补偿

1.6　数控刀具的选择

1.6.1　数控刀具系统

数控机床必须有与其相适应的切削刀具配合，随着数控机床功能、结构的发展，数控机床上所使用的数控刀具已经不是普通机床“一机一刀”的模式，而是多种不同类型的刀具同时在数控机床上轮换使用，来达到自动换刀和快速换刀的目的。因此，“数控刀具”的含义应该理解为“数控刀具系统”。

数控刀具系统除了包括机床的自动换刀机构外，为了保证刀具的可互换性，还必须有刀柄和刀具系统（刀杆、刀片或通用刀具）。图 1-24 所示为常见的转盘式自动换刀系统。图 1-25 所示为常用的数控刀具系统；图 1-26 所示为数控铣床刀具系统；图 1-27 所示为加工中心刀具系统。

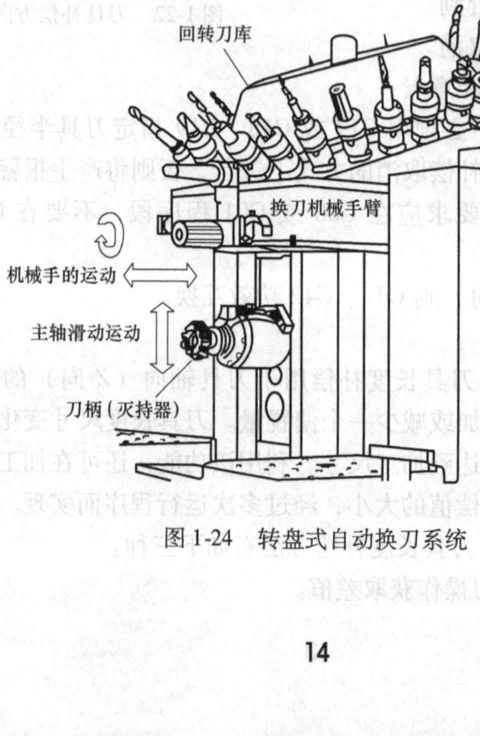
回转刀库
加工刀具
换刀机械手臂
机械手的运动
主轴滑动运动
刀柄（夹持器）

图 1-24　转盘式自动换刀系统

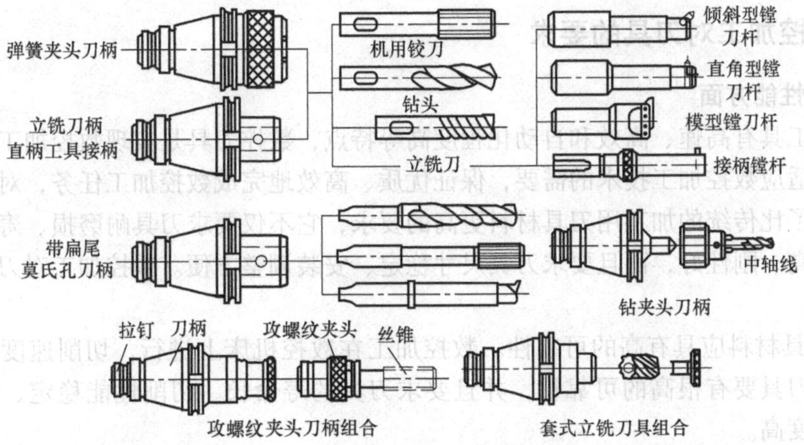

弹簧夹头刀柄
机用铰刀
倾斜型镗刀杆
直角型镗刀杆
钻头
立铣刀柄
直柄工具接柄
模型镗刀杆
立铣刀
接柄镗杆
带扁尾莫氏孔刀柄
中轴线
钻夹头刀柄
拉钉
刀柄
攻螺纹夹头
丝锥
攻螺纹夹头刀柄组合
套式立铣刀具组合

图 1-25 常用的数控刀具系统

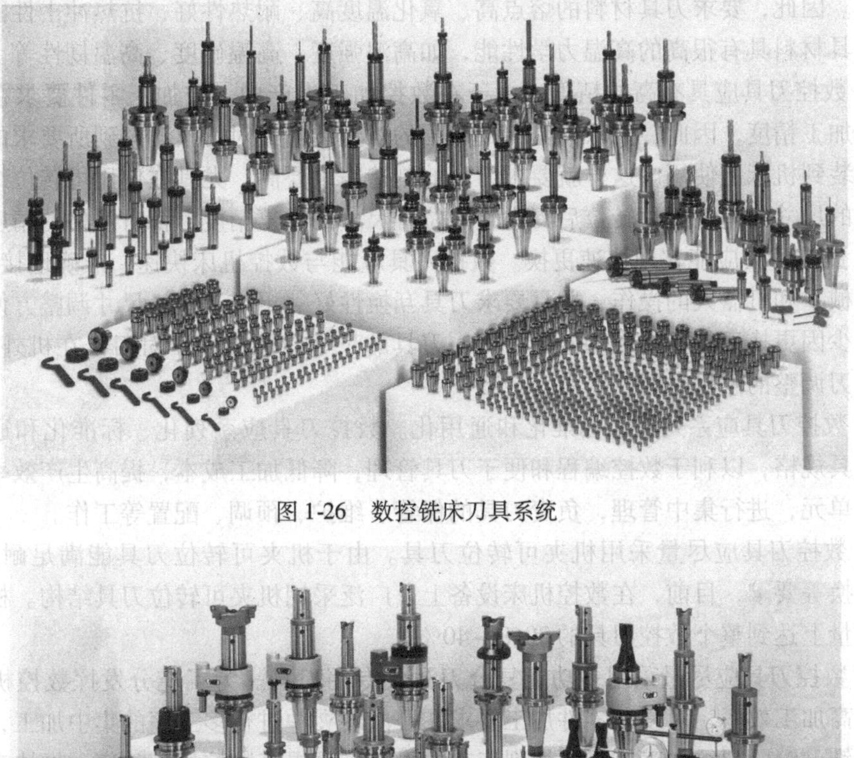

图 1-26 数控铣床刀具系统

图 1-27 加工中心刀具系统

1.6.2 数控加工对刀具的要求

1. 刀具性能方面

数控加工具有高速、高效和自动化程度高等特点，数控刀具是实现数控加工的关键技术之一。为了适应数控加工技术的需要，保证优质、高效地完成数控加工任务，对数控加工刀具材料提出了比传统的加工用刀具材料更高的要求，它不仅要求刀具耐磨损、寿命长、可靠性好、精度高、刚性好，而且要求刀具尺寸稳定、安装调整方便。数控加工对刀具提出的具体要求如下：

（1）刀具材料应具有高的可靠性。数控加工在数控机床上进行，切削速度和自动化程度高，要求刀具要有很高的可靠性，并且要求刀具的寿命长、切削性能稳定、质量一致性好、重复精度高。

（2）刀具材料应具有高的耐热性、抗热冲击性和高温力学性能。为了提高生产效率，现在的数控机床向着高速度、高刚性和大功率发展。切削速度的增大，往往会导致切削温度急剧升高。因此，要求刀具材料的熔点高、氧化温度高、耐热性好、抗热冲击性能强，同时还要求刀具材料具有很高的高温力学性能，如高温强度、高温硬度、高温韧性等。

（3）数控刀具应具有高的精度。由于在数控加工生产中，被加工零件要求在一次装夹后完成其加工精度，因此，要求刀具借助专用的对刀装置或对刀仪调整到所要求的尺寸精度后，再安装到机床上使用。这样就要求刀具的制造精度要高。尤其在使用可转位结构的刀具时，刀片的尺寸公差、刀片转位后刀尖空间位置尺寸的重复精度，都有严格的精度要求。

（4）数控刀具应能实现快速更换。数控刀具应能与数控机床快速、准确地接合和脱开，能适应机械手和机器人的操作，并且要求刀具互换性好、更换迅速、尺寸调整方便、安装可靠，以减少因更换刀具而造成的停顿时间。刀具的尺寸应能借助于对刀仪在机外进行预调，以减少换刀调整的停机时间。

（5）数控刀具应系列化、标准化和通用化。数控刀具应系列化、标准化和通用化，尽量减少刀具规格，以利于数控编程和便于刀具管理，降低加工成本，提高生产效率。应建立刀具准备单元，进行集中管理，负责刀具的保管、维护、预调、配置等工作。

（6）数控刀具应尽量采用机夹可转位刀具。由于机夹可转位刀具能满足耐用、稳定、易调和可换等要求，目前，在数控机床设备上，广泛采用机夹可转位刀具结构。机夹可转位刀具在数量上达到整个数控刀具的30%～40%。

（7）数控刀具应尽量采用多功能复合刀具及专用刀具。为了充分发挥数控机床的技术优势，提高加工效率，对复杂零件加工要求在一次装夹中进行多工序的集中加工，并淡化传统的车、铣、镗、螺纹加工等不同切削工艺的界限，是提高数控机床效率、加快产品开发的有效途径。为此，对数控刀具提出了多功能（复合刀具）的新要求，要求一种刀具能完成零件不同工序的加工，减少换刀次数，节省换刀时间，减少刀具的数量和库存量，便于刀具管理。

（8）数控刀具应能可靠地断屑或卷屑。为了保证生产稳定进行，数控加工对切屑处理有更高的要求。切削塑性材料时切屑的折断与卷曲，常常是决定数控加工能否正常进行的重要因素。因此，数控刀具必须具有很好的断屑、卷屑和排屑性能。要求切屑不缠绕在刀具或工件上，不影响工件的已加工表面，不妨碍冷却效果。数控刀具一般都采取了一定的断屑措施（例如可靠的断屑槽型、断屑台和断屑器等），以便可靠地断屑或卷屑。

(9) 数控刀具材料应能适应难加工材料和新型材料加工的需要。随着科学技术的发展，对工程材料提出了越来越高的要求，各种高强度、高硬度、耐腐蚀和耐高温的工程材料越来越多地被采用。它们中多数属于难加工材料，目前难加工材料已占工件的40%以上。因此，数控加工刀具应能适应难加工材料和新型材料加工的需要。

2. 刀具材料方面

刀具材料的选择对刀具寿命、加工效率、加工质量和加工成本等的影响很大。刀具切削时要承受高压、高温、摩擦、冲击和振动等作用，因此，刀具材料应具备如下一些基本性能：

(1) 硬度和耐磨性　刀具材料的硬度必须高于工件材料的硬度，一般要求在60HRC以上。刀具材料的硬度越高，耐磨性就越好。

(2) 强度和韧性　刀具材料应具备较高的强度和韧性，以便承受切削力、冲击和振动，防止刀具脆性断裂和崩刃。

(3) 耐热性　刀具材料的耐热性要好，能承受高的切削温度，具备良好的抗氧化能力。

(4) 工艺性能和经济性　刀具材料应具备较好的锻造性能、热处理性能、焊接性能、磨削加工性能以及高的性价比。

1.6.3 常用数控刀具材料

刀具材料是决定刀具切削性能的根本因素，对于加工质量、加工效率、加工成本以及刀具寿命都有着重大的影响。要实现高效合理的切削，必须有与之相适应的刀具材料。数控刀具材料是较活跃的材料科技领域。近年来，数控刀具材料基础科研和新产品的成果集中应用在高速、超高速、硬质（含耐热、难加工）、干式、精细、超精细数控加工领域，刀具材料新产品的研发在超硬材料（如金刚石、Al_2O_3、Si_3N_4基类陶瓷、TiC基类金属陶瓷、立方氮化硼、表面涂层材料），W、Co类涂层和细晶粒（超细晶粒）硬质合金体及含Co类粉末冶金高速钢等领域进展速度较快。尤其是超硬刀具材料的应用，产生了许多新的切削理念，如高速切削、硬切削、干切削等。

数控刀具的材料主要有高速钢、硬质合金、涂层刀具、陶瓷、人造金刚石和立方氮化硼六类，目前数控机床用得最普遍的刀具是硬质合金刀具。常用的刀具材料包括以下几种。

(1) 高速钢　高速钢全称高速合金工具钢，也称为白钢。高速钢是含有较多钨、钼、铬、钒等元素的高合金工具钢，具有较高的硬度（热处理硬度达62~67HRC）和耐热性（切削温度可达550~600℃），切削速度比碳素工具钢和合金工具钢高1~3倍（因此而得名），刀具寿命高10~40倍，甚至更多，可以加工从有色金属到高温合金的范围广泛的材料。

(2) 硬质合金　硬质合金是用高耐热性和高耐磨性的金属碳化物（碳化钨、碳化钛、碳化钽、碳化铌等）与金属粘结剂（钴、镍、钼等）在高温下烧结而成的粉末冶金制品。常用的硬质合金有钨钴类（YG类）、钨钛钴类（YT类）和通用硬质合金（YW类）3类。

1) 钨钴类硬质合金（YG类）。它主要由碳化钨和钴组成，抗弯强度和冲击韧度较好，不易崩刃，很适宜切削切屑呈崩碎状的铸铁等脆性材料。YG类硬质合金的刃磨性较好，刃口可以磨得较锋利，故切削有色金属及合金的效果较好。

2）钨钛钴类硬质合金（YT 类）。它主要由碳化钨、碳化钛和钴组成。由于 YT 类硬质合金的抗弯强度和冲击韧度较差，故主要用于切削切屑呈带状的普通碳钢及合金钢等塑性材料。

3）钨钛钽（铌）钴类硬质合金（YW 类）。在普通硬质合金中加入了碳化钽或碳化铌，从而提高了硬质合金的韧性和耐热性，使其具有较好的综合切削性能，主要用于不锈钢、耐热钢、高锰钢的加工，也适用于普通碳钢和铸铁的加工，因此被称为通用型硬质合金。

(3) 涂层刀具　涂层刀具是在韧性较好的硬质合金或高速钢刀具基体上，涂覆一薄层耐磨性高的难熔金属化合物而获得的。常用的涂层材料有碳化钛、氮化钛、氧化铝等。碳化钛的硬度比氮化钛高，抗磨损性能好，对于会产生剧烈磨损的刀具，碳化钛涂层较好。氮化钛与金属的亲和力小，润湿性能好，在容易产生粘结的条件下氮化钛涂层较好。在高速切削产生大量热量的场合，以采用氧化铝涂层为好，因为氧化铝在高温下有良好的热稳定性能。

涂层硬质合金刀具的寿命至少可提高 1～3 倍，涂层高速钢刀具的寿命则可提高 2～10 倍。加工材料的硬度越高，则涂层刀具的效果越好。

(4) 陶瓷材料　陶瓷材料是以氧化铝为主要成分，经压制成形后烧结而成的一种刀具材料。它的硬度可达到 91～95HRA，在 1200℃ 的切削温度下仍可保持 80HRA 的硬度。另外，它的化学惰性大，摩擦因数小，耐磨性好，加工钢件时的寿命为硬质合金的 10～12 倍。其最大缺点是脆性大，抗弯强度和冲击韧度低。因此，它主要用于半精加工和精加工高硬度、高强度钢和冷硬铸铁等材料。常用的陶瓷刀具材料有氧化铝陶瓷、复合氧化铝陶瓷及复合氧化硅陶瓷等。

(5) 人造金刚石　人造金刚石是通过合金触媒的作用，在高温高压下由石墨转化而成。人造金刚石具有极高的硬度（显微硬度可达 10000HV）和耐磨性。其摩擦因数小，切削刃可以做得非常锋利。因此，用人造金刚石做刀具可以获得很高的加工表面质量，多用于在高速下精细车削或镗削有色金属及非金属材料。尤其是用它切削加工硬质合金、陶瓷、高硅铝合金及耐磨塑料等高硬度、高耐磨性的材料时，具有很大的优越性。

(6) 立方氮化硼（CBN）　立方氮化硼是由立方氮化硼在高温高压下加入催化剂转变而成的超硬刀具材料。它是 20 世纪 70 年代发展起来的一种新型刀具材料，立方氮化硼的硬度很高（可达到 8000～9000HV），并具有很高的热稳定性（在 1370℃ 以上时才由立方晶体转变为六面晶体而开始软化），它最大的优点是在高温（1200～1300℃）时也不易与钛族金属起反应。因此，它能胜任淬火钢、冷硬铸铁的粗车和精车，同时还能高速切削高温合金、热喷涂材料、硬质合金及其它难加工材料。

1.6.4　常用的铣削加工刀具

铣刀是一种在回转体表面上或端面上分布有多个刀齿的多刃刀具，是金属切削加工中应用非常广泛的一种刀具。它主要用于卧式铣床、立式铣床、数控铣床、加工中心机床上加工平面、台阶面、沟槽、切断、齿轮和成形表面等，如图 1-28 所示。加工形状与铣刀的选择如图 1-29 所示。

1. 面铣刀

面铣刀又称端铣刀或端面铣刀，主要用于立式铣床上加工平面、台阶面等，如图 1-30 所示。

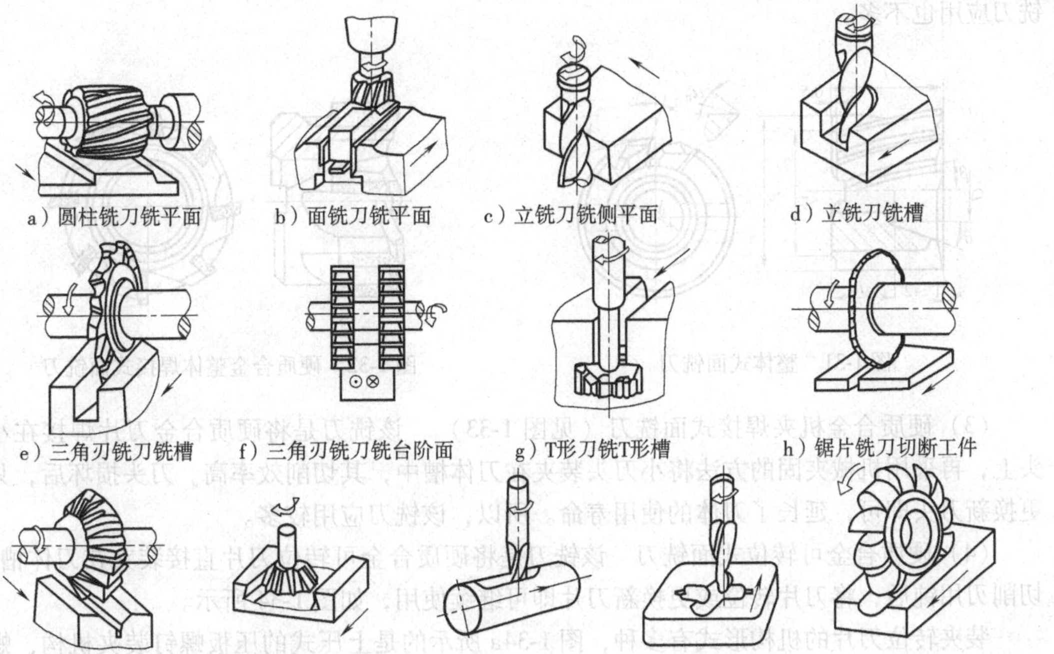

a）圆柱铣刀铣平面　b）面铣刀铣平面　c）立铣刀铣侧平面　d）立铣刀铣槽

e）三角刃铣刀铣槽　f）三角刃铣刀铣台阶面　g）T形刀铣T形槽　h）锯片铣刀切断工件

i）角度铣刀铣角度　j）角度铣刀铣燕尾槽　k）键槽铣刀铣键槽　l）磨具铣刀铣型腔　m）成形铣刀铣圆弧面

图 1-28　铣削加工

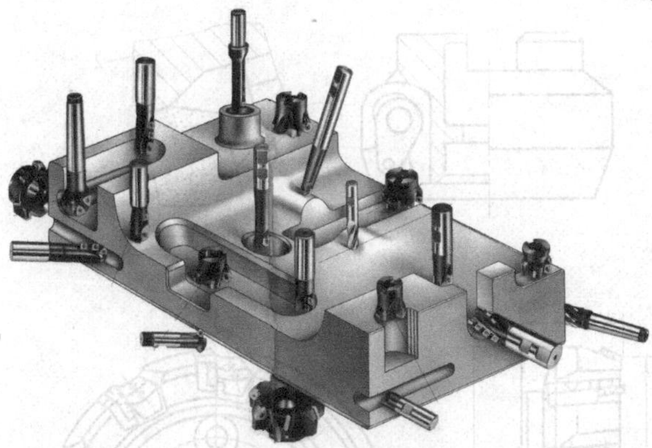

图 1-29　加工形状与铣刀的选择

图 1-30　面铣刀

面铣刀的主切削刃分布在铣刀的圆柱面上或圆锥面上，副切削刃分布在铣刀的端面上。

面铣刀按结构可以分为整体式面铣刀、硬质合金整体焊接式面铣刀、硬质合金机夹焊接式面铣刀、硬质合金可转位式面铣刀、硬质合金可转位模块式面铣刀等形式。

（1）整体式面铣刀（见图 1-31）　由于该铣刀往往采用高速钢材料，其切削速度、进给量等都受到限制，阻碍了生产效率的提高；又由于该铣刀的刀齿损坏后很难修复，所以，整体式面铣刀目前已很少应用。

（2）硬质合金整体焊接式面铣刀（见图 1-32）　该铣刀由硬质合金刀片与合金钢体经焊接而成，其结构紧凑，切削效率高，制造较方便。但是，刀齿损坏后，很难修复，所以该铣刀应用也不多。

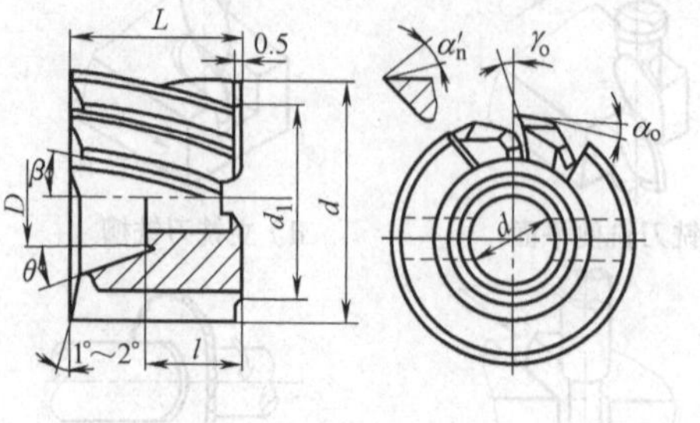
L
0.5
β
D
θ
d1
d
1°～2°
l
α'n
γo
αo

图 1-31　整体式面铣刀

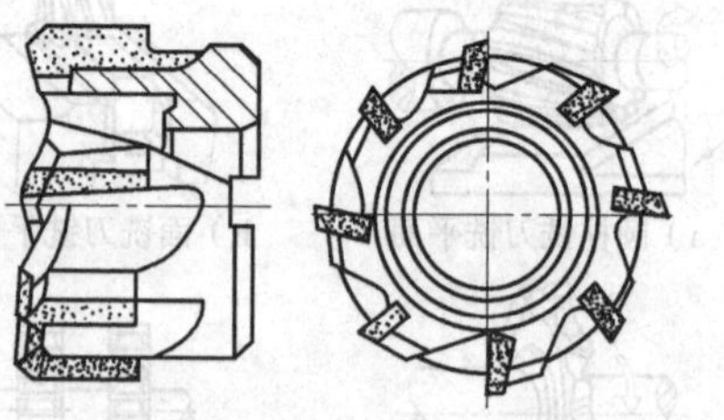

图 1-32　硬质合金整体焊接式面铣刀

（3）硬质合金机夹焊接式面铣刀（见图 1-33）　该铣刀是将硬质合金刀片焊接在小刀头上，再采用机械夹固的方法将小刀头装夹在刀体槽中，其切削效率高。刀头损坏后，只要更换新刀头即可，延长了刀体的使用寿命。所以，该铣刀应用较多。

（4）硬质合金可转位式面铣刀　该铣刀是将硬质合金可转位刀片直接装夹在刀体槽中，切削刃用钝后，将刀片转位或更换新刀片即可继续使用，如图 1-34 所示。

装夹转位刀片的机构形式有多种，图 1-34a 所示的是上压式的压板螺钉装夹机构，螺钉的夹紧力大，且夹紧可靠。当刀片的一个切削刃用钝后，可直接在机床上将刀片转位或更换新刀片。可转位式铣刀要求刀片定位精度高、夹紧可靠、排屑容易、更换刀片迅速等，同时各定位、夹紧元件通用性要好，制造要方便，并且应经久耐用。

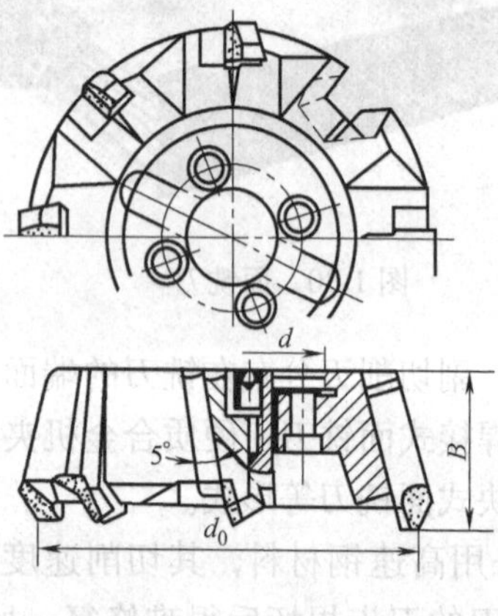
d
5°
B
d0

图 1-33　硬质合金机夹焊接式面铣刀

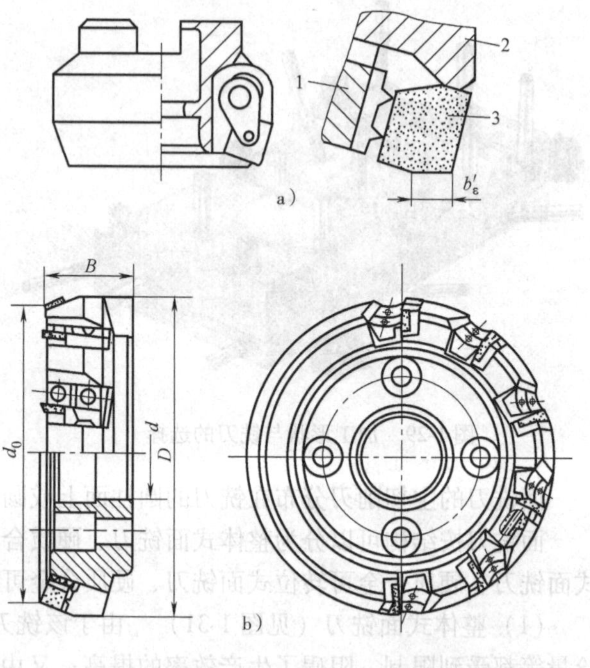
1
2
3
b'ε
a）
B
d0
d
D
b）

图 1-34　硬质合金可转位式面铣刀

1—刀垫　2—轴向支承块　3—可转位刀片

（5）硬质合金可转位模块式面铣刀（见图 1-35）　该铣刀的基本特点是：在同一铣刀

刀体上，可以安装多种形状的小刀头模块。安装在小刀头上的硬质合金刀片，不仅几何参数可不同，而且刀片的形状也可不同，以满足不同用途的需要。

硬质合金面铣刀与高速钢铣刀相比，铣削速度较高，加工效率高，加工表面质量也较好，并可加工带有硬皮和淬硬层的工件，故得到了广泛应用。

2. 立铣刀

立铣刀是数控机床上用得最多的一种铣刀，主要用于加工凹槽、台阶面等，如图 1-36 所示。

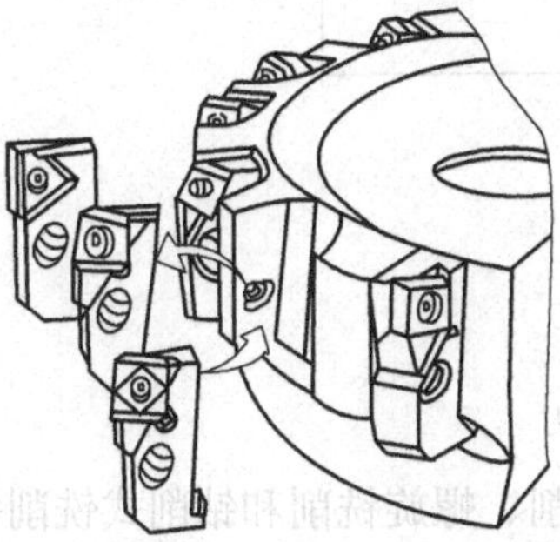

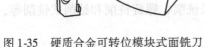

图 1-35　硬质合金可转位模块式面铣刀

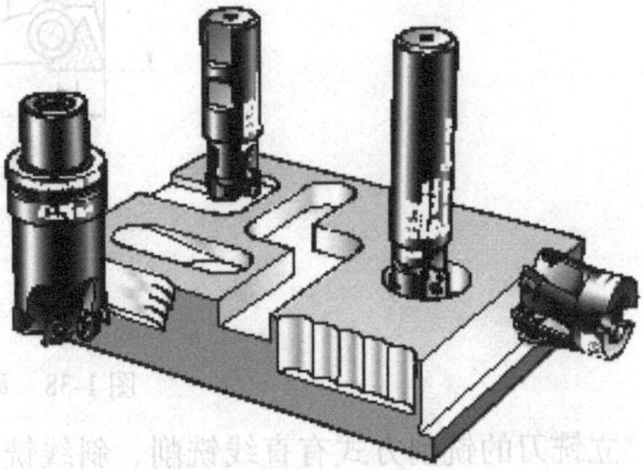

图 1-36　立铣刀

图 1-37 所示为高速钢立铣刀。该立铣刀的主切削刃分布在铣刀的圆柱面上，一般为螺旋齿。副切削刃分布在铣刀的端面上，且端面中心有顶尖孔。因此，铣削时一般不能沿铣刀轴向作进给运动，只能沿铣刀径向作进给运动。端面刃主要用来加工与侧面相垂直的底平面。

立铣刀有粗细齿之分，粗齿齿数 3 ~ 6 个，适用于粗加工；细齿齿数 5 ~ 10 个，适用于半精加工。立铣刀柄部有直柄、莫氏锥柄、7:24 锥柄等多种形式。

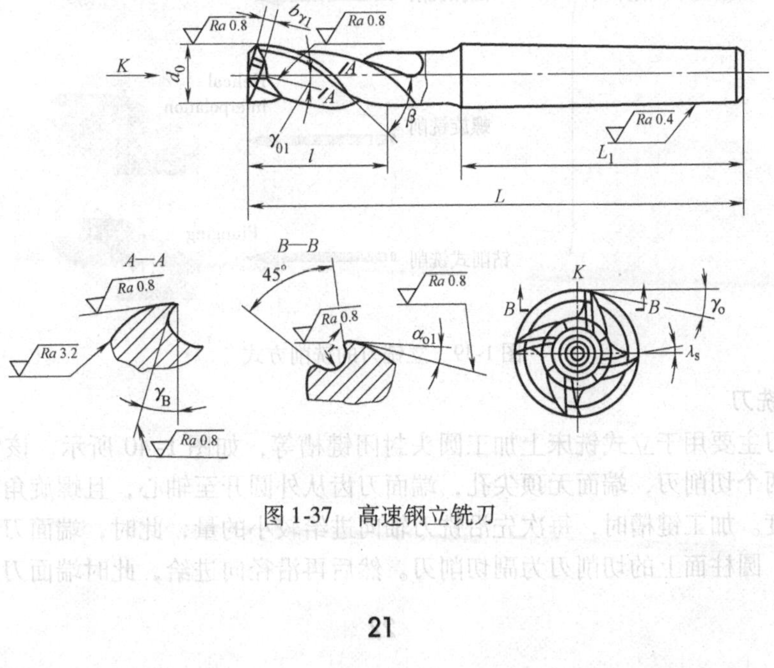
Ra 0.8
$b_{\gamma 1}$
Ra 0.8
K
d_0
A
A
β
γ_{01}
l
Ra 0.4
L_1
L
A—A
B—B
45°
Ra 0.8
Ra 0.8
Ra 0.8
Ra 3.2
α_{o1}
K
B
B
γ_o
λ_s
γ_B
Ra 0.8

图 1-37　高速钢立铣刀

图 1-38 所示为硬质合金立铣刀，其基本结构与高速钢立铣刀相差不多，但切削效率大大提高，是高速钢立铣刀的 2 ~4 倍，广泛适用于数控铣床、加工中心的切削加工。

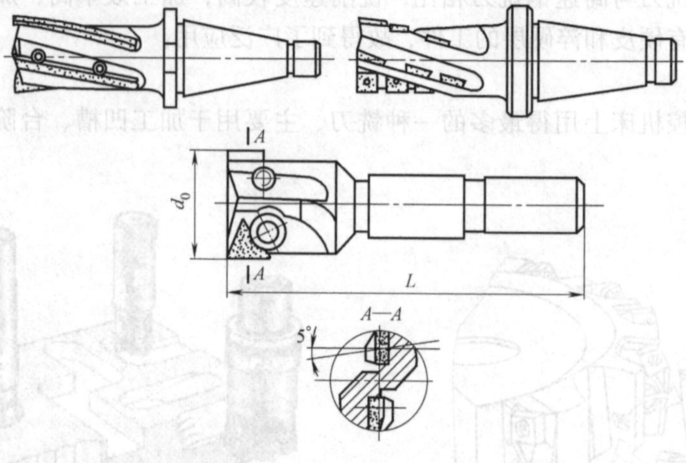
A
d_0
A
L
A—A
5°

图 1-38　硬质合金立铣刀

立铣刀的铣削方式有直线铣削、斜线铣削、圆弧铣削、螺旋铣削和钻削式铣削等，如图 1-39 所示。

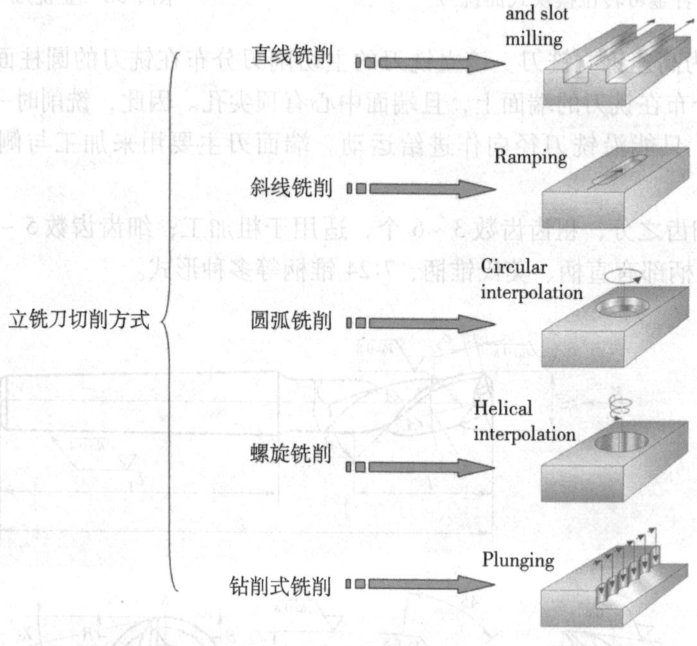
立铣刀切削方式
直线铣削
and slot
milling
斜线铣削
Ramping
圆弧铣削
Circular
interpolation
螺旋铣削
Helical
interpolation
钻削式铣削
Plunging

图 1-39　立铣刀的铣削方式

3. 键槽铣刀

键槽铣刀主要用于立式铣床上加工圆头封闭键槽等，如图 1-40 所示。该铣刀外形似立铣刀，仅有两个切削刃，端面无顶尖孔，端面刀齿从外圆开至轴心，且螺旋角较小，增强了端面刀齿强度。加工键槽时，每次先沿铣刀轴向进给较小的量，此时，端面刀齿上的切削刃为主切削刃，圆柱面上的切削刃为副切削刃。然后再沿径向进给，此时端面刀齿上的切削刃为副切削刃，圆柱面上的切削刃为主切削刃，这样反复多次，就可完成键槽的加工。由于该铣刀的磨损是在端面和靠近端面的外圆部分，所以修磨时只要修磨端面切削刃。这样，铣刀直径可保持不变，使加工键槽精度较高，铣刀寿命较长。

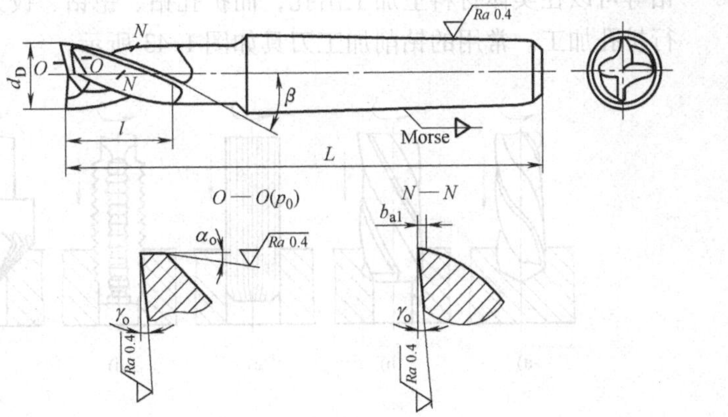
Ra 0.4
N
O
N
d_D
β
l
Morse
L
O—O(p_0)
N—N
b_{a1}
α_o
γ_o

图 1-40　键槽铣刀

4. 模具铣刀

模具铣刀由立铣刀发展而来，可分为圆锥形立铣刀、圆柱形球头立铣刀和圆锥形球头立铣刀三种形式，其柄部有直柄、削平型直柄和莫氏锥柄。圆柱形球头铣刀与圆锥形球头铣刀的圆柱面、圆锥面和球面上的切削刃均为主切削刃。圆周刃与球头刃圆弧连接，铣削时不仅能沿铣刀轴向作进给运动，也能沿铣刀径向作进给运动，球头与工件接触为点接触。铣刀在数控铣床的控制下能加工出各种复杂的成形表面。

圆锥形立铣刀的作用与上述的球头立铣刀基本相同，只是该铣刀可以利用本身的圆柱体，方便加工出模具型腔的拔模角。

图 1-41 为高速钢制造的模具铣刀，图 1-42 为硬质合金制造的模具铣刀。小规格的硬质合金模具铣刀多制成整体结构。ϕ16mm 以上直径的模具铣刀，制成焊接或机夹可转位刀片结构。

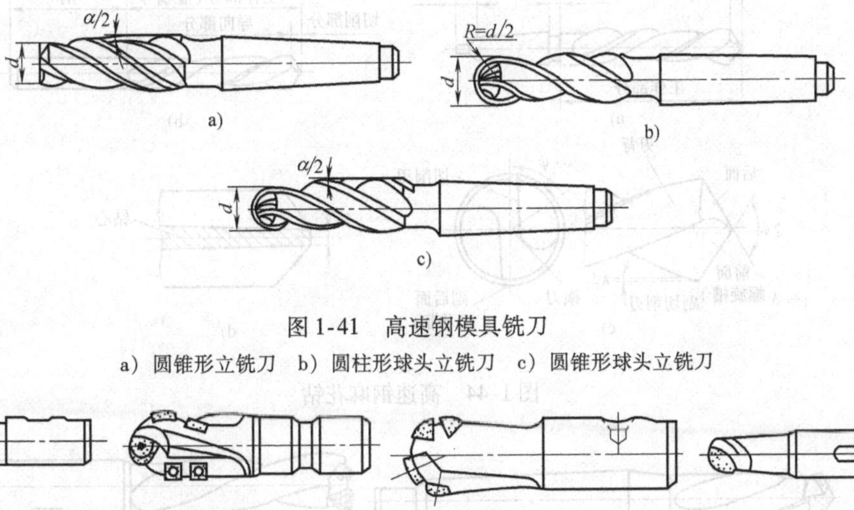
α/2
d
a)
R=d/2
d
b)
α/2
d
c)

图 1-41　高速钢模具铣刀

a）圆锥形立铣刀　b）圆柱形球头立铣刀　c）圆锥形球头立铣刀

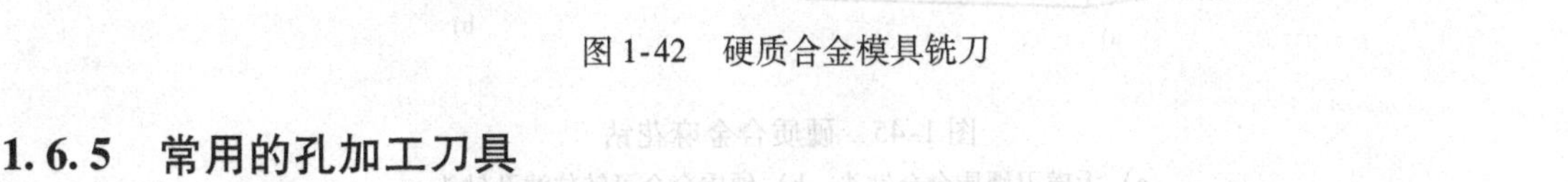

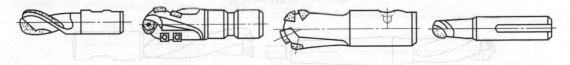

图 1-42　硬质合金模具铣刀

1.6.5　常用的孔加工刀具

从实体材料上加工出孔或扩大已有孔的刀具称为孔加工刀具。如麻花钻、中心钻、深孔钻等可以在实体材料上加工出孔，而扩孔钻、锪钻、铰刀、镗刀等可以在已有孔的材料上进行扩孔加工。常用的钻削加工刀具如图 1-43 所示。

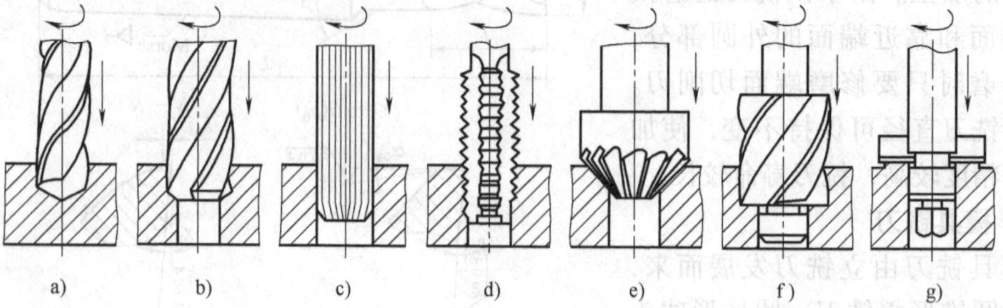
a)
b)
c)
d)
e)
f)
g)

图 1-43　常用钻削加工刀具

a）钻孔　b）扩孔　c）铰孔　d）攻螺纹　e）、f）沉头孔　g）锪端面

1. 麻花钻

麻花钻俗称钻头，是目前孔加工中应用最广的一种刀具。钻头能在钻床、铣床、车床和加工中心等机床上对孔进行加工。因为它的结构适应性较强，又有成熟的制造工艺及完善的刃磨方法，所以特别是加工 $\phi<30$mm 的孔，麻花钻仍为主要工具。硬质合金钻头包括无横刃硬质合金钻头和硬质合金可转位浅孔钻头等，适用于高速、大功率的切削，它的切削速度是高速钢麻花钻的 2 ~ 5 倍。高速钢麻花钻结构如图 1-44 所示，硬质合金麻花钻结构如图 1-45 所示。

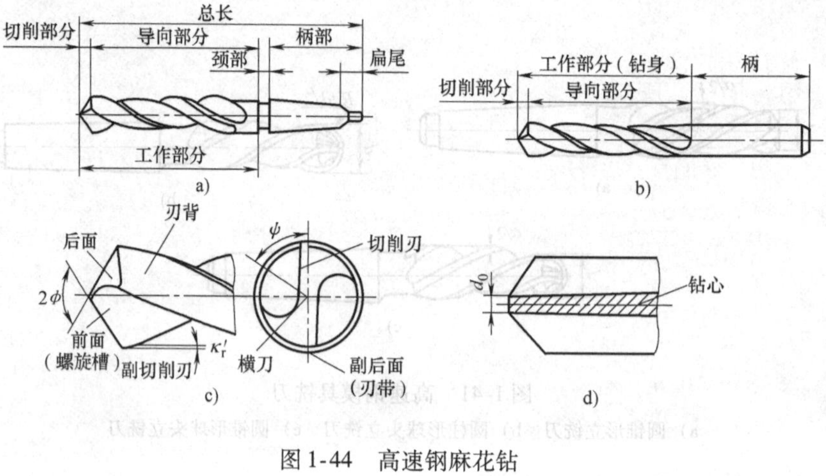
总长
切削部分
导向部分
柄部
颈部
扁尾
工作部分
a)
工作部分（钻身）
柄
切削部分
导向部分
b)
刃背
后面
2φ
前面
（螺旋槽）
副切削刃
ψ
切削刃
横刃
副后面
（刃带）
c)
d₀
钻心
d)

图 1-44　高速钢麻花钻

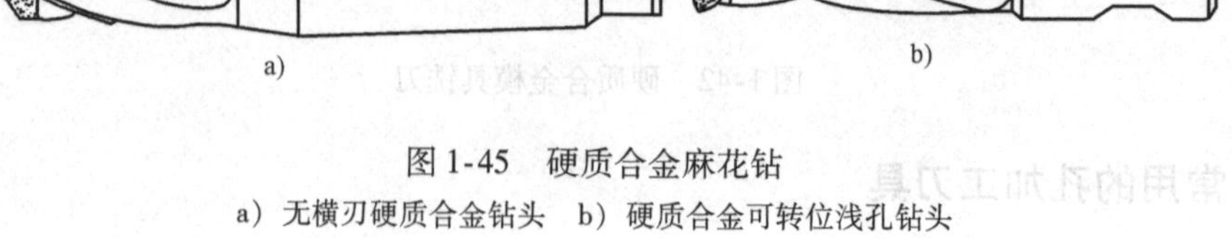
a)
b)

图 1-45　硬质合金麻花钻

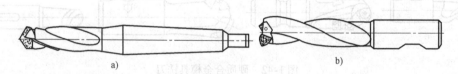

a）无横刃硬质合金钻头　b）硬质合金可转位浅孔钻头

2. 中心钻

中心钻主要用来加工轴类工件中心孔或在平面上预先钻出孔的中心位置，有三种结构形式：带护锥中心钻、无护锥中心钻和弧形中心钻。

3. 深孔钻

通常把孔深与孔径之比大于5~10倍的孔称为深孔，加工所用的钻头称为深孔钻。深孔钻有很多种，常用的有：外排屑深孔钻、内排屑深孔钻、喷吸钻及套料钻。

图1-46为用于深孔加工的喷吸钻。工作时，带压力的切削液从进液口流入联接套，其中三分之一从内管四周月牙形喷嘴喷入内管。由于月牙槽缝隙很窄，切削液喷入时产生喷射效应，能使内管里形成负压区。另外，约三分之二切削液流入内、外管壁间隙到切削区，汇同切屑被吸入内管，并迅速向后排出，压力切削液流速快，到达切削区时雾状喷出，有利于冷却，经喷口流入内管的切削液流速增大；加强“吸”的作用，提高排屑效果。

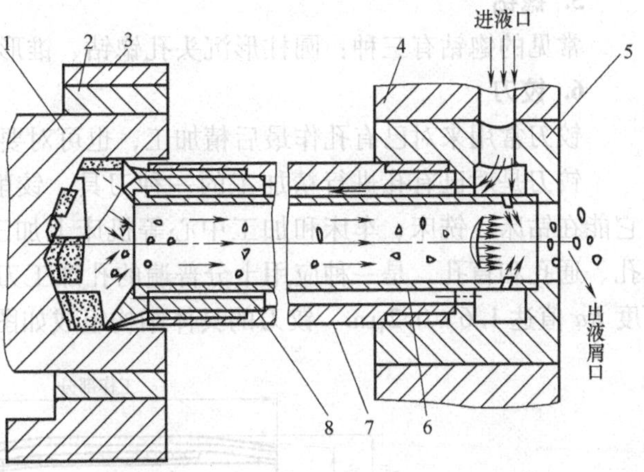
进液口
1
2
3
4
5
出液屑口
8
7
6

图1-46 喷吸钻

1—工件 2—夹爪 3—中心架 4—支持座 5—联接套 6—内管 7—外管 8—钻头

喷吸钻一般用于加工直径在65~180mm的深孔，孔的精度可达IT7~IT10，表面粗糙度 Ra 值达0.8~1.6μm。

4. 扩孔钻

扩孔钻是专门用来扩大已有的孔，标准扩孔钻一般有3~4条主切削刃，切削部分的材料为高速钢或硬质合金，结构形式有直柄式、锥柄式和套式等。图1-47a、b、c所示即分别为锥柄式高速钢扩孔钻、套式高速钢扩孔钻和套式硬质合金扩孔钻。在小批量生产时，常用麻花钻改制。

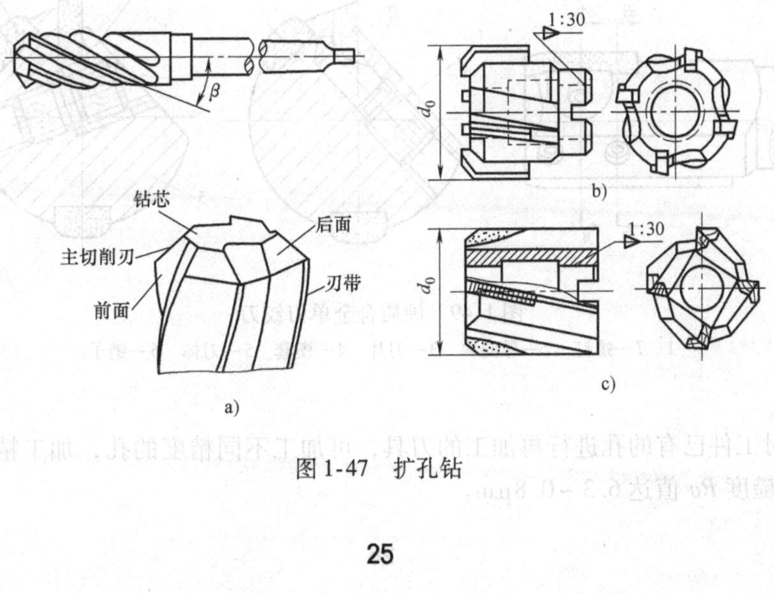
β
钻芯
后面
主切削刃
刃带
前面
a)
1:30
d_0
b)
1:30
d_0
c)

图1-47 扩孔钻

扩孔直径较小时，可选用直柄式扩孔钻；扩孔直径中等时，可选用锥柄式扩孔钻；扩孔直径较大时，可选用套式扩孔钻。

扩孔钻的加工余量较小，主切削刃较短，因而容屑槽浅、刀体的强度和刚度较好。它无麻花钻的横刃，加之刀齿多，所以导向性好，切削平稳，加工质量和生产率都比麻花钻高。加工精度可达 IT11 ~ IT10，表面粗糙度 *Ra* 值达 6.3 ~ 3.2μm。

5. 锪钻

常见的锪钻有三种：圆柱形沉头孔锪钻、锥形沉头孔锪钻及端面凸台锪钻。

6. 铰刀

铰刀常用来对已有孔作最后精加工，也可对要求精确的孔进行预加工。

铰刀是对已有孔进行精加工的一种刀具。铰削切除余量很小，一般只有 0.1 ~ 0.5mm。它能在钻床、铣床、车床和加工中心等机床上加工直径为 1 ~ 100mm 之间的圆柱孔、圆锥孔、通孔和盲孔，是一种应用十分普遍的孔加工刀具。加工精度可达 IT11 ~ IT6，表面粗糙度 *Ra* 值达 1.6 ~ 0.2μm。铰刀的具体结构组成如图 1-48 所示。

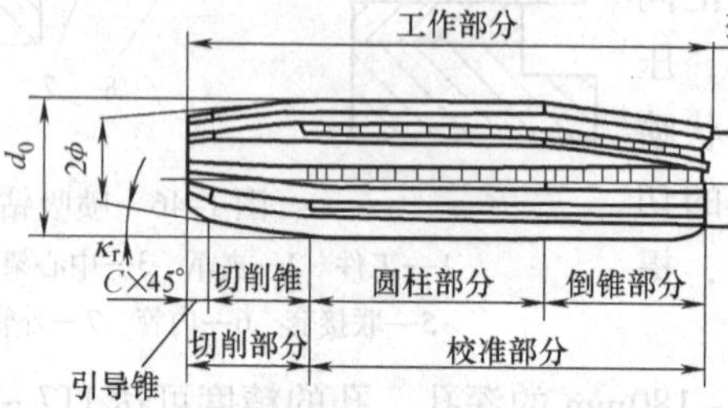
工作部分
颈部
柄部
d_0
2ϕ
κ_r
C×45°
切削锥
圆柱部分
倒锥部分
切削部分
校准部分
引导锥

图 1-48　高速钢铰刀

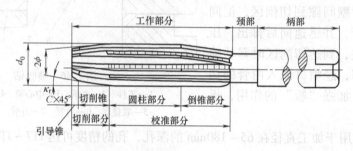

当加工精度为 IT5 ~ IT7，表面粗糙度 *Ra* 值为 0.7μm 时，可采用机夹硬质合金刀片的单刃铰刀。其结构如图 1-49 所示，刀片 3 通过楔套 4 用螺钉 1 固定在刀体上，通过螺钉 7、销子 6 可调节铰刀尺寸。导向块 2 可采用粘结和铜焊固定。

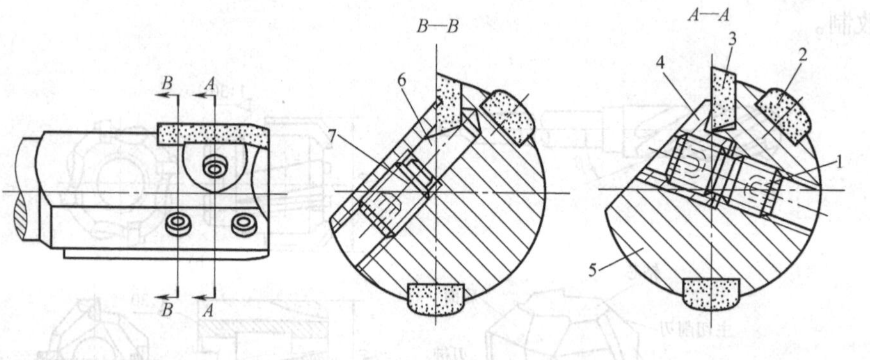
B—B
A—A
B
A
B
A
6
7
4
3
2
1
5

图 1-49　硬质合金单刃铰刀

1、7—螺钉　2—导向块　3—刀片　4—楔套　5—刀体　6—销子

7. 镗刀

镗刀是对工件已有的孔进行再加工的刀具，可加工不同精度的孔，加工精度可达 IT7 ~ IT6，表面粗糙度 *Ra* 值达 6.3 ~ 0.8μm。

镗刀也就是安装在回转运动镗杆上的车刀，可分为单刃和多刃镗刀。

镗削通孔、阶梯孔、盲孔可分别选用图1-50a、b、c所示的单刃镗刀。

单刃镗刀刚性差，切削时易引起振动，所以镗刀的主偏角选得较大，以减小径向力。

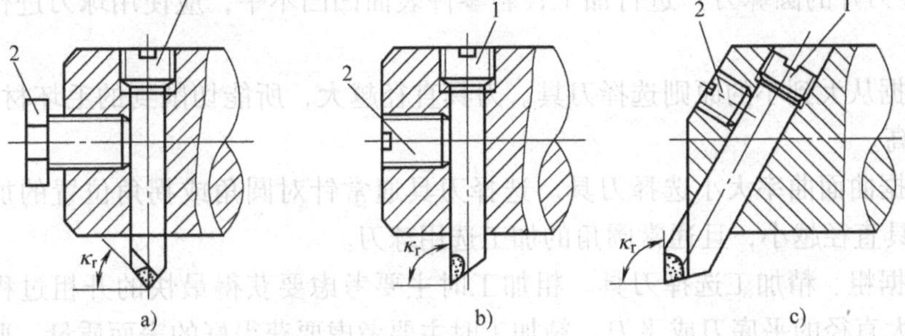

图1-50 单刃镗刀

a）通孔镗刀 b）阶梯孔镗刀 c）盲孔镗刀

1—调节螺钉 2—紧固螺钉

在孔的精镗中，目前较多地选用精镗微调镗刀。这种镗刀的径向尺寸可以在一定范围内进行微调，调节方便，且精度高，其结构如图1-51所示。调整尺寸时，先松开拉紧螺钉6，然后转动带刻度盘的微调螺母3，等调至所需尺寸，再拧紧拉紧螺钉6，使用时应保证锥面靠近接触大端，且与直孔部分同心。键与键槽配合间隙不能太大，否则微调时就不能达到较高的精度。

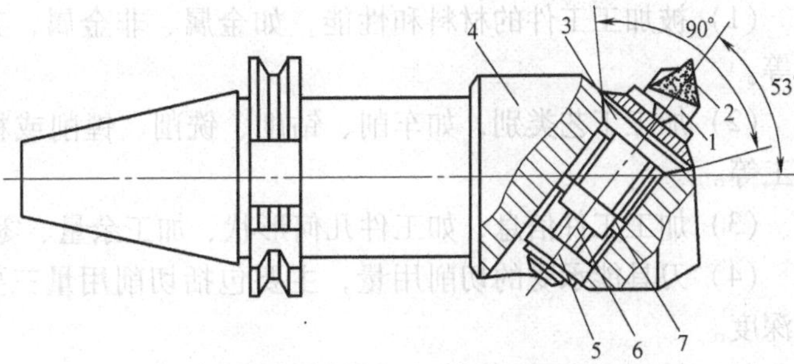

图1-51 精镗微调镗刀

1—刀体 2—刀片 3—微调螺母 4—刀杆

5—螺母 6—拉紧螺钉 7—导向键

镗削大直径的孔可选用图1-52所示的双刃镗刀。这种镗刀头部可以在较大范围内进行调整，且调整方便，最大镗孔直径可达1000mm。

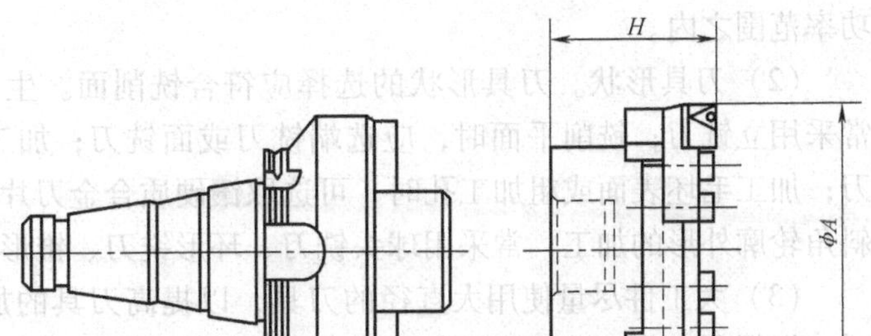

图1-52 大直径不重磨可调双刃镗刀

双刃镗刀是镗杆轴线两侧对称装有两个切削刃，可消除径向力对镗孔质量的影响，多采用装配式浮动结构。镗刀头采用整体高速钢和硬质合金焊接结构。图1-52为大直径不重磨可调双刃镗刀。

1.6.6 数控刀具的选择

1. 数控刀具选择原则

（1）根据被加工零件的表面形状选择刀具。若零件表面较平坦，可使用平底刀或飞刀（镶硬质合金刀片的圆鼻刀）进行加工；若零件表面凹凸不平，应使用球刀进行加工，以免切伤工件。

（2）根据从大到小的原则选择刀具。刀具直径越大，所能切削到的毛坯材料范围越广，加工效率越高。

（3）根据曲面曲率大小选择刀具。选择刀具通常针对圆角或拐角位置的加工，圆角越小选用的刀具直径越小，且通常圆角的加工选用球刀。

（4）根据粗、精加工选择刀具。粗加工时主要考虑要获得最快的开粗过程，则刀具的选用偏向于大直径的平底刀或飞刀。精加工时主要考虑要获得好的表面质量，此时应选用相应小直径的平底刀（飞刀）或球刀。

2. 数控刀具选择因素

刀具的选择是数控加工工艺中重要内容之一。选择刀具通常要考虑机床的加工性能、工序内容和工件材料等因素。选取刀具时，要使刀具的尺寸和形状相适应。刀具选择应考虑的主要因素如下：

（1）被加工工件的材料和性能，如金属、非金属，其硬度、刚度、塑性、韧性及耐磨性等。

（2）加工工艺类别，如车削、钻削、铣削、镗削或粗加工、半精加工、精加工和超精加工等。

（3）加工工件信息，如工件几何形状、加工余量、零件的技术指标。

（4）刀具能承受的切削用量，主要包括切削用量三要素，即主轴转速、切削速度与切削深度。

（5）辅助因素，如操作间断时间、振动、电力波动或突然中断等。

3. 数控刀具选择注意事项

（1）刀具尺寸。刀具尺寸的选择要使刀具的尺寸与被加工工件的表面尺寸相适应。刀具直径的选用主要取决于设备的规格和工件的加工尺寸，还需要考虑刀具所需功率应在机床功率范围之内。

（2）刀具形状。刀具形状的选择应符合铣削面。生产中，平面零件周边轮廓的加工，常采用立铣刀；铣削平面时，应选端铣刀或面铣刀；加工凸台、凹槽时，应选高速钢立铣刀；加工毛坯表面或粗加工孔时，可选取镶硬质合金刀片的玉米铣刀；对一些立体型面和变斜角轮廓外形的加工，常采用球头铣刀、环形铣刀、锥形铣刀和盘形铣刀。

（3）大工件尽量使用大直径的刀具，以提高刀具的加工效率和刚性。曲面修光和清角时，根据参考曲面凹陷和拐角处的最小半径值选择刀具。开粗先采用大直径刀具，以提高效率，再采用小直径刀具进行二次开粗。二次开粗的目的是清除上一步开粗的残余料。

（4）在保证刀具刚性的前提下，刀具装夹长度依曲面形状和深度来确定，一般比加工范围高出 2mm，防止出现刀具与工件相互干涉。

（5）选择小直径刀具要注意切削刃（刃长）长度。刀具直径小于 ϕ6mm 时，刀具切削刃的直径与刀柄直径不一致。一般刀柄直径为 ϕ6mm，切削刃与刀柄之间形成锥形过渡。加工区域狭窄、深度较大工件时，可能出现刀柄与工件干涉。

（6）选择刀具应符合精度要求，平面铣削应选用不重磨硬质合金端面铣刀或立铣刀。一般采用二次走刀，第一次走刀最好用端面铣刀粗铣，沿工件表面连续走刀。选好每次走刀的宽度和铣刀的直径，使接痕不影响精铣精度。加工余量大又不均匀时，铣刀直径要选小些；精加工时，铣刀直径要选大些，最好能够包容加工面的整个宽度。表面质量要求高时，还可以选择使用具有修光效果的刀片。

（7）在进行自由曲面（模具）加工时，由于球头刀具的端部切削速度为零，因此，为了保证加工精度，切削行距一般采用顶端密距，因此球头刀具常用于曲面的精加工。而平头刀具在表面加工质量和切削效率方面都优于球头刀，因此，只要在保证不过切的前提下，无论是曲面的粗加工还是精加工，都应该优先选择平头刀。另外，刀具寿命和精度与刀具价格关系极大，选择好的刀具虽然增加了刀具成本，但由此带来的加工质量和加工效率的提高，则可以使整个加工成本大大降低。

（8）在加工中心上，各种刀具分别装在刀库上，按照程序规定可以随时进行选刀和换刀动作。因此，必须采用标准刀柄，以便使钻、镗、扩、铣削等工序用的标准刀具迅速、准确地装到机床主轴或刀库上。编程人员应该了解机床上所用刀柄的结构尺寸、调整方法及调整范围，以便在编程时确定刀具的径向和轴向尺寸。

1.7 数控加工工艺

1. 数控加工工艺

数控加工工艺是数控加工程序编制的依据，是采用数控机床加工零件时所运用的方法和技术手段的总和。

数控加工的工艺设计必须在程序编制工作开始以前完成，因为只有工艺方案确定以后，编程才有依据。工艺方案的好坏不仅会影响机床效率的发挥，而且将直接影响零件的加工质量。根据大量加工实例分析，工艺设计考虑不周是造成数控加工差错的主要原因之一。数控加工工艺主要包括如下内容：

（1）选择适合在数控机床上加工的零件，确定工序内容。

（2）分析被加工零件的图样，明确加工内容及技术要求，确定零件的加工方案，制定数控加工工艺路线，如划分工序、处理与非数控加工工序的衔接等。

（3）加工工序、工步的设计，如选取零件的定位基准，夹具、辅具方案的确定，确定切削用量等。

（4）数控加工程序的调整，如选取对刀点和换刀点、确定刀具补偿、确定加工路线等。

（5）分配数控加工中的加工余量。

（6）处理数控机床上的部分工艺指令。

（7）首件试加工与现场问题处理。

（8）数控加工工艺文件的定型与归档。

2. 数控加工的工艺特点

数控铣削加工工艺和普通机床铣削加工工艺相比较，遵循的基本原则和使用的方法大致相同，但数控加工的整个过程是自动进行的，因而形成了下列特点：

（1）数控加工的工序内容比普通机床加工的工序内容复杂。数控机床上通常安排较复杂的工序，部分工序在普通机床上难以完成。

（2）数控加工工艺内容要求具体、详细。在普通机床上加工时由操作者在加工中灵活掌握，并可通过适时调整来处理的工艺问题，如工序内工步的安排，刀具尺寸、加工余量、切削用量、对刀点、换刀点、走刀路线的确定等问题。在数控加工时必须事先具体详细地设计和安排。

1.8 数控加工工艺分析和规划

1. 加工区域规划

加工区域规划是将加工对象分成不同的加工区域，分别采用不同的加工工艺和加工方式进行加工，目的是提高加工效率和质量。常见的需要进行分区域加工的情况有以下几种。

（1）加工表面形状差异较大，需要分区加工。例如，加工表面由水平面和自由曲面组成。显然，对于这两种类型可采用不同的加工方式以提高加工效率和质量，即对水平面部分采用平底刀加工，刀轨步距可超过刀具半径，一般为刀具直径的60%～75%，以提高加工效率。而对曲面部分应使用球头刀具加工，步距一般为0.08～0.2mm，以保证表面粗糙度值。

（2）加工表面不同区域尺寸差异较大，需要分区加工。如对较为宽阔的型腔可采用较大的刀具进行加工，以提高加工效率，而对于较小的型腔或转角区域使用大尺寸刀具不能进行彻底加工，应采用较小刀具以确保加工到位。

（3）加工表面要求精度和表面粗糙度值差异较大时，需要分区加工。如对于同一表面的配合部位要求精度较高，需要以较小的步距进行加工，而对于其他精度要求较小和表面粗糙度值要求较大的表面可以以较大的步距加工，以提高效率。

（4）有效控制加工残余高度，针对曲面的变化采用不同的刀轨形式和行间距进行分区加工。

2. 加工路线规划

在数控工艺路线设计时，首先要考虑加工顺序的安排，加工顺序的安排应根据零件的结构和毛坯状况，以及定位安装与夹紧的需要来考虑，重点是保证定位夹紧时工件的刚性和加工精度。加工顺序安排一般应按下列原则进行。

（1）上道工序的加工不能影响下道工序的定位与夹紧，要综合考虑。

（2）加工工序应由粗加工到精加工逐步进行，加工余量由大到小。

（3）先进行内腔加工工序，后进行外形加工工序。

（4）尽可能采用相同的定位、夹紧方式或同一把刀具加工的工序最好连接进行，以减少重复定位次数、换刀次数和挪动压板次数，以保证加工精度。

（5）在同一次安装中进行的多道工序，应先安排对工件刚性破坏较小的工序。

(6) 注意与普通工序的衔接和协调。

3. 加工方式规划

加工方式规划是实施加工工艺路线的细节设计。其主要内容包括以下几点。

(1) 刀具选择。为不同的加工区域、加工工序选择合适的刀具，刀具的正确选择对加工质量和效率有较大的影响。

(2) 刀轨形式选择。针对不同的加工区域、加工类型、加工工序选择合理的刀轨形式，以确保加工的质量和效率。

(3) 误差控制。确定与编程有关的误差环节和误差控制参数，保证数控编程精度和实际加工精度。

(4) 残余高度的控制。根据刀具参数、加工表面质量确定合理的刀轨步距，在保证加工表面质量的前提下，可以提高加工效率。

(5) 切削工艺控制。切削工艺包括了切削用量控制（包括背吃刀量、刀具进给速度、主轴旋转方向和转速控制等）、加工余量控制、进退刀控制、冷却控制等诸多内容，是影响加工精度、表面质量和加工损耗的重要因素。

(6) 安全控制。它包括安全高度、避让区域等涉及加工安全的控制因素。

工艺分析规划是数控编程中较为灵活的部分，受机床、刀具、加工对象（几何特征、材料等）等多种因素的影响。从某种程度上可以认为工艺分析规划基本上是加工经验的体现，因此要求编程人员在工作中不断总结和积累经验，使工艺分析和规划更符合实际工件的需要。

1.9 数控工艺粗精加工原则

模具部件形状复杂，加工要求也多种多样，复杂工件的加工可能涉及平面铣削、型腔铣削、曲面轮廓铣和钻孔加工等多种操作，要把握好这些操作，需要在实际加工中体会和总结。

1. 粗加工原则

粗加工应选用直径尽量大的刀具，设定尽可能高的加工速度，粗加工的目标是尽可能去除工件材料，并加工出与模具部件相似的工件。但必须综合考虑刀具性能、工件材料、机床负载和损耗等，从而决定合理的背吃刀量、进给速度、切削速度和刀具转速等参数。

一般来说，粗加工的刀具直径、背吃刀量和步进的值较大，而受机床的负载能力的限制，切削速度和刀具转速较小。

UG粗加工大多情况下使用型腔铣，选择“跟随工件”或“跟随周边”的切削方式，也可以使用面铣和平面铣进行局部的粗加工。

2. 半精加工原则

半精加工是在精加工前进行的准备工作，目的是保证在精加工之前，工件上所有需要精加工的区域的余量基本均匀。如果在粗加工之后，工件表面的余量比较均匀，则不必进行半精加工。

对于平面或曲面工件，经过大直径刀具型腔铣粗加工或平面铣加工之后，可能留下不均匀的余量，一般有下面 4 种情况。

（1）在大直径刀具无法进入的凹槽或窄槽处会留下很大的残留余量。

（2）陡峭面侧壁大刀具无法清到的角落。

（3）在非陡峭面上切削层与层之间留下的台阶余量。

（4）大直径球刀加工不到的小圆角。

半精加工的刀轨形式较为灵活，根据以上的情况，相应的处理方式如下：

（1）使用型腔铣设置残留毛坯加工。

（2）使用型腔铣设置参考刀具进行清角。

（3）使用曲面轮廓铣的区域铣削方式，并设置非陡峭面角度。

（4）使用曲面轮廓铣的清根操作或径向操作，使用小刀具清理未切削材料。

在实际工作中，复杂工件往往是多种情况并存，此时可先采用型腔铣对残留毛坯进行半精加工，然后用型腔铣参考刀具加工，最后根据具体情况，使用等高轮廓铣或曲面轮廓铣进行加工。

3. 精加工原则

半精加工后，工件表面还保留较均匀的切削余量，而这部分余量通过精加工方式加工。通常，曲面都使用曲面轮廓铣实现精加工，设置较大的切削速度、主轴转速和较小的切削步距。而平面工件则不同，粗加工之后使用平面铣和面铣进行精加工，设置较小的切削速度、切削步距和较高的主轴转速。

对于曲面工件，通常采用曲面轮廓铣的区域铣削切削方式，设置一定的步距和加工角度进行加工，但越陡峭的表面加工质量越粗糙，可以通过陡峭面和非陡峭面刀轨、螺旋刀轨、3D 等距刀轨和优化等高刀轨等方式来提高陡峭表面的加工质量。

第2章

UG NX CAM 基础

2.1 UG CAM 主要加工方式及功能特点

UG NX 是 Siemens PLM Software 新一代数字化产品开发系统，它可以通过过程变更来驱动产品革新，独特之处是其知识管理基础，它使得工程专业人员能够推动革新，以创造出更大的利润。

1. UG NX8.0 中文版的主要加工方式及特点

（1）平面铣（Planar Milling） 平面铣用于平面轮廓或平面区域的粗、精加工。刀具平行于工件底面进行多层铣削。每一切削层均与刀轴垂直，各加工部位的侧面与底面垂直。平面铣用边界定义加工区域，切除的材料为各边界投射到底面之间的部分。但是平面铣不能加工底面与侧面不垂直的部位。

（2）型腔铣（Cavity Milling） 型腔铣用于对型腔或型芯进行粗加工。用户根据型腔或型芯的形状，将要切除的部位在深度方向上分成多个切削层进行切削，每个切削层可指定不同的切削深度，并可用于加工侧壁与底面不垂直的部位，但在切削时要求刀轴与切削层垂直。型腔铣在刀路（刀具路径）的同一高度内完成一层切削，遇到曲面时将绕过，并下降一个高度进行下一层的切削，系统按照零件在不同深度的截面形状计算各层的刀具轨迹。

（3）固定轴曲面轮廓铣（Fixed Axis Milling） 固定轴曲面轮廓铣用于对由轮廓曲面形成的区域进行精加工。它允许通过精确控制刀具的轴线和投影矢量，以使刀具沿着非常复杂的曲面轮廓运动。其刀路通过投影导向点到零件表面来产生。

固定轴曲面轮廓铣刀具轨迹的产生过程可以分为两个阶段：首先从驱动几何体上产生驱动点，然后将驱动点沿着一个指定的矢量投影到零件几何体上，产生刀具轨迹点，同时检查该刀具轨迹点是否过切或超差。如果该刀具轨迹点满足要求，则输出该点，并驱动刀具运动；否则放弃该点。

（4）可变轴曲面轮廓铣（Variable Axis Milling） 可变轴曲面轮廓铣模块支持在曲面上的固定和多轴铣功能，完全是 3～5 轴轮廓运动。其刀具方位和曲面的表面质量可以由用户规定。利用曲面参数，通过投射刀轨到曲面上和用任一曲线或点，可以控制刀轨。

（5）顺序铣（Sequential Milling） 顺序铣模块用在用户要求创建刀轨的每一步上。它只在完全进行控制的加工情况下有效。顺序铣是完全相关的，它允许用户构造一段接一段的刀轨，但保留每一个步骤上的总控制。其循环的功能允许用户通过定义内、外轨迹，在曲面上生成多个刀路。

（6）点位加工（Point to Point） 点位加工可产生钻、扩、镗、铰和攻螺纹等操作的加工路径。该加工的特点是：用点作为驱动器的几何规格。可根据需要选择不同的固定循环。

（7）螺纹铣（Thread Milling） 对于一些因为螺纹直径太大，不适合用攻螺纹加工的螺纹，都可以利用螺纹铣加工。螺纹铣利用特别的螺纹铣刀通过铣削的方式加工螺纹。

（8）车削加工（Lathe） 提供为高质量车削零件需要的所有能力。UG NX/Lathe 为了自动更新，其零件几何体与刀轨间是完全相关的，它包括粗车、多刀路精车、车沟槽、车螺纹和中心钻等子程序；输出时可以直接带后处理，产生机床可读的一个源文件；用户控制的参数（除非改变参数保持模态）可以通过生成刀轨和图形显示进行测试。

（9）线切割（Wire EDM） 利用线切割模块可以方便地在二轴和四轴方式中切削零件。线切割支持线框或实体的 UG 模型，在编辑和模型更新中，所有操作是完全相关的。多种类型的线切割操作是有效的，如多刀路轮廓、线反向和区域移去，也允许粘接线停止的轨迹和使用各种线尺寸和功率设置。用户可以使用通用的后处理器，从一个特定的后置中开发出一个加工机床的数据文件。线切割模块也支持许多流行的 EDM 软件包，包括 AGIE Charmil-les 和其他工具。

2. UG NX8.0 中文版数控加工的其他特点

（1）仿真功能 UG NX8.0 数控加工提供了完整的工具，HD 3D 的三维精确描述功能，以及开放、直观的可视化环境，用于对整套加工流程进行模拟和确认。UG NX8.0 拥有一系列可扩展的模拟仿真方案，从机床刀路显示到动态切削模拟，以及完全的机床运动仿真。

1）机床刀路验证。作为 UG NX8.0 的标准功能，用户可以立即重新执行已计算好的机床刀路。UG NX8.0 有一系列显示选择项，包括在毛坯上进行动态切削模拟。

2）机床运动仿真。UG NX8.0 数控加工模块内完整的机床运动仿真可以由 UG NX8.0 后处理程序输出并进行驱动。机床上的三维实体模型以及加工部件、夹具和刀具将会按照加工代码以已经设定好的机床移动方式进行运动。

3）同步显示。使用 UG NX8.0 可以全景或放大模式，动态地观察在完整的机床模拟环境中对毛坯进行动态切削仿真。

4）VCR（录像机）模式控制。UG NX8.0 提供了简单的屏幕按钮以控制模拟显示，与我们所熟悉的录像回放装置中的典型控制一样。

使用仿真功能具有以下优点：

① 缩短在机床上的验证时间。使用 UG NX8.0，程序员无需在机床上进行耗时的检测，只需在计算机上验证部件程序即可。

② 碰撞检测。UG NX8.0 可检测部件、正在加工的毛坯、刀具、刀柄和夹具以及机床结构之间是否存在实际的或接近的碰撞。

③ 输出显示。随着模拟的运行，NC 执行代码将实时显示在滚动屏上。

（2）后处理和车间工艺文档。UG NX8.0 拥有后处理生成器，可以图形方式创建出五轴的后处理程序。运用后处理程序生成器，用户可以指定 NC 编码所需的参数文本用于工厂以及阐释内部 NX 加工机床刀路所需的机床运动参数。

车间工艺文档的编制包括工艺流程图、操作顺序信息和工具列表等，通常需要消耗很多时间，并被公认是最大的流程瓶颈。UG NX8.0 可以自动生成车间工艺文档，并以各种格式进行输出，包括 ASCII 内部局域网的 HTML 格式。

（3）定制编程环境。UG NX8.0 加工编程环境可以由用户自己定制，即用户可以根据自己的工作需要来定制编程环境，排除与工作不相关的功能，简化编程环境，使环境最符合工作需要，以减少过于复杂的编程界面带来的烦恼，有利于提高工作效率。

2.2 UG CAM 界面介绍

1. 进入加工模块

选择菜单中的【开始】下拉框，选择【加工(N)...】模块，如图 2-1 所示，进入加工应用模块。

2. 设置加工环境

选择【加工(N)...】模块后系统出现【加工环境】对话框，如图 2-2 所示，在 CAM 会话配置 列表框中选择 cam_general，在 要创建的 CAM 设置 列表框中选择 cam_general，单击 确定 按钮，进入加工初始化，加工界面如图 2-3 所示。

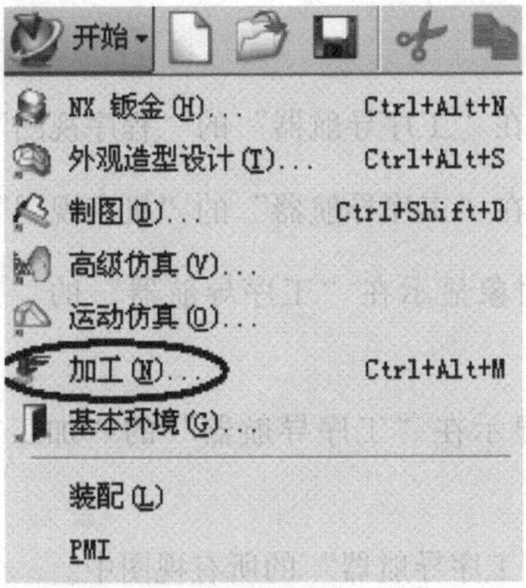
开始
NX 钣金(H)... Ctrl+Alt+N
外观造型设计(T)... Ctrl+Alt+S
制图(D)... Ctrl+Shift+D
高级仿真(V)...
运动仿真(O)...
加工(N)... Ctrl+Alt+M
基本环境(G)...
装配(L)
PMI

图 2-1

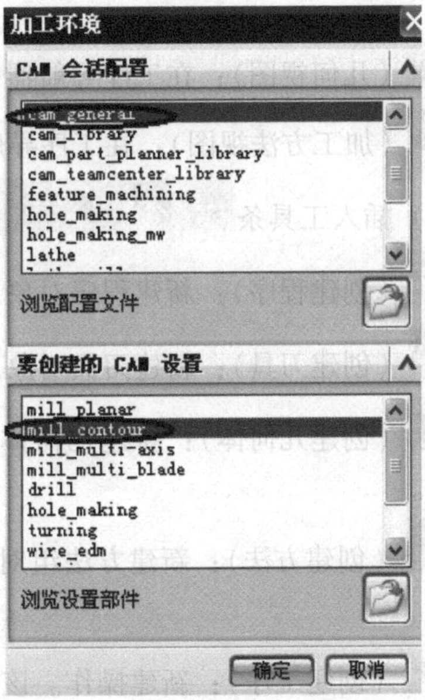
加工环境
CAM 会话配置
cam_general
cam_library
cam_part_planner_library
cam_teamcenter_library
feature_machining
hole_making
hole_making_mw
lathe
浏览配置文件
要创建的 CAM 设置
mill_planar
mill_contour
mill_multi-axis
mill_multi_blade
drill
hole_making
turning
wire_edm
浏览设置部件
确定
取消

图 2-2

3. 工具条

（1）导航器工具条

（程序顺序视图）：在工序导航器中显示程序顺序视图。

（机床视图）：在工序导航器中显示机床视图。

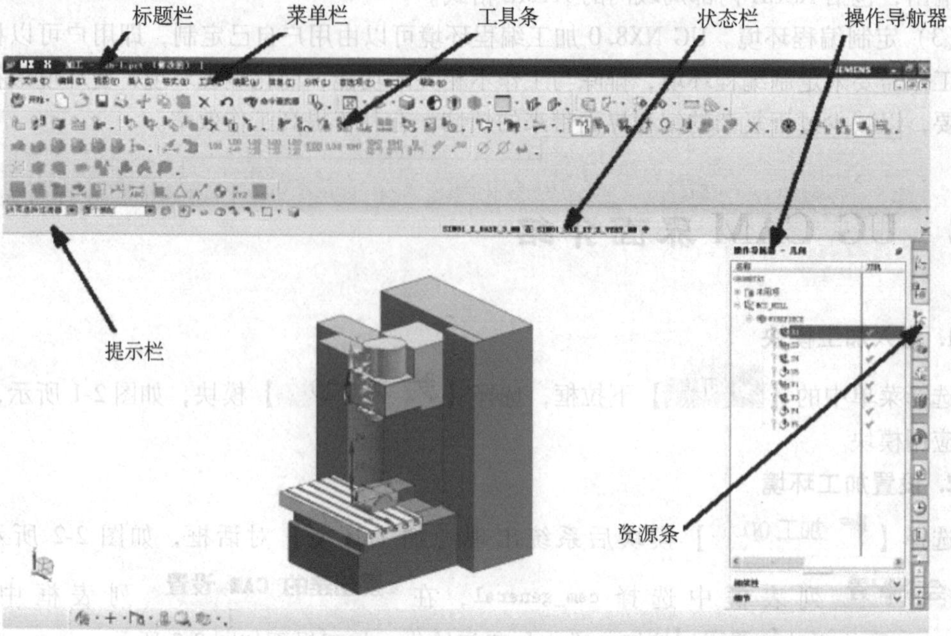
标题栏
菜单栏
工具条
状态栏
操作导航器
提示栏
资源条

图 2-3

（几何视图）：在工序导航器中显示几何视图。

（加工方法视图）：在工序导航器中显示加工方法视图。

（2）插入工具条

（创建程序）：新建程序对象。该对象显示在“工序导航器”的“程序视图”中。

（创建刀具）：新建刀具对象。该对象显示在“工序导航器”的“机床视图”中。

（创建几何体）：新建几何体组对象。该对象显示在“工序导航器”的“几何视图”中。

（创建方法）：新建方法组对象。该对象显示在“工序导航器”的“加工方法视图”中。

（创建工序）：新建操作。该操作显示在“工序导航器”的所有视图中。

（3）操作工具条一：

（生成刀轨）：为选定操作生成刀轨。

（平行生成刀轨）：交互会话继续时，在后台生成所选操作的刀轨。

（编辑刀轨）：为选定操作编辑刀轨。

（删除刀轨）：为选定操作删除刀轨。

（重播刀轨）：在图形窗口中重现选定的刀轨。

（确认刀轨）：确认选定的刀轨并显示刀运动和材料移除。

（列出刀轨）：在信息窗口中列出选定刀轨 GOTO（相对于 MCS）、机床控制信息以及进给率等。

（过切检查）：检查刀具夹持器碰撞和部件过切。

（列出过切）：列出刀具夹持器碰撞和部件过切事例。

（机床仿真）：使用以前定义的机床仿真刀轨。

（后处理）：对选定的刀轨进行后处理。

（车间文档）：创建一个加工操作的报告，其中包括刀具几何体、加工顺序和控制参数。

（批处理）：提供以批处理方式处理与 NC 有关的输出的选项。

（4）操作工具条二：

（编辑对象）：打开选定的对象进行编辑。

（剪切对象）：剪切选定的对象并将其放在剪贴板上。

（复制对象）：将选定的对象复制到剪贴板上。

（粘贴对象）：从剪贴板粘贴对象。

（重命名对象）：重命名工序导航器中的 CAM 对象。

（删除对象）：从工序导航器删除 CAM 对象。

（变换对象）：变换刀轨，同时保留与操作的关联性。

（信息）：在信息窗口中列出对象名称和对象参数。

（显示对象）：在图形窗口中显示选定的对象。

（5）几何体工具条

（分析下拉菜单）单击（小三角）图标，出现如图 2-4 所示的下拉菜单。

（几何体下拉菜单）单击（小三角）图标，出现如图 2-5 所示的下拉菜单。

（曲线下拉菜单）单击（小三角）图标，出现如图 2-6 所示的下拉菜单。

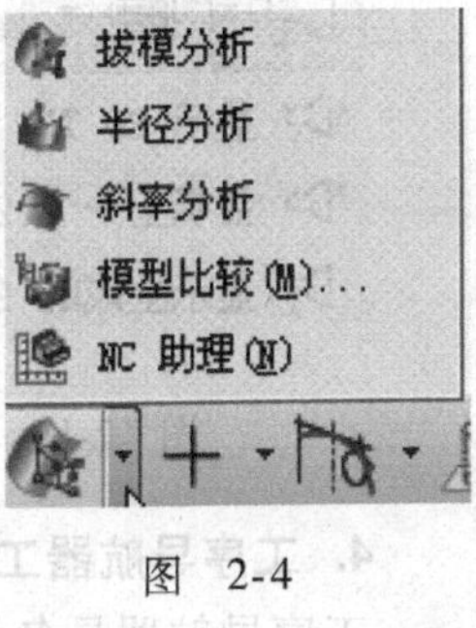
拔模分析
半径分析
斜率分析
模型比较(M)...
NC 助理(N)

图 2-4

（修补开口）：创建片体，以将开口插入到一组面中。

（同步建模工具条）：显示同步建模工具条。

（预处理几何体下拉菜单）单击（小三角）图标，出现如图 2-7 所示的下拉菜单。

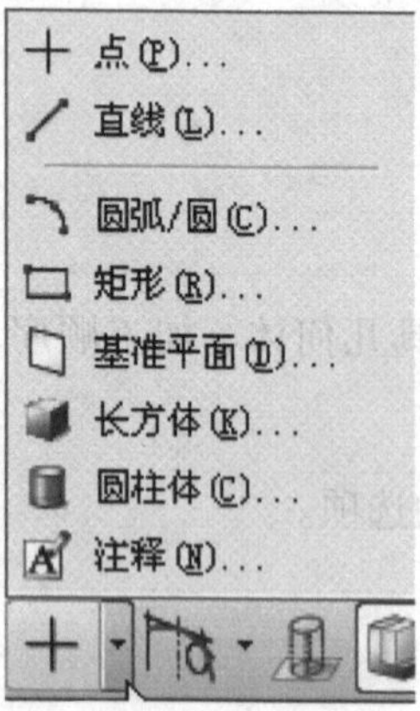

点(P)...
直线(L)...
圆弧/圆(C)...
矩形(R)...
基准平面(D)...
长方体(K)...
圆柱体(C)...
注释(N)...

图　2-5

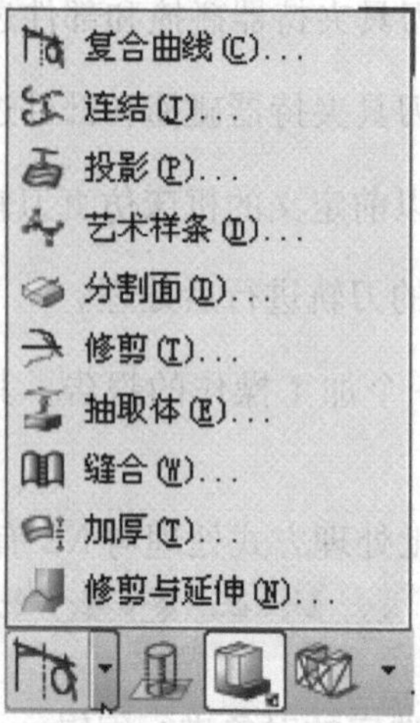

复合曲线(C)...
连结(J)...
投影(P)...
艺术样条(D)...
分割面(D)...
修剪(T)...
抽取体(E)...
缝合(W)...
加厚(T)...
修剪与延伸(N)...

图　2-6

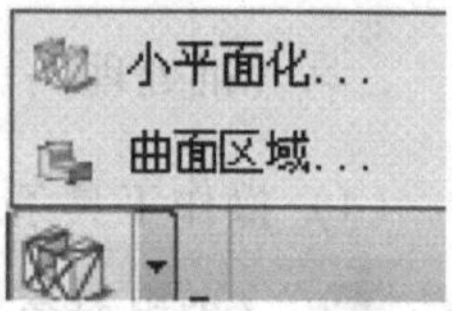

小平面化...
曲面区域...

图　2-7

（6）工件工具条（显示操作过程中的工件形状）

（显示 2D IPW 下拉菜单）单击（小三角）图标，出现如图 2-8 所示的下拉菜单。

（显示填充 2D IPW 下拉菜单）单击（小三角）图标，出现如图 2-9 所示的下拉菜单。

（3D IPW 下拉菜单）单击（小三角）图标，出现如图 2-10 所示的下拉菜单。

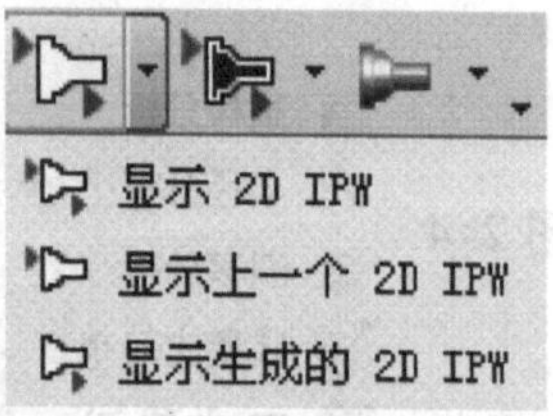

显示 2D IPW
显示上一个 2D IPW
显示生成的 2D IPW

图　2-8

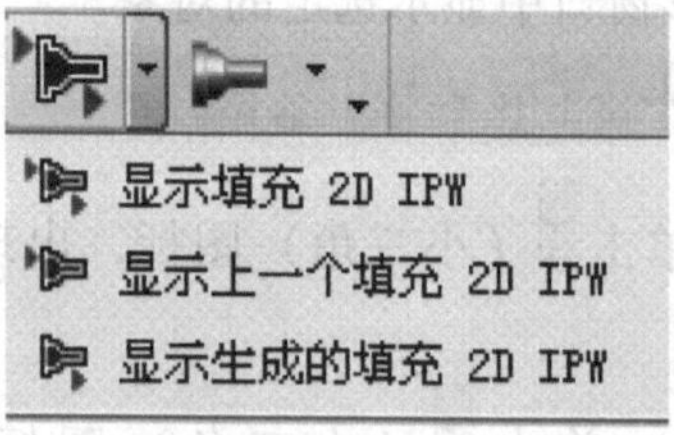

显示填充 2D IPW
显示上一个填充 2D IPW
显示生成的填充 2D IPW

图　2-9

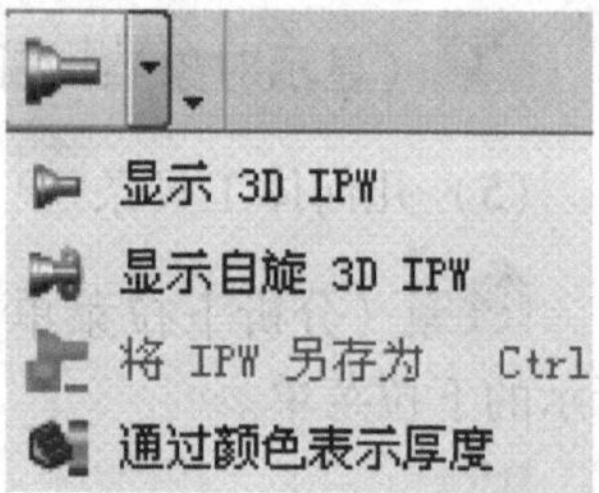

显示 3D IPW
显示自旋 3D IPW
将 IPW 另存为 Ctrl
通过颜色表示厚度

图　2-10

4. 工序导航器工具视图

工序导航器是各加工模块的入口位置，是用户进行交互编辑操作的图形界面，它以树形结构显示程序顺序、加工方法、几何对象、机床（刀具）等对象，以及他们的从属关系。

在资源条单击（工序导航器）图标，可以打开或关闭工序导航器工具。单击导航器中各节点前的展开号（+）或折叠号（-），可展开或折叠各节点包含的对象。

工序导航器工具可以显示四种视图，它们分别是：程序顺序视图、机床视图、几何视图、加工方法视图。通过导航器工具条中四个命令控制显示哪种视图。

（1）程序顺序视图　程序顺序视图如图 2-11 所示，在该视图中每个操作名称的后面显示了该操作的相关信息。“换刀”列显示该操作相对于前一个操作是否更换刀具，若是更换了将显示一个（刀具符号）；刀轨列显示该操作对应的刀路是否生成，如果生成则显示“✔”符号。若是通过其他操作转换得来，将显示“↪”符号；除此以外，还显示了该操作所使用的刀具、刀具号、时间、几何体、方法的名称。

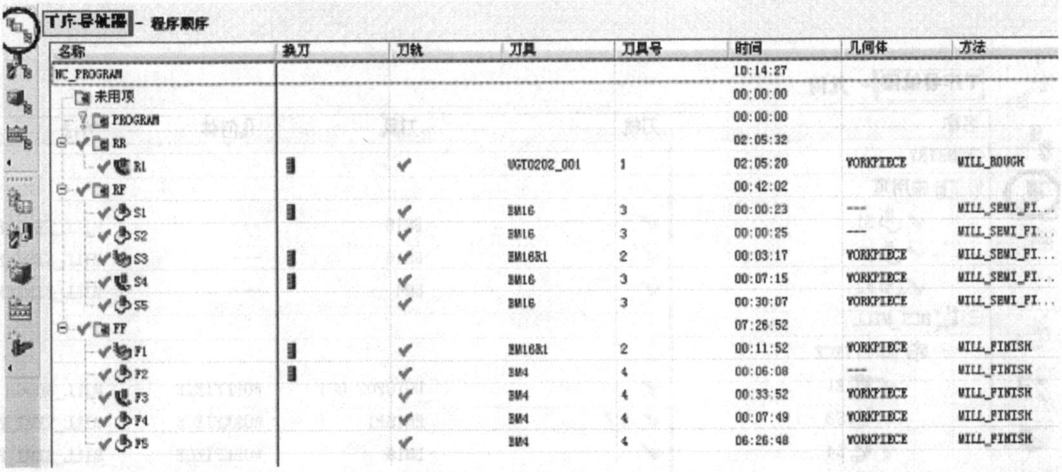
工序导航器 - 程序顺序
名称 换刀 刀轨 刀具 刀具号 时间 几何体 方法
NC_PROGRAM 10:14:27
未用项 00:00:00
PROGRAM 00:00:00
RR 02:05:32
R1 UGT0202_001 1 02:05:20 WORKPIECE MILL_ROUGH
RF 00:42:02
S1 BM16 3 00:00:23 --- MILL_SEMI_FI...
S2 BM16 3 00:00:25 --- MILL_SEMI_FI...
S3 BM16R1 2 00:03:17 WORKPIECE MILL_SEMI_FI...
S4 BM16 3 00:07:15 WORKPIECE MILL_SEMI_FI...
S5 BM16 3 00:30:07 WORKPIECE MILL_SEMI_FI...
FF 07:26:52
F1 BM16R1 2 00:11:52 WORKPIECE MILL_FINISH
F2 BM4 4 00:06:08 --- MILL_FINISH
F3 BM4 4 00:33:52 WORKPIECE MILL_FINISH
F4 BM4 4 00:07:49 WORKPIECE MILL_FINISH
F5 BM4 4 06:26:48 WORKPIECE MILL_FINISH

图　2-11

（2）机床视图　机床视图如图 2-12 所示，该视图按加工刀具来组织各个操作，其中列

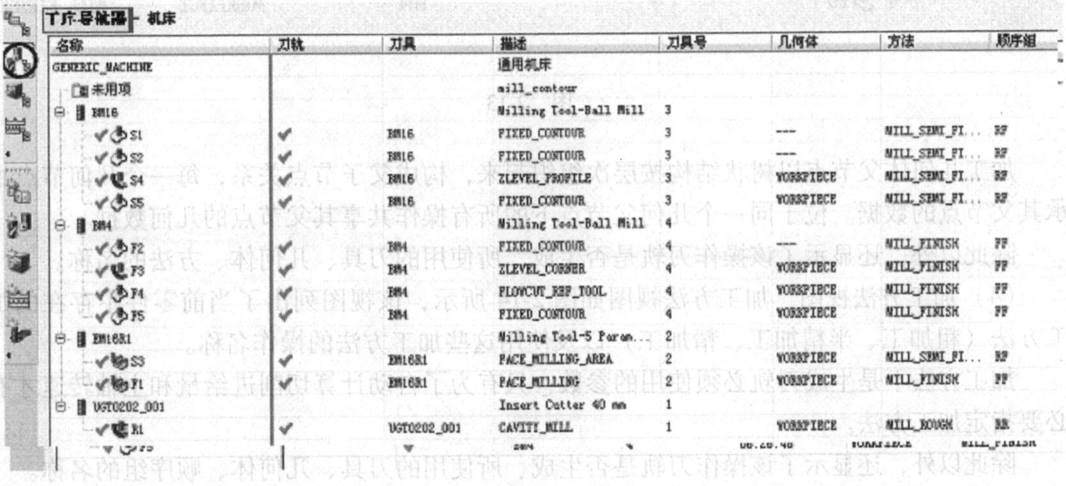
工序导航器 - 机床
名称 刀轨 刀具 描述 刀具号 几何体 方法 顺序组
GENERIC_MACHINE 通用机床
未用项 mill_contour
BM16 Milling Tool-Ball Mill 3
S1 BM16 FIXED_CONTOUR 3 --- MILL_SEMI_FI... RF
S2 BM16 FIXED_CONTOUR 3 --- MILL_SEMI_FI... RF
S4 BM16 ZLEVEL_PROFILE 3 WORKPIECE MILL_SEMI_FI... RF
S5 BM16 FIXED_CONTOUR 3 WORKPIECE MILL_SEMI_FI... RF
BM4 Milling Tool-Ball Mill 4
F2 BM4 FIXED_CONTOUR 4 --- MILL_FINISH FF
F3 BM4 ZLEVEL_CORNER 4 WORKPIECE MILL_FINISH FF
F4 BM4 FLOWCUT_REF_TOOL 4 WORKPIECE MILL_FINISH FF
F5 BM4 FIXED_CONTOUR 4 WORKPIECE MILL_FINISH FF
BM16R1 Milling Tool-5 Paran... 2
S3 BM16R1 FACE_MILLING_AREA 2 WORKPIECE MILL_SEMI_FI... RF
F1 BM16R1 FACE_MILLING 2 WORKPIECE MILL_FINISH FF
UGT0202_001 Insert Cutter 40 mm 1
R1 UGT0202_001 CAVITY_MILL 1 WORKPIECE MILL_ROUGH RR

图　2-12

出了当前零件中存在的各种刀具以及使用这些刀具的操作名称，一个操作只能使用一把刀具。

在该视图中每个刀具就是个刀具父节点，其下面的操作都可以通过剪切和粘贴来改变其在刀具父节点下的位置，将一个操作从一把刀具下移到另一把刀具下，实际上就是改变了操作所使用的刀具。

除此以外，还显示了该操作刀轨是否生成、所使用的刀具、描述、刀具号、几何体、方法、顺序组的名称。

（3）几何视图　几何视图如图 2-13 所示，该视图列出当前零件存在的几何体父节点组和坐标系，以及使用这些几何体组合坐标系的操作名称和相关操作信息。加工几何体父节点就是生成刀轨所需要指定的几何数据，它们是操作参数的主要组成部分。比如，一个型腔铣操作最基本需要指定加工坐标系（MCS）、毛坯几何体和部件几何体。

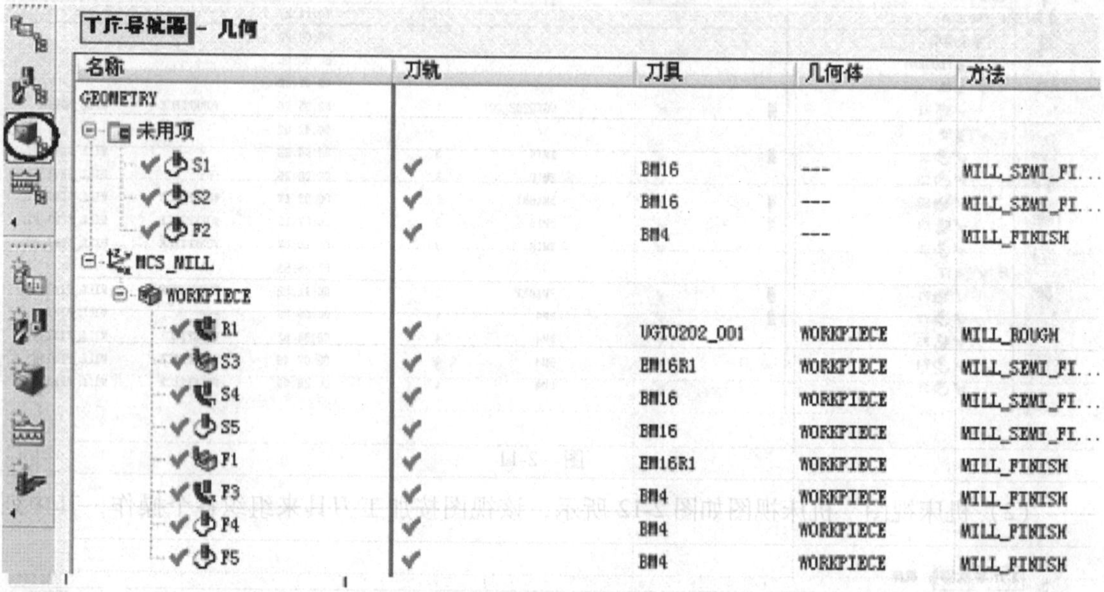
工序导航器 - 几何
名称
刀轨
刀具
几何体
方法
GEOMETRY
未用项
S1
BM16

MILL_SEMI_FI...
S2
BM16

MILL_SEMI_FI...
F2
BM4

MILL_FINISH
MCS_MILL
WORKPIECE
R1
UGT0202_001
WORKPIECE
MILL_ROUGH
S3
BM16R1
WORKPIECE
MILL_SEMI_FI...
S4
BM16
WORKPIECE
MILL_SEMI_FI...
S5
BM16
WORKPIECE
MILL_SEMI_FI...
F1
EM16R1
WORKPIECE
MILL_FINISH
F3
BM4
WORKPIECE
MILL_FINISH
F4
BM4
WORKPIECE
MILL_FINISH
F5
BM4
WORKPIECE
MILL_FINISH

图　2-13

加工几何体父节点以树状结构按层次组织起来，构成父子节点关系，每一个几何节点继承其父节点的数据。位于同一个几何父节点下的所有操作共享其父节点的几何数据。

除此以外，还显示了该操作刀轨是否生成、所使用的刀具、几何体、方法的名称。

（4）加工方法视图　加工方法视图如图 2-14 所示，该视图列出了当前零件中存在的加工方法（粗加工、半精加工、精加工）以及使用这些加工方法的操作名称。

加工方法不是生成刀轨必须使用的参数，只有为了自动计算切削进给量和主轴转速才有必要指定加工方法。

除此以外，还显示了该操作刀轨是否生成、所使用的刀具、几何体、顺序组的名称。

其中的列选项可以通过选择列标题，单击右键来勾选各选项，如图 2-15 所示。

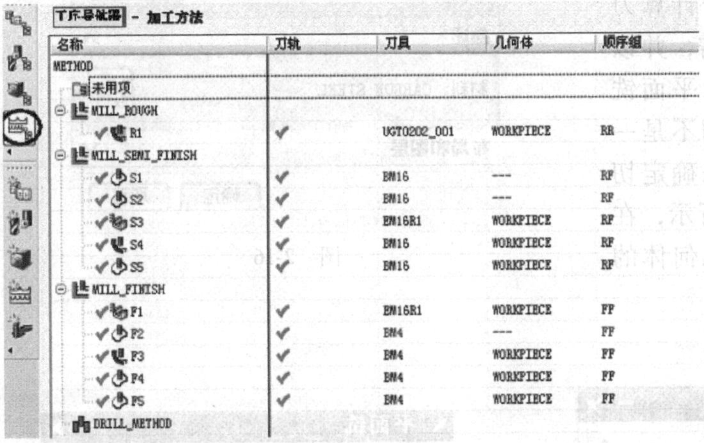
工序导航器 - 加工方法
名称
刀轨
刀具
几何体
顺序组
METHOD
未用项
MILL_ROUGH
R1
UGT0202_001
WORKPIECE
RR
MILL_SEMI_FINISH
S1
BM16
RF
S2
S3
BM16R1
S4
S5
MILL_FINISH
F1
F2
BM4
F3
F4
F5
FF
DRILL_METHOD

图 2-14

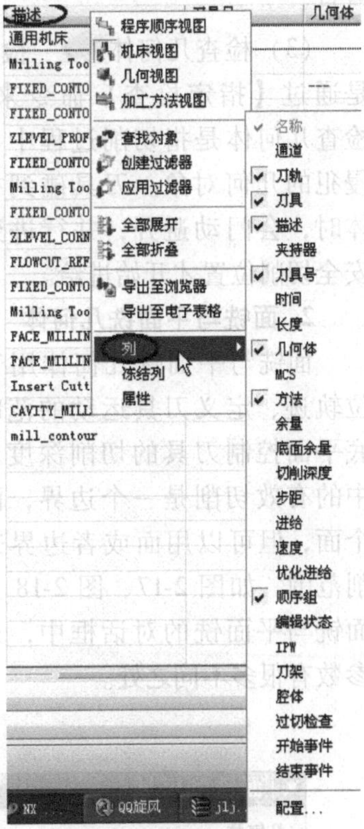
描述
通用机床
程序顺序视图
机床视图
几何视图
加工方法视图
查找对象
创建过滤器
应用过滤器
全部展开
全部折叠
导出至浏览器
导出至电子表格
列
冻结列
属性
名称
通道
刀轨
刀具
描述
夹持器
刀具号
时间
长度
几何体
MCS
方法
余量
底面余量
切削深度
步距
进给
速度
优化进给
顺序组
编辑状态
IPW
刀架
腔体
过切检查
开始事件
结束事件
配置...

图 2-15

2.3 UG 数控加工几何体类型

几何体用来指定加工区域和设置对加工边界及区域进行限制加工的参数，其中的各个参数都是通用的，无论是平面铣还是型腔铣，相同的几何体所代表的意思都是相同的。

1. WORKPIECE 几何体

WORKPIECE 几何体又称为铣削几何体，它包括部件几何体、毛坯几何体和检查几何体，如图 2-16 所示。

（1）部件几何体 部件几何体用来指定加工的轮廓表面，通常直接选择部件被加工后的实际表面。部件几何体可以是实体、曲面、曲线。直接选择实体或者实体表面作为部件几何体，可以保持加工刀轨与几何体的相关性。部件几何体是有界的，即刀具只能定位在指定部件几何体上的已存位置上（包括边界），而不能定位在其扩展的表面上。一般情况下指定绘图区域内的加工零件为部件几何体。

（2）毛坯几何体 毛坯几何体用来指定加工毛坯范围的参数，可以通过建模把毛坯绘制出来，或利用【指定毛坯】自带的【自动块】功能来创建毛坯。一般情况下，毛坯是一个实体。在进行二维模拟切削时，一定要指定毛坯才可以进行模拟切削，否则将出现警告。

（3）检查几何体 检查几何体是通过【指定检查】命令来实现的。检查几何体是指切削过程中刀具不能侵犯的几何对象。刀具碰到检查几何体时，会门动避开，并行进到下一个安全切削位置才开始进给。

2. 面铣与平面铣几何体

面铣与平面铣几何体用于计算刀位轨迹、定义刀具运动的范畴，并以底平面控制刀具的切削深度。平面铣中的有效切削是一个边界，而不是一个面，但可以用面或者边界来确定切削范围。如图 2-17、图 2-18 所示，在面铣与平面铣的对话框中，几何体的参数有很多不同之处。

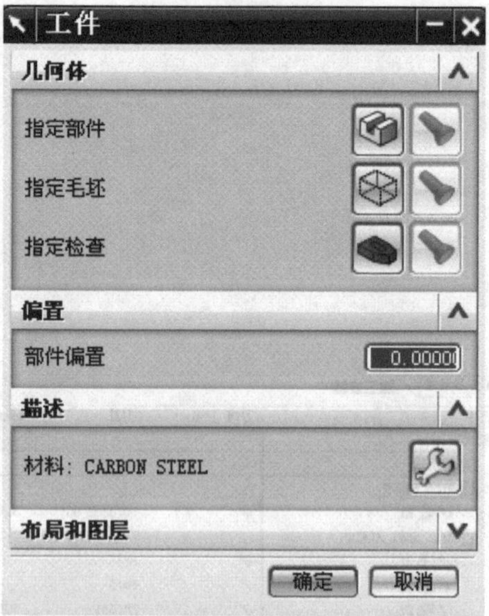
工件
几何体
指定部件
指定毛坯
指定检查
偏置
部件偏置
0.0000
描述
材料：CARBON STEEL
布局和图层
确定
取消

图 2-16

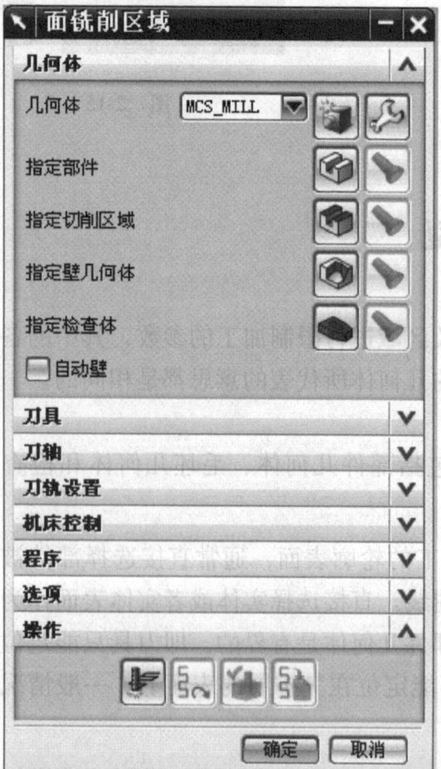
面铣削区域
几何体
几何体
MCS_MILL
指定部件
指定切削区域
指定壁几何体
指定检查体
自动壁
刀具
刀轴
刀轨设置
机床控制
程序
选项
操作
确定
取消

图 2-17

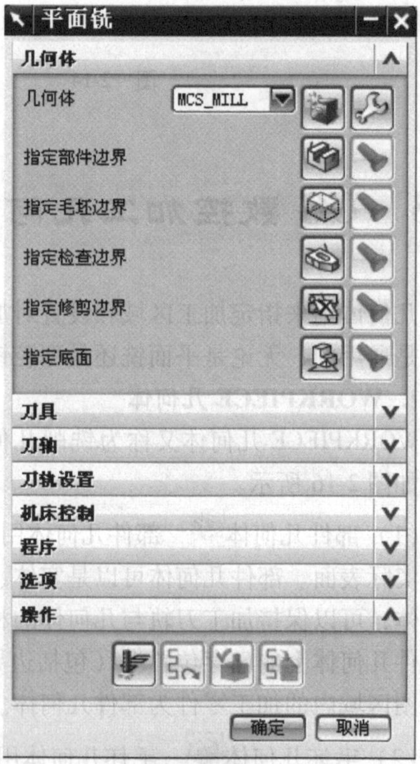
平面铣
几何体
几何体
MCS_MILL
指定部件边界
指定毛坯边界
指定检查边界
指定修剪边界
指定底面
刀具
刀轴
刀轨设置
机床控制
程序
选项
操作
确定
取消

图 2-18

（1）部件 它与 WORKPIECE 几何体中的部件几何体相同。

（2）面边界 面边界是指在面铣中指定面铣加工范围的参数，可以通过平面、曲线和点来指定加工范围。

（3）检查体 检查体与 WORKPIECE 几何体中的检查几何体相同。

（4）检查边界 检查边界用于描述刀具不能碰撞的区域，如夹具和压板的位置。检查边界的定义和毛坯边界定义的方法是一样的。注意：没有敞开的边界，只有封闭的边界。用户可以指定检查边界的余量来定义刀具离开检查边界的距离。当刀具碰到检查几何体时，可以在检查边界的周围产生刀轨，也可以产生退刀运动这可以根据需要在【切削参数】对话框中设置。

（5）部件边界 部件边界就是用于表示加工零件的几何对象，也就是描述完成的零件。它控制刀具运动的范围，是系统计算刀轨的重要依据。可以通过选择面、曲线和点来定义部件边界。面是作为一个封闭的边界来定义的，其材料侧为内部保留或者外部保留。当通过曲线和点来定义部件边界时，边界有开放和封闭之分。对于封闭的边界，其材料侧为内部保留或者外部保留；对于开放的边界，其材料侧为左侧保留或右侧保留。

（6）毛坯边界 毛坯边界就是用于表示被加工零件的毛坯的几何对象，也就是用于描述将要被加工的材料的范围。毛坯边界的定义和部件边界定义的方法相似，只是毛坯边界只有封闭的边界。当部件边界和毛坯边界都定义时，系统根据毛坯边界和部件边界共同定义的区域（即两种边界相交的区域）定义刀具运动的范围。利用这一特性，可以进一步控制刀具运动的范围。

（7）修剪边界 修剪边界用于进一步控制刀具的运动范围。修剪边界的定义方法和部件边界的定义是一样的，与部件边界一同使用时，可对由部件边界生成的刀轨做进一步的修剪。修剪的材料侧可以是内部的、外部的或者是左侧的、右侧的。

（8）底面 底面是用于指定平面铣床加工最低高度的参数。

3. 型腔铣、固定轴铣、可变曲面轮廓铣几何体

在型腔铣、固定轴铣、可变曲面轮廓铣几何体中，大部分的几何体所指的参数和平面铣中的相同。其中不同的只有（切削区域）几何体，如图 2-19、图 2-20 所示。

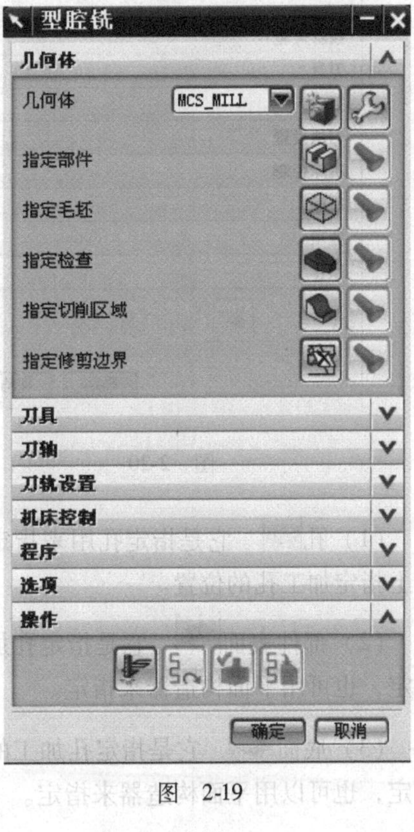
型腔铣
几何体
几何体
MCS_MILL
指定部件
指定毛坯
指定检查
指定切削区域
指定修剪边界
刀具
刀轴
刀轨设置
机床控制
程序
选项
操作
确定
取消

图 2-19

（1）部件 它与 WORKPIECE 几何体中的部件几何体相同。

（2）毛坯 它与 WORKPIECE 几何体中的

毛坯几何体相同。

（3）检查体 它与 WORKPIECE 几何体中的检查几何体相同。

（4）切削区域 它表示加工区域。使用切削区域来创建局部的铣削操作，可以选择部件上特定的面来包含切削区域，而不需要选择整个实体，这样可以省去剪切边界这一操作。

（5）修剪边界 它与平面铣几何体中的修剪边界相同。

4. 钻削几何体

钻削几何体中包括孔、部件表面和底面三个几何体参数，如图 2-21 所示。

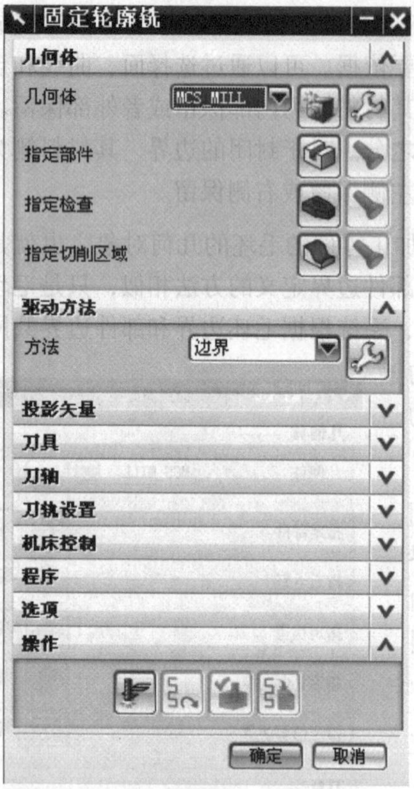
固定轮廓铣
几何体
几何体
MCS_MILL
指定部件
指定检查
指定切削区域
驱动方法
方法
边界
投影矢量
刀具
刀轴
刀轨设置
机床控制
程序
选项
操作
确定
取消

图 2-20

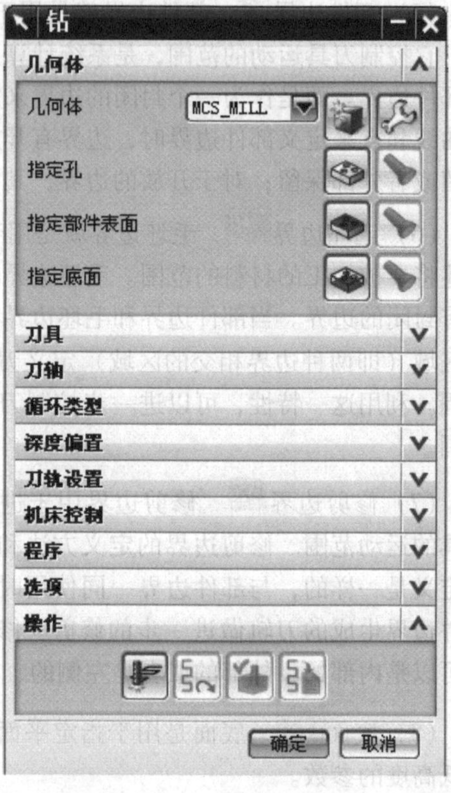
钻
几何体
几何体
MCS_MILL
指定孔
指定部件表面
指定底面
刀具
刀轴
循环类型
深度偏置
刀轨设置
机床控制
程序
选项
操作
确定
取消

图 2-21

（1）孔 它是指定孔用来指定钻孔的位置。UG 提供了各种点捕捉方式来实现在模型上指定加工孔的位置。

（2）部件表面 它是指定孔加工的起始面，也就是顶面。可以选择模型上的平面来指定，也可用平面构造器来指定。

（3）底面 它是指定孔加工的终止面，也就是加工底面。可以选择模型上的平面来指定，也可以用平面构造器来指定。

2.4 UG 加工余量的设置

工件的数控加工一般要经过粗加工、半精加工和精加工等工序，创建每一个操作时都需要为下一个操作或工序保留加工余量。UG NX 提供了多种定义余量的方式。

（1）部件余量：在工件所有的表面上指定剩余材料的厚度值，如图 2-22 所示。

（2）部件侧面余量：在工件的侧边上指定剩余材料的厚度值。在每一切削层上，它是在水平方向测量的数值，应用于工件的所有表面，如图 2-23 所示。

（3）部件底面余量：在工件的底面上指定剩余材料的厚度值。它是在刀具轴线方向测量的数值，只应用于工件上的水平表面，如图 2-24 所示。

（4）检查余量：指定切削时刀具离开检查几何体的距离，如图 2-25 所示。将一些重要的加工面或者夹具设置为检查几何体，设置余量可以起到安全保护作用。

（5）修剪余量：指定切削时刀具离开修剪几何体的距离，如图 2-26 所示。

（6）毛坯余量：指定切削时刀具离开毛坯几何体的距离。毛坯余量可以使用负值，所以使用毛坯余量可以放大或缩小毛坯几何体，如图 2-27 所示。

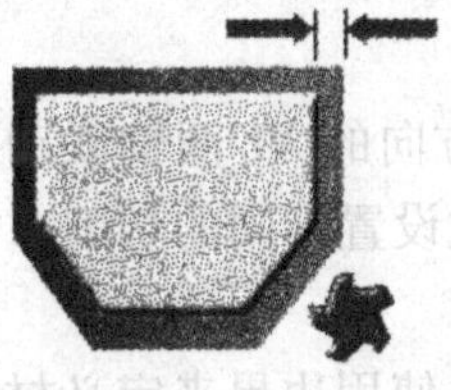

图 2-22　部件余量

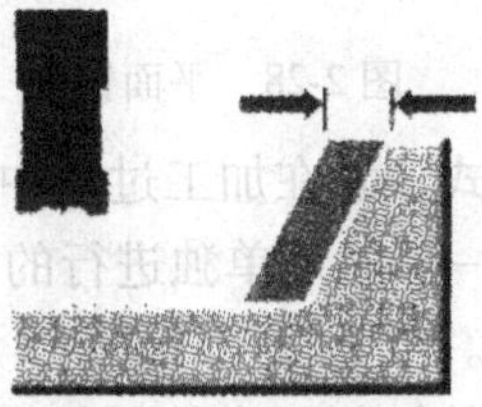

图 2-23　部件侧面余量

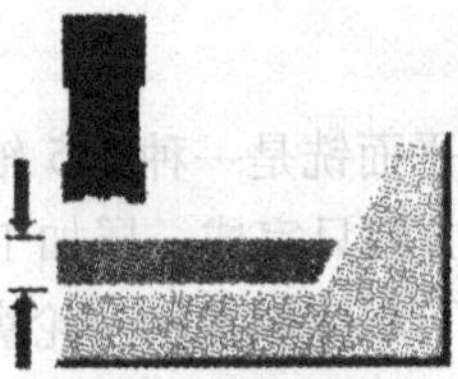

图 2-24　部件底面余量

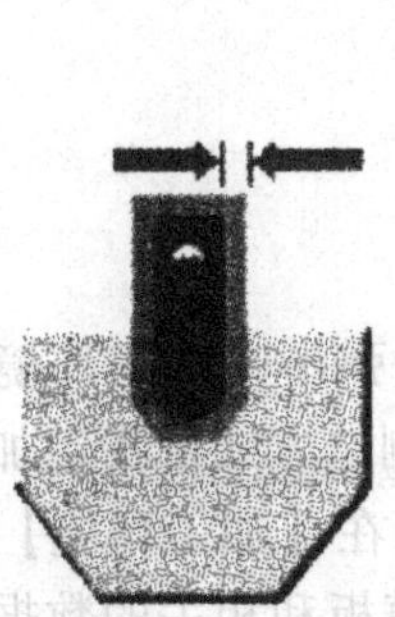

图 2-25　检查余量

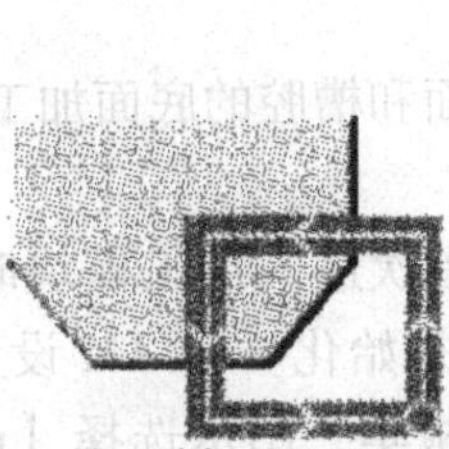

图 2-26　修剪余量

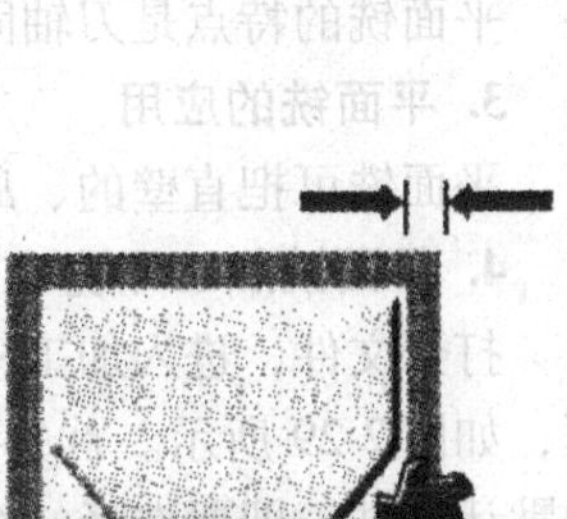

图 2-27　毛坯余量

在切削参数中，还需要说明另外一个参数：毛坯距离。

毛坯距离：在工件边界或者工件几何体上增加一个偏置距离，而产生的新的边界或几何体作为新定义的毛坯几何体。此偏置距离即为毛坯距离。

2.5 UG NX 数控加工常用技术

2.5.1 平面铣（Planar Milling）加工技术

1. 平面铣概述

平面铣操作可以创建除去平面层中的材料量的刀轨，这种操作类型最常用于粗加工，为精加工操作做准备；也可以用于精加工零件的表面及垂直于底平面的侧面。平面铣可以不做出完整的造型，而只依据二维图形直接生成刀路，如图 2-28 所示。

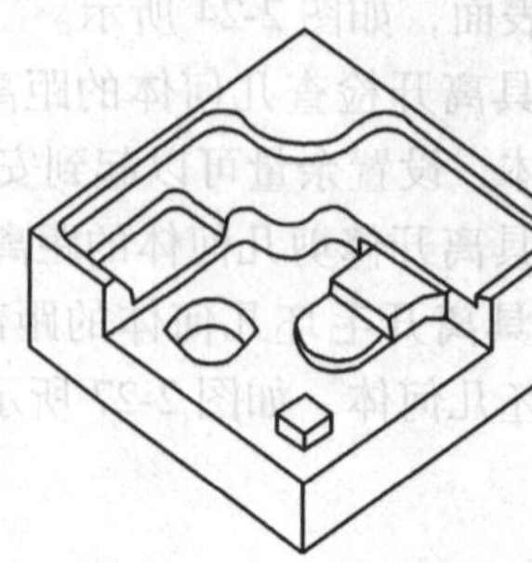

图 2-28　平面铣削

平面铣是一种 2.5 轴的加工方式，它在加工过程中产生水平方向的 *XY* 两轴联动，而在 *Z* 轴方向只完成一层加工后进入下一层时才单独进行的动作。通过设置不同的切削方法，平面铣可以完成挖槽及轮廓外形加工。

平面铣可除去那些垂直于刀轴的切削层中的材料。“平面铣”使用边界来定义材料；用于切削具有竖直壁的部件以及垂直于刀杆的平面岛和底面。

2. 平面铣的特点

平面铣的特点是刀轴固定，底面是平面，各侧面垂直底面。

3. 平面铣的应用

平面铣可把直壁的、岛屿的顶面和槽腔的底面加工为平面。

4. 平面铣加工环境

打开文件，进入加工模块。当首次进入加工模块时，系统将会弹出【加工环境】对话框，如图 2-29 所示。首先要求进行初始化。【CAM 设置】需要在制造方式中指定加工设定的默认文件，即要选择一个加工模板集，图示选择【mill-planar】。在【加工环境】对话框中单击【确定】按钮，系统则根据指定的加工配置，调用平面铣模板和相关的数据进行加工环境的初始化。

5. 平面铣各子类型功能

选择菜单中的【插入(S)】/【操作(E)...】命令或在【插入】工具条中选择（创建工序）图标，出现【创建工序】对话框，如图 2-30 所示。

平面铣各常用子类型功能的说明见表 2-1。

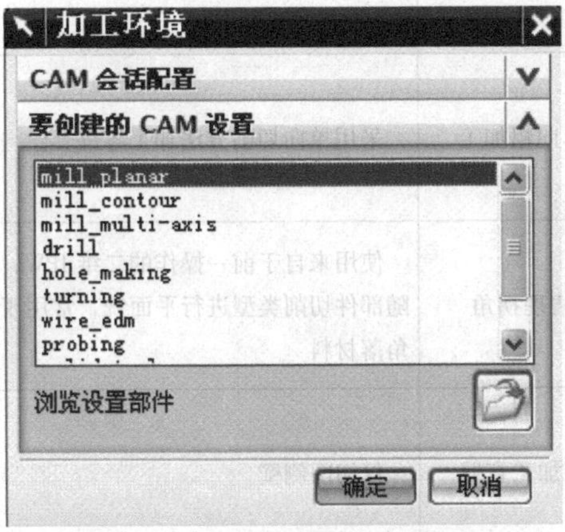
加工环境
CAM 会话配置
要创建的 CAM 设置
mill_planar
mill_contour
mill_multi-axis
drill
hole_making
turning
wire_edm
probing
浏览设置部件
确定
取消

图 2-29 ［加工环境］对话框

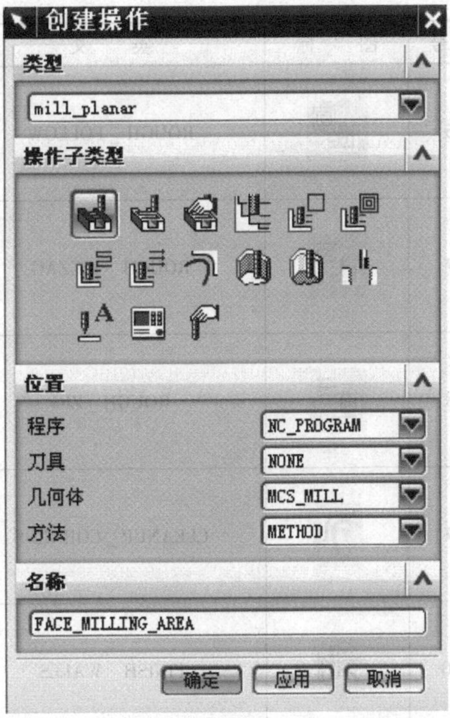
创建操作
类型
mill_planar
操作子类型
位置
程序
NC_PROGRAM
刀具
NONE
几何体
MCS_MILL
方法
METHOD
名称
FACE_MILLING_AREA
确定
应用
取消

图 2-30

表 2-1 平面铣各常用子类型功能的说明

序号	图 标	英 文	中 文	说 明
1		FACE _ MILLING _ AREA	面铣削区域	面铣区域分为部件几何体、切削区域、壁几何体、检查几何体和自动壁面选择等区域
2		FACE _ MILLING	面铣	基本的面切削操作，用于切削实体上的平面
3		FACE _ MILLING _ MANUAL	手工面铣削（混合切削）	仅铣削平面的工艺，需要定义刀轨
4		PLANAR _ MILLING	平面铣	通用的平面铣工艺，允许选择不同的切削方法
5		ROUGH _ PROFILE	平面轮廓铣	特殊的二维轮廓铣切削类型，用于在不定义毛坯的情况下进行轮廓铣，常用于修边

（续）

序号	图 标	英 文	中 文	说 明
6		ROUGH _ FOLLOW	跟随轮廓粗加工	采用跟随工件切削方法加工零件
7		ROUGH _ ZIGZAG	往复粗加工	采用往复式切削方法加工零件
8		ROUGH _ ZIG	单向粗加工	采用单向切削方法加工零件
9		CLEANUP _ CORNERS	清理拐角	使用来自于前一操作的二维 IPW，按跟随部件切削类型进行平面铣，常用于清除角落材料
10		FINISH _ WALLS	精加工直壁	仅切削侧壁
11		FINISH _ FLOOR	精加工底面	仅切削底面
12		THREAD _ MILLING	螺纹铣	使用螺纹切削铣削螺纹孔
13		PLANAR _ TEXT	平面文本刻字	切削制图注释中的文字，用于二维雕刻
14		MILL _ CONTROL	切削控制	建立机床控制操作，添加相关后处理命令
15		MILL _ USER	铣削自定义方式	自定义参数建立操作

2.5.2 型腔铣（Cavity Milling）加工技术

1. 型腔铣概述

型腔铣是三轴加工，适用于非直壁的、岛屿的顶面和槽腔的底面为平面或曲面的零件加工，尤其适用于模具的型腔或型芯的粗加工，以及其他带有复杂曲面的零件的粗加工。

型腔铣的加工特征是刀路在同一个高度内完成一层切削，遇到曲面时将绕过，然后下降一个高度进行下一层的切削。系统按照零件在不同深度的截面形状，计算各层的刀路。

型腔铣的原理是：切削刀轨在垂直于刀轴的平面内，通过多层的逐层切削材料的加工方法进行加工。其中每一层刀轨称为一个切削层，每一个刀轨都是二轴刀轨。

2. 型腔铣的特点

型腔铣操作与平面铣一样是在与 XY 平面平行的切削层上创建刀轨，其操作有以下特点：

1）刀轨为层状，切削层垂直于刀杆，一层一层进行切削。

2）采用边界、面、曲线或实体定义要切除的材料（刀具切削运动区域，定义部件几何体和毛坯几何体），在实际应用中大多数采用实体。

3）切削效率高，但会在零件表面上留下层状余料，因此型腔铣主要用于粗加工。某些型腔铣操作也可以用于精加工。

4）可以适用于带有倾斜侧壁、陡峭曲面及底面为曲面的工件的粗加工与精加工。典型零件如模具的动模、顶模及各类型框等。

5）刀轨创建容易，只要指定零件几何体和毛坯几何体，即可生成刀轨。

6）型腔铣的特点是：刀轴固定，底面可以是曲面，侧壁可以不垂直于底面。

3. 型腔铣的应用

型腔铣可把非直壁的、岛屿的顶面，以及槽腔的底面加工为平面或曲面。在很多情况下，型腔铣可以代替平面铣。型腔铣在数控加工应用中最为广泛，可用于大部分粗加工及有直壁或者斜度不大的侧壁的精加工；通过限定高度值，只加工一层，型腔铣也可用于平面的精加工及清角加工等。

4. 型腔铣加工环境

打开文件，进入加工模块。当一个工件首次进入加工模块时，系统将会弹出【加工环境】对话框，如图 2-31 所示。首先要求进行初始化。【CAM 设置】需在制造方式中指定加工设定的默认文件，即要选择一个加工模板集，图示选择【mill _ contourl】。在【加工环境】对话框中单击【确定】按钮，系统则根据指定的加工配置，调用型腔铣模板和相关的数据进行加工环境的初始化（见图 2-32）。

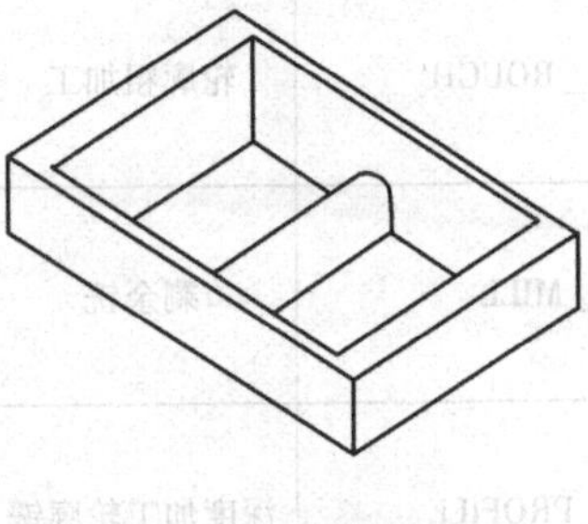

图 2-31 型腔铣

5. 型腔铣各子类型功能（见图 2-33）

型腔铣各常用子类型功能的说明见表 2-2。

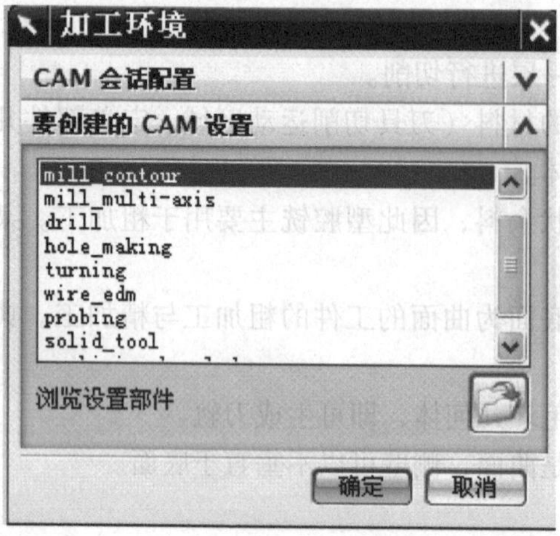
加工环境
CAM 会话配置
要创建的 CAM 设置
mill_contour
mill_multi-axis
drill
hole_making
turning
wire_edm
probing
solid_tool
浏览设置部件
确定
取消

图 2-32

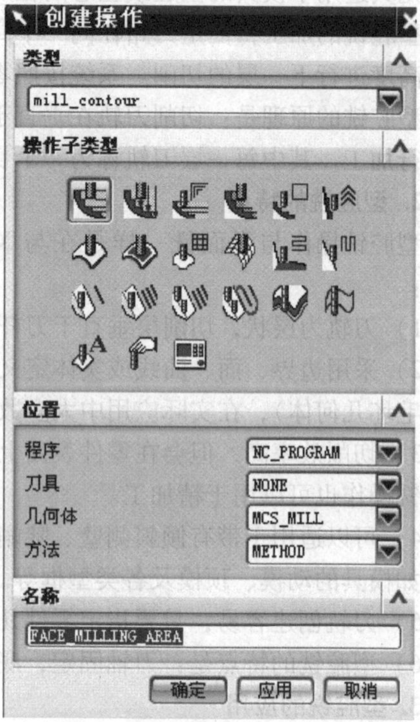
创建操作
类型
mill_contour
操作子类型
位置
程序
NC_PROGRAM
刀具
NONE
几何体
MCS_MILL
方法
METHOD
名称
FACE_MILLING_AREA
确定
应用
取消

图 2-33

表 2-2　型腔铣各常用子类型功能的说明

序号	图　标	英　文	中　文	说　明
1		CAVITY _ MILL	型腔铣	基本型腔铣操作，创建后可以选择不同的走刀方式，多用于除去毛坯或 IPW 过程毛坯，带有计多平面铣削模式
2		PLUNGE _ MILL	插铣	从 UG NX4.0 开始增加的功能，用于深腔模的插铣操作，可以快速除去毛坏材料，对刀具和机床的刚度有很高的要求，一般较少使用
3		CORNER _ ROUGH	轮廓粗加工	轮廓清根粗加工，主要对角落粗加工操作，用于手动或自动选取工件的角落粗铣操作
4		REST _ MILL	剩余铣	参考切削，从基本型腔铣操作中独立来的功能，对粗加工留下的余量进行二次开粗
5		ZLEVEL _ PROFILE	深度加工轮廓铣	等高轮廓铣是一种固定轴铣操作，通过切削多个切削层来加工零件实体轮廓和表面轮廓
6		ZLEVEL _ CORNER	深度加工拐角	角落等高轮廓铣，以等高方式清根加工

2.5.3 固定轴曲面轮廓铣（Fixed Axis Milling）加工技术

1. 固定轴曲面轮廓铣的概述

固定轴曲面轮廓铣是用于精加工由轮廓曲面形成的区域的加工方式。它允许通过投影矢量使刀具沿着非常复杂曲面轮廓运动，可通过将驱动点投影到部件几何体来创建刀轨。驱动点是从曲线、边界、面或曲面等驱动几何体生成的，并沿着指定的投影矢量投影到部件几何体上，然后，刀具定位到部件几何体以生成刀轨。

2. 固定轴曲面轮廓铣的特点

1）刀具沿复杂曲面轮廓运动，主要用于曲面的半精加工和精加工，也可进行多层铣削，如图2-34所示。

2）刀具始终沿一个固定矢量方向，采用三轴联动方式切削。

3）通过设置驱动几何体与驱动方式，可产生适合不同场合的刀轨。

4）刀轴固定，具有多种切削形式和进刀退刀控制，可投射空间点、曲线、曲面和边界等驱动几何进行加工，可作螺旋线切削（Spiral Cut）、射线切削（Radial Cut）以及清根切削（Flow Cut）。

5）提供了功能丰富的清根操作。

6）非切削运动设置灵活。

3. 固定轴曲面轮廓铣各子类型功能（见图2-35）

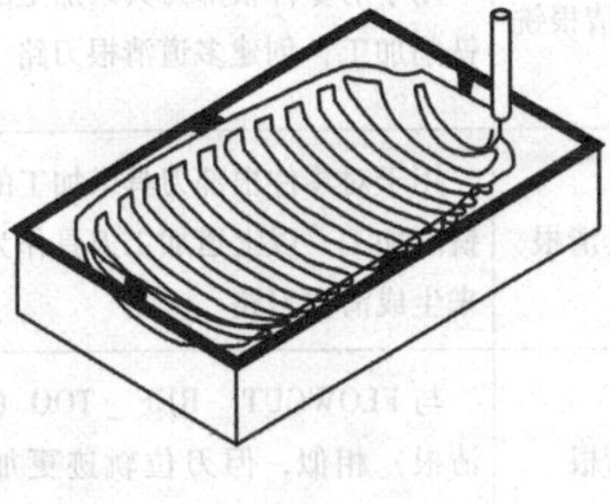

图 2-34

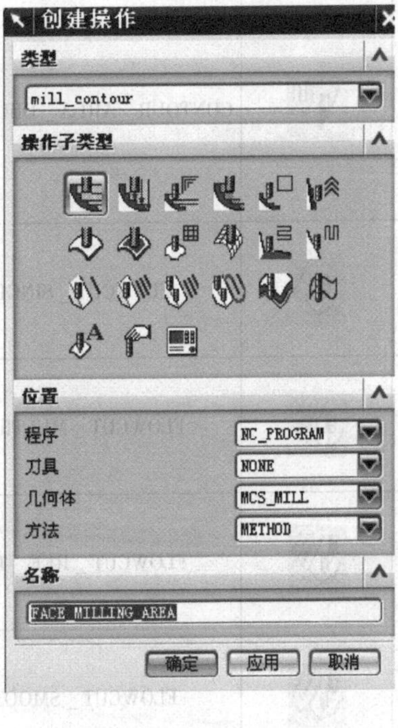
创建操作
类型
mill_contour
操作子类型
位置
程序
NC_PROGRAM
刀具
NONE
几何体
MCS_MILL
方法
METHOD
名称
FACE_MILLING_AREA
确定
应用
取消

图 2-35

固定轴曲面轮廓铣各常用于类型功能的说明见表2-3。

表 2-3　固定轴曲面轮廓铣各常用子类型功能的说明

序号	图　标	英　文	中　文	说　明
1		FIXED _ AXIS MILL	固定轴曲面轮廓铣	基本的固定轴曲面轮廓铣操作，用于各种驱动方式、空间范围和切削模式对部件或切削区域进行轮廓铣
2		CONTOUR _ AREA	区域轮廓铣	区域铣削驱动，用于以各种切削模式切削选定的面或切削区域。常用于半精加工和精加工
3		CONTOUR _ SURFACE _ AREA	面积轮廓铣	曲面区域驱动，常用单一的驱动曲面的U-V方向，或者上曲面的直角坐标栅格
4		STREAMLINE	流线	跟随自动或用户定义流线以及交叉曲线切削面
5		CONTOUR _ AREA _ NON _ STEEP	区域轮廓陡峭铣	与 CONTOUR _ AREA 基本相同，但只切削非陡峭区域（一般陡峭角为小于 65°的区域），与 ZLEVEL _ PROFILE _ STEEP 结合使用，以在精加工某一切削区域时控制残余高度
6		CONTOUR _ AREA _ DIR _ STEEP	区域轮廓方向陡峭铣	区域轮廓方向陡峭铣，用于陡峭区域的切削加工，常与 CONTOUR _ ZIGZAG 或 CONTOUR _ AREA _ NOW _ STEEP 结合使用，通过与前一次往复切削成十字交叉的方式来减小残余高度
7		FLOWCUT _ SINGLE	单刀路径清根铣	用于对零件根部刀具未加工的部分进行铣削加工，只创建单一清根刀路
8		FLOWCUT _ MULTIPLE	多刀路径清根铣	用于对零件根部刀具未加工的部分进行铣削加工，创建多道清根刀路
9		FLOWCUT _ REF _ TOO	参考刀具清根	用于对零件根部刀具未加工的部分进行铣削加工，以上道加工刀具作为参考刀具来生成清根刀路
10		FLOWCUT _ SMOOTH	光顺清根	与 FLOWCUT _ REF _ TOO（参考刀具清根）相似，但刀位轨迹更加圆滑，主要用于高速铣削加工
11		SOLID _ PROFILE _ 3D	实体轮廓三维铣削	特殊的三维轮廓铣削类型，切削深度取决于实体轮廓

（续）

序号	图　标	英　文	中　文	说　明
12		PROFILE _ 3D	三维轮廓铣削	特殊的三维轮廓铣削类型，切削深度取决于工件的边界或曲线，常用于修边
13		CONTOUR _ TEXT	曲面刻字加工	用于在曲面上刻字加工
14		MILL _ CONTROL	切削控制	建立机床控制操作，添加相关后处理命令
15		MILL _ USER	铣削自定义方式	自定义参数建立操作

2.5.4　多轴铣削（Mill _ Multi _ Axis）加工技术

UG NX 除了提供强大的三轴加工外，还提供了比较成熟的多轴加工模块。三轴加工中刀具同时做 X、Y、Z 三个方向的移动，且 Z 轴的移动总是保持与 XY 平面垂直。在五轴加工中刀具总是垂直于加工曲面，因此五轴加工相对于三轴加工而言，具有很大的优越性，比如可扩大加工范围、减少装夹次数、提高加工效率和加工精度。多轴铣可加工如图 2-36 所示叶轮等各种复杂曲面，主要是用于飞机、模具、汽车等行业的特殊加工。

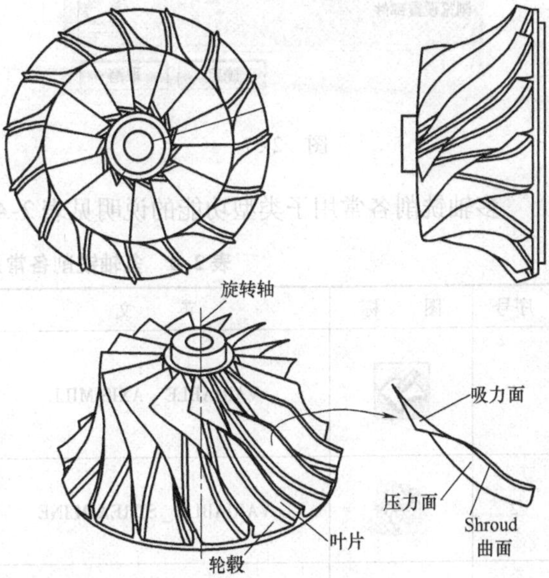
旋转轴
吸力面
压力面
Shroud
曲面
叶片
轮毂

图　2-36

1. 多轴铣削加工概述

多轴铣削（Mill _ Multi _ Axis）指刀轴沿刀路移动时，可不断改变方向的铣削加工，它包括可变轴曲面轮廓铣（Variable _ Contour）、多层切削变轴铣（VC _ Multi _ Depth）、多层切削双四轴边界变轴铣（VC _ Boundary _ ZZ _ Lead _ Lag）、多层切削双四轴曲面变轴铣（VC _ Surf _ Reg _ ZZ _ Lead _ Lag）、型腔轮廓铣（Contour _ Profile）、顺序铣（Sequential _ Mill）和往复式曲面铣（Zig _ Zag _ Surface）等。常用的有可变轴曲面轮廓铣和顺序铣。

2. 多轴铣加工环境

打开文件，进入加工模块。当一个工件首次进入加工模块时，系统将会弹出【加工环境】对话框，如图 2-37 所示。首先要求进行初始化。【CAM 设置】需要在制造方式中指定加工设定的默认文件，即要选择一个加工模板集，图示选择【mill _ multi-axis】。在【加工环境】对话框中单击【确定】按钮，系统则根据指定的加工配置，调用型腔铣模板和相关的数据进行加工环境的初始化。

3. 多轴铣削各子类型功能（见图 2-38）

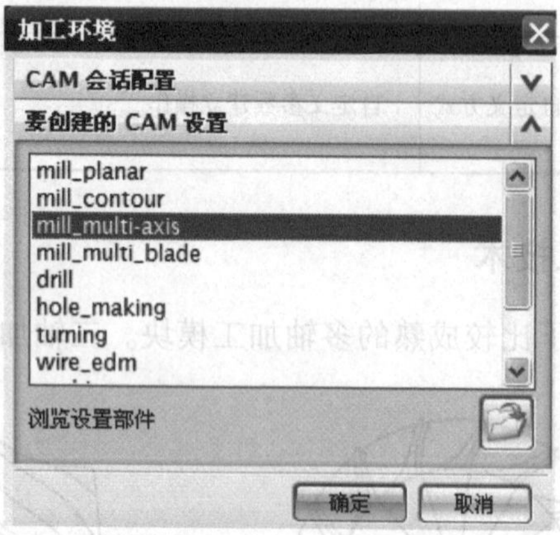
加工环境
CAM 会话配置
要创建的 CAM 设置
mill_planar
mill_contour
mill_multi-axis
mill_multi_blade
drill
hole_making
turning
wire_edm
浏览设置部件
确定
取消

图 2-37

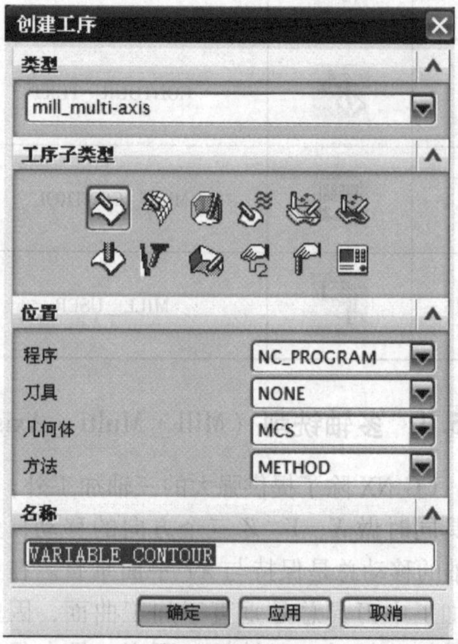
创建工序
类型
mill_multi-axis
工序子类型
位置
程序
NC_PROGRAM
刀具
NONE
几何体
MCS
方法
METHOD
名称
VARIABLE_CONTOUR
确定
应用
取消

图 2-38

多轴铣削各常用子类型功能的说明见表 2-4。

表 2-4 多轴铣削各常用子类型功能的说明

序号	图 标	英 文	中 文	说 明
1		VARIABLE _ AXIS MILL	可变轴曲面轮廓铣	用于以各种驱动方法、空间范围和切削模式对部件或切削区域进行轮廓铣。对于刀轴控制，有多种选项
2		VARIABLE _ STREAMLINE	可变流线	根据自动或用户定义流和交叉曲线来切削面
3		CONTOUR _ PROFILE	外形轮廓加工	使用外形轮廓铣驱动方法，用于以刀具面轮廓铣带有外角的壁
4		VC _ MULTI _ DEPTH	可变多刀路等高曲面轮廓铣	有多条刀路均偏离部件
5		VC _ BOUNDARY _ ZZ _ LEAD _ LAG	可变边界、往复切削前置/后置曲面轮廓铣	采用边界驱动方法、往复切削模式，以及用前置角和后置角定义的刀轴

（续）

序号	图　标	英　文	中　文	说　明
6		VC _ SURE _ AREA _ ZZ _ LEAD _ LAG	可变曲面区域、往复切削、前置/后置曲面轮廓铣	采用曲面区域驱动方法、往复切削模式，以及用前置角和后置角定义的刀轴
7		FIXED _ CONTOUR	固定轴曲面轮廓铣	用于以各种驱动方法、空间范围和切削模式对部件或切削区域进行轮廓铣
8		ZLEVEL _ 5AXIS	5 轴等高轮廓铣	可变的 5 轴等高轮廓铣，适用于加工各种有陡峭角的斜面、曲面
9		SEQUENTIAL _ MILL	顺序铣	为连续加工一系列边缘相连的曲面而设计的可变轴曲面轮廓铣

（1）可变轴曲面轮廓铣　可变轴曲面轮廓铣（Uariable Axis Milling）是相对固定轴加工而言的，指加工过程中刀轴的轴线方向是可变的，即可随着加工表面的法线方向不同而政变，从而改善加工过程中刀具的受力情况，放宽对加工表而复杂性的限制，使得原来用固定轴曲面轮廓加工时的陡峭表面变成非陡峭表面而一次加工完成。

可变轴曲面轮廓铣的驱动方法包括边界驱动、曲面区域驱动、螺旋线驱动、曲线/点驱动、刀具轨迹驱动和径向切削驱动。这些驱动方式的定义与固定轴曲面轮廓铣一致。图 2-39 为 使用驱动曲面的可变轴曲面轮廓铣。

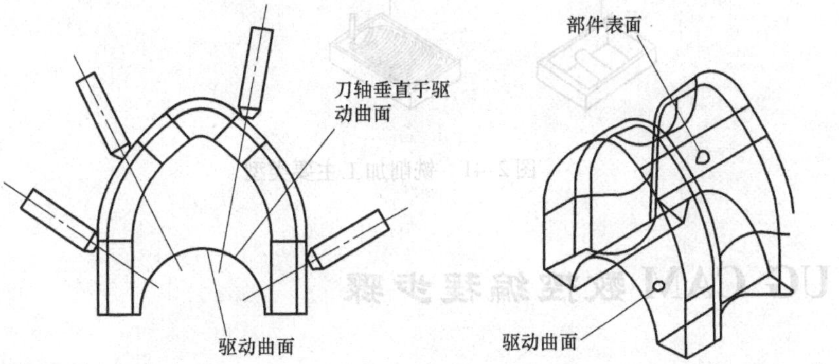
刀轴垂直于驱动曲面
驱动曲面
部件表面
驱动曲面

图 2-39　使用驱动曲面的可变轴曲面轮廓铣

（2）顺序铣（Sequential Milling）　顺序铣用于连续加工一系列相接表面，并对面与面之间的交线进行清根加工，如图 2-40 所示。一般用于零件的精加工。顺序铣可进行三轴、四轴和五轴加工。顺序铣加工的特点：可进行多轴加工，通过零件表面（PartSurface）、驱动表面（DriveSur-face）、检查表面（CheckSurface）控制刀具运动，是一种空间曲线加工。

顺序铣的加工特点是：利用部件表面控制刀具底部，驱动面控制刀具侧刃，检查面控制刀具停止位置。

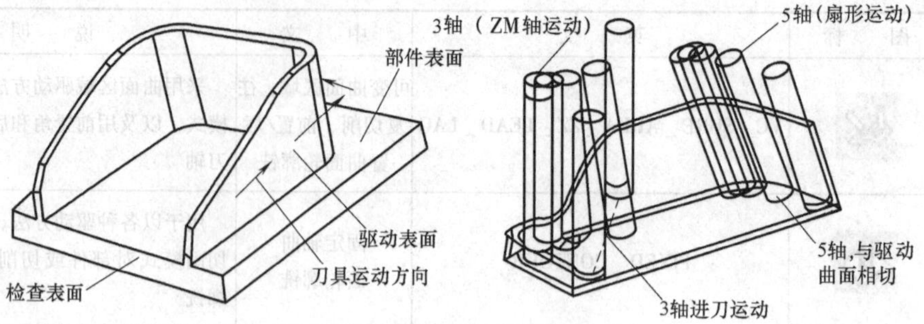
3轴（ZM轴运动）
5轴(扇形运动)
部件表面
驱动表面
刀具运动方向
检查表面
5轴,与驱动
曲面相切
3轴进刀运动

图 2-40　顺序铣

以上各铣削类型的关系如图 2-41 所示。

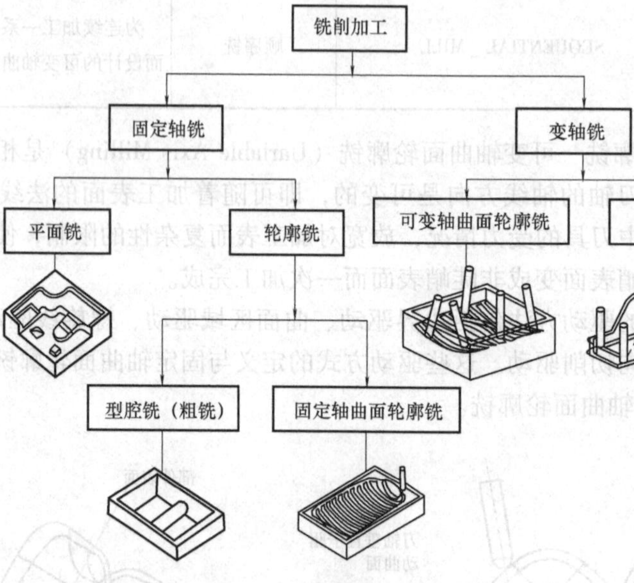
铣削加工
固定轴铣
变轴铣
平面铣
轮廓铣
可变轴曲面轮廓铣
顺序铣
型腔铣（粗铣）
固定轴曲面轮廓铣

图 2-41　铣削加工主要类型

2.6　UG CAM 数控编程步骤

UG 提供了多种加工方式，在进行数控编程的过程中根据零件特点选择合理的加工工艺。加工方式的优劣将直接影响到零件的加工质量和精度。例如，平面铣有粗加工和精加工两种，对于粗加工平面来说，为提高加工效率，应建立辅助工艺曲面或曲线，进给量和切削速度要合理搭配，另外采用指定进刀点的进刀方式，避免直接进刀，降低切削面的垂直受力等；而对于精加工平面来说，最理想的加工方法是沿被加工面的切矢量方向倾斜接近加工曲面，这样在工件表面不会留有刀痕，从而提高了表面的加工质量和精度。

加工刀具轨迹生成后，就可将其转化成刀轨源文件，刀轨源文件必须经过后置处理程序进行格式转换，才能生成能够被特定机床接受的 NC 代码。不同的机床数控系统有不同的代码格式，因此针对不同的数控系统应编制不同的后置处理程序。

本章将以铣削加工为例，介绍 UG 的数控编程步骤。

首先，编程人员根据图样或 CAD 模型分析零件几何体的特征、加工精度，构思加工过程，确定加工方法，结合机床的具体情况，考虑工件的定位、夹紧，创建刀具、方法、几何体和程序四个父节点组，指定操作参数，创建操作，生成刀轨，并用 UG 的切削仿真进一步检查刀轨，然后对所有的刀轨进行后处理，生成符合机床标准格式的数控程序，最后建立车间工艺文件，把加工信息送达给需要的使用者。具体过程和步骤如图 2-42 所示。

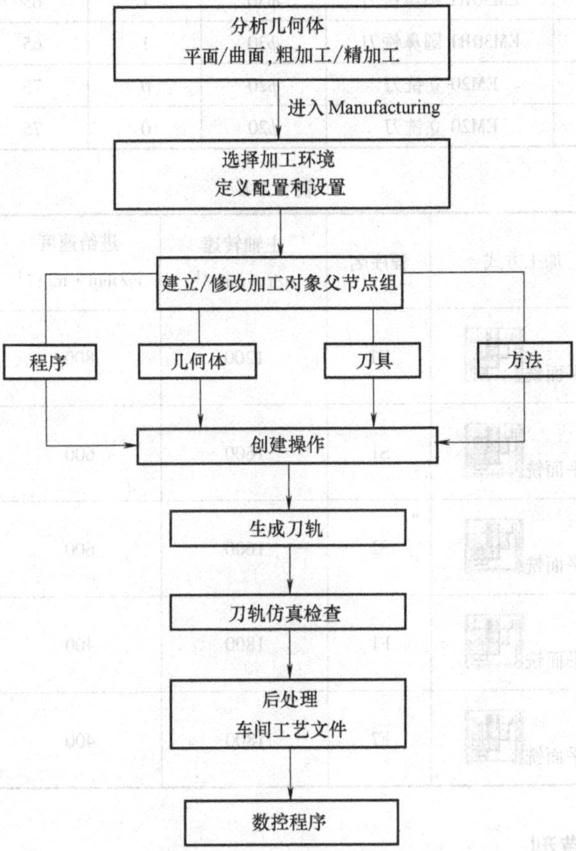
分析几何体
平面/曲面,粗加工/精加工
进入 Manufacturing
选择加工环境
定义配置和设置
建立/修改加工对象父节点组
程序
几何体
刀具
方法
创建操作
生成刀轨
刀轨仿真检查
后处理
车间工艺文件
数控程序

图 2-42　UG 编程的流程图

2.7 数控加工 UG CAM 编程操作流程

本实例讲述平面铣加工。工件模型如图 2-43 所示，毛坯外形和高度已经加工到位，毛坯材料为碳素结构钢，刀具采用硬质合金刀具。

其加工思路为：首先导入一个 IGS 文件，分析模型的加工区域，选用恰当的刀具与加工路线。

粗加工：采用 ϕ30mm 的圆鼻铣刀铣削型腔，底面和侧壁各留余量 0.8mm。

半精加工：采用 ϕ30mm 的圆鼻铣刀铣削型腔，底面和侧壁各留余量 0.25mm。

精加工：采用 ϕ20mm 立铣刀精加工底面和侧壁。

加工刀具见表 2-5、加工工艺方案见表 2-6。

表 2-5

序号	程序名	刀具号	刀具类型	刀具直径/mm	R 圆角/mm	刀长/mm	切削刃长/mm	余量/mm
1	R1	1	EM30R1 圆鼻铣刀	ϕ30	1	65	25	0.8
2	S1	1	EM30R1 圆鼻铣刀	ϕ30	1	65	25	0.25
3	S2	1	EM30R1 圆鼻铣刀	ϕ30	1	65	25	0.25
4	F1	2	EM20 立铣刀	ϕ20	0	75	25	0
5	F2	2	EM20 立铣刀	ϕ20	0	75	25	0

表 2-6

序号	方法	加工方式	程序名	主轴转速 n/r · min^{-1}	进给速度 v_f/mm · min^{-1}	说　明
1	粗加工	平面铣	R1	1200	800	开粗，除去大余量
2	半精加工	平面铣	S1	1600	600	半精加工底面
3	半精加工	平面铣	S2	1600	600	半精加工侧壁
4	精加工	平面铣	F1	1800	400	精加工底面
5	精加工	平面铣	F2	1800	400	精加工侧壁

2.7.1 导入三维模型

1. 新建文件

选择菜单中的【文件】/【新建】命令或选择（New 建立新文件）图标，出现【新建】部件对话框，在【名称】栏中输入【jg-1】，在【单位】下拉框中选择【毫米】选项，以毫米为单位，单击 确定 按钮，建立文件名为 jg-1.prt 单位为毫米的文件。

2. 导入 IGES 文件

选择菜单中的【文件】/【导入】/【IGES】命令，出现【导入自 IGES 选项】对话框，如图 2-43 所示。单击（浏览）图标，在光盘中浏览选择 parts \ 2 \ jg-1.igs 文件，单击 确定 按钮，完成导入 IGES 文件，如图 2-44 所示。

导入自 IGES 选项
文件
要导入的数据
高级
导入自
IGES 文件
E:\part\ug2011\2\jg-1.igs
导入至
工作部件
新建部件
设置文件
调用位置
C:\Program Files\UGS\NX 7.5\ige
另存为
保存
确定
应用
取消

图 2-43

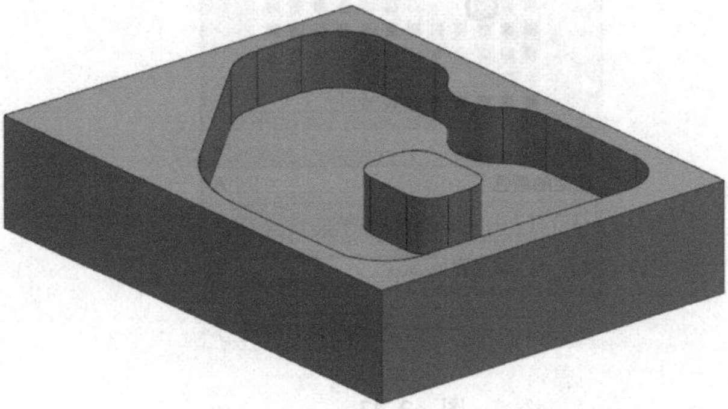

图 2-44

3. 编辑对象显示

选择菜单中的【编辑(E)】/【对象显示(J)...】命令，出现【类选择】对话框，如图2-45所示。选择（全选）图标，单击确定按钮，出现【编辑对象显示】对话框，在【颜色】栏中单击颜色区，如图2-46所示。出现【颜色】选择框，选择如图2-47所示的橘黄颜色，然后单击确定按钮，系统返回【对象首选项】对话框，最后单击确定按钮，完成编辑对象显示。

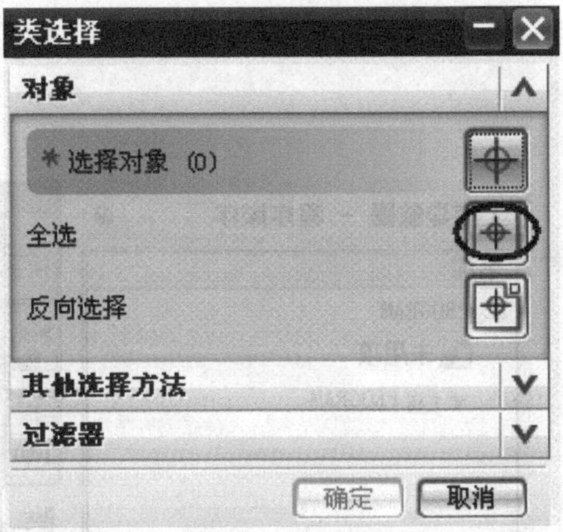
类选择
对象
* 选择对象 (0)
全选
反向选择
其他选择方法
过滤器
确定
取消

图 2-45

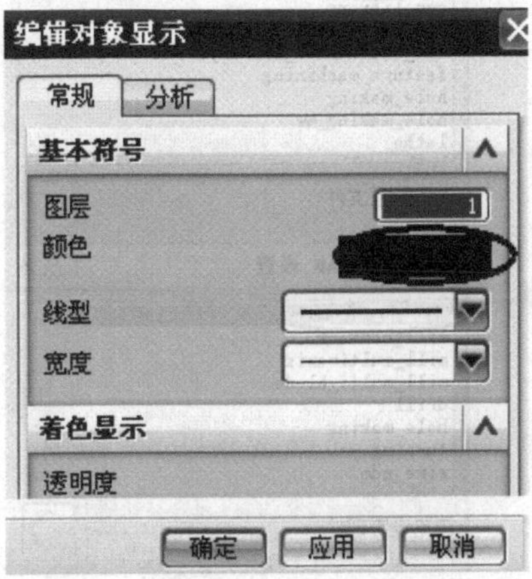
编辑对象显示
常规
分析
基本符号
图层
1
颜色
线型
宽度
着色显示
透明度
确定
应用
取消

图 2-46

2.7.2 设置加工坐标系及安全平面

1. 进入加工模块

在选择菜单中的【开始▾】下拉框中选择【加工(N)...】模块，如图 2-48 所示，进入加工应用模块。

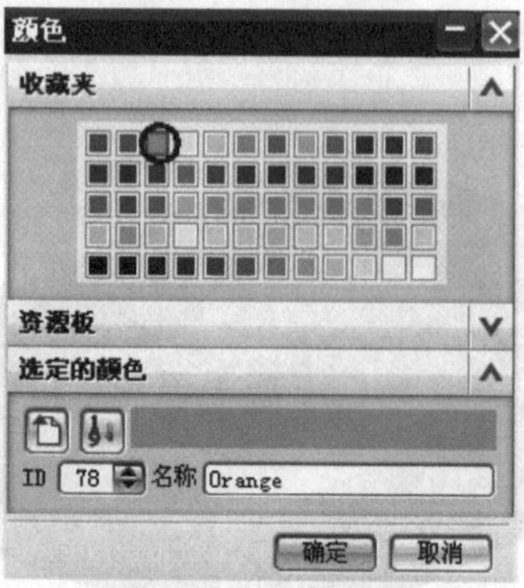
颜色
收藏夹
资源板
选定的颜色
ID 78 名称 Orange
确定
取消

图 2-47

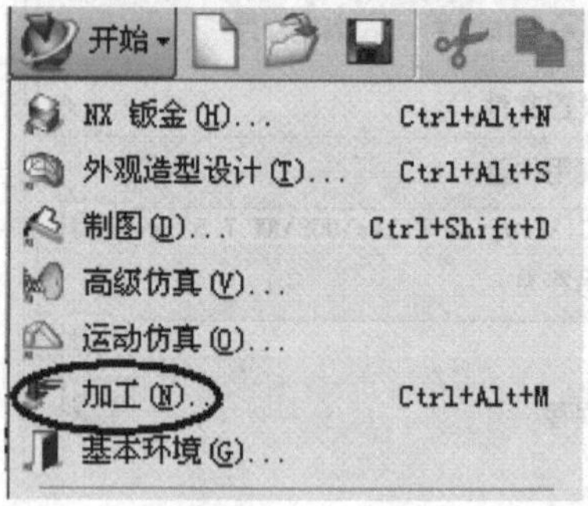
开始▾
NX 钣金(H)... Ctrl+Alt+N
外观造型设计(T)... Ctrl+Alt+S
制图(D)... Ctrl+Shift+D
高级仿真(V)...
运动仿真(O)...
加工(N)... Ctrl+Alt+M
基本环境(G)...

图 2-48

2. 设置加工环境

选择【加工(N)...】模块后系统出现【加工环境】对话框，如图 2-49 所示。在 CAM 会话配置 列表框中选择 cam_general，在 要创建的 CAM 设置 列表框中选择 mill_planar，单击 确定 按钮，进入加工初始化，导航器栏出现（工序导航器）图标，如图 2-50 所示。

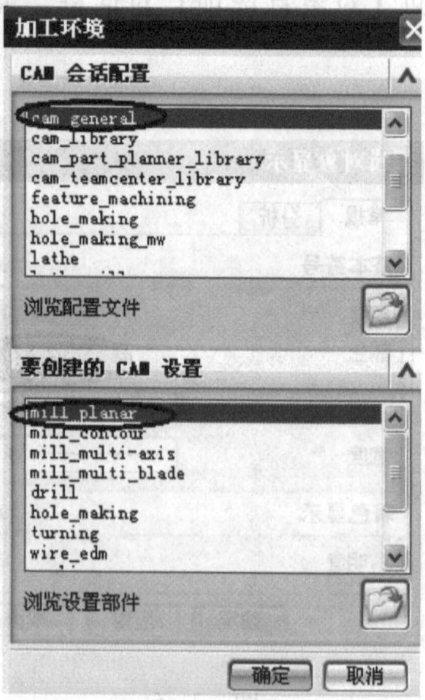
加工环境
CAM 会话配置
cam_general
cam_library
cam_part_planner_library
cam_teamcenter_library
feature_machining
hole_making
hole_making_mw
lathe
浏览配置文件
要创建的 CAM 设置
mill_planar
mill_contour
mill_multi-axis
mill_multi_blade
drill
hole_making
turning
wire_edm
浏览设置部件
确定
取消

图 2-49

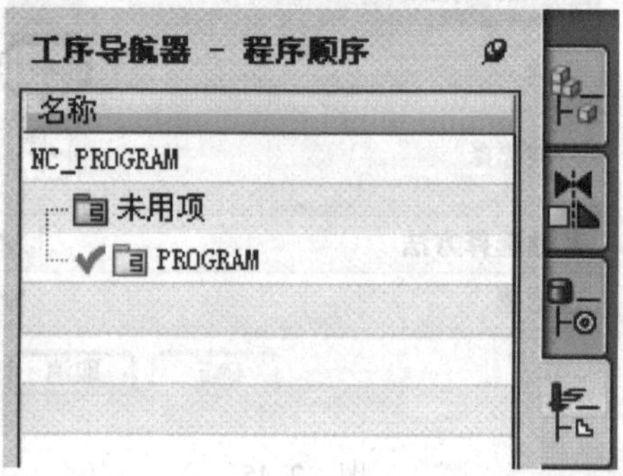
工序导航器 - 程序顺序
名称
NC_PROGRAM
未用项
PROGRAM

图 2-50

3. 设置工序导航器的视图为几何视图

选择菜单中的【工具(T)】/【操作导航器(O)】/【视图(V)】/【几何视图(G)】命令或在【导航器】工具条中选择（几何视图）图标，更新的工序导航器视图如图 2-51 所示。

4. 设置工作坐标系

选择菜单中的【格式(R)】/【WCS】/【定向(N)...】命令或在【视图】工具条中选择（WCS 定向）图标，出现【CSYS】对话框，如图 2-52 所示。在类型下拉框中选择【对象的 CSYS】选项，然后在图形中选择如图 2-53 所示的平面，单击确定按钮，完成设置工作坐标系，如图 2-54 所示。

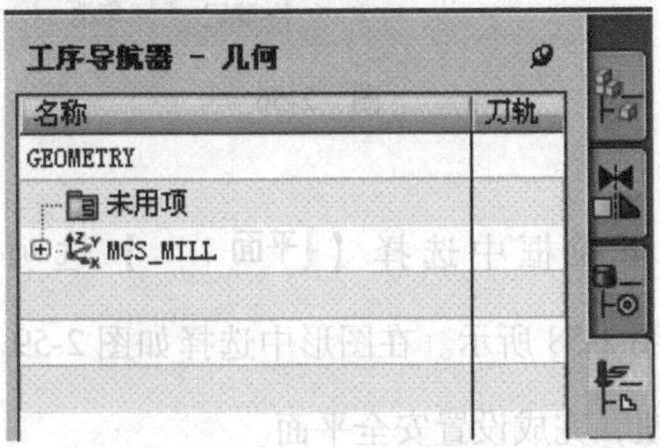
工序导航器 - 几何
名称
刀轨
GEOMETRY
未用项
MCS_MILL

图 2-51

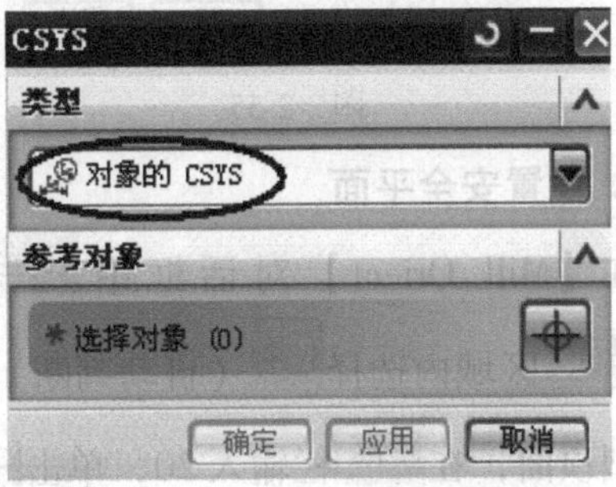
CSYS
类型
对象的 CSYS
参考对象
* 选择对象 (0)
确定
应用
取消

图 2-52

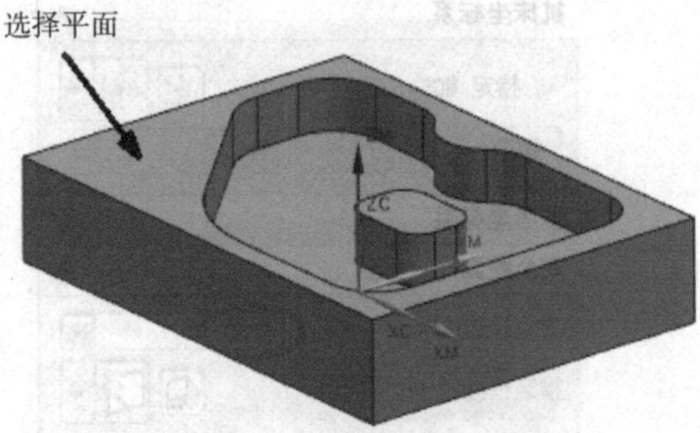
选择平面
ZC
XC
XM

图 2-53

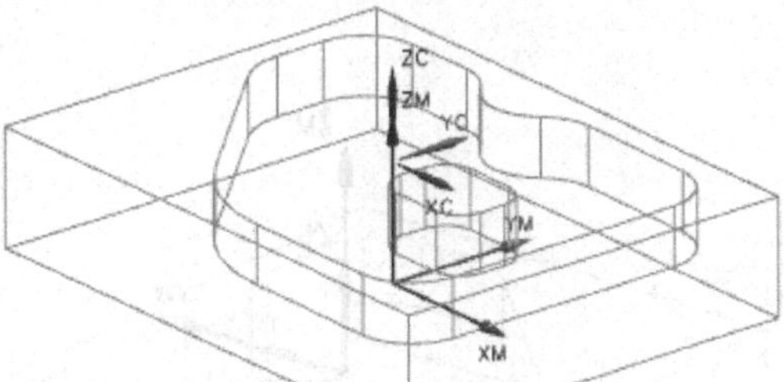
ZC
ZM
YC
XC
YM
XM

图 2-54

5. 设置加工坐标系

在工序导航器中双击 MCS_MILL（加工坐标系）图标，出现【Mill Orient】对话框，如图 2-55 所示。在指定 MCS 区域内选择（CSYS 会话）图标，出现【CSYS】对话框，如图 2-56 所示。在类型下拉框中选择【动态】选项，在参考下拉框中选择【WCS（工作坐标系）】选项，单击确定按钮，完成设置加工坐标系，即接受工作坐标系为加工坐标系，如图 2-57 所示。

注意：【Mill Orient】对话框不要关闭。

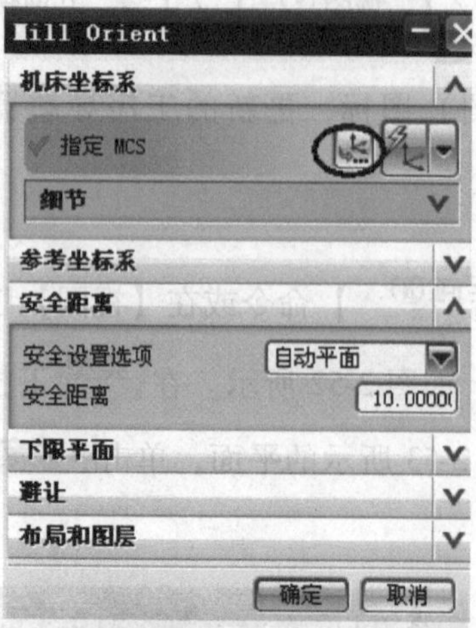
Mill Orient
机床坐标系
指定 MCS
细节
参考坐标系
安全距离
安全设置选项
自动平面
安全距离
10.0000(
下限平面
避让
布局和图层
确定
取消

图 2-55

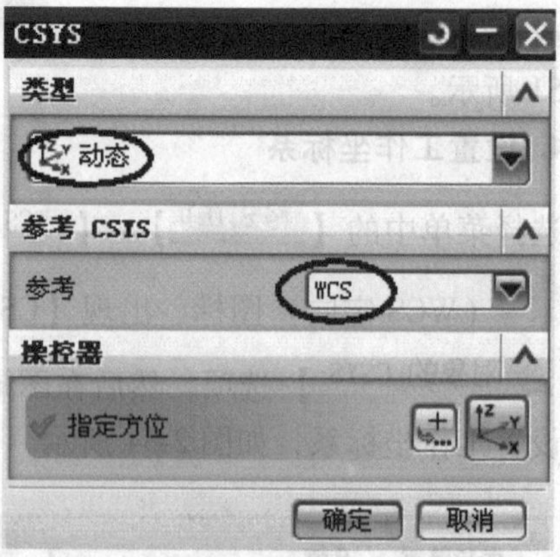
CSYS
类型
动态
参考 CSYS
参考
WCS
操控器
指定方位
确定
取消

图 2-56

6. 设置安全平面

在【Mill Orient】对话框中 安全设置选项 下拉框中选择【平面】选项，在 指定平面 区域内选择（自动判断）图标，如图 2-58 所示。在图形中选择如图 2-59 所示的模型顶面，在 距离 栏输入 20，单击【确定】按钮，完成设置安全平面。

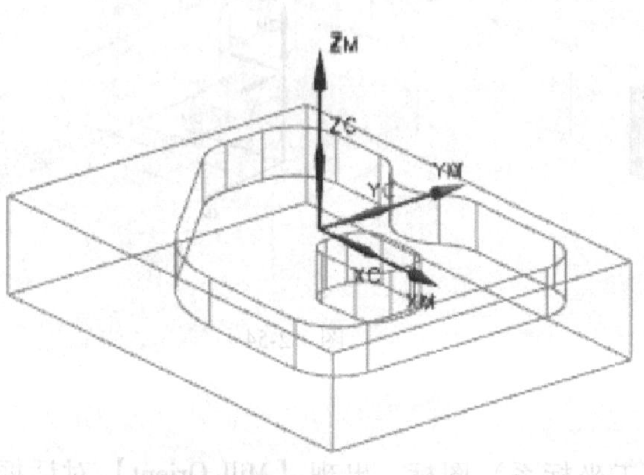
ZM
ZC
YM
YC
XC
XM

图 2-57

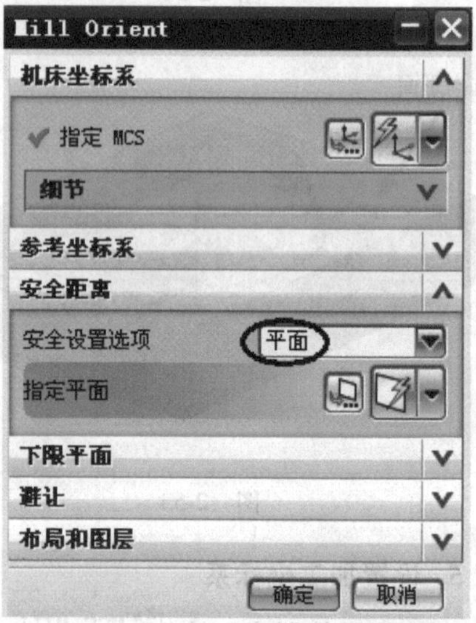
Mill Orient
机床坐标系
指定 MCS
细节
参考坐标系
安全距离
安全设置选项
平面
指定平面
下限平面
避让
布局和图层
确定
取消

图 2-58

2.7.3 设置铣削几何体

1. 展开 MCS_MILL

在工序导航器的几何视图中单击 MCS_MILL 前面的（加号）图标，如图 2-60 所示。

展开 MCS _ MILL，更新的导航器视图如图 2-61 所示。

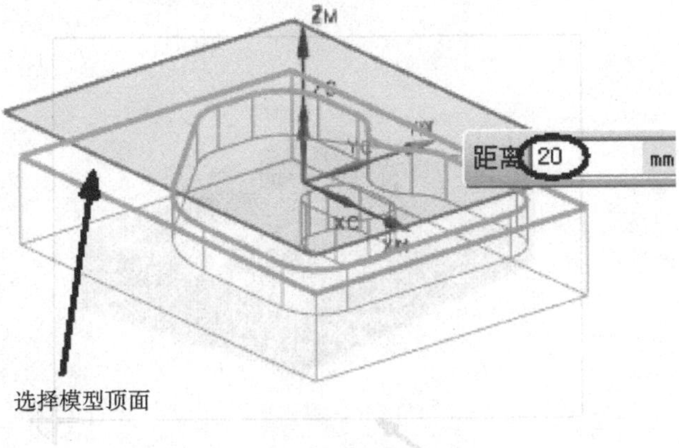
ZM
距离 20 mm
选择模型顶面

图 2-59

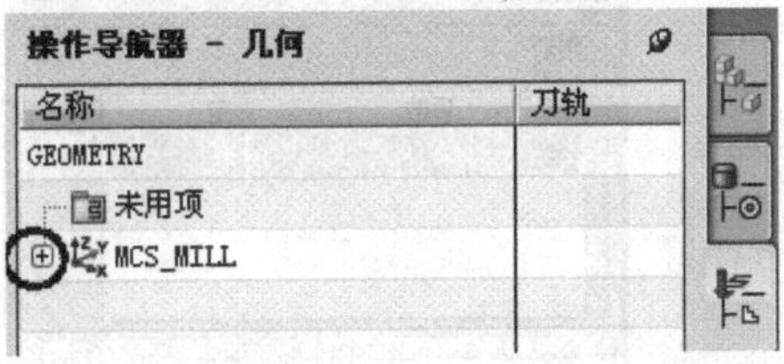
操作导航器 - 几何
名称
刀轨
GEOMETRY
未用项
MCS_MILL

图 2-60

2. 设置铣削几何体

在工序导航器中双击 WORKPIECE （铣削几何体）图标，出现【铣削几何体】对话框，如图 2-62 所示。在指定部件区域内选择（选择或编辑部件几何体）图标，出现【部件几何体】对话框，如图 2-63 所示。在图形中框选如图 2-64 所示模型为部件几何体，单击 确定 按钮，完成指定部件。

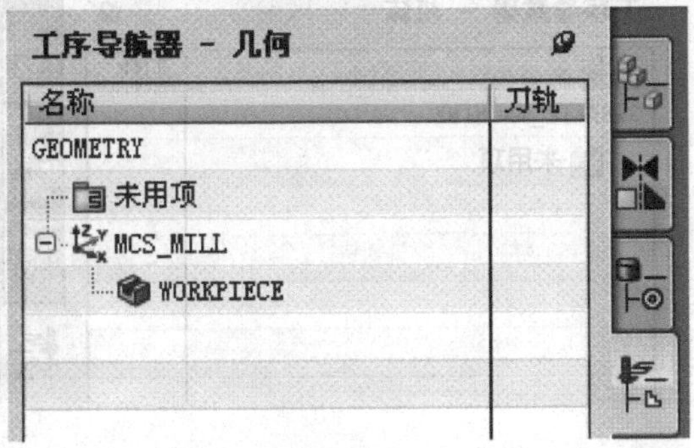
工序导航器 - 几何
名称
刀轨
GEOMETRY
未用项
MCS_MILL
WORKPIECE

图 2-61

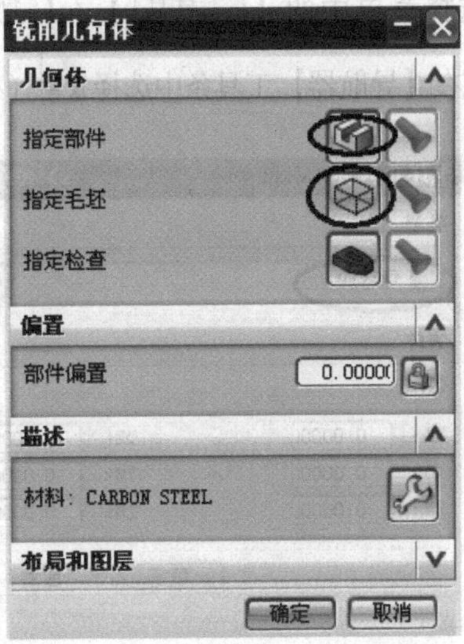
铣削几何体
几何体
指定部件
指定毛坯
指定检查
偏置
部件偏置
0.0000(
描述
材料: CARBON STEEL
布局和图层
确定
取消

图 2-62

系统返回【铣削几何体】对话框，在指定毛坯区域内选择（选择或编辑毛坯几何体）图标，出现【毛坯几何体】对话框，如图 2- 65 所示。在 类型 下拉框中选择【包容块】选项，单击 确定 按钮，完成指定毛坯。

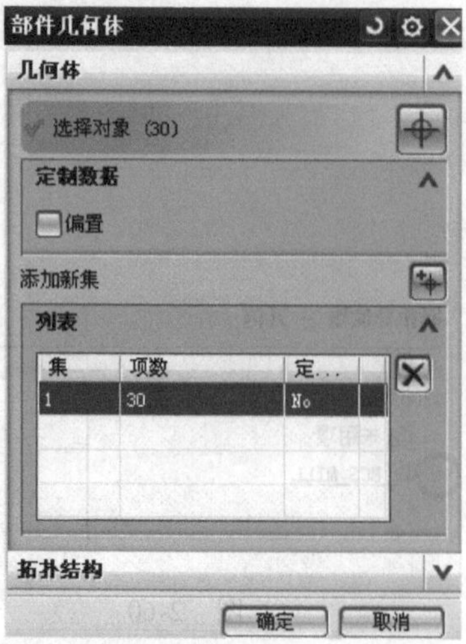
部件几何体
几何体
选择对象 (30)
定制数据
偏置
添加新集
列表
集 项数 定...
1 30 No
拓扑结构
确定 取消

图 2-63

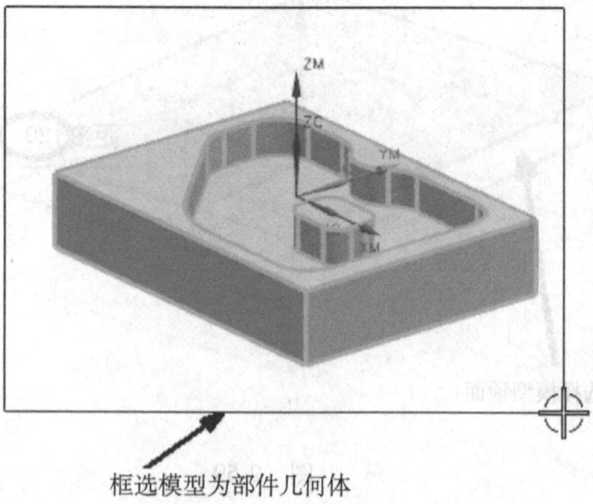
ZM
ZC
YM
XM
框选模型为部件几何体

图 2-64

系统返回【铣削几何体】对话框，单击【确定】按钮，完成设置铣削几何体。

2.7.4 创建刀具

1. 设置工序导航器的视图为机床视图

选择菜单中的【工具(T)】/【操作导航器(O)】/【视图(V)】/【机床视图(T)】命令或在【导航器】工具条中选择（机床视图）图标，更新的工序导航器视图如图 2-66 所示。

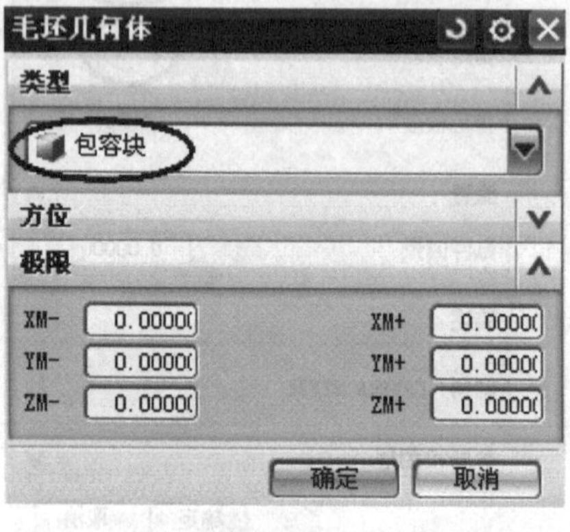
毛坯几何体
类型
包容块
方位
极限
XM- 0.0000
YM- 0.0000
ZM- 0.0000
XM+ 0.0000
YM+ 0.0000
ZM+ 0.0000
确定 取消

图 2-65

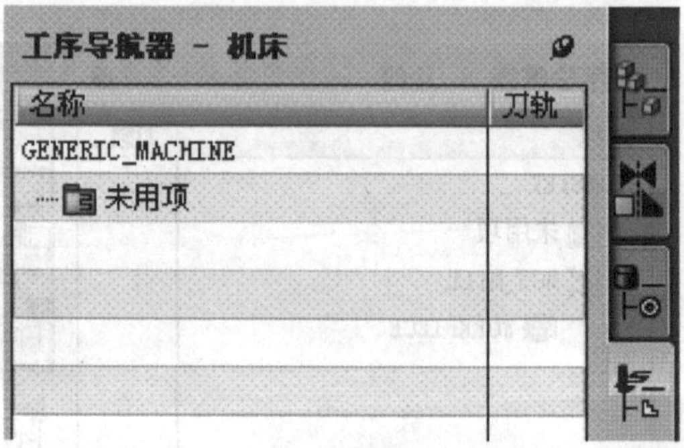
工序导航器 - 机床
名称
刀轨
GENERIC_MACHINE
未用项

图 2-66

2. 创建直径 30mm 的圆鼻铣刀

选择菜单中的【插入(S)】/【刀具(T)...】命令或在【插入】工具条中选择（创建刀具）图标，出现【创建刀具】对话框，如图 2-67 所示。在 刀具子类型 中选择（铣刀）图标，在 名称 栏输入 EM30R1，单击【确定】按钮，出现【铣刀-5 参数】对话框，如图 2-68 所示。在 直径 、(R1) 下半径 栏输入 30、1，在 刀具号 、 补偿寄存器 、 刀具补偿寄存器 栏分别输入 1、1、1，单击 确定 按钮，完成创建直径 30mm 的圆鼻铣刀。

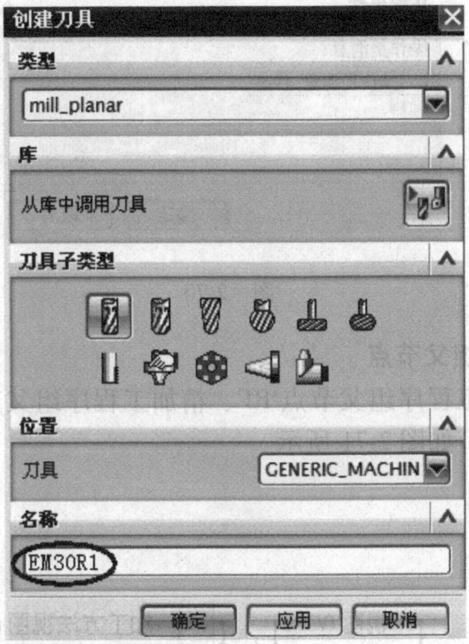
创建刀具
类型
mill_planar
库
从库中调用刀具
刀具子类型
位置
刀具
GENERIC_MACHIN
名称
EM30R1
确定
应用
取消

图 2-67

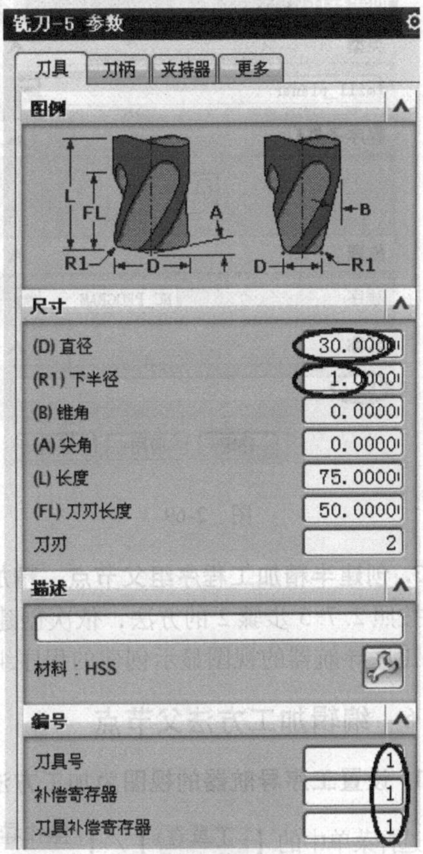
铣刀-5 参数
刀具
刀柄
夹持器
更多
图例
L
FL
A
R1
D
B
尺寸
(D) 直径
30.0000
(R1) 下半径
1.0000
(B) 锥角
0.0000
(A) 尖角
0.0000
(L) 长度
75.0000
(FL) 刀刃长度
50.0000
刀刃
2
描述
材料：HSS
编号
刀具号
1
补偿寄存器
1
刀具补偿寄存器
1

图 2-68

3. 创建直径为 20mm 的铣刀

按照 2.7.4 步骤 2 的方法，创建直径 20mm 的铣刀。

2.7.5 创建程序组父节点

1. 设置工序导航器的视图为程序顺序视图

选择菜单中的【工具(T)】/【操作导航器(O)】/【视图(V)】/【程序顺序视图(P)】命令或在【导航器】工具条中选择 （程序顺序视图）图标，工序导航器的视图更新为程序顺序视图。

2. 创建粗加工程序组父节点

选择菜单中的【插入(S)】/【程序(P)...】命令或在【插入】工具条中选择 （创建程序）图标，出现【创建程序】对话框，如图 2-69 所示。在 程序 下拉框中选择

【NC_PROGRAM】选项，在名称栏输入 RR，单击【确定】按钮，出现【程序】指定参数对话框，如图 2-70 所示。单击【确定】按钮，完成创建粗加工程序组父节点。

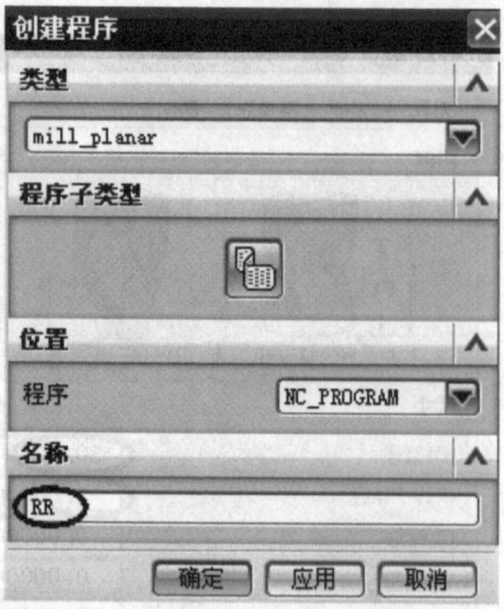
创建程序
类型
mill_planar
程序子类型
位置
程序
NC_PROGRAM
名称
RR
确定
应用
取消

图 2-69

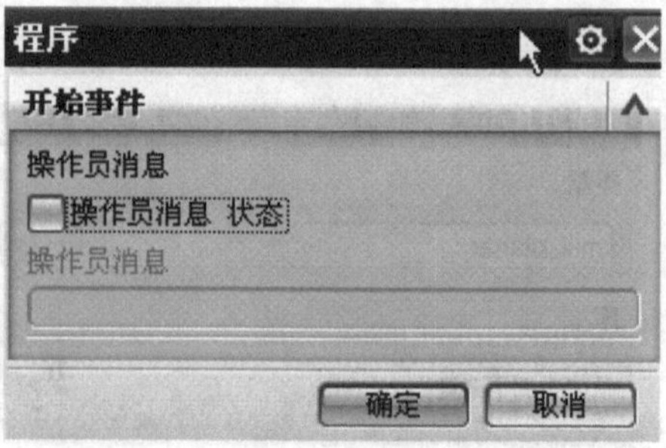
程序
开始事件
操作员消息
操作员消息 状态
操作员消息
确定
取消

图 2-70

3. 创建半精加工程序组父节点、精加工程序组父节点

按照 2.7.5 步骤 2 的方法，依次创建半精加工程序组父节点 RF、精加工程序组父节点 FF，工序导航器的视图显示创建的程序组父节点，如图 2-71 所示。

2.7.6 编辑加工方法父节点

1. 设置工序导航器的视图为加工方法视图

选择菜单中的【工具(T)】/【操作导航器(O)】/【视图(V)】/【加工方法视图(M)】命令或在【导航器】工具条中选择（加工方法视图）图标，工序导航器的视图更新为加工方法视图，如图 2-72 所示。

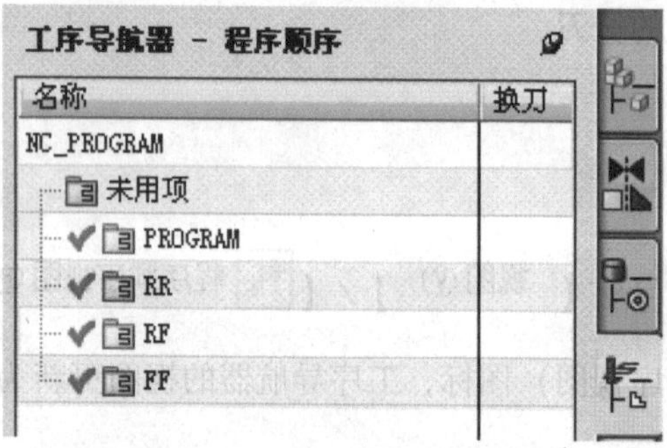
工序导航器 - 程序顺序
名称
换刀
NC_PROGRAM
未用项
PROGRAM
RR
RF
FF

图 2-71

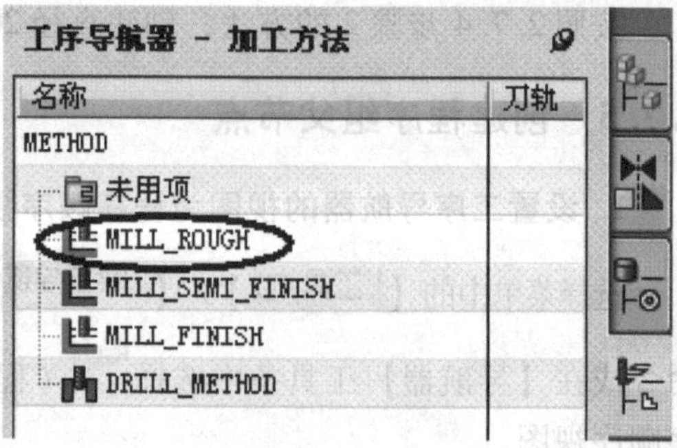
工序导航器 - 加工方法
名称
刀轨
METHOD
未用项
MILL_ROUGH
MILL_SEMI_FINISH
MILL_FINISH
DRILL_METHOD

图 2-72

2. 编辑粗加工方法父节点

在工序导航器中双击 MILL_ROUGH（粗加工方法）图标，出现【铣削方法】对话框，如图2-73所示。在部件余量栏输入0.8，在进给区域内选择（进给）图标，出现【进给】对话框，如图2-74所示，在切削、进刀、第一刀切削、步进栏中输入800、700、650、700，单击确定按钮，系统返回【铣削方法】对话框，单击确定按钮，完成指定粗加工进给率。

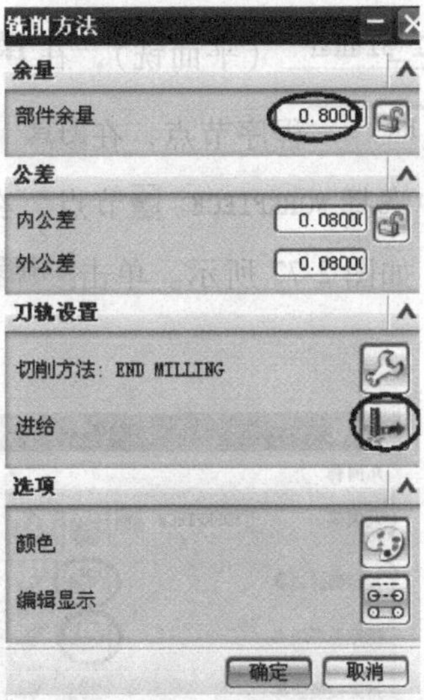
铣削方法
余量
部件余量 0.8000
公差
内公差 0.0800
外公差 0.0800
刀轨设置
切削方法：END MILLING
进给
选项
颜色
编辑显示
确定 取消

图 2-73

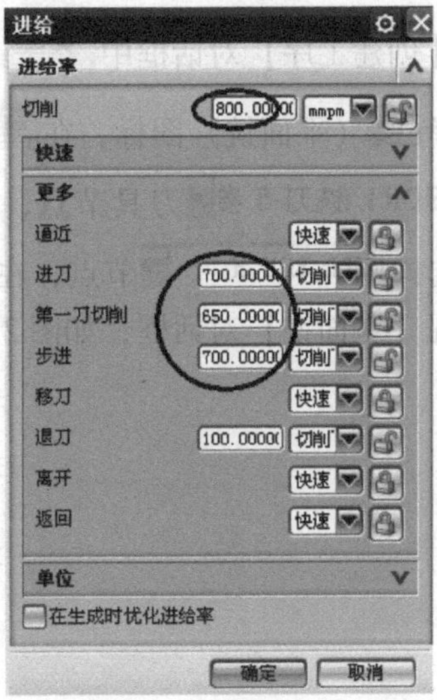
进给
进给率
切削 800.0000 mmpm
快速
更多
逼近 快速
进刀 700.0000 切削
第一刀切削 650.0000 切削
步进 700.0000 切削
移刀 快速
退刀 100.0000 切削
离开 快速
返回 快速
单位
在生成时优化进给率
确定 取消

图 2-74

3. 编辑半精加工方法父节点

按照2.7.6步骤2的方法，在部件余量栏输入0.25，设置半精加工进给速度如图2-75所示。

4. 编辑精加工方法父节点

按照2.7.6步骤2的方法，接受部件余量0的默认设置，设置精加工进给速度如图2-76所示。

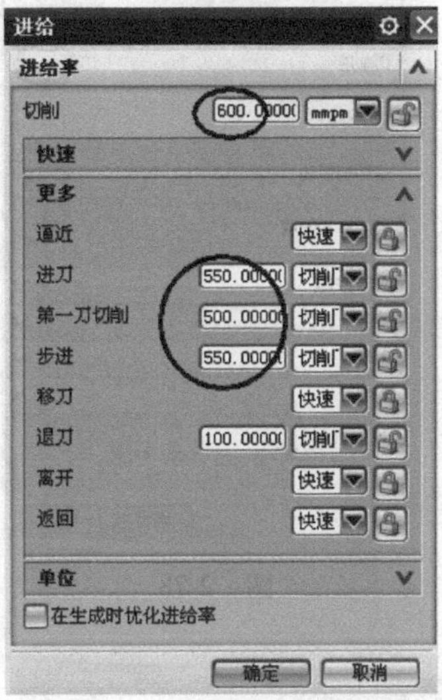
进给
进给率
切削 600.0000 mmpm
快速
更多
逼近 快速
进刀 550.0000 切削
第一刀切削 500.0000 切削
步进 550.0000 切削
移刀 快速
退刀 100.0000 切削
离开 快速
返回 快速
单位
在生成时优化进给率
确定 取消

图 2-75

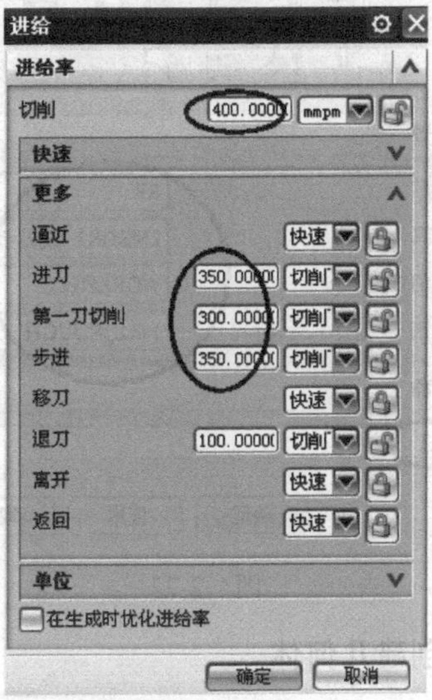
进给
进给率
切削 400.0000 mmpm
快速
更多
逼近 快速
进刀 350.0000 切削
第一刀切削 300.0000 切削
步进 350.0000 切削
移刀 快速
退刀 100.0000 切削
离开 快速
返回 快速
单位
在生成时优化进给率
确定 取消

图 2-76

2.7.7 创建粗加工操作

1. 创建操作父节组选项

选择菜单中的【插入(S)】/【操作(E)...】命令或在【插入】工具条中选择 (创建工序) 图标，出现【创建工序】对话框，如图 2-77 所示。

在【创建工序】对话框中 类型 下拉框内选择 mill_planar （平面铣），在 操作子类型 区域选择 （平面铣）图标，在 程序 下拉框中选择 RR 程序节点，在 刀具 下拉框中选择 EM30R1 (铣刀-5 参 刀具节点，在 几何体 下拉框中选择 WORKPIECE 节点，在 方法 下拉框中选择 MILL_ROUGH 节点，在 名称 栏输入 R1，如图 2-77 所示。单击 确定 按钮，系统出现【平面铣】对话框，如图 2-78 所示。

创建工序
类型
mill_planar
工序子类型
位置
程序
RR
刀具
EM30R1 (铣刀-5 参
几何体
WORKPIECE
方法
MILL_ROUGH
名称
R1
确定
应用
取消

图 2-77

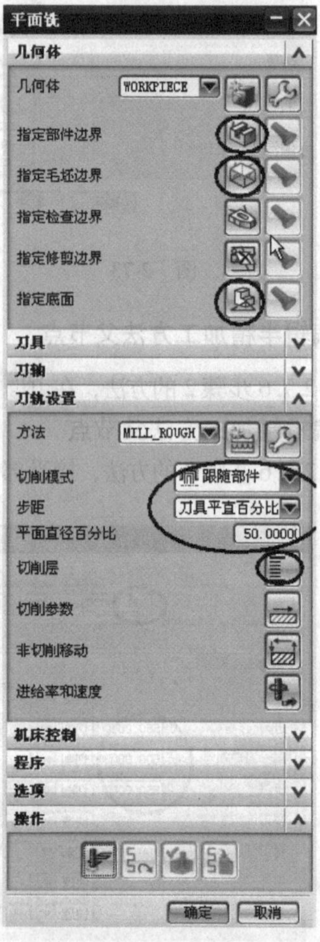
平面铣
几何体
几何体
WORKPIECE
指定部件边界
指定毛坯边界
指定检查边界
指定修剪边界
指定底面
刀具
刀轴
刀轨设置
方法
MILL_ROUGH
切削模式
跟随部件
步距
刀具平直百分比
平面直径百分比
50.0000
切削层
切削参数
非切削移动
进给率和速度
机床控制
程序
选项
操作
确定
取消

图 2-78

2. 创建几何体

（1）创建部件边界 在【平面铣】对话框中 指定部件边界 区域内选择 （选择或编

辑部件边界）图标，出现【边界几何体】对话框，如图 2-79 所示。在 模式 下拉框中选择 面 选项，然后在图形中选择如图 2-80 所示的平面为边界几何体，单击 确定 按钮，完成设置部件边界，系统返回【平面铣】对话框。

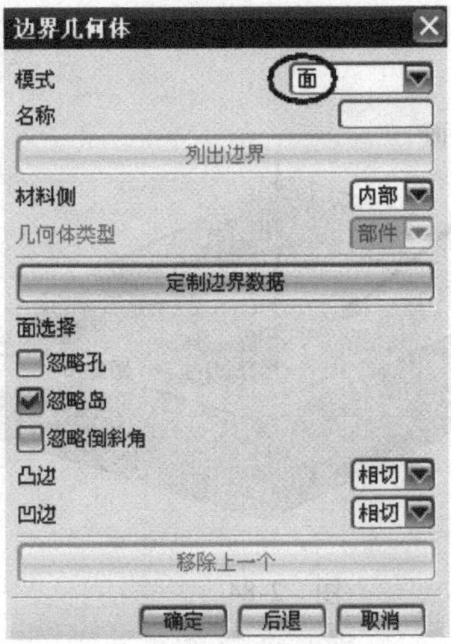
边界几何体
模式
面
名称
列出边界
材料侧
内部
几何体类型
部件
定制边界数据
面选择
忽略孔
忽略岛
忽略倒斜角
凸边
相切
凹边
相切
移除上一个
确定
后退
取消

图 2-79

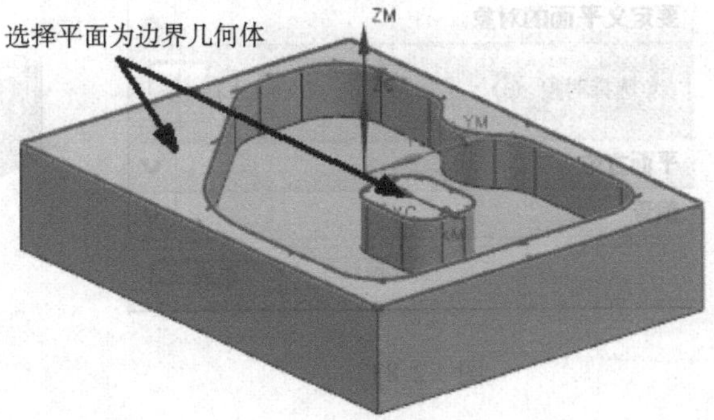
选择平面为边界几何体
ZM
YM

图 2-80

（2）创建毛坯边界　在【平面铣】对话框中 指定毛坯边界 区域内选择（选择或编辑毛坯边界）图标，出现【边界几何体】对话框，如图 2-81 所示。在 模式 下拉框中选择 面 选项，然后勾选 忽略孔 选项，在图形中选择如图 2-82 所示的平面为边界几何体，单击 确定 按钮，完成设置毛坯边界，系统返回【平面铣】对话框。

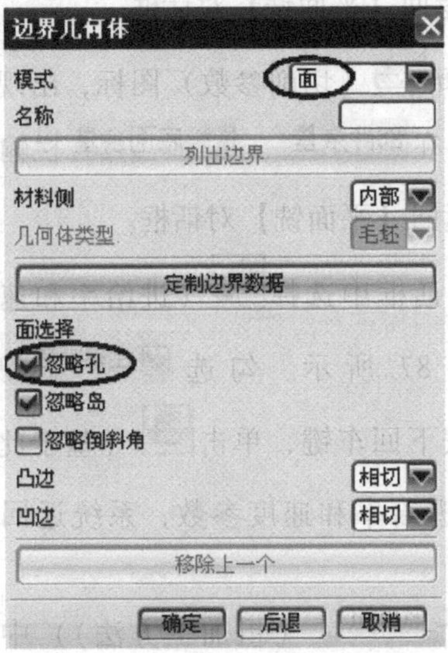
边界几何体
模式
面
名称
列出边界
材料侧
内部
几何体类型
毛坯
定制边界数据
面选择
忽略孔
忽略岛
忽略倒斜角
凸边
相切
凹边
相切
移除上一个
确定
后退
取消

图 2-81

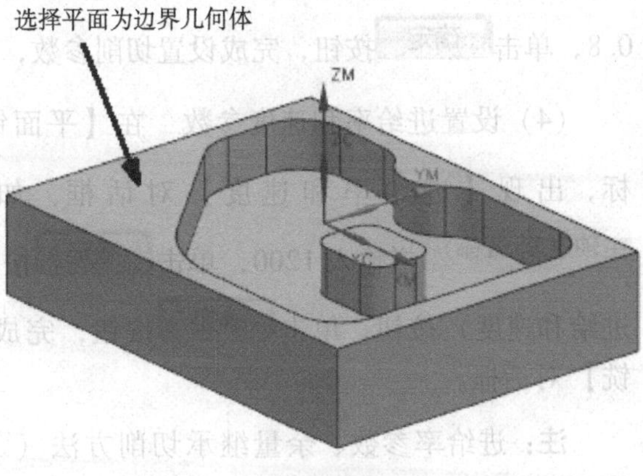
选择平面为边界几何体
ZM
YM

图 2-82

(3) 创建底平面　在【平面铣】对话框中指定底面区域内选择（选择或编辑底平面几何体）图标，出现【平面】对话框，如图2-83所示。在图形中选择如图2-84所示的平面为底平面，单击确定按钮，完成设置底平面，系统返回【平面铣】对话框。

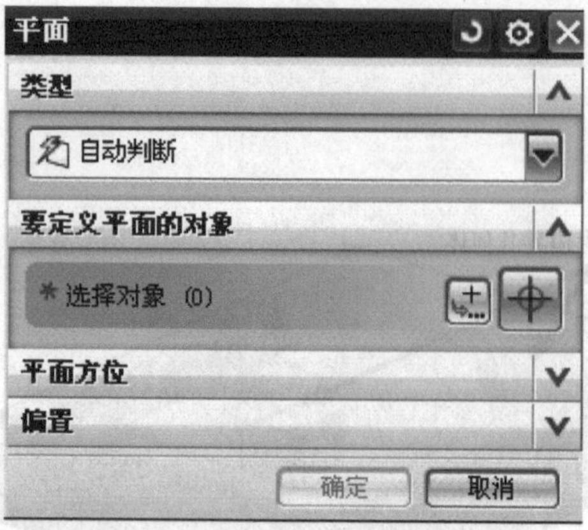
平面
类型
自动判断
要定义平面的对象
* 选择对象 (0)
平面方位
偏置
确定
取消

图　2-83

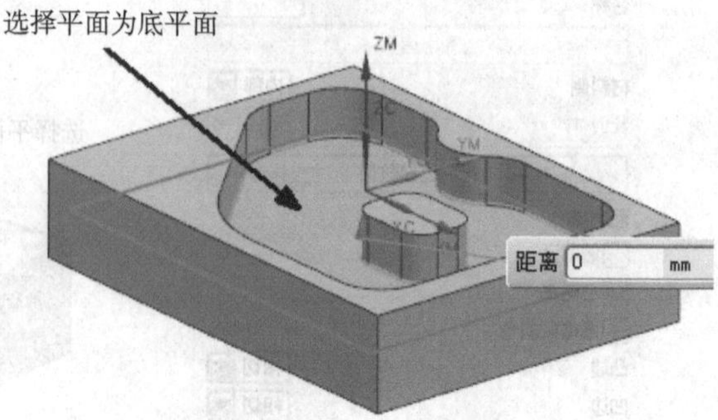
选择平面为底平面
ZM
距离 0 mm

图　2-84

3. 设置加工参数

(1) 设置切削模式　在【平面铣】对话框中切削模式下拉框中选择跟随部件选项，在步距下拉框中选择刀具平直百分比选项，在平面直径百分比栏输入50，如图2-78所示。

(2) 设置切削层参数　在【平面铣】对话框中选择（切削层）图标，出现【切削层】对话框，如图2-85所示。在类型下拉框中选择恒定选项，每刀深度/公共栏输入2，单击确定按钮，完成设置切层参数，系统返回【平面铣】对话框。

(3) 设置切削参数　在【平面铣】对话框中选择（切削参数）图标，出现【切削参数】对话框，如图2-86所示。选择余量选项卡，在部件余量、最终底面余量栏输入0.8、0.8，单击确定按钮，完成设置切削参数，系统返回【平面铣】对话框。

(4) 设置进给率和速度参数　在【平面铣】对话框中选择（进给率和速度）图标，出现【进给率和速度】对话框，如图2-87所示。勾选主轴速度 (rpm)，在主轴速度 (rpm)栏输入1200，单击确定按钮，按下回车键，单击（基于此值计算进给和速度）按钮，单击确定按钮，完成设置进给率和速度参数，系统返回【平面铣】对话框。

注：进给率参数、余量继承切削方法（MILL_ROUGH（粗加工方法））中设定的值。

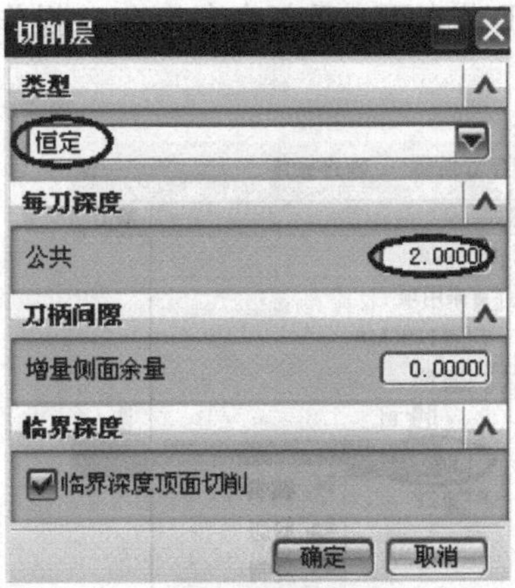
切削层
类型
恒定
每刀深度
公共 2.0000
刀柄间隙
增量侧面余量 0.0000
临界深度
临界深度顶面切削
确定 取消

图 2-85

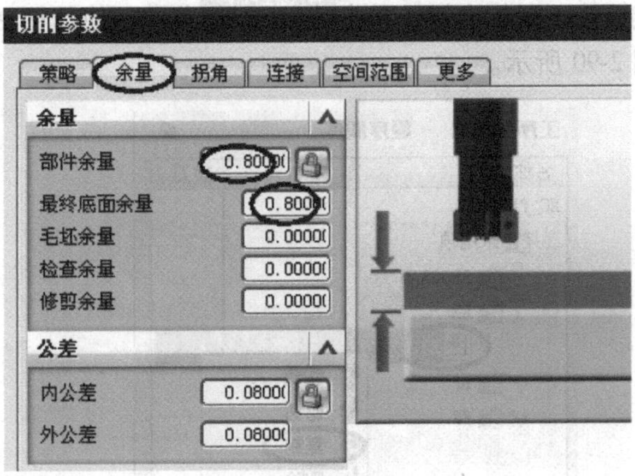
切削参数
策略 余量 拐角 连接 空间范围 更多
余量
部件余量 0.8000
最终底面余量 0.8000
毛坯余量 0.0000
检查余量 0.0000
修剪余量 0.0000
公差
内公差 0.0800
外公差 0.0800

图 2-86

（5）生成刀轨 在【平面铣】对话框中**操作**区域选择（生成刀轨）图标，系统自动生成刀轨，如图2-88所示。单击确定按钮，接受刀轨。

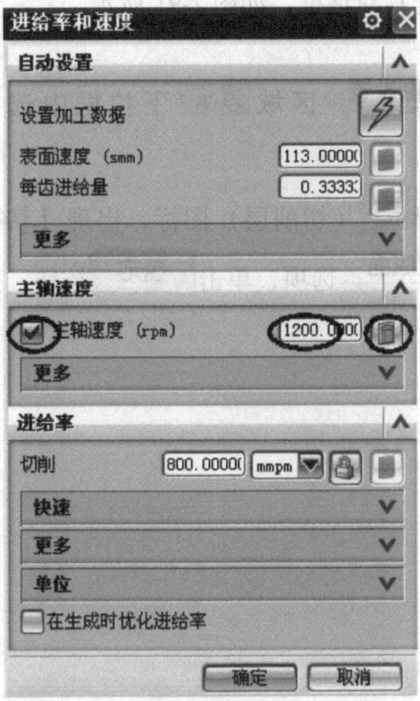
进给率和速度
自动设置
设置加工数据
表面速度（smm） 113.0000
每齿进给量 0.3333
更多
主轴速度
主轴速度（rpm） 1200.0000
更多
进给率
切削 800.0000 mmpm
快速
更多
单位
在生成时优化进给率
确定 取消

图 2-87

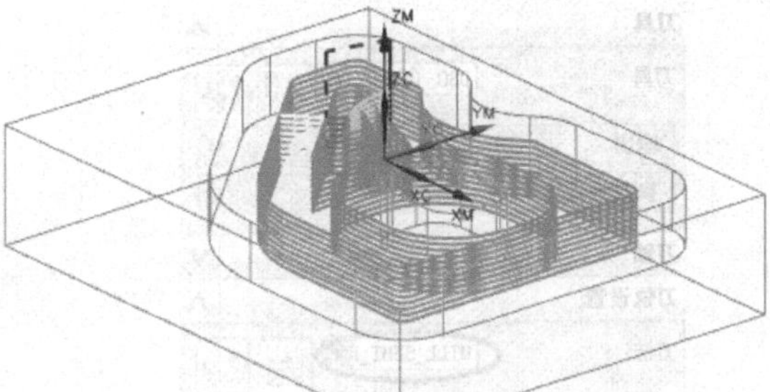
ZM
YM
XM

图 2-88

2.7.8 创建半精加工操作

2.7.8.1 半精加工操作——铣削底面

1. 复制操作R1

在工序导航器程序顺序视图RR节点，复制操作R1，如图2-89所示。然后选择RF节点，按下鼠标右键，单击内部粘贴菜单，使其粘贴在 RF 节点下，重新命名为 S1，操作如图 2-90 所示。

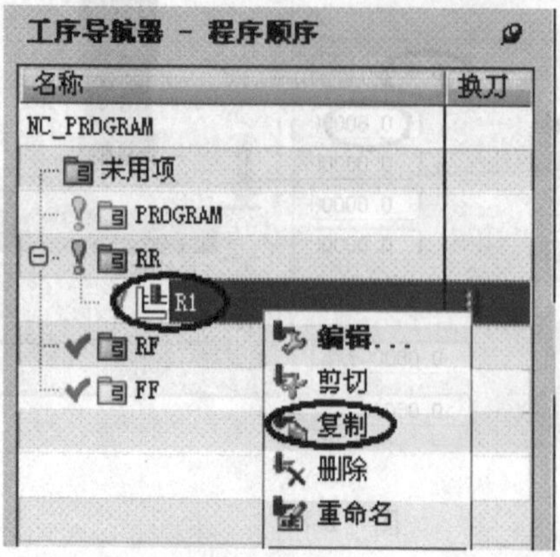
工序导航器 - 程序顺序
名称
换刀
NC_PROGRAM
未用项
PROGRAM
RR
R1
RF
FF
编辑...
剪切
复制
删除
重命名

图 2-89

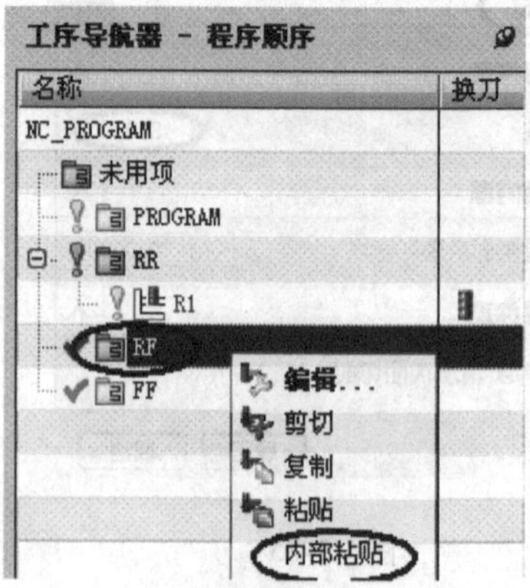
工序导航器 - 程序顺序
名称
换刀
NC_PROGRAM
未用项
PROGRAM
RR
R1
RF
FF
编辑...
剪切
复制
粘贴
内部粘贴

图 2-90

2. 编辑操作 S1

在工序导航器下，双击 S1 工序，系统出现【平面铣】对话框，如图 2-91 所示。

3. 设置加工参数

（1）设置加工方法　在【平面铣】对话框刀轨设置区域方法下拉框中选择MILL_SEMI_I节点，如图 2-91 所示。

（2）设置切削层参数　在【平面铣】对话框中选择（切削层）图标，出现【切削层】对话框，如图 2-92 所示。在类型下拉框中选择仅底面选项，单击确定按钮，完成设置切层参数，系统返回【平面铣】对话框。

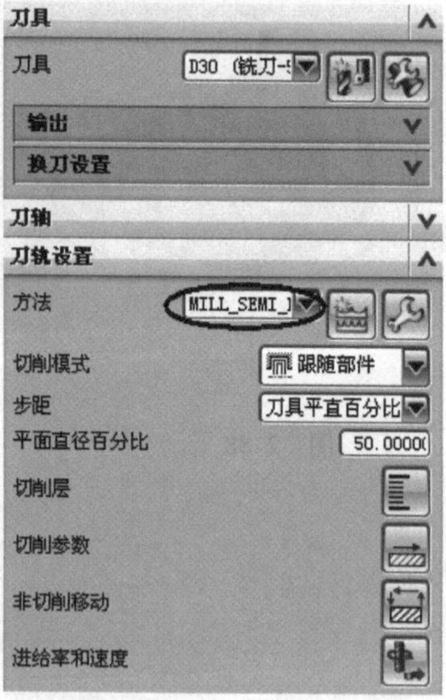
刀具
刀具
D30 (铣刀-5
输出
换刀设置
刀轴
刀轨设置
方法
MILL_SEMI_I
切削模式
跟随部件
步距
刀具平直百分比
平面直径百分比
50.0000
切削层
切削参数
非切削移动
进给率和速度

图 2-91

切削层
类型
仅底面
确定
取消

图 2-92

（3）设置切削参数　在【平面铣】对话框中选择（切削参数）图标，出现【切削参数】对话框，如图 2-93 所示。选择 余量 选项卡，在 部件余量 、最终底面余量 栏输入 0.8、0.25，单击 确定 按钮，完成设置切削参数，系统返回【平面铣】对话框。

（4）设置非切削参数　在【平面铣】对话框中选择（切削参数）图标，出现【非切削移动】对话框，如图 2-94 所示。选择 进刀 选项卡，在 封闭区域 / 进刀类型 下拉框中选择 沿形状斜进刀 选项，在 高度起点 下拉框中选择 当前层 选项，单击 确定 按钮，完成设置切削参数，系统返回【平面铣】对话框。

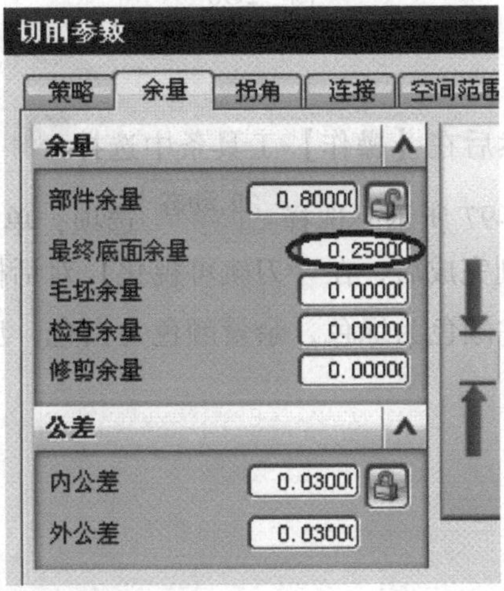
切削参数
策略
余量
拐角
连接
空间范围
余量
部件余量 0.8000(
最终底面余量 0.2500(
毛坯余量 0.0000(
检查余量 0.0000(
修剪余量 0.0000(
公差
内公差 0.0300(
外公差 0.0300(

图　2-93

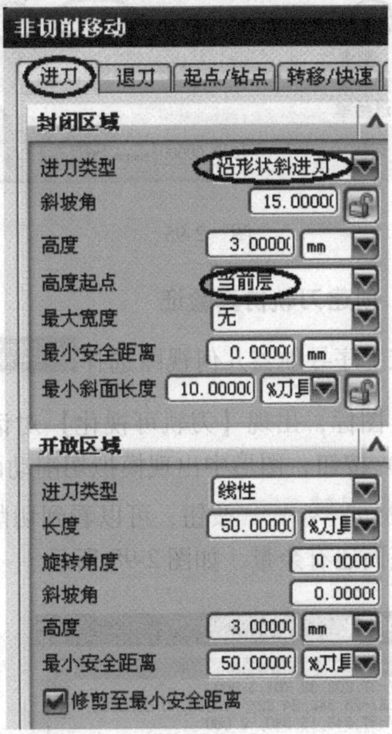
非切削移动
进刀
退刀
起点/钻点
转移/快速
封闭区域
进刀类型 沿形状斜进刀
斜坡角 15.0000(
高度 3.0000(mm
高度起点 当前层
最大宽度 无
最小安全距离 0.0000(mm
最小斜面长度 10.0000(%刀具
开放区域
进刀类型 线性
长度 50.0000(%刀具
旋转角度 0.0000(
斜坡角 0.0000(
高度 3.0000(mm
最小安全距离 50.0000(%刀具
修剪至最小安全距离

图　2-94

（5）设置进给率和速度参数　在【平面铣】对话框中选择（进给率和速度）图标，出现【进给率和速度】对话框，如图 2-95 所示。勾选 主轴速度（rpm），在 主轴速度（rpm） 栏输入 1600，单击 确定 按钮，按下回车键，单击（基于此值计算进给和速度）按钮，单击 确定 按钮，完成设置进给率和速度参数，系统返回【平面铣】对话框。

注：进给率参数、余量继承切削方法（MILL_SEMI_FINISH（半精加工方法））中设定的值。

4. 生成刀轨

在【平面铣】对话框中 操作 区域选择（生成刀轨）图标，系统自动生成刀轨，如

图 2-96 所示。单击 确定 按钮，接受刀轨。

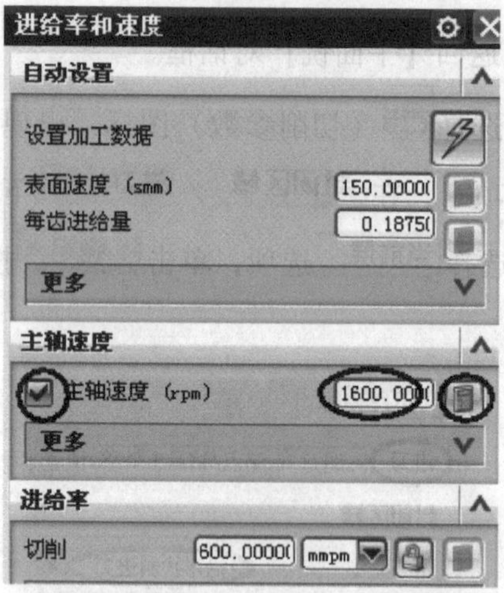
进给率和速度
自动设置
设置加工数据
表面速度（smm） 150.0000
每齿进给量 0.1875
更多
主轴速度
主轴速度（rpm） 1600.000
更多
进给率
切削 600.0000 mmpm

图 2-95

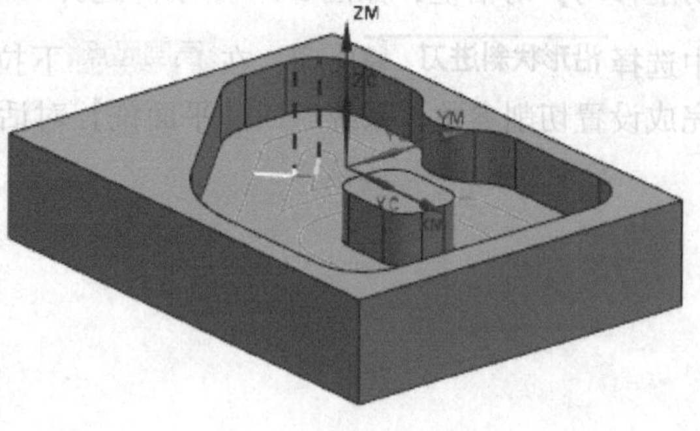
ZM
YM
XC
YC
XM

图 2-96

5. 创建刀轨仿真验证

在工序导航器几何视图选择 WORKPIECE 节点，然后在【操作】工具条中选择 （确认刀轨）图标，出现【刀轨可视化】对话框，如图 2-97 所示。选择 2D 动态 选项，单击 （播放）按钮，图形中出现模拟切削动画，模拟切削完成后，在【刀轨可视化】对话框中单击 比较 按钮，可以看到切削结果，部件颜色为绿色，余量颜色为白色，反映壁面和底面还有余量，如图 2-98 所示。

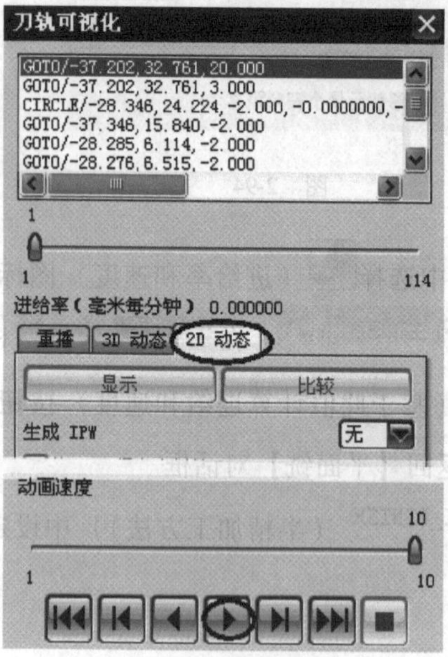
刀轨可视化
GOTO/-37.202,32.761,20.000
GOTO/-37.202,32.761,3.000
CIRCLE/-28.346,24.224,-2.000,-0.0000000,-
GOTO/-37.346,15.840,-2.000
GOTO/-28.285,6.114,-2.000
GOTO/-28.276,6.515,-2.000
1
1
114
进给率（毫米每分钟） 0.000000
重播
3D 动态
2D 动态
显示
比较
生成 IPW
无
动画速度
10
1
10

图 2-97

图 2-98

2.7.8.2 半精加工操作——铣削侧壁面

1. 复制操作 S1

在工序导航器程序顺序视图 RF 节点，复制操作 S1，如图 2-99 所示。然后选择 RF 节点下工序 S1，按下鼠标右键，单击 粘贴 菜单，使其粘贴在 RF 节点下，重新命名为 S1，操作如图 2-100 所示。

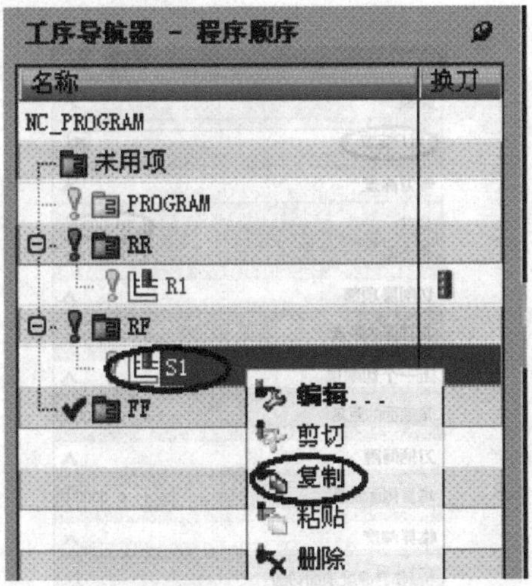

工序导航器 - 程序顺序
名称
换刀
NC_PROGRAM
未用项
PROGRAM
RR
R1
RF
S1
FF
编辑...
剪切
复制
粘贴
删除

图 2-99

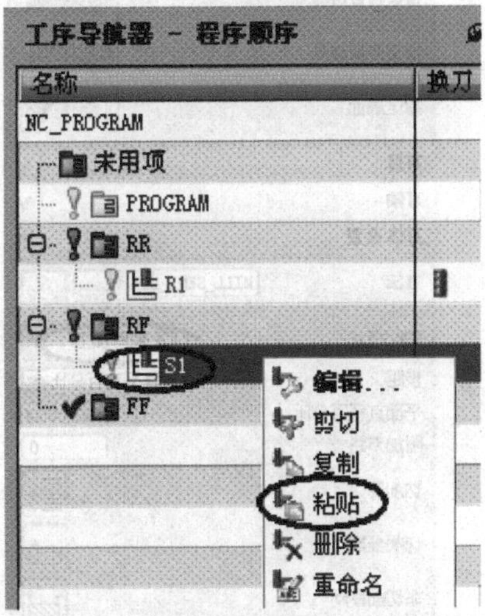

工序导航器 - 程序顺序
名称
换刀
NC_PROGRAM
未用项
PROGRAM
RR
R1
RF
S1
FF
编辑...
剪切
复制
粘贴
删除
重命名

图 2-100

2. 编辑操作 S2

在工序导航器下，双击 S2 工序，系统出现【平面铣】对话框，如图 2-101 所示。

3. 设置加工参数

(1) 设置切削模式　在【平面铣】对话框中 切削模式 下拉框选择 轮廓加工 选项，如图 2-101 所示。

(2) 设置切削层参数　在【平面铣】对话框中选择 (切削层) 图标，出现【切削层】对话框，如图 2-102 所示。在 类型 下拉框选择 用户定义 选项，在 每刀深度 / 公共 栏输入 10，单击 确定 按钮，完成设置切层参数，系统返回【平面铣】对话框。

(3) 设置切削参数　在【平面铣】对话框中选择 (切削参数) 图标，出现【切削参数】对话框，如图 2-103 所示。选择 余量 选项卡，在 部件余量 、 最终底面余量 栏输入 0.25、0.25，单击 确定 按钮，完成设置切削参数，系统返回【平面铣】对话框。

4. 生成刀轨

在【平面铣】对话框中 操作 区域中选择 (生成刀轨) 图标，系统自动生成刀轨，如图 2-104 所示，单击 确定 按钮，接受刀轨。

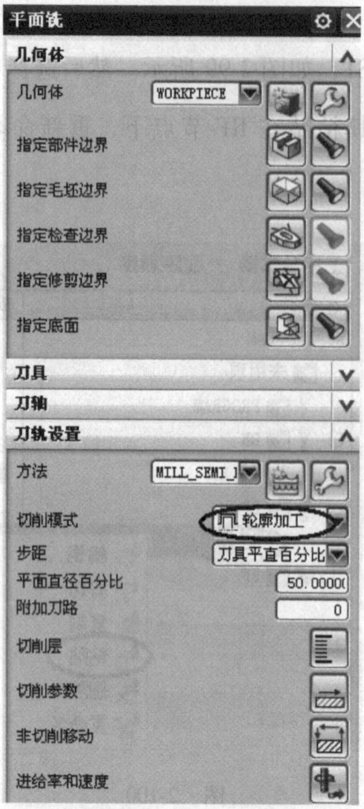
平面铣
几何体
几何体 WORKPIECE
指定部件边界
指定毛坯边界
指定检查边界
指定修剪边界
指定底面
刀具
刀轴
刀轨设置
方法 MILL_SEMI_
切削模式 轮廓加工
步距 刀具平直百分比
平面直径百分比 50.0000
附加刀路 0
切削层
切削参数
非切削移动
进给率和速度

图 2-101

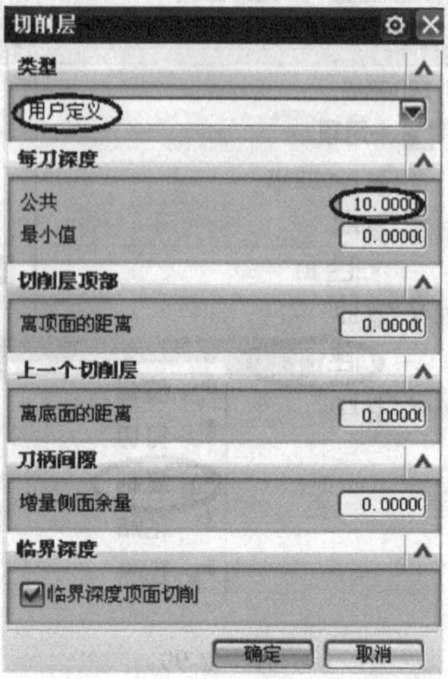
切削层
类型
用户定义
每刀深度
公共 10.0000
最小值 0.0000
切削层顶部
离顶面的距离 0.0000
上一个切削层
离底面的距离 0.0000
刀柄间隙
增量侧面余量 0.0000
临界深度
临界深度顶面切削
确定 取消

图 2-102

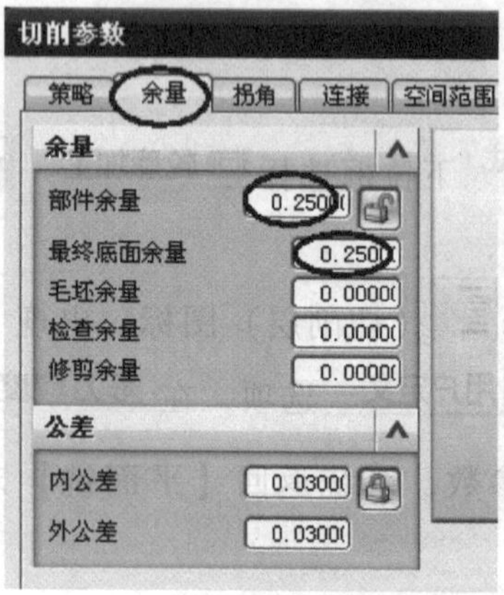
切削参数
策略 余量 拐角 连接 空间范围
余量
部件余量 0.2500
最终底面余量 0.2500
毛坯余量 0.0000
检查余量 0.0000
修剪余量 0.0000
公差
内公差 0.0300
外公差 0.0300

图 2-103

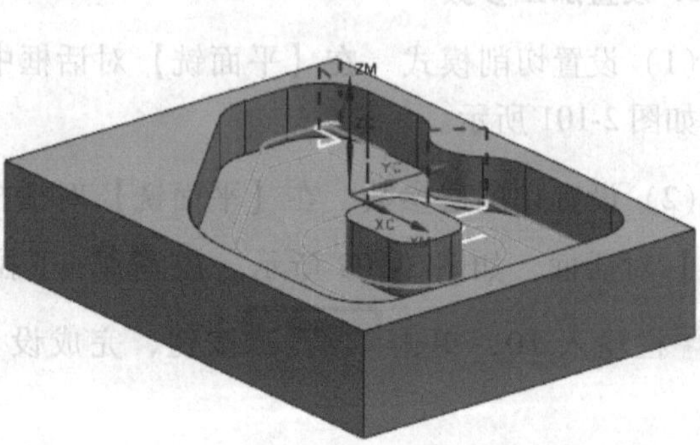

图 2-104

2.7.9 创建精加工操作

2.7.9.1 精加工操作——铣削底面

1. 复制操作 S1

在工序导航器程序顺序视图 RF 节点，复制操作 S1，如图 2-105 所示。然后选择 FF 节点，按下鼠标右键，单击 内部粘贴 菜单，使其粘贴在 FF 节点下，重新命名为 F1，操作如图 2-106 所示。

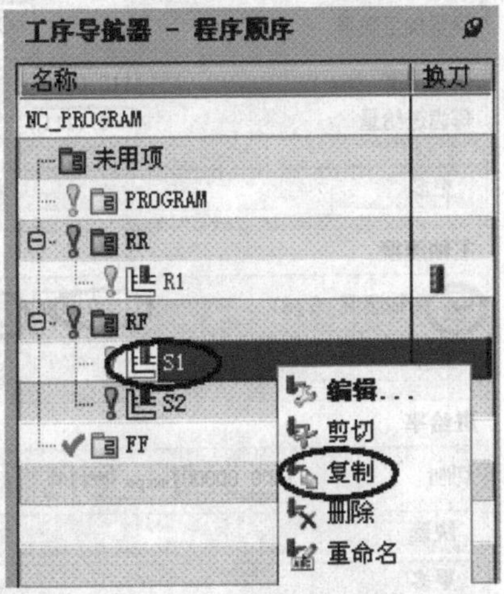
工序导航器 - 程序顺序
名称
换刀
NC_PROGRAM
未用项
PROGRAM
RR
R1
RF
S1
S2
FF
编辑...
剪切
复制
删除
重命名

图 2-105

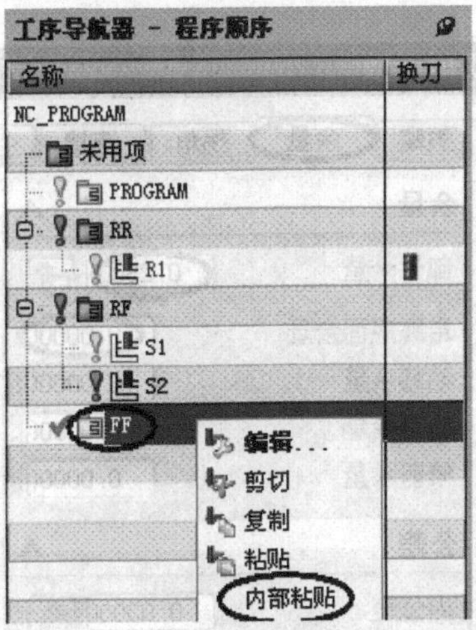
工序导航器 - 程序顺序
名称
换刀
NC_PROGRAM
未用项
PROGRAM
RR
R1
RF
S1
S2
FF
编辑...
剪切
复制
粘贴
内部粘贴

图 2-106

2. 编辑操作 S1

在工序导航器下，双击 S1 工序，系统出现【平面铣】对话框，如图 2-107 所示。

3. 编辑刀具

在【平面铣】对话框 刀具 下拉框中选择 EM20 (铣刀-5 选项，如图 2-107 所示。

4. 设置加工参数

(1) 设置加工方法 在【平面铣】对话框 刀轨设置 区域 方法 下拉框中选择 MILL_FINISH 节点，如图 2-107 所示。

(2) 设置切削参数 在【平面铣】对话框中选择 (切削参数) 图标，出现【切削参数】对话框，如图 2-108 所示。选择 余量 选项卡，在 部件余量、最终底面余量 栏输入 0.25、0，单击 确定 按钮，完成设置切削参数，系统返回【平面铣】对话框。

(3) 设置进给率和速度参数 在【平面铣】对话框中选择 (进给率和速度) 图标，出现【进给率和速度】对话框，如图 2-109 所示。勾选 主轴速度 (rpm)，在 主轴速度 (rpm) 栏中输入 1800，单击 确定 按钮，按下回车键，单击

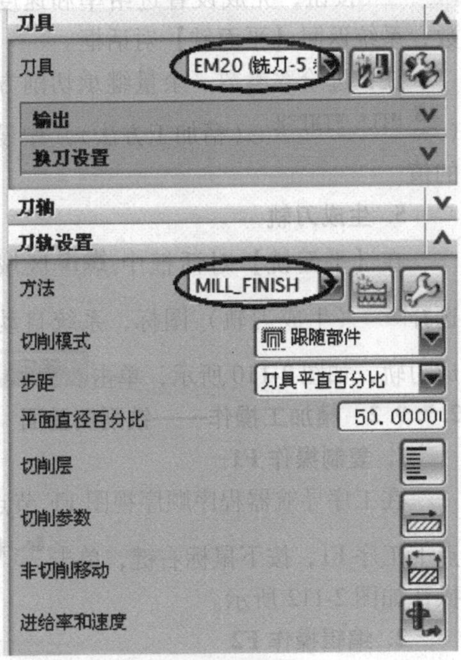
刀具
刀具
EM20 (铣刀-5
输出
换刀设置
刀轴
刀轨设置
方法
MILL_FINISH
切削模式
跟随部件
步距
刀具平直百分比
平面直径百分比
50.0000
切削层
切削参数
非切削移动
进给率和速度

图 2-107

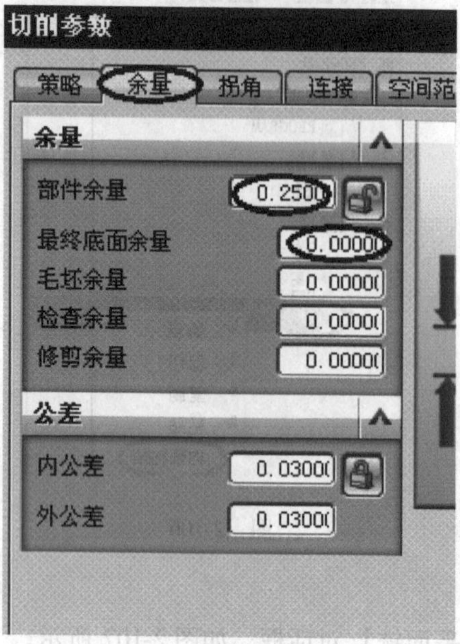
切削参数
策略
余量
拐角
连接
空间范
余量
部件余量 0.2500
最终底面余量 0.0000
毛坯余量 0.0000
检查余量 0.0000
修剪余量 0.0000
公差
内公差 0.0300
外公差 0.0300

图 2-108

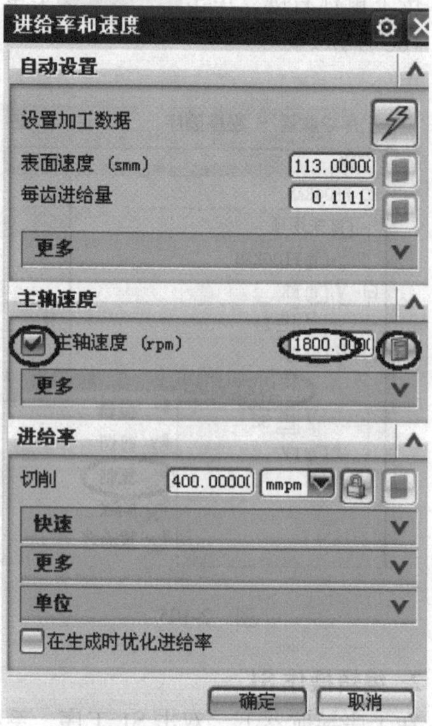
进给率和速度
自动设置
设置加工数据
表面速度（smm） 113.0000
每齿进给量 0.1111
更多
主轴速度
主轴速度（rpm） 1800.00
更多
进给率
切削 400.0000 mmpm
快速
更多
单位
在生成时优化进给率
确定
取消

图 2-109

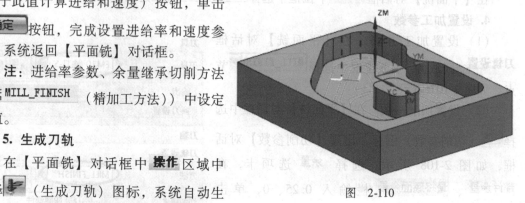

（基于此值计算进给和速度）按钮，单击 确定 按钮，完成设置进给率和速度参数，系统返回【平面铣】对话框。

注：进给率参数、余量继承切削方法（MILL_FINISH（精加工方法））中设定的值。

5. 生成刀轨

在【平面铣】对话框中**操作**区域中选择（生成刀轨）图标，系统自动生成刀轨，如图 2-110 所示，单击 确定 按钮，接受刀轨。

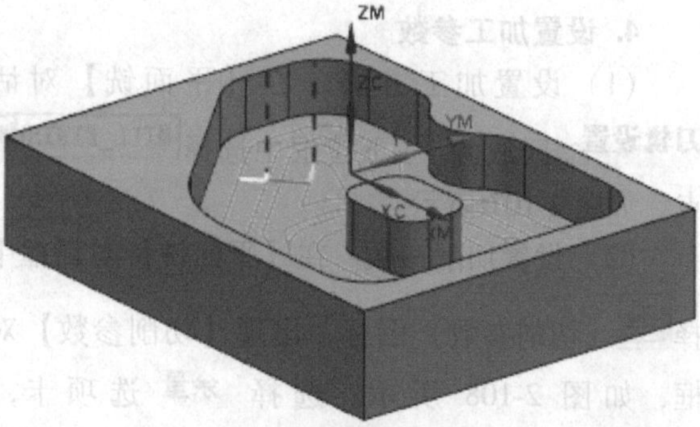
ZM
ZC
YM
XC
XM

图 2-110

2.7.9.2 精加工操作——铣削侧壁面

1. 复制操作 F1

在工序导航器程序顺序视图 FF 节点，复制操作 F1，如图 2-111 所示。然后选择 FF 节点下工序 F1，按下鼠标右键，单击 粘贴 菜单，使其粘贴在 FF 节点下，重新命名为 F2，操作如图 2-112 所示。

2. 编辑操作 F2

在工序导航器下，双击 F2 工序，系统出现【平面铣】对话框，如图 2-113 所示。

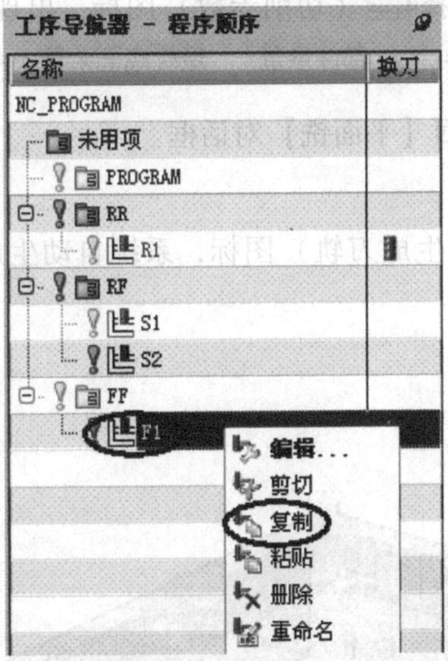
工序导航器 - 程序顺序
名称
换刀
NC_PROGRAM
未用项
PROGRAM
RR
R1
RF
S1
S2
FF
F1
编辑...
剪切
复制
粘贴
删除
重命名

图 2-111

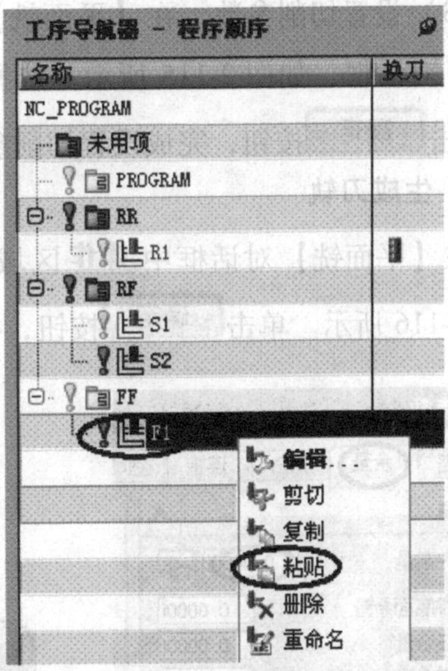
工序导航器 - 程序顺序
名称
换刀
NC_PROGRAM
未用项
PROGRAM
RR
R1
RF
S1
S2
FF
F1
编辑...
剪切
复制
粘贴
删除
重命名

图 2-112

3. 设置加工参数

（1）设置切削模式　在【平面铣】对话框中 切削模式 下拉框中选择 轮廓加工 选项，如图 2-113 所示。

（2）设置切削层参数　在【平面铣】对话框中选择（切削层）图标，出现【切削层】对话框，如图 2-114 所示。在 类型 下拉框中选择 用户定义 选项，在 每刀深度 / 公共 栏输入 10，单击 确定 按钮，完成设置切层参数，系统返回【平面铣】对话框。

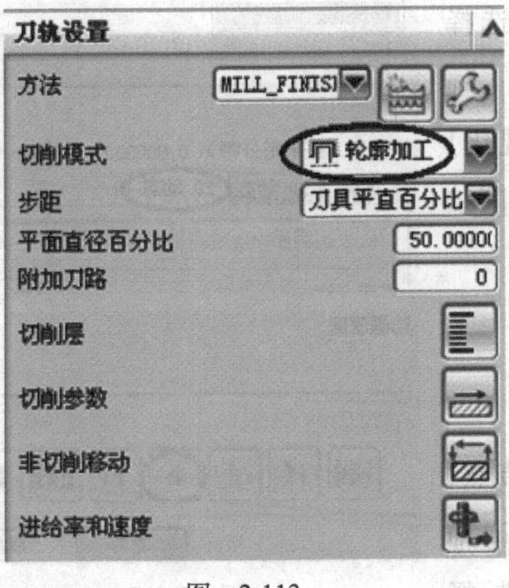
刀轨设置
方法
MILL_FINISI
切削模式
轮廓加工
步距
刀具平直百分比
平面直径百分比
50.0000(
附加刀路
0
切削层
切削参数
非切削移动
进给率和速度

图 2-113

切削层
类型
用户定义
每刀深度
公共
10.0000
最小值
0.0000(
切削层顶部
离顶面的距离
0.0000(
上一个切削层
离底面的距离
0.0000(
刀柄间隙
增量侧面余量
0.0000(
临界深度
临界深度顶面切削
确定
取消

图 2-114

(3) 设置切削参数　在【平面铣】对话框中选择（切削参数）图标，出现【切削参数】对话框，如图 2-115 所示。选择 余量 选项卡，在 部件余量 、最终底面余量 栏输入 0、0，单击 确定 按钮，完成设置切削参数，系统返回【平面铣】对话框。

4. 生成刀轨

在【平面铣】对话框中 操作 区域中选择（生成刀轨）图标，系统自动生成刀轨，如图 2-116 所示。单击 确定 按钮，接受刀轨。

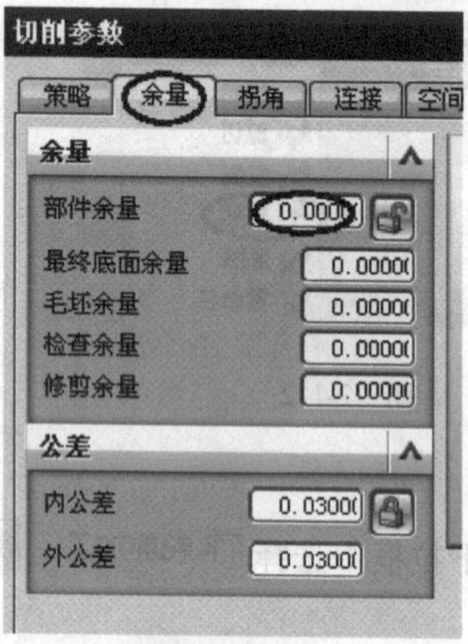
切削参数
策略
余量
拐角
连接
空间
余量
部件余量
0.0000
最终底面余量
0.0000
毛坯余量
0.0000
检查余量
0.0000
修剪余量
0.0000
公差
内公差
0.0300
外公差
0.0300

图 2-115

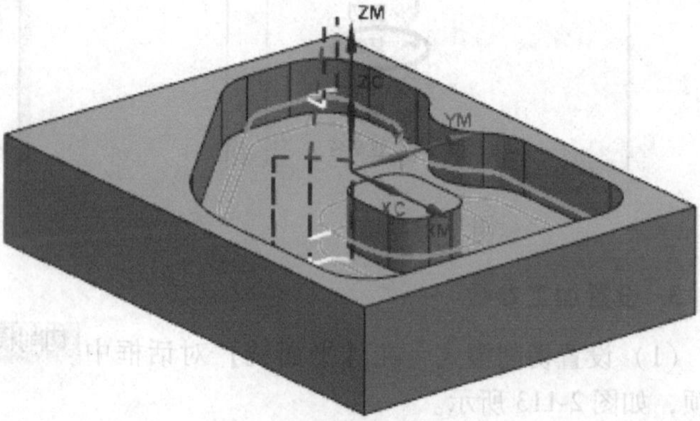
ZM
ZC
YM
YC
XC
XM

图 2-116

2.7.10 创建刀轨仿真验证

在工序导航器几何视图选择 WORKPIECE 节点，然后在【操作】工具条中选择（确认刀轨）图标，出现【刀轨可视化】对话框，如图 2-117 所示。选择 2D 动态 选项，单击（播放）按钮，图形中出现模拟切削动画，模拟切削完成后，在【刀轨可视化】对话框中单击 比较 按钮，可以看到切削结果，如图 2-118 所示。

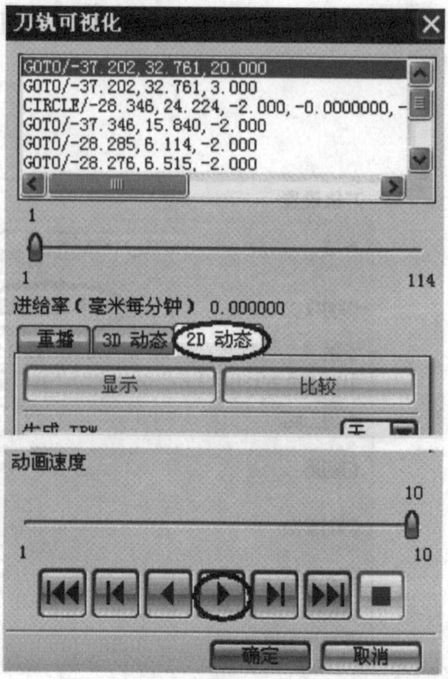
刀轨可视化
GOTO/-37.202,32.761,20.000
GOTO/-37.202,32.761,3.000
CIRCLE/-28.346,24.224,-2.000,-0.0000000,-
GOTO/-37.346,15.840,-2.000
GOTO/-28.285,6.114,-2.000
GOTO/-28.276,6.515,-2.000
1
1
114
进给率（毫米每分钟） 0.000000
重播
3D 动态
2D 动态
显示
比较
动画速度
10
1
10
确定
取消

图 2-117

2.7.11 后处理

1. 粗加工后处理

在工序导航器程序视图下，选择 RR 节点，右击出现下拉菜单，选择 后处理 菜单，出现【后处理】对话框，如图 2-119 所示。选择

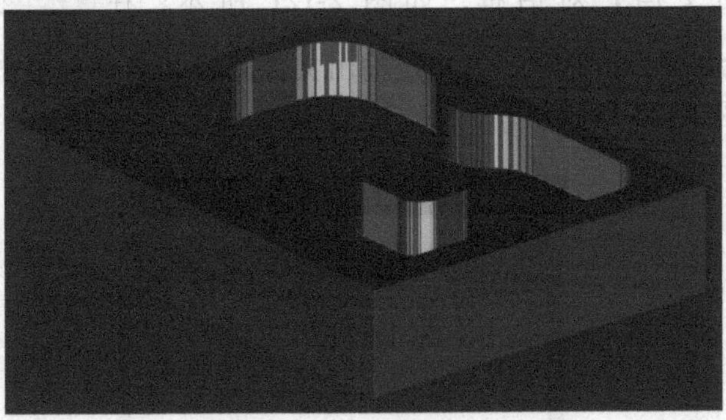

图 2-118

MILL_3_AXIS 机床后处理，指定输出文件路径和名称，在 单位 下拉框中选择 公制/部件 选项，单击 确定 按钮，完成粗加工后处理，输出数控程序文件，如图 2-120 所示。

2. 半精加工、精加工后处理

按照 2.7.11 步骤 1 的方法，分别选择 RF、FF 节点进行后处理，完成输出数控程序文件。

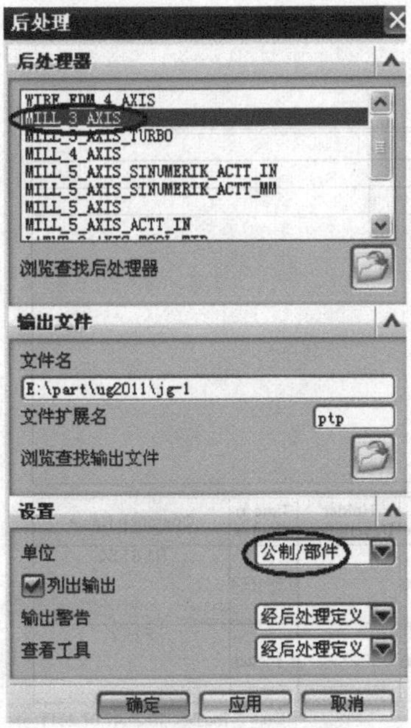
后处理
后处理器
WIRE_EDM_4_AXIS
MILL_3_AXIS
MILL_3_AXIS_TURBO
MILL_4_AXIS
MILL_5_AXIS_SINUMERIK_ACTT_IN
MILL_5_AXIS_SINUMERIK_ACTT_MM
MILL_5_AXIS
MILL_5_AXIS_ACTT_IN
浏览查找后处理器
输出文件
文件名
E:\part\ug2011\jg-1
文件扩展名
ptp
浏览查找输出文件
设置
单位
公制/部件
列出输出
输出警告
经后处理定义
查看工具
经后处理定义
确定
应用
取消

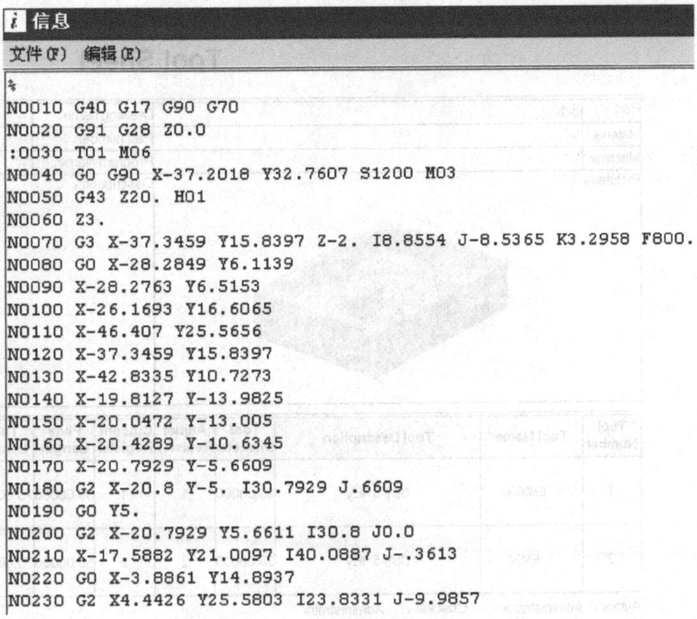
信息
文件(F) 编辑(E)
%
N0010 G40 G17 G90 G70
N0020 G91 G28 Z0.0
:0030 T01 M06
N0040 G0 G90 X-37.2018 Y32.7607 S1200 M03
N0050 G43 Z20. H01
N0060 Z3.
N0070 G3 X-37.3459 Y15.8397 Z-2. I8.8554 J-8.5365 K3.2958 F800.
N0080 G0 X-28.2849 Y6.1139
N0090 X-28.2763 Y6.5153
N0100 X-26.1693 Y16.6065
N0110 X-46.407 Y25.5656
N0120 X-37.3459 Y15.8397
N0130 X-42.8335 Y10.7273
N0140 X-19.8127 Y-13.9825
N0150 X-20.0472 Y-13.005
N0160 X-20.4289 Y-10.6345
N0170 X-20.7929 Y-5.6609
N0180 G2 X-20.8 Y-5. I30.7929 J.6609
N0190 G0 Y5.
N0200 G2 X-20.7929 Y5.6611 I30.8 J0.0
N0210 X-17.5882 Y21.0097 I40.0887 J-.3613
N0220 G0 X-3.8861 Y14.8937
N0230 G2 X4.4426 Y25.5803 I23.8331 J-9.9857

图 2-119 图 2-120

2.7.12 创建车间文档

在工序导航器下选择 NC_PROGRAM 节点，在【操作】工具条中选择（车间文档）

图标，出现【车间文档】对话框，如图 2-121 所示。在 报告格式 列表框选择 Tool List Select (HTML/Excel) 选项，并指定输出文件路径和名称，单击 确定 按钮，完成创建刀具清单，如图 2-122 所示。

车间文档
报告格式
Operation List Select (HTML/Excel)
Operation List Select (TEXT)
Tool List Select (HTML/Excel)
Tool List Select (TEXT)
输出文件
文件名
E:\part\ug2011\jg-1
浏览查找输出文件
设置
显示输出
查看工具
关
确定
应用
取消

图 2-121

Tool Sheet

Part name:	jg-1	Drawing name:	"--"
Material:	"--"	Part number:	"--"
Machine:	"--"	Program Name:	"--"
Pictures：		Description：	

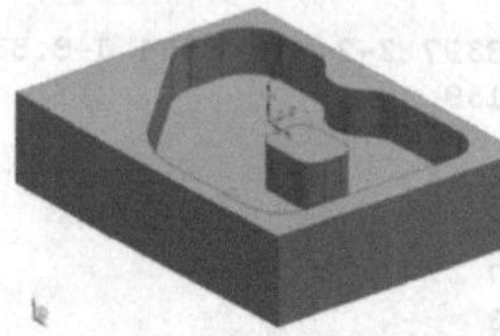

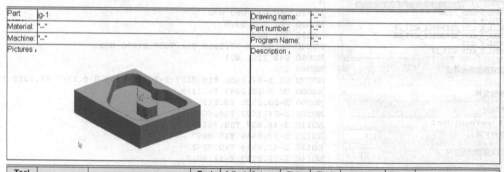

Tool Number	Tool Name	Tool Description	Tool Diameter	Adjust Register	Cutcom Register	Flute Length	Tool Length	Holder Description	Time in Minutes	Operation Name
1	EM30R1	□µ¶-5 ªÈý	30.00000	1	1	50.00000	75.00000		9.551554	R1 S1 S2
2	EM20	□µ¶-5 ªÈý	20.00000	2	2	50.00000	75.00000		7.168945	F1 F2

Author： Administrator　　Checker： Administrator　　Date： Thu Dec 15 21:47:07 2011

图 2-122

在【车间文档】对话框中 报告格式 列表框内选择 Operation List Select (HTML/Excel) 选项，并指定输出文件路径和名称，单击 确定 按钮，完成创建加工顺程序清单车间文档，如图 2-123 所示。

Page： 1 of 2

SIEMENS

Program Sheet

Part name:	jg-1	Drawing name:	"--"
Material:	"--"	Part number:	"--"
Machine:	"--"	Program type:	"--"
Pictures：	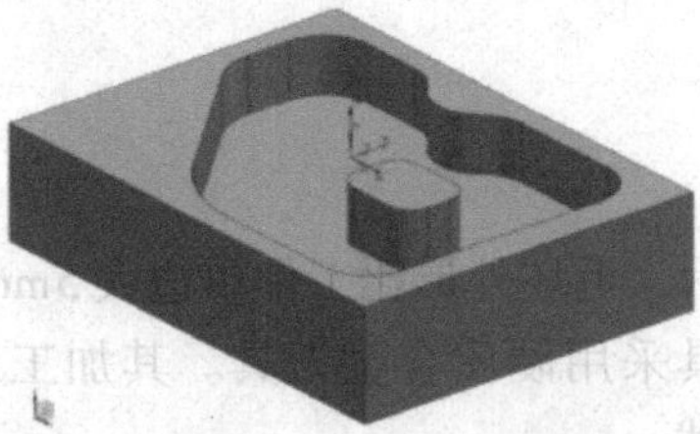	Description：	

Index	Operation Name	Type	Program	Machine Mode	Tool Name	Path Image
1	R1	Planar Milling	RR	MILL	EM30R1	
2	S1	Planar Milling	RF	MILL	EM30R1	
3	S2	Planar Milling	RF	MILL	EM30R1	
4	F1	Planar Milling	FF	MILL	EM20	

Author： Administrator Checker： Administrator Date： Thu Dec 15 21:38:55 2011

SIEMENS

Program Sheet

Index	Operation Name	Type	Program	Machine Mode	Tool Name	Path Image
5	F2	Planar Milling	FF	MILL	EM20	

Author： Administrator Checker： Administrator Date： Thu Dec 15 21:38:55 2011

图 2-123

第3章

平面铣加工实例一

实例说明

本章主要讲述平面铣加工。工件模型如图 3-1 所示，毛坯外形比工件单边大 5mm，高度比工件高 3mm，毛坯材料为碳素结构钢，45 钢，刀具采用硬质合金刀具。其加工思路为：首先分析模型的加工区域，选用恰当的刀具与加工路线。

外形粗加工：采用 ϕ40mm 的立铣刀铣削外形四周，留余量为 0. 3mm。

外形精加工：采用 ϕ40mm 的立铣刀铣削外形四周至工件尺寸。

顶面加工：采用 ϕ80mm 的面铣刀铣削毛坯至工件高度。

粗加工大型腔：采用 EM12R1 圆鼻刀分层铣削，型面留余量为 0. 3mm。

精加工大型腔：采用 EM10 立铣刀精加工底面和侧壁。

粗加工小型腔：采用 EM12R1 圆鼻刀分层铣削，型面留余量为 0. 3mm。

精加工小型腔：采用 EM10 立铣刀精加工底面和侧壁。

加工另外 3 个小型腔：采用矩形阵列的方法，阵列出另外 3 个小型腔的刀轨。

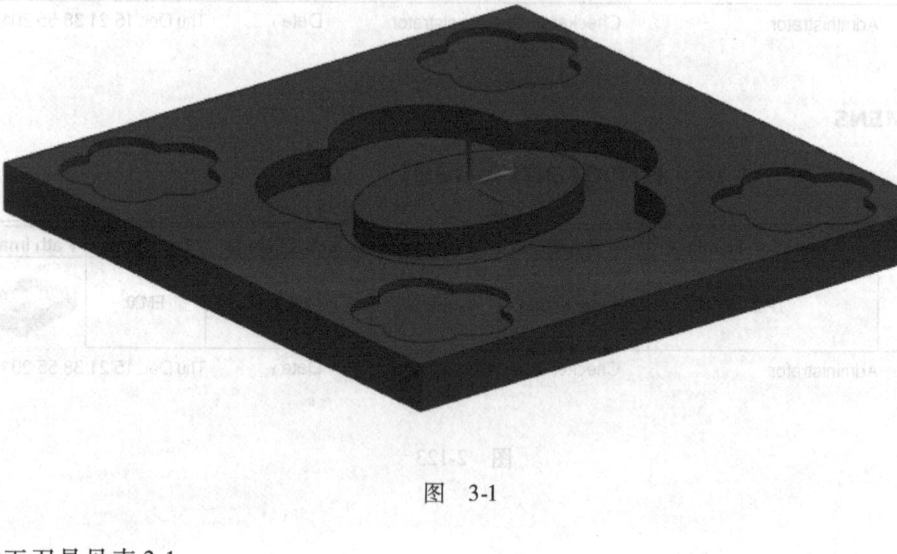

图 3-1

加工刀具见表 3-1。

表 3-1　加工刀具

序号	程序名	刀具号	刀具类型	刀具直径/mm	*R* 圆角/mm	刀长/mm	切削刃长/mm	余量/mm
1	R1	2	EM40 立铣刀	$\phi 40$	0	75	60	0.3
2	F1	2	EM40 立铣刀	$\phi 40$	0	75	60	0
3	F2	1	EM80R1 面铣刀	$\phi 80$	1	65	25	0
4	R2	3	EM12R1 圆鼻刀	$\phi 12$	1	75	25	0.3
5	F3	4	EM10 立铣刀	$\phi 10$	0	75	25	0
6	F4	4	EM10 立铣刀	$\phi 10$	0	75	25	0
7	R3	3	EM12R1 圆鼻刀	$\phi 12$	1	75	25	0.3
8	F5	4	EM10 立铣刀	$\phi 10$	0	75	25	0
9	F6	4	EM10 立铣刀	$\phi 10$	0	75	25	0

加工工艺方案见表 3-2。

表 3-2　加工工艺方案

序号	方法	加工方式	程序名	主轴转速 $n/\mathrm{r\cdot min^{-1}}$	进给速度 $v_f/\mathrm{mm\cdot min^{-1}}$	说　明
1	粗加工	平面铣	R1	1000	1200	四周外形粗加工
2	精加工	平面铣	F1	1600	600	四周外形精加工
3	精加工	面铣削区域	F2	1500	500	面铣顶面
4	粗加工	平面铣	R2	1200	1000	大型腔粗加工
5	精加工	平面铣	F3	1600	600	精加工大型腔底面
6	精加工	平面铣	F4	1600	600	精加工大型腔侧壁
7	粗加工	平面铣	R3	1200	1000	粗加工小型腔
8	精加工	平面铣	F5	1600	600	精加工小型腔底面
9	精加工	平面铣	F6	1600	600	精加工小型腔侧壁

学习目标

通过该章实例的练习，使读者能熟练掌握平面铣加工，了解平面铣的适用范围和加工规律以及部件边界的创建、刀轨阵列的思路及掌握平面铣的加工技巧。

3.1 打开文件

选择菜单中的【文件】/【打开(O)】命令或选择（打开）文件图标，出现【打开】部件对话框，在本书附的资源包 \ parts \ 3 \ pm-1 文件，单击 OK 按钮，打开部件，工件模型如图 3-1 所示。

3.2 设置加工坐标系及安全平面

1. 进入加工模块

选择菜单中的【开始】下拉框，在其中选择【加工(N)...】模块，如图 3-2 所示，进入加工应用模块。

2. 设置加工环境

选择【加工(N)...】模块后，系统出现【加工环境】对话框，如图 3-3 所示。在 CAM 会话配置 列表框中选择 cam_general ，在 要创建的 CAM 设置 列表框中选择 mill_planar ，单击 确定 按钮，进入加工初始化，在导航器栏出现（工序导航器）图标，如图 3-4 所示。

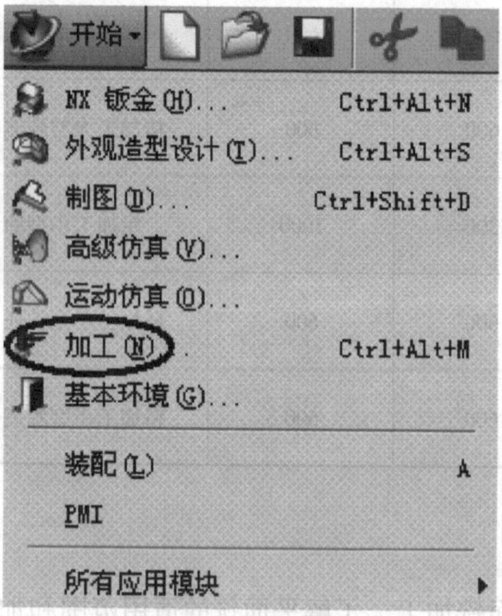
开始
NX 钣金(H)... Ctrl+Alt+N
外观造型设计(T)... Ctrl+Alt+S
制图(D)... Ctrl+Shift+D
高级仿真(V)...
运动仿真(O)...
加工(N)... Ctrl+Alt+M
基本环境(G)...
装配(L) A
PMI
所有应用模块

图 3-2

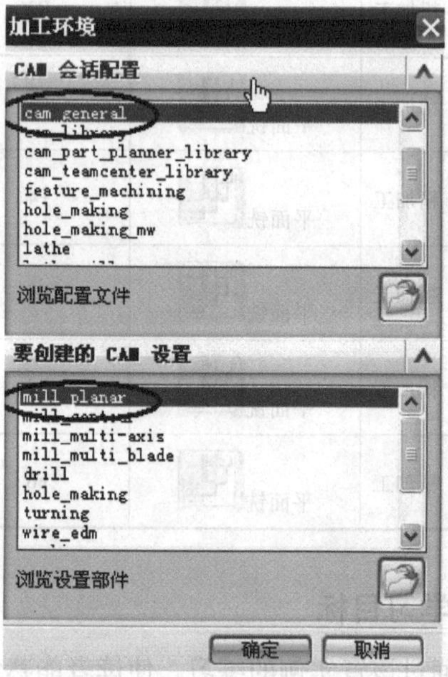
加工环境
CAM 会话配置
cam_general
cam_library
cam_part_planner_library
cam_teamcenter_library
feature_machining
hole_making
hole_making_mw
lathe
浏览配置文件
要创建的 CAM 设置
mill_planar
mill_contour
mill_multi-axis
mill_multi_blade
drill
hole_making
turning
wire_edm
浏览设置部件
确定
取消

图 3-3

3. 设置工序导航器的视图为几何视图

选择菜单中的【工具(T)】/【工序导航器(O)】/【视图(V)】/【几何视图(G)】命令或在【导航器】工具条中选择（几何视图）图标，更新的工序导航器的视图如图3-4所示。

4. 显示毛坯几何体

在【实用工具】选择（全部显示）图标，将毛坯几何体显示。

5. 设置工作坐标系

选择菜单中的【格式(R)】/【WCS】/【定向(N)...】命令或在【实用】工具条中选择（WCS 定向）图标，出现【CSYS】对话框，在 类型 下拉框中选择 对象的 CSYS 选项，如图3-5所示。在图形中选择如图3-6所示的毛坯顶面，单击 确定 按钮，完成设置工作坐标系，如图3-7所示。

工序导航器 - 几何
名称
刀轨
GEOMETRY
未用项
MCS_MILL

图 3-4

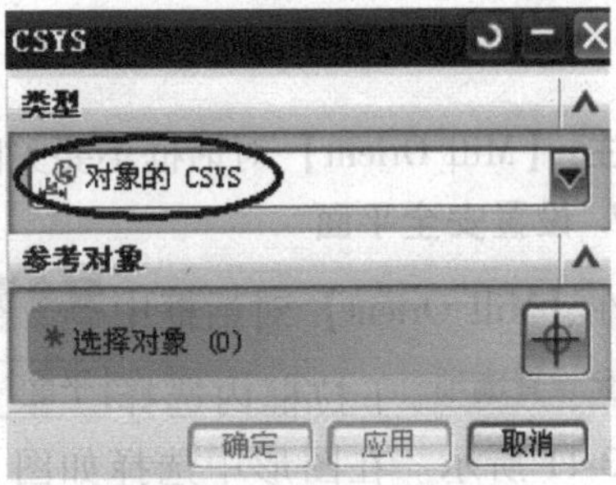

CSYS
类型
对象的 CSYS
参考对象
* 选择对象 (0)
确定
应用
取消

图 3-5

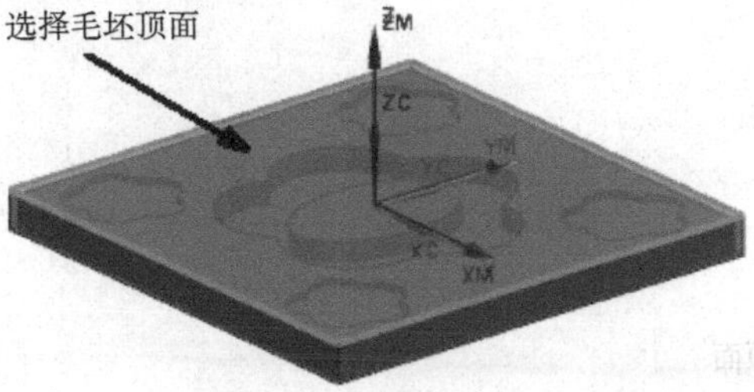

选择毛坯顶面
ZM
ZC
YM
YC
XC
XM

图 3-6

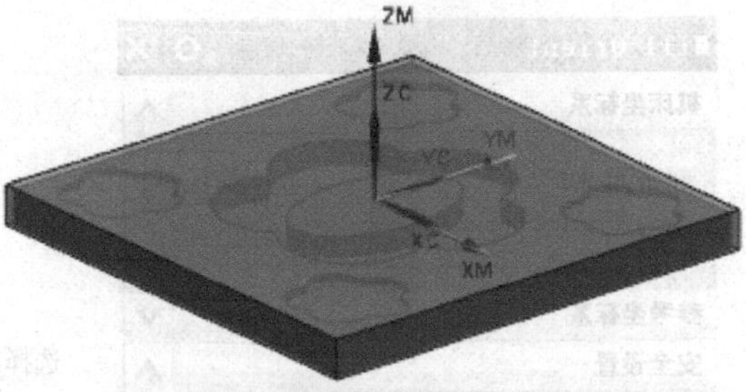

ZM
ZC
YM
YC
XC
XM

图 3-7

6. 设置加工坐标系

在工序导航器中双击 MCS_MILL（加工坐标系）图标，出现【Mill Orient】对话框，如图3-8所示。在 指定 MCS 区域中选择（CSYS 会话）图标，出现【CSYS】对话框，如图3-9所示。在 类型 下拉框中选择【动态】选项，在 参考 下拉框中选择

【WCS（工作坐标系）】选项，单击【确定】按钮，完成设置加工坐标系，即接受工作坐标系为加工坐标系，如图3-10 所示。

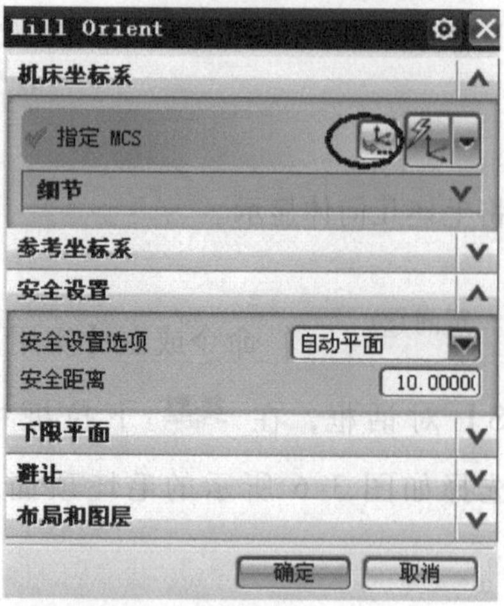
Mill Orient
机床坐标系
指定 MCS
细节
参考坐标系
安全设置
安全设置选项
自动平面
安全距离
10.0000
下限平面
避让
布局和图层
确定
取消

图 3-8

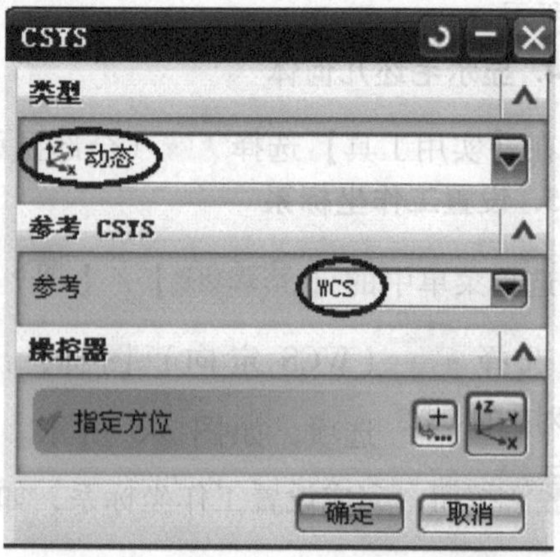
CSYS
类型
动态
参考 CSYS
参考
WCS
操控器
指定方位
确定
取消

图 3-9

注：【Mill Orient】对话框不要关闭。

7. 设置安全平面

在【Mill Orient】对话框中安全设置区域安全设置选项下拉框内选择平面选项，如图3-11 所示。在图形中选择如图3-12 所示的毛坯顶面，在距离栏输入15，单击【确定】按钮，完成设置安全平面。

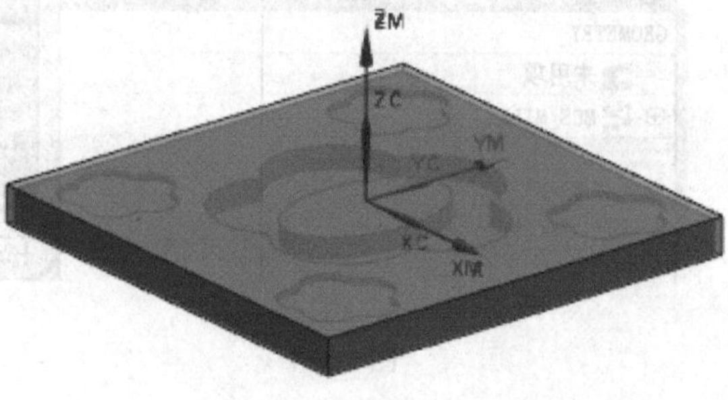
ZM
ZC
YM
YC
XC
XM

图 3-10

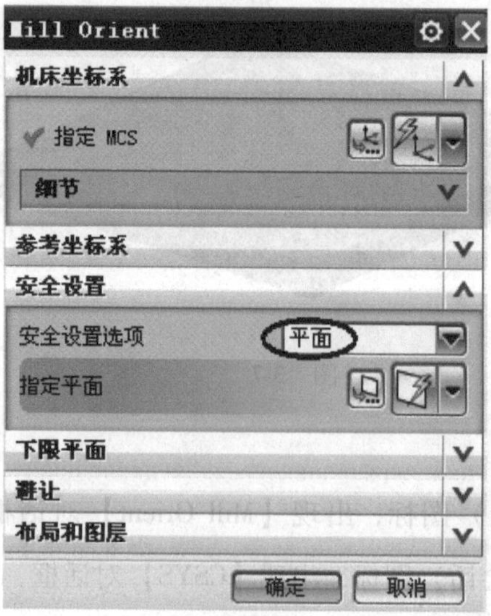
Mill Orient
机床坐标系
指定 MCS
细节
参考坐标系
安全设置
安全设置选项
平面
指定平面
下限平面
避让
布局和图层
确定
取消

图 3-11

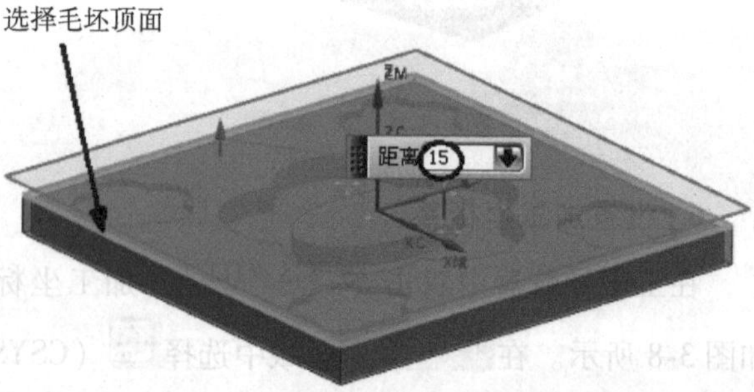
选择毛坯顶面
距离
15

图 3-12

3.3 设置铣削几何体

1. 展开 MCS _ MILL

在工序导航器的几何视图中单击 MCS_MILL 前面的 ⊕（加号）图标，展开 MCS _ MILL，更新的工序导航器视图如图 3-13 所示。

2. 设置铣削几何体

在工序导航器中双击 WORKPIECE （铣削几何体）图标，出现【铣削几何体】对话框，如图 3-14 所示。在 指定部件 区域中选择（选择或编辑部件几何体）图标，出现【部件几何体】对话框，如图 3-15 所示。在图形中选择如图 3-16 所示工件，单击 确定 按钮，完成指定部件。

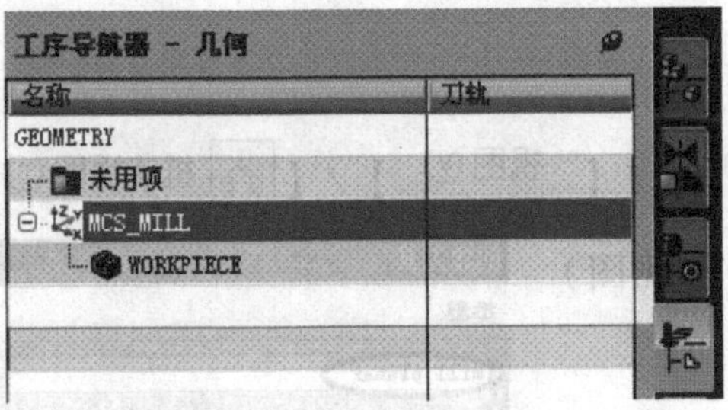
工序导航器 - 几何
名称
刀轨
GEOMETRY
未用项
MCS_MILL
WORKPIECE

图 3-13

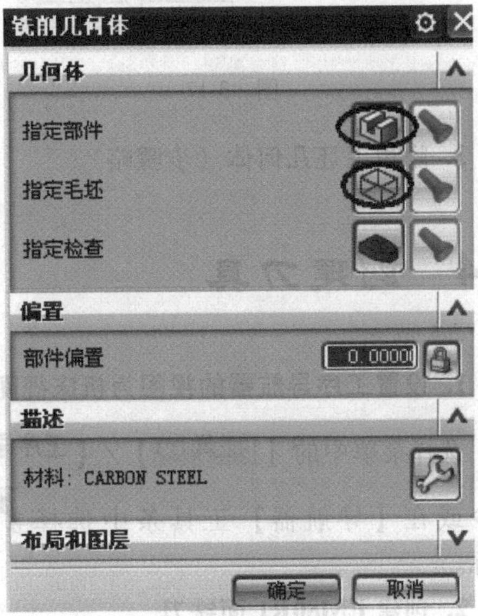
铣削几何体
几何体
指定部件
指定毛坯
指定检查
偏置
部件偏置
0.0000
描述
材料: CARBON STEEL
布局和图层
确定
取消

图 3-14

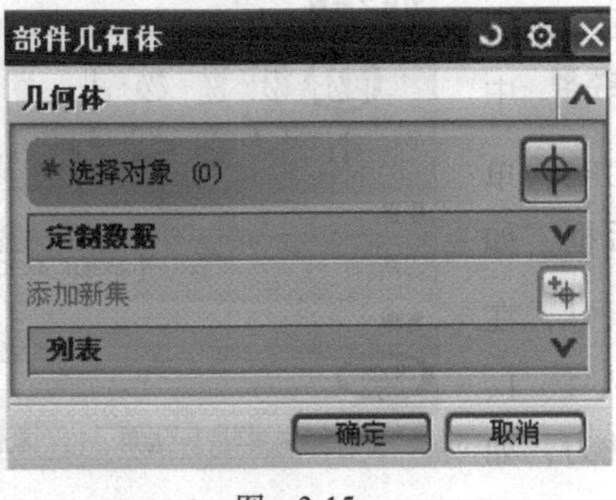
部件几何体
几何体
* 选择对象 (0)
定制数据
添加新集
列表
确定
取消

图 3-15

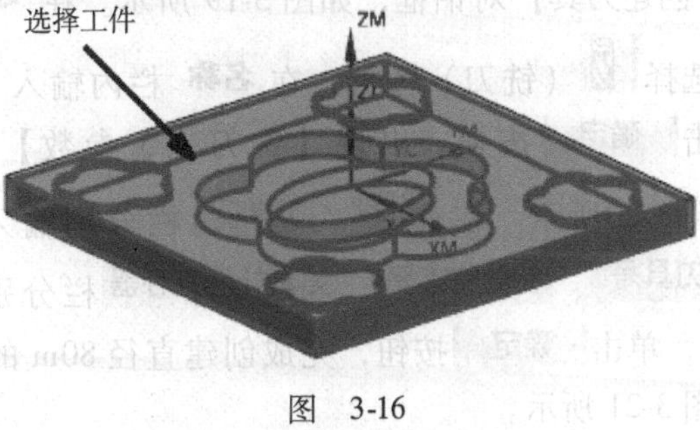
选择工件
ZM
XM

图 3-16

系统返回【铣削几何体】对话框，在 指定毛坯 区域中选择（选择或编辑毛坯几何体）图标，出现【毛坯几何体】对话框，如图3-17所示。在 类型 下拉框中选择 几何体 选项，在图形中选择如图3-18所示毛坯几何体，单击 确定 按钮，完成指定毛坯，系统返回【铣削几何体】对话框，单击 确定 按钮，完成设置铣削几何体。

毛坯几何体
类型
几何体
几何体
选择对象 (1)
添加新集
列表
拓扑结构
确定
取消

图 3-17

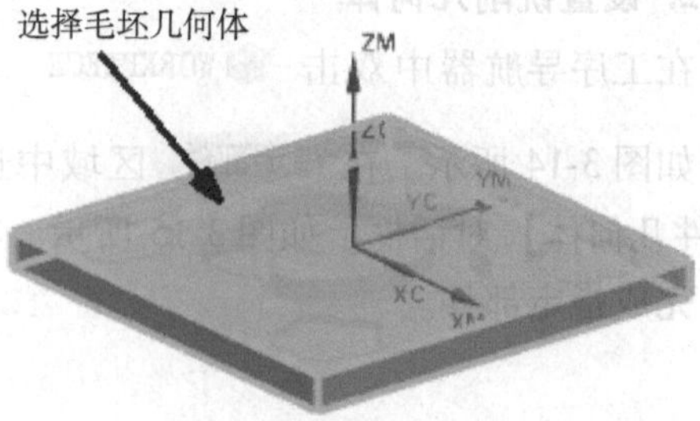
选择毛坯几何体
ZM
YM
YC
XC

图 3-18

3. 隐藏毛坯几何体（步骤略）

3.4 创建刀具

1. 设置工序导航器的视图为机床视图

选择菜单中的【工具(T)】/【工序导航器(O)】/【视图(V)】/【机床视图(T)】命令或在【导航器】工具条中选择（机床视图）图标。

2. 创建 EM80R1 面铣刀

选择菜单中的【插入(S)】/【刀具(T)...】命令或在【插入】工具条中选择（创建刀具）图标，出现【创建刀具】对话框，如图3-19所示。在 刀具子类型 中选择（铣刀）图标，在 名称 栏内输入 EM80R1，单击 确定 按钮，出现【铣刀 - 5 参数】对话框，如图3-20所示。在 直径、下半径 栏分别输入 80、1，在 刀具号、补偿寄存器、刀具补偿寄存器 栏分别输入 1、1、1，单击 确定 按钮，完成创建直径 80m 的面铣刀，如图3-21所示。

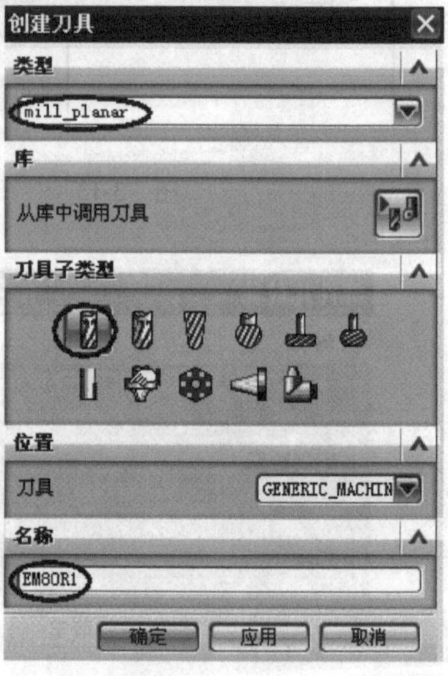
创建刀具
类型
mill_planar
库
从库中调用刀具
刀具子类型
位置
刀具
GENERIC_MACHIN
名称
EM80R1
确定
应用
取消

图 3-19

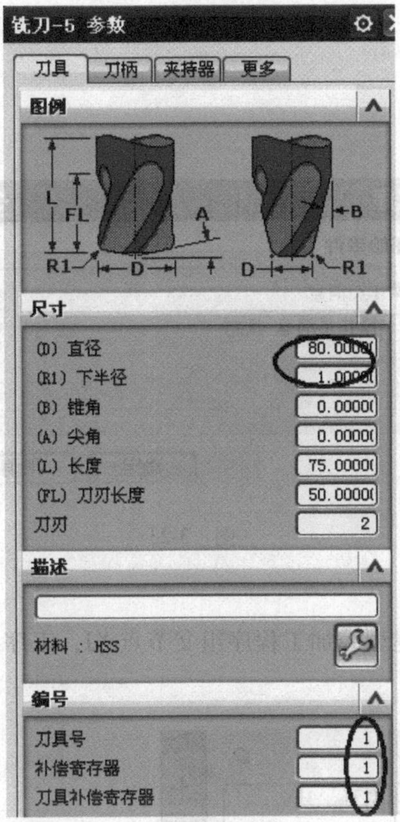
铣刀-5 参数
刀具
刀柄
夹持器
更多
图例
L
FL
A
B
R1
D
尺寸
(D) 直径
80.0000
(R1) 下半径
1.0000
(B) 锥角
0.0000
(A) 尖角
0.0000
(L) 长度
75.0000
(FL) 刀刃长度
50.0000
刀刃
2
描述
材料 : HSS
编号
刀具号
1
补偿寄存器
1
刀具补偿寄存器
1

图 3-20

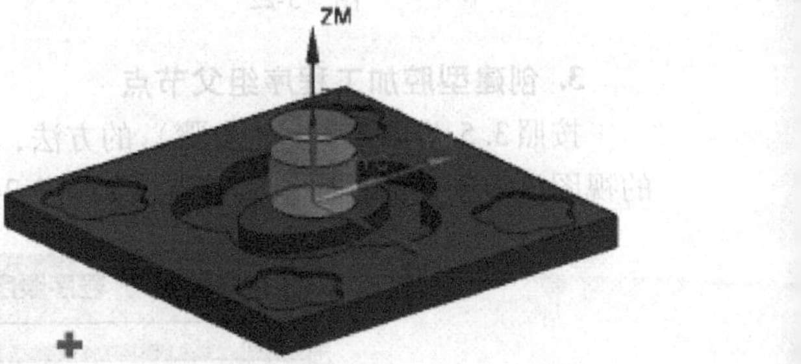
ZM

图 3-21

3. 按照3.4步骤2的方法依次创建表3-1所列其余铣刀

3.5 创建程序组父节点

1. 设置工序导航器的视图为程序顺序视图

选择菜单中的【工具(T)】/【工序导航器(O)】/【视图(V)】/【程序顺序视图(P)】命令或在【导航器】工具条中选择（程序顺序视图）图标，将工序导航器的视图更新为程序顺序视图。

2. 创建外形加工程序组父节点

选择菜单中的【插入(S)】/【程序(P)...】命令或在【插入】工具条中选择（创建程序）图标，出现【创建程序】对话框，如图3-22所示。在程序下拉框中选择【NC_PROGRAM】选项，在名称栏输入WX，单击确定按钮，出现【程序】指定参数对话框，如图3-23所示。单击确定按钮，完成创建外形加工程序组父节点。

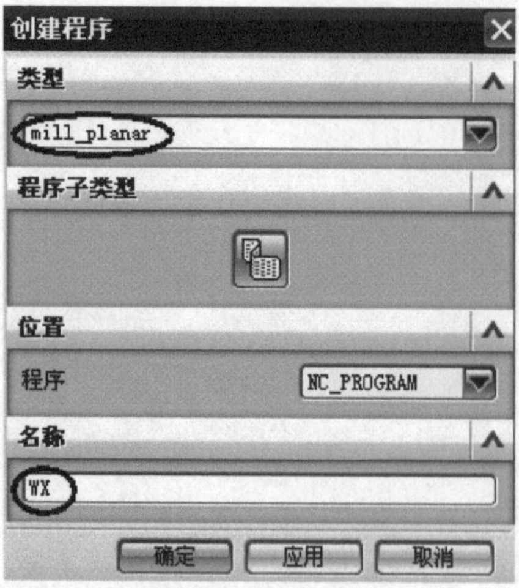
创建程序
类型
mill_planar
程序子类型
位置
程序
NC_PROGRAM
名称
WX
确定
应用
取消

图 3-22

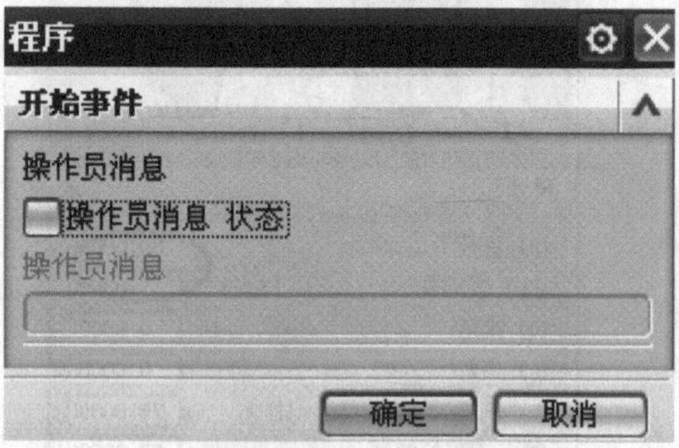
程序
开始事件
操作员消息
操作员消息 状态
操作员消息
确定
取消

图 3-23

3. 创建型腔加工程序组父节点

按照3.5 步骤2（上述步骤）的方法，依次创建型腔加工程序组父节点 XJ，工序导航器的视图显示创建的程序组父节点，如图 3-24 所示。

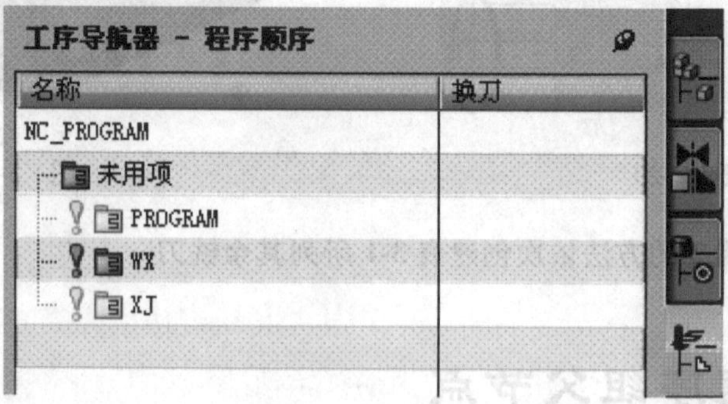
工序导航器 - 程序顺序
名称
换刀
NC_PROGRAM
未用项
PROGRAM
WX
XJ

图 3-24

3.6 编辑加工方法父节点

1. 设置工序导航器的视图为加工方法视图

选择菜单中的【工具(T)】/【工序导航器(O)】/【视图(V)】/【加工方法视图(M)】命令或在【导航器】工具条中选择（加工方法视图）图标，工序导航器的视图更新为加工方法视图，如图 3-25 所示。

2. 编辑粗加工方法父节点

在工序导航器中双击 MILL_ROUGH（粗加工方法）图标，出现【铣削方法】对话

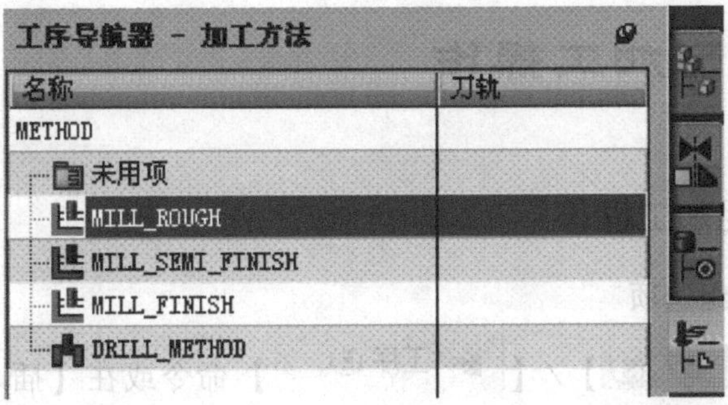
工序导航器 - 加工方法
名称
刀轨
METHOD
未用项
MILL_ROUGH
MILL_SEMI_FINISH
MILL_FINISH
DRILL_METHOD

图 3-25

框，如图 3-26 所示。在 部件余量 栏输入 0.3，在 进给 区域中选择（进给）图标，出现【进给】对话框，如图 3-27 所示。在 切削 栏输入 1200mmpm，单击 确定 按钮，系统返回【铣削方法】对话框，单击 确定 按钮，完成指定粗加工进给率。

3. 编辑精加工方法父节点

按照 3.6 上述编辑粗加工方法父节点（步骤 2）的方法，编辑精加工方法父节点，设置部件余量 0，设置精加工进给速度 600mmpm（单位为 mm/min），如图 3-28 所示。

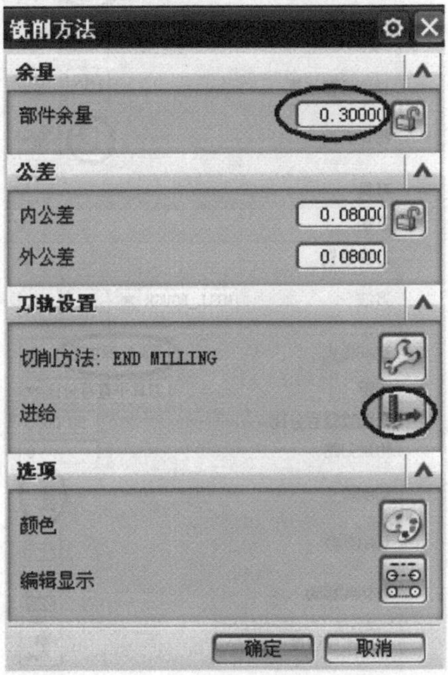
铣削方法
余量
部件余量
0.30000
公差
内公差
0.08000
外公差
0.08000
刀轨设置
切削方法：END MILLING
进给
选项
颜色
编辑显示
确定
取消

图 3-26

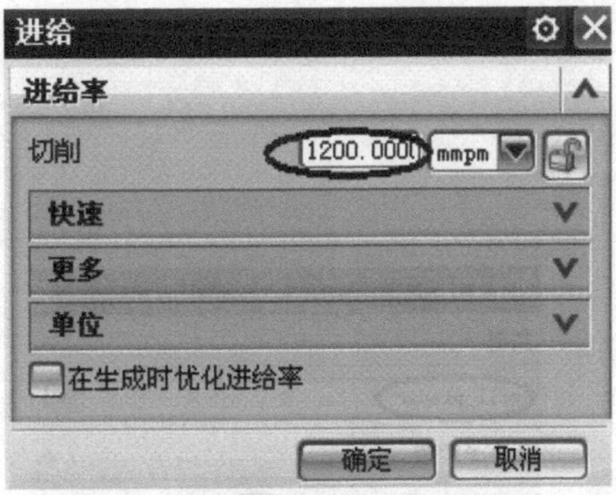
进给
进给率
切削
1200.0000
mmpm
快速
更多
单位
在生成时优化进给率
确定
取消

图 3-27

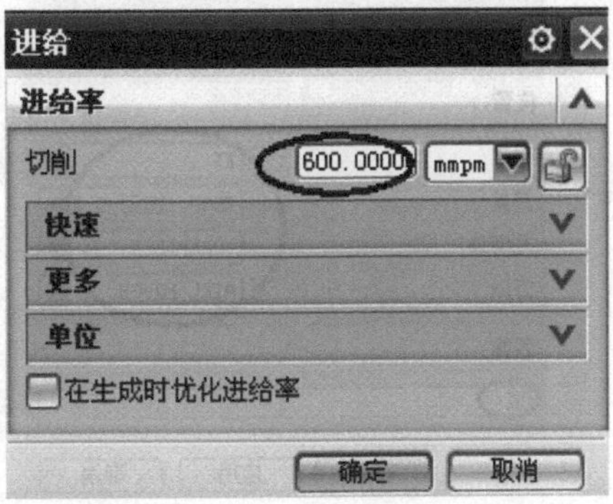
进给
进给率
切削
600.0000
mmpm
快速
更多
单位
在生成时优化进给率
确定
取消

图 3-28

3.7 创建外形加工操作

3.7.1 创建外形粗加工操作

1. 创建操作父节组选项

选择菜单中的【插入(S)】/【工序(E)...】命令或在【插入】工具条中选择（创建工序）图标，出现【创建工序】对话框，如图3-29所示。

在【创建工序】对话框中 类型 下拉框内选择 mill_planar（平面铣），在 工序子类型 区域中选择（平面铣）图标，在 程序 下拉框中选择 WX 程序节点，在 刀具 下拉框中选择 EM40（铣刀-5 参 刀具节点，在 几何体 下拉框中选择 WORKPIECE 节点，在 方法 下拉框中选择 MILL_ROUGH 节点，在 名称 栏输入 R1，如图3-29所示。单击 确定 按钮，系统出现【平面铣】对话框，如图3-30所示。

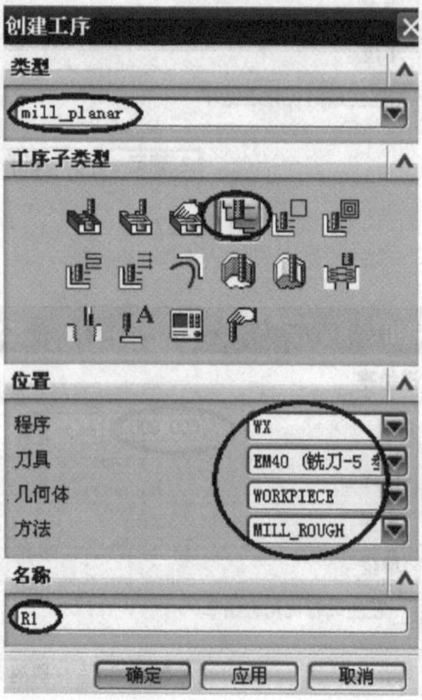
创建工序
类型
mill_planar
工序子类型
位置
程序
WX
刀具
EM40（铣刀-5 参
几何体
WORKPIECE
方法
MILL_ROUGH
名称
R1
确定
应用
取消

图 3-29

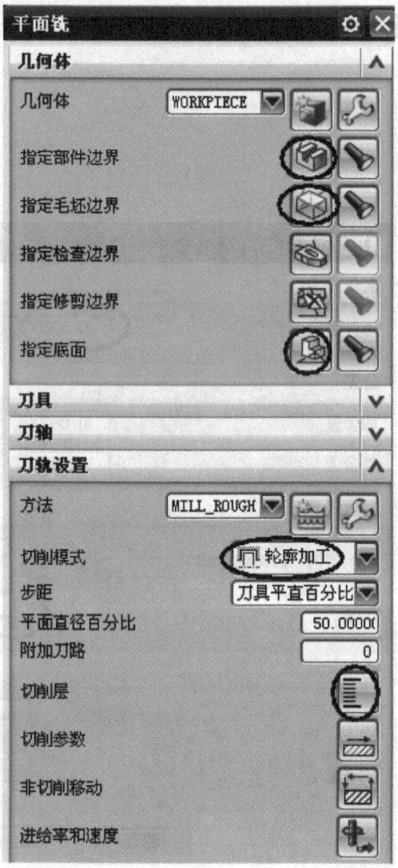
平面铣
几何体
几何体
WORKPIECE
指定部件边界
指定毛坯边界
指定检查边界
指定修剪边界
指定底面
刀具
刀轴
刀轨设置
方法
MILL_ROUGH
切削模式
轮廓加工
步距
刀具平直百分比
平面直径百分比
50.0000
附加刀路
0
切削层
切削参数
非切削移动
进给率和速度

图 3-30

2. 创建几何体

（1）创建部件边界　在【平面铣】对话框中 指定部件边界 区域中选择（选择或编辑部件边界）图标，出现【边界几何体】对话框，如图3-31所示。在 模式 下拉框中选择 曲线/边... 选项，出现【创建边界】对话框，在 类型 下拉框中选择 封闭的 选项，在 材料侧 下拉框中选择 内部 选项，如图3-32所示。然后在图形中选择如图3-33所示的实体边为部件边界几何体，单击 确定 按钮，系统返回【边界几何体】对话框，单击 确定 按钮，完成设置部件边界，系统返回【平面铣】对话框。

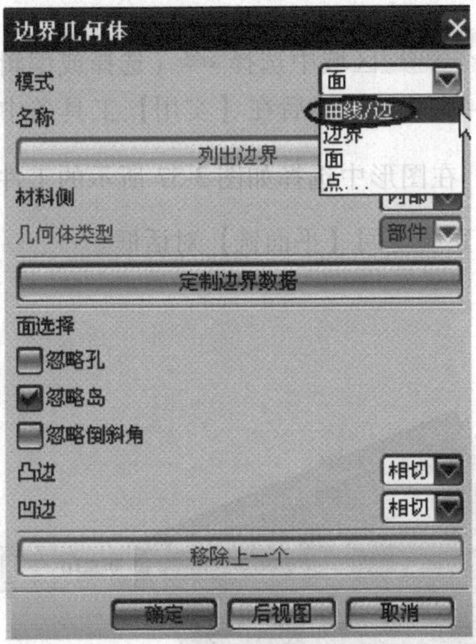
边界几何体
模式
面
名称
曲线/边...
边界
面
点...
列出边界
材料侧
几何体类型
部件
定制边界数据
面选择
忽略孔
忽略岛
忽略倒斜角
凸边
相切
凹边
相切
移除上一个
确定
后视图
取消

图　3-31

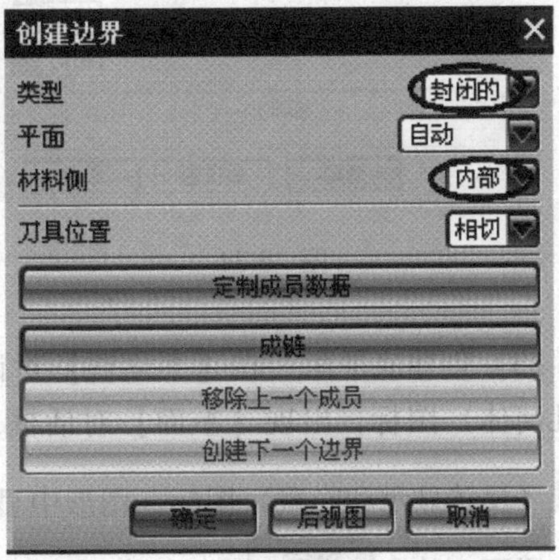
创建边界
类型
封闭的
平面
自动
材料侧
内部
刀具位置
相切
定制成员数据
成链
移除上一个成员
创建下一个边界
确定
后视图
取消

图　3-32

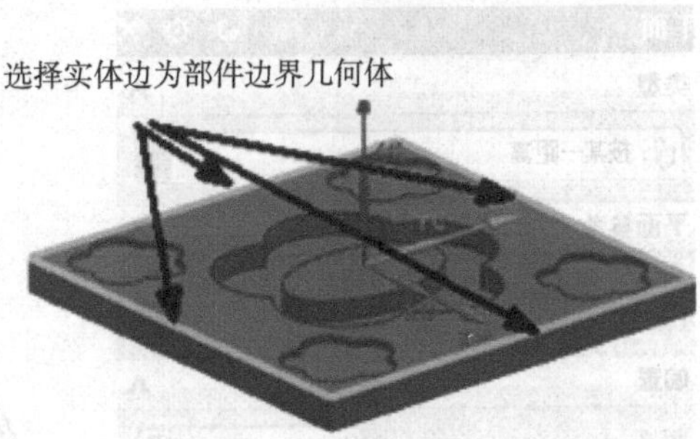
选择实体边为部件边界几何体

图　3-33

（2）创建毛坯边界　在【平面铣】对话框中 指定毛坯边界 区域中选择（选择或编辑毛坯边界）图标，出现【边界几何体】对话框，如图3-34所示。在 模式 下拉框中选择 面 选项，然后在【实用】工具条中选择（反转显示和隐藏）图标，图形中显示毛坯，在图形中选择如图3-35所示的毛坯平面为毛坯边界几何体，单击 确定 按钮，完成设置毛坯边界，系统返回【平面铣】对话框。

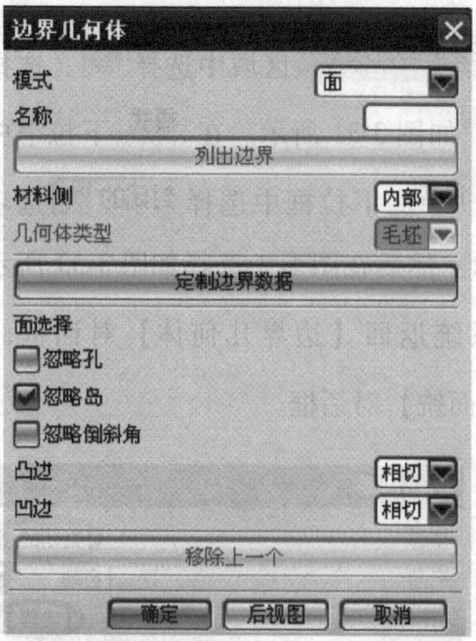
边界几何体
模式
面
名称
列出边界
材料侧
内部
几何体类型
毛坯
定制边界数据
面选择
忽略孔
忽略岛
忽略倒斜角
凸边
相切
凹边
相切
移除上一个
确定
后视图
取消

图 3-34

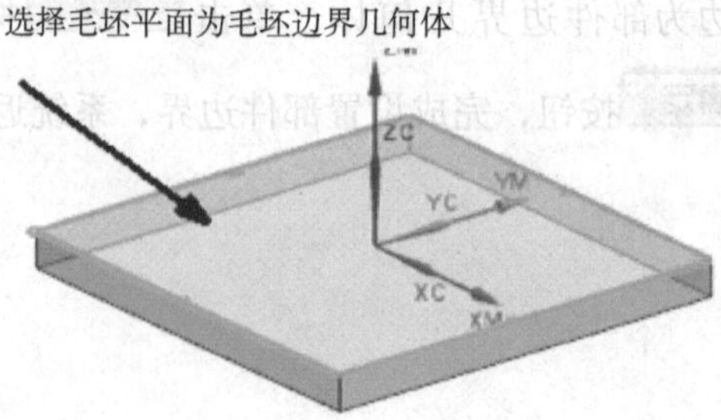
选择毛坯平面为毛坯边界几何体
ZC
YC
YM
XC
XM

图 3-35

（3）创建底平面　在【平面铣】对话框中 指定底面 区域中选择（选择或编辑底平面几何体）图标，出现【平面】对话框，如图 3-36 所示。然后在【实用】工具条中选择（反转显示和隐藏）图标，图形中显示工件，在图形中选择如图 3-37 所示的工件底面为底平面，单击 确定 按钮，完成设置底平面，系统返回【平面铣】对话框。

平面
类型
按某一距离
平面参考
选择平面对象 (1)
偏置
距离
0
mm
反向
平面方位
确定
取消

图 3-36

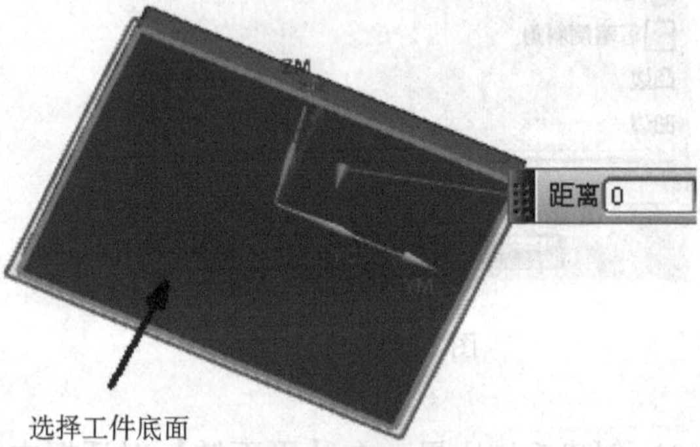
距离
0
选择工件底面

图 3-37

3. 设置加工参数

（1）设置切削模式　在【平面铣】对话框中 切削模式 下拉框中选择 轮廓加工 选项，如图 3-30 所示。

（2）设置切削层参数　在【平面铣】对话框中选择（切削层）图标，出现【切削层】对话框，如图 3-38 所示。在 类型 下拉框中选择 用户定义 选项，在 每刀深度 / 公共 栏输入5，单击 确定 按钮，完成设置切层参数，系统返回【平面铣】对话框。

（3）设置切削参数　在【平面铣】对话框中选择（切削参数）图标，出现【切削参数】对话框，如图 3-39 所示。选择 余量 选项卡，在 部件余量 、最终底面余量 栏分别输入 0.3、0，单击 确定 按钮，完成设置切削参数，系统返回【平面铣】对话框。

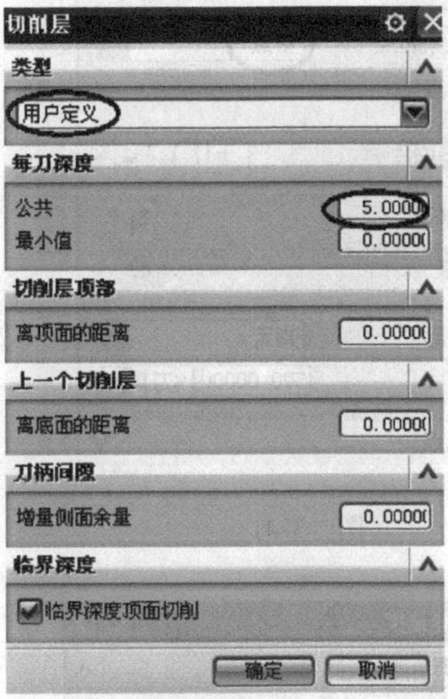
切削层
类型
用户定义
每刀深度
公共
5.0000
最小值
0.0000
切削层顶部
离顶面的距离
0.0000
上一个切削层
离底面的距离
0.0000
刀柄间隙
增量侧面余量
0.0000
临界深度
临界深度顶面切削
确定
取消

图　3-38

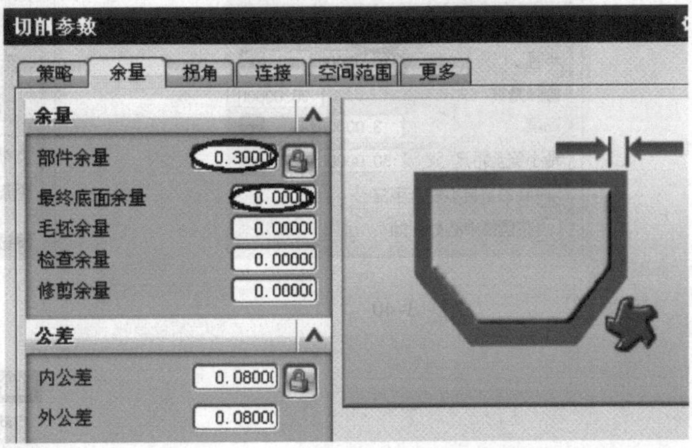
切削参数
策略
余量
拐角
连接
空间范围
更多
余量
部件余量
0.3000
最终底面余量
0.0000
毛坯余量
0.0000
检查余量
0.0000
修剪余量
0.0000
公差
内公差
0.0800
外公差
0.0800

图　3-39

（4）设置非切削移动参数　在【平面铣】对话框中选择（非切削移动）图标，出现【非切削移动】对话框，如图 3-40 所示。选择 进刀 选项卡，在 开放区域 / 进刀类型 下拉框中选择 圆弧 选项，在 半径 栏输入 20，选择 起点/钻点 选项卡，在 重叠距离 栏输入 5，在 默认区域起点 下拉框中选择 中点 选项，如图 3-41 所示。然后在图形中选择如图 3-42 所示的实体边中点，单击 确定 按钮，完成设置非切削移动参数，系统返回【平面铣】对话框。

（5）设置进给率和速度参数　在【平面铣】对话框中选择（进给率和速度）图标，出现【进给率和速度】对话框，如图 3-43 所示。勾选 主轴速度（rpm），在 主轴速度（rpm） 栏输入 1000，按下回车键，单击（基于此值计算进给和速度）按钮，单击 确定 按钮，完成设置进给率和速度参数，系统返回【平面铣】对话框。

注：进给率参数、余量继承切削方法（MILL_ROUGH（粗加工方法））中设定的值。

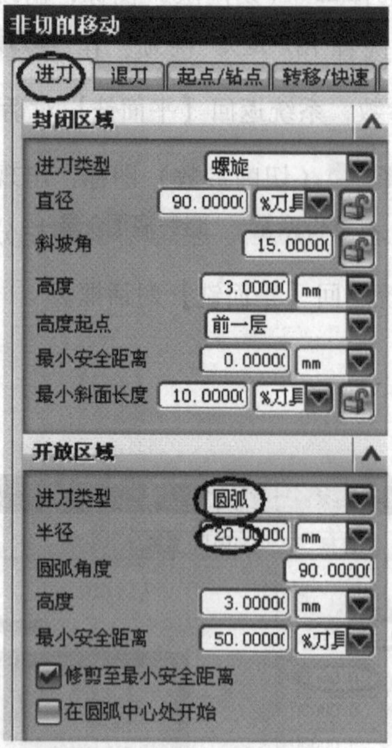
非切削移动
进刀
退刀
起点/钻点
转移/快速
封闭区域
进刀类型 螺旋
直径 90.0000 %刀具
斜坡角 15.0000
高度 3.0000 mm
高度起点 前一层
最小安全距离 0.0000 mm
最小斜面长度 10.0000 %刀具
开放区域
进刀类型 圆弧
半径 20.0000 mm
圆弧角度 90.0000
高度 3.0000 mm
最小安全距离 50.0000 %刀具
修剪至最小安全距离
在圆弧中心处开始

图 3-40

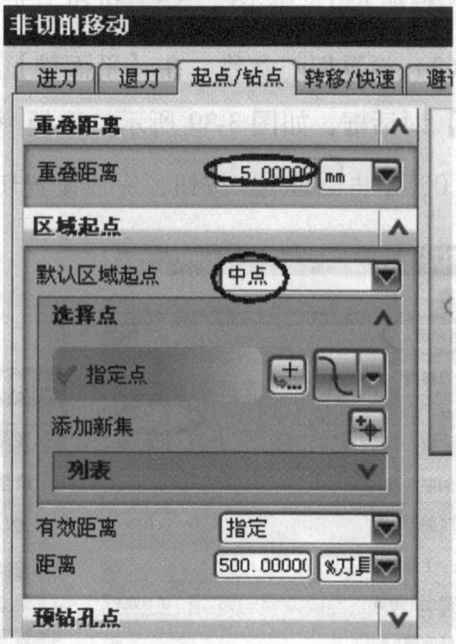
非切削移动
进刀
退刀
起点/钻点
转移/快速
重叠距离
重叠距离 5.0000 mm
区域起点
默认区域起点 中点
选择点
指定点
添加新集
列表
有效距离 指定
距离 500.0000 %刀具
预钻孔点

图 3-41

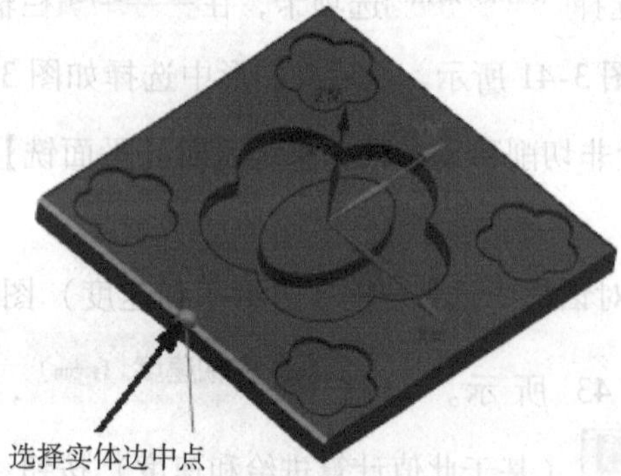
选择实体边中点

图 3-42

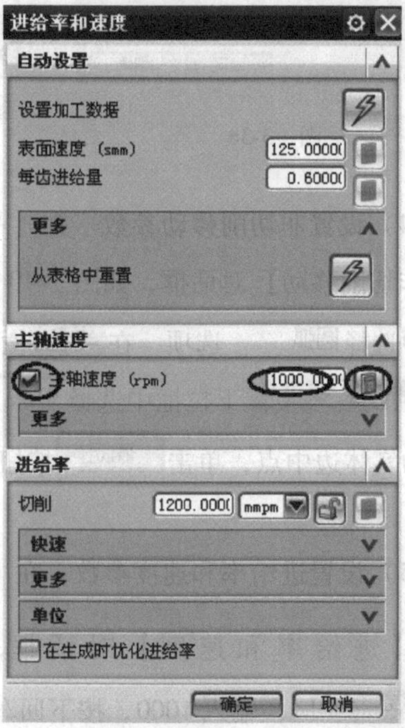
进给率和速度
自动设置
设置加工数据
表面速度 (smm) 125.0000
每齿进给量 0.6000
更多
从表格中重置
主轴速度
主轴速度 (rpm) 1000.0000
更多
进给率
切削 1200.0000 mmpm
快速
更多
单位
在生成时优化进给率
确定
取消

图 3-43

4. 生成刀轨

在【平面铣】对话框中 操作 区域中选择 （生成刀轨）图标，系统自动生成刀轨，如图3-44所示。单击 确定 按钮，接受刀轨。

3.7.2 创建外形轮廓精加工操作

1. 复制操作 R1

在工序导航器程序顺序视图WX节点，复制操作R1，如图3-45所示。然后选择WX节点，按下鼠标右键，单击 内部粘贴 菜单，使其粘贴在WX节点下，重新命名为F1。

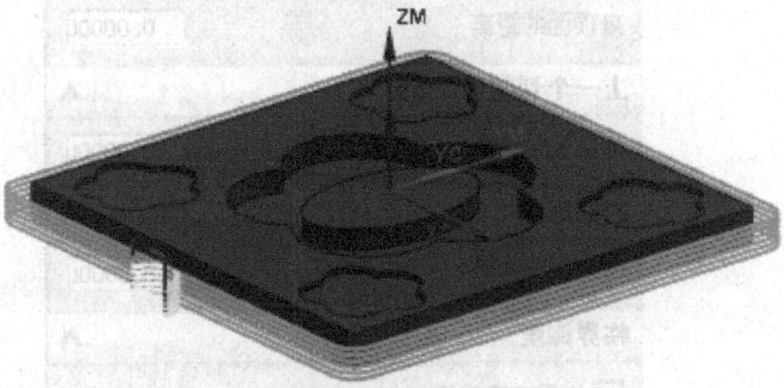
ZM

图 3-44

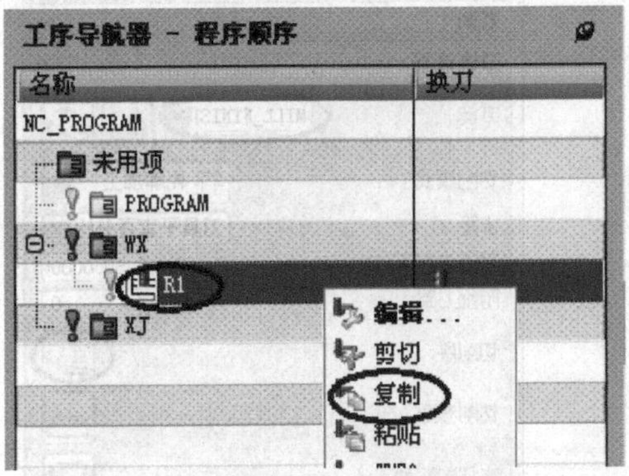
工序导航器 - 程序顺序
名称
换刀
NC_PROGRAM
未用项
PROGRAM
WX
R1
XJ
编辑...
剪切
复制
粘贴

图 3-45

2. 编辑操作 F1

在工序导航器下，双击F1操作，系统出现【平面铣】对话框，如图3-46所示。

3. 设置加工参数

(1) 设置加工方法　在【平面铣】对话框 刀轨设置 区域 方法 下拉框中选择 MILL_FINISI 选项，如图3-46所示。

(2) 设置切削层参数　在【平面铣】对话框中选择 （切削层）图标，出现【切削层】对话框，如图3-47所示。在 类型 下拉框中选择 用户定义 选项，在 每刀深度 / 公共 栏输入15，单击 确定 按钮，完成设置切层参数，系统返回【平面铣】对话框。

(3) 设置切削参数　在【平面铣】对话框中选择 （切削参数）图标，出现【切削参数】对话框，如图3-48所示。选择 拐角 选项卡，在 凸角 下拉框中选择 延伸 选项，单击 确定 按钮，完成设置切削参数，系统返回【平面铣】对话框。

(4) 设置进给率和速度参数　在【平面铣】对话框中选择 （进给率和速度）图标，出现【进给率和速度】对话框，如图3-49所示。勾选 主轴速度 (rpm)，在 进给率 /

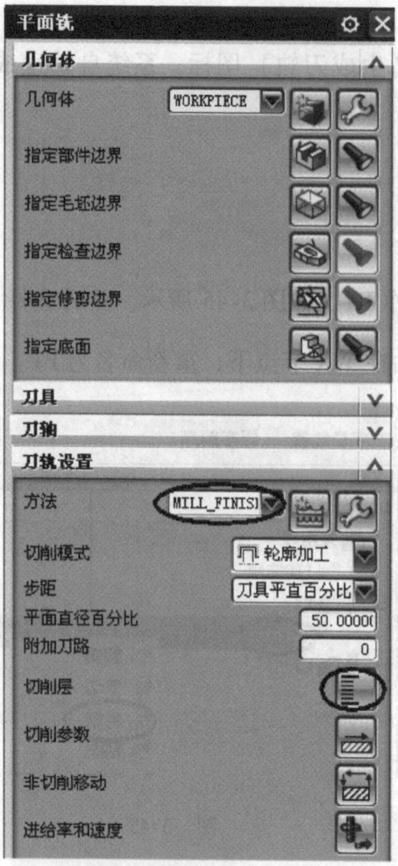
平面铣
几何体
几何体 WORKPIECE
指定部件边界
指定毛坯边界
指定检查边界
指定修剪边界
指定底面
刀具
刀轴
刀轨设置
方法 MILL_FINISI
切削模式 轮廓加工
步距 刀具平直百分比
平面直径百分比 50.0000(
附加刀路 0
切削层
切削参数
非切削移动
进给率和速度

图 3-46

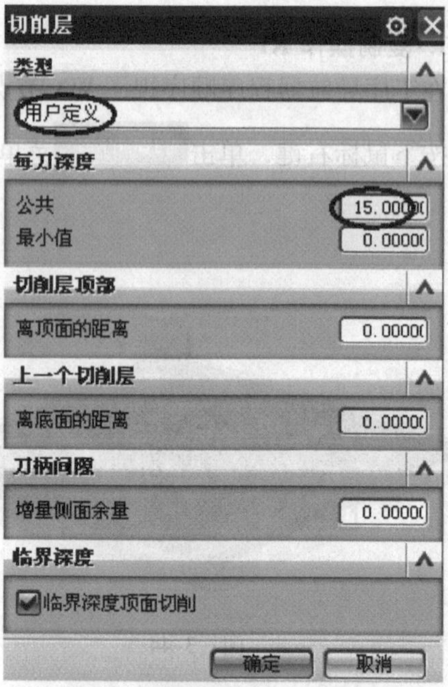
切削层
类型
用户定义
每刀深度
公共 15.0000(
最小值 0.0000(
切削层顶部
离顶面的距离 0.0000(
上一个切削层
离底面的距离 0.0000(
刀柄间隙
增量侧面余量 0.0000(
临界深度
临界深度顶面切削
确定 取消

图 3-47

切削参数
策略 余量 拐角 连接 空间
拐角处的刀轨形状
凸角 延伸
光顺 无
圆弧上进给调整
调整进给率 无
拐角处进给减速
减速距离 无

图 3-48

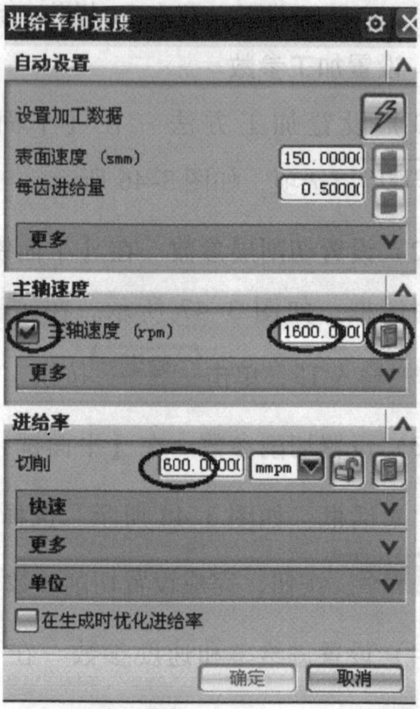
进给率和速度
自动设置
设置加工数据
表面速度（smm） 150.0000(
每齿进给量 0.5000(
更多
主轴速度
主轴速度（rpm） 1600.000(
更多
进给率
切削 600.0000(mmpm
快速
更多
单位
在生成时优化进给率
确定 取消

图 3-49

切削 栏输入600，在主轴速度（rpm）栏输入1600，按下回车键，单击（基于此值计算进给和速度）按钮，单击确定按钮，完成设置进给率和速度参数，系统返回【平面铣】对话框。

注：余量继承切削方法（MILL_FINISH（精加工方法））中设定的值。

4. 生成刀轨

在【平面铣】对话框中操作区域中选择（生成刀轨）图标，系统自动生成刀轨，如图3-50所示。单击确定按钮，接受刀轨。

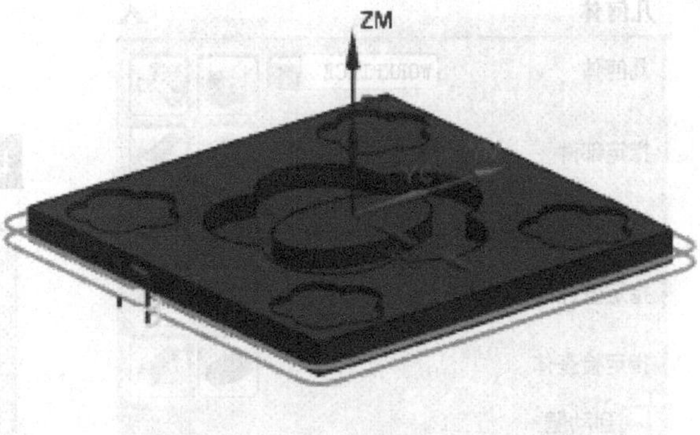
ZM
图 3-50

3.7.3 创建外形高度精加工操作

1. 创建操作父节组选项

选择菜单中的【插入(S)】/【工序(E)...】命令或在【插入】工具条中选择（创建工序）图标，出现【创建工序】对话框，如图3-51所示。

在【创建工序】对话框中类型下拉框中选择mill_planar（平面铣），在操作子类型区域中选择（面铣削区域）图标，在程序下拉框中选择WX程序节点，在刀具下拉框中选择EM8OR1（铣刀-5刀具节点，在几何体下拉框中选择WORKPIECE节点，在方法下拉框中选择MILL_FINISH节点，在名称栏输入F2，如图3-51所示。单击确定按钮，系统出现【面铣削区域】对话框，如图3-52所示。

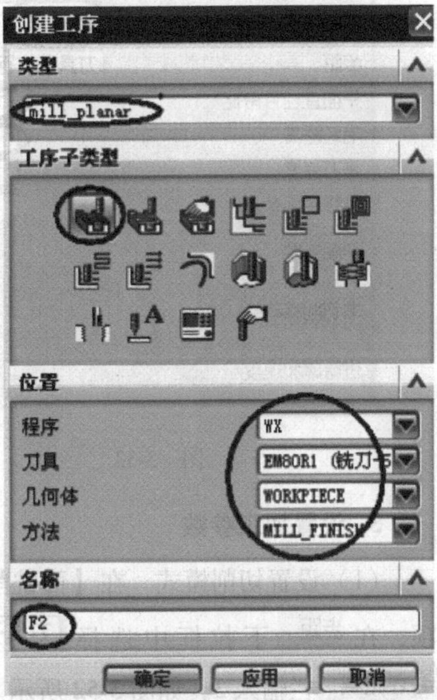
创建工序
类型
mill_planar
工序子类型
位置
程序
WX
刀具
EM8OR1（铣刀-5
几何体
WORKPIECE
方法
MILL_FINISH
名称
F2
确定
应用
取消
图 3-51

2. 创建几何体

在【面铣削区域】对话框中指定切削区域区域中选择（选择或编辑切削区域几何体）图标，出现【切削区域】对话框，如图3-53所示。然后在图形中选择如图3-54所示的平面为切削区域，单击确定按钮，完成设置切削区域几何体，系统返回【面铣削区域】对话框。

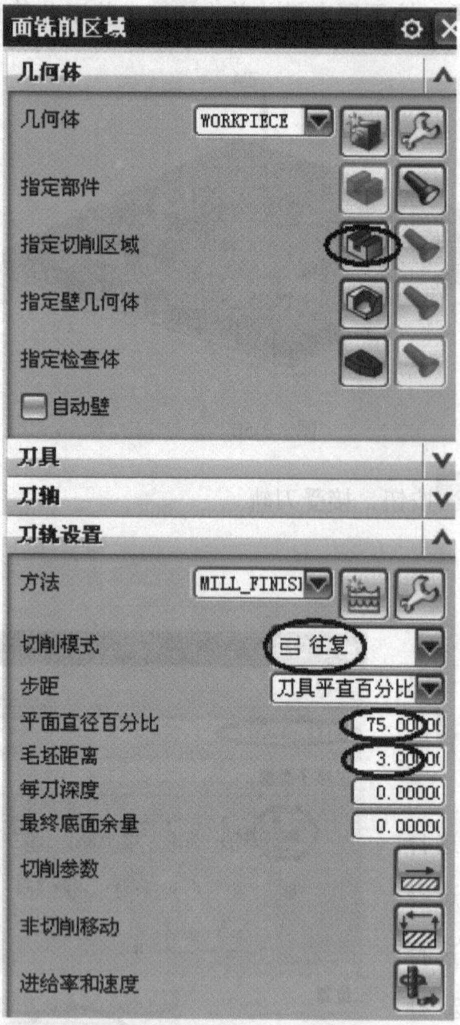
面铣削区域
几何体
几何体 WORKPIECE
指定部件
指定切削区域
指定壁几何体
指定检查体
自动壁
刀具
刀轴
刀轨设置
方法 MILL_FINISI
切削模式 往复
步距 刀具平直百分比
平面直径百分比 75.0000
毛坯距离 3.0000
每刀深度 0.0000
最终底面余量 0.0000
切削参数
非切削移动
进给率和速度

图 3-52

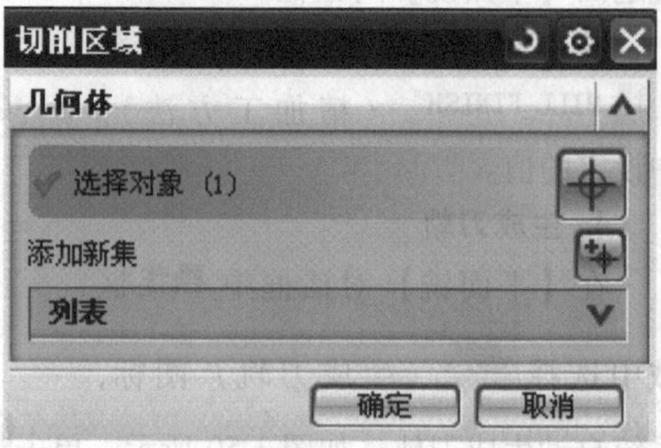
切削区域
几何体
选择对象 (1)
添加新集
列表
确定
取消

图 3-53

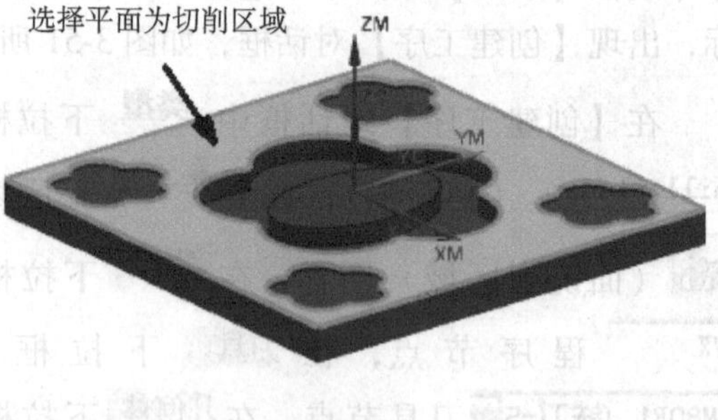
选择平面为切削区域
ZM
YM
XM

图 3-54

3. 设置加工参数

（1）设置切削模式 在【面铣削区域】对话框中 切削模式 下拉框中选择 往复 选项，在 步距 下拉框中选择 刀具平直百分比 选项，在 平面直径百分比 栏输入 75，在 毛坯距离 栏输入 3，如图 3-52 所示。

（2）设置切削参数 在【面铣削区域】对话框中选择（切削参数）图标，出现【切削参数】对话框，如图 3-55 所示。选择 策略 选项卡，勾选 延伸到部件轮廓 选项，单击 确定 按钮，完成设置切削参数，系统返回【面铣削区域】对话框。

（3）设置进给率和速度参数 在【平面铣】对话框中选择（进给率和速度）图标，出现【进给率和速度】对话框，如图 3-56 所示。勾选 主轴速度（rpm），在 进给率 /

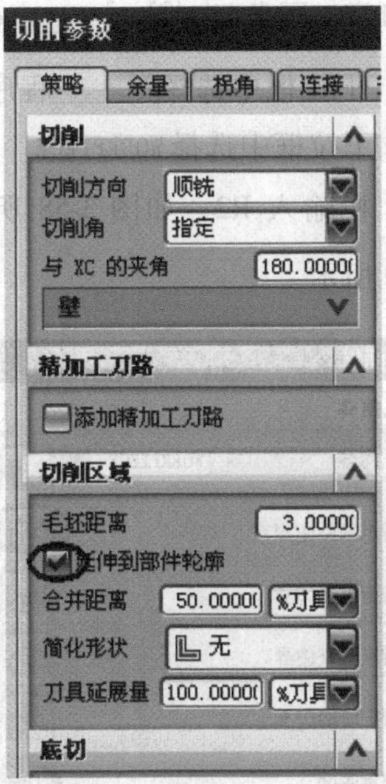
切削参数
策略
余量
拐角
连接
切削
切削方向
顺铣
切削角
指定
与 XC 的夹角
180.0000
壁
精加工刀路
添加精加工刀路
切削区域
毛坯距离
3.0000
延伸到部件轮廓
合并距离
50.0000
%刀具
简化形状
无
刀具延展量
100.0000
%刀具
底切

图 3-55

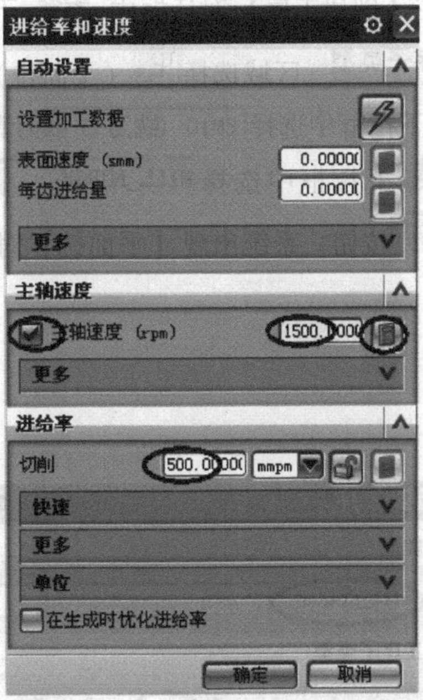
进给率和速度
自动设置
设置加工数据
表面速度（smm）
0.0000
每齿进给量
0.0000
更多
主轴速度
主轴速度（rpm）
1500.0000
更多
进给率
切削
500.0000
mmpm
快速
更多
单位
在生成时优化进给率
确定
取消

图 3-56

切削栏输入 500，在主轴速度（rpm）栏输入 1500，按下回车键，单击（基于此值计算进给和速度）按钮，单击确定按钮，完成设置进给率和速度参数，系统返回【面铣削区域】对话框。

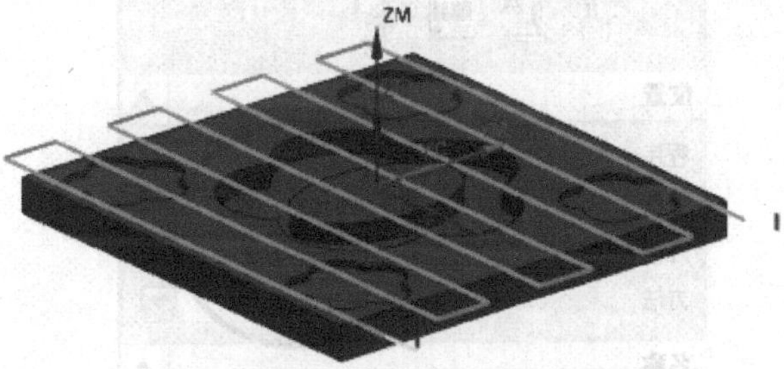
ZM

图 3-57

4. 生成刀轨

在【面铣削区域】对话框中操作区域中选择（生成刀轨）图标，系统自动生成刀轨，如图 3-57 所示，单击确定按钮，接受刀轨。

3.8 创建大型腔加工操作

3.8.1 创建大型腔粗加工操作

1. 创建操作父节组选项

选择菜单中的【插入(S)】/【工序(E)...】命令或在【插入】工具条中选择（创建工序）图标，出现【创建工序】对话框，如图 3-58 所示。

在【创建工序】对话框中 类型 下拉框中选择 EM12R1 圆鼻刀 mill_planar （平面铣），在 工序子类型 区域选择 （平面铣）图标，在 程序 下拉框中选择 XJ 程序节点，在 刀具 下拉框中选择 EM10 (铣刀-5 刀具节点，在 几何体 下拉框中选择 WORKPIECE 节点，在 方法 下拉框中选择 MILL_ROUGH 节点，在 名称 栏输入 R2，如图 3-58 所示。单击 确定 按钮，系统出现【平面铣】对话框，如图 3-59 所示。

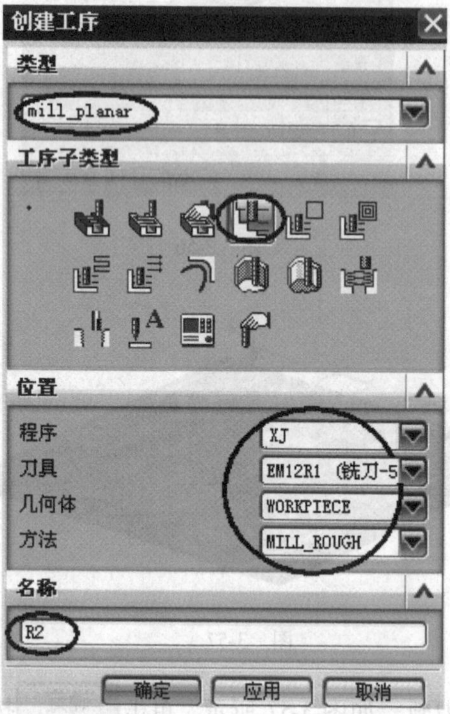
创建工序
类型
mill_planar
工序子类型
位置
程序
XJ
刀具
EM12R1 (铣刀-5
几何体
WORKPIECE
方法
MILL_ROUGH
名称
R2
确定
应用
取消

图 3-58

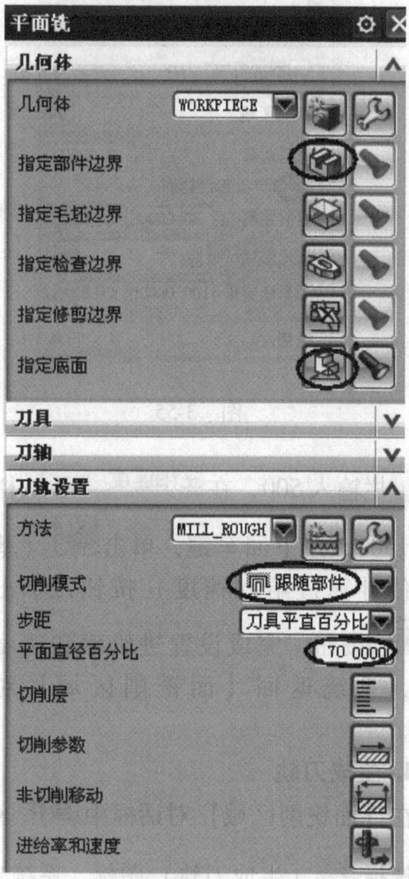
平面铣
几何体
几何体
WORKPIECE
指定部件边界
指定毛坯边界
指定检查边界
指定修剪边界
指定底面
刀具
刀轴
刀轨设置
方法
MILL_ROUGH
切削模式
跟随部件
步距
刀具平直百分比
平面直径百分比
70.0000
切削层
切削参数
非切削移动
进给率和速度

图 3-59

2. 创建几何体

（1）创建部件边界　在【平面铣】对话框中 指定部件边界 区域中选择 （选择或编辑部件边界）图标，出现【边界几何体】对话框，如图 3-60 所示。在 模式 下拉框中选择 曲线/边... 选项，出现【创建边界】对话框，在 类型 下拉框中选择 封闭的 选项，在 材料侧 下拉框中选择 外部 选项，如图 3-61 所示。然后在图形中选择如图 3-62 所示的实体边为部件边界几何体，单击 创建下一个边界 按钮，在 材料侧 下拉框中选择 内部 选项，然后在图形中选择如图 3-63 所示的实体边为部件边界几何体，单击 确定 按钮，系统返回【边界几何体】对话框，单击 确定 按钮，完成设置部件边界，系统返回【平面铣】对话框。

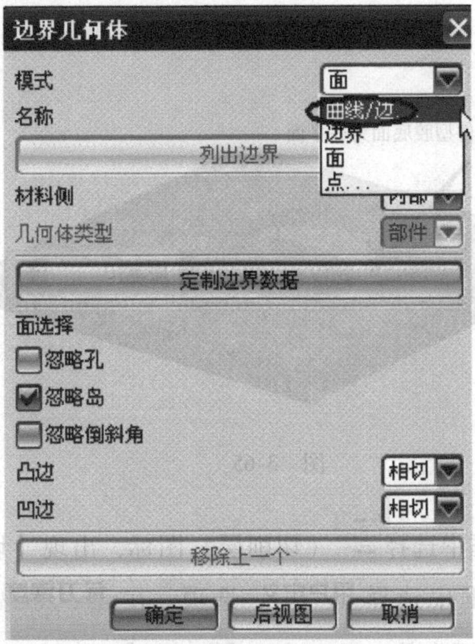
边界几何体
模式
面
名称
曲线/边...
边界
面
点...
列出边界
材料侧
几何体类型
部件
定制边界数据
面选择
忽略孔
忽略岛
忽略倒斜角
凸边
相切
凹边
相切
移除上一个
确定
后视图
取消

图 3-60

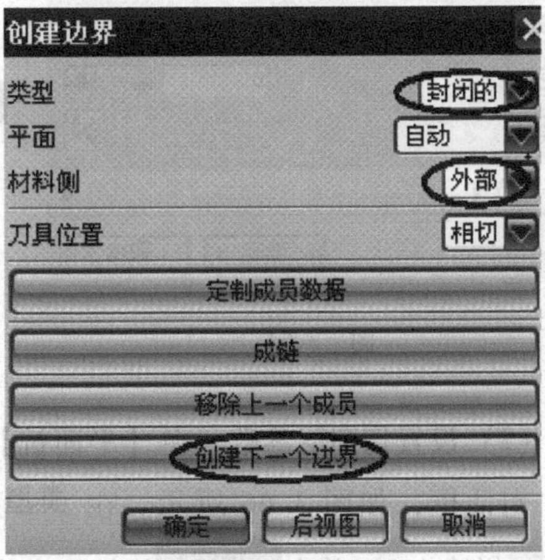
创建边界
类型
封闭的
平面
自动
材料侧
外部
刀具位置
相切
定制成员数据
成链
移除上一个成员
创建下一个边界
确定
后视图
取消

图 3-61

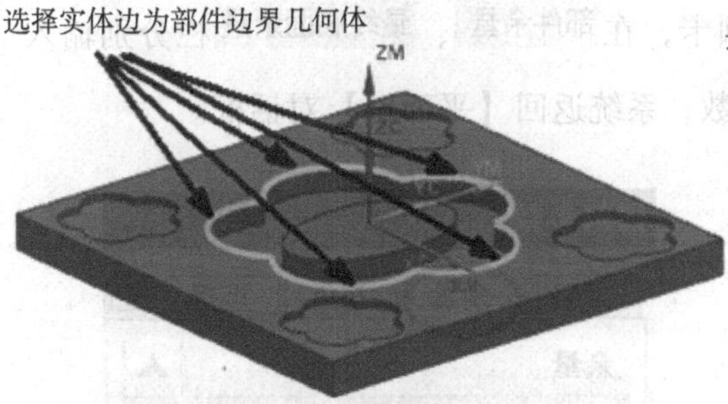
选择实体边为部件边界几何体
ZM

图 3-62

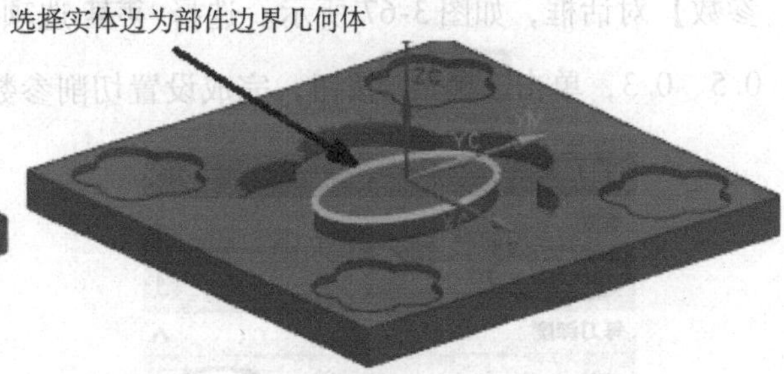
选择实体边为部件边界几何体

图 3-63

（2）创建底平面　在【平面铣】对话框中 指定底面 区域中选择（选择或编辑底平面几何体）图标，出现【平面】对话框，如图 3-64 所示。然后在【实用】工具条中选择（反转显示和隐藏）图标，图形中显示工件，在图形中选择如图 3-65 所示的工件型腔底面为底平面，单击 确定 按钮，完成设置底平面，系统返回【平面铣】对话框。

3. 设置加工参数

（1）设置切削模式　在【平面铣】对话框中 切削模式 下拉框中选择 跟随部件 选项，在 步距 下拉框中选择 刀具平直百分比 选项，在 平面直径百分比 栏输入 70，如图 3-59 所示。

平面
类型
按某一距离
平面参考
选择平面对象 (1)
偏置
距离
0
mm
反向
平面方位
确定
取消

图 3-64

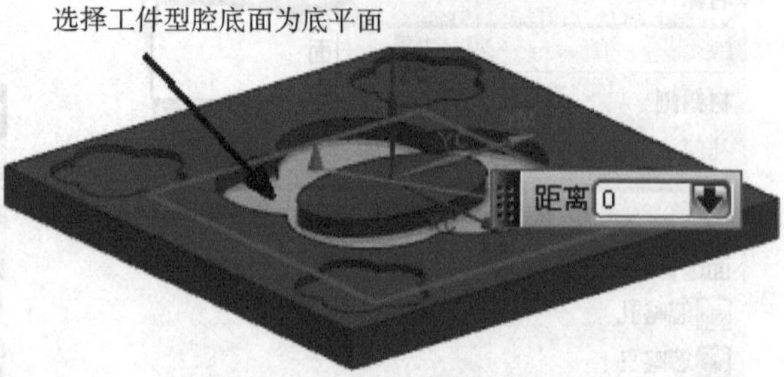
选择工件型腔底面为底平面
距离
0

图 3-65

(2) 设置切削层参数　在【平面铣】对话框中选择（切削层）图标，出现【切削层】对话框，如图 3-66 所示。在 类型 下拉框中选择 用户定义 选项，在 每刀深度 / 公共 栏输入 2，单击 确定 按钮，完成设置切层参数，系统返回【平面铣】对话框。

(3) 设置切削参数　在【平面铣】对话框中选择（切削参数）图标，出现【切削参数】对话框，如图 3-67 所示。选择 余量 选项卡，在 部件余量 、 最终底面余量 栏分别输入 0.5、0.3，单击 确定 按钮，完成设置切削参数，系统返回【平面铣】对话框。

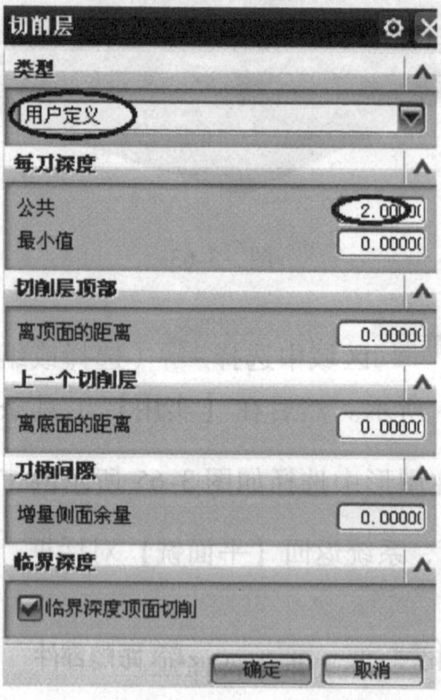
切削层
类型
用户定义
每刀深度
公共
2.0000
最小值
0.0000
切削层顶部
离顶面的距离
0.0000
上一个切削层
离底面的距离
0.0000
刀柄间隙
增量侧面余量
0.0000
临界深度
临界深度顶面切削
确定
取消

图 3-66

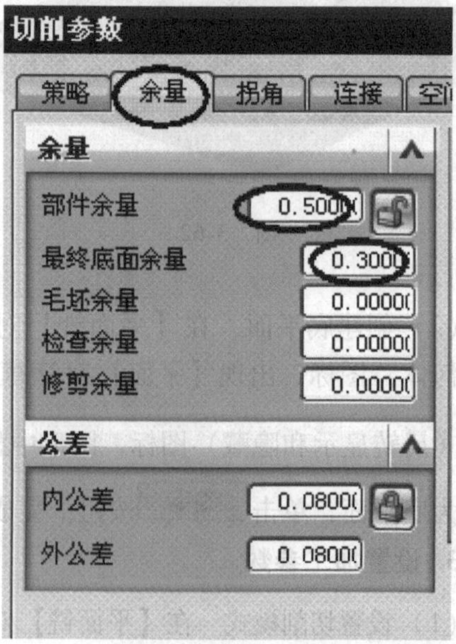
切削参数
策略
余量
拐角
连接
余量
部件余量
0.5000
最终底面余量
0.3000
毛坯余量
0.0000
检查余量
0.0000
修剪余量
0.0000
公差
内公差
0.0800
外公差
0.0800

图 3-67

（4）设置进给率和速度参数 在【平面铣】对话框中选择（进给率和速度）图标，出现【进给率和速度】对话框，如图3-68所示。勾选 主轴速度（rpm），在 进给率/切削 栏输入1000，在 主轴速度（rpm） 栏输入1200，按下回车键，单击（基于此值计算进给和速度）按钮，单击 确定 按钮，完成设置进给率和速度参数，系统返回【平面铣】对话框。

4. 生成刀轨

在【平面铣】对话框中 操作 区域中选择（生成刀轨）图标，系统自动生成刀轨，如图3-69所示。单击 确定 按钮，接受刀轨。

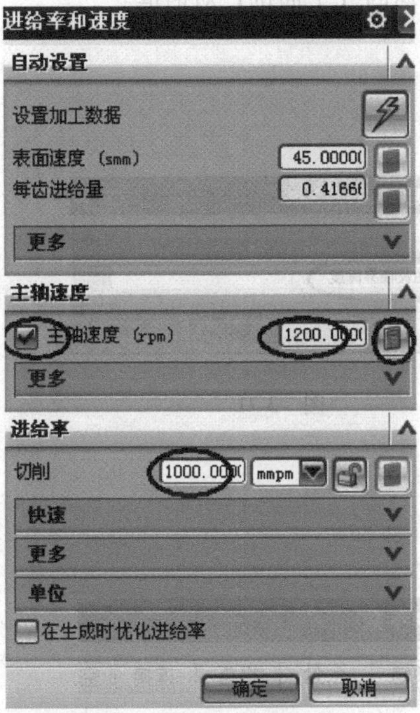
进给率和速度
自动设置
设置加工数据
表面速度（smm） 45.0000
每齿进给量 0.4166
更多
主轴速度
主轴速度（rpm） 1200.000
更多
进给率
切削 1000.000 mmpm
快速
更多
单位
在生成时优化进给率
确定 取消

图 3-68

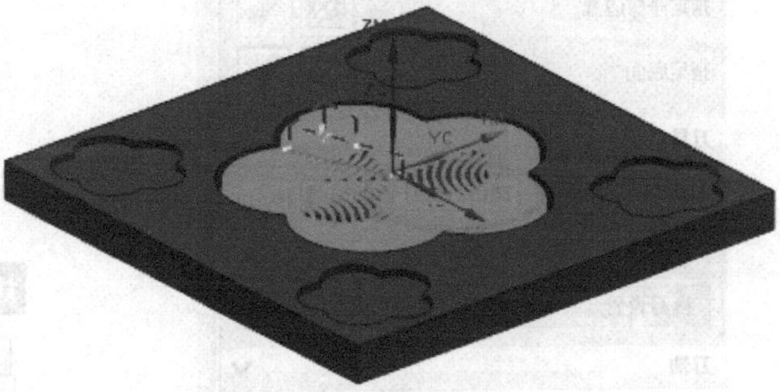

图 3-69

3.8.2 创建大型腔精加工底操作

1. 复制操作 R2

在工序导航器程序顺序视图XJ节点，复制操作R2，然后选择XJ节点，按下鼠标右键，单击 内部粘贴 菜单，使其粘贴在XJ节点下，重新命名为F3（步骤略）。

2. 编辑操作 F3

在工序导航器下，双击F3操作，系统出现【平面铣】对话框，如图3-70所示。

3. 设置刀具

在【平面铣】对话框 刀具 下拉框中选择 EM10（铣刀- 选项，如图3-70所示。

4. 设置加工参数

（1）设置加工方法　在【平面铣】对话框 刀轨设置 区域 方法 下拉框中选择 MILL_FINISH 选项，如图3-70所示。

（2）设置切削层参数　在【平面铣】对话框中选择（切削层）图标，出现【切削层】对话框，如图3-71所示。在 类型 下拉框中选择 底面及临界深度 选项，单击 确定 按钮，完成设置切层参数，系统返回【平面铣】对话框。

（3）设置切削参数　在【平面铣】对话框中选择（切削参数）图标，出现【切削参数】对话框，如图3-72所示。选择 余量 选项卡，在 部件余量 、 最终底面余量 栏中分别输入0.5、0，单击 确定 按钮，完成设置切削参数，系统返回【平面铣】对话框。

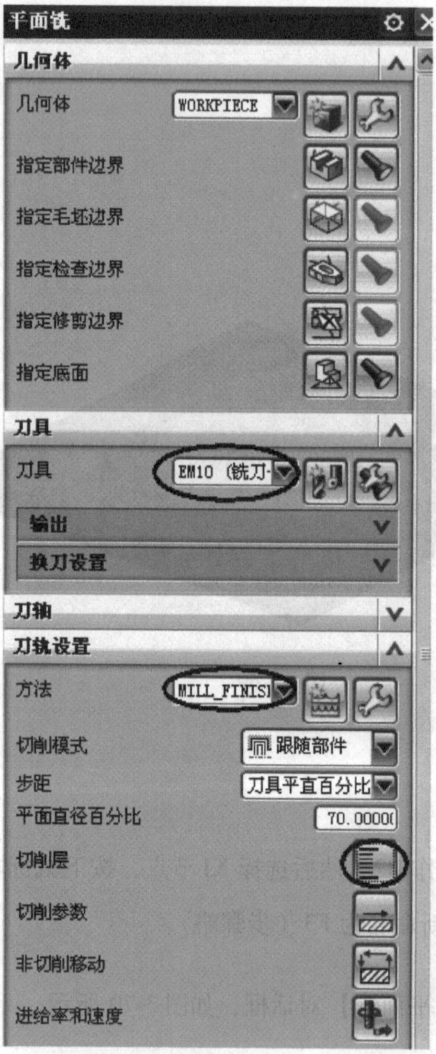
平面铣
几何体
几何体
WORKPIECE
指定部件边界
指定毛坯边界
指定检查边界
指定修剪边界
指定底面
刀具
刀具
EM10（铣刀-
输出
换刀设置
刀轴
刀轨设置
方法
MILL_FINISI
切削模式
跟随部件
步距
刀具平直百分比
平面直径百分比
70.0000
切削层
切削参数
非切削移动
进给率和速度

图　3-70

切削层
类型
底面及临界深度
确定
取消

图　3-71

切削参数
策略
余量
拐角
连接
空
余量
部件余量
0.5000
最终底面余量
0.0000
毛坯余量
0.0000
检查余量
0.0000
修剪余量
0.0000
公差
内公差
0.0300
外公差
0.0300

图　3-72

（4）设置非切削移动参数 在【平面铣】对话框中选择（非切削移动）图标，出现【非切削移动】对话框，如图 3-73 所示。选择 进刀 选项卡，在 初始封闭区域/进刀类型 下拉框中选择 沿形状斜进刀 选项，在 高度起点 下拉框选择 平面 选项，然后在图形中选择如图 3-74 所示的平面，选择 退刀 选项卡，在 退刀类型 下拉框中选择 抬刀 选项，如图 3-75 所示。单击 确定 按钮，完成设置非切削移动参数，系统返回【型腔铣】对话框。

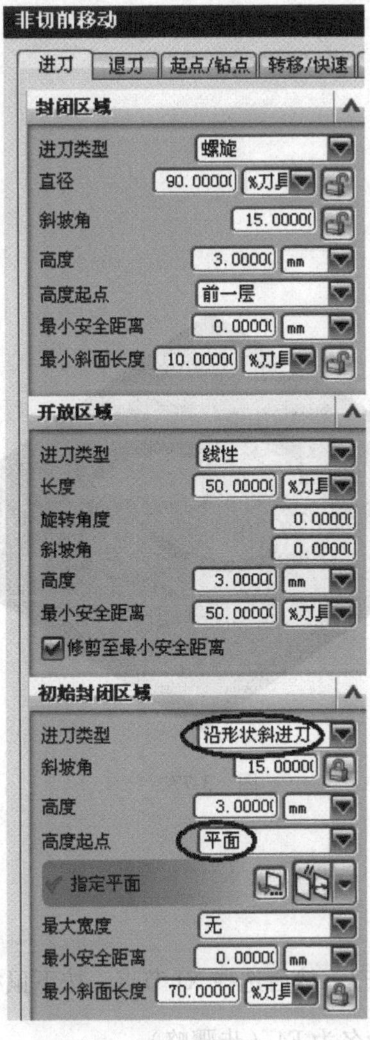
非切削移动
进刀
退刀
起点/钻点
转移/快速
封闭区域
进刀类型
螺旋
直径
90.0000
%刀具
斜坡角
15.0000
高度
3.0000
mm
高度起点
前一层
最小安全距离
0.0000
mm
最小斜面长度
10.0000
%刀具
开放区域
进刀类型
线性
长度
50.0000
%刀具
旋转角度
0.0000
斜坡角
0.0000
高度
3.0000
mm
最小安全距离
50.0000
%刀具
修剪至最小安全距离
初始封闭区域
进刀类型
沿形状斜进刀
斜坡角
15.0000
高度
3.0000
mm
高度起点
平面
指定平面
最大宽度
无
最小安全距离
0.0000
mm
最小斜面长度
70.0000
%刀具

图 3-73

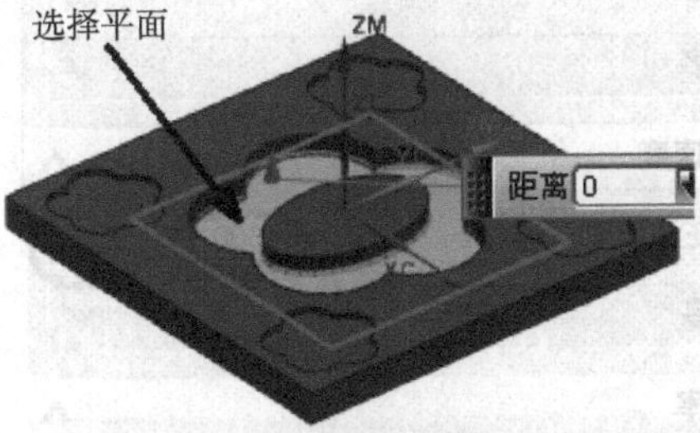
选择平面
ZM
距离 0

图 3-74

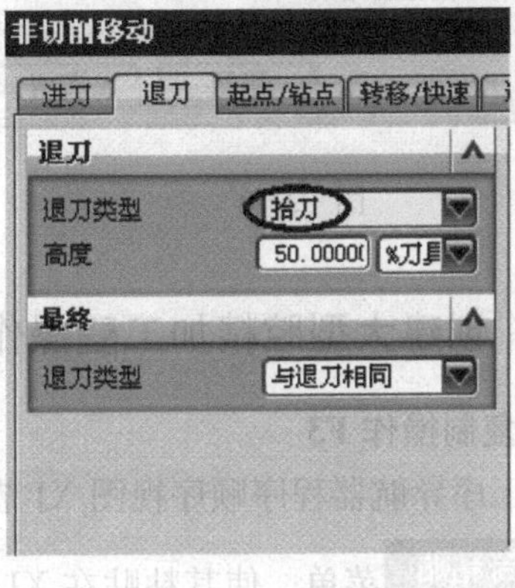
非切削移动
进刀
退刀
起点/钻点
转移/快速
退刀
退刀类型
抬刀
高度
50.0000
%刀具
最终
退刀类型
与退刀相同

图 3-75

（5）设置进给率和速度参数 在【平面铣】对话框中选择（进给率和速度）图标，出现【进给率和速度】对话框，如图 3-76 所示。勾选 主轴速度（rpm），在 进给率/切削 栏输入600，在 主轴速度（rpm） 栏输入1600，按下回车键，单击（基于此值计算进给和速度）按钮，单击 确定 按钮，完成设置进给率和速度参数，系统返回【平面铣】对话框。

5. 生成刀轨

在【平面铣】对话框中 操作 区域中选择 （生成刀轨）图标，系统自动生成刀轨，如图 3-77 所示。单击 确定 按钮，接受刀轨。

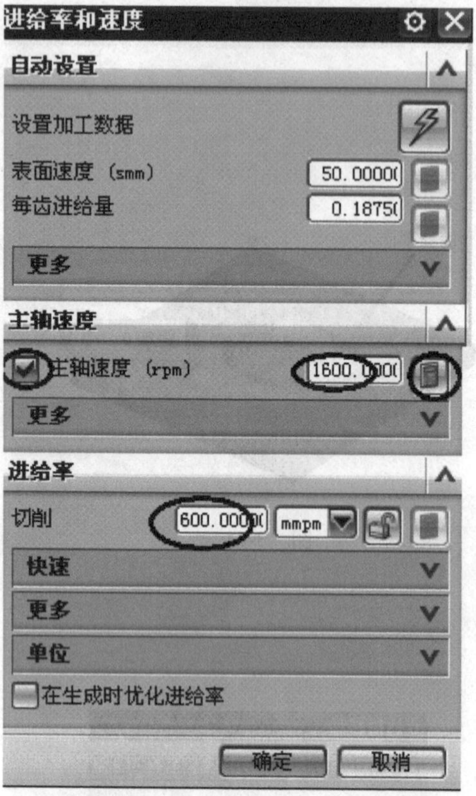
进给率和速度
自动设置
设置加工数据
表面速度（smm）
50.0000(
每齿进给量
0.1875(
更多
主轴速度
主轴速度（rpm）
1600.000(
更多
进给率
切削
600.0000(
mmpm
快速
更多
单位
在生成时优化进给率
确定
取消

图 3-76

图 3-77

3.8.3 创建大型腔精加工壁操作

1. 复制操作 F3

在工序导航器程序顺序视图 XJ 节点，复制操作 F3，然后选择 XJ 节点，按下鼠标右键，单击 内部粘贴 菜单，使其粘贴在 XJ 节点下，重新命名为 F4（步骤略）。

2. 编辑操作 F4

在工序导航器下，双击 F4 操作，系统出现【平面铣】对话框，如图 3-78 所示。

3. 设置加工参数

（1）设置切削模式　在【平面铣】对话框中 切削模式 下拉框中选择 轮廓加工 选项，如图 3-78 所示。

(2) 设置切削层参数　在【平面铣】对话框中选择（切削层）图标，出现【切削层】对话框，如图 3-79 所示。在 类型 下拉框中选择 仅底面 选项，单击 确定 按钮，完成设置切层参数，系统返回【平面铣】对话框。

(3) 设置切削参数　在【平面铣】对话框中选择（切削参数）图标，出现【切削参数】对话框，如图 3-80 所示。选择 余量 选项卡，在 部件余量 、最终底面余量 栏分别输入 0、0，单击 确定 按钮，完成设置切削参数，系统返回【平面铣】对话框。

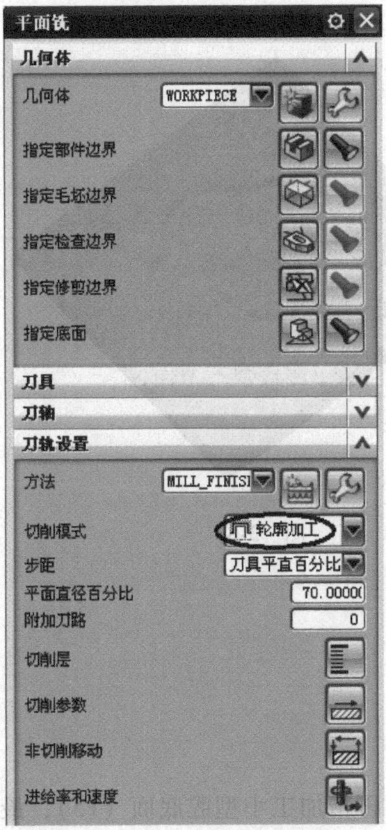
平面铣
几何体
几何体
WORKPIECE
指定部件边界
指定毛坯边界
指定检查边界
指定修剪边界
指定底面
刀具
刀轴
刀轨设置
方法
MILL_FINIS
切削模式
轮廓加工
步距
刀具平直百分比
平面直径百分比
70.0000
附加刀路
0
切削层
切削参数
非切削移动
进给率和速度

图　3-78

切削层
类型
仅底面
确定
取消

图　3-79

切削参数
策略
余量
拐角
连接
余量
部件余量
0.0000
最终底面余量
0.0000
毛坯余量
0.0000
检查余量
0.0000
修剪余量
0.0000
公差
内公差
0.0300
外公差
0.0300

图　3-80

(4) 设置非切削移动参数　在【平面铣】对话框中选择（非切削移动）图标，出现【非切削移动】对话框，如图 3-81 所示，选择 进刀 选项卡，在 开放区域 / 进刀类型 下拉框中选择 圆弧 选项，在 退刀类型 下拉框中选择 与进刀相同 选项，如图 3-82 所示。单击 确定 按钮，完成设置非切削移动参数，系统返回【型腔铣】对话框。

4. 生成刀轨

在【平面铣】对话框中 操作 区域中选择（生成刀轨）图标，系统自动生成刀轨，如图 3-83 所示。单击 确定 按钮，接受刀轨。

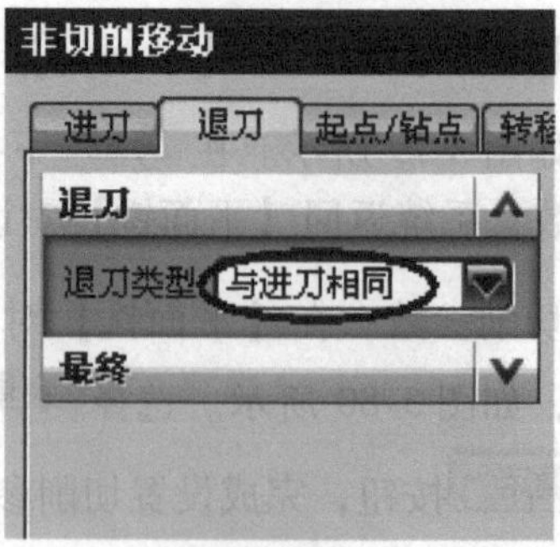
非切削移动
进刀
退刀
起点/钻点
转移
退刀
退刀类型
与进刀相同
最终

图 3-82

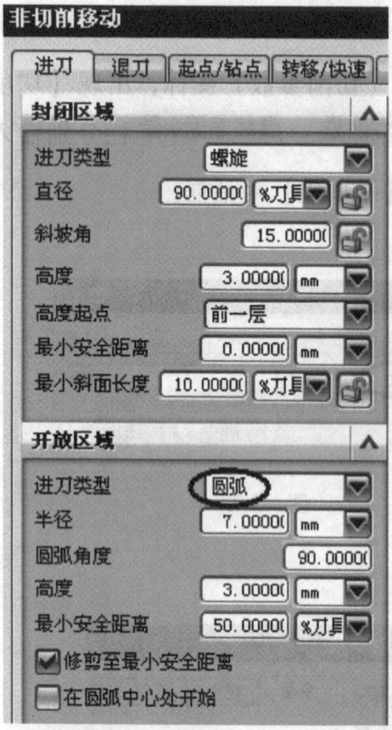
非切削移动
进刀
退刀
起点/钻点
转移/快速
封闭区域
进刀类型
螺旋
直径
90.0000(
%刀具
斜坡角
15.0000(
高度
3.0000(
mm
高度起点
前一层
最小安全距离
0.0000(
mm
最小斜面长度
10.0000(
%刀具
开放区域
进刀类型
圆弧
半径
7.0000(
mm
圆弧角度
90.0000(
高度
3.0000(
mm
最小安全距离
50.0000(
%刀具
修剪至最小安全距离
在圆弧中心处开始

图 3-81

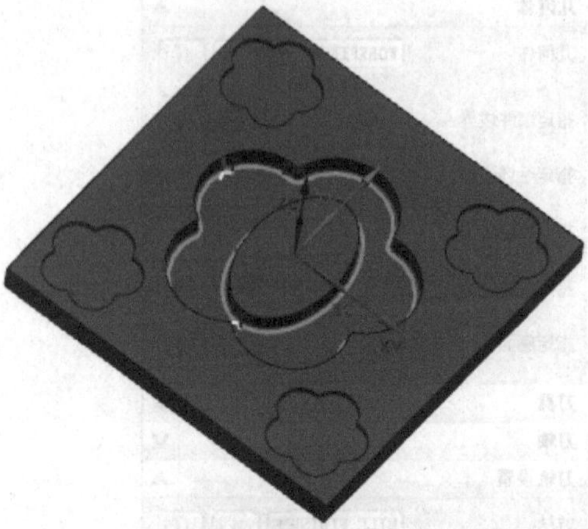

图 3-83

3.9 创建小型腔加工操作

1. 创建小型腔加工操作

按照步骤 3.8 的方法，先粗加工小型腔（R3），再精加工小型腔底面（F5），最后精加工小型腔侧壁（F6），步骤略。

2. 创建矩形阵列刀轨

在工序导航器程序顺序视图 XJ 节点，选择工序 R3、F5、F6，如图 3-84 所示。按下右键出现快捷菜单，选择 对象 ▸ 命令，再次出现快捷菜单，选择 变换... 命令，出现【变换】对话框，如图 3-85 所示。在 类型 下拉框中选择 矩形阵列 选项，在 指定参考点 下拉框中选择（圆弧中心/椭圆中心/球心）选项，在图形中选择如图 3-86 所示的实体圆弧边，在 指定阵列原点 下拉框中选择（圆弧中心/椭圆中心/球心）选项，在图形中选择如图 3-87 所示的实体圆弧边，在 XC 向的数量、YC 向的数量、XC 偏置、YC 偏置 栏分别输入 2、2、280、280，在 结果 区域中选择 移动 单选选项，然后单击确定按钮，创建矩形阵列刀轨。

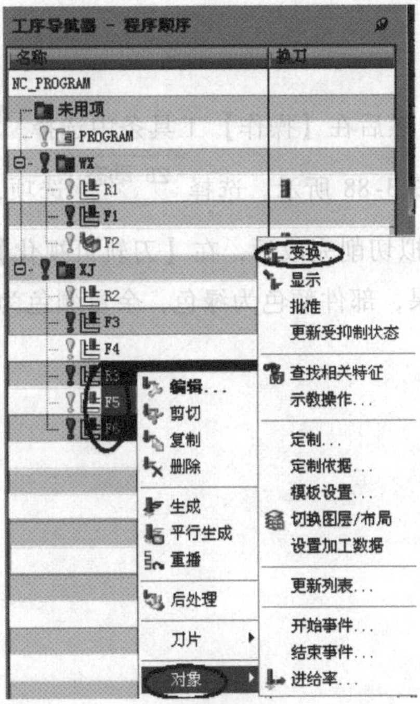
工序导航器 - 程序顺序
名称
换刀
NC_PROGRAM
未用项
PROGRAM
WX
R1
F1
F2
XJ
R2
F3
F4
F5
编辑...
剪切
复制
删除
生成
平行生成
重播
后处理
刀片
对象
变换...
显示
批准
更新受抑制状态
查找相关特征
示教操作...
定制...
定制依据...
模板设置...
切换图层/布局
设置加工数据
更新列表...
开始事件...
结束事件...
进给率...

图 3-84

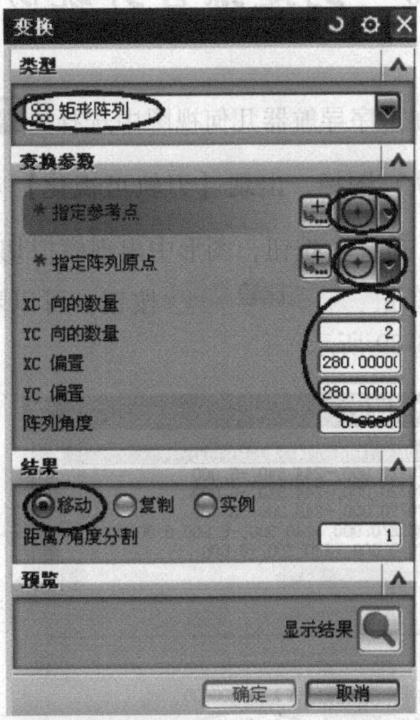
变换
类型
矩形阵列
变换参数
指定参考点
指定阵列原点
XC 向的数量
2
YC 向的数量
2
XC 偏置
280.0000
YC 偏置
280.0000
阵列角度
结果
移动
复制
实例
距离/角度分割
1
预览
显示结果
确定
取消

图 3-85

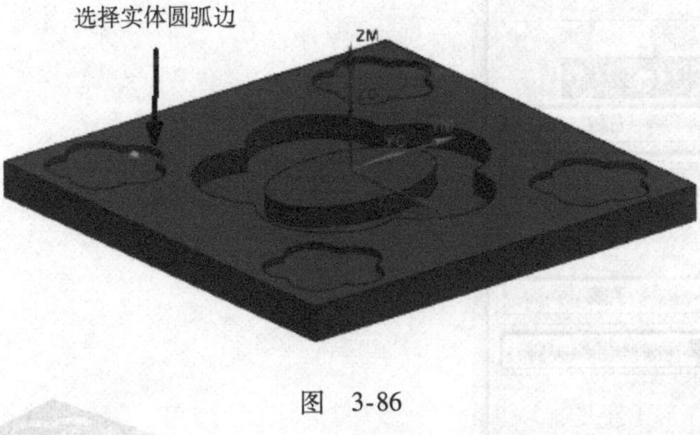
选择实体圆弧边
ZM

图 3-86

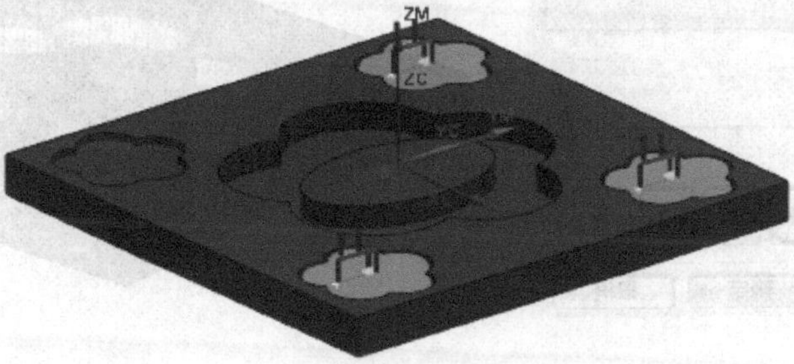
ZM

图 3-87

3.10 创建综合刀轨仿真验证

在工序导航器几何视图中选择WORKPIECE节点，然后在【操作】工具条中选择（确认刀轨）图标，出现【刀轨可视化】对话框，如图3-88所示。选择2D 动态选项，单击（播放）按钮，图形中出现模拟切削动画，模拟切削完成后，在【刀轨可视化】对话框中单击比较按钮，可以看到切削结果，部件颜色为绿色，余量颜色为白色，如图3-89所示。

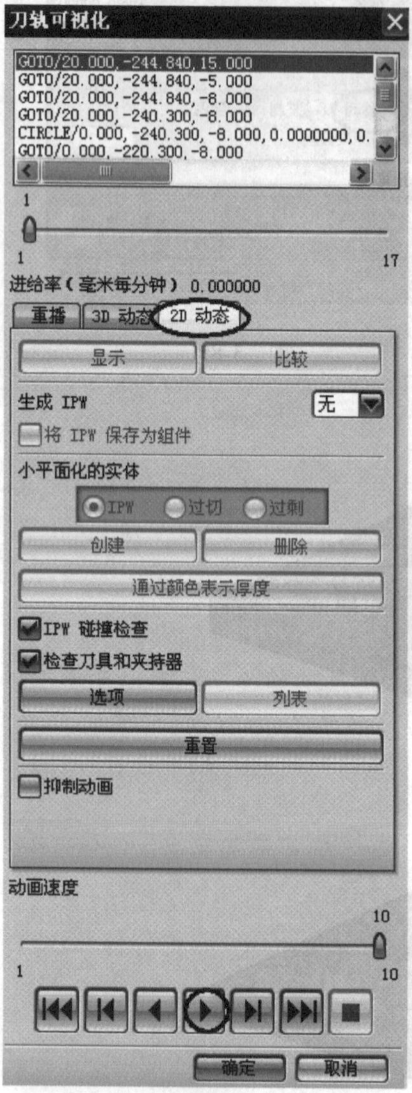
刀轨可视化
GOTO/20.000,-244.840,15.000
GOTO/20.000,-244.840,-5.000
GOTO/20.000,-244.840,-8.000
GOTO/20.000,-240.300,-8.000
CIRCLE/0.000,-240.300,-8.000,0.0000000,0.
GOTO/0.000,-220.300,-8.000
进给率（毫米每分钟） 0.000000
重播
3D 动态
2D 动态
显示
比较
生成 IPW
无
将 IPW 保存为组件
小平面化的实体
IPW
过切
过剩
创建
删除
通过颜色表示厚度
IPW 碰撞检查
检查刀具和夹持器
选项
列表
重置
抑制动画
动画速度
确定
取消

图 3-88

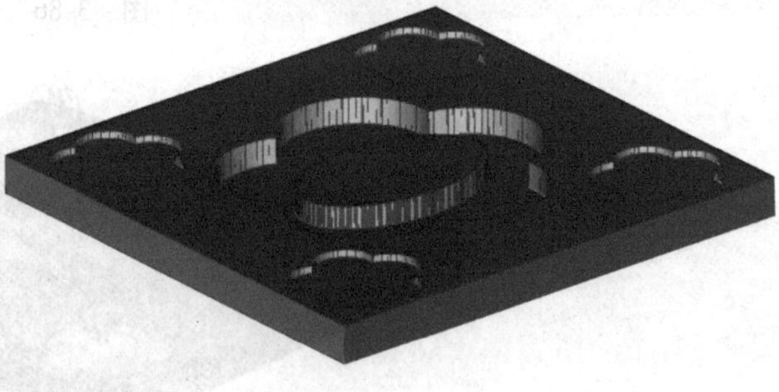

图 3-89

3.11 拓宽加工思路

工件模型如转换成两个凸台形状，如图 3-90 所示。椭圆及梅花大小尺寸同前一个例题，椭圆高度为原工件高度，梅花凸台比椭圆低 10mm，梅花凸台高 10mm，同样可以用该模型加工。

创建操作前，先把前一个例题的型腔操作全部删除。

此题的目的是：采用同样的图形，通过不同的设置及选择，达到不同的加工效果。

1. 创建操作父节组选项

选择菜单中的【插入(S)】/【工序(E)...】命令或在【插入】工具条中选择（创建工序）图标，出现【创建工序】对话框，如图 3-91 所示。

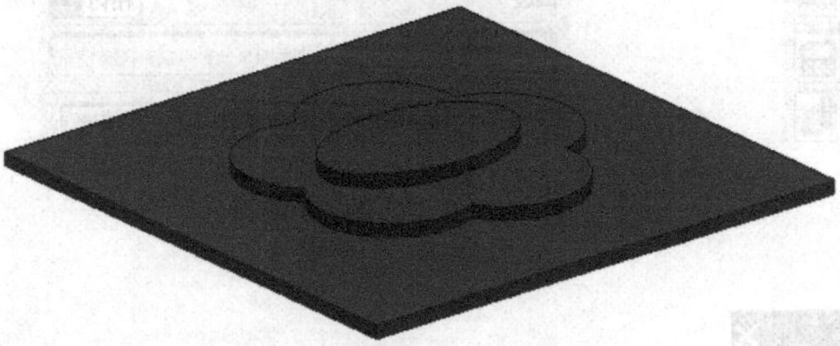

图 3-90

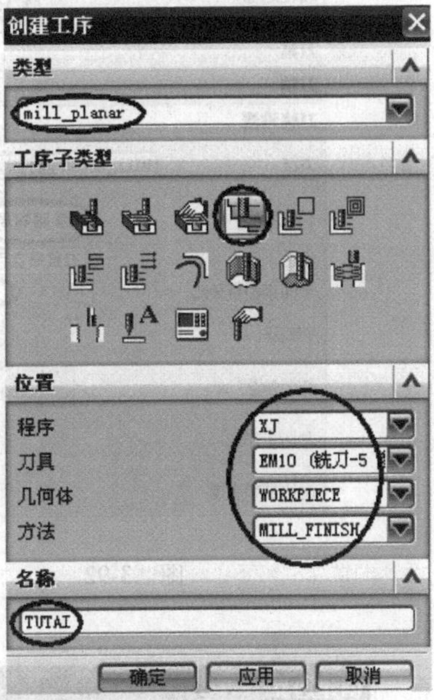
创建工序
类型
mill_planar
工序子类型
位置
程序
XJ
刀具
EM10 (铣刀-5
几何体
WORKPIECE
方法
MILL_FINISH
名称
TUTAI
确定
应用
取消

图 3-91

在【创建工序】对话框中类型下拉框中选择 EM12R1 圆鼻刀 mill_planar（平面铣），在工序子类型区域选择（平面铣）图标，在程序下拉框中选择 XJ 程序节点，在刀具下拉框中选择 EM10（铣刀-5 刀具节点，在几何体下拉框中选择 WORKPIECE 节点，在方法下拉框中选择 MILL_FINISH 节点，在名称栏输入 TUTAI，如图 3-91 所示。单击确定按钮，系统出现【平面铣】对话框，如图 3-92 所示。

2. 创建几何体

（1）创建部件边界　在【平面铣】对话框中指定部件边界区域中选择（选择或编

辑部件边界）图标，出现【边界几何体】对话框，如图 3-93 所示。在 模式 下拉框中选择 曲线/边... 选项，出现【创建边界】对话框，如图 3-94 所示。在 类型 下拉框中选择 封闭的 选项，在 材料侧 下拉框中选择 内部 选项，在 平面 下拉框中选择 用户定义 选项，出现【平面】对话框，如图 3-95 所示。在图形中选择如图 3-96 所示的平面，单击

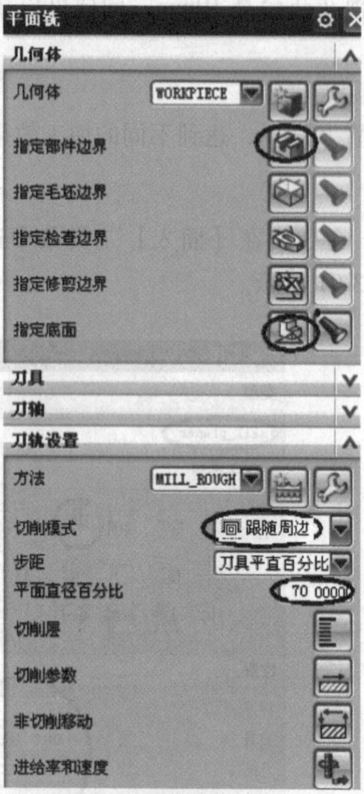

图 3-92

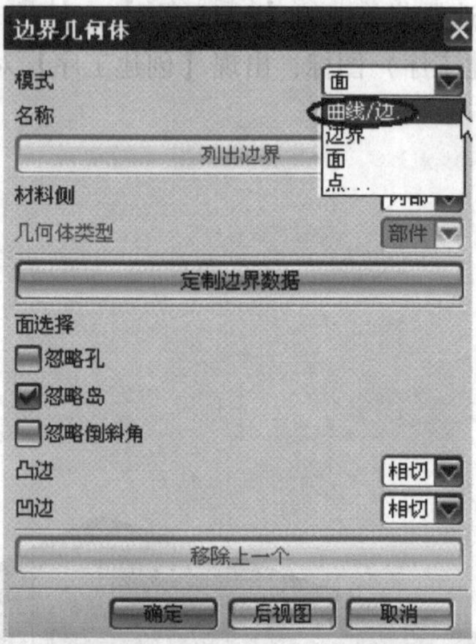

图 3-93

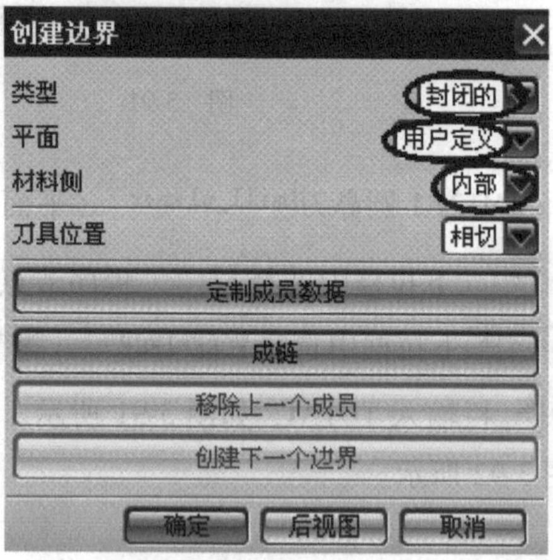

图 3-94

图 3-95

确定按钮，系统返回【创建边界】对话框，然后在图形中选择如图 3-97 所示的椭圆实体边为边界几何体，单击创建下一个边界按钮，在材料侧下拉框中选择内部选项，在平面下拉框中选择用户定义选项，出现【平面】对话框，如图 3-95 所示。在图形中选择如图 3-96 所示的工件顶面，在距离栏输入 –10，如图 3-98 所示。单击确定按钮，系统返回【创建边界】对话框，然后在图形中选择如图 3-99 所示的梅花实体边为边界几何体，单击确定按钮，系统返回【边界几何体】对话框，完成设置部件边界，单击确定按钮，系统返回【平面铣】对话框。

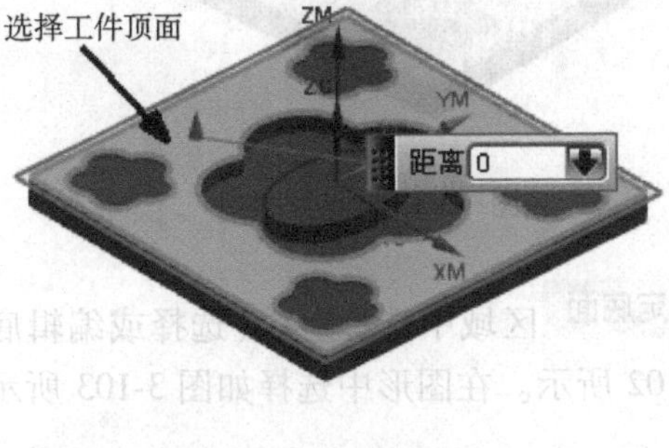
选择工件顶面
ZM
YM
XM
距离 0

图 3-96

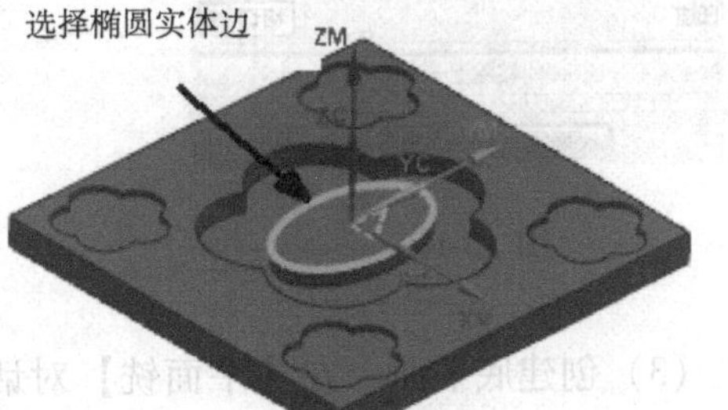
选择椭圆实体边
ZM

图 3-97

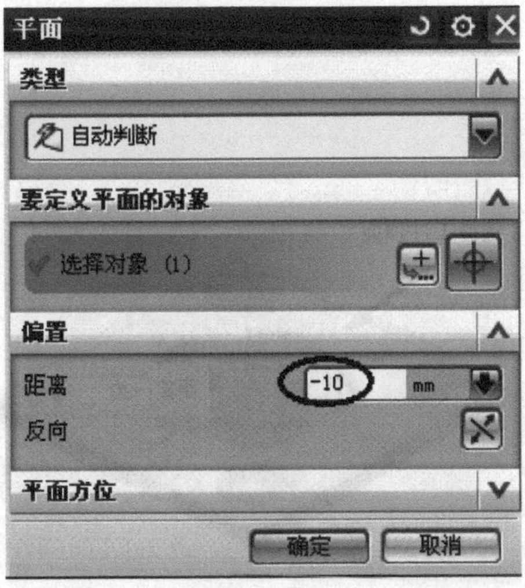
平面
类型
自动判断
要定义平面的对象
选择对象 (1)
偏置
距离
-10
mm
反向
平面方位
确定
取消

图 3-98

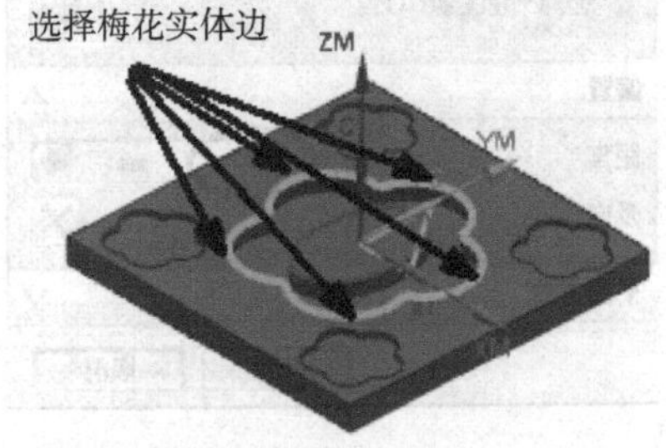
选择梅花实体边
ZM
YM

图 3-99

（2）创建毛坯边界　在【平面铣】对话框中指定毛坯边界区域中选择（选择或编辑毛坯边界）图标，出现【边界几何体】对话框，如图 3-100 所示。在模式下拉框中选择面选项，勾选忽略孔选项，然后在图形中选择如图 3-101 所示的工件平面为边界几何体，单击确定按钮，完成设置毛坯边界，系统返回【平面铣】对话框。

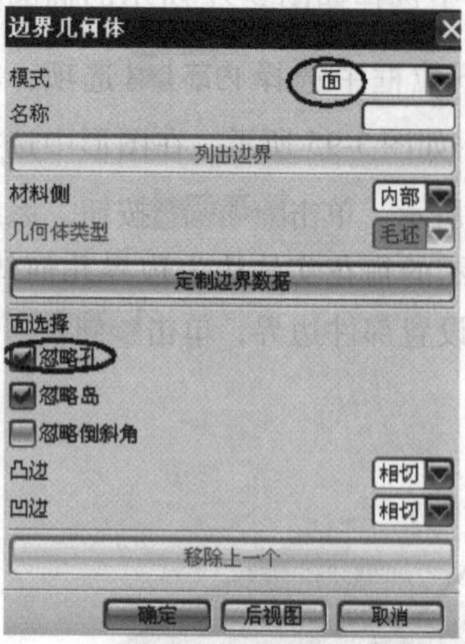
边界几何体
模式
面
名称
列出边界
材料侧
内部
几何体类型
毛坯
定制边界数据
面选择
忽略孔
忽略岛
忽略倒斜角
凸边
相切
凹边
相切
移除上一个
确定
后视图
取消

图 3-100

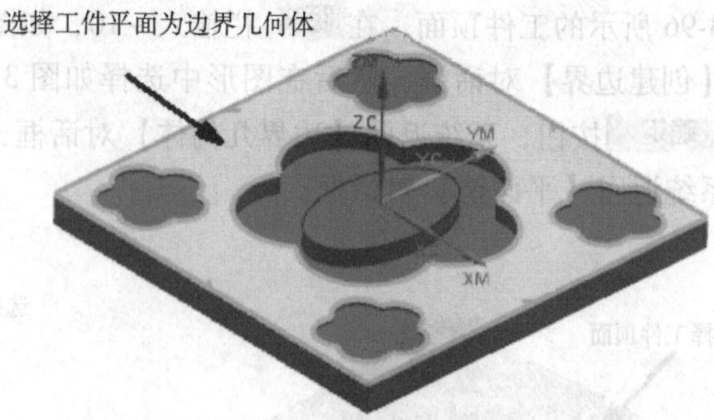
选择工件平面为边界几何体
ZC
YM
YC
XM

图 3-101

（3）创建底平面　在【平面铣】对话框中 指定底面 区域中选择（选择或编辑底平面几何体）图标，出现【平面】对话框，如图 3-102 所示。在图形中选择如图 3-103 所示的工件顶面，在 距离 栏输入 -20，单击 确定 按钮，完成设置底平面，系统返回【平面铣】对话框。

平面
类型
按某一距离
平面参考
选择平面对象 (1)
偏置
距离
-20
mm
反向
平面方位
确定
取消

图 3-102

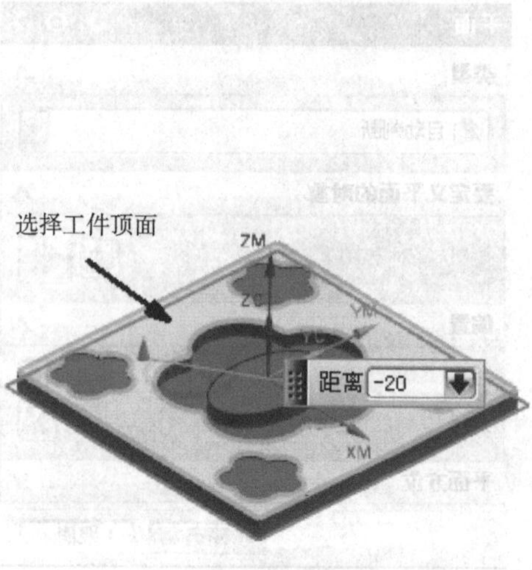
选择工件顶面
ZM
YM
YC
距离
-20
XM

图 3-103

3. 设置加工参数

（1）设置切削模式　在【平面铣】对话框中 切削模式 下拉框中选择 跟随周边 选项，在 步距 下拉框中选择 刀具平直百分比 选项，在 平面直径百分比 栏输入 70，如图 3-92 所示。

（2）设置切削层参数　在【平面铣】对话框中选择（切削层）图标，出现【切削层】对话框，如图 3-104 所示。在 类型 下拉框中选择 用户定义 选项，在 每刀深度 / 公共 栏输入 3，单击 确定 按钮，完成设置切层参数，系统返回【平面铣】对话框。

（3）设置切削参数　在【平面铣】对话框中选择（切削参数）图标，出现【切削参数】对话框，如图 3-105 所示，选择 余量 选项卡，在 部件余量 、最终底面余量 栏分别输入 0、0，单击 确定 按钮，完成设置切削参数，系统返回【平面铣】对话框。

（4）设置进给率和速度参数　在【平面铣】对话框中选择（进给率和速度）图标，出现【进给率和速度】对话框，如图 3-106 所示。勾选 主轴速度（rpm），在 进给率 / 切削 栏输入 1000，在 主轴速度（rpm） 栏输入 1200，按下回车键，单击（基于此值计算进给和速度）按钮，单击 确定 按钮，完成设置进给率和速度参数，系统返回【平面铣】对话框。

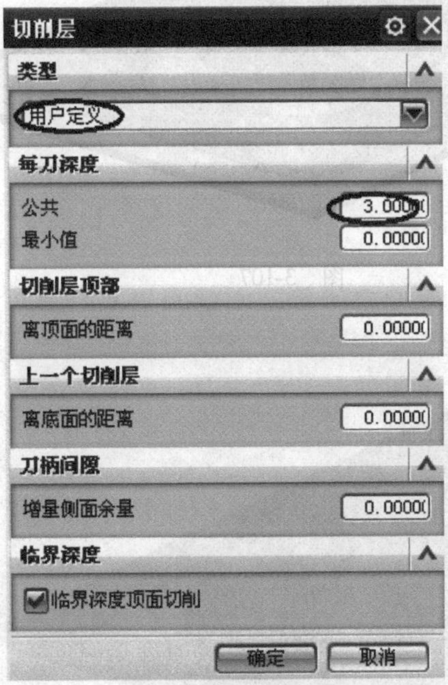

切削层
类型
用户定义
每刀深度
公共
3.000
最小值
0.0000
切削层顶部
离顶面的距离
0.0000
上一个切削层
离底面的距离
0.0000
刀柄间隙
增量侧面余量
0.0000
临界深度
临界深度顶面切削
确定
取消

图　3-104

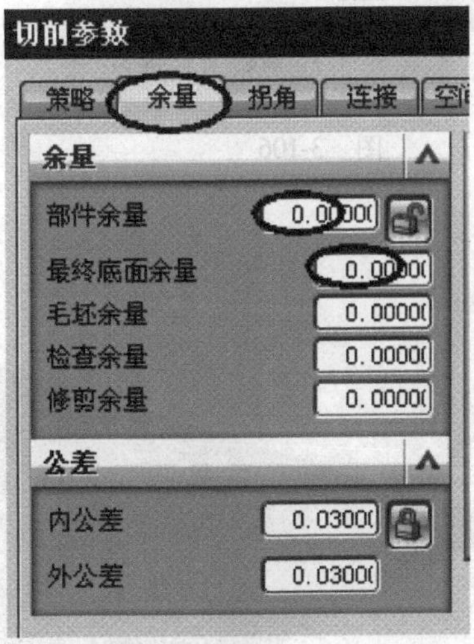

切削参数
策略
余量
拐角
连接
余量
部件余量
0.0000
最终底面余量
0.0000
毛坯余量
0.0000
检查余量
0.0000
修剪余量
0.0000
公差
内公差
0.0300
外公差
0.0300

图　3-105

4. 生成刀轨

在【平面铣】对话框中 操作 区域中选择（生成刀轨）图标，系统自动生成刀轨，如图 3-107 所示，单击 确定 按钮，接受刀轨。

5. 创建刀轨仿真验证

在工序导航器几何视图选择 WORKPIECE 节点，然后在【操作】工具条中选择（确认刀轨）图标，出现【刀轨可视化】对话框，选择 2D 动态 选项，单击（播放）按钮，图形中出现模拟切削动画，模拟切削完成后，在【刀轨可视化】对话框中单击 比较 按钮，可以看到切削结果，如图 3-108 所示。

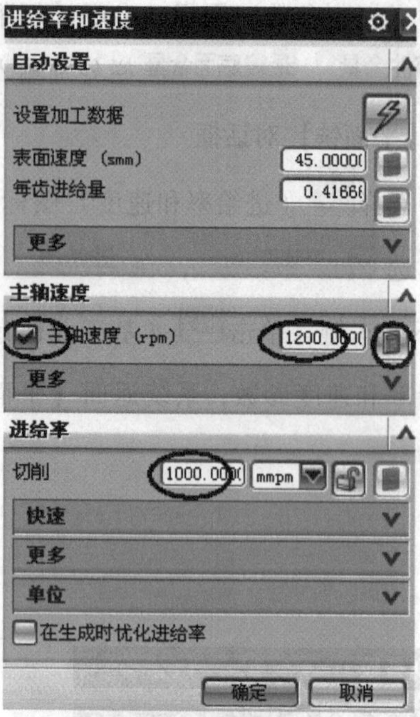

进给率和速度
自动设置
设置加工数据
表面速度（smm）
45.00000
每齿进给量
0.41666
更多
主轴速度
主轴速度（rpm）
1200.0000
更多
进给率
切削
1000.0000
mmpm
快速
更多
单位
在生成时优化进给率
确定
取消

图 3-106

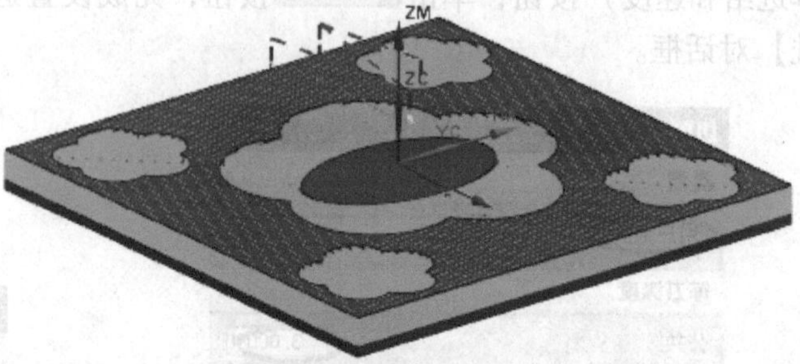

ZM

图 3-107

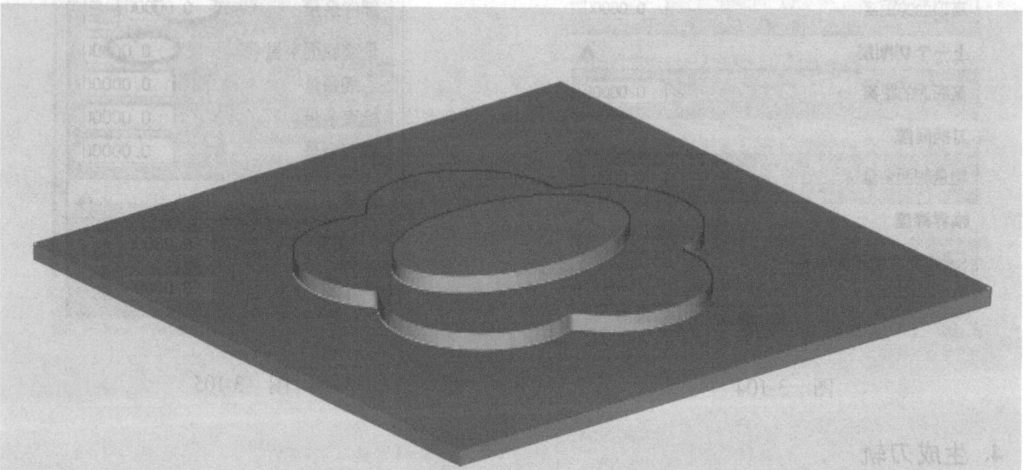

图 3-108

第4章

平面铣加工实例二

实例说明

本章主要讲述平面铣加工。工件模型如图4-1所示，毛坯外形已经加工到位，毛坯高度比工件高1mm。毛坯材料为碳素结构钢，45钢，刀具采用硬质合金刀具。

其加工思路为：首先运用NC助理分析模型，分析模型的加工区域，选用合适的刀具与加工路线。

粗加工大区域：采用20mm的圆鼻立铣刀分层铣削，侧壁、型面留余量0.3mm。

精加工顶部平面：采用20mm立铣刀精加工工件顶部平面。

精加工侧壁：采用6mm圆鼻立铣刀精加工工件侧壁。

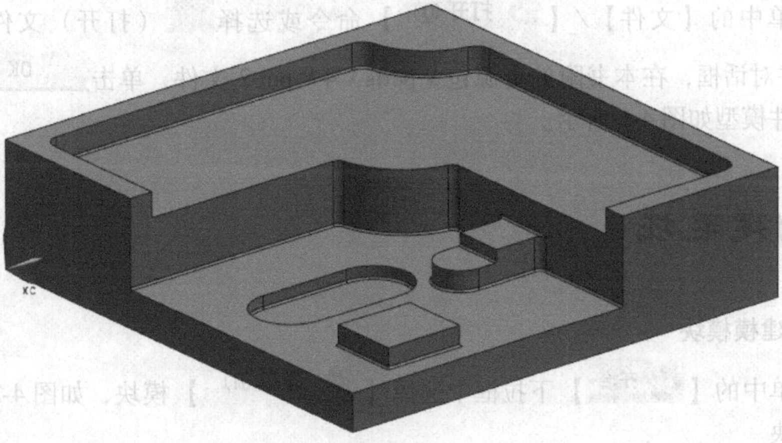

图 4-1

加工刀具见表4-1。

表4-1 加工刀具

序号	程序名	刀具号	刀具类型	刀具直径/mm	R圆角/mm	刀长/mm	切削刃长/mm	余量/mm
1	R1	1	EM20R0.8圆鼻立铣刀	φ20	0.8	100	60	壁0.5 底0.3
2	F1	1	EM20R0.8圆鼻立铣刀	φ20	0.8	100	60	0
3	F2	2	EM6R0.8圆鼻立铣刀	φ6	0.8	100	60	0

加工工艺方案见表 4-2。

表 4-2　加工工艺方案

序号	方法	加工方式	程序名	主轴转速 n/r · min^{-1}	进给速度 v_f/mm · min^{-1}	说　明
1	粗加工	平面铣	R1	1200	1000	粗加工
2	精加工	面铣	F1	1600	600	精加工顶部平面
3	精加工	平面铣	F2	1600	600	精加工侧壁

学习目标

通过该章实例的练习，使读者能熟练掌握运用 NC 助理分析模型的方法，了解平面铣的适用范围和加工规律，以及部件边界的创建，掌握平面铣的加工技巧。

4.1　打开文件

选择菜单中的【文件】/【打开(O)...】命令或选择（打开）文件图标，出现【打开】部件对话框，在本书附的资源包 \ parts \ 4 \ pm-2 文件，单击 OK 按钮，打开部件，工件模型如图 4-1 所示。

4.2　创建毛坯

1. 进入建模模块

选择菜单中的【开始】下拉框中选择【建模(M)...】模块，如图 4-2 所示。进入建模应用模块。

2. 创建拉伸特征

选择菜单中的【插入(S)】/【设计特征(E)】/【拉伸(E)...】命令或在【特征】工具条中选择（拉伸）图标，出现【拉伸】对话框，如图 4-3 所示。在主界面曲线规则下拉框中选择 单条曲线 选项，选择如图 4-4 所示的截面线为拉伸对象，出现如图 4-4 所示的拉伸方向，然后在【拉伸】对话框中【开始】\【距离】栏输入【0】，在 结束 \【距离】栏输入【51】，在【布尔】下拉框中选择 无 选项，如图 4-3 所示。单击 应用 按钮，完成如图 4-5 所示。

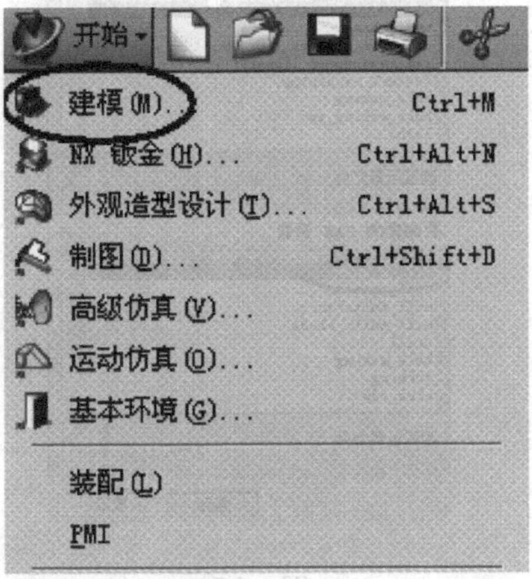
开始
建模(M)...
Ctrl+M
NX 钣金(H)...
Ctrl+Alt+N
外观造型设计(T)...
Ctrl+Alt+S
制图(D)...
Ctrl+Shift+D
高级仿真(V)...
运动仿真(O)...
基本环境(G)...
装配(L)
PMI

图　4-2

拉伸
截面
选择曲线 (4)
方向
指定矢量
极限
开始
值
距离
0
mm
结束
值
距离
51
mm
布尔
布尔
无
拔模
偏置
偏置
无
设置
预览
< 确定 >
取消

图　4-3

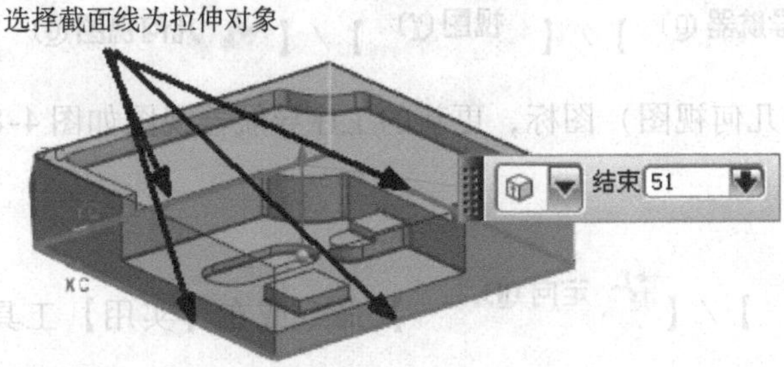
选择截面线为拉伸对象
结束
51
XC

图　4-4

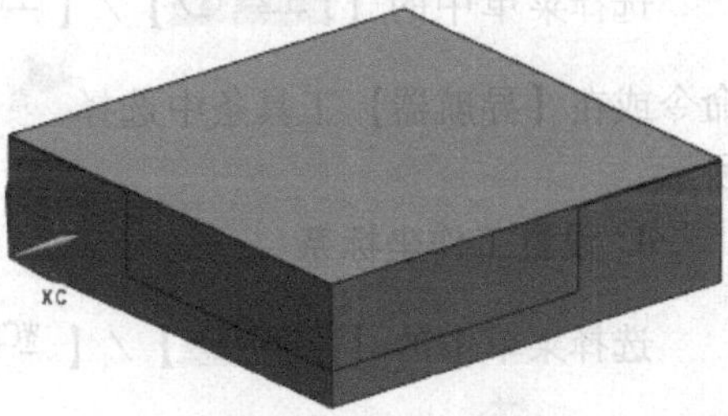
XC

图　4-5

4.3　设置加工坐标系及安全平面

1. 进入加工模块

选择菜单中的【开始】下拉框中选择【加工(N)...】模块，如图 4-6 所示，进入加工应用模块。

2. 设置加工环境

选择【加工(N)...】模块后，系统出现【加工环境】对话框，如图 4-7 所示。在

CAM 会话配置 列表框中选择 cam_general ，在 要创建的 CAM 设置 列表框中选择 mill_planar ，单击【确定】按钮，进入加工初始化，在导航器栏出现（工序导航器）图标，如图 4-8 所示。

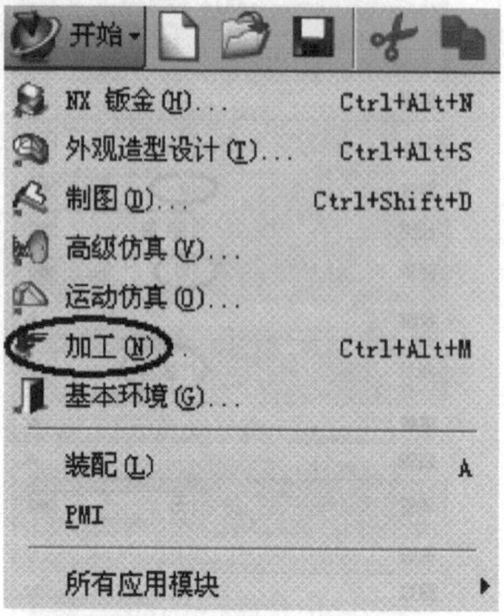
开始
NX 钣金(H)... Ctrl+Alt+N
外观造型设计(T)... Ctrl+Alt+S
制图(D)... Ctrl+Shift+D
高级仿真(V)...
运动仿真(O)...
加工(N)... Ctrl+Alt+M
基本环境(G)...
装配(L) A
PMI
所有应用模块

图 4-6

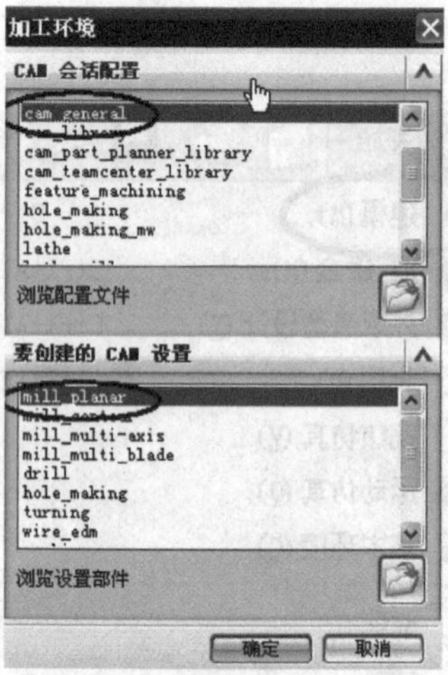
加工环境
CAM 会话配置
cam_general
cam_library
cam_part_planner_library
cam_teamcenter_library
feature_machining
hole_making
hole_making_mw
lathe
浏览配置文件
要创建的 CAM 设置
mill_planar
mill_contour
mill_multi-axis
mill_multi_blade
drill
hole_making
turning
wire_edm
浏览设置部件
确定
取消

图 4-7

3. 设置工序导航器的视图为几何视图

选择菜单中的【工具(T)】/【工序导航器(O)】/【视图(V)】/【几何视图(G)】命令或在【导航器】工具条中选择（几何视图）图标，更新的工序导航器视图如图 4-8 所示。

4. 设置工作坐标系

选择菜单中的【格式(R)】/【WCS】/【定向(N)...】命令或在【实用】工具条中选择（WCS 定向）图标，出现【CSYS】对话框，在 类型 下拉框中选择 对象的 CSYS 选项，如图 4-9 所示。在图形中选择如图 4-10 所示的毛坯顶面，单击【确定】按钮，完成设置工作坐标系，如图 4-11 所示。

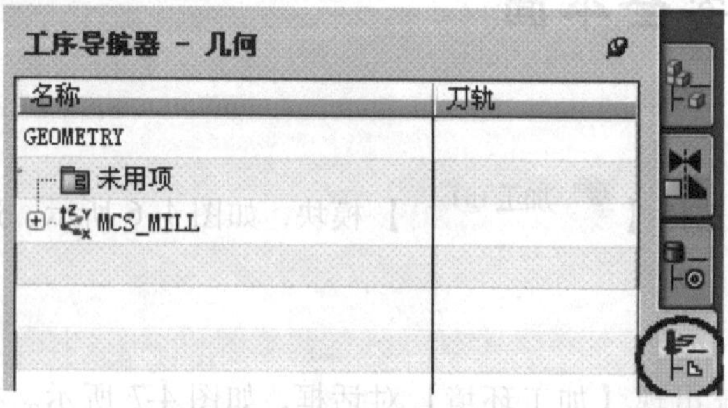
工序导航器 - 几何
名称
刀轨
GEOMETRY
未用项
MCS_MILL

图 4-8

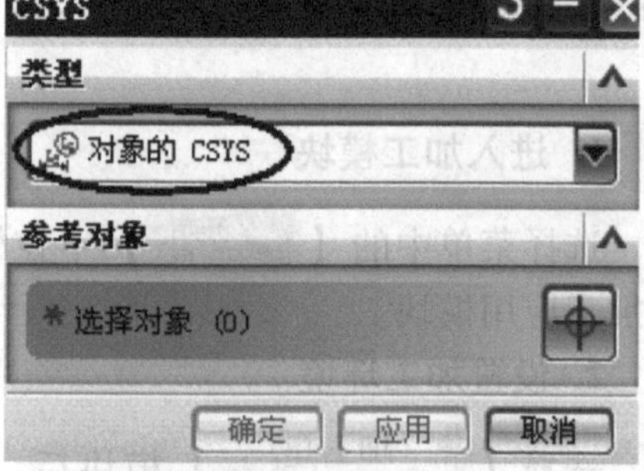
CSYS
类型
对象的 CSYS
参考对象
选择对象 (0)
确定
应用
取消

图 4-9

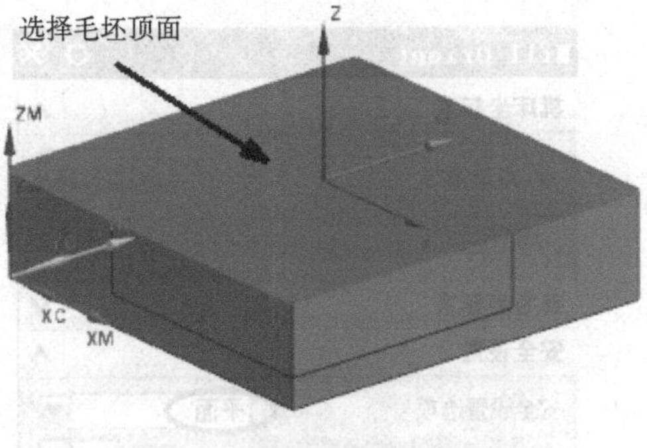
选择毛坯顶面
Z
ZM
XC
XM

图 4-10

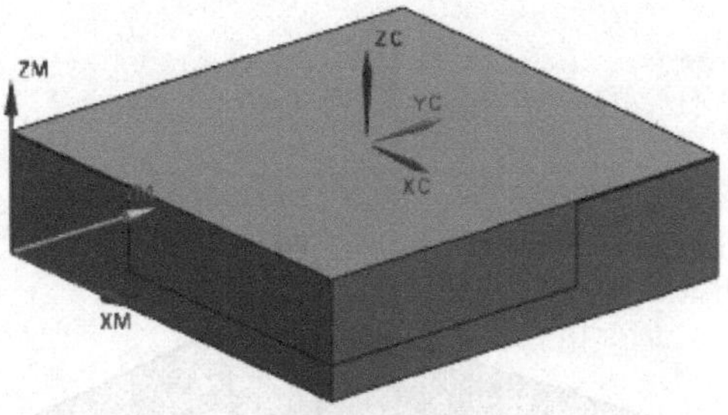
ZM
ZC
YC
XC
XM

图 4-11

5. 设置加工坐标系

在工序导航器中双击 MCS_MILL （加工坐标系）图标，出现【Mill Orient】对话框，如图 4-12 所示，在 指定 MCS 区域选择 （CSYS 会话）图标，出现【CSYS】对话框，如图 4-13 所示。在 类型 下拉框中选择【 动态 】选项，在 参考 下拉框中选择【 WCS （工作坐标系）】选项，单击 确定 按钮，完成设置加工坐标系，即接受工作坐标系为加工坐标系，如图 4-14 所示。

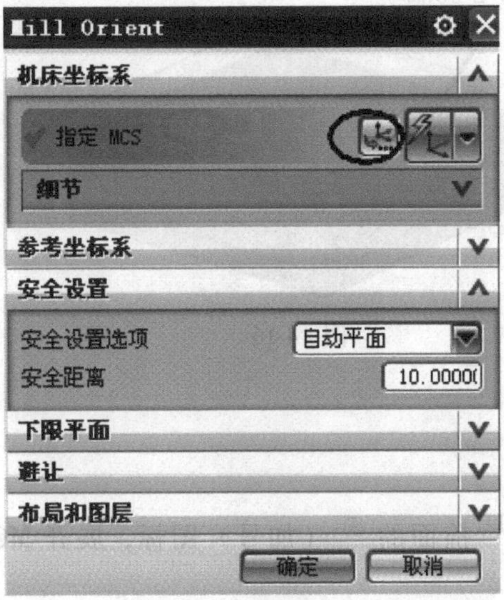
Mill Orient
机床坐标系
指定 MCS
细节
参考坐标系
安全设置
安全设置选项
自动平面
安全距离
10.0000
下限平面
避让
布局和图层
确定
取消

图 4-12

CSYS
类型
动态
参考 CSYS
参考
WCS
操控器
指定方位
确定
取消

图 4-13

注：【Mill Orient】对话框不要关闭。

6. 设置安全平面

在【Mill Orient】对话框中 安全设置 区域 安全设置选项 下拉框中选择 平面 选项，如图 4-15 所示。在图形中选择如图 4-16 所示的毛坯顶面，在 距离 栏输入 15，单击 确定 按钮，完成设置安全平面。

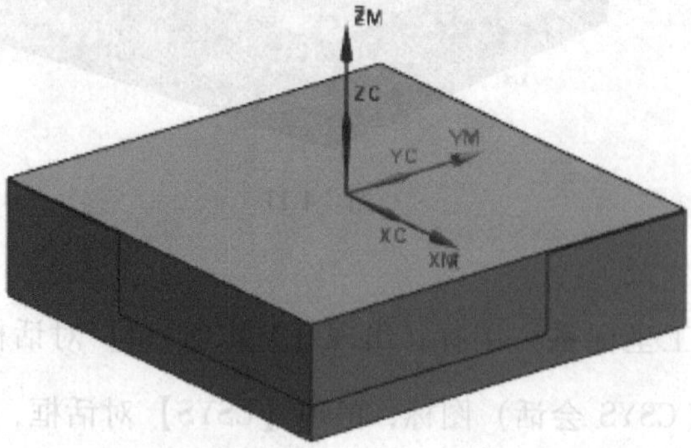
ZM
ZC
YC
YM
XC
XM

图 4-14

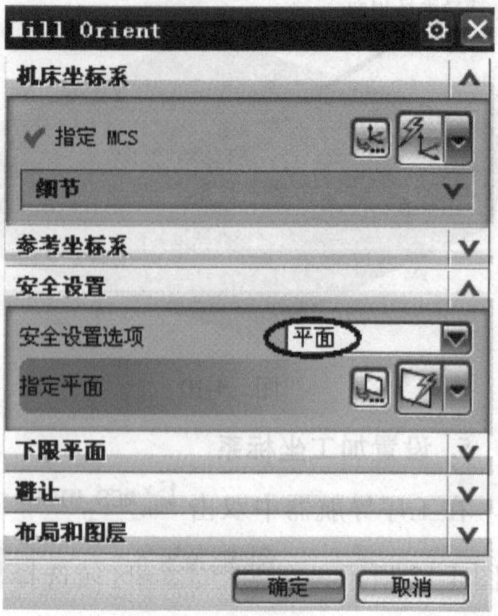
Mill Orient
机床坐标系
指定 MCS
细节
参考坐标系
安全设置
安全设置选项
平面
指定平面
下限平面
避让
布局和图层
确定
取消

图 4-15

7. 隐藏毛坯

选择菜单中的【编辑(E)】/【显示和隐藏(H)】/【隐藏(H)...】命令或在【实用工具】工具条中选择（隐藏）图标，选择如图毛坯实体隐藏（步骤略）。

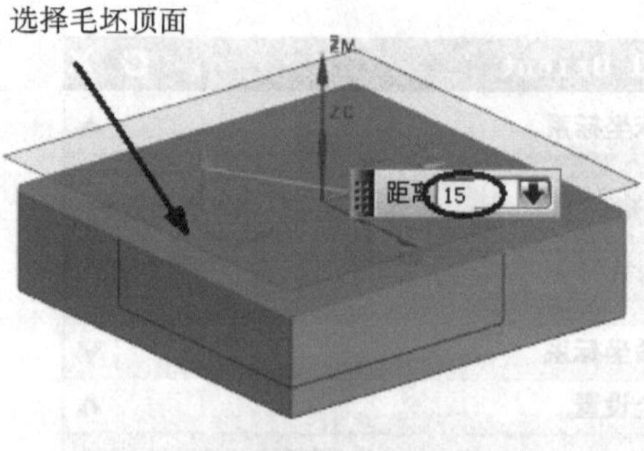
选择毛坯顶面
ZM
ZC
距离
15

图 4-16

4.4 创建铣削几何体

1. 展开 MCS _ MILL

在工序导航器的几何视图中单击 MCS_MILL 前面的（加号）图标，展开 MCS _ MILL，更新为如图 4-17 所示。

2. 创建部件几何体

在工序导航器中双击 WORKPIECE（铣削几何体）图标，出现【铣削几何体】对话框，如图 4-18 所示。在 指定部件 区域中选择（选择或编辑部件几何体）图标，出现【部件几何体】对话框，如图 4-19 所示。在图形中选择如图 4-20 所示工件，单击 确定 按钮，完成指定部件。

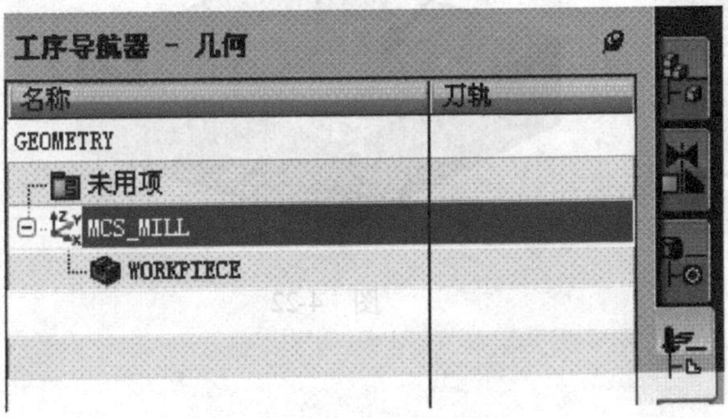
工序导航器 - 几何
名称
刀轨
GEOMETRY
未用项
MCS_MILL
WORKPIECE

图 4-17

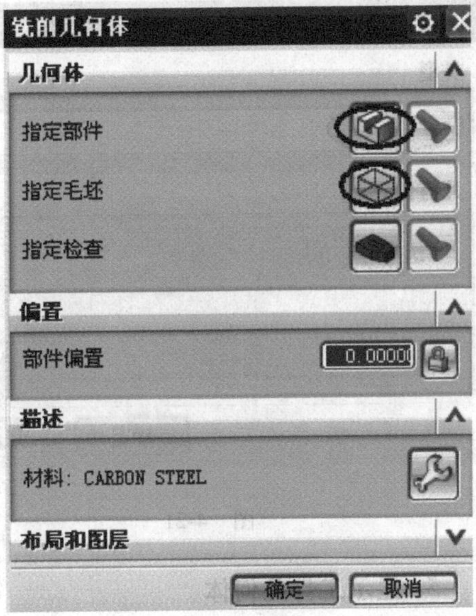
铣削几何体
几何体
指定部件
指定毛坯
指定检查
偏置
部件偏置
0.0000
描述
材料：CARBON STEEL
布局和图层
确定
取消

图 4-18

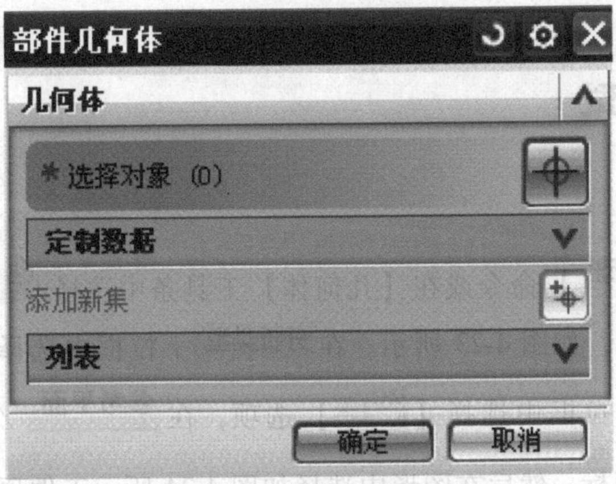
部件几何体
几何体
选择对象（0）
定制数据
添加新集
列表
确定
取消

图 4-19

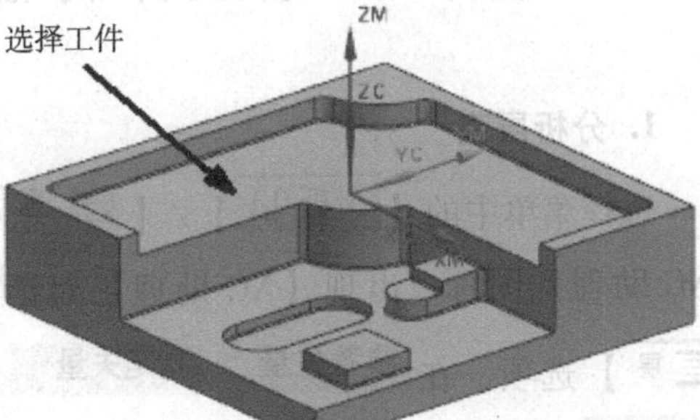
选择工件
ZM
ZC
YC
XM

图 4-20

3. 显示毛坯几何体

在【实用】工具条中选择（反转显示和隐藏）图标，图形中毛坯几何体显示，工件隐藏。

4. 设置铣削毛坯几何体

系统返回【铣削几何体】对话框，在 指定毛坯 区域中选择（选择或编辑毛坯几何体）图标，出现【毛坯几何体】对话框，如图4-21 所示。在 类型 下拉框中选择 几何体 选项，在图形中选择如图 4-22 所示毛坯几何体，单击 确定 按钮，完成指定毛坯，系统返回【铣削几何体】对话框，单击 确定 按钮，完成设置铣削几何体。

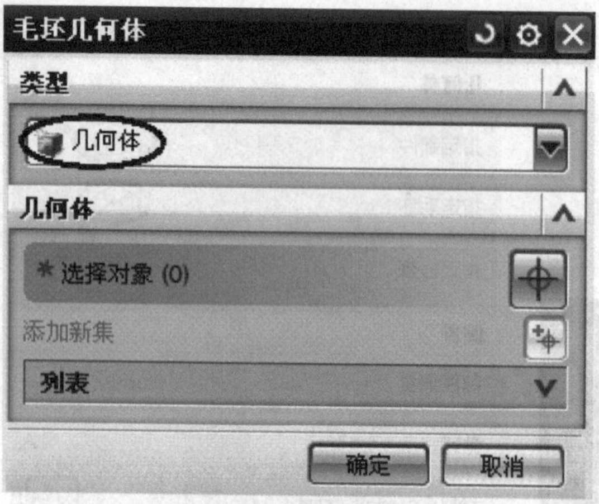
毛坯几何体
类型
几何体
几何体
* 选择对象 (0)
添加新集
列表
确定
取消

图 4-21

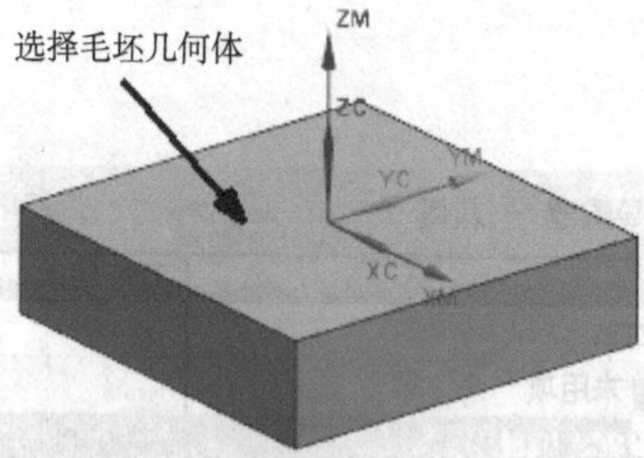
选择毛坯几何体
ZM
ZC
YC
YM
XC
XM

图 4-22

5. 显示工件几何体

在【实用】工具条中选择（反转显示和隐藏）图标，图形中工件几何体显示，毛坯隐藏。

4.5 运用 NC 助理分析模型

1. 分析层高

选择菜单中的【分析(L)】/【NC 助理】命令或在【几何体】工具条中选择（NC 助理）图标，出现【NC 助理】对话框，如图 4-23 所示。在分析类型下拉框中选择【层】选项，在参考矢量/指定矢量下拉框中选择【ZC】选项，在参考平面/指定平面区域选择【（）自动判断】图标，然后在图形中选择如图 4-24 所示工件顶面，勾选退出时保存面颜色选项，选择（分析几何体）图标，选择（信息）图标，出现分析【信息】对话框，如图 4-26 所示。并且模型每层颜色已示区别，如图 4-25 所示，单击应用按钮。

2. 分析拐角半径

继续在【NC 助理】对话框中分析类型下拉框中选择【拐角】选项，如图 4-27 所示。勾选退出时保存面颜色选项，选择（分析几何体）图标，选择（信息）图标，出现分析【信息】对话框，如图 4-28 所示。并且模型拐角颜色已示区别，最小拐角半径是 3（为精加工刀具直径的选择提供了依据），显示淡蓝颜色，如图 4-29 所示，单击应用按钮。

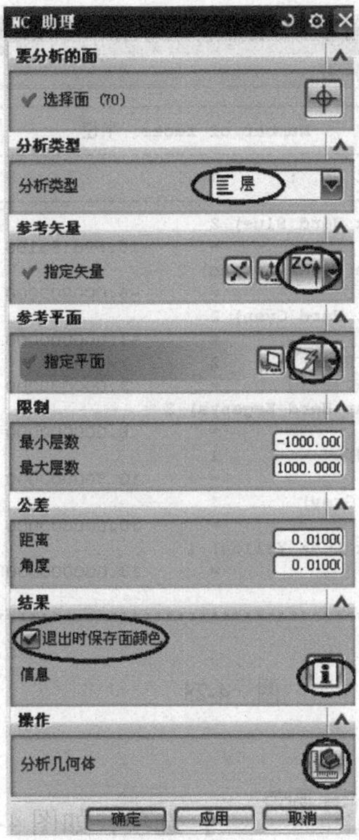
NC 助理
要分析的面
选择面 (70)
分析类型
分析类型
层
参考矢量
指定矢量
ZC
参考平面
指定平面
限制
最小层数
-1000.000
最大层数
1000.0000
公差
距离
0.0100
角度
0.0100
结果
退出时保存面颜色
信息
操作
分析几何体
确定
应用
取消

图 4-23

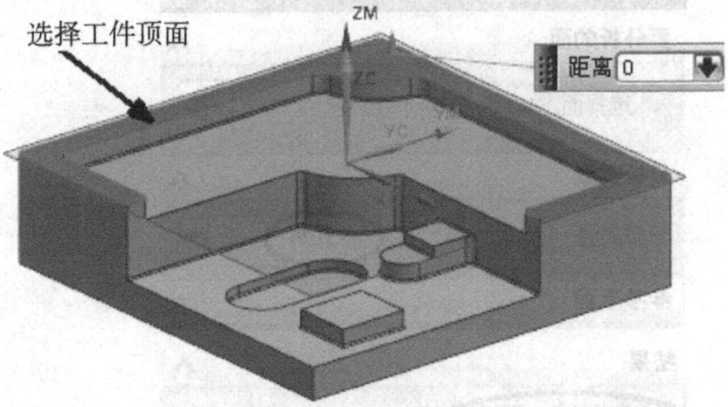
选择工件顶面
ZM
ZC
YC
XM
距离 0

图 4-24

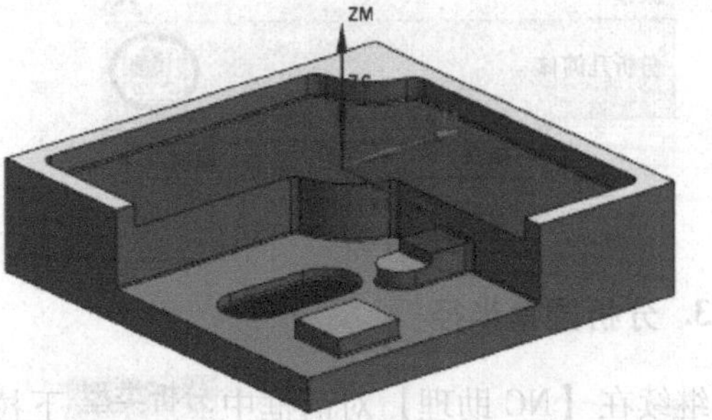
ZM
ZC

图 4-25

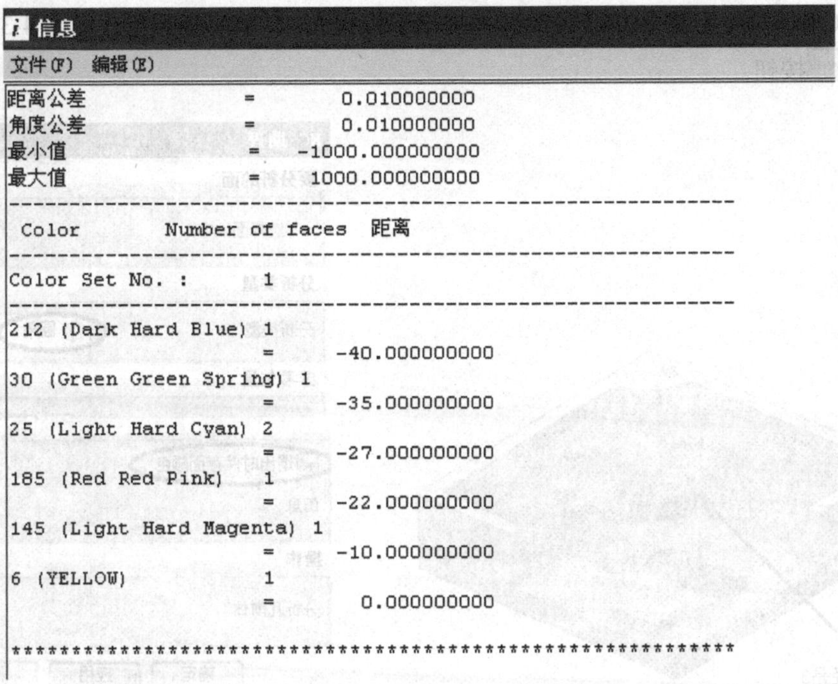
信息

文件(F) 编辑(E)

```
距离公差                =          0.010000000
角度公差                =          0.010000000
最小值                  =      -1000.000000000
最大值                  =       1000.000000000
------------------------------------------------------------
 Color         Number of faces   距离
------------------------------------------------------------
Color Set No. :        1
------------------------------------------------------------
212 (Dark Hard Blue) 1
                       =        -40.000000000
30 (Green Green Spring) 1
                       =        -35.000000000
25 (Light Hard Cyan) 2
                       =        -27.000000000
185 (Red Red Pink)     1
                       =        -22.000000000
145 (Light Hard Magenta) 1
                       =        -10.000000000
6 (YELLOW)             1
                       =          0.000000000

************************************************************
```

图 4-26

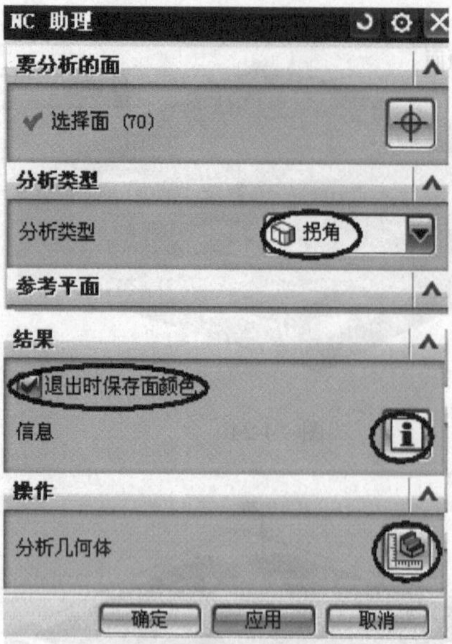
NC 助理
要分析的面
选择面 (70)
分析类型
分析类型
拐角
参考平面
结果
退出时保存面颜色
信息
操作
分析几何体
确定
应用
取消

图 4-27

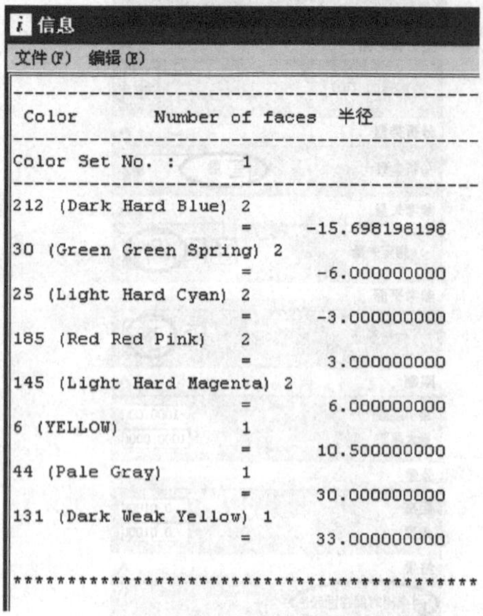
信息
文件(F) 编辑(E)

```
------------------------------------------
 Color        Number of faces  半径
------------------------------------------
Color Set No. :            1
------------------------------------------
212 (Dark Hard Blue) 2
                       =        -15.698198198
30 (Green Green Spring) 2
                       =         -6.000000000
25 (Light Hard Cyan) 2
                       =         -3.000000000
185 (Red Red Pink)     2
                       =          3.000000000
145 (Light Hard Magenta) 2
                       =          6.000000000
6 (YELLOW)             1
                       =         10.500000000
44 (Pale Gray)         1
                       =         30.000000000
131 (Dark Weak Yellow) 1
                       =         33.000000000

******************************************
```

图 4-28

3. 分析圆角半径

继续在【NC 助理】对话框中分析类型下拉框中选择【圆角】选项，如图 4-30 所示。勾选退出时保存面颜色选项，选择（分析几何体）图标，选择（信息）图标，出现分析【信息】对话框，如图 4-31 所示。并且模型圆角颜色已示区别，最小圆角半径是 0.8（为精加工刀具 R 角半径的选择提供了依据），显示淡蓝颜色，如图 4-32 所示，单击应用按钮。

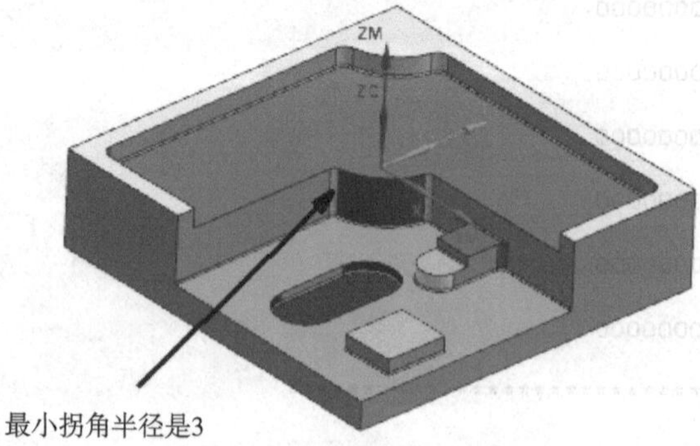
ZM
ZC
最小拐角半径是3

图 4-29

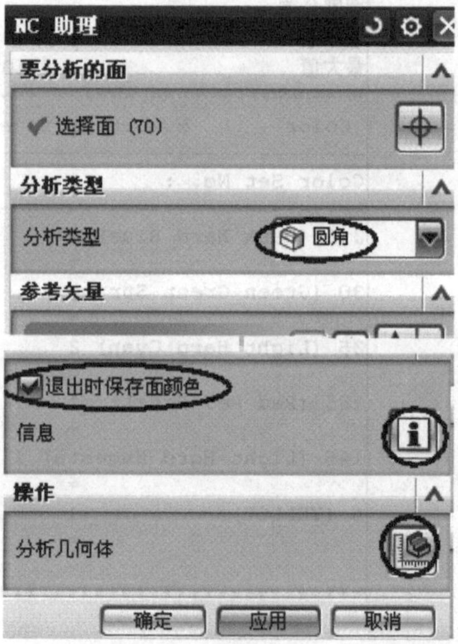
NC 助理
要分析的面
选择面 (70)
分析类型
分析类型
圆角
参考矢量
退出时保存面颜色
信息
操作
分析几何体
确定
应用
取消

图 4-30

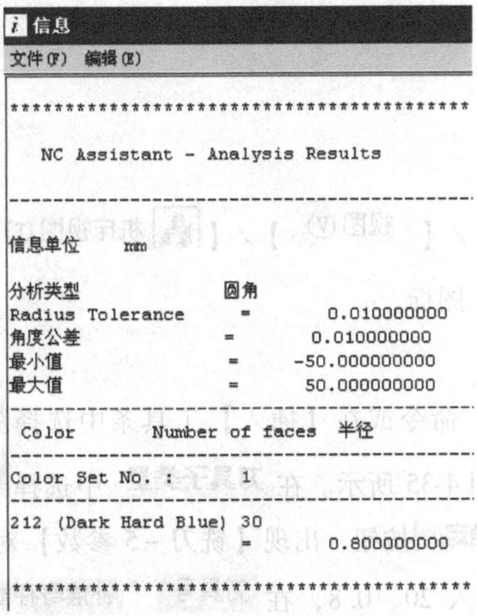
信息
文件(F) 编辑(E)
NC Assistant - Analysis Results
信息单位 mm
分析类型 圆角
Radius Tolerance = 0.010000000
角度公差 = 0.010000000
最小值 = -50.000000000
最大值 = 50.000000000
Color Number of faces 半径
Color Set No. : 1
212 (Dark Hard Blue) 30
= 0.800000000

图 4-31

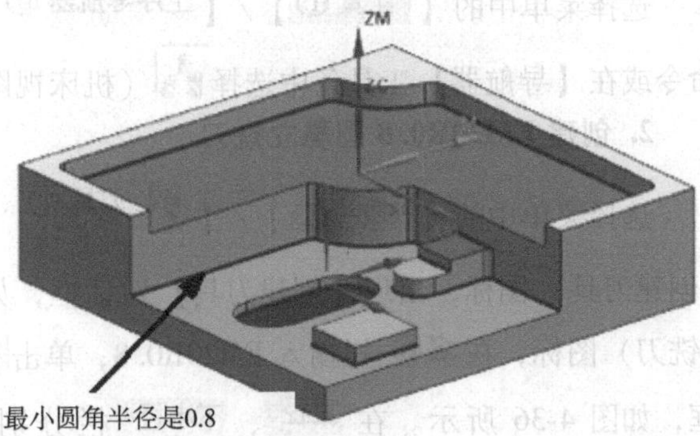
ZM
最小圆角半径是0.8

图 4-32

4. 分析拔模斜度

继续在【NC 助理】对话框中分析类型下拉框中选择【拔模】选项，如图 4-33 所示。选择（分析几何体）图标，选择（信息）图标，出现分析【信息】对话框，如图 4-34 所示，并且模型平面颜色已示区别，单击应用按钮。

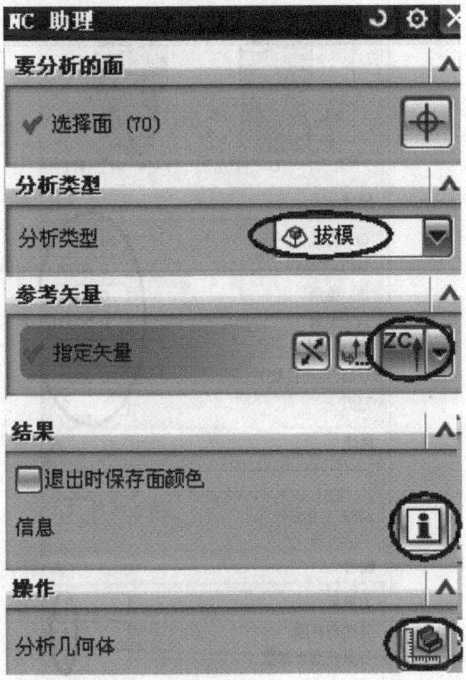
NC 助理
要分析的面
选择面 (70)
分析类型
分析类型 拔模
参考矢量
指定矢量
结果
退出时保存面颜色
信息
操作
分析几何体

图 4-33

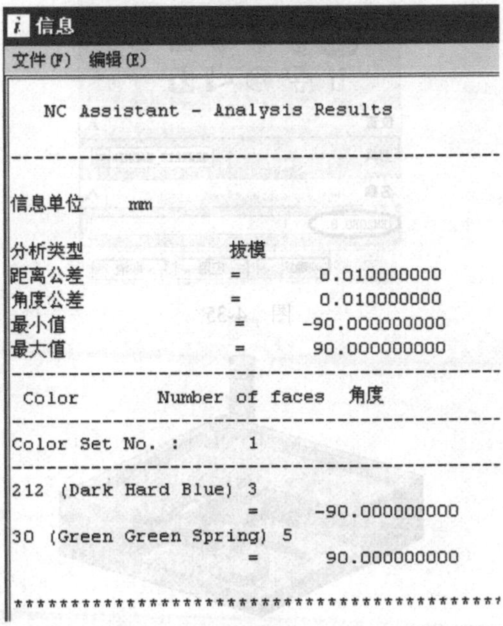
信息
文件(F) 编辑(E)
NC Assistant - Analysis Results
信息单位 mm
分析类型 拔模
距离公差 = 0.010000000
角度公差 = 0.010000000
最小值 = -90.000000000
最大值 = 90.000000000
Color Number of faces 角度
Color Set No. : 1
212 (Dark Hard Blue) 3
= -90.000000000
30 (Green Green Spring) 5
= 90.000000000

图 4-34

4.6 创建刀具

1. 设置工序导航器的视图为机床视图

选择菜单中的【工具(T)】/【工序导航器(O)】/【视图(V)】/【机床视图(T)】命令或在【导航器】工具条中选择（机床视图）图标。

2. 创建EM20R0.8圆鼻立铣刀

选择菜单中的【插入(S)】/【刀具(T)...】命令或在【插入】工具条中选择（创建刀具）图标，出现【创建刀具】对话框，如图4-35所示。在刀具子类型中选择（铣刀）图标，在名称栏输入EM20R0.8，单击确定按钮，出现【铣刀-5参数】对话框，如图4-36所示。在直径、下半径栏分别输入20、0.8，在刀具号、补偿寄存器、刀具补偿寄存器栏分别输入1、1、1，单击确定按钮，完成创建直径20m的圆鼻立铣刀，如图4-37所示。

3. 按照步骤2的方法依次创建表4-1所列其余铣刀

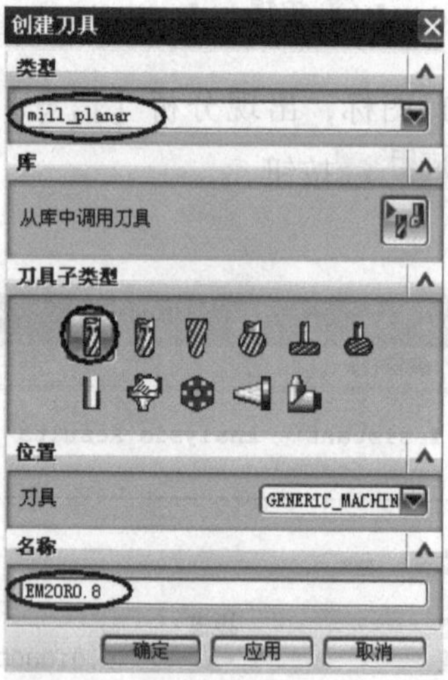
创建刀具
类型
mill_planar
库
从库中调用刀具
刀具子类型
位置
刀具
GENERIC_MACHIN
名称
EM20R0.8
确定
应用
取消

图 4-35

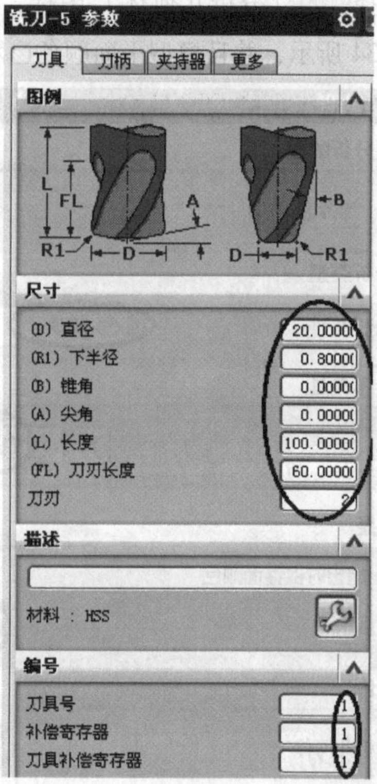
铣刀-5 参数
刀具
刀柄
夹持器
更多
图例
L
FL
A
B
R1
D
尺寸
(D) 直径
20.0000
(R1) 下半径
0.8000
(B) 锥角
0.0000
(A) 尖角
0.0000
(L) 长度
100.0000
(FL) 刀刃长度
60.0000
刀刃
2
描述
材料 : HSS
编号
刀具号
1
补偿寄存器
1
刀具补偿寄存器
1

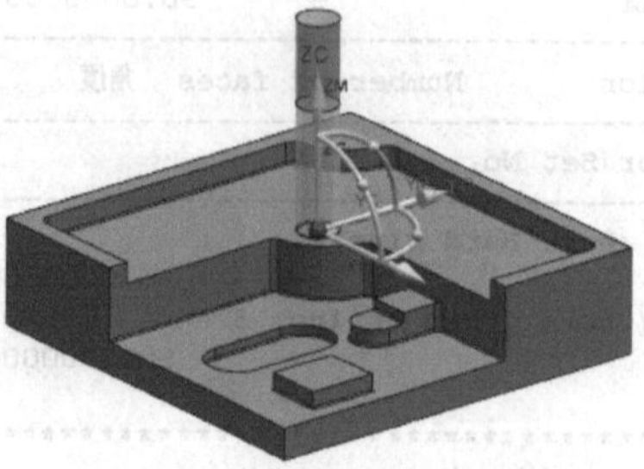

图 4-37

图 4-36

4.7 创建程序组父节点

1. 设置工序导航器的视图为程序顺序视图

选择菜单中的【工具(T)】/【工序导航器(O)】/【视图(V)】/【程序顺序视图(P)】命令或在【导航器】工具条中选择（程序顺序视图）图标，工序导航器的视图更新为程序顺序视图。

2. 创建粗加工程序组父节点

选择菜单中的【插入(S)】/【程序(P)...】命令或在【插入】工具条中选择（创建程序）图标，出现【创建程序】对话框，如图4-38所示。在程序下拉框中选择【NC_PROGRAM】选项，在名称栏输入RR，单击确定按钮，出现【程序】指定参数对话框，如图4-39所示。单击确定按钮，完成创建外形加工程序组父节点。

创建程序
类型
mill_planar
程序子类型
位置
程序
NC_PROGRAM
名称
RR
确定
应用
取消

图 4-38

3. 创建精加工程序组父节点

按照步骤2的方法，依次创建精加工程序组父节点FF，工序导航器的视图显示创建的程序组父节点，如图4-40所示。

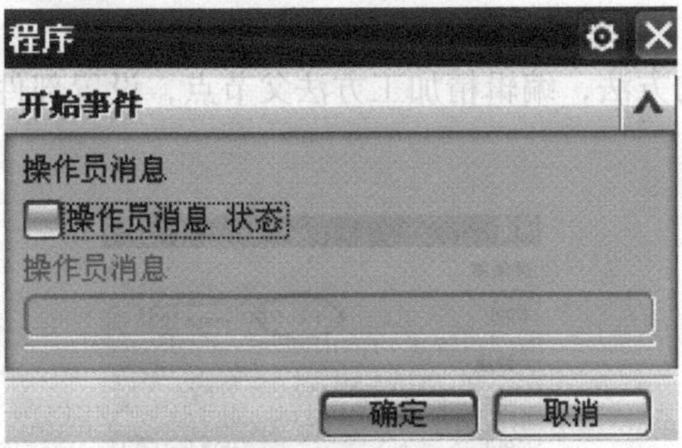
程序
开始事件
操作员消息
操作员消息 状态
操作员消息
确定
取消

图 4-39

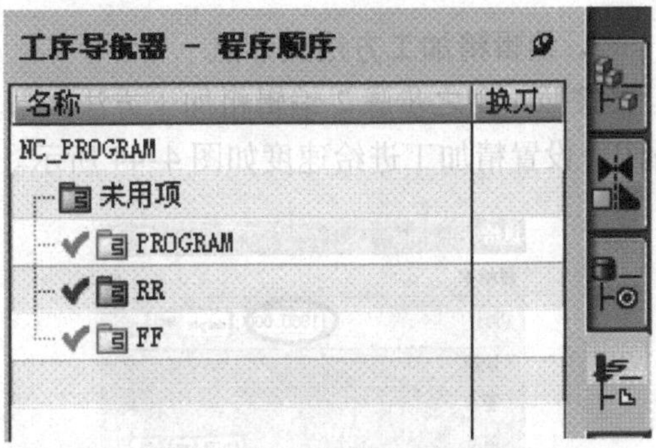
工序导航器 - 程序顺序
名称
换刀
NC_PROGRAM
未用项
PROGRAM
RR
FF

图 4-40

4.8 编辑加工方法父节点

1. 设置工序导航器的视图为加工方法视图

选择菜单中的【工具(T)】/【工序导航器(O)】/【视图(V)】/【加工方法视图(M)】命令或在【导航器】工具条中选择（加工方法视图）图标，工序导航器的视图更新为加工方法视图，如图 4-41 所示。

2. 编辑粗加工方法父节点

在工序导航器中双击 MILL_ROUGH （粗加工方法）图标，出现【铣削方法】对话框，如图 4-42 所示，在 部件余量 栏输入 0.5，在 进给 区域选择 （进给）图标，出现【进给】对话框，如图 4-43 所示。在 切削 、进刀 、第一刀切削 、步进 栏分别输入 1000、800、700、10000，单击 确定 按钮，系统返回【铣削方法】对话框，单击 确定 按钮，完成指定粗加工进给率。

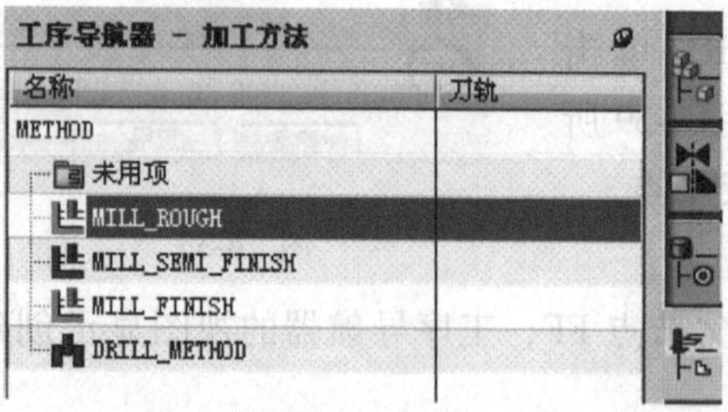
工序导航器 - 加工方法
名称
刀轨
METHOD
未用项
MILL_ROUGH
MILL_SEMI_FINISH
MILL_FINISH
DRILL_METHOD

图 4-41

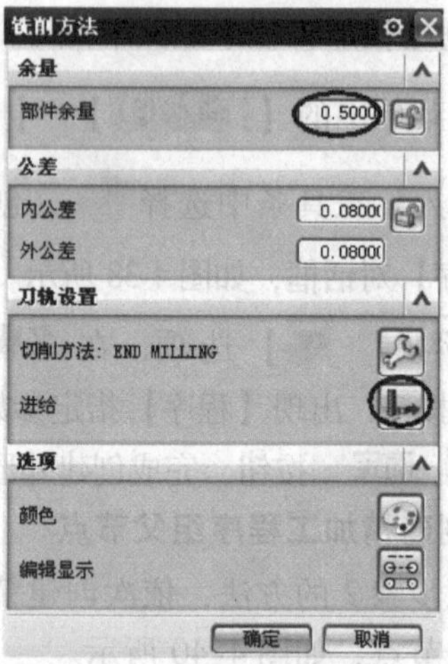
铣削方法
余量
部件余量
0.5000
公差
内公差
0.0800
外公差
0.0800
刀轨设置
切削方法: END MILLING
进给
选项
颜色
编辑显示
确定
取消

图 4-42

3. 编辑精加工方法父节点

按照 4.8 之步骤 2 编辑粗加工方法父节点的方法，编辑精加工方法父节点，设置部件余量 0，设置精加工进给速度如图 4-44 所示。

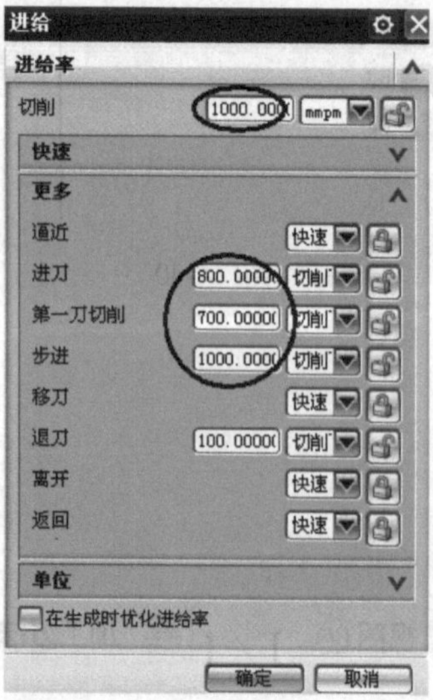
进给
进给率
切削
1000.000
mmpm
快速
更多
逼近
快速
进刀
800.0000
第一刀切削
700.0000
步进
1000.0000
移刀
快速
退刀
100.0000
离开
快速
返回
快速
单位
在生成时优化进给率
确定
取消

图 4-43

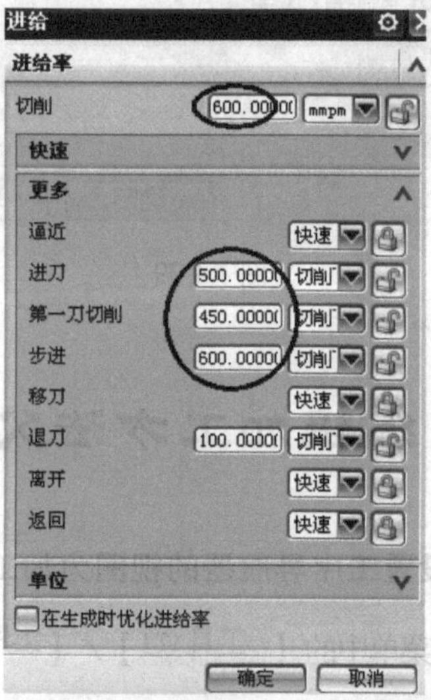
进给
进给率
切削
600.0000
mmpm
快速
更多
逼近
快速
进刀
500.0000
第一刀切削
450.0000
步进
600.0000
移刀
快速
退刀
100.0000
离开
快速
返回
快速
单位
在生成时优化进给率
确定
取消

图 4-44

4.9 创建粗加工操作

1. 创建操作父节组选项

选择菜单中的【插入(S)】/【工序(E)...】命令或在【插入】工具条中选择（创建工序）图标，出现【创建工序】对话框，如图4-45所示。

在【创建工序】对话框中类型下拉框中选择mill_planar（平面铣），在工序子类型区域中选择（平面铣）图标，在程序下拉框中选择RR程序节点，在刀具下拉框中选择EM20R0.8（铣刀刀具节点，在几何体下拉框中选择WORKPIECE节点，在方法下拉框中选择MILL_ROUGH节点，在名称栏输入R1，如图4-45所示。单击确定按钮，系统出现【平面铣】对话框，如图4-46所示。

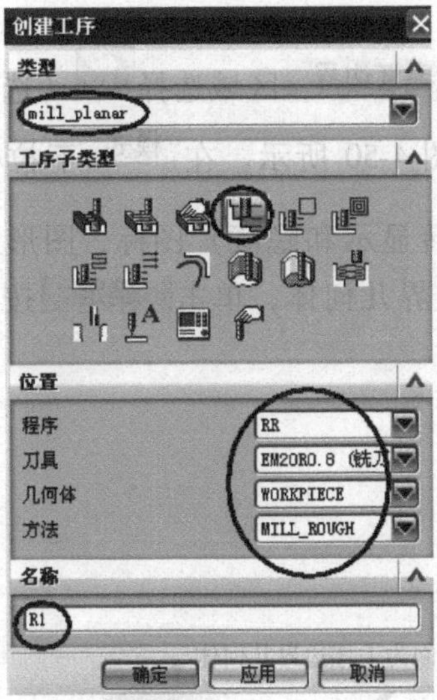

图　4-45

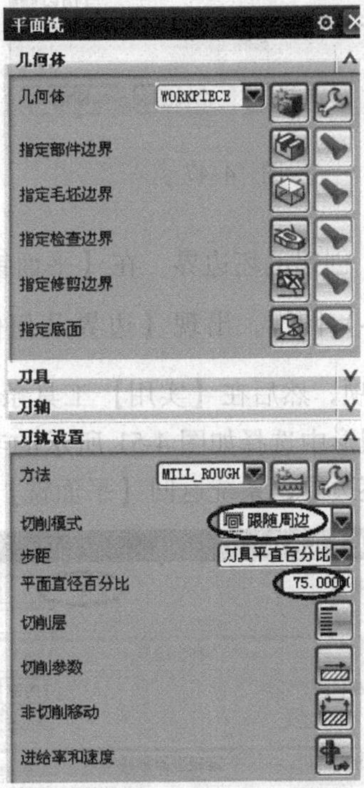

图　4-46

2. 创建几何体

（1）创建部件边界　在【平面铣】对话框中指定部件边界区域中选择（选择或编辑部件边界）图标，出现【边界几何体】对话框，如图4-47所示。在模式下拉框中选择面选项，取消勾选忽略孔、忽略岛选项，在图形中选择如图4-48所示的实体面为部件边界几何体，单击【确定】按钮，完成创建部件边界，如图 4-49 所示。系统返回【平面铣】对话框。

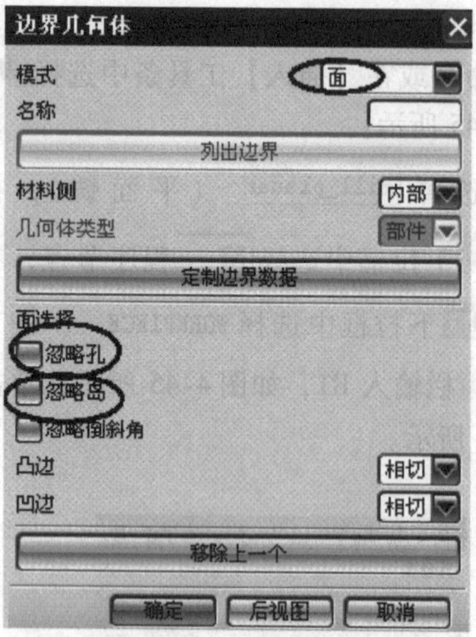
边界几何体
模式
面
名称
列出边界
材料侧
内部
几何体类型
部件
定制边界数据
面选择
忽略孔
忽略岛
忽略倒斜角
凸边
相切
凹边
相切
移除上一个
确定
后视图
取消

图 4-47

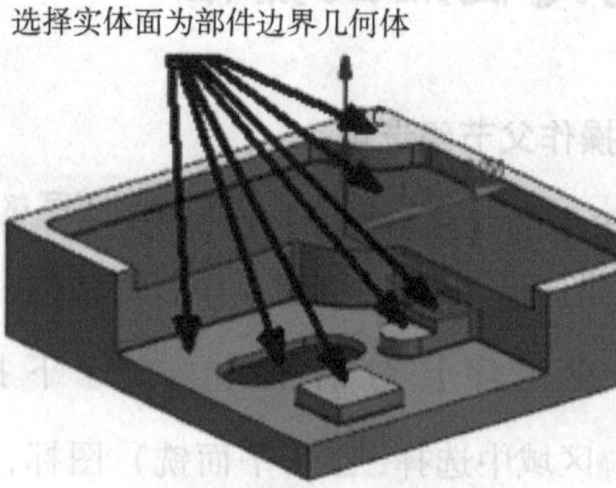
选择实体面为部件边界几何体

图 4-48

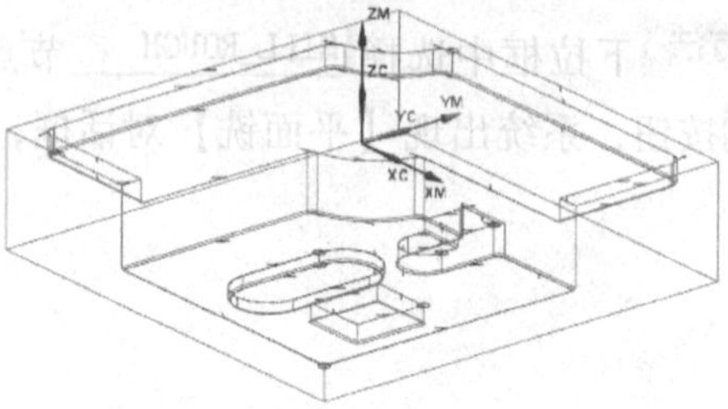

图 4-49

（2）创建毛坯边界　在【平面铣】对话框中指定毛坯边界区域选择（选择或编辑毛坯边界）图标，出现【边界几何体】对话框，如图 4-50 所示。在模式下拉框中选择面选项，然后在【实用】工具条中选择（反转显示和隐藏）图标，图形中显示毛坯，在图形中选择如图 4-51 所示的毛坯平面为毛坯边界几何体，单击【确定】按钮，完成设置毛坯边界，系统返回【平面铣】对话框。

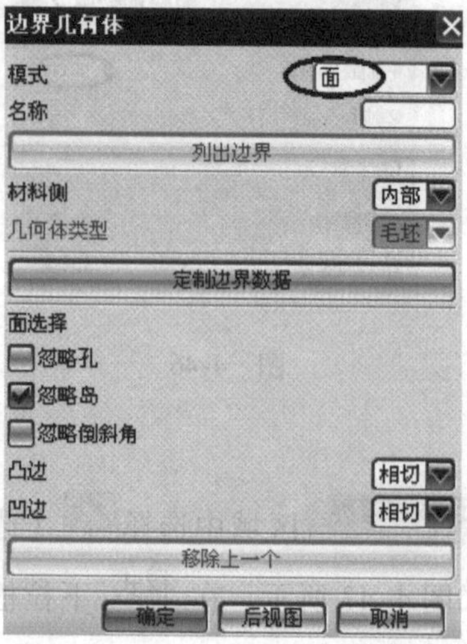
边界几何体
模式
面
名称
列出边界
材料侧
内部
几何体类型
毛坯
定制边界数据
面选择
忽略孔
忽略岛
忽略倒斜角
凸边
相切
凹边
相切
移除上一个
确定
后视图
取消

图 4-50

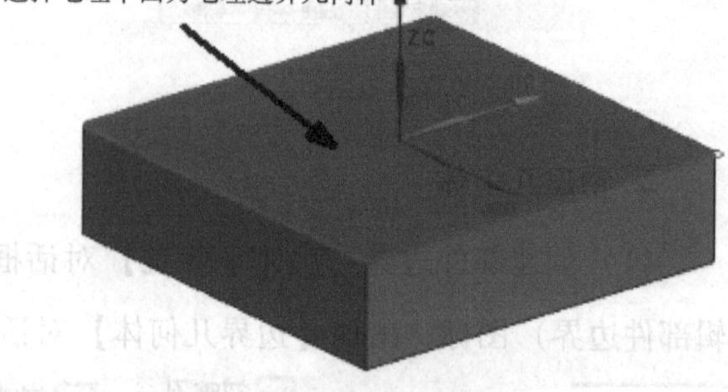
选择毛坯平面为毛坯边界几何体

图 4-51

（3）创建底平面　在【实用】工具条中选择（反转显示和隐藏）图标，图形中显示工件，在【平面铣】对话框中指定底面区域选择（选择或编辑底平面几何体）图标，出现【平面】对话框，如图4-52所示。然后在图形中选择如图4-53所示的工件实体面（最低的平面）为底平面，单击确定按钮，完成设置底平面，系统返回【平面铣】对话框。

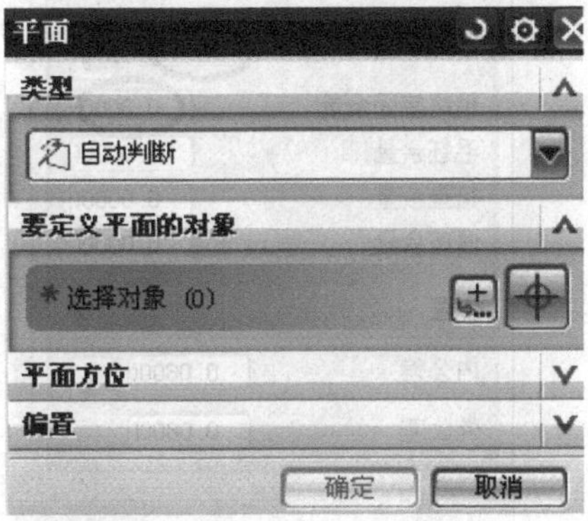
平面
类型
自动判断
要定义平面的对象
选择对象（0）
平面方位
偏置
确定
取消

图 4-52

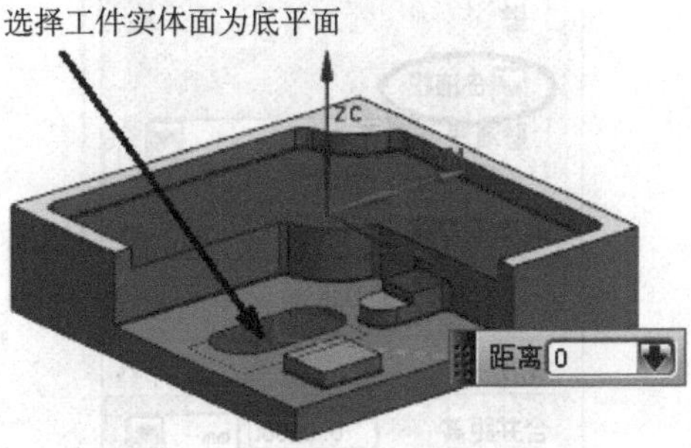
选择工件实体面为底平面
ZC
距离 0

图 4-53

3. 设置加工参数

（1）设置切削模式　在【平面铣】对话框中切削模式下拉框中选择跟随周边选项，在步距下拉框中选择刀具平直百分比选项，在平面直径百分比栏输入75，如图4-46所示。

（2）设置切削层参数　在【平面铣】对话框中选择（切削层）图标，出现【切削层】对话框，如图4-54所示。在类型下拉框中选择用户定义选项，在每刀深度/公共栏输入2，单击确定按钮，完成设置切层参数，系统返回【平面铣】对话框。

（3）设置切削参数　在【平面铣】对话框中选择（切削参数）图标，出现【切削参数】对话框，如图4-55所示。选择策略选项卡，在刀路方向下拉框中选择向内选项，勾选岛清根选项，在【平面铣】对话框中选择余量选项卡，在部件余量、最终底面余量栏分别输入0.5、0.3，如图4-56所示。单击确定按钮，完成设置切削参数，系统返回【平面铣】对话框。

（4）设置非切削移动参数　在【平面铣】对话框中选择（非切削移动）图标，出现【非切削移动】

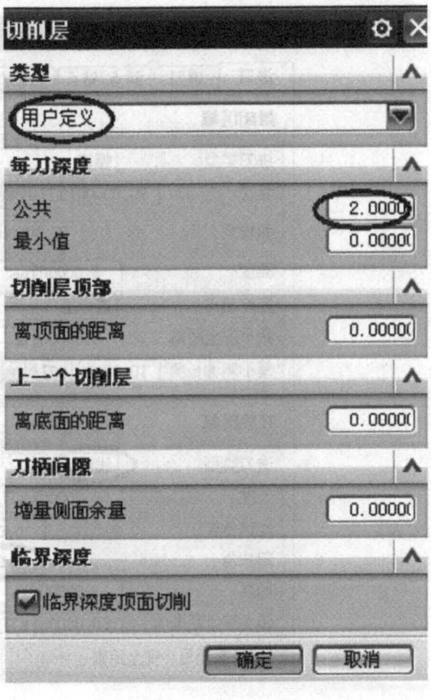
切削层
类型
用户定义
每刀深度
公共 2.0000
最小值 0.0000
切削层顶部
离顶面的距离 0.0000
上一个切削层
离底面的距离 0.0000
刀柄间隙
增量侧面余量 0.0000
临界深度
临界深度顶面切削
确定
取消

图 4-54

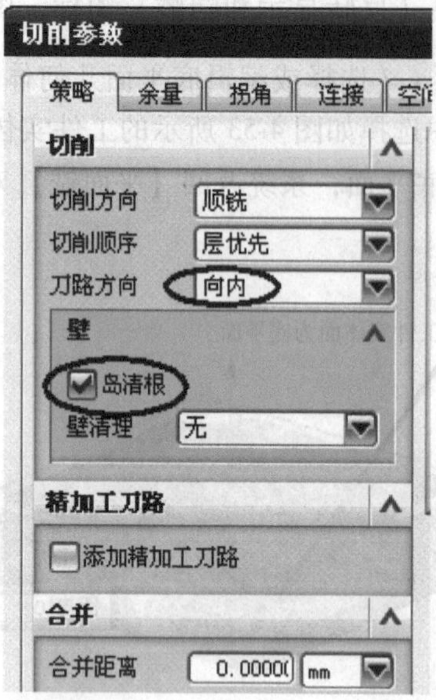
切削参数
策略
余量
拐角
连接
空间
切削
切削方向
顺铣
切削顺序
层优先
刀路方向
向内
壁
岛清根
壁清理
无
精加工刀路
添加精加工刀路
合并
合并距离
0.0000(
mm

图 4-55

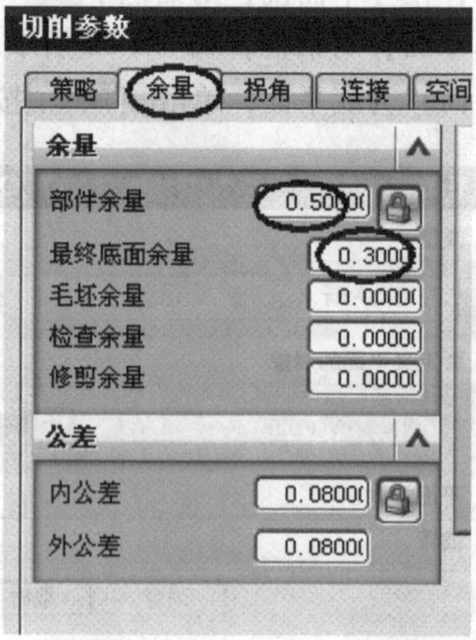
切削参数
策略
余量
拐角
连接
空间
余量
部件余量
0.5000(
最终底面余量
0.3000
毛坯余量
0.0000(
检查余量
0.0000(
修剪余量
0.0000(
公差
内公差
0.0800(
外公差
0.0800(

图 4-56

对话框，如图 4-57 所示。选择 进刀 选项卡，在 开放区域 / 进刀类型 下拉框中选择 线性 选项，在 斜坡角 栏输入 2，单击 确定 按钮，完成设置非切削移动参数，系统返回【平面铣】对话框。

（5）设置进给率和速度参数　在【平面铣】对话框中选择（进给率和速度）图标，出现【进给率和速度】对话框，如图 4-58 所示。勾选 ☑主轴速度（rpm），在 主轴速度（rpm）

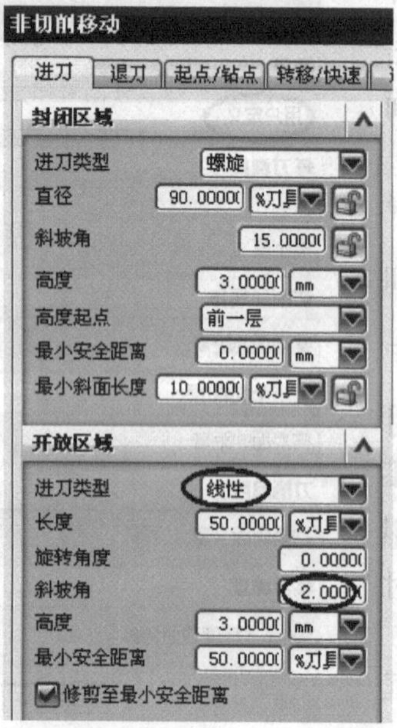
非切削移动
进刀
退刀
起点/钻点
转移/快速
封闭区域
进刀类型
螺旋
直径
90.0000(
%刀具
斜坡角
15.0000(
高度
3.0000(
mm
高度起点
前一层
最小安全距离
0.0000(
mm
最小斜面长度
10.0000(
%刀具
开放区域
进刀类型
线性
长度
50.0000(
%刀具
旋转角度
0.0000(
斜坡角
2.000(
高度
3.0000(
mm
最小安全距离
50.0000(
%刀具
修剪至最小安全距离

图 4-57

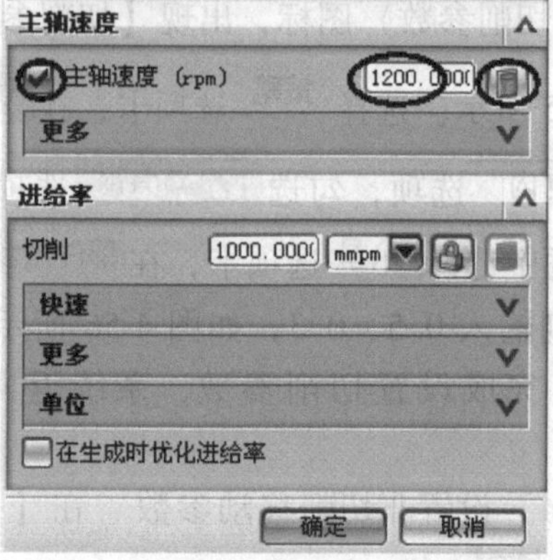
进给率和速度
自动设置
设置加工数据
表面速度（smm）
75.0000(
每齿进给量
0.4166(
更多
主轴速度
主轴速度（rpm）
1200.0000(
更多
进给率
切削
1000.000(
mmpm
快速
更多
单位
在生成时优化进给率
确定
取消

图 4-58

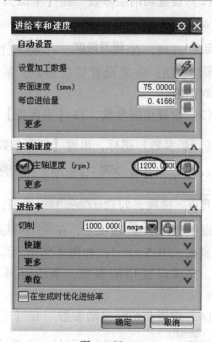

栏输入1200，由于在前面创建加工方法的父节点中已经设置了粗加工各进给速度值，所以在此不需要再设置了，按下回车键，单击（基于此值计算进给和速度）按钮，单击 确定 按钮，完成设置进给率和速度参数，系统返回【平面铣】对话框。

4. 生成刀轨

在【平面铣】对话框中 操作 区域中选择（生成刀轨）图标，系统自动生成刀轨，如图4-59所示。单击 确定 按钮，接受刀轨。

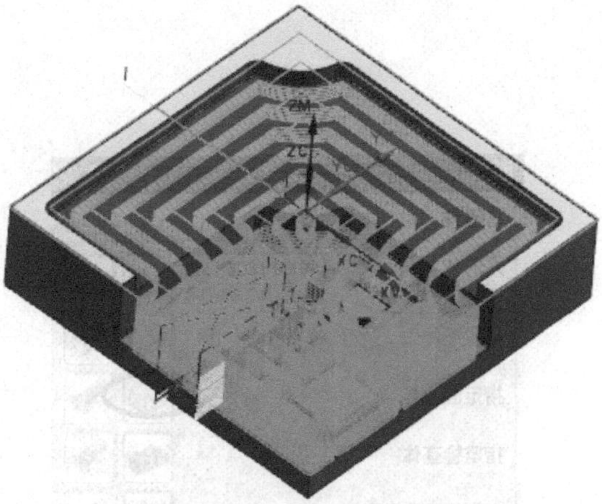

图 4-59

4.10 创建精加工顶部平面操作

1. 创建操作父节组选项

选择菜单中的【插入(S)】/【工序(E)...】命令或在【插入】工具条中选择（创建工序）图标，出现【创建工序】对话框，如图4-60所示。

在【创建工序】对话框中 类型 下拉框中选择 mill_planar （平面铣），在 工序子类型 区域中选择（面铣）图标，在 程序 下拉框中选择 FF 程序节点，在 刀具 下拉框中选择 EM20R0.8（铣刀 刀具节点，在 几何体 下拉框中选择 WORKPIECE 节点，在 方法 下拉框中选择 MILL_FINISH 节点，在 名称 栏输入F1，如图4-60所示。单击 确定 按钮，系统出现【面铣】对话框，如图4-61所示。

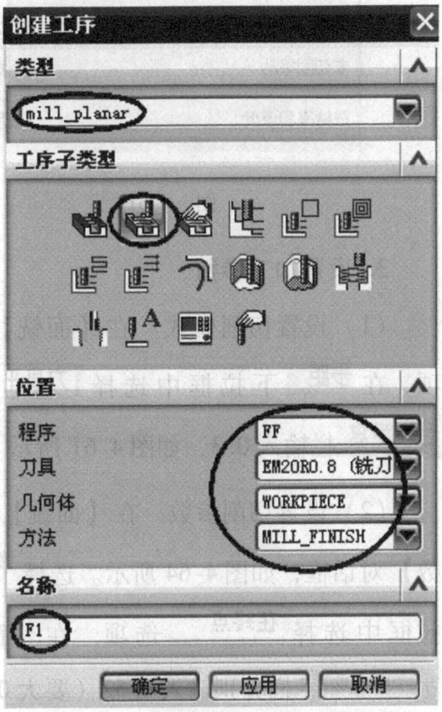
创建工序
类型
mill_planar
工序子类型
位置
程序
FF
刀具
EM20R0.8（铣刀
几何体
WORKPIECE
方法
MILL_FINISH
名称
F1
确定
应用
取消

图 4-60

2. 创建几何体

在【面铣】对话框中 指定面边界 区域中选择（选择或编辑面几何体）图标，出现【指定面几何体】对话框，如图4-62所示。在 过滤器类型 区域中选择（面边界）图标，勾选 忽略孔 选项，然后在图形中选择如图4-63所示的7个实体平面，单击 确定 按钮，完成创建面边界，系统返回【面铣】对话框。

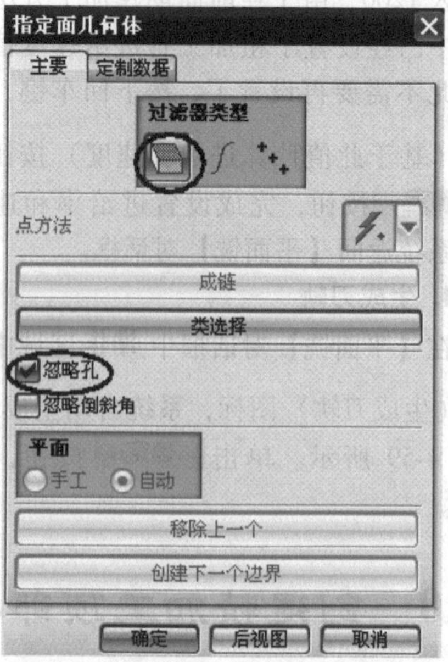

指定面几何体
主要
定制数据
过滤器类型
点方法
成链
类选择
忽略孔
忽略倒斜角
平面
手工
自动
移除上一个
创建下一个边界
确定
后视图
取消

图 4-62

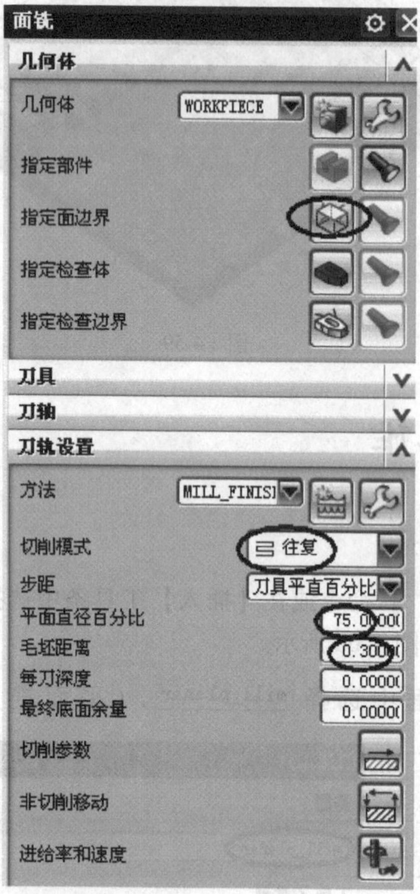

面铣
几何体
几何体
WORKPIECE
指定部件
指定面边界
指定检查体
指定检查边界
刀具
刀轴
刀轨设置
方法
MILL_FINIS
切削模式
往复
步距
刀具平直百分比
平面直径百分比
75.0000
毛坯距离
0.3000
每刀深度
0.0000
最终底面余量
0.0000
切削参数
非切削移动
进给率和速度

图 4-61

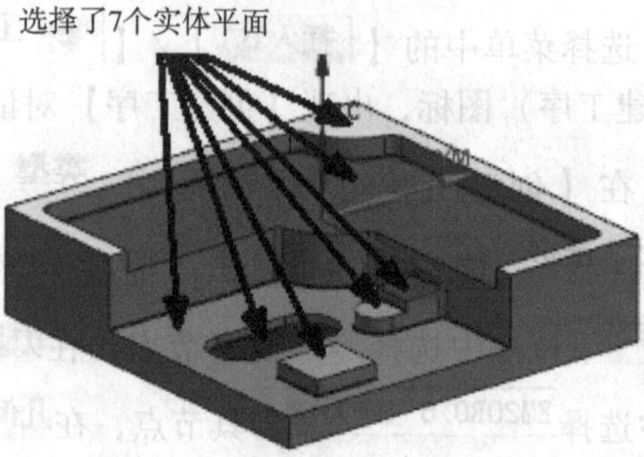

选择了7个实体平面

图 4-63

3. 设置加工参数

（1）设置切削模式　在【面铣】对话框中 切削模式 下拉框中选择 往复 选项，在 步距 下拉框中选择 刀具平直百分比 选项，在 平面直径百分比 栏输入 75，在 毛坯距离 栏输入 0.3，如图 4-61 所示。

（2）设置切削参数　在【面铣】对话框中选择（切削参数）图标，出现【切削参数】对话框，如图 4-64 所示。选择 策略 选项卡，在 与 XC 的夹角 栏输入 90，在 壁清理 下拉框中选择 在终点 选项，在【面铣】对话框中选择 余量 选项卡，在 部件余量、最终底面余量 栏分别输入 0.52（要大 0.02，否则会与侧壁撞刀）、0，如图 4-65 所示。单击【确定】按钮，完成设置切削参数，系统返回【面铣】对话框。

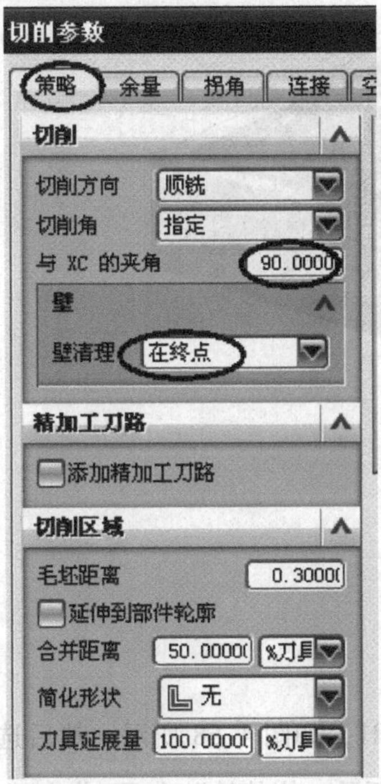
切削参数
策略
余量
拐角
连接
切削
切削方向
顺铣
切削角
指定
与 XC 的夹角
90.0000
壁
壁清理
在终点
精加工刀路
添加精加工刀路
切削区域
毛坯距离
0.3000
延伸到部件轮廓
合并距离
50.0000
%刀具
简化形状
无
刀具延展量
100.0000
%刀具

图　4-64

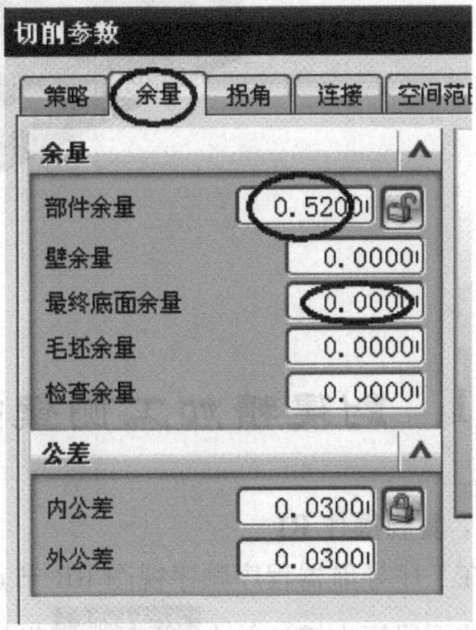
切削参数
策略
余量
拐角
连接
余量
部件余量
0.5200
壁余量
0.0000
最终底面余量
0.000
毛坯余量
0.0000
检查余量
0.0000
公差
内公差
0.0300
外公差
0.0300

图　4-65

(3) 设置进给率和速度参数　在【面铣】对话框中选择（进给率和速度）图标，出现【进给率和速度】对话框，如图4-66所示。勾选 主轴速度（rpm），在 主轴速度（rpm） 栏输入1600，由于在前面创建加工方法的父节点中已经设置了精加工各进给速度值，所以在此不需要再设置了。按下回车键，单击（基于此值计算进给和速度）按钮，单击 确定 按钮，完成设置进给率和速度参数，系统返回【面铣】对话框。

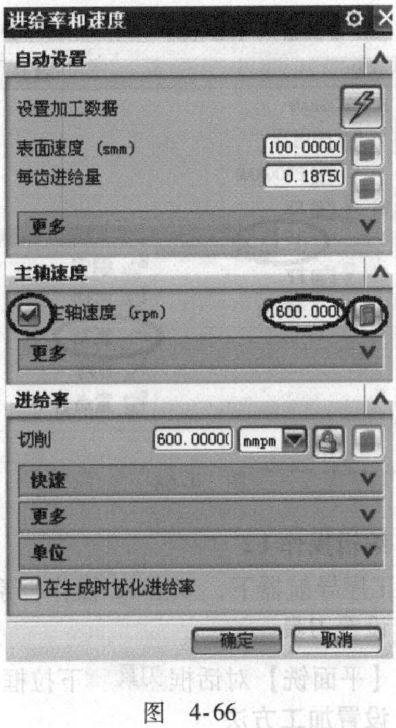
进给率和速度
自动设置
设置加工数据
表面速度（smm）
100.0000
每齿进给量
0.1875
更多
主轴速度
主轴速度（rpm）
1600.000
更多
进给率
切削
600.0000
mmpm
快速
更多
单位
在生成时优化进给率
确定
取消

图　4-66

4. 生成刀轨

在【面铣】对话框中 操作 区域中选择（生成刀轨）图标，系统自动生成刀轨，如图4-67所示。单击 确定 按钮，接受刀轨。

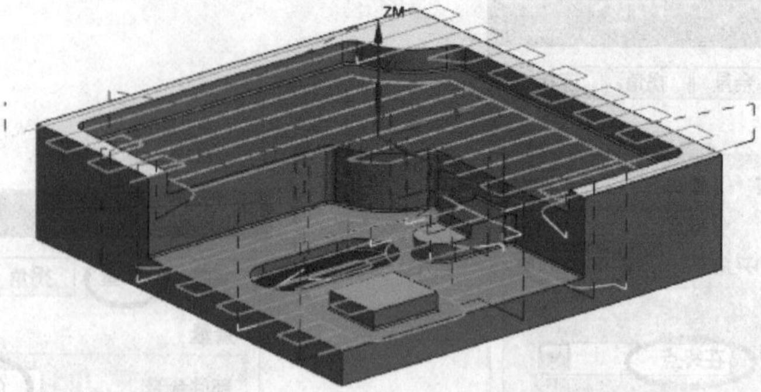
ZM

图 4-67

4.11 创建精加工侧壁操作

1. 复制操作 R1

在工序导航器程序顺序视图 RR 节点，复制操作 R1，如图 4-68 所示。然后选择 FF 节点，按下鼠标右键，单击 内部粘贴 菜单，如图 4-69 所示。使其粘贴在 FF 节点下，重新命名为 F2（步骤略）。

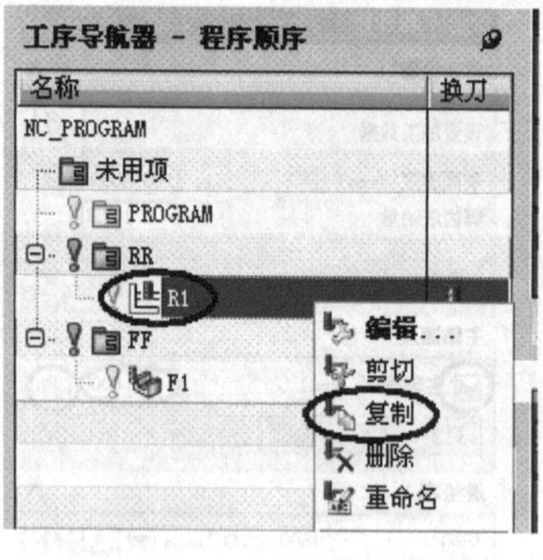
工序导航器 - 程序顺序
名称
换刀
NC_PROGRAM
未用项
PROGRAM
RR
R1
FF
F1
编辑...
剪切
复制
删除
重命名

图 4-68

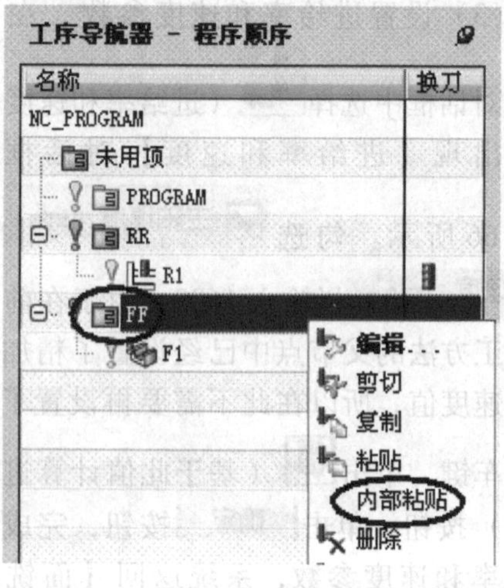
工序导航器 - 程序顺序
名称
换刀
NC_PROGRAM
未用项
PROGRAM
RR
R1
FF
F1
编辑...
剪切
复制
粘贴
内部粘贴
删除

图 4-69

2. 编辑操作 F2

在工序导航器下，双击 F2 操作，系统出现【平面铣】对话框，如图 4-70 所示。

3. 设置刀具

在【平面铣】对话框 刀具 下拉框中选择 EM6R0.8 选项，如图 4-70 所示。

4. 设置加工方法

在【平面铣】对话框 刀轨设置 / 方法 下拉框中选择 MILL_FINIS 选项，如图 4-70

所示。

5. 设置加工参数

（1）设置切削模式　在【平面铣】对话框中切削模式下拉框中选择轮廓加工选项，如图4-70所示。

（2）设置切削层参数　在【平面铣】对话框中选择（切削层）图标，出现【切削层】对话框，如图4-71所示。在类型下拉框中选择用户定义选项，在每刀深度/公共栏输入5，单击确定按钮，完成设置切层参数，系统返回【平面铣】对话框。

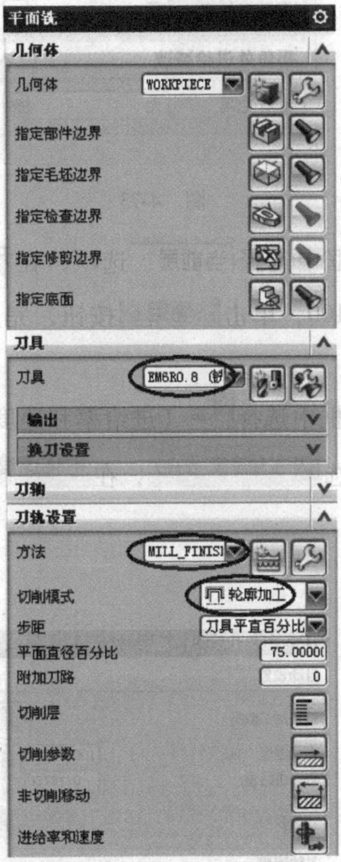

平面铣
几何体
几何体 WORKPIECE
指定部件边界
指定毛坯边界
指定检查边界
指定修剪边界
指定底面
刀具
刀具 EM6R0.8 (铣
输出
换刀设置
刀轴
刀轨设置
方法 MILL_FINISI
切削模式 轮廓加工
步距 刀具平直百分比
平面直径百分比 75.0000
附加刀路 0
切削层
切削参数
非切削移动
进给率和速度

图　4-70

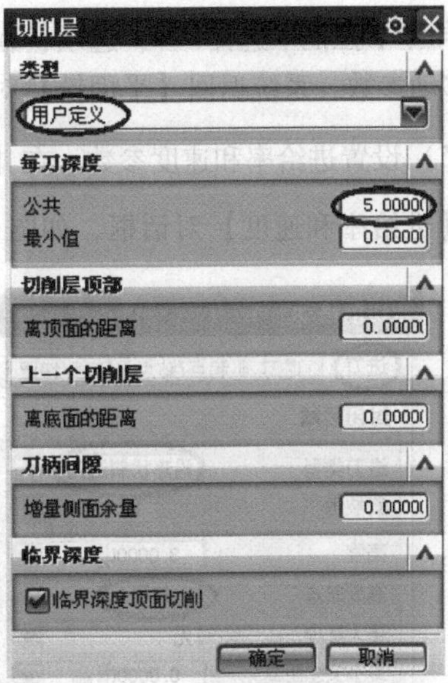

切削层
类型
用户定义
每刀深度
公共 5.0000
最小值 0.0000
切削层顶部
离顶面的距离 0.0000
上一个切削层
离底面的距离 0.0000
刀柄间隙
增量侧面余量 0.0000
临界深度
临界深度顶面切削
确定
取消

图　4-71

（3）设置切削参数　在【平面铣】对话框中选择（切削参数）图标，出现【切削参数】对话框，选择余量选项卡，在部件余量、最终底面余量栏分别输入0、0，如图4-72所示。在【切削参数】对话框中选择拐角选项卡，在凸角下拉框中选择延伸选项，如图4-73所示。单击确定按钮，完成设置切削参数，系统返回【平面铣】对话框。

（4）设置非切削移动参数　在【平面铣】对话框中选择（非切削移动）图标，出现【非切削移动】对话框，如图4-74所示。选择进刀选项卡，在封闭区域/进刀类型下

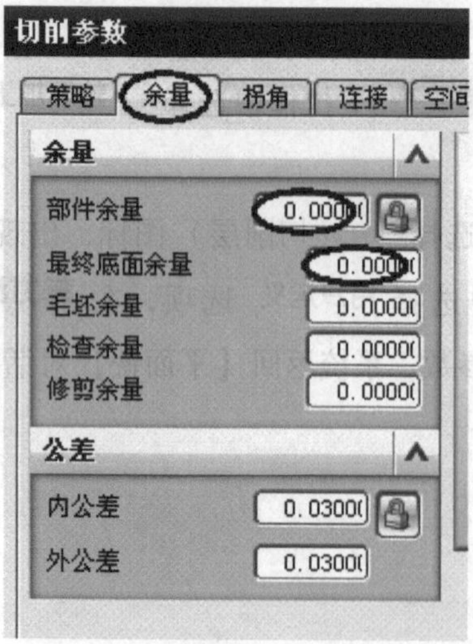
切削参数
策略
余量
拐角
连接
空间
余量
部件余量 0.0000
最终底面余量 0.0000
毛坯余量 0.0000
检查余量 0.0000
修剪余量 0.0000
公差
内公差 0.0300
外公差 0.0300

图 4-72

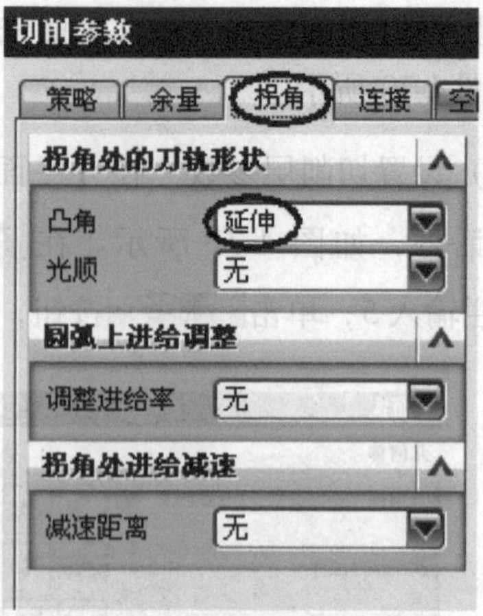
切削参数
策略
余量
拐角
连接
拐角处的刀轨形状
凸角 延伸
光顺 无
圆弧上进给调整
调整进给率 无
拐角处进给减速
减速距离 无

图 4-73

拉框中选择沿形状斜进刀选项，在高度起点下拉框中选择当前层选项，在开放区域/进刀类型下拉框中选择线性选项，在长度栏输入100，单击确定按钮，完成设置非切削移动参数，系统返回【平面铣】对话框。

（5）设置进给率和速度参数 在【平面铣】对话框中选择（进给率和速度）图标，出现【进给率和速度】对话框，如图4-75所示。勾选主轴速度（rpm），在主轴速度（rpm）

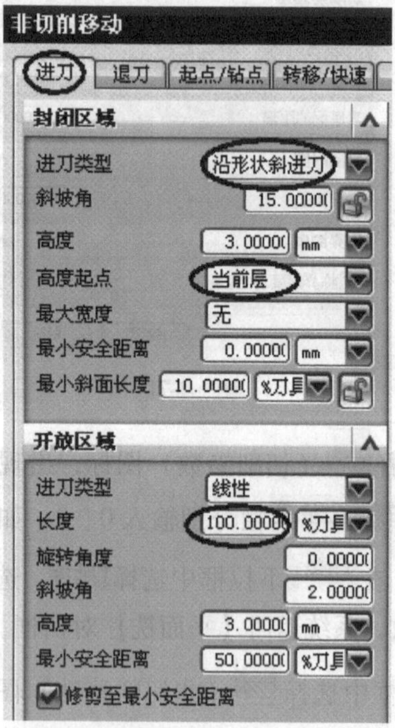
非切削移动
进刀
退刀
起点/钻点
转移/快速
封闭区域
进刀类型 沿形状斜进刀
斜坡角 15.0000
高度 3.0000 mm
高度起点 当前层
最大宽度 无
最小安全距离 0.0000 mm
最小斜面长度 10.0000 %刀具
开放区域
进刀类型 线性
长度 100.0000 %刀具
旋转角度 0.0000
斜坡角 2.0000
高度 3.0000 mm
最小安全距离 50.0000 %刀具
修剪至最小安全距离

图 4-74

进给率和速度
自动设置
设置加工数据
表面速度（smm） 100.0000
每齿进给量 0.1875
更多
主轴速度
主轴速度（rpm） 1600.000
更多
进给率
切削 600.0000 mmpm
快速
更多
单位
在生成时优化进给率
确定
取消

图 4-75

栏输入1600，由于在前面创建加工方法的父节点中已经设置了精加工各进给速度值，所以在此不需要再设置了。按下回车键，单击 （基于此值计算进给和速度）按钮，单击 确定 按钮，完成设置进给率和速度参数，系统返回【平面铣】对话框。

6. 生成刀轨

在【平面铣】对话框中 操作 区域中选择 （生成刀轨）图标，系统自动生成刀轨，如图4-76所示，单击 确定 按钮，接受刀轨。

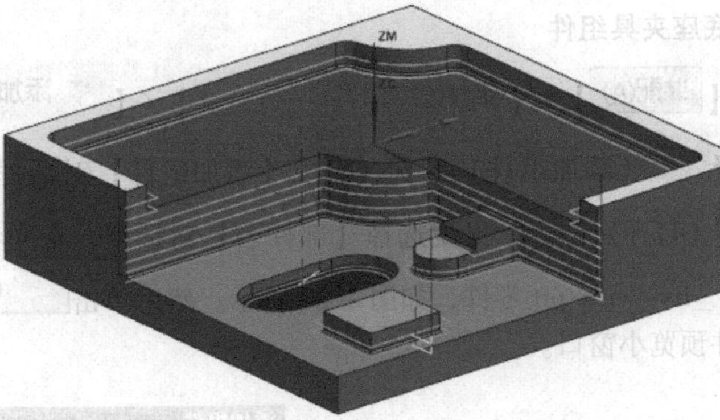

图 4-76

4.12 创建刀轨仿真验证

在工序导航器几何视图选择 WORKPIECE 节点，然后在【操作】工具条中选择 （确认刀轨）图标，出现【刀轨可视化】对话框，选择 2D 动态 选项，单击 （播放）按钮，图形中出现模拟切削动画，模拟切削完成后，在【刀轨可视化】对话框中单击 比较 按钮，可以看到切削结果，如图4-77所示。

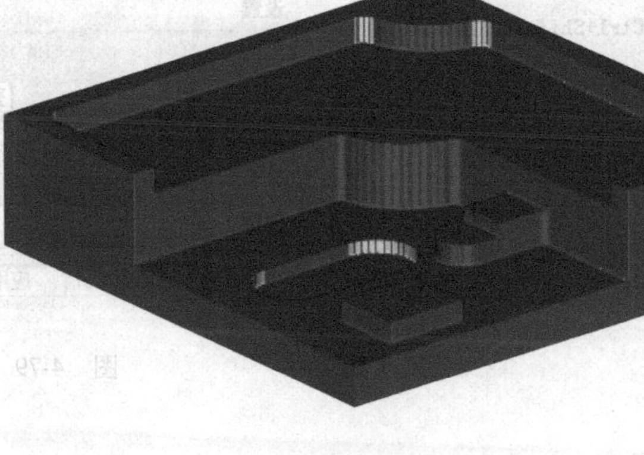

图 4-77

4.13 创建机床仿真验证

1. 进入装配模块

选择菜单中的【开始】下拉框中选择【装配(L)】模块，如图 4-78 所示，进入装配模块。

2. 添加台虎钳底座夹具组件

选择菜单中的【装配(A)】/【组件(C)】/【添加组件(A)...】命令或在装配工具条中选择（添加组件）图标，出现【添加组件】对话框，如图 4-79 所示。在对话框中选择（打开）图标，出现选择【部件名】对话框，在光盘文件夹 4 下选择台虎钳底座夹具 sim _ fix _ vise. prt 零件，如图 4-80 所示。然后单击 OK 按钮，主窗口右下角出现一组件预览小窗口。

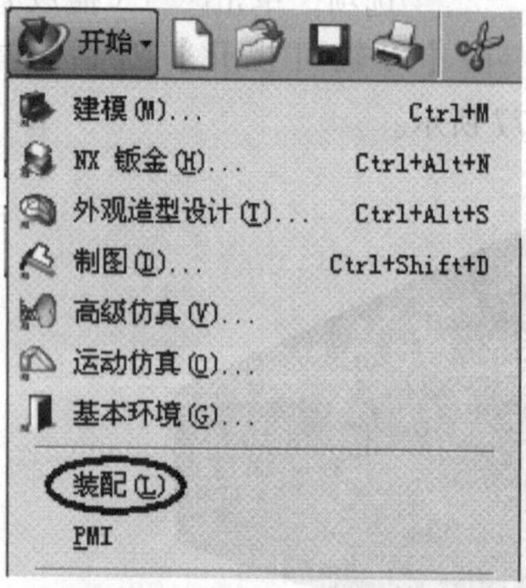
开始
建模(M)... Ctrl+M
NX 钣金(H)... Ctrl+Alt+N
外观造型设计(T)... Ctrl+Alt+S
制图(D)... Ctrl+Shift+D
高级仿真(V)...
运动仿真(O)...
基本环境(G)...
装配(L)
PMI

图 4-78

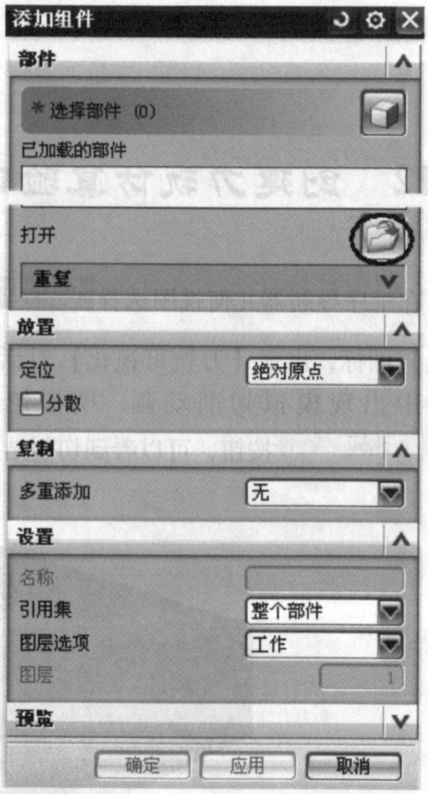
添加组件
部件
* 选择部件 (0)
已加载的部件
打开
重复
放置
定位 绝对原点
分散
复制
多重添加 无
设置
名称
引用集 整个部件
图层选项 工作
图层 1
预览
确定 应用 取消

图 4-79

3. 定位组件

系统出现【添加组件】对话框，如图 4-81 所示。在 定位 下拉框中选择 通过约束选项，在 Reference Set （引用集）下拉框中选择模型（"MODEL"）选项，单击 确定 按钮，出现【装配约束】对话框，如图4-82所示。在此对话框中 类型 下拉框选择 接触对齐 选项。

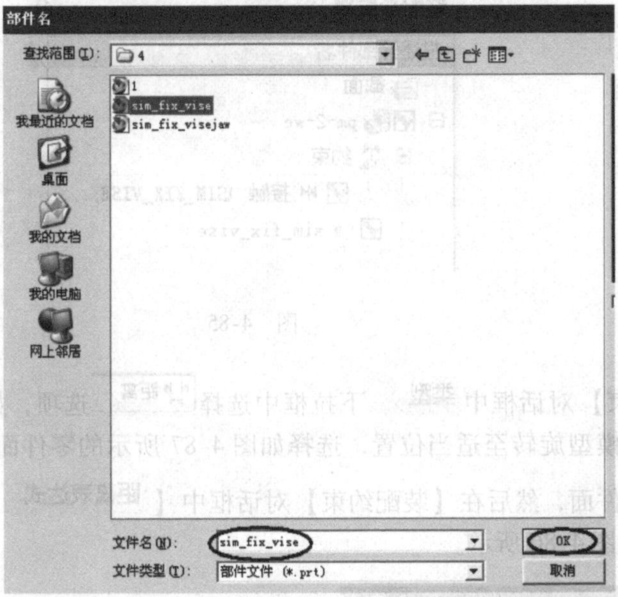
部件名
查找范围(I)：
4
1
sim_fix_vise
sim_fix_visejaw
我最近的文档
桌面
我的文档
我的电脑
网上邻居
文件名(N)：
sim_fix_vise
OK
文件类型(T)：
部件文件 (*.prt)
取消

图 4-80

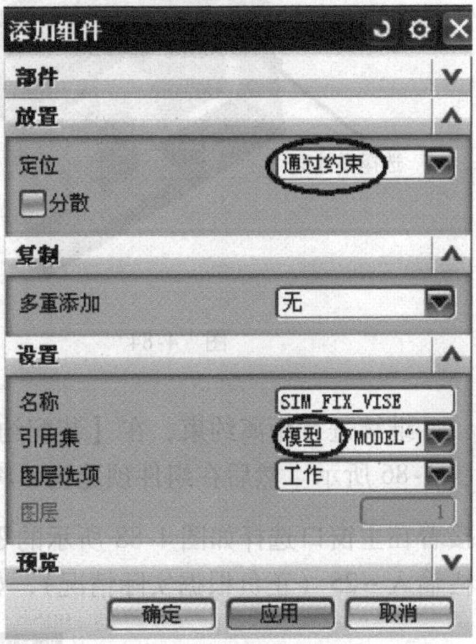
添加组件
部件
放置
定位
通过约束
分散
复制
多重添加
无
设置
名称
SIM_FIX_VISE
引用集
模型 ("MODEL")
图层选项
工作
图层
1
预览
确定
应用
取消

图 4-81

然后在组件预览窗口将模型旋转至适当位置，选择如图4-83所示的零件面，接着在主窗口选择如图4-84所示的零件面，完成配对约束，此时在【资源条】工具栏中选择（装配导航器）图标，出现【装配导航器】信息窗，在 约束 栏出现 接触 (SIM_FIX_VISE, ... （配对约束），如图4-85所示。

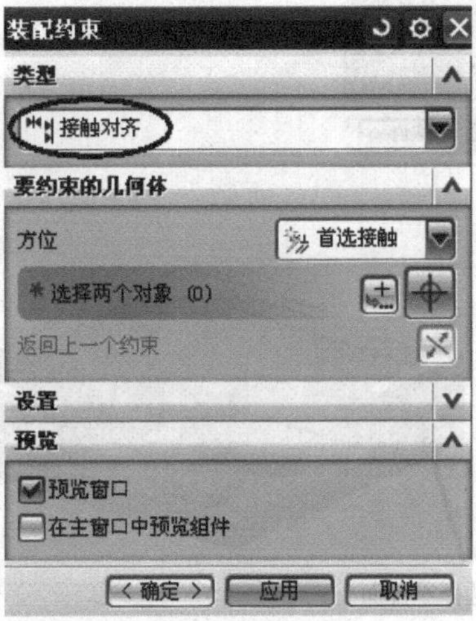
装配约束
类型
接触对齐
要约束的几何体
方位
首选接触
* 选择两个对象 (0)
返回上一个约束
设置
预览
预览窗口
在主窗口中预览组件
< 确定 >
应用
取消

图 4-82

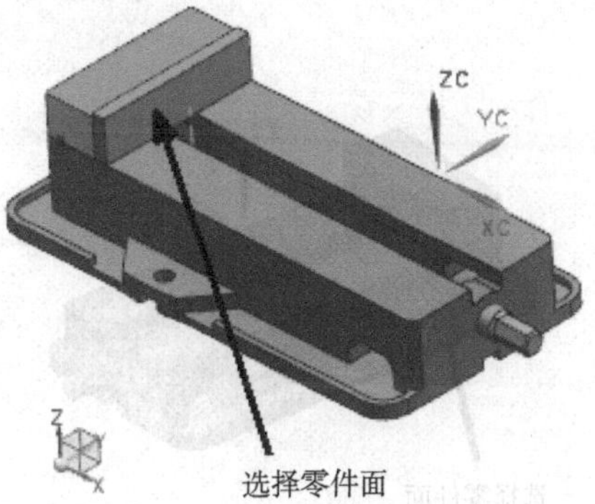
ZC
YC
XC
选择零件面

图 4-83

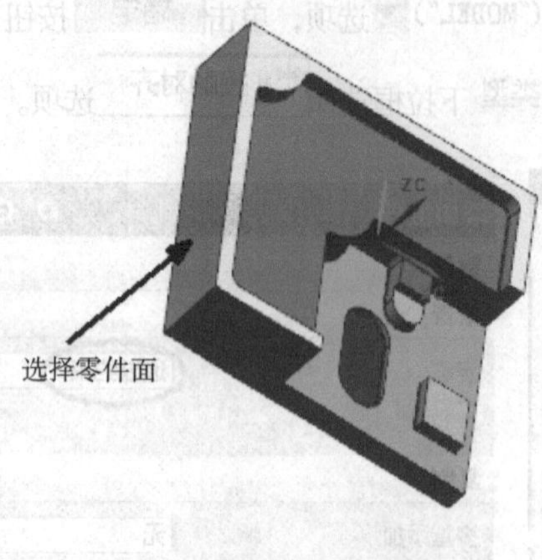
ZC
选择零件面

图 4-84

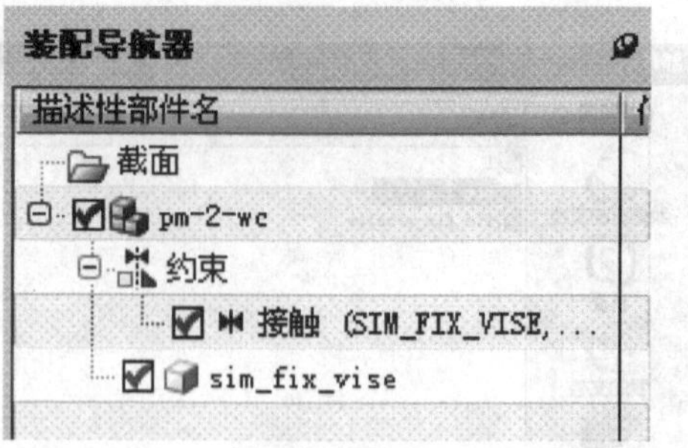
装配导航器
描述性部件名
截面
pm-2-wc
约束
接触 (SIM_FIX_VISE,...
sim_fix_vise

图 4-85

继续进行距离约束，在【装配约束】对话框中 类型 下拉框中选择 距离 选项，如图 4-86 所示。然后在组件预览窗口将模型旋转至适当位置，选择如图 4-87 所示的零件面，接着在主窗口选择如图 4-88 所示的零件面，然后在【装配约束】对话框中【 距离表达式 】栏输入 -25（正负根据实际情况），如图 4-86 所示。

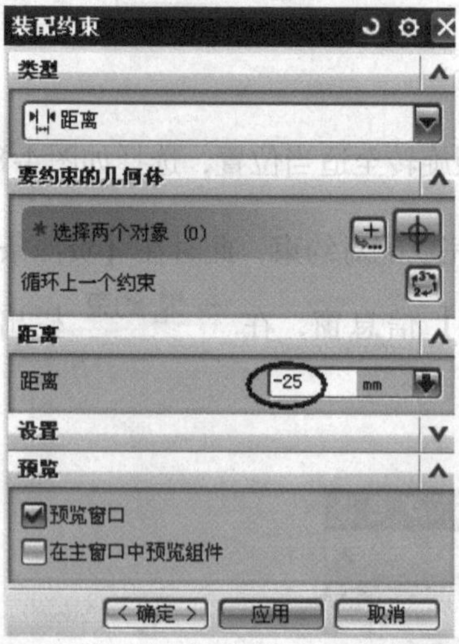
装配约束
类型
距离
要约束的几何体
* 选择两个对象 (0)
循环上一个约束
距离
距离
-25
mm
设置
预览
预览窗口
在主窗口中预览组件
< 确定 >
应用
取消

图 4-86

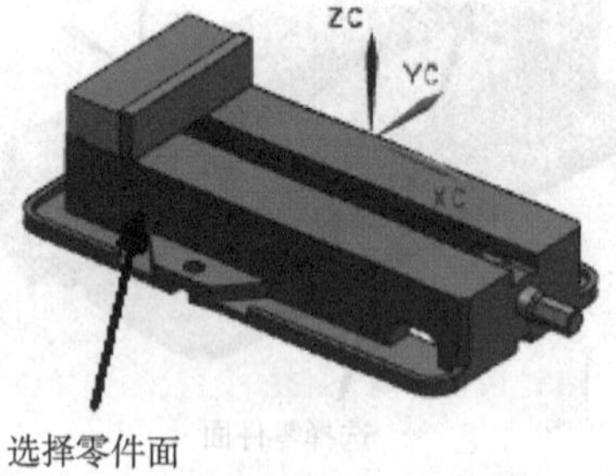
ZC
YC
XC
选择零件面

图 4-87

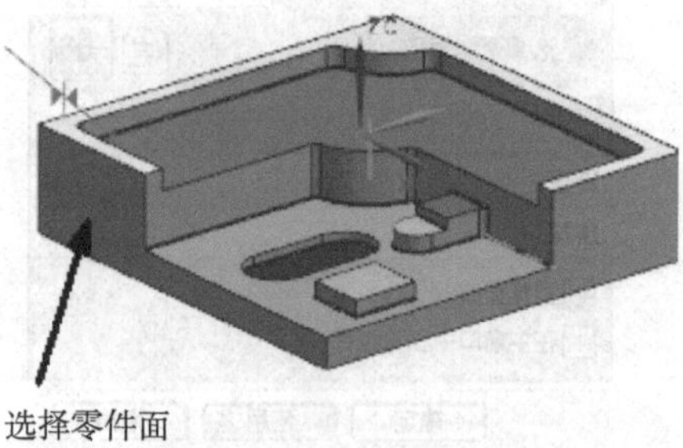
ZC
选择零件面

图 4-88

继续进行距离约束，在预览窗口将模型旋转至适当位置，选择如图 4-89 所示的零件面，接着在主窗口选择如图 4-90 所示的零件面，然后在【装配约束】对话框中【距离表达式】栏输入 -30（正负根据实际情况），如图 4-91 所示。然后单击 确定 按钮，完成装配台虎钳底座夹具 sim _ fix _ vise. prt 零件，如图 4-92 所示。

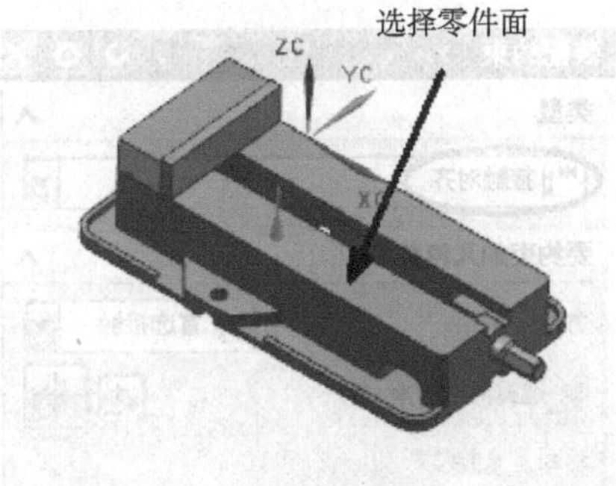
选择零件面
ZC
YC

图 4-89

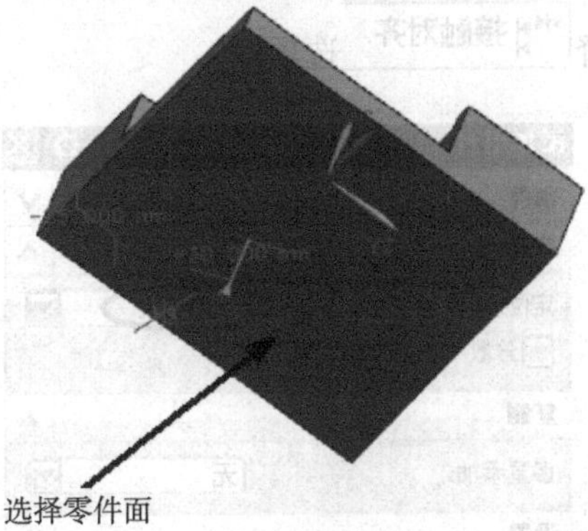
选择零件面

图 4-90

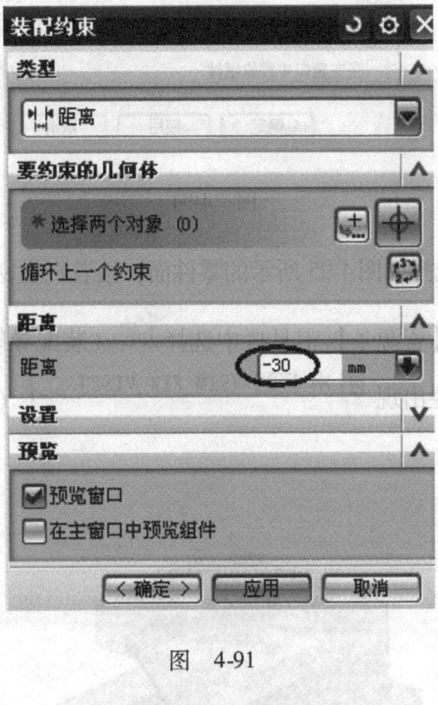
装配约束
类型
距离
要约束的几何体
*选择两个对象 (0)
循环上一个约束
距离
距离
-30
mm
设置
预览
预览窗口
在主窗口中预览组件
< 确定 >
应用
取消

图 4-91

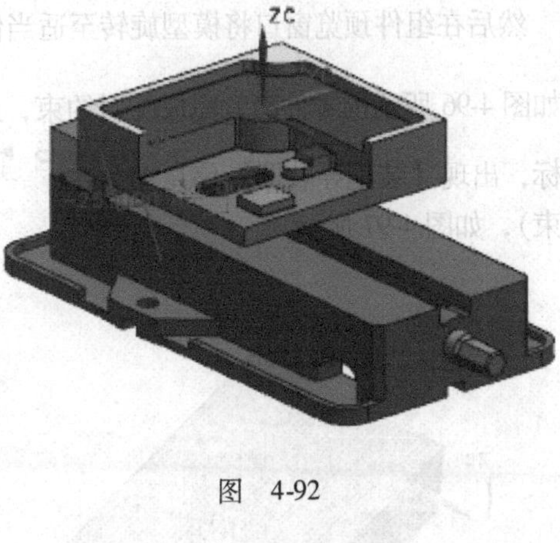
ZC

图 4-92

4. 添加台虎钳滑块夹具组件

选择菜单中的【装配(A)】/【组件(C)】/【添加组件(A)...】命令或在装配工具条中选择（添加组件）图标，出现【添加组件】对话框，在对话框中选择（打开）图标，出现选择【部件名】对话框，在光盘文件夹 4 下选择台虎钳滑块夹具 sim _ fix _ visejaw. prt零件，然后单击 OK 按钮，主窗口右下角出现一组件预览小窗口。

5. 定位组件

系统出现【添加组件】对话框，如图 4-93 所示。在 定位 下拉框中选择 通过约束 选项，在 Reference Set（引用集）下拉框中选择 模型（"MODEL"）选项，单击 确定 按钮，出现【装配约束】对话框，如图 4-94 所示。在此对话框中 类型 下拉框中选择 接触对齐 选项。

添加组件
部件
放置
定位
通过约束
分散
复制
多重添加
无
设置
名称
SIM_FIX_VISEJAW
引用集
模型（"MODEL"）
图层选项
工作
图层
1
预览
确定
应用
取消

图 4-93

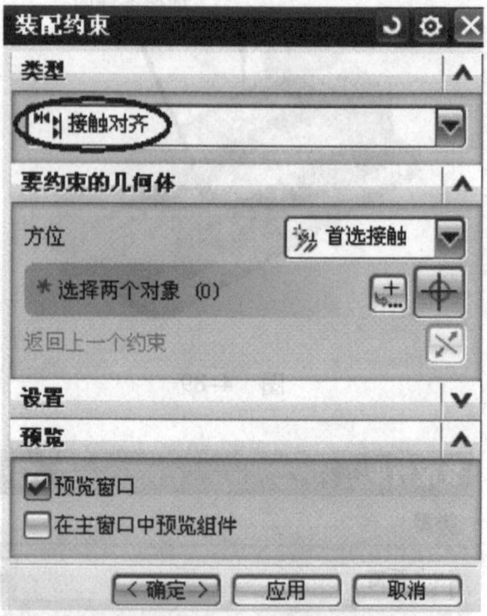
装配约束
类型
接触对齐
要约束的几何体
方位
首选接触
* 选择两个对象 (0)
返回上一个约束
设置
预览
预览窗口
在主窗口中预览组件
< 确定 >
应用
取消

图 4-94

然后在组件预览窗口将模型旋转至适当位置，选择如图 4-95 所示的零件面，接着在主窗口选择如图 4-96 所示的零件面，完成配对约束，此时在【资源条】工具栏中选择（装配导航器）图标，出现【装配导航器】信息窗，在 约束 栏出现 接触 (SIM_FIX_VISEJ...（配对约束），如图 4-97 所示。

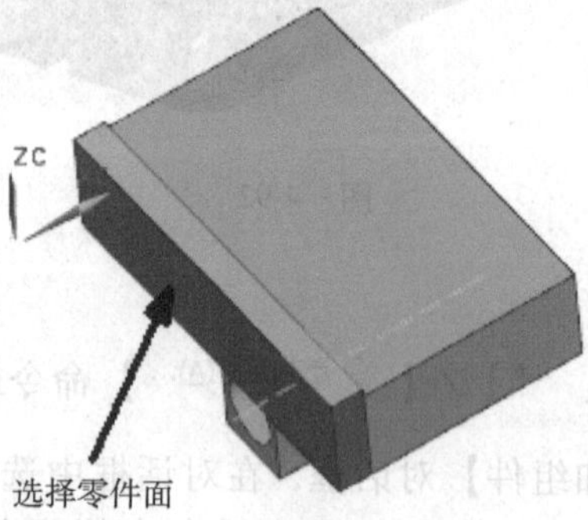
ZC
选择零件面

图 4-95

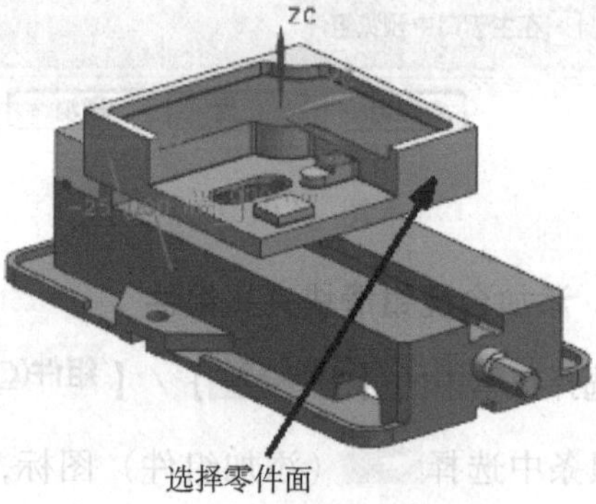
ZC
选择零件面

图 4-96

继续进行配对约束，然后在组件预览窗口将模型旋转至适当位置，选择如图 4-98 所示的零件面，接着在主窗口选择如图 4-99 所示的零件面，完成配对约束，此时在【资源条】工具栏中选择（装配导航器）图标，出现【装配导航器】信息窗，在 约束 栏出现 接触 (SIM_FIX_VISEJ...（配对约束），如图 4-100 所示。

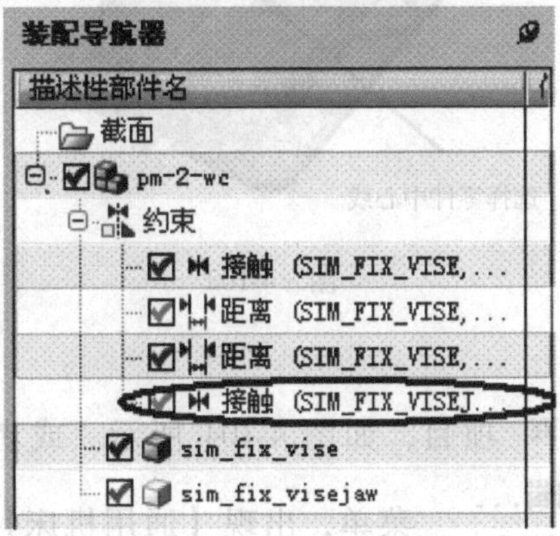
装配导航器
描述性部件名
截面
pm-2-wc
约束
接触 (SIM_FIX_VISE, ...
距离 (SIM_FIX_VISE, ...
距离 (SIM_FIX_VISE, ...
接触 (SIM_FIX_VISEJ...
sim_fix_vise
sim_fix_visejaw

图 4-97

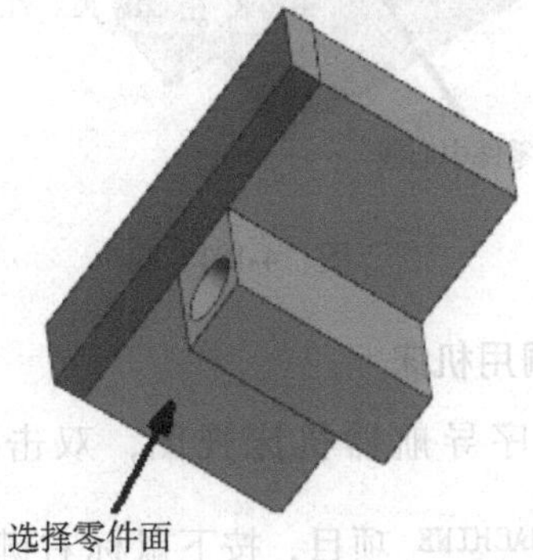
选择零件面

图 4-98

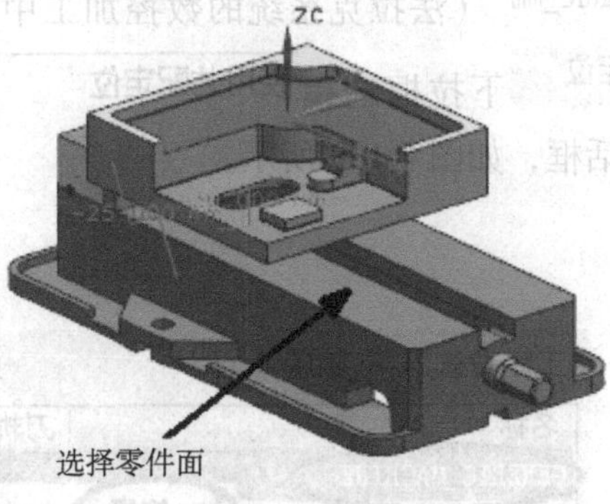
ZC
选择零件面

图 4-99

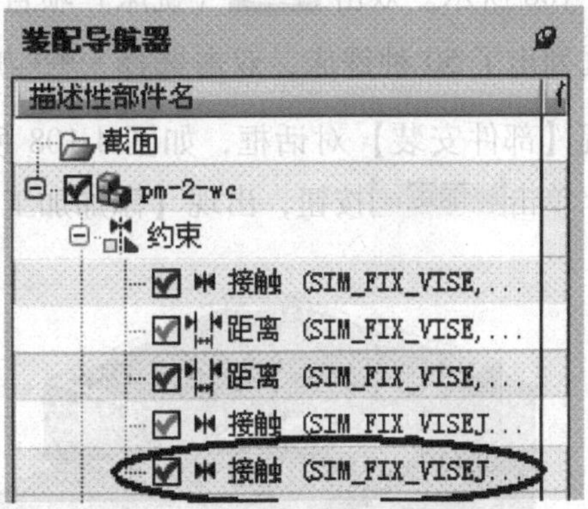
装配导航器
描述性部件名
截面
pm-2-wc
约束
接触 (SIM_FIX_VISE, ...
距离 (SIM_FIX_VISE, ...
距离 (SIM_FIX_VISE, ...
接触 (SIM_FIX_VISEJ...
接触 (SIM_FIX_VISEJ...

图 4-100

继续进行中心约束，在预览窗口将模型旋转至适当位置，选择如图 4-101 所示的零件中心线，接着在主窗口选择如图 4-102 所示的零件中心线，然后单击【确定】按钮，完成装配台虎钳滑块夹具 sim _ fix _ visejaw. prt 零件，如图 4-103 所示。

6. 进入加工模块

选择菜单中的【开始】下拉框中选择【加工(N)...】模块，进入加工应用模块。

7. 设置工序导航器的视图为机床视图

选择菜单中的【工具(T)】/【工序导航器(O)】/【视图(V)】/【机床视图(T)】命令或在【导航器】工具条中选择（机床视图）图标。

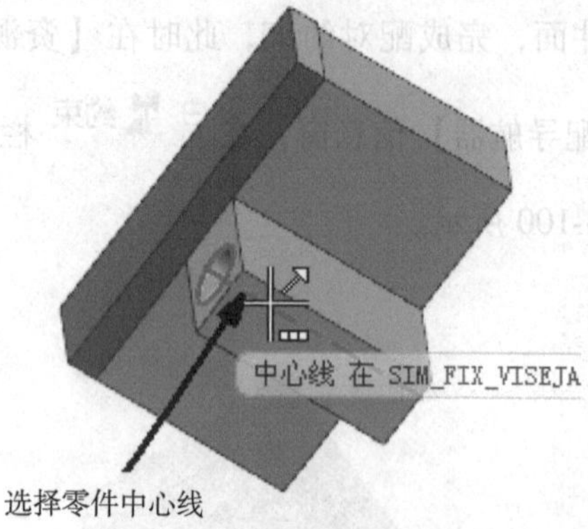
中心线 在 SIM_FIX_VISEJA
选择零件中心线

图 4-101

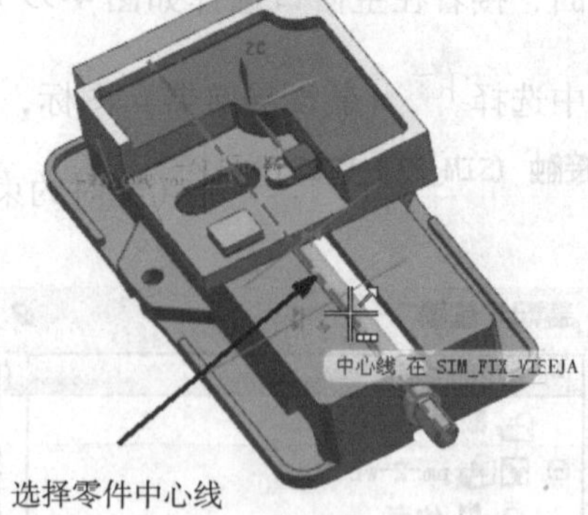
中心线 在 SIM_FIX_VISEJA
选择零件中心线

图 4-102

8. 调用机床

在工序导航器机床视图，双击 GENERIC_MACHINE 项目，如图 4-104 所示。或者选择 GENERIC_MACHINE 项目，按下鼠标右键，单击 编辑... 菜单，出现【通用机床】对话框，选择 （从库中调用机床）图标，如图 4-105 所示。出现【库类选择】对话框，如图 4-106 所示。双击 MILL （铣床）项目，出现【搜索结果】对话框，如图 4-107 所示。对话框列出了 50 种铣床，双击选择 sim01_mill_3ax_fanuc_mm （法拉克系统的数控加工中心），出现【部件安装】对话框，如图 4-108 所示。在 定位 下拉框选择 使用装配定位 选项，单击 确定 按钮，出现【添加加工部件】对话框，如图 4-109 所示。

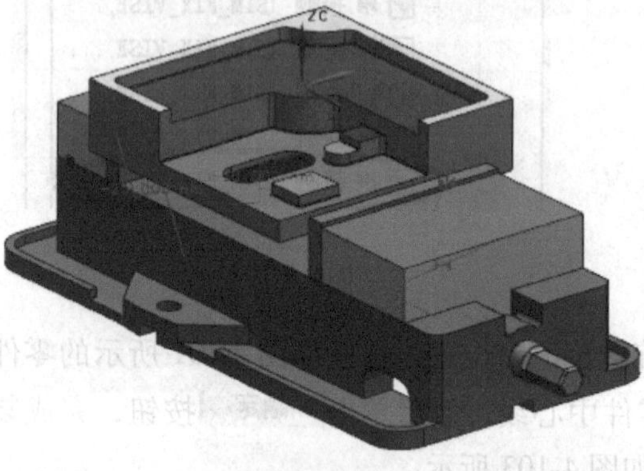

图 4-103

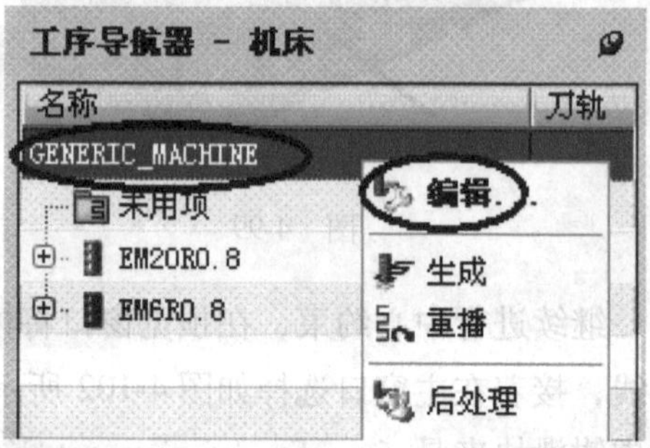
工序导航器 - 机床
名称
刀轨
GENERIC_MACHINE
未用项
EM20R0.8
EM6R0.8
编辑...
生成
重播
后处理

图 4-104

在 定位 下拉框选择 通过约束 选项，单击 确定 按钮，出现【装配约束】对话框，如图 4-110 所示，在此对话框中 类型 下拉框中选择 接触对齐 选项，然后在组件预览窗口将模型旋转至适当位置，选择如图 4-111 所示的零件面，接着在主窗口选择如图 4-112 所示的零件面，完成配对约束，单击 确定 按钮，系统返回【通用机床】对话框，单击确定按钮，完成调用机床，更新机床如图 4-113 所示。

9. 设置机床导航器

在资源栏选择（机床导航器）图标，导航器更新为机床导航器，如图 4-114 所示。

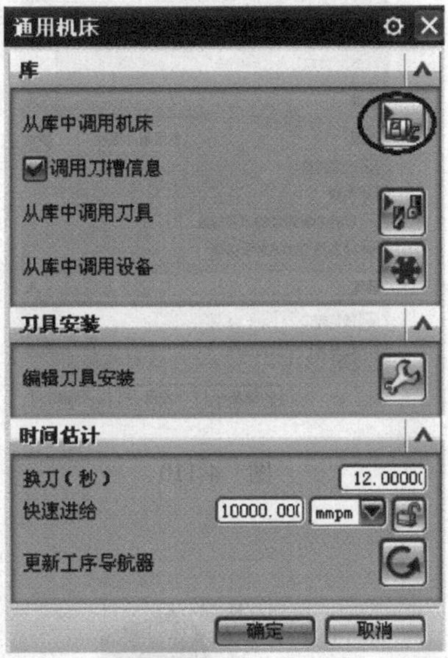
通用机床
库
从库中调用机床
调用刀槽信息
从库中调用刀具
从库中调用设备
刀具安装
编辑刀具安装
时间估计
换刀（秒）
12.0000(
快速进给
10000.00(
mmpm
更新工序导航器
确定
取消

图　4-105

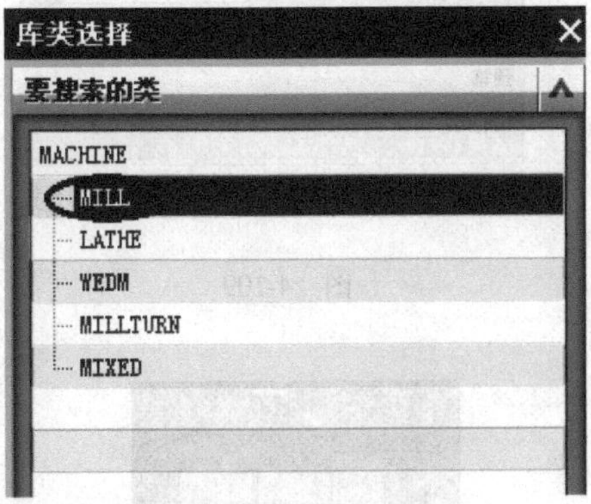
库类选择
要搜索的类
MACHINE
MILL
LATHE
WEDM
MILLTURN
MIXED

图 4-106

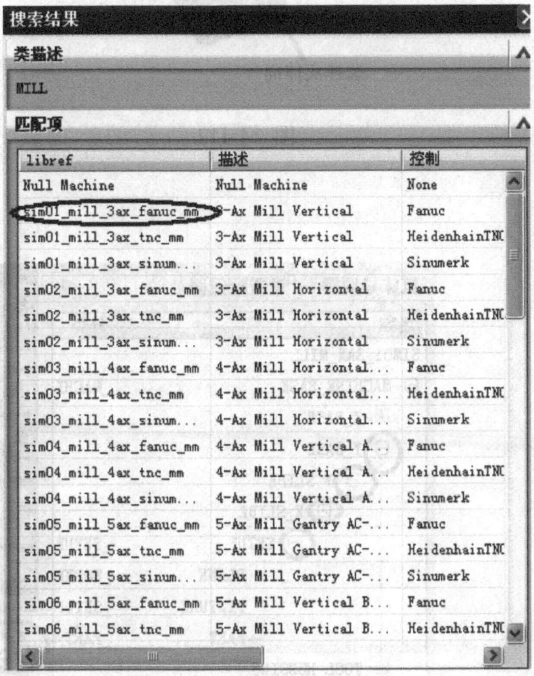
搜索结果
类描述
MILL
匹配项
libref
描述
控制
Null Machine
Null Machine
None
sim01_mill_3ax_fanuc_mm
3-Ax Mill Vertical
Fanuc
sim01_mill_3ax_tnc_mm
3-Ax Mill Vertical
HeidenhainTNC
sim01_mill_3ax_sinum...
3-Ax Mill Vertical
Sinumerk
sim02_mill_3ax_fanuc_mm
3-Ax Mill Horizontal
Fanuc
sim02_mill_3ax_tnc_mm
3-Ax Mill Horizontal
HeidenhainTNC
sim02_mill_3ax_sinum...
3-Ax Mill Horizontal
Sinumerk
sim03_mill_4ax_fanuc_mm
4-Ax Mill Horizontal...
Fanuc
sim03_mill_4ax_tnc_mm
4-Ax Mill Horizontal...
HeidenhainTNC
sim03_mill_4ax_sinum...
4-Ax Mill Horizontal...
Sinumerk
sim04_mill_4ax_fanuc_mm
4-Ax Mill Vertical A...
Fanuc
sim04_mill_4ax_tnc_mm
4-Ax Mill Vertical A...
HeidenhainTNC
sim04_mill_4ax_sinum...
4-Ax Mill Vertical A...
Sinumerk
sim05_mill_5ax_fanuc_mm
5-Ax Mill Gantry AC-...
Fanuc
sim05_mill_5ax_tnc_mm
5-Ax Mill Gantry AC-...
HeidenhainTNC
sim05_mill_5ax_sinum...
5-Ax Mill Gantry AC-...
Sinumerk
sim06_mill_5ax_fanuc_mm
5-Ax Mill Vertical B...
Fanuc
sim06_mill_5ax_tnc_mm
5-Ax Mill Vertical B...
HeidenhainTNC

图　4-107

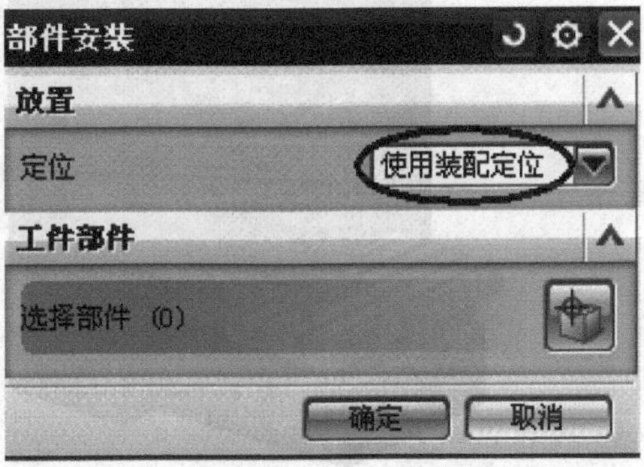
部件安装
放置
定位
使用装配定位
工件部件
选择部件 (0)
确定
取消

图　4-108

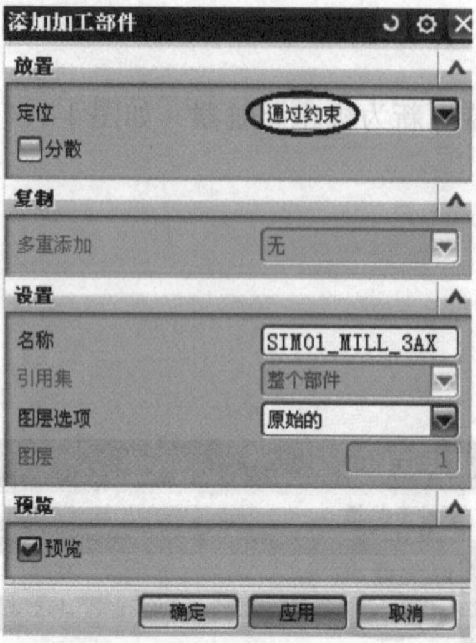
添加加工部件
放置
定位
通过约束
分散
复制
多重添加
无
设置
名称
SIM01_MILL_3AX
引用集
整个部件
图层选项
原始的
图层
1
预览
预览
确定
应用
取消

图 4-109

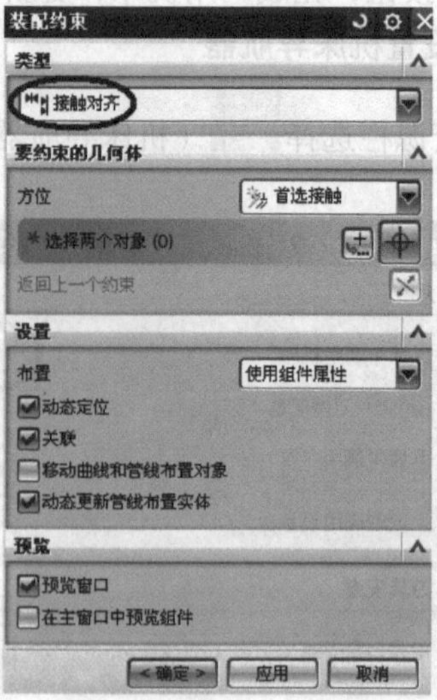
装配约束
类型
接触对齐
要约束的几何体
方位
首选接触
* 选择两个对象 (0)
返回上一个约束
设置
布置
使用组件属性
动态定位
关联
移动曲线和管线布置对象
动态更新管线布置实体
预览
预览窗口
在主窗口中预览组件
< 确定 >
应用
取消

图 4-110

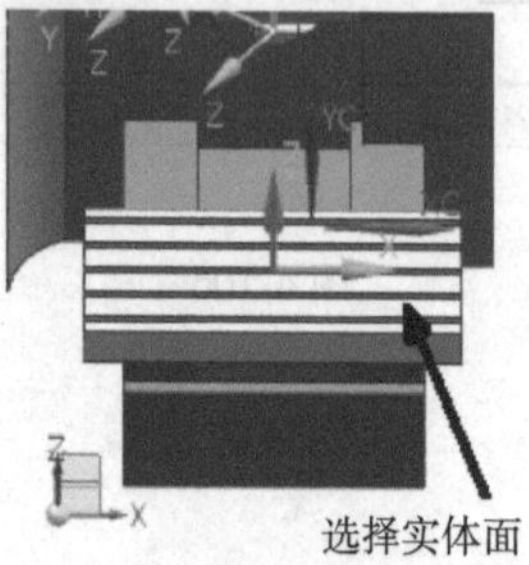
选择实体面

图 4-111

ZM
XM
YM
选择实体面

图 4-112

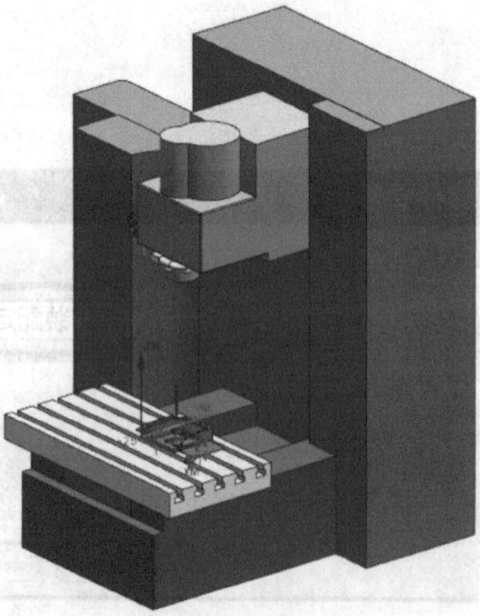

图 4-113

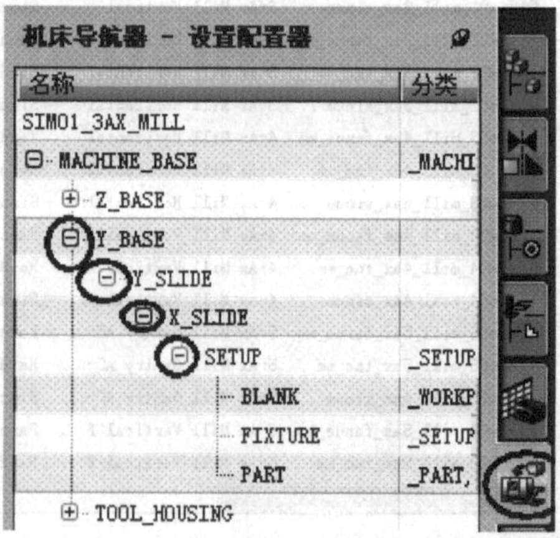
机床导航器 - 设置配置器
名称
分类
SIM01_3AX_MILL
MACHINE_BASE
_MACHI
Z_BASE
Y_BASE
Y_SLIDE
X_SLIDE
SETUP
_SETUP
BLANK
_WORKP
FIXTURE
_SETUP
PART
_PART,
TOOL_HOUSING

图 4-114

10. 展开机床导航器

在机床导航器内依次选择 Y_BASE 、Y_SLIDE 、X_SLIDE 、SETUP 树形节点，如图 4-114 所示。

11. 创建仿真几何体

在机床导航器内双击 PART 选项，出现【编辑机床组件】对话框，如图 4-115 所示。在图形中选择如图 4-116 所示的工件为仿真几何体，单击 确定 按钮，完成创建仿真几何体。

12. 创建仿真夹具几何体

在机床导航器内双击 FIXTURE 选项，出现【编辑机床组件】对话框，如图 4-117 所示。在【资源条】工具栏中选择 （装配导航器）图标，导航器更新为装配导航器，按住 CTRL 键选择如图 4-118 所示的 sim_fix_visejaw 、sim_fix_vise 组件为仿真夹具几何体，单击 确定 按钮，完成创建仿真夹具几何体。

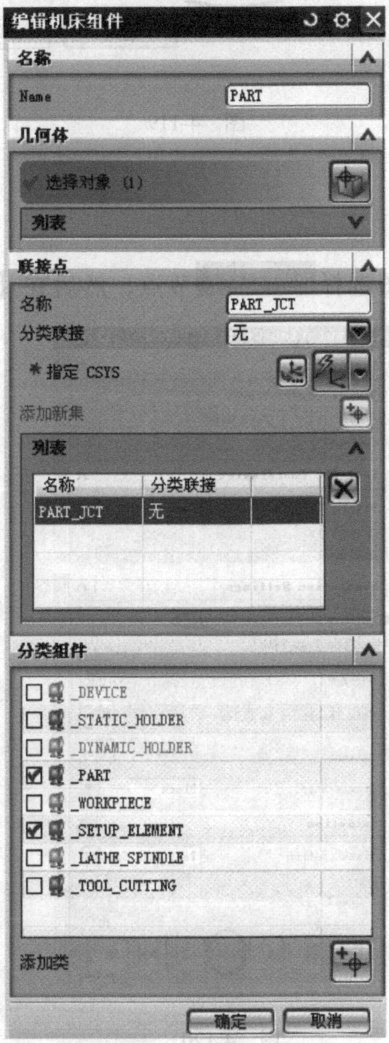
编辑机床组件
名称
Name
PART
几何体
选择对象 (1)
列表
联接点
名称
PART_JCT
分类联接
无
* 指定 CSYS
添加新集
列表
名称
分类联接
PART_JCT
无
分类组件
_DEVICE
_STATIC_HOLDER
_DYNAMIC_HOLDER
_PART
_WORKPIECE
_SETUP_ELEMENT
_LATHE_SPINDLE
_TOOL_CUTTING
添加类
确定
取消

图 4-115

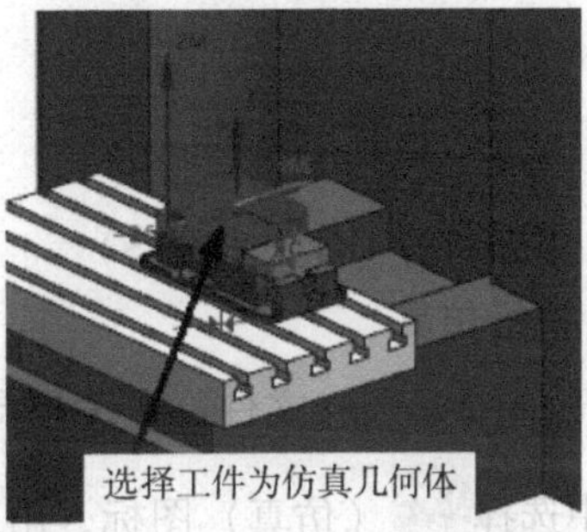
选择工件为仿真几何体

图 4-116

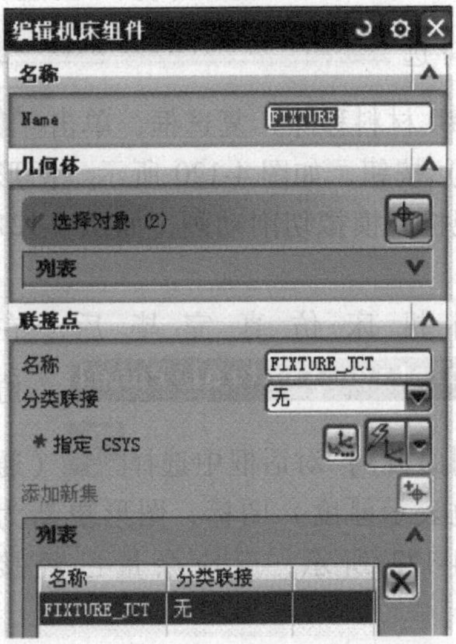
编辑机床组件
名称
Name
FIXTURE
几何体
选择对象 (2)
列表
联接点
名称
FIXTURE_JCT
分类联接
无
* 指定 CSYS
添加新集
列表
名称
分类联接
FIXTURE_JCT
无

图 4-117

13. 存盘（步骤略）

14. 切换 UG 英文版本

在【我的电脑】属性中高级选项里选择环境变量，将UGII_LANG 的变量值更改为 english，如图 4-119 所示。

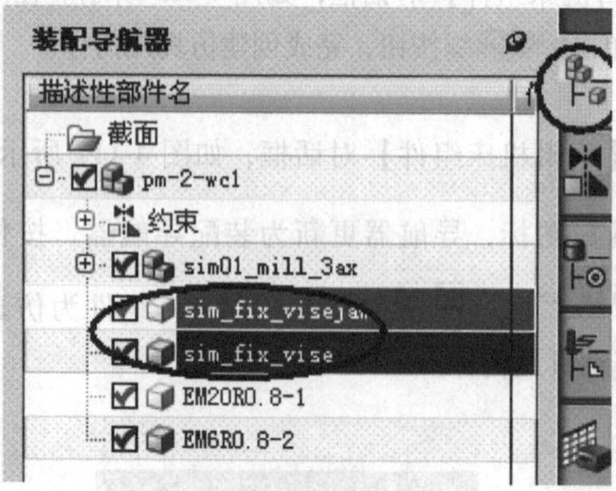
装配导航器
描述性部件名
截面
pm-2-wc1
约束
sim01_mill_3ax
sim_fix_viseja
sim_fix_vise
EM20R0.8-1
EM6R0.8-2

图 4-118

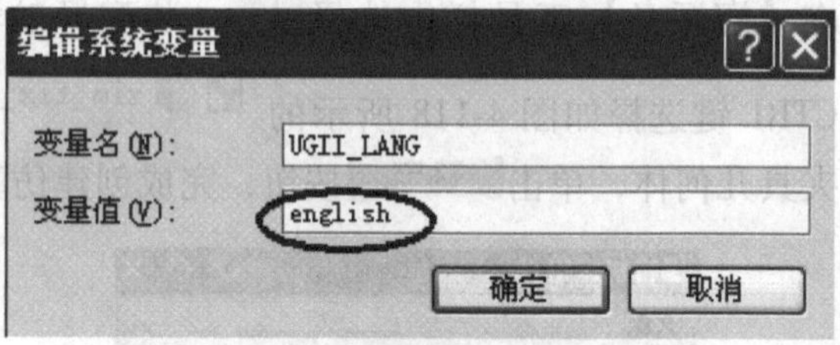
编辑系统变量
变量名(N):
UGII_LANG
变量值(V):
english
确定
取消

图 4-119

15. 重新打开 UG（步骤略）

16. 执行仿真

打开 pm-2-wc. prt 文件，在工序导航器几何视图选择WORKPIECE节点，然后在【操作】工具条中选择（仿真）图标，出现【Simulation Control Panel（仿真控制面板）】对话框，在Simulation Settings（仿真设置）区域勾选Show 3D Material Removal（显示#D 材料移除）复选框，单击（播放）按钮，如图 4-120 所示。图形中出现机床模拟切削动画，如图 4-121 所示。

当机床仿真完毕后，在【Simulation Control Panel（仿真控制面板）】对话框中选择（通过颜色表示厚度）图标，图形更新为如图 4-122 所示，反应余量已经接近 0。

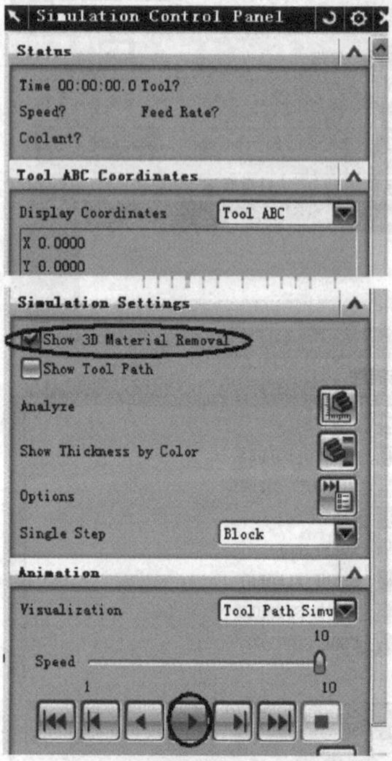
Simulation Control Panel
Status
Time 00:00:00.0 Tool?
Speed?
Feed Rate?
Coolant?
Tool ABC Coordinates
Display Coordinates
Tool ABC
X 0.0000
Y 0.0000
Simulation Settings
Show 3D Material Removal
Show Tool Path
Analyze
Show Thickness by Color
Options
Single Step
Block
Animation
Visualization
Tool Path Simu
Speed
10
1
10

图 4-120

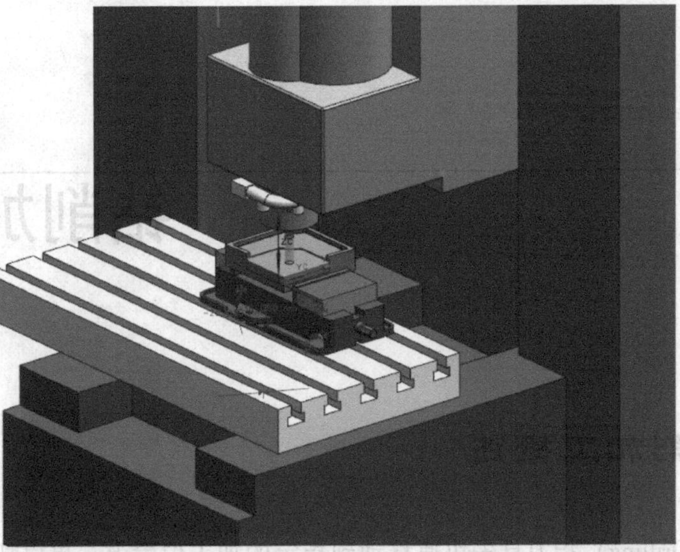

图　4-121

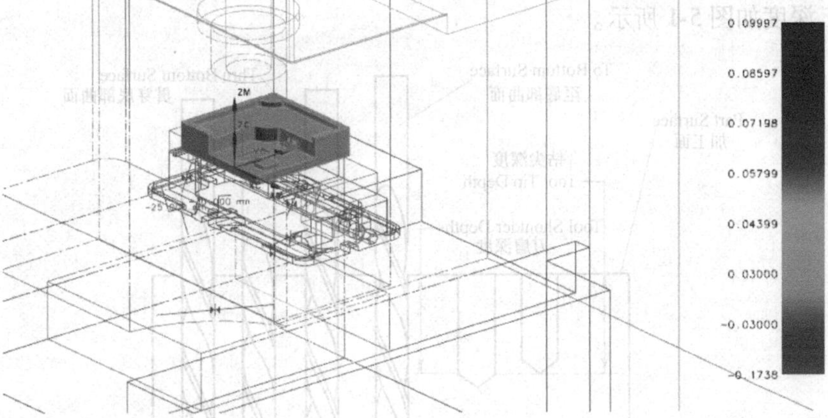
0.09997
0.08597
0.07198
0.05799
0.04399
0.03000
-0.03000
-0.1738

图　4-122

第5章

钻削加工实例

5.1 钻削加工概述

孔加工（Drilling）指刀具先快速移动到指定的加工位置上，再以切削进给速度加工到指定的深度，最后以退刀速度退回的一种加工类型。UG 孔加工能编制出数控机床（铣床或加工中心）上各种类型的孔程序。如中心孔、通孔、盲孔、沉孔、深孔等，其加工方式可以是锪孔、钻孔、铰孔、镗孔、攻螺纹等。

孔加工深度如图 5-1 所示。

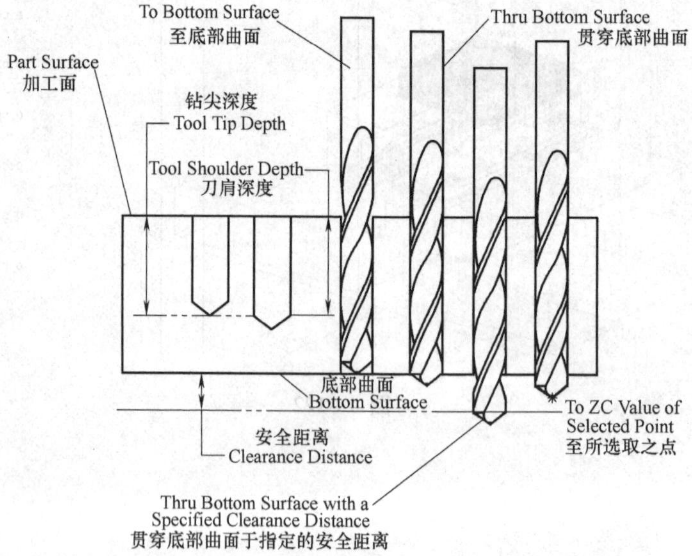

To Bottom Surface
至底部曲面
Thru Bottom Surface
贯穿底部曲面
Part Surface
加工面
钻尖深度
Tool Tip Depth
Tool Shoulder Depth
刀肩深度
底部曲面
Bottom Surface
To ZC Value of
Selected Point
至所选取之点
安全距离
Clearance Distance
Thru Bottom Surface with a
Specified Clearance Distance
贯穿底部曲面于指定的安全距离

图 5-1

孔的常用加工指令及其循环见表 5-1。

表 5-1 孔的常用加工指令及其循环

G 代码	加工运动（Z 轴负向）	孔底动作	返回运动（Z 轴正向）	应用于
G73	分次，切削进给	—	快速定位进给	高速深孔钻削
G74	切削进给	暂停—主轴正转	切削进给	攻左螺纹

（续）

G代码	加工运动（Z轴负向）	孔底动作	返回运动（Z轴正向）	应用于
G76	切削进给	主轴定向，让刀	快速定位进给	精镗循环
G80	—	—	—	取消固定循环
G81	切削进给	—	快速定位进给	普通钻削循环
G82	切削进给	暂停	快速定位进给	钻削或粗镗削
G83	分次，切削进给	—	快速定位进给	深孔钻削循环
G84	切削进给	暂停—主轴反转	切削进给	攻右螺纹
G85	切削进给	—	切削进给	镗削循环
G86	切削进给	主轴停	快速定位进给	镗削循环
G87	切削进给	主轴正转	快速定位进给	反镗削循环
G88	切削进给	暂停—主轴停	手动	镗削循环
G89	切削进给	暂停	切削进给	镗削循环

5.2 钻削加工子类型功能

选择菜单中的【插入(S)】/【操作(E)...】命令或在【插入】工具条中选择（创建工序）图标，出现【创建工序】对话框，如图 5-2 所示。图 5-3 所示为不同的循环类型。

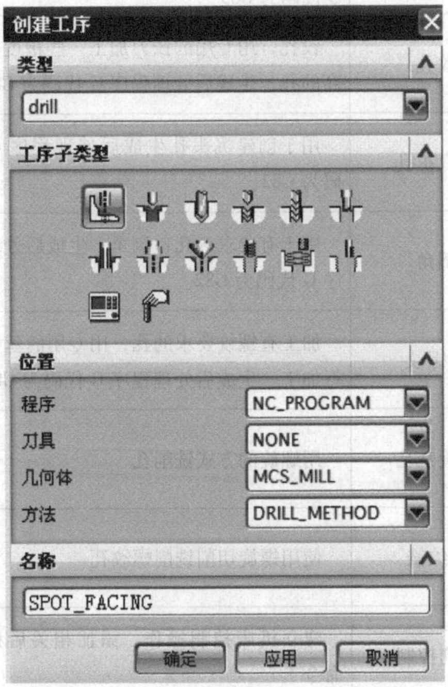
创建工序
类型
drill
工序子类型
位置
程序
NC_PROGRAM
刀具
NONE
几何体
MCS_MILL
方法
DRILL_METHOD
名称
SPOT_FACING
确定
应用
取消

图 5-2

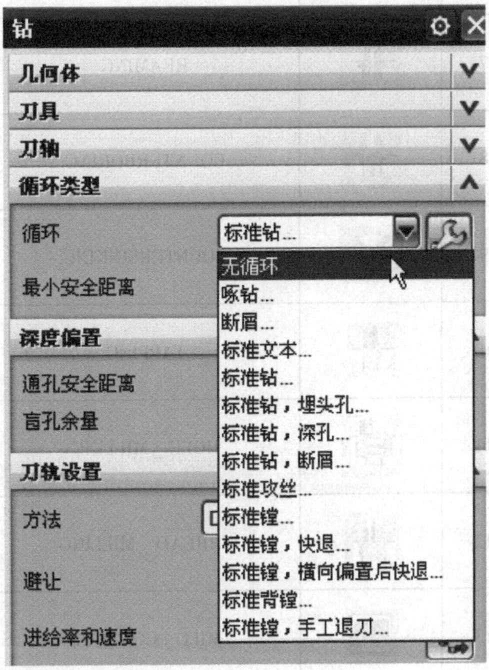
钻
几何体
刀具
刀轴
循环类型
循环
标准钻...
最小安全距离
深度偏置
通孔安全距离
盲孔余量
刀轨设置
方法
避让
进给率和速度
无循环
啄钻...
断屑...
标准文本...
标准钻...
标准钻，埋头孔...
标准钻，深孔...
标准钻，断屑...
标准攻丝...
标准镗...
标准镗，快退...
标准镗，横向偏置后快退...
标准背镗...
标准镗，手工退刀...

图 5-3

表5-2为钻削加工各常用子类型功能的说明。表5-3为钻削加工各循环类型功能的说明。

表 5-2　钻削加工各常用子类型功能的说明

序号	图　标	英　文	中　文	说　明
1		SPOT _ FACING	锪面	用于创建忽平面 生成后处理程序 G 代码为 G82
2		SPOT _ DRILLING	锪孔	钻中心孔，用于打中心定位孔为后面的钻孔起引导作用，以便于在钻孔开始时钻头准确而顺利地向下运动。后处理 G 代码为 G82。
3		DRILLING	钻孔	钻孔，生成后处理程序 G 代码为 G81
4		PECK _ DRILLING	啄钻	用于深孔的钻削加工，它会在每加工完一定的指定深度后返回到最小安全距离。生成后处理程序 G 代码为 G83
5		BREAKCHIP _ DRILLING	断屑钻孔	断屑钻，同啄钻一样用于深孔钻削加工，它会在每加工完一定的指定深度后返回到当前切削深度之上的一个由步进安全距离指定的点位。生成后处理程序 G 代码为 G73
6		BORING	镗孔	镗孔，用于一些精度较高的孔位加工，用专用的镗刀进行加工。生成后处理程序 G 代码为 G85
7		REAMING	铰孔	铰孔，用专用的铰刀加工一些精度比较高的孔，生成后处理程序 G 代码为 G81
8		COUNTERBORING	平底扩孔	用于创建沉头孔生成后处理程序 G 代码为 G82
9		COUNTERSINKING	倒角	用于有要求的孔口倒角，生成后处理程序 G 代码为 G82。
10		TAPPING	攻螺纹	加工有螺纹要求的孔，用专用的丝锥进行加工。生成后处理程序 G 代码为 G84
11		HOLE _ MILLING	螺旋铣孔	用螺旋的方式铣削孔
12		THREAD _ MILLING	螺纹铣	使用螺旋切削铣削螺纹孔
13		MILL _ CONTROL	切削控制	建立机床控制操作，添加相关后处理命令
14		MILL _ USER	铣削自定义方式	自定义参数建立操作

表 5-3 钻削加工各循环类型功能的说明

循环类型	说 明
无循环	取消任何被激活的循环，不采用循环加工
啄钻	在每个加工位置激活一个模拟啄木鸟啄食的啄钻循环
断屑	在每个加工位置激活一个断屑钻削循环
标准文本	以输入文本的方式激活一个标准循环
标准钻	刀具快速移动定位在被选择的加工点位上。然后以切削进给速度切入工件并达到指定的切削深度，接着以退刀速度退回刀具，完成一个加工循环，如此重复加工，每次切削到不同的指定深度，加工到最终的切削深度为止
标准钻，埋头孔	与标准钻不同的是钻孔深度由埋头孔径深度控制
标准钻，深度	与标准钻不同的是以刀具间隙进给，便于断屑，即刀具到达某深度，刀具退出孔外排屑，如此重复加工，直至孔底
标准钻，断屑	与“标准钻，深度”不同的是：刀具到达某深度不是退出孔外排屑，而是退一较小距离，起到排屑作用，其他相同
标准攻螺纹	与标准钻不同的是：孔底主轴停转，退刀主轴反转，以切削速度退回
标准镗	与标准钻不同的是：退刀以切削速度退回
标准镗，快退	与标准镗不同的是：孔底主轴停转，刀具以快速进给速度退回
标准镗，横向偏置后快退	与标准镗不同的是：孔底主轴停转，刀具横向让刀，退刀主轴停，返回安全点后刀具横向退回让刀值，主轴再次起动，其他循环相同
标准背镗	与标准镗不同的是：在退刀时镗孔
标准镗，手工退刀	与标准镗不同的是：刀具加工到孔底，主轴停转，由操作者手动退刀

5.3 钻削加工参数设置

在【钻】对话框中选择（选择或编辑孔几何体）图标，出现【点到点几何体】对话框，如图 5-4 所示。单击 选择 按钮，出现【选择点/圆弧/孔】对话框，如图 5-5 所示。

其各参数选项含义如下：

选择：选择圆柱形和圆锥形的孔、弧和点。

附加：在一组先前选定的点中附加新的点。

忽略：忽略先前选定的点。

优化：编排刀轨中点的顺序。

显示点：使用“包含”、“忽略”、“避让”或“优化”选项后验证刀轨点的选择情况。

避让：指定跨过部件中夹具或障碍的“刀具间隙”。

反向：颠倒先前选定的 Goto 点的顺序。

圆弧轴控制：显示和/或反向先前选定的弧和片体孔的轴。

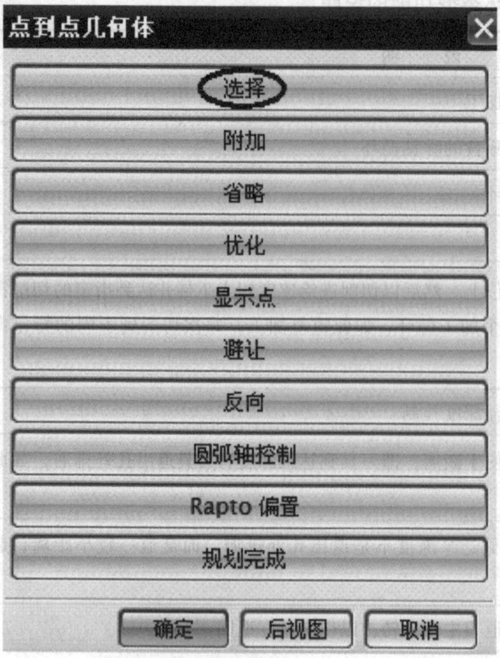
点到点几何体
选择
附加
省略
优化
显示点
避让
反向
圆弧轴控制
Rapto 偏置
规划完成
确定
后视图
取消

图 5-4

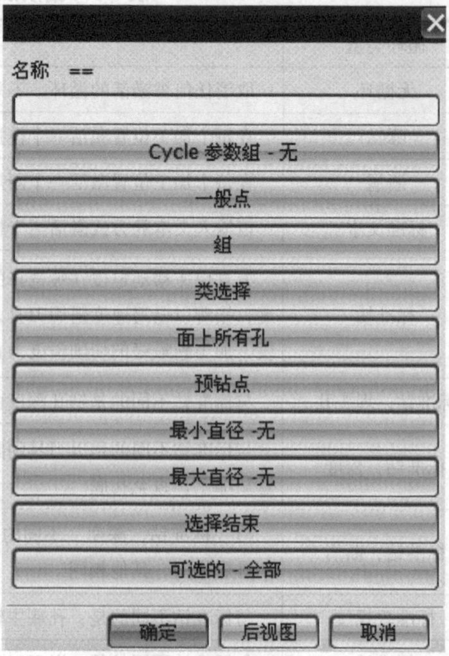
名称 ==
Cycle 参数组 - 无
一般点
组
类选择
面上所有孔
预钻点
最小直径 -无
最大直径 -无
选择结束
可选的 - 全部
确定
后视图
取消

图 5-5

Rapto 偏置：为每个选定点、弧或孔指定一个 RAPTO 值，即设置快进偏置距离，定义刀具快进速度，切换切削速度分切换点。

规划完成：完成点位定义，与确定按钮作用类似。

cycle 参数组：指定要将先前定义的哪一个“循环参数集”与下一个点或下一组点相关联。

一般点：通过使用“点构造器子功能”菜单来定义关联的或非关联的 CL 点。

组：选择任何先前成组的点和/或弧。

类选择：使用“分类选择”子功能选择几何体。

面上所有的孔：选择面和完全位于该面内且在指定直径范围内的圆柱形孔。请注意，圆柱形孔表示您至少已选择了一个圆柱面。

预钻点：调用在之前的“平面铣”或“型腔铣”操作中生成的进刀点。

最小直径，最大直径：决定“面上所有的孔”选项选择的孔的范围。

选择结束：重新显示“点到点几何体”菜单。

可选的全部：控制“仅点”、“仅弧”、“仅孔”、“点和弧”和“全部”的选择过滤类型。

循环参数中比较重要的参数说明：

Increment：增量，每次钻削深度增量，仅出现在啄钻和断屑钻的循环参数中，有“空”（不指定增量，一次钻削完成）、“恒定”（指定不变的增量）、“可变的”（指定可变增量，可以根据需要最多设置 7 种增量值）3 种参数供选择。

Dwell：指定停留时间，单位为毫秒。

Csink 直径：沉孔直径，仅出现在“标准钻，埋头孔”加工循环中。

入口直径：指定扩孔前的孔径以计算刀具快速插入孔的位置，仅应用于“标准钻，埋头孔”加工循环中。

Step 值：指定循环式深孔钻削的步进增量，仅应用于“标准钻，深度”和“标准钻，断屑”加工循环中。

实例说明

本实例主要讲述钻削加工。工件模型如图 5-6 所示，毛坯外形已加工成形，材料为碳素结构钢。其加工思路为：首先分析模型的加工区域，该零件上面的孔较多，一个是圆柱中间的 ϕ20mm 大孔，内圈是 4 个 M8 的螺纹盲孔（深 10），外圈是 4 个 ϕ8mm 通孔，长方体上是 5 个 ϕ10mm 的埋头通孔，加工路线为：首先用 ϕ5mm 中心钻点钻，进行孔的精确定位，然后用 ϕ8mm 的钻头加工外圈的 4 个通孔，再用 ϕ6.8mm 的钻头加工内圈的 4 个螺纹底孔，再用 M8 的丝锥攻螺纹，然后用 ϕ22mm 的钻头加工中间的大孔，用 ϕ25mm 的镗刀镗孔，最后用 ϕ10mm 的钻头加工长方体上 5 个 ϕ10mm 埋头通孔，再用 ϕ20mm 的锥形锪刀进行孔口倒角。

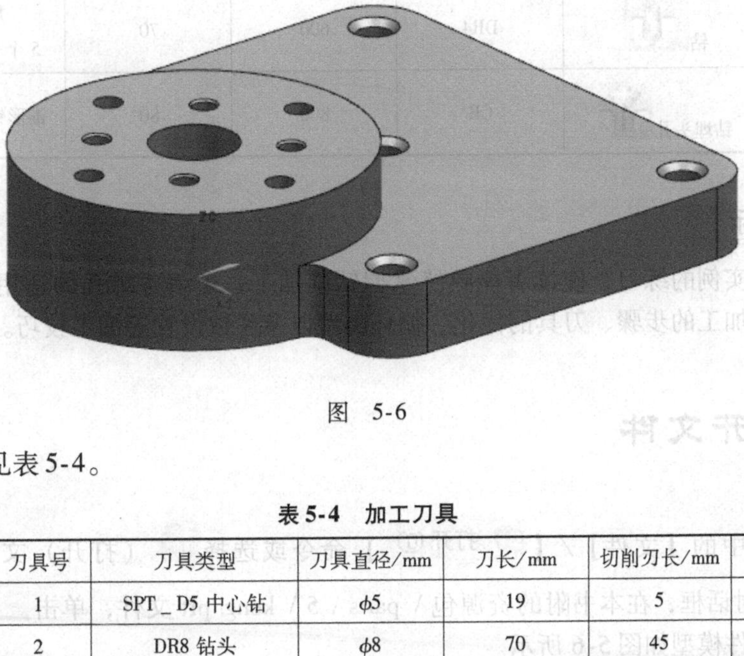

图 5-6

加工刀具见表 5-4。

表 5-4 加工刀具

序号	程序名	刀具号	刀具类型	刀具直径/mm	刀长/mm	切削刃长/mm	余量/mm
1	SP	1	SPT_ D5 中心钻	ϕ5	19	5	0
2	DR1	2	DR8 钻头	ϕ8	70	45	0
3	DR2	3	DR6.8 钻头	ϕ6.8	70	45	0
4	TP	4	TP8 丝锥	M8	50	25	0
5	DR3	5	DR22 钻头	ϕ22	70	45	0
6	BR	6	BR25 镗刀	ϕ25	70	45	0
7	DR4	7	DR10 钻头	ϕ10	50	35	0
8	CR	8	CR20 锥形锪刀	ϕ20	30	15	0

加工工艺方案见表 5-5。

表 5-5 加工工艺方案

序号	方法	加工方式	程序名	主轴转速 n/r · min^{-1}	进给速度 v_f/mm · min^{-1}	说　明
1	精加工	中心钻	SP	1000	100	点钻精确定位
2	精加工	钻	DR1	800	100	加工外圈的 4 个 ϕ8mm 通孔
3	精加工	钻	DR2	1000	100	加工内圈的 4 个 ϕ6.8 螺纹底孔
4	精加工	攻丝	TP	150	187.5	攻 M8 螺纹
5	半精加工	钻	DR3	300	60	加工中间 ϕ22mm 孔
6	精加工	镗孔	BR	500	50	镗 ϕ25mm 大孔
7	精加工	钻	DR4	600	70	加工长方体上 5 个 ϕ10mm 埋头通孔
8	精加工	钻埋头孔	CR	800	80	锥形锪刀进行孔口倒角

学习目标

通过该章实例的练习，使读者能熟练掌握钻削加工，了解各种孔的适用范围和加工规律，掌握钻削加工的步骤、刀具的优化、循环类型以及参数设置等加工技巧。

5.4 打开文件

选择菜单中的【文件】/【打开(O)...】命令或选择（打开）文件图标，出现【打开】部件对话框，在本书附的资源包 \ parts \ 5 \ kong. prt 文件，单击 OK 按钮，打开部件，工件模型如图 5-6 所示。

5.5 创建毛坯

1. 进入建模模块

选择菜单中的【开始】下拉框中选择【建模(M)...】模块，如图 5-7 所示，进入建模应用模块。

2. 创建移动对象

选择菜单中的【编辑(E)】/【移动对象(O)...】命令或在【标准】工具栏中选择（移动对象）图标，出现【移动对象】对话框，如图5-8所示。然后在图形中选择如图5-9所示的实体。在【移动对象】对话框运动下拉框中选择距离选项，然后在指定矢量(1)下拉框中选择ZC选项，在距离栏输入0，在结果区域选中复制原先的选项，在距离/角度分割、非关联副本数栏分别输入1、1，如图5-8所示。单击< 确定 >按钮，出现【移动对象】确认对话框，如图5-10所示。单击是(Y)按钮，完成效果如图5-11所示（复制一个实体在原来位置，该体将来作为工件）。

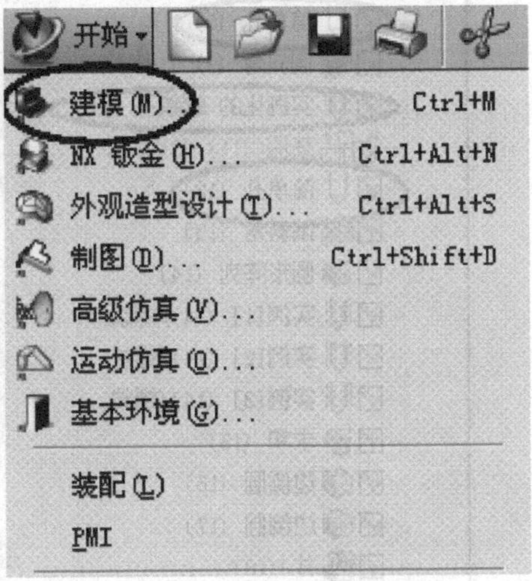

开始
建模(M)... Ctrl+M
NX 钣金(H)... Ctrl+Alt+N
外观造型设计(T)... Ctrl+Alt+S
制图(D)... Ctrl+Shift+D
高级仿真(V)...
运动仿真(O)...
基本环境(G)...
装配(L)
PMI

图 5-7

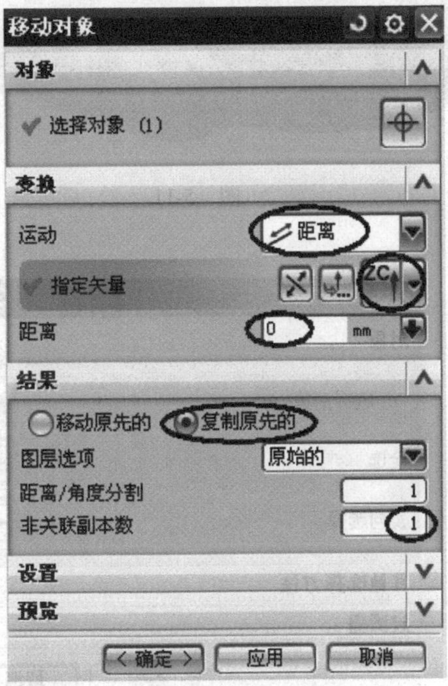

移动对象
对象
选择对象 (1)
变换
运动
距离
指定矢量
距离
0
mm
结果
移动原先的
复制原先的
图层选项
原始的
距离/角度分割
1
非关联副本数
1
设置
预览
< 确定 >
应用
取消

图 5-8

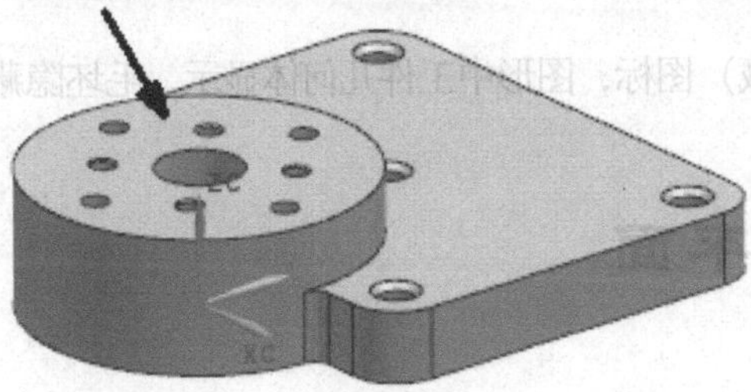

选择实体

图 5-9

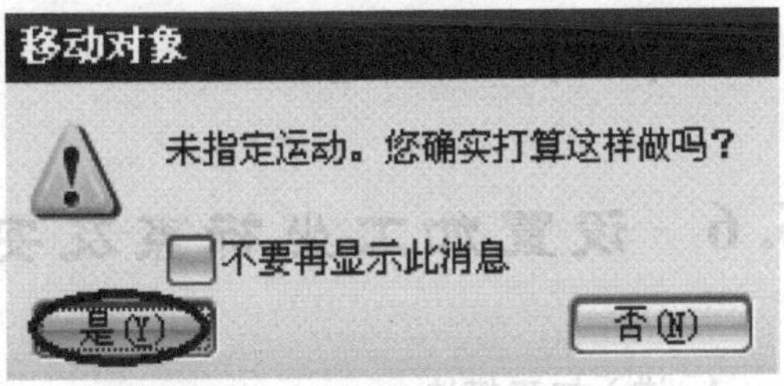

移动对象
未指定运动。您确实打算这样做吗？
不要再显示此消息
是(Y)
否(N)

图 5-10

3. 隐藏步骤 2 复制的实体

选择菜单中的【编辑(E)】/【显示和隐藏(H)】/【隐藏(H)...】命令或在【实用工具】工具条中选择（隐藏）图标，出现【类选择】对话框，如图 5-12 所示。在部件导航器栏选择最后一个体 (18) 特征，单击确定按钮，完成隐藏实体。

4. 删除孔特征

在部件导航器栏分别选择如图 5-13 所示的孔特征，依次进行删除，完成的实体即为毛坯。

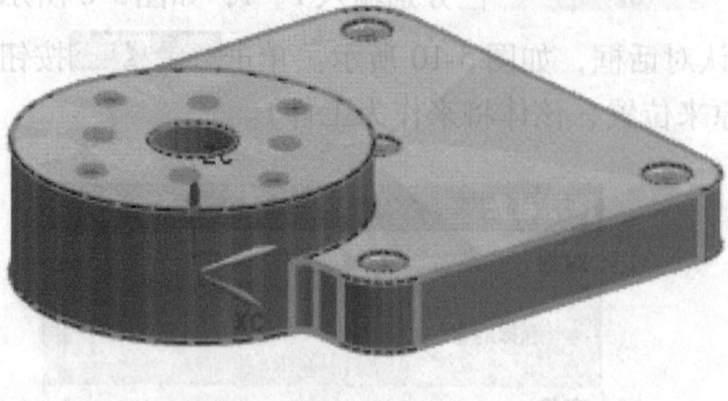
XC

图 5-11

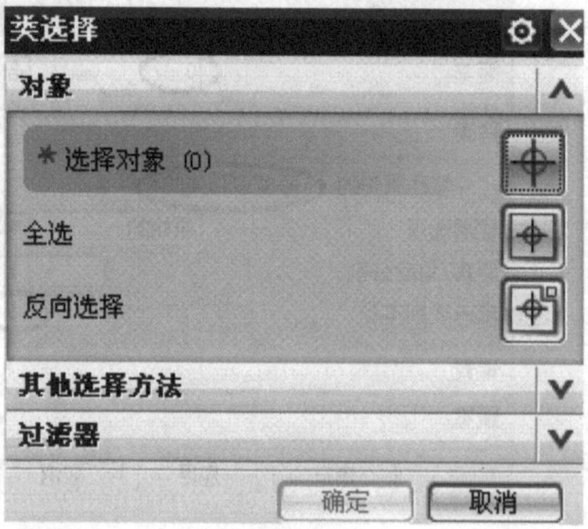
类选择
对象
* 选择对象 (0)
全选
反向选择
其他选择方法
过滤器
确定
取消

图 5-12

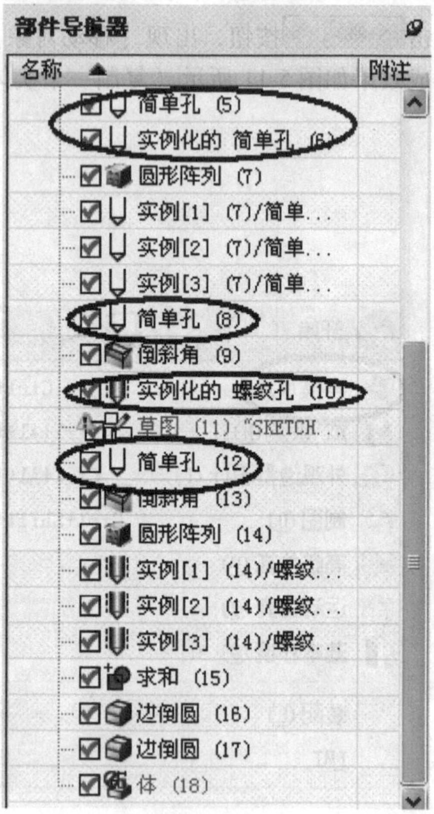
部件导航器
名称
附注
简单孔 (5)
实例化的 简单孔 (6)
圆形阵列 (7)
实例[1] (7)/简单...
实例[2] (7)/简单...
实例[3] (7)/简单...
简单孔 (8)
倒斜角 (9)
实例化的 螺纹孔 (10)
草图 (11) "SKETCH...
简单孔 (12)
倒斜角 (13)
圆形阵列 (14)
实例[1] (14)/螺纹...
实例[2] (14)/螺纹...
实例[3] (14)/螺纹...
求和 (15)
边倒圆 (16)
边倒圆 (17)
体 (18)

图 5-13

5. 隐藏毛坯

在【实用】工具条中选择（反转显示和隐藏）图标，图形中工件几何体显示，毛坯隐藏。

5.6 设置加工坐标系及安全平面

1. 进入加工模块

选择菜单中的【开始】下拉框中选择【加工(N)...】模块，如图 5-14 所示，进入加工应用模块。

2. 设置加工环境

选择【加工(N)...】模块后系统出现【加工环境】对话框，如图5-15所示。在 CAM 会话配置 列表框中选择 cam_general，在 要创建的 CAM 设置 列表框中选择 drill，单击 确定 按钮，进入加工初始化，在导航器栏出现（工序导航器）图标，如图5-16所示。

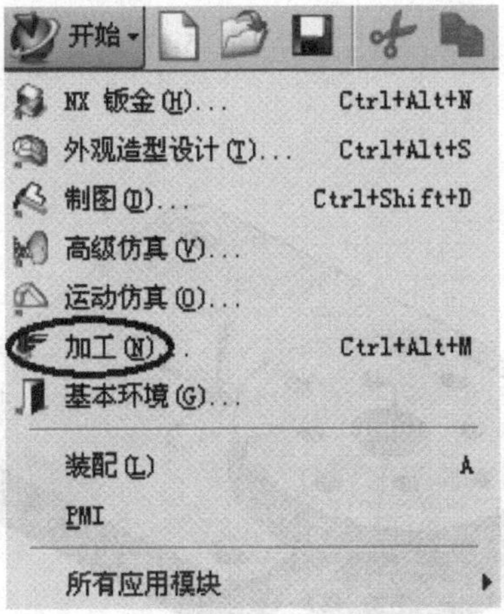
开始
NX 钣金(H)...　Ctrl+Alt+N
外观造型设计(T)...　Ctrl+Alt+S
制图(D)...　Ctrl+Shift+D
高级仿真(V)...
运动仿真(O)...
加工(N)...　Ctrl+Alt+M
基本环境(G)...
装配(L)　A
PMI
所有应用模块

图　5-14

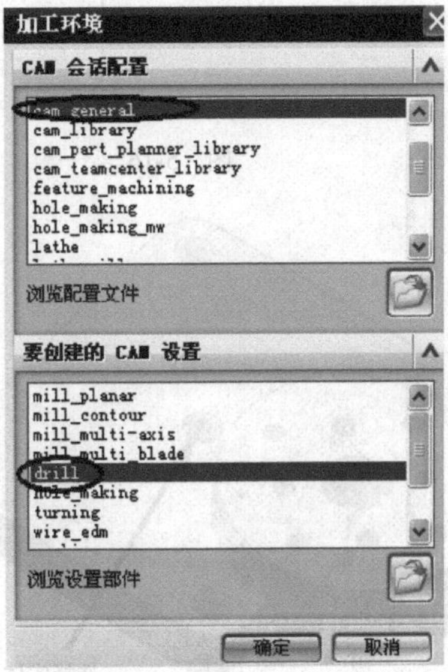
加工环境
CAM 会话配置
cam_general
cam_library
cam_part_planner_library
cam_teamcenter_library
feature_machining
hole_making
hole_making_mw
lathe
浏览配置文件
要创建的 CAM 设置
mill_planar
mill_contour
mill_multi-axis
mill_multi_blade
drill
hole_making
turning
wire_edm
浏览设置部件
确定
取消

图　5-15

3. 设置工序导航器的视图为几何视图

选择菜单中的【工具(T)】/【工序导航器(O)】/【视图(V)】/【几何视图(G)】命令或在【导航器】工具条中选择（几何视图）图标，更新的工序导航器视图如图5-16所示。

4. 设置工作坐标系

选择菜单中的【格式(R)】/【WCS】/【定向(N)...】命令或在【实用】工具条中选择 原点(O)... 图标，出现【点】构造器对话框，在 类型 下拉框中选择 圆弧中心/椭圆中心/球心 选项，如图5-17所示。在图形中选择如图5-18所示的实体圆弧边，单击 确定 按钮，完成设置工作坐标系，如图5-19所示。

继续移动工作坐标系，选择菜单中的【格式(R)】/【WCS】/【定向(N)...】命令或在【实用】工具条中选择 原点(O)... 图标，出现【点】构造器对话框，在 ZC 栏输入18，如图5-20所示。单击 确定 按钮，完成设置工作坐标系，如图5-21所示。

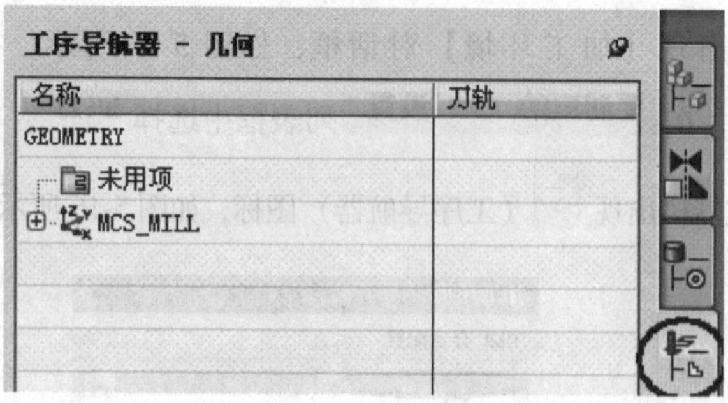
工序导航器 - 几何
名称
刀轨
GEOMETRY
未用项
MCS_MILL

图 5-16

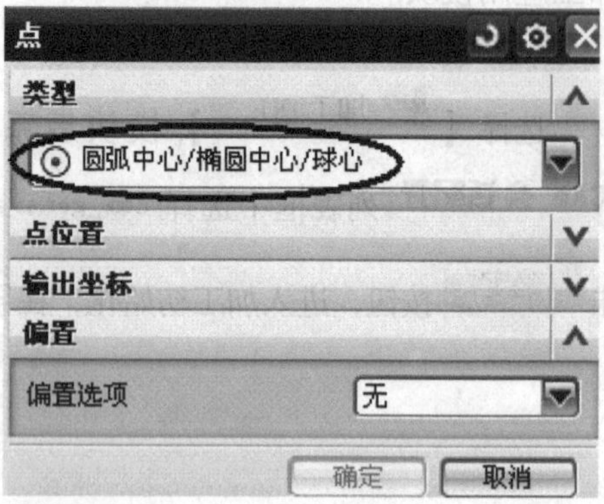
点
类型
圆弧中心/椭圆中心/球心
点位置
输出坐标
偏置
偏置选项
无
确定
取消

图 5-17

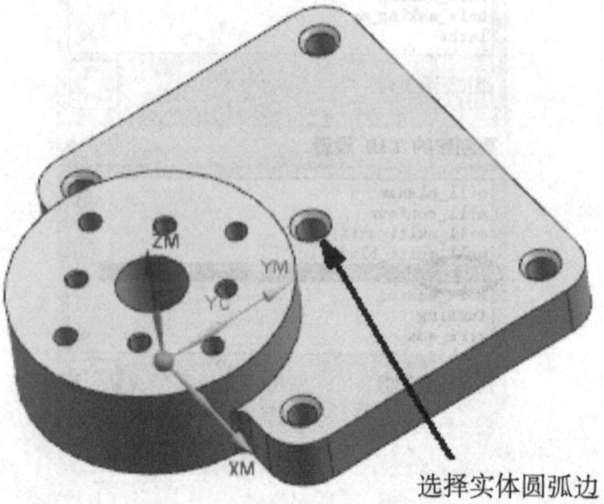
ZM
YM
YC
XM
选择实体圆弧边

图 5-18

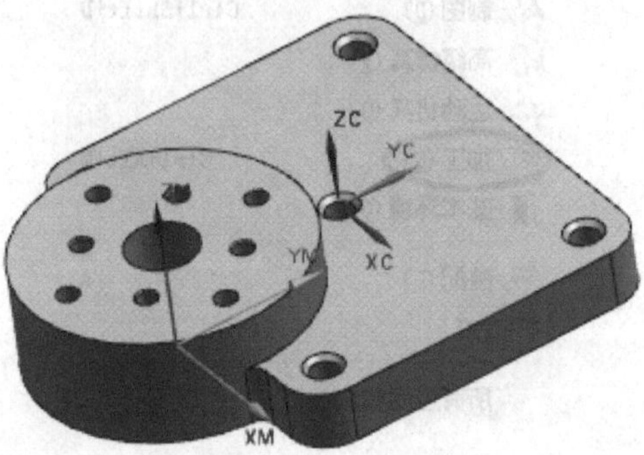
ZC
YC
XC
YM
XM

图 5-19

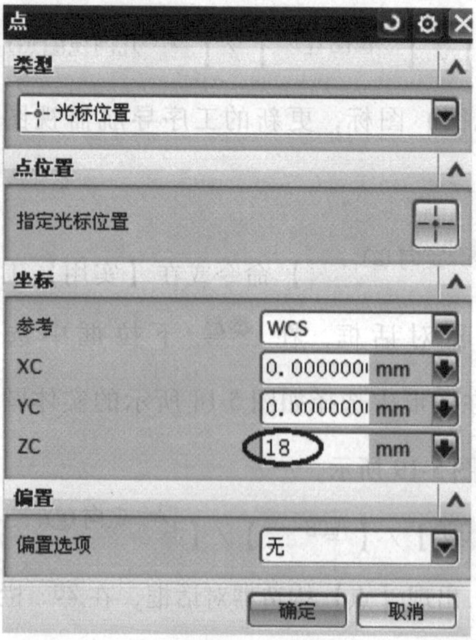
点
类型
光标位置
点位置
指定光标位置
坐标
参考
WCS
XC
0.000000
mm
YC
0.000000
mm
ZC
18
mm
偏置
偏置选项
无
确定
取消

图 5-20

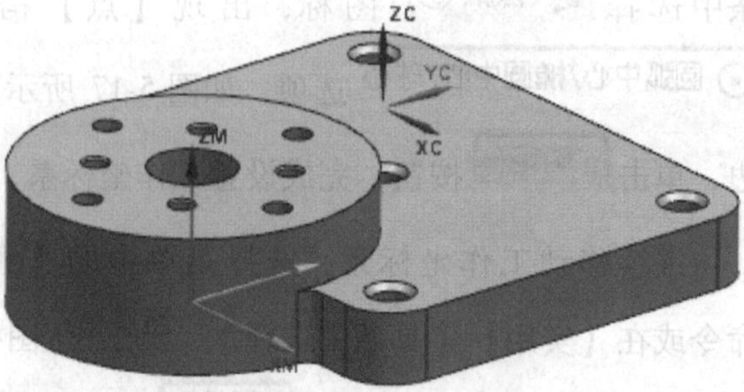
ZC
YC
XC
ZM

图 5-21

5. 设置加工坐标系

在工序导航器中双击 MCS_MILL （加工坐标系）图标，出现【Mill Orient】对话框，如图5-22所示。在 指定 MCS 区域选择 （CSYS会话）图标，出现【CSYS】对话框，如图5-23 所示。在 类型 下拉框中选择【动态】选项，在 参考 下拉框中选择【WCS（工作坐标系）】选项，单击 确定 按钮，完成设置加工坐标系，即接受工作坐标系为加工坐标系，如图5-24所示。

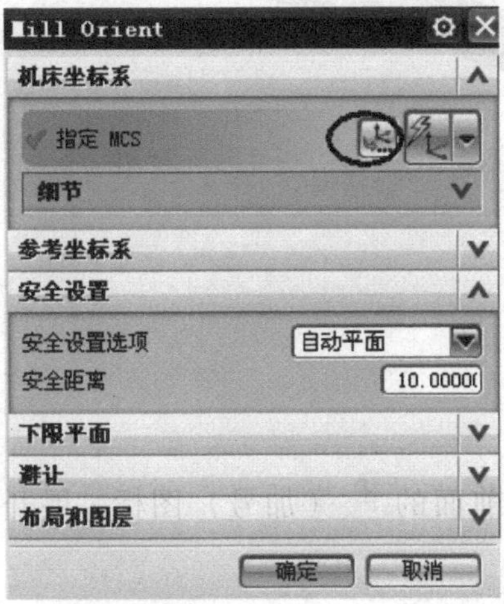
Mill Orient
机床坐标系
指定 MCS
细节
参考坐标系
安全设置
安全设置选项
自动平面
安全距离
10.0000
下限平面
避让
布局和图层
确定
取消

图 5-22

CSYS
类型
动态
参考 CSYS
参考
WCS
操控器
指定方位
确定
取消

图 5-23

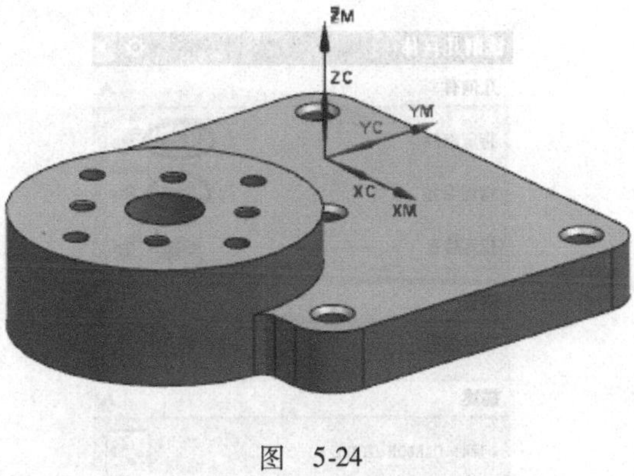
ZM
ZC
YM
YC
XC
XM

图 5-24

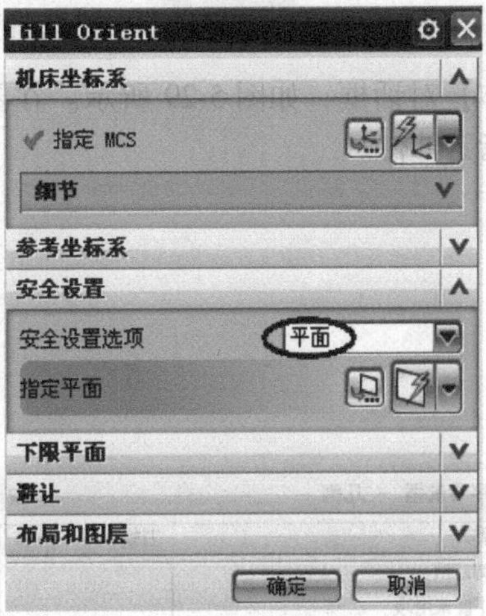
Mill Orient
机床坐标系
指定 MCS
细节
参考坐标系
安全设置
安全设置选项
平面
指定平面
下限平面
避让
布局和图层
确定
取消

图 5-25

注意：【Mill Orient】对话框不要关闭。

6. 设置安全平面

在【Mill Orient】对话框中 安全设置 区域 安全设置选项 下拉框中选择 平面 选项，如图

5-25 所示。在图形中选择如图 5-26 所示的工件顶面，在距离栏输入 15，单击确定按钮，完成设置安全平面。

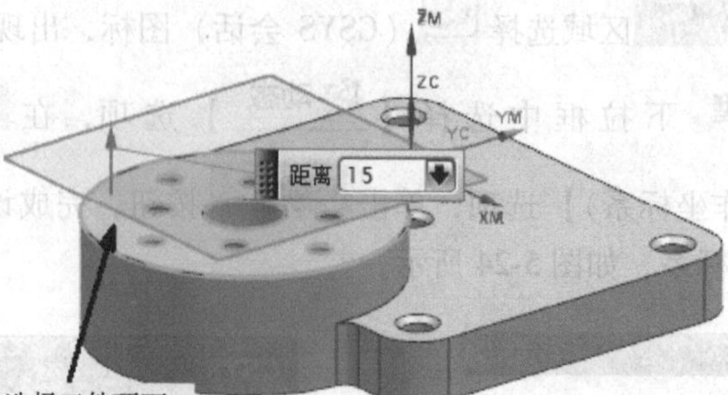
ZM
ZC
YC
YM
XM
距离 15
选择工件顶面

图 5-26

5.7 创建铣削几何体

1. 展开 MCS _ MILL

在工序导航器的几何视图中单击 MCS_MILL 前面的 ⊕（加号）图标，展开 MCS _ MILL，更新为如图 5-27 所示。

2. 创建钻（铣）削部件几何体

在工序导航器中双击 WORKPIECE （铣削几何体）图标，出现【铣削几何体】对话框，如图 5-28 所示。在指定部件区域选择（选择或编辑部件几何体）图标，出现【部件几何体】对话框，如图 5-29 所示。在图形中选择如图 5-30 所示工件，单击确定按钮，完成指定部件。

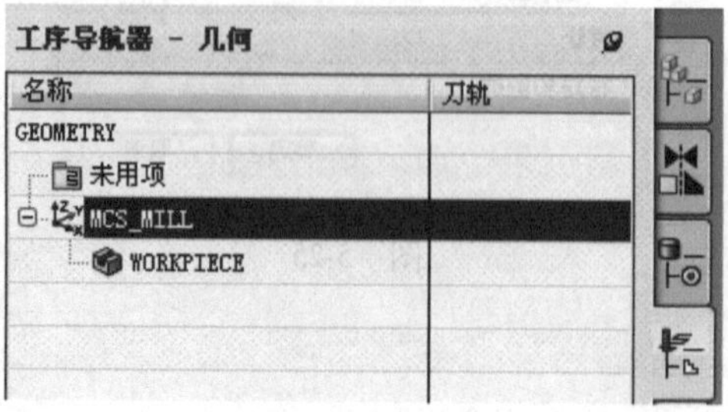
工序导航器 - 几何
名称
刀轨
GEOMETRY
未用项
MCS_MILL
WORKPIECE

图 5-27

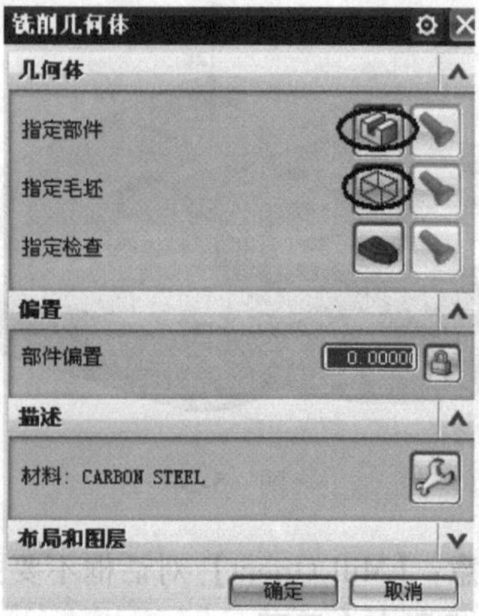
铣削几何体
几何体
指定部件
指定毛坯
指定检查
偏置
部件偏置
0.0000
描述
材料：CARBON STEEL
布局和图层
确定
取消

图 5-28

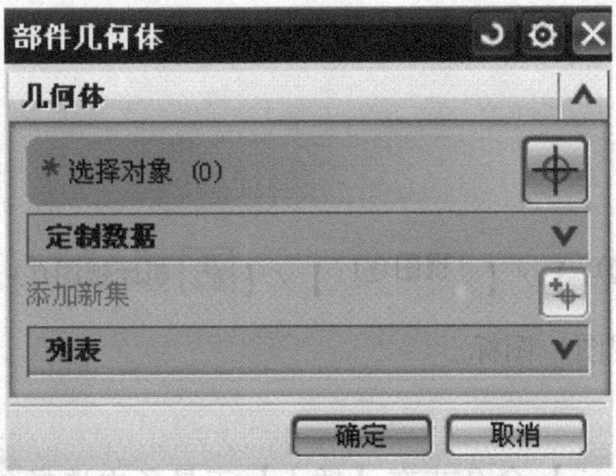
部件几何体
几何体
选择对象 (0)
定制数据
添加新集
列表
确定
取消

图 5-29

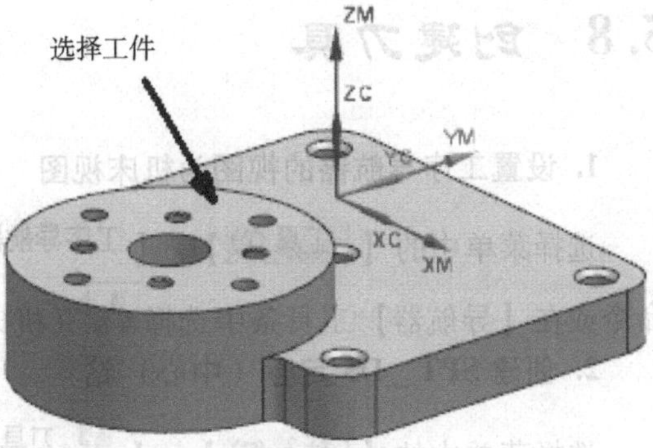
选择工件
ZM
ZC
YM
YC
XC
XM

图 5-30

3. 显示毛坯几何体

在【实用】工具条中选择（反转显示和隐藏）图标，图形中毛坯几何体显示，工件隐藏。

4. 设置铣削毛坯几何体

系统返回【铣削几何体】对话框，在指定毛坯区域选择（选择或编辑毛坯几何体）图标，出现【毛坯几何体】对话框，如图 5-31 所示。在类型下拉框中选择几何体选项，在图形中选择如图 5-32 所示毛坯几何体，单击确定按钮，完成指定毛坯，系统返回【铣削几何体】对话框，单击确定按钮，完成设置铣削几何体。

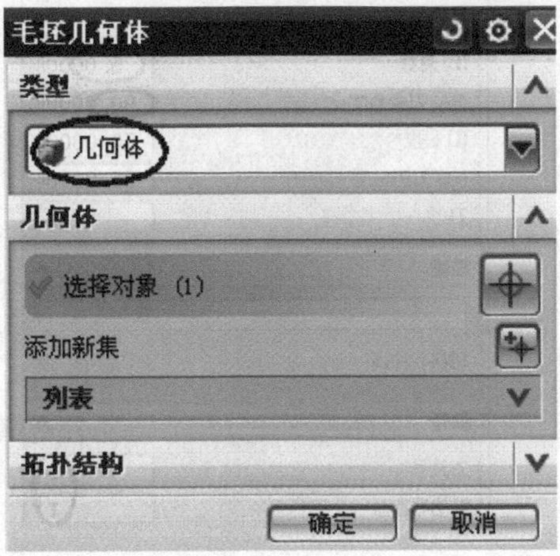
毛坯几何体
类型
几何体
几何体
选择对象 (1)
添加新集
列表
拓扑结构
确定
取消

图 5-31

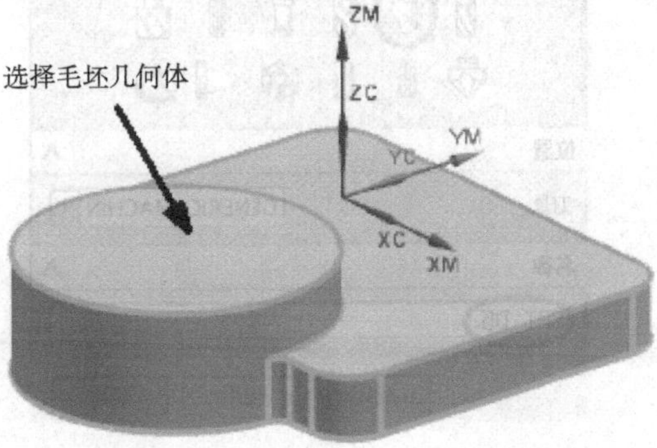
选择毛坯几何体
ZM
ZC
YM
YC
XC
XM

图 5-32

5. 显示工件几何体

在【实用】工具条中选择（反转显示和隐藏）图标，图形中工件几何体显示，毛坯隐藏。

5.8 创建刀具

1. 设置工序导航器的视图为机床视图

选择菜单中的【工具(T)】/【工序导航器(O)】/【视图(V)】/【机床视图(T)】命令或在【导航器】工具条中选择（机床视图）图标。

2. 创建 SPT _ D5 定心（中心）钻

选择菜单中的【插入(S)】/【刀具(T)...】命令或在【插入】工具条中选择（创建刀具）图标，出现【创建刀具】对话框，如图 5-33 所示。选择（定心钻）图标，在名称栏输入 SPT _ D5，单击确定按钮，出现【钻头】对话框，如图 5-34 所示。在直径栏输入 5，在刀尖角度栏输入 90，在刀具号、补偿寄存器栏分别输入 1、1，单击确定按钮，完成创建 SPT _ D5 定心钻。

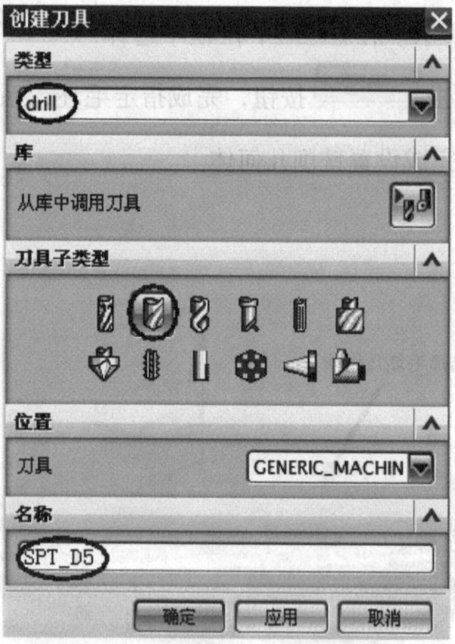
创建刀具
类型
drill
库
从库中调用刀具
刀具子类型
位置
刀具
GENERIC_MACHIN
名称
SPT_D5
确定
应用
取消

图 5-33

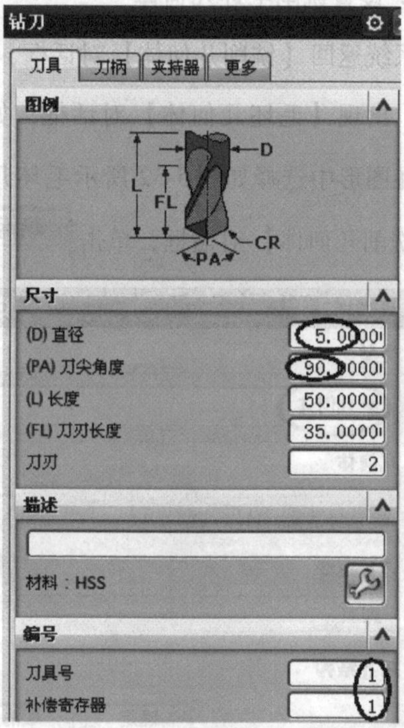
钻刀
刀具
刀柄
夹持器
更多
图例
D
L
FL
CR
PA
尺寸
(D) 直径
5.0000
(PA) 刀尖角度
90.0000
(L) 长度
50.0000
(FL) 刀刃长度
35.0000
刀刃
2
描述
材料：HSS
编号
刀具号
1
补偿寄存器
1

图 5-34

3. 创建钻头

选择菜单中的【插入(S)】/【刀具(T)...】命令或在【插入】工具条中选择（创建刀具）图标，出现【创建刀具】对话框，如图 5-35 所示。选择（麻花钻）图标，在名称栏输入 DR8，单击确定按钮，出现【钻头】对话框，如图 5-36 所示。在直径栏输入 8，在刀具号、补偿寄存器栏分别输入 2、2，单击确定按钮，完成创建 DR8 钻头。

按照上述步骤依次创建表 5-4 所列其余钻头。

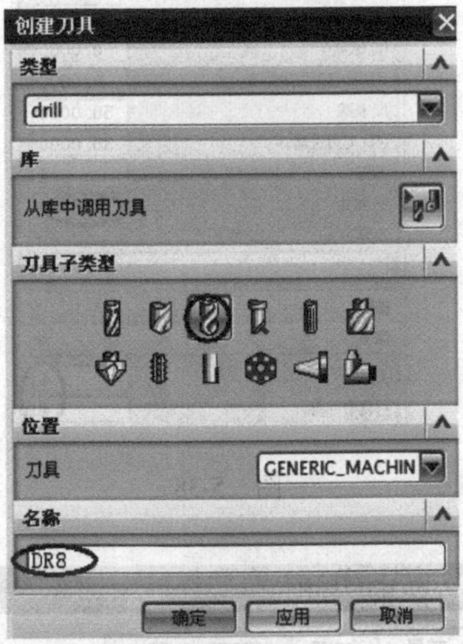
创建刀具
类型
drill
库
从库中调用刀具
刀具子类型
位置
刀具
GENERIC_MACHIN
名称
DR8
确定
应用
取消

图 5-35

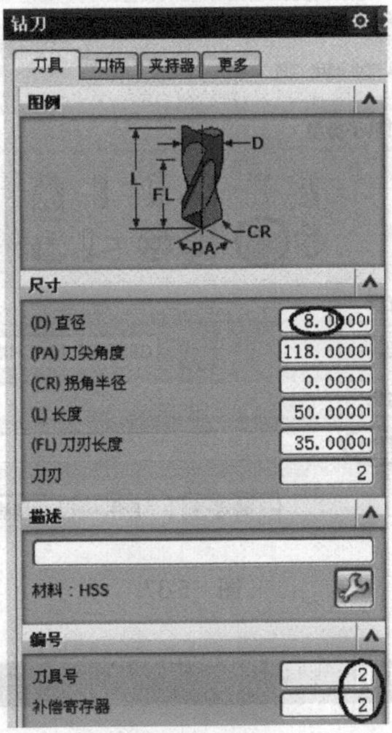
钻刀
刀具
刀柄
夹持器
更多
图例
D
L
FL
CR
PA
尺寸
(D) 直径
8.0000
(PA) 刀尖角度
118.0000
(CR) 拐角半径
0.0000
(L) 长度
50.0000
(FL) 刀刃长度
35.0000
刀刃
2
描述
材料：HSS
编号
刀具号
2
补偿寄存器
2

图 5-36

4. 创建 TP8 丝锥

选择菜单中的【插入(S)】/【刀具(T)...】命令或在【插入】工具条中选择（创建刀具）图标，出现【创建刀具】对话框，如图 5-37 所示。选择（丝锥）图标，在名称栏输入 TP8，单击确定按钮，出现【钻刀】对话框，如图 5-38 所示。在直径栏输入 8，在(P) 螺距栏输入 1.25，在刀具号、补偿寄存器栏分别输入 4、4，单击确定按钮，完成创建 TP8 丝锥。

5. 创建 BR25 镗刀

选择菜单中的【插入(S)】/【刀具(T)...】命令或在【插入】工具条中选择（创建刀具）图标，出现【创建刀具】对话框，如图 5-39 所示。选择（镗刀）图标，在名称栏输入 BR25，单击确定按钮，出现【钻头】对话框，如图 5-40 所示。在直径栏输入 25，在刀具号、补偿寄存器栏分别输入 6、6，单击确定按钮，完成创建 BR25 镗刀。

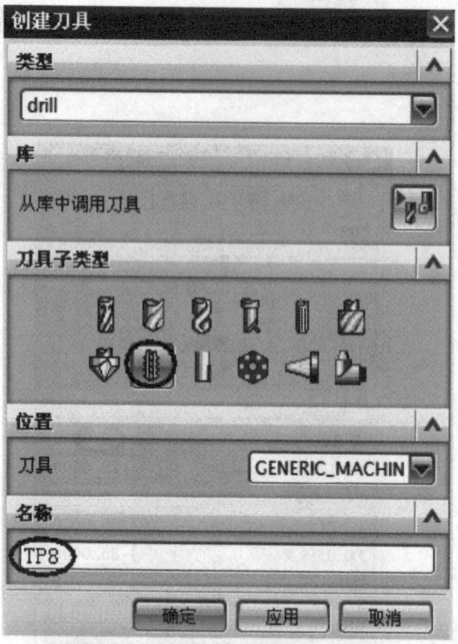
创建刀具
类型
drill
库
从库中调用刀具
刀具子类型
位置
刀具
GENERIC_MACHIN
名称
TP8
确定
应用
取消

图 5-37

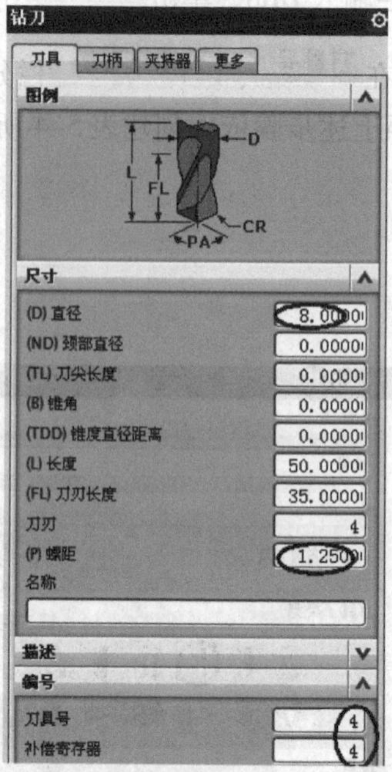
钻刀
刀具
刀柄
夹持器
更多
图例
D
L
FL
CR
PA
尺寸
(D) 直径
8.0000
(ND) 颈部直径
0.0000
(TL) 刀尖长度
0.0000
(B) 锥角
0.0000
(TDD) 锥度直径距离
0.0000
(L) 长度
50.0000
(FL) 刀刃长度
35.0000
刀刃
4
(P) 螺距
1.2500
名称
描述
编号
刀具号
4
补偿寄存器
4

图 5-38

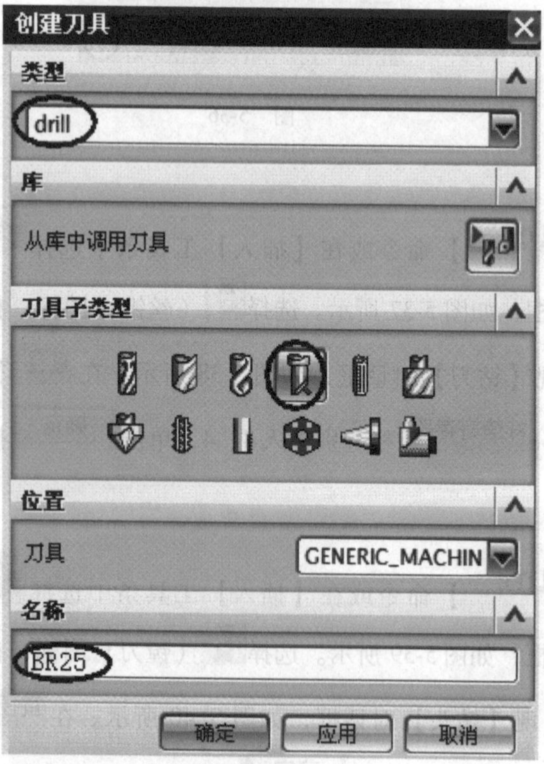
创建刀具
类型
drill
库
从库中调用刀具
刀具子类型
位置
刀具
GENERIC_MACHIN
名称
BR25
确定
应用
取消

图 5-39

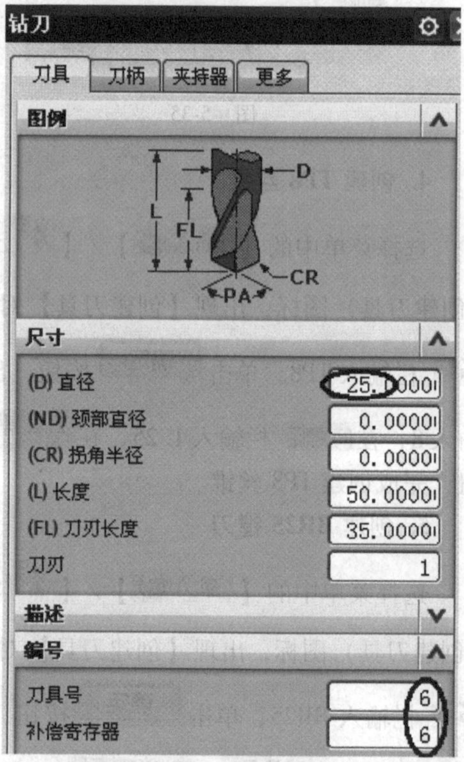
钻刀
刀具
刀柄
夹持器
更多
图例
D
L
FL
CR
PA
尺寸
(D) 直径
25.0000
(ND) 颈部直径
0.0000
(CR) 拐角半径
0.0000
(L) 长度
50.0000
(FL) 刀刃长度
35.0000
刀刃
1
描述
编号
刀具号
6
补偿寄存器
6

图 5-40

6. 创建锥形锪刀

选择菜单中的【插入(S)】/【刀具(T)...】命令或在【插入】工具条中选择（创建刀具）图标，出现【创建刀具】对话框，如图5-41所示。选择（锥形锪刀）图标，在名称栏输入CR20，单击确定按钮，出现【铣刀-5参数】对话框，如图5-42所示。在直径栏输入20，在刀具号、补偿寄存器、刀具补偿寄存器栏分别输入8、8、8，单击确定按钮，完成创建CR20锥形锪刀。

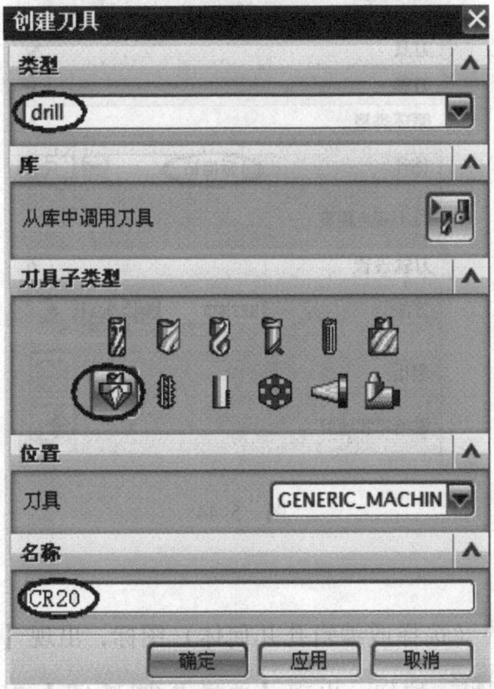

创建刀具
类型
drill
库
从库中调用刀具
刀具子类型
位置
刀具
GENERIC_MACHIN
名称
CR20
确定
应用
取消

图　5-41

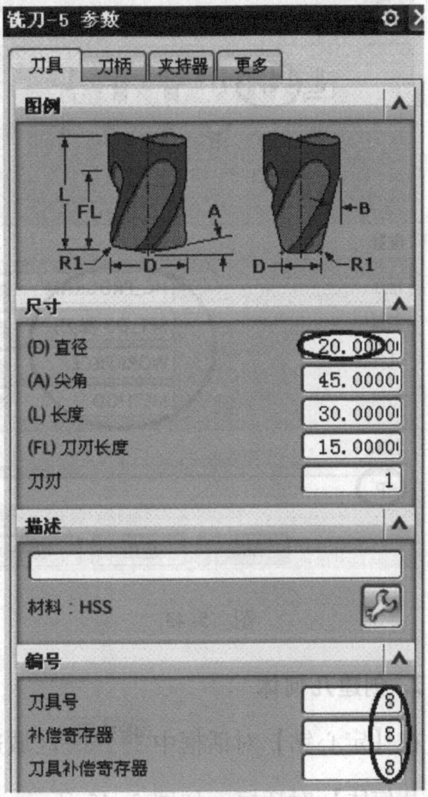

铣刀-5 参数
刀具
刀柄
夹持器
更多
图例
L
FL
A
B
R1
D
尺寸
(D) 直径
20.0000
(A) 尖角
45.0000
(L) 长度
30.0000
(FL) 刀刃长度
15.0000
刀刃
1
描述
材料：HSS
编号
刀具号
8
补偿寄存器
8
刀具补偿寄存器
8

图　5-42

5.9　创建中心（点）钻操作

1. 创建操作父节组选项

选择菜单中的【插入(S)】/【工序(E)...】命令或在【插入】工具条中选择（创建工序）图标，出现【创建工序】对话框，如图5-43所示。

在【创建工序】对话框中类型下拉框中选择drill（型腔铣），在工序子类型区域选择（定心钻）图标，在程序下拉框选择NC_PROGRAM程序节点，在刀具下拉框中选择SPT_D5 (钻刀)刀具节点，在几何体下拉框中选择WORKPIECE节点，在方法下拉框中选择METHOD 节点，在名称栏输入SP，如图5-43所示。单击确定按钮，系统出现【定心钻】对话框，如图5-44所示。

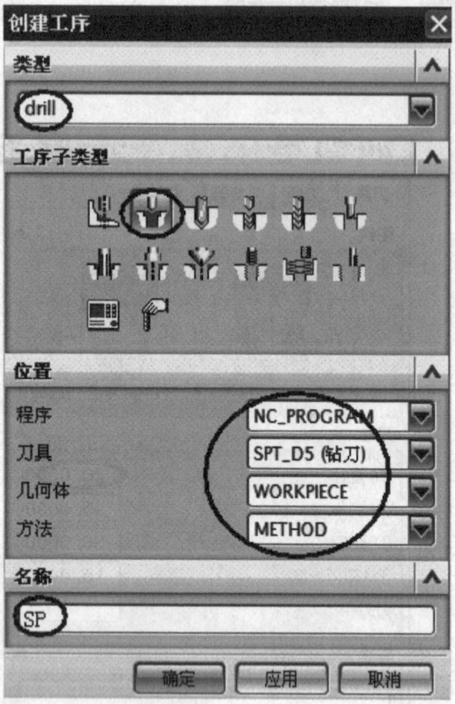
创建工序
类型
drill
工序子类型
位置
程序
NC_PROGRAM
刀具
SPT_D5 (钻刀)
几何体
WORKPIECE
方法
METHOD
名称
SP
确定
应用
取消

图 5-43

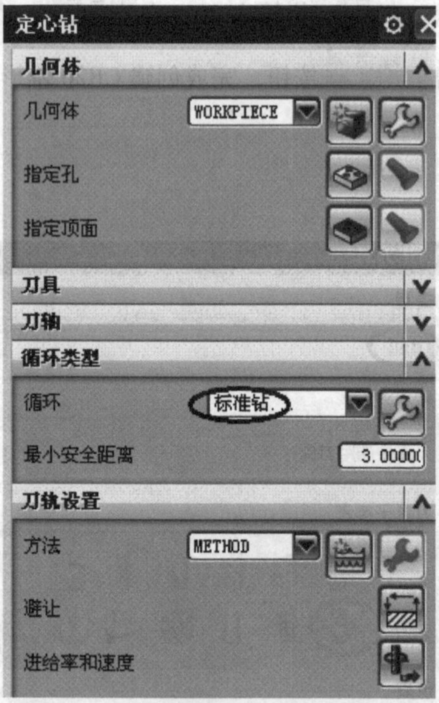
定心钻
几何体
几何体
WORKPIECE
指定孔
指定顶面
刀具
刀轴
循环类型
循环
标准钻.
最小安全距离
3.0000(
刀轨设置
方法
METHOD
避让
进给率和速度

图 5-44

2. 创建几何体

在【定心钻】对话框中指定孔区域选择（选择或编辑孔几何体）图标，出现【点到点几何体】对话框，如图5-45所示。单击选择按钮，出现【选择点/圆弧/孔】对话框，单击面上所有孔按钮，如图5-46所示。

系统出现【选择面】对话框，如图5-47所示。在图形中依次选择如图5-48所示的实体面，单击确定按钮，系统返回【选择点/圆弧/孔】对话框，单击确定按钮，系统返回【点到点几何体】对话框，单击优化按钮，如图5-49所示。出现【优化点】对话框，单击最短刀轨按钮，如图5-50所示。出现【优化参数】对话框，单击优化按钮，如图5-51所示。出现【优化结果】对话框，如图5-52所示，图形中显示加工孔的顺序，如图5-53所示。单击确定按钮，系统返回【点到点几何体】对话框，单击确定按钮，完成指定加工孔。

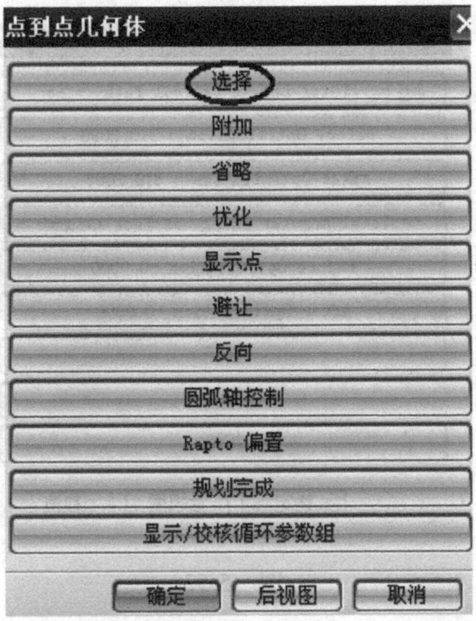
点到点几何体
选择
附加
省略
优化
显示点
避让
反向
圆弧轴控制
Rapto 偏置
规划完成
显示/校核循环参数組
确定
后视图
取消

图 5-45

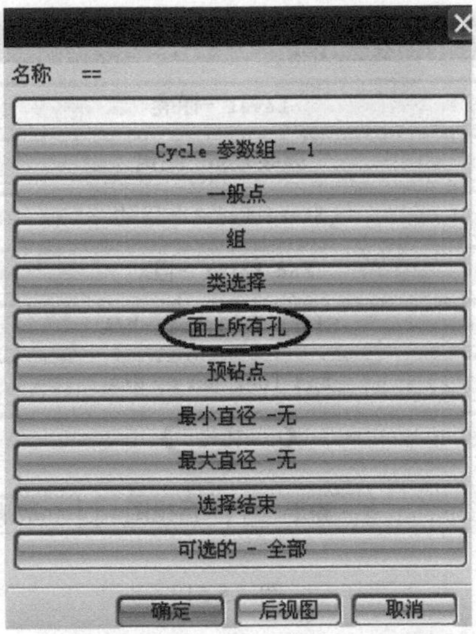
名称 ==
Cycle 参数组 - 1
一般点
组
类选择
面上所有孔
预钻点
最小直径 -无
最大直径 -无
选择结束
可选的 - 全部
确定
后视图
取消

图 5-46

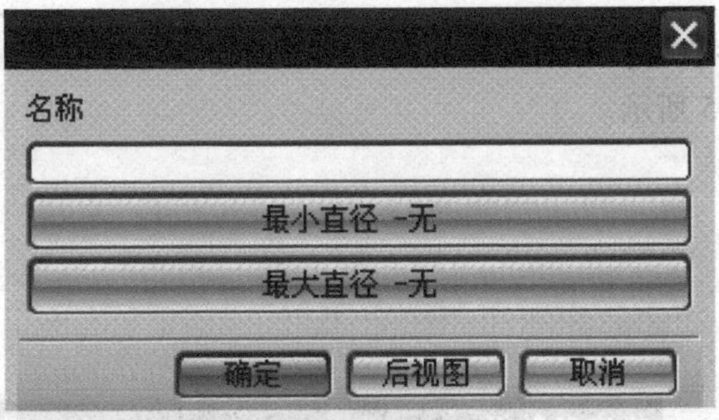
名称
最小直径 -无
最大直径 -无
确定
后视图
取消

图 5-47

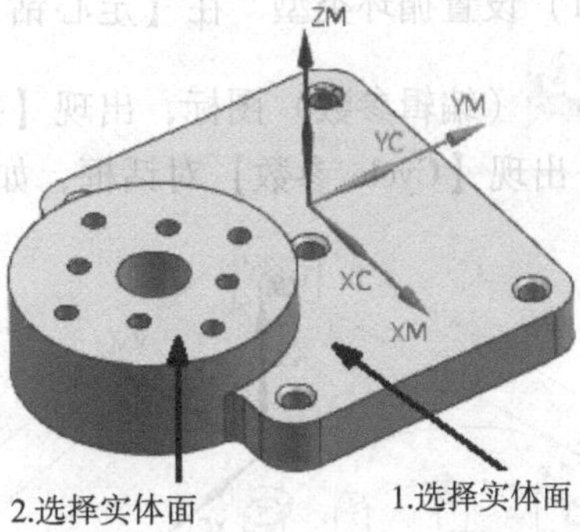
ZM
YM
YC
XC
XM
2.选择实体面
1.选择实体面

图 5-48

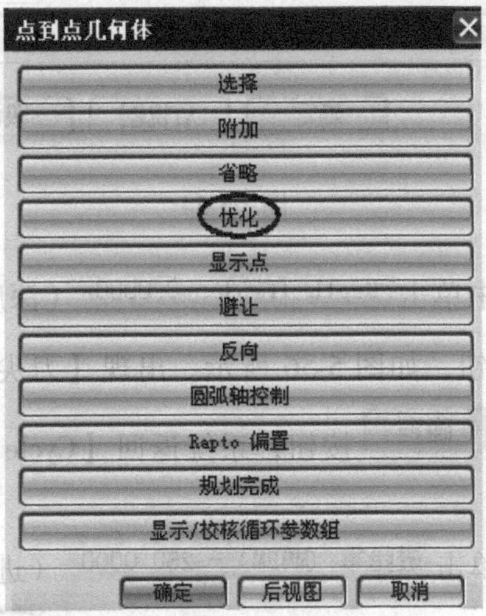
点到点几何体
选择
附加
省略
优化
显示点
避让
反向
圆弧轴控制
Rapto 偏置
规划完成
显示/校核循环参数組
确定
后视图
取消

图 5-49

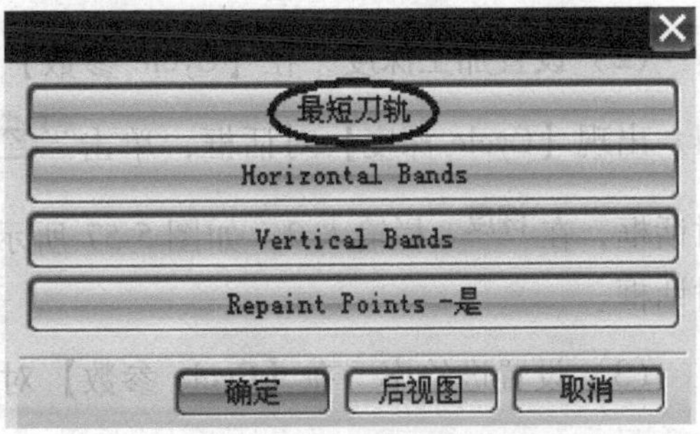
最短刀轨
Horizontal Bands
Vertical Bands
Repaint Points -是
确定
后视图
取消

图 5-50

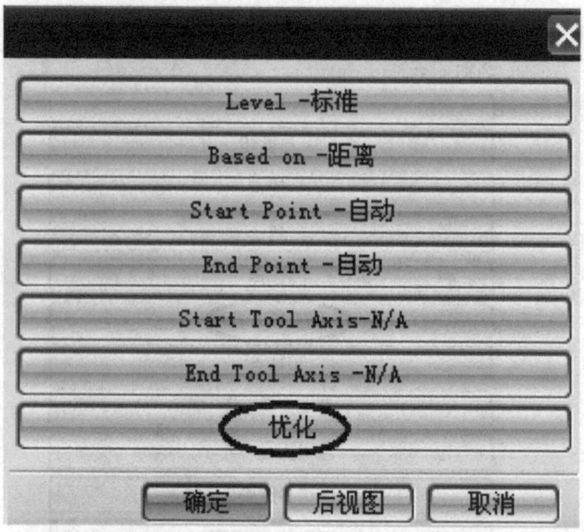
Level -标准
Based on -距离
Start Point -自动
End Point -自动
Start Tool Axis-N/A
End Tool Axis -N/A
优化
确定
后视图
取消

图 5-51

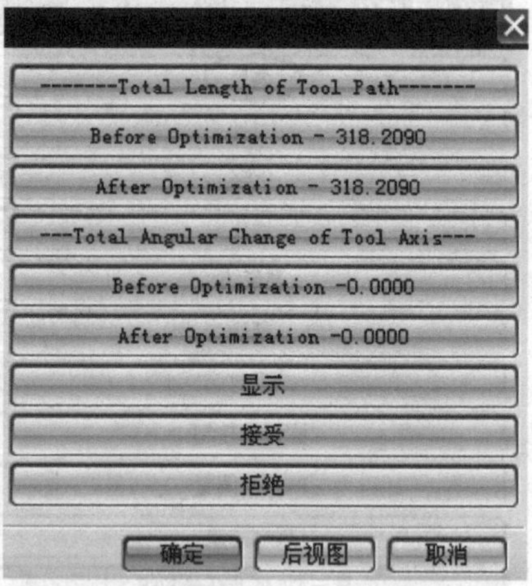
-------Total Length of Tool Path-------
Before Optimization - 318.2090
After Optimization - 318.2090
---Total Angular Change of Tool Axis---
Before Optimization -0.0000
After Optimization -0.0000
显示
接受
拒绝
确定
后视图
取消

图 5-52

3. 设置循环类型和循环参数

（1）设置循环类型　在【定心钻】对话框中循环下拉框中选择标准钻...选项，选择（编辑参数）图标，出现【指定参数组】对话框，如图 5-54 所示。单击确定按钮，出现【Cycle 参数】对话框，如图 5-55 所示。

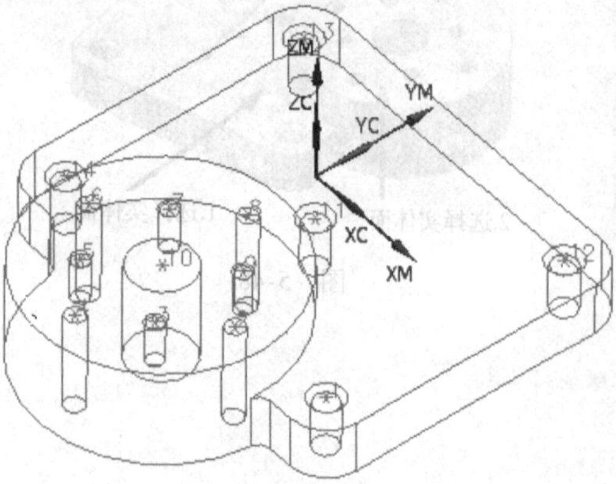
ZM
ZC
YM
YC
XC
XM

图 5-53

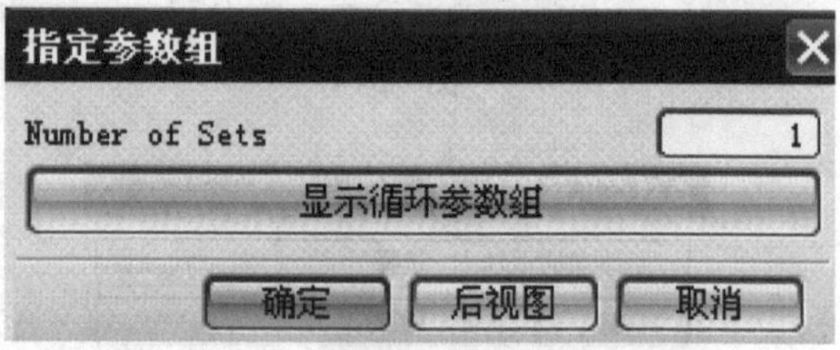
指定参数组
Number of Sets
1
显示循环参数组
确定
后视图
取消

图 5-54

（2）设置加工深度　在【Cycle 参数】对话框中单击 Depth (Tip) - 0.0000（深度）按钮，出现【Cycle 深度】对话框，单击刀尖深度按钮，如图 5-56 所示。出现【刀尖深度】对话框，在深度栏输入 2，如图 5-57 所示。单击确定按钮，系统返回【Cycle 参数】对话框。

（3）设置进给率　在【Cycle 参数】对话框中单击进给率 (MMPM) - 250.0000（进给率）按钮，出现【Cycle 进给率】对话框，在 MMPM 栏输入 100，如图 5-58 所示。单击确定按钮，系统返回【Cycle 参数】对话框，单击确定按钮，系统返回【定心钻】对话框。

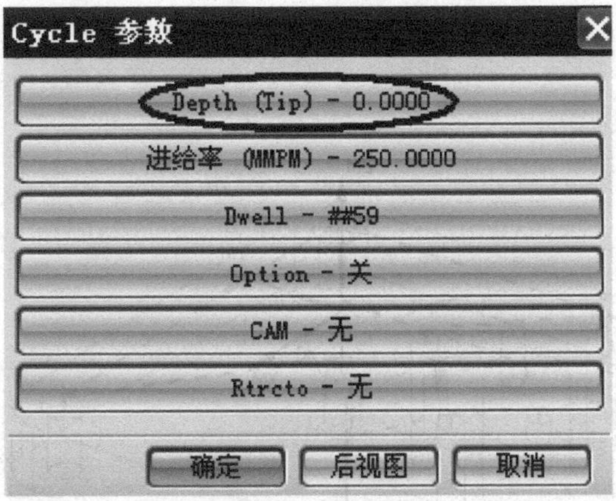
Cycle 参数
Depth (Tip) - 0.0000
进给率 (MMPM) - 250.0000
Dwell - ##59
Option - 关
CAM - 无
Rtrcto - 无
确定
后视图
取消

图 5-55

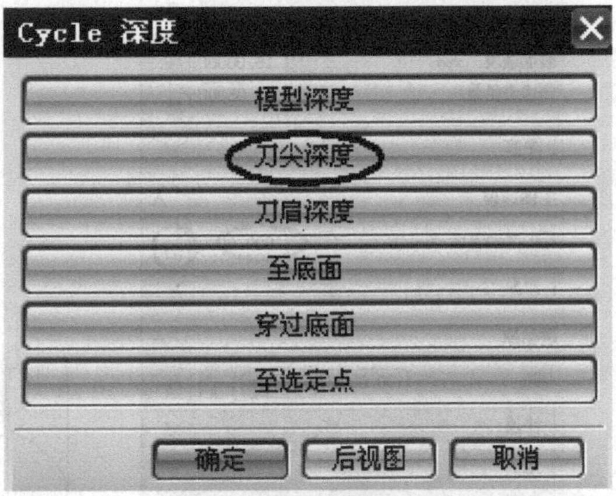
Cycle 深度
模型深度
刀尖深度
刀肩深度
至底面
穿过底面
至选定点
确定
后视图
取消

图 5-56

深度
2.0000
确定
后视图
取消

图 5-57

Cycle 进给率
MMPM
100.0000
切换单位至MMPR
确定
后视图
取消

图 5-58

4. 设置主轴速度

在【定心钻】对话框中选择（进给率和速度）图标，出现【进给率和速度】对话框，如图 5-59 所示。勾选主轴速度 (rpm)选项，在主轴速度 (rpm)栏输入 1000，按下回车键，单击（基于此值计算进给和速度）按钮，单击确定按钮，完成设置进给率和速度参数，系统返回【定心钻】对话框。

5. 生成刀轨

在【定心钻】对话框中操作区域中选择（生成刀轨）图标，系统自动生成刀轨，如图 5-60 所示，单击确定按钮，接受刀轨。

6. 创建刀轨仿真验证

在工序导航器几何视图选择WORKPIECE节点下的 SP 工序，然后在【操作】工具条中选择（确认刀轨）图标，出现【刀轨可视化】对话框，如图 5-61 所示。选择2D 动态选项，单击（播放）按钮，图形中出现模拟切削动画，模拟切削完成后，在【刀轨可视化】对话框中单击比较按钮，可以看到切削结果，如图 5-62 所示。

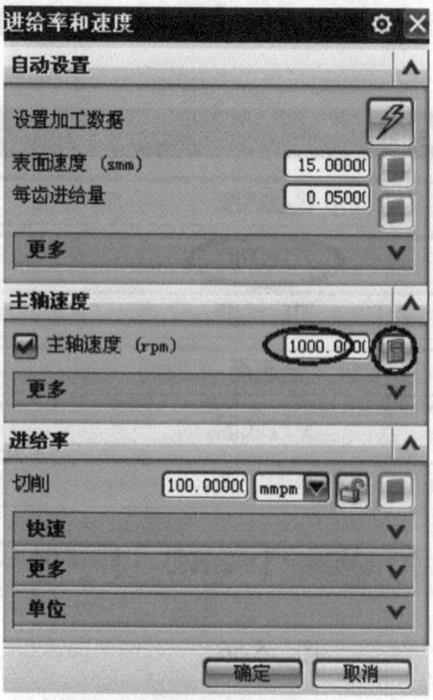
进给率和速度
自动设置
设置加工数据
表面速度（smm） 15.0000
每齿进给量 0.0500
更多
主轴速度
主轴速度（rpm） 1000.0
更多
进给率
切削 100.0000 mmpm
快速
更多
单位
确定 取消

图 5-59

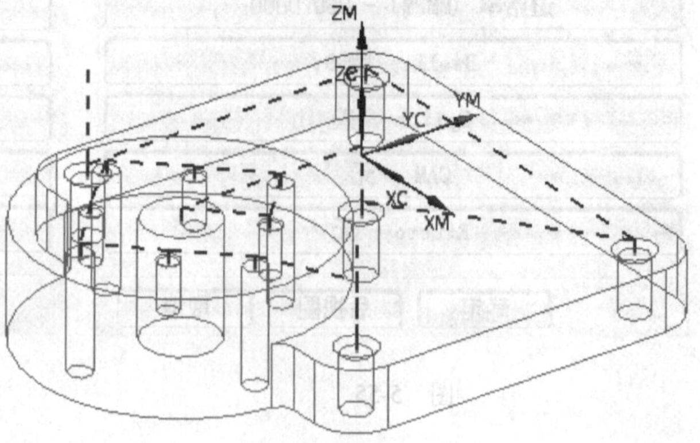
ZM
YM
YC
XC
XM

图 5-60

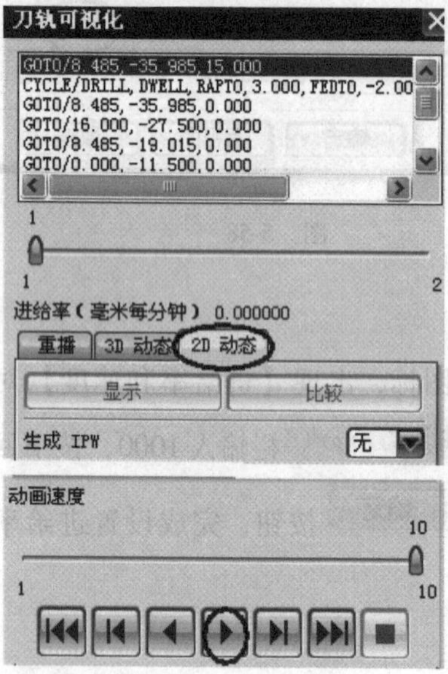
刀轨可视化
GOTO/8.485,-35.985,15.000
CYCLE/DRILL,DWELL,RAPTO,3.000,FEDTO,-2.00
GOTO/8.485,-35.985,0.000
GOTO/16.000,-27.500,0.000
GOTO/8.485,-19.015,0.000
GOTO/0.000,-11.500,0.000
进给率（毫米每分钟） 0.000000
重播 3D 动态 2D 动态
显示 比较
生成 IPW 无
动画速度

图 5-61

图 5-62

5.10 创建标准钻孔加工操作一

1. 创建操作父节组选项

选择菜单中的【插入(S)】/【工序(E)...】命令或在【插入】工具条中选择（创建工序）图标，出现【创建工序】对话框，如图 5-63 所示。

在【创建工序】对话框中类型下拉框中选择 drill （型腔铣），在工序子类型区域中选择（标准钻孔）图标，在程序下拉框中选择 NC_PROGRAM 程序节点，在刀具下拉框中选择 DR8（钻刀） 刀具节点，在几何体下拉框中选择 WORKPIECE 节点，在方法下拉框中选择 METHOD 节点，在名称栏输入 DR1，如图 5-63 所示。单击确定按钮，系统出现标准【钻】孔对话框，如图 5-64 所示。

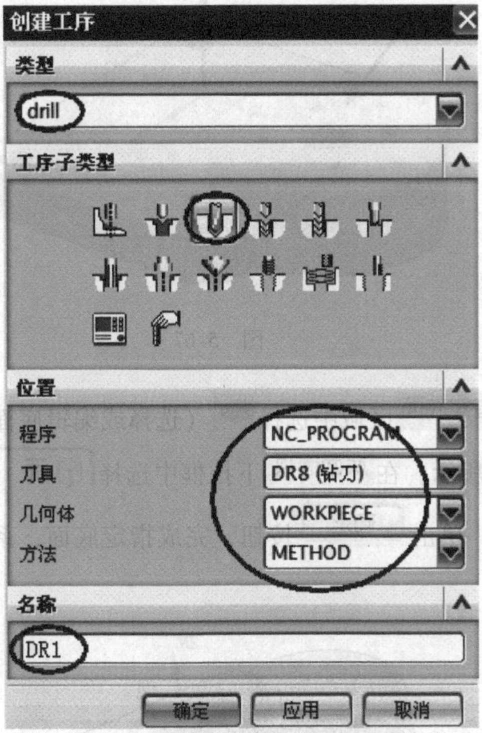
创建工序
类型
drill
工序子类型
位置
程序
NC_PROGRAM
刀具
DR8 (钻刀)
几何体
WORKPIECE
方法
METHOD
名称
DR1
确定
应用
取消

图 5-63

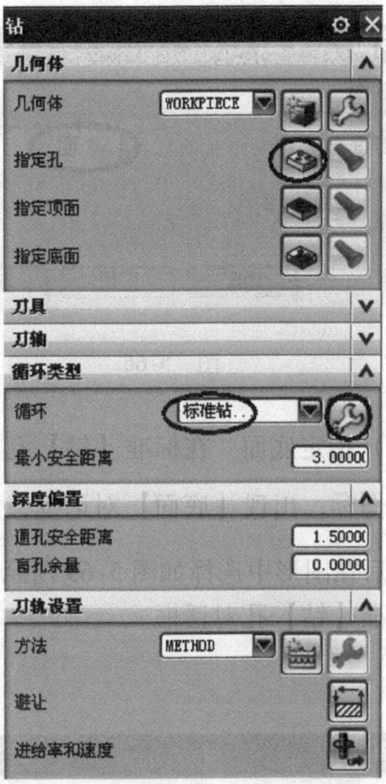
钻
几何体
几何体
WORKPIECE
指定孔
指定顶面
指定底面
刀具
刀轴
循环类型
循环
标准钻..
最小安全距离
3.0000
深度偏置
通孔安全距离
1.5000
盲孔余量
0.0000
刀轨设置
方法
METHOD
避让
进给率和速度

图 5-64

2. 创建几何体

（1）指定加工孔　在标准【钻】孔对话框中指定孔区域中选择（选择或编辑孔几何体）图标，出现【点到点几何体】对话框，单击选择按钮，出现【选择点/圆弧/孔】对话框，在图形中依次选择如图 5-65 所示的实体圆弧边，单击确定按钮，系统返回【点到点几何体】对话框，单击确定按钮，完成指定加工孔，系统返回标准【钻】孔对话框。

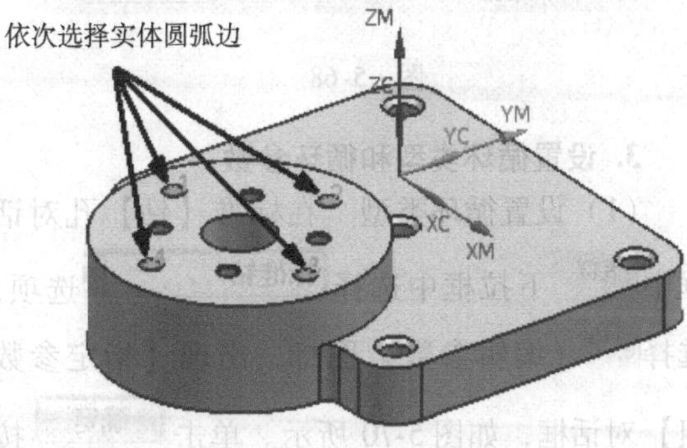
依次选择实体圆弧边
ZM
ZC
YM
YC
XC
XM

图 5-65

（2）指定部件表面　在标准【钻】孔

对话框中指定顶面区域中选择（选择或编辑部件表面几何体）图标，出现【顶面】对话框，如图5-66所示。在顶面选项下拉框中选择面选项，然后在图形中选择如图5-67所示的实体面，单击确定按钮，完成指定部件表面，系统返回标准【钻】孔对话框。

顶面
顶面
顶面选项
面
选择面（1）
确定
应用
取消

图 5-66

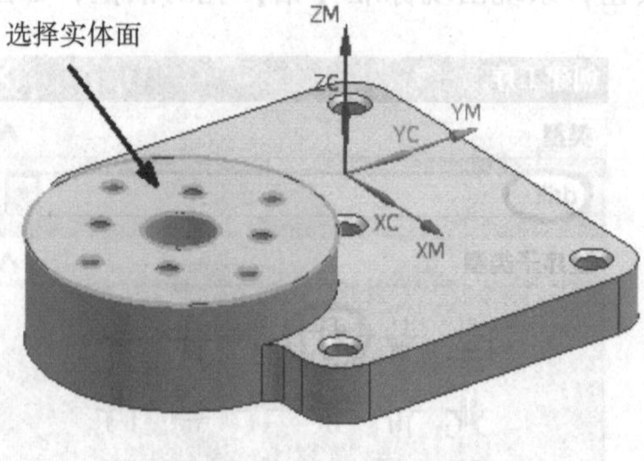
选择实体面
ZM
ZC
YC
YM
XC
XM

图 5-67

（3）指定底面　在标准【钻】孔对话框中指定底面区域中选择（选择或编辑底面几何体）图标，出现【底面】对话框，如图5-68所示。在底面选项下拉框中选择面选项，然后在图形中选择如图5-69所示的实体面，单击确定按钮，完成指定底面，系统返回标准【钻】孔对话框。

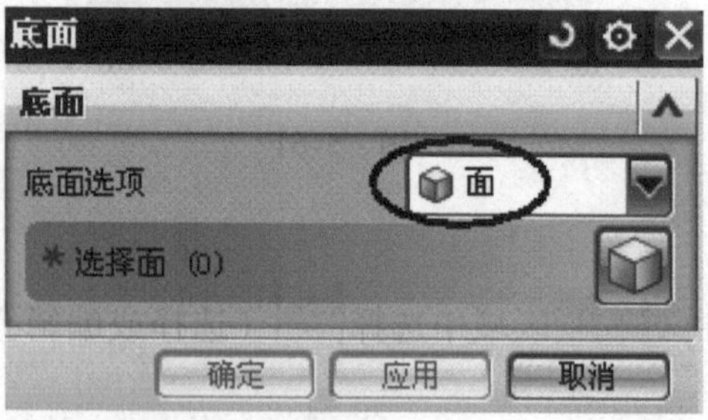
底面
底面
底面选项
面
* 选择面（0）
确定
应用
取消

图 5-68

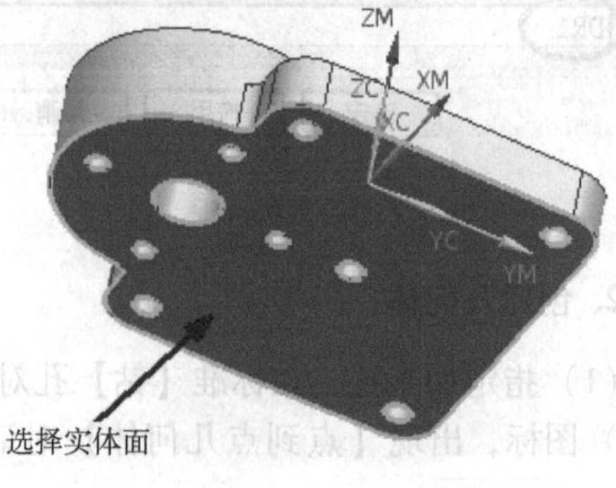
ZM
ZC
XM
XC
YC
YM
选择实体面

图 5-69

3. 设置循环类型和循环参数

（1）设置循环类型　在标准【钻】孔对话框中循环下拉框中选择标准钻...选项，选择（编辑参数）图标，出现【指定参数组】对话框，如图5-70所示。单击确定按

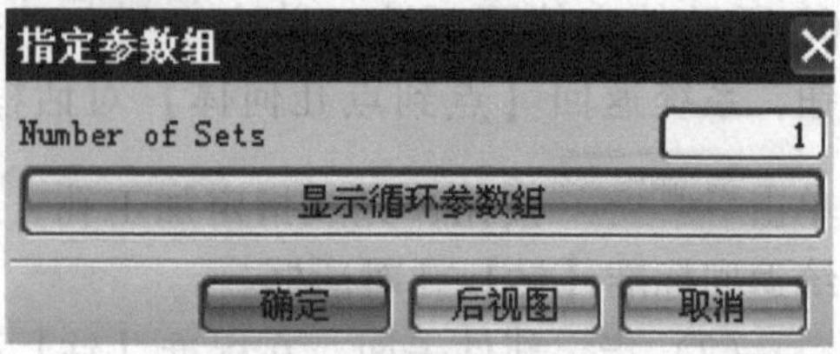
指定参数组
Number of Sets
1
显示循环参数组
确定
后视图
取消

图 5-70

钮，出现【Cycle 参数】对话框，如图 5-71 所示。

（2）设置加工深度　在【Cycle 参数】对话框中单击 Depth -模型深度 （深度）按钮，出现【Cycle 深度】对话框，单击 穿过底面 按钮，如图 5-72 所示。系统返回【Cycle 参数】对话框，单击 确定 按钮。

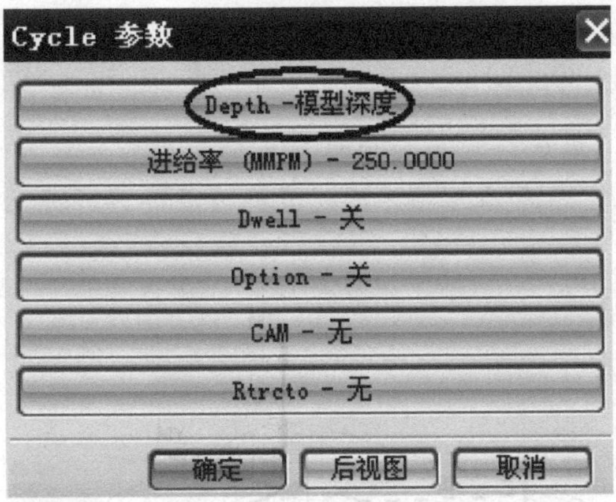
Cycle 参数
Depth -模型深度
进给率 (MMPM) - 250.0000
Dwell - 关
Option - 关
CAM - 无
Rtrcto - 无
确定
后视图
取消

图　5-71

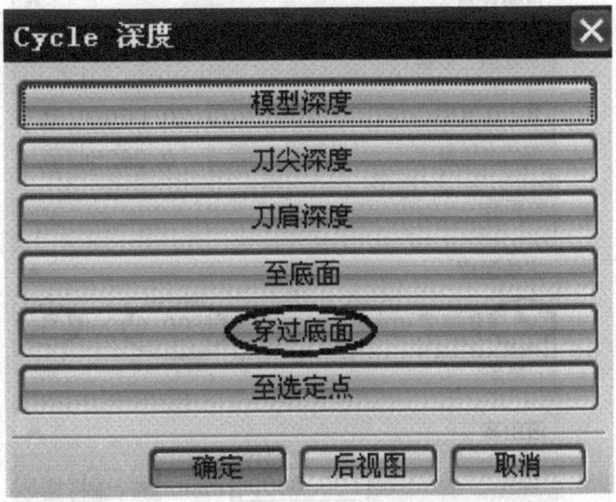
Cycle 深度
模型深度
刀尖深度
刀肩深度
至底面
穿过底面
至选定点
确定
后视图
取消

图　5-72

（3）设置进给率　在【Cycle 参数】对话框单击 进给率 (MMPM) - 250.0000 （进给率）按钮，出现【Cycle 进给率】对话框，在 MMPM 栏输入 100，如图 5-73 所示。单击 确定 按钮，系统返回【Cycle 参数】对话框，单击 确定 按钮，系统返回标准【钻】孔对话框。

Cycle 进给率
MMPM
100.0000
切换单位至MMPR
确定
后视图
取消

图　5-73

4. 设置主轴速度

在标准【钻】孔对话框中选择 （进给率和速度）图标，出现【进给率和速度】对话框，如图 5-74 所示。勾选 主轴速度 (rpm) 选项，在 主轴速度 (rpm) 栏输入 800，按下回车键，单击 （基于此值计算进给和速度）按钮，单击 确定 按钮，完成设置进给率和速度参数，系统返回标准【钻】孔对话框。

5. 生成刀轨

在标准【钻】孔对话框中**操作**区域中选择（生成刀轨）图标，系统自动生成刀轨，如图5-75所示，单击确定按钮，接受刀轨。

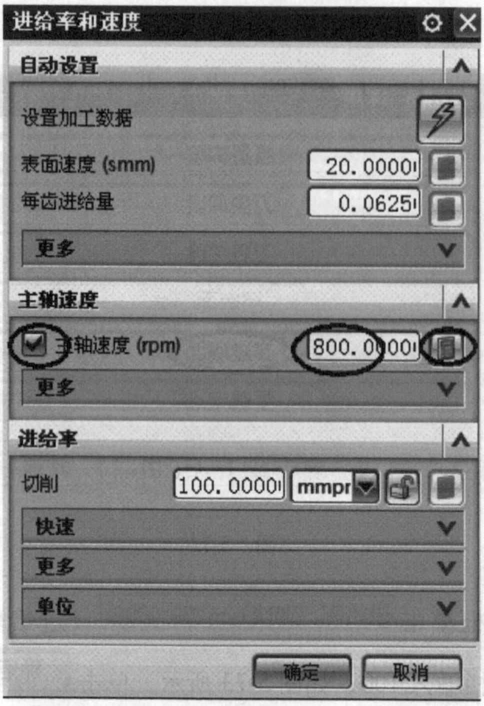
进给率和速度
自动设置
设置加工数据
表面速度 (smm)
20.0000
每齿进给量
0.0625
更多
主轴速度
主轴速度 (rpm)
800.0000
更多
进给率
切削
100.0000
mmpr
快速
更多
单位
确定
取消

图 5-74

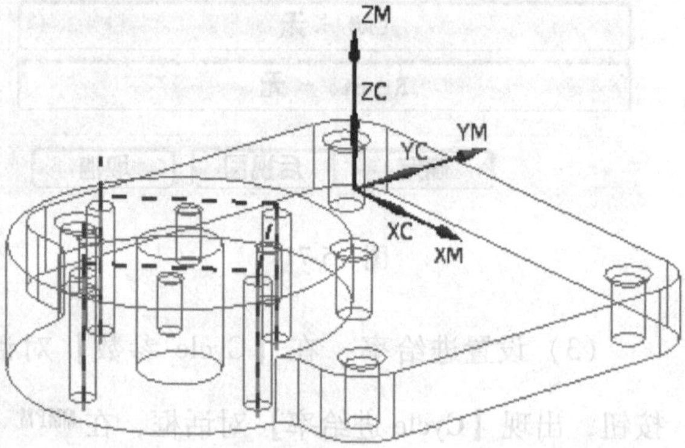
ZM
ZC
YM
YC
XC
XM

图 5-75

5.11 创建标准钻孔加工操作二

1. 创建操作父节组选项

选择菜单中的【插入(S)】/【工序(E)...】命令或在【插入】工具条中选择（创建工序）图标，出现【创建工序】对话框，如图5-76所示。

在【创建工序】对话框中**类型**下拉框中选择drill（型腔铣），在**工序子类型**区域中选择（标准钻孔）图标，在**程序**下拉框中选择NC_PROGRAM程序节点，在**刀具**下拉框中选择DR6.8 (钻刀)刀具节点，在**几何体**下拉框中选择WORKPIECE节点，在**方法**下拉框中选择METHOD节点，在**名称**栏输入DR2，如图5-76所示。单击确定按钮，系统出现标准【钻】孔对话框，如图5-77所示。

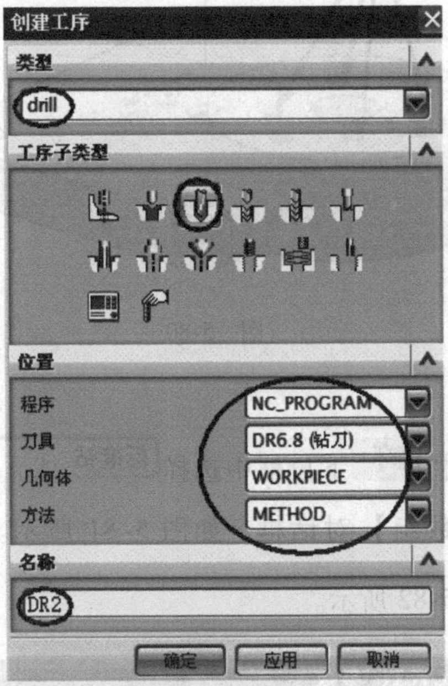
创建工序
类型
drill
工序子类型
位置
程序
NC_PROGRAM
刀具
DR6.8 (钻刀)
几何体
WORKPIECE
方法
METHOD
名称
DR2
确定
应用
取消

图 5-76

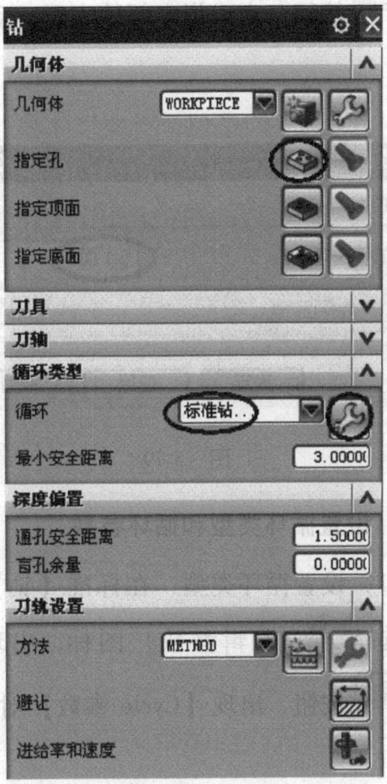
钻
几何体
几何体
WORKPIECE
指定孔
指定顶面
指定底面
刀具
刀轴
循环类型
循环
标准钻..
最小安全距离
3.0000
深度偏置
通孔安全距离
1.5000
盲孔余量
0.0000
刀轨设置
方法
METHOD
避让
进给率和速度

图 5-77

2. 创建几何体

（1）指定加工孔　在标准【钻】孔对话框中 指定孔 区域中选择（选择或编辑孔几何体）图标，出现【点到点几何体】对话框，单击 选择 按钮，出现【选择点/圆弧/孔】对话框，在图形中依次选择如图 5-78 所示的实体圆弧边，单击 确定 按钮，系统返回【点到点几何体】对话框，单击 确定 按钮，完成指定加工孔，系统返回标准【钻】孔对话框。

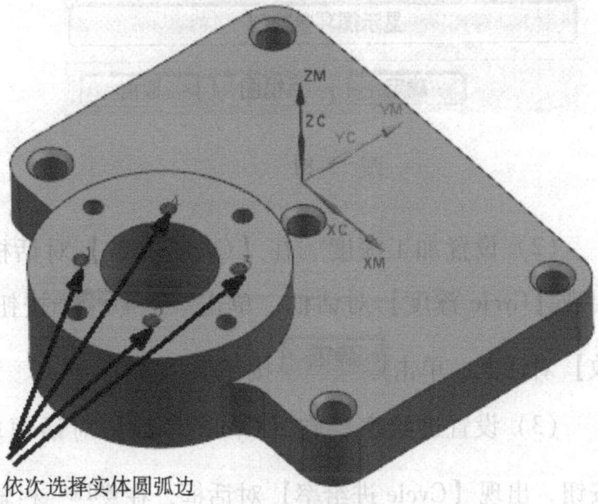
ZM
ZC
YC
YM
XC
XM
依次选择实体圆弧边

图 5-78

（2）指定部件表面　在标准【钻】孔对话框中 指定顶面 区域中选择（选择或编辑部件表面几何体）图标，出现【顶面】对话框，如图 5-79 所示。在 顶面选项 下拉框中选择 面 选项，然后在图形中选择如图 5-80 所示的实体面，单击

确定 按钮，完成指定部件表面，系统返回标准【钻】孔对话框。

顶面
顶面
顶面选项
面
选择面 (1)
确定
应用
取消

图 5-79

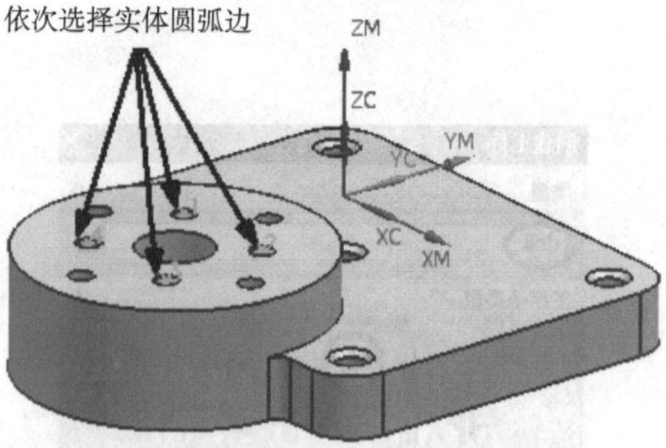
依次选择实体圆弧边
ZM
ZC
YM
YC
XC
XM

图 5-80

3. 设置循环类型和循环参数

（1）设置循环类型　在标准【钻】孔对话框中 循环 下拉框中选择 标准钻... 选项，选择（编辑参数）图标，出现【指定参数组】对话框，如图 5-81 所示。单击 确定 按钮，出现【Cycle 参数】对话框，如图 5-82 所示。

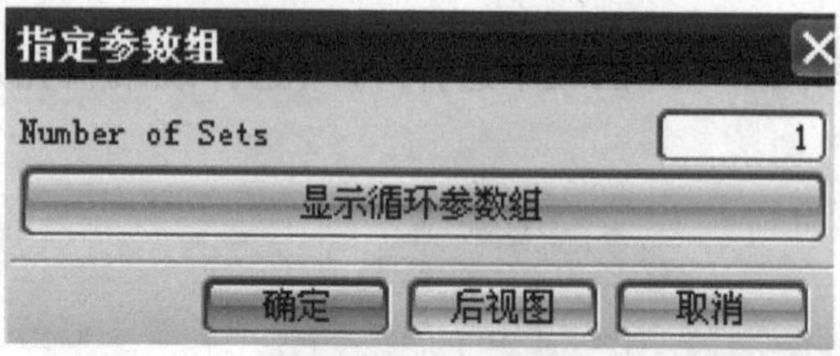
指定参数组
Number of Sets
1
显示循环参数组
确定
后视图
取消

图 5-81

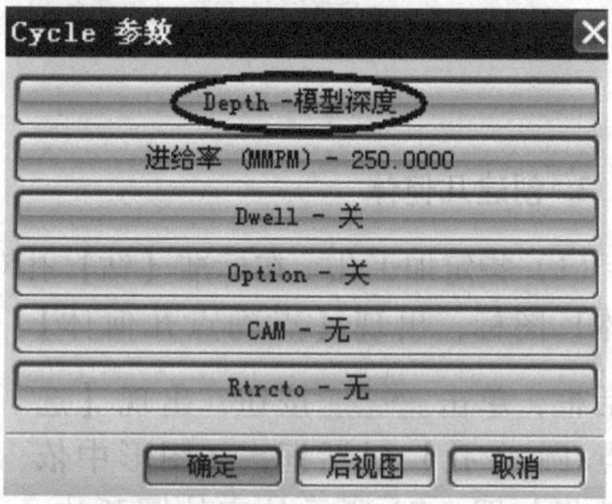
Cycle 参数
Depth -模型深度
进给率 (MMPM) - 250.0000
Dwell - 关
Option - 关
CAM - 无
Rtrcto - 无
确定
后视图
取消

图 5-82

（2）设置加工深度　在【Cycle 参数】对话框中单击 Depth -模型深度（深度）按钮，出现【Cycle 深度】对话框，单击 模型深度 按钮，如图 5-83 所示。系统返回【Cycle 参数】对话框，单击 确定 按钮。

（3）设置进给率　在【Cycle 参数】对话框单击 进给率 (MMPM) - 250.0000（进给率）按钮，出现【Cycle 进给率】对话框，在 MMPM 栏输入 100，如图 5-84 所示。单击 确定 按钮，系统返回【Cycle 参数】对话框，单击 确定 按钮，系统返回标准【钻】孔对话框。

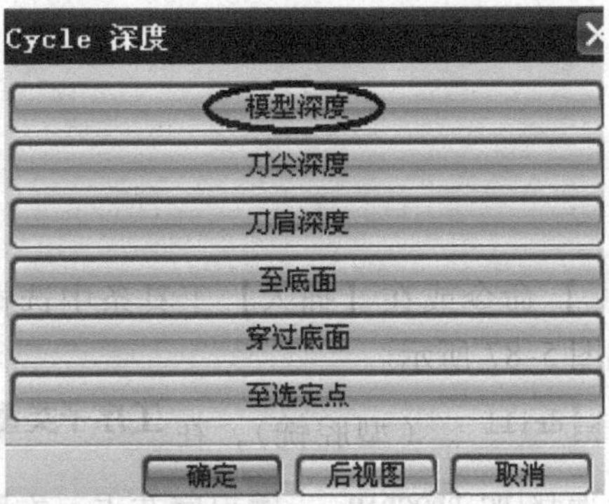
Cycle 深度
模型深度
刀尖深度
刀肩深度
至底面
穿过底面
至选定点
确定
后视图
取消

图 5-83

Cycle 进给率
MMPM
100.0000
切换单位至MMPR
确定
后视图
取消

图 5-84

4. 设置主轴速度

在标准【钻】孔对话框中选择（进给率和速度）图标，出现【进给率和速度】对话框，如图5-85 所示。勾选 主轴速度（rpm）选项，在 主轴速度（rpm）栏输入1000，按下回车键，单击（基于此值计算进给和速度）按钮，单击 确定 按钮，完成设置进给率和速度参数，系统返回标准【钻】孔对话框。

5. 生成刀轨

在标准【钻】孔对话框中 **操作** 区域选择（生成刀轨）图标，系统自动生成刀轨，如图 5-86 所示，单击 确定 按钮，接受刀轨。

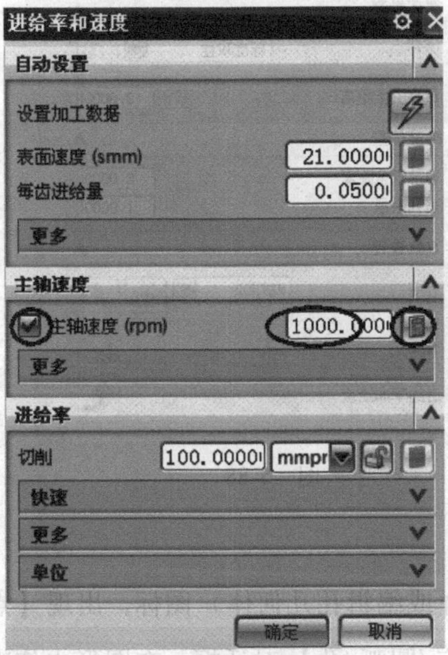
进给率和速度
自动设置
设置加工数据
表面速度 (smm)
21.0000
每齿进给量
0.0500
更多
主轴速度
主轴速度 (rpm)
1000.0000
更多
进给率
切削
100.0000
mmpr
快速
更多
单位
确定
取消

图 5-85

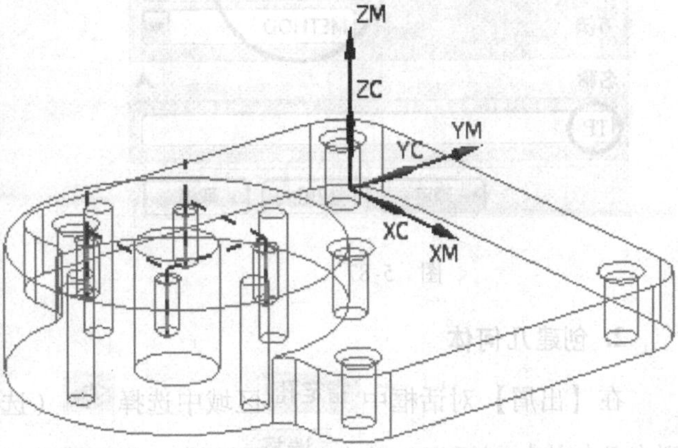
ZM
ZC
YM
YC
XC
XM

图 5-86

5.12 创建攻螺纹孔操作

1. 创建操作父节组选项

选择菜单中的【插入(S)】/【工序(E)...】命令或在【插入】工具条中选择（创建工序）图标，出现【创建工序】对话框，如图5-87所示。

在【创建工序】对话框中类型下拉框中选择drill（型腔铣），在工序子类型区域中选择（攻螺纹）图标，在程序下拉框中选择NC_PROGRAM程序节点，在刀具下拉框中选择TP8 (钻刀)刀具节点，在几何体下拉框中选择WORKPIECE节点，在方法下拉框中选择METHOD节点，在名称栏输入TP，如图5-87所示。单击确定按钮，系统出现【出屑】对话框，如图5-88所示。

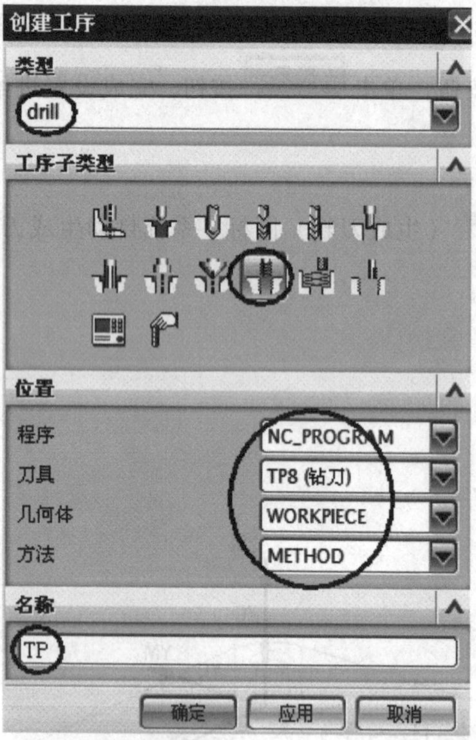
创建工序
类型
drill
工序子类型
位置
程序
NC_PROGRAM
刀具
TP8 (钻刀)
几何体
WORKPIECE
方法
METHOD
名称
TP
确定
应用
取消

图 5-87

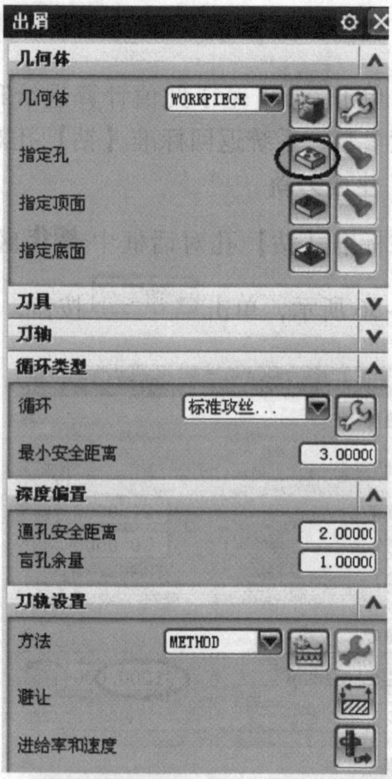
出屑
几何体
几何体
WORKPIECE
指定孔
指定顶面
指定底面
刀具
刀轴
循环类型
循环
标准攻丝...
最小安全距离
3.0000(
深度偏置
通孔安全距离
2.0000(
盲孔余量
1.0000(
刀轨设置
方法
METHOD
避让
进给率和速度

图 5-88

2. 创建几何体

在【出屑】对话框中指定孔区域中选择（选择或编辑孔几何体）图标，出现【点到点几何体】对话框，单击选择按钮，出现【选择点/圆弧/孔】对话框，在图形中依次选择如图5-80所示的实体圆弧边，单击确定按钮，系统返回【点到点几何体】对话框，单击确定按钮，完成指定加工孔，系统返回【出屑】对话框。

指定参数组
Number of Sets
1
确定
后视图
取消
图 5-89

3. 设置循环类型和循环参数

（1）设置循环类型　在【出屑】对话框中循环下拉框中选择标准攻丝...选项，选择（编辑参数）图标，出现【指定参数组】对话框，如图5-89所示。单击确定按钮，出现【Cycle 参数】对话框，如图5-90所示。

（2）设置加工深度　在【Cycle 参数】对话框中单击Depth (Tip) - 0.0000（深度）按钮，出现【Cycle 深度】对话框，单击刀肩深度按钮，如图5-91所示。在深度栏输入12，如图5-92所示，单击确定按钮，系统返回【Cycle 参数】对话框。

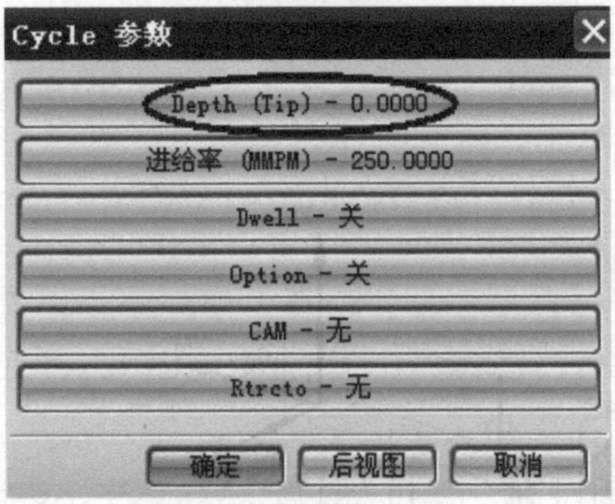
Cycle 参数
Depth (Tip) - 0.0000
进给率 (MMPM) - 250.0000
Dwell - 关
Option - 关
CAM - 无
Rtrcto - 无
确定
后视图
取消
图 5-90

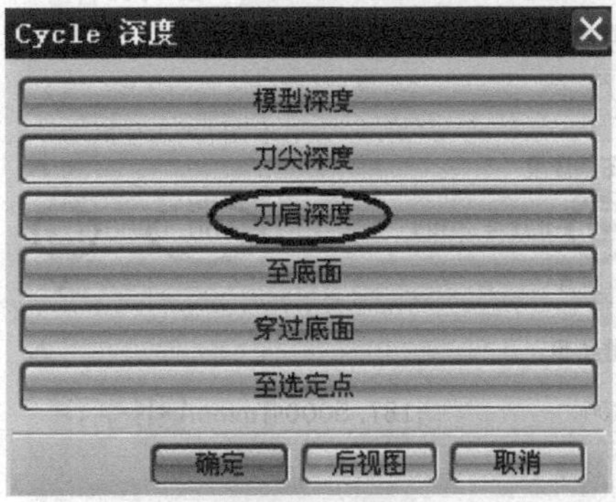
Cycle 深度
模型深度
刀尖深度
刀肩深度
至底面
穿过底面
至选定点
确定
后视图
取消
图 5-91

（3）设置进给率　在【Cycle 参数】对话框单击进给率 (MMPM) - 250.0000（进给率）按钮，出现【Cycle 进给率】对话框，在MMPM栏输入187.5，如图5-93所示。单击确定按钮，系统返回【Cycle 参数】对话框，单击确定按钮，系统返回【出屑】对话框。

深度
12.0000
确定
后视图
取消
图 5-92

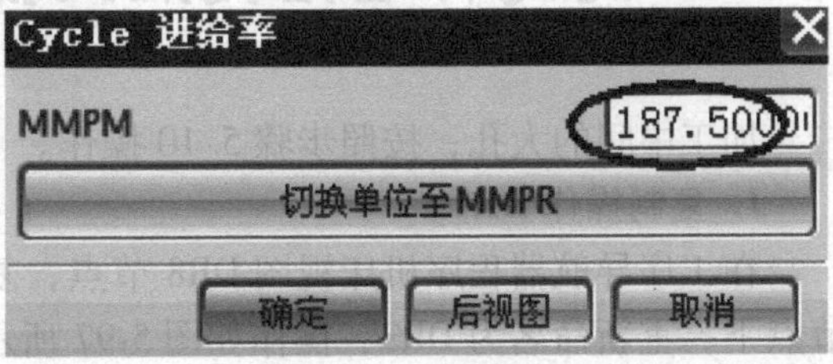
Cycle 进给率
MMPM
187.5000
切换单位至MMPR
确定
后视图
取消
图 5-93

4. 设置主轴速度

在【出屑】对话框中选择（进给率和速度）图标，出现【进给率和速度】对话框，如图 5-94 所示。勾选 主轴速度（rpm）选项，在 主轴速度（rpm）栏输入 150，按下回车键，单击 （基于此值计算进给和速度）按钮，单击 确定 按钮，完成设置进给率和速度参数，系统返回【出屑】对话框。

注：主轴进给 v_f（mm/min）= 主轴转速 n（r/min）×每转进给量 f【即螺距】（mm/r）

5. 生成刀轨

在【出屑】对话框中 操作 区域中选择 （生成刀轨）图标，系统自动生成刀轨，如图 5-95 所示，单击 确定 按钮，接受刀轨。

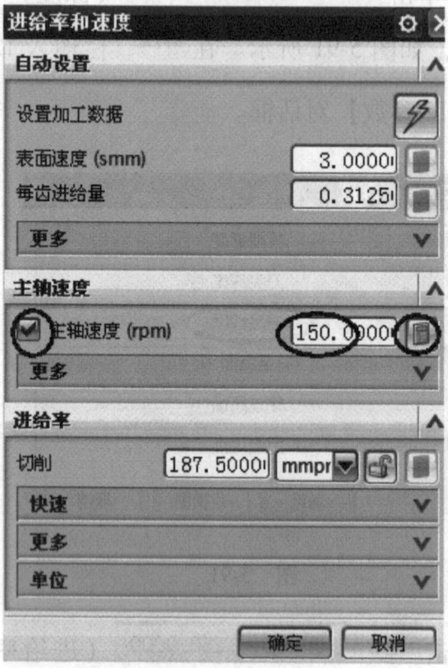
进给率和速度
自动设置
设置加工数据
表面速度 (smm)
3.0000
每齿进给量
0.3125
更多
主轴速度
主轴速度 (rpm)
150.0000
更多
进给率
切削
187.5000
mmpr
快速
更多
单位
确定
取消

图 5-94

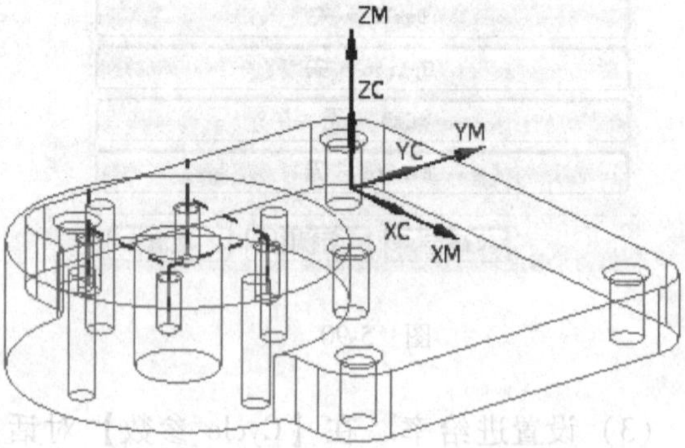
ZM
ZC
YM
YC
XC
XM

图 5-95

5.13 创建标准钻孔加工操作三

加工中间的大孔，按照步骤 5.10 操作。

1. 复制操作 DR1

在工序导航器程序机床视图 DR8 节点，复制操作 DR1，如图 5-96 所示，并粘贴在 DR22 节点下，重新命名为 DR3，操作如图 5-97 所示。

2. 编辑操作 DR3

在工序导航器下，双击 DR3 操作，系统出现标准【钻】孔对话框，如图 5-98 所示。

3. 创建几何体

在标准【钻】孔对话框中 指定孔 区域中选择 （选择或编辑孔几何体）图标，出现

【点到点几何体】对话框，单击选择按钮，如图 5-99 所示。出现【省略现有点】确认对话框，单击是按钮，如图 5-100 所示。出现【选择点/圆弧/孔】对话框，在图形中选择如图 5-101 所示的实体圆弧边，单击确定按钮，系统返回【点到点几何体】对话框，单击确定按钮，完成指定加工孔，系统返回标准【钻】孔对话框。

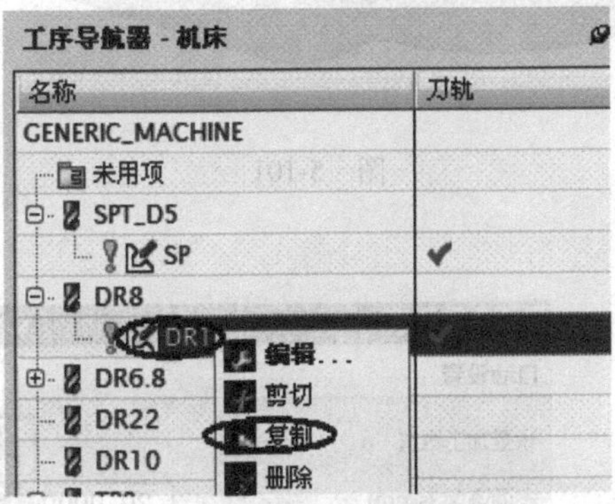
工序导航器 - 机床
名称
刀轨
GENERIC_MACHINE
未用项
SPT_D5
SP
DR8
DR1
编辑...
剪切
复制
删除
DR6.8
DR22
DR10

图 5-96

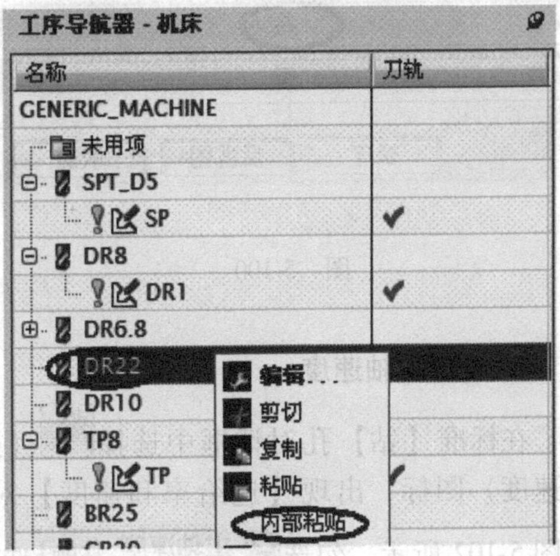
工序导航器 - 机床
名称
刀轨
GENERIC_MACHINE
未用项
SPT_D5
SP
DR8
DR1
DR6.8
DR22
编辑...
剪切
复制
粘贴
内部粘贴
DR10
TP8
TP
BR25

图 5-97

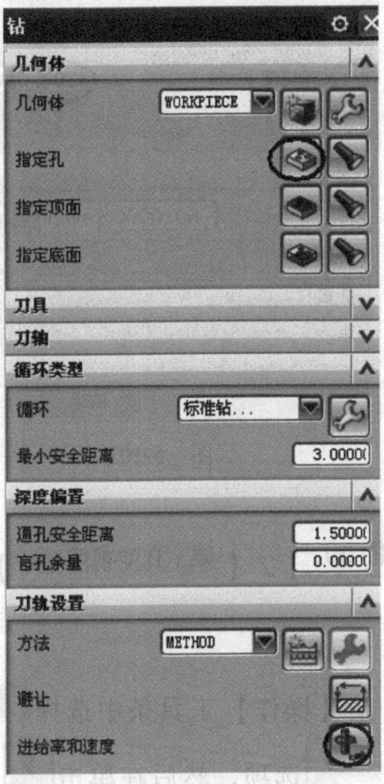
钻
几何体
几何体
WORKPIECE
指定孔
指定顶面
指定底面
刀具
刀轴
循环类型
循环
标准钻...
最小安全距离
3.0000
深度偏置
通孔安全距离
1.5000
盲孔余量
0.0000
刀轨设置
方法
METHOD
避让
进给率和速度

图 5-98

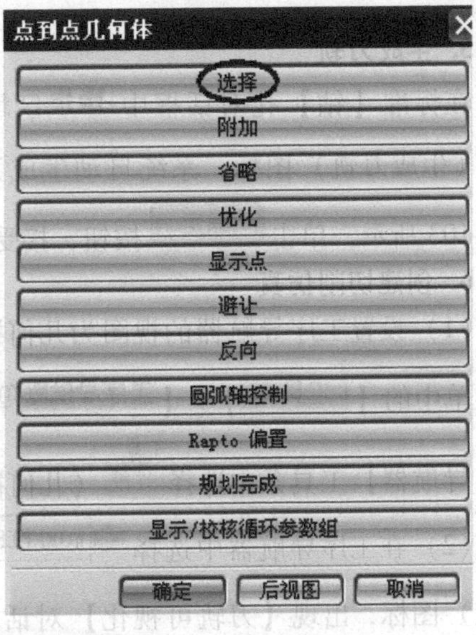
点到点几何体
选择
附加
省略
优化
显示点
避让
反向
圆弧轴控制
Rapto 偏置
规划完成
显示/校核循环参数组
确定
后视图
取消

图 5-99

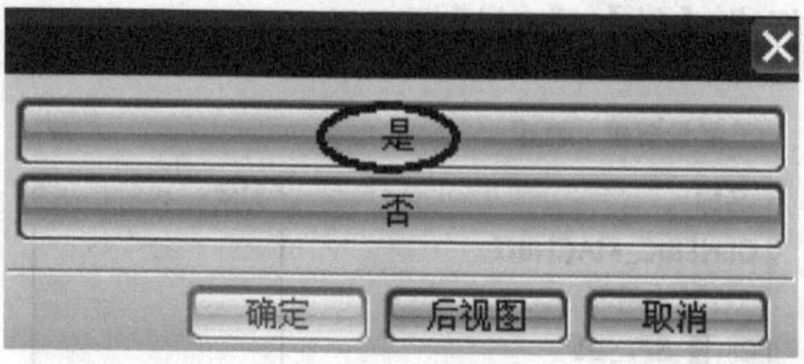
是
否
确定
后视图
取消

图 5-100

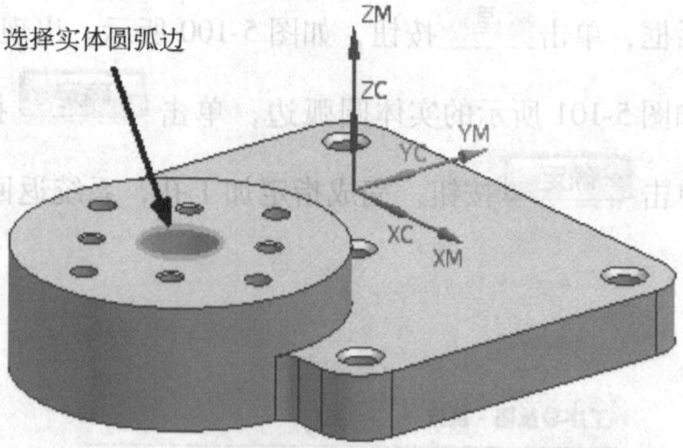
选择实体圆弧边
ZM
ZC
YC
YM
XC
XM

图 5-101

4. 设置主轴速度

在标准【钻】孔对话框中选择（进给率和速度）图标，出现【进给率和速度】对话框，如图 5-102 所示。勾选 主轴速度 (rpm) 选项，在 进给率 / 切削 栏输入 60，在 主轴速度 (rpm) 栏输入 300，按下回车键，单击（基于此值计算进给和速度）按钮，单击 确定 按钮，完成设置进给率和速度参数，系统返回标准【钻】孔对话框。

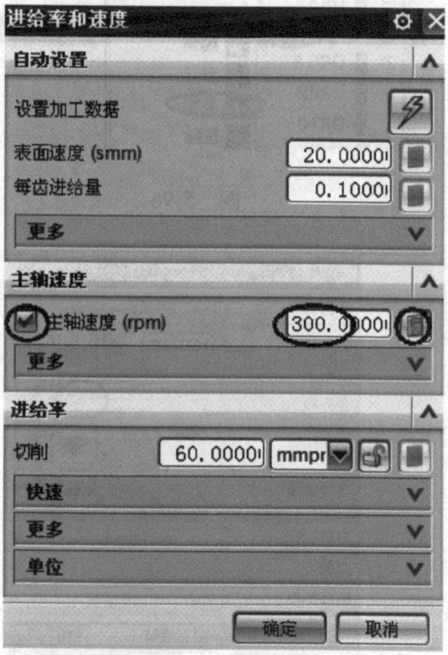
进给率和速度
自动设置
设置加工数据
表面速度 (smm)
20.0000
每齿进给量
0.1000
更多
主轴速度
主轴速度 (rpm)
300.0000
更多
进给率
切削
60.0000
mmpr
快速
更多
单位
确定
取消

图 5-102

5. 生成刀轨

在标准【钻】孔对话框中 操作 区域中选择（生成刀轨）图标，系统自动生成刀轨，如图 5-103 所示，单击 确定 按钮，接受刀轨。

6. 创建切削仿真

（1）设置工序导航器的视图为几何视图。选择菜单中的【工具(T)】/【工序导航器(O)】/【视图(V)】/【几何视图(G)】命令或在【导航器】工具条中选择（几何视图）图标。

（2）在工序导航器中选择 WORKPIECE 父节组，在【操作】工具条中选择（确认刀轨）图标，出现【刀轨可视化】对话框，选择 2D 动态 选项，然后在单击（播放）按钮，完成切削仿真，如图 5-104 所示。

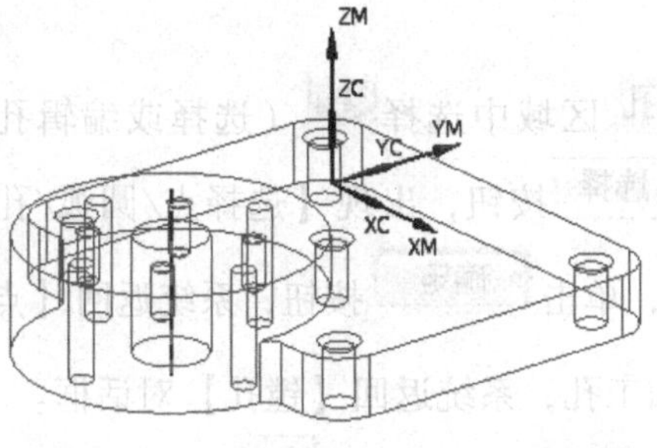
ZM
ZC
YC
YM
XC
XM

图 5-103

图 5-104

5.14 创建镗孔加工

1. 创建操作父节组选项

选择菜单中的【插入(S)】/【工序(E)...】命令或在【插入】工具条中选择(创建工序)图标，出现【创建工序】对话框，如图 5-105 所示。

在【创建工序】对话框中类型下拉框中选择drill (型腔铣)，在工序子类型区域中选择(镗孔)图标，在程序下拉框中选择NC_PROGRAM程序节点，在刀具下拉框中选择 BR25 (钻刀) 刀具节点，在几何体下拉框中选择 WORKPIECE 节点，在方法下拉框中选择METHOD 节点，在名称栏输入 BR，如图 5-105 所示。单击确定按钮，系统出现【镗孔】对话框，如图 5-106 所示。

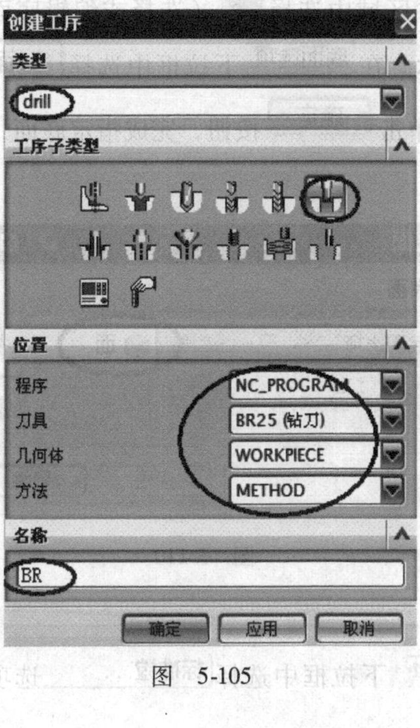
创建工序
类型
drill
工序子类型
位置
程序
NC_PROGRAM
刀具
BR25 (钻刀)
几何体
WORKPIECE
方法
METHOD
名称
BR
确定
应用
取消

图 5-105

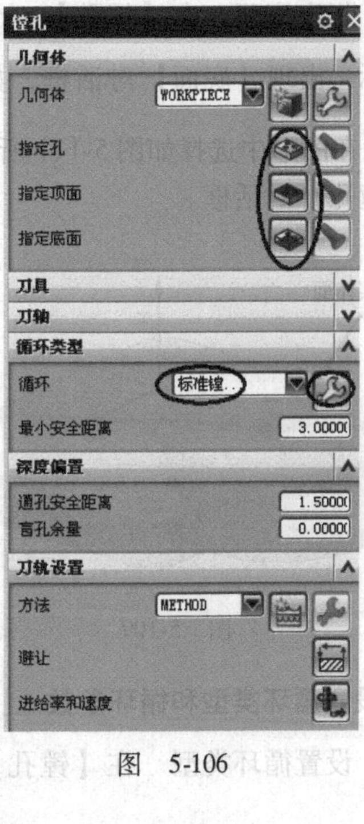
镗孔
几何体
几何体
WORKPIECE
指定孔
指定顶面
指定底面
刀具
刀轴
循环类型
循环
标准镗..
最小安全距离
3.0000
深度偏置
通孔安全距离
1.5000
盲孔余量
0.0000
刀轨设置
方法
METHOD
避让
进给率和速度

图 5-106

2. 创建几何体

（1）指定加工孔　在【镗孔】对话框中 指定孔 区域中选择（选择或编辑孔几何体）图标，出现【点到点几何体】对话框，单击 选择 按钮，出现【选择点/圆弧/孔】对话框，在图形中选择如图 5-107 所示的实体圆弧边，单击 确定 按钮，系统返回【点到点几何体】对话框，单击 确定 按钮，完成指定加工孔，系统返回【镗孔】对话框。

（2）指定部件表面　在【镗孔】对话框中 指定顶面 区域中选择（选择或编辑部件表面几何体）图标，出现【顶面】对话框，如图 5-108 所示。在 顶面选项 下拉框中选择 面 选项，然后在图形中选择如图 5-109 所示的实体面，单击 确定 按钮，完成指定部件表面，系统返回【镗孔】对话框。

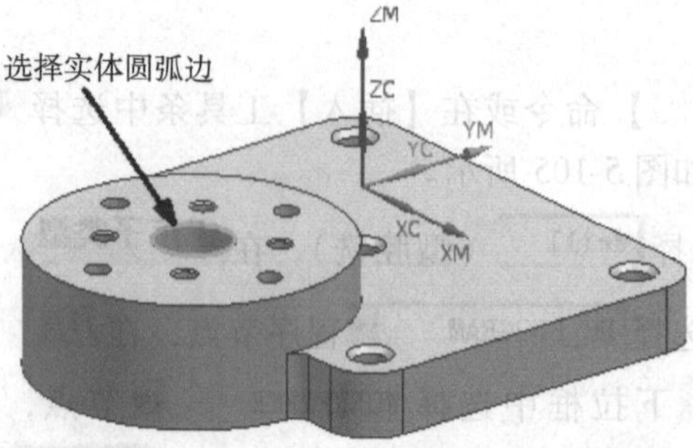
选择实体圆弧边
ZM
ZC
YM
YC
XC
XM

图　5-107

顶面
顶面
顶面选项
面
* 选择面 (0)
确定
应用
取消

图　5-108

（3）指定底面　在【镗孔】对话框中 指定底面 区域中选择（选择或编辑底面几何体）图标，出现【底面】对话框，如图 5-110 所示。在 底面选项 下拉框中选择 面 选项，然后在图形中选择如图 5-111 所示的实体面，单击 确定 按钮，完成指定底面，系统返回【镗孔】对话框。

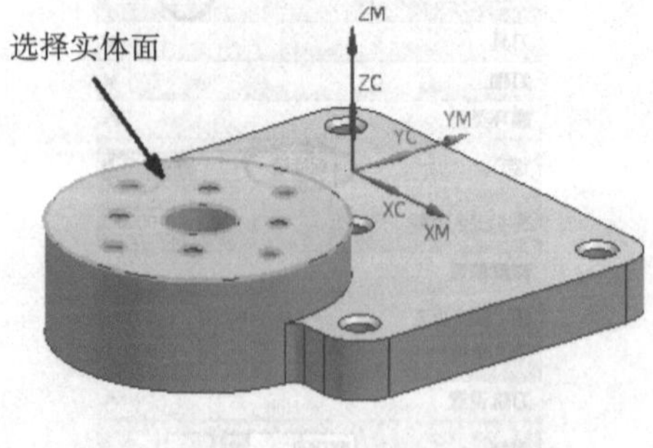
选择实体面
ZM
ZC
YM
YC
XC
XM

图　5-109

底面
底面
底面选项
面
* 选择面 (0)
确定
应用
取消

图　5-110

3. 设置循环类型和循环参数

（1）设置循环类型　在【镗孔】对话框中 循环 下拉框中选择 标准镗... 选项，选择（编辑参数）图标，出现【指定参数组】对话框，如图 5-112 所示。单击确定按钮，出现【Cycle 参数】对话框，如图 5-113 所示。

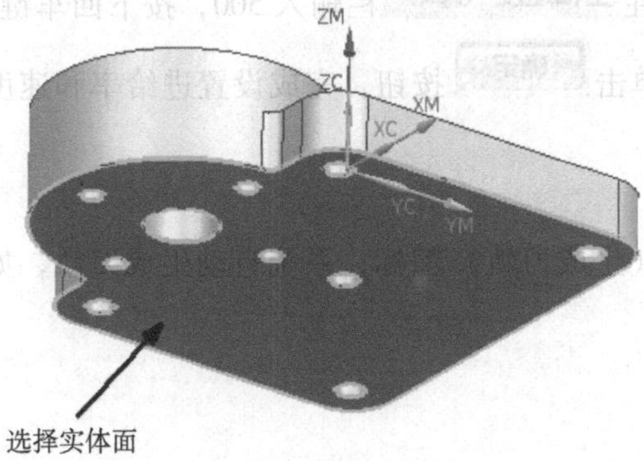
ZM
ZC
XM
XC
YC
YM
选择实体面

图 5-111

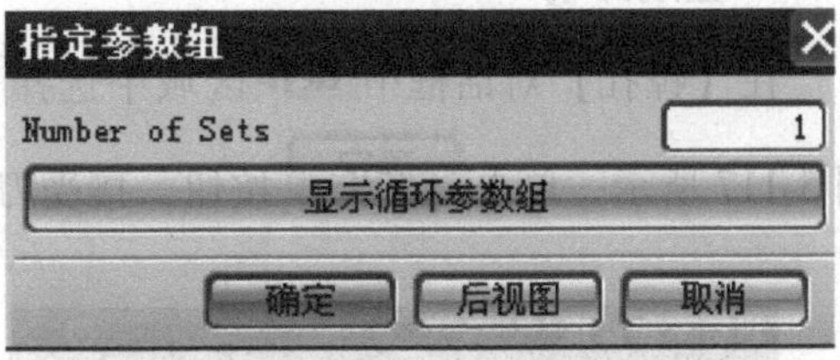
指定参数组
Number of Sets
1
显示循环参数组
确定
后视图
取消

图 5-112

（2）设置加工深度　在【Cycle 参数】对话框中单击 Depth -Thru Bottom （深度）按钮，出现【Cycle 深度】对话框，单击穿过底面按钮，如图 5-114 所示，系统返回【Cycle 参数】对话框，单击确定按钮。

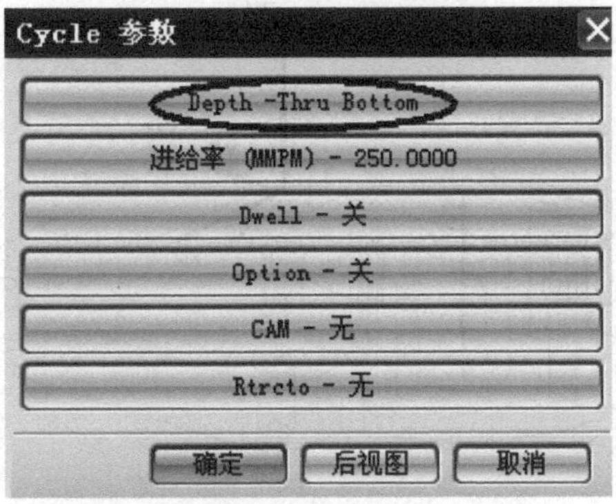
Cycle 参数
Depth -Thru Bottom
进给率 (MMPM) - 250.0000
Dwell - 关
Option - 关
CAM - 无
Rtrcto - 无
确定
后视图
取消

图 5-113

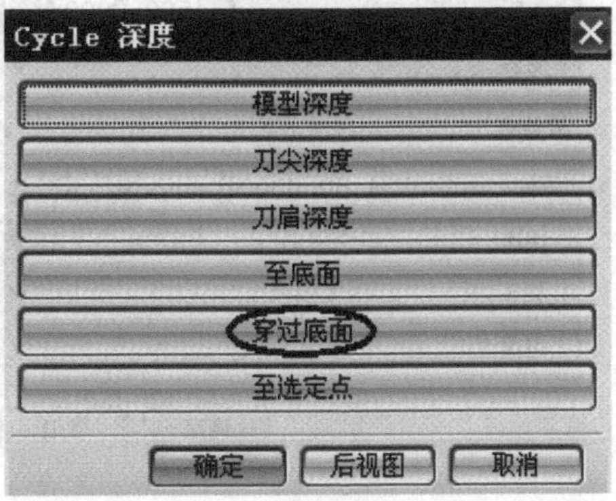
Cycle 深度
模型深度
刀尖深度
刀肩深度
至底面
穿过底面
至选定点
确定
后视图
取消

图 5-114

（3）设置进给率　在【Cycle 参数】对话框中单击 进给率 (MMPM) - 250.0000 （进给率）按钮，出现【Cycle 进给率】对话框，在 MMPM 栏输入 50，如图 5-115 所示。单击确定按钮，系统返回【Cycle 参数】对话框，单击确定按钮，系统返回【镗孔】对话框。

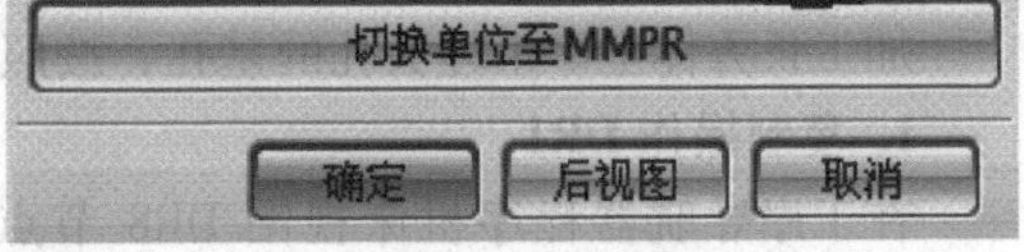
Cycle 进给率
MMPM
50.0000
切换单位至MMPR
确定
后视图
取消

图 5-115

4. 设置主轴速度

在【镗孔】对话框中选择（进给率和速度）图标，出现【进给率和速度】对话框，如图 5-116 所示。勾选 主轴速度（rpm）选项，在主轴速度（rpm）栏输入 500，按下回车键，单击（基于此值计算进给和速度）按钮，单击确定按钮，完成设置进给率和速度参数，系统返回【镗孔】对话框。

5. 生成刀轨

在【镗孔】对话框中**操作**区域中选择（生成刀轨）图标，系统自动生成刀轨，如图 5-117 所示，单击确定按钮，接受刀轨。

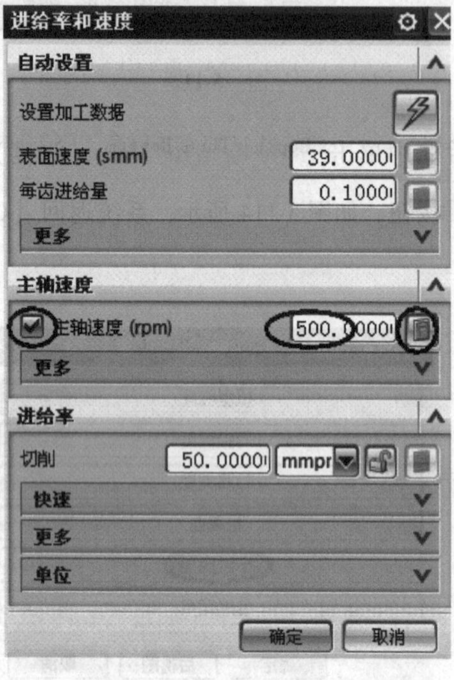
进给率和速度
自动设置
设置加工数据
表面速度 (smm)
39.0000
每齿进给量
0.1000
更多
主轴速度
主轴速度 (rpm)
500.0000
更多
进给率
切削
50.0000
mmpr
快速
更多
单位
确定
取消

图 5-116

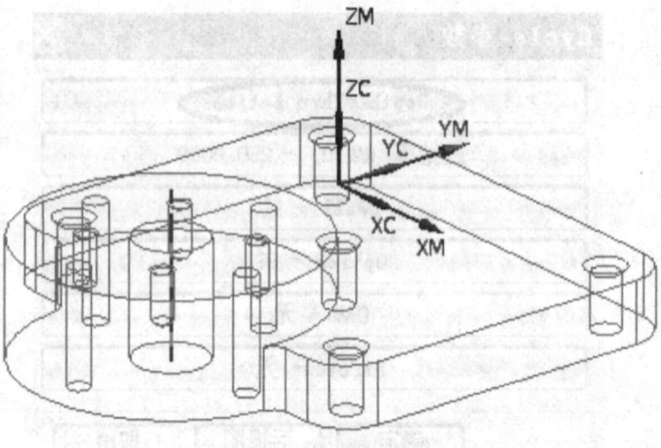
ZM
ZC
YM
YC
XC
XM

图 5-117

5.15 创建标准钻孔加工操作四

加工长方体上 5 个埋头孔的基孔，按照步骤 5.10 操作。

1. 复制操作 DR1

在工序导航器程序机床视图 DR8 节点，复制操作 DR1，如图 5-118 所示，并粘贴在 DR10 节点下，重新命名为 DR4，操作如图 5-119 所示。

2. 编辑操作 DR4

在工序导航器下，双击 DR4 操作，系统出现标准【钻】孔对话框，如图 5-120 所示。

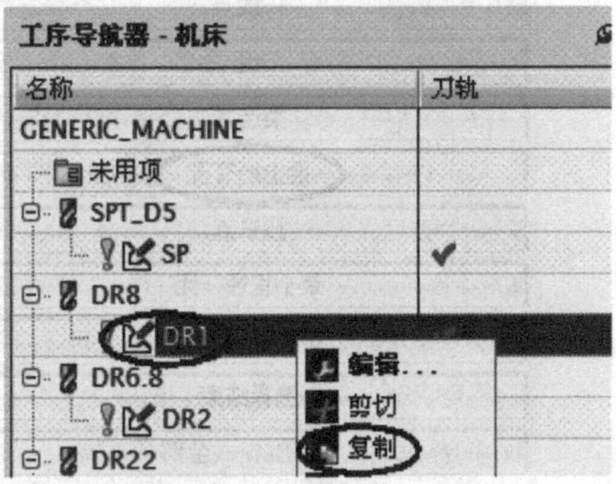
工序导航器 - 机床
名称
刀轨
GENERIC_MACHINE
未用项
SPT_D5
SP
DR8
DR1
编辑...
剪切
复制
DR6.8
DR2
DR22

图 5-118

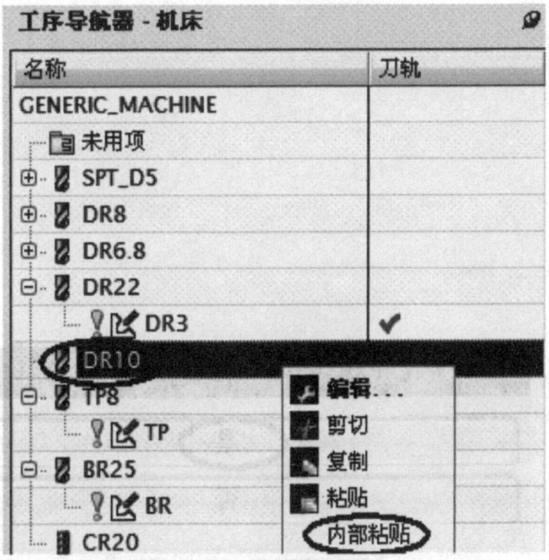
工序导航器 - 机床
名称
刀轨
GENERIC_MACHINE
未用项
SPT_D5
DR8
DR6.8
DR22
DR3
DR10
编辑...
剪切
复制
粘贴
内部粘贴
TP8
TP
BR25
BR
CR20

图 5-119

3. 创建几何体

（1）重新指定加工孔　在标准【钻】孔对话框中 指定孔 区域中选择 （选择或编辑孔几何体）图标，出现【点到点几何体】对话框，单击 选择 按钮，如图 5-121 所示。出现【省略现有点】确认对话框，单击 是 按钮，如图 5-122 所示。出现【选择点/圆弧/孔】对话框，单击 面上所有孔 按钮，如图 5-123 所示，出现【选择面】对话框，如图 5-124 所示。

在图形中选择如图 5-125 所示的实体面，单击 确定 按钮，系统返回【选择点/圆弧/

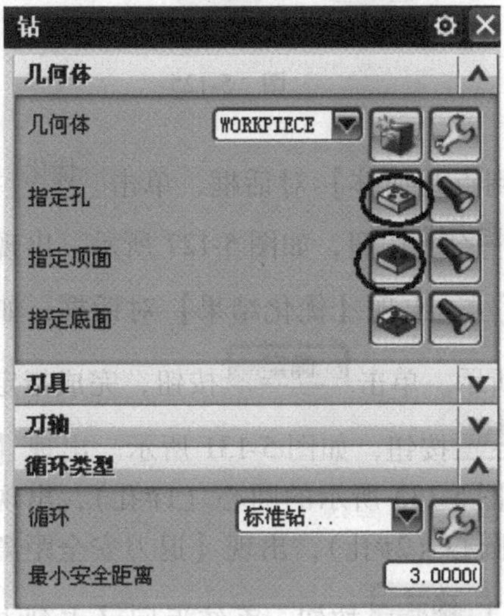
钻
几何体
几何体
WORKPIECE
指定孔
指定顶面
指定底面
刀具
刀轴
循环类型
循环
标准钻...
最小安全距离
3.0000

图 5-120

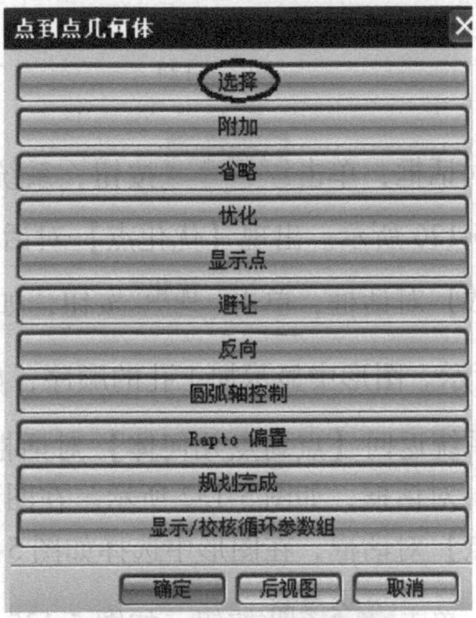
点到点几何体
选择
附加
省略
优化
显示点
避让
反向
圆弧轴控制
Rapto 偏置
规划完成
显示/校核循环参数组
确定
后视图
取消

图 5-121

是
否
确定
后视图
取消

图 5-122

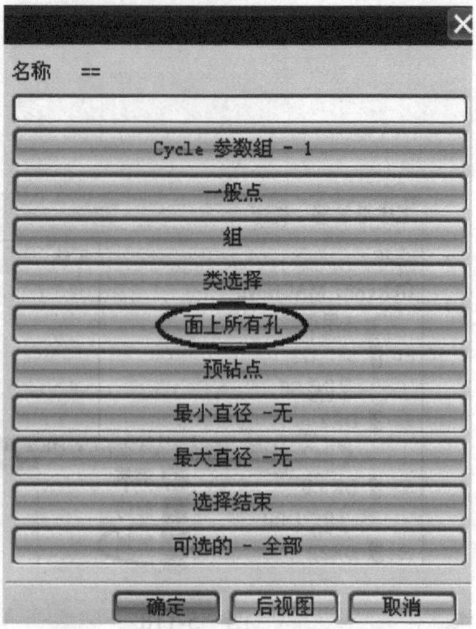
名称 ==
Cycle 参数组 - 1
一般点
组
类选择
面上所有孔
预钻点
最小直径 -无
最大直径 -无
选择结束
可选的 - 全部
确定
后视图
取消

图 5-123

名称
最小直径 -无
最大直径 -无
确定
后视图
取消

图 5-124

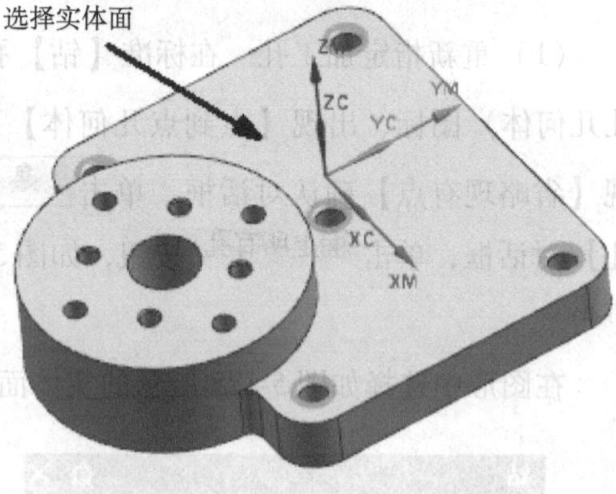
选择实体面
ZM
ZC
YM
YC
XC
XM

图 5-125

孔】对话框，单击确定按钮，系统返回【点到点几何体】对话框，单击优化按钮，如图 5-126 所示。出现【优化点】对话框，单击最短刀轨按钮，如图 5-127 所示。出现【优化参数】对话框，单击优化按钮，如图 5-128 所示。出现【优化结果】对话框，如图 5-129 所示。图形中显示加工孔的顺序，如图 5-130 所示。单击确定按钮，完成指定加工孔，系统返回【点到点几何体】对话框，单击避让按钮，如图 5-131 所示。出现【选择起点】对话框，如图 5-132 所示。在图形中选择如图 5-133 所示的圆心（1#孔），出现【选择终点】对话框，在图形中选择如图 5-134 所示的圆心（2#孔），出现【退刀安全距离】对话框，单击安全平面按钮，如图 5-135 所示。单击确定按钮，系统返回【点到点几何体】对话框，单击确定按钮，完成指定加工孔。

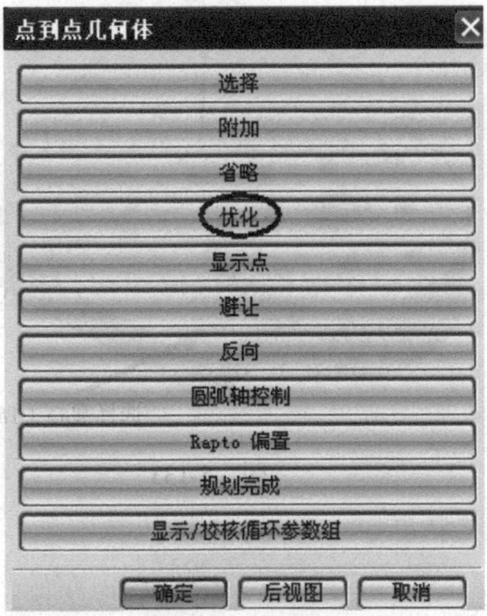
点到点几何体
选择
附加
省略
优化
显示点
避让
反向
圆弧轴控制
Rapto 偏置
规划完成
显示/校核循环参数组
确定
后视图
取消

图 5-126

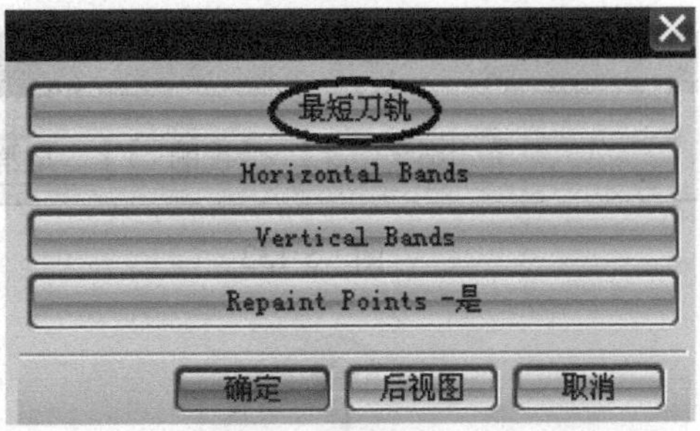
最短刀轨
Horizontal Bands
Vertical Bands
Repaint Points -是
确定
后视图
取消

图 5-127

Level -标准
Based on -距离
Start Point -自动
End Point -自动
Start Tool Axis-N/A
End Tool Axis -N/A
优化
确定
后视图
取消

图 5-128

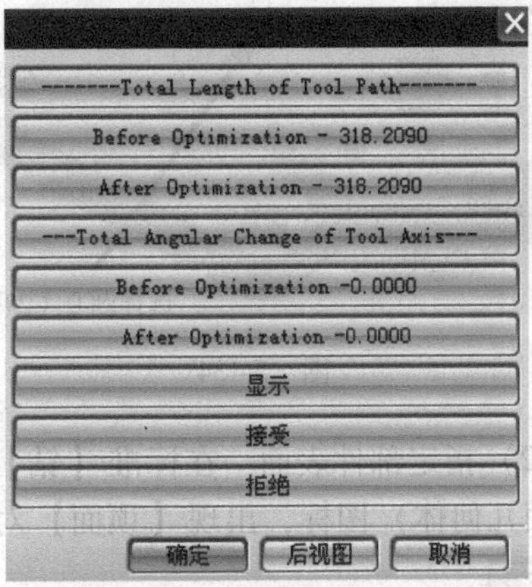
-------Total Length of Tool Path-------
Before Optimization - 318.2090
After Optimization - 318.2090
---Total Angular Change of Tool Axis---
Before Optimization -0.0000
After Optimization -0.0000
显示
接受
拒绝
确定
后视图
取消

图 5-129

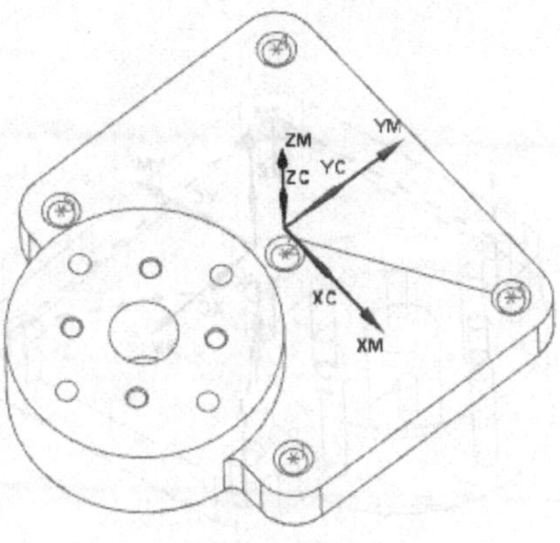
ZM
ZC
YC
YM
XC
XM

图 5-130

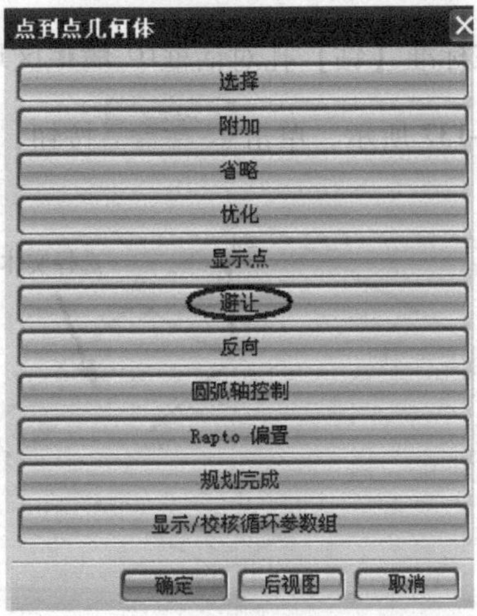
点到点几何体
选择
附加
省略
优化
显示点
避让
反向
圆弧轴控制
Rapto 偏置
规划完成
显示/校核循环参数组
确定
后视图
取消

图 5-131

确定
后视图
取消

图 5-132

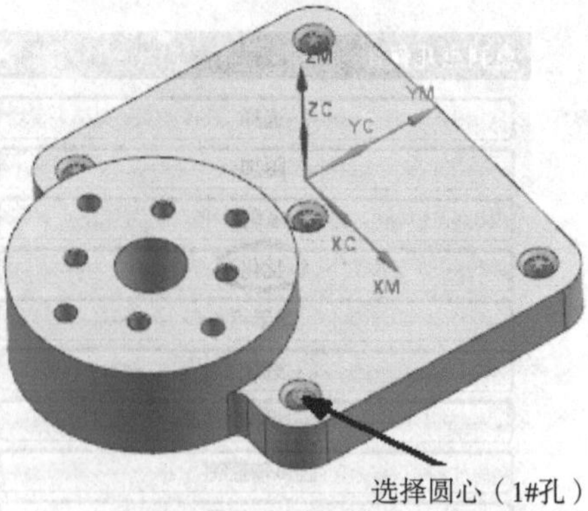
ZM
ZC
YC
YM
XC
XM
选择圆心（1#孔）

图 5-133

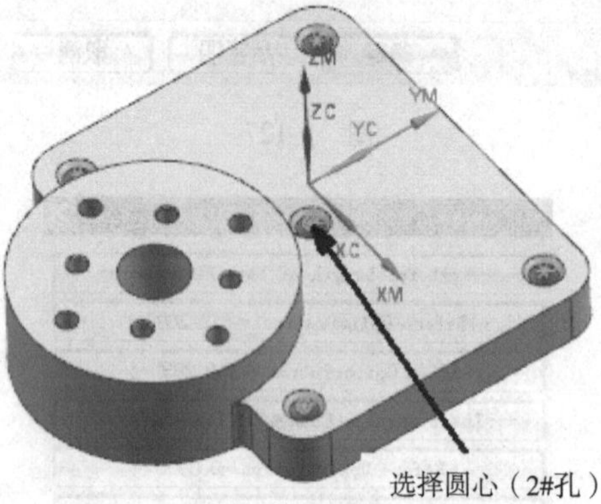
ZM
ZC
YC
YM
XC
XM
选择圆心（2#孔）

图 5-134

安全平面
距离
确定
后视图
取消

图 5-135

（2）指定部件表面　在标准【钻】孔对话框中**指定顶面**区域选择（选择或编辑部件表面几何体）图标，出现【顶面】对话框，在图形中选择如图 5-136 所示的实体面，单击**确定**按钮，完成指定部件表面，系统返回标准【钻】孔对话框。

4. 生成刀轨

在标准【钻】孔对话框中**操作**区域中选择（生成刀轨）图标，系统自动生成刀轨，如图 5-137 所示，单击**确定**按钮，接受刀轨。

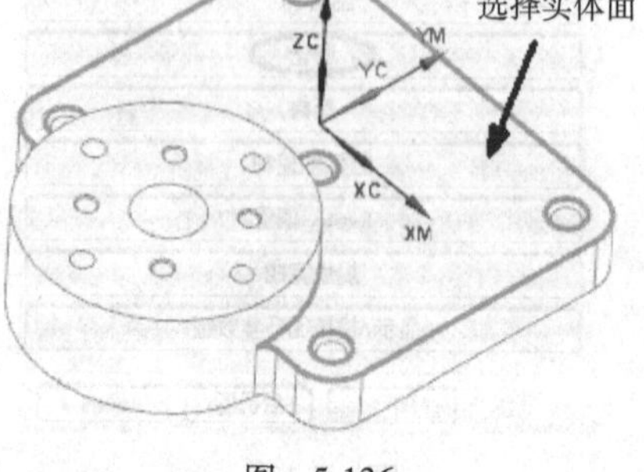
选择实体面
ZM
ZC
YC
YM
XC
XM

图 5-136

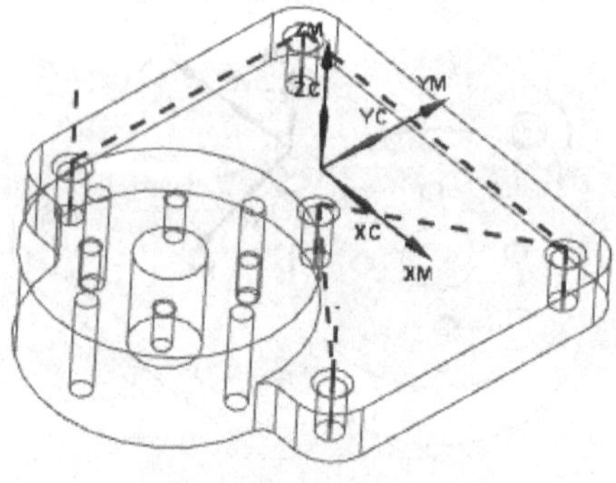
ZM
ZC
YC
YM
XC
XM

图 5-137

5.16 创建锪锥形孔加工操作

1. 创建操作父节组选项

选择菜单中的【插入(S)】/【工序(E)...】命令或在【插入】工具条中选择（创建工序）图标，出现【创建工序】对话框，如图5-138所示。

在【创建工序】对话框中类型下拉框中选择drill（型腔铣），在工序子类型区域中选择（锪锥形孔）图标，在程序下拉框中选择NC_PROGRAM程序节点，在刀具下拉框中选择CR20 (铣刀-5 参数)刀具节点，在几何体下拉框中选择WORKPIECE节点，在方法下拉框中选择METHOD节点，在名称栏输入CR，如图5-138所示。单击确定按钮，系统出现【钻埋头孔】对话框，如图5-139所示。

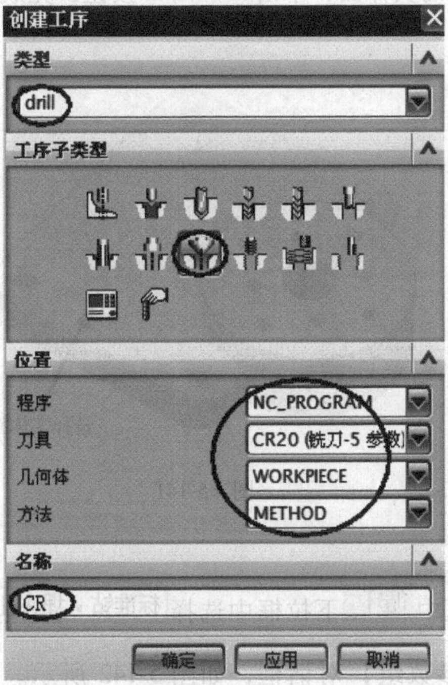
创建工序
类型
drill
工序子类型
位置
程序
NC_PROGRAM
刀具
CR20 (铣刀-5 参数)
几何体
WORKPIECE
方法
METHOD
名称
CR
确定
应用
取消

图 5-138

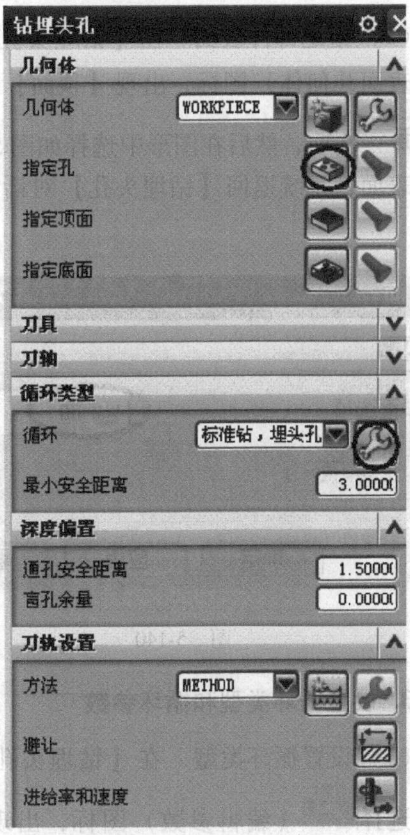
钻埋头孔
几何体
几何体
WORKPIECE
指定孔
指定顶面
指定底面
刀具
刀轴
循环类型
循环
标准钻，埋头孔
最小安全距离
3.0000(
深度偏置
通孔安全距离
1.5000(
盲孔余量
0.0000(
刀轨设置
方法
METHOD
避让
进给率和速度

图 5-139

2. 创建几何体

（1）指定加工孔　按照步骤5.15之步骤3的方法，在【钻埋头孔】对话框中指定孔区域中选择（选择或编辑孔几何体）图标，出现【点到点几何体】对话框，单击选择按钮，出现【省略现有点】确认对话框，单击是按钮，出现【选择点/圆弧/孔】对话框，单击面上所有孔按钮，出现【选择面】对话框，在图形中选择长方体实体顶面，单击确定按钮，系统返回【选择点/圆弧/孔】对话框，单击确定按钮，系统返回【点到点几何体】对话框，单击优化按钮，出现【优化点】对话框，单击最短刀轨按钮，出现【优化参数】对话框，单击优化按钮，出现【优化结果】对话框，图形中显示加工孔的顺序，单击确定按钮，完成指定加工孔，系统返回【点到点几何体】对话框，单击避让按钮，出现【选择起点】对话框，在图形中选择如图 5-133 所示的圆心（1#孔），出现【选择终点】对话框，在图形中选择如图 5-134 所示的圆心（2#孔），出现【退刀安全距离】对话框，单击安全平面按钮，单击确定按钮，系统返回【点到点几何体】对话框，单击确定按钮，完成指定加工孔。

（2）指定部件表面　在【钻埋头孔】对话框中指定顶面区域中选择（选择或编辑部件表面几何体）图标，出现【顶面】对话框，如图 5-140 所示。在顶面选项下拉框中选择面选项，然后在图形中选择如图 5-141 所示的实体面，单击确定按钮，完成指定部件表面，系统返回【钻埋头孔】对话框。

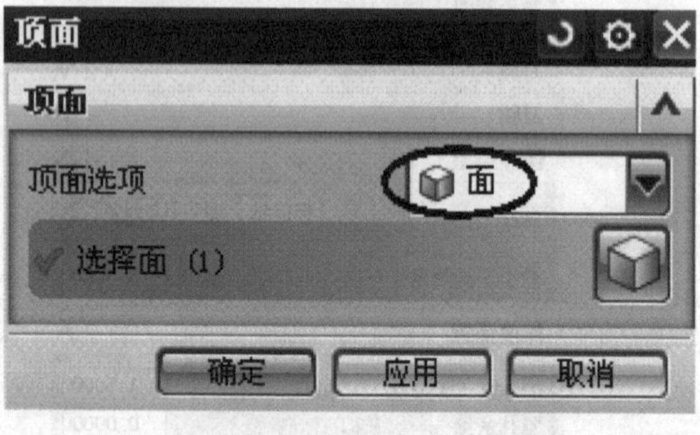
顶面
顶面
顶面选项
面
选择面 (1)
确定
应用
取消
图　5-140

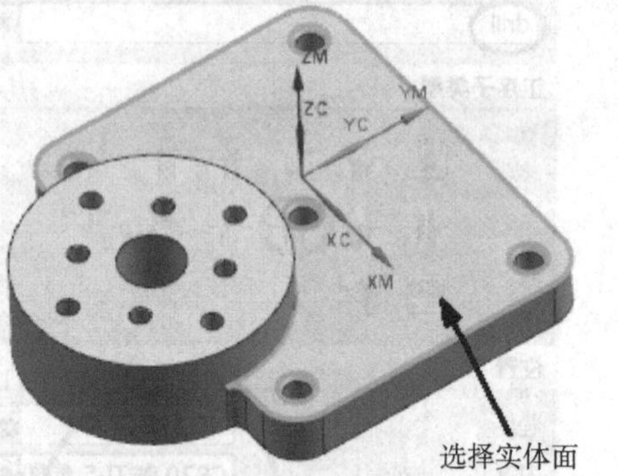
ZM
ZC
YC
YM
XC
XM
选择实体面
图　5-141

3. 设置循环类型和循环参数

（1）设置循环类型　在【钻埋头孔】对话框中循环下拉框中选择标准钻，埋头孔选项，选择（编辑参数）图标，出现【指定参数组】对话框，如图 5-142 所示。单击确定按钮，出现【Cycle 参数】对话框，如图 5-143 所示。

（2）设置加工深度　在【Cycle 参数】对话框单击Csink 直径 - 0.0000（埋头孔上边沿直径）按钮，如图 5-143 所示。出现【Csink 直径参数】对话框，在Csink 直径栏输入

14，如图 5-144 所示。单击确定按钮，系统返回【Cycle 参数】对话框。

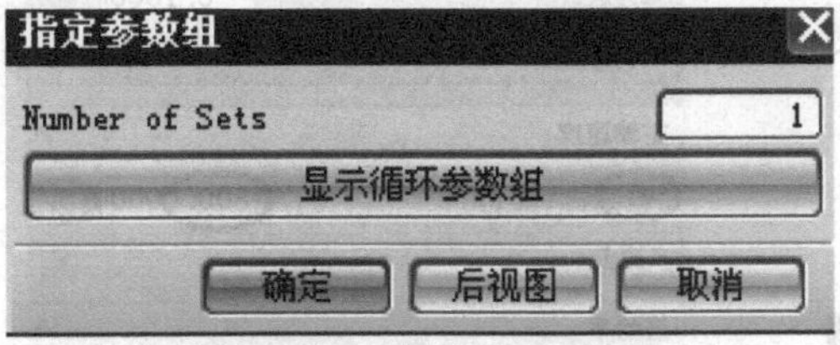
指定参数组
Number of Sets
1
显示循环参数组
确定
后视图
取消

图 5-142

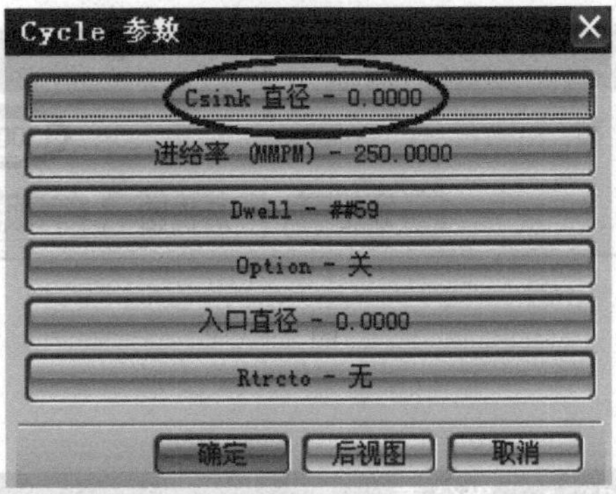
Cycle 参数
Csink 直径 - 0.0000
进给率 (MMPM) - 250.0000
Dwell - ##59
Option - 关
入口直径 - 0.0000
Rtrcto - 无
确定
后视图
取消

图 5-143

（3）设置停留时间　在【Cycle 参数】对话框中单击 Dwell - ##59（驻留）按钮，出现【Cycle Dwell（驻留）】对话框，单击秒按钮，如图 5-145 所示。出现【输入驻留值参数】对话框，在秒栏输入 300，如图 5-146 所示。单击确定按钮，系统返回【Cycle 参数】对话框。

注：这里的“秒”为毫秒，翻译错误。

Csink 直径
确定
后视图
取消

图 5-144

Cycle Dwell
关
开
秒
转
确定
后视图
取消

图 5-145

（4）设置进给率　在【Cycle 参数】对话框中单击进给率 (MMPM) - 250.0000（进给率）按钮，出现【Cycle 进给率】对话框，在 MMPM 栏输入 80，如图 5-147 所示。单击确定按钮，系统返回【Cycle 参数】对话框，单击确定按钮，系统返回【钻埋头孔】对话框。

4. 设置主轴速度

在【钻埋头孔】对话框中选择（进给率和速度）图标，出现【进给率和速度】对话框，如图 5-148 所示。勾选主轴速度 (rpm) 选项，在主轴速度 (rpm) 栏输入 800，按下回车键，单击（基于此值计算进给和速度）按钮，单击确定按钮，完成设置进给率和速度参数，系统返回【钻埋头孔】对话框。

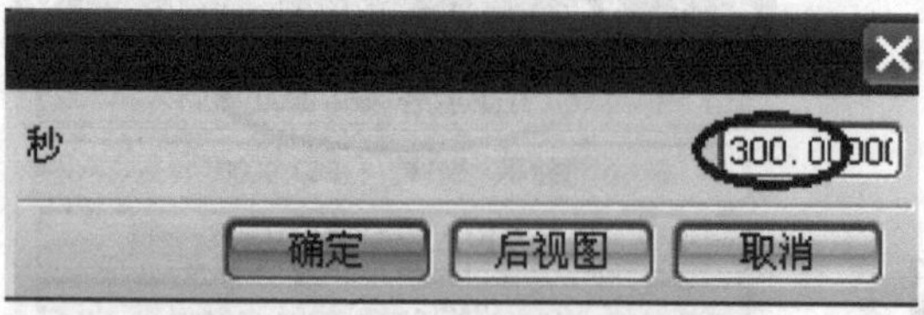
秒
300.0000
确定
后视图
取消

图 5-146

Cycle 进给率
MMPM
80.0000
切换单位至MMPR
确定
后视图
取消

图 5-147

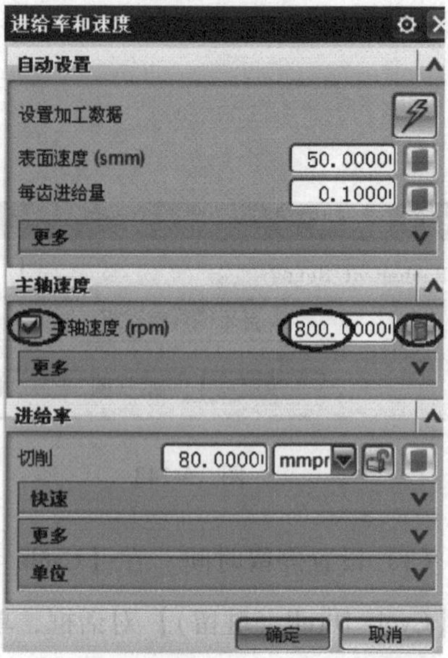
进给率和速度
自动设置
设置加工数据
表面速度 (smm)
50.0000
每齿进给量
0.1000
更多
主轴速度
主轴速度 (rpm)
800.0000
更多
进给率
切削
80.0000
mmpr
快速
更多
单位
确定
取消

图 5-148

5. 生成刀轨

在【钻埋头孔】对话框中 操作 区域中选择（生成刀轨）图标，系统自动生成刀轨，如图 5-149 所示，单击 确定 按钮，接受刀轨。

6. 创建刀轨仿真验证

在工序导航器几何视图选择 WORKPIECE 节点，然后在【操作】工具条中选择（确认刀轨）图标，出现【刀轨可视化】对话框，如图 5-150 所示。选择 2D 动态 选项，单击

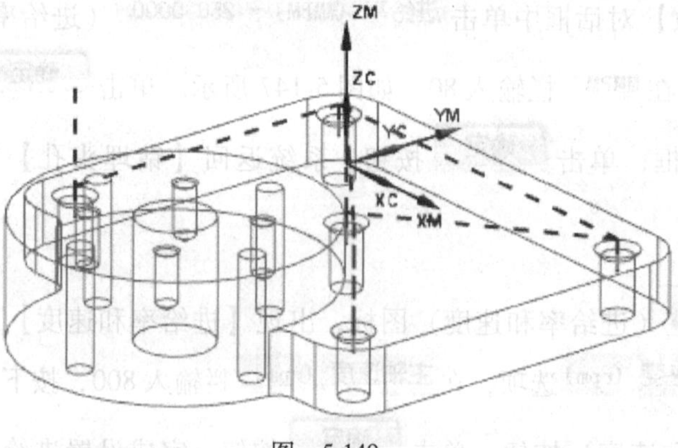
ZM
ZC
YM
YC
XC
XM

图 5-149

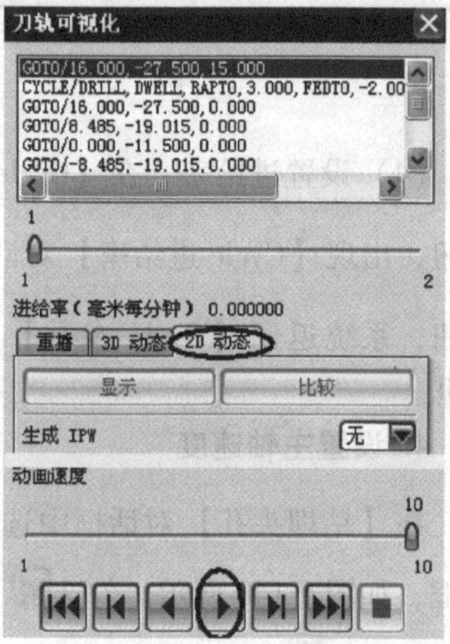
刀轨可视化
GOTO/16.000,-27.500,15.000
CYCLE/DRILL,DWELL,RAPTO,3.000,FEDTO,-2.00
GOTO/16.000,-27.500,0.000
GOTO/8.485,-19.015,0.000
GOTO/0.000,-11.500,0.000
GOTO/-8.485,-19.015,0.000
进给率（毫米每分钟） 0.000000
重播
3D 动态
2D 动态
显示
比较
生成 IPW
无
动画速度

图 5-150

（播放）按钮，图形中出现模拟切削动画，模拟切削完成后，在【刀轨可视化】对话框中单击 比较 按钮，可以看到切削结果，如图 5-151 所示。

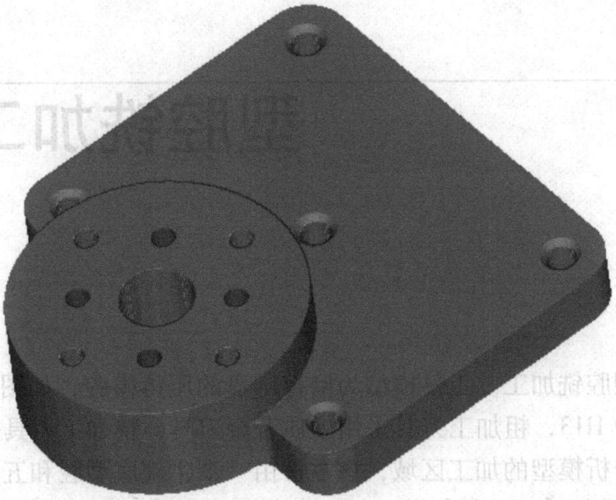

图　5-151

第6章

型腔铣加工实例一

实例说明

本章主要讲述型腔铣加工。工件模型为磨擦圆盘的压铸模腔，如图 6-1 所示。毛坯外形已车削成形，材料为 H13，粗加工刀具采用硬质合金刀具，精加工刀具采用高速钢刀具。其加工思路为：首先分析模型的加工区域，该零件由一个主碗底型腔和五个凸台组成。粗加工采用 ϕ12mm 立铣刀进行【型腔铣】，半精加工采用 ϕ8mm 球铣刀，用【边界驱动】方式的【固定轴曲面轮廓铣】，精加工仍采用【固定轴曲面轮廓铣】，驱动方式采用【区域切削】驱动方式，刀具采用 ϕ6mm 球铣刀，最后采用 ϕ1mm 球铣刀、Flow Cut 驱动方式进行清根加工，以清除曲面交线处残留的材料。加工刀具见表 6-1，工艺方案见表 6-2。选用恰当的刀具与加工路线。

图 6-1

粗加工：采用 ϕ12mm 的圆鼻铣刀进行型腔铣，分层铣削，型面留余量 0. 5mm。

半精加工：采用 ϕ8mm 球铣刀进行固定轴曲面轮廓铣，半精加工底面和侧壁，型面留余量 0. 2mm。

精加工：采用 ϕ6mm 球铣刀用区域驱动方式的固定轴区域轮廓铣精加工型面。

利用ϕ1mm 球铣刀采用参考刀具的驱动方式进行清根加工，以清除曲面交线处残留的材料。

表 6-1　加工刀具

序号	程序名	刀具号	刀具类型	刀具直径/mm	R 圆角/mm	刀长/mm	切削刃长/mm	余量/mm
1	R1	1	EM12R1 圆鼻刀	ϕ12	1	250	130	0.5
2	S1	2	BM8 球铣刀	ϕ8	4	65	60	0.2
3	F2	3	BM6 球铣刀	ϕ6	3	65	25	0
4	F2	4	BM1 球铣刀	ϕ1	0.5	65	25	0

表 6-2　加工工艺方案

序号	方法	加工方式	程序名	主轴转速 n/r · min^{-1}	进给速度 v_f/mm · min^{-1}	说　明
1	粗加工	型腔铣	R1	1200	800	粗加工
2	半精加工	固定轴曲面轮廓铣	S1	1600	600	半精加工型面
3	精加工	固定轴区域轮廓铣	F2	2500	500	精加工型面
4	精加工	清根	F2	3000	300	精加工凹角

学习目标

通过该章实例的练习，使读者能熟练掌握型腔铣加工，了解型腔铣的适用范围和加工规律，掌握开粗、二次开粗及精加工技巧。

6.1　打开文件

选择菜单中的【文件】/【打开(O)...】命令或选择（打开）文件图标，出现【打开】部件对话框，在本书附的资源包\parts\6\xj-1 文件，单击 OK 按钮，打开部件，工件模型如图 6-1 所示。

6.2　创建毛坯

1. 进入建模模块

选择菜单中的【开始】下拉框中选择【建模(M)...】模块，如图 6-2 所示，进入建模应用模块。

2. 创建拉伸特征

选择菜单中的【插入(S)】/【设计特征(E)】/【拉伸(E)...】命令或在【特征】工具条中选择（拉伸）图标，出现【拉伸】对话框，如图 6-3 所示。在主界面曲线规则下拉框中选择单条曲线选项，选择如图 6-4 所示的截面线为拉伸对象，出现如图 6-4 所示的拉伸方向，然后在【拉伸】对话框中【开始】\【距离】栏输入【0】，在结束下拉框中选择直至延伸部分选项，在图形中选择如图 6-4 所示的平面，在【布尔】下拉框中选择无选项，如图 6-3 所示。单击应用按钮，完成如图 6-5 所示。

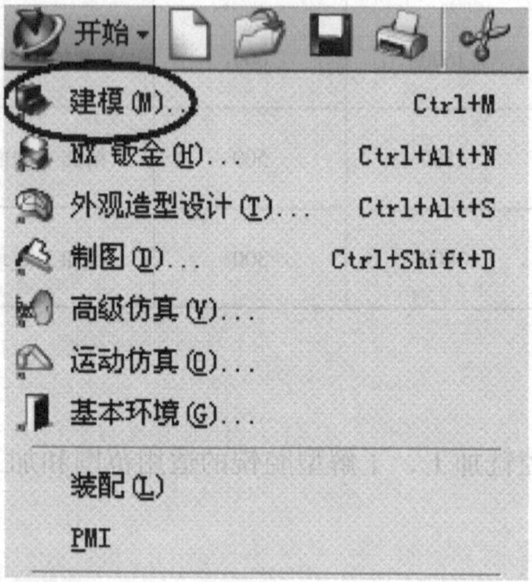
开始
建模(M)... Ctrl+M
NX 钣金(H)... Ctrl+Alt+N
外观造型设计(T)... Ctrl+Alt+S
制图(D)... Ctrl+Shift+D
高级仿真(V)...
运动仿真(O)...
基本环境(G)...
装配(L)
PMI

图 6-2

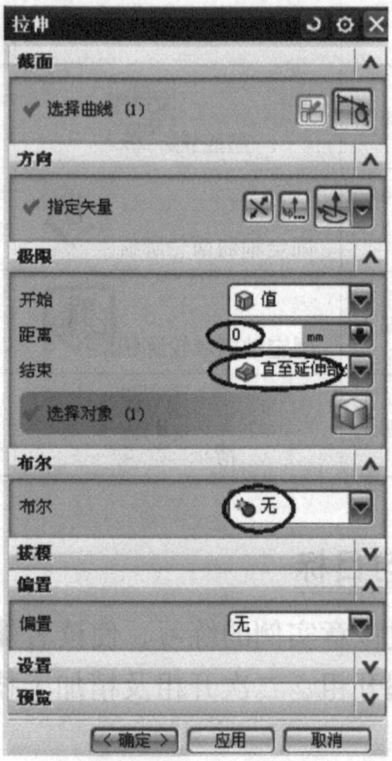
拉伸
截面
选择曲线 (1)
方向
指定矢量
极限
开始
值
距离
0
mm
结束
直至延伸部
选择对象 (1)
布尔
布尔
无
拔模
偏置
偏置
无
设置
预览
<确定>
应用
取消

图 6-3

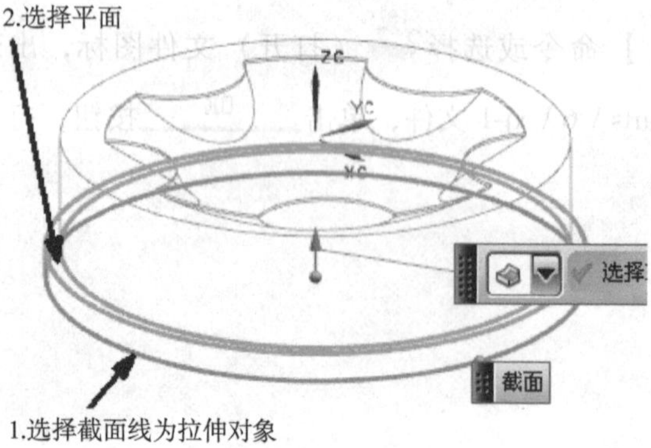
2.选择平面
ZC
YC
XC
选择
截面
1.选择截面线为拉伸对象

图 6-4

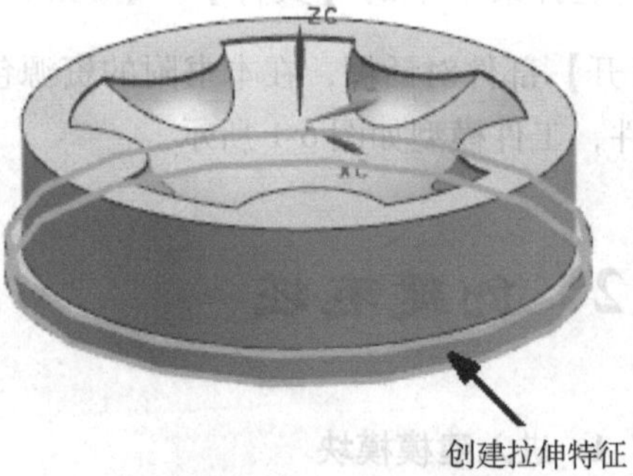
ZC
XC
创建拉伸特征

图 6-5

继续创建拉伸特征，选择如图 6-6 所示的截面线为拉伸对象，出现如图 6-6 所示的拉伸方向，然后在【拉伸】对话框中【开始】\【距离】栏输入【0】，在结束下拉框中选择直至延伸部分选项，在图形中选择如图 6-6 所示的平面，在【布尔】下拉框中选择求和选项，然后在图形中选择上一步创建的拉伸体，单击<确定>按钮，完成如图 6-7 所示。

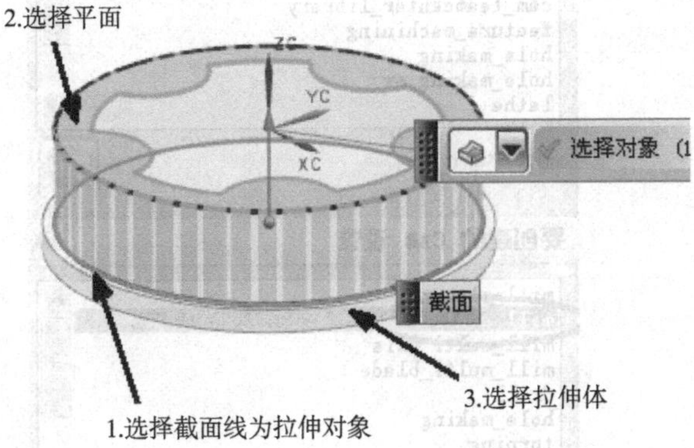
2.选择平面
ZC
YC
XC
选择对象 (1
截面
3.选择拉伸体
1.选择截面线为拉伸对象

图 6-6

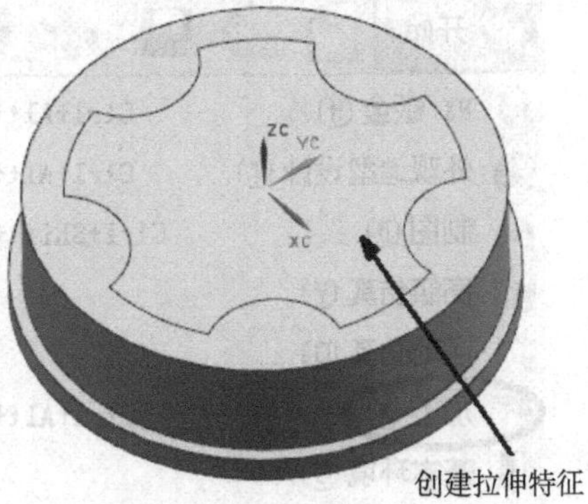
ZC
YC
XC
创建拉伸特征

图 6-7

3. 隐藏毛坯

选择菜单中的【编辑(E)】/【显示和隐藏(H)】/【隐藏(H)...】命令或在【实用】工具条中选择（隐藏）图标，选择如图 6-7 所示实体隐藏（步骤略）。

6.3 设置加工坐标系及安全平面

1. 进入加工模块

选择菜单中的【开始】下拉框中选择【加工(N)...】模块，如图6-8 所示，进入加工应用模块。

2. 设置加工环境

选择【加工(N)...】模块后系统出现【加工环境】对话框，如图 6-9 所示。在 CAM 会话配置 列表框中选择 cam_general ，在 要创建的 CAM 设置 列表框中选择 mill_contour ，单击确定按钮，进入加工初始化，在导航器栏出现（工序导航器）图标，如图 6-10 所示。

3. 设置工序导航器的视图为几何视图

选择菜单中的【工具(T)】/【工序导航器(O)】/【视图(V)】/【几何视图(G)】命令或在【导航器】工具条中选择（几何视图）图标，更新的工序导航器视图如

图 6-10 所示。

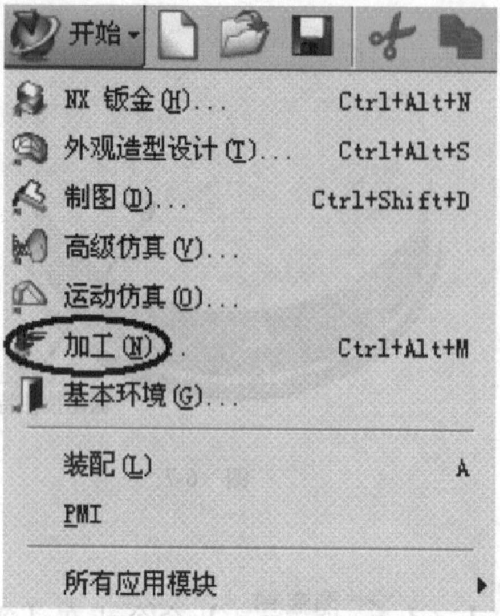
开始
NX 钣金(H)... Ctrl+Alt+N
外观造型设计(T)... Ctrl+Alt+S
制图(D)... Ctrl+Shift+D
高级仿真(V)...
运动仿真(O)...
加工(N)... Ctrl+Alt+M
基本环境(G)...
装配(L) A
PMI
所有应用模块

图 6-8

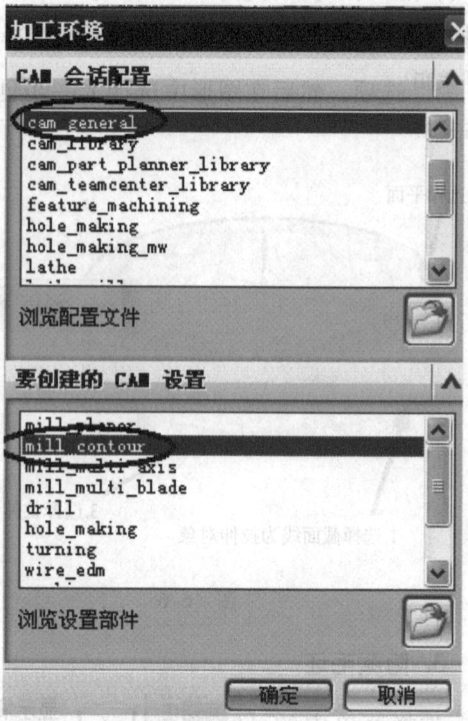
加工环境
CAM 会话配置
cam_general
cam_library
cam_part_planner_library
cam_teamcenter_library
feature_machining
hole_making
hole_making_mw
lathe
浏览配置文件
要创建的 CAM 设置
mill_planar
mill_contour
mill_multi_axis
mill_multi_blade
drill
hole_making
turning
wire_edm
浏览设置部件
确定
取消

图 6-9

4. 设置工作坐标系

选择菜单中的【格式(R)】/【WCS】/【定向(N)...】命令或在【实用】工具条中选择（WCS 定向）图标，出现【CSYS】对话框，在类型下拉框中选择对象的 CSYS 选项，如图 6-11 所示。在图形中选择如图 6-12 所示的工件顶面，单击确定按钮，完成设置工作坐标系，如图 6-13 所示。

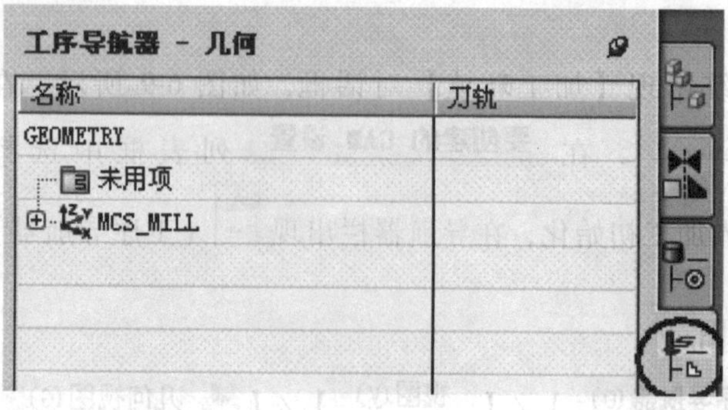
工序导航器 - 几何
名称
刀轨
GEOMETRY
未用项
MCS_MILL

图 6-10

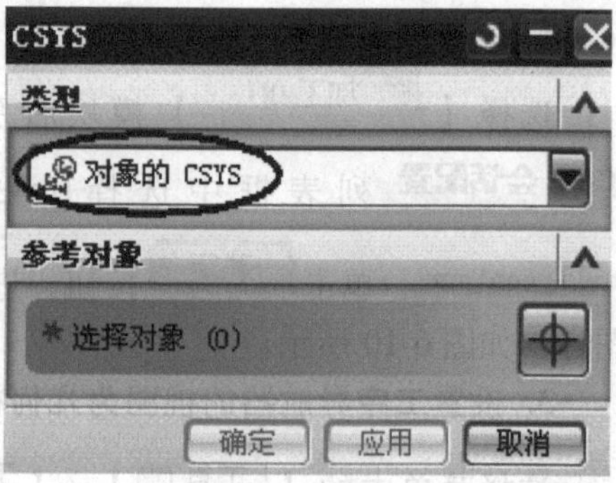
CSYS
类型
对象的 CSYS
参考对象
* 选择对象 (0)
确定
应用
取消

图 6-11

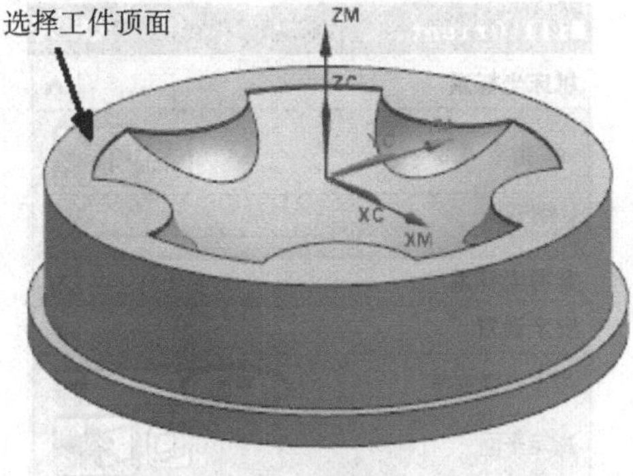
选择工件顶面
ZM
XC
XM

图 6-12

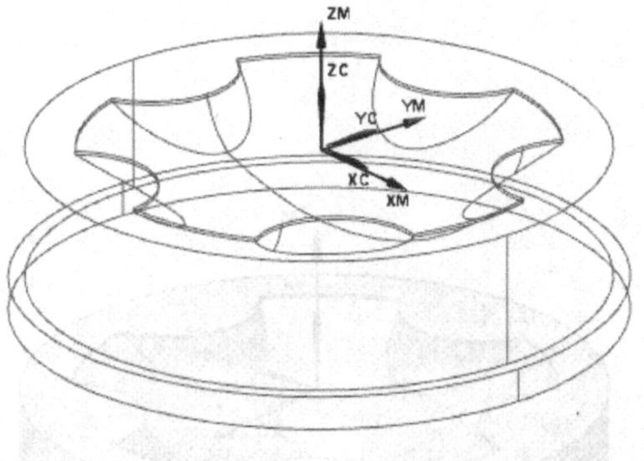
ZM
ZC
YC
YM
XC
XM

图 6-13

5. 设置加工坐标系

在工序导航器中双击 MCS_MILL（加工坐标系）图标，出现【Mill Orient】对话框，如图 6-14 所示。在 指定 MCS 区域中选择（CSYS 会话）图标，出现【CSYS】对话框，如图 6-15 所示。在 类型 下拉框中选择【动态】选项，在 参考 下拉框中选择【WCS（工作坐标系）】选项，单击 确定 按钮，完成设置加工坐标系，即接受工作坐标系为加工坐标系，如图 6-16 所示。

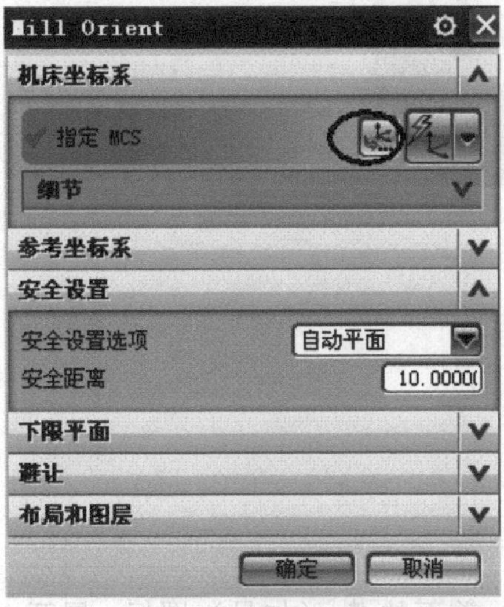
Mill Orient
机床坐标系
指定 MCS
细节
参考坐标系
安全设置
安全设置选项
自动平面
安全距离
10.0000(
下限平面
避让
布局和图层
确定
取消

图 6-14

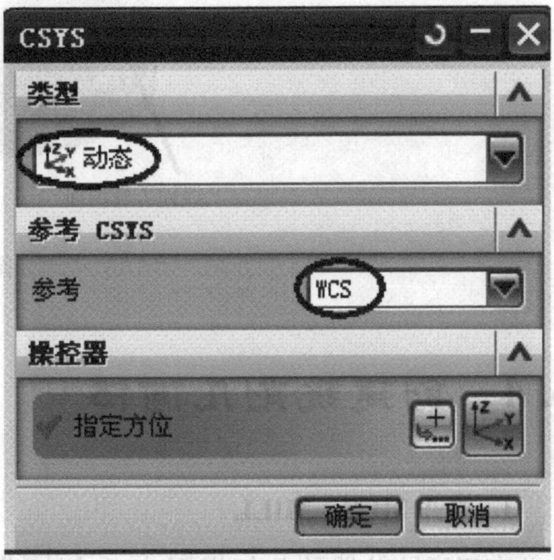
CSYS
类型
动态
参考 CSYS
参考
WCS
操控器
指定方位
确定
取消

图 6-15

注意：【Mill Orient】对话框不要关闭。

6. 设置安全平面

在【Mill Orient】对话框中 安全设置 区域 安全设置选项 下拉框中选择 平面 选项，如图 6-17 所示。在图形中选择如图 6-18 所示的工件顶面，在 距离 栏输入 15，单击 确定 按钮，完成设置安全平面。

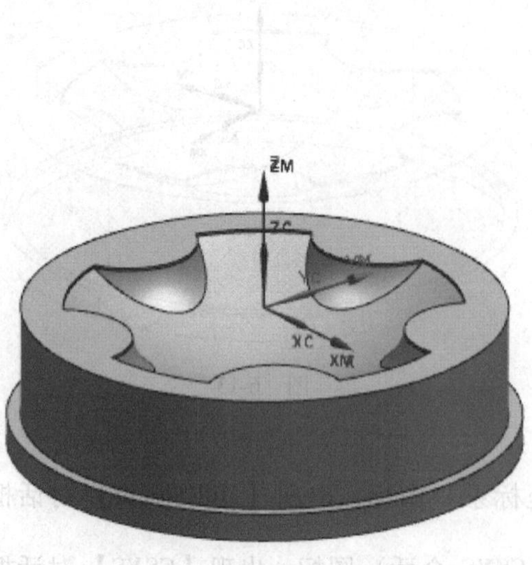
ZM
ZC
YC
XC
XM

图 6-16

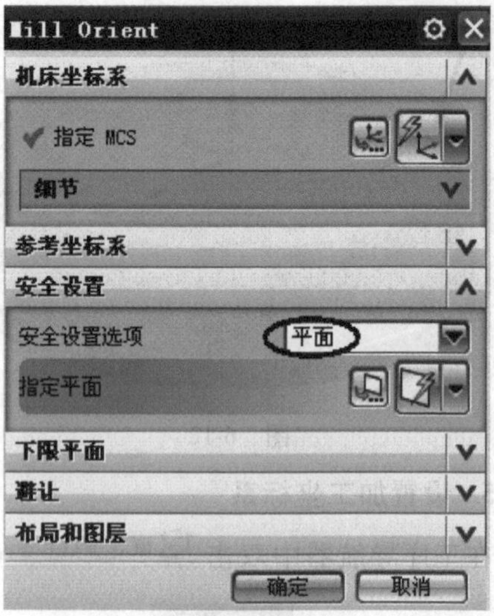
Mill Orient
机床坐标系
指定 MCS
细节
参考坐标系
安全设置
安全设置选项
平面
指定平面
下限平面
避让
布局和图层
确定
取消

图 6-17

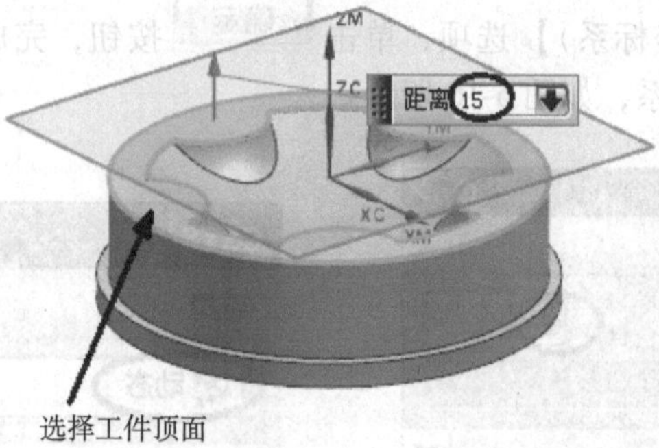
ZM
ZC
距离
15
XC
选择工件顶面

图 6-18

6.4 创建铣削几何体

1. 展开 MCS _ MILL

在工序导航器的几何视图中单击 MCS_MILL 前面的 ⊞（加号）图标，展开 MCS _ MILL，更新为如图 6-19 所示。

2. 创建铣削部件几何体

在工序导航器中双击 WORKPIECE （铣削几何体）图标，出现【铣削几何体】对话框，如图 6-20 所示。在 指定部件 区域中选择 （选择或编辑部件几何体）图标，出现【部件几何体】对话框，如图 6-21 所示。在图形中选择如图 6-22 所示工件，单击 确定 按钮，完成指定部件。

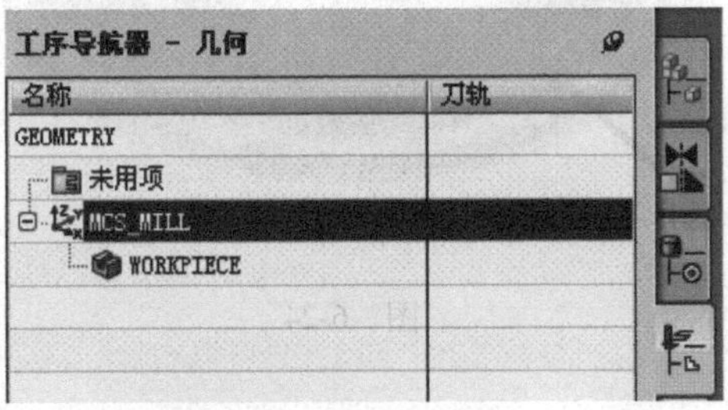
工序导航器 - 几何
名称
刀轨
GEOMETRY
未用项
MCS_MILL
WORKPIECE

图 6-19

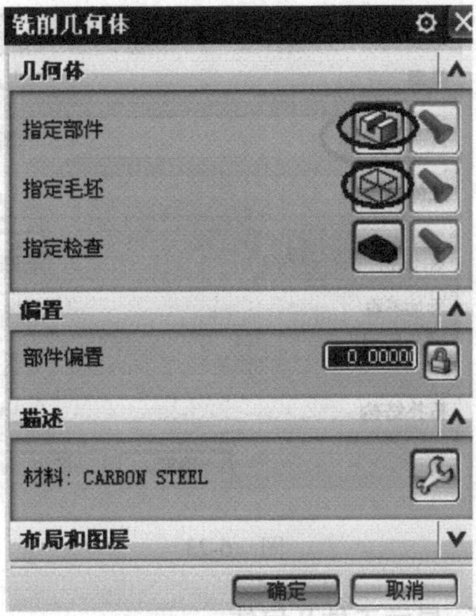
铣削几何体
几何体
指定部件
指定毛坯
指定检查
偏置
部件偏置
0.0000
描述
材料：CARBON STEEL
布局和图层
确定
取消

图 6-20

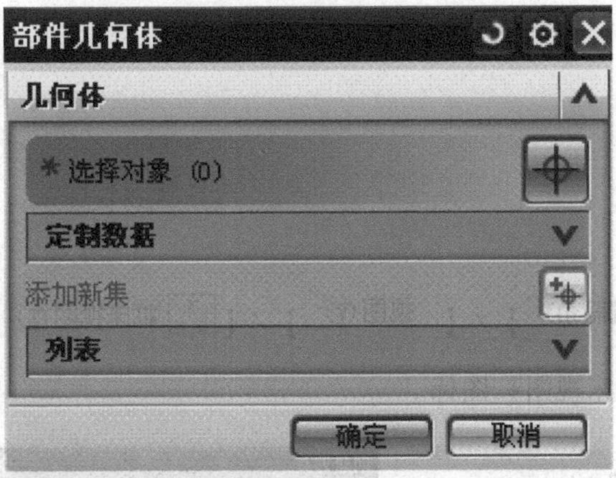
部件几何体
几何体
* 选择对象（0）
定制数据
添加新集
列表
确定
取消

图 6-21

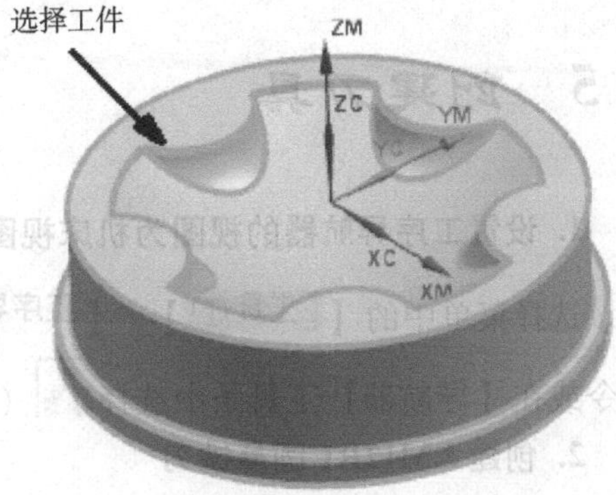
选择工件
ZM
ZC
YM
XC
XM

图 6-22

3. 显示毛坯几何体

在【实用】工具条中选择（反转显示和隐藏）图标，图形中毛坯几何体显示，工件隐藏。

4. 设置铣削毛坯几何体

系统返回【铣削几何体】对话框，在 指定毛坯 区域中选择（选择或编辑毛坯几何体）图标，出现【毛坯几何体】对话框，如图 6-23 所示。在 类型 下拉框中选择 几何体 选项，在图形中选择如图 6-24 所示毛坯几何体，单击 确定 按钮，完成指定毛坯，系统返回【铣削几何体】对话框，单击 确定 按钮，完成设置铣削几何体。

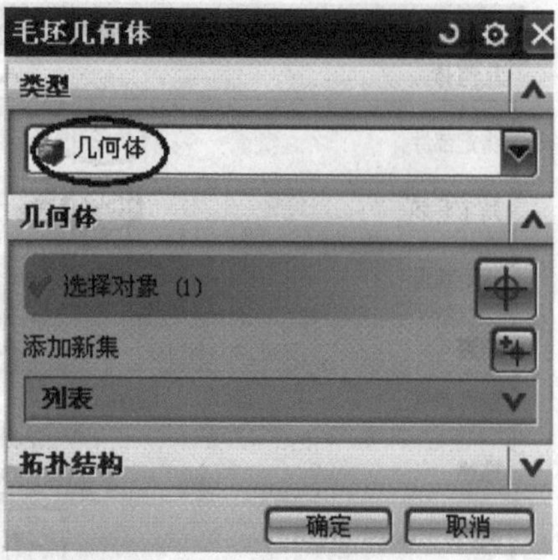
毛坯几何体
类型
几何体
几何体
选择对象 (1)
添加新集
列表
拓扑结构
确定
取消

图 6-23

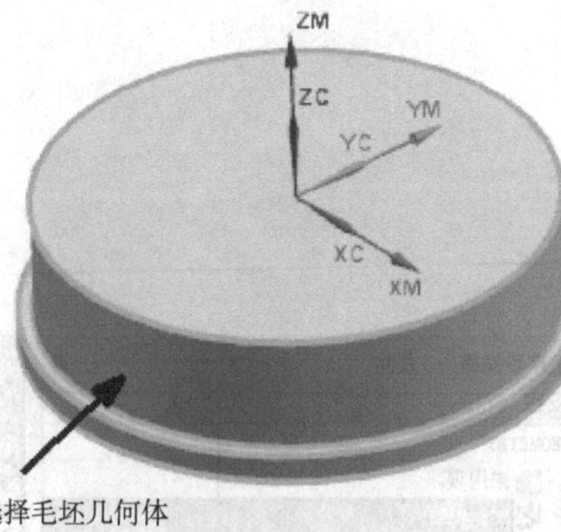
ZM
ZC
YM
YC
XC
XM
选择毛坯几何体

图 6-24

5. 显示工件几何体

在【实用】工具条中选择（反转显示和隐藏）图标，图形中工件几何体显示，毛坯隐藏。

6.5 创建刀具

1. 设置工序导航器的视图为机床视图

选择菜单中的【工具(T)】/【工序导航器(O)】/【视图(V)】/【机床视图(T)】命令或在【导航器】工具条中选择（机床视图）图标。

2. 创建 EM12R1 圆鼻铣刀

选择菜单中的【插入(S)】/【刀具(T)...】命令或在【插入】工具条选择（创建刀具）图标，出现【创建刀具】对话框，如图 6-25 所示。在 刀具子类型 中选择（铣刀）图标，在 名称 栏输入 EM12R1，单击 确定 按钮，出现【铣刀-5 参数】对话框，如图 6-26 所示。在 直径 、下半径 栏分别输入 12、1，在 刀具号 、补偿寄存器 、刀具补偿寄存器 栏分别输入 1、1、1，单击 确定 按钮，完成创建直径 ϕ12mm 的圆鼻铣刀，如图 6-27 所示。

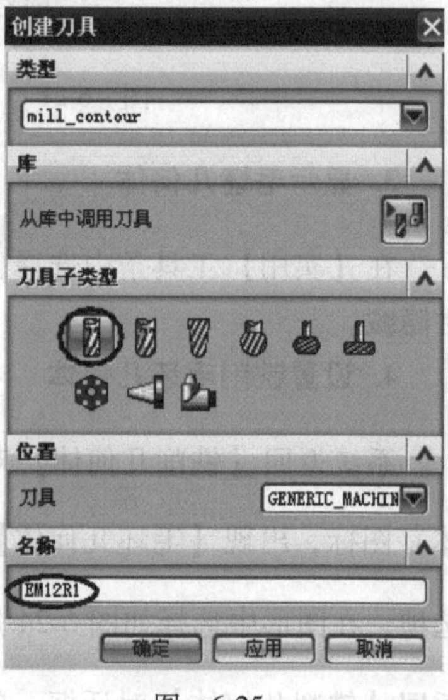
创建刀具
类型
mill_contour
库
从库中调用刀具
刀具子类型
位置
刀具
GENERIC_MACHIN
名称
EM12R1
确定
应用
取消

图 6-25

3. 按照步骤 2 的方法依次创建表 6-1 所列其余铣刀

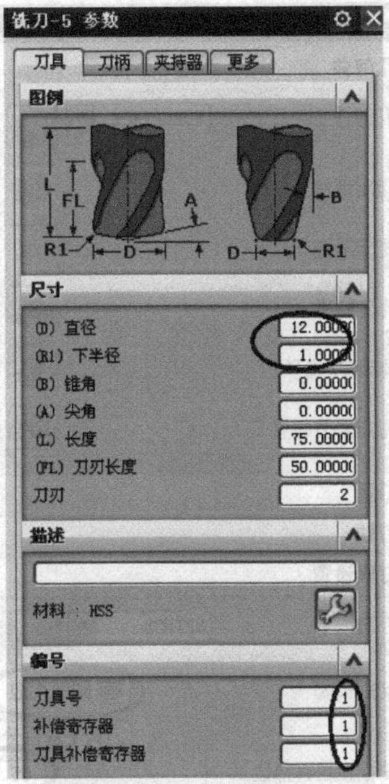
铣刀-5 参数
刀具
刀柄
夹持器
更多
图例
L
FL
A
B
R1
D
尺寸
(D) 直径 12.0000
(R1) 下半径 1.0000
(B) 锥角 0.00000
(A) 尖角 0.00000
(L) 长度 75.00000
(FL) 刀刃长度 50.00000
刀刃 2
描述
材料 : HSS
编号
刀具号 1
补偿寄存器 1
刀具补偿寄存器 1

图 6-26

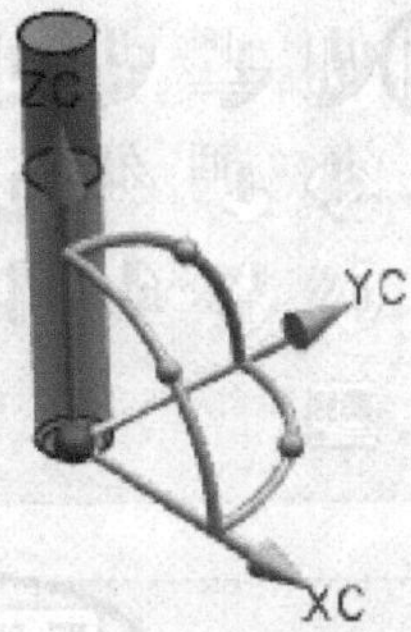
ZC
YC
XC

图 6-27

6.6 创建粗加工操作

1. 创建操作父节组选项

选择菜单中的【插入(S)】/【工序(E)...】命令或在【插入】工具条中选择（创建工序）图标，出现【创建工序】对话框，如图6-28所示。

在【创建工序】对话框中类型下拉框中选择mill_contour（型腔铣），在工序子类型区域中选择（型腔铣）图标，在程序下拉框中选择NC_PROGRAM程序节点，在刀具下拉框中选择EM12R1 (铣刀-5刀具节点，在几何体下拉框中选择WORKPIECE节点，在方法下拉框中选择METHOD节点，在名称栏输入R1，如图6-28所示。单击确定按钮，系统出现【型腔铣】对话框，如图6-29所示。

2. 设置加工参数

(1) 设置切削模式 在【型腔铣】对话框中切削模式下拉框中选择跟随周边选项，在步距下拉框中选择刀具平直百分比选项，在平面直径百分比栏输入65，如图6-29所示。

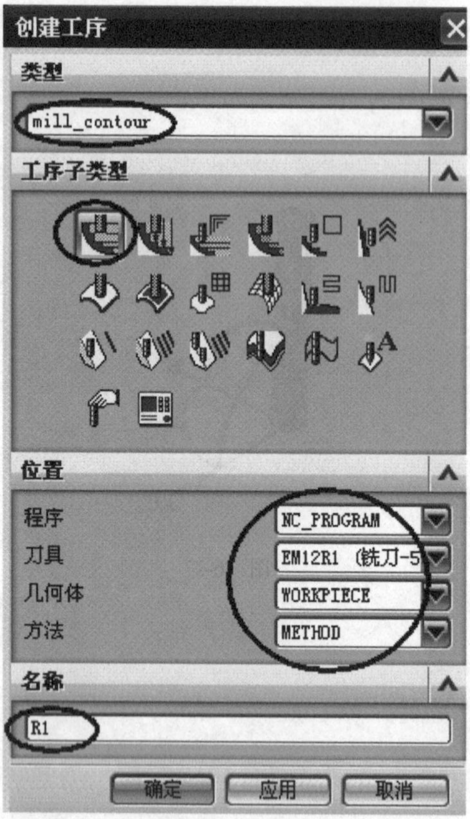

图 6-28

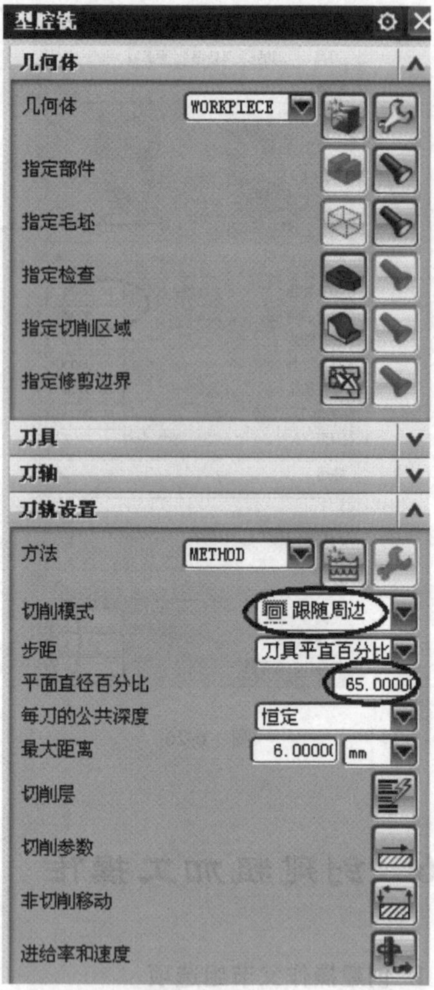

图 6-29

（2）设置切削层参数　在【型腔铣】对话框中 切削层 区域中选择 （切削层）图标，出现【切削层】对话框，如图 6-30 所示。在 范围类型 下拉框中选择 用户定义 选项，在 范围定义 / 范围深度 栏输入 13，在 测量开始位置 下拉框中选择 顶层 选项，在 每刀的深度 栏输入 2，然后在 范围定义 / 列表 栏选择范围 2，在 范围定义 / 范围深度 栏输入 18.38，在 测量开始位置 下拉框中选择 顶层 选项，在 每刀的深度 栏输入 1，如图 6-31 所示。此时图形中切削层更新为如图 6-32 所示，单击 确定 按钮，完成设置切削层，系统返回【型腔铣】对话框。

（3）设置切削参数　在【型腔铣】对话框中选择 （切削参数）图标，出现【切削参数】对话框，如图 6-33 所示。选择 策略 选项卡，在 切削顺序 下拉框中选择 深度优先

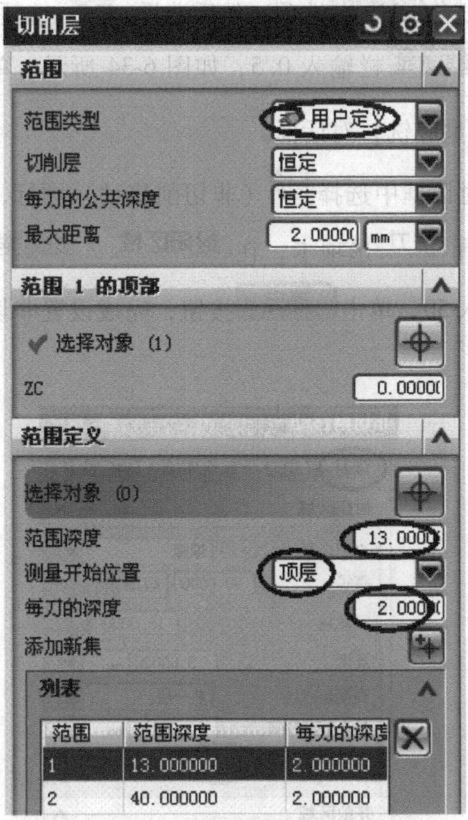
切削层
范围
范围类型
用户定义
切削层
恒定
每刀的公共深度
恒定
最大距离
2.0000(
mm
范围 1 的项部
选择对象 (1)
ZC
0.0000(
范围定义
选择对象 (0)
范围深度
13.000(
测量开始位置
顶层
每刀的深度
2.000(
添加新集
列表
范围
范围深度
每刀的深度
1
13.000000
2.000000
2
40.000000
2.000000

图 6-30

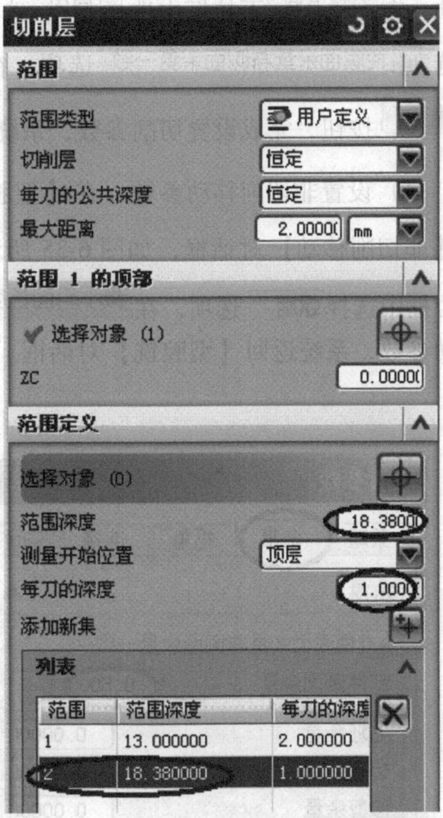
切削层
范围
范围类型
用户定义
切削层
恒定
每刀的公共深度
恒定
最大距离
2.0000(
mm
范围 1 的项部
选择对象 (1)
ZC
0.0000(
范围定义
选择对象 (0)
范围深度
18.3800(
测量开始位置
顶层
每刀的深度
1.000(
添加新集
列表
范围
范围深度
每刀的深度
1
13.000000
2.000000
2
18.380000
1.000000

图 6-31

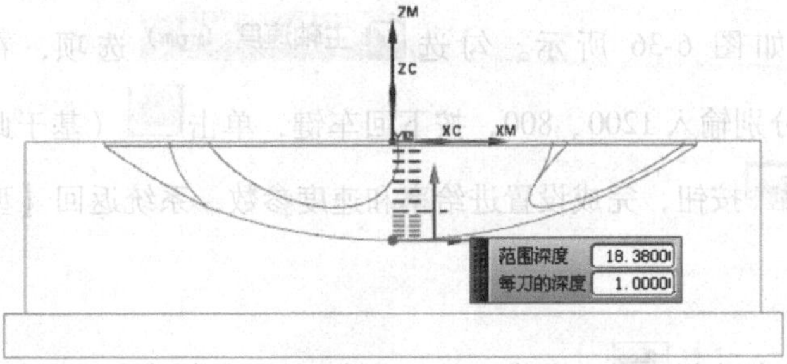
ZM
ZC
XC
XM
范围深度
18.3800(
每刀的深度
1.0000(

图 6-32

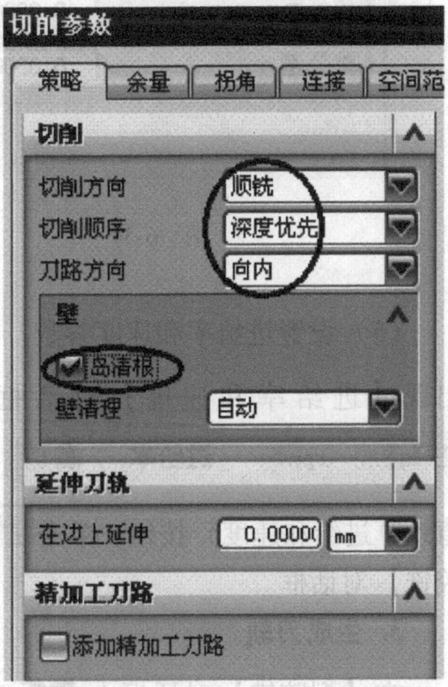
切削参数
策略
余量
拐角
连接
空间范
切削
切削方向
顺铣
切削顺序
深度优先
刀路方向
向内
壁
岛清根
壁清理
自动
延伸刀轨
在边上延伸
0.0000(
mm
精加工刀路
添加精加工刀路

图 6-33

选项，在刀路方向下拉框中选择向内选项，勾选岛清根选项，然后选择余量选项卡，勾选使底面余量与侧面余量一致选项，在部件侧面余量栏输入0.5，如图6-34所示。单击确定按钮，完成设置切削参数，系统返回【型腔铣】对话框。

（4）设置非切削移动参数　在【型腔铣】对话框中选择（非切削移动）图标，出现【非切削移动】对话框，如图6-35所示。选择进刀选项卡，在封闭区域/进刀类型下拉框中选择螺旋选项，在最小斜面长度栏输入50，单击确定按钮，完成设置非切削移动参数，系统返回【型腔铣】对话框。

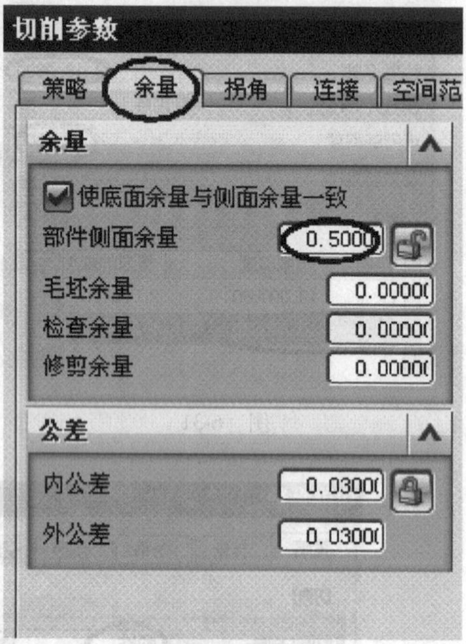
切削参数
策略
余量
拐角
连接
空间范
余量
使底面余量与侧面余量一致
部件侧面余量
0.5000
毛坯余量
0.0000
检查余量
0.0000
修剪余量
0.0000
公差
内公差
0.0300
外公差
0.0300

图　6-34

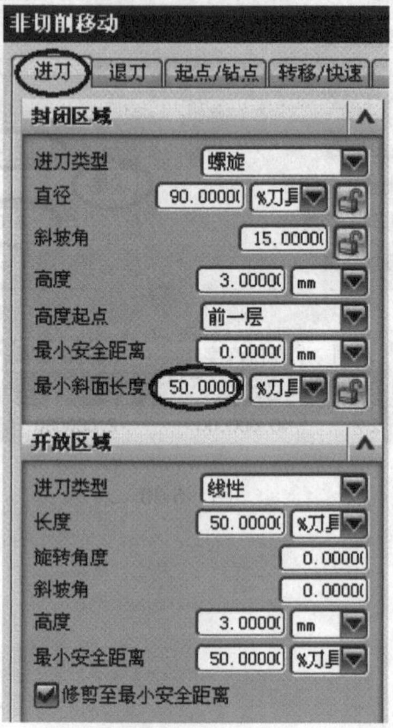
非切削移动
进刀
退刀
起点/钻点
转移/快速
封闭区域
进刀类型
螺旋
直径
90.0000
%刀具
斜坡角
15.0000
高度
3.0000
mm
高度起点
前一层
最小安全距离
0.0000
mm
最小斜面长度
50.0000
%刀具
开放区域
进刀类型
线性
长度
50.0000
%刀具
旋转角度
0.0000
斜坡角
0.0000
高度
3.0000
mm
最小安全距离
50.0000
%刀具
修剪至最小安全距离

图　6-35

（5）设置进给率和速度参数　在【型腔铣】对话框中选择（进给率和速度）图标，出现【进给率和速度】对话框，如图6-36所示。勾选主轴速度（rpm）选项，在主轴速度（rpm）、进给率/剪切栏分别输入1200、800，按下回车键，单击（基于此值计算进给和速度）按钮，单击确定按钮，完成设置进给率和速度参数，系统返回【型腔铣】对话框。

3. 生成刀轨

在【型腔铣】对话框中操作区域中选择（生成刀轨）图标，系统自动生成刀轨，如图6-37所示，单击确定按钮，接受刀轨。

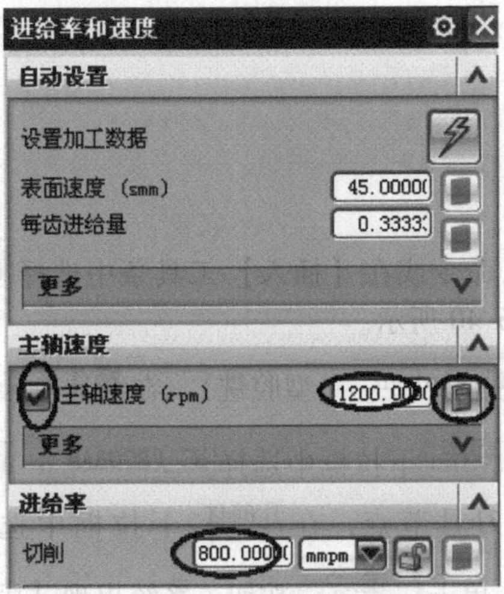
进给率和速度
自动设置
设置加工数据
表面速度（smm）
每齿进给量
更多
主轴速度
主轴速度（rpm）
更多
进给率
切削
mmpm

图 6-36

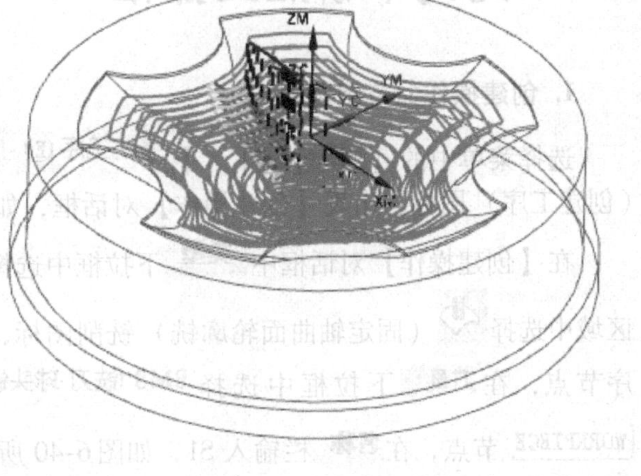
ZM
YM
XM

图 6-37

4. 创建刀轨仿真验证

在工序导航器几何视图选择WORKPIECE节点下的R1工序，然后在【操作】工具条中选择（确认刀轨）图标，出现【刀轨可视化】对话框，如图6-38所示。选择2D 动态选项，单击（播放）按钮，图形中出现模拟切削动画，模拟切削完成后，在【刀轨可视化】对话框中单击比较按钮，可以看到切削结果，如图6-39所示。

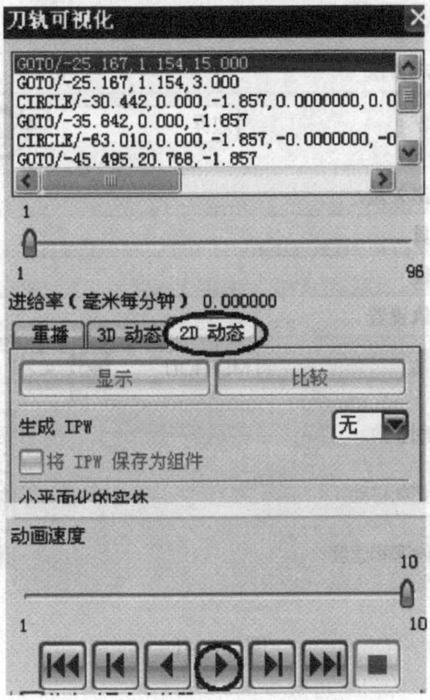
刀轨可视化
GOTO/-25.167,1.154,15.000
GOTO/-25.167,1.154,3.000
CIRCLE/-30.442,0.000,-1.857,0.0000000,0.0
GOTO/-35.842,0.000,-1.857
CIRCLE/-63.010,0.000,-1.857,-0.0000000,-0
GOTO/-45.495,20.768,-1.857
进给率（毫米每分钟） 0.000000
重播
3D 动态
2D 动态
显示
比较
生成 IPW
无
将 IPW 保存为组件
动画速度

图 6-38

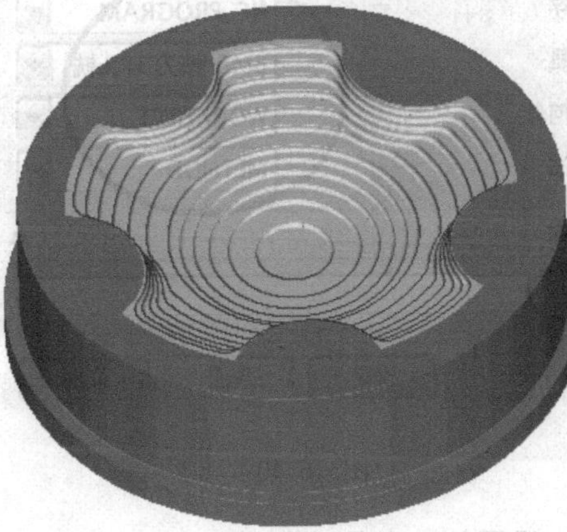

图 6-39

6.7 创建半精加工操作

1. 创建操作父节组选项

选择菜单中的【插入(S)】/【工序(E)...】命令或在【插入】工具条中选择（创建工序）图标，出现【创建操作】对话框，如图6-40所示。

在【创建操作】对话框中类型下拉框中选择mill_contour（型腔铣），在操作子类型区域中选择（固定轴曲面轮廓铣）铣削图标，在程序下拉框中选择NC_PROGRAM程序节点，在刀具下拉框中选择BM8(铣刀-球头铣)刀具节点，在几何体下拉框中选择WORKPIECE节点，在名称栏输入S1，如图6-40所示。单击确定按钮，系统出现【固定轮廓铣】对话框，如图6-41所示。

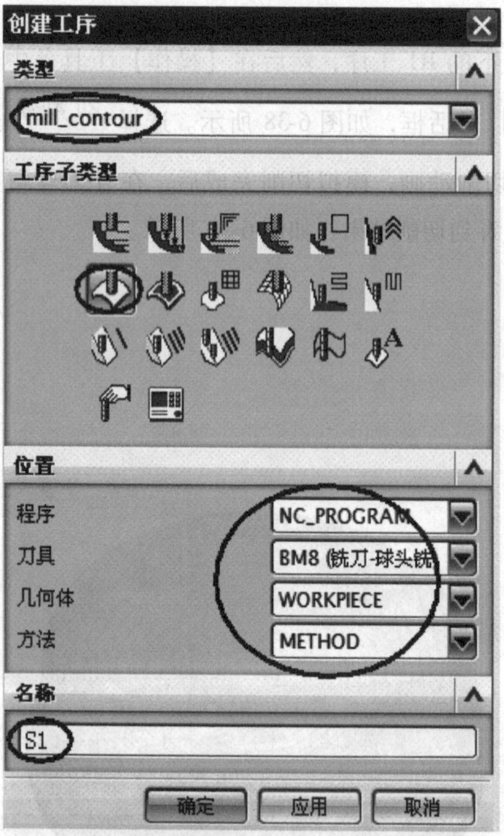
创建工序
类型
mill_contour
工序子类型
位置
程序
NC_PROGRAM
刀具
BM8 (铣刀-球头铣
几何体
WORKPIECE
方法
METHOD
名称
S1
确定
应用
取消

图 6-40

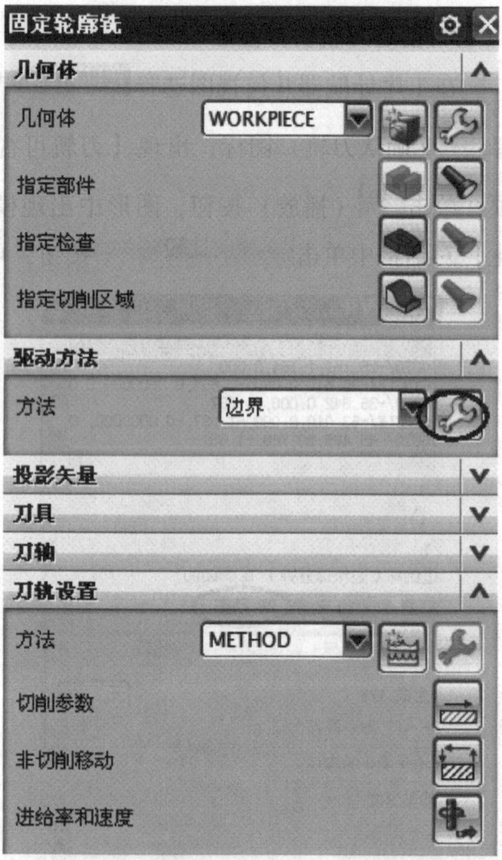
固定轮廓铣
几何体
几何体
WORKPIECE
指定部件
指定检查
指定切削区域
驱动方法
方法
边界
投影矢量
刀具
刀轴
刀轨设置
方法
METHOD
切削参数
非切削移动
进给率和速度

图 6-41

2. 设置加工参数

（1）设置驱动方法 在【固定轮廓铣】对话框中选择（编辑）图标，出现【边界驱动方法】对话框，如图6-42所示。在指定驱动几何体区域中选择（选择或编辑驱动几何体）图标，出现【边界几何体】对话框，如图6-43所示。在模式下拉框中选择曲线/边...选项，出现【创建边界】对话框，如图6-44所示。在图形中选择如图6-45所示的实体边为驱动边界几何体，单击确定按钮，系统返回【边界几何体】对话框，单击确定按钮，系统返回【边界驱动方法】对话框。

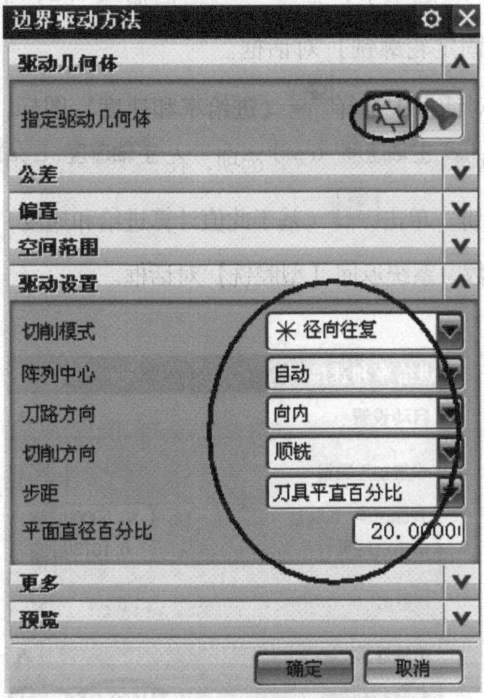
边界驱动方法
驱动几何体
指定驱动几何体
公差
偏置
空间范围
驱动设置
切削模式
径向往复
阵列中心
自动
刀路方向
向内
切削方向
顺铣
步距
刀具平直百分比
平面直径百分比
20.0000
更多
预览
确定
取消

图 6-42

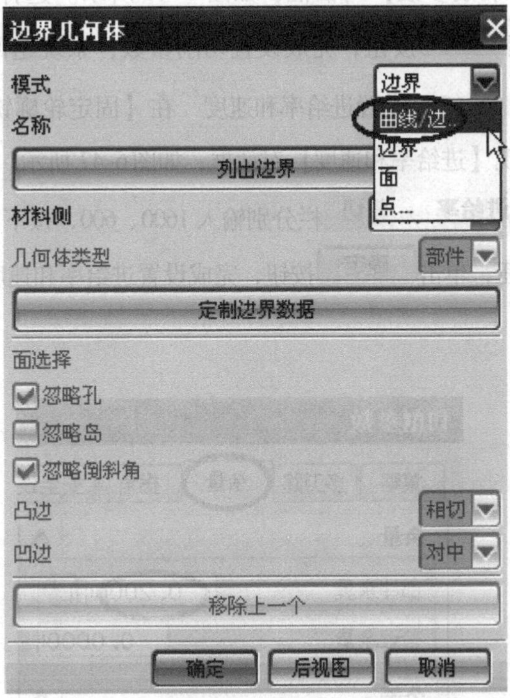
边界几何体
模式
边界
曲线/边...
边界
面
点...
名称
列出边界
材料侧
几何体类型
部件
定制边界数据
面选择
忽略孔
忽略岛
忽略倒斜角
凸边
相切
凹边
对中
移除上一个
确定
后视图
取消

图 6-43

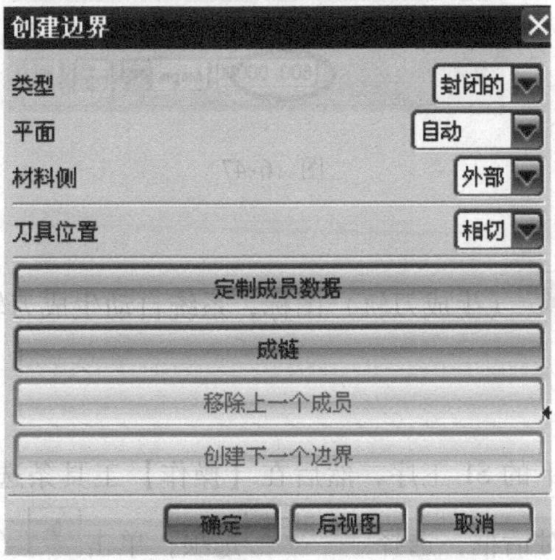
创建边界
类型
封闭的
平面
自动
材料侧
外部
刀具位置
相切
定制成员数据
成链
移除上一个成员
创建下一个边界
确定
后视图
取消

图 6-44

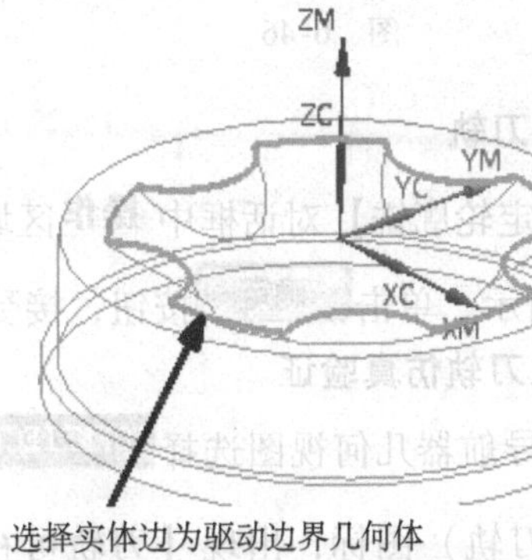
ZM
ZC
YM
YC
XC
XM
选择实体边为驱动边界几何体

图 6-45

在 切削模式 下拉框中选择 ✳ 径向往复 选项，在 阵列中心 下拉框中选择 自动 选项，在 刀路方向 下拉框中选择 向内 选项，在 切削方向 下拉框中选择 顺铣 选项，在 步距 下拉框中选择 刀具平直百分比 选项，在 平面直径百分比 栏输入 20，单击 确定 按钮，完成设置驱动方法，系统返回【固定轮廓铣】对话框。

（2）设置切削参数　在【固定轮廓铣】对话框中选择（切削参数）图标，出现【切削参数】对话框，如图 6-46 所示。选择 余量 选项卡，在 部件余量 栏输入 0.2，单击 确定 按钮，完成设置切削参数，系统返回【固定轮廓铣】对话框。

（3）设置进给率和速度　在【固定轮廓铣】对话框中选择（进给率和速度）图标，出现【进给率和速度】对话框，如图6-47 所示。勾选 主轴速度（rpm）选项，在 主轴速度（rpm）、进给率 / 剪切 栏分别输入1600、600，按下回车键，单击（基于此值计算进给和速度）按钮，单击 确定 按钮，完成设置进给率和速度参数，系统返回【型腔铣】对话框。

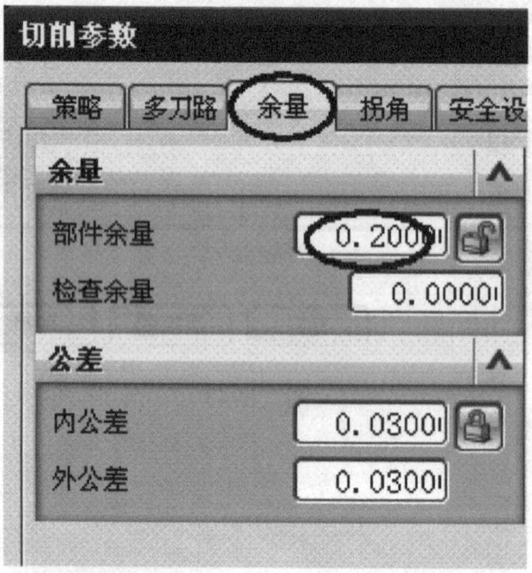
切削参数
策略
多刀路
余量
拐角
安全设
余量
部件余量
0.2000
检查余量
0.0000
公差
内公差
0.0300
外公差
0.0300

图　6-46

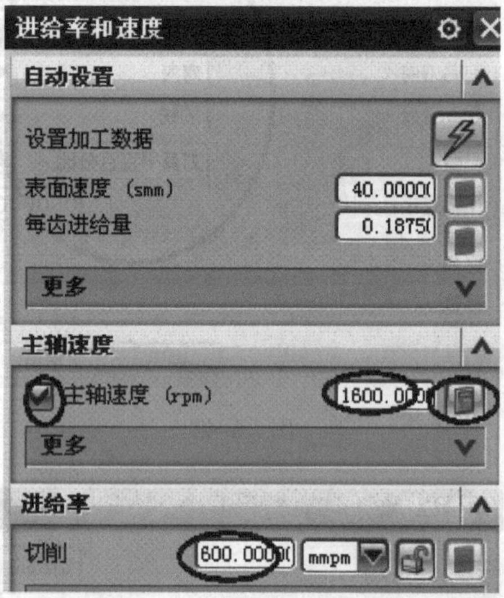
进给率和速度
自动设置
设置加工数据
表面速度（smm）
40.0000
每齿进给量
0.1875
更多
主轴速度
主轴速度（rpm）
1600.000
更多
进给率
切削
600.0000
mmpm

图　6-47

3. 生成刀轨

在【固定轮廓铣】对话框中 操作 区域选择（生成刀轨）图标，系统自动生成刀轨，如图 6-48 所示，单击 确定 按钮，接受刀轨。

4. 创建刀轨仿真验证

在工序导航器几何视图选择 WORKPIECE 节点下的 S1 工序，然后在【操作】工具条选择（确认刀轨）图标，出现【刀轨可视化】对话框，选择 2D 动态 选项，单击（播放）按钮，图形中出现模拟切削动画，模拟切削完成后，在【刀轨可视化】对话框中单击

比较 按钮，可以看到切削结果，如图 6-49 所示。

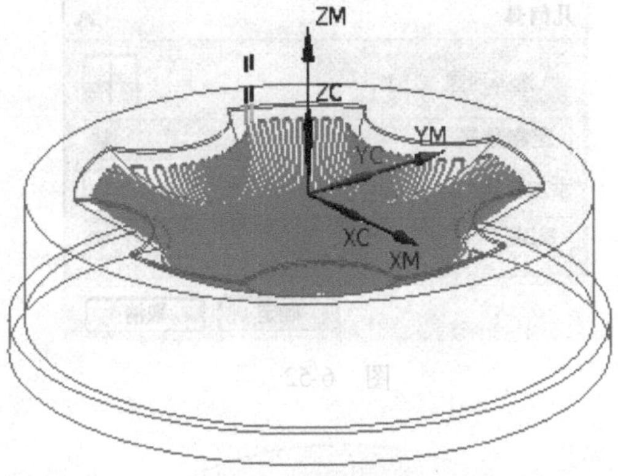
ZM
ZC
YC
YM
XC
XM

图　6-48

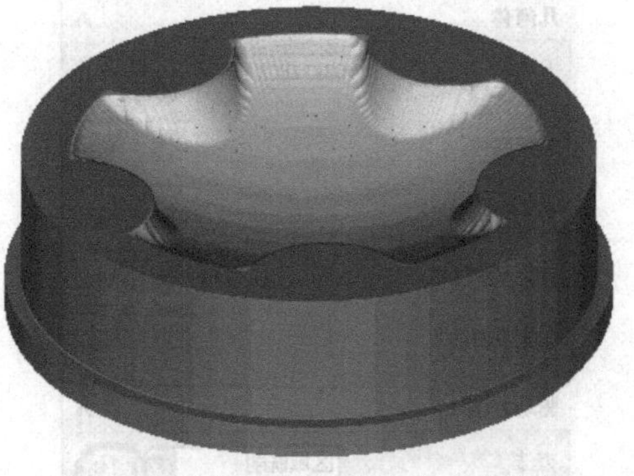

图　6-49

6.8　创建精加工操作

1. 创建操作父节组选项

选择菜单中的【插入(S)】/【工序(E)...】命令或在【插入】工具条中选择（创建工序）图标，出现【创建操作】对话框，如图 6-50 所示。

在【创建操作】对话框中 类型 下拉框中选择 mill_contour（型腔铣），在 操作子类型 区域中选择（轮廓区域）铣削图标，在 程序 下拉框中选择 NC_PROGRAM 程序节点，在 刀具 下拉框中选择 BM6（铣刀-球头 刀具节点，在 几何体 下拉框中选择 WORKPIECE 节点，在 名称 栏输入 F1，如图 6-50 所示。单击 确定 按钮，系统出现【轮廓区域】铣对话框，如图 6-51 所示。

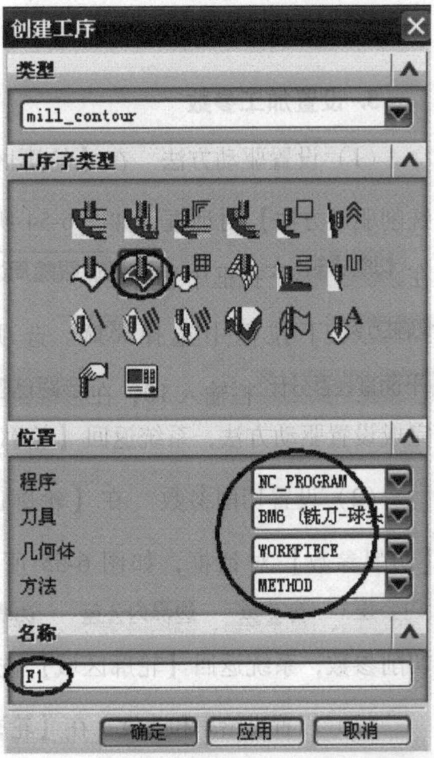
创建工序
类型
mill_contour
工序子类型
位置
程序
NC_PROGRAM
刀具
BM6（铣刀-球头
几何体
WORKPIECE
方法
METHOD
名称
F1
确定
应用
取消

图 6-50

2. 创建几何体

在【轮廓区域】铣对话框中 指定切削区域 区域中选择（选择或编辑切削区域几何体）图标，出现【切削区域】几何体对话框，如图 6-52 所示。在图形中选择如图 6-53 所示的 16 个曲面为切削区域，单击 确定 按钮，完成创建切削区域几何体，系统返回【轮廓区域】铣对话框。

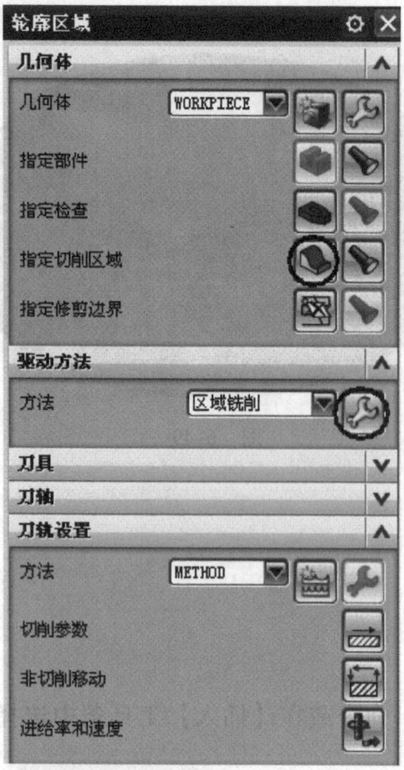
轮廓区域
几何体
几何体 WORKPIECE
指定部件
指定检查
指定切削区域
指定修剪边界
驱动方法
方法 区域铣削
刀具
刀轴
刀轨设置
方法 METHOD
切削参数
非切削移动
进给率和速度

图 6-51

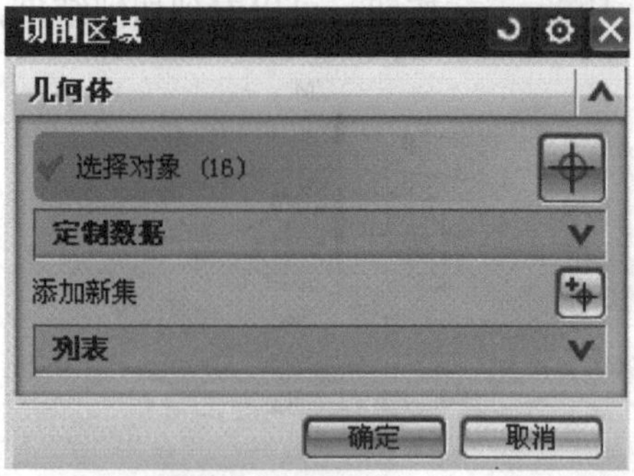
切削区域
几何体
选择对象 (16)
定制数据
添加新集
列表
确定
取消

图 6-52

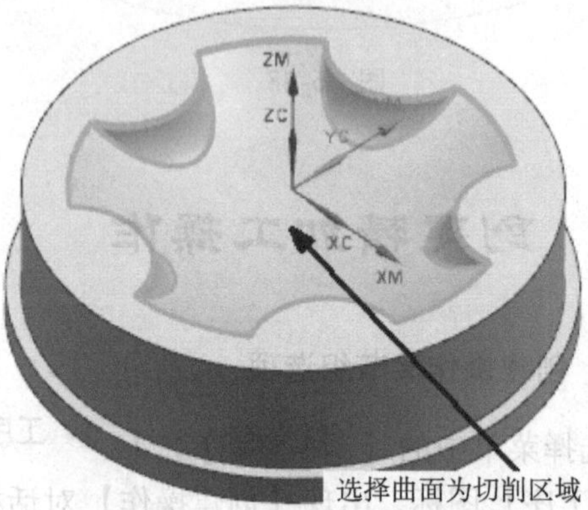
ZM
ZC
YC
XC
XM
选择曲面为切削区域

图 6-53

3. 设置加工参数

（1）设置驱动方法　在【轮廓区域】铣对话框中选择（编辑）图标，出现【区域铣削驱动方法】对话框，如图6-54所示。在 陡峭空间范围 / 方法 下拉框中选择 无 选项，在 切削模式 下拉框中选择 跟随周边 选项，在 刀路方向 下拉框中选择 向内 选项，在 切削方向 下拉框中选择 顺铣 选项，在 步距 下拉框中选择 刀具平直百分比 选项，在 平面直径百分比 栏输入10，在 步距已应用 下拉框中选择 在部件上 选项，单击 确定 按钮，完成设置驱动方法，系统返回【轮廓区域】铣对话框。

（2）设置切削参数　在【轮廓区域】铣对话框中选择（切削参数）图标，出现【切削参数】对话框，如图6-55所示。选择 余量 选项卡，在 部件余量 栏输入0，在 内公差、外公差、边界内公差、边界外公差 栏都输入0.03，单击 确定 按钮，完成设置切削参数，系统返回【轮廓区域】铣对话框。

（3）设置进给率和速度　在【轮廓区域】铣对话框中选择（进给率和速度）图标，出现【进给率和速度】对话框，如图6-56所示。勾选 主轴速度（rpm）选项，在 主轴速度（rpm）、

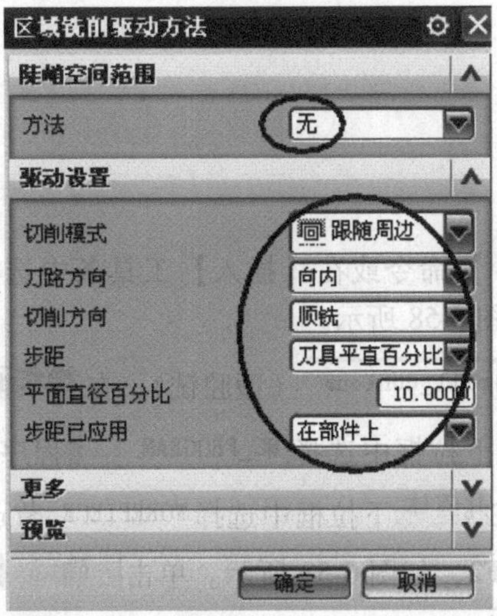
区域铣削驱动方法
陡峭空间范围
方法
无
驱动设置
切削模式
跟随周边
刀路方向
向内
切削方向
顺铣
步距
刀具平直百分比
平面直径百分比
10.0000
步距已应用
在部件上
更多
预览
确定
取消

图 6-54

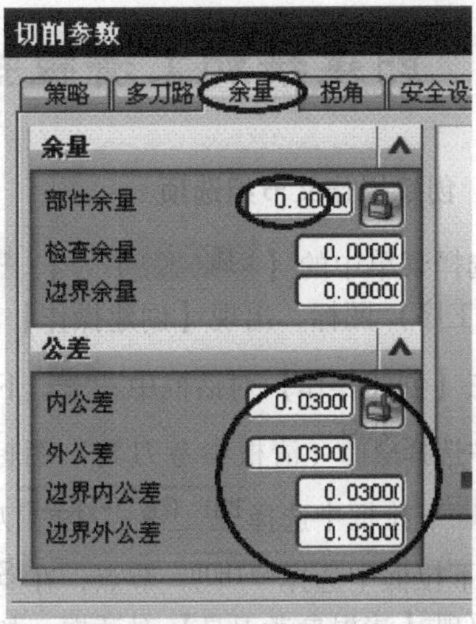
切削参数
策略
多刀路
余量
拐角
安全设
余量
部件余量
0.0000
检查余量
0.0000
边界余量
0.0000
公差
内公差
0.0300
外公差
0.0300
边界内公差
0.0300
边界外公差
0.0300

图 6-55

进给率 / 剪切 栏分别输入2500、500，单击 确定 按钮，完成设置进给率和速度，系统返回【轮廓区域】铣对话框。

4. 生成刀轨

在【轮廓区域】铣对话框中 操作 区域中选择 （生成刀轨）图标，系统自动生成刀轨，如图6-57所示，单击 确定 按钮，接受刀轨。

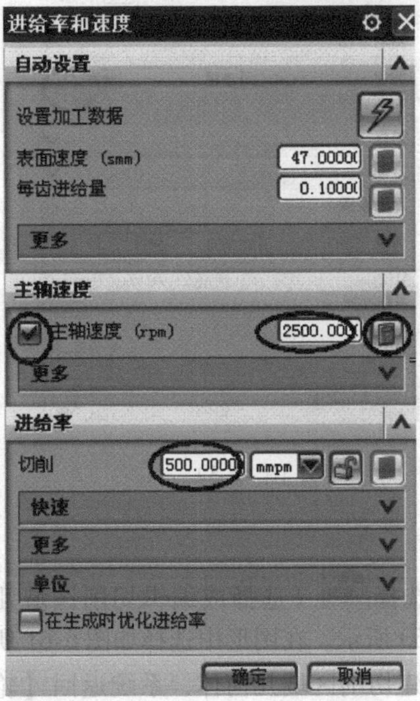
进给率和速度
自动设置
设置加工数据
表面速度（smm）
47.0000
每齿进给量
0.1000
更多
主轴速度
主轴速度（rpm）
2500.00
更多
进给率
切削
500.0000
mmpm
快速
更多
单位
在生成时优化进给率
确定
取消

图 6-56

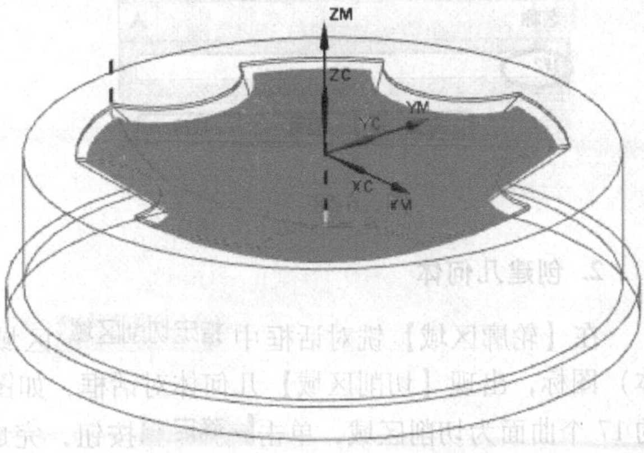
ZM
ZC
YM
YC
XC
XM

图 6-57

6.9 创建精加工清根操作

1. 创建操作父节组选项

选择菜单中的【插入(S)】/【工序(E)...】命令或在【插入】工具条中选择（创建工序）图标，出现【创建操作】对话框，如图 6-58 所示。

在【创建操作】对话框中类型下拉框中选择mill_contour（型腔铣），在操作子类型区域中选择（清根参考刀具）图标，在程序下拉框中选择NC_PROGRAM程序节点，在刀具下拉框中选择BM1（铣刀-球头刀具节点，在几何体下拉框中选择WORKPIECE 节点，在方法下拉框中选择METHOD 节点，在名称栏输入 F2，如图 6-58 所示。单击确定按钮，系统出现【清根参考刀具】对话框，如图 6-59 所示。

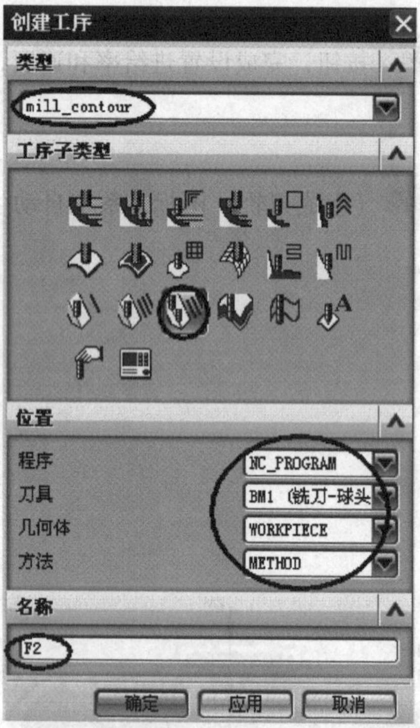
创建工序
类型
mill_contour
工序子类型
位置
程序
NC_PROGRAM
刀具
BM1 (铣刀-球头
几何体
WORKPIECE
方法
METHOD
名称
F2
确定
应用
取消

图 6-58

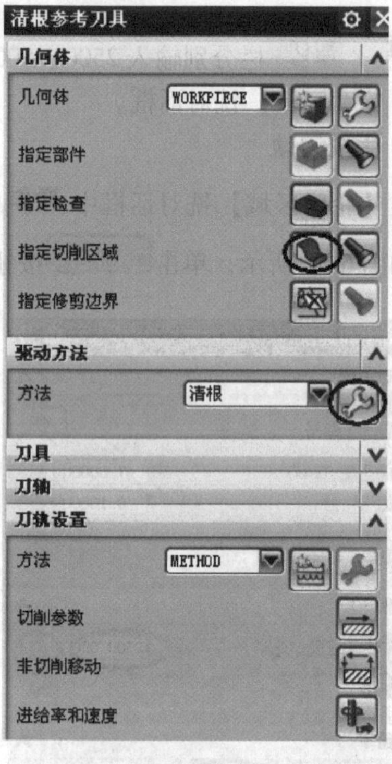
清根参考刀具
几何体
几何体
WORKPIECE
指定部件
指定检查
指定切削区域
指定修剪边界
驱动方法
方法
清根
刀具
刀轴
刀轨设置
方法
METHOD
切削参数
非切削移动
进给率和速度

图 6-59

2. 创建几何体

在【轮廓区域】铣对话框中指定切削区域区域中选择（选择或编辑切削区域几何体）图标，出现【切削区域】几何体对话框，如图 6-60 所示。在图形中选择如图 6-61 所示的 17 个曲面为切削区域，单击确定按钮，完成创建切削区域几何体，系统返回【轮廓区域】铣对话框。

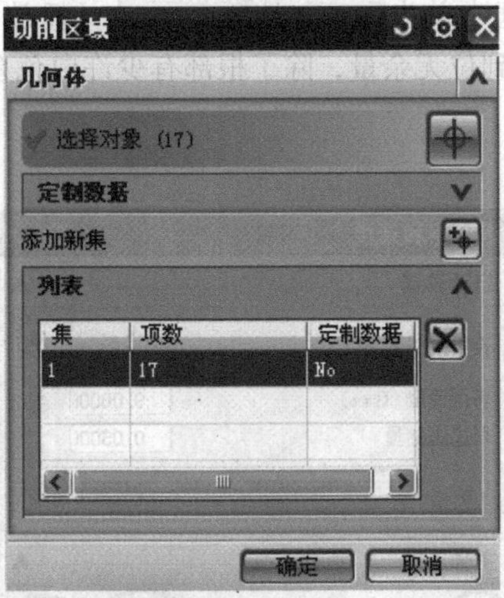
切削区域
几何体
选择对象 (17)
定制数据
添加新集
列表
集
项数
定制数据
1
17
No
确定
取消

图 6-60

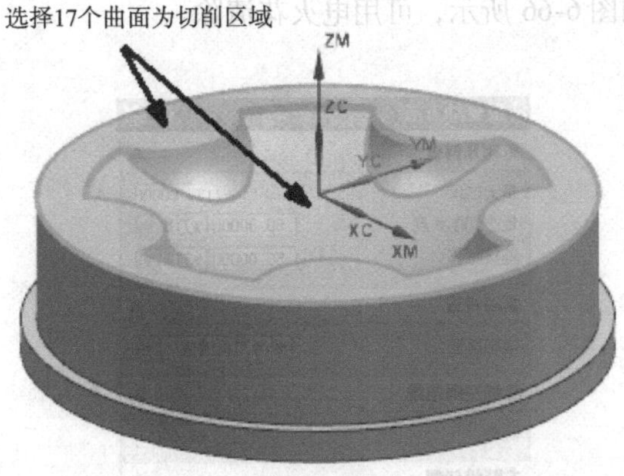
选择17个曲面为切削区域
ZM
ZC
YC
YM
XC
XM

图 6-61

3. 设置加工参数

（1）驱动设置及参考刀具设置　在【清根参考刀具】铣对话框中选择（编辑）图标，出现【清根驱动方法】对话框，如图 6-62 所示。在 非陡峭切削模式 下拉框中选择 往复 选项，在 步距 栏输入0.5，在 顺序 下拉框中选择 后陡 选项，在 陡峭切削模式 下拉框中选择 同非陡峭 选项，在 参考刀具直径 栏输入6，在 重叠距离 栏输入0.8，单击 确定 按钮，完成设置驱动方法，系统返回【清根参考刀具】铣对话框。

（2）设置进给率和速度　在【轮廓区域】铣对话框中选择（进给率和速度）图标，出现【进给率和速度】对话框，如图 6-63 所示。勾选 主轴速度 (rpm) 选项，在 主轴速度 (rpm)、进给率 / 剪切 栏分别输入3000、300，单击 确定 按钮，完成设置进给率和速度，系统返回【清根参考刀具】铣对话框。

4. 生成刀轨

在【清根参考刀具】对话框中 操作 区域中选择（生成刀轨）图标，系统自动生成刀轨，如图6-64 所示，单击 确定 按钮，接受刀轨。

5. 创建切削仿真

（1）设置工序导航器的视图为几何视图。选择菜单中的【工具(T)】/【工序导航器(O)】/【视图(V)】/【几何视图(G)】命令或在【导航器】工具条中选择（几何视图）图标。

（2）在工序导航器中选择 WORKPIECE 父节组，在【操作】工具条中选择（确认刀轨）图标，出现【刀轨可视化】对话框，选择 2D 动态 选项，然后在单击（播放）

按钮，切削仿真完成后，在【刀轨可视化】对话框中单击
比较
（播放）按钮，如图 6-65 所示。型面显示绿色，表示已经加工到位无余量，除了根部有少许白色余量，如图 6-66 所示，可用电火花清除。

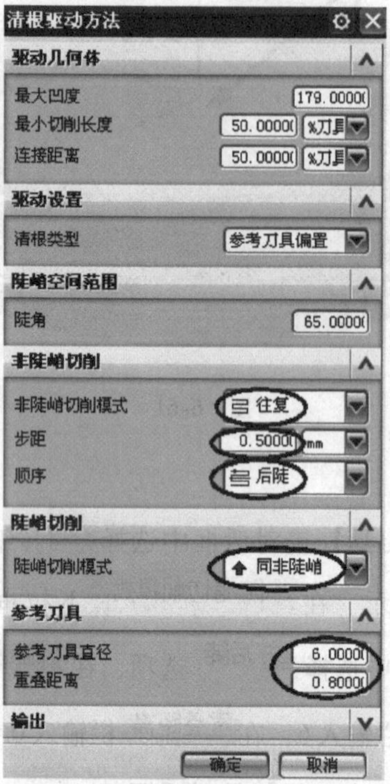
清根驱动方法
驱动几何体
最大凹度 179.0000
最小切削长度 50.0000 %刀具
连接距离 50.0000 %刀具
驱动设置
清根类型 参考刀具偏置
陡峭空间范围
陡角 65.0000
非陡峭切削
非陡峭切削模式 往复
步距 0.5000 mm
顺序 后陡
陡峭切削
陡峭切削模式 同非陡峭
参考刀具
参考刀具直径 6.0000
重叠距离 0.8000
输出
确定
取消

图 6-62

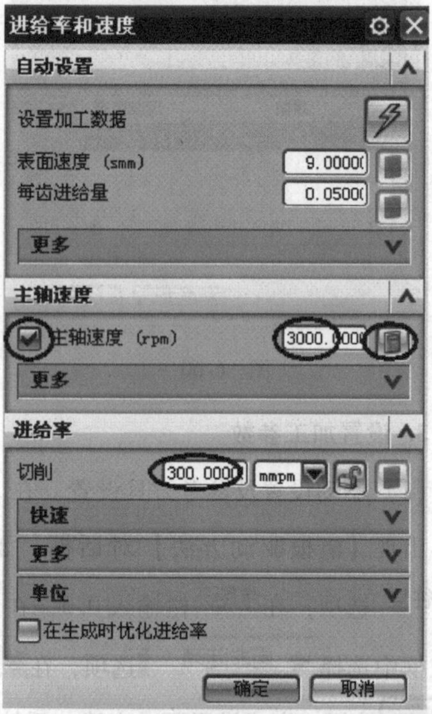
进给率和速度
自动设置
设置加工数据
表面速度（smm） 9.0000
每齿进给量 0.0500
更多
主轴速度
主轴速度（rpm） 3000.000
更多
进给率
切削 300.0000 mmpm
快速
更多
单位
在生成时优化进给率
确定
取消

图 6-63

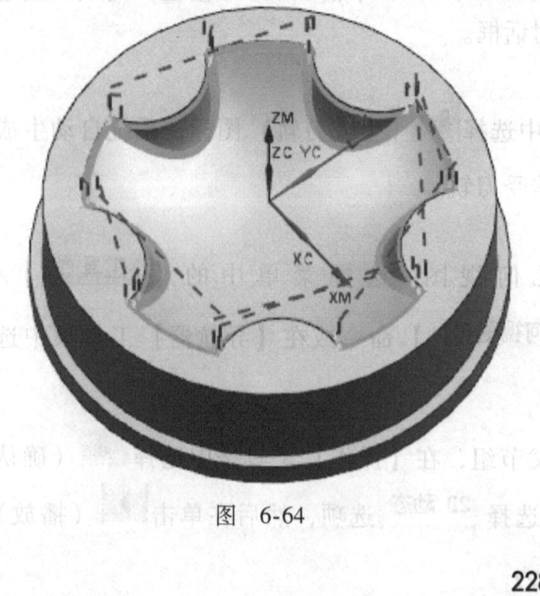
ZM
ZC YC
XC
XM

图 6-64

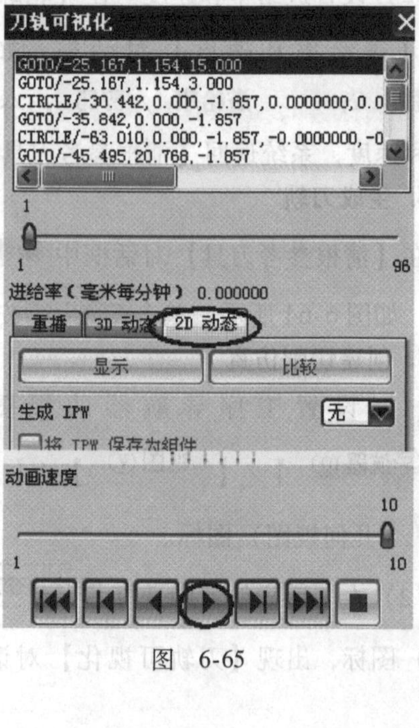
刀轨可视化
GOTO/-25.167,1.154,15.000
GOTO/-25.167,1.154,3.000
CIRCLE/-30.442,0.000,-1.857,0.0000000,0.0
GOTO/-35.842,0.000,-1.857
CIRCLE/-63.010,0.000,-1.857,-0.0000000,-0
GOTO/-45.495,20.768,-1.857
1
1
96
进给率（毫米每分钟） 0.000000
重播
3D 动态
2D 动态
显示
比较
生成 IPW
无
将 IPW 保存为组件
动画速度
10
1
10

图 6-65

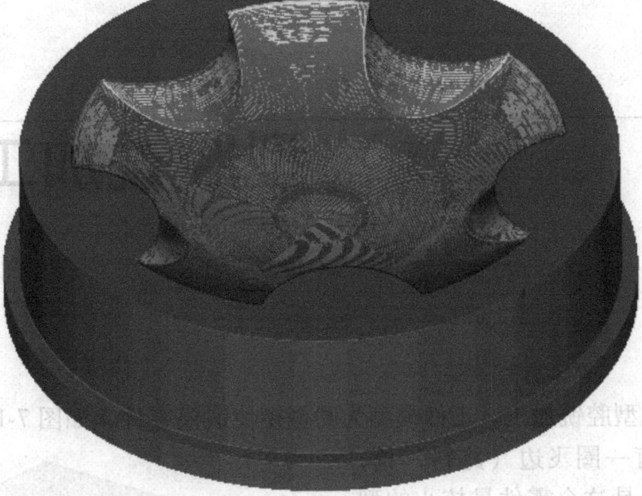

图 6-66

第7章

型腔铣加工实例二

实例说明

本章主要讲述型腔铣加工。工件模型为磨擦楔块锻模零件，如图 7-1 所示。中间凹，二边有凸台，四周有一圈飞边（跑料）槽，中间凹下去的部分是这个零件最核心的型腔部分。锻模材料为 5CrNiMo，该材料具有优异的韧性和良好的冷热疲劳性能，毛坯外形为已加工成形。为提高加工效率，先采用较大的 ϕ32R6 的圆鼻刀（硬质合金可转位刀具）对锻模零件进行粗加工（型腔铣），采用“使用 3D”功能生成 IPW“过程毛坯”（In Process Workpiece），然后换 ϕ10mm 的立铣刀进行残料加工。粗加工之后，采用固定轴曲面轮廓铣中区域铣削驱动方式，用 ϕ8mm 的球铣刀对跑料槽和型腔进行半精加工，用同样的驱动方式对锻模左右两凸台面进行半精加工，用 ϕ6mm 的球铣刀对跑料槽和型腔进行清根，然后复制上述两个半精加工刀具轨迹，用 ϕ4mm、ϕ6mm 的球铣刀，通过修改切削参数的方式，把半精加工的刀具轨迹修改成精加工刀具轨迹。最后用 ϕ20mm 的立铣刀对锻模的分型平面进行精加工。

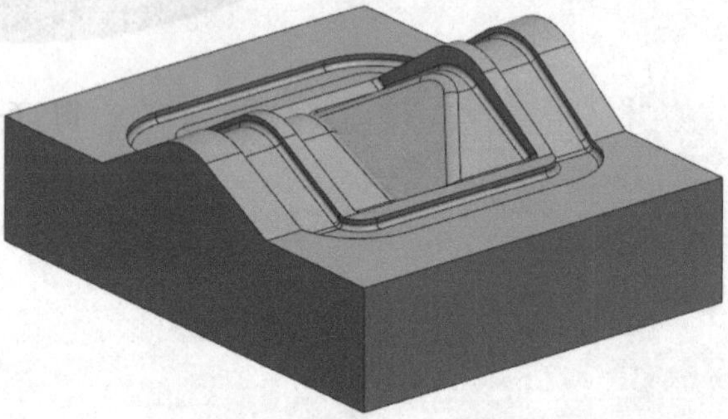

图 7-1

加工刀具见表 7-1。

表 7-1　加工刀具

序号	程序名	刀具号	刀具类型	刀具直径/mm	R 圆角/mm	刀长/mm	切削刃长/mm	余量/mm
1	R1	1	EM32R6 圆鼻刀	ϕ32	6	160	65	0.8
2	R2	2	EM10 立铣刀	ϕ10	0	160	65	0.5
3	S1	3	BM8 球铣刀	ϕ8	4	75	25	0.3
4	S2	3	BM8 球铣刀	ϕ8	4	75	25	0.3
5	S3	5	BM6 球铣刀	ϕ6	3	65	25	0.3
6	F1	4	BM4 球铣刀	ϕ4	2	65	25	0
7	F2	5	BM6 球铣刀	ϕ6	3	65	25	0
8	F3	6	EM20 立铣刀	ϕ20	0	65	25	0

加工工艺方案见表 7-2。

表 7-2 加工工艺方案

序号	方法	加工方式	程序名	主轴转速 n/r · min^{-1}	进给速度 v_f/mm · min^{-1}	说明
1	粗加工	型腔铣	R1	1200	600	锻模整体开粗
2	粗加工	型腔铣（残料加工）	R2	1400	600	残留部位加工（二次开粗）
3	半精加工	固定轴曲面轮廓铣	S1	1400	400	跑料槽及锻模型腔半精加工
4	半精加工	固定轴曲面轮廓铣	S2	1400	400	锻模左右两凸台面半精加工
5	半精加工	参考刀具清根	S3	1600	300	跑料槽及锻模型腔清根
6	精加工	固定轴曲面轮廓铣	F1	1600	250	跑料槽及锻模型腔精加工
7	精加工	固定轴曲面轮廓铣	F2	1600	250	锻模左右两凸台面精加工
8	精加工	面铣	F3	1600	250	锻模分型平面精加工

学习目标

通过该章实例的练习，使读者能熟练掌握型腔铣加工，了解型腔铣的适用范围和加工规律，掌握开粗、二次开粗及精加工技巧。

7.1 打开文件

选择菜单中的【文件】/【打开(O)...】命令或选择（打开）文件图标，出现【打开】部件对话框，在本书附的资源包 \ parts \ 7 \ xj-2 文件，单击 OK 按钮，打开部件，工件模型如图 7-1 所示。

7.2 创建毛坯

1. 进入建模模块

在选择菜单中的【开始】下拉框中选择【建模(M)...】模块，如图 7-2 所示，进入建模应用模块。

2. 创建拉伸特征

选择菜单中的【插入(S)】/【设计特征(E)】/【拉伸(E)...】命令或在【特征】工具条中选择（拉伸）图标，出现【拉伸】对话框，如图 7-3 所示。在主界面曲线规则下拉框中选择 面的边 选项，选择如图 7-4 所示的底面为拉伸对象，然后在【拉伸】对话框中单击（反向）按钮，出现如图 7-4 所示的拉伸方向，在【开始】\【距离】栏输入【0】，在 结束 \【距离】栏输入【120】，在【布尔】下拉框中选择 无 选项，如图 7-3 所示。单击 应用 按钮，完成创建拉伸特征，如图 7-5 所示。

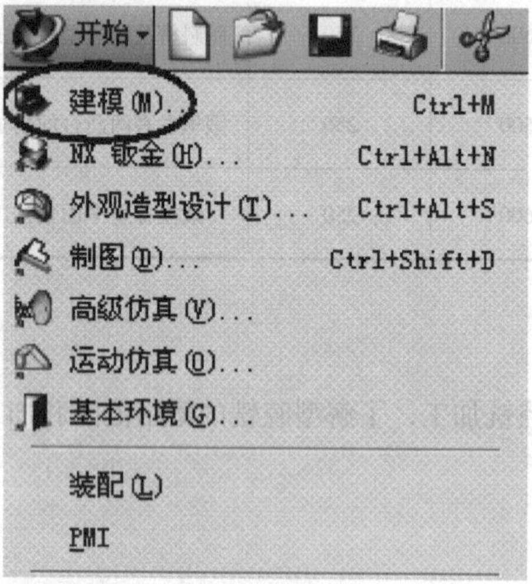
开始
建模(M)... Ctrl+M
NX 钣金(H)... Ctrl+Alt+N
外观造型设计(T)... Ctrl+Alt+S
制图(D)... Ctrl+Shift+D
高级仿真(V)...
运动仿真(O)...
基本环境(G)...
装配(L)
PMI

图 7-2

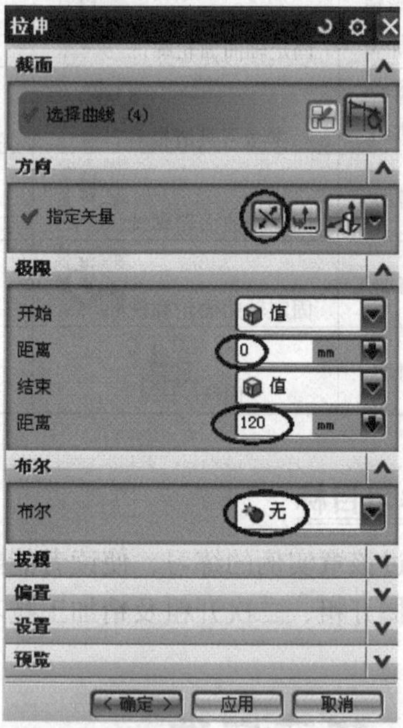
拉伸
截面
选择曲线 (4)
方向
指定矢量
极限
开始
值
距离
0
mm
结束
值
距离
120
mm
布尔
布尔
无
拔模
偏置
设置
预览
< 确定 >
应用
取消

图 7-3

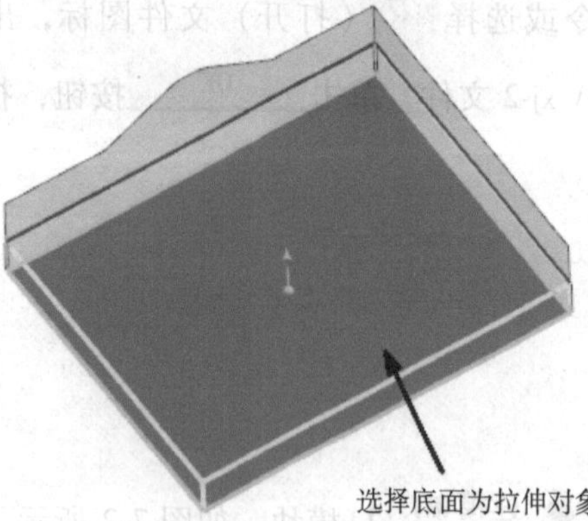
选择底面为拉伸对象

图 7-4

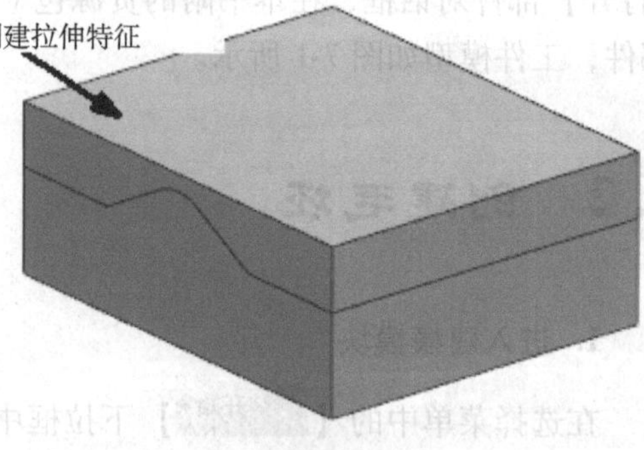
创建拉伸特征

图 7-5

7.3 设置加工坐标系及安全平面

1. 进入加工模块

在选择菜单中的【开始】下拉框中选择【加工(N)...】模块，如图7-6所示，进入加工应用模块。

2. 设置加工环境

选择【加工(N)...】模块后系统出现【加工环境】对话框，如图7-7所示。在 CAM 会话配置 列表框中选择 cam_general，在 要创建的 CAM 设置 列表框中选择 mill_contour，单击【确定】按钮，进入加工初始化，在导航器栏出现（工序导航器）图标，如图7-8所示。

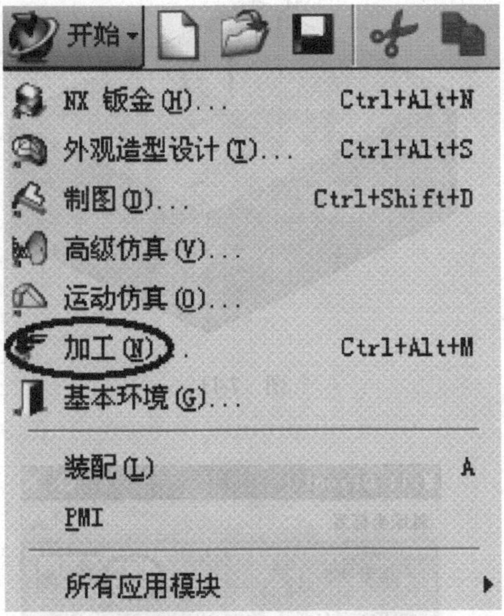

开始
NX 钣金(H)... Ctrl+Alt+N
外观造型设计(T)... Ctrl+Alt+S
制图(D)... Ctrl+Shift+D
高级仿真(V)...
运动仿真(O)...
加工(N)... Ctrl+Alt+M
基本环境(G)...
装配(L) A
PMI
所有应用模块

图 7-6

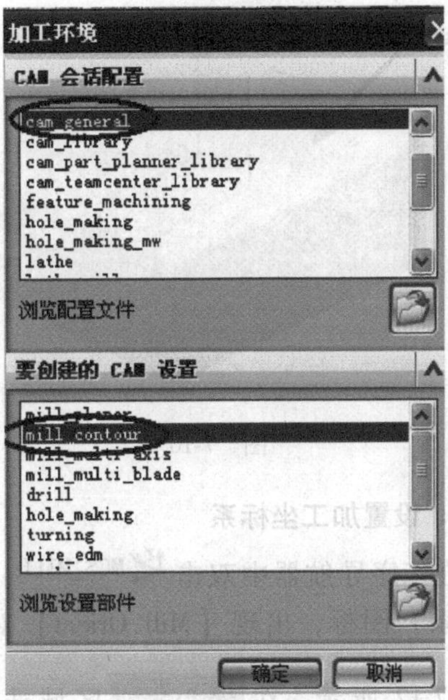

加工环境
CAM 会话配置
cam_general
cam_library
cam_part_planner_library
cam_teamcenter_library
feature_machining
hole_making
hole_making_mw
lathe
浏览配置文件
要创建的 CAM 设置
mill_contour
mill_multi_axis
mill_multi_blade
drill
hole_making
turning
wire_edm
浏览设置部件
确定
取消

图 7-7

3. 设置工序导航器的视图为几何视图

选择菜单中的【工具(T)】/【工序导航器(O)】/【视图(V)】/【几何视图(G)】命令或在【导航器】工具条中选择（几何视图）图标，更新的工序导航器视图如图7-8所示。

4. 设置工作坐标系

选择菜单中的【格式(R)】/【WCS】/【定向(N)...】命令或在【实用】工具

条中选择 （WCS 定向）图标，出现【CSYS】对话框，在 类型 下拉框中选择 对象的 CSYS 选项，如图 7-9 所示。在图形中选择如图 7-10 所示的毛坯顶面，单击 确定 按钮，完成设置工作坐标系，如图 7-11 所示。

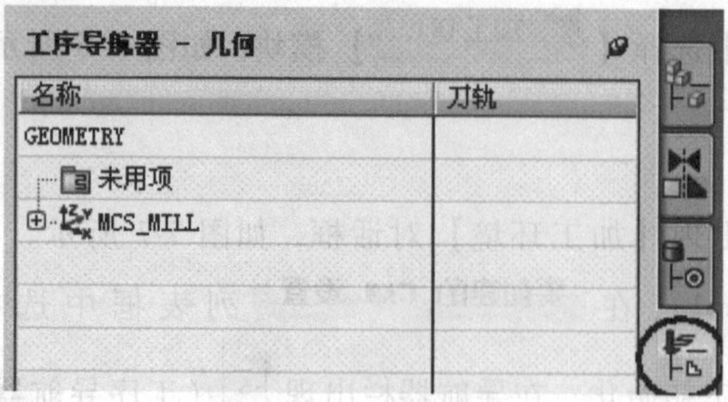
工序导航器 - 几何
名称
刀轨
GEOMETRY
未用项
MCS_MILL

图 7-8

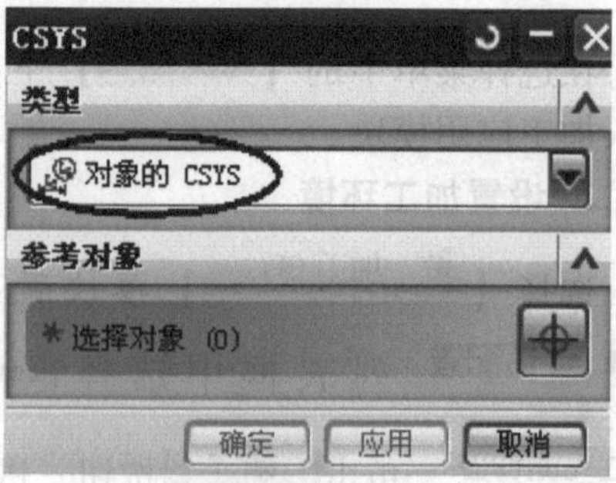
CSYS
类型
对象的 CSYS
参考对象
选择对象 (0)
确定
应用
取消

图 7-9

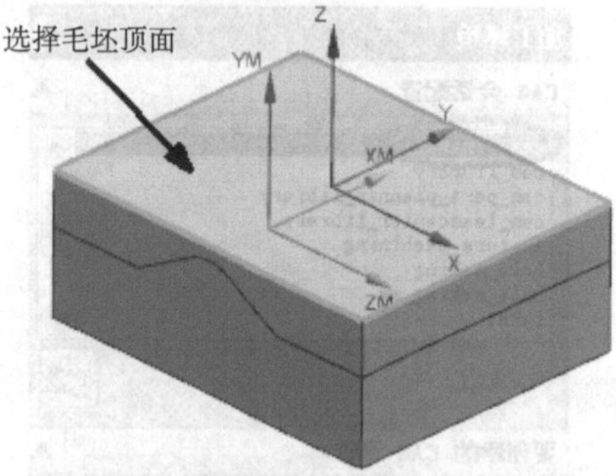
选择毛坯顶面
Z
YM
Y
XM
X
ZM

图 7-10

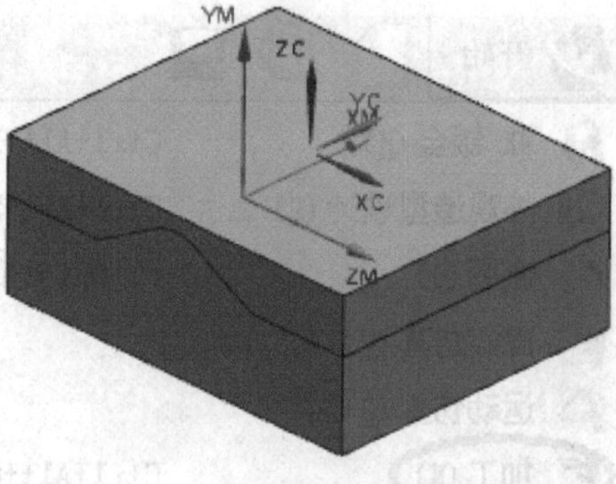
YM
ZC
YC
XC
ZM

图 7-11

5. 设置加工坐标系

在工序导航器中双击 MCS_MILL （加工坐标系）图标，出现【Mill Orient】对话框，如图 7-12 所示。在 指定 MCS 区域选择 （CSYS 会话）图标，出现【CSYS】对话框，如图 7-13 所示。在 类型 下拉框中选择【 动态 】选项，在 参考 下拉框中选择【 WCS （工作坐标系）】选项，单击 确定 按钮，完成设置加工坐标系，即接受工作坐标系为加工坐标系，如图 7-14 所示。

注意：【Mill Orient】对话框不要关闭。

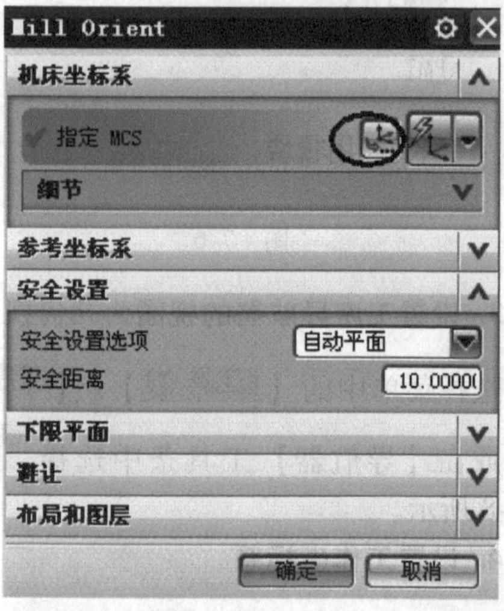
Mill Orient
机床坐标系
指定 MCS
细节
参考坐标系
安全设置
安全设置选项
自动平面
安全距离
10.0000
下限平面
避让
布局和图层
确定
取消

图 7-12

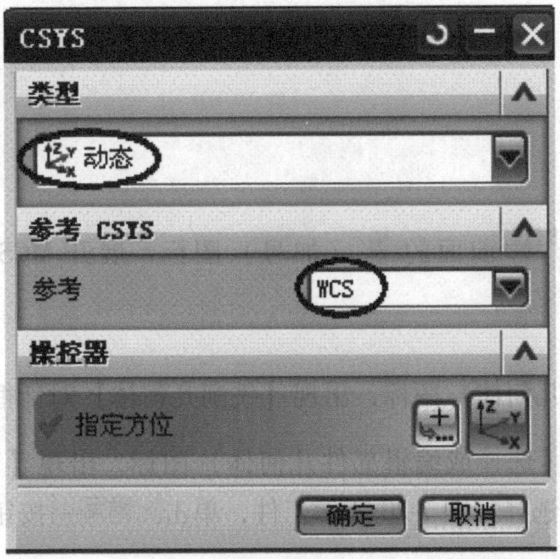
CSYS
类型
动态
参考 CSYS
参考
WCS
操控器
指定方位
确定
取消

图　7-13

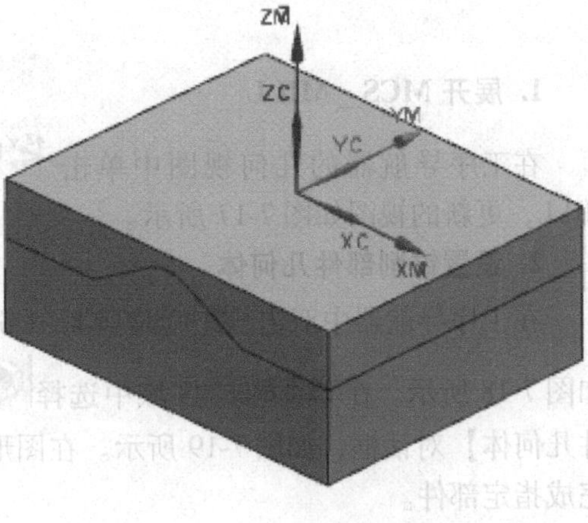
ZM
ZC
YM
YC
XC
XM

图　7-14

6. 设置安全平面

在【Mill Orient】对话框中安全设置区域安全设置选项下拉框中选择平面选项，如图 7-15 所示。在图形中选择如图 7-16 所示的毛坯顶面，在距离栏输入 15，单击确定按钮，完成设置安全平面。

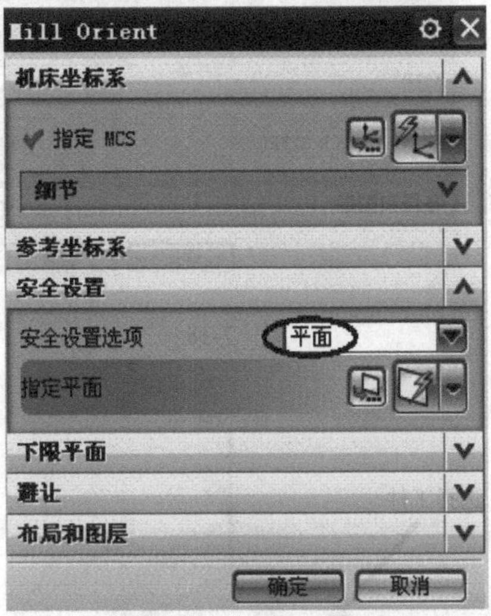
Mill Orient
机床坐标系
指定 MCS
细节
参考坐标系
安全设置
安全设置选项
平面
指定平面
下限平面
避让
布局和图层
确定
取消

图　7-15

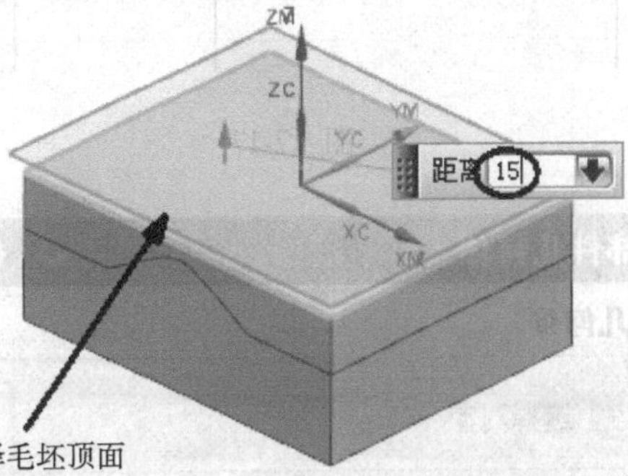
ZM
ZC
YM
YC
距离
15
XC
XM
选择毛坯顶面

图　7-16

7. 隐藏毛坯

选择菜单中的【编辑(E)】/【显示和隐藏(H)】/【隐藏(H)...】命令或在【实用工具】工具条中选择（隐藏）图标，选择毛坯实体隐藏（步骤略）。

7.4 设置铣削几何体

1. 展开 MCS _ MILL

在工序导航器的几何视图中单击 MCS_MILL 前面的 ⊞（加号）图标，展开 MCS _ MILL，更新的视图如图 7-17 所示。

2. 设置铣削部件几何体

在工序导航器中双击 WORKPIECE （铣削几何体）图标，出现【铣削几何体】对话框，如图 7-18 所示。在 指定部件 区域中选择 （选择或编辑部件几何体）图标，出现【部件几何体】对话框，如图 7-19 所示。在图形中选择如图 7-20 所示工件，单击【确定】按钮，完成指定部件。

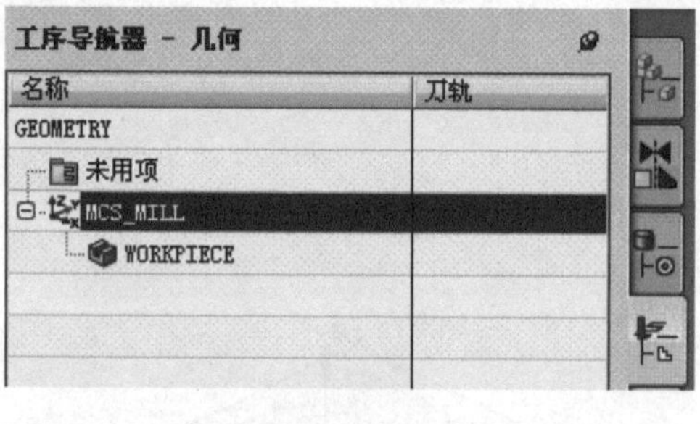
工序导航器 - 几何
名称
刀轨
GEOMETRY
未用项
MCS_MILL
WORKPIECE

图 7-17

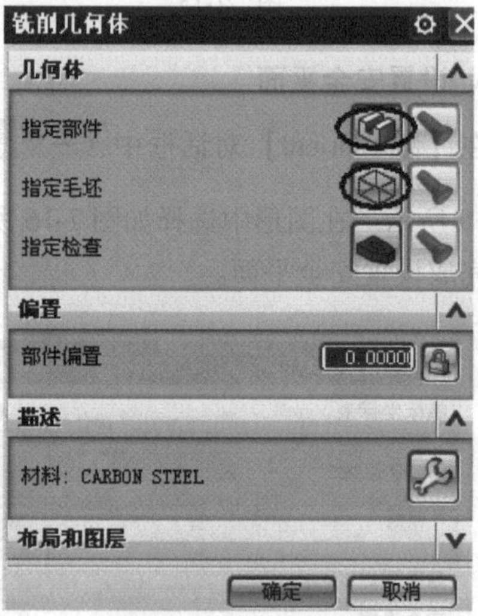
铣削几何体
几何体
指定部件
指定毛坯
指定检查
偏置
部件偏置
0.0000
描述
材料：CARBON STEEL
布局和图层
确定
取消

图 7-18

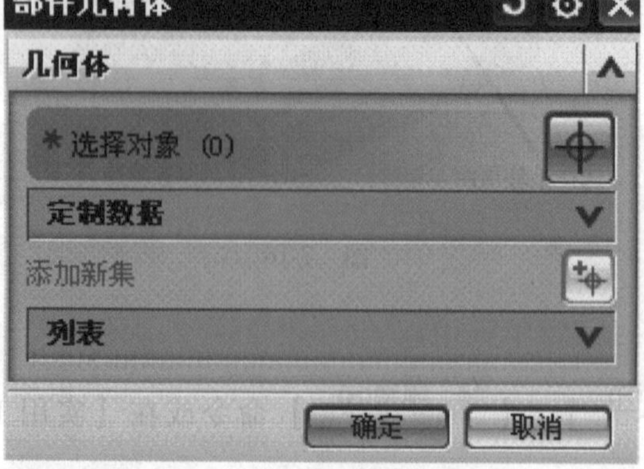
部件几何体
几何体
* 选择对象 (0)
定制数据
添加新集
列表
确定
取消

图 7-19

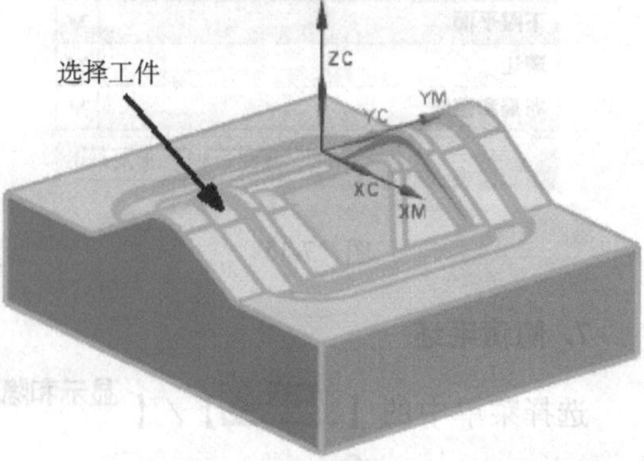
选择工件
ZM
ZC
YC
YM
XC
XM

图 7-20

3. 显示毛坯几何体

在【实用】工具条中选择（反转显示和隐藏）图标，图形中毛坯几何体显示，工件隐藏。

4. 设置铣削毛坯几何体

系统返回【铣削几何体】对话框，在指定毛坯区域中选择（选择或编辑毛坯几何体）图标，出现【毛坯几何体】对话框，如图7-21所示。在类型下拉框中选择几何体选项，在图形中选择如图7-22所示毛坯几何体，单击确定按钮，完成指定毛坯，系统返回【铣削几何体】对话框，单击确定按钮，完成设置铣削几何体。

毛坯几何体
类型
几何体
几何体
选择对象 (1)
添加新集
列表
拓扑结构
确定
取消

图　7-21

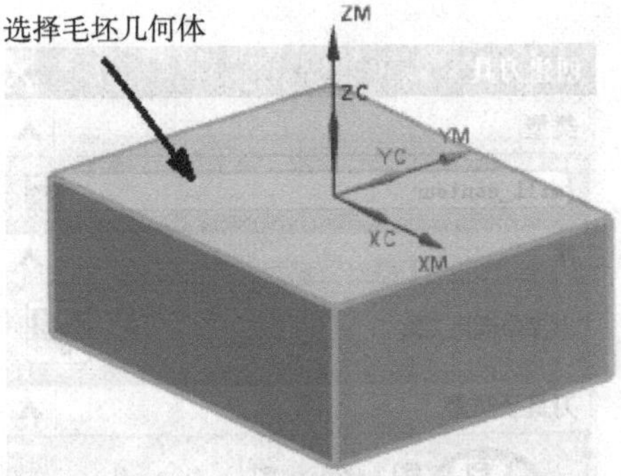
选择毛坯几何体
ZM
ZC
YC
YM
XC
XM

图　7-22

5. 显示工件几何体

在【实用】工具条中选择（反转显示和隐藏）图标，图形中工件几何体显示，毛坯隐藏。

7.5　创建刀具

1. 设置工序导航器的视图为机床视图

选择菜单中的【工具(T)】/【工序导航器(O)】/【视图(V)】/【机床视图(T)】命令或在【导航器】工具条中选择（机床视图）图标。

2. 创建EM32R6圆鼻铣刀

选择菜单中的【插入(S)】/【刀具(T)...】命令或在【插入】工具条中选择（创建刀具）图标，出现【创建刀具】对话框，如图7-23所示。在刀具子类型中选择（铣刀）图标，在名称栏输入EM32R6，单击确定按钮，出现【铣刀-5参数】对话框，如图 7-24 所示。在 直径 、 下半径 栏分别输入 32、6，在 刀具号 、 补偿寄存器 、 刀具补偿寄存器 栏分别输入 1、1、1，单击【 确定 】按钮，完成创建直径 32m 的圆鼻铣刀，如图 7-25 所示。

3. 按照 7.5 之步骤 2 的方法依次创建表 7-1 所列其余铣刀。

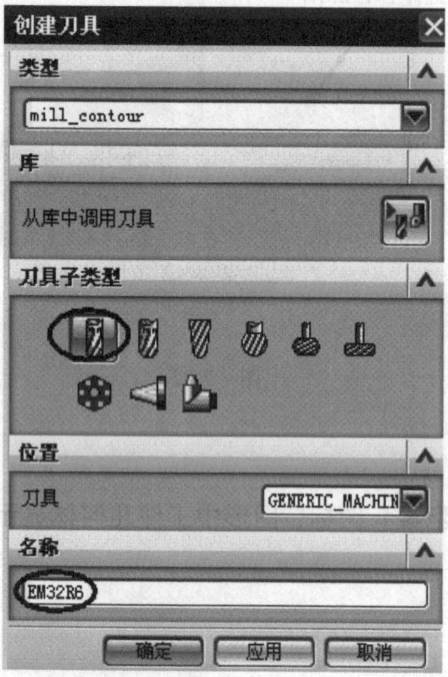
创建刀具
类型
mill_contour
库
从库中调用刀具
刀具子类型
位置
刀具
GENERIC_MACHIN
名称
EM32R6
确定
应用
取消

图 7-23

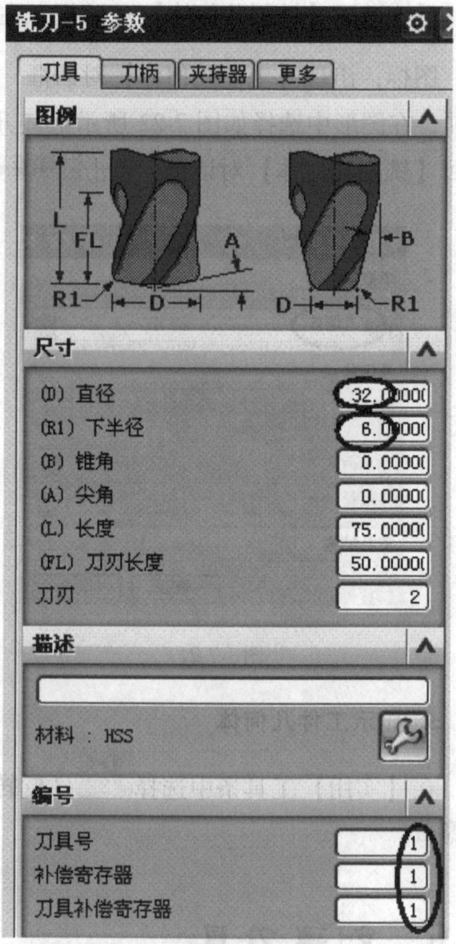
铣刀-5 参数
刀具
刀柄
夹持器
更多
图例
L
FL
A
B
R1
D
尺寸
(D) 直径 32.0000
(R1) 下半径 6.0000
(B) 锥角 0.0000
(A) 尖角 0.0000
(L) 长度 75.0000
(FL) 刀刃长度 50.0000
刀刃 2
描述
材料 : HSS
编号
刀具号 1
补偿寄存器 1
刀具补偿寄存器 1

图 7-24

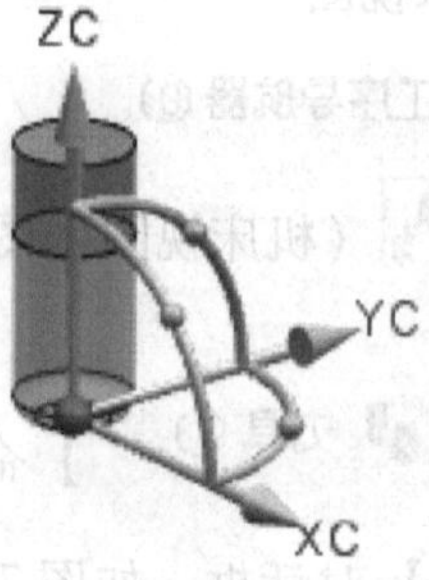
ZC
YC
XC

图 7-25

7.6 创建加工方法

1. 设置工序导航器的视图为加工方法视图

选择菜单中的【工具(T)】/【工序导航器(O)】/【视图(V)】/【加工方法视图(M)】命令或在【导航器】工具条中选择（加工方法视图）图标，工序导航器的视图更新为加工方法视图，如图7-26所示。

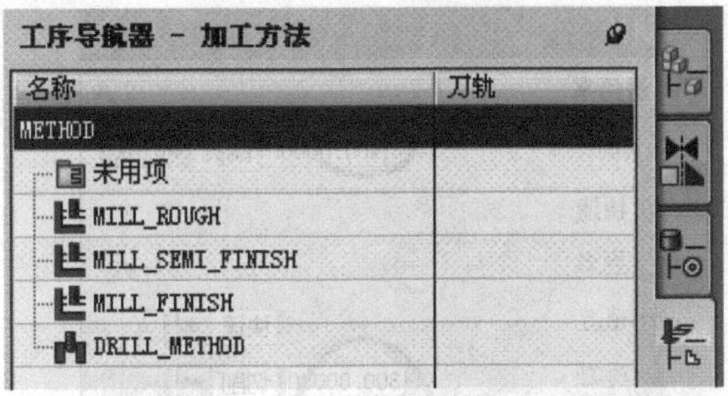
工序导航器 - 加工方法
名称
刀轨
METHOD
未用项
MILL_ROUGH
MILL_SEMI_FINISH
MILL_FINISH
DRILL_METHOD

图 7-26

2. 编辑粗加工方法父节点

在工序导航器中双击 MILL_ROUGH（粗加工方法）图标，出现【铣削方法】对话框，如图7-27所示。在部件余量栏中输入0.8，在进给区域中选择（进给）图标，出现【进给】对话框，如图7-28所示。在切削、进刀、第一刀切削、步进栏分别输入600、500、450、500，单击确定按钮，系统返回【铣削方法】对话框，单击确定按钮，完成指定粗加工进给率。

铣削方法
余量
部件余量
0.8000
公差
内公差
0.0800
外公差
0.0800
刀轨设置
切削方法: END MILLING
进给
选项
颜色
编辑显示
确定
取消

图 7-27

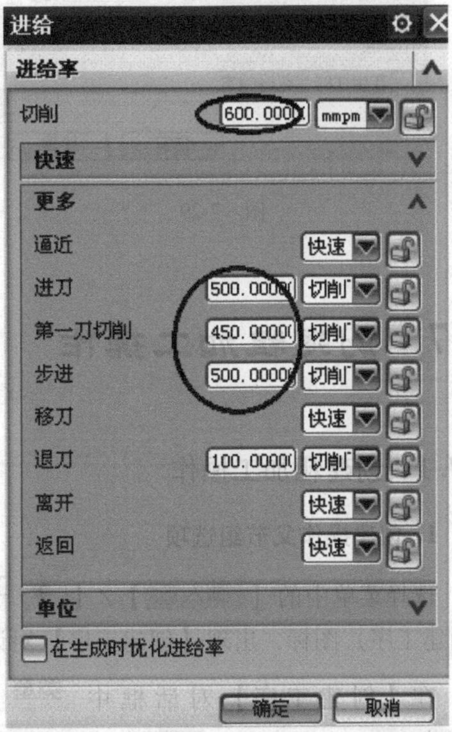
进给
进给率
切削
600.000
mmpm
快速
更多
逼近
快速
进刀
500.0000
切削
第一刀切削
450.0000
切削
步进
500.0000
切削
移刀
快速
退刀
100.0000
切削
离开
快速
返回
快速
单位
在生成时优化进给率
确定
取消

图 7-28

3. 编辑半精加工方法父节点

按照7.6之步骤2的方法，接受部件余量0.3的默认设置，设置半精加工进给速度如图7-29所示。

4. 编辑精加工方法父节点

按照7.6之步骤2的方法，接受部件余量0的默认设置，设置精加工进给速度如图7-30所示。

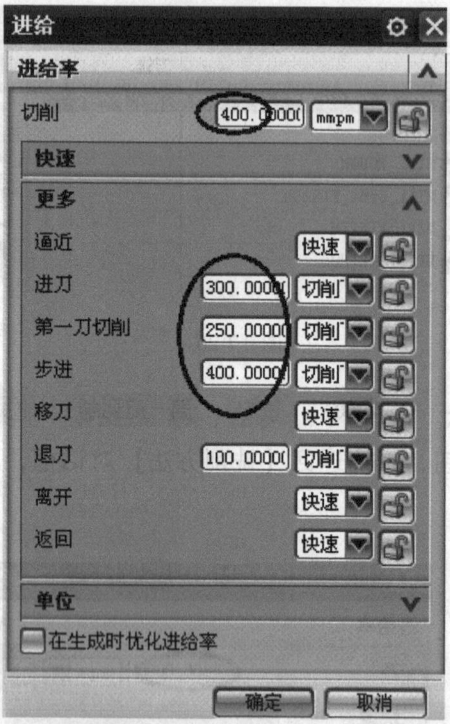
进给
进给率
切削
400.0000(
mmpm
快速
更多
逼近
快速
进刀
300.0000(
切削
第一刀切削
250.00000
切削
步进
400.0000(
切削
移刀
快速
退刀
100.0000(
切削
离开
快速
返回
快速
单位
在生成时优化进给率
确定
取消

图 7-29

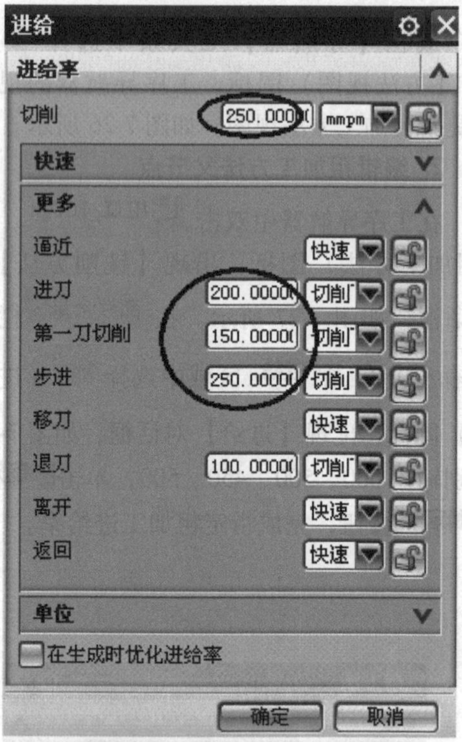
进给
进给率
切削
250.0000(
mmpm
快速
更多
逼近
快速
进刀
200.0000(
切削
第一刀切削
150.0000(
切削
步进
250.0000(
切削
移刀
快速
退刀
100.0000(
切削
离开
快速
返回
快速
单位
在生成时优化进给率
确定
取消

图 7-30

7.7 创建粗加工操作

7.7.1 创建粗加工操作

1. 创建操作父节组选项

选择菜单中的【插入(S)】/【工序(E)...】命令或在【插入】工具条中选择（创建工序）图标，出现【创建工序】对话框，如图7-31所示。

在【创建工序】对话框中 类型 下拉框中选择 mill_contour （型腔铣），在 工序子类型 区域中选择（型腔铣）图标，在 程序 下拉框中选择 NC_PROGRAM 程序节点，在 刀具 下拉框中选择 EM32R6（铣刀-5 刀具节点，在 几何体 下拉框中选择 WORKPIECE 节点，在 方法 下拉框中选择 MILL_ROUGH 节点，在 名称 栏输入 R1，如图 7-31 所示。单击 确定 按钮，系统出现【型腔铣】对话框，如图 7-32 所示。

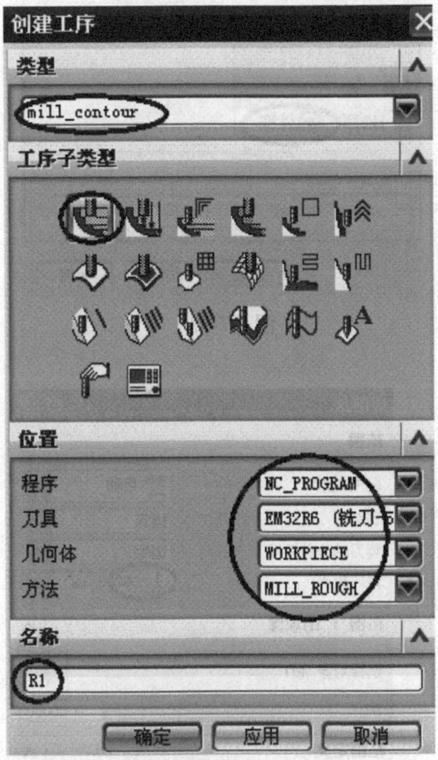
创建工序
类型
mill_contour
工序子类型
位置
程序
NC_PROGRAM
刀具
EM32R6（铣刀-5
几何体
WORKPIECE
方法
MILL_ROUGH
名称
R1
确定
应用
取消

图 7-31

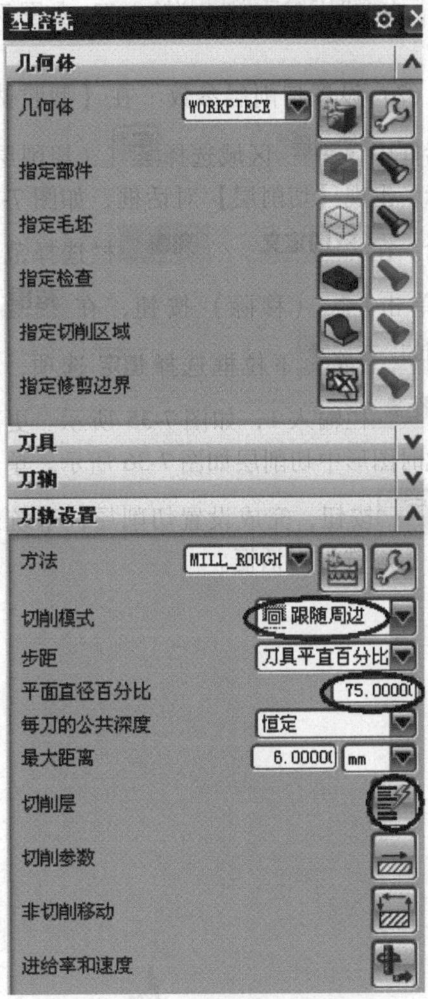
型腔铣
几何体
几何体
WORKPIECE
指定部件
指定毛坯
指定检查
指定切削区域
指定修剪边界
刀具
刀轴
刀轨设置
方法
MILL_ROUGH
切削模式
跟随周边
步距
刀具平直百分比
平面直径百分比
75.0000
每刀的公共深度
恒定
最大距离
6.0000
mm
切削层
切削参数
非切削移动
进给率和速度

图 7-32

2. 创建几何体——创建修剪边界

在【型腔铣】对话框中 几何体 区域中选择（选择或编辑修剪边界）图标，出现【修剪边界】对话框，如图 7-33 所示。在 过滤器类型 区域中选择（面边界）图标，在 修剪侧 区域中选择 外部 选项，然后在图形中选择如图 7-34 所示的模型底面为修建边界，单击 确定 按钮，完成创建修剪边界，系统返回【型腔铣】对话框。

3. 设置加工参数

（1）设置切削模式　在【型腔铣】对话框中 切削模式 下拉框中选择 跟随周边 选项，在 步距 下拉框中选择 刀具平直百分比 选项，在 平面直径百分比 栏输入 75，如图 7-32 所示。

（2）设置切削层参数　在【型腔铣】对话框中 切削层 区域选择（切削层）图标，出现【切削层】对话框，如图 7-35 所示。在 范围定义 / 列表 栏选择范围 4，单击（移除）按钮，在 范围 / 每刀的公共深度 下拉框选择 恒定 选项，在 最大距离 栏输入 1，如图 7-35 所示。更新的此时图形中切削层如图 7-36 所示。单击 确定 按钮，完成设置切削层，系统返回【型腔铣】对话框。

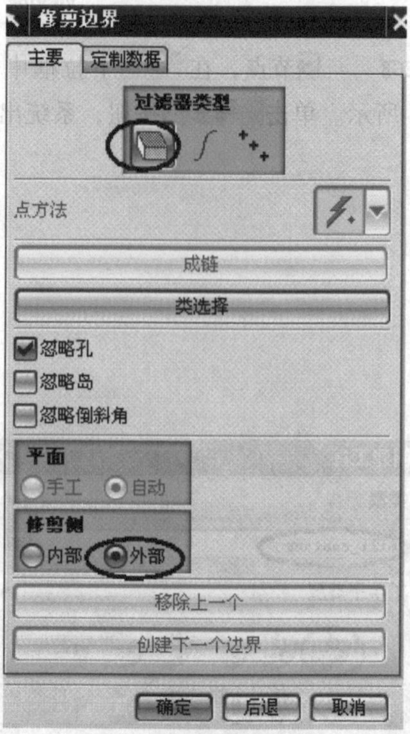
修剪边界
主要
定制数据
过滤器类型
点方法
成链
类选择
忽略孔
忽略岛
忽略倒斜角
平面
手工
自动
修剪侧
内部
外部
移除上一个
创建下一个边界
确定
后退
取消

图　7-33

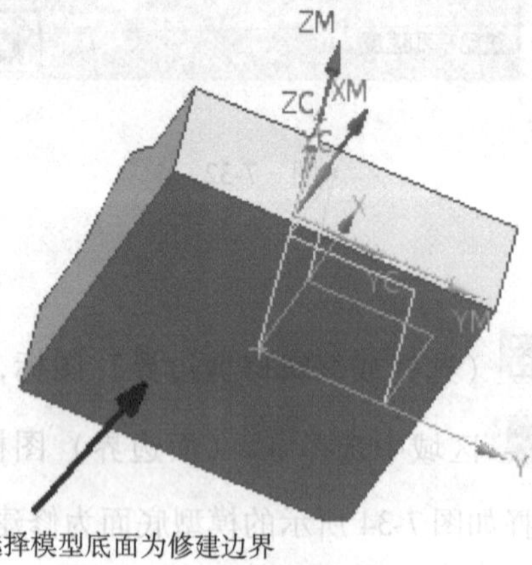
ZM
ZC
XM
X
YM
Y
选择模型底面为修建边界

图　7-34

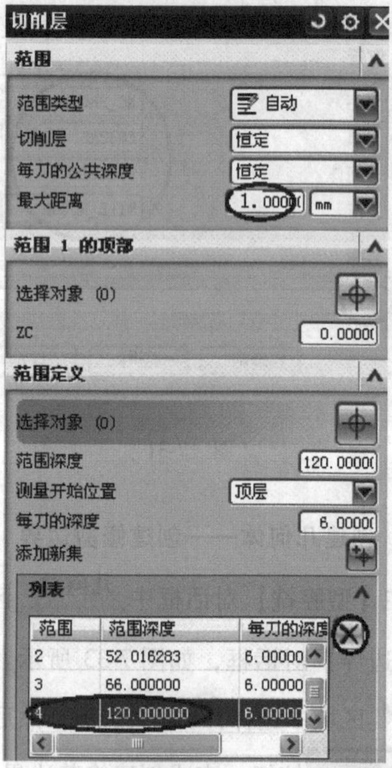
切削层
范围
范围类型
自动
切削层
恒定
每刀的公共深度
恒定
最大距离
1.0000
mm
范围 1 的顶部
选择对象 (0)
ZC
0.0000
范围定义
选择对象 (0)
范围深度
120.0000
测量开始位置
顶层
每刀的深度
6.0000
添加新集
列表
范围
范围深度
每刀的深度
2
52.016283
6.00000
3
66.000000
6.00000
4
120.000000
6.00000

图　7-35

（3）设置切削参数　在【型腔铣】对话框中选择（切削参数）图标，出现【切削参数】对话框，如图7-37所示。选择策略选项卡，在切削顺序下拉框中选择层优先选项，在刀路方向下拉框中选择向内选项，勾选岛清根选项，单击确定按钮，完成设置切削参数，系统返回【型腔铣】对话框。

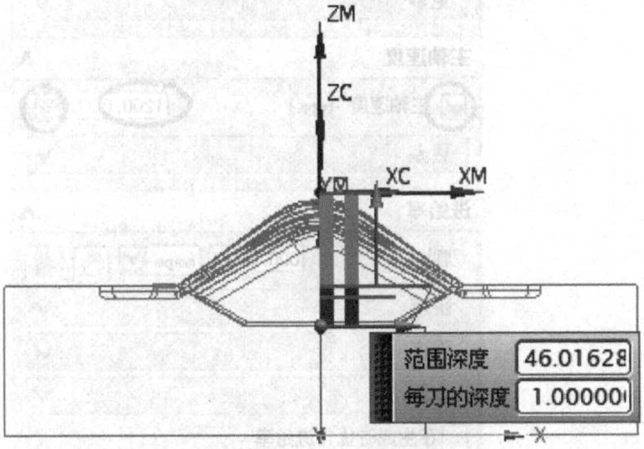
ZM
ZC
XC
XM
范围深度 46.01628
每刀的深度 1.000000

图　7-36

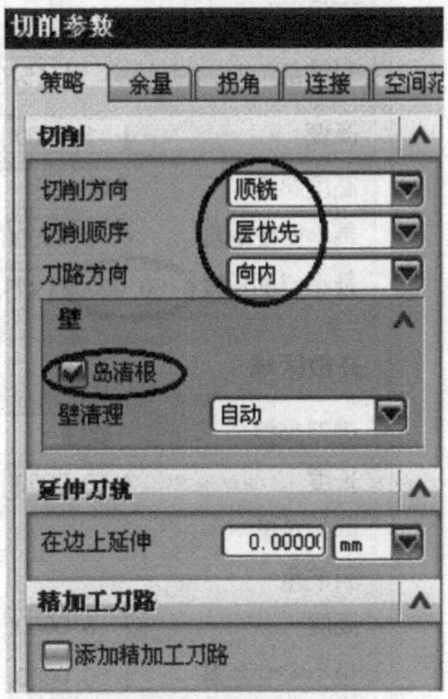
切削参数
策略
余量
拐角
连接
空间范
切削
切削方向 顺铣
切削顺序 层优先
刀路方向 向内
壁
岛清根
壁清理 自动
延伸刀轨
在边上延伸 0.00000 mm
精加工刀路
添加精加工刀路

图　7-37

（4）设置非切削移动参数　在【型腔铣】对话框中选择（非切削移动）图标，出现【非切削移动】对话框，如图7-38所示。选择进刀选项卡，在封闭区域/进刀类型下拉框中选择螺旋选项，在最小斜面长度栏输入50，单击确定按钮，完成设置非切削移动参数，系统返回【型腔铣】对话框。

（5）设置进给率和速度参数　在【型腔铣】对话框中选择（进给率和速度）图标，出现【进给率和速度】对话框，如图7-39所示。勾选主轴速度（rpm）选项，在主轴速度（rpm）栏分别输入1200，由于在前面创建加工方法的父节点中已经设置了粗加工各进给速度值，所以在此不需要再设置了，按下回车键，单击（基于此值计算进给和速度）按钮，单击确定按钮，完成设置进给率和速度参数，系统返回【型腔铣】对话框。

（6）设置机床控制参数　在【型腔铣】对话框中机床控制/结束刀轨事件区域中选择（编辑）图标，出现【用户定义事件】对话框，如图7-40所示。在【可用事件】列表中，分别选择Spindle Off（主轴停转），然后单击（添加新事件）按钮，出现【Spindle Off】对话框中，如图7-41所示。单击确定按钮，则Spindle Off事件被加入【已用事件】列表中，按照同样的方法将Coolant Off（切削液关）添加新事件，单击确定按钮，系统返回【型腔铣】对话框。

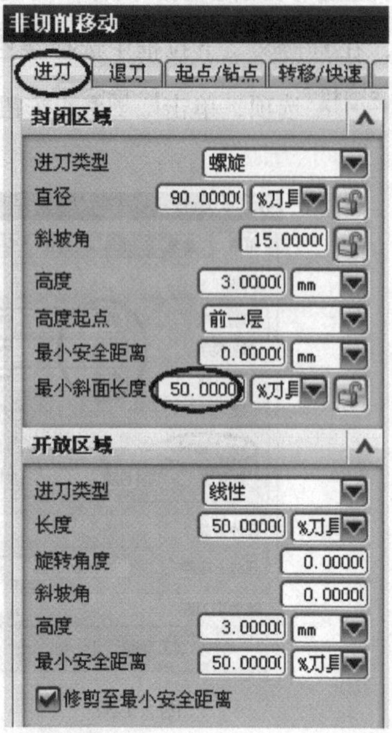
非切削移动
进刀
退刀
起点/钻点
转移/快速
封闭区域
进刀类型
螺旋
直径
90.0000(
%刀具
斜坡角
15.0000(
高度
3.0000(
mm
高度起点
前一层
最小安全距离
0.0000(
mm
最小斜面长度
50.0000
%刀具
开放区域
进刀类型
线性
长度
50.0000(
%刀具
旋转角度
0.0000(
斜坡角
0.0000(
高度
3.0000(
mm
最小安全距离
50.0000(
%刀具
修剪至最小安全距离

图 7-38

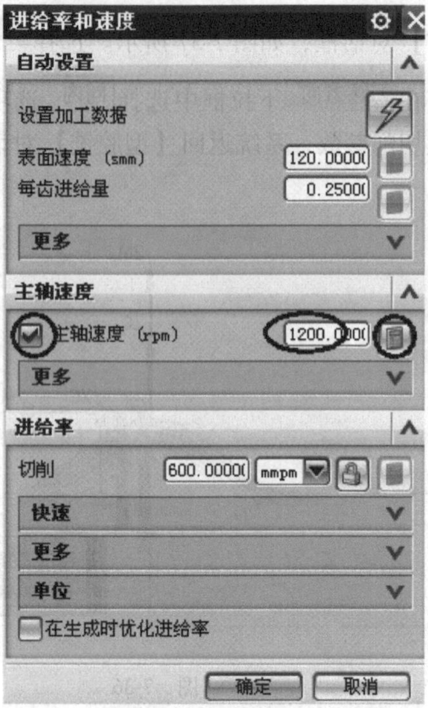
进给率和速度
自动设置
设置加工数据
表面速度 (smm)
120.0000(
每齿进给量
0.2500(
更多
主轴速度
主轴速度 (rpm)
1200.0000(
更多
进给率
切削
600.0000(
mmpm
快速
更多
单位
在生成时优化进给率
确定
取消

图 7-39

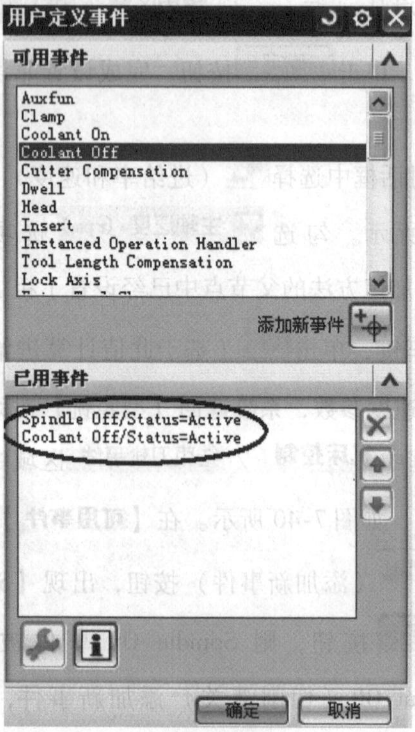
用户定义事件
可用事件
Auxfun
Clamp
Coolant On
Coolant Off
Cutter Compensation
Dwell
Head
Insert
Instanced Operation Handler
Tool Length Compensation
Lock Axis
添加新事件
已用事件
Spindle Off/Status=Active
Coolant Off/Status=Active
确定
取消

图 7-40

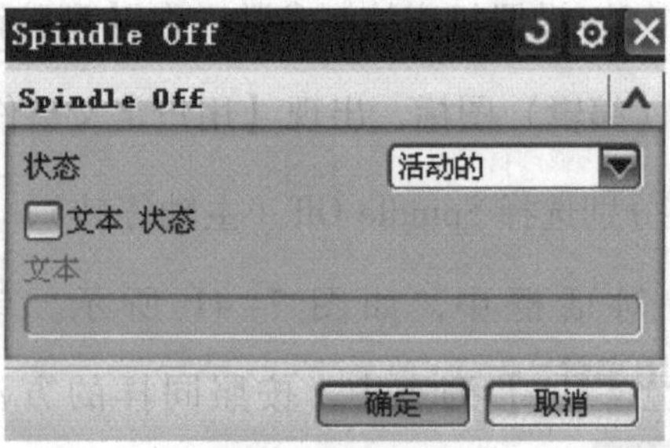
Spindle Off
Spindle Off
状态
活动的
文本 状态
文本
确定
取消

图 7-41

4. 生成刀轨

在【型腔铣】对话框中 操作 区域中选择 (生成刀轨) 图标，系统自动生成刀轨，如图7-42所示，单击 确定 按钮，接受刀轨。

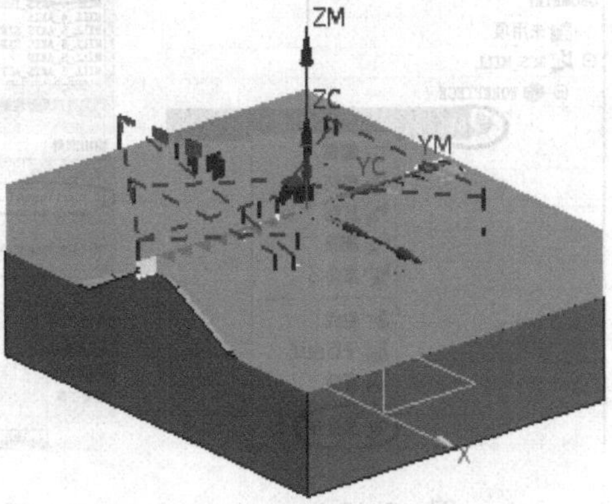
ZM
ZC
YM
YC
X

图 7-42

5. 创建刀轨仿真验证

在工序导航器几何视图选择 WORKPIECE 节点下的R1工序，然后在【操作】工具条中选择 (确认刀轨) 图标，出现【刀轨可视化】对话框，如图7-43所示。选择 2D 动态 选项，单击 (播放) 按钮，图形中出现模拟切削动画，模拟切削完成后，在【刀轨可视化】对话框中单击 比较 按钮，可以看到切削结果，如图7-44所示。

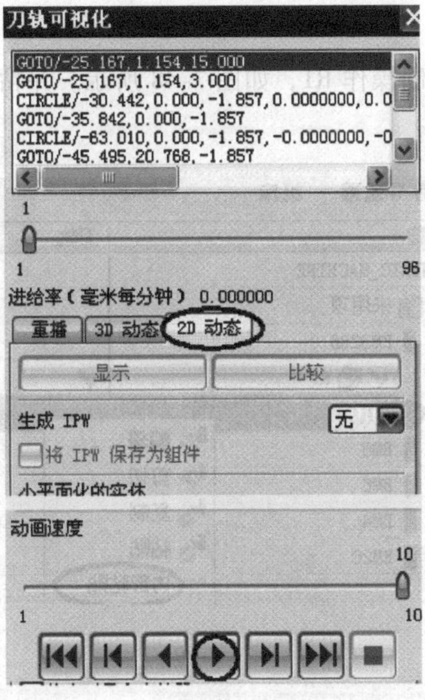
刀轨可视化
GOTO/-25.167,1.154,15.000
GOTO/-25.167,1.154,3.000
CIRCLE/-30.442,0.000,-1.857,0.0000000,0.0
GOTO/-35.842,0.000,-1.857
CIRCLE/-63.010,0.000,-1.857,-0.0000000,-0
GOTO/-45.495,20.768,-1.857
1
96
进给率(毫米每分钟) 0.000000
重播
3D 动态
2D 动态
显示
比较
生成 IPW
无
将 IPW 保存为组件
动画速度
10
1

图 7-43

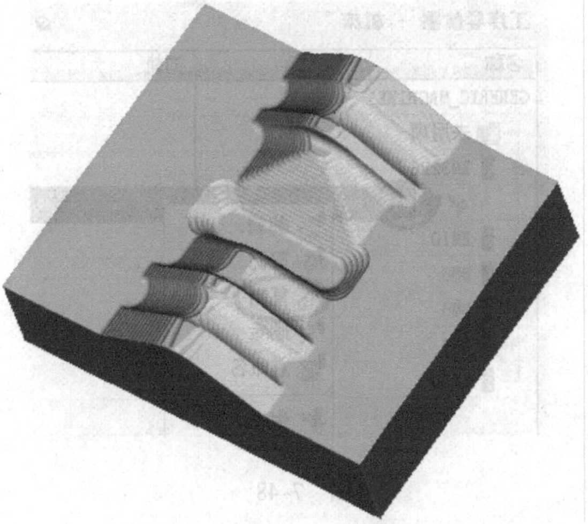

图 7-44

6. 后处理

在工序导航器程序视图下，选择 R1 工序，右击出现下拉菜单，选择 后处理 菜单，如图7-45所示。出现【后处理】对话框，如图7-46所示。选择 MILL_3_AXIS 机床后处理，指定输出文件路径和名称，在 单位 下拉框中选择 公制/部件 选项，单击 确定 按钮，完成粗加工后处理，输出数控程序文件，如图7-47所示。

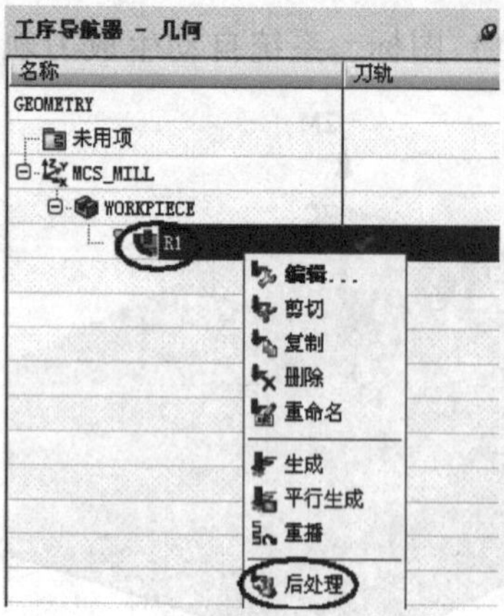
工序导航器 - 几何
名称
刀轨
GEOMETRY
未用项
MCS_MILL
WORKPIECE
R1
编辑...
剪切
复制
删除
重命名
生成
平行生成
重播
后处理

图 7-45

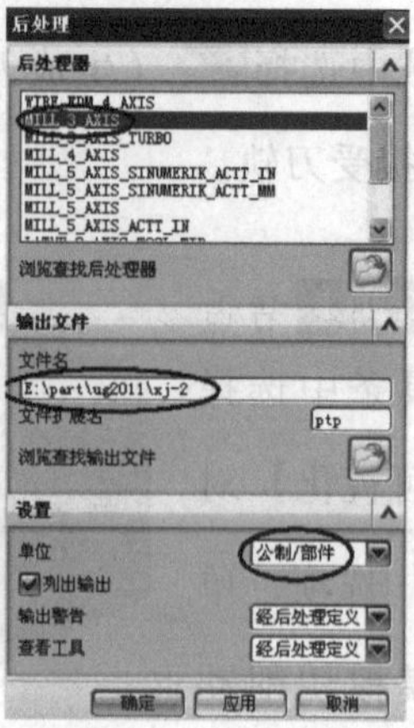
后处理
后处理器
MILL_3_AXIS
MILL_3_AXIS_TURBO
MILL_4_AXIS
MILL_5_AXIS_SINUMERIK_ACTT_IN
MILL_5_AXIS_SINUMERIK_ACTT_MM
MILL_5_AXIS
MILL_5_AXIS_ACTT_IN
浏览查找后处理器
输出文件
文件名
E:\part\ug2011\xj-2
文件扩展名
ptp
浏览查找输出文件
设置
单位
公制/部件
列出输出
输出警告
经后处理定义
查看工具
经后处理定义
确定
应用
取消

图 7-46

```
%
N0010 G40 G17 G90 G70
N0020 G91 G28 Z0.0
:0030 T01 M06
N0040 G0 G90 X0.0 Y-160.4414 S1200 M03
N0050 G43 Z15. H01
N0060 Z1.0341
N0070 G1 Z-1.9659 F600. M08
N0080 Y-130.0414
N0090 X-159.9639
N0100 G2 X-160.0414 Y-129.9639 I0.0 J.0775
N0110 G1 Y129.9644
N0120 G2 X-159.9644 Y130.0414 I.077 J0.0
......
N1890 X43.9655
N1900 Y-7.3361
N1910 X-43.9655
N1920 Y-7.0202
N1930 X0.0
N1940 Z-52.2116
N1950 G0 Z15.
N1960 M05
N1970 M09
N1980 M02
%
```

图 7-47

7.7.2 创建粗加工操作（残料加工）

1. 复制操作 R1

在工序导航器程序机床视图 EM32R6 节点，复制操作 R1，如图 7-48 所示。并粘贴在 EM10 节点下，重新命名为 R2，操作如图 7-49 所示。

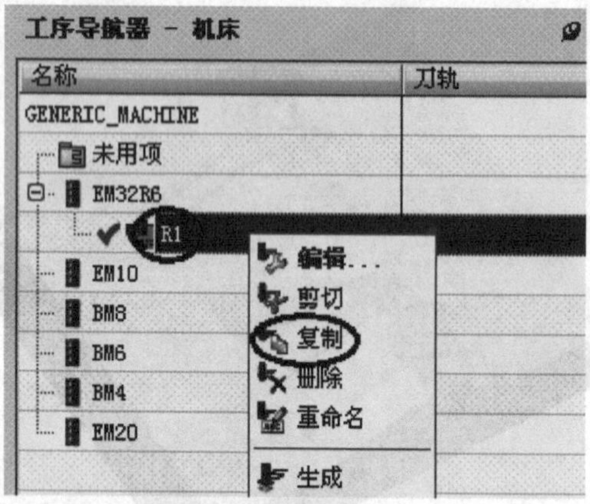
工序导航器 - 机床
名称
刀轨
GENERIC_MACHINE
未用项
EM32R6
R1
EM10
BM8
BM6
BM4
EM20
编辑...
剪切
复制
删除
重命名
生成

图 7-48

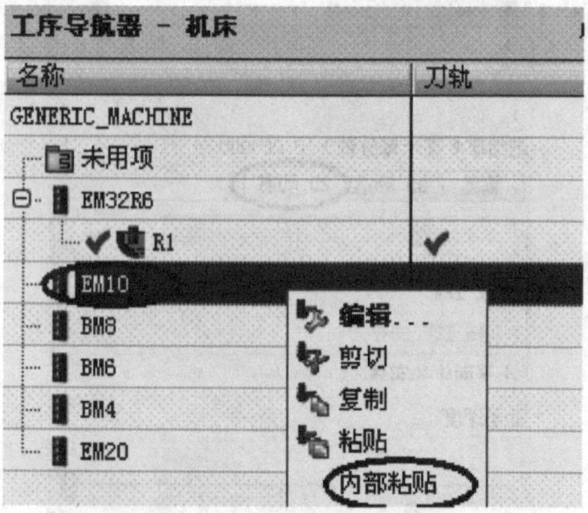
工序导航器 - 机床
名称
刀轨
GENERIC_MACHINE
未用项
EM32R6
R1
EM10
BM8
BM6
BM4
EM20
编辑...
剪切
复制
粘贴
内部粘贴

图 7-49

2. 编辑操作 R2

在工序导航器下，双击 R2 操作，系统出现【型腔铣】对话框。

3. 设置加工参数

（1）设置切削模式　在【型腔铣】对话框中 切削模式 下拉框中选择 跟随周边 选项，在 步距 下拉框中选择 刀具平直百分比 选项，在 平面直径百分比 栏输入 30，如图 7-50 所示。

（2）设置切削层参数　在【型腔铣】对话框中 切削层 区域中选择（切削层）图

标，出现【切削层】对话框，在范围/每刀的公共深度下拉框中选择恒定选项，在最大距离栏输入0.5，如图7-51所示。单击确定按钮，完成设置切削层，系统返回【型腔铣】对话框。

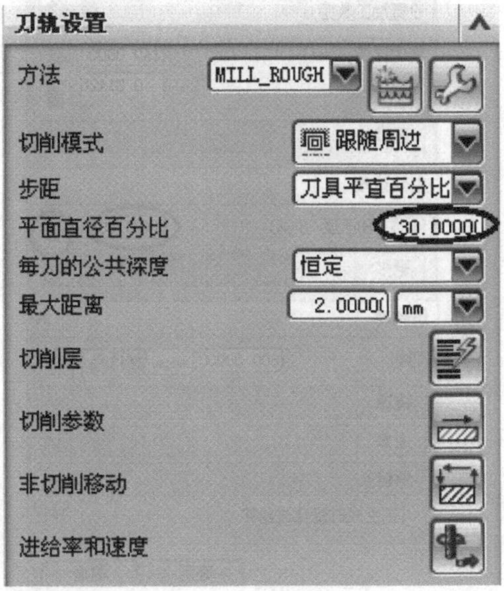
刀轨设置
方法
MILL_ROUGH
切削模式
跟随周边
步距
刀具平直百分比
平面直径百分比
30.00000
每刀的公共深度
恒定
最大距离
2.0000
mm
切削层
切削参数
非切削移动
进给率和速度

图 7-50

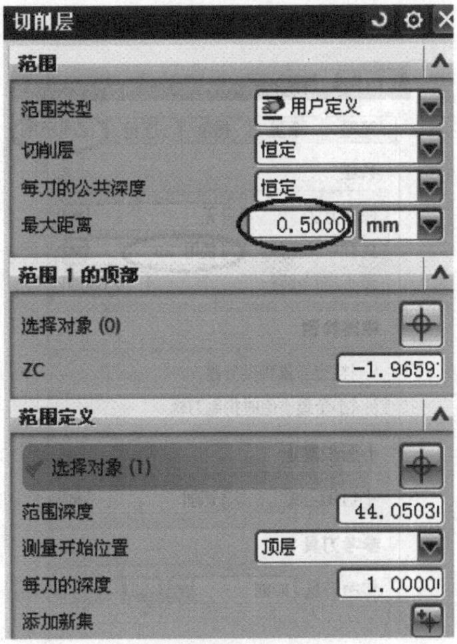
切削层
范围
范围类型
用户定义
切削层
恒定
每刀的公共深度
恒定
最大距离
0.5000
mm
范围 1 的顶部
选择对象 (0)
ZC
-1.9659
范围定义
选择对象 (1)
范围深度
44.0503
测量开始位置
顶层
每刀的深度
1.0000
添加新集

图 7-51

（3）设置切削参数　在【型腔铣】对话框中选择（切削参数）图标，出现【切削参数】对话框，选择余量选项卡，勾选使底面余量与侧面余量一致选项，在部件侧面余量栏输入0.5，如图7-52所示。选择空间范围选项卡，在处理中的工件下拉框中选择使用 3D选项，如图7-53所示。单击确定按钮，完成设置切削参数，系统返回【型腔铣】对话框。

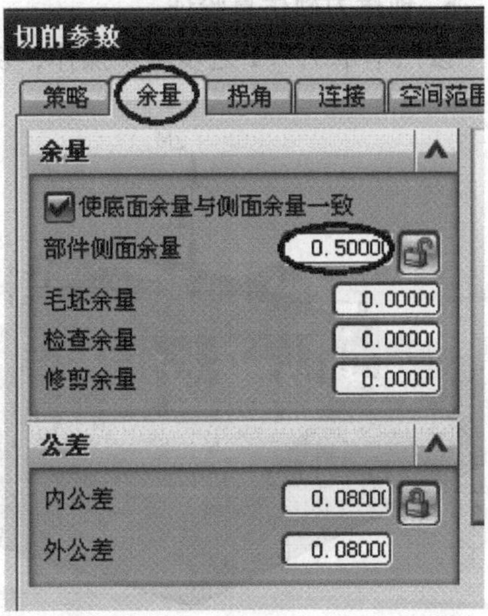
切削参数
策略
余量
拐角
连接
空间范围
余量
使底面余量与侧面余量一致
部件侧面余量
0.5000
毛坯余量
0.0000
检查余量
0.0000
修剪余量
0.0000
公差
内公差
0.0800
外公差
0.0800

图 7-52

（4）设置进给率和速度参数　在【型腔铣】对话框中选择（进给率和速度）图标，出现【进给率和速度】对话框，如图7-54所示。勾选主轴速度（rpm）选项，在主轴速度（rpm）栏分别输入1400。由于在前面创建加工方法的父节点中已经设置了粗加工各进给速度值，所以在此不需要再设置了。按下回车键，单击（基于此值计算进给和速度）按钮，单击 确定 按钮，完成设置进给率和速度参数，系统返回【型腔铣】对话框。

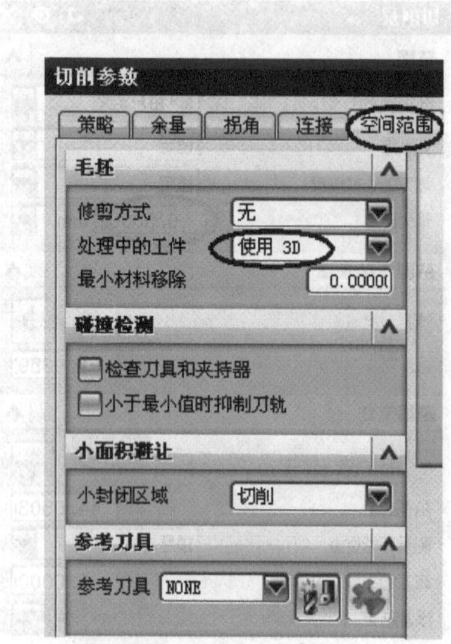
切削参数
策略
余量
拐角
连接
空间范围
毛坯
修剪方式
无
处理中的工件
使用 3D
最小材料移除
0.0000(
碰撞检测
检查刀具和夹持器
小于最小值时抑制刀轨
小面积避让
小封闭区域
切削
参考刀具
参考刀具
NONE

图 7-53

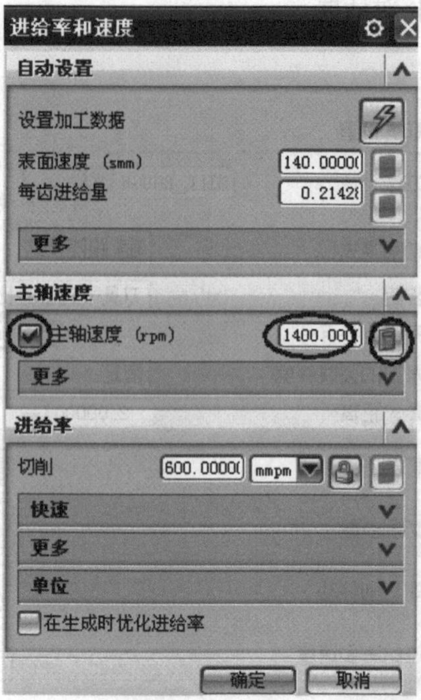
进给率和速度
自动设置
设置加工数据
表面速度 (smm)
140.0000(
每齿进给量
0.2142
更多
主轴速度
主轴速度 (rpm)
1400.000
更多
进给率
切削
600.0000(
mmpm
快速
更多
单位
在生成时优化进给率
确定
取消

图 7-54

4. 生成刀轨

在【型腔铣】对话框中 操作 区域中选择 （生成刀轨）图标，系统自动生成刀轨，如图 7-55 所示，单击 确定 按钮，接受刀轨。

5. 创建刀轨仿真验证

按照本章 7.7.1 之步骤 4 操作，切削结果，如图 7-56 所示。

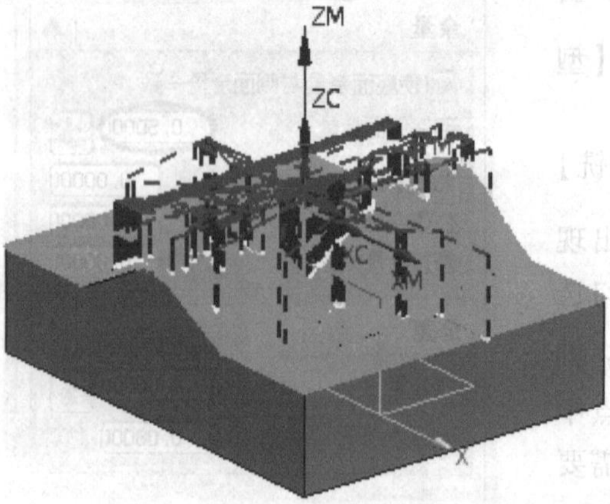
ZM
ZC
XC
XM
X

图 7-55

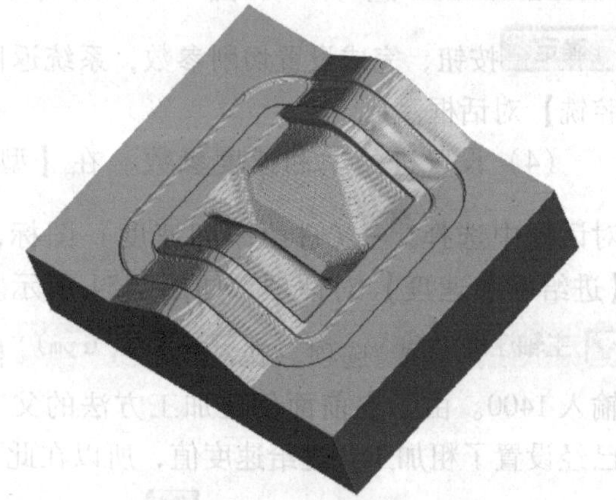

图 7-56

6. 后处理

按照本章 7.7.1 之步骤 5 操作，输出数控程序文件，如图 7-57 所示。

```
%
N0010 G40 G17 G90 G70
N0020 G91 G28 Z0.0
:0030 T02 M06
N0040 G0 G90 X-15.3101 Y109.3395 S1400 M03
N0050 G43 Z15. H02
N0060 Z.0443
N0070 G1 Z-2.9557 F600. M08
N0080 X-7.4173 Y110.6444
N0090 X-10.3307 Y128.2668
N0100 X-10.4727 Y129.6313
N0110 G2 X-10.1521 Y130.5239 I2.5699 J-.4192
N0120 X-7.3949 Y134.8444 I6.1834 J-.906
N0130 G1 X-6.2413 Y134.8989
————————————
N6490 X78.8837 Y-85.5012
N6500 Z-48.5163
N6510 G0 Z15.
N6520 M05
N6530 M09
N6540 M02
%
```

图 7-57

7.8 创建半精加工操作

7.8.1 创建半精加工操作一

1. 创建操作父节组选项

选择菜单中的【插入(S)】/【工序(E)...】命令或在【插入】工具条中选择（创建工序）图标，出现【创建操作】对话框，如图 7-58 所示。

在【创建操作】对话框中类型下拉框中选择mill_contour（型腔铣），在操作子类型区域中选择（轮廓区域）铣削图标，在程序下拉框中选择NC_PROGRAM程序节点，在刀具下拉框中选择BM8 (铣刀-球头刀具节点，在几何体下拉框中选择WORKPIECE节点，在方法下拉框中选择MILL_SEMI_FINI节点，在名称栏输入 S1，如图 7-58 所示。单击确定按钮，系统出现【轮廓区域】铣对话框，如图 7-59 所示。

2. 创建几何体

在【轮廓区域】铣对话框中指定切削区域区域中选择（选择或编辑切削区域几何体）图标，出现【切削区域】几何体对话框，如图 7-60 所示。在图形中框选如图 7-61 所示的曲面为切削区域，单击确定按钮，完成创建切削区域几何体，系统返回【轮廓区域】铣对话框。

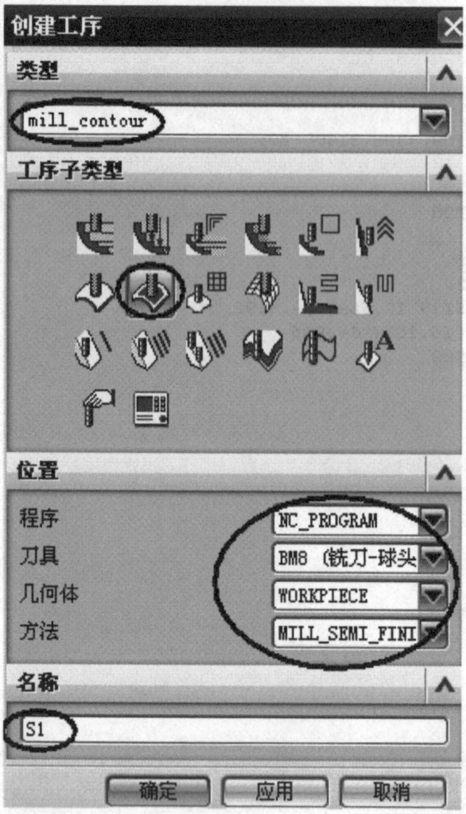
创建工序
类型
mill_contour
工序子类型
位置
程序
NC_PROGRAM
刀具
BM8（铣刀-球头
几何体
WORKPIECE
方法
MILL_SEMI_FINI
名称
S1
确定
应用
取消

图 7-58

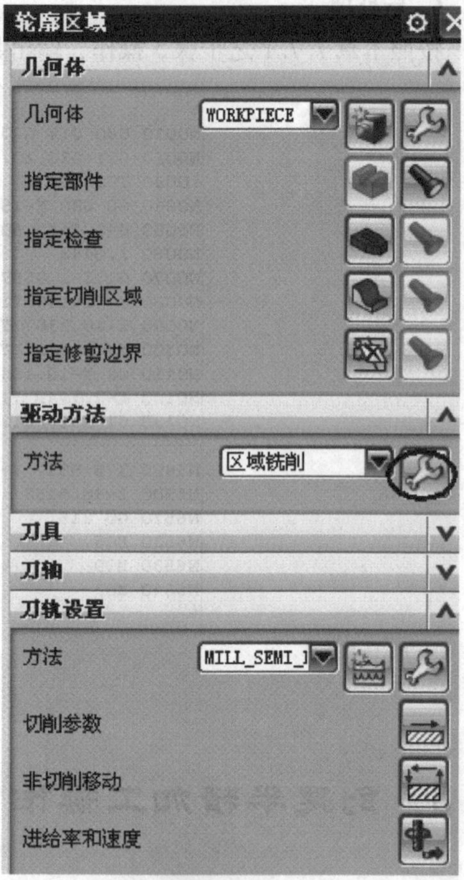
轮廓区域
几何体
几何体
WORKPIECE
指定部件
指定检查
指定切削区域
指定修剪边界
驱动方法
方法
区域铣削
刀具
刀轴
刀轨设置
方法
MILL_SEMI_
切削参数
非切削移动
进给率和速度

图 7-59

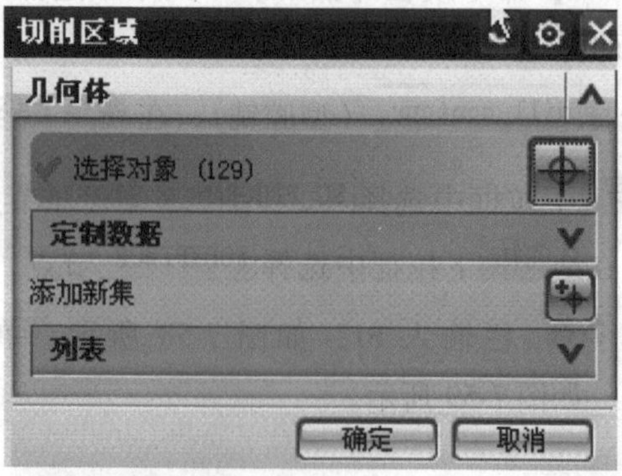
切削区域
几何体
选择对象（129）
定制数据
添加新集
列表
确定
取消

图 7-60

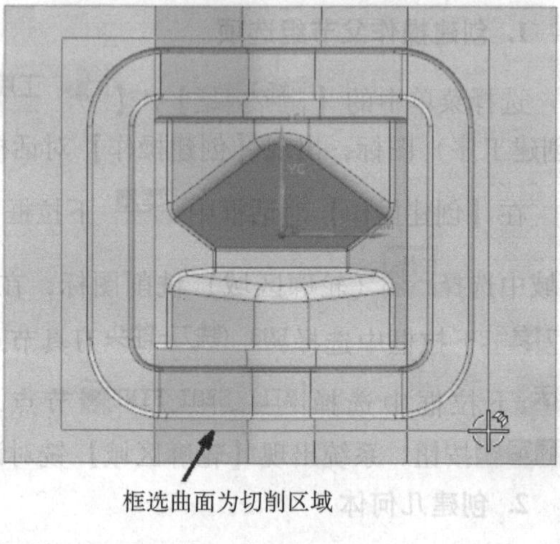
框选曲面为切削区域

图 7-61

3. 设置加工参数

（1）设置驱动方法　在【轮廓区域】铣对话框中选择（编辑）图标，出现【区域铣削驱动方法】对话框，如图7-62所示。在 陡峭空间范围 / 方法 下拉框中选择 无 选项，在 切削模式 下拉框中选择 跟随周边 选项，在 刀路方向 下拉框中选择 向内 选项，在 切削方向 下拉框中选择 顺铣 选项，在 步距 下拉框中选择 刀具平直百分比 选项，在 平面直径百分比 栏输入20，在 步距已应用 下拉框中选择 在部件上 选项，单击 确定 按钮，完成设置驱动方法，系统返回【轮廓区域】铣对话框。

（2）设置切削参数　在【轮廓区域】铣对话框中选择（切削参数）图标，出现【切削参数】对话框，如图7-63所示。选择 余量 选项卡，在 部件余量 栏输入0.3，单击 确定 按钮，完成设置切削参数，系统返回【轮廓区域】铣对话框。

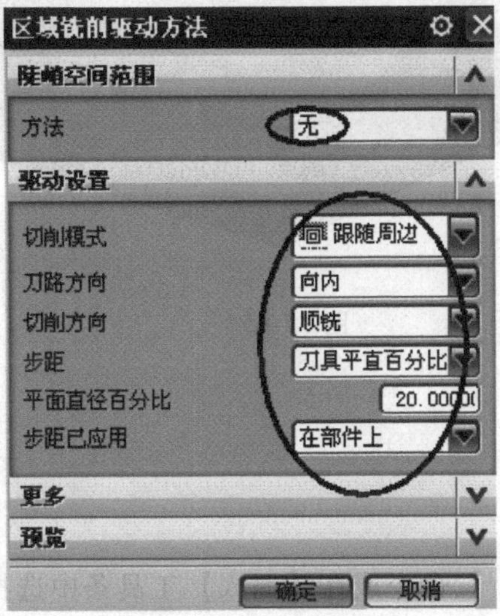
区域铣削驱动方法
陡峭空间范围
方法
无
驱动设置
切削模式
跟随周边
刀路方向
向内
切削方向
顺铣
步距
刀具平直百分比
平面直径百分比
20.0000
步距已应用
在部件上
更多
预览
确定
取消

图　7-62

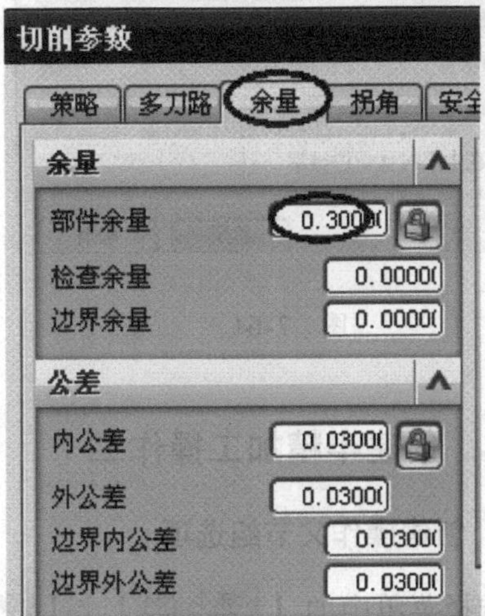
切削参数
策略
多刀路
余量
拐角
安全
余量
部件余量
0.3000
检查余量
0.0000
边界余量
0.0000
公差
内公差
0.0300
外公差
0.0300
边界内公差
0.0300
边界外公差
0.0300

图　7-63

（3）设置进给率和速度　在【轮廓区域】铣对话框中选择（进给率和速度）图标，出现【进给率和速度】对话框，如图7-64所示。勾选 主轴速度（rpm） 选项，在 主轴速度（rpm） 栏输入1400，由于在前面创建加工方法的父节点中已经设置了半精加工各进给速度值，所以在此不需要再设置了，按下回车键，单击（基于此值计算进给和速度）按钮，单击 确定 按钮，完成设置进给率和速度参数，系统返回【轮廓区域】铣对话框。

4. 生成刀轨

在【轮廓区域】铣对话框中 操作 区域中选择（生成刀轨）图标，系统自动生成刀轨，如图7-65所示，单击 确定 按钮，接受刀轨。

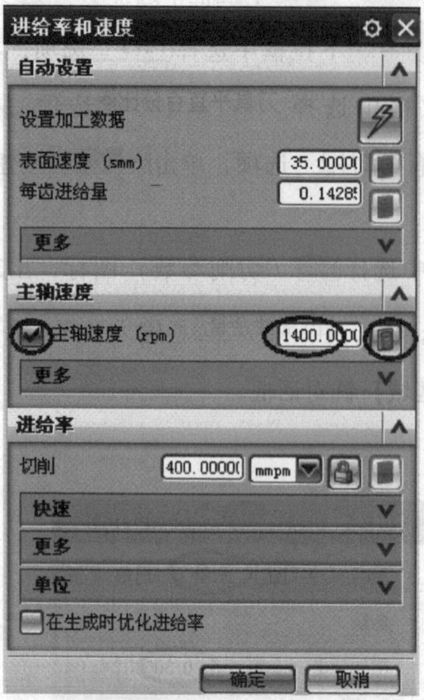
进给率和速度
自动设置
设置加工数据
表面速度（smm）
35.0000(
每齿进给量
0.1428
更多
主轴速度
主轴速度（rpm）
1400.000(
更多
进给率
切削
400.0000(
mmpm
快速
更多
单位
在生成时优化进给率
确定
取消

图 7-64

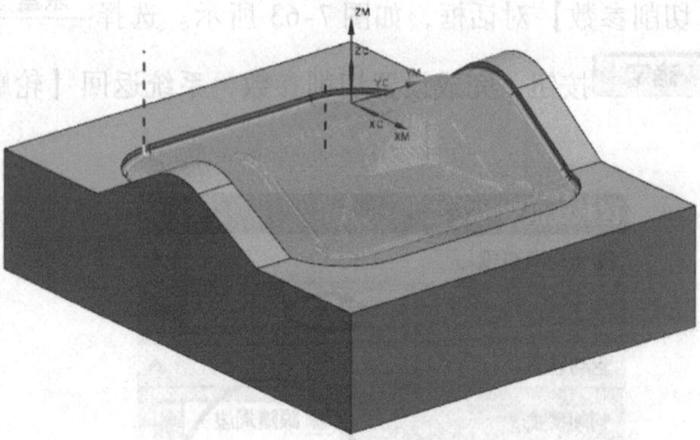

图 7-65

7.8.2 创建半精加工操作二

1. 创建操作父节组选项

选择菜单中的【插入(S)】/【工序(E)...】命令或在【插入】工具条中选择（创建工序）图标，出现【创建操作】对话框，如图 7-66 所示。

在【创建操作】对话框中类型下拉框中选择mill_contour（型腔铣），在操作子类型区域中选择（轮廓区域）铣削图标，在程序下拉框中选择NC_PROGRAM程序节点，在刀具下拉框中选择BM8（铣刀-球头刀具节点，在几何体下拉框中选择WORKPIECE节点，在方法下拉框中选择MILL_SEMI_FINI节点，在名称栏输入 S2，如图 7-66 所示。单击确定按钮，系统出现【轮廓区域】铣对话框，如图 7-67 所示。

2. 创建几何体

在【轮廓区域】铣对话框中指定切削区域区域中选择（选择或编辑切削区域几何体）图标，出现【切削区域】几何体对话框，如图 7-68 所示。在图形中选择如图 7-69 所示的曲面为切削区域，单击确定按钮，完成创建切削区域几何体，系统返回【轮廓区域】铣对话框。

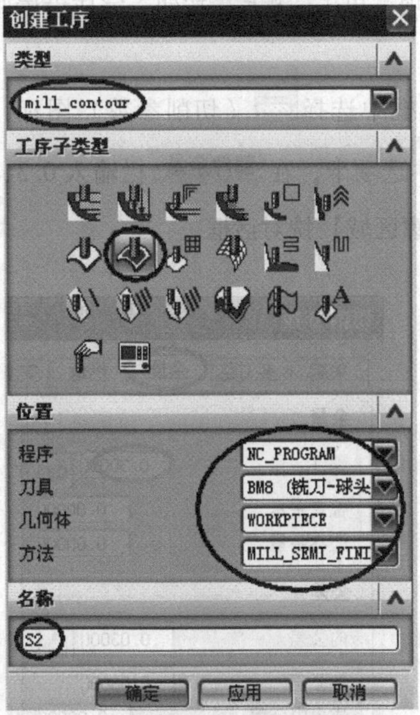
创建工序
类型
mill_contour
工序子类型
位置
程序 NC_PROGRAM
刀具 BM8（铣刀-球头
几何体 WORKPIECE
方法 MILL_SEMI_FINI
名称
S2
确定 应用 取消

图 7-66

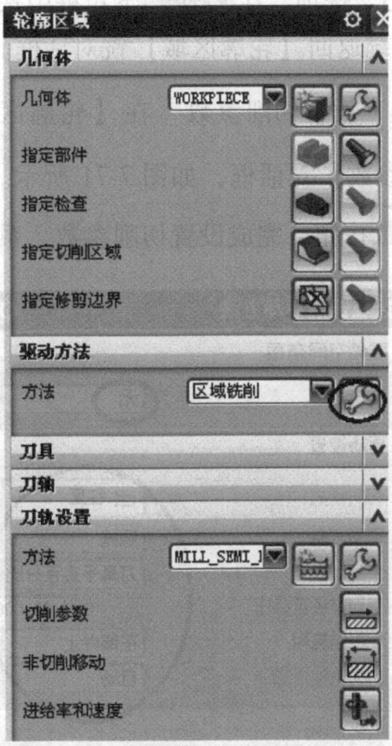
轮廓区域
几何体
几何体 WORKPIECE
指定部件
指定检查
指定切削区域
指定修剪边界
驱动方法
方法 区域铣削
刀具
刀轴
刀轨设置
方法 MILL_SEMI_
切削参数
非切削移动
进给率和速度

图 7-67

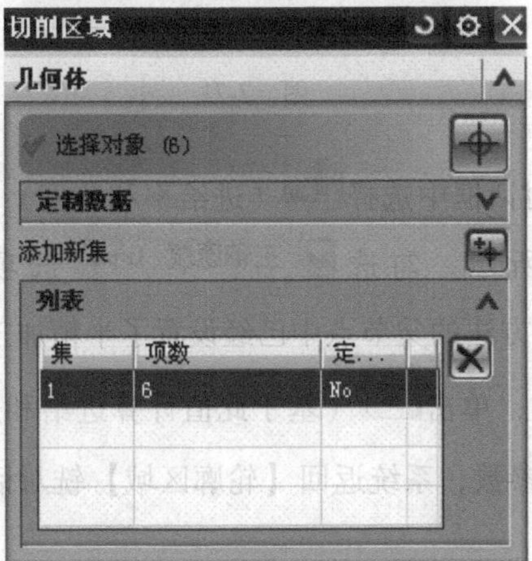
切削区域
几何体
选择对象 (6)
定制数据
添加新集
列表
集 项数 定...
1 6 No
确定 取消

图 7-68

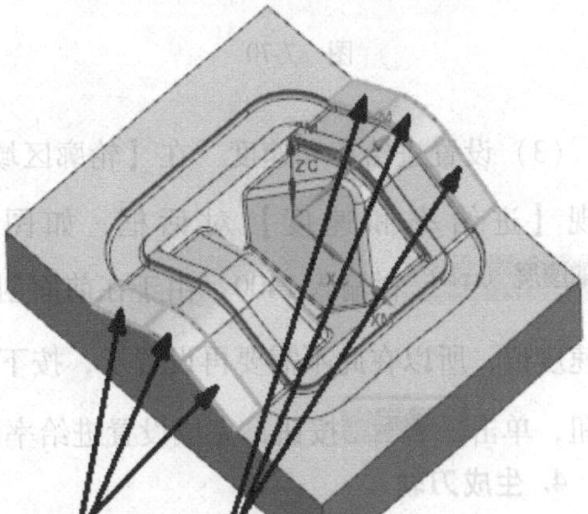
选择曲面为切削区域

图 7-69

3. 设置加工参数

（1）设置驱动方法 在【轮廓区域】铣对话框中选择（编辑）图标，出现【区域铣削驱动方法】对话框，如图7-70所示。在 陡峭空间范围/方法 下拉框中选择 无 选项，在 切削模式 下拉框中选择 往复 选项，在 切削方向 下拉框中选择 顺铣 选项，在 步距 下拉框中选择 刀具平直百分比 选项，在 平面直径百分比 栏输入20，在 步距已应用 下拉框中选择

在部件上 选项，在切削角下拉框中选择自动 选项，单击确定按钮，完成设置驱动方法，系统返回【轮廓区域】铣对话框。

（2）设置切削参数　在【轮廓区域】铣对话框中选择（切削参数）图标，出现【切削参数】对话框，如图7-71所示。选择余量选项卡，在部件余量栏输入0.3，单击确定按钮，完成设置切削参数，系统返回【轮廓区域】铣对话框。

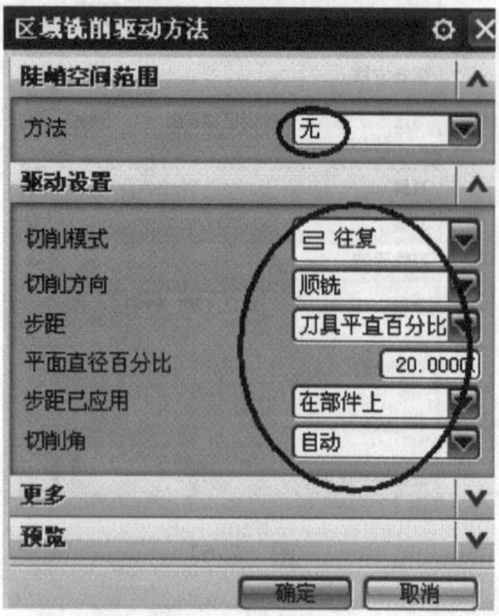
区域铣削驱动方法
陡峭空间范围
方法
无
驱动设置
切削模式
往复
切削方向
顺铣
步距
刀具平直百分比
平面直径百分比
20.0000
步距已应用
在部件上
切削角
自动
更多
预览
确定
取消

图　7-70

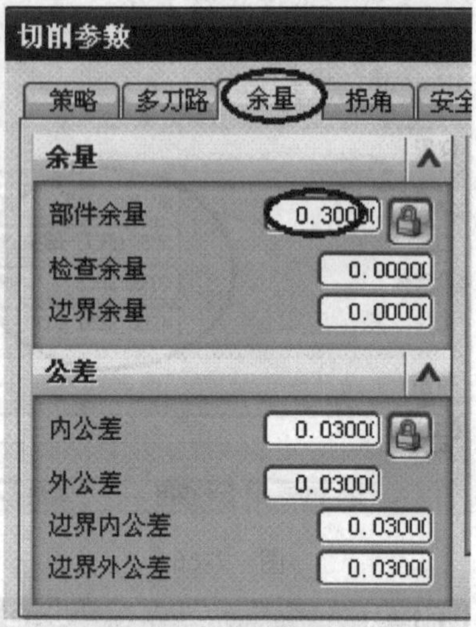
切削参数
策略
多刀路
余量
拐角
安全
余量
部件余量
0.3000
检查余量
0.0000
边界余量
0.0000
公差
内公差
0.0300
外公差
0.0300
边界内公差
0.0300
边界外公差
0.0300

图　7-71

（3）设置进给率和速度　在【轮廓区域】铣对话框中选择（进给率和速度）图标，出现【进给率和速度】对话框，如图7-72所示。勾选主轴速度（rpm）选项，在主轴速度（rpm）栏输入1400，由于在前面创建加工方法的父节点中已经设置了半精加工各进给速度值，所以在此不需要再设置了，按下回车键，单击（基于此值计算进给和速度）按钮，单击确定按钮，完成设置进给率和速度参数，系统返回【轮廓区域】铣对话框。

4. 生成刀轨

在【轮廓区域】铣对话框中操作区域中选择（生成刀轨）图标，系统自动生成刀轨，如图7-73所示，单击确定按钮，接受刀轨。

7.8.3 创建半精加工操作三（清根）

1. 创建操作父节组选项

选择菜单中的【插入(S)】/【操作(E)...】命令或在【插入】工具条中选择（创建操作）图标，出现【创建操作】对话框，如图7-74所示。

在【创建操作】对话框中类型下拉框中选择mill_contour（型腔铣），在操作子类型区域中选择（清根参考刀具）图标，在 程序 下拉框中选择 NC_PROGRAM 程序节点，在 刀具 下拉框中选择 BM6 (铣刀-球头铣) 刀具节点，在 几何体 下拉框中选择 WORKPIECE 节点，在 方法 下拉框中选择 MILL_SEMI_FINI 节点，在 名称 栏输入 S3，如图 7-74 所示。单击 确定 按钮，系统出现【清根参考刀具】对话框，如图 7-75 所示。

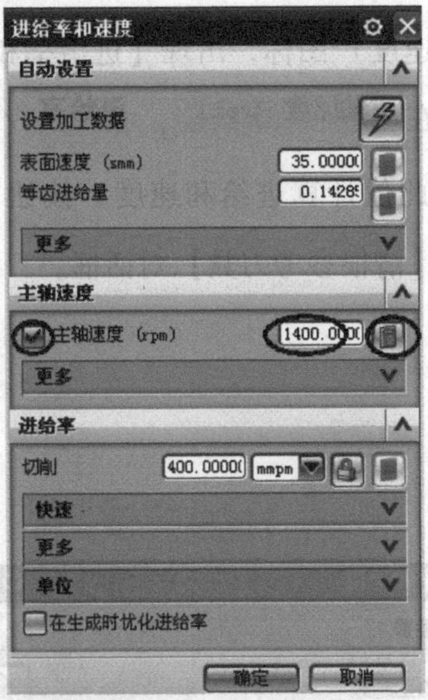
进给率和速度
自动设置
设置加工数据
表面速度 (smm) 35.0000
每齿进给量 0.1428
更多
主轴速度
主轴速度 (rpm) 1400.000
更多
进给率
切削 400.0000 mmpm
快速
更多
单位
在生成时优化进给率
确定
取消

图 7-72

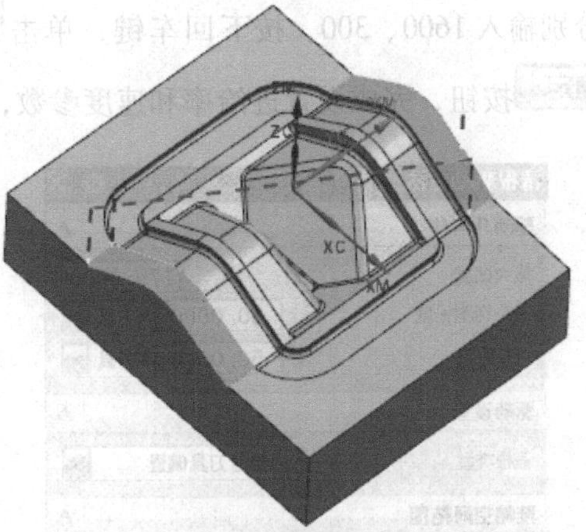
ZC
XC
YM

图 7-73

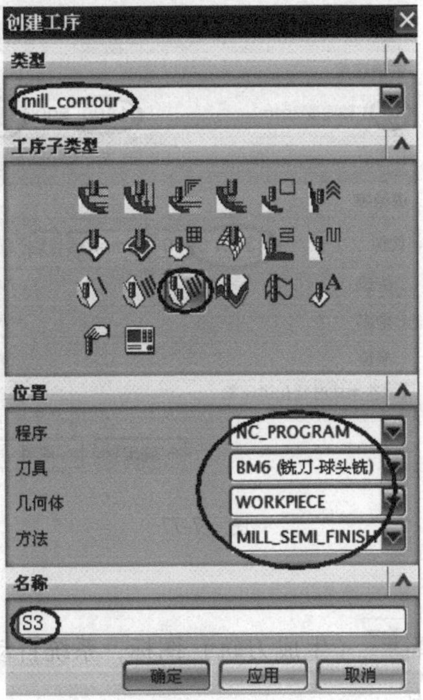
创建工序
类型
mill_contour
工序子类型
位置
程序 NC_PROGRAM
刀具 BM6 (铣刀-球头铣)
几何体 WORKPIECE
方法 MILL_SEMI_FINISH
名称
S3
确定
应用
取消

图 7-74

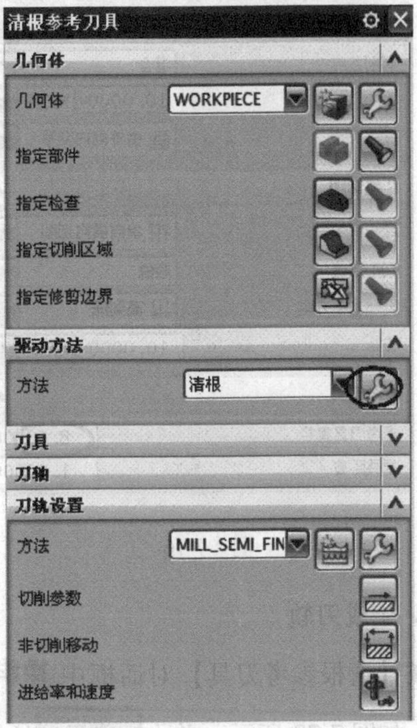
清根参考刀具
几何体
几何体 WORKPIECE
指定部件
指定检查
指定切削区域
指定修剪边界
驱动方法
方法 清根
刀具
刀轴
刀轨设置
方法 MILL_SEMI_FIN
切削参数
非切削移动
进给率和速度

图 7-75

2. 设置加工参数

在【清根参考刀具】对话框中选择（编辑）图标，出现【清根驱动方法】对话框，在参考刀具直径栏输入8，在步距栏输入10，如图7-76所示。单击确定按钮，系统返回【清根参考刀具】对话框中。

3. 设置进给率和速度

在【清根参考刀具】对话框中选择（进给率和速度）图标，出现【进给率和速度】对话框，如图7-77所示。勾选主轴速度（rpm）选项，在主轴速度（rpm）、进给率/剪切栏分别输入1600、300，按下回车键，单击（基于此值计算进给和速度）按钮，单击确定按钮，完成设置进给率和速度参数，系统返回【清根参考刀具】对话框。

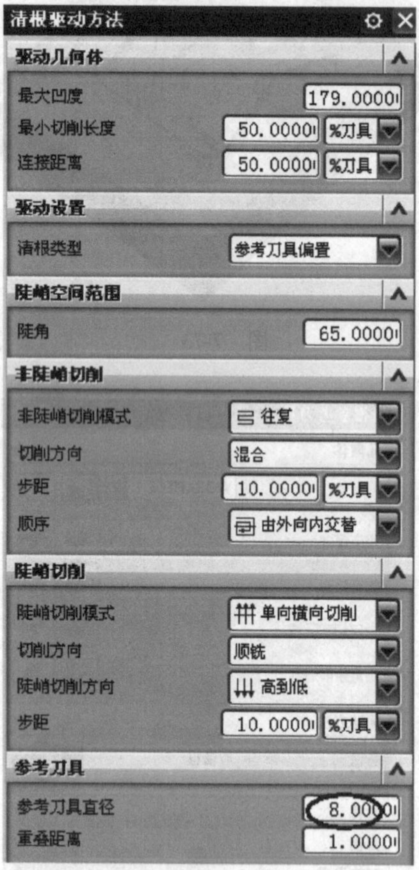
清根驱动方法
驱动几何体
最大凹度 179.0000
最小切削长度 50.0000 %刀具
连接距离 50.0000 %刀具
驱动设置
清根类型 参考刀具偏置
陡峭空间范围
陡角 65.0000
非陡峭切削
非陡峭切削模式 往复
切削方向 混合
步距 10.0000 %刀具
顺序 由外向内交替
陡峭切削
陡峭切削模式 单向横向切削
切削方向 顺铣
陡峭切削方向 高到低
步距 10.0000 %刀具
参考刀具
参考刀具直径 8.0000
重叠距离 1.0000

图 7-76

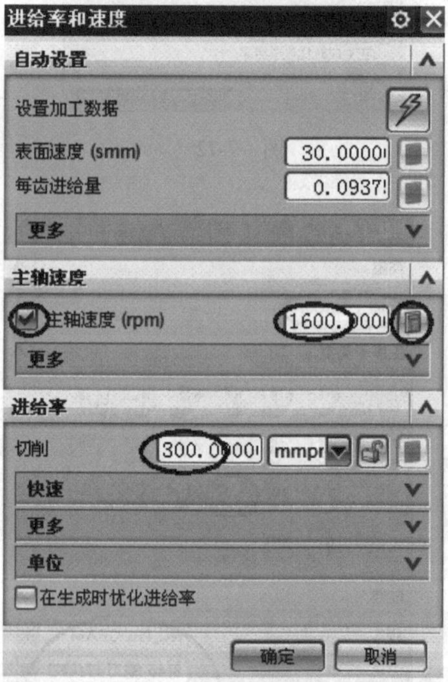
进给率和速度
自动设置
设置加工数据
表面速度 (smm) 30.0000
每齿进给量 0.0937
更多
主轴速度
主轴速度 (rpm) 1600.0000
更多
进给率
切削 300.0000 mmpr
快速
更多
单位
在生成时优化进给率
确定 取消

图 7-77

4. 生成刀轨

在【清根参考刀具】对话框中操作区域中选择（生成刀轨）图标，系统自动生成刀轨，如图7-78所示，单击确定按钮，接受刀轨。

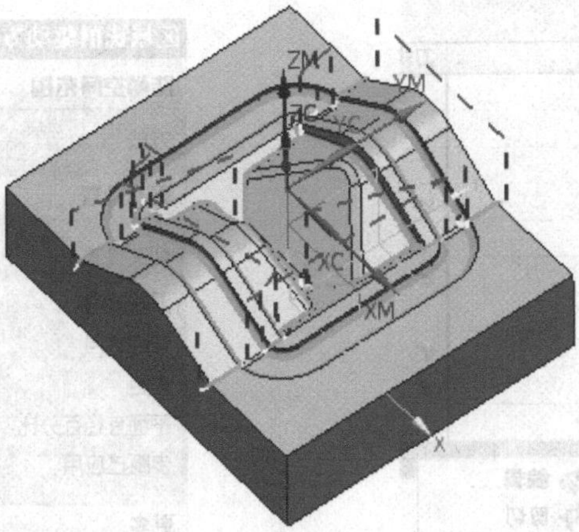
ZM
YM
ZC
YC
XC
XM
X

图 7-78

7.9 创建精加工操作

7.9.1 创建精加工操作一

1. 复制操作 S1

在工序导航器程序机床视图 BM8 节点，复制操作 S1，如图 7-79 所示，并粘贴在 BM4 节点下，重新命名为 F1，操作如图 7-80 所示。

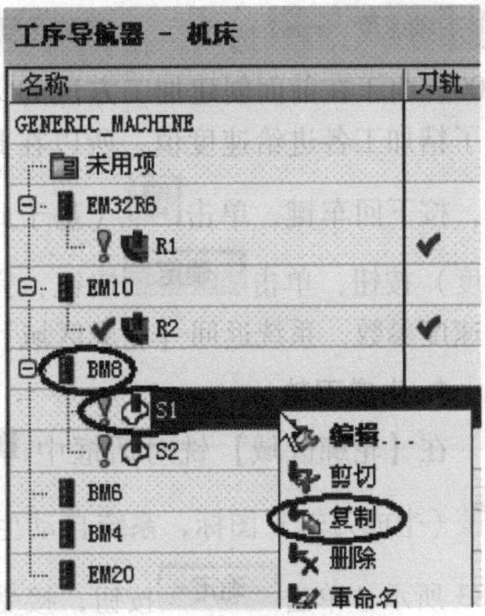
工序导航器 - 机床
名称
刀轨
GENERIC_MACHINE
未用项
EM32R6
R1
EM10
R2
BM8
S1
S2
BM6
BM4
EM20
编辑...
剪切
复制
删除
重命名

图 7-79

2. 编辑操作 F1

在工序导航器下，双击 F1 操作，系统出现【轮廓区域】铣对话框。

3. 设置加工参数

(1) 设置驱动方法 在【轮廓区域】铣对话框中选择（编辑）图标，出现【区域铣削驱动方法】对话框，如图 7-81 所示。在 陡峭空间范围/方法 下拉框中选择 无 选项，在 切削模式 下拉框中选择 跟随周边 选项，在 刀路方向 下拉框中选择 向内 选项，在 切削方向 下拉框中选择 顺铣 选项，在 步距 下拉框中选择 刀具平直百分比 选项，在 平面直径百分比 栏输入 10，在 步距已应用 下拉框中选择 在部件上 选项，单击 确定 按钮，完成设置驱动方法，系统返回【轮廓区域】铣对话框。

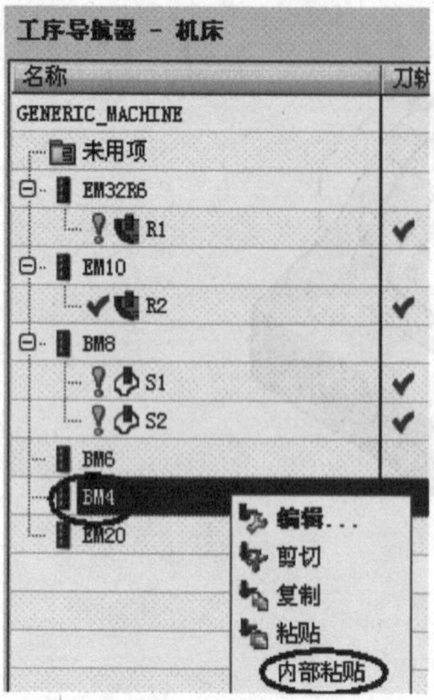
工序导航器 - 机床
名称
刀轨
GENERIC_MACHINE
未用项
EM32R6
R1
EM10
R2
BM8
S1
S2
BM6
BM4
EM20
编辑...
剪切
复制
粘贴
内部粘贴

图 7-80

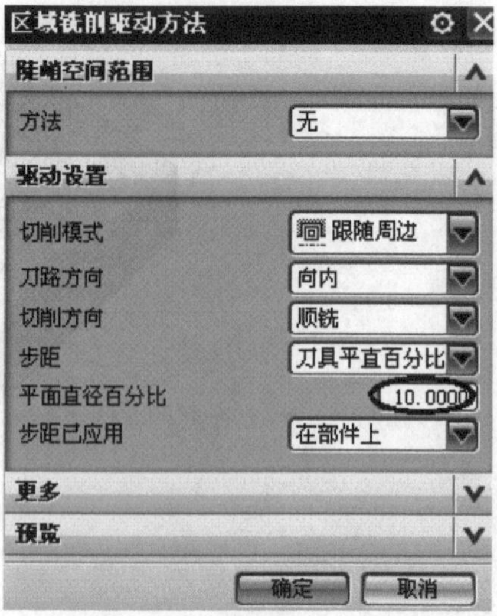
区域铣削驱动方法
陡峭空间范围
方法
无
驱动设置
切削模式
跟随周边
刀路方向
向内
切削方向
顺铣
步距
刀具平直百分比
平面直径百分比
10.0000
步距已应用
在部件上
更多
预览
确定
取消

图 7-81

（2）编辑加工方法　在【轮廓区域】铣对话框中 **刀轨设置** / **方法** 下拉框中选择 MILL_FINISI 选项。

（3）设置进给率和速度　在【轮廓区域】铣对话框中选择（进给率和速度）图标，出现【进给率和速度】对话框，如图 7-82 所示。勾选 主轴速度（rpm）选项，在 主轴速度（rpm）栏输入 1600，由于在前面创建加工方法的父节点中已经设置了精加工各进给速度值，所以在此不需要再设置了，按下回车键，单击（基于此值计算进给和速度）按钮，单击 确定 按钮，完成设置进给率和速度参数，系统返回【轮廓区域】铣对话框。

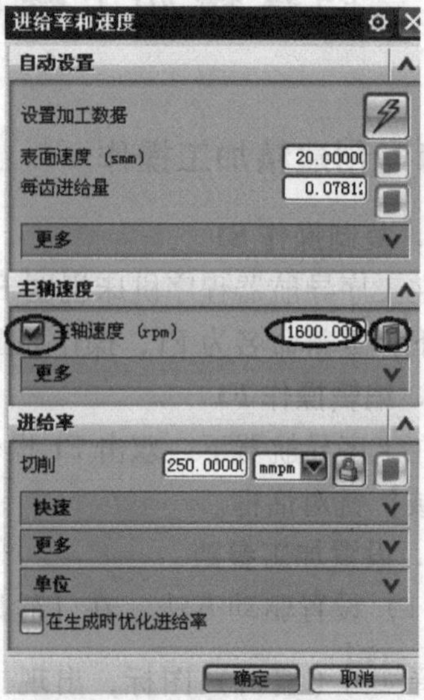
进给率和速度
自动设置
设置加工数据
表面速度（smm）
20.0000
每齿进给量
0.0781
更多
主轴速度
主轴速度（rpm）
1600.000
更多
进给率
切削
250.0000
mmpm
快速
更多
单位
在生成时优化进给率
确定
取消

图 7-82

4. 生成刀轨

在【轮廓区域】铣对话框中 **操作** 区域中选择（生成刀轨）图标，系统自动生成刀轨，如图 7-83 所示，单击 确定 按钮，接受刀轨。

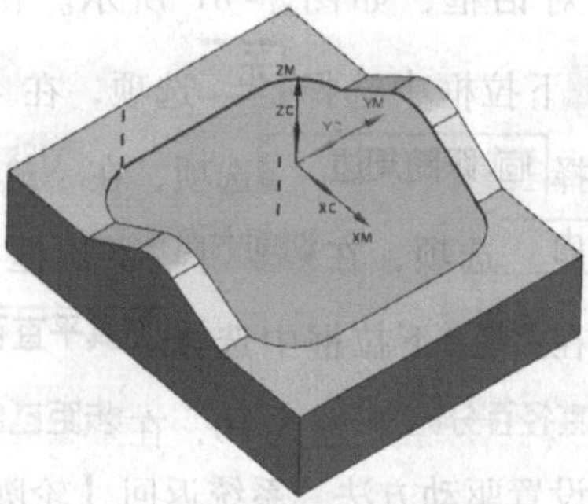

图 7-83

7.9.2　创建精加工操作二

1. 复制操作 S2

在工序导航器程序机床视图 BM8 节点，复制操作 S2，如图 7-84 所示，并粘贴在 BM6 节点下，重新命名为 F2，操作如图 7-85 所示。

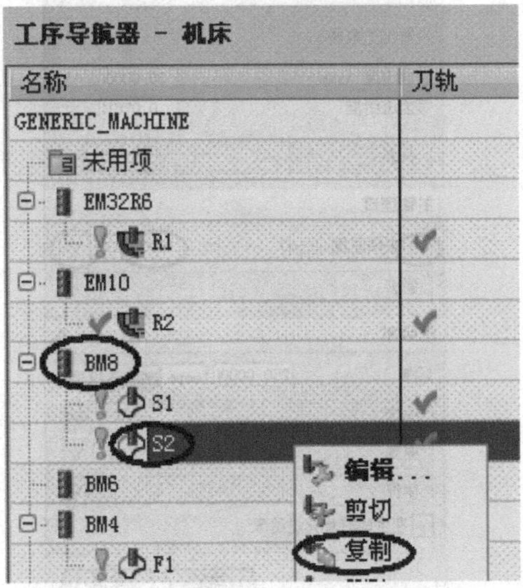
工序导航器 - 机床
名称
刀轨
GENERIC_MACHINE
未用项
EM32R6
R1
EM10
R2
BM8
S1
S2
BM6
BM4
F1
编辑...
剪切
复制

图 7-84

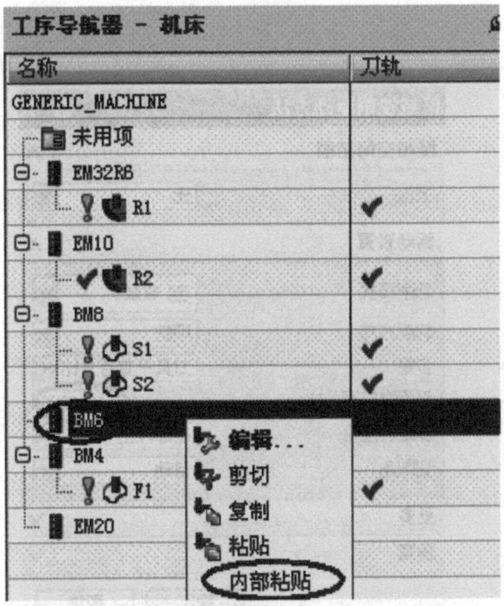
工序导航器 - 机床
名称
刀轨
GENERIC_MACHINE
未用项
EM32R6
R1
EM10
R2
BM8
S1
S2
BM6
BM4
F1
EM20
编辑...
剪切
复制
粘贴
内部粘贴

图 7-85

2. 编辑操作 F2

在工序导航器下，双击 F2 操作，系统出现【轮廓区域】铣对话框。

3. 设置加工参数

（1）设置驱动方法　在【轮廓区域】铣对话框中选择（编辑）图标，出现【区域铣削驱动方法】对话框，如图 7-86 所示。在 陡峭空间范围 / 方法 下拉框中选择 无 选项，在 切削模式 下拉框中选择 往复 选项，在 切削方向 下拉框中选择 顺铣 选项，在 步距 下拉框中选择 刀具平直百分比 选项，在 平面直径百分比 栏输入 10，在 步距已应用 下拉框中选择 在部件上 选项，在 切削角 下拉框中选择 自动 选项，单击 确定 按钮，完成设置驱动方法，系统返回【轮廓区域】铣对话框。

（2）编辑加工方法　在【轮廓区域】铣对话框中 刀轨设置 / 方法 下拉框选择 MILL_FINISI 选项。

（3）设置进给率和速度　在【轮廓区域】铣对话框中选择（进给率和速度）图标，出现【进给率和速度】对话框，如图 7-87 所示，勾选 主轴速度（rpm）选项，在 主轴速度（rpm）栏输入 1600，由于在前面创建加工方法的父节点中已经设置了精加工各进给速度值，所以在此不需要再设置了，按下回车键，单击（基于此值计算进给和速度）按钮，单击 确定 按钮，完成设置进给率和速度参数，系统返回【轮廓区域】铣对话框。

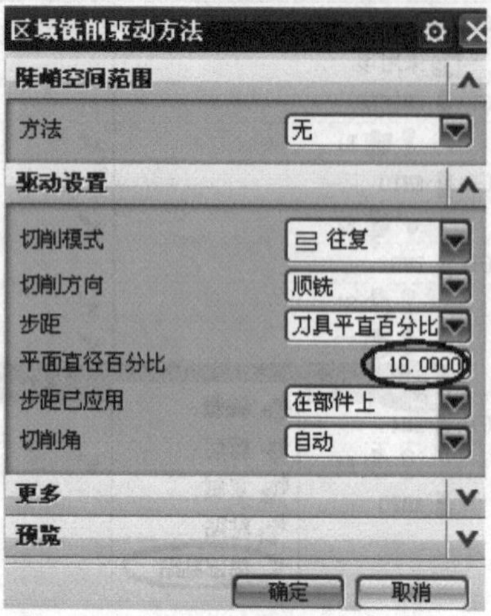
区域铣削驱动方法
陡峭空间范围
方法 无
驱动设置
切削模式 往复
切削方向 顺铣
步距 刀具平直百分比
平面直径百分比 10.0000
步距已应用 在部件上
切削角 自动
更多
预览
确定 取消

图 7-86

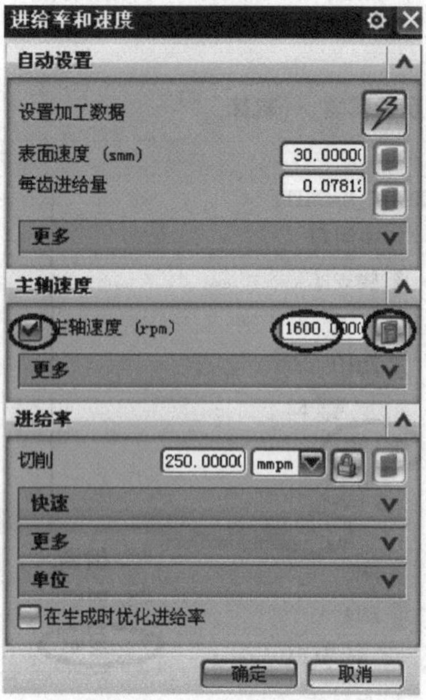
进给率和速度
自动设置
设置加工数据
表面速度（smm） 30.0000
每齿进给量 0.0781
更多
主轴速度
主轴速度（rpm） 1600.0000
更多
进给率
切削 250.0000 mmpm
快速
更多
单位
在生成时优化进给率
确定 取消

图 7-87

4. 生成刀轨

在【轮廓区域】铣对话框中**操作**区域选择（生成刀轨）图标，系统自动生成刀轨，如图 7-88 所示，单击确定按钮，接受刀轨。

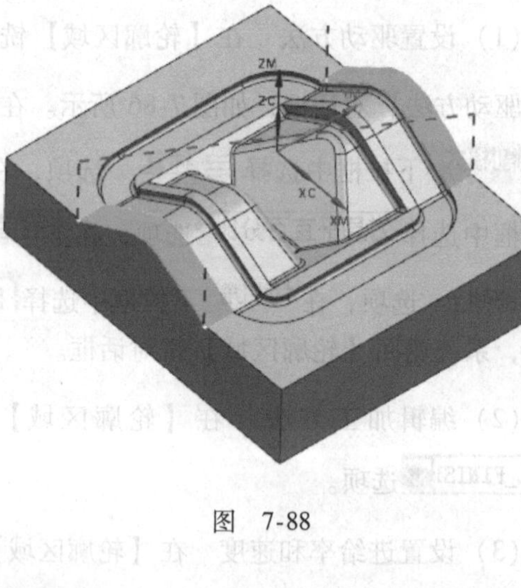
ZM
ZC
XC
XM

图 7-88

7.9.3 创建精加工操作三

1. 创建操作父节组选项

选择菜单中的【插入(S)】/【工序(E)...】命令或在【插入】工具条中选择（创建工序）图标，出现【创建工序】对话框，如图 7-89 所示。

在【创建工序】对话框中**类型**下拉框中选择mill_planar（平面铣），在**操作子类型**区域中选择（面铣）图标，在**程序**下拉框中选择NC_PROGRAM程序节点，在**刀具**下拉框中选择EM20（铣刀-5刀具节点，在**几何体**下拉框中选择WORKPIECE节点，在**方法**下拉框中选择MILL_FINISH节点，在**名称**栏输入 F3，如图 7-89 所示。单击确定按钮，系统出现【面铣削区域】对话框，如图 7-90 所示。

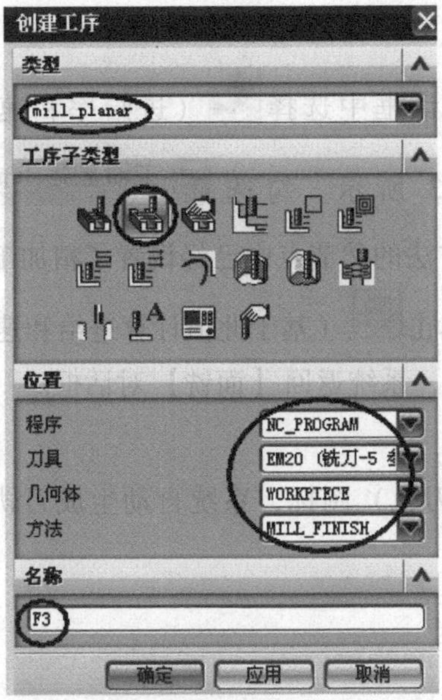
创建工序
类型
mill_planar
工序子类型
位置
程序
NC_PROGRAM
刀具
EM20（铣刀-5
几何体
WORKPIECE
方法
MILL_FINISH
名称
F3
确定
应用
取消

图 7-89

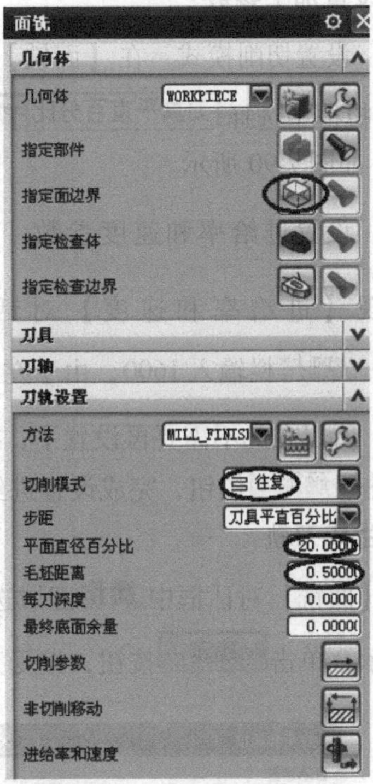
面铣
几何体
几何体
WORKPIECE
指定部件
指定面边界
指定检查体
指定检查边界
刀具
刀轴
刀轨设置
方法
MILL_FINISI
切削模式
往复
步距
刀具平直百分比
平面直径百分比
20.000
毛坯距离
0.5000
每刀深度
0.0000
最终底面余量
0.0000
切削参数
非切削移动
进给率和速度

图 7-90

2. 创建几何体

在【面铣】对话框中 指定面边界 区域中选择 （选择或编辑面几何体）图标，出现【切削区域】对话框，如图 7-91 所示。然后在图形中选择如图 7-92 所示的平面为切削区域，单击 确定 按钮，完成设置切削区域几何体，系统返回【面铣削区域】对话框。

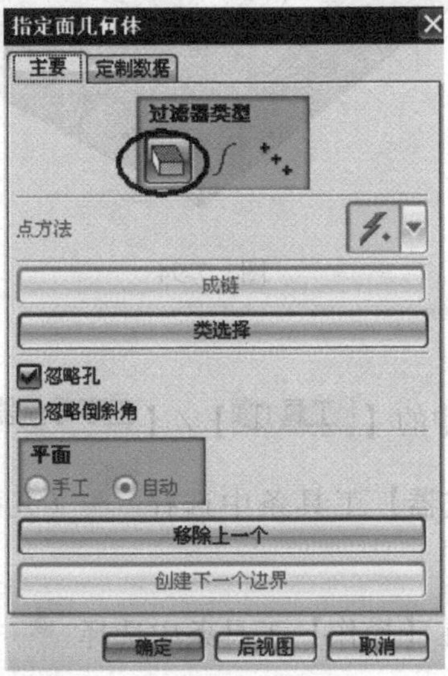
指定面几何体
主要
定制数据
过滤器类型
点方法
成链
类选择
忽略孔
忽略倒斜角
平面
手工
自动
移除上一个
创建下一个边界
确定
后视图
取消

图 7-91

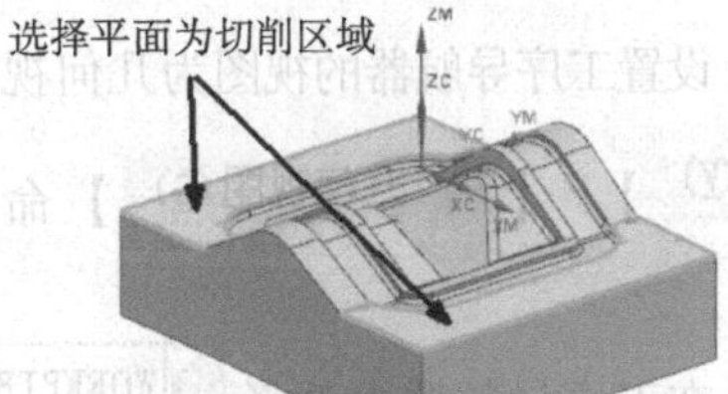
选择平面为切削区域

图 7-92

3. 设置加工参数

（1）设置切削模式　在【面铣】对话框中 切削模式 下拉框中选择 往复 选项，在 步距 下拉框中选择 刀具平直百分比 选项，在 平面直径百分比 栏输入 20，在 毛坯距离 栏输入 0.5，如图 7-90 所示。

（2）设置进给率和速度参数　在【面铣】对话框中选择（进给率和速度）图标，出现【进给率和速度】对话框，如图 7-93 所示。勾选 主轴速度（rpm），在 主轴速度（rpm） 栏输入 1600，由于在前面创建加工方法的父节点中已经设置了精加工各进给速度值，所以在此不需要再设置了，按下回车键，单击（基于此值计算进给和速度）按钮，单击 确定 按钮，完成设置进给率和速度参数，系统返回【面铣】对话框。

4. 生成刀轨

在【面铣】对话框中 操作 区域选择（生成刀轨）图标，系统自动生成刀轨，如图 7-94 所示，单击 确定 按钮，接受刀轨。

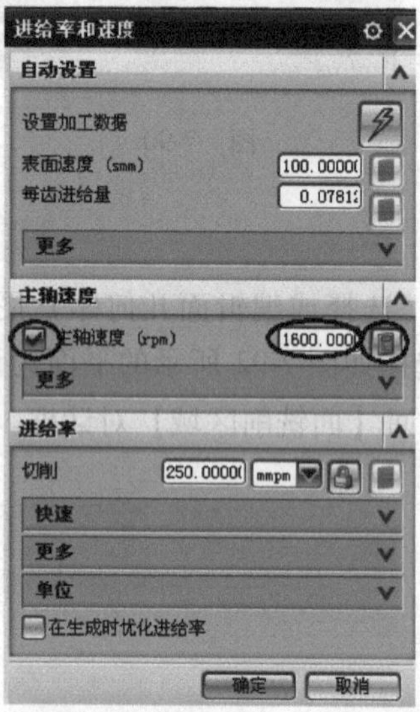
进给率和速度
自动设置
设置加工数据
表面速度（smm）
100.0000
每齿进给量
0.0781
更多
主轴速度
主轴速度（rpm）
1600.000
更多
进给率
切削
250.0000
mmpm
快速
更多
单位
在生成时优化进给率
确定
取消

图　7-93

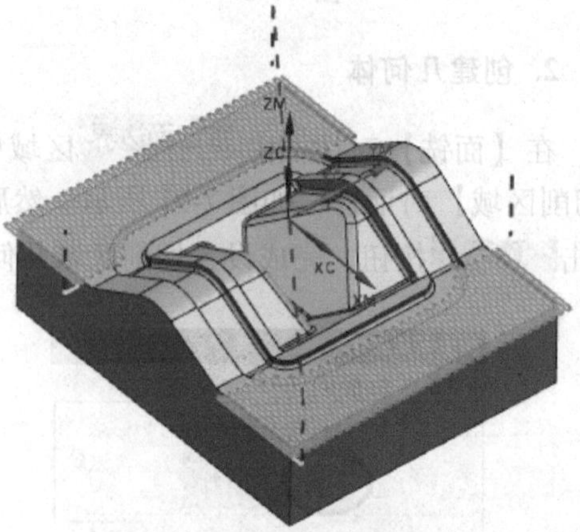
ZM
ZC
XC

图　7-94

5. 创建切削仿真

1）设置工序导航器的视图为几何视图。选择菜单中的【工具(T)】/【工序导航器(O)】/【视图(V)】/【几何视图(G)】命令或在【导航器】工具条中选择（几何视图）图标。

2）在工序导航器中选择 WORKPIECE 父节组，在【操作】工具条中选择（确认刀轨）图标，出现【刀轨可视化】对话框，选择 2D 动态 选项，然后在单击（播放）按钮，切削仿真完成后，在【刀轨可视化】对话框中单击 比较 （播放）按钮，如图7-95所示。型面显示绿色，表示已经加工到位无余量，除了根部有少许白色余量，如图7-96所示。

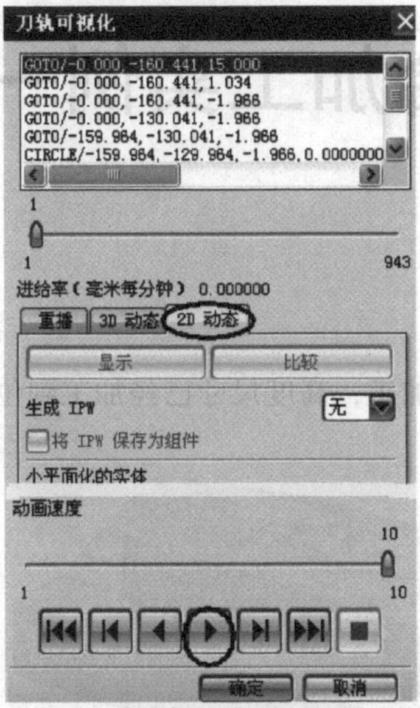
刀轨可视化
GOTO/-0.000,-160.441,15.000
GOTO/-0.000,-160.441,1.034
GOTO/-0.000,-160.441,-1.966
GOTO/-0.000,-130.041,-1.966
GOTO/-159.964,-130.041,-1.966
CIRCLE/-159.964,-129.964,-1.966,0.0000000
1
1
943
进给率（毫米每分钟） 0.000000
重播
3D 动态
2D 动态
显示
比较
生成 IPW
无
将 IPW 保存为组件
小平面化的实体
动画速度
10
1
10
确定
取消

图 7-95

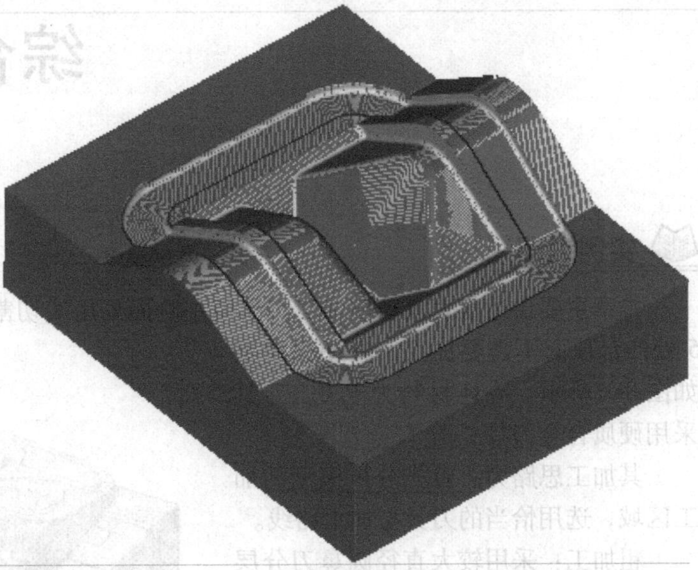

图 7-96

第8章

综合加工实例一

实例说明

本章主要讲述仪表盘动模加工。动模左侧面采用线切割加工，高度尺寸已经加工到位，5 处凸台顶面不需要加工，其动模模型如图 8-1 所示。毛坯材料为 P20，刀具采用硬质合金刀具。

其加工思路为：首先分析模型的加工区域，选用恰当的刀具与加工路线。

粗加工：采用较大直径圆鼻刀分层铣削，然后用小直径立铣刀去除狭小区域的余量，型面留余量 0.5mm。

半精加工：采用球头铣刀局部去余量，初步清根，型面留余量 0.2mm。

精加工：采用立铣刀与球头铣刀精加工型面、清根。

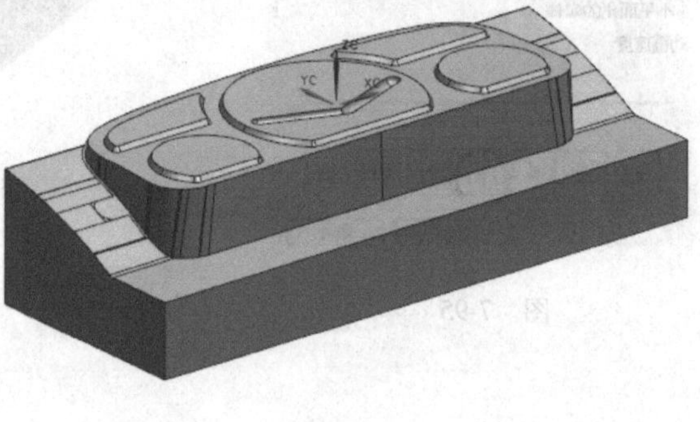

图 8-1

加工刀具选用见表 8-1。加工工艺方案见表 8-2。

表 8-1　加工刀具

序号	程序名	刀具号	刀具类型	刀具直径/mm	R 圆角/mm	刀长/mm	切削刃长/mm	余量/mm
1	R1	1	EM25R4 圆鼻刀	ϕ25	4	250	130	0.5
2	R2	2	EM6 立铣刀	ϕ6	0	65	60	0.5
3	S1	3	BM16 球铣刀	ϕ16	0	160	60	0.2
4	S2	2	EM6 立铣刀	ϕ6	0	65	25	0.5
5	S3	4	BM8 球铣刀	ϕ8	4	150	20	0.2
6	S4	20	EM20 立铣刀	ϕ20	0	110	45	0.2
7	S5	3	BM16 球铣刀	ϕ16	0	160	60	0.2
8	S6	5	BM12 球铣刀	ϕ12	6	150	35	0.2
9	S7	4	BM8 球铣刀	ϕ8	4	150	20	0.2
10	F1	6	EM20 立铣刀	ϕ20	0	110	45	0.2
11	F2	2	EM6 立铣刀	ϕ6	0	160	60	0.2
12	F3	3	BM16 球铣刀	ϕ16	8	160	60	0
13	F4	7	BM6 球铣刀	ϕ6	3	150	20	0
14	F5	4	BM8 球铣刀	ϕ8	4	150	20	0
15	F6	8	BM2 球铣刀	ϕ2	1	150	20	0

表 8-2 加工工艺方案

序号	方法	加工方式	程序名	主轴转速 $n/\text{r}\cdot\text{min}^{-1}$	进给速度 $v_f/\text{mm}\cdot\text{min}^{-1}$	说明
1	粗加工	型腔铣	R1	1000	1200	去除大余量
2	粗加工	型腔铣	R2	1000	1200	去除局部余量
3	半精加工	固定轴区域轮廓铣	S1	1800	800	曲面半精加工
4	半精加工	面铣削区域	S2	1800	800	局部狭窄处平面半精加工
5	半精加工	固定轴区域轮廓铣	S3	1800	800	凸台斜面半精加工
6	半精加工	面铣削区域	S4	1000	700	主要大平面半精加工
7	半精加工	深度加工轮廓铣	S5	1600	800	凸台四周陡面半精加工
8	半精加工	参考刀具清根	S6	1800	800	去除根部余量
9	半精加工	参考刀具清根	S7	1800	800	去除根部余量
10	精加工	面铣削区域	F1	3000	500	主要大平面精加工
11	精加工	面铣削区域	F2	3000	500	局部狭窄处平面精加工
12	精加工	固定轴曲面轮廓铣	F3	3000	500	凸台斜面精加工
13	精加工	固定轴曲面轮廓铣	F4	3000	500	曲面精加工
14	精加工	平面铣	F5	1200	500	加工浇道
15	精加工	参考刀具清根	F6	3000	500	根部精加工

学习目标

通过本章实例的练习，使读者能熟练掌握模具型芯加工，开拓加工思路及提高复杂模型的加工技巧。

8.1 打开文件

选择菜单中的【文件】/【打开(O)】命令或选择（打开）文件图标，出现【打开】部件对话框，在本书所附的资源包\parts\8\zh-1 文件中，单击 OK 按钮，打开部件，模具型芯模型如图 8-1 所示。

8.2 设置加工坐标系及安全平面

1. 进入加工模块

在选择菜单中的【开始】下拉框中选择【加工(N)...】模块，如图 8-2 所示，进入加工应用模块。

2. 设置加工环境

选择【加工(N)...】模块后系统出现【加工环境】对话框，如图 8-3 所示。在 CAM 会话配置 列表框中选择 cam_general，在 要创建的 CAM 设置 列表框中选择 mill_contour，单击【确定】按钮，进入加工初始化，在导航器栏出现（操作导航器）图标，如图 8-4 所示。

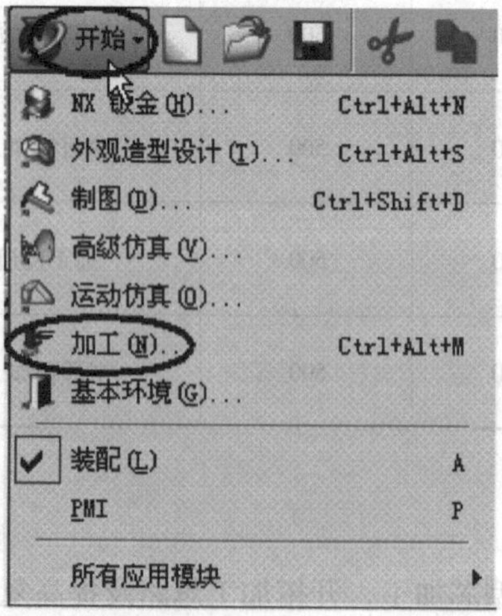

开始
NX 钣金(H)... Ctrl+Alt+N
外观造型设计(T)... Ctrl+Alt+S
制图(D)... Ctrl+Shift+D
高级仿真(V)...
运动仿真(O)...
加工(N)... Ctrl+Alt+M
基本环境(G)...
装配(L) A
PMI P
所有应用模块

图 8-2

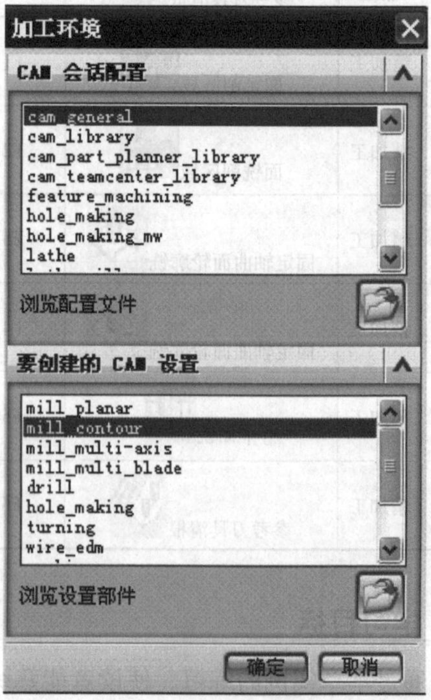

加工环境
CAM 会话配置
cam_general
cam_library
cam_part_planner_library
cam_teamcenter_library
feature_machining
hole_making
hole_making_mw
lathe
浏览配置文件
要创建的 CAM 设置
mill_planar
mill_contour
mill_multi-axis
mill_multi_blade
drill
hole_making
turning
wire_edm
浏览设置部件
确定
取消

图 8-3

3. 设置操作导航器的视图为几何视图

选择菜单中的【工具(T)】/【操作导航器(O)】/【视图(V)】/【几何视图(G)】命令或在【导航器】工具条中选择（几何视图）图标，更新的操作导航器视图如图 8-5 所示。

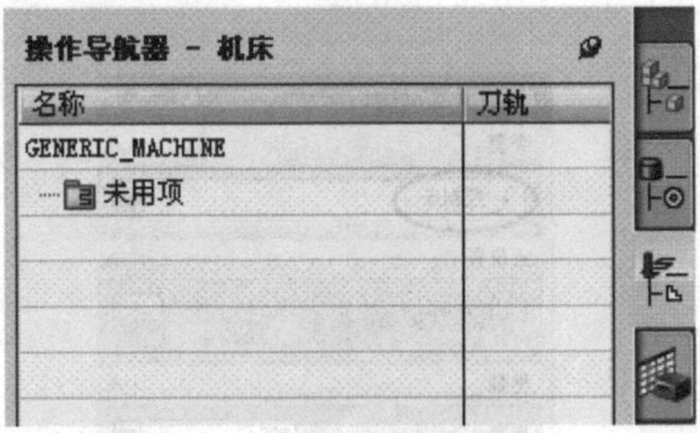
操作导航器 - 机床
名称
刀轨
GENERIC_MACHINE
未用项

图 8-4

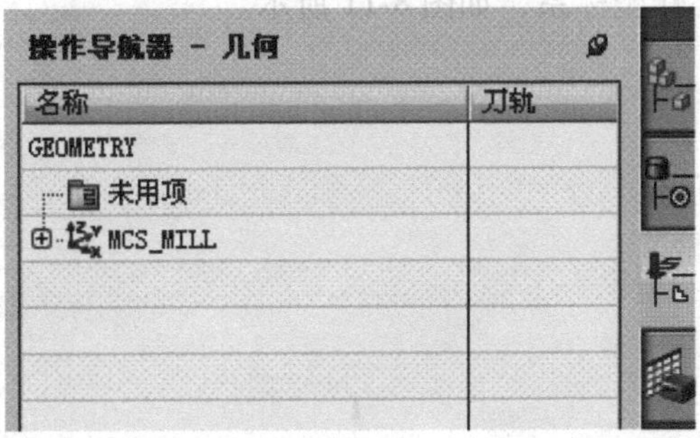
操作导航器 - 几何
名称
刀轨
GEOMETRY
未用项
MCS_MILL

图 8-5

4. 显示毛坯几何体

选择菜单中的【格式(R)】/【图层设置(S)...】命令，出现【图层设置】对话框，勾选 2 层，将显示毛坯几何体。

5. 绘制直线

选择菜单中的【插入(S)】/【曲线(C)】/【基本曲线(B)...】命令或在【曲线】工具条中选择（基本曲线）图标，出现【基本曲线】对话框，选择（直线）图标，在【点方法】下拉框中选择（端点）选项，如图 8-6 所示。在图形中选择如图 8-7 所示边线的端点，完成绘制直线，如图 8-8 所示。

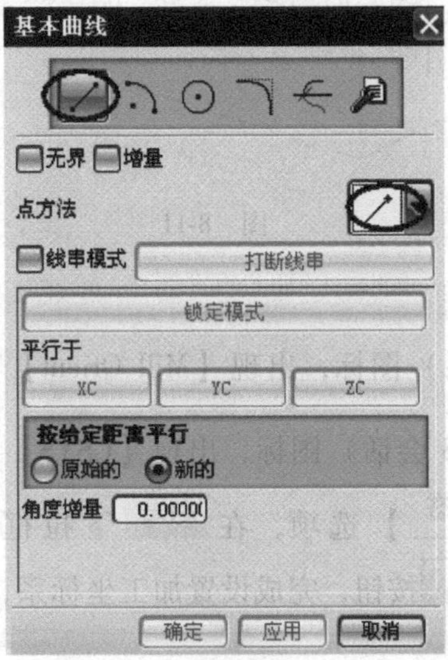
基本曲线
无界
增量
点方法
线串模式
打断线串
锁定模式
平行于
XC
YC
ZC
按给定距离平行
原始的
新的
角度增量
0.0000(
确定
应用
取消

图 8-6

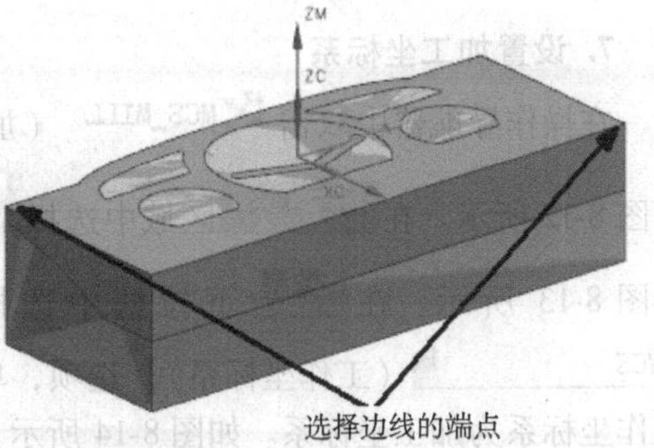
ZM
ZC
选择边线的端点

图 8-7

6. 设置工作坐标系

选择菜单中的【格式(R)】/【WCS】/【原点(O)..】命令或在【曲线】工具条中选择 WCS 原点 图标，出现【点】构造器对话框，在 类型 下拉框中选择 控制点 选项，如图 8-9 所示。在图形中选择如图 8-10 所示的直线中点，单击 确定 按钮，完成设置工作坐标系，如图 8-11 所示。

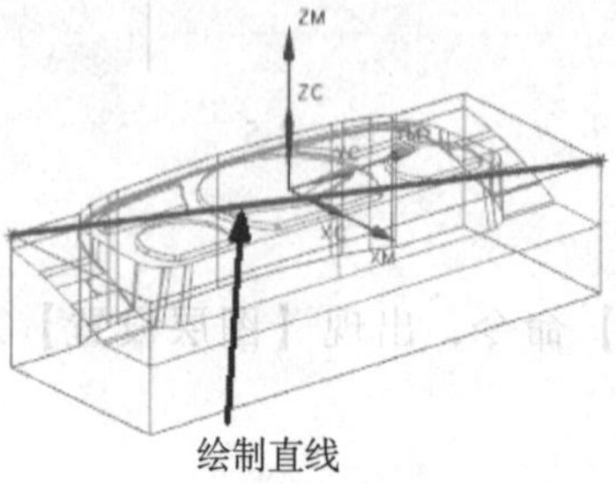
ZM
ZC
XM
绘制直线

图 8-8

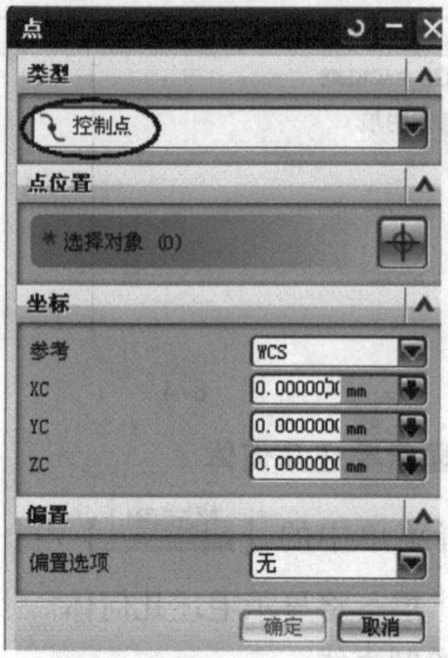
点
类型
控制点
点位置
* 选择对象 (0)
坐标
参考
WCS
XC
YC
ZC
偏置
偏置选项
无
确定
取消

图 8-9

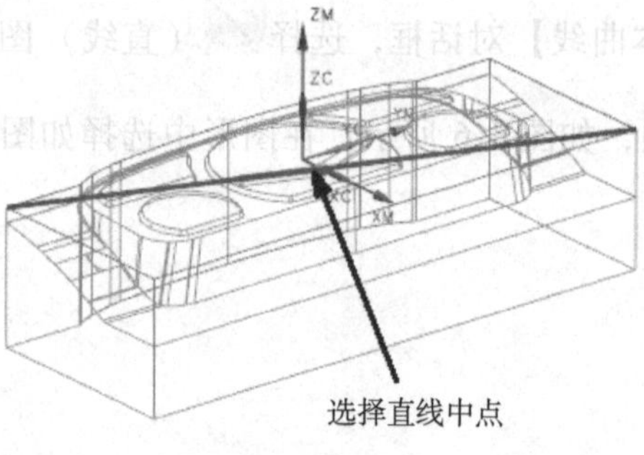
ZM
ZC
XM
选择直线中点

图 8-10

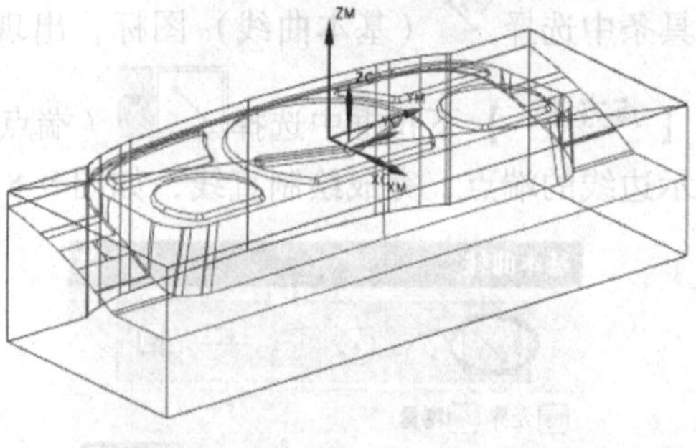
ZM
ZC
XM

图 8-11

7. 设置加工坐标系

在操作导航器中双击 MCS_MILL（加工坐标系）图标，出现【Mill Orient】对话框，如图 8-12 所示。在 指定 MCS 区域中选择 （CSYS 会话）图标，出现【CSYS】对话框，如图 8-13 所示。在 类型 下拉框中选择【动态】选项，在 参考 下拉框中选择【WCS（工作坐标系）】选项，单击 确定 按钮，完成设置加工坐标系，即接受工作坐标系为加工坐标系。如图 8-14 所示。

注意：【Mill Orient】对话框不要关闭。

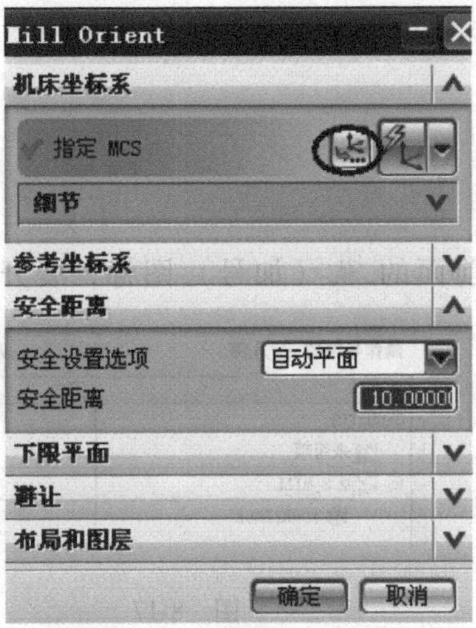
Mill Orient
机床坐标系
指定 MCS
细节
参考坐标系
安全距离
安全设置选项
自动平面
安全距离
10.0000
下限平面
避让
布局和图层
确定
取消

图 8-12

CSYS
类型
动态
参考 CSYS
参考
WCS
操控器
指定方位
确定
取消

图 8-13

8. 设置安全平面

在【Mill Orient】对话框中安全距离区域安全设置选项下拉框中选择平面选项，如图 8-15 所示。在图形中选择如图 8-16 所示的毛坯顶面，在距离栏输入 10，单击确定按钮，完成设置安全平面。

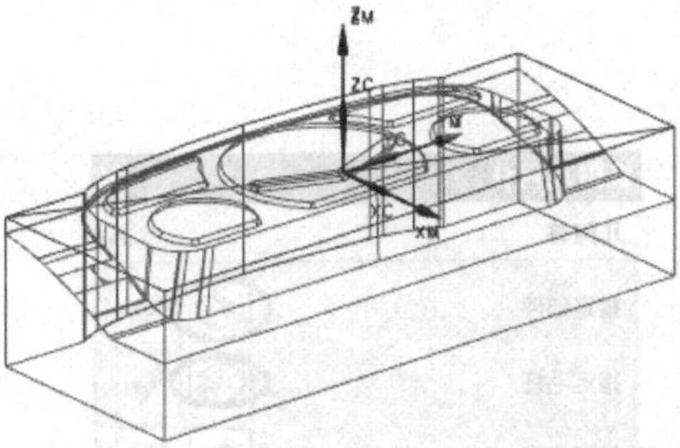
ZM
ZC
YC
XC
XM

图 8-14

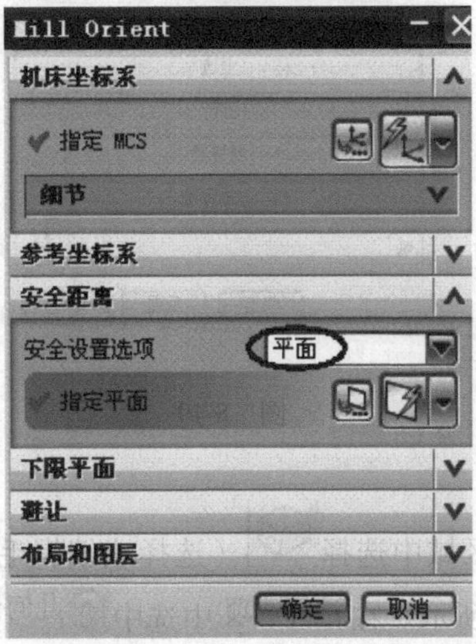
Mill Orient
机床坐标系
指定 MCS
细节
参考坐标系
安全距离
安全设置选项
平面
指定平面
下限平面
避让
布局和图层
确定
取消

图 8-15

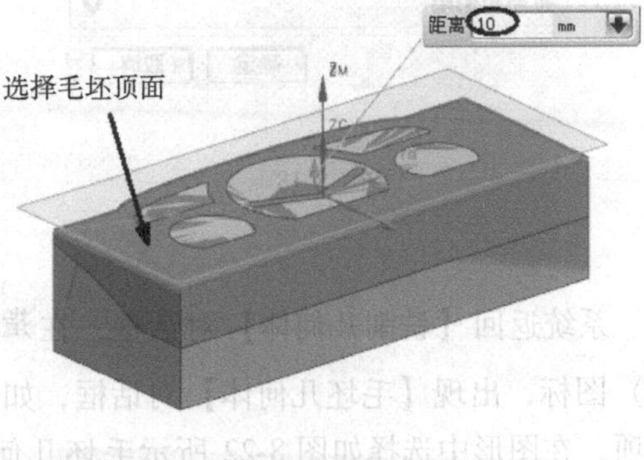
距离
10
mm
选择毛坯顶面
ZM

图 8-16

8.3 设置铣削几何体

1. 展开 MCS _ MILL

在操作导航器的几何视图中单击 MCS_MILL 前面的 ⊞（加号）图标，展开 MCS _ MILL，更新的视图如图 8-17 所示。

2. 设置铣削几何体

在操作导航器中双击 WORKPIECE（铣削几何体）图标，出现【铣削几何体】对话框，如图 8-18 所示。在 指定部件 区域中选择 （选择或编辑部件几何体）图标，出现【部件几何体】对话框，如图 8-19 所示。在 选择选项 中选中 ⊙几何体 单选选项，在图形中选择如图 8-20 所示仪表盘动模为部件几何体，单击 确定 按钮，完成指定部件。

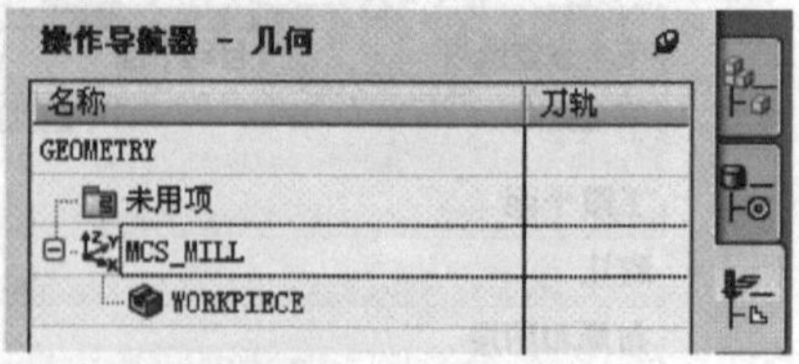

操作导航器 - 几何
名称
刀轨
GEOMETRY
未用项
MCS_MILL
WORKPIECE

图 8-17

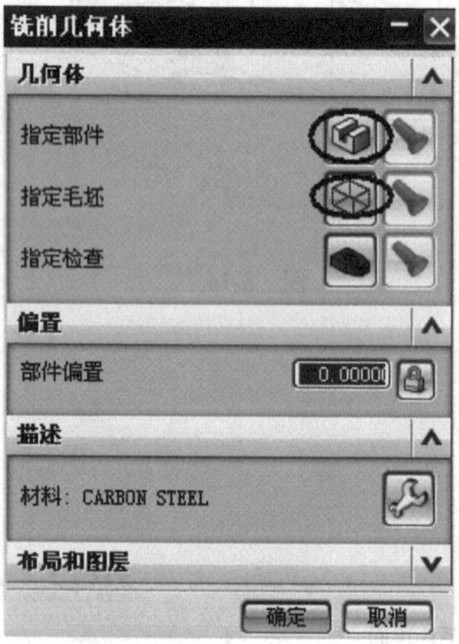

铣削几何体
几何体
指定部件
指定毛坯
指定检查
偏置
部件偏置
0.0000
描述
材料：CARBON STEEL
布局和图层
确定
取消

图 8-18

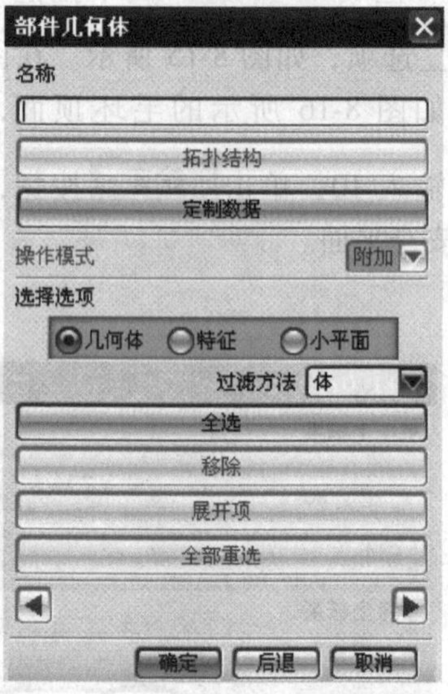

部件几何体
名称
拓扑结构
定制数据
操作模式
附加
选择选项
几何体
特征
小平面
过滤方法
体
全选
移除
展开项
全部重选
确定
后退
取消

图 8-19

系统返回【铣削几何体】对话框，在 指定毛坯 区域中选择 （选择或编辑毛坯几何体）图标，出现【毛坯几何体】对话框，如图 8-21 所示。在 选择选项 中选中 ⊙几何体 单选选项，在图形中选择如图 8-22 所示毛坯几何体，单击 确定 按钮，完成指定毛坯，系统返回【铣削几何体】对话框，单击 确定 按钮，完成设置铣削几何体。

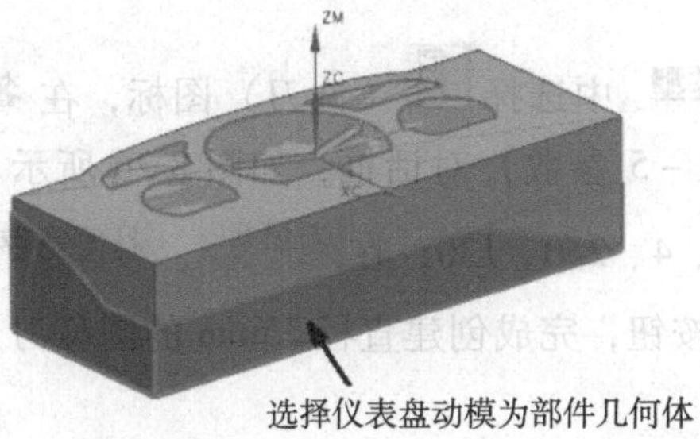
ZM
ZC
选择仪表盘动模为部件几何体

图 8-20

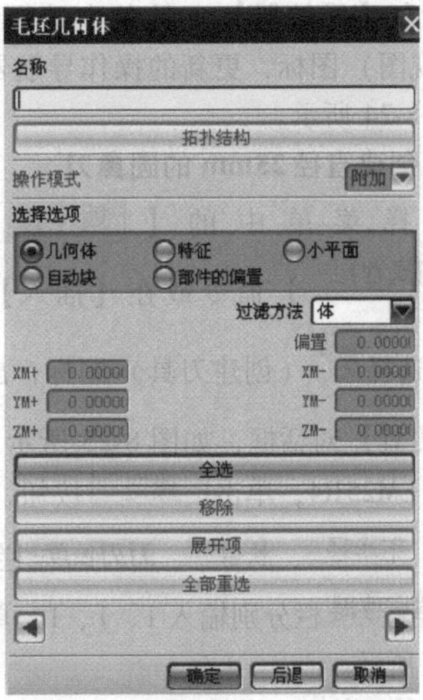
毛坯几何体
名称
拓扑结构
操作模式
附加
选择选项
几何体
特征
小平面
自动块
部件的偏置
过滤方法
体
偏置
XM+
XM-
YM+
YM-
ZM+
ZM-
全选
移除
展开项
全部重选
确定
后退
取消

图 8-21

3. 隐藏毛坯几何体

选择菜单中的【格式(R)】/【图层设置(S)...】命令，出现【图层设置】对话框，取消勾选 □ 2 层，将毛坯几何体隐藏。

4. 将辅助直线移至41层

选择菜单中的【格式(R)】/【移动至图层(M)...】命令，出现【类选择】对话框，选择曲线将其移动至41层（步骤略），更新的图形如图8-23所示。

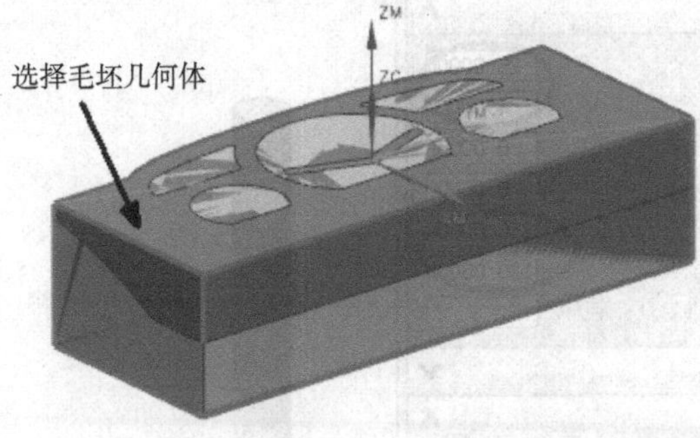
选择毛坯几何体
ZM

图 8-22

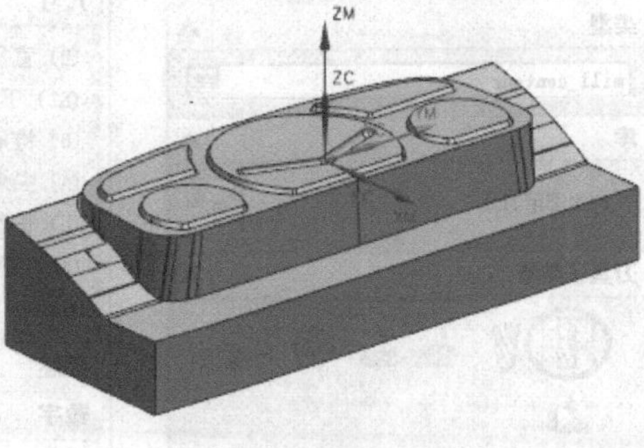
ZM
ZC

图 8-23

8.4 创建刀具

1. 设置操作导航器的视图为机床视图

选择菜单中的【工具(T)】/【操作导航器(O)】/【视图(V)】/【机床视图(T)】

命令或在【导航器】工具条中选择（机床视图）图标，更新的操作导航器视图如图 8-24 所示。

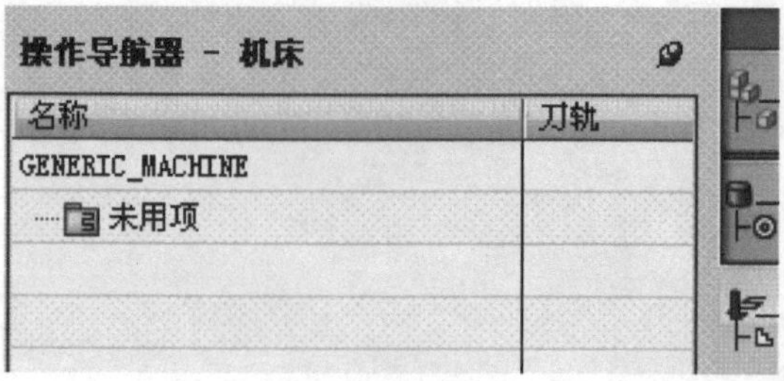
操作导航器 - 机床
名称
刀轨
GENERIC_MACHINE
未用项

图 8-24

2. 创建直径 25mm 的圆鼻刀

选择菜单中的【插入(S)】/【刀具(T)...】命令或在【插入】工具条中选择（创建刀具）图标，出现【创建刀具】对话框，如图 8-25 所示。在 刀具子类型 中选择（铣刀）图标，在 名称 栏输入 EM25R4，单击 确定 按钮，出现【铣刀 - 5 参数】对话框，如图 8-26 所示。在 直径 、下半径 、长度 、刀刃长度 栏分别输入 25、4、250、130，在 刀具号 、补偿寄存器 、刀具补偿寄存器 栏分别输入 1、1、1，单击 确定 按钮，完成创建直径 25mm 的圆鼻刀，如图 8-27 所示。

3. 按照第 8.4 节步骤 2 的方法依次创建表 8-1 所列其余铣刀。

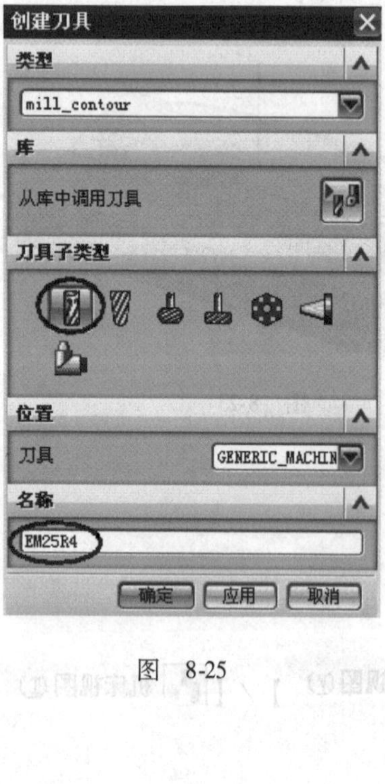
创建刀具
类型
mill_contour
库
从库中调用刀具
刀具子类型
位置
刀具
GENERIC_MACHIN
名称
EM25R4
确定
应用
取消

图 8-25

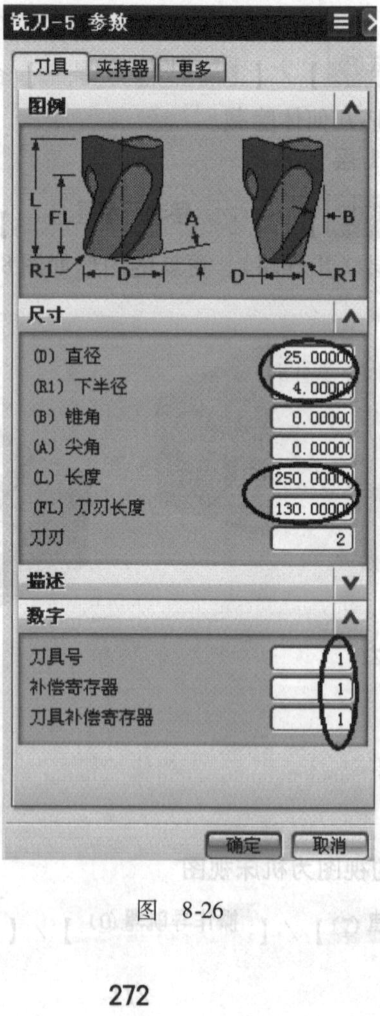
铣刀-5 参数
刀具
夹持器
更多
图例
L
FL
A
B
R1
D
尺寸
(D) 直径
25.0000
(R1) 下半径
4.0000
(B) 锥角
0.0000
(A) 尖角
0.0000
(L) 长度
250.0000
(FL) 刀刃长度
130.0000
刀刃
2
描述
数字
刀具号
1
补偿寄存器
1
刀具补偿寄存器
1
确定
取消

图 8-26

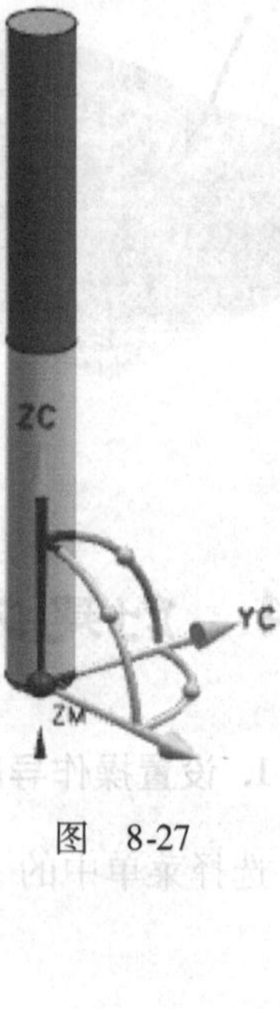
ZC
YC
ZM

图 8-27

8.5 创建程序组父节点

1. 设置操作导航器的视图为程序顺序视图

选择菜单中的【工具(T)】/【操作导航器(O)】/【视图(V)】/【程序顺序视图(P)】命令或在【导航器】工具条中选择（程序顺序视图）图标，操作导航器的视图更新为程序顺序视图。

2. 创建粗加工程序组父节点

选择菜单中的【插入(S)】/【程序(P)...】命令或在【插入】工具条中选择（创建程序）图标，出现【创建程序】对话框，如图 8-28 所示。在 程序 下拉框中选择【NC_PROGRAM】选项，在 名称 栏输入 RR，单击 确定 按钮，出现【程序】指定参数对话框，如图 8-29 所示。单击 确定 按钮，完成创建粗加工程序组父节点。

创建程序
类型
mill_contour
程序子类型
位置
程序
NC_PROGRAM
名称
RR
确定
应用
取消

图 8-28

3. 创建半精加工程序组父节点、精加工程序组父节点

按照第 8.5 节步骤 2 的方法，依次创建半精加工程序组父节点 RF、精加工程序组父节点 FF，操作导航器的视图显示创建的程序组父节点，如图 8-30 所示。

程序
开始事件
操作员消息
Operator Message Status
操作员消息
确定
取消

图 8-29

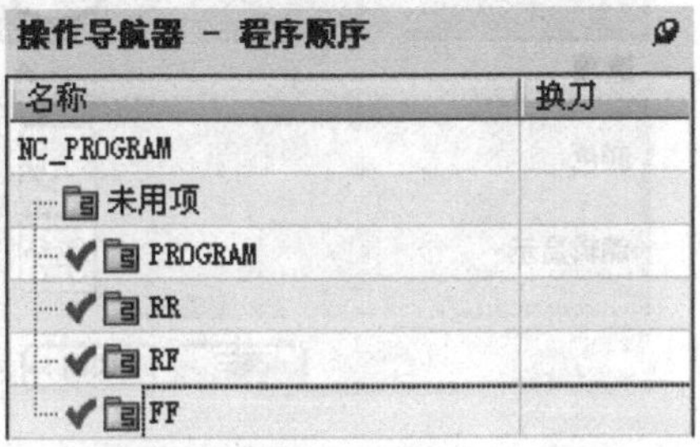
操作导航器 - 程序顺序
名称
换刀
NC_PROGRAM
未用项
PROGRAM
RR
RF
FF

图 8-30

8.6 编辑加工方法父节点

1. 设置操作导航器的视图为加工方法视图

选择菜单中的【工具(T)】/【操作导航器(O)】/【视图(V)】/【加工方法视图(M)】

命令或在【导航器】工具条中选择（加工方法视图）图标，操作导航器的视图更新为加工方法视图，如图 8-31 所示。

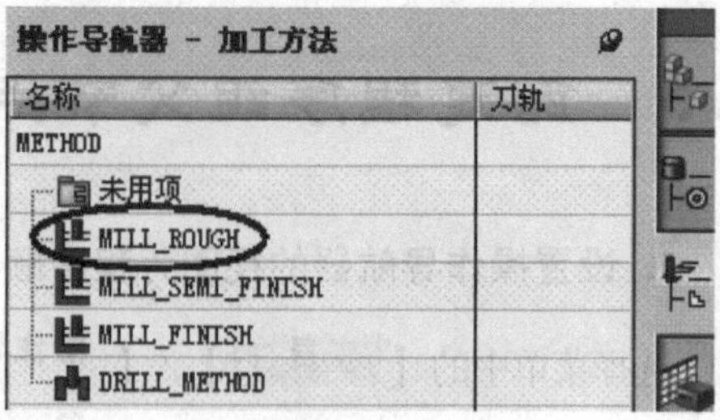
操作导航器 - 加工方法
名称
刀轨
METHOD
未用项
MILL_ROUGH
MILL_SEMI_FINISH
MILL_FINISH
DRILL_METHOD

图 8-31

2. 编辑粗加工方法父节点

在操作导航器中双击 MILL_ROUGH （粗加工方法）图标，出现【铣削方法】对话框，如图 8-32 所示。在 部件余量 栏输入 0.5，在 进给 区域中选择（进给）图标，出现【进给】对话框，如图 8-33 所示。在 剪切 、 进刀 、 第一刀切削 、 单步执行 栏分别输入 1200、1100、1000、1200，单击 确定 按钮，系统返回【铣削方法】对话框，单击 确定 按钮，完成指定粗加工进给率。

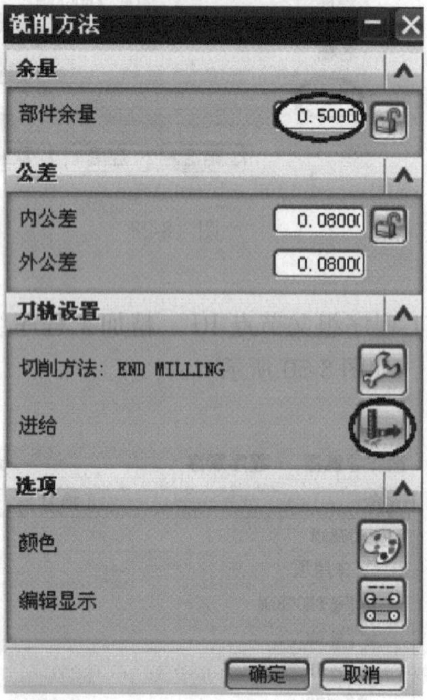
铣削方法
余量
部件余量
0.5000
公差
内公差
0.0800
外公差
0.0800
刀轨设置
切削方法：END MILLING
进给
选项
颜色
编辑显示
确定
取消

图 8-32

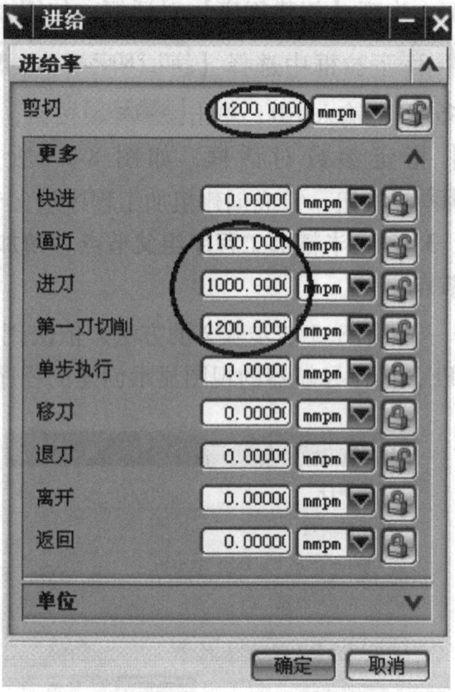
进给
进给率
剪切
1200.000
mmpm
更多
快进
0.0000
逼近
1100.000
进刀
1000.000
第一刀切削
1200.000
单步执行
0.0000
移刀
0.0000
退刀
0.0000
离开
0.0000
返回
0.0000
单位
确定
取消

图 8-33

3. 编辑半精加工方法父节点

按照第 8.6 节步骤 2 的方法，接受部件余量 0.2 的默认设置，设置半精加工进给速度如图 8-34 所示。

4. 编辑精加工方法父节点

按照第 8.6 节步骤 2 的方法，接受部件余量 0 的默认设置，设置精加工进给速度如图 8-35 所示。

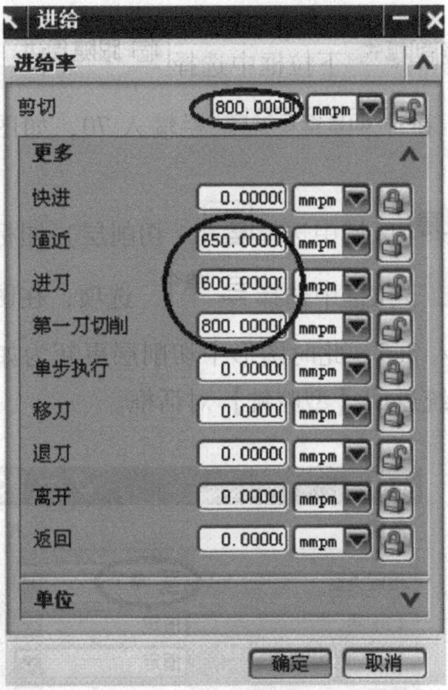
进给
进给率
剪切
800.0000
mmpm
更多
快进
0.0000(
逼近
650.0000
进刀
600.0000(
第一刀切削
800.0000
单步执行
移刀
退刀
离开
返回
单位
确定
取消

图 8-34

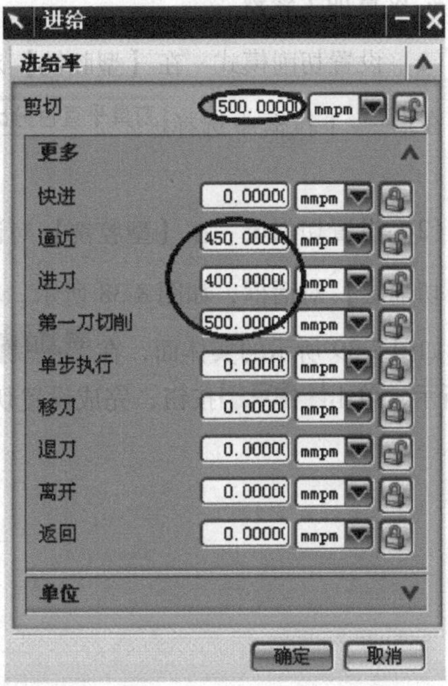
进给
进给率
剪切
500.0000
mmpm
更多
快进
0.0000(
逼近
450.0000
进刀
400.0000(
第一刀切削
500.0000
单步执行
移刀
退刀
离开
返回
单位
确定
取消

图 8-35

8.7 创建粗加工操作

8.7.1 创建粗加工操作一

1. 创建操作父节组选项

选择菜单中的【插入(S)】/【操作(E)...】命令或在【插入】工具条中选择（创建操作）图标，出现【创建操作】对话框，如图 8-36 所示。

在【创建操作】对话框中 类型 下拉框中选择 mill_contour（型腔铣），在 操作子类型 区域中选择（通用型腔铣）图标，在 程序 下拉框中选择 RR 程序节点，在 刀具 下拉框中选择 EM25R4 (Milli 刀具节点，在 几何体 下拉框中选择 WORKPIECE 节点，在 方法 下拉框中选择 MILL_ROUGH 节点，在 名称 栏输入 R1，如图 8-36 所示。单击 确定 按钮，系统出现【型腔铣】对话框，如图 8-37 所示。

创建操作
类型
mill_contour
操作子类型
位置
程序
RR
刀具
EM25R4 (Millin
几何体
WORKPIECE
方法
MILL_ROUGH
名称
R1
确定
应用
取消

图 8-36

2. 设置加工参数

（1）设置切削模式　在【型腔铣】对话框中切削模式下拉框中选择跟随周边选项，在步距下拉框中选择刀具平直百分比选项，在平面直径百分比栏输入 70，如图 8-37 所示。

（2）设置切削层　在【型腔铣】对话框中切削层区域中选择（切削层）图标，出现【切削层】对话框，如图 8-38 所示。在范围类型下拉框中选择单个选项，在图形中选择如图 8-39 所示的实体面，在每刀的深度栏输入 2.5，此时图形中切削层更新为如图 8-40 所示，单击确定按钮，完成设置切削层，系统返回【型腔铣】对话框。

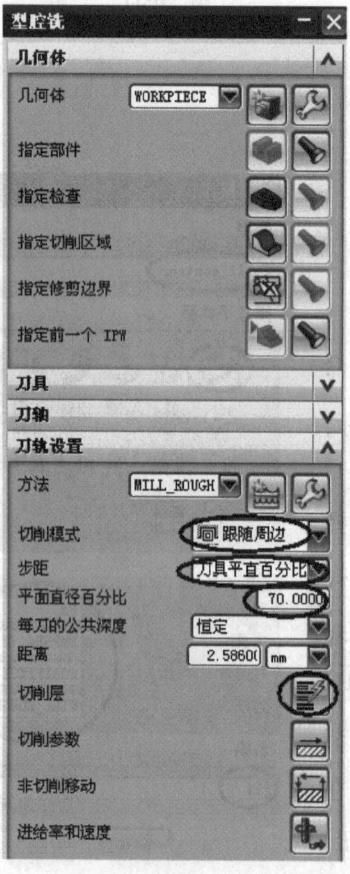
型腔铣
几何体
几何体 WORKPIECE
指定部件
指定检查
指定切削区域
指定修剪边界
指定前一个 IPW
刀具
刀轴
刀轨设置
方法 MILL_ROUGH
切削模式 跟随周边
步距 刀具平直百分比
平面直径百分比 70.0000
每刀的公共深度 恒定
距离 2.5860 mm
切削层
切削参数
非切削移动
进给率和速度

图　8-37

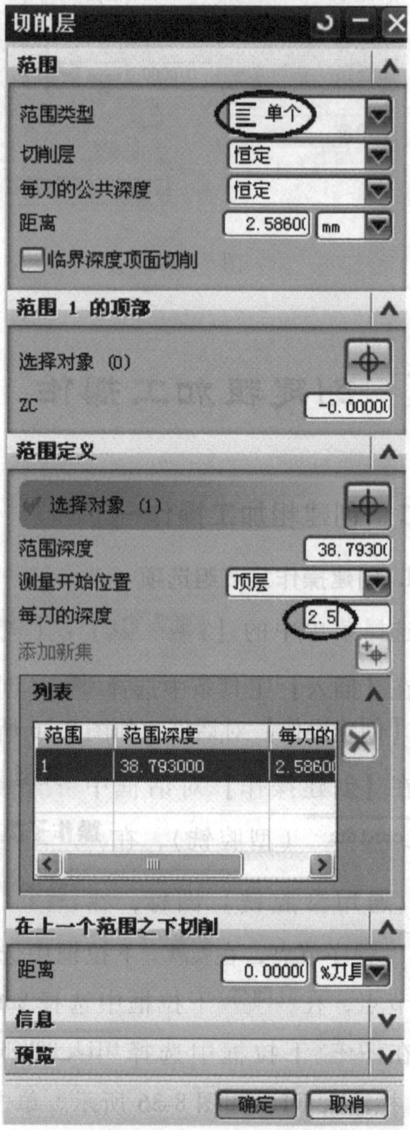
切削层
范围
范围类型 单个
切削层 恒定
每刀的公共深度 恒定
距离 2.5860 mm
临界深度顶面切削
范围 1 的顶部
选择对象 (0)
ZC -0.0000
范围定义
选择对象 (1)
范围深度 38.7930
测量开始位置 顶层
每刀的深度 2.5
添加新集
列表
范围 范围深度 每刀的
1 38.793000 2.5860
在上一个范围之下切削
距离 0.0000 %刀具
信息
预览
确定 取消

图　8-38

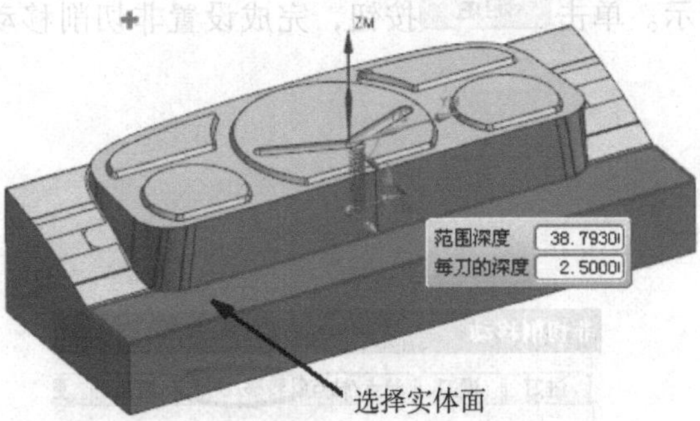
ZM
范围深度 38.7930
每刀的深度 2.5000
选择实体面

图 8-39

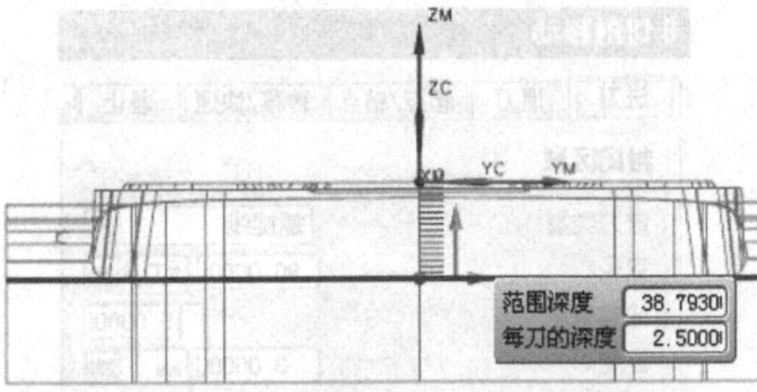
ZM
ZC
YC
YM
范围深度 38.7930
每刀的深度 2.5000

图 8-40

(3) 设置切削参数　在【型腔铣】对话框中选择（切削参数）图标，出现【切削参数】对话框，如图 8-41 所示。选择 策略 选项卡，在 切削顺序 下拉框中选择 深度优先 选项，在 刀路方向 下拉框中选择 向内 选项，勾选 岛清根 选项，然后选择 空间范围 选项卡，在 处理中的工件 下拉框中选择 使用 3D 选项，如图 8-42 所示。单击 确定 按钮，完成设置切削参数，系统返回【型腔铣】对话框。

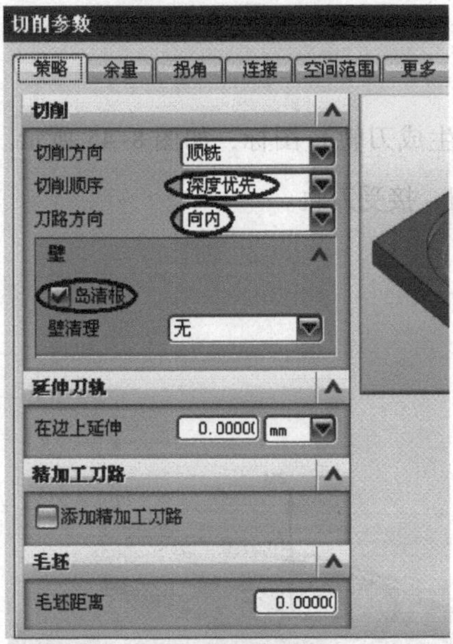
切削参数
策略
余量
拐角
连接
空间范围
更多
切削
切削方向 顺铣
切削顺序 深度优先
刀路方向 向内
壁
岛清根
壁清理 无
延伸刀轨
在边上延伸 0.0000 mm
精加工刀路
添加精加工刀路
毛坯
毛坯距离 0.0000

图 8-41

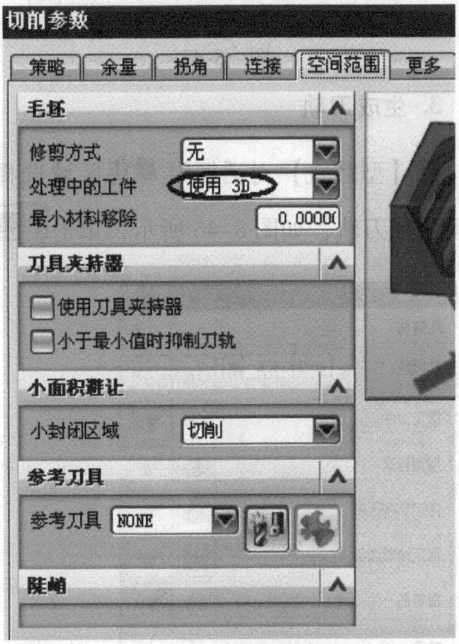
切削参数
策略
余量
拐角
连接
空间范围
更多
毛坯
修剪方式 无
处理中的工件 使用 3D
最小材料移除 0.0000
刀具夹持器
使用刀具夹持器
小于最小值时抑制刀轨
小面积避让
小封闭区域 切削
参考刀具
参考刀具 NONE
陡峭

图 8-42

(4) 设置非切削移动参数　在【型腔铣】对话框中选择（非切削移动）图标，出现【非切削移动】对话框，如图 8-43 所示。选择 进刀 选项卡，在 开放区域 / 进刀类型 下拉框中选择 圆弧 选项，如图 8-43 所示。选择 转移/快速 选项卡，在 区域内 / 转移类型

下拉框中选择 前一平面 选项，如图 8-44 所示。单击 确定 按钮，完成设置非切削移动参数，系统返回【型腔铣】对话框。

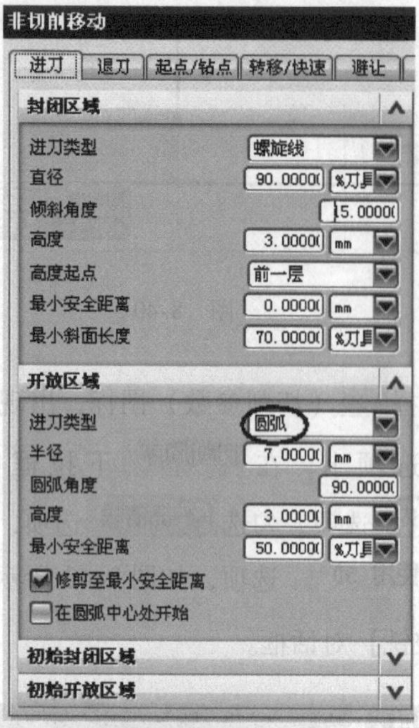
非切削移动
进刀
退刀
起点/钻点
转移/快速
避让
封闭区域
进刀类型
螺旋线
直径
90.0000
%刀具
倾斜角度
15.0000
高度
3.0000
mm
高度起点
前一层
最小安全距离
0.0000
mm
最小斜面长度
70.0000
%刀具
开放区域
进刀类型
圆弧
半径
7.0000
mm
圆弧角度
90.0000
高度
3.0000
mm
最小安全距离
50.0000
%刀具
修剪至最小安全距离
在圆弧中心处开始
初始封闭区域
初始开放区域

图 8-43

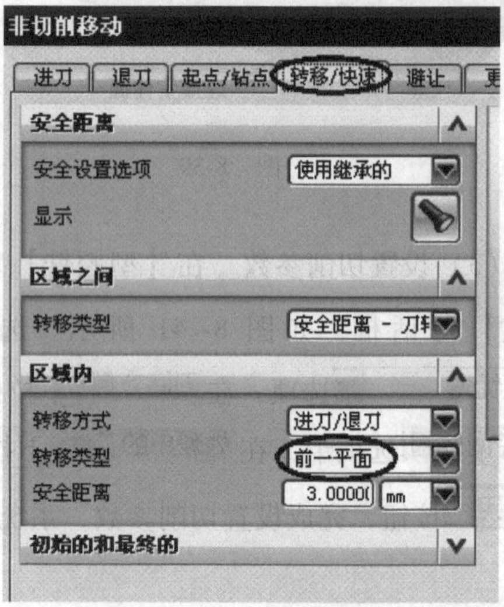
非切削移动
进刀
退刀
起点/钻点
转移/快速
避让
安全距离
安全设置选项
使用继承的
显示
区域之间
转移类型
安全距离 - 刀轴
区域内
转移方式
进刀/退刀
转移类型
前一平面
安全距离
3.0000
mm
初始的和最终的

图 8-44

3. 生成刀轨

在【型腔铣】对话框中 操作 区域选择（生成刀轨）图标，如图 8-45 所示。系统自动生成刀轨，如图 8-46 所示，单击 确定 按钮，接受刀轨。

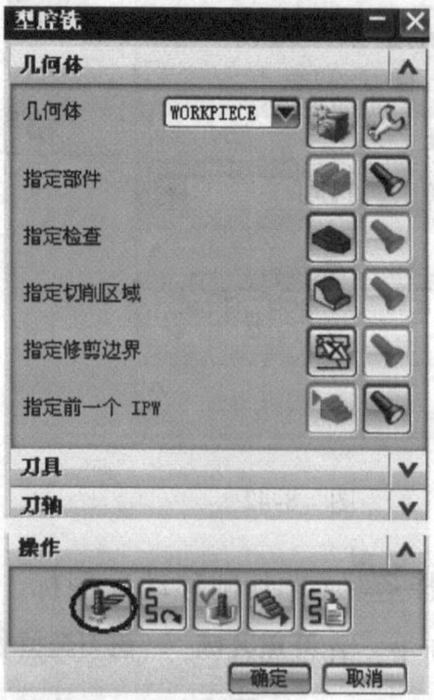
型腔铣
几何体
几何体
WORKPIECE
指定部件
指定检查
指定切削区域
指定修剪边界
指定前一个 IPW
刀具
刀轴
操作
确定
取消

图 8-45

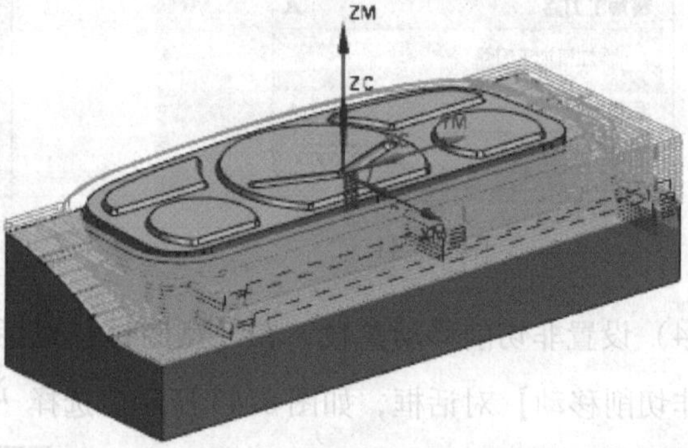
ZM
ZC

图 8-46

8.7.2 创建粗加工操作二

1. 复制操作 R1

在操作导航器机床视图 EM25R4 节点，复制操作 R1，如图 8-47 所示，并粘贴在 EM6 节点下，重新命名为 R2，操作如图 8-48 所示。

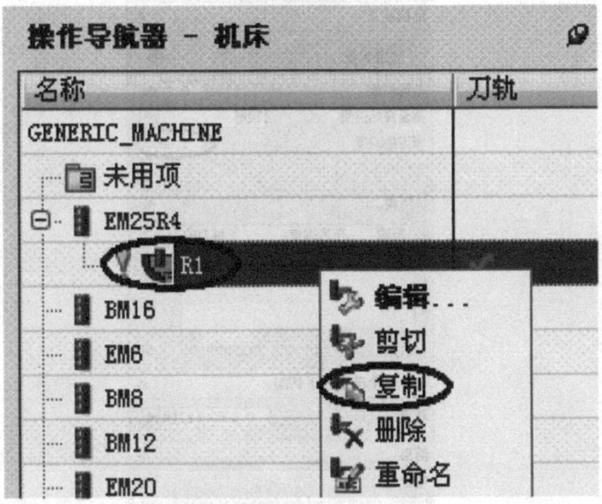

操作导航器 - 机床
名称
刀轨
GENERIC_MACHINE
未用项
EM25R4
R1
BM16
EM6
BM8
BM12
EM20
编辑...
剪切
复制
删除
重命名

图 8-47

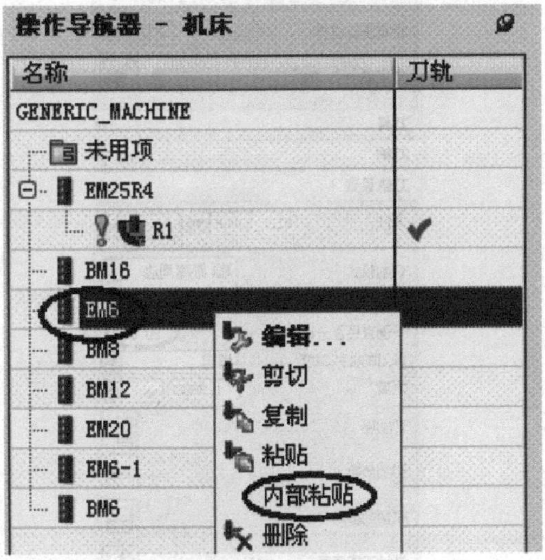

操作导航器 - 机床
名称
刀轨
GENERIC_MACHINE
未用项
EM25R4
R1
BM16
EM6
BM8
BM12
EM20
EM6-1
BM6
编辑...
剪切
复制
粘贴
内部粘贴
删除

图 8-48

2. 编辑操作 R2

在操作导航器下，双击 R2 操作，系统出现【型腔铣】对话框。

3. 设置加工参数

（1）设置切削模式　在【型腔铣】对话框中 切削模式 下拉框中选择 跟随周边 选项，在 步距 下拉框中选择 刀具平直百分比 选项，在 平面直径百分比 栏输入 20，如图 8-49 所示。

（2）设置切削层　在【型腔铣】对话框中 切削层 区域中选择（切削层）图标，出现【切削层】对话框，如图 8-50 所示。在 范围类型 下拉框中选择 单个 选项，在图形中选择如图 8-51 所示的实体面，在 每刀的深度 栏输入 1，单击 确定 按钮，完成设置切削层，系统返回【型腔铣】对话框。

4. 生成刀轨

在【型腔铣】对话框中 操作 区域中选择（生成刀轨）图标，系统自动生成刀轨，如图 8-52 所示，单击 确定 按钮，接受刀轨。

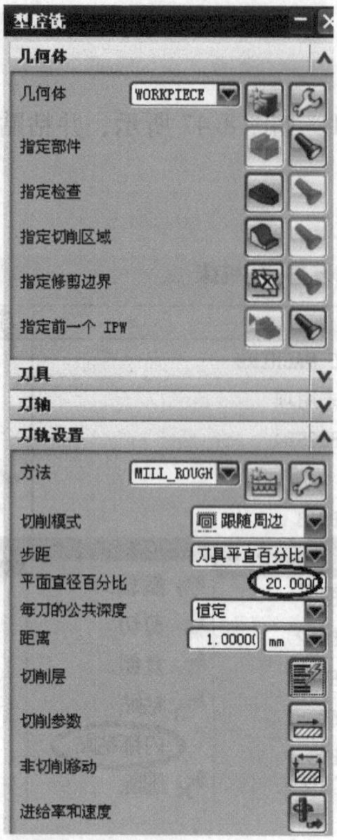
型腔铣
几何体
几何体 WORKPIECE
指定部件
指定检查
指定切削区域
指定修剪边界
指定前一个 IPW
刀具
刀轴
刀轨设置
方法 MILL_ROUGH
切削模式 跟随周边
步距 刀具平直百分比
平面直径百分比 20.0000
每刀的公共深度 恒定
距离 1.0000 mm
切削层
切削参数
非切削移动
进给率和速度

图 8-49

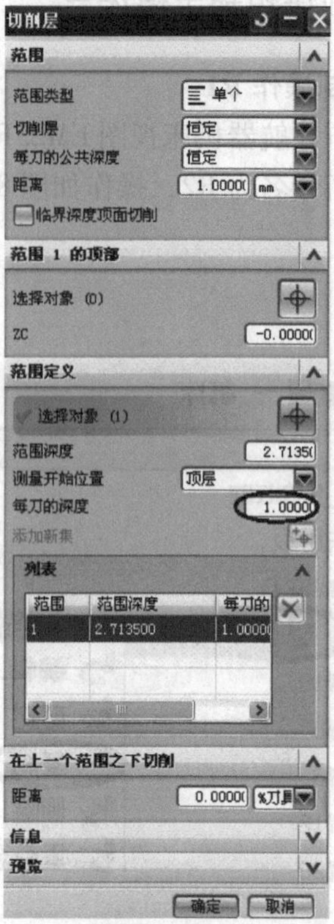
切削层
范围
范围类型 单个
切削层 恒定
每刀的公共深度 恒定
距离 1.0000 mm
临界深度顶面切削
范围 1 的顶部
选择对象 (0)
ZC -0.0000
范围定义
选择对象 (1)
范围深度 2.7135
测量开始位置 顶层
每刀的深度 1.0000
添加新集
列表
范围 范围深度 每刀的
1 2.713500 1.0000
在上一个范围之下切削
距离 0.0000 %刀具
信息
预览
确定 取消

图 8-50

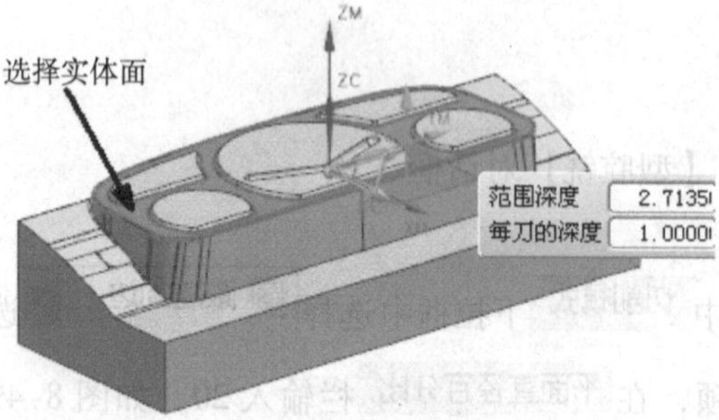
选择实体面
ZM
ZC
范围深度 2.7135
每刀的深度 1.0000

图 8-51

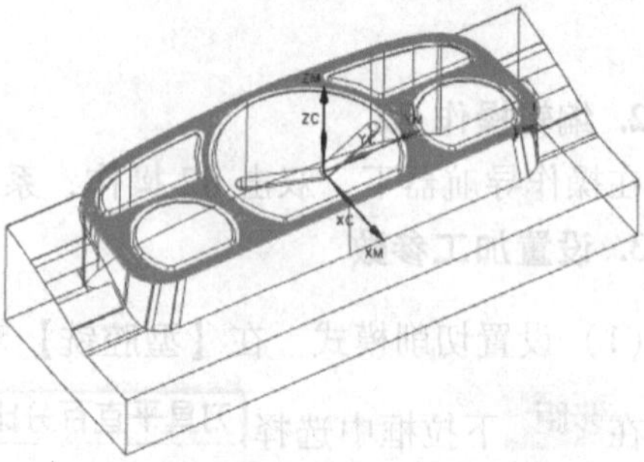

图 8-52

8.8 创建半精加工操作

8.8.1 创建半精加工操作一

1. 创建操作父节组选项

选择菜单中的【插入(S)】/【操作(E)...】命令或在【插入】工具条中选择

(创建操作) 图标，出现【创建操作】对话框，如图 8-53 所示。

在【创建操作】对话框中类型下拉框中选择mill_contour（型腔铣），在操作子类型区域中选择（轮廓区域）图标，在程序下拉框中选择RF程序节点，在刀具下拉框中选择BM16 (Milling刀具节点，在几何体下拉框中选择WORKPIECE节点，在方法下拉框中选择MILL_SEMI_FINI节点，在名称栏输入 S1，如图 8-53 所示。单击确定按钮，系统出现【轮廓区域】铣对话框，如图 8-54 所示。

创建操作
类型
mill_contour
操作子类型
位置
程序
RF
刀具
BM16 (Milling
几何体
WORKPIECE
方法
MILL_SEMI_FINI
名称
S1
确定
应用
取消

图 8-53

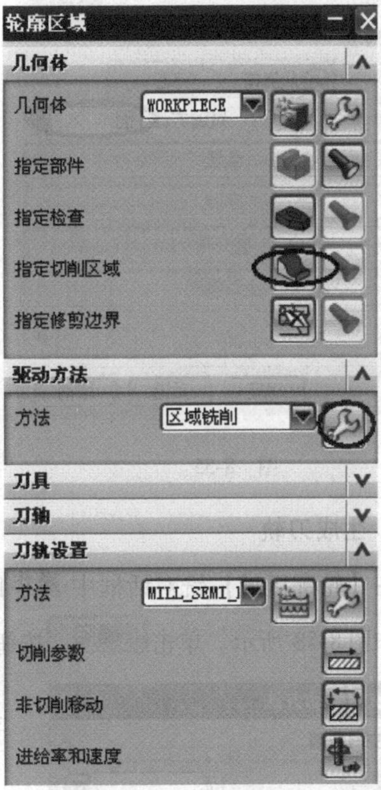
轮廓区域
几何体
几何体
WORKPIECE
指定部件
指定检查
指定切削区域
指定修剪边界
驱动方法
方法
区域铣削
刀具
刀轴
刀轨设置
方法
MILL_SEMI_I
切削参数
非切削移动
进给率和速度

图 8-54

2. 创建几何体

在【轮廓区域】铣对话框中几何体区域中选择（选择或编辑切削区域几何体）图标，出现【切削区域】对话框，如图 8-55 所示。在过滤方法下拉框中选择面选项，然后在图形中选择如图 8-56 所示的曲面区域，单击确定按钮，完成设置切削区域几何体，系统返回【轮廓区域】铣对话框。

3. 设置加工参数

在【轮廓区域】铣对话框中选择（编辑）图标，出现【区域铣削驱动方法】对话框，如图 8-57 所示。在切削模式下拉框中选择往复选项，在切削方向下拉框中选择

顺铣 选项，在步距下拉框中选择残余高度选项，在残余高度栏输入 0.05，在步距已应用下拉框中选择在部件上 选项，如图 8-57 所示。单击确定按钮，完成设置驱动方法，系统返回【轮廓区域】铣对话框。

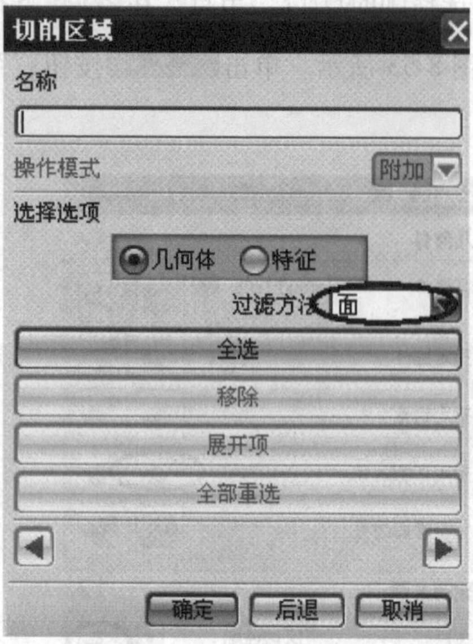
切削区域
名称
操作模式
附加
选择选项
几何体
特征
过滤方法
面
全选
移除
展开项
全部重选
确定
后退
取消

图 8-55

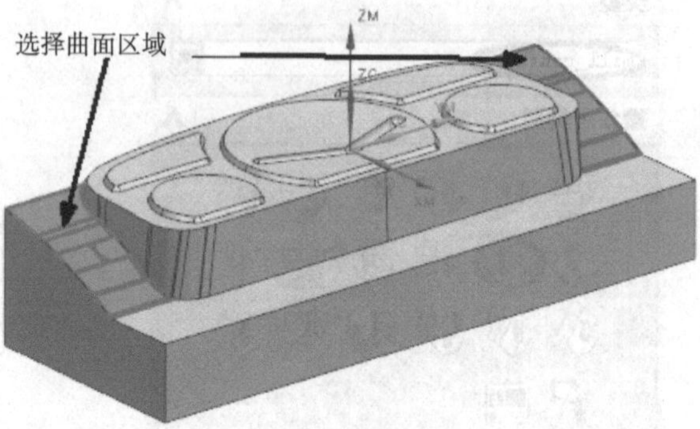
选择曲面区域
ZM
XM

图 8-56

4. 生成刀轨

在【轮廓区域】铣对话框中操作区域中选择（生成刀轨）图标，系统自动生成刀轨，如图 8-58 所示。单击确定按钮，接受刀轨。

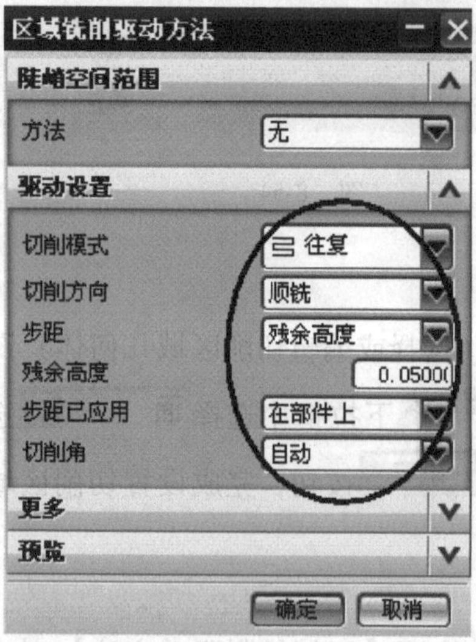
区域铣削驱动方法
陡峭空间范围
方法
无
驱动设置
切削模式
往复
切削方向
顺铣
步距
残余高度
残余高度
0.0500(
步距已应用
在部件上
切削角
自动
更多
预览
确定
取消

图 8-57

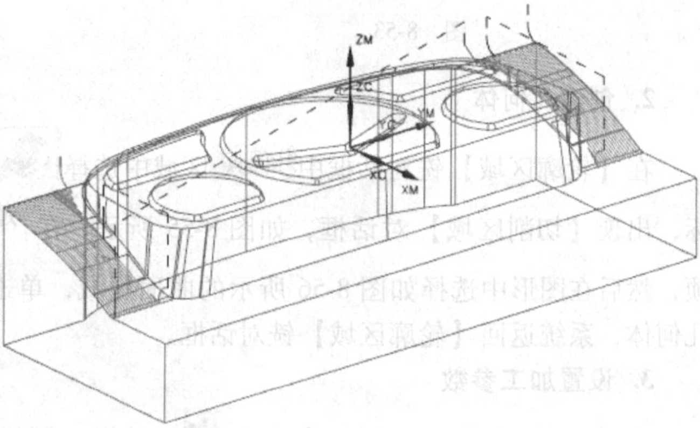
ZM
YM
XM

图 8-58

5. 创建切削仿真

1）设置操作导航器的视图为几何视图。选择菜单中的【工具(T)】/【操作导航器(O)】/【视图(V)】/【几何视图(G)】命令或在【导航器】工具条中选择（几何视图）图标，更新的操作导航器视图如图 8-59 所示。

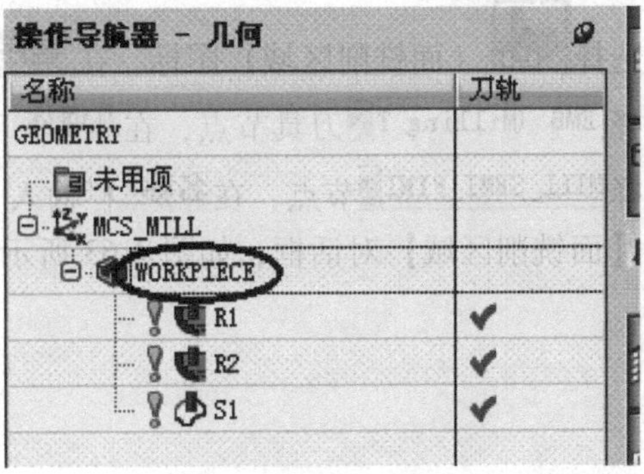
操作导航器 - 几何
名称
刀轨
GEOMETRY
未用项
MCS_MILL
WORKPIECE
R1
R2
S1

图 8-59

2）在操作导航器中选择 WORKPIECE 父节组，在【操作】工具条中选择（确认刀轨）图标，出现【刀轨可视化】对话框，选择 2D 动态 选项，然后在单击（播放）按钮，如图 8-60 所示。切削仿真完成后，在【刀轨可视化】对话框中单击 比较 （播放）按钮，余量显示白色，型面比较光顺，如图 8-61 所示。

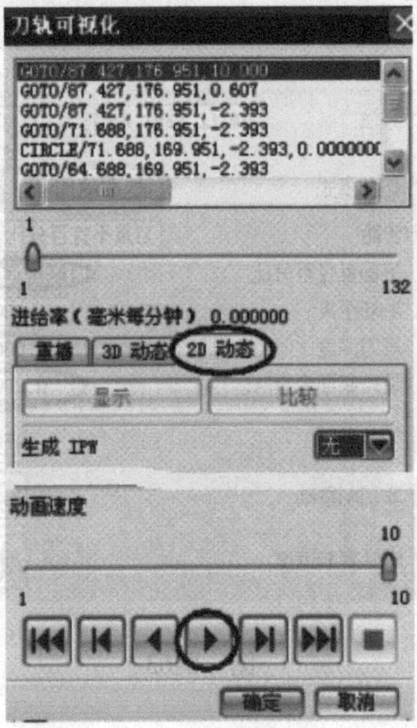
刀轨可视化
GOTO/87.427,176.951,10.000
GOTO/87.427,176.951,0.607
GOTO/87.427,176.951,-2.393
GOTO/71.688,176.951,-2.393
CIRCLE/71.688,169.951,-2.393,0.000000
GOTO/64.688,169.951,-2.393
1
132
进给率（毫米每分钟） 0.000000
重播
3D 动态
2D 动态
显示
比较
生成 IPW
无
动画速度
10
1
10
确定
取消

图 8-60

图 8-61

8.8.2 创建半精加工操作二

1. 创建操作父节组选项

选择菜单中的【插入(S)】/【操作(E)...】命令或在【插入】工具条中选择（创建操作）图标，出现【创建操作】对话框，如图 8-62 示。

在【创建操作】对话框中 类型 下拉框中选择 mill_planar （平面铣），在 操作子类型 区域中选择（面铣削区域）图标，在 程序 下拉框中选择 RF 程序节点，在 刀具 下拉框中选择 EM6 (Milling T 刀具节点，在 几何体 下拉框中选择 WORKPIECE 节点，在 方法 下拉框中选择 MILL_SEMI_FINI 节点，在 名称 栏输入 S2，如图 8-62 所示。单击 确定 按钮，系统出现【面铣削区域】对话框，如图 8-63 所示。

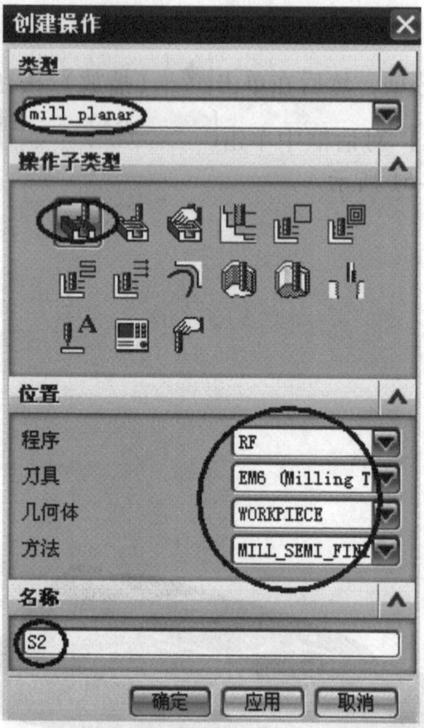
创建操作
类型
mill_planar
操作子类型
位置
程序
RF
刀具
EM6 (Milling T
几何体
WORKPIECE
方法
MILL_SEMI_FINI
名称
S2
确定
应用
取消

图 8-62

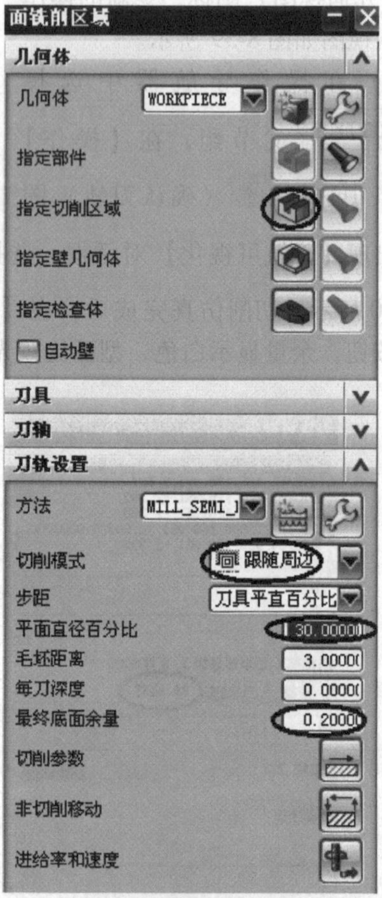
面铣削区域
几何体
几何体
WORKPIECE
指定部件
指定切削区域
指定壁几何体
指定检查体
自动壁
刀具
刀轴
刀轨设置
方法
MILL_SEMI_I
切削模式
跟随周边
步距
刀具平直百分比
平面直径百分比
30.00000
毛坯距离
3.0000
每刀深度
0.0000
最终底面余量
0.2000
切削参数
非切削移动
进给率和速度

图 8-63

2. 创建几何体

在【面铣削区域】对话框中 几何体 区域中选择（选择或编辑切削区域几何体）图标，出现【切削区域】几何体对话框，如图 8-64 所示。在 选择选项 区域中选择 几何体 选项，在 过滤方法 下拉框中选择 面 选项，然后在图形中选择如图 8-65 所示的平面为切削区域，单击 确定 按钮，完成设置切削区域几何体，系统返回【面铣削区域】对话框。

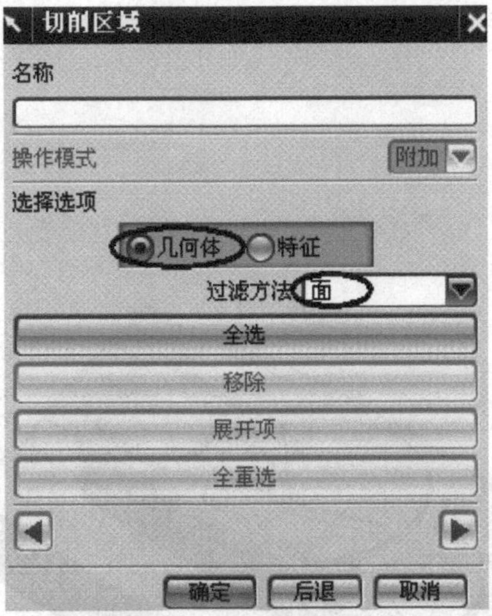
切削区域
名称
操作模式
附加
选择选项
几何体
特征
过滤方法
面
全选
移除
展开项
全重选
确定
后退
取消

图 8-64

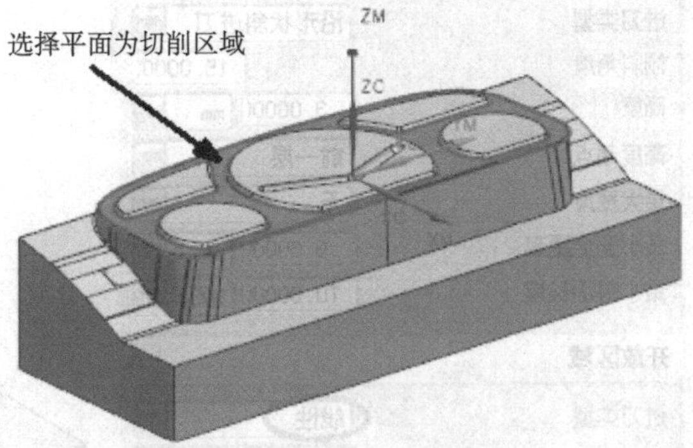
选择平面为切削区域
ZM
ZC

图 8-65

3. 设置加工参数

（1）设置切削模式　在【面铣削区域】对话框中 切削模式 下拉框中选择 跟随周边 选项，在 步距 下拉框中选择 刀具平直百分比 选项，在 平面直径百分比 栏输入30，在 最终底部面余量 栏输入0.2，如图8-63所示。

（2）设置切削参数　在【面铣削区域】对话框中选择（切削参数）图标，出现【切削参数】对话框，如图8-66所示，选择 策略 选项卡，在 切削方向 下拉框中选择 顺铣 选项，在 刀路方向 下拉框中选择 向内 选项，勾选 岛清根 选项，单击 确定 按钮，完成设置切削参数，系统返回【面铣削区域】对话框。

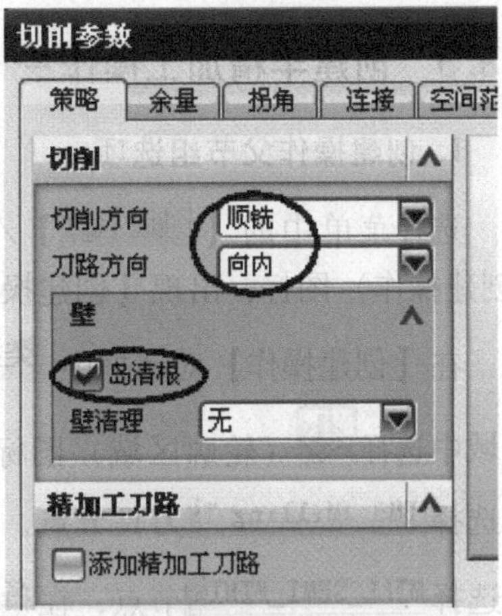
切削参数
策略
余量
拐角
连接
切削
切削方向
顺铣
刀路方向
向内
壁
岛清根
壁清理
无
精加工刀路
添加精加工刀路

图 8-66

（3）设置非切削移动参数　在【面铣削区域】对话框中选择（非切削移动）图标，出现【非切削移动】对话框，如图8-67所示。选择 进刀 选项卡，在 开放区域 / 进刀类型 下拉框中选择 线性 选项，在 倾斜角度 栏输入20，如图8-67所示。单击 确定 按钮，完成设置非切削移动参数，系统返回【面铣削区域】对话框。

4. 生成刀轨

在【面铣削区域】对话框中 操作 区域中选择（生成刀轨）图标，系统自动生成刀轨，如图8-68所示，单击 确定 按钮，接受刀轨。

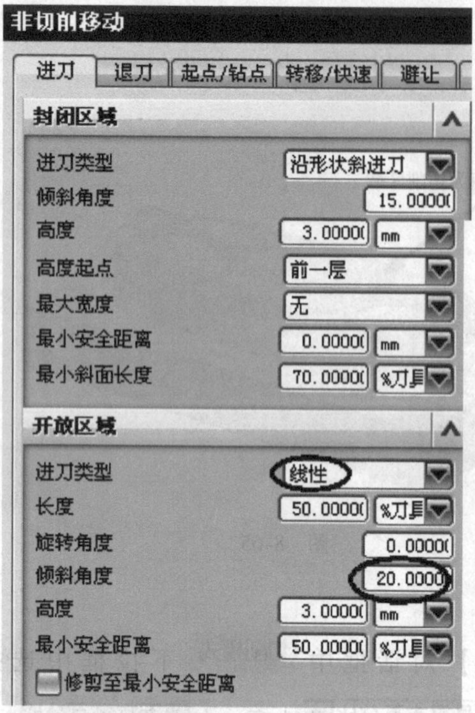
非切削移动
进刀
退刀
起点/钻点
转移/快速
避让
封闭区域
进刀类型
沿形状斜进刀
倾斜角度
15.0000(
高度
3.0000(
mm
高度起点
前一层
最大宽度
无
最小安全距离
0.0000(
mm
最小斜面长度
70.0000(
%刀具
开放区域
进刀类型
线性
长度
50.0000(
%刀具
旋转角度
0.0000(
倾斜角度
20.0000
高度
3.0000(
mm
最小安全距离
50.0000(
%刀具
修剪至最小安全距离

图 8-67

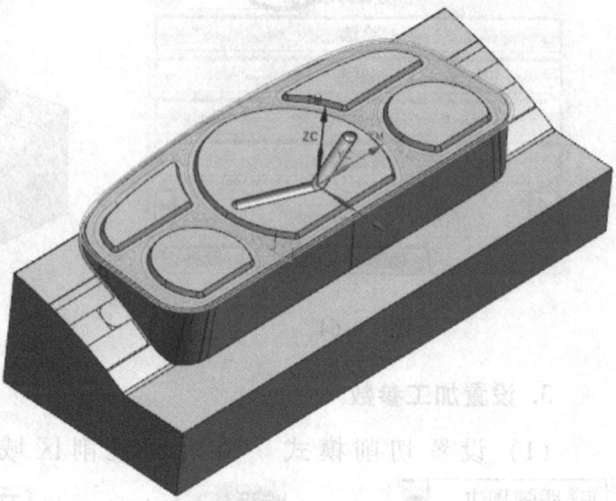

图 8-68

8.8.3 创建半精加工操作三

1. 创建操作父节组选项

选择菜单中的【插入(S)】/【操作(E)...】命令或在【插入】工具条中选择（创建操作）图标，出现【创建操作】对话框，如图 8-69 所示。

在【创建操作】对话框中类型下拉框中选择 mill_contour（型腔铣），在操作子类型区域中选择（轮廓区域）图标，在程序下拉框中选择 RF 程序节点，在刀具下拉框中选择 BM8 (Milling T 刀具节点，在几何体下拉框中选择 WORKPIECE 节点，在方法下拉框中选择 MILL_SEMI_FINI 节点，在名称栏输入 S3，如图 8-69 所示。单击确定按钮，系统出现【轮廓区域】铣对话框，如图 8-70 所示。

2. 创建几何体

在【轮廓区域】铣对话框中几何体区域中选择（选择或编辑切削区域几何体）图标，出现【切削区域】对话框，如图 8-71 所示。在过滤方法下拉框中选择面选项，然后在图形中选择如图 8-72 所示的 5 处凸台斜面区域，单击确定按钮，完成设置切削区域几何体，系统返回【轮廓区域】铣对话框。

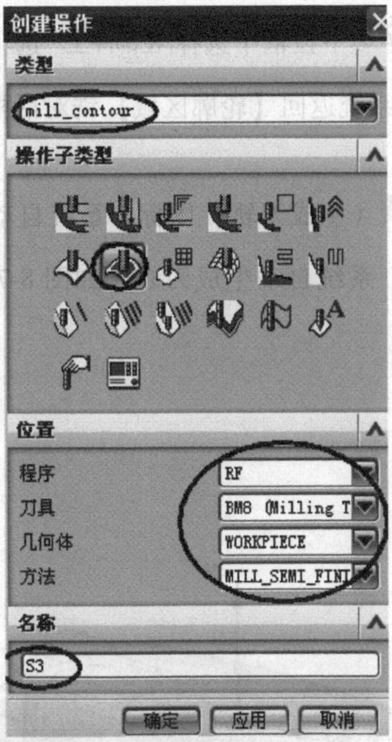
创建操作
类型
mill_contour
操作子类型
位置
程序
RF
刀具
BM8 (Milling T
几何体
WORKPIECE
方法
MILL_SEMI_FINI
名称
S3
确定
应用
取消

图 8-69

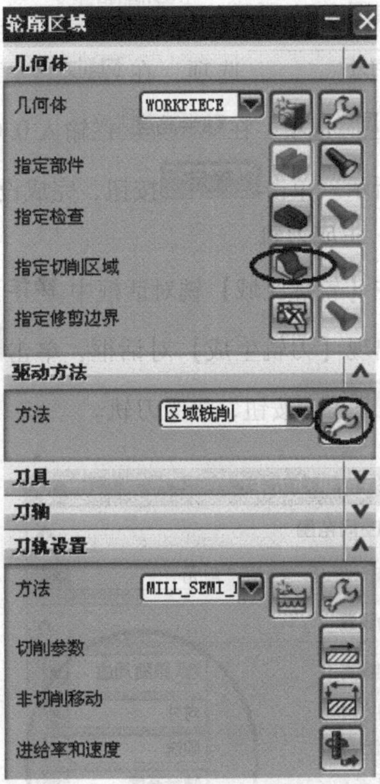
轮廓区域
几何体
几何体
WORKPIECE
指定部件
指定检查
指定切削区域
指定修剪边界
驱动方法
方法
区域铣削
刀具
刀轴
刀轨设置
方法
MILL_SEMI_
切削参数
非切削移动
进给率和速度

图 8-70

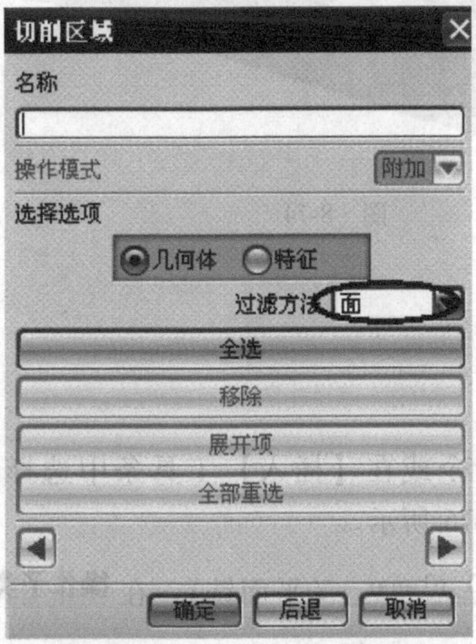
切削区域
名称
操作模式
附加
选择选项
几何体
特征
过滤方法
面
全选
移除
展开项
全部重选
确定
后退
取消

图 8-71

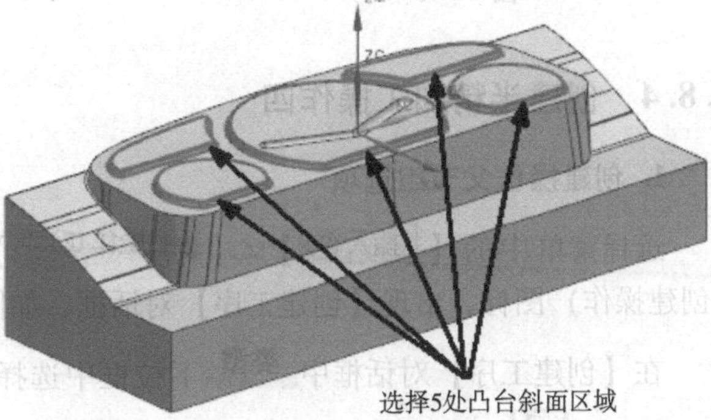
ZM
选择5处凸台斜面区域

图 8-72

3. 设置加工参数

在【轮廓区域】铣对话框中选择（编辑）图标，出现【区域铣削驱动方法】对话框，如图 8-73 所示。在切削模式下拉框中选择跟随周边选项，在刀路方向下拉框中选择向外选项，在切削方向下拉框中选择顺铣选项，在步距下拉框中选择残余高度选项，在残余高度栏输入 0.05，在步距已应用下拉框中选择在部件上选项，如图 8-73 所示。单击确定按钮，完成设置驱动方法，系统返回【轮廓区域】铣对话框。

4. 生成刀轨

在【轮廓区域】铣对话框中操作区域中选择（生成刀轨）图标，系统自动生成刀轨，出现【刀轨生成】对话框，单击确定按钮，系统自动生成刀轨，如图 8-74 所示。单击确定按钮，接受刀轨。

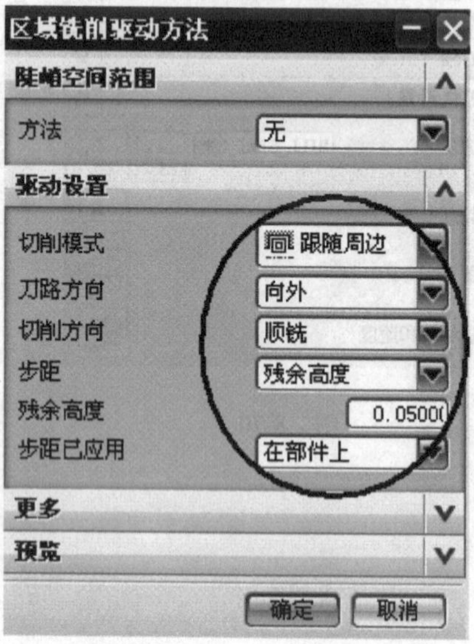
区域铣削驱动方法
陡峭空间范围
方法
无
驱动设置
切削模式
跟随周边
刀路方向
向外
切削方向
顺铣
步距
残余高度
残余高度
0.05000
步距已应用
在部件上
更多
预览
确定
取消

图 8-73

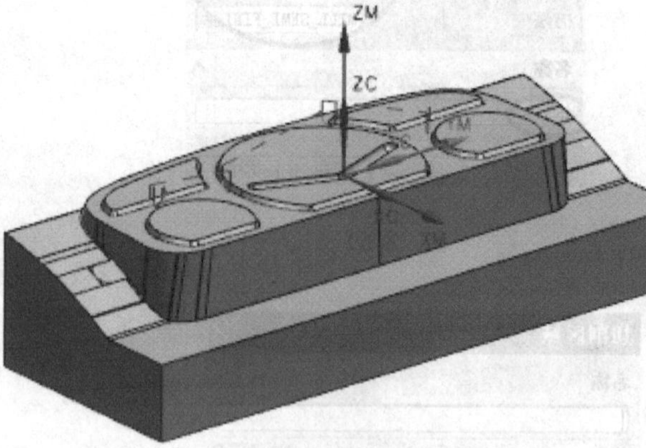
ZM
ZC

图 8-74

8.8.4 创建半精加工操作四

1. 创建操作父节组选项

选择菜单中的【插入(S)】/【操作(E)...】命令或在【插入】工具条中选择（创建操作）图标，出现【创建工序】对话框，如图 8-75 所示。

在【创建工序】对话框中类型下拉框中选择mill_planar（平面铣），在操作子类型区域中选择（面铣削区域）图标，在程序下拉框中选择RF程序节点，在刀具下拉框中选择EM20 (Milling刀具节点，在几何体下拉框中选择WORKPIECE节点，在方法下拉框中选择MILL_SEMI_FINI节点，在名称栏输入 S4，如图 8-75 所示。单击确定按钮，系统出现【面铣削区域】对话框，如图 8-76 所示。

创建工序
类型
mill_planar
工序子类型
位置
程序 RF
刀具 EM20 (铣刀-5 参数)
几何体 WORKPIECE
方法 MILL_SEMI_FINISH
名称
S4
确定
应用
取消

图 8-75

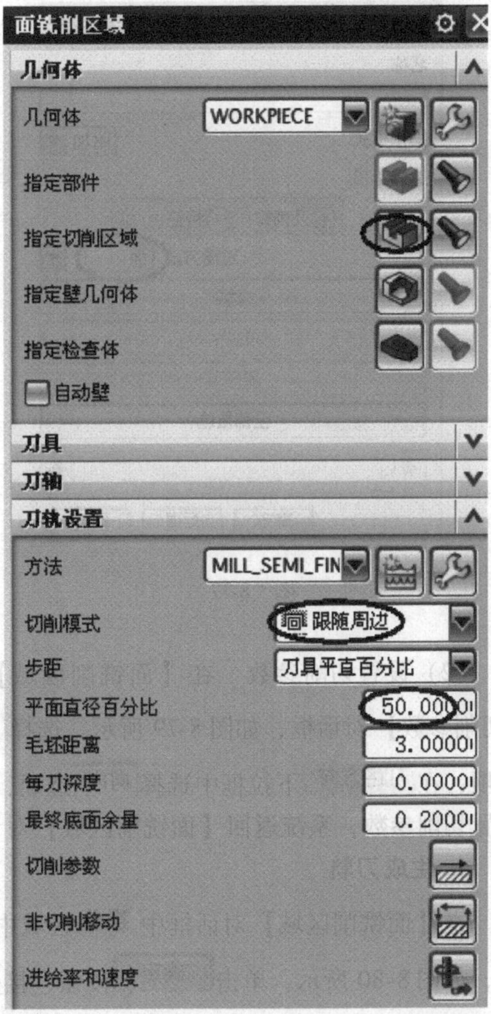
面铣削区域
几何体
几何体 WORKPIECE
指定部件
指定切削区域
指定壁几何体
指定检查体
自动壁
刀具
刀轴
刀轨设置
方法 MILL_SEMI_FIN
切削模式 跟随周边
步距 刀具平直百分比
平面直径百分比 50.0000
毛坯距离 3.0000
每刀深度 0.0000
最终底面余量 0.2000
切削参数
非切削移动
进给率和速度

图 8-76

2. 创建几何体

在【面铣削区域】对话框中指定切削区域区域中选择 （选择或编辑切削区域几何体）图标，出现【切削区域】几何体对话框，如图 8-77 所示。在选择选项区域中选择几何体选项，在过滤方法下拉框中选择面选项，然后在图形中选择如图 8-78 所示的平面为切削区域，单击确定按钮，完成设置切削区域几何体，系统返回【面铣削区域】对话框。

3. 设置加工参数

（1）设置切削模式　在【面铣削区域】对话框中切削模式下拉框中选择跟随周边选项，在步距下拉框选择刀具平直百分比选项，在平面直径百分比栏输入 50，如图 8-76 所示。

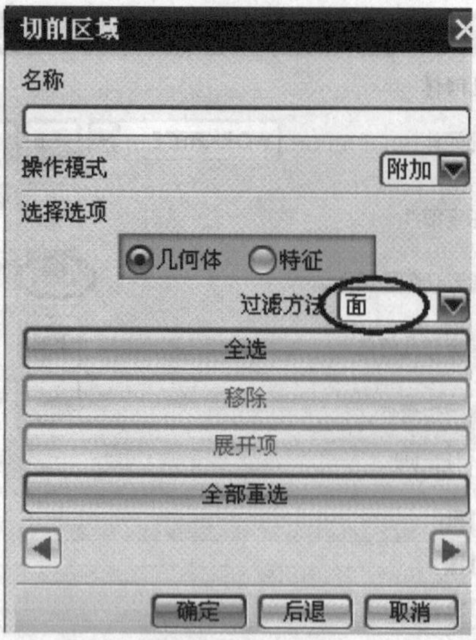
切削区域
名称
操作模式
附加
选择选项
几何体
特征
过滤方法
面
全选
移除
展开项
全部重选
确定
后退
取消
图 8-77

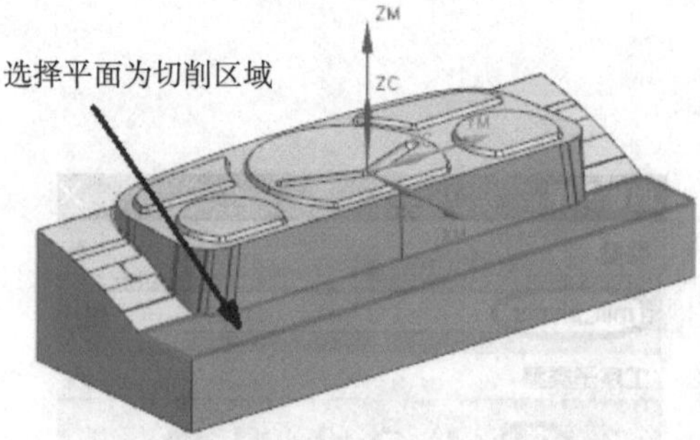
选择平面为切削区域
ZM
ZC
YM
图 8-78

（2）设置切削参数　在【面铣削区域】对话框中选择（切削参数）图标，出现【切削参数】对话框，如图 8-79 所示。选择策略选项卡，在切削方向下拉框中选择顺铣选项，在刀路方向下拉框中选择向内选项，勾选岛清根选项，单击确定按钮，完成设置切削参数，系统返回【面铣削区域】对话框。

4. 生成刀轨

在【面铣削区域】对话框中操作区域中选择（生成刀轨）图标，系统自动生成刀轨，如图 8-80 所示，单击确定按钮，接受刀轨。

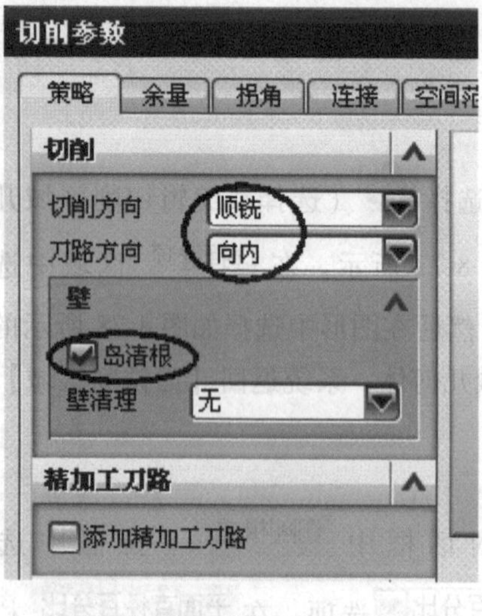
切削参数
策略
余量
拐角
连接
空间范
切削
切削方向
顺铣
刀路方向
向内
壁
岛清根
壁清理
无
精加工刀路
添加精加工刀路
图 8-79

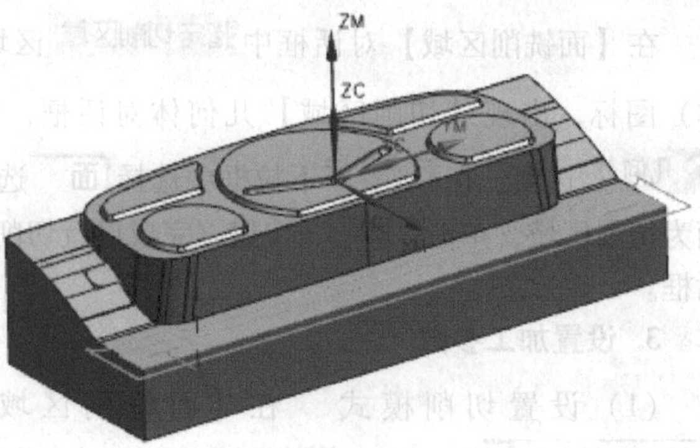
ZM
ZC
YM
图 8-80

8.8.5 创建半精加工操作五

1. 创建操作父节组选项

选择菜单中的【插入(S)】/【操作(E)...】命令或在【插入】工具条中选择（创建操作）图标，出现【创建操作】对话框，如图8-81所示。

在【创建操作】对话框中类型下拉框中选择mill_contour（型腔铣），在操作子类型区域中选择（深度加工轮廓）图标，在程序下拉框中选择RF程序节点，在刀具下拉框中选择BM16 (Milling刀具节点，在几何体下拉框中选择WORKPIECE节点，在方法下拉框中选择MILL_SEMI_FINI节点，在名称栏输入S5，如图8-81所示。单击确定按钮，系统出现【深度加工轮廓】对话框，如图8-82所示。

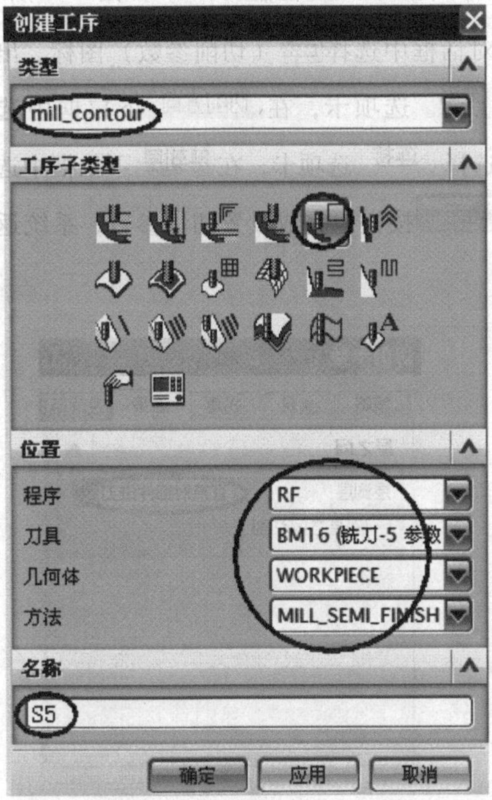
创建工序
类型
mill_contour
工序子类型
位置
程序
RF
刀具
BM16 (铣刀-5 参数
几何体
WORKPIECE
方法
MILL_SEMI_FINISH
名称
S5
确定
应用
取消

图 8-81

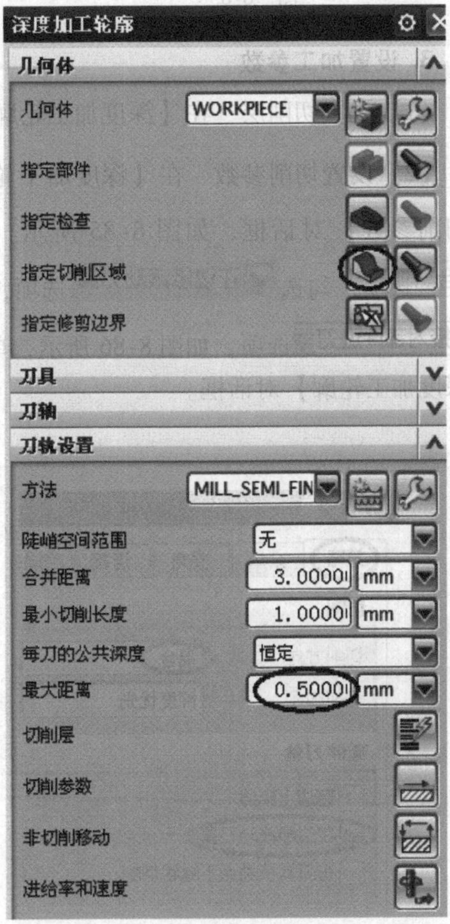
深度加工轮廓
几何体
几何体
WORKPIECE
指定部件
指定检查
指定切削区域
指定修剪边界
刀具
刀轴
刀轨设置
方法
MILL_SEMI_FIN
陡峭空间范围
无
合并距离
3.0000
mm
最小切削长度
1.0000
mm
每刀的公共深度
恒定
最大距离
0.5000
mm
切削层
切削参数
非切削移动
进给率和速度

图 8-82

2. 创建切削区域几何体

在【深度加工轮廓】对话框中指定切削区域区域中选择（选择或编辑切削区域几何体）图标，出现【切削区域】几何体对话框，如图8-83所示。在图形中选择如图8-84所示的 28 个曲面（凸台侧面）为切削区域，单击 确定 按钮，完成创建切削区域几何体，系统返回【深度加工轮廓】铣对话框。

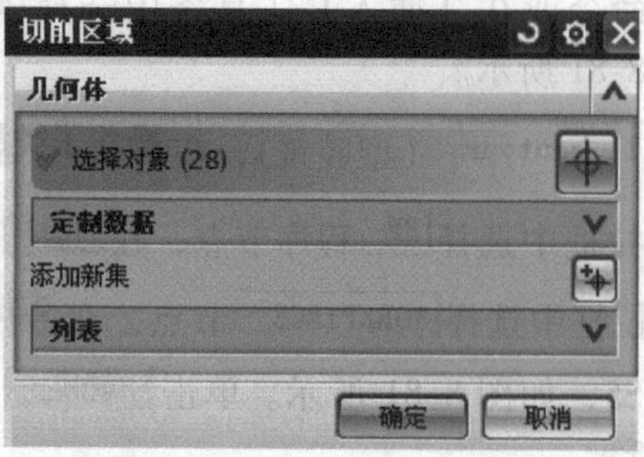
切削区域
几何体
选择对象 (28)
定制数据
添加新集
列表
确定
取消

图 8-83

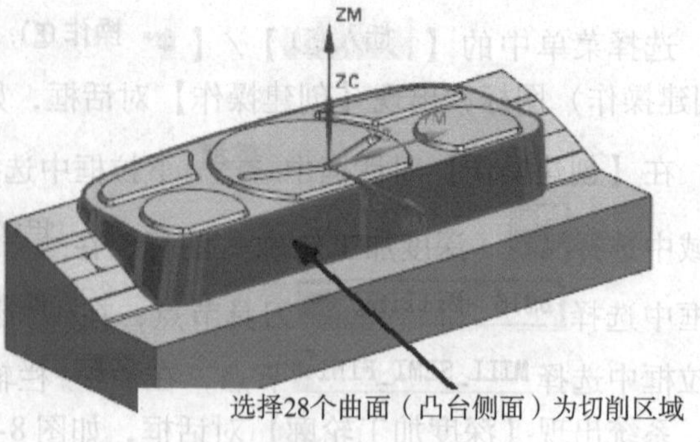
ZM
ZC
选择28个曲面（凸台侧面）为切削区域

图 8-84

3. 设置加工参数

（1）设置切削层 在【深度加工轮廓】对话框中 最大距离 栏输入0.5，如图8-82 所示。

（2）设置切削参数 在【深度加工轮廓】对话框中选择（切削参数）图标，出现【切削参数】对话框，如图 8-85 所示。选择 策略 选项卡，在 切削方向 下拉框中选择 混合 选项，勾选 在边缘滚动刀具 选项，然后选择 连接 选项卡，在 层到层 下拉框中选择 直接对部件进刀 选项，如图 8-86 所示，单击 确定 按钮，完成设置切削参数，系统返回【深度加工轮廓】对话框。

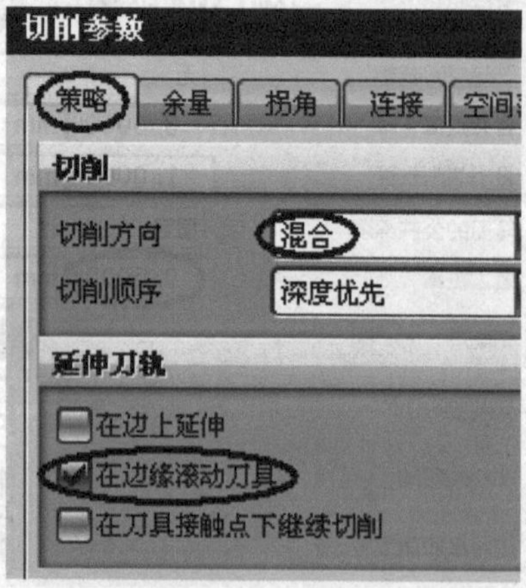
切削参数
策略
余量
拐角
连接
切削
切削方向
混合
切削顺序
深度优先
延伸刀轨
在边上延伸
在边缘滚动刀具
在刀具接触点下继续切削

图 8-85

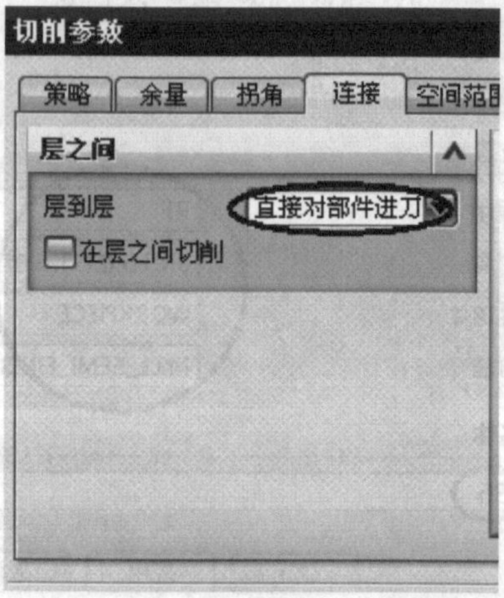
切削参数
策略
余量
拐角
连接
层之间
层到层
直接对部件进刀
在层之间切削

图 8-86

（3）设置进给率和速度 在【深度加工轮廓】对话框中选择（进给率和速度）图标，出现【进给率和速度】对话框，如图 8-87 所示。勾选 主轴速度（rpm）选项，在主轴速度（rpm）、进给率 / 剪切 栏分别输入1600、800，按下回车键，单击（基于此值计算进给和速度）按钮，单击 确定 按钮，完成设置进给率和速度，系统返回【深度加工轮廓】对话框。

4. 生成刀轨

在【深度加工轮廓】铣对话框中 操作 区域选择（生成刀轨）图标，系统自动生成刀轨，如图8-88所示，单击 确定 按钮，接受刀轨。

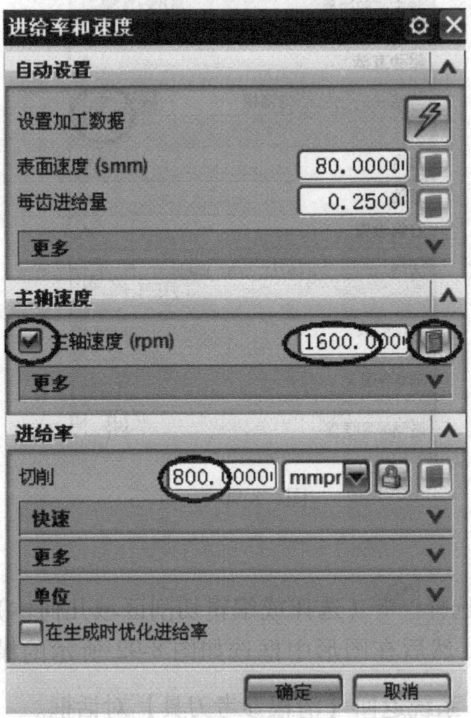

进给率和速度
自动设置
设置加工数据
表面速度 (smm)
80.0000
每齿进给量
0.2500
更多
主轴速度
主轴速度 (rpm)
1600.000
更多
进给率
切削
800.0000
mmpr
快速
更多
单位
在生成时优化进给率
确定
取消

图 8-87

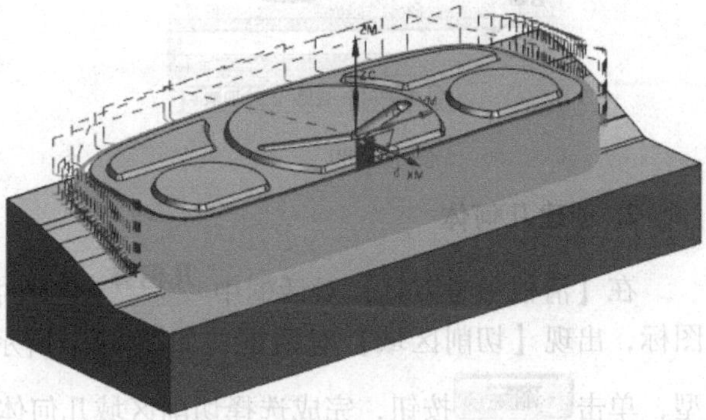

图 8-88

8.8.6 创建半精加工操作六（一次清根）

1. 创建操作父节组选项

选择菜单中的【插入(S)】/【操作(E)...】命令或在【插入】工具条中选择（创建操作）图标，出现【创建操作】对话框，如图8-89所示。

在【创建操作】对话框中 类型 下拉框中选择 mill_contour （型腔铣），在 操作子类型 区域中选择（清根参考刀具）图标，在 程序 下拉框中选择 RF 程序节点，在 刀具 下拉框中选择 BM12 (Milling 刀具节点，在 几何体 下拉框中选择 WORKPIECE 节点，在 方法 下拉框中选择 MILL_SEMI_FINI 节点，在 名称 栏输入S6，如图8-89所示。单击 确定 按钮，系统出现【清根参考刀具】对话框，如图8-90所示。

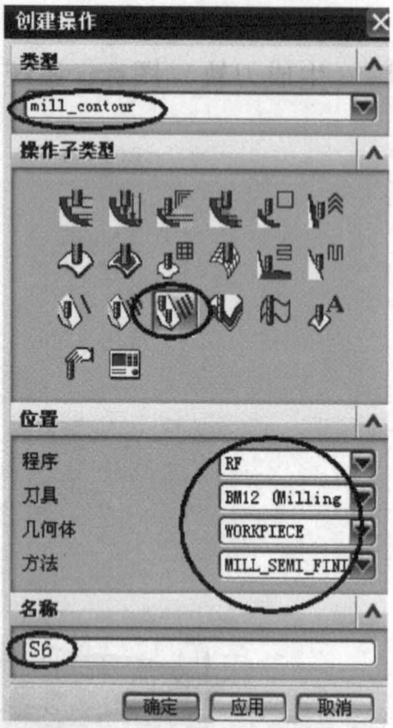

创建操作
类型
mill_contour
操作子类型
位置
程序 RF
刀具 BM12 (Milling
几何体 WORKPIECE
方法 MILL_SEMI_FINI
名称
S6
确定 应用 取消

图 8-89

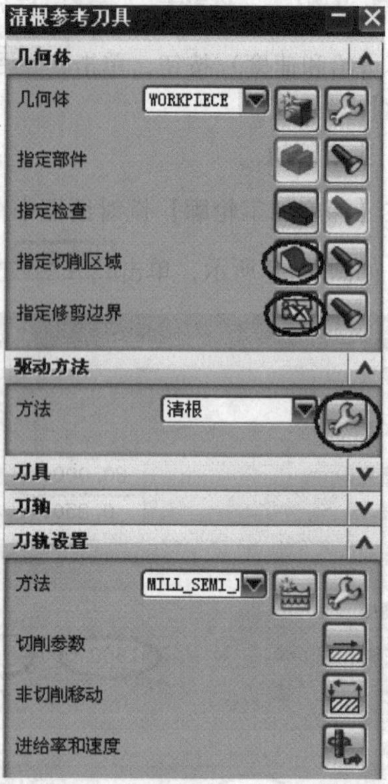

清根参考刀具
几何体
几何体 WORKPIECE
指定部件
指定检查
指定切削区域
指定修剪边界
驱动方法
方法 清根
刀具
刀轴
刀轨设置
方法 MILL_SEMI_
切削参数
非切削移动
进给率和速度

图 8-90

2. 创建几何体

在【清根参考刀具】对话框中**几何体**区域中选择（选择或编辑切削区域几何体）图标，出现【切削区域】对话框，如图 8-91 所示。然后在图形中框选如图 8-92 所示的模型，单击确定按钮，完成选择切削区域几何体，系统返回【清根参考刀具】对话框。

切削区域
名称
操作模式 附加
选择选项
几何体 特征
过滤方法 面
全选
移除
展开项
全部重选
确定 后退 取消

图 8-91

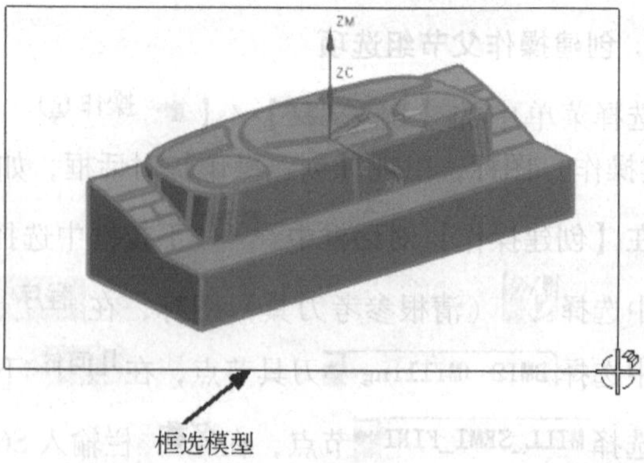

ZM
ZC
框选模型

图 8-92

在 几何体 区域中选择（选择或编辑修剪边界）图标，出现【修剪边界】对话框，如图 8-93 所示。在 过滤器类型 区域中选择（面边界）图标，在 修剪侧 区域中选择 内部 选项，然后在图形中选择如图 8-94 所示的平面，单击 确定 按钮，完成设置修剪边界，系统返回【清根参考刀具】对话框。

3. 设置加工参数

在【清根参考刀具】对话框中选择（编辑）图标，出现【清根驱动方法】对话框，在 非陡峭切削模式 下拉框中选择 往复 选项，在 步距 栏输入 1，在 顺序 下拉框中选择 后陡 选项，在 参考刀具直径 栏输入 16，如图 8-95 所示。

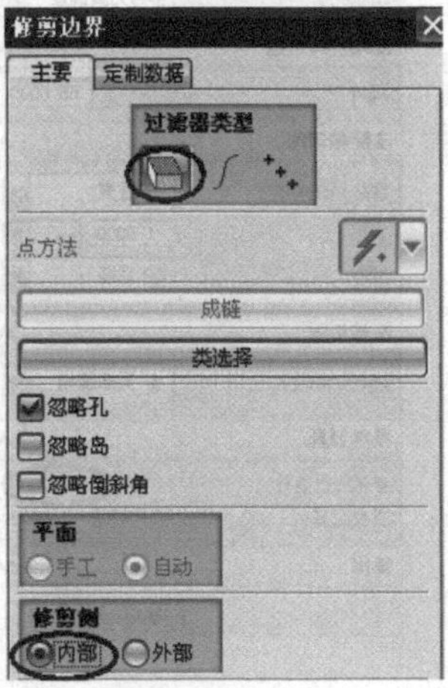

修剪边界
主要
定制数据
过滤器类型
点方法
成链
类选择
忽略孔
忽略岛
忽略倒斜角
平面
手工
自动
修剪侧
内部
外部

图 8-93

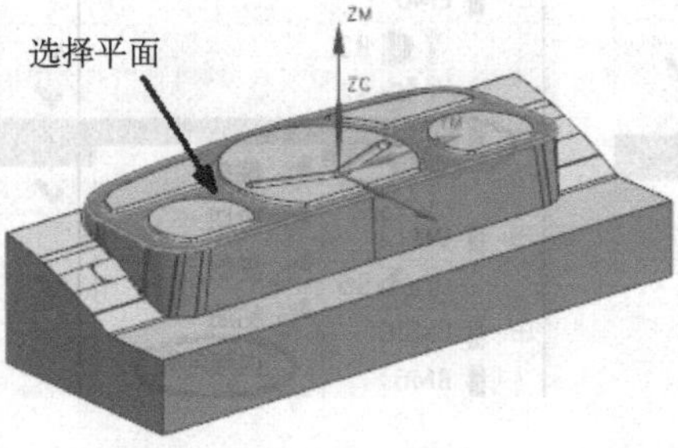

选择平面
ZM
ZC

图 8-94

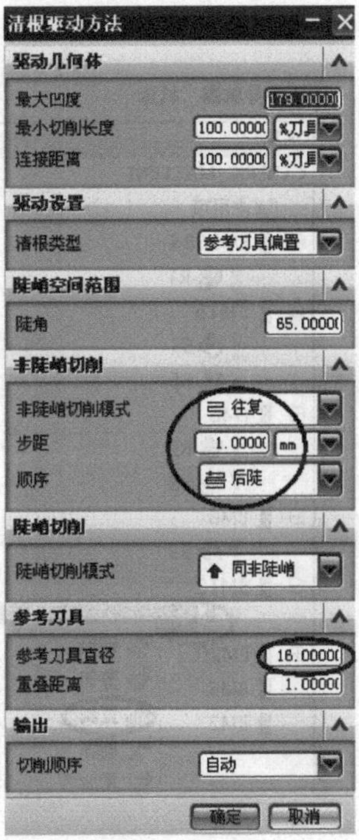

清根驱动方法
驱动几何体
最大凹度
179.0000
最小切削长度
100.0000
%刀具
连接距离
100.0000
%刀具
驱动设置
清根类型
参考刀具偏置
陡峭空间范围
陡角
65.0000
非陡峭切削
非陡峭切削模式
往复
步距
1.0000
mm
顺序
后陡
陡峭切削
陡峭切削模式
同非陡峭
参考刀具
参考刀具直径
16.0000
重叠距离
1.0000
输出
切削顺序
自动
确定
取消

图 8-95

4. 生成刀轨

在【清根参考刀具】对话框中 操作 区域中选择（生成刀轨）图标，系统自动生成刀轨，如图 8-96 所示，单击 确定 按钮，接受刀轨。

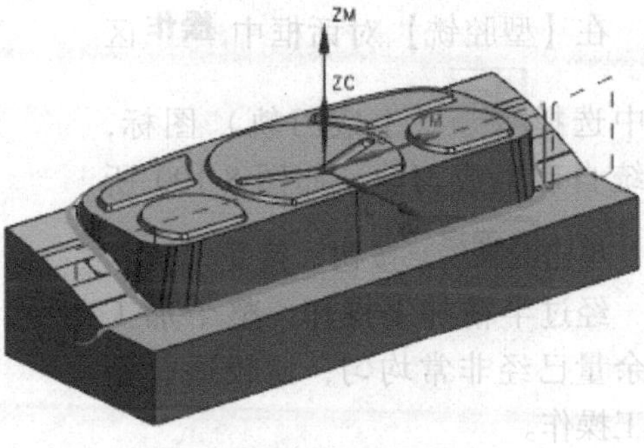

ZM
ZC

图 8-96

8.8.7 创建半精加工操作七（二次清根）

1. 复制操作 S6

在操作导航器机床视图 BM12 节点，复制操作 S6，如图 8-97 所示，并粘贴在 BM8 节点下，重新命名为 S7，操作如图 8-98 所示。

2. 编辑操作 S7

在操作导航器下，双击 S7 操作，系统出现【清根参考刀具】对话框。

3. 设置加工参数

在【清根参考刀具】对话框中 非陡峭切削模式 下拉框中选择 往复 选项，在 步距 栏输入 1，在 顺序 下拉框选择 后陡 选项，在 参考刀具直径 栏输入 12，如图 8-99 所示。

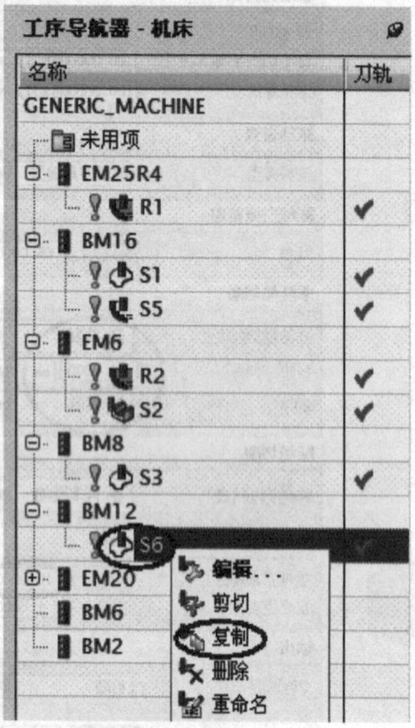

图 8-97

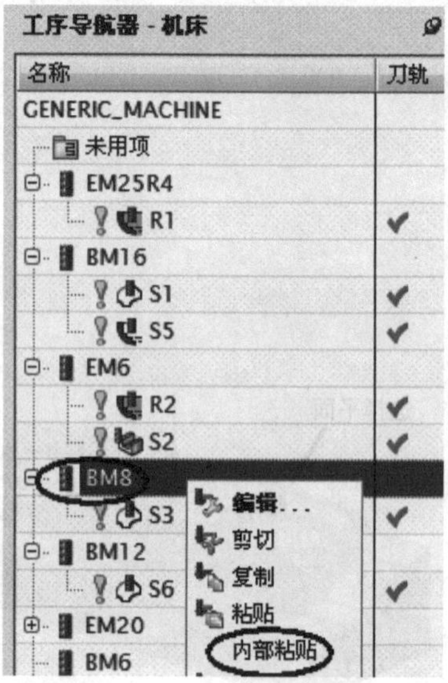

图 8-98

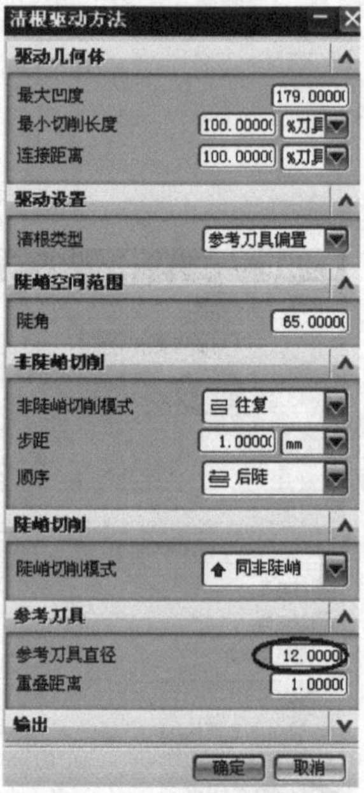

图 8-99

4. 生成刀轨

在【型腔铣】对话框中 操作 区域中选择（生成刀轨）图标，系统自动生成刀轨，如图 8-100 所示，单击 确定 按钮，接受刀轨。

经过半精加工操作，整个加工面余量已经非常均匀，比较适合精加工操作。

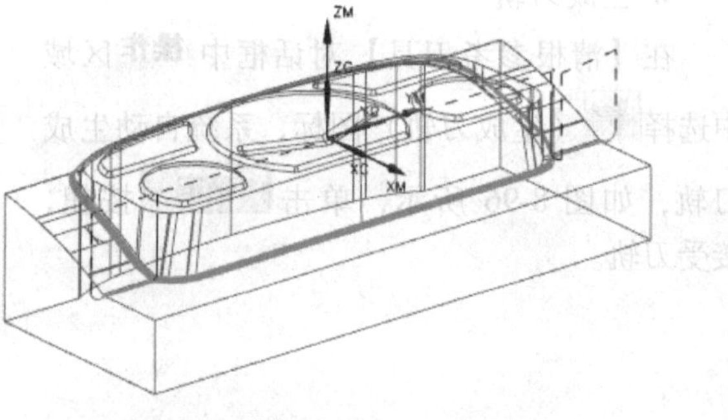

图 8-100

8.9 创建精加工操作

8.9.1 创建精加工操作一

1. 创建操作父节组选项

选择菜单中的【插入(S)】/【操作(E)...】命令或在【插入】工具条中选择（创建操作）图标，出现【创建操作】对话框，如图 8-101 所示。

在【创建操作】对话框中类型下拉框中选择mill_planar（平面铣），在操作子类型区域中选择（面铣削区域）图标，在程序下拉框中选择FF程序节点，在刀具下拉框中选择EM20 (Milling刀具节点，在几何体下拉框中选择WORKPIECE节点，在方法下拉框中选择MILL_FINISH节点，在名称栏输入 F1，如图 8-101 所示。单击确定按钮，系统出现【面铣削区域】对话框，如图 8-102 所示。

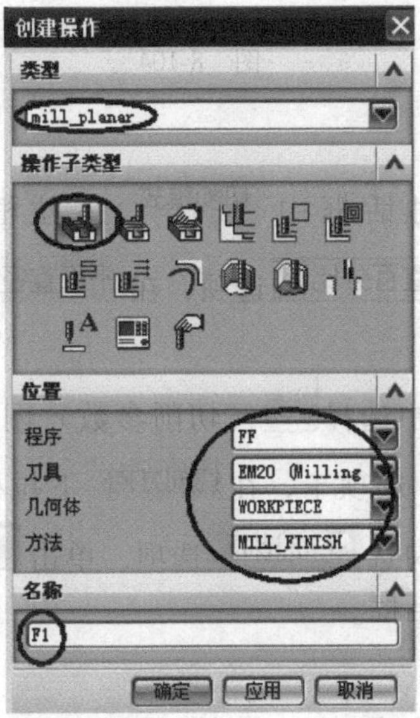
创建操作
类型
mill_planar
操作子类型
位置
程序
FF
刀具
EM20 (Milling
几何体
WORKPIECE
方法
MILL_FINISH
名称
F1
确定
应用
取消

图 8-101

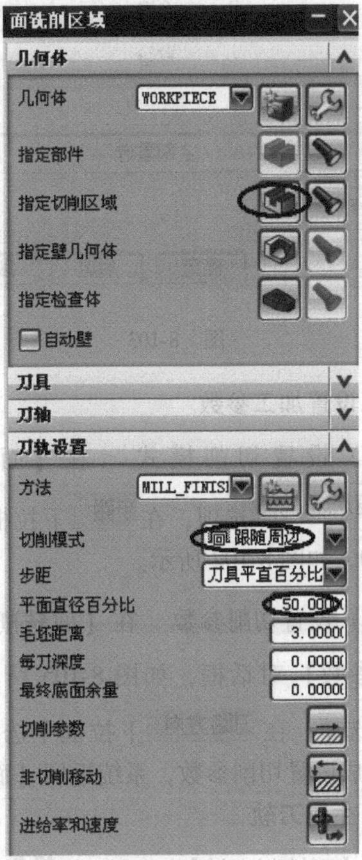
面铣削区域
几何体
几何体
WORKPIECE
指定部件
指定切削区域
指定壁几何体
指定检查体
自动壁
刀具
刀轴
刀轨设置
方法
MILL_FINISI
切削模式
跟随周边
步距
刀具平直百分比
平面直径百分比
50.000
毛坯距离
3.00000
每刀深度
0.00000
最终底面余量
0.00000
切削参数
非切削移动
进给率和速度

图 8-102

2. 创建几何体

在【面铣削区域】对话框中指定切削区域区域中选择（选择或编辑切削区域几何体）图标，出现【切削区域】几何体对话框，如图 8-103 所示。在选择选项区域中选择几何体选项，在过滤方法下拉框中选择面选项，然后在图形中选择如图 8-104 所示的平面为切削区域，单击确定按钮，完成设置切削区域几何体，系统返回【面铣削区域】对话框。

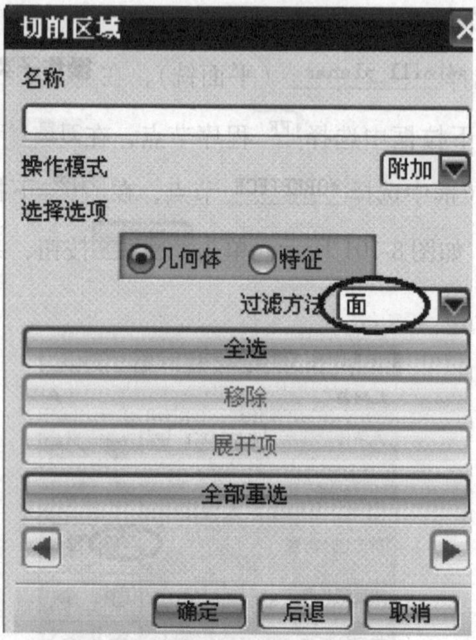
切削区域
名称
操作模式
附加
选择选项
几何体
特征
过滤方法
面
全选
移除
展开项
全部重选
确定
后退
取消

图 8-103

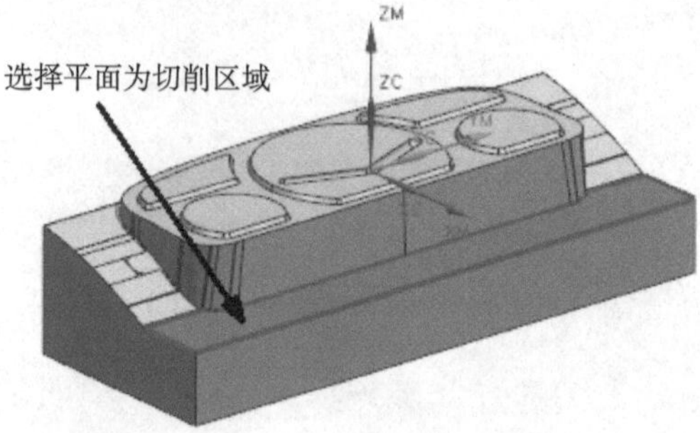
ZM
选择平面为切削区域
ZC

图 8-104

3. 设置加工参数

（1）设置切削模式　在【面铣削区域】对话框中切削模式下拉框中选择跟随周边选项，在步距下拉框中选择刀具平直百分比选项，在平面直径百分比栏输入 50，如图 8-102 所示。

（2）设置切削参数　在【面铣削区域】对话框中选择（切削参数）图标，出现【切削参数】对话框，如图 8-105 所示。选择策略选项卡，在切削方向下拉框中选择顺铣选项，在刀路方向下拉框中选择向内选项，勾选岛清根选项，单击确定按钮，完成设置切削参数，系统返回【面铣削区域】对话框。

4. 生成刀轨

在【面铣削区域】对话框中操作区域选择（生成刀轨）图标，系统自动生成刀轨，如图 8-106 所示，单击确定按钮，接受刀轨。

切削参数
策略
余量
拐角
连接
空间范
切削
切削方向
顺铣
刀路方向
向内
壁
岛清根
壁清理
无
精加工刀路
添加精加工刀路

图 8-105

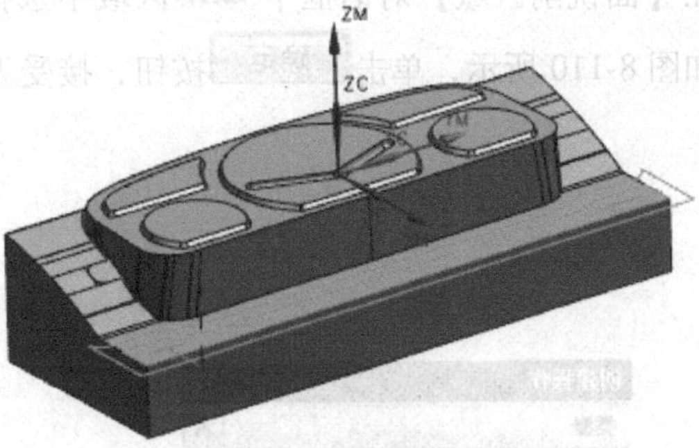
ZM
ZC

图 8-106

8.9.2 创建精加工操作二

1. 创建操作父节组选项

选择菜单中的【插入(S)】/【操作(E)...】命令或在【插入】工具条中选择(创建操作)图标，出现【创建操作】对话框，如图8-107所示。

在【创建操作】对话框中类型下拉框中选择mill_planar（平面铣），在操作子类型区域中选择（面铣削区域）图标，在程序下拉框中选择FF程序节点，在刀具下拉框中选择EM6 (Milling T刀具节点，在几何体下拉框中选择WORKPIECE节点，在方法下拉框中选择MILL_FINISH节点，在名称栏输入F2，如图8-107所示，单击确定按钮，系统出现【面铣削区域】对话框，如图8-108所示。

2. 创建几何体

在【面铣削区域】对话框中指定切削区域区域中选择（选择或编辑切削区域几何体）图标，出现【切削区域】几何体对话框，在选择选项区域中选择几何体选项，在过滤方法下拉框中选择面选项，然后在图形中选择如图8-109所示的平面为切削区域，单击确定按钮，完成设置切削区域几何体，系统返回【面铣削区域】对话框。

3. 设置加工参数

(1) 设置切削模式　在【面铣削区域】对话框中切削模式下拉框中选择跟随周边选项，在步距下拉框中选择刀具平直百分比选项，在平面直径百分比栏输入20，如图8-108所示。

(2) 设置切削参数　在【面铣削区域】对话框中选择（切削参数）图标，出现【切削参数】对话框，选择策略选项卡，在切削方向下拉框中选择顺铣选项，在刀路方向下拉框中选择向内选项，勾选岛清根选项，单击确定按钮，完成设置切削参数，系统返回【面铣削区域】对话框。

4. 生成刀轨

在【面铣削区域】对话框中 **操作** 区域中选择 （生成刀轨）图标，系统自动生成刀轨，如图 8-110 所示，单击 确定 按钮，接受刀轨。

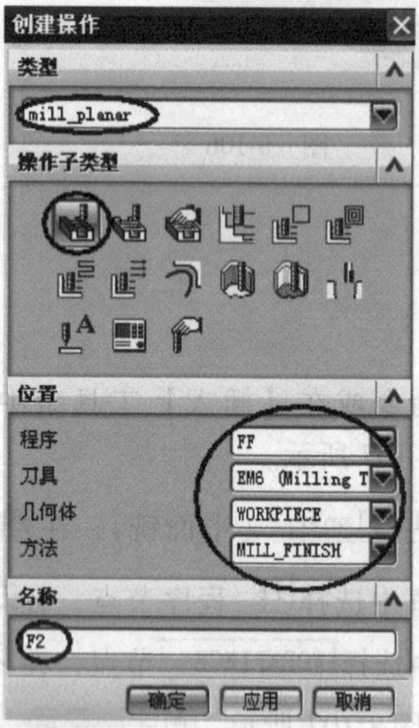
创建操作
类型
mill_planar
操作子类型
位置
程序
FF
刀具
EM8 (Milling T
几何体
WORKPIECE
方法
MILL_FINISH
名称
F2
确定
应用
取消

图 8-107

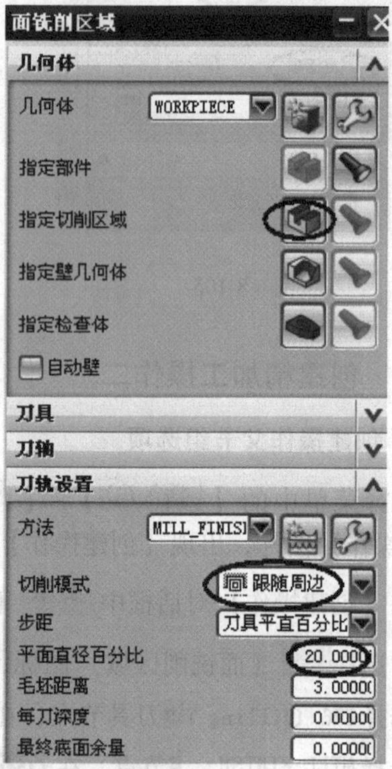
面铣削区域
几何体
几何体
WORKPIECE
指定部件
指定切削区域
指定壁几何体
指定检查体
自动壁
刀具
刀轴
刀轨设置
方法
MILL_FINISI
切削模式
跟随周边
步距
刀具平直百分比
平面直径百分比
20.0000
毛坯距离
3.0000(
每刀深度
0.0000(
最终底面余量
0.0000(

图 8-108

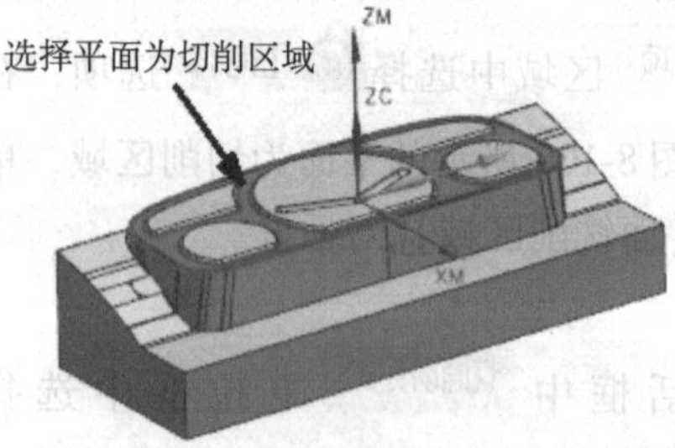
选择平面为切削区域
ZM
ZC
XM

图 8-109

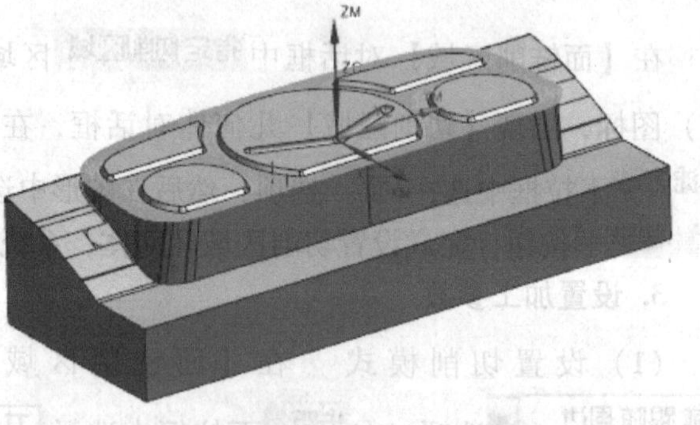
ZM

图 8-110

8.9.3 创建精加工操作三

1. 复制操作 S3

在操作导航器机床视图 BM8 节点，复制操作 S3，如图 8-111 所示，并粘贴在 BM6 节点下，重新命名为 F3，操作如图 8-112 所示。

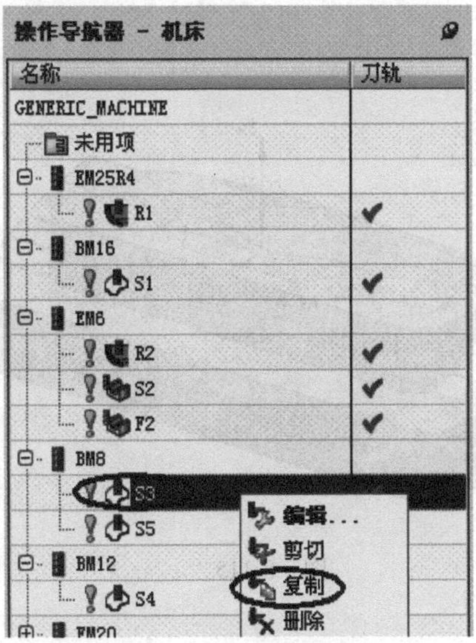
操作导航器 - 机床
名称
刀轨
GENERIC_MACHINE
未用项
EM25R4
R1
BM16
S1
EM6
R2
S2
F2
BM8
S3
S5
BM12
S4
EM20
编辑...
剪切
复制
删除

图 8-111

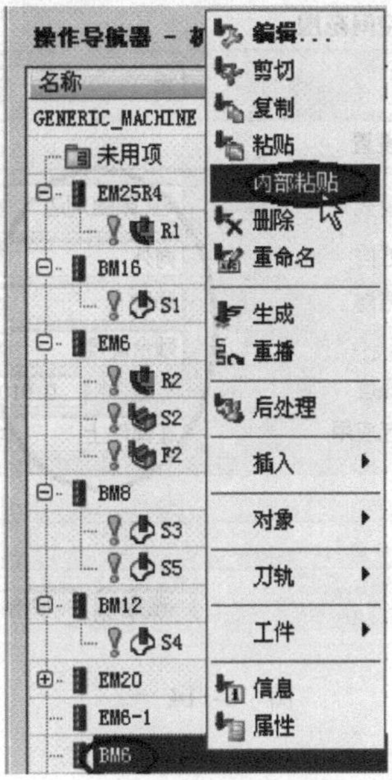
操作导航器 - 机
名称
GENERIC_MACHINE
未用项
EM25R4
R1
BM16
S1
EM6
R2
S2
F2
BM8
S3
S5
BM12
S4
EM20
EM6-1
BM8
编辑...
剪切
复制
粘贴
内部粘贴
删除
重命名
生成
重播
后处理
插入
对象
刀轨
工件
信息
属性

图 8-112

2. 编辑操作 F3

在操作导航器下，双击 F3 操作，系统出现【轮廓区域】铣对话框，在 方法 下拉框中选择 MILL_FINIS 选项，在 程序 下拉框中选择 FF 选项，如图 8-113 所示。

3. 设置加工参数

在【轮廓区域】铣对话框中选择（编辑）图标，出现【区域铣削驱动方法】对话框，如图 8-101 所示。在 切削模式 下拉框中选择 跟随周边 选项，在 刀路方向 下拉框中选择 向外 选项，在 切削方向 下拉框中选择 顺铣 选项，在 步距 下拉框中选择 残余高度 选项，在 残余高度 栏输入 0.01，在 步距已应用 下拉框中选择 在部件上 选项，如图 8-114 所示。单击 确定 按钮，完成设置驱动方法，系统返回【轮廓区域】铣对话框。

4. 生成刀轨

在【轮廓区域】铣对话框中 操作 区域中选择（生成刀轨）图标，系统自动生成刀轨，如图 8-115 所示，单击 确定 按钮，接受刀轨。

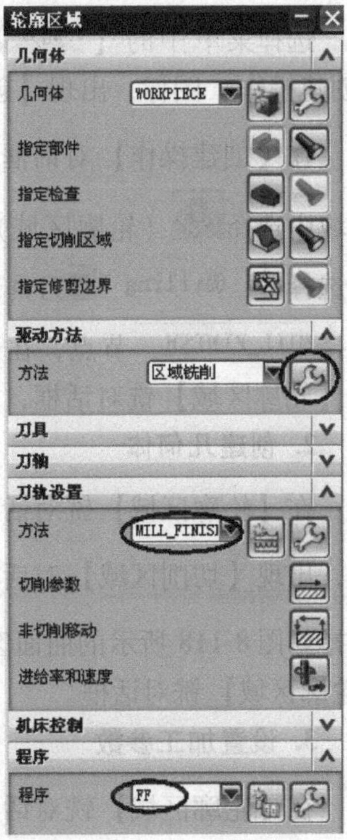
轮廓区域
几何体
几何体
WORKPIECE
指定部件
指定检查
指定切削区域
指定修剪边界
驱动方法
方法
区域铣削
刀具
刀轴
刀轨设置
方法
MILL_FINIS
切削参数
非切削移动
进给率和速度
机床控制
程序
程序
FF

图 8-113

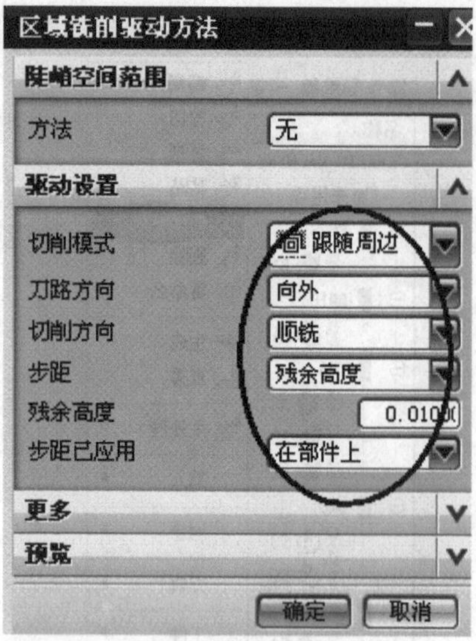
区域铣削驱动方法
陡峭空间范围
方法
无
驱动设置
切削模式
跟随周边
刀路方向
向外
切削方向
顺铣
步距
残余高度
残余高度
0.0100
步距已应用
在部件上
更多
预览
确定
取消

图 8-114

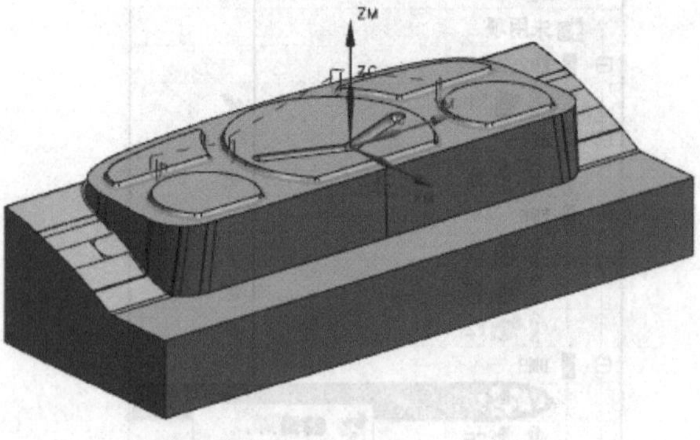

图 8-115

8.9.4 创建精加工操作四

1. 创建操作父节组选项

选择菜单中的【插入(S)】/【操作(E)...】命令或在【插入】工具条中选择（创建操作）图标，出现【创建操作】对话框，如图 8-116 所示。

在【创建操作】对话框中类型下拉框中选择mill_contour（型腔铣），在操作子类型区域中选择（轮廓区域）图标，在程序下拉框中选择FF程序节点，在刀具下拉框中选择BM6 (Milling T刀具节点，在几何体下拉框中选择WORKPIECE节点，在方法下拉框中选择MILL_FINISH节点，在名称栏输入 F4，如图 8-116 所示。单击确定按钮，系统出现【轮廓区域】铣对话框，如图 8-117 所示。

2. 创建几何体

在【轮廓区域】铣对话框中几何体区域中选择（选择或编辑切削区域几何体）图标，出现【切削区域】对话框，在过滤方法下拉框中选择面选项，然后在图形中选择如图 8-118 所示的曲面区域，单击确定按钮，完成设置切削区域几何体，系统返回【轮廓区域】铣对话框。

3. 设置加工参数

在【轮廓区域】铣对话框中选择（编辑）图标，出现【区域铣削驱动方法】对话框，如图 8-106 所示。在切削模式下拉框中选择往复选项，在切削方向下拉框中选择顺铣选项，在步距下拉框中选择残余高度选项，在残余高度栏输入 0.05，在步距已应用下拉框中选择在部件上 选项，如图 8-119 所示。单击确定按钮，完成设置驱动方法，系统返回【轮廓区域】铣对话框。

创建操作
类型
mill_contour
操作子类型
位置
程序
FF
刀具
BM6 (Milling T
几何体
WORKPIECE
方法
MILL_FINISH
名称
F4
确定
应用
取消

图 8-116

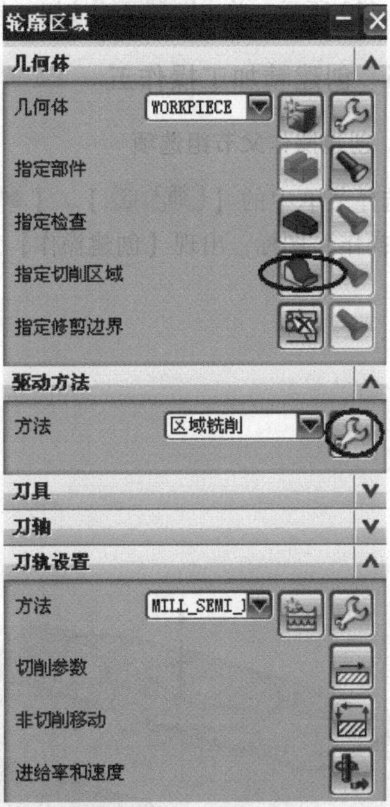
轮廓区域
几何体
几何体
WORKPIECE
指定部件
指定检查
指定切削区域
指定修剪边界
驱动方法
方法
区域铣削
刀具
刀轴
刀轨设置
方法
MILL_SEMI_
切削参数
非切削移动
进给率和速度

图 8-117

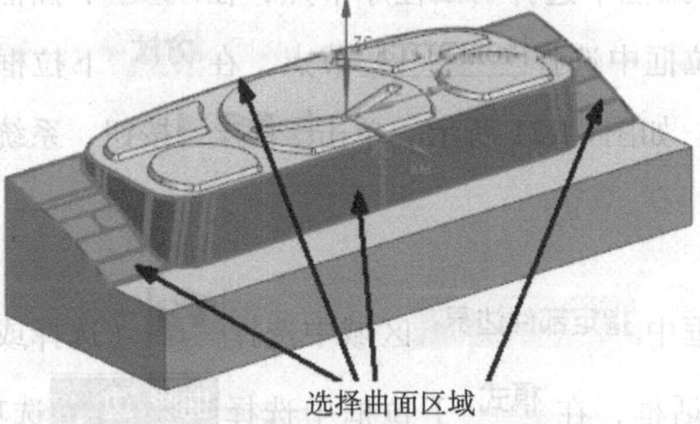
选择曲面区域

图 8-118

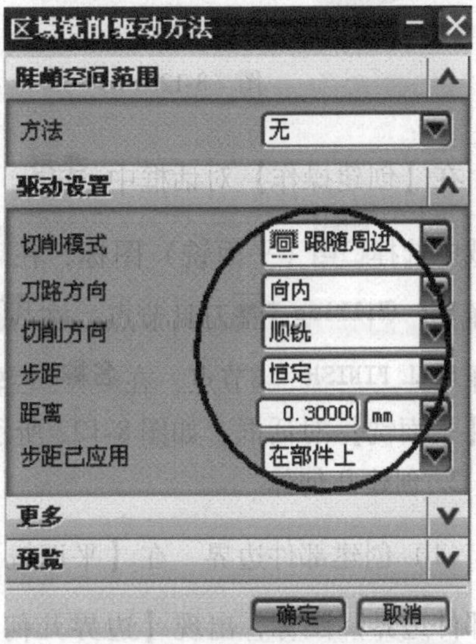
区域铣削驱动方法
陡峭空间范围
方法
无
驱动设置
切削模式
跟随周边
刀路方向
向内
切削方向
顺铣
步距
恒定
距离
0.3000
mm
步距已应用
在部件上
更多
预览
确定
取消

图 8-119

4. 生成刀轨

在【轮廓区域】铣对话框中操作区域选择（生成刀轨）图标，系统自动生成刀轨，如图 8-120 所示，单击确定按钮，接受刀轨。

8.9.5 创建精加工操作五

1. 创建操作父节组选项

选择菜单中的【插入(S)】/【操作(E)...】命令或在【插入】工具条中选择（创建操作）图标，出现【创建操作】对话框，如图 8-121 所示。

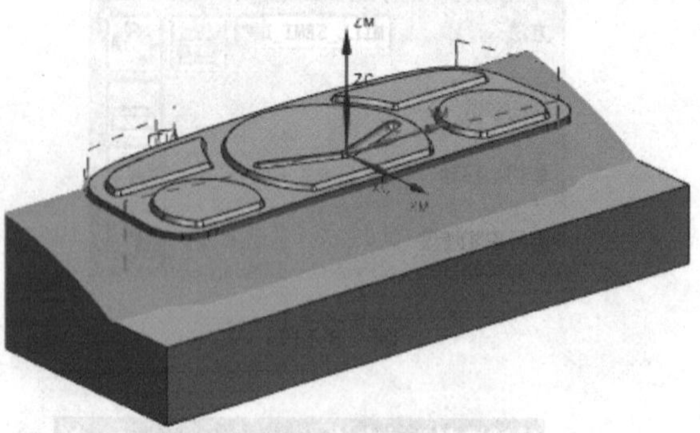

图 8-120

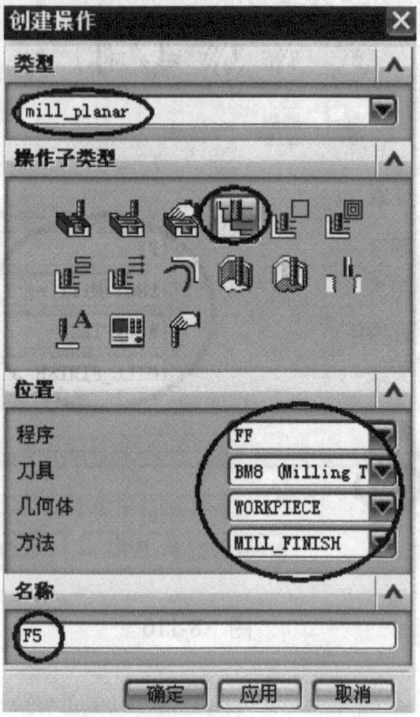
创建操作
类型
mill_planar
操作子类型
位置
程序
FF
刀具
BM8 (Milling T
几何体
WORKPIECE
方法
MILL_FINISH
名称
F5
确定
应用
取消

图 8-121

在【创建操作】对话框中类型下拉框中选择mill_planar（平面铣），在操作子类型区域中选择（平面铣）图标，在程序下拉框中选择FF程序节点，在刀具下拉框中选择BM8 (Milling T刀具节点，在几何体下拉框中选择WORKPIECE节点，在方法下拉框中选择MILL_FINISH节点，在名称栏输入 F5，如图 8-121 所示。单击确定按钮，系统出现【平面铣】对话框，如图 8-122 所示。

2. 创建几何体

（1）创建部件边界　在【平面铣】对话框中指定部件边界区域中选择（选择或编辑部件边界）图标，出现【边界几何体】对话框，在模式下拉框中选择曲线/边...选项，如图 8-123 所示。出现【创建边界】对话框，在类型下拉框中选择开放的选项，在材料侧下拉框中选择左选项，如图 8-124 所示。然后在图形中选择如图 8-125 所示的实体边为边界，单击【确定】按钮，系统返回【边界几何体】对话框，单击【确定】按钮，完成创建部件边界，系统返回【平面铣】对话框。

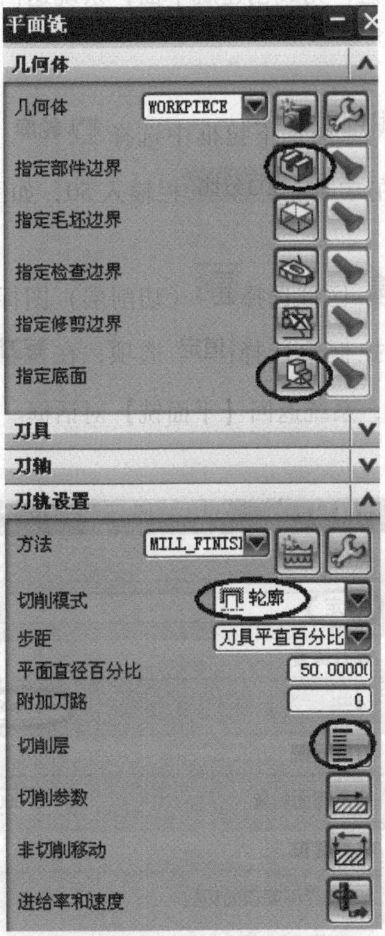
平面铣
几何体
几何体 WORKPIECE
指定部件边界
指定毛坯边界
指定检查边界
指定修剪边界
指定底面
刀具
刀轴
刀轨设置
方法 MILL_FINIS
切削模式 轮廓
步距 刀具平直百分比
平面直径百分比 50.0000
附加刀路 0
切削层
切削参数
非切削移动
进给率和速度

图 8-122

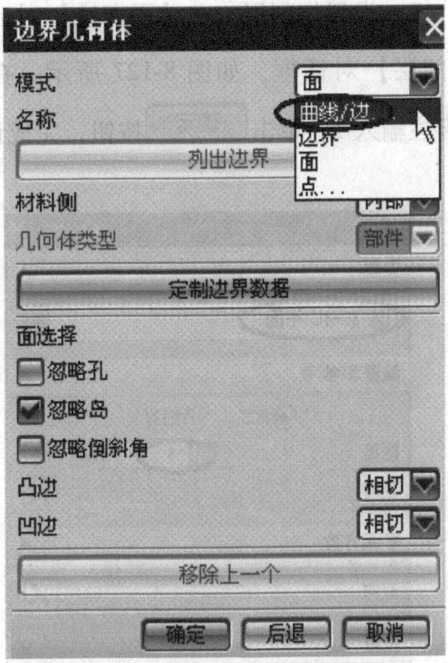
边界几何体
模式 面
名称
曲线/边
边界
面
点...
列出边界
材料侧
几何体类型 部件
定制边界数据
面选择
忽略孔
忽略岛
忽略倒斜角
凸边 相切
凹边 相切
移除上一个
确定 后退 取消

图 8-123

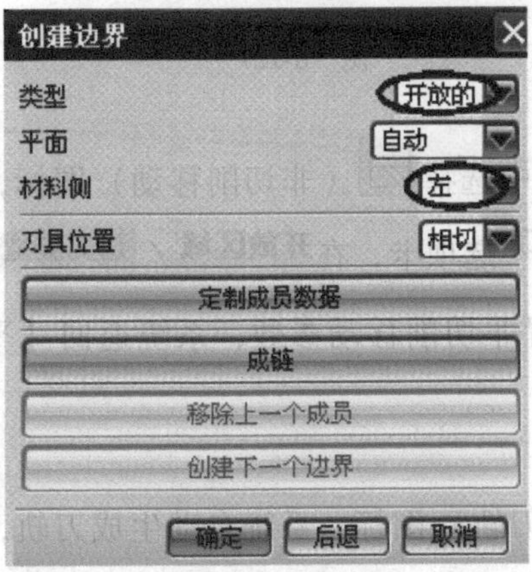
创建边界
类型 开放的
平面 自动
材料侧 左
刀具位置 相切
定制成员数据
成链
移除上一个成员
创建下一个边界
确定 后退 取消

图 8-124

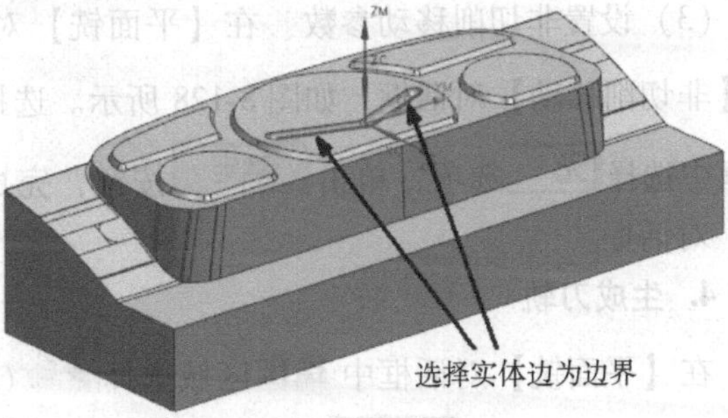
选择实体边为边界

图 8-125

（2）创建底平面　在【平面铣】对话框中 指定底面 区域中选择（选择或编辑底平面几何体）图标，出现【平面】对话框，在 类型 下拉框中选择 XC-YC 平面 选项，在 距离 栏输入 -4，如图 8-126 所示。单击 确定 按钮，完成创建底平面，系统返回【平面铣】对话框。

3. 设置加工参数

（1）设置切削模式　在【平面铣】对话框中 切削模式 下拉框中选择 轮廓 选项，在 步距 下拉框中选择 刀具平直百分比 选项，在 平面直径百分比 栏输入 50，如图 8-122 所示。

（2）设置切削层　在【平面铣】对话框中 切削层 区域选择（切削层）图标，出现【切削层】对话框，如图 8-127 所示。在 类型 下拉框中选择 恒定 选项，在 每刀深度 / 公共 栏输入 1，单击 确定 按钮，完成设置切削层，系统返回【平面铣】对话框。

平面
类型
XC-YC 平面
偏置和参考
WCS
绝对
距离
-4
mm
反向
平面方位
反向
设置
确定
取消

图　8-126

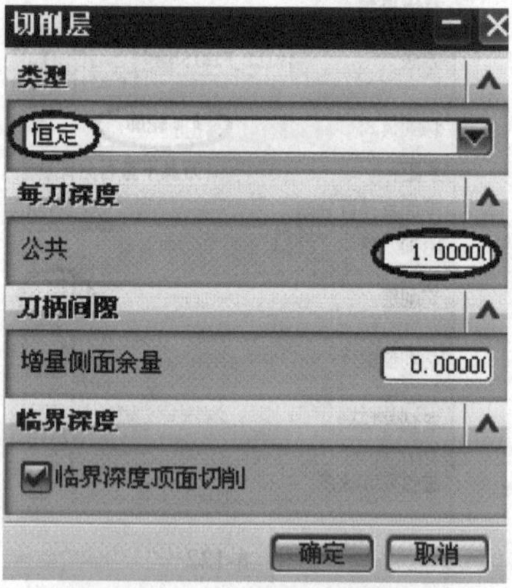
切削层
类型
恒定
每刀深度
公共
1.0000
刀柄间隙
增量侧面余量
0.0000
临界深度
临界深度顶面切削
确定
取消

图　8-127

（3）设置非切削移动参数　在【平面铣】对话框中选择（非切削移动）图标，出现【非切削移动】对话框，如图 8-128 所示。选择 进刀 选项卡，在 开放区域 / 进刀类型 下拉框中选择 无 选项，单击 确定 按钮，完成设置非切削移动参数，系统返回【平面铣】对话框。

4. 生成刀轨

在【平面铣】对话框中 操作 区域选择（生成刀轨）图标，系统自动生成刀轨，如图 8-129 所示，单击 确定 按钮，接受刀轨。

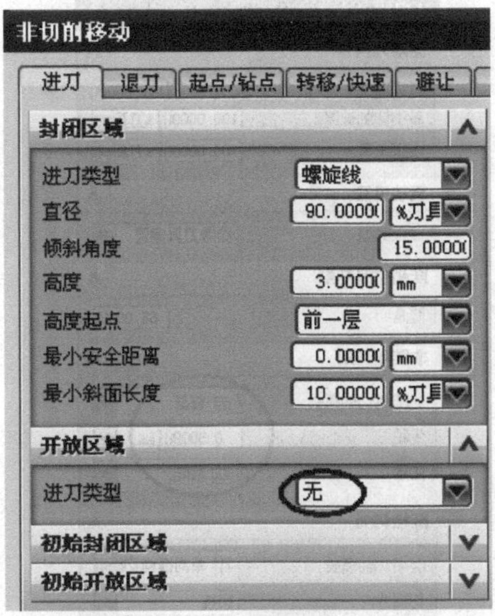
非切削移动
进刀
退刀
起点/钻点
转移/快速
避让
封闭区域
进刀类型
螺旋线
直径
90.0000
%刀具
倾斜角度
15.0000
高度
3.0000
mm
高度起点
前一层
最小安全距离
0.0000
mm
最小斜面长度
10.0000
%刀具
开放区域
进刀类型
无
初始封闭区域
初始开放区域

图 8-128

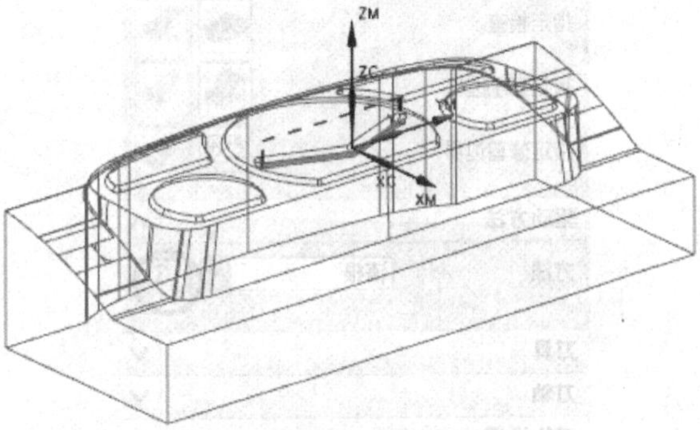
ZM
ZC
YM
XC
XM

图 8-129

8.9.6 创建精加工操作六

1. 创建操作父节组选项

选择菜单中的【插入(S)】/【操作(E)...】命令或在【插入】工具条中选择(创建操作)图标，出现【创建操作】对话框，如图8-130所示。

在【创建操作】对话框中 类型 下拉框中选择 mill_contour (型腔铣)，在 操作子类型 区域中选择(清根参考刀具)图标，在 程序 下拉框中选择 FF 程序节点，在 刀具 下拉框中选择 BM2 (Milling T 刀具节点，在 几何体 下拉框中选择 WORKPIECE 节点，在 方法 下拉框中选择 MILL_FINISH 节点，在 名称 栏输入 F6，如图8-130所示。单击 确定 按钮，系统出现【清根参考刀具】对话框，如图8-131所示。

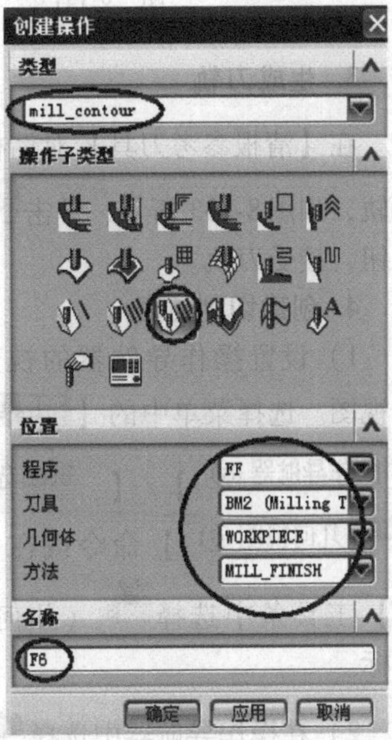
创建操作
类型
mill_contour
操作子类型
位置
程序
FF
刀具
BM2 (Milling T
几何体
WORKPIECE
方法
MILL_FINISH
名称
F6
确定
应用
取消

图 8-130

2. 设置加工参数

在【清根参考刀具】对话框中 非陡峭切削模式 下拉框中选择 往复 选项，在 步距 栏输入0.5，在 顺序 下拉框中选择 后陡 选项，在 参考刀具直径 栏输入6，如图8-132所示。

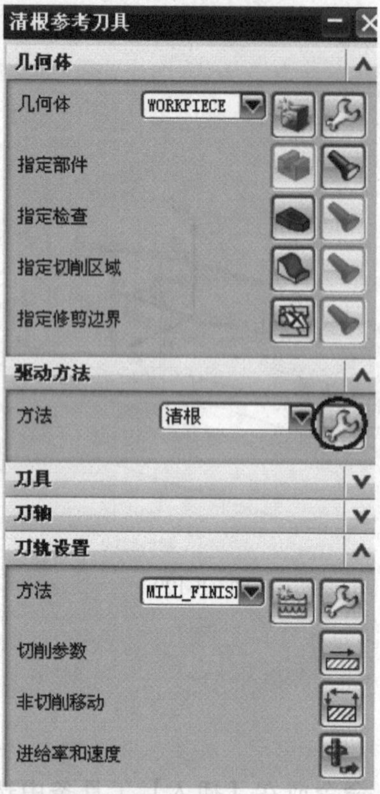
清根参考刀具
几何体
几何体
WORKPIECE
指定部件
指定检查
指定切削区域
指定修剪边界
驱动方法
方法
清根
刀具
刀轴
刀轨设置
方法
MILL_FINISI
切削参数
非切削移动
进给率和速度

图 8-131

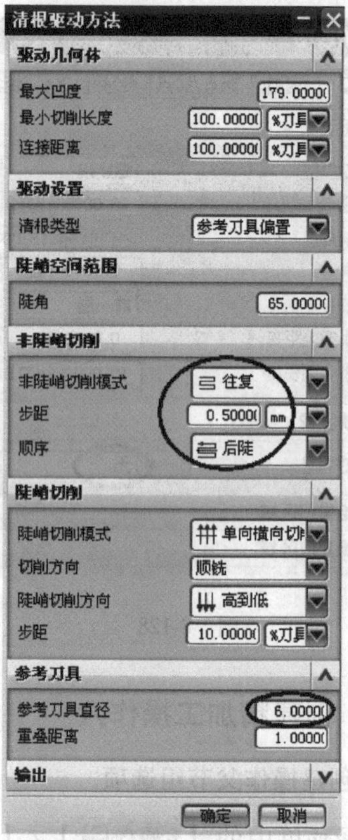
清根驱动方法
驱动几何体
最大凹度
179.0000(
最小切削长度
100.0000(
%刀具
连接距离
100.0000(
%刀具
驱动设置
清根类型
参考刀具偏置
陡峭空间范围
陡角
65.0000(
非陡峭切削
非陡峭切削模式
往复
步距
0.5000(
mm
顺序
后陡
陡峭切削
陡峭切削模式
单向横向切
切削方向
顺铣
陡峭切削方向
高到低
步距
10.0000(
%刀具
参考刀具
参考刀具直径
6.0000(
重叠距离
1.0000(
输出
确定
取消

图 8-132

3. 生成刀轨

在【清根参考刀具】对话框中操作区域中选择（生成刀轨）图标，系统自动生成刀轨，如图8-133所示，单击确定按钮，接受刀轨。

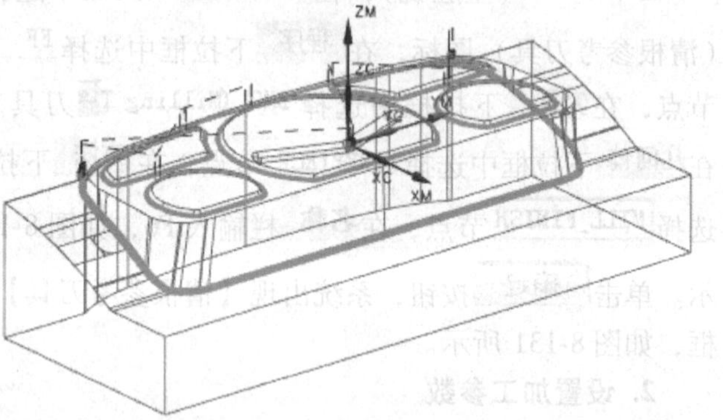
ZM
XM
XC

图 8-133

4. 创建切削仿真

1）设置操作导航器的视图为几何视图。选择菜单中的【工具(T)】/【操作导航器(O)】/【视图(V)】/【几何视图(G)】命令或在【导航器】工具条中选择（几何视图）图标。

2）在操作导航器中选择WORKPIECE父节组，在【操作】工具条中选择（确认刀轨）图标，出现【刀轨可视化】对话框，选择2D 动态选项，然后在单击（播放）按钮，切削仿真完成后，在【刀轨可视化】对话框中单击比较（播放）按钮，如图 8-134 所示。型面显示绿色，表示已经加工到位无余量，除了根部有少许白色余量，如图 8-135 所示。

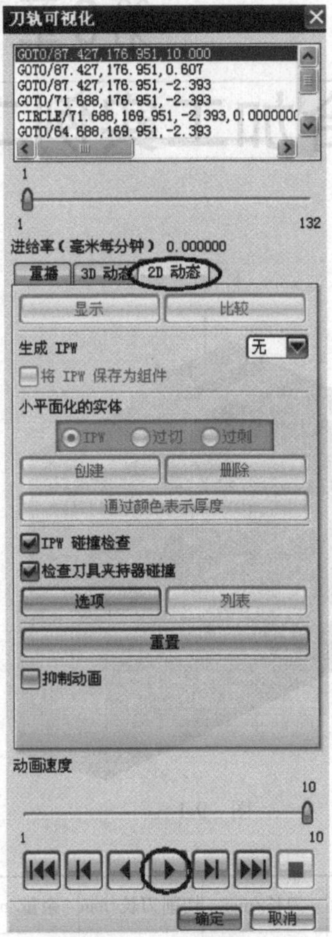
刀轨可视化
GOTO/87.427,176.951,10.000
GOTO/87.427,176.951,0.607
GOTO/87.427,176.951,-2.393
GOTO/71.688,176.951,-2.393
CIRCLE/71.688,169.951,-2.393,0.0000000
GOTO/64.688,169.951,-2.393
1
1
132
进给率（毫米每分钟） 0.000000
重播
3D 动态
2D 动态
显示
比较
生成 IPW
无
将 IPW 保存为组件
小平面化的实体
IPW
过切
过剩
创建
删除
通过颜色表示厚度
IPW 碰撞检查
检查刀具夹持器碰撞
选项
列表
重置
抑制动画
动画速度
10
1
10
确定
取消

图 8-134

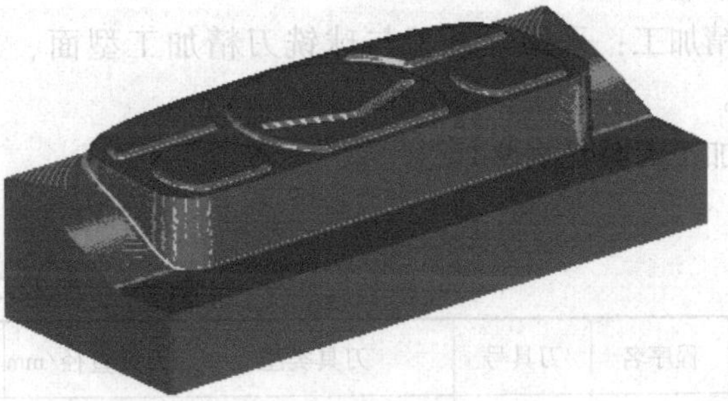

图 8-135

第9章 综合加工实例二

实例说明

本章主要讲述镶件加工。镶件外形及高度尺寸已经加工到位，其镶件模型如图 9-1 所示，毛坯材料为 P20，刀具采用硬质合金刀具。

其加工思路为：首先分析模型的加工区域，选用恰当的刀具与加工路线。

粗加工：采用较大直径圆鼻刀分层铣削，型面留余量为 0. 3mm。

精加工：采用立铣刀与球铣刀精加工型面、清根。

加工刀具见表 9-1。

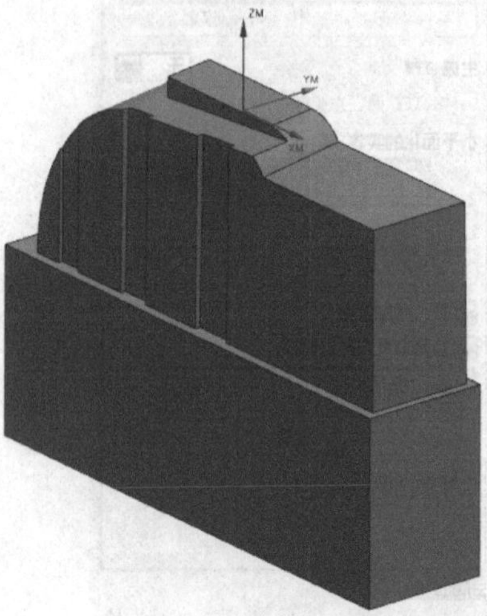
ZM
YM
XM

图 9-1

表 9-1 加工刀具

序号	程序名	刀具号	刀具类型	刀具直径/mm	R 圆角/mm	刀长/mm	切削刃长/mm	余量/mm
1	R1	1	EM16R0. 8 圆鼻刀	ϕ16	0. 8	160	60	0. 3
2	F1	2	BM6 球铣刀	ϕ6	3	160	60	0
3	F2	2	BM6 球铣刀	ϕ6	3	160	60	0
4	F3	1	EM16R0. 8 圆鼻刀	ϕ16	0. 8	160	60	0
5	F4	3	EM8 立铣刀	ϕ8	0	75	20	0
6	F5	3	EM8 立铣刀	ϕ8	0	75	20	0
7	F6	3	EM8 立铣刀	ϕ8	0	75	20	0
8	F7	3	EM8 立铣刀	ϕ8	0	75	20	0
9	F8	3	EM8 立铣刀	ϕ8	0	75	20	0

加工工艺方案见表 9-2。

表 9-2 加工工艺方案

序号	方法	加工方式	程序名	主轴转速 n/r · min^{-1}	进给速度 v_f/mm · min^{-1}	说明
1	粗加工	型腔铣	R1	3500	1600	去除大余量
2	精加工	区域轮廓铣	F1	5000	1200	精加工型面
3	精加工	区域轮廓铣	F2	5000	1200	精加工型面
4	精加工	深度加工轮廓铣	F3	5000	1600	精加工型面
5	精加工	深度加工轮廓铣	F4	5000	1600	精加工型面
6	精加工	深度加工轮廓铣	F5	5000	1600	精加工型面
7	精加工	深度加工轮廓铣	F6	5000	1600	精加工型面
8	精加工	面铣	F7	4500	600	精加工型面
9	精加工	面铣	F8	4500	600	精加工型面

学习目标

通过该章实例的练习，使读者能熟练掌握模具镶件加工，了解铣削加工类型的适用范围和加工规律，以及它们之间的区别，巩固和延伸前面所学知识，调整加工思路及提高复杂模型的加工技巧。

9.1 打开文件

选择菜单中的【文件】/【打开(O)...】命令或选择（打开）文件图标，出现【打开】部件对话框，在本书附的资源包 \ parts \ 9 \ zh-2 文件，单击 OK 按钮，打开部件，模具镶件模型如图 9-1 所示。

9.2 创建毛坯和辅助实体

1. 进入建模和注塑模向导模块

在选择菜单中的【开始】下拉框中选择【建模(M)...】模块，如图 9-2 所示，进入建模应用模块。

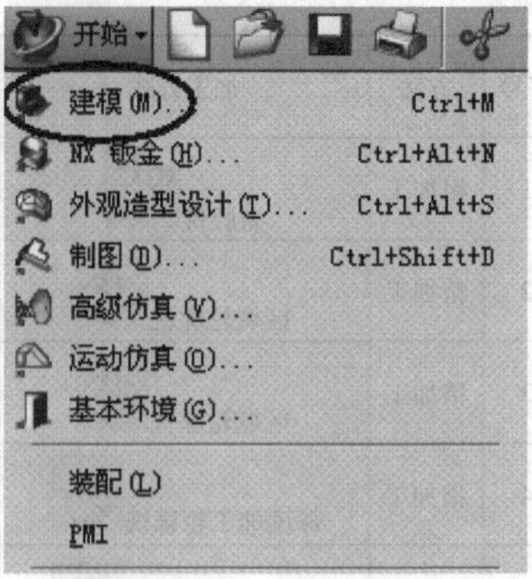
开始
建模(M)... Ctrl+M
NX 钣金(H)... Ctrl+Alt+N
外观造型设计(T)... Ctrl+Alt+S
制图(D)... Ctrl+Shift+D
高级仿真(V)...
运动仿真(O)...
基本环境(G)...
装配(L)
PMI

图 9-2

在选择菜单中的【开始▾】下拉框中选择【所有应用模块】模块菜单下的注塑模向导(Z)模块，如图 9-3 所示，进入注塑模向导应用模块。

2. 创建毛坯方块

在【注塑模】工具条中选择（创建方块）图标，出现【创建方块】对话框，如图 9-4 所示。在主界面面规则下拉框中选择体的面选项，然后在图形中选择如图 9-5 所示模型面，在【创建方块】对话框默认间隙栏输入 0，单击确定按钮，完成创建方块，如图 9-6 所示。

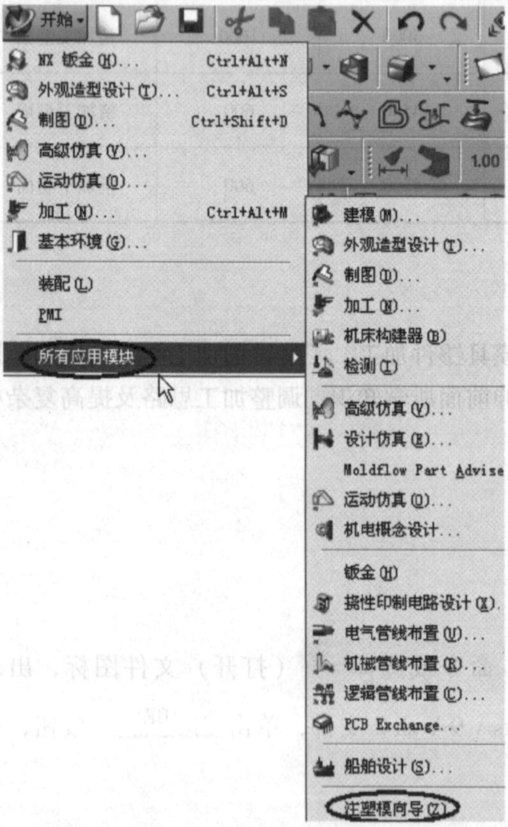
开始
NX 钣金(H)... Ctrl+Alt+N
外观造型设计(T)... Ctrl+Alt+S
制图(D)... Ctrl+Shift+D
高级仿真(V)...
运动仿真(O)...
加工(N)... Ctrl+Alt+M
基本环境(G)...
装配(L)
PMI
所有应用模块
建模(M)...
外观造型设计(T)...
制图(D)...
加工(N)...
机床构建器(B)
检测(I)
高级仿真(V)...
设计仿真(E)...
Moldflow Part Advise
运动仿真(O)...
机电概念设计...
钣金(H)
挠性印制电路设计(X)...
电气管线布置(U)...
机械管线布置(R)...
逻辑管线布置(C)...
PCB Exchange...
船舶设计(S)...
注塑模向导(Z)

图 9-3

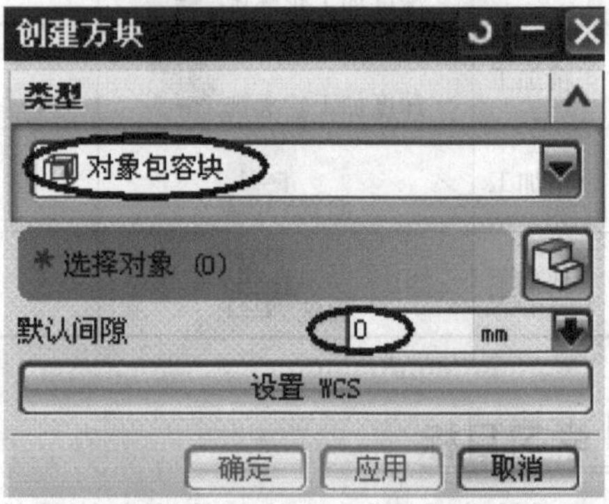
创建方块
类型
对象包容块
* 选择对象 (0)
默认间隙
0
mm
设置 WCS
确定
应用
取消

图 9-4

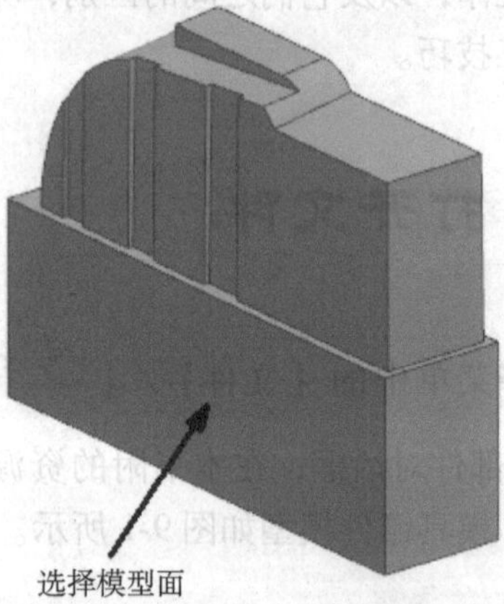
选择模型面

图 9-5

3. 创建辅助方块

首先隐藏毛坯方块，然后按照步骤 2 的方法创建辅助方块，在主界面面规则下拉框中选择单个面选项，然后在图形中选择如图 9-7 所示 3 个模型面，在【创建方块】

对话框 默认间隙 栏输入 0，单击 确定 按钮，完成创建方块，如图 9-8 所示。

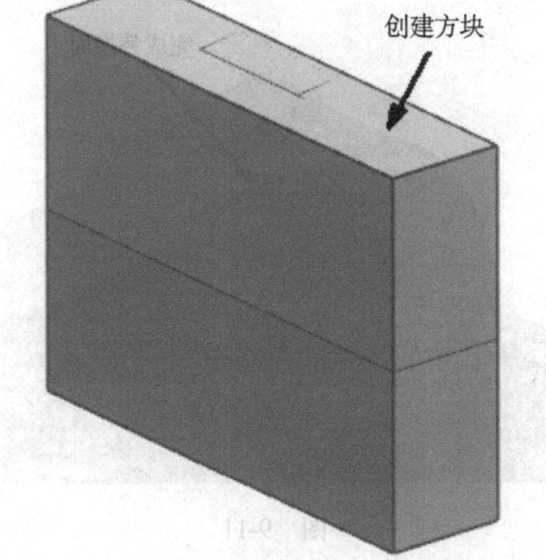
创建方块

图 9-6

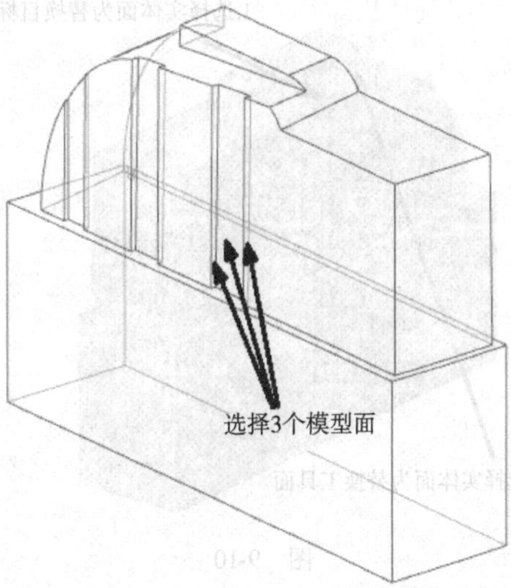
选择3个模型面

图 9-7

4. 创建替换面特征

选择菜单中的【插入(S)】/【同步建模(I)】/【替换面(R)...】命令或在【同步建模】工具条中选择 （替换面）图标，出现【替换面】对话框，如图 9-9 所示。在图形中选择如图 9-10 所示的实体面为替换目标面，然后按下鼠标中键或在【替换面】对话框中选择 （面）图标，在图形中选择如图 9-10 所示的实体面为替换工具面，最后单击 确定 按钮，完成替换面特征，如图 9-11 所示。

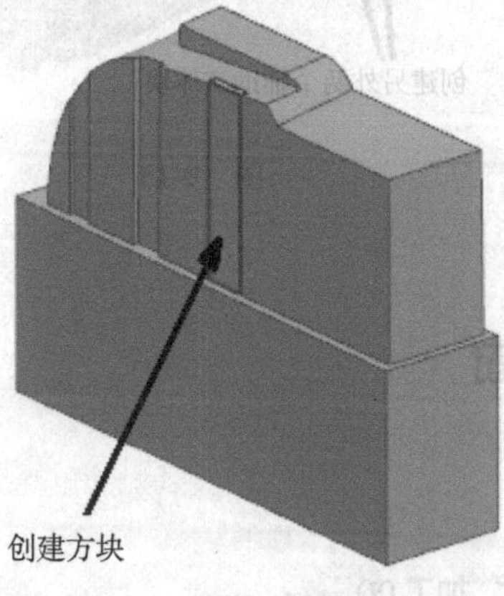
创建方块

图 9-8

替换面
要替换的面
选择面 (1)
替换面
选择面 (1)
反向
偏置
距离
0
mm
反向
设置
预览
< 确定 >
应用
取消

图 9-9

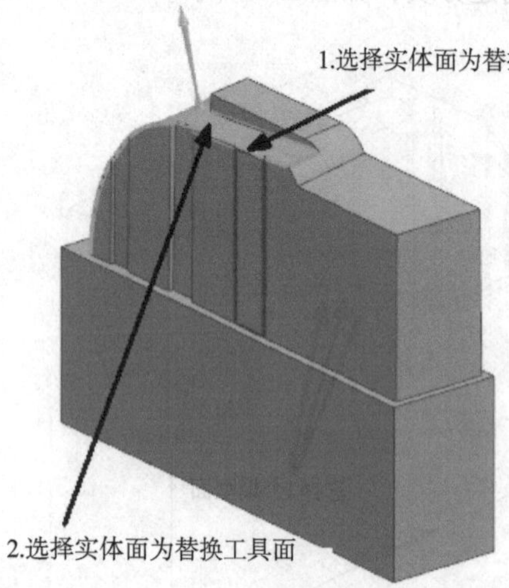
1.选择实体面为替换目标面
2.选择实体面为替换工具面

图 9-10

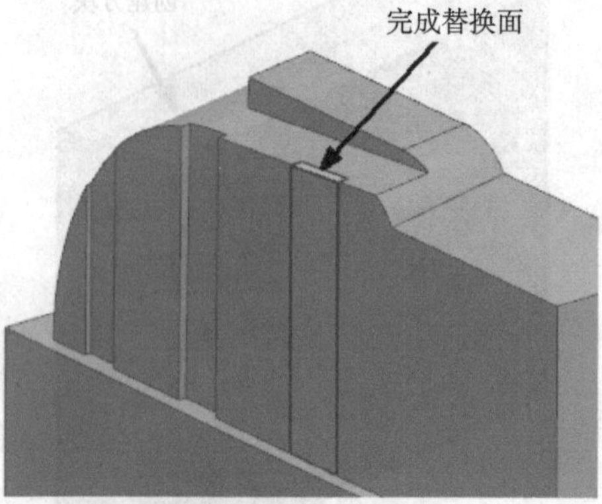
完成替换面

图 9-11

按照上述方法，依次对方块的前侧面和底面创建替换面到模型面，完成如图 9-12 所示。

5. 创建另外两个辅助实体块

按照步骤 3、步骤 4 的方法，分别创建另外两个辅助实体块，并创建替换面特征，完成如图 9-13 所示。

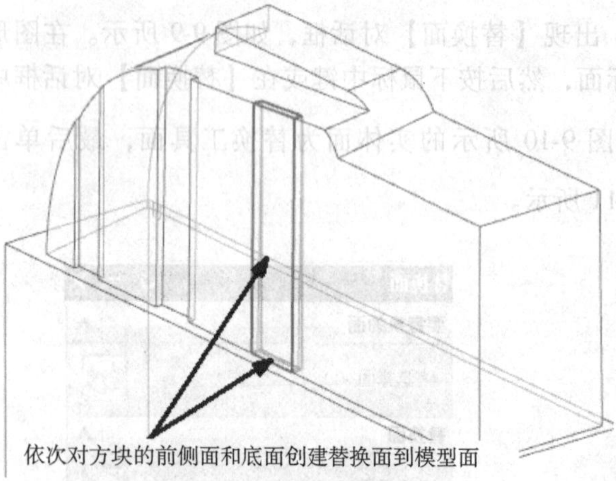
依次对方块的前侧面和底面创建替换面到模型面

图 9-12

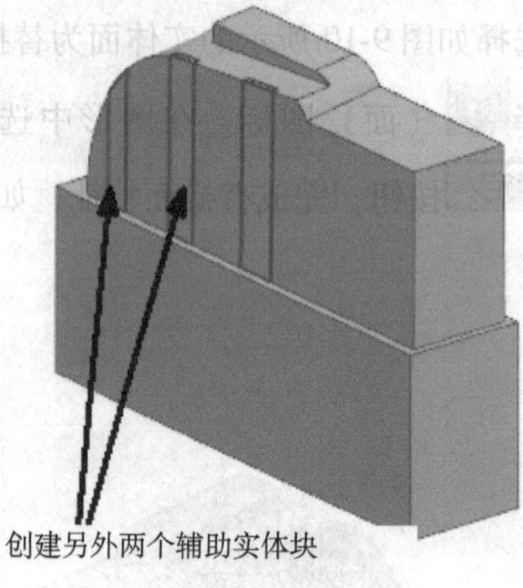
创建另外两个辅助实体块

图 9-13

9.3 设置加工坐标系及安全平面

1. 进入加工模块

在选择菜单中的【开始】下拉框中选择【加工(N)...】模块，如图 9-14 所示，进入加工应用模块。

2. 设置加工环境

选择【加工(N)...】模块后系统出现【加工环境】对话框，如图 9-15 所示。在 CAM 会话配置 列表框中选择 cam_general，在 要创建的 CAM 设置 列表框中选择 mill_contour，单击 确定 按钮，进入加工初始化，在导航器栏出现（操作导航器）图标，如图 9-16 所示。

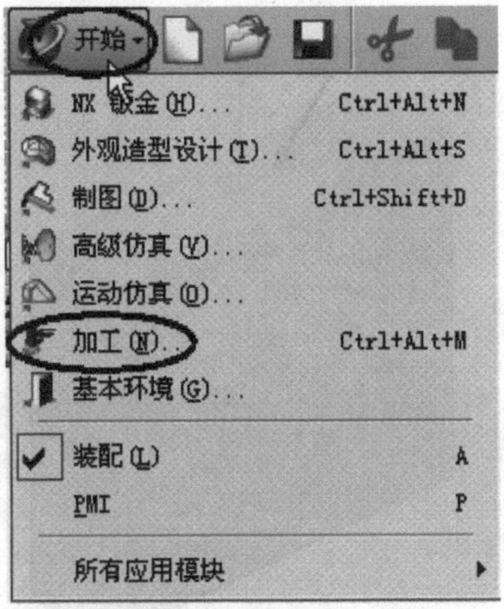
开始
NX 钣金(H)... Ctrl+Alt+N
外观造型设计(T)... Ctrl+Alt+S
制图(D)... Ctrl+Shift+D
高级仿真(V)...
运动仿真(O)...
加工(N)... Ctrl+Alt+M
基本环境(G)...
装配(L) A
PMI P
所有应用模块

图 9-14

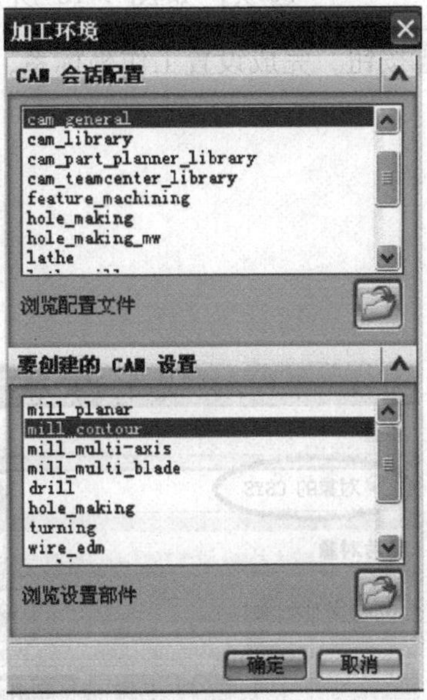
加工环境
CAM 会话配置
cam_general
cam_library
cam_part_planner_library
cam_teamcenter_library
feature_machining
hole_making
hole_making_mw
lathe
浏览配置文件
要创建的 CAM 设置
mill_planar
mill_contour
mill_multi-axis
mill_multi_blade
drill
hole_making
turning
wire_edm
浏览设置部件
确定
取消

图 9-15

3. 设置操作导航器的视图为几何视图

选择菜单中的【工具(T)】/【操作导航器(O)】/【视图(V)】/【几何视图(G)】命令或在【导航器】工具条中选择（几何视图）图标，更新的操作导航器视图如图 9-17 所示。

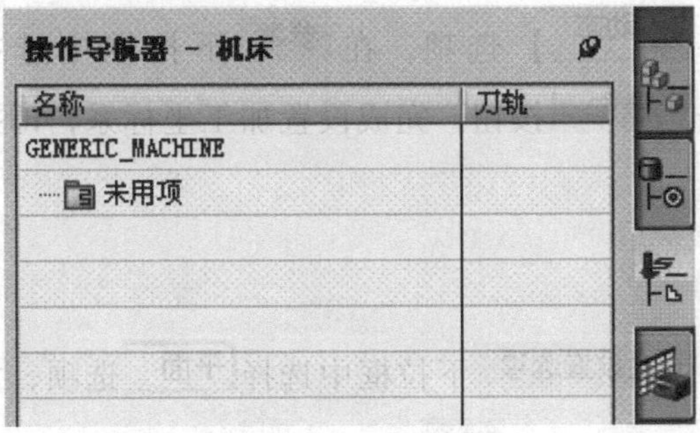
操作导航器 - 机床
名称
刀轨
GENERIC_MACHINE
未用项

图 9-16

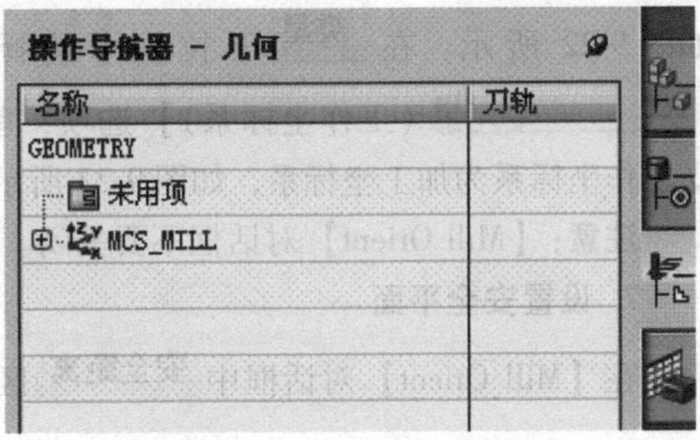
操作导航器 - 几何
名称
刀轨
GEOMETRY
未用项
MCS_MILL

图 9-17

4. 显示毛坯几何体

在【实用】工具条中选择（全部显示）图标，将毛坯几何体显示。

5. 设置工作坐标系

选择菜单中的【格式(R)】/【WCS】/【定向(N)...】命令或在【曲线】工具条中选择（WCS 定向）图标，出现【CSYS】对话框，在类型下拉框中选择对象的 CSYS 选项，如图 9-18 所示。在图形中选择如图 9-19 所示的实体面，单击确定按钮，完成设置工作坐标系，如图 9-20 所示。

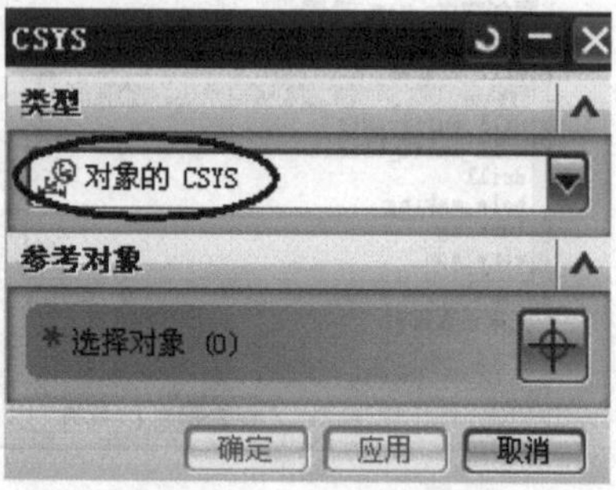
CSYS
类型
对象的 CSYS
参考对象
* 选择对象 (0)
确定
应用
取消

图 9-18

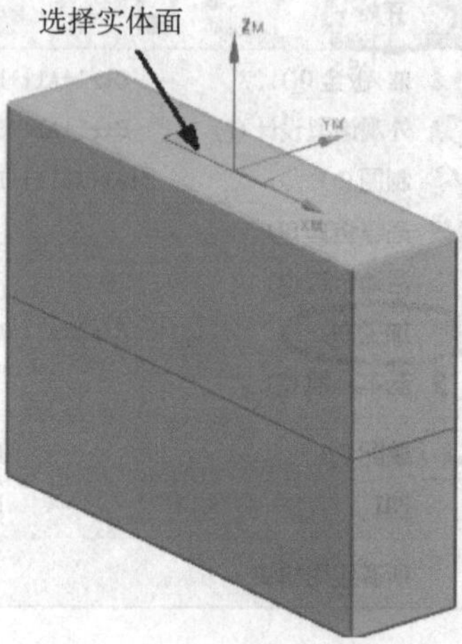
选择实体面

图 9-19

6. 设置加工坐标系

在操作导航器中双击 MCS_MILL （加工坐标系）图标，出现【Mill Orient】对话框，如图 9-21 所示。在指定 MCS 区域中选择（CSYS 会话）图标，出现【CSYS】对话框，如图 9-22 所示。在类型下拉框中选择【动态】选项，在参考下拉框中选择【WCS（工作坐标系）】选项，单击确定按钮，完成设置加工坐标系，即接受工作坐标系为加工坐标系，如图 9-23 所示。

注意：【Mill Orient】对话框不要关闭。

7. 设置安全平面

在【Mill Orient】对话框中安全距离区域安全设置选项下拉框中选择平面选项，如图 9-24 所示。在图形中选择如图 9-25 所示的毛坯顶面，在距离栏输入 10，单击确定按钮，完成设置安全平面。

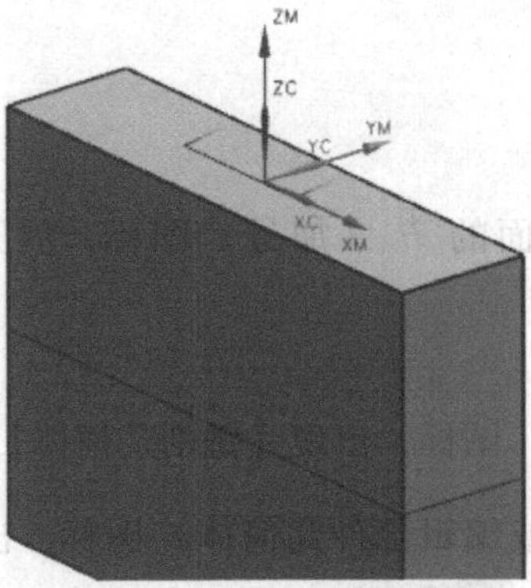
ZM
ZC
YC
YM
XC
XM

图 9-20

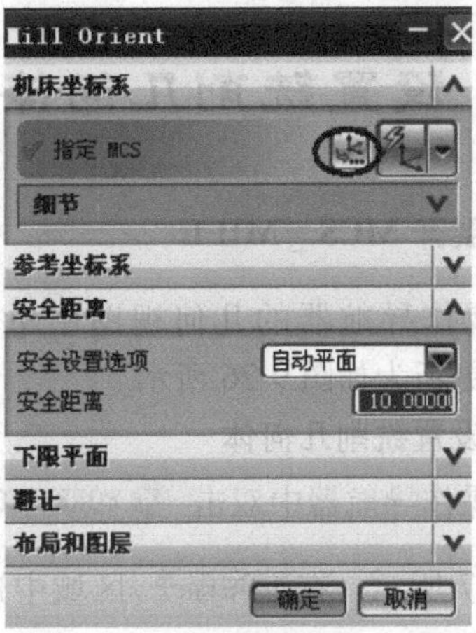
Mill Orient
机床坐标系
指定 MCS
细节
参考坐标系
安全距离
安全设置选项
自动平面
安全距离
10.0000
下限平面
避让
布局和图层
确定
取消

图 9-21

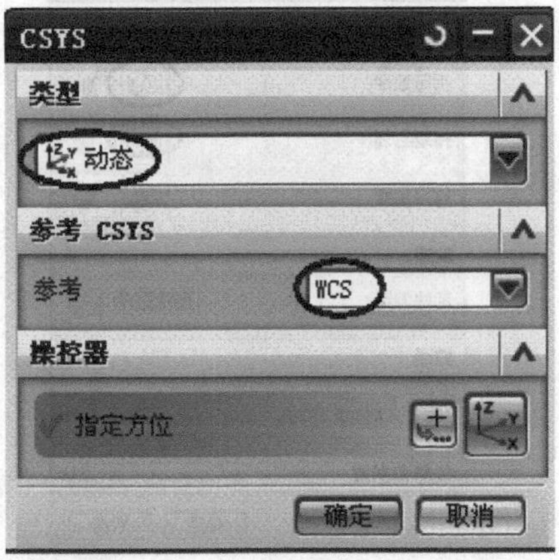
CSYS
类型
动态
参考 CSYS
参考
WCS
操控器
指定方位
确定
取消

图 9-22

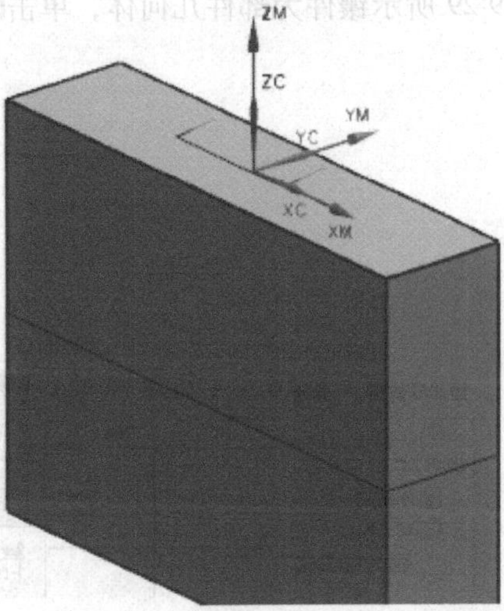
ZM
ZC
YM
YC
XC
XM

图 9-23

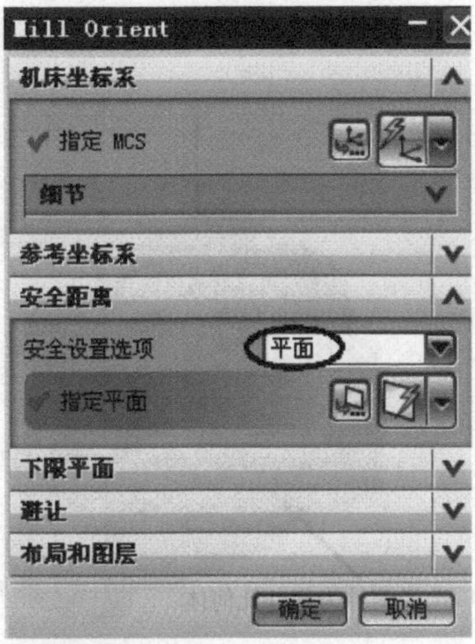
Mill Orient
机床坐标系
指定 MCS
细节
参考坐标系
安全距离
安全设置选项
平面
指定平面
下限平面
避让
布局和图层
确定
取消

图 9-24

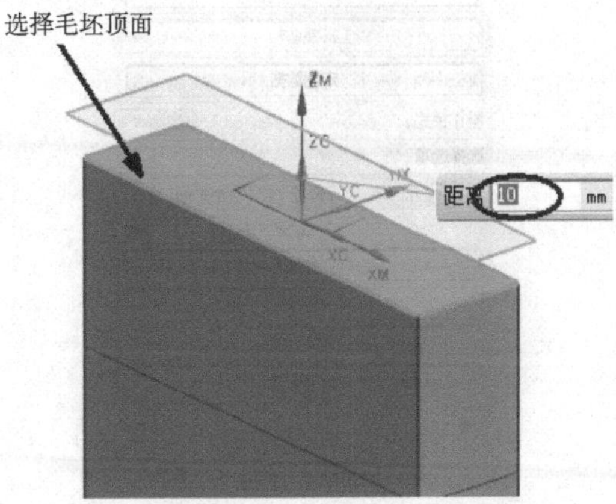
选择毛坯顶面
ZM
ZC
YM
YC
XC
XM
距离
10
mm

图 9-25

9.4 设置铣削几何体

1. 展开 MCS _ MILL

在操作导航器的几何视图中单击 MCS_MILL 前面的 ⊕（加号）图标，展开 MCS _ MILL，更新为如图 9-26 所示。

2. 设置铣削几何体

在操作导航器中双击 WORKPIECE（铣削几何体）图标，出现【铣削几何体】对话框，如图 9-27 所示。在 指定部件 区域中选择 （选择或编辑部件几何体）图标，出现【部件几何体】对话框，如图 9-28 所示。在 选择选项 中选中 ◉几何体 单选选项，在图形中选择如图 9-29 所示镶件为部件几何体，单击 确定 按钮，完成指定部件。

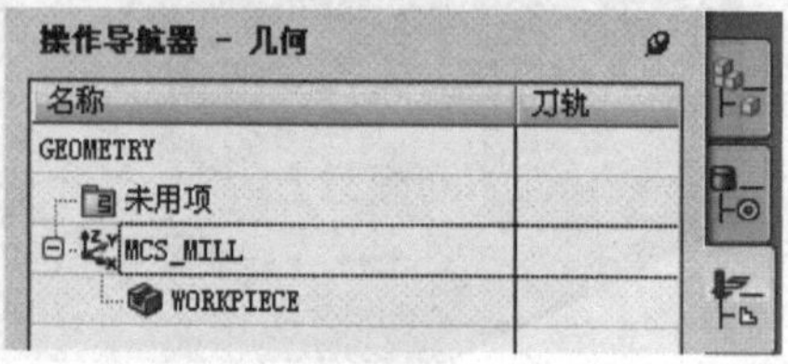
操作导航器 － 几何
名称
刀轨
GEOMETRY
未用项
MCS_MILL
WORKPIECE

图 9-26

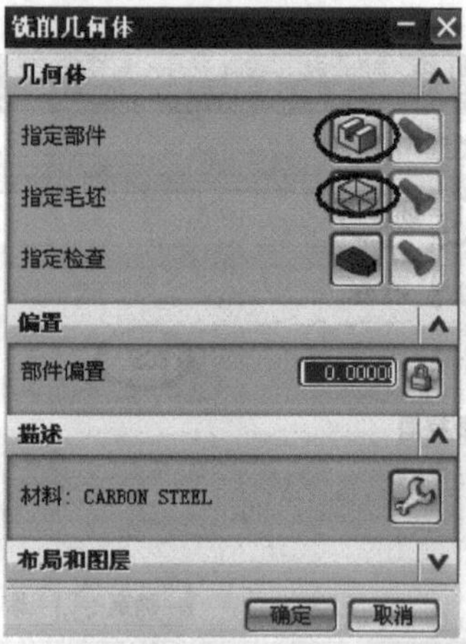
铣削几何体
几何体
指定部件
指定毛坯
指定检查
偏置
部件偏置
0.0000
描述
材料：CARBON STEEL
布局和图层
确定
取消

图 9-27

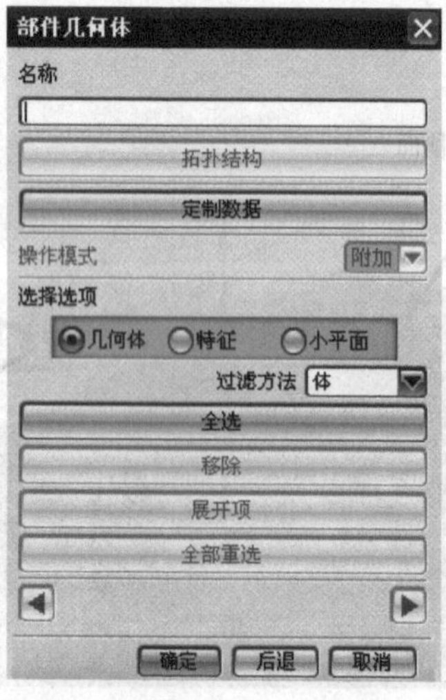
部件几何体
名称
拓扑结构
定制数据
操作模式
附加
选择选项
几何体
特征
小平面
过滤方法
体
全选
移除
展开项
全部重选
确定
后退
取消

图 9-28

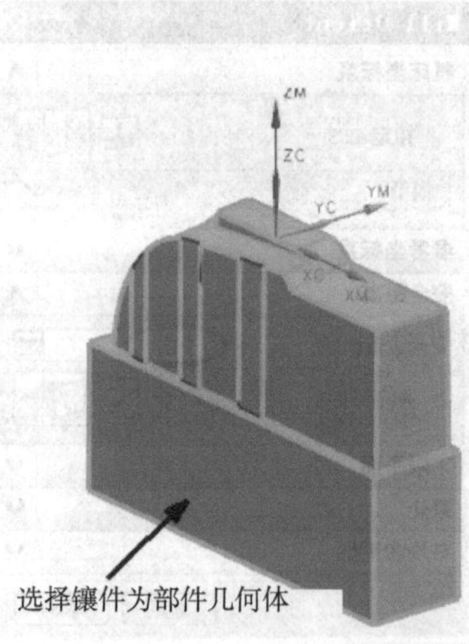
ZM
ZC
YC
YM
XC
XM
选择镶件为部件几何体

图 9-29

系统返回【铣削几何体】对话框，在指定毛坯区域中选择（选择或编辑毛坯几何体）图标，出现【毛坯几何体】对话框，如图 9-30 所示。在选择选项中选中几何体单选选项，在图形中选择如图 9-31 所示毛坯几何体，单击确定按钮，完成指定毛坯，系统返回【铣削几何体】对话框，单击确定按钮，完成设置铣削几何体。

3. 隐藏毛坯几何体及辅助方块（步骤略）。

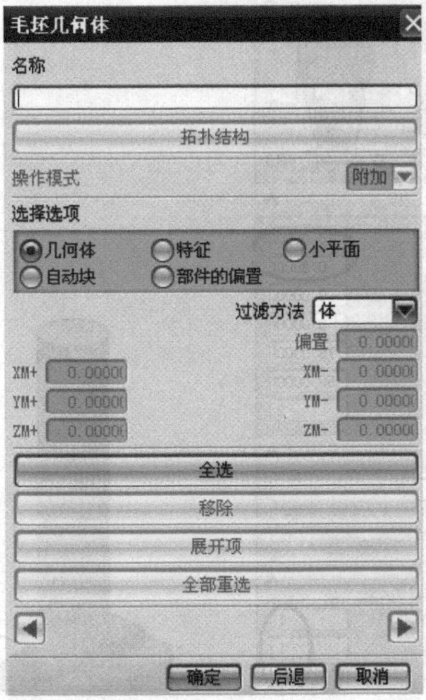
毛坯几何体
名称
拓扑结构
操作模式
附加
选择选项
几何体
特征
小平面
自动块
部件的偏置
过滤方法
体
偏置
XM+
YM+
ZM+
XM-
YM-
ZM-
全选
移除
展开项
全部重选
确定
后退
取消

图　9-30

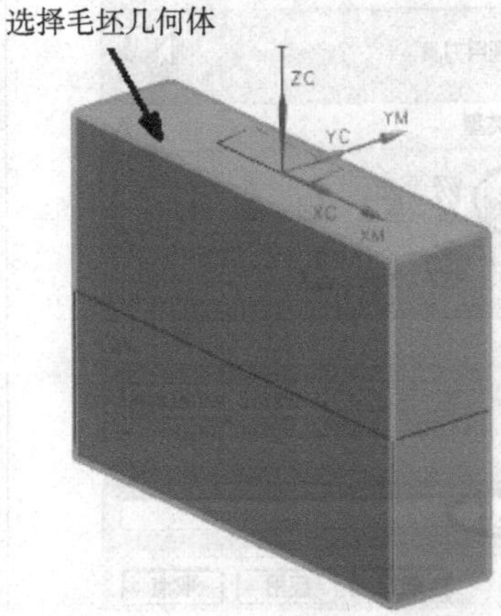
选择毛坯几何体
ZC
YM
YC
XC
XM

图　9-31

9.5　创建刀具

1. 设置操作导航器的视图为机床视图

选择菜单中的【工具(T)】/【操作导航器(O)】/【视图(V)】/【机床视图(T)】命令或在【导航器】工具条中选择（机床视图）图标。

2. 创建 EM16R0.8 圆鼻刀

选择菜单中的【插入(S)】/【刀具(T)...】命令或在【插入】工具条中选择（创建刀具）图标，出现【创建刀具】对话框，如图 9-32 所示。在刀具子类型中选择（铣刀）图标，在名称栏输入 EM16R0.8，单击确定按钮，出现【铣刀-5 参数】对话框，如图 9-33 所示。在直径、下半径栏分别输入 16、0.8，在刀具号、补偿寄存器、刀具补偿寄存器栏分别输入1、1、1，单击【确定】按钮，完成创建直径16m的圆鼻刀，如图9-34所示。

3. 按照步骤2的方法依次创建表9-1所列其余铣刀

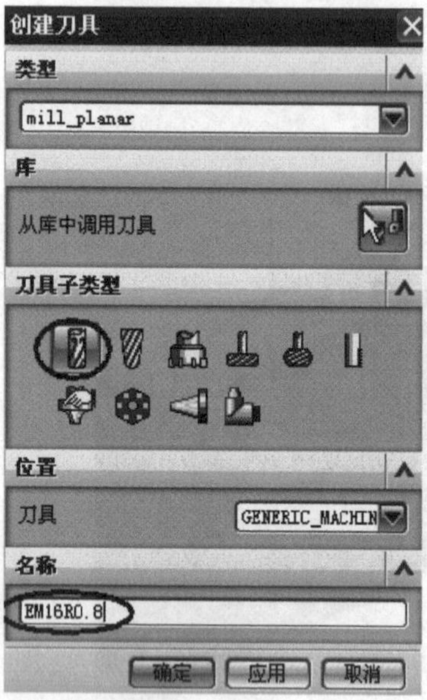
创建刀具
类型
mill_planar
库
从库中调用刀具
刀具子类型
位置
刀具
GENERIC_MACHIN
名称
EM16R0.8
确定
应用
取消

图 9-32

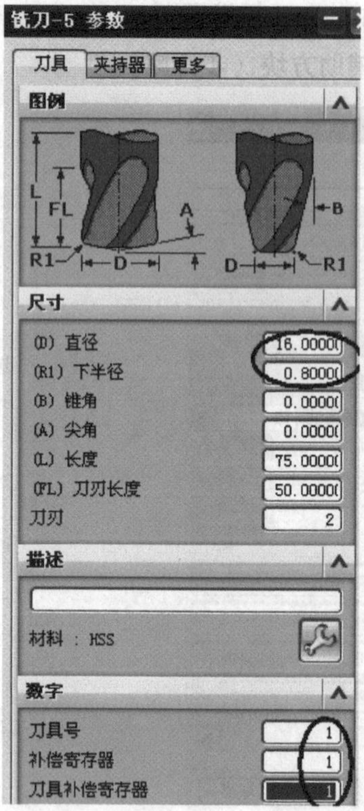
铣刀-5 参数
刀具
夹持器
更多
图例
L
FL
A
B
R1
D
尺寸
(D) 直径
16.0000
(R1) 下半径
0.8000
(B) 锥角
0.0000
(A) 尖角
0.0000
(L) 长度
75.0000
(FL) 刀刃长度
50.0000
刀刃
2
描述
材料 : HSS
数字
刀具号
1
补偿寄存器
1
刀具补偿寄存器
1

图 9-33

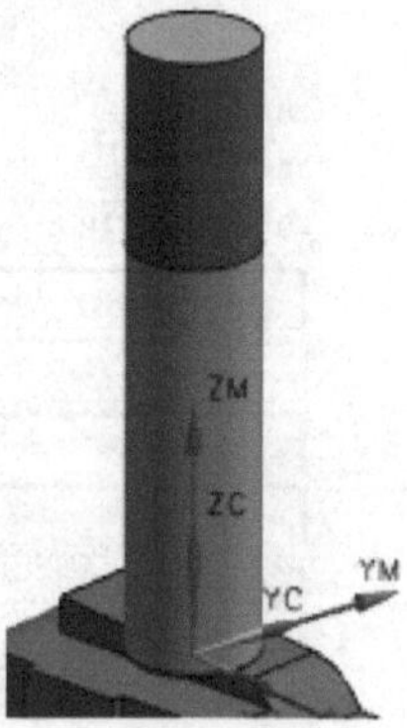
ZM
ZC
YM
YC

图 9-34

9.6 创建程序组父节点

1. 设置操作导航器的视图为程序顺序视图

选择菜单中的【工具(T)】/【操作导航器(O)】/【视图(V)】/【程序顺序视图(P)】命令或在【导航器】工具条中选择（程序顺序视图）图标，操作导航器的视图更新为程序顺序视图。

2. 创建粗加工程序组父节点

选择菜单中的【插入(S)】/【程序(P)...】命令或在【插入】工具条中选择（创建程序）图标，出现【创建程序】对话框，如图9-35所示。在程序下拉框中

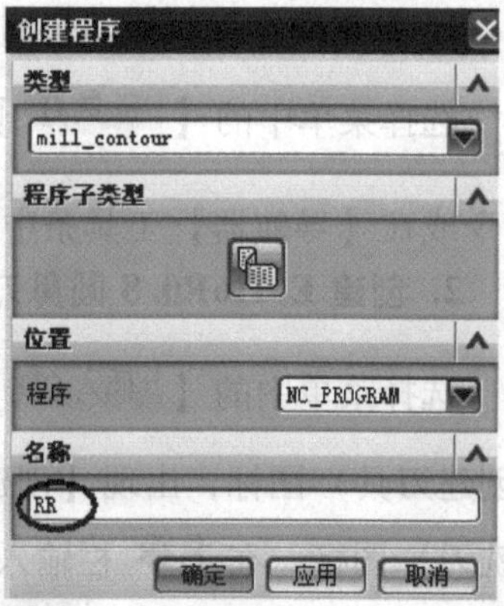
创建程序
类型
mill_contour
程序子类型
位置
程序
NC_PROGRAM
名称
RR
确定
应用
取消

图 9-35

选择【NC_PROGRAM】选项，在名称栏输入RR，单击确定按钮，出现【程序】指定参数对话框，如图9-36所示。单击确定按钮，完成创建粗加工程序组父节点。

3. 创建精加工程序组父节点

按照步骤2的方法，依次创建精加工程序组父节点FF，操作导航器的视图显示创建的程序组父节点，如图9-37所示。

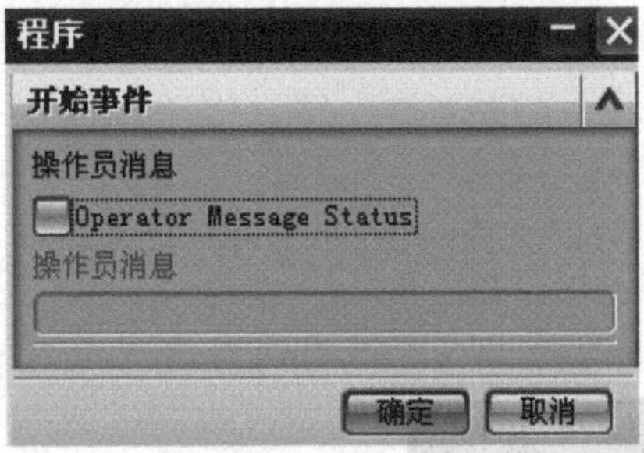

程序
开始事件
操作员消息
Operator Message Status
操作员消息
确定
取消

图 9-36

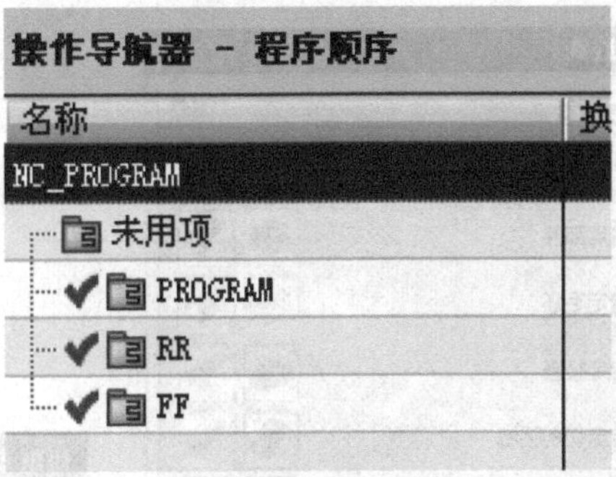

操作导航器 - 程序顺序
名称
换
NC_PROGRAM
未用项
PROGRAM
RR
FF

图 9-37

9.7 创建粗加工操作

1. 创建操作父节组选项

选择菜单中的【插入(S)】/【操作(E)...】命令或在【插入】工具条中选择（创建操作）图标，出现【创建操作】对话框，如图9-38所示。

在【创建操作】对话框中类型下拉框中选择mill_contour（型腔铣），在操作子类型区域中选择（通用型腔铣）图标，在程序下拉框中选择RR程序节点，在刀具下拉框中选择EM16R0.8 (Mill刀具节点，在几何体下拉框中选择WORKPIECE节点，在名称栏输入R1，如图9-38所示。单击确定按钮，系统出现【型腔铣】对话框，如图9-39所示。

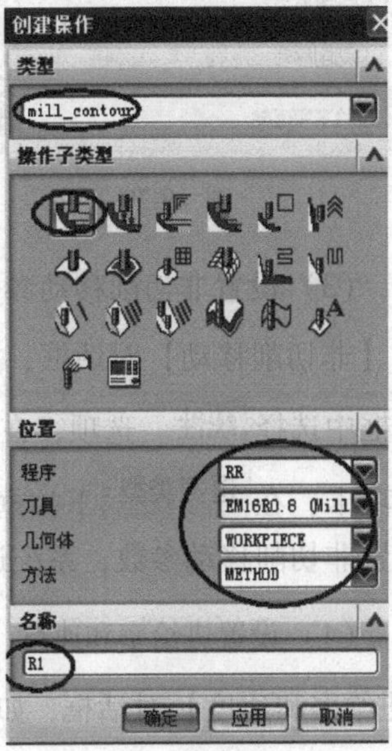

创建操作
类型
mill_contour
操作子类型
位置
程序
RR
刀具
EM16R0.8 (Mill
几何体
WORKPIECE
方法
METHOD
名称
R1
确定
应用
取消

图 9-38

2. 设置加工参数

(1) 设置切削模式 在【型腔铣】对话框中切削模式下拉框中选择跟随周边选项，在步距下拉框中选择刀具平直百分比选项，在平面直径百分比栏输入65，在每刀的公共深度下拉框中选择恒定选项，在距离栏输入0.3，如图9-39所示。

（2）设置切削参数　在【型腔铣】对话框中选择（切削参数）图标，出现【切削参数】对话框，如图 9-40 所示。选择 策略 选项卡，在 刀路方向 下拉框中选择 向内 选项，勾选 岛清根 选项，然后选择 余量 选项卡，在 部件侧面余量 栏输入 0.3，如图 9-41 所示。单击 确定 按钮，完成设置切削参数，系统返回【型腔铣】对话框。

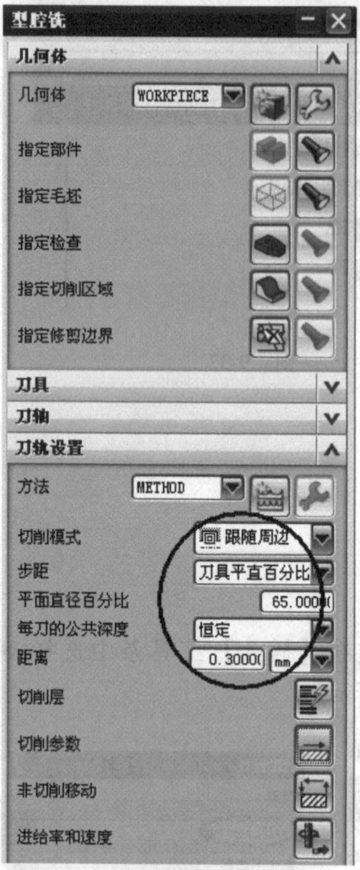
型腔铣
几何体
几何体
WORKPIECE
指定部件
指定毛坯
指定检查
指定切削区域
指定修剪边界
刀具
刀轴
刀轨设置
方法
METHOD
切削模式
跟随周边
步距
刀具平直百分比
平面直径百分比
65.0000
每刀的公共深度
恒定
距离
0.3000
mm
切削层
切削参数
非切削移动
进给率和速度

图　9-39

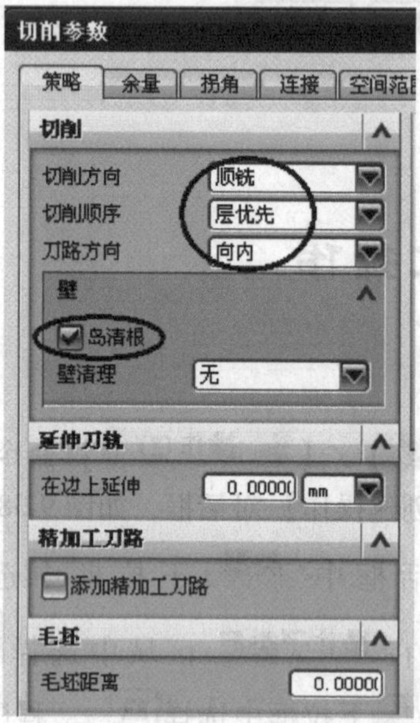
切削参数
策略
余量
拐角
连接
空间范
切削
切削方向
顺铣
切削顺序
层优先
刀路方向
向内
壁
岛清根
壁清理
无
延伸刀轨
在边上延伸
0.0000
mm
精加工刀路
添加精加工刀路
毛坯
毛坯距离
0.0000

图　9-40

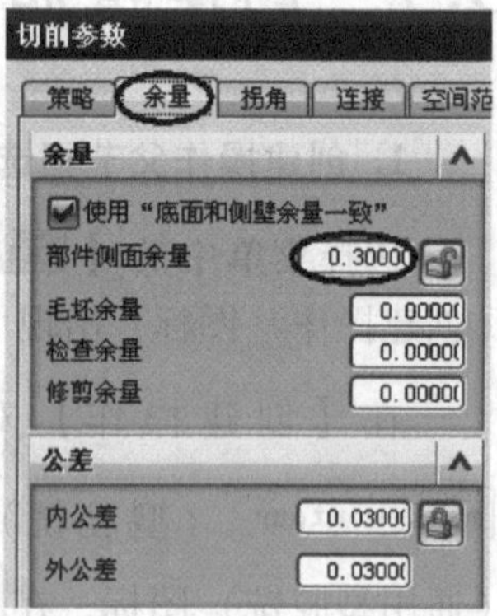
切削参数
策略
余量
拐角
连接
空间范
余量
使用“底面和侧壁余量一致”
部件侧面余量
0.3000
毛坯余量
0.0000
检查余量
0.0000
修剪余量
0.0000
公差
内公差
0.0300
外公差
0.0300

图　9-41

（3）设置非切削移动参数　在【型腔铣】对话框中选择（非切削移动）图标，出现【非切削移动】对话框，如图 9-42 所示。选择 进刀 选项卡，在 开放区域 / 进刀类型 下拉框中选择 线性 选项，在 长度 、 高度 栏分别输入 70、1，如图 9-42 所示。选择 退刀 选项卡，在 退刀类型 下拉框中选择 无 选项，如图 9-43 所示。单击 确定 按钮，完成设置非切削移动参数，系统返回【型腔铣】对话框。

（4）设置进给率和速度　在【型腔铣】对话框中选择（进给率和速度）图标，出现【进给率和速度】对话框，如图 9-44 所示。勾选 主轴速度（rpm）选项，在 主轴速度（rpm）、进给率 / 剪切 栏分别输入 3500、1600，如图 9-44 所示。单击 确定 按钮，完成设置进给率和速度，系统返回【型腔铣】对话框。

3. 生成刀轨

在【型腔铣】对话框中**操作**区域中选择（生成刀轨）图标，系统自动生成刀轨，如图 9-45 所示，单击确定按钮，接受刀轨。

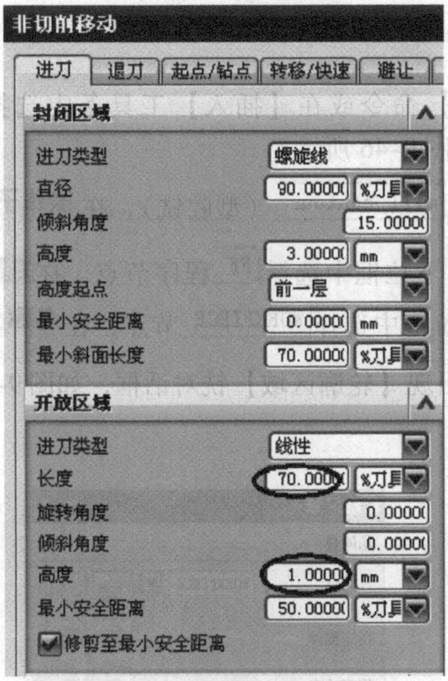
非切削移动
进刀
退刀
起点/钻点
转移/快速
避让
封闭区域
进刀类型
螺旋线
直径
90.0000
%刀具
倾斜角度
15.0000
高度
3.0000
mm
高度起点
前一层
最小安全距离
0.0000
mm
最小斜面长度
70.0000
%刀具
开放区域
进刀类型
线性
长度
70.0000
%刀具
旋转角度
0.0000
倾斜角度
0.0000
高度
1.0000
mm
最小安全距离
50.0000
%刀具
修剪至最小安全距离

图 9-42

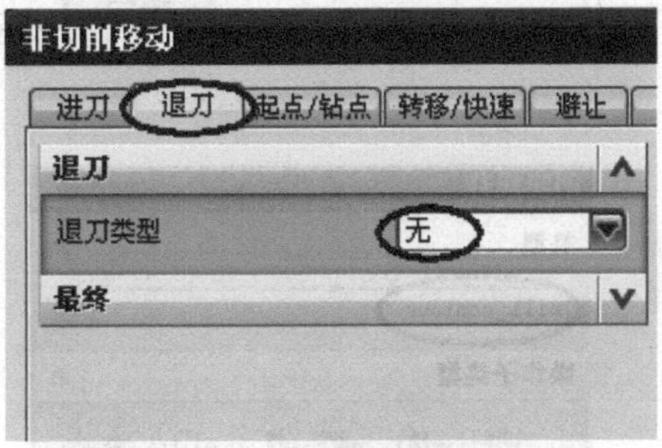
非切削移动
进刀
退刀
起点/钻点
转移/快速
避让
退刀
退刀类型
无
最终

图 9-43

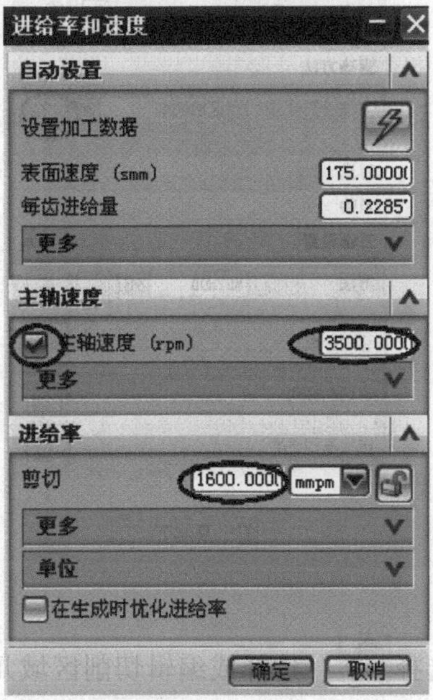
进给率和速度
自动设置
设置加工数据
表面速度 (smm)
175.0000
每齿进给量
0.2285
更多
主轴速度
主轴速度 (rpm)
3500.0000
更多
进给率
剪切
1600.0000
mmpm
更多
单位
在生成时优化进给率
确定
取消

图 9-44

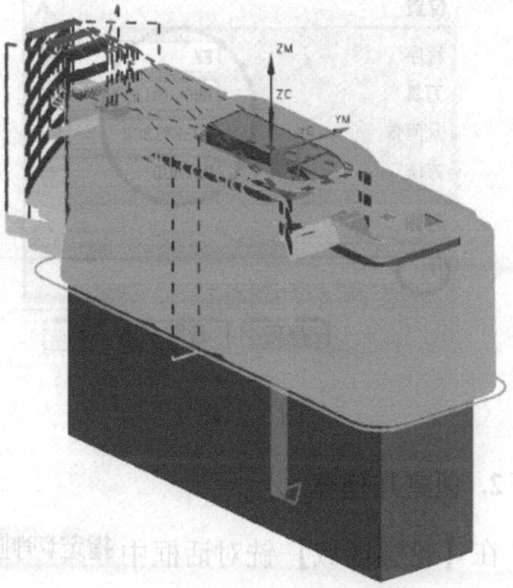
ZM
ZC
YM

图 9-45

9.8 创建精加工操作

9.8.1 创建精加工操作一

1. 创建操作父节组选项

选择菜单中的【插入(S)】/【操作(E)...】命令或在【插入】工具条中选择（创建操作）图标，出现【创建操作】对话框，如图9-46所示。

在【创建操作】对话框中类型下拉框中选择mill_contour（型腔铣），在操作子类型区域中选择（轮廓区域）铣削图标，在程序下拉框中选择FF程序节点，在刀具下拉框中选择BM6 (Milling T刀具节点，在几何体下拉框中选择WORKPIECE节点，在名称栏输入F1，如图9-46所示。单击确定按钮，系统出现【轮廓区域】铣对话框，如图9-47所示。

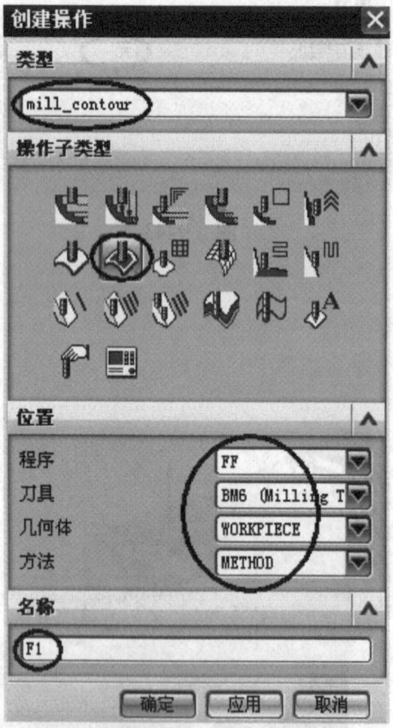
创建操作
类型
mill_contour
操作子类型
位置
程序
FF
刀具
BM6 (Milling T
几何体
WORKPIECE
方法
METHOD
名称
F1
确定
应用
取消

图 9-46

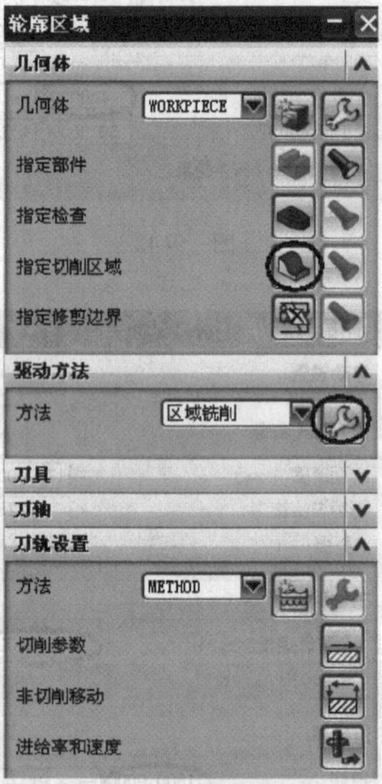
轮廓区域
几何体
几何体
WORKPIECE
指定部件
指定检查
指定切削区域
指定修剪边界
驱动方法
方法
区域铣削
刀具
刀轴
刀轨设置
方法
METHOD
切削参数
非切削移动
进给率和速度

图 9-47

2. 创建几何体

在【轮廓区域】铣对话框中指定切削区域区域选择（选择或编辑切削区域几何体）图标，出现【切削区域】几何体对话框，如图9-48所示。在选择选项区域中选择几何体选项，在过滤方法下拉框中选择面选项，然后在图形中选择如图 9-49 所示的曲面为切削区域，单击确定按钮，完成创建切削区域几何体，系统返回【轮廓区域】铣对话框。

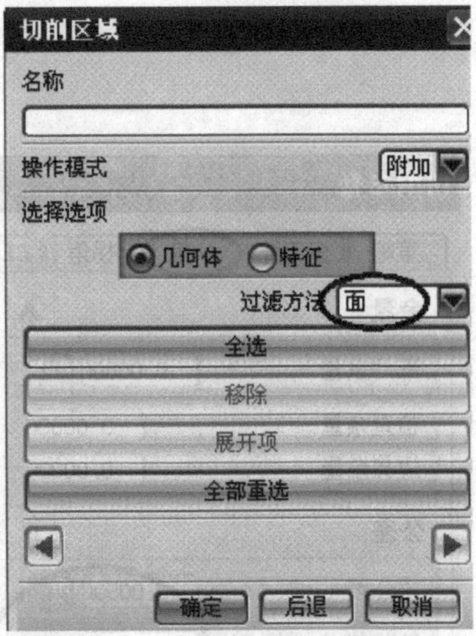
切削区域
名称
操作模式
附加
选择选项
几何体
特征
过滤方法
面
全选
移除
展开项
全部重选
确定
后退
取消

图 9-48

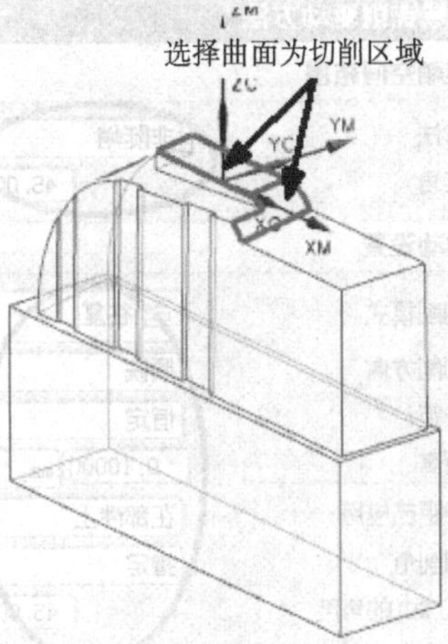
选择曲面为切削区域
ZC
YC
YM
XC
XM

图 9-49

3. 设置加工参数

(1) 设置驱动方法　在【轮廓区域】铣对话框中选择（编辑）图标，出现【区域铣削驱动方法】对话框，如图 9-50 所示。在陡峭空间范围/方法下拉框中选择非陡峭选项，在陡角栏输入 45，在切削模式下拉框中选择往复选项，在切削方向下拉框中选择顺铣选项，在步距下拉框中选择恒定选项，在距离栏输入 0.1，在步距已应用下拉框中选择在部件上选项，在切削角下拉框中选择指定选项，在从 XC 的角度栏输入 45，单击确定按钮，完成设置驱动方法，系统返回【轮廓区域】铣对话框。

(2) 设置切削参数　在【轮廓区域】铣对话框中选择（切削参数）图标，出现【切削参数】对话框，如图 9-51 所示。选择余量选项卡，在部件余量栏输入 0，在内公差、外公差、边界内公差、边界外公差栏分别输入 0.005，单击确定按钮，完成设置切削参数，系统返回【轮廓区域】铣对话框。

(3) 设置进给率和速度　在【轮廓区域】铣对话框中选择（进给率和速度）图标，出现【进给率和速度】对话框，如图 9-52 所示。勾选主轴速度（rpm）选项，在主轴速度（rpm）、进给率/剪切栏分别输入 5000、1200，单击确定按钮，完成设置进给率和速度，系统返回【轮廓区域】铣对话框。

4. 生成刀轨

在【轮廓区域】铣对话框中**操作**区域中选择（生成刀轨）图标，系统自动生成刀轨，出现【刀轨生成】对话框，单击 确定 按钮，系统自动生成刀轨，如图 9-53 所示，单击 确定 按钮，接受刀轨。

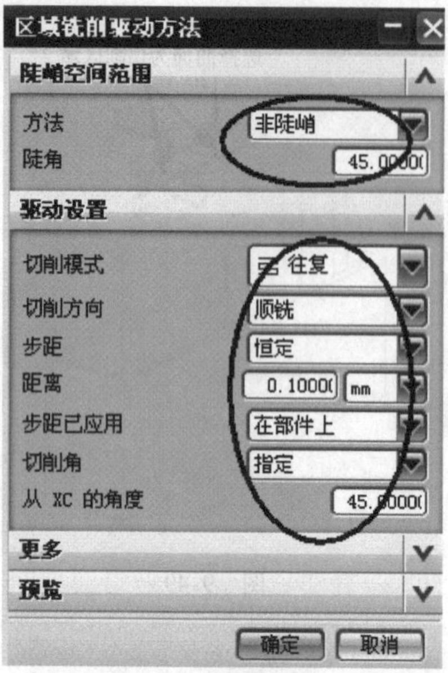
区域铣削驱动方法
陡峭空间范围
方法
非陡峭
陡角
45.0000(
驱动设置
切削模式
往复
切削方向
顺铣
步距
恒定
距离
0.1000(
mm
步距已应用
在部件上
切削角
指定
从 XC 的角度
45.0000(
更多
预览
确定
取消

图 9-50

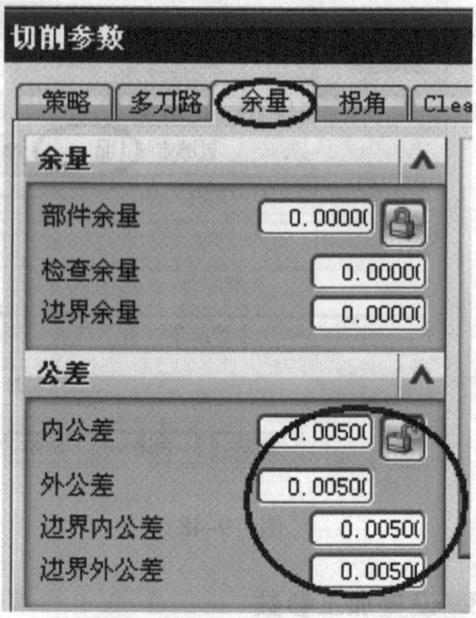
切削参数
策略
多刀路
余量
拐角
Clea
余量
部件余量
0.0000(
检查余量
0.0000(
边界余量
0.0000(
公差
内公差
0.0050(
外公差
0.0050(
边界内公差
0.0050(
边界外公差
0.0050(

图 9-51

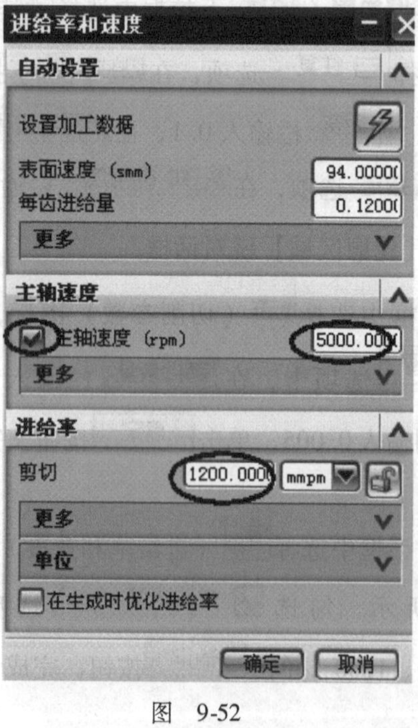
进给率和速度
自动设置
设置加工数据
表面速度（smm）
94.00000
每齿进给量
0.1200(
更多
主轴速度
主轴速度（rpm）
5000.000
更多
进给率
剪切
1200.000
mmpm
更多
单位
在生成时优化进给率
确定
取消

图 9-52

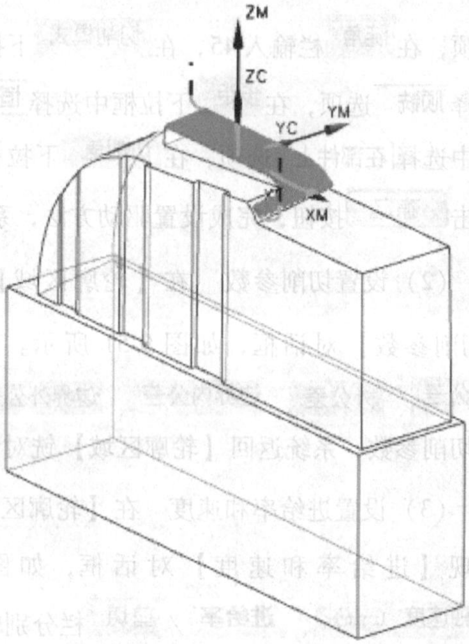
ZM
ZC
YC
YM
XM

图 9-53

9.8.2 创建精加工操作二

1. 复制操作 F1

在操作导航器机床视图 BM6 节点，复制操作 F1，如图 9-54 所示，并粘贴在 BM6 节点下，重新命名为 F2，操作如图 9-55 所示。

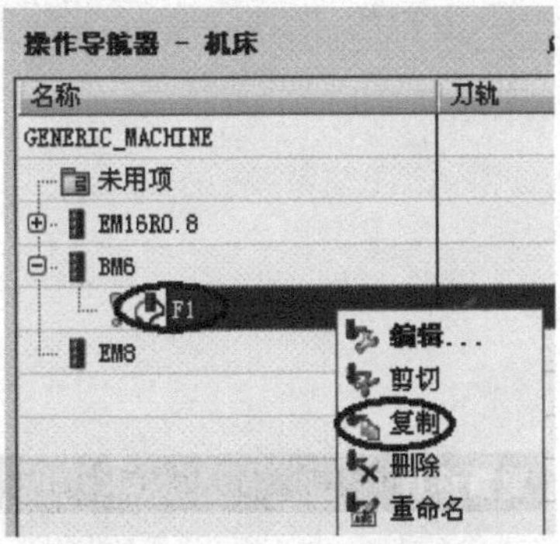
操作导航器 - 机床
名称
刀轨
GENERIC_MACHINE
未用项
EM16R0.8
BM6
F1
EM8
编辑...
剪切
复制
删除
重命名

图 9-54

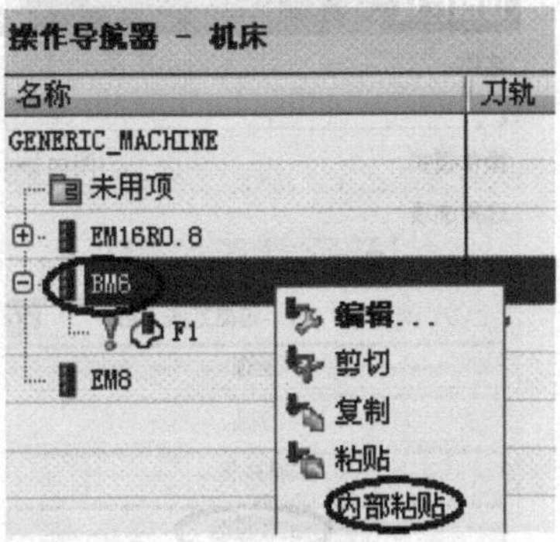
操作导航器 - 机床
名称
刀轨
GENERIC_MACHINE
未用项
EM16R0.8
BM6
F1
EM8
编辑...
剪切
复制
粘贴
内部粘贴

图 9-55

2. 创建几何体

在操作导航器下，双击 F2 操作，系统出现【轮廓区域】铣对话框，在 几何体 下拉框中选择 MCS_MILL 选项，如图 9-56 所示。

(1) 创建部件几何体　首先显示被隐藏的三个辅助方块（步骤略），然后在【轮廓区域】铣对话框 指定部件 区域中选择（选择或编辑部件几何体）图标，出现【部件几何体】对话框，如图 9-57 所示。单击 全选 按钮，单击 确定 按钮，完成创建部件几何体，系统返回【轮廓区域】铣对话框。

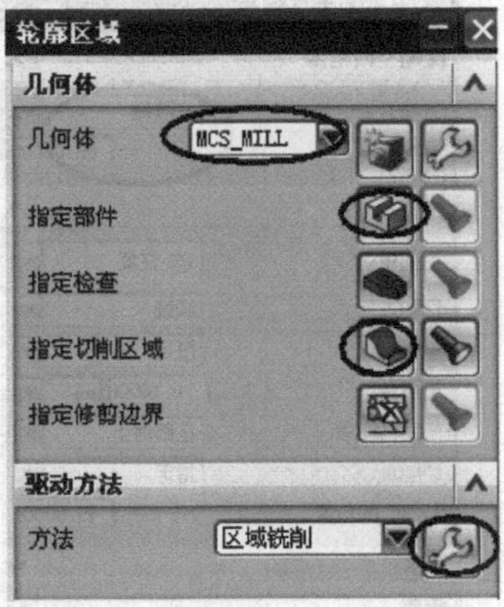
轮廓区域
几何体
几何体
MCS_MILL
指定部件
指定检查
指定切削区域
指定修剪边界
驱动方法
方法
区域铣削

图 9-56

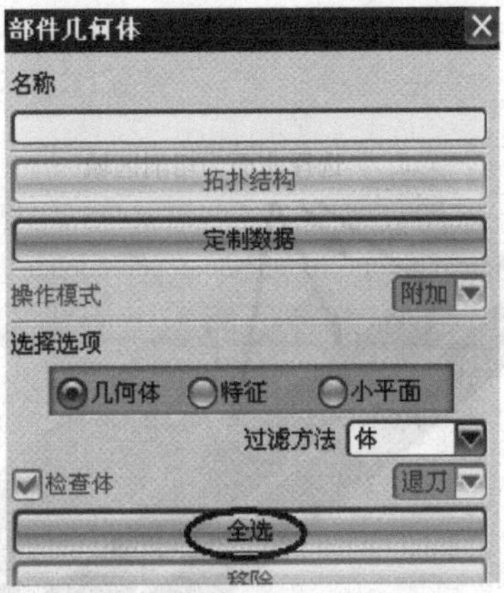
部件几何体
名称
拓扑结构
定制数据
操作模式
附加
选择选项
几何体
特征
小平面
过滤方法
体
检查体
退刀
全选

图 9-57

(2) 创建切削区域几何体　在【轮廓区域】铣对话框中 指定切削区域 区域选择（选

择或编辑切削区域几何体）图标，出现【切削区域】几何体对话框，如图 9-58 所示。单击 全部重选 按钮，出现【重新选择】对话框，如图 9-59 所示。单击 确定 按钮，完成移除切削区域几何体，然后在图形中选择如图 9-60 所示的曲面为切削区域，单击 确定 按钮，完成创建切削区域几何体，系统返回【轮廓区域】铣对话框。

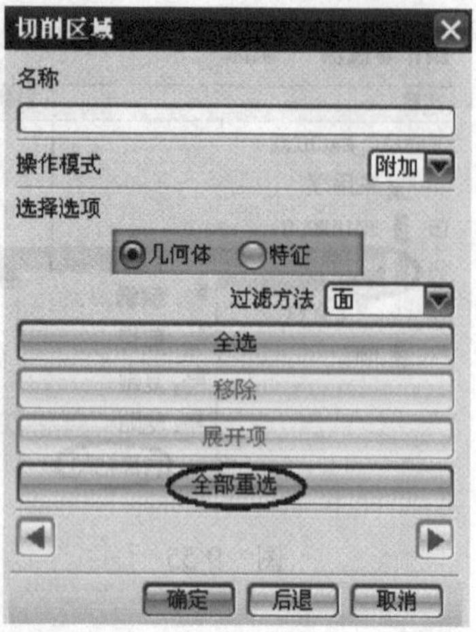
切削区域
名称
操作模式
附加
选择选项
几何体
特征
过滤方法
面
全选
移除
展开项
全部重选
确定
后退
取消

图 9-58

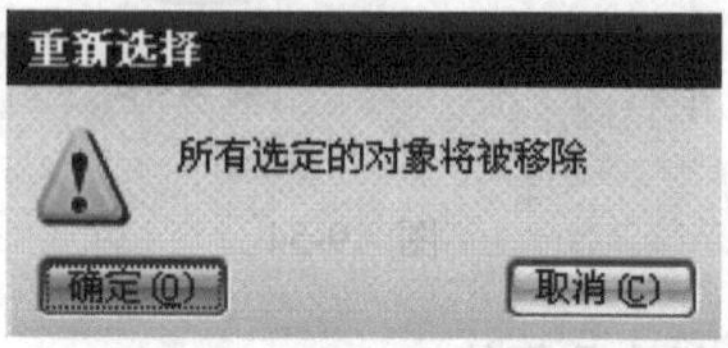
重新选择
所有选定的对象将被移除
确定(O)
取消(C)

图 9-59

3. 设置加工参数

（1）设置驱动方法　在【轮廓区域】铣对话框中选择（编辑）图标，出现【区域铣削驱动方法】对话框，如图 9-61 所示。在 陡峭空间范围 / 方法 下拉框中选择 非陡峭 选项，在 陡角 栏输入 85，其他参数跟前一操作相同，单击 确定 按钮，完成设置驱动方法，系统返回【轮廓区域】铣对话框。

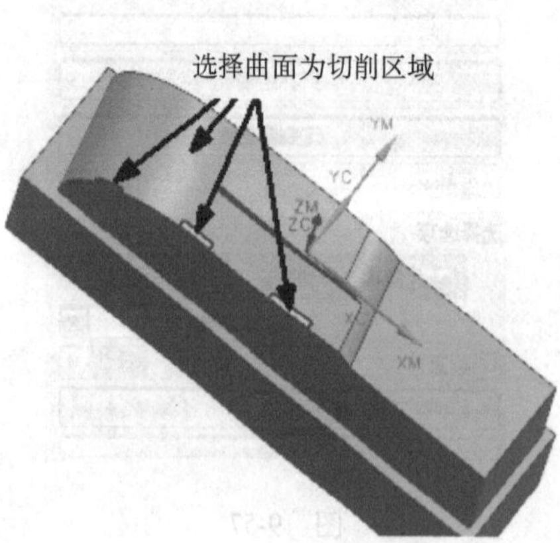
选择曲面为切削区域
YM
YC
ZM
ZC
XM

图 9-60

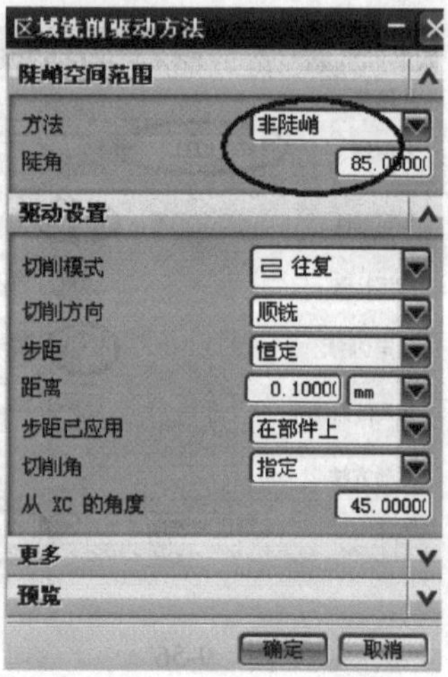
区域铣削驱动方法
陡峭空间范围
方法
非陡峭
陡角
85.0000
驱动设置
切削模式
往复
切削方向
顺铣
步距
恒定
距离
0.1000
mm
步距已应用
在部件上
切削角
指定
从 XC 的角度
45.0000
更多
预览
确定
取消

图 9-61

（2）设置非切削移动参数 在【轮廓区域】铣对话框中选择（非切削移动）图标，出现【非切削移动】对话框，如图9-62所示。选择 进刀 选项卡，在开放区域 / 进刀类型 下拉框中选择无 选项，单击 确定 按钮，完成设置非切削移动参数，系统返回【轮廓区域】铣对话框。

4. 生成刀轨

在【轮廓区域】铣对话框中 操作 区域中选择（生成刀轨）图标，系统自动生成刀轨，出现【刀轨生成】对话框，单击 确定 按钮，系统自动生成刀轨，如图9-63所示，单击 确定 按钮，接受刀轨。

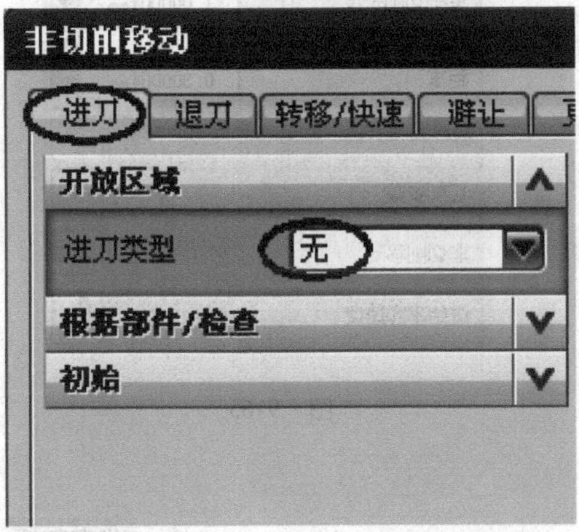
非切削移动
进刀
退刀
转移/快速
避让
开放区域
进刀类型
无
根据部件/检查
初始

图 9-62

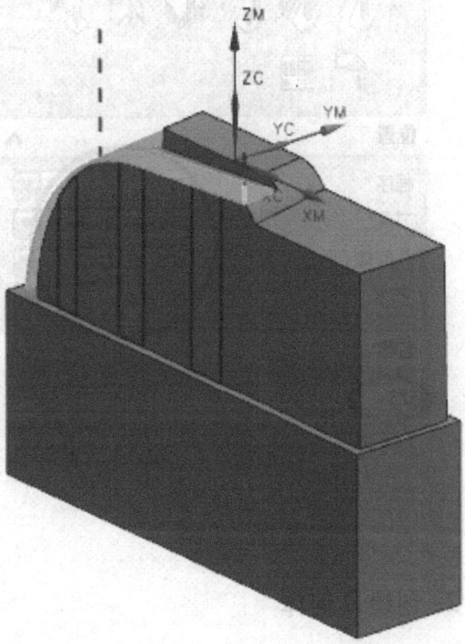
ZM
ZC
YM
YC
XM

图 9-63

9.8.3 创建精加工操作三

1. 创建操作父节组选项

选择菜单中的【 插入(S) 】/【 操作(E)... 】命令或在【插入】工具条中选择（创建操作）图标，出现【创建操作】对话框，如图9-64所示。

在【创建操作】对话框中 类型 下拉框中选择mill_contour（型腔铣），在操作子类型 区域中选择（深度加工轮廓）图标，在 程序 下拉框中选择FF 程序节点，在刀具 下拉框中选择EM16R0.8 (Mill 刀具节点，在几何体 下拉框中选择MCS_MILL 节点，在名称 栏输入F3，如图9-64所示。单击 确定 按钮，系统出现【深度加工轮廓】对话框，如图9-65所示。

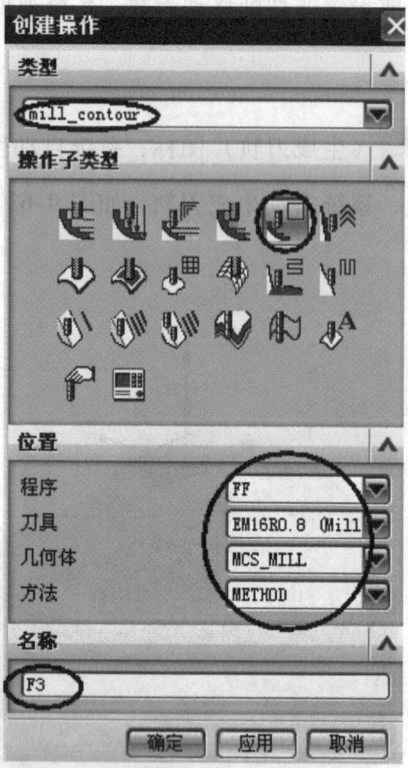
创建操作
类型
mill_contour
操作子类型
位置
程序
FF
刀具
EM16R0.8 (Mill
几何体
MCS_MILL
方法
METHOD
名称
F3
确定
应用
取消

图 9-64

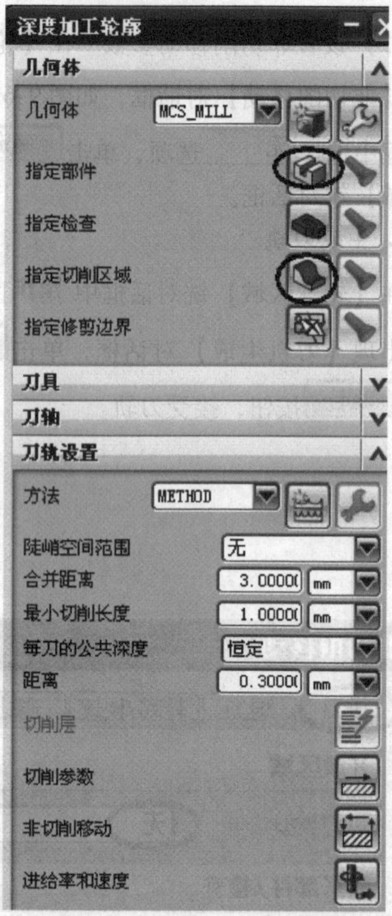
深度加工轮廓
几何体
几何体
MCS_MILL
指定部件
指定检查
指定切削区域
指定修剪边界
刀具
刀轴
刀轨设置
方法
METHOD
陡峭空间范围
无
合并距离
3.0000(
mm
最小切削长度
1.0000(
mm
每刀的公共深度
恒定
距离
0.3000(
mm
切削层
切削参数
非切削移动
进给率和速度

图 9-65

2. 创建几何体

（1）创建部件几何体（同 9.8.2 之步骤 2） 在【深度加工轮廓】对话框 指定部件 区域中选择（选择或编辑部件几何体）图标，出现【部件几何体】对话框，单击 全选 按钮，单击 确定 按钮，完成创建部件几何体，系统返回【轮廓区域】铣对话框。

（2）创建切削区域几何体 在【深度加工轮廓】对话框中 指定切削区域 区域中选择（选择或编辑切削区域几何体）图标，出现【切削区域】几何体对话框，在图形中选择如图 9-66 所示的曲面为切削区域，单击 确定 按钮，完成创建切削区域几何体，系统返回【深度加工轮廓】铣对话框。

3. 设置加工参数

（1）设置切削层 在【深度加工轮廓】对话框中选择（切削层）图标，出现【切削层】对话框，如图 9-67 所示。在 范围 1 的顶部 / 选择对象 区域中选择（选择对象）图标，在图形中选择如图9-68所示的面为范围顶部，在 每刀的深度 栏输入0.1，单击 确定 按钮，完成设置切削层，系统返回【深度加工轮廓】对话框。

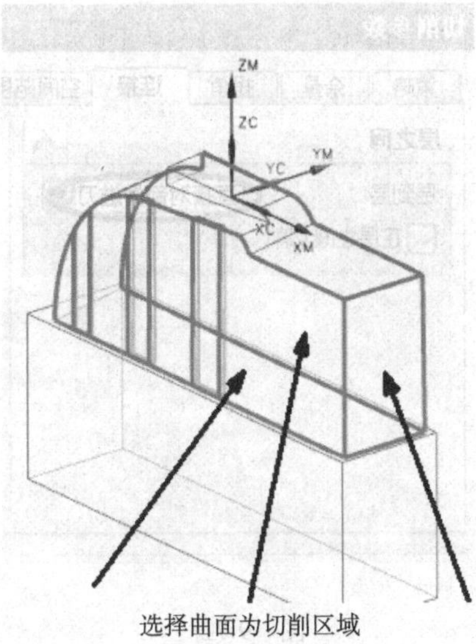
ZM
ZC
YC
YM
XC
XM
选择曲面为切削区域

图 9-66

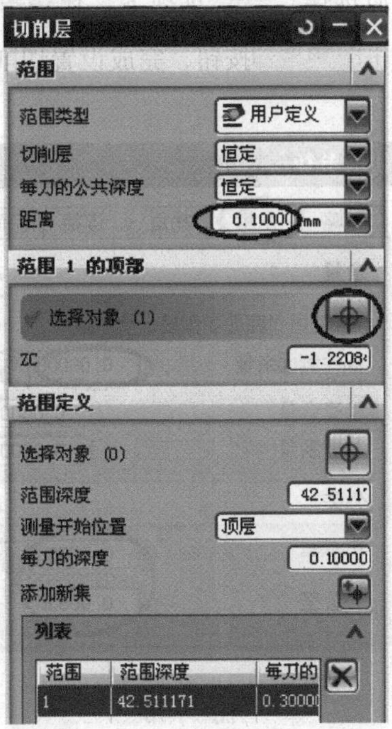
切削层
范围
范围类型
用户定义
切削层
恒定
每刀的公共深度
恒定
距离
0.1000(
mm
范围 1 的顶部
选择对象 (1)
ZC
-1.2208
范围定义
选择对象 (0)
范围深度
42.5111'
测量开始位置
顶层
每刀的深度
0.10000
添加新集
列表
范围
范围深度
每刀的
1
42.511171
0.3000(

图 9-67

（2）设置切削参数 在【深度加工轮廓】对话框中选择 （切削参数）图标，出现【切削参数】对话框，如图9-69所示。选择 策略 选项卡，在 切削方向 下拉框中选择 混合 选项，勾选 在边上延伸 选项，在 距离 栏输入1，取消勾选 在边缘滚动刀具 选项，然后选

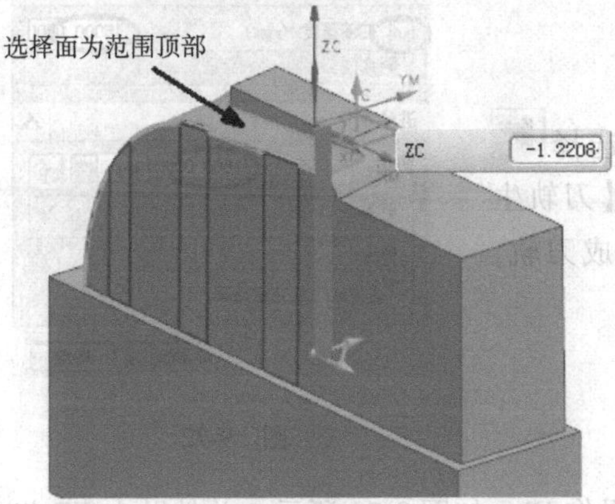
选择面为范围顶部
ZC
YM
ZC
-1.2208

图 9-68

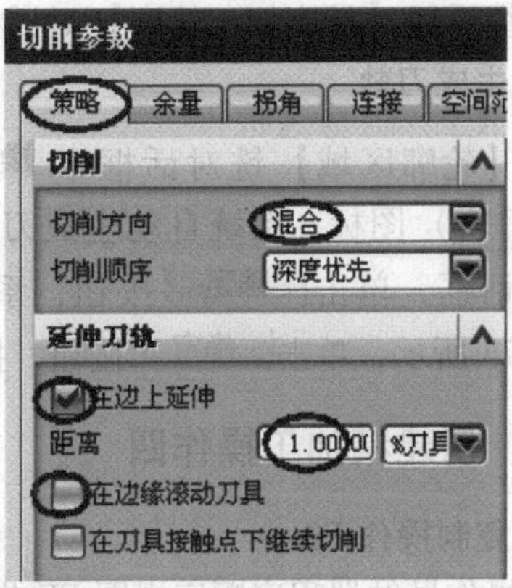
切削参数
策略
余量
拐角
连接
空间范
切削
切削方向
混合
切削顺序
深度优先
延伸刀轨
在边上延伸
距离
1.0000(
%刀具
在边缘滚动刀具
在刀具接触点下继续切削

图 9-69

择 余量 选项卡，在 部件侧面余量 栏输入 0，在 内公差 、外公差 栏输入 0.005，如图 9-70 所示。单击 确定 按钮，完成设置切削参数，系统返回【深度加工轮廓】对话框。

然后选择 连接 选项卡，在 层到层 下拉框中选择 直接对部件进刀 选项，如图 9-71 所示。单击 确定 按钮，完成设置切削参数，系统返回【深度加工轮廓】对话框。

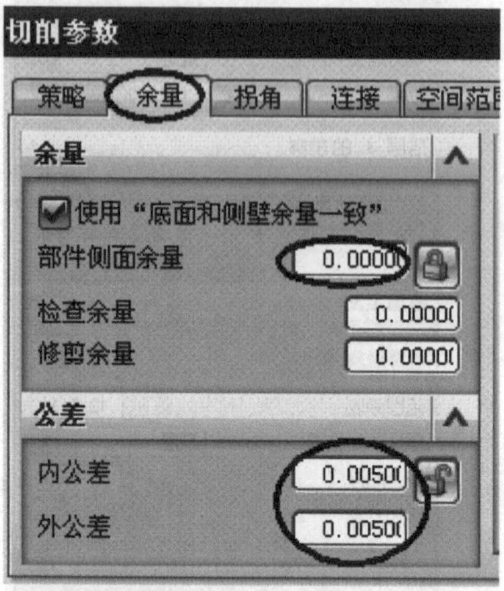
切削参数
策略
余量
拐角
连接
余量
使用“底面和侧壁余量一致”
部件侧面余量 0.0000
检查余量 0.0000
修剪余量 0.0000
公差
内公差 0.0050
外公差 0.0050

图 9-70

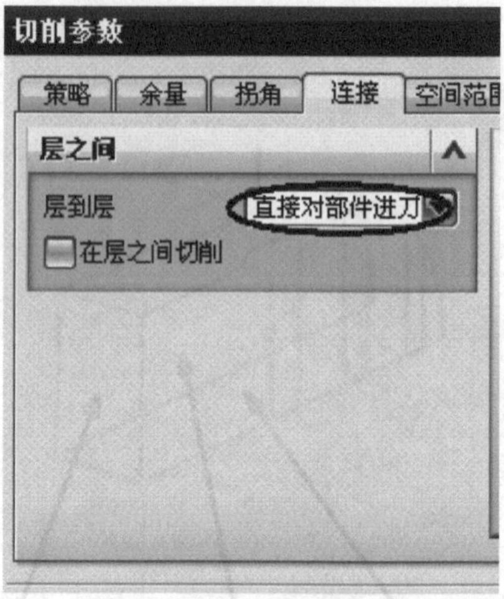
切削参数
策略
余量
拐角
连接
层之间
层到层 直接对部件进刀
在层之间切削

图 9-71

（3）设置进给率和速度　在【深度加工轮廓】对话框中选择（进给率和速度）图标，出现【进给率和速度】对话框，如图 9-72 所示。勾选 主轴速度（rpm） 选项，在 主轴速度（rpm）、进给率 / 剪切 栏分别输入 5000、1600，单击 确定 按钮，完成设置进给率和速度，系统返回【深度加工轮廓】对话框。

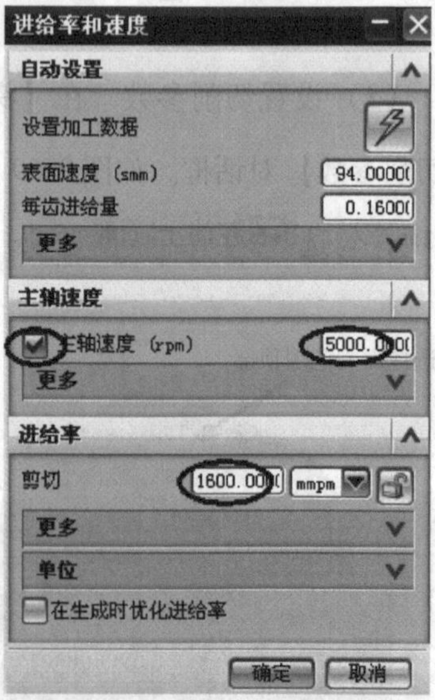
进给率和速度
自动设置
设置加工数据
表面速度（smm） 94.0000
每齿进给量 0.1600
更多
主轴速度
主轴速度（rpm） 5000.000
更多
进给率
剪切 1600.000 mmpm
更多
单位
在生成时优化进给率
确定
取消

图 9-72

4. 生成刀轨

在【轮廓区域】铣对话框中 操作 区域中选择（生成刀轨）图标，系统自动生成刀轨，出现【刀轨生成】对话框，单击 确定 按钮，系统自动生成刀轨，如图 9-73 所示，单击 确定 按钮，接受刀轨。

9.8.4 创建精加工操作四

1. 复制操作 F3

在操作导航器程序顺序视图 FF 节点，复制操作 F3，如图 9-74 所示，并粘贴在 FF 节点下，重新命名为 F4。

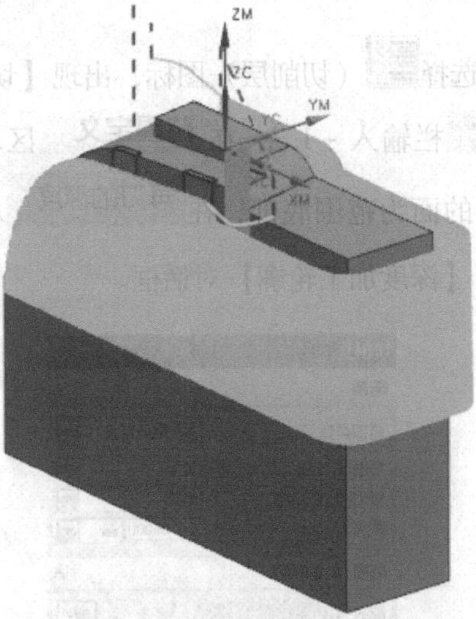
ZM
ZC
YM
XM

图 9-73

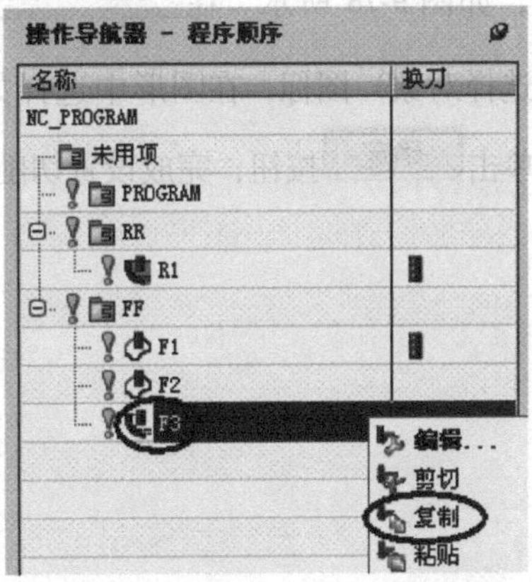
操作导航器 - 程序顺序
名称
换刀
NC_PROGRAM
未用项
PROGRAM
RR
R1
FF
F1
F2
F3
编辑...
剪切
复制
粘贴

图 9-74

2. 创建切削区域几何体

在【深度加工轮廓】对话框中指定切削区域区域中选择（选择或编辑切削区域几何体）图标，出现【切削区域】几何体对话框，如图 9-75 所示。单击全部重选按钮，出现【重新选择】对话框，单击确定按钮，完成移除切削区域几何体，然后在图形中选择如图 9-76 所示的曲面为切削区域，单击确定按钮，完成创建切削区域几何体，系统返回【深度加工轮廓】对话框。

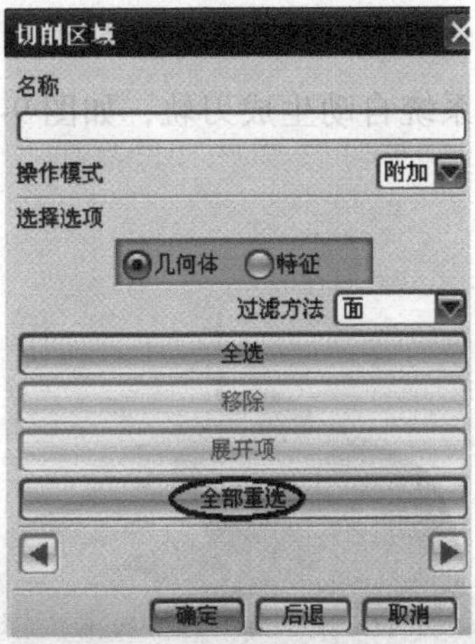
切削区域
名称
操作模式
附加
选择选项
几何体
特征
过滤方法
面
全选
移除
展开项
全部重选
确定
后退
取消

图 9-75

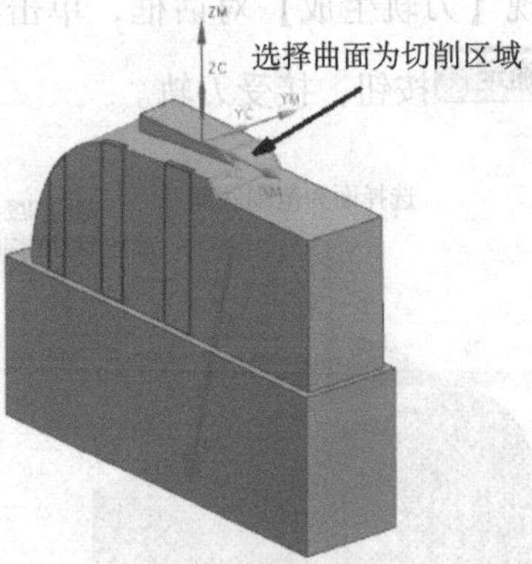
ZM
ZC
选择曲面为切削区域
YC
YM

图 9-76

3. 指定刀具

在【深度加工轮廓】对话框中刀具下拉框中选择EM8 (Millii选项，如图 9-77 所示。

4. 设置加工参数

（1）设置切削层　在【深度加工轮廓】对话框中选择（切削层）图标，出现【切削层】对话框，如图 9-78 所示。在范围 1 的项部区域 ZC 栏输入 -1.7，在范围定义区域选择（选择对象）图标，在图形中选择如图 9-79 所示的面为范围底部，在每刀的深度栏输入 0.06，单击确定按钮，完成设置切削层，系统返回【深度加工轮廓】对话框。

刀具
刀具
EM8 (Millin
输出
换刀设置

图　9-77

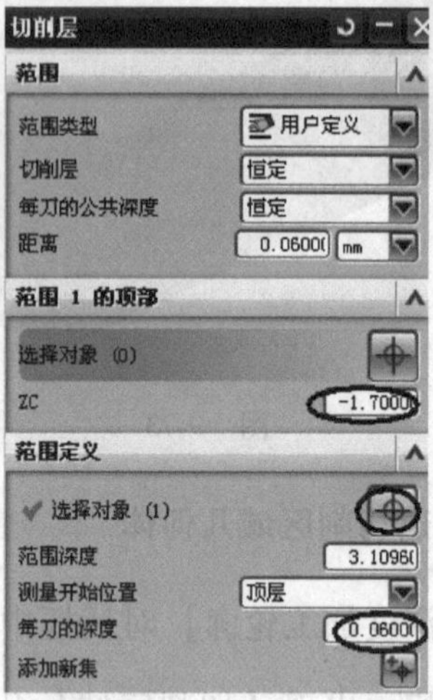

切削层
范围
范围类型
用户定义
切削层
恒定
每刀的公共深度
恒定
距离
0.06000
mm
范围 1 的项部
选择对象 (0)
ZC
-1.7000
范围定义
选择对象 (1)
范围深度
3.1096
测量开始位置
顶层
每刀的深度
0.0600
添加新集

图　9-78

（2）设置切削参数、设置进给率和速度　切削参数、进给率和速度参数选项以复制刀轨为准。

5. 生成刀轨

在【轮廓区域】铣对话框中操作区域中选择（生成刀轨）图标，系统自动生成刀轨，出现【刀轨生成】对话框，单击确定按钮，系统自动生成刀轨，如图 9-80 所示，单击确定按钮，接受刀轨。

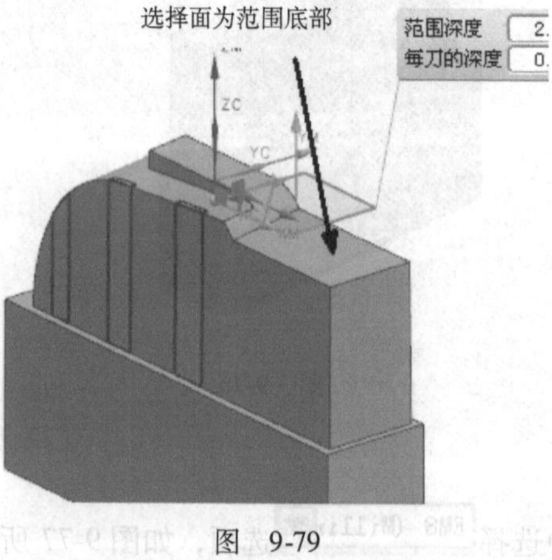

选择面为范围底部
范围深度
每刀的深度
ZC
YC

图　9-79

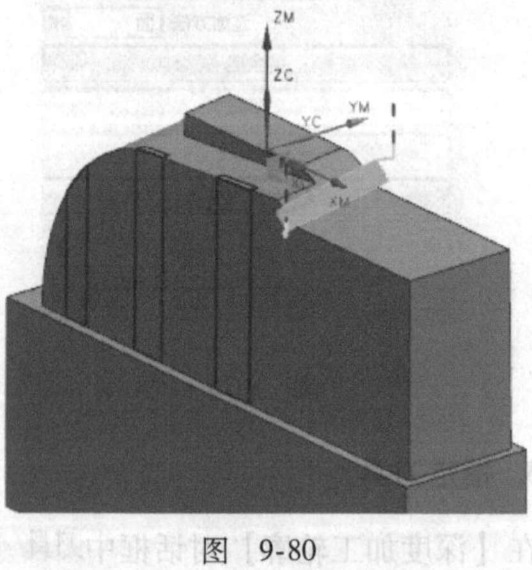

ZM
ZC
YC
YM

图　9-80

9.8.5 创建精加工操作五

1. 复制操作 F4

在操作导航器程序顺序视图 FF 节点，复制操作 F4，并粘贴在 FF 节点下，重新命名为 F5。

2. 创建切削区域几何体

在【深度加工轮廓】对话框中指定切削区域区域中选择（选择或编辑切削区域几何体）图标，出现【切削区域】几何体对话框，单击全部重选按钮，出现【重新选择】对话框，单击确定按钮，完成移除切削区域几何体，然后在图形中选择如图 9-81 所示的曲面为切削区域，单击确定按钮，完成创建切削区域几何体，系统返回【深度加工轮廓】对话框。

3. 设置加工参数

（1）设置切削层　在【深度加工轮廓】对话框中选择（切削层）图标，出现【切削层】对话框，如图 9-82 所示。在范围 1 的顶部区域ZC栏输入 -40，在范围定义区域中选择（选择对象）图标，在图形中选择如图 9-83 所示的面为范围底部，在每刀的深度栏输入 0.06，单击确定按钮，完成设置切削层，系统返回【深度加工轮廓】对话框。

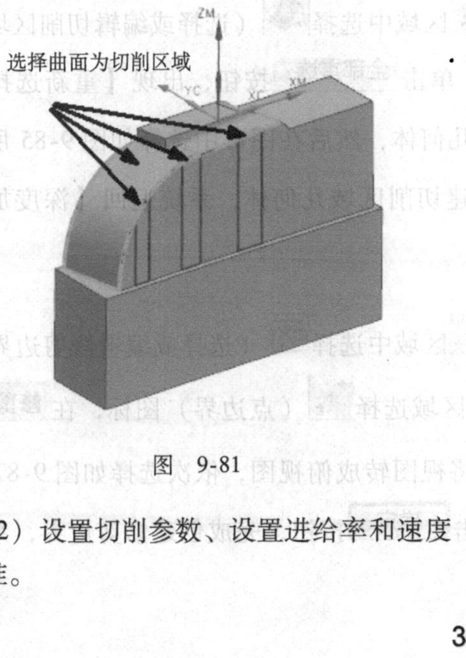
选择曲面为切削区域
ZM
YC
XC
XM

图 9-81

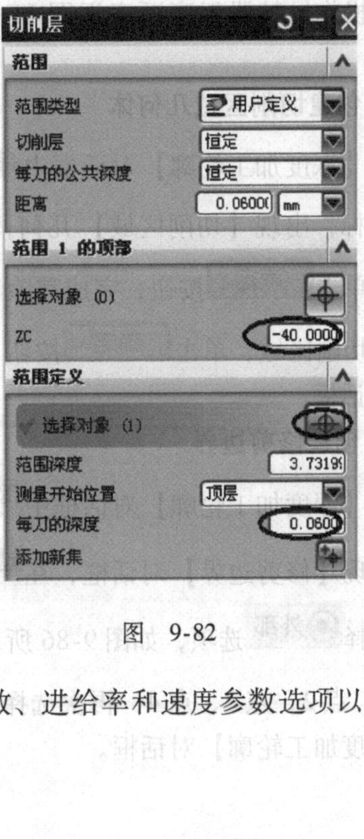
切削层
范围
范围类型
用户定义
切削层
恒定
每刀的公共深度
恒定
距离
0.0600(
mm
范围 1 的顶部
选择对象 (0)
ZC
-40.0000
范围定义
选择对象 (1)
范围深度
3.7319
测量开始位置
顶层
每刀的深度
0.0600
添加新集

图 9-82

（2）设置切削参数、设置进给率和速度　切削参数、进给率和速度参数选项以复制刀轨为准。

4. 生成刀轨

在【轮廓区域】铣对话框中**操作**区域中选择（生成刀轨）图标，系统自动生成刀轨，出现【刀轨生成】对话框，单击确定按钮，系统自动生成刀轨，如图 9-84 所示，单击确定按钮，接受刀轨。

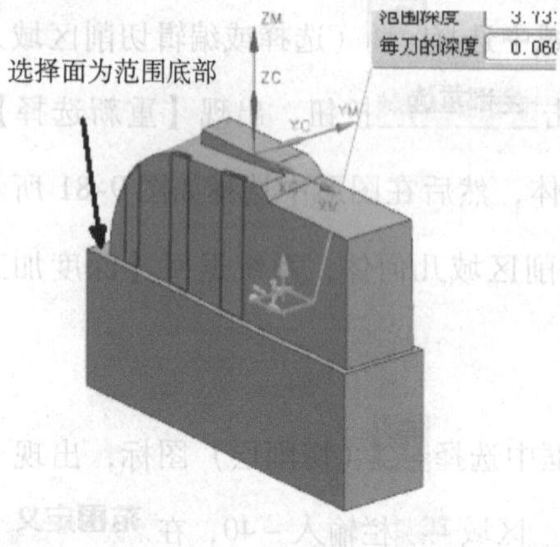
选择面为范围底部
范围深度
每刀的深度
ZM
ZC
YC

图 9-83

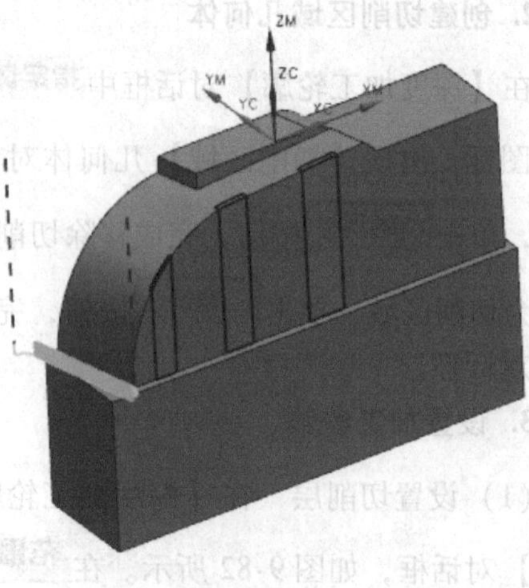
ZM
ZC
YM
YC

图 9-84

9.8.6 创建精加工操作六

1. 复制操作 F5

在操作导航器程序顺序视图 FF 节点，复制操作 F5，并粘贴在 FF 节点下，重新命名为 F6。

2. 创建切削区域几何体

在【深度加工轮廓】对话框中**指定切削区域**区域中选择（选择或编辑切削区域几何体）图标，出现【切削区域】几何体对话框，单击全部重选按钮，出现【重新选择】对话框，单击确定按钮，完成移除切削区域几何体，然后在图形中选择如图 9-85 所示的曲面为切削区域，单击确定按钮，完成创建切削区域几何体，系统返回【深度加工轮廓】对话框。

3. 创建修剪边界

在【深度加工轮廓】对话框中**指定修剪边界**区域中选择（选择或编辑修剪边界）图标，出现【修剪边界】对话框，在**过滤器类型**区域选择（点边界）图标，在**修剪侧**区域中选择◉外部选项，如图 9-86 所示。然后将视图转成俯视图，依次选择如图 9-87 所示的点 1、点 2、点 3、点 4，再次选择点 1，单击确定按钮，完成创建修剪边界，系统返回【深度加工轮廓】对话框。

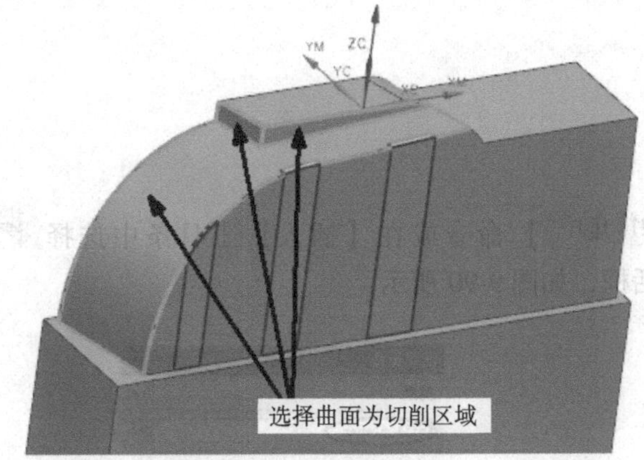
选择曲面为切削区域

图 9-85

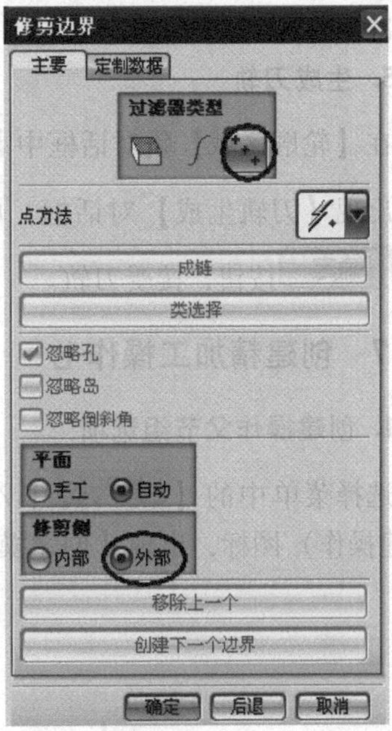
修剪边界
主要
定制数据
过滤器类型
点方法
成链
类选择
忽略孔
忽略岛
忽略倒斜角
平面
手工
自动
修剪侧
内部
外部
移除上一个
创建下一个边界
确定
后退
取消

图 9-86

4. 设置加工参数

(1) 设置切削层　在【深度加工轮廓】对话框中选择 (切削层) 图标，出现【切削层】对话框，如图9-88 所示。在 范围 1 的顶部 区域 ZC 栏输入0，在 范围定义 区域 范围深度 栏输入10，在 每刀的深度 栏输入0.06，单击 确定 按钮，完成设置切削层，系统返回【深度加工轮廓】对话框。

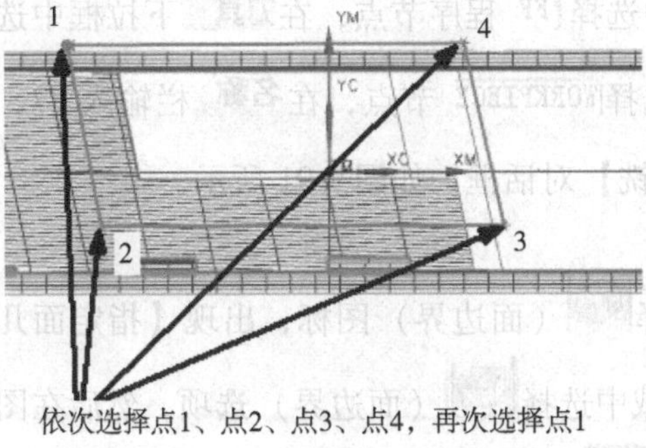
1
2
3
4
依次选择点1、点2、点3、点4，再次选择点1

图 9-87

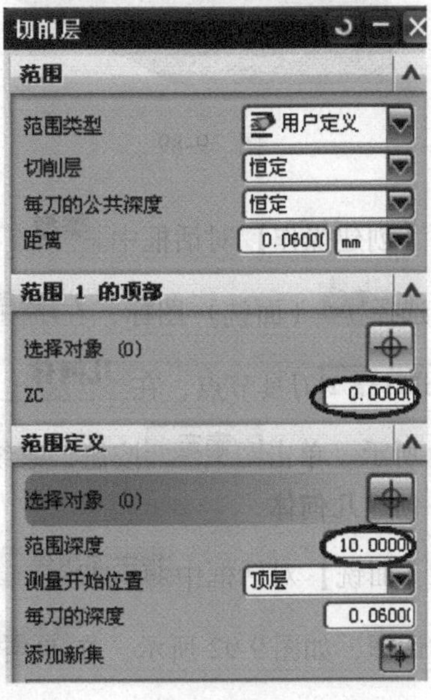
切削层
范围
范围类型
用户定义
切削层
恒定
每刀的公共深度
恒定
距离
0.0600(
mm
范围 1 的顶部
选择对象 (0)
ZC
0.0000
范围定义
选择对象 (0)
范围深度
10.0000
测量开始位置
顶层
每刀的深度
0.0600(
添加新集

图 9-88

（2）设置切削参数、设置进给率和速度　切削参数、进给率和速度参数选项以复制刀轨为准。

5. 生成刀轨

在【轮廓区域】铣对话框中**操作**区域中选择（生成刀轨）图标，系统自动生成刀轨，出现【刀轨生成】对话框，单击确定按钮，系统自动生成刀轨，如图 9-89 所示，单击确定按钮，接受刀轨。

9.8.7　创建精加工操作七

1. 创建操作父节组选项

选择菜单中的【插入(S)】/【操作(E)...】命令或在【插入】工具条中选择（创建操作）图标，出现【创建操作】对话框，如图 9-90 所示。

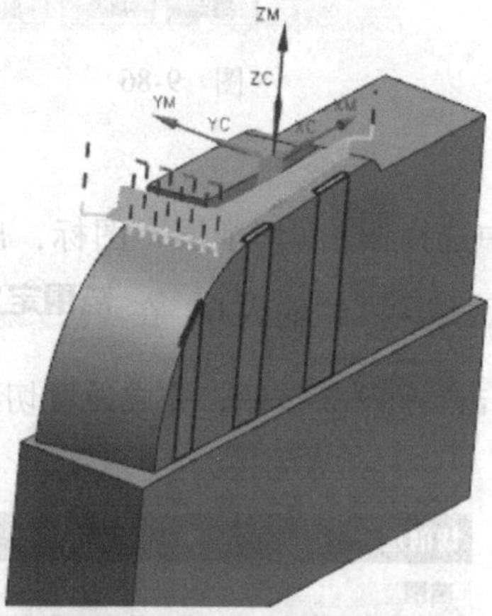
ZM
ZC
YM
YC
XC
XM

图　9-89

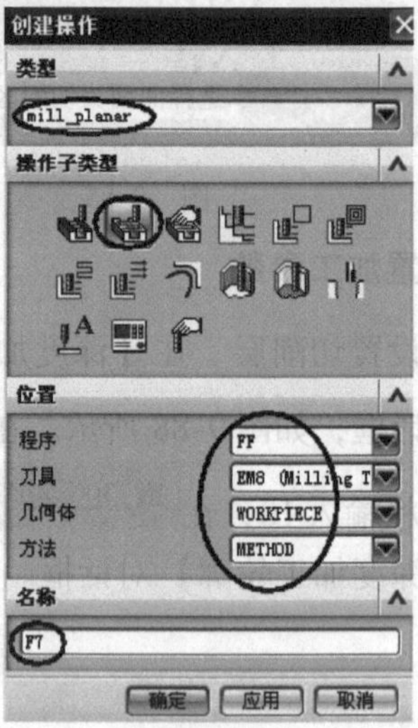
创建操作
类型
mill_planar
操作子类型
位置
程序
FF
刀具
EM8 (Milling T
几何体
WORKPIECE
方法
METHOD
名称
F7
确定
应用
取消

图　9-90

在【创建操作】对话框中**类型**下拉框中选择mill_planar（平面铣），在**操作子类型**区域中选择（面铣）图标，在**程序**下拉框中选择FF程序节点，在**刀具**下拉框中选择EM8 (Milling T刀具节点，在**几何体**下拉框中选择WORKPIECE节点，在**名称**栏输入 F7，如图 9-90 所示。单击确定按钮，系统出现【面铣】对话框，如图 9-91 所示。

2. 创建几何体

在【面铣】对话框中**指定面边界**区域中选择（面边界）图标，出现【指定面几何体】对话框，如图 9-92 所示。在**过滤器类型**区域中选择（面边界）选项，然后在图形中选择如图 9-93 所示的平面为面边界，单击确定按钮，系统返回【面铣】对话框。

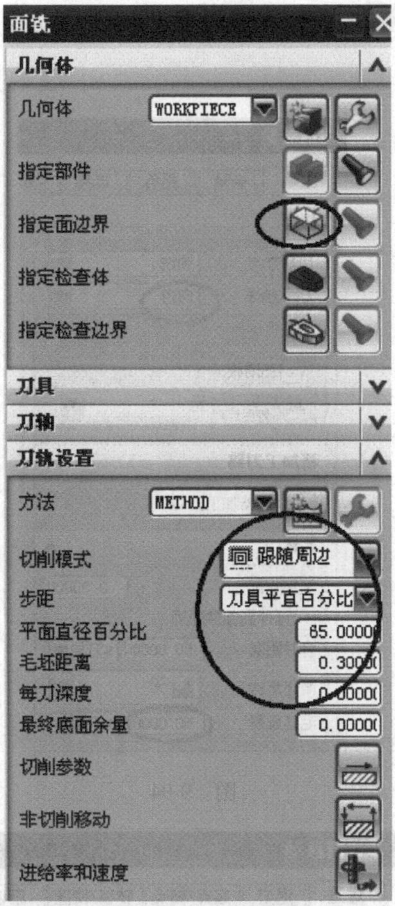
面铣
几何体
几何体 WORKPIECE
指定部件
指定面边界
指定检查体
指定检查边界
刀具
刀轴
刀轨设置
方法 METHOD
切削模式 跟随周边
步距 刀具平直百分比
平面直径百分比 65.0000
毛坯距离 0.3000
每刀深度 0.0000
最终底面余量 0.0000
切削参数
非切削移动
进给率和速度

图 9-91

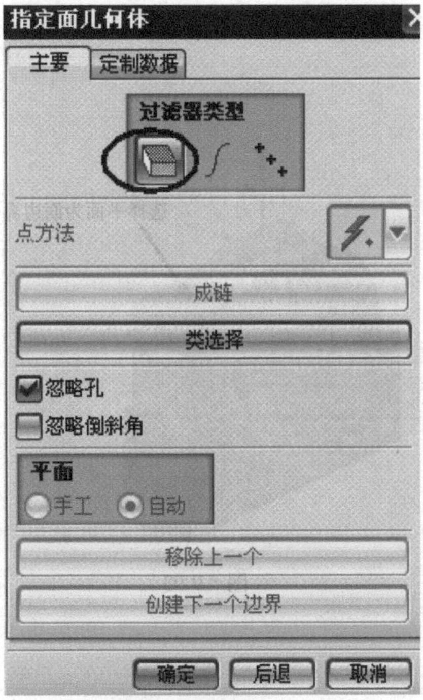
指定面几何体
主要
定制数据
过滤器类型
点方法
成链
类选择
忽略孔
忽略倒斜角
平面
手工
自动
移除上一个
创建下一个边界
确定
后退
取消

图 9-92

3. 设置加工参数

（1）设置切削模式　在【面铣削区域】对话框中 切削模式 下拉框中选择 跟随周边 选项，在 步距 下拉框中选择 刀具平直百分比 选项，在 平面直径百分比 栏输入65，在 毛坯距离 栏输入0.3，如图9-91所示。

（2）设置切削参数　在【面铣削区域】对话框中选择（切削参数）图标，出现【切削参数】对话框，如图9-94所示。选择 策略 选项卡，在 切削方向 下拉框中选择 顺铣 选项，在 刀路方向 下拉框中选择 向内 选项，在 毛坯延展 栏输入50，选择 余量 选项卡，在 内公差 、外公差 栏分别输入0.005，如图9-95所示。单击 确定 按钮，完成设置切削参数，系统返回【面铣】对话框。

（3）设置非切削移动参数　在【面铣削区域】对话框中选择（非切削移动）图标，出现【非切削移动】对话框，如图9-96所示。选择 进刀 选项卡，在 开放区域 / 进刀类型 下拉框中选择 线性 选项，在 长度 栏输入70，选择 退刀 选项卡，在 退刀类型 下拉框中选择[无]选项，如图 9-97 所示。单击[确定]按钮，完成设置非切削移动参数，系统返回【面铣】对话框。

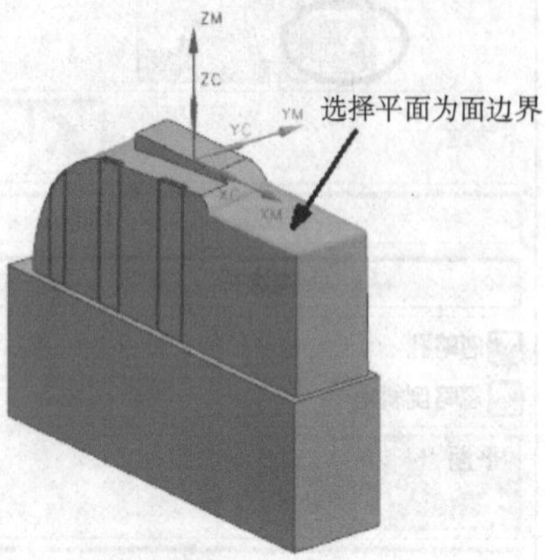
ZM
ZC
YC
YM
XC
XM
选择平面为面边界

图 9-93

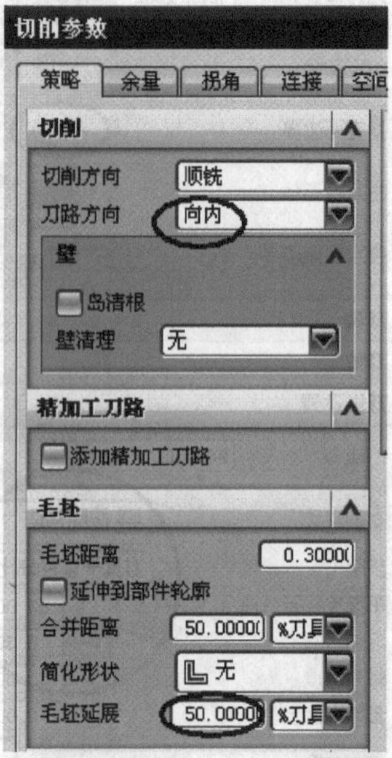
切削参数
策略
余量
拐角
连接
空间
切削
切削方向
顺铣
刀路方向
向内
壁
岛清根
壁清理
无
精加工刀路
添加精加工刀路
毛坯
毛坯距离
0.3000(
延伸到部件轮廓
合并距离
50.0000(
%刀具
简化形状
无
毛坯延展
50.0000(
%刀具

图 9-94

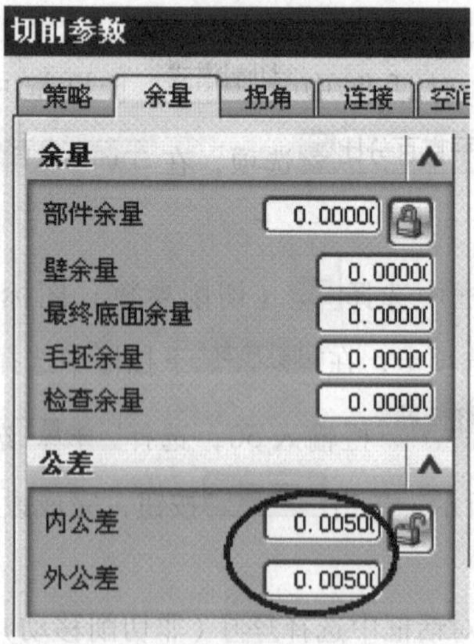
切削参数
策略
余量
拐角
连接
空间
余量
部件余量
0.0000(
壁余量
0.0000(
最终底面余量
0.0000(
毛坯余量
0.0000(
检查余量
0.0000(
公差
内公差
0.0050(
外公差
0.0050(

图 9-95

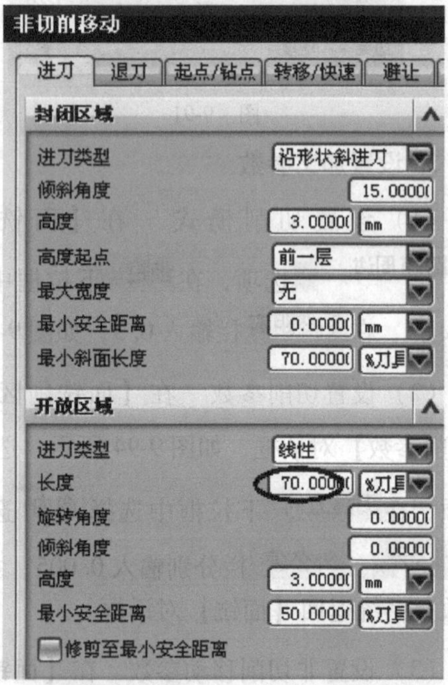
非切削移动
进刀
退刀
起点/钻点
转移/快速
避让
封闭区域
进刀类型
沿形状斜进刀
倾斜角度
15.0000(
高度
3.0000(
mm
高度起点
前一层
最大宽度
无
最小安全距离
0.0000(
mm
最小斜面长度
70.0000(
%刀具
开放区域
进刀类型
线性
长度
70.0000(
%刀具
旋转角度
0.0000(
倾斜角度
0.0000(
高度
3.0000(
mm
最小安全距离
50.0000(
%刀具
修剪至最小安全距离

图 9-96

（4）设置进给率和速度　在【面铣】对话框中选择（进给率和速度）图标，出现

【进给率和速度】对话框，如图 9-98 所示。勾选 主轴速度（rpm）选项，在主轴速度（rpm）、进给率 / 剪切 栏分别输入 4500、600，单击确定按钮，完成设置进给率和速度，系统返回【面铣】对话框。

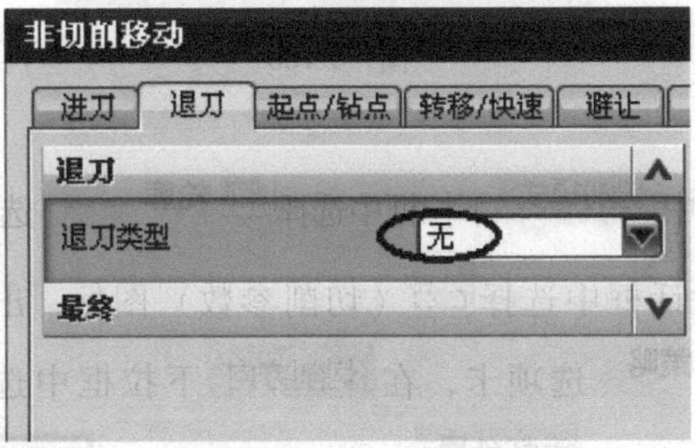
非切削移动
进刀
退刀
起点/钻点
转移/快速
避让
退刀
退刀类型
无
最终

图 9-97

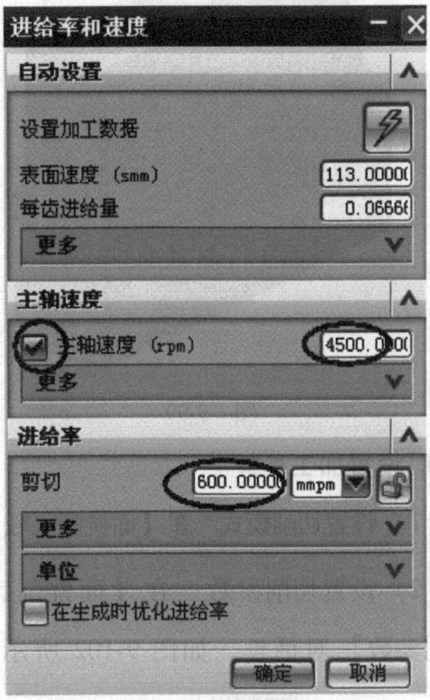
进给率和速度
自动设置
设置加工数据
表面速度（smm）
113.0000
每齿进给量
0.0666
更多
主轴速度
主轴速度（rpm）
4500.0000
更多
进给率
剪切
600.0000
mmpm
更多
单位
在生成时优化进给率
确定
取消

图 9-98

4. 生成刀轨

在【面铣】对话框中操作区域中选择（生成刀轨）图标，系统自动生成刀轨，单击确定按钮，系统自动生成刀轨，如图 9-99 所示，单击确定按钮，接受刀轨。

9.8.8 创建精加工操作八

1. 复制操作 F7

在操作导航器程序顺序视图 FF 节点，复制操作 F7，并粘贴在 FF 节点下，重新命名为 F8。

2. 创建面边界

在【面铣】对话框中指定面边界区域中选择（面边界）图标，出现【指定面几何体】对话框，如图 9-100 所示。单击全部重选按钮，出现【重新选择】对话框，单击确定按钮，完成移除切削区域几何体，然后在【指定面几何体】对话框中单击附加按钮，然后在图形中选择如图 9-101 所示的平面为面边界，单击确定按钮两次，系统返回【面铣】对话框。

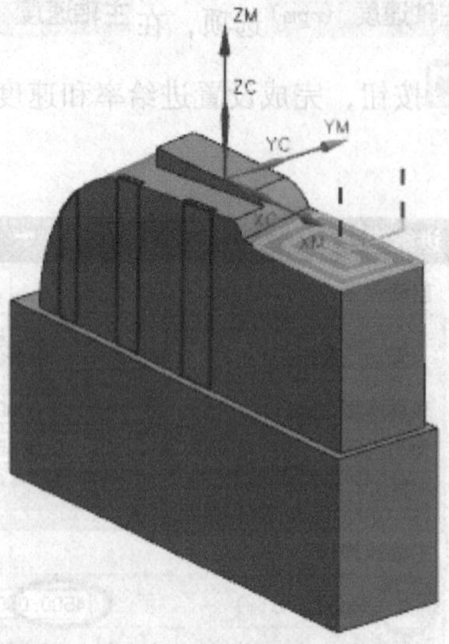
ZM
ZC
YC
YM
XC
XM

图 9-99

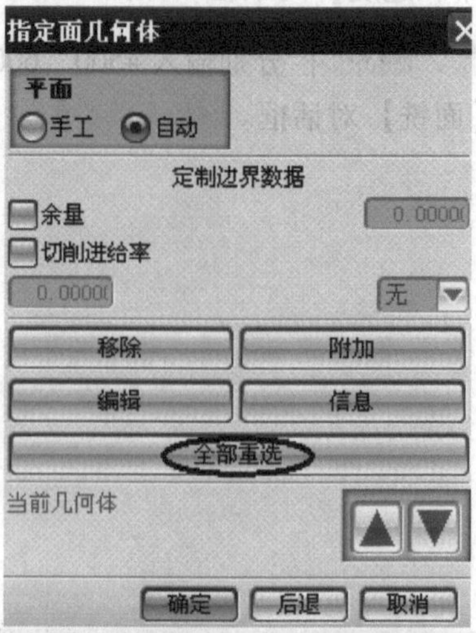
指定面几何体
平面
手工
自动
定制边界数据
余量
0.00000
切削进给率
0.00000
无
移除
附加
编辑
信息
全部重选
当前几何体
确定
后退
取消

图 9-100

3. 设置加工参数

(1) 设置切削模式　在【面铣削区域】对话框中 切削模式 下拉框中选择 轮廓 选项。

(2) 设置切削参数　在【面铣削区域】对话框中选择 (切削参数)图标，出现【切削参数】对话框，如图 9-102 所示。选择 策略 选项卡，在 切削方向 下拉框中选择 顺铣 选项，在 刀路方向 下拉框中选择 向内 选项，在 毛坯延展 栏输入 100，单击 确定 按钮，完成设置切削参数，系统返回【面铣】对话框。

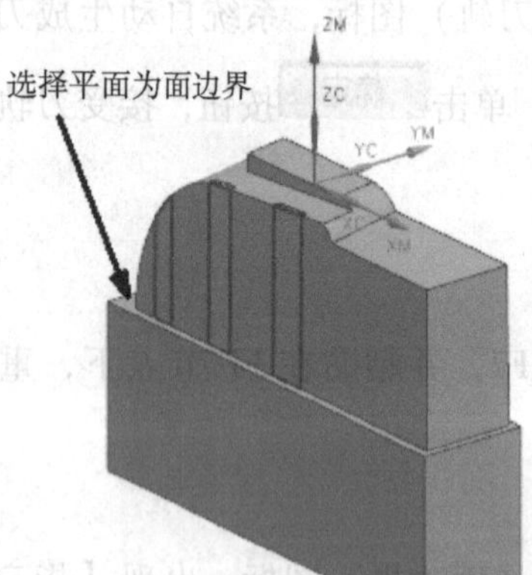
选择平面为面边界
ZM
ZC
YC
YM
XM

图 9-101

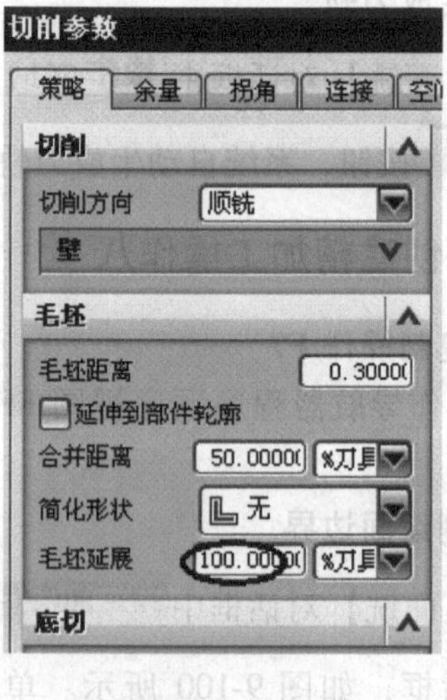
切削参数
策略
余量
拐角
连接
空
切削
切削方向
顺铣
壁
毛坯
毛坯距离
0.30000
延伸到部件轮廓
合并距离
50.00000
%刀具
简化形状
无
毛坯延展
100.0000
%刀具
底切

图 9-102

(3) 设置非切削移动参数　在【面铣削区域】对话框中选择 (非切削移动)图标，出现【非切削移动】对话框，如图 9-103 所示。选择 进刀 选项卡，在 开放区域 /

进刀类型下拉框中选择圆弧选项，在半径栏输入70，选择退刀选项卡，在退刀类型下拉框中选择与进刀相同选项，如图9-104所示。单击确定按钮，完成设置非切削移动参数，系统返回【面铣】对话框。

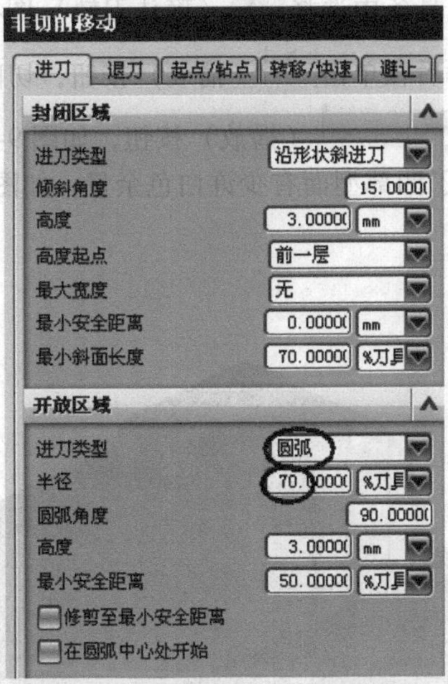
非切削移动
进刀
退刀
起点/钻点
转移/快速
避让
封闭区域
进刀类型
沿形状斜进刀
倾斜角度
15.0000
高度
3.0000
mm
高度起点
前一层
最大宽度
无
最小安全距离
0.0000
mm
最小斜面长度
70.0000
%刀具
开放区域
进刀类型
圆弧
半径
70.0000
%刀具
圆弧角度
90.0000
高度
3.0000
mm
最小安全距离
50.0000
%刀具
修剪至最小安全距离
在圆弧中心处开始

图 9-103

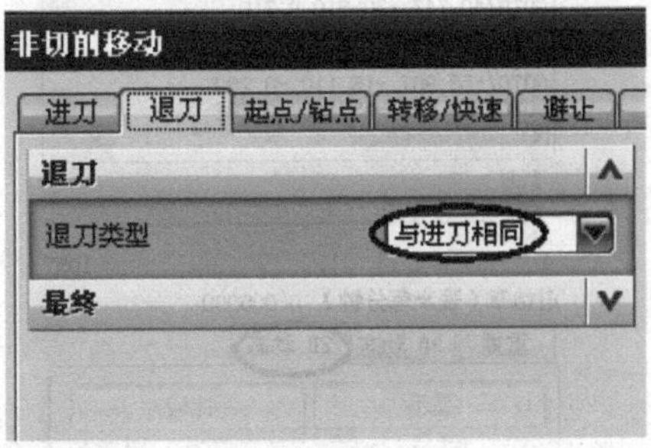
非切削移动
进刀
退刀
起点/钻点
转移/快速
避让
退刀
退刀类型
与进刀相同
最终

图 9-104

（4）设置进给率和速度（参数与复制刀轨相同）。

4. 生成刀轨

在【面铣】对话框中操作区域中选择（生成刀轨）图标，系统自动生成刀轨，单击确定按钮，系统自动生成刀轨，如图9-105所示，单击确定按钮，接受刀轨。

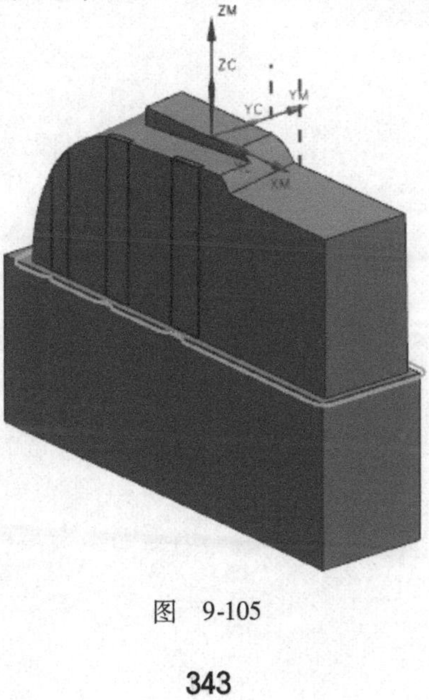
ZM
ZC
YC
YM
XM

图 9-105

9.9 创建综合刀轨仿真验证

在操作导航器中选择所有操作，在【操作】工具条中选择（确认刀轨）图标，出现【刀轨可视化】对话框，选择 2D 动态 选项，然后在单击（播放）按钮，切削仿真完成后，在【刀轨可视化】对话框中单击 比较 （播放）按钮，如图 9-106 所示。型面显示绿色，表示已经加工到位无余量，除了凹部型面有少许白色余量，如图 9-107 所示。

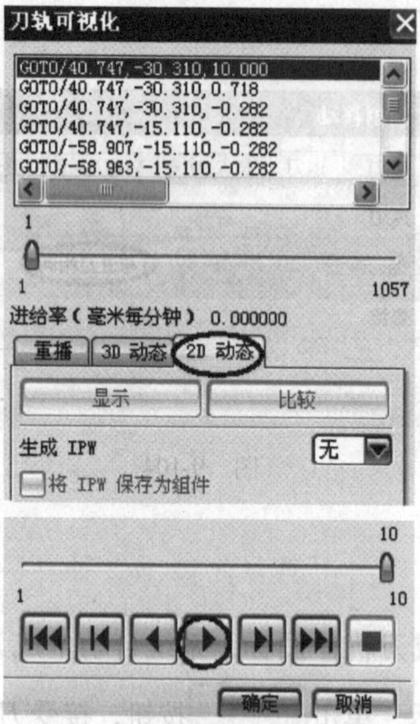
刀轨可视化
GOTO/40.747,-30.310,10.000
GOTO/40.747,-30.310,0.718
GOTO/40.747,-30.310,-0.282
GOTO/40.747,-15.110,-0.282
GOTO/-58.907,-15.110,-0.282
GOTO/-58.963,-15.110,-0.282
1
1
1057
进给率（毫米每分钟） 0.000000
重播
3D 动态
2D 动态
显示
比较
生成 IPW
无
将 IPW 保存为组件
10
1
10
确定
取消

图 9-106

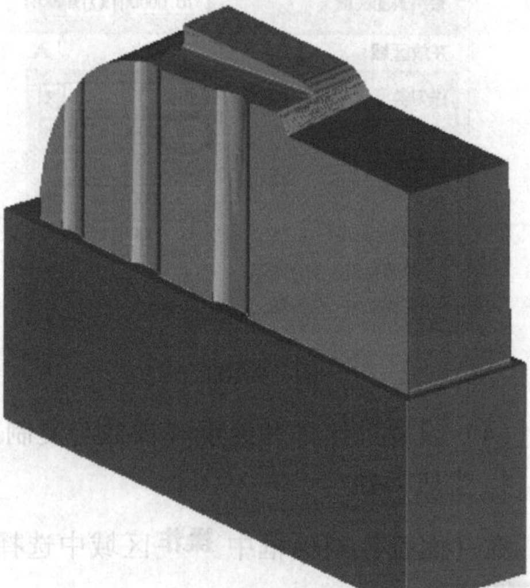

图 9-107

第10章

综合加工实例三

实例说明

本章主要讲述模具型芯加工，毛坯材料为P20，粗加工刀具采用硬质合金刀具。精加工刀具采用高速钢刀具。其加工思路为：首先分析模型的加工区域，选用恰当的刀具与加工路线。加工路线为：开粗→半精铣凹坑残料→半精铣平面→半精铣陡壁→半精铣整个表面→精铣平面→精铣凹坑→精铣陡壁→清根→精铣整个表面。加工刀具选用见表10-1；加工工艺方案见表10-2。

表10-1　加工刀具

序号	程序名	刀具号	刀具类型	刀具直径/mm	R圆角/mm	刀长/mm	切削刃长/mm	余量/mm
1	R1	1	EM40R0.8圆鼻刀	ϕ40	0.8	200	80	1
2	S1 \ S2	2	BM16球铣刀	ϕ16	8	65	20	0.25
3	S3	3	EM16R1圆鼻刀	ϕ16	1	75	25	0.25
4	S4	2	BM16球铣刀	ϕ16	8	65	20	0.25
5	S5	2	BM16球铣刀	ϕ16	8	65	20	0.25
6	F1	3	EM16R1圆鼻刀	ϕ16	1	75	25	0
7	F2	4	BM4球铣刀	ϕ4	2	110	45	0
8	F3	4	BM4球铣刀	ϕ4	2	110	45	0
9	F4	4	BM4球铣刀	ϕ4	2	110	45	0
10	F5	4	BM4球铣刀	ϕ4	2	110	45	0

表10-2　加工工艺方案

序号	方法	加工方式	程序名	主轴转速 n/r·min^{-1}	进给速度 v_f/mm·min^{-1}	说　明
1	粗加工	型腔铣	R1	1000	1200	去除大余量
2	半精加工	固定轴曲面轮廓铣	S1 \ S2	1500	800	半精铣凹坑残料
3	半精加工	面铣削区域	S3	1500	800	半精加工平面

（续）

序号	方法	加工方式	程序名	主轴转速 n/r · min^{-1}	进给速度 v_f/mm · min^{-1}	说　明
4	半精加工	深度加工轮廓	S4	1500	800	半精加工陡壁面
5	半精加工	固定轴曲面轮廓铣	S5	1500	800	半精加工表面
6	精加工	面铣	F1	3000	500	精加工平面
7	精加工	固定轴曲面轮廓铣	F2	3000	500	精加工凹坑
8	精加工	深度加工拐角	F3	3000	500	精加工陡壁面
9	精加工	参考刀具清根	F4	3000	500	局部狭窄处清根精加工
10	精加工	固定轴曲面轮廓铣	F5	3000	500	精加工表面

学习目标

通过该章实例的练习，使读者能熟练掌握模具型芯加工，开拓加工思路及提高复杂模型的加工技巧。

10.1　打开文件

选择菜单中的【文件】/【打开(O).】命令或选择（打开）文件图标，出现【打开】部件对话框，打开本书附的资源包 \ parts \ 10 \ zh-3 文件，单击 OK 按钮，模具型芯模型如图 10-1 所示。

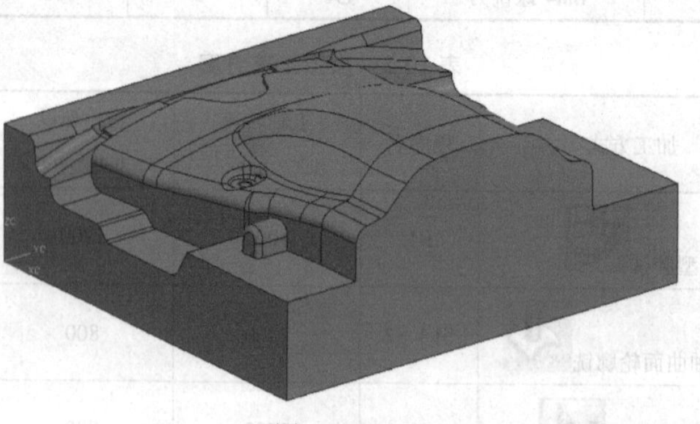

图　10-1

10.2 设置加工坐标系及安全平面

1. 进入加工模块

选择菜单中的【开始】下拉框中选择【加工(N)...】模块，如图 10-2 所示，进入加工应用模块。

2. 设置加工环境

选择【加工(N)...】模块后系统出现【加工环境】对话框，如图 10-3 所示。在 CAM 会话配置 列表框中选择 cam_general ，在 要创建的 CAM 设置 列表框中选择 mill_contour ，单击 确定 按钮，进入加工初始化，在导航器栏出现（操作导航器）图标，如图 10-4 所示。

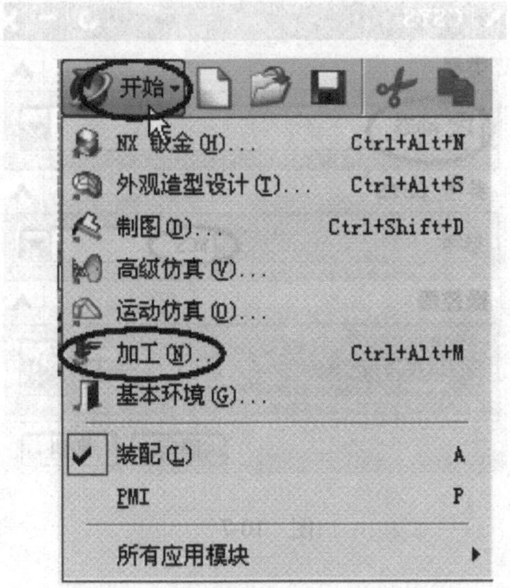
开始
NX 钣金(H)... Ctrl+Alt+N
外观造型设计(T)... Ctrl+Alt+S
制图(D)... Ctrl+Shift+D
高级仿真(V)...
运动仿真(O)...
加工(N)... Ctrl+Alt+M
基本环境(G)...
装配(L) A
PMI P
所有应用模块

图 10-2

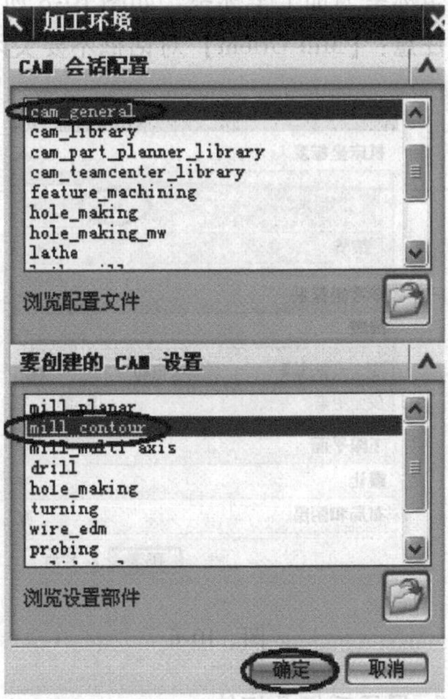
加工环境
CAM 会话配置
cam_general
cam_library
cam_part_planner_library
cam_teamcenter_library
feature_machining
hole_making
hole_making_mw
lathe
浏览配置文件
要创建的 CAM 设置
mill_planar
mill_contour
mill_multi axis
drill
hole_making
turning
wire_edm
probing
浏览设置部件
确定
取消

图 10-3

3. 设置操作导航器的视图为几何视图

选择菜单中的【工具(T)】/【操作导航器(O)】/【视图(V)】/【几何视图(G)】命令或在【导航器】工具条中选择（几何视图）图标，更新的操作导航器视图如图 10-5 所示。

4. 设置加工坐标系

在操作导航器中双击 MCS_MILL （加工坐标系）图标，出现【Mill Orient】对话框，

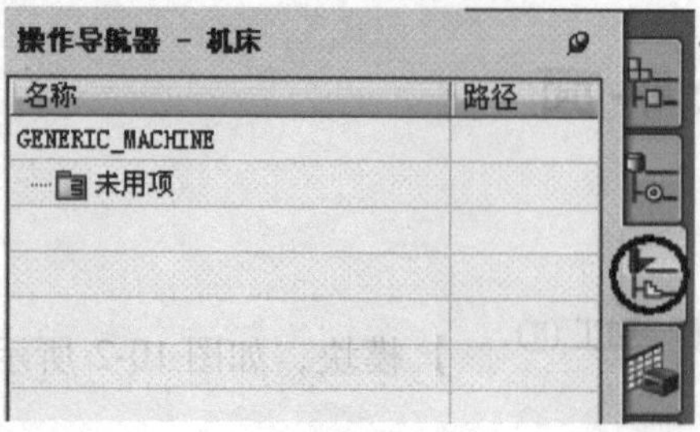
操作导航器 - 机床
名称
路径
GENERIC_MACHINE
未用项

图 10-4

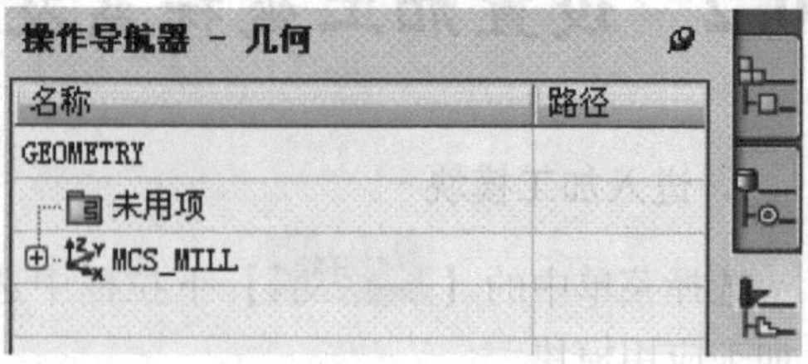
操作导航器 - 几何
名称
路径
GEOMETRY
未用项
MCS_MILL

图 10-5

如图 10-6 所示，在 指定 MCS 区域选择 （CSYS 会话）图标，出现【CSYS】对话框，如图 10-7 所示。在 类型 下拉框中选择【 动态 】选项，在 参考 下拉框中选择【 WCS （工作坐标系）】选项，单击 确定 按钮，完成设置加工坐标系，即接受工作坐标系为加工坐标系。如图 10-8 所示。

注意：【Mill Orient】对话框不要关闭。

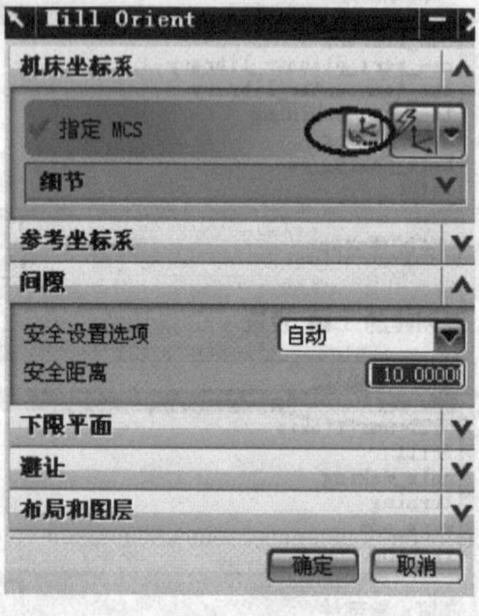
Mill Orient
机床坐标系
指定 MCS
细节
参考坐标系
间隙
安全设置选项
自动
安全距离
10.0000
下限平面
避让
布局和图层
确定
取消

图 10-6

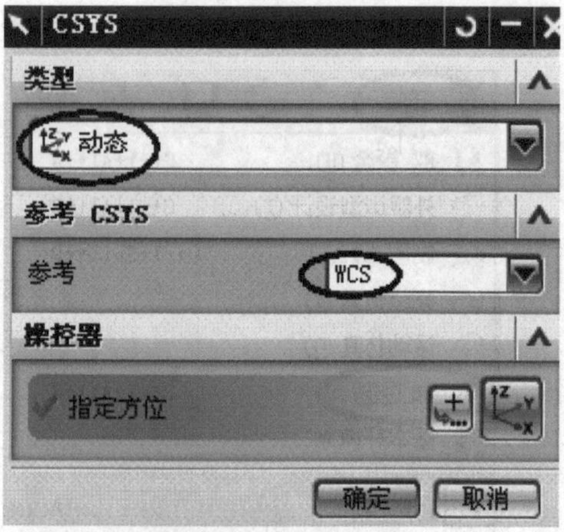
CSYS
类型
动态
参考 CSYS
参考
WCS
操控器
指定方位
确定
取消

图 10-7

5. 显示毛坯几何体

选择菜单中的【 格式(R) 】/【 图层设置(S)... 】命令，出现【图层设置】对话框，勾选 ☑ 2 层，将毛坯几何体显示。

6. 设置安全平面

在【Mill Orient】对话框中 安全设置选项 下拉框中选择【 平面 】选项，在 指定平面 区域选择 （指定安全平面）图标，如图 10-9 所示。出现【平面构造器】对话框，如图 10-10 所示。在图形中选择如图 10-11 所示的毛坯顶面，在 偏置 栏输入 20，单击 确定 按钮，系统返回【Mill Orient】对话框，单击 确定 按钮，完成设置安全平面。

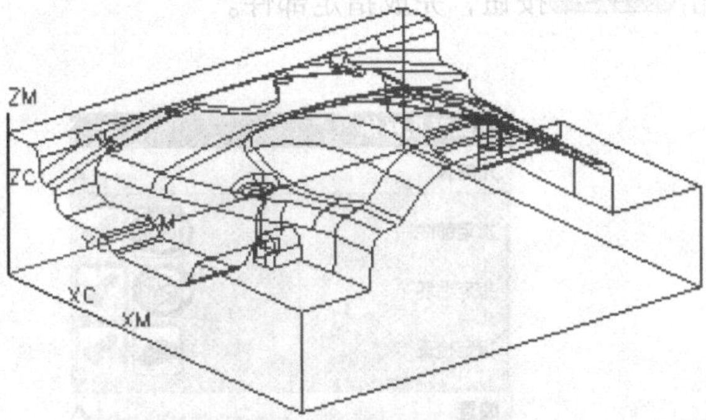
ZM
ZC
YC
XC
XM

图 10-8

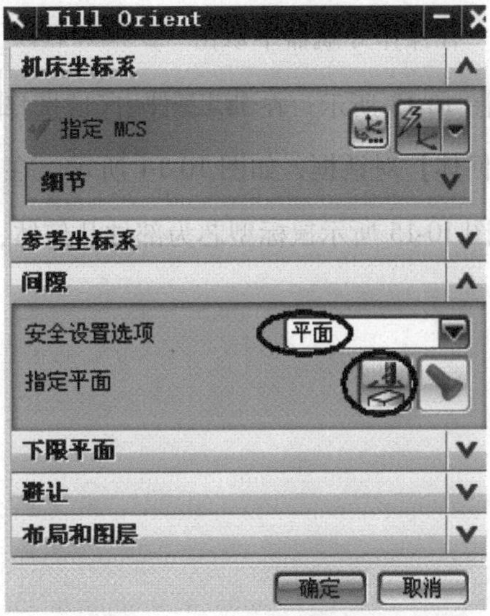
Mill Orient
机床坐标系
指定 MCS
细节
参考坐标系
间隙
安全设置选项
平面
指定平面
下限平面
避让
布局和图层
确定
取消

图 10-9

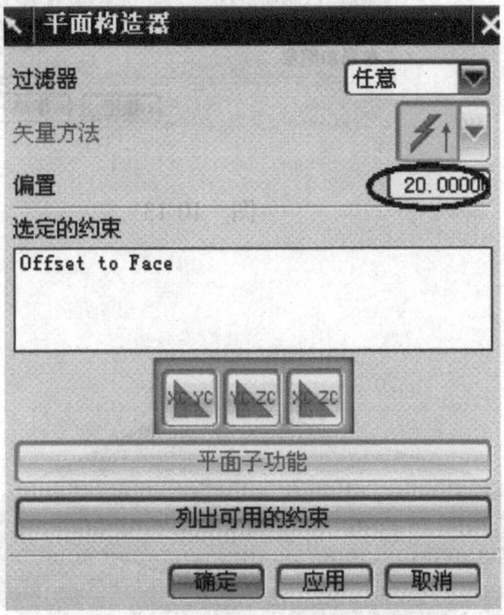
平面构造器
过滤器
任意
矢量方法
偏置
20.0000
选定的约束
Offset to Face
平面子功能
列出可用的约束
确定
应用
取消

图 10-10

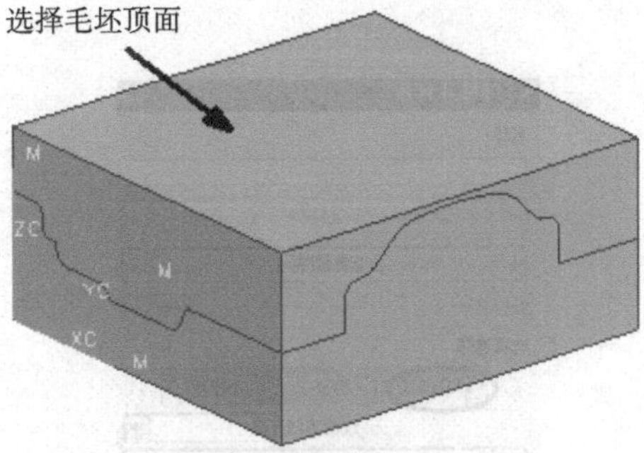
选择毛坯顶面
ZC
YC
XC

图 10-11

10.3 设置铣削几何体

1. 展开 MCS _ MILL

在操作导航器的几何视图中单击 MCS_MILL 前面的 ⊞（加号）图标，展开 MCS _ MILL，如图 10-12 所示。

2. 设置铣削几何体

在操作导航器中双击 WORKPIECE （铣削几何体）图标，出现【铣削几何体】对话框，如图 10-13 所示。在指定部件区域选择（选择或编辑部件几何体）图标，出现【部件几何体】对话框，如图 10-14 所示。在选择选项中选中几何体单选选项，在图形中选择如图 10-15 所示鼠标型芯为部件几何体，单击确定按钮，完成指定部件。

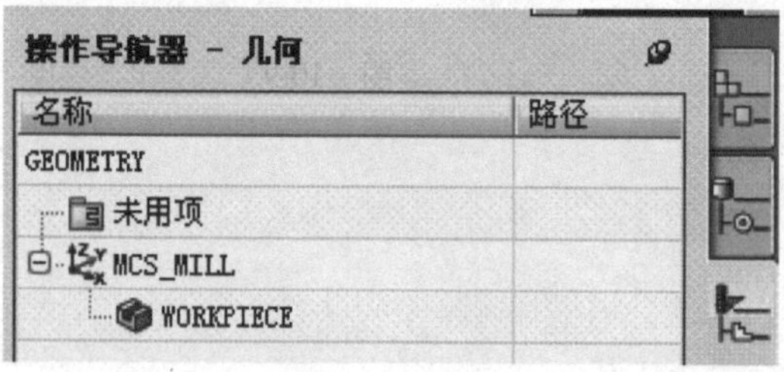
操作导航器 - 几何
名称
路径
GEOMETRY
未用项
MCS_MILL
WORKPIECE

图 10-12

铣削几何体
几何体
指定部件
指定毛坯
指定检查
偏置
部件偏置
0.0000
描述
材料: CARBON STEEL
布局和图层
确定
取消

图 10-13

部件几何体
名称
拓扑结构
定制数据
操作模式
附加
选择选项
几何体
特征
小平面
过滤方法
体
全选
移除
展开项
全重选
确定
后退
取消

图 10-14

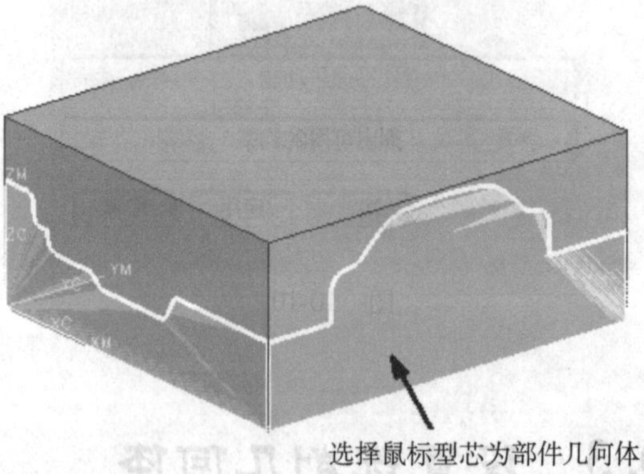
选择鼠标型芯为部件几何体

图 10-15

系统返回【铣削几何体】对话框，在指定毛坯区域选择（选择或编辑毛坯几何体）图标，出现【毛坯几何体】对话框，如图 10-16 所示。在选择选项中选中几何体单选选项，在图形中选择如图10-17所示矩形块为毛坯几何体，单击【确定】按钮，完成指定毛坯。

系统返回【铣削几何体】对话框，在 材料: CARBON STEEL 区域选择（选择或编辑材料）图标，出现材料【搜索结果】对话框，如图10-18所示。在 匹配项 列表框中选择 MATO_00002 材料，单击【确定】按钮，完成指定材料，系统返回【铣削几何体】对话框，单击【确定】按钮，完成设置铣削几何体。

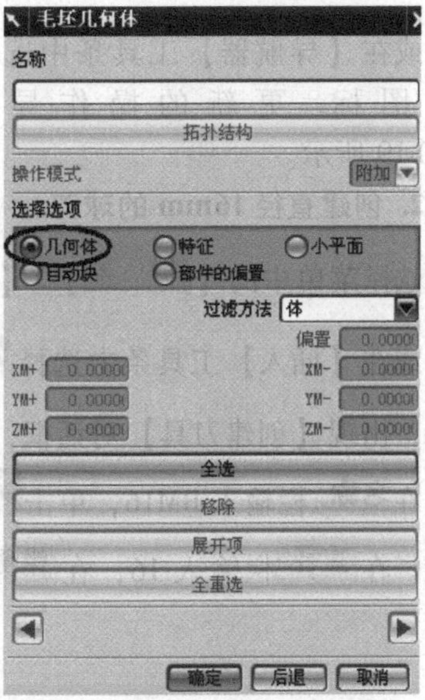
毛坯几何体
名称
拓扑结构
操作模式
附加
选择选项
几何体
特征
小平面
自动块
部件的偏置
过滤方法
体
偏置
XM+
XM-
YM+
YM-
ZM+
ZM-
全选
移除
展开项
全重选
确定
后退
取消

图 10-16

3. 隐藏毛坯几何体

选择菜单中的【格式(R)】/【图层设置(S)...】命令，出现【图层设置】对话框，取消勾选 □2 层，将毛坯几何体隐藏。

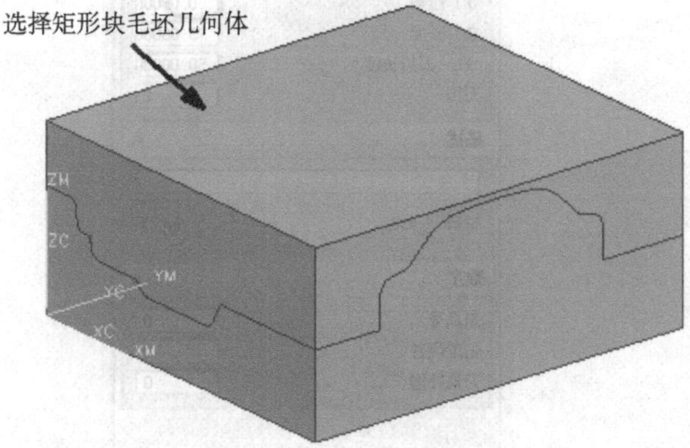
选择矩形块毛坯几何体
ZM
ZC
YM
YC
XC
XM

图 10-17

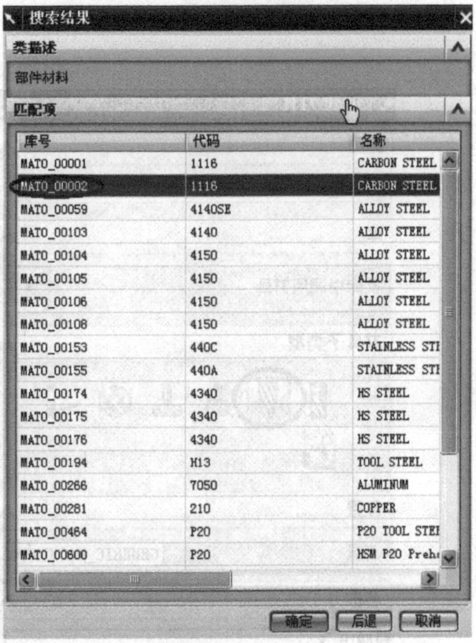
搜索结果
类描述
部件材料
匹配项
库号
代码
名称
MATO_00001 1116 CARBON STEEL
MATO_00002 1116 CARBON STEEL
MATO_00059 4140SE ALLOY STEEL
MATO_00103 4140 ALLOY STEEL
MATO_00104 4150 ALLOY STEEL
MATO_00105 4150 ALLOY STEEL
MATO_00106 4150 ALLOY STEEL
MATO_00108 4150 ALLOY STEEL
MATO_00153 440C STAINLESS STI
MATO_00155 440A STAINLESS STI
MATO_00174 4340 HS STEEL
MATO_00175 4340 HS STEEL
MATO_00176 4340 HS STEEL
MATO_00194 H13 TOOL STEEL
MATO_00266 7050 ALUMINUM
MATO_00281 210 COPPER
MATO_00464 P20 P20 TOOL STEI
MATO_00600 P20 HSM P20 Prehi
确定
后退
取消

图 10-18

10.4 创建刀具

1. 设置操作导航器的视图为机床视图

选择菜单中的【工具(T)】/【操作导航器(O)】/【视图(V)】/【机床视图(T)】

命令或在【导航器】工具条中选择（机床视图）图标，更新的操作导航器视图如图 10-19 所示。

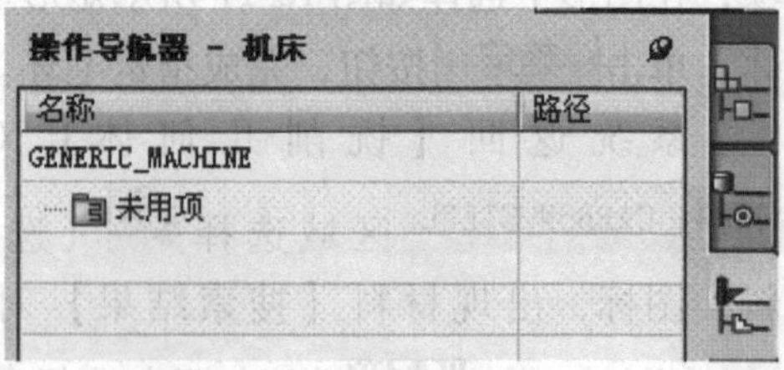
操作导航器 - 机床
名称
路径
GENERIC_MACHINE
未用项

图　10-19

2. 创建直径 16mm 的球刀

选择菜单中的【插入(S)】/【刀具(T)...】命令或在【插入】工具条中选择（创建刀具）图标，出现【创建刀具】对话框，如图 10-20 所示。在 刀具子类型 中选择（球刀）图标，在 名称 栏输入 BM16，单击 确定 按钮，出现【铣刀 - 球头铣】对话框，如图 10-21 所示。在 直径 栏输入 16，在 锥角 栏输入 0，单击 确定 按钮，完成创建直径 16mm 的球刀。

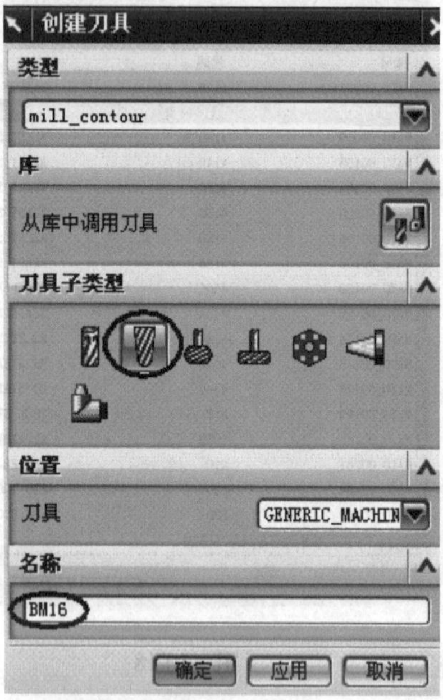
创建刀具
类型
mill_contour
库
从库中调用刀具
刀具子类型
位置
刀具
GENERIC_MACHIN
名称
BM16
确定
应用
取消

图　10-20

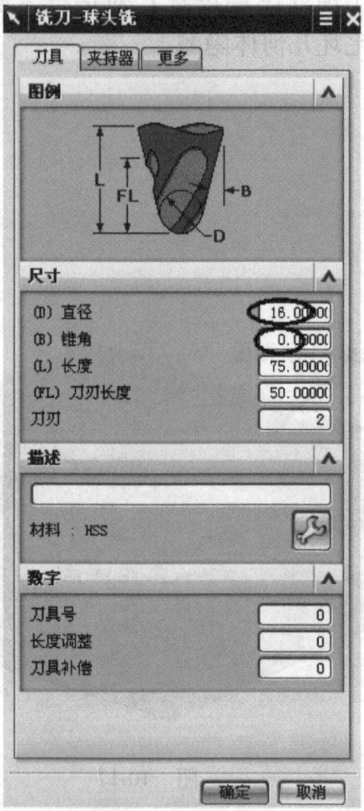
铣刀-球头铣
刀具
夹持器
更多
图例
L
FL
B
D
尺寸
(D) 直径
16.0000
(B) 锥角
0.0000
(L) 长度
75.0000
(FL) 刀刃长度
50.0000
刀刃
2
描述
材料 : HSS
数字
刀具号
0
长度调整
0
刀具补偿
0
确定
取消

图　10-21

3. 创建直径 4mm 的 BM4 球刀和直径为 16mm、底圆角半径为 1mm 的 EM16R1 的圆鼻铣刀

按照步骤 2 的方法，创建直径 4mm 的 BM4 球刀；在 刀具子类型 中选择（铣刀）图标，在 直径 栏输入 16，在 底圆角半径 输入 1，完成创建直径为 16mm、底圆角半径为 1mm

的 EM16R1 的铣刀，操作导航器的视图显示创建的刀具，如图 10-22 所示。

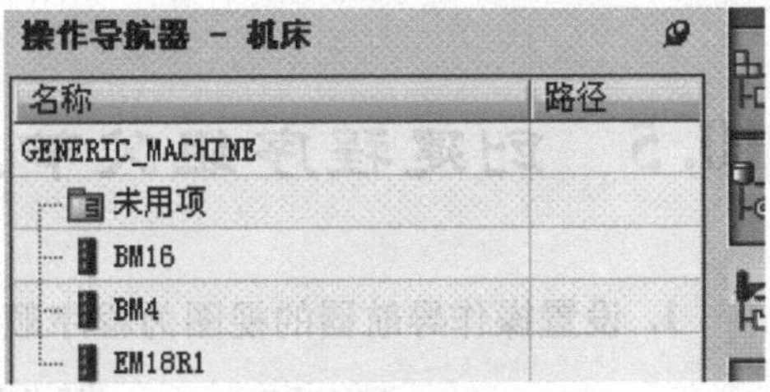
操作导航器 - 机床
名称
路径
GENERIC_MACHINE
未用项
BM16
BM4
EM18R1

图 10-22

4. 从库中调用直径 ϕ40mm 的铣刀

选择菜单中的【插入(S)】/【刀具(T)...】命令或在【插入】工具条中选择（创建刀具）图标，出现【创建刀具】对话框，如图 10-23 所示。在库中选择（从库中调用刀具）图标，出现【库类选择】对话框，如图 10-24 所示。单击 Milling 前的（加号）图标，展开的图标更新为如图 10-24 所示。选择 End Mill (indexable)，单击确定按钮，出现【搜索准则】对话框，如图 10-25 所示。在直径栏输入≥30，单击确定按钮，出现【搜索结果】对话框，如图 10-26 所示。在匹配项列表框选择 ugt0202_001 号刀，单击确定按钮，完成从库中调用 40mm 的铣刀。

创建刀具
类型
mill_contour
库
从库中调用刀具
刀具子类型

图 10-23

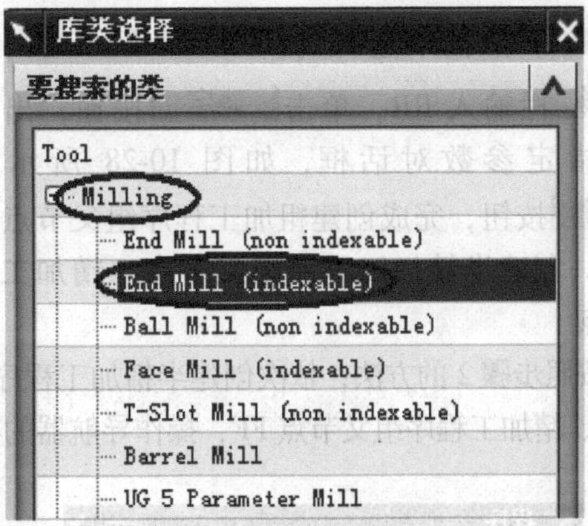
库类选择
要搜索的类
Tool
Milling
End Mill (non indexable)
End Mill (indexable)
Ball Mill (non indexable)
Face Mill (indexable)
T-Slot Mill (non indexable)
Barrel Mill
UG 5 Parameter Mill

图 10-24

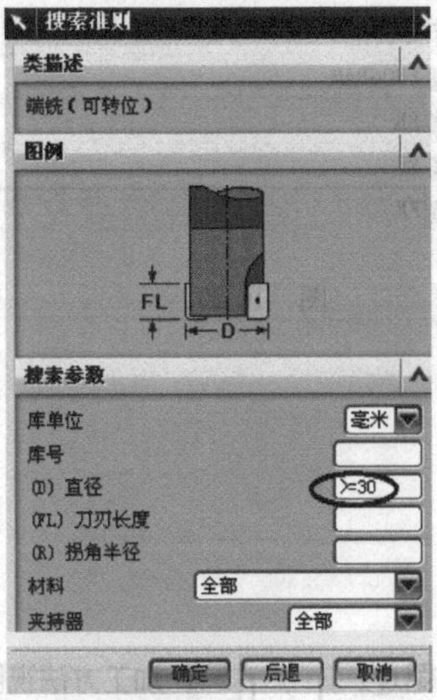
搜索准则
类描述
端铣（可转位）
图例
FL
D
搜索参数
库单位
毫米
库号
(D) 直径
>=30
(FL) 刀刃长度
(R) 拐角半径
材料
全部
夹持器
全部
确定
后退
取消

图 10-25

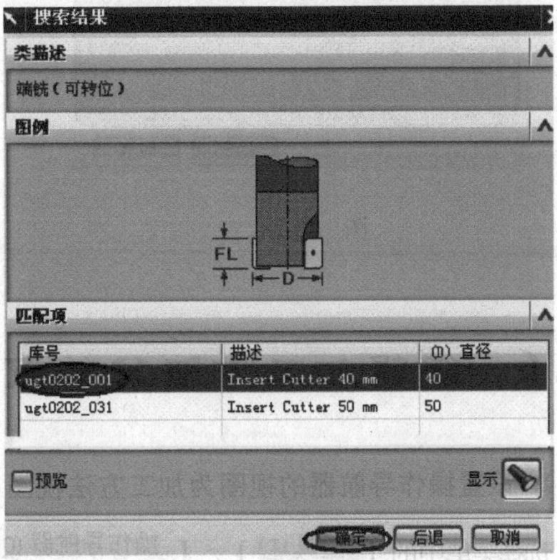
搜索结果
类描述
端铣（可转位）
图例
FL
D
匹配项
库号
描述
(D) 直径
ugt0202_001
Insert Cutter 40 mm
40
ugt0202_031
Insert Cutter 50 mm
50
预览
显示
确定
后退
取消

图 10-26

10.5 创建程序组父节点

1. 设置操作导航器的视图为程序顺序视图

选择菜单中的【工具(T)】/【操作导航器(O)】/【视图(V)】/【程序顺序视图(P)】命令或在【导航器】工具条中选择（程序顺序视图）图标，操作导航器的视图更新为程序顺序视图。

2. 创建粗加工程序组父节点

选择菜单中的【插入(S)】/【程序(P)...】命令或在【插入】工具条中选择（创建程序）图标，出现【创建程序】对话框，如图 10-27 所示。在程序下拉框中选择【NC_PROGRAM】选项，在名称栏输入 RR，单击确定按钮，出现【程序】指定参数对话框，如图 10-28 所示。单击确定按钮，完成创建粗加工程序组父节点。

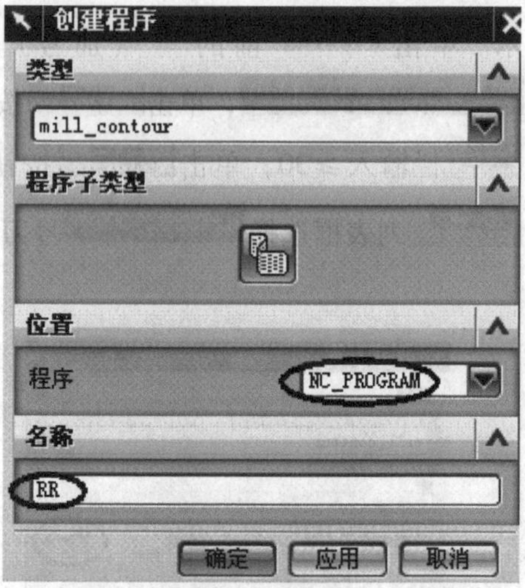
创建程序
类型
mill_contour
程序子类型
位置
程序
NC_PROGRAM
名称
RR
确定
应用
取消
图 10-27

3. 创建半精加工程序组父节点、精加工程序组父节点

按照步骤 2 的方法，依次创建半精加工程序组父节点 RF、精加工程序组父节点 FF，操作导航器的视图显示创建的程序组父节点，如图 10-29 所示。

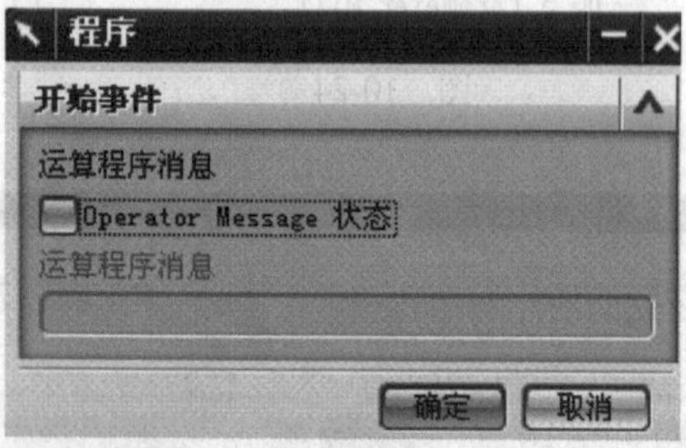
程序
开始事件
运算程序消息
Operator Message 状态
运算程序消息
确定
取消
图 10-28

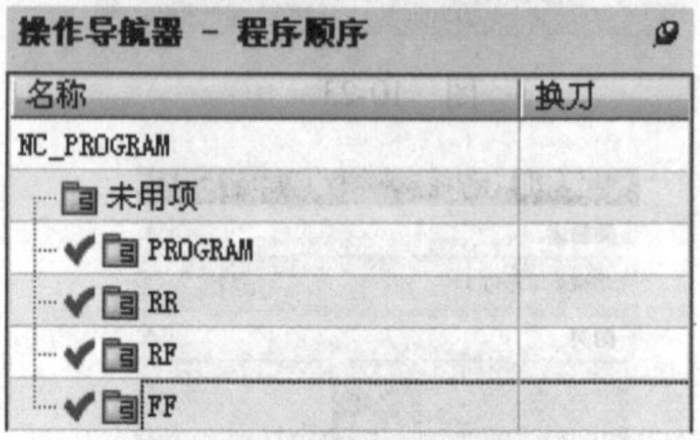
操作导航器 - 程序顺序
名称
换刀
NC_PROGRAM
未用项
PROGRAM
RR
RF
FF
图 10-29

10.6 编辑加工方法父节点

1. 设置操作导航器的视图为加工方法视图

选择菜单中的【工具(T)】/【操作导航器(O)】/【视图(V)】/【加工方法视图(M)】

命令或在【导航器】工具条中选择（加工方法视图）图标，操作导航器的视图更新为加工方法视图，如图 10-30 所示。

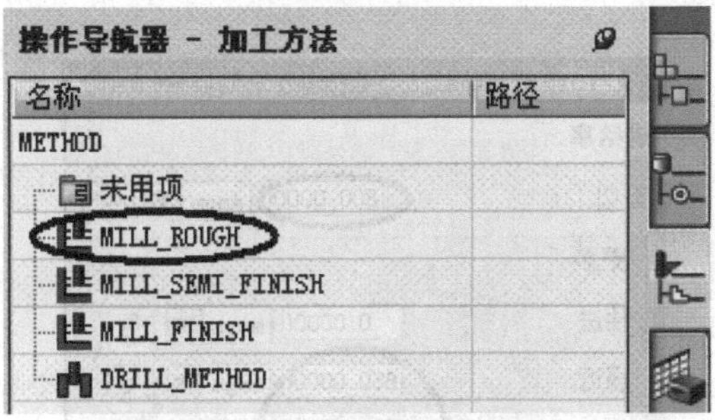

操作导航器 - 加工方法
名称
路径
METHOD
未用项
MILL_ROUGH
MILL_SEMI_FINISH
MILL_FINISH
DRILL_METHOD

图　10-30

2. 编辑粗加工方法父节点

在操作导航器中双击 MILL_ROUGH（粗加工方法）图标，出现【铣削方法】对话框，如图 10-31 所示。在 部件余量 栏输入 1，在 进给 区域中选择（进给）图标，出现【进给】对话框，如图 10-32 所示。在 剪切 、 进刀 、 第一刀切削 、 单步执行 栏分别输入 1200、1100、1000、1200，单击 确定 按钮，系统返回【铣削方法】对话框，单击 确定 按钮，完成指定粗加工进给率。

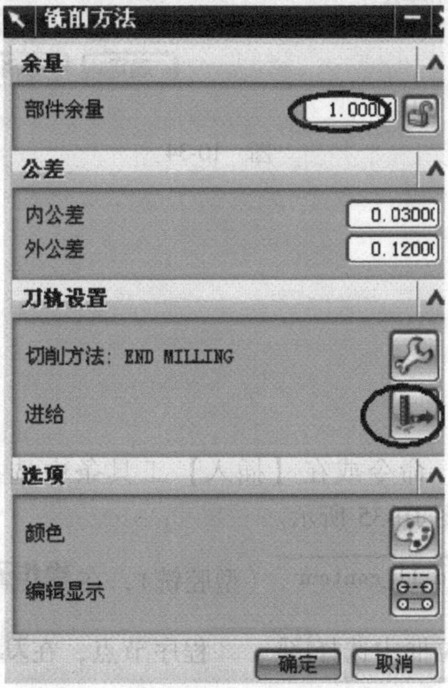

铣削方法
余量
部件余量
1.0000
公差
内公差
0.0300
外公差
0.1200
刀轨设置
切削方法：END MILLING
进给
选项
颜色
编辑显示
确定
取消

图　10-31

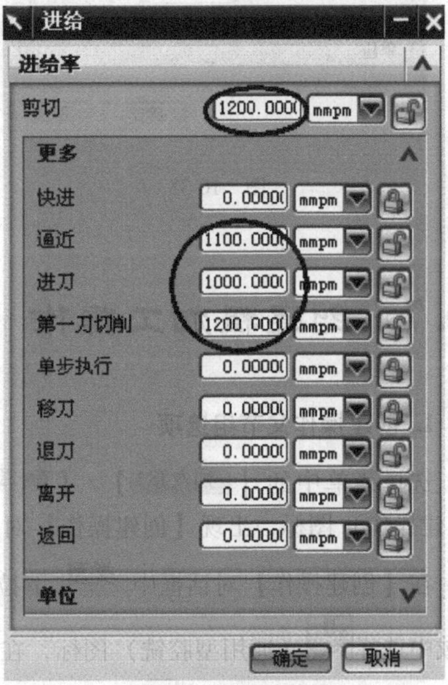

进给
进给率
剪切
1200.000
mmpm
更多
快进
0.0000
通近
1100.000
进刀
1000.000
第一刀切削
1200.000
单步执行
0.0000
移刀
0.0000
退刀
0.0000
离开
0.0000
返回
0.0000
单位
确定
取消

图　10-32

3. 编辑半精加工方法父节点

按照步骤 2 的方法，接受部件余量 0. 25 的默认设置，设置半精加工进给速度如图 10-33 所示。

4. 编辑精加工方法父节点

按照步骤 2 的方法，接受部件余量 0 的默认设置，设置精加工进给速度如图 10-34 所示。

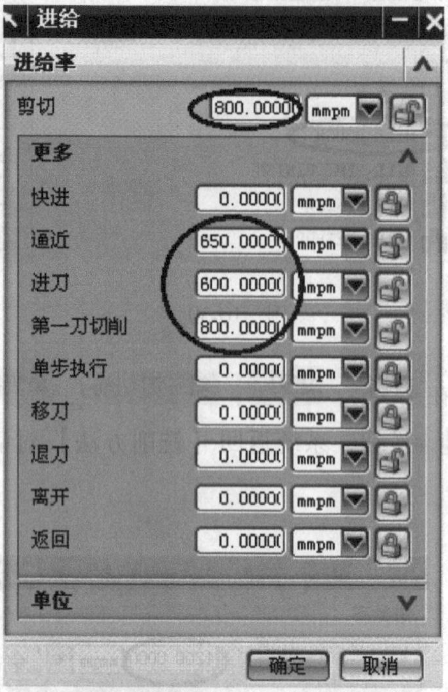
进给
进给率
剪切 800.0000 mmpm
更多
快进 0.0000 mmpm
逼近 650.0000 mmpm
进刀 600.0000 mmpm
第一刀切削 800.0000 mmpm
单步执行 0.0000 mmpm
移刀 0.0000 mmpm
退刀 0.0000 mmpm
离开 0.0000 mmpm
返回 0.0000 mmpm
单位
确定
取消

图 10-33

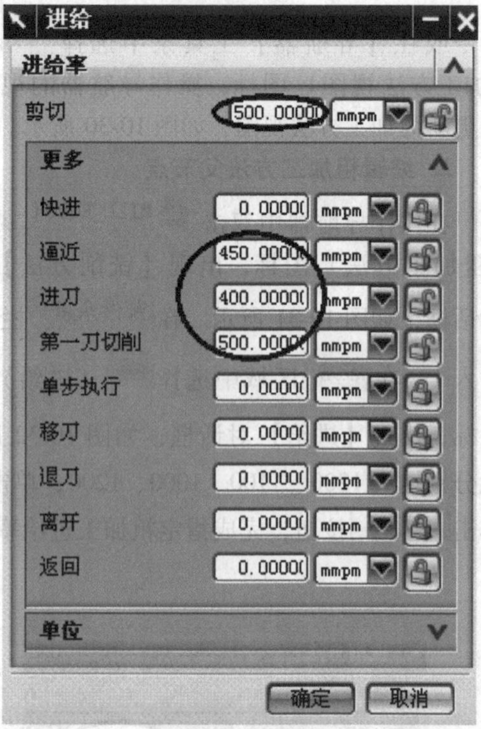
进给
进给率
剪切 500.0000 mmpm
更多
快进 0.0000 mmpm
逼近 450.0000 mmpm
进刀 400.0000 mmpm
第一刀切削 500.0000 mmpm
单步执行 0.0000 mmpm
移刀 0.0000 mmpm
退刀 0.0000 mmpm
离开 0.0000 mmpm
返回 0.0000 mmpm
单位
确定
取消

图 10-34

10.7 创建粗加工操作

1. 创建操作父节组选项

选择菜单中的【插入(S)】/【操作(E)...】命令或在【插入】工具条中选择（创建操作）图标，出现【创建操作】对话框，如图 10-35 所示。

在【创建操作】对话框中类型下拉框中选择mill_contour（型腔铣），在操作子类型区域中选择（通用型腔铣）图标，在程序下拉框中选择RR程序节点，在刀具下拉框中选择UGT0202_001 (I刀具节点，在几何体下拉框中选择WORKPIECE节点，在方法下拉框中选择MILL_ROUGH节点，在名称栏输入 R1，如图 10-35 所示。单击确定按钮，系统出现【型腔铣】对话框，如图 10-36 所示。

2. 设置加工参数

（1）设置切削模式　在【型腔铣】对话框中切削模式下拉框中选择跟随周边选项，在步距下拉框中选择% 刀具平直选项，在平面直径百分比栏输入 70，如图 10-36 所示。

（2）设置切削层　在【型腔铣】对话框中切削层区域中选择（切削层）图标，

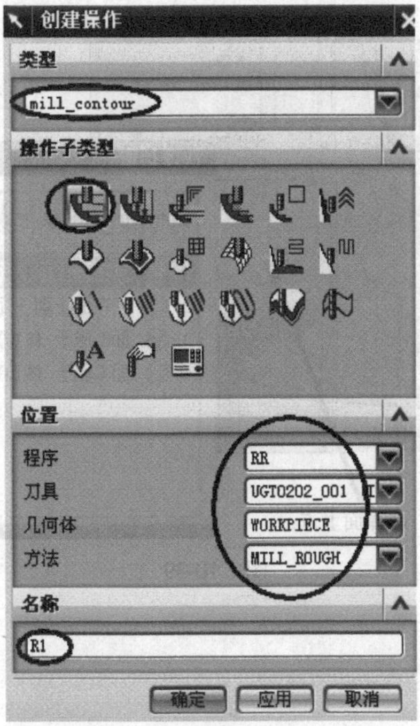
创建操作
类型
mill_contour
操作子类型
位置
程序
RR
刀具
UGT0202_001
几何体
WORKPIECE
方法
MILL_ROUGH
名称
R1
确定
应用
取消

图 10-35

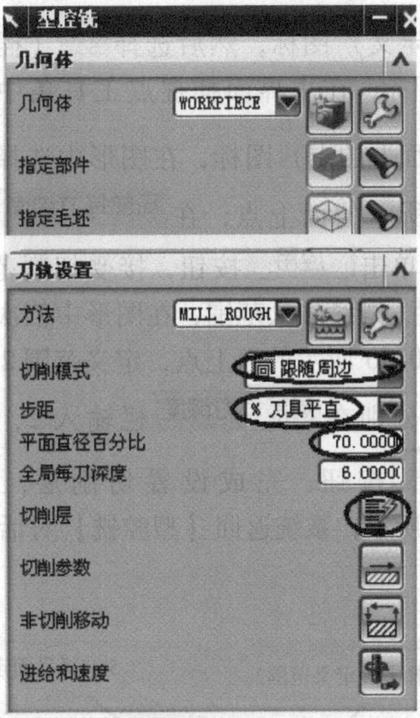
型腔铣
几何体
几何体
WORKPIECE
指定部件
指定毛坯
刀轨设置
方法
MILL_ROUGH
切削模式
跟随周边
步距
% 刀具平直
平面直径百分比
70.0000
全局每刀深度
6.0000
切削层
切削参数
非切削移动
进给和速度

图 10-36

出现【切削层】对话框，如图 10-37 所示。在范围类型区域中选择（单个层）图标，在全局每刀深度栏中输入 2，此时图形中切削层更新为如图 10-38 所示。

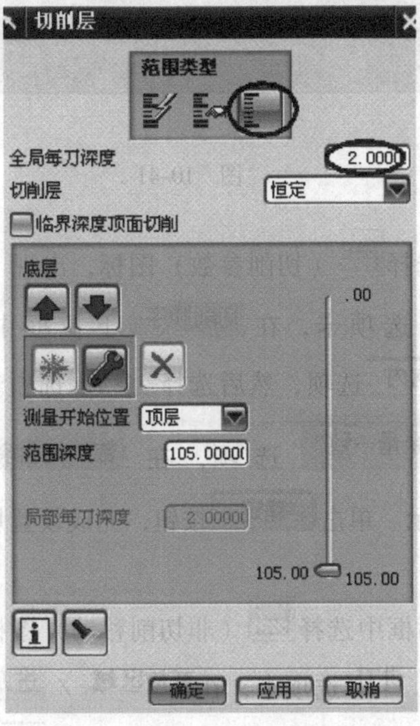
切削层
范围类型
全局每刀深度
2.0000
切削层
恒定
临界深度顶面切削
底层
.00
测量开始位置
顶层
范围深度
105.0000
局部每刀深度
2.0000
105.00
105.00
确定
应用
取消

图 10-37

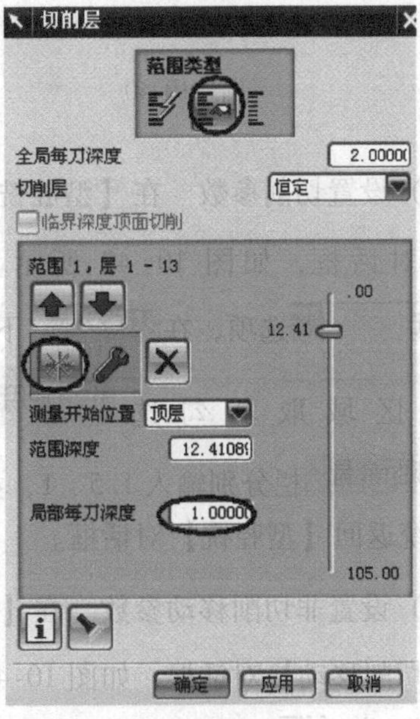
切削层
范围类型
全局每刀深度
2.0000
切削层
恒定
临界深度顶面切削
范围 1，层 1 - 13
.00
12.41
测量开始位置
顶层
范围深度
12.4108
局部每刀深度
1.0000
105.00
确定
应用
取消

图 10-38

插入范围，在范围类型区域中选择（用户定义）图标，然后选择（插入范围）图标，在主界面捕捉点工具条中选择（面上的点）图标，在图形中选择如图10-39所示的面上点，在局部每刀深度栏输入1，单击应用按钮，接受切削范围1的设置，继续插入范围，在图形中依次选择如图10-40所示的面上点，定义范围2至范围6，分别在局部每刀深度栏输入2，单击确定按钮，完成设置切削层，如图10-41所示，系统返回【型腔铣】对话框。

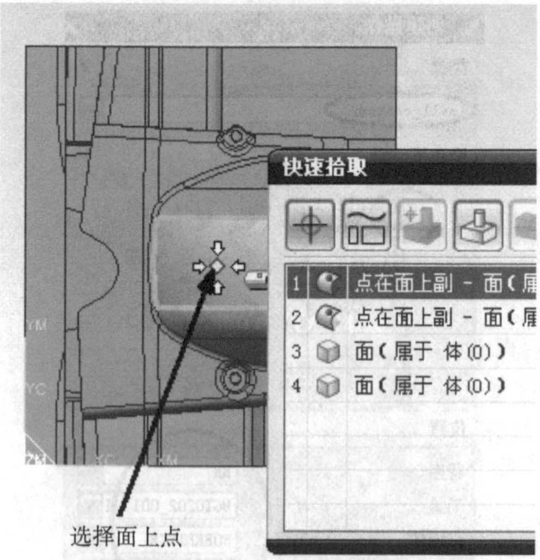
快速拾取
面（属于 体(0)）
面（属于 体(0)）
选择面上点

图 10-39

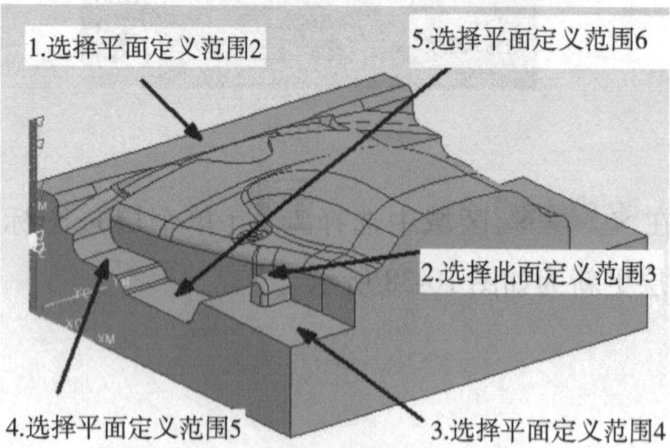
1.选择平面定义范围2
5.选择平面定义范围6
2.选择此面定义范围3
4.选择平面定义范围5
3.选择平面定义范围4

图 10-40

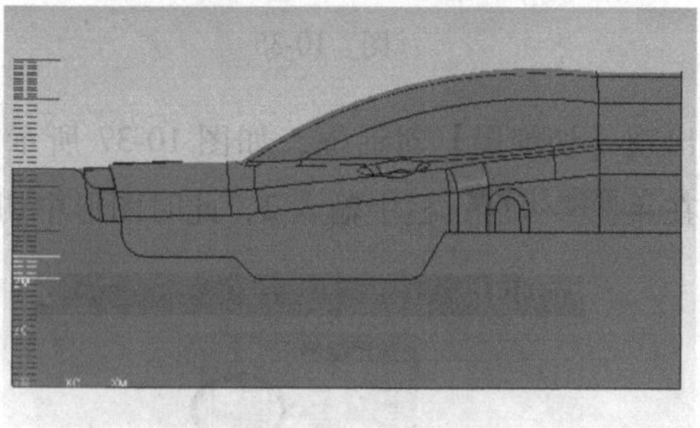

图 10-41

（3）设置切削参数　在【型腔铣】对话框中选择（切削参数）图标，出现【切削参数】对话框，如图10-42所示。选择策略选项卡，在切削顺序下拉框中选择深度优先选项，在刀路方向下拉框中选择向内选项，然后选择余量选项卡，在余量区域取消勾选使用“底部面和侧壁余量一致”选项，在部件侧面余量、部件底部面余量栏分别输入1.5、1，如图10-43所示。单击确定按钮，完成设置切削参数，系统返回【型腔铣】对话框。

（4）设置非切削移动参数　在【型腔铣】对话框中选择（非切削移动）图标，出现【非切削移动】对话框，如图10-44所示。选择进刀选项卡，在开放区域/进刀类型下拉框中选择线性 - 相对于切削选项，在长度栏输入10，如图10-44所示。选择传递/快速选项卡，在 区域内 / 传递类型 下拉框中选择 前一平面 选项，如图 10-45 所示。单击 确定 按钮，完成设置非切削移动参数，系统返回【型腔铣】对话框，如图 10-46 所示。

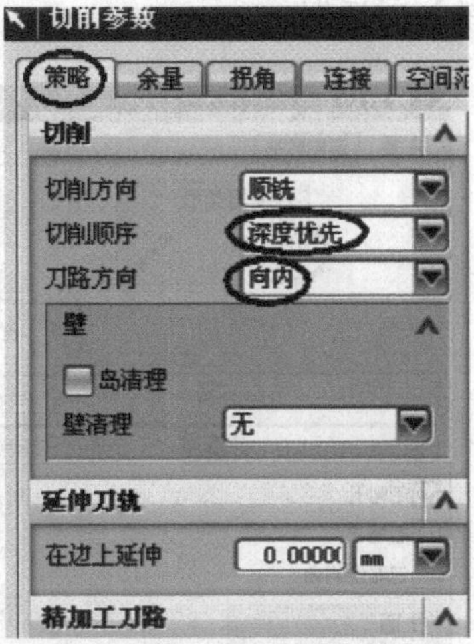
切削参数
策略
余量
拐角
连接
切削
切削方向
顺铣
切削顺序
深度优先
刀路方向
向内
壁
岛清理
壁清理
无
延伸刀轨
在边上延伸
0.0000
mm
精加工刀路

图 10-42

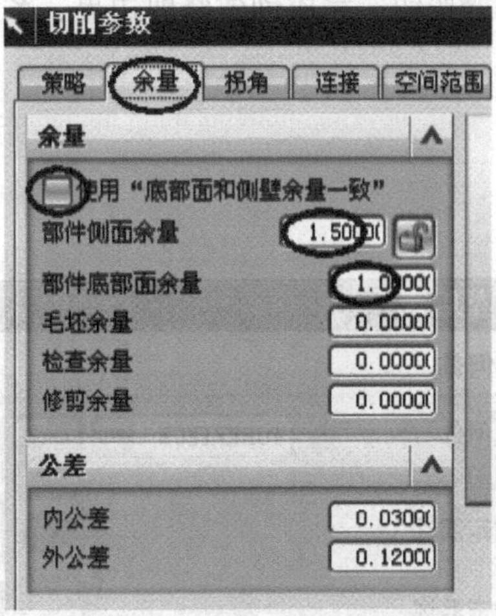
切削参数
策略
余量
拐角
连接
空间范围
余量
使用“底部面和侧壁余量一致”
部件侧面余量
1.5000
部件底部面余量
1.0000
毛坯余量
0.0000
检查余量
0.0000
修剪余量
0.0000
公差
内公差
0.0300
外公差
0.1200

图 10-43

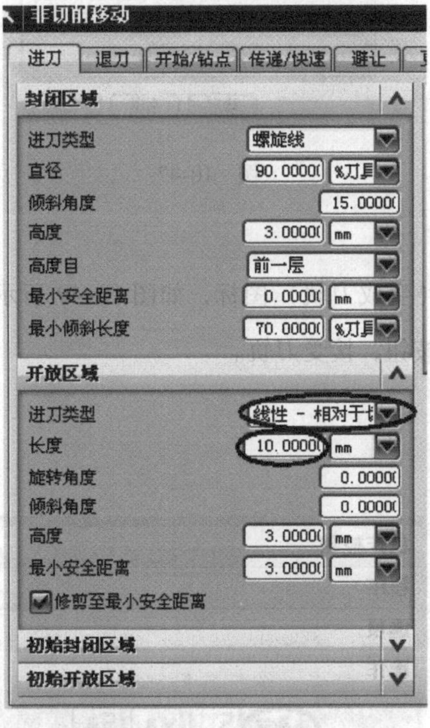
非切削移动
进刀
退刀
开始/钻点
传递/快速
避让
封闭区域
进刀类型
螺旋线
直径
90.0000
%刀具
倾斜角度
15.0000
高度
3.0000
mm
高度自
前一层
最小安全距离
0.0000
mm
最小倾斜长度
70.0000
%刀具
开放区域
进刀类型
线性 - 相对于切
长度
10.0000
mm
旋转角度
0.0000
倾斜角度
0.0000
高度
3.0000
mm
最小安全距离
3.0000
mm
修剪至最小安全距离
初始封闭区域
初始开放区域

图 10-44

非切削移动
进刀
退刀
开始/钻点
传递/快速
避让
间隙
安全设置选项
使用继承的
显示
区域之间
传递类型
间隙
区域内
传递使用
进刀/退刀
传递类型
前一平面
安全距离
3.0000
mm
初始的和最终的

图 10-45

3. 创建几何体——创建修剪边界

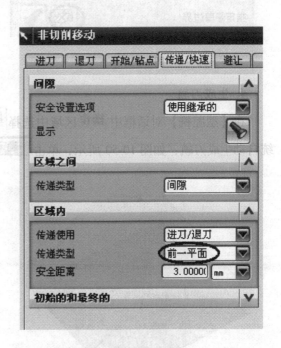

在【型腔铣】对话框中 几何体 区域中选择 (选择或编辑修剪边界）图标，出现

【修剪边界】对话框，如图 10-47 所示。在 过滤器类型 区域中选择（面边界）图标，在 修剪侧 区域中选择 外部 选项，然后在图形中选择如图 10-48 所示的模型底面，单击 确定 按钮，完成创建修剪边界，系统返回【型腔铣】对话框。

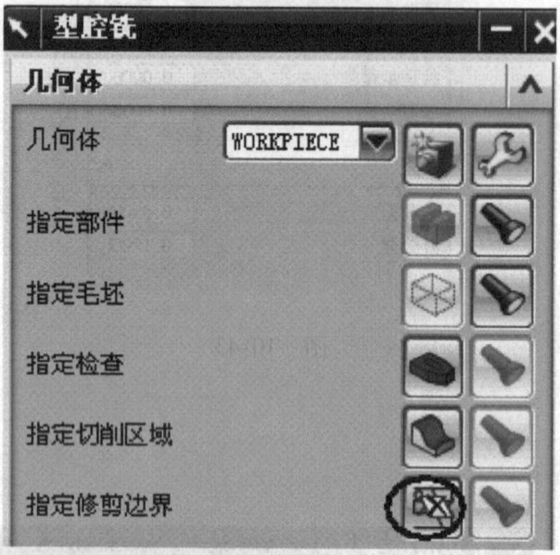
型腔铣
几何体
几何体
WORKPIECE
指定部件
指定毛坯
指定检查
指定切削区域
指定修剪边界

图 10-46

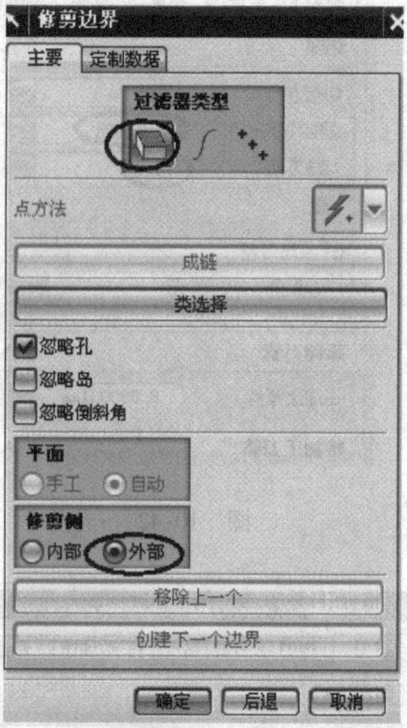
修剪边界
主要
定制数据
过滤器类型
点方法
成链
类选择
忽略孔
忽略岛
忽略倒斜角
平面
手工
自动
修剪侧
内部
外部
移除上一个
创建下一个边界
确定
后退
取消

图 10-47

4. 生成刀轨

在【型腔铣】对话框中 操作 区域中选择（生成刀轨）图标，如图 10-49 所示。系统自动生成刀轨，如图 10-50 所示，单击 确定 按钮，接受刀轨。

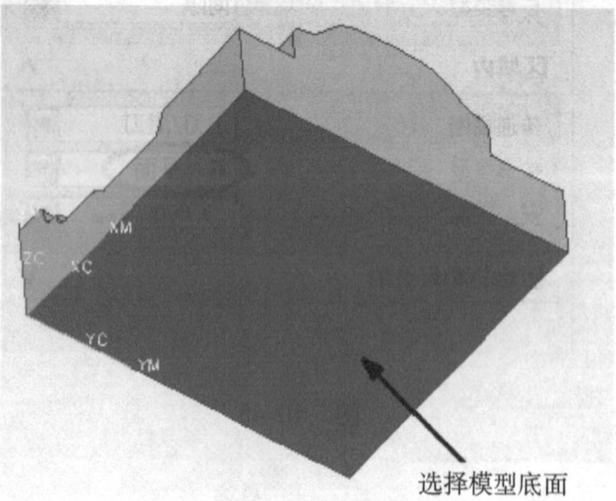
XM
ZC
XC
YC
YM
选择模型底面

图 10-48

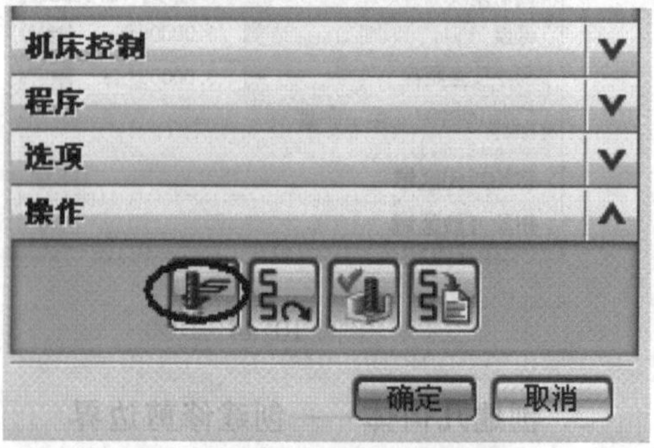
机床控制
程序
选项
操作
确定
取消

图 10-49

5. 粗加工过切检查

在操作导航器中选择操作R1，在【操作】工具条中选择（过切检查）图标，或在操作导航器中选择操作R1，按下鼠标右键选择 刀轨 / 过切检查... 命令，如图10-51所示。出现【过切检查】对话框，勾选 检查刀具夹持器碰撞、第一次过切时暂停 选项，如图10-52所示。单击 确定 按钮，完成过切检查，系统出现【信息】对话框，如图10-53所示。

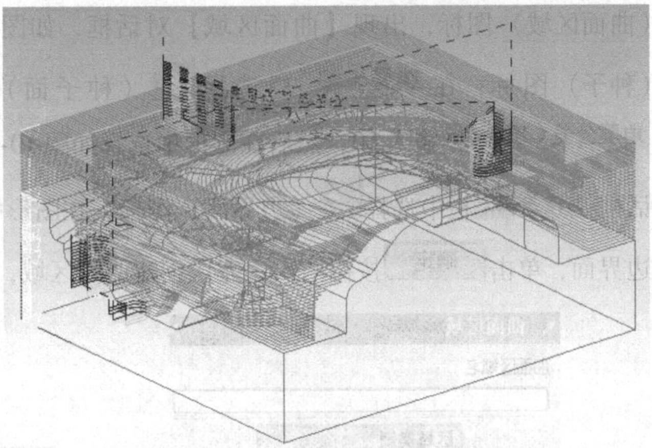

图 10-50

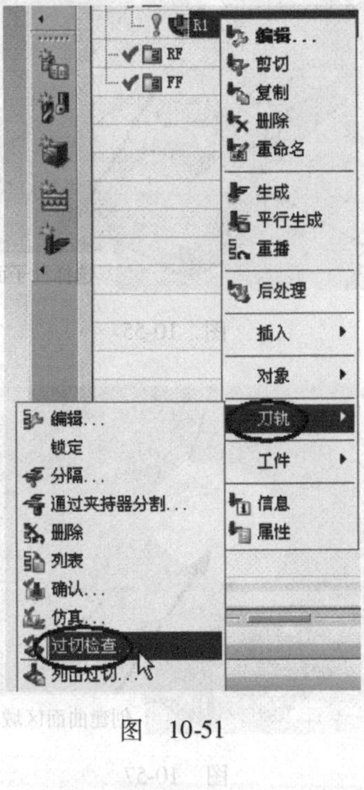
R1
RF
FF
编辑...
剪切
复制
删除
重命名
生成
平行生成
重播
后处理
插入
对象
刀轨
工件
信息
属性
编辑...
锁定
分隔...
通过夹持器分割...
删除
列表
确认...
仿真...
过切检查
列出过切...

图 10-51

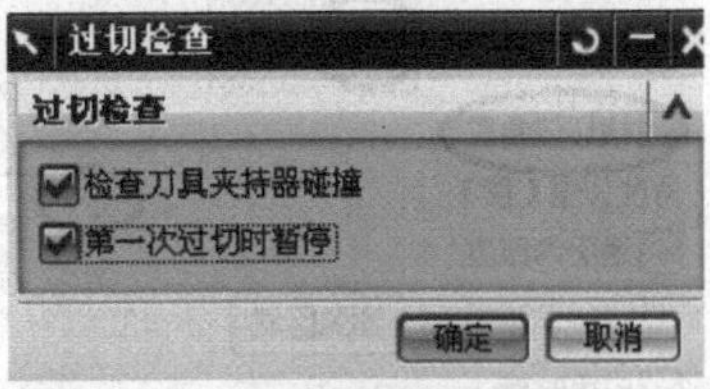
过切检查
过切检查
检查刀具夹持器碰撞
第一次过切时暂停
确定
取消

图 10-52

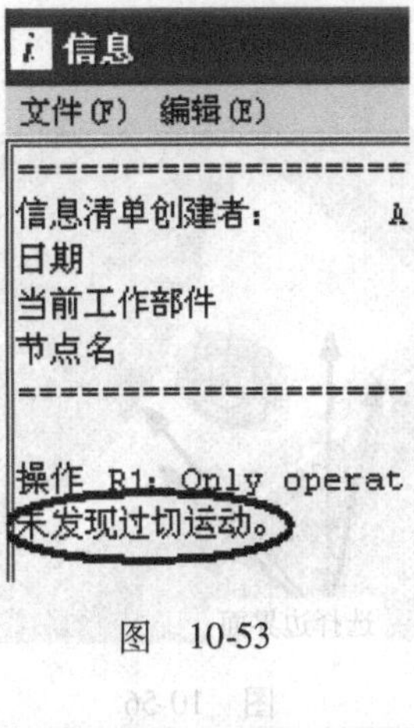
信息
文件(F) 编辑(E)
信息清单创建者：
日期
当前工作部件
节点名
操作 R1: Only operat
未发现过切运动。

图 10-53

10.8 创建半精加工操作

10.8.1 半精加工操作——铣削两个下凹坑

1. 创建曲面区域

选择菜单中的【工具(T)】/【曲面区域...】命令或在【插入】工具条中选择

（曲面区域）图标，出现【曲面区域】对话框，如图 10-54 所示。在 区域类型 中选择（种子）图标，在 选择步骤 栏选择（种子面）图标，勾选 相切边角度 选项，在 角度公差（度） 栏输入 60，然后在图形中选择如图 10-55 所示的种子面，在【曲面区域】对话框 选择步骤 栏中选择（边界面）图标，在图形中选择如图 10-56 所示的（4 个）面为边界面，单击 确定 按钮两次，完成创建曲面区域，如图 10-57 所示。

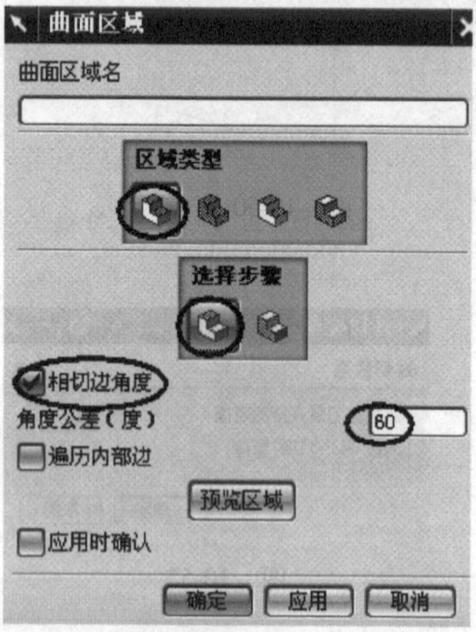
曲面区域
曲面区域名
区域类型
选择步骤
相切边角度
角度公差（度）
60
遍历内部边
预览区域
应用时确认
确定
应用
取消

图 10-54

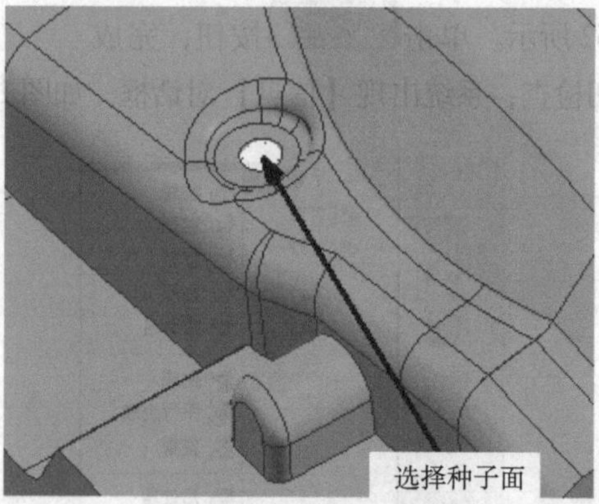
选择种子面

图 10-55

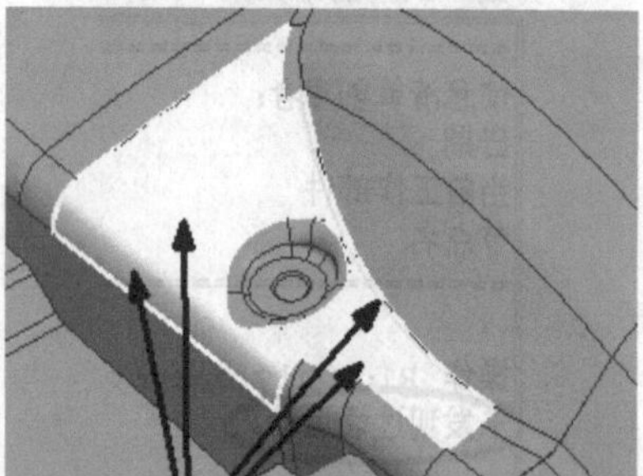
选择边界面

图 10-56

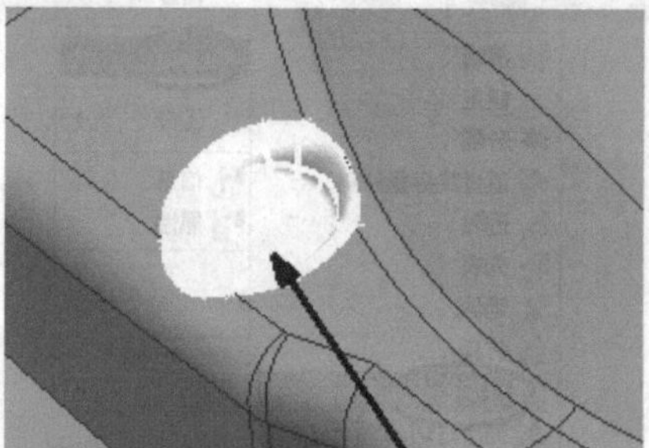
创建曲面区域

图 10-57

按照上述方法，在图形中选择如图 10-58 所示的种子面，在【曲面区域】对话框 选择步骤 栏选择（边界面）图标，在图形中选择如图 10-58 所示的 4（10 个）面为边界面，单击 确定 按钮两次，完成创建右侧曲面区域，如图 10-59 所示。

2. 创建操作父节组选项

选择菜单中的【插入(S)】/【操作(E)...】命令或在【插入】工具条中选择（创建操作）图标，出现【创建操作】对话框，如图 10-60 所示。

在【创建操作】对话框中 类型 下拉框中选择 mill_contour （型腔铣），在 操作子类型 区域中选择（固定轴曲面轮廓铣）图标，在 程序 下拉框中选择 RF 程序节点，在 刀具 下拉框中选择 BM16 (Milling 刀具节点，在 几何体 下拉框中选择 NONE 节点，在 方法 下拉框中选择 MILL_SEMI_FINI 节点，在 名称 栏输入 S1，如图 10-60 所示。单击 确定 按钮，系统出现【固定轮廓铣】对话框，如图 10-61 所示。

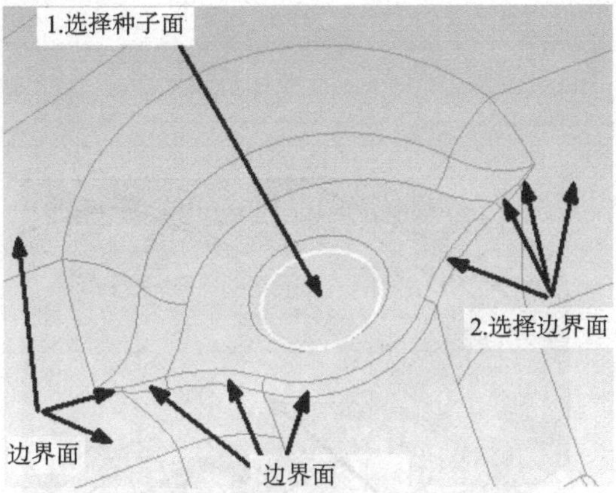
1.选择种子面
2.选择边界面
边界面
边界面

图 10-58

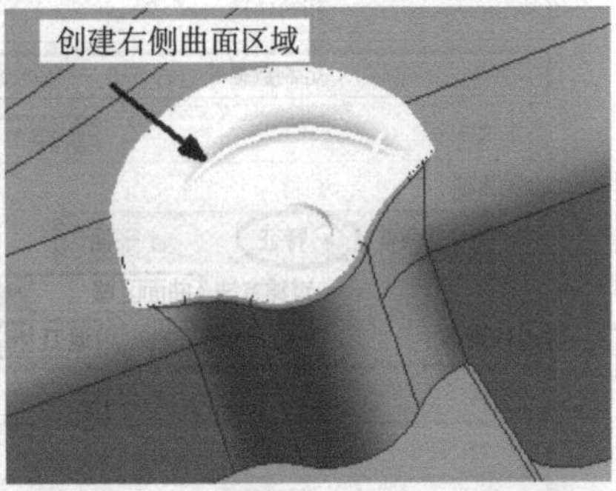
创建右侧曲面区域

图 10-59

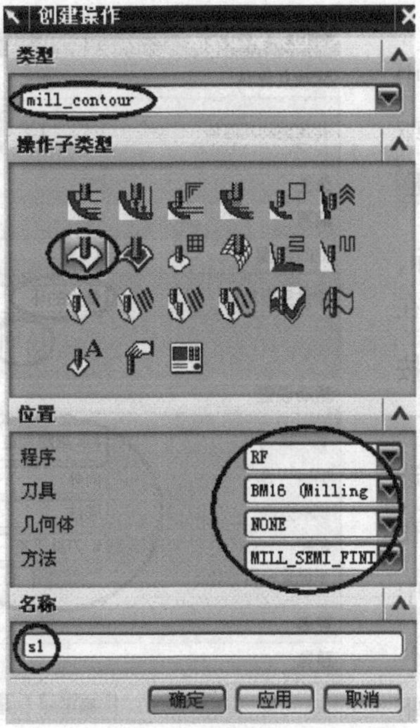
创建操作
类型
mill_contour
操作子类型
位置
程序 RF
刀具 BM16 (Milling
几何体 NONE
方法 MILL_SEMI_FINI
名称
s1
确定 应用 取消

图 10-60

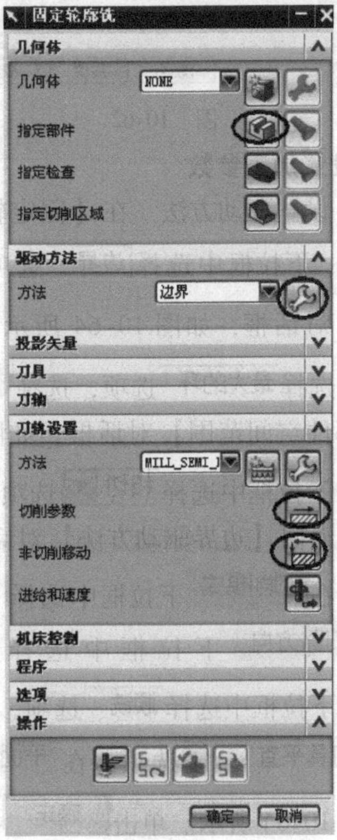
固定轮廓铣
几何体
几何体 NONE
指定部件
指定检查
指定切削区域
驱动方法
方法 边界
投影矢量
刀具
刀轴
刀轨设置
方法 MILL_SEMI_F
切削参数
非切削移动
进给和速度
机床控制
程序
选项
操作
确定 取消

图 10-61

3. 创建几何体

在【固定轮廓铣】对话框中**几何体**区域中选择（选择或编辑部件几何体）图标，出现【部件几何体】对话框，如图 10-62 所示。在**选择选项**区域中选择**特征**选项，然后在图形中选择如图 10-63 所示的曲面区域，单击**确定**按钮，完成设置部件几何体，系统返回【固定轮廓铣】对话框。

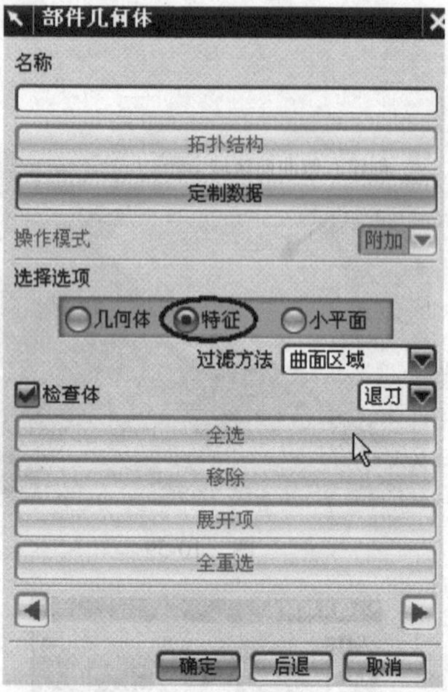
部件几何体
名称
拓扑结构
定制数据
操作模式
附加
选择选项
几何体
特征
小平面
过滤方法
曲面区域
检查体
退刀
全选
移除
展开项
全重选
确定
后退
取消

图 10-62

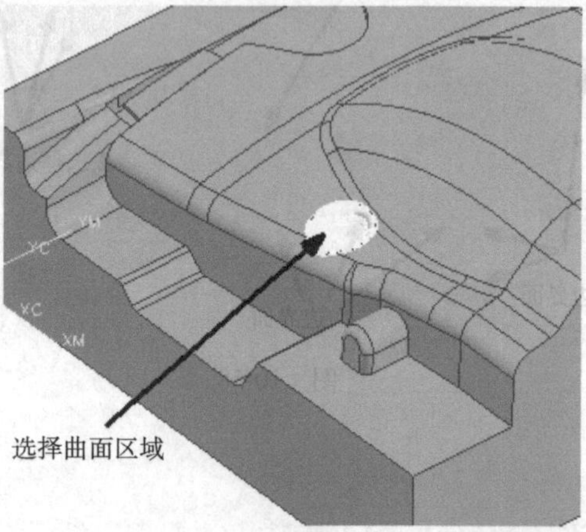
选择曲面区域

图 10-63

4. 设置加工参数

（1）设置驱动方法　在【固定轮廓铣】对话框中**驱动方法**下拉框中选择**边界**选项，出现【边界驱动方法】对话框，如图 10-64 所示。在**部件空间范围**下拉框中选择**最大的环**选项，选择（编辑）图标，出现【部件空间范围】对话框，如图 10-65 所示。在**刀具位置**下拉框中选择**相切**选项，单击**确定**按钮，系统返回【边界驱动方法】对话框。

然后在**切削模式**下拉框中选择**跟随周边**选项，在**刀路方向**下拉框中选择**向外**选项，在**切削方向**下拉框中选择**顺铣**选项，在**步距**下拉框中选择**% 刀具平直**选项，在**平面直径百分比**栏输入 50，如图 10-64 所示。单击**确定**按钮，完成设置驱动方法，系统返回【固定轮廓铣】对话框。

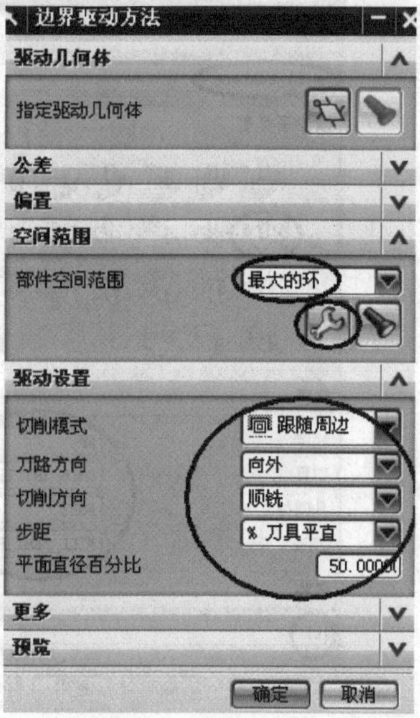
边界驱动方法
驱动几何体
指定驱动几何体
公差
偏置
空间范围
部件空间范围
最大的环
驱动设置
切削模式
跟随周边
刀路方向
向外
切削方向
顺铣
步距
% 刀具平直
平面直径百分比
50.0000
更多
预览
确定
取消

图 10-64

(2) 设置切削参数　在【固定轮廓铣】对话框中选择（切削参数）图标，出现【切削参数】对话框，如图 10-66 所示。选择 策略 选项卡，在 切削方向 下拉框中选择 顺铣 选项，在 刀路方向 下拉框中选择 向外 选项，然后选择 多条刀路 选项卡，在 部件余量偏置 下拉框中输入 4，勾选 多重深度切削 选项，在 步进方法 下拉框中选择 刀路 选项，在 刀路数 栏输入 3，如图 10-66 所示。单击 确定 按钮，完成设置切削参数，系统返回【固定轮廓铣】对话框。

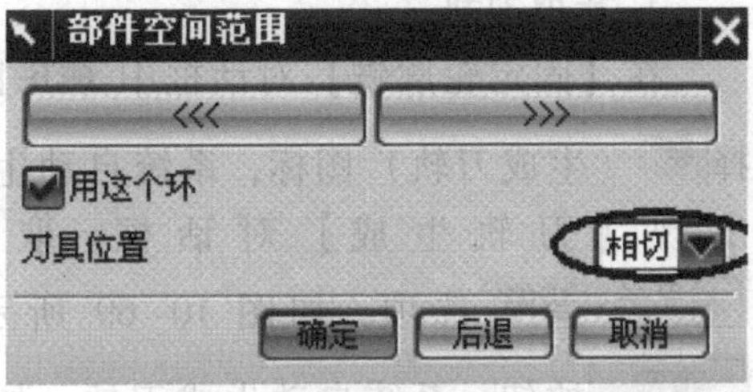
部件空间范围
<<<
>>>
用这个环
刀具位置
相切
确定
后退
取消

图　10-65

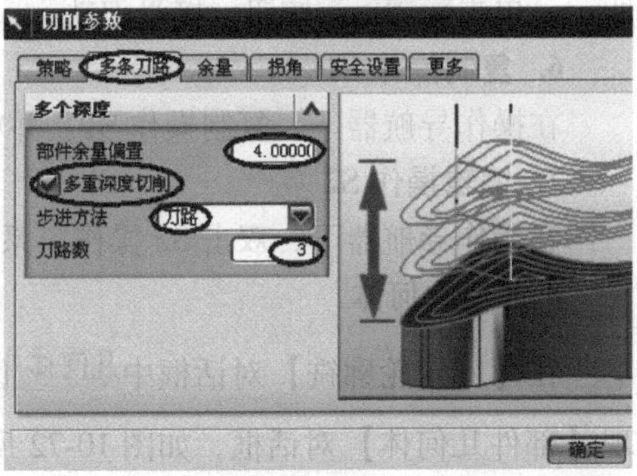
切削参数
策略
多条刀路
余量
拐角
安全设置
更多
多个深度
部件余量偏置
4.0000(
多重深度切削
步进方法
刀路
刀路数
3
确定

图　10-66

(3) 设置非切削移动参数　在【固定轮廓铣】对话框中选择（非切削移动）图标，出现【非切削移动】对话框，如图 10-67 所示。选择 进刀 选项卡，在 开放区域 / 进刀类型 下拉框中选择 顺时针螺旋 选项，在 高度 栏输入 5，在 直径 栏输入 1，在 倾斜角度 栏输入 20，如图 10-67 所示。选择 传递/快速 选项卡，在 安全设置选项 下拉框中选择 自动 选项，在 安全距离 栏输入 3，如图 10-68 所示。单击 确定 按钮，完成设置非切削移动参数，系统返回【固定轮廓铣】对话框。

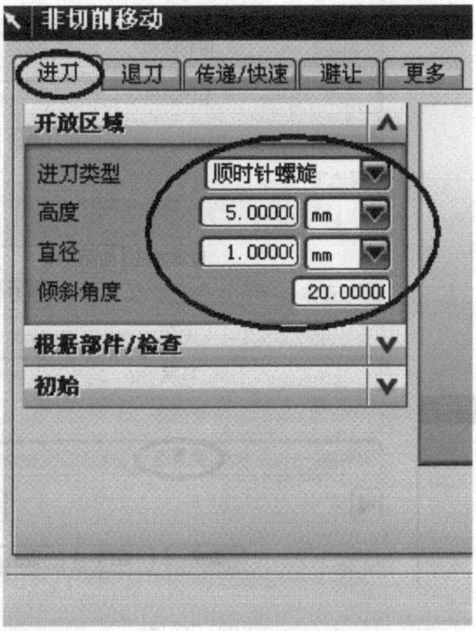
非切削移动
进刀
退刀
传递/快速
避让
更多
开放区域
进刀类型
顺时针螺旋
高度
5.0000(
mm
直径
1.0000(
mm
倾斜角度
20.0000(
根据部件/检查
初始

图　10-67

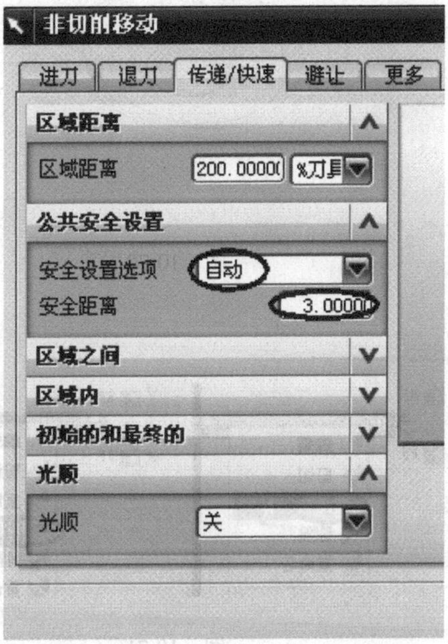
非切削移动
进刀
退刀
传递/快速
避让
更多
区域距离
区域距离
200.0000(
%刀具
公共安全设置
安全设置选项
自动
安全距离
3.0000(
区域之间
区域内
初始的和最终的
光顺
光顺
关

图　10-68

5. 生成刀轨

在【固定轮廓铣】对话框中操作区域中选择（生成刀轨）图标，系统自动生成刀轨，出现【刀轨生成】对话框，取消勾选显示后暂停选项，如图 10-69 所示。单击确定按钮，系统自动生成刀轨，如图 10-70 所示，单击确定按钮，接受刀轨。

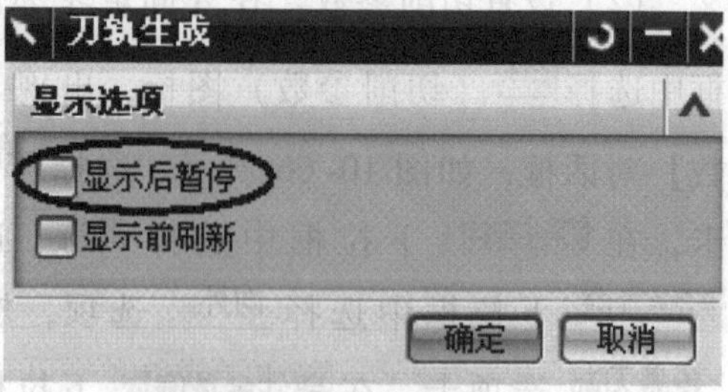
刀轨生成
显示选项
显示后暂停
显示前刷新
确定
取消

图 10-69

6. 复制操作 S1

在操作导航器下，复制操作 S1，并粘贴在其下，重新命名为 S2，操作如图 10-71 所示。

7. 编辑操作 S2

在操作导航器下，双击 S2 操作，系统出现【固定轮廓铣】对话框。

8 创建几何体

在【固定轮廓铣】对话框中几何体区域中选择（选择或编辑部件几何体）图标，出现【部件几何体】对话框，如图 10-72 所示。单击全重选按钮，出现【重新选择】对话框，如图 10-73 所示。单击确定按钮，然后在图形中选择如图 10-74 所示的曲面区域，单击确定按钮，完成设置部件几何体，系统返回【固定轮廓铣】对话框。

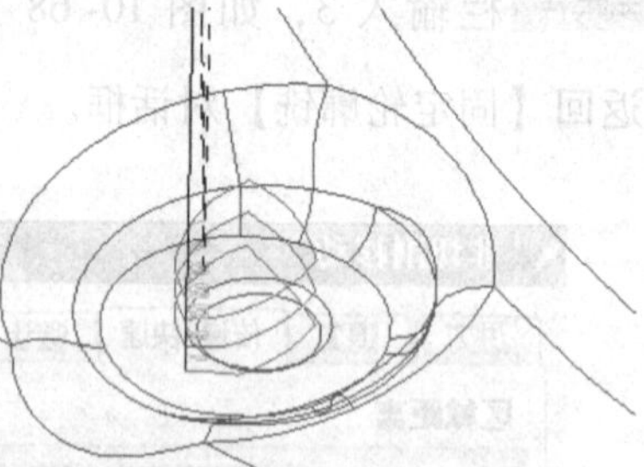

图 10-70

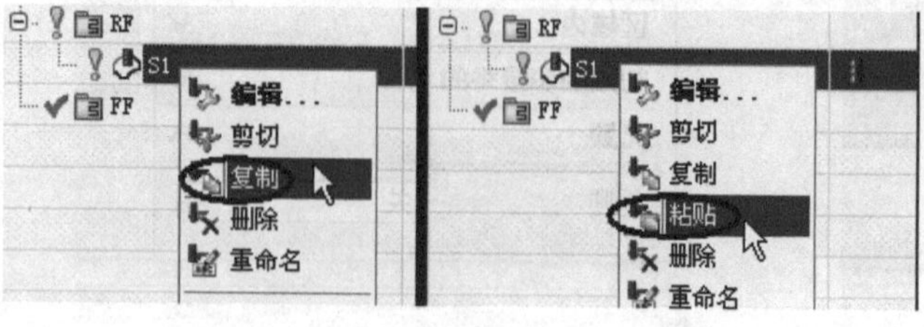
RF
S1
FF
编辑...
剪切
复制
删除
重命名
RF
S1
FF
编辑...
剪切
复制
粘贴
删除
重命名

图 10-71

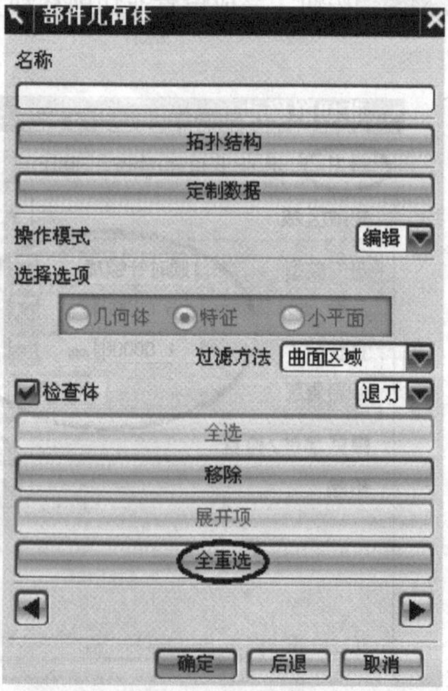
部件几何体
名称
拓扑结构
定制数据
操作模式
编辑
选择选项
几何体
特征
小平面
过滤方法
曲面区域
检查体
退刀
全选
移除
展开项
全重选
确定
后退
取消

图 10-72

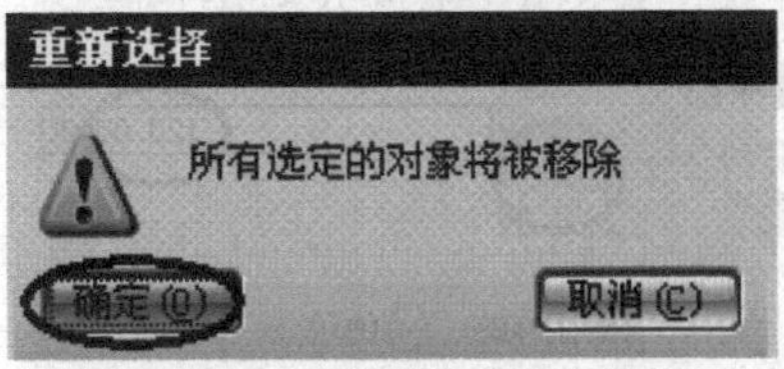
重新选择
所有选定的对象将被移除
确定(O)
取消(C)

图 10-73

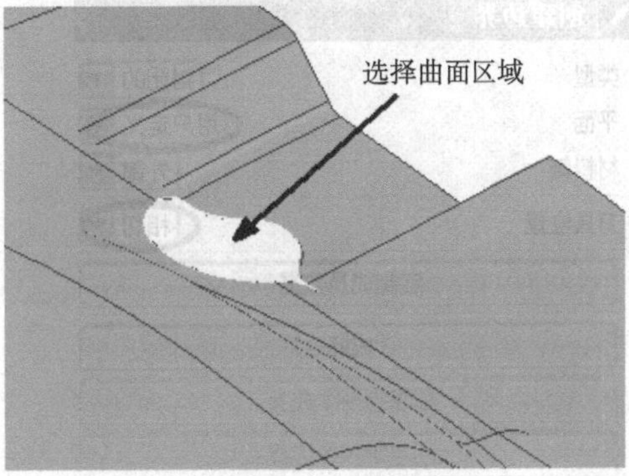
选择曲面区域

图 10-74

9. 设置加工参数

设置驱动方法 在【固定轮廓铣】对话框中 驱动方法 下拉框中选择 边界 选项，出现【边界驱动方法】对话框，如图 10-75 所示。在 部件空间范围 下拉框中选择 关 选项，选择 （选择或编辑驱动几何体）图标，出现【边界几何体】对话框，如图 10-76 所示。在 模式 下拉框中选择 曲线/边 选项，出现【创建边界】对话框，如图 10-77 所示。在 平面 下拉框中选择 用户定义 选项，出现【平面】对话框，如图 10-78 所示。在 主平面 区域中选择 （ZC 常数）图标，输入 120，单击 确定 按钮，系统返回【创建边界】对话框，然后在图形中依次选择如图 10-79 所示的 10 条边线为驱动边界，注意 1 ~ 3 的刀具位置为 相切 ；4 ~ 10 的刀具位置为 对中 ，单击 确定 按钮三次，完成设置驱动方法，系统返回【固定轮廓铣】对话框。

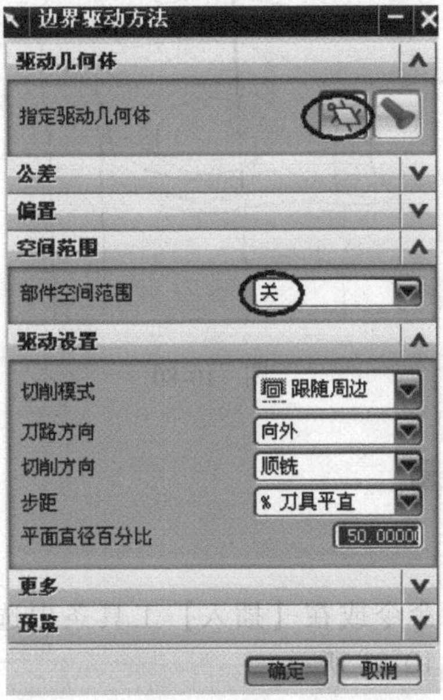
边界驱动方法
驱动几何体
指定驱动几何体
公差
偏置
空间范围
部件空间范围
关
驱动设置
切削模式
跟随周边
刀路方向
向外
切削方向
顺铣
步距
% 刀具平直
平面直径百分比
50.0000
更多
预览
确定
取消

图 10-75

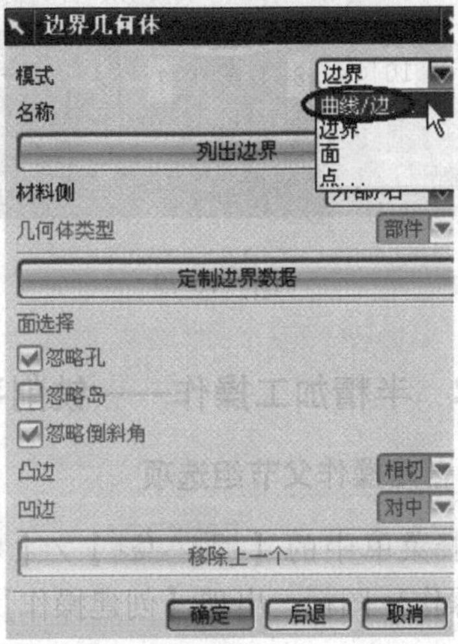
边界几何体
模式
边界
曲线/边
边界
面
点...
名称
列出边界
材料侧
几何体类型
部件
定制边界数据
面选择
忽略孔
忽略岛
忽略倒斜角
凸边
相切
凹边
对中
移除上一个
确定
后退
取消

图 10-76

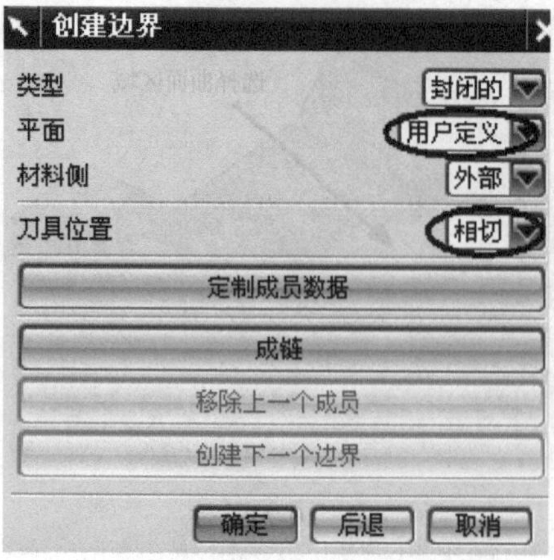
创建边界
类型
封闭的
平面
用户定义
材料侧
外部
刀具位置
相切
定制成员数据
成链
移除上一个成员
创建下一个边界
确定
后退
取消

图 10-77

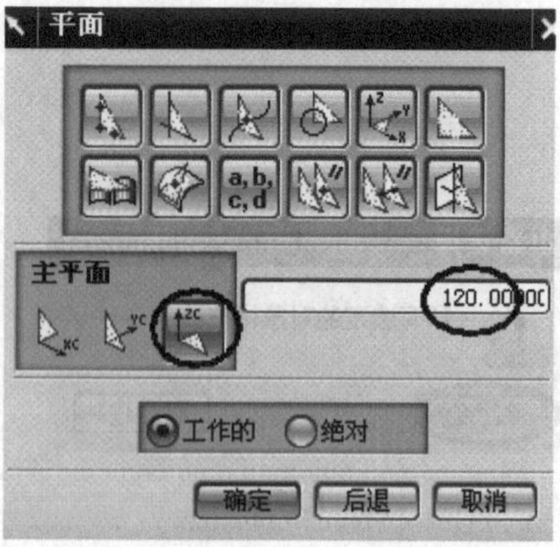
平面
a, b, c, d
主平面
120.00000
工作的
绝对
确定
后退
取消

图 10-78

10. 生成刀轨

在【固定轮廓铣】对话框中 **操作** 区域中选择（生成刀轨）图标，系统自动生成刀轨，出现【刀轨生成】对话框，取消勾选 显示后暂停 选项，单击 确定 按钮，系统自动生成刀轨，如图 10-80 所示，单击 确定 按钮，接受刀轨。

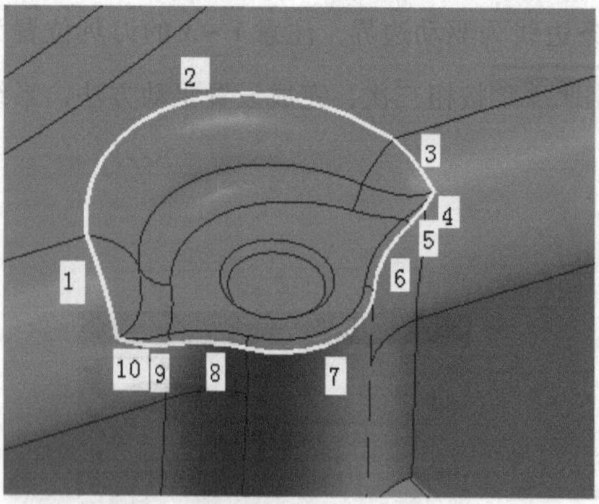
1
2
3
4
5
6
7
8
9
10

图 10-79

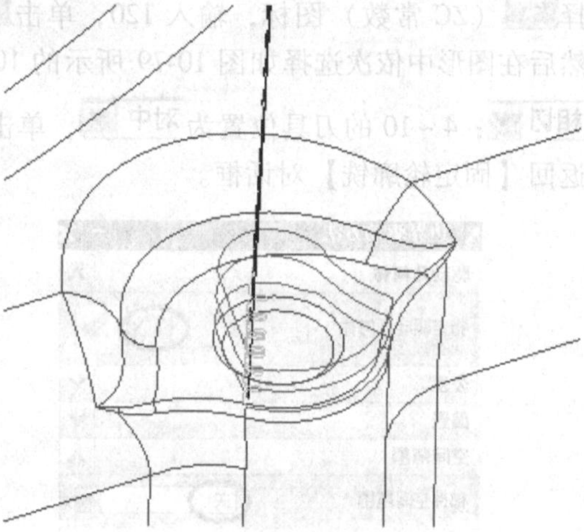

图 10-80

10.8.2 半精加工操作——铣削平面至指定余量

1. 创建操作父节组选项

选择菜单中的【插入(S)】/【操作(E)...】命令或在【插入】工具条中选择（创建操作）图标，出现【创建操作】对话框，如图 10-81 所示。

在【创建操作】对话框中 **类型** 下拉框中选择 mill_planar（平面铣），在 **操作子类型**

区域中选择（面铣削区域）图标，在程序下拉框中选择RF程序节点，在刀具下拉框中选择EM16R1 (Millin刀具节点，在几何体下拉框中选择WORKPIECE节点，在方法下拉框中选择MILL_SEMI_FINI节点，在名称栏输入S3，如图10-81所示。单击确定按钮，系统出现【面铣削区域】对话框，如图10-82所示。

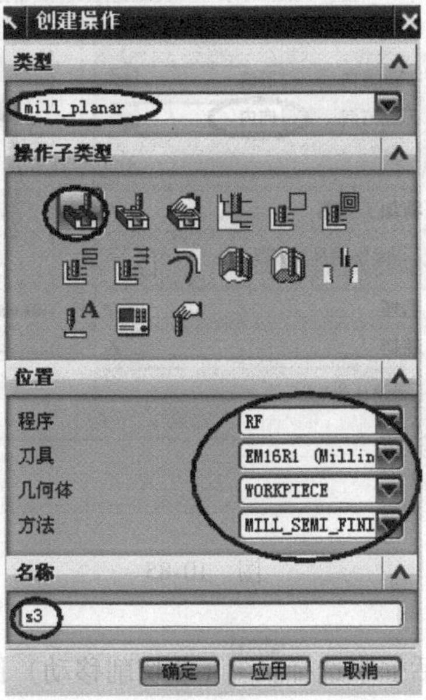
创建操作
类型
mill_planar
操作子类型
位置
程序
RF
刀具
EM16R1 (Millin
几何体
WORKPIECE
方法
MILL_SEMI_FINI
名称
s3
确定
应用
取消

图 10-81

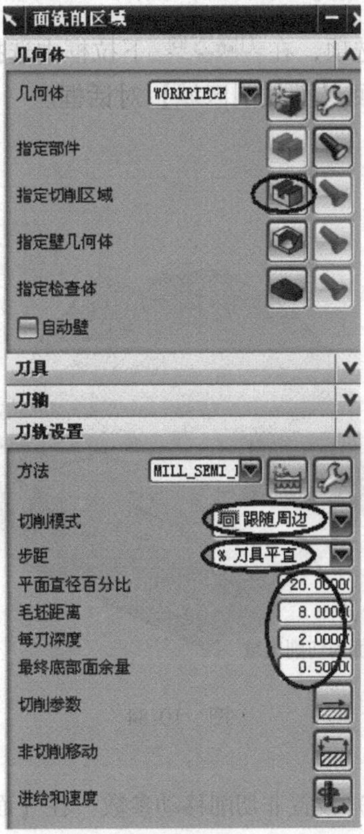
面铣削区域
几何体
几何体
WORKPIECE
指定部件
指定切削区域
指定壁几何体
指定检查体
自动壁
刀具
刀轴
刀轨设置
方法
MILL_SEMI_
切削模式
跟随周边
步距
% 刀具平直
平面直径百分比
20.0000
毛坯距离
8.0000
每刀深度
2.0000
最终底部面余量
0.5000
切削参数
非切削移动
进给和速度

图 10-82

2. 创建几何体

在【面铣削区域】对话框中指定切削区域区域中选择（选择或编辑切削区域几何体）图标，出现【切削区域】几何体对话框，如图10-83所示，在选择选项区域中选择几何体选项，在过滤方法下拉框中选择面选项，然后在图形中选择如图10-84所示的平面为切削区域，单击确定按钮，完成设置切削区域几何体，系统返回【面铣削区域】对话框。

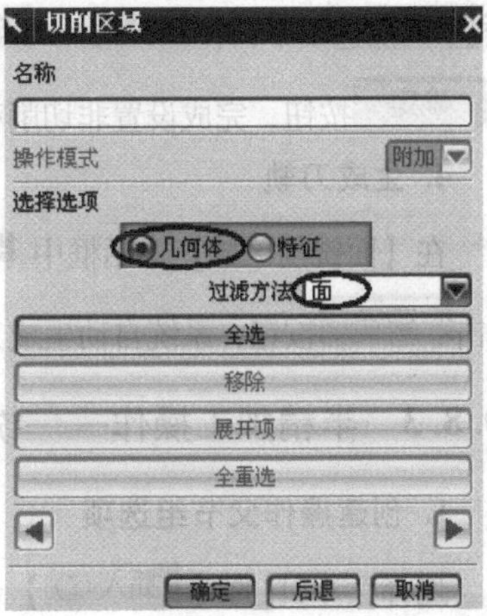
切削区域
名称
操作模式
附加
选择选项
几何体
特征
过滤方法
面
全选
移除
展开项
全重选
确定
后退
取消

图 10-83

3. 设置加工参数

(1) 设置切削模式　在【面铣削区域】对话框中切削模式下拉框中选择跟随周边选项，在步距下拉框中选择% 刀具平直选项，在平面直径百分比栏输入 20，在毛坯距离栏输入 8，在每刀深度栏输入 2，在最终底部面余量栏输入 0.5，如图 10-82 所示。

（2）设置切削参数　在【面铣削区域】对话框中选择（切削参数）图标，出现【切削参数】对话框，如图 10-85 所示。选择策略选项卡，在切削方向下拉框中选择顺铣选项，在刀路方向下拉框中选择向内选项，单击确定按钮，完成设置切削参数，系统返回【面铣削区域】对话框。

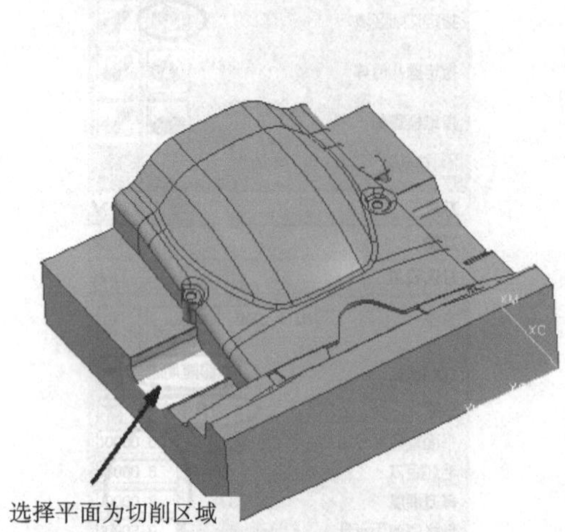
选择平面为切削区域

图　10-84

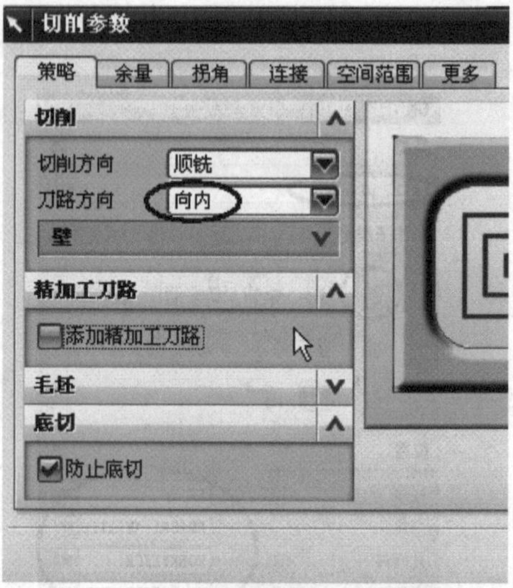
切削参数
策略
余量
拐角
连接
空间范围
更多
切削
切削方向
顺铣
刀路方向
向内
壁
精加工刀路
添加精加工刀路
毛坯
底切
防止底切

图　10-85

（3）设置非切削移动参数　在【面铣削区域】对话框中选择（非切削移动）图标，出现【非切削移动】对话框，如图 10-86 所示。选择进刀选项卡，在开放区域/进刀类型下拉框中选择线性选项，在长度栏输入 10，在倾斜角度栏输入 20，如图 10-86 所示。选择传递/快速选项卡，在区域内/传递类型下拉框中选择前一平面选项，如图 10-87 所示。单击确定按钮，完成设置非切削移动参数，系统返回【面铣削区域】对话框。

4. 生成刀轨

在【面铣削区域】对话框中操作区域中选择（生成刀轨）图标，系统自动生成刀轨，单击确定按钮，系统自动生成刀轨，如图 10-88 所示，单击确定按钮，接受刀轨。

10.8.3　半精加工操作——铣削拐角

1. 创建操作父节组选项

选择菜单中的【插入(S)】/【操作(E)...】命令或在【插入】工具条中选择（创建操作）图标，出现【创建操作】对话框，如图 10-89 所示。

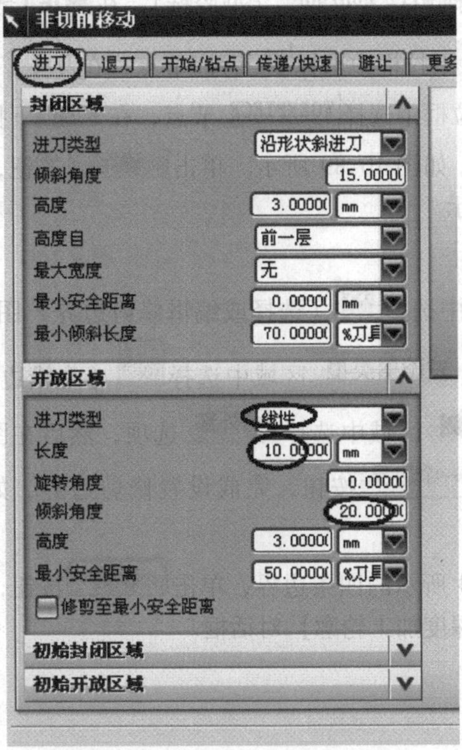
非切削移动
进刀
退刀
开始/钻点
传递/快速
避让
更多
封闭区域
进刀类型
沿形状斜进刀
倾斜角度
15.0000(
高度
3.0000(
mm
高度自
前一层
最大宽度
无
最小安全距离
0.0000(
mm
最小倾斜长度
70.0000(
%刀具
开放区域
进刀类型
线性
长度
10.0000(
mm
旋转角度
0.0000(
倾斜角度
20.0000(
高度
3.0000(
mm
最小安全距离
50.0000(
%刀具
修剪至最小安全距离
初始封闭区域
初始开放区域

图 10-86

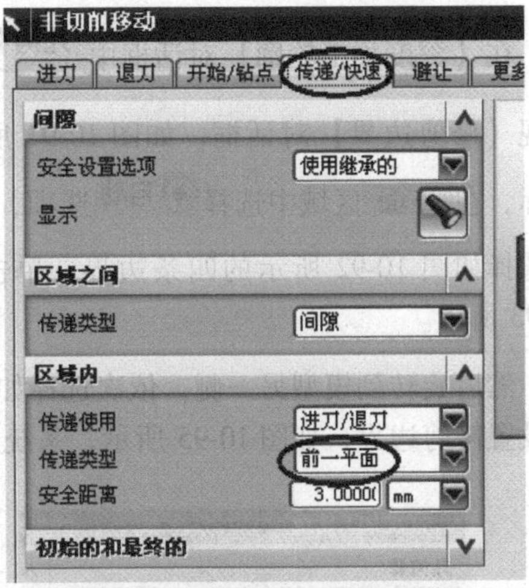
非切削移动
进刀
退刀
开始/钻点
传递/快速
避让
更多
间隙
安全设置选项
使用继承的
显示
区域之间
传递类型
间隙
区域内
传递使用
进刀/退刀
传递类型
前一平面
安全距离
3.0000(
mm
初始的和最终的

图 10-87

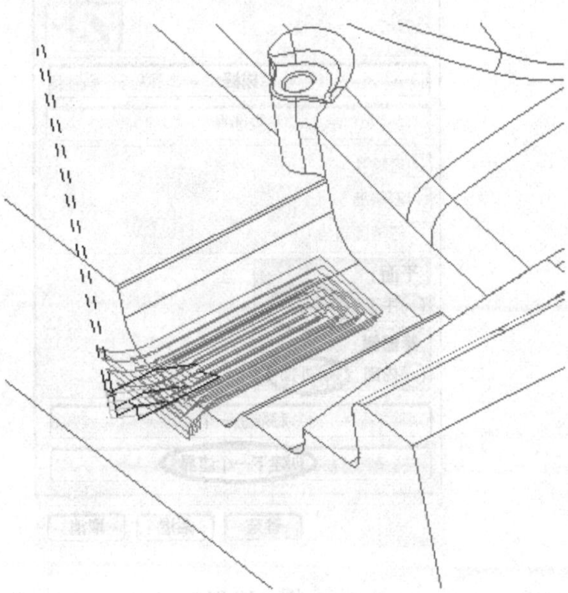

图 10-88

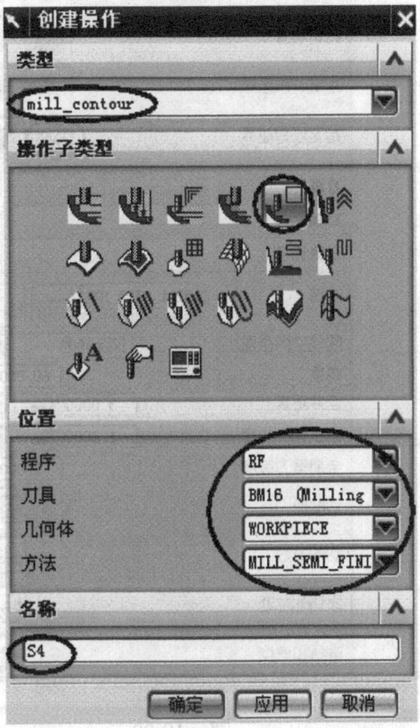
创建操作
类型
mill_contour
操作子类型
位置
程序
RF
刀具
BM16 (Milling
几何体
WORKPIECE
方法
MILL_SEMI_FINI
名称
S4
确定
应用
取消

图 10-89

在【创建操作】对话框中 类型 下拉框中选择 mill_contour （型腔铣），在 操作子类型 区域中选择 （深度加工轮廓）图标，在 程序 下拉框中选择 RF 程序节点，在 刀具 下拉框中选择 BM16 (Milling 刀具节点，在 几何体 下拉框中选择 WORKPIECE 节点，在 方法 下拉框中选择 MILL_SEMI_FINI 节点，在 名称 栏输入 S4，如图 10-89 所示。单击 确定 按钮，系统出现【深度加工轮廓】对话框，如图 10-90 所示。

2. 创建几何体

在【深度加工轮廓】对话框中 几何体 区域中选择 （选择或编辑修剪边界）图标，出现【修剪边界】对话框，如图 10-91 所示。在 过滤器类型 区域中选择 （曲线边界）图标，在 平面 区域中选择 自动 选项，在 修剪侧 区域中选择 外部 选项，然后在图形中选择如图 10-92 所示的四条边界，单击 创建下一个边界 按钮，完成设置修剪边界，如图 10-93 所示。

然后旋转到模型另一侧，依次选择如图 10-94 所示的四条边界，单击 确定 按钮，完成设置修剪边界，如图 10-95 所示，系统返回【深度加工轮廓】对话框。

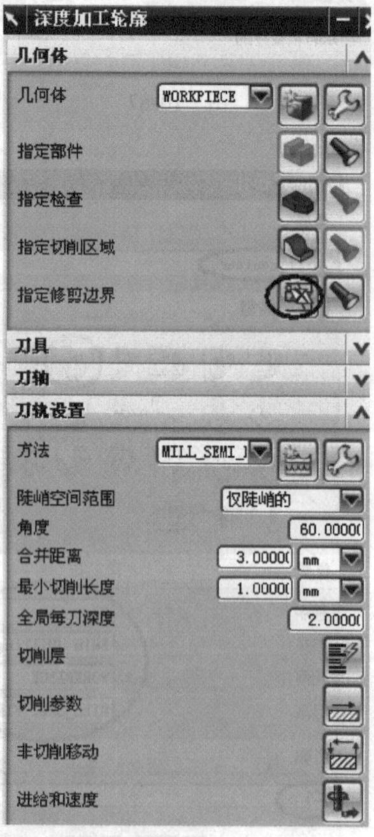
深度加工轮廓
几何体
几何体
WORKPIECE
指定部件
指定检查
指定切削区域
指定修剪边界
刀具
刀轴
刀轨设置
方法
MILL_SEMI_I
陡峭空间范围
仅陡峭的
角度
60.0000
合并距离
3.0000
mm
最小切削长度
1.0000
mm
全局每刀深度
2.0000
切削层
切削参数
非切削移动
进给和速度

图 10-90

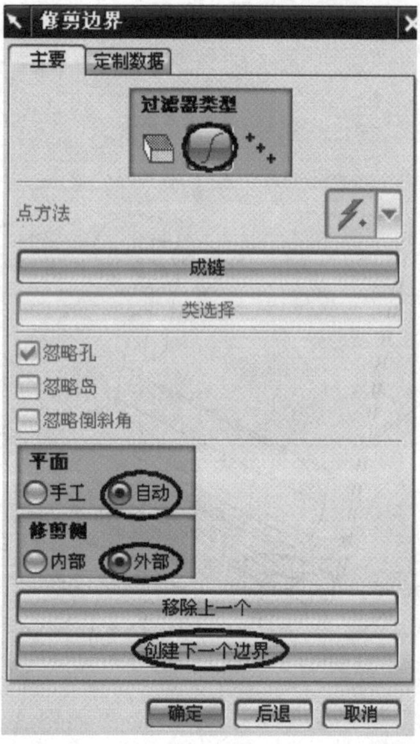
修剪边界
主要
定制数据
过滤器类型
点方法
成链
类选择
忽略孔
忽略岛
忽略倒斜角
平面
手工
自动
修剪侧
内部
外部
移除上一个
创建下一个边界
确定
后退
取消

图 10-91

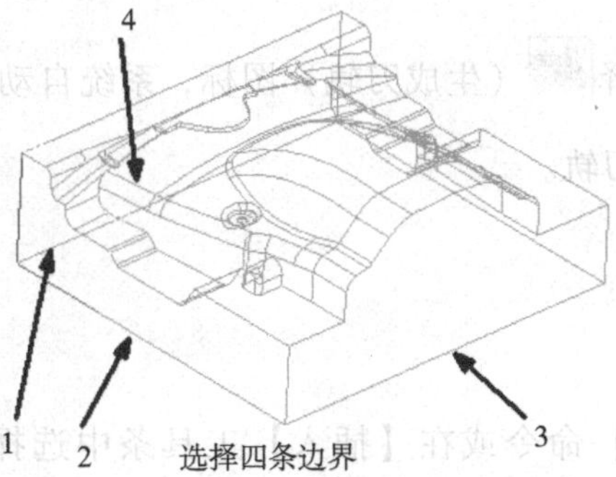
4
3
1
2
选择四条边界

图 10-92

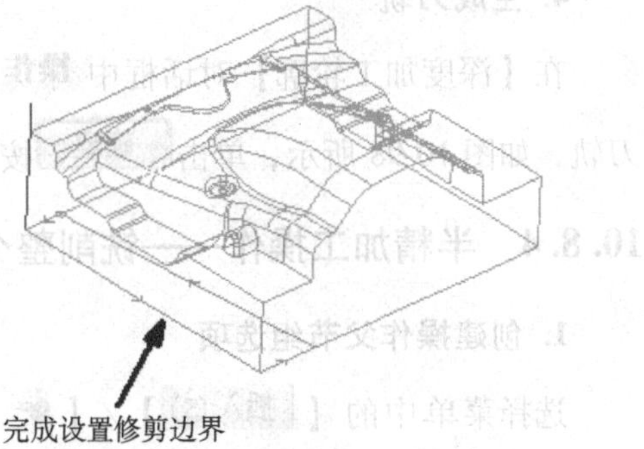
完成设置修剪边界

图 10-93

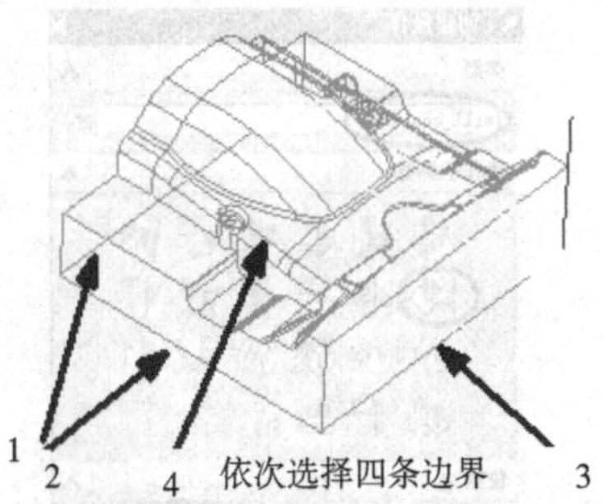
1
2
4
依次选择四条边界
3

图 10-94

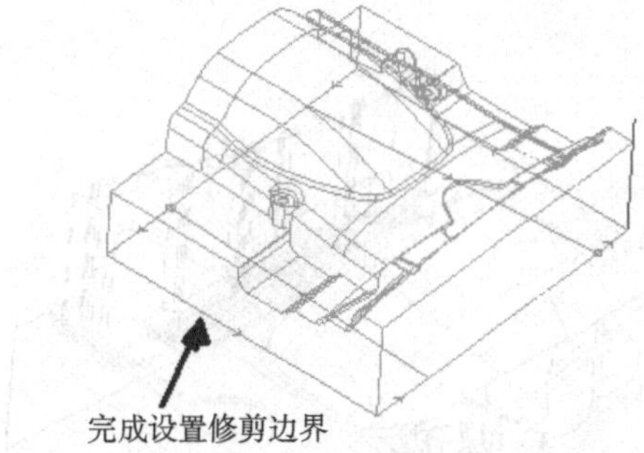
完成设置修剪边界

图 10-95

3. 设置加工参数

(1) 设置切削层　在【深度加工轮廓】对话框中 陡峭空间范围 下拉框中选择 仅陡峭的 选项，在 角度 栏输入65，然后在 全局每刀深度 栏输入3，如图10-96所示。

(2) 设置非切削移动参数　在【深度加工轮廓】对话框中选择（非切削移动）图标，出现【非切削移动】对话框，选择 传递/快速 选项卡，在 区域内 / 传递类型 下拉框中选择 前一平面 选项，如图10-97所示。单击 确定 按钮，完成设置非切削移动参数，系统返回【深度加工轮廓】对话框。

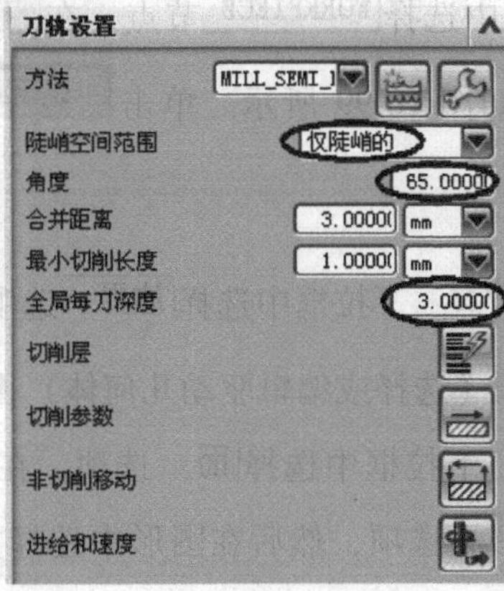
刀轨设置
方法
MILL_SEMI_I
陡峭空间范围
仅陡峭的
角度
65.0000
合并距离
3.0000
mm
最小切削长度
1.0000
mm
全局每刀深度
3.0000
切削层
切削参数
非切削移动
进给和速度

图 10-96

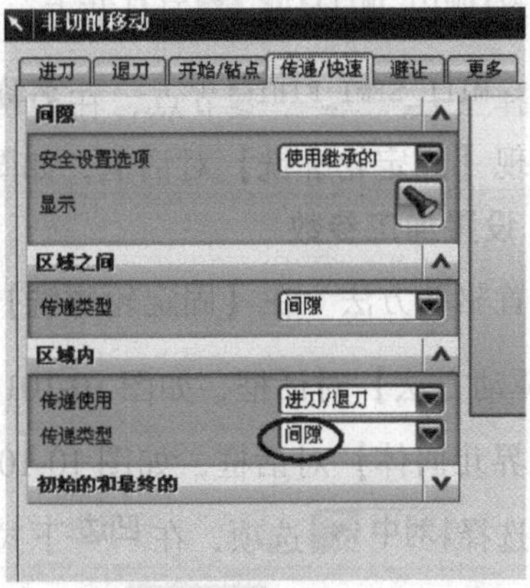
非切削移动
进刀
退刀
开始/钻点
传递/快速
避让
更多
间隙
安全设置选项
使用继承的
显示
区域之间
传递类型
间隙
区域内
传递使用
进刀/退刀
传递类型
间隙
初始的和最终的

图 10-97

4. 生成刀轨

在【深度加工轮廓】对话框中操作区域中选择（生成刀轨）图标，系统自动生成刀轨，如图 10-98 所示，单击确定按钮，接受刀轨。

10.8.4 半精加工操作——铣削整个表面

1. 创建操作父节组选项

选择菜单中的【插入(S)】/【操作(E)...】命令或在【插入】工具条中选择（创建操作）图标，出现【创建操作】对话框，如图 10-99 所示。

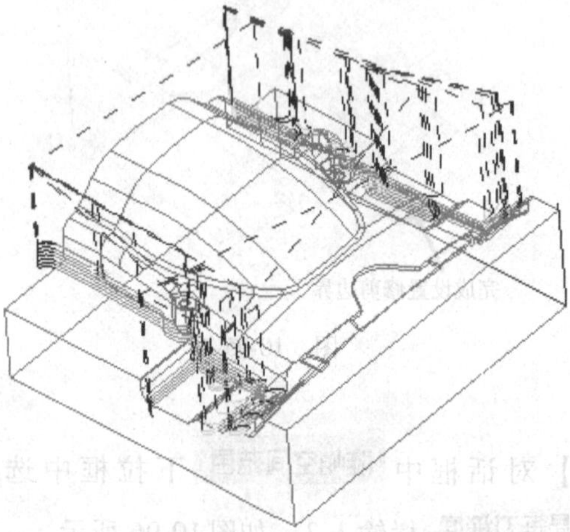

图 10-98

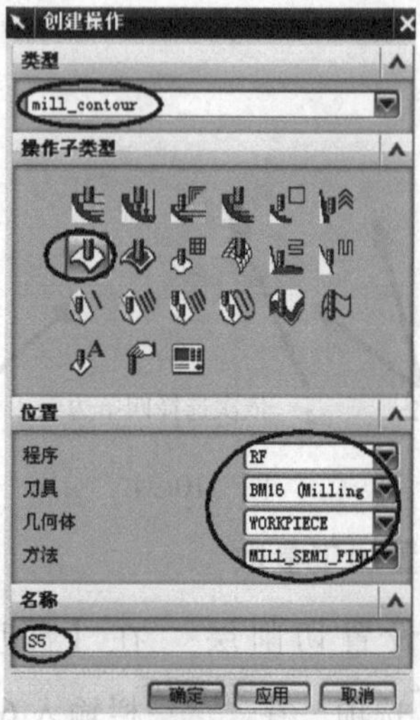
创建操作
类型
mill_contour
操作子类型
位置
程序
RF
刀具
BM16 (Milling
几何体
WORKPIECE
方法
MILL_SEMI_FINI
名称
S5
确定
应用
取消

图 10-99

在【创建操作】对话框中类型下拉框中选择mill_contour（型腔铣），在操作子类型区域中选择（固定轮廓铣）图标，在程序下拉框中选择RF程序节点，在刀具下拉框中选择BM16 (Milling刀具节点，在几何体下拉框中选择WORKPIECE节点，在方法下拉框中选择MILL_SEMI_FINI节点，在名称栏输入 S5，如图 10-99 所示。单击确定按钮，系统出现【固定轮廓铣】对话框，如图 10-100 所示。

2. 设置加工参数

设置驱动方法 在【固定轮廓铣】对话框中驱动方法下拉框中选择边界选项，出现【边界驱动方法】对话框，如图 10-101 所示。选择（选择或编辑驱动几何体）图标，出现【边界几何体】对话框，如图 10-102 所示。在模式下拉框中选择面 选项，在凸边下拉框中选择对中选项，在凹边下拉框中选择对中选项，然后在图形中选择如图 10-103 所示的底面。单击确定按钮，系统返回【边界驱动方法】对话框。

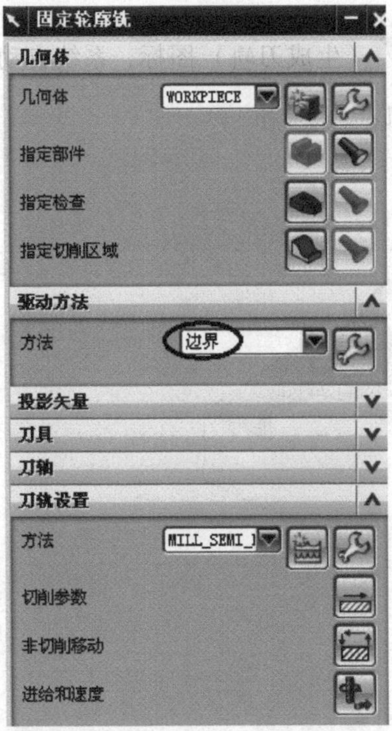
固定轮廓铣
几何体
几何体
WORKPIECE
指定部件
指定检查
指定切削区域
驱动方法
方法
边界
投影矢量
刀具
刀轴
刀轨设置
方法
MILL_SEMI_I
切削参数
非切削移动
进给和速度

图 10-100

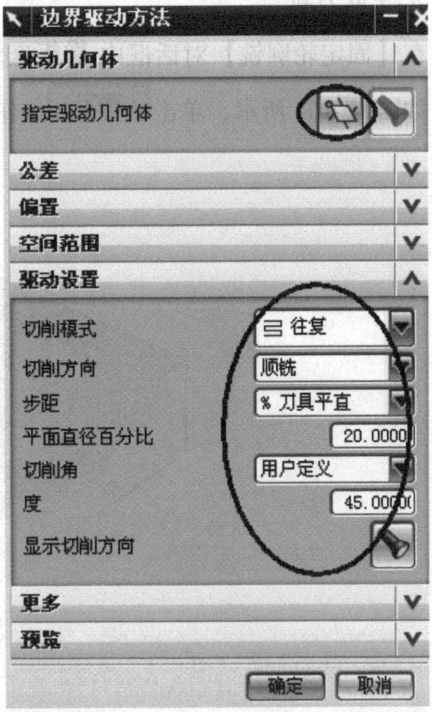
边界驱动方法
驱动几何体
指定驱动几何体
公差
偏置
空间范围
驱动设置
切削模式
往复
切削方向
顺铣
步距
% 刀具平直
平面直径百分比
20.0000
切削角
用户定义
度
45.0000
显示切削方向
更多
预览
确定
取消

图 10-101

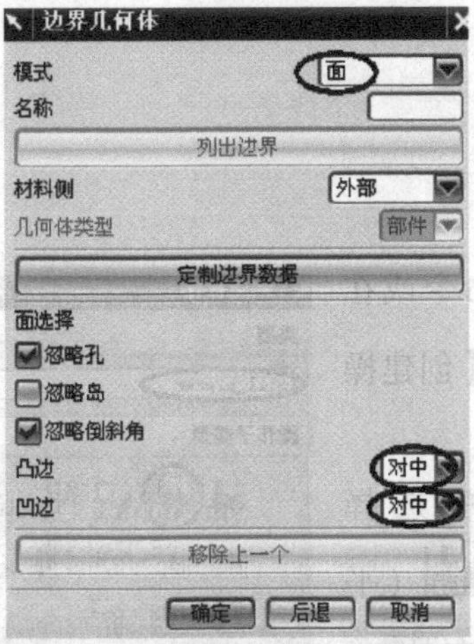
边界几何体
模式
面
名称
列出边界
材料侧
外部
几何体类型
部件
定制边界数据
面选择
忽略孔
忽略岛
忽略倒斜角
凸边
对中
凹边
对中
移除上一个
确定
后退
取消

图 10-102

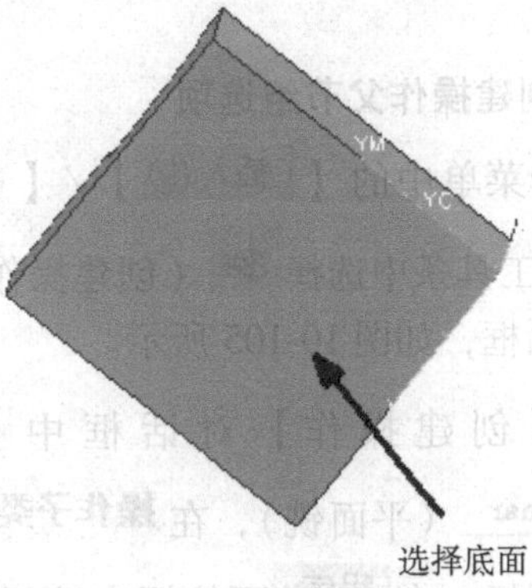
选择底面

图 10-103

然后在【边界驱动方法】对话框 切削模式 下拉框中选择 往复 选项，在 切削方向 下拉框中选择 顺铣 选项，在 步距 下拉框中选择 % 刀具平直 选项，在 平面直径百分比 栏输入20，在 切削角 下拉框中选择 用户定义 选项，在 度 栏输入45，如图10-101所示。单击 确定 按钮，完成设置驱动方法，系统返回【固定轮廓铣】对话框。

3. 生成刀轨

在【固定轮廓铣】对话框中**操作**区域中选择（生成刀轨）图标，系统自动生成刀轨，如图 10-104 所示，单击确定按钮，接受刀轨。

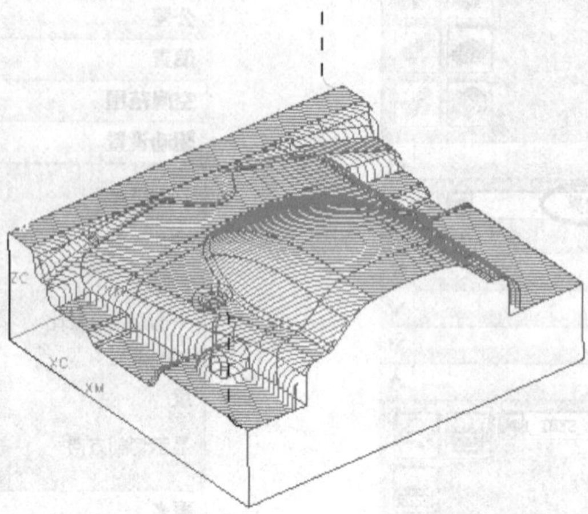
ZC
XC
XM

图 10-104

10.9 创建精加工操作

10.9.1 精加工操作——铣削平面

1. 创建操作父节组选项

选择菜单中的【插入(S)】/【操作(E)...】命令或在【插入】工具条中选择（创建操作）图标，出现【创建操作】对话框，如图 10-105 所示。

在【创建操作】对话框中**类型**下拉框中选择mill_planar（平面铣），在**操作子类型**区域中选择（平面铣）图标，在**程序**下拉框中选择FF程序节点，在**刀具**下拉框中选择EM16R1 (Millin刀具节点，在**几何体**下拉框中选择WORKPIECE节点，在**方法**下拉框中选择MILL_FINISH节点，在**名称**栏输入 F1，如图 10-105 所示。单击确定按钮，系统出现【平面铣】对话框，如图 10-106 所示。

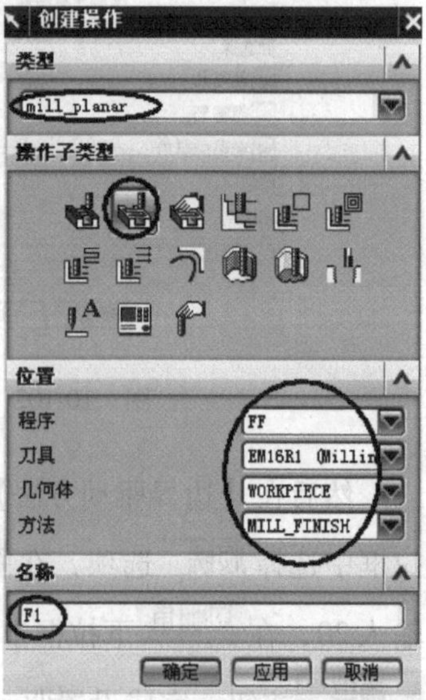
创建操作
类型
mill_planar
操作子类型
位置
程序
FF
刀具
EM16R1 (Millin
几何体
WORKPIECE
方法
MILL_FINISH
名称
F1
确定
应用
取消

图 10-105

2. 创建几何体

在【平面铣】对话框中**指定切削区域**区域中选择（选

择或编辑面几何体）图标，出现【指定面几何体】对话框，如图 10-107 所示。在 过滤器类型 区域中选择（面边界）图标，然后在图形中选择如图 10-108 所示的七个平面，单击 确定 按钮，完成设置切削面几何体，系统返回【平面铣】对话框。

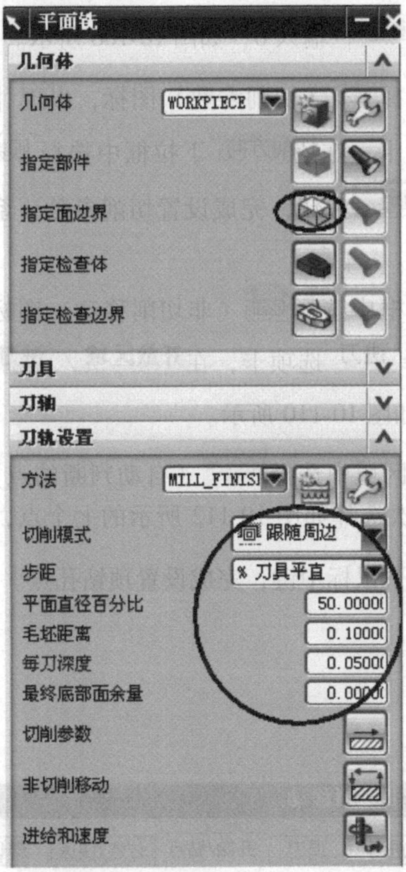
平面铣
几何体
几何体
WORKPIECE
指定部件
指定面边界
指定检查体
指定检查边界
刀具
刀轴
刀轨设置
方法
MILL_FINIS
切削模式
跟随周边
步距
% 刀具平直
平面直径百分比
50.0000
毛坯距离
0.1000
每刀深度
0.0500
最终底部面余量
0.0000
切削参数
非切削移动
进给和速度

图　10-106

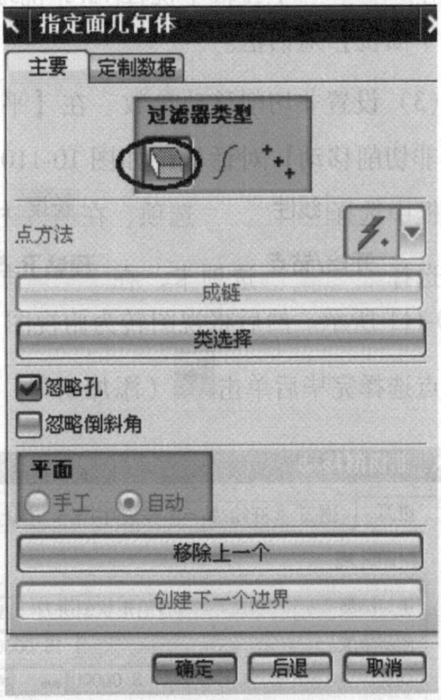
指定面几何体
主要
定制数据
过滤器类型
点方法
成链
类选择
忽略孔
忽略倒斜角
平面
手工
自动
移除上一个
创建下一个边界
确定
后退
取消

图　10-107

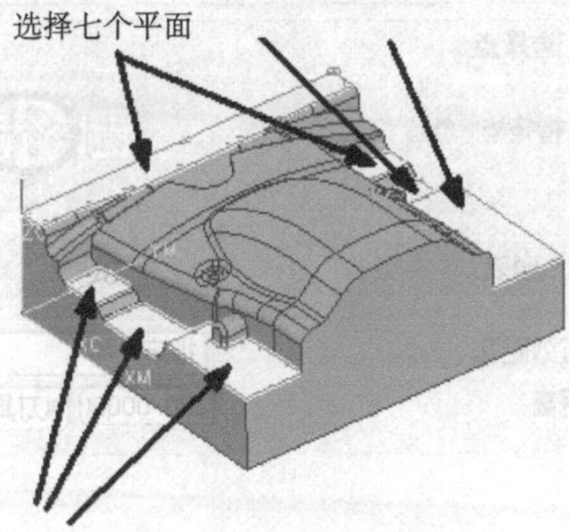
选择七个平面

图　10-108

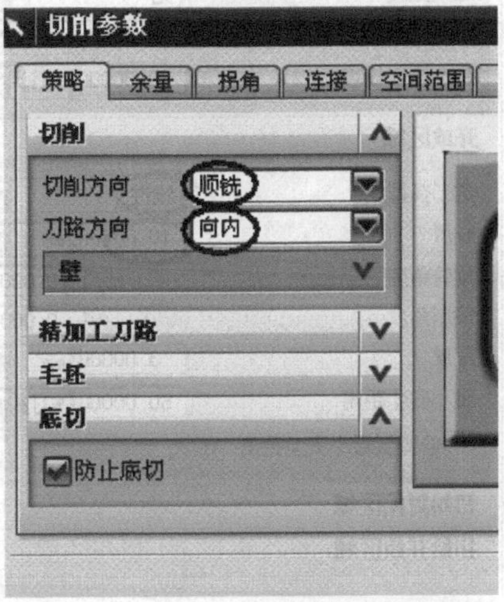
切削参数
策略
余量
拐角
连接
空间范围
切削
切削方向
顺铣
刀路方向
向内
壁
精加工刀路
毛坯
底切
防止底切

图　10-109

3. 设置加工参数

（1）设置切削模式　在【平面铣】对话框中 切削模式 下拉框中选择 跟随周边 选项，在 步距 下拉框中选择 % 刀具平直 选项，在 平面直径百分比 栏输入 50，在 毛坯距离 栏输入 0.1，在 每刀深度 栏输入 0.05，在 最终底部面余量 栏输入 0，如图 10-106 所示。

（2）设置切削参数　在【平面铣】对话框中选择（切削参数）图标，出现【切削参数】对话框，如图 10-109 所示。选择 策略 选项卡，在 切削方向 下拉框中选择 顺铣 选项，在 刀路方向 下拉框中选择 向内 选项，单击 确定 按钮，完成设置切削参数，系统返回【平面铣】对话框。

（3）设置非切削移动参数　在【平面铣】对话框中选择（非切削移动）图标，出现【非切削移动】对话框，如图 10-110 所示。选择 进刀 选项卡，在 开放区域 / 进刀类型 下拉框中选择 线性 选项，在 长度 栏输入 10，如图 10-110 所示。

选择 开始/钻点 选项卡，在 预钻孔点 / 指定点 区域中选择（自动判断的点），如图 10-111 所示。然后将视图转为俯视图，在图中依次选择如图 10-112 所示的七个点，注意每个点选择完毕后单击（添加新集）按钮，或按下鼠标中键，完成设置预钻孔点。

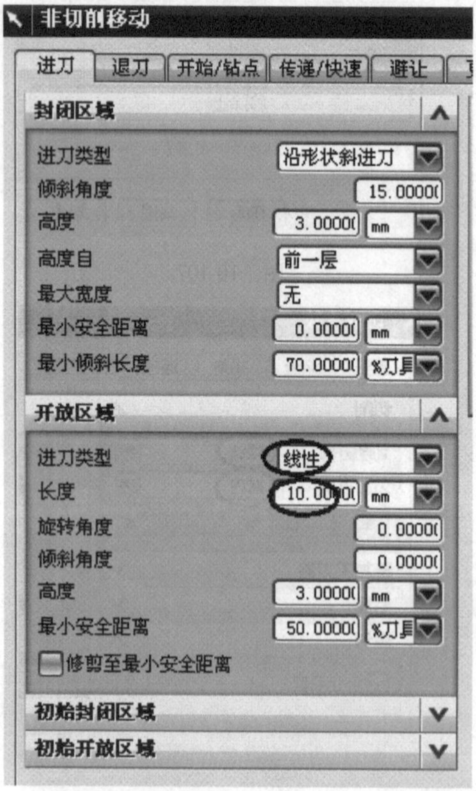
非切削移动
进刀
退刀
开始/钻点
传递/快速
避让
封闭区域
进刀类型
沿形状斜进刀
倾斜角度
15.0000
高度
3.0000
mm
高度自
前一层
最大宽度
无
最小安全距离
0.0000
mm
最小倾斜长度
70.0000
%刀具
开放区域
进刀类型
线性
长度
10.0000
mm
旋转角度
0.0000
倾斜角度
0.0000
高度
3.0000
mm
最小安全距离
50.0000
%刀具
修剪至最小安全距离
初始封闭区域
初始开放区域

图 10-110

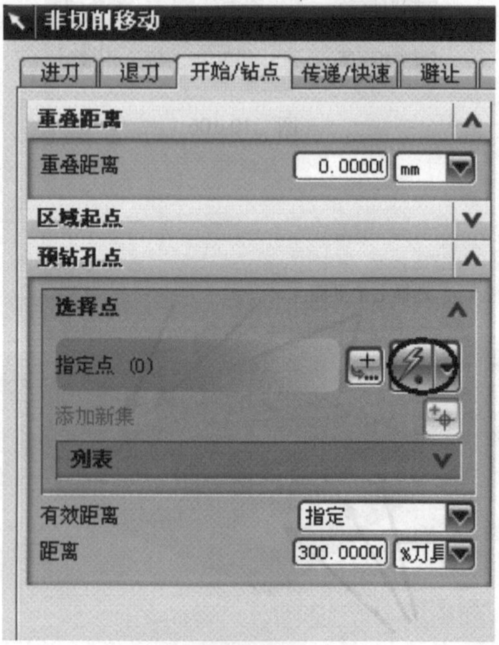
非切削移动
进刀
退刀
开始/钻点
传递/快速
避让
重叠距离
重叠距离
0.0000
mm
区域起点
预钻孔点
选择点
指定点 (0)
添加新集
列表
有效距离
指定
距离
300.0000
%刀具

图 10-111

选择传递/快速选项卡，在区域内/传递类型下拉框中选择毛坯平面选项，如图10-113所示。单击确定按钮，完成设置非切削移动参数，系统返回【平面铣】对话框。

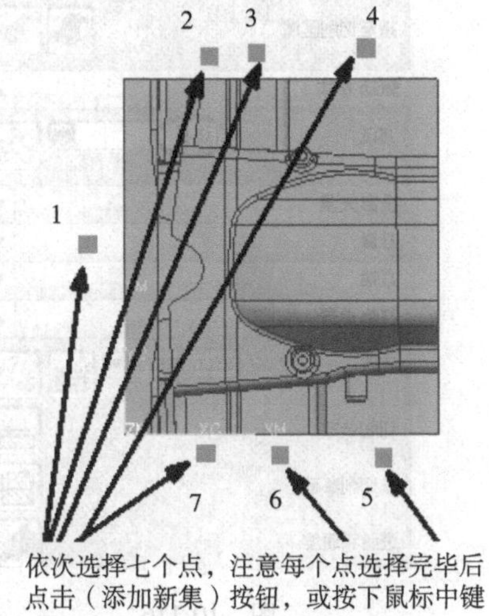
2
3
4
1
7
6
5
依次选择七个点，注意每个点选择完毕后点击（添加新集）按钮，或按下鼠标中键

图　10-112

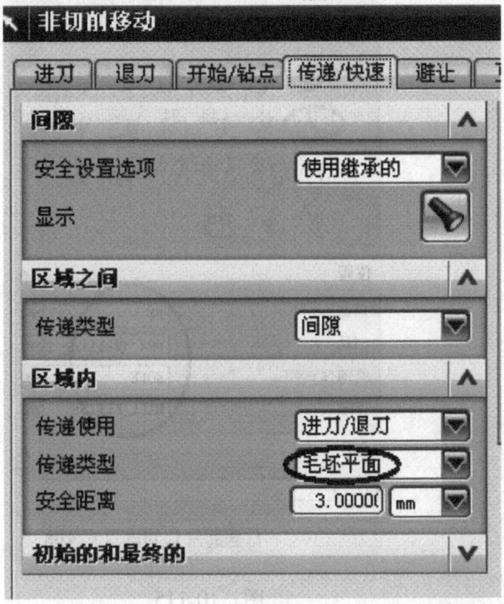
非切削移动
进刀
退刀
开始/钻点
传递/快速
避让
间隙
安全设置选项
使用继承的
显示
区域之间
传递类型
间隙
区域内
传递使用
进刀/退刀
传递类型
毛坯平面
安全距离
3.00000
mm
初始的和最终的

图　10-113

4. 生成刀轨

在【平面铣】对话框中操作区域中选择（生成刀轨）图标，系统自动生成刀轨，单击确定按钮，系统自动生成刀轨，如图10-114所示，单击确定按钮，接受刀轨。

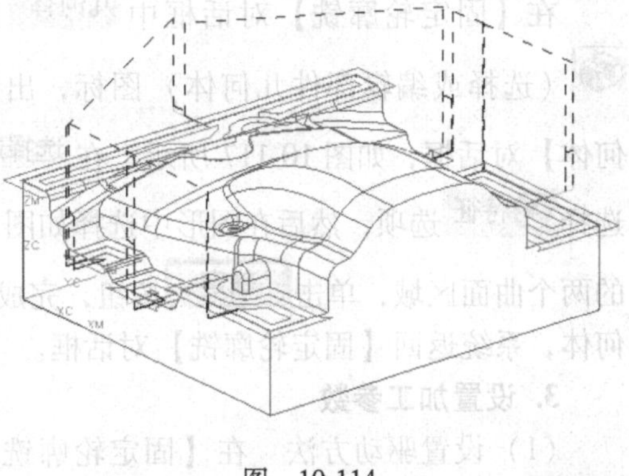

图　10-114

10.9.2　精加工操作——铣削两个下凹坑

1. 创建操作父节组选项

选择菜单中的【插入(S)】/【操作(E)...】命令或在【插入】工具条中选择（创建操作）图标，出现【创建操作】对话框，如图10-115所示。

在【创建操作】对话框中类型下拉框中选择mill_contour（型腔铣），在操作子类型区域中选择（固定轴曲面轮廓铣）图标，在程序下拉框中选择FF程序节点，在刀具下拉框中选择BM4 (Milling T刀具节点，在几何体下拉框中选择NONE节点，在方法下拉框中选择MILL_FINISH节点，在名称栏输入F2，如图10-115所示。单击确定按钮，系统出现【固定轮廓铣】对话框，如图10-116所示。

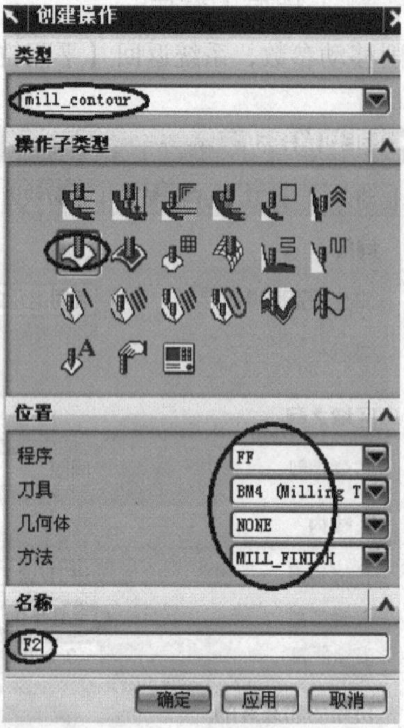
创建操作
类型
mill_contour
操作子类型
位置
程序
FF
刀具
BM4 (Milling T
几何体
NONE
方法
MILL_FINISH
名称
F2
确定
应用
取消

图 10-115

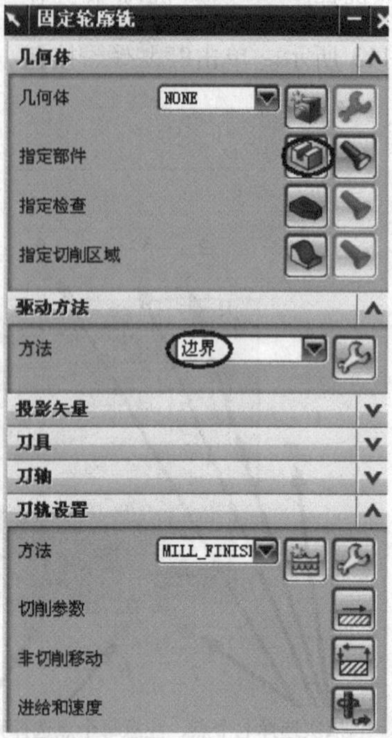
固定轮廓铣
几何体
几何体
NONE
指定部件
指定检查
指定切削区域
驱动方法
方法
边界
投影矢量
刀具
刀轴
刀轨设置
方法
MILL_FINISI
切削参数
非切削移动
进给和速度

图 10-116

2. 创建几何体

在【固定轮廓铣】对话框中 几何体 区域中选择 （选择或编辑部件几何体）图标，出现【部件几何体】对话框，如图 10-117 所示。在 选择选项 区域中选择 ◉特征 选项，然后在图形中选择如图 10-118 所示的两个曲面区域，单击 确定 按钮，完成设置部件几何体，系统返回【固定轮廓铣】对话框。

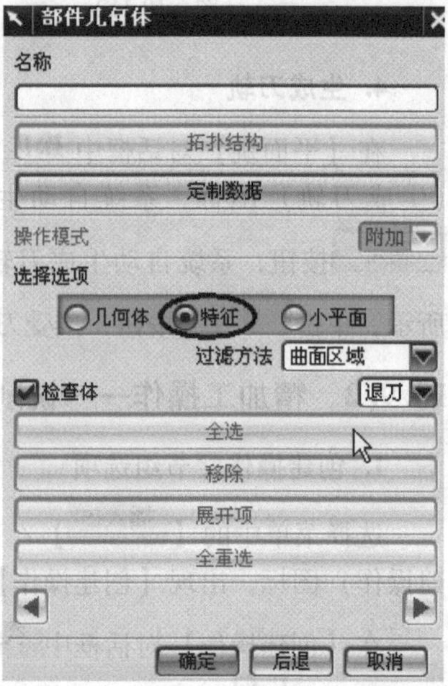
部件几何体
名称
拓扑结构
定制数据
操作模式
附加
选择选项
几何体
特征
小平面
过滤方法
曲面区域
检查体
退刀
全选
移除
展开项
全重选
确定
后退
取消

图 10-117

3. 设置加工参数

（1）设置驱动方法　在【固定轮廓铣】对话框中 驱动方法 下拉框中选择 边界 选项，出现【边界驱动方法】对话框，如图 10-119 所示。在 部件空间范围 下拉框中选择 所有环 选项，然后在 切削模式 下拉框中选择 径向往复 选项，在 阵列中心 下拉框中选择 自动 选项，在 刀路方向 下拉框中选择 向内 选项，在 切削方向 下拉框中选择 顺铣 选项，在 步距 下拉框中选择 % 刀具平直 选项，在 平面直径百分比 栏输入 10，如图 10-119 所示。单击 确定 按钮，完成设置驱动方法，系统返回【固定轮廓铣】对话框。

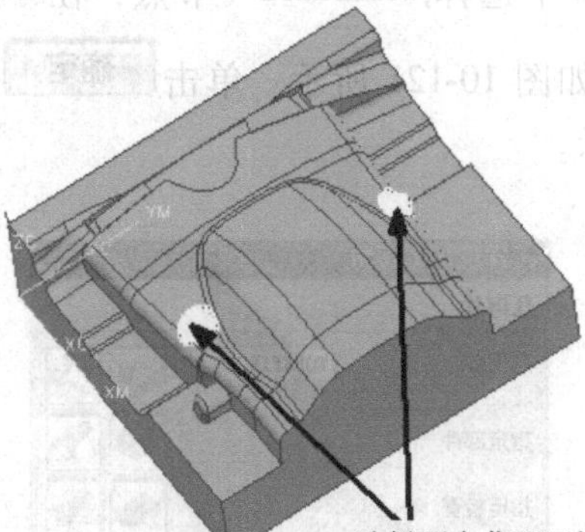
选择两个曲面区域

图 10-118

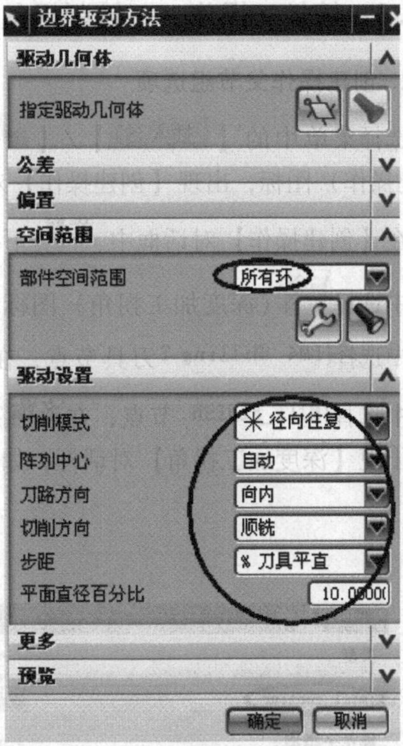
边界驱动方法
驱动几何体
指定驱动几何体
公差
偏置
空间范围
部件空间范围
所有环
驱动设置
切削模式
径向往复
阵列中心
自动
刀路方向
向内
切削方向
顺铣
步距
% 刀具平直
平面直径百分比
10.0000
更多
预览
确定
取消

图 10-119

（2）设置非切削移动参数 在【固定轮廓铣】对话框中选择（非切削移动）图标，选择传递/快速选项卡，在安全设置选项下拉框中选择自动选项，在安全距离栏输入3，单击确定按钮，完成设置非切削移动参数，系统返回【固定轮廓铣】对话框。

4. 生成刀轨

在【固定轮廓铣】对话框中操作区域中选择（生成刀轨）图标，系统自动生成刀轨，如图10-120所示，单击确定按钮，接受刀轨。

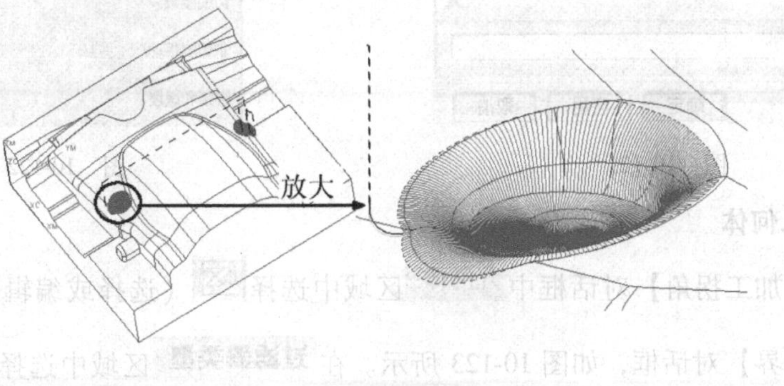
放大

图 10-120

10.9.3 精加工操作——铣削拐角

1. 创建操作父节组选项

选择菜单中的【插入(S)】/【操作(E)...】命令或在【插入】工具条中选择（创建操作）图标，出现【创建操作】对话框，如图 10-121 所示。

在【创建操作】对话框中 类型 下拉框中选择 mill_contour （型腔铣），在 操作子类型 区域中选择（深度加工拐角）图标，在 程序 下拉框中选择 FF 程序节点，在 刀具 下拉框中选择 BM4 (Milling T 刀具节点，在 几何体 下拉框中选择 WORKPIECE 节点，在 方法 下拉框中选择 MILL_FINISH 节点，在 名称 栏输入 F3，如图 10-121 所示。单击 确定 按钮，系统出现【深度加工拐角】对话框，如图 10-122 所示。

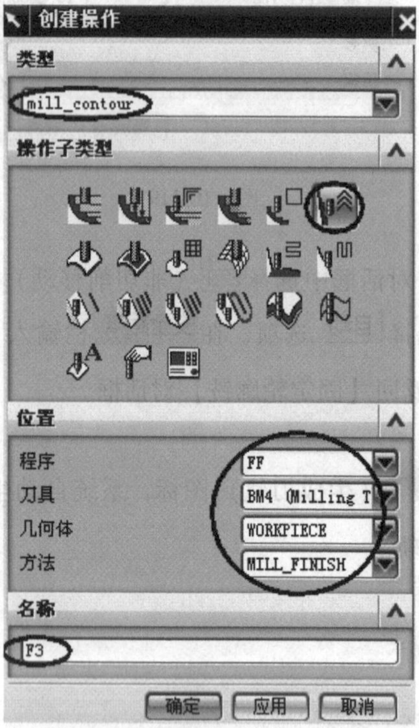
创建操作
类型
mill_contour
操作子类型
位置
程序
FF
刀具
BM4 (Milling T
几何体
WORKPIECE
方法
MILL_FINISH
名称
F3
确定
应用
取消

图 10-121

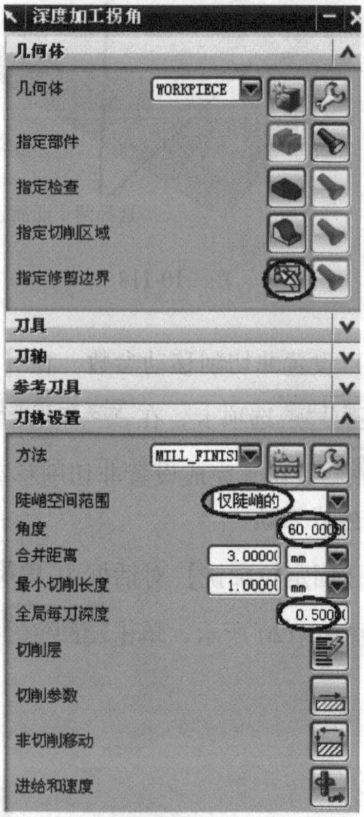
深度加工拐角
几何体
几何体
WORKPIECE
指定部件
指定检查
指定切削区域
指定修剪边界
刀具
刀轴
参考刀具
刀轨设置
方法
MILL_FINISI
陡峭空间范围
仅陡峭的
角度
60.000
合并距离
3.0000
mm
最小切削长度
1.0000
mm
全局每刀深度
0.500
切削层
切削参数
非切削移动
进给和速度

图 10-122

2. 创建几何体

在【深度加工拐角】对话框中 几何体 区域中选择（选择或编辑修剪边界）图标，出现【修剪边界】对话框，如图 10-123 所示。在 过滤器类型 区域中选择（曲线边界）图标，在 平面 区域中选择 自动 选项，在 修剪侧 区域中选择 外部 选项，然后在图形中选择如图 10-124 所示的四条边界，单击创建下一个边界按钮，完成设置修剪边界。

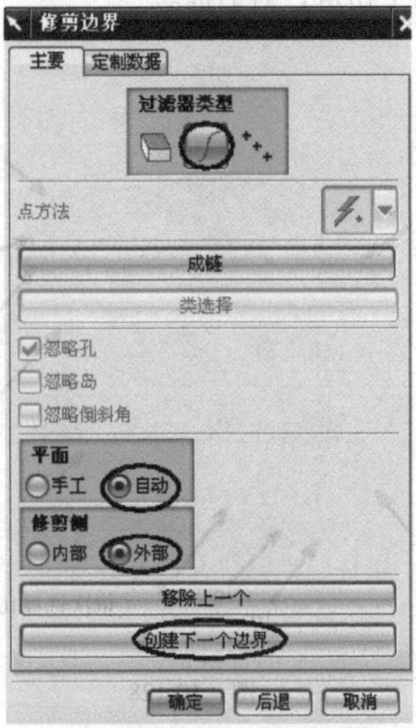
修剪边界
主要
定制数据
过滤器类型
点方法
成链
类选择
忽略孔
忽略岛
忽略倒斜角
平面
手工
自动
修剪侧
内部
外部
移除上一个
创建下一个边界
确定
后退
取消

图 10-123

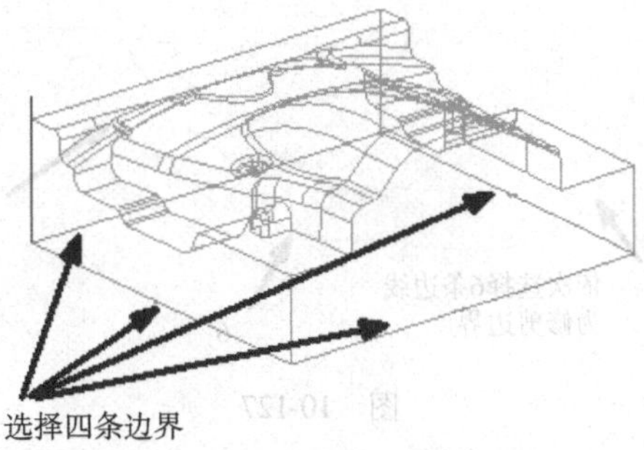
选择四条边界

图 10-124

然后在平面区域中选择手工选项，如图 10-125 所示。出现【平面】对话框，如图 10-126 所示。在主平面区域中选择（ZC 常数）图标，输入 100，单击确定按钮，系统返回【创建边界】对话框，在修剪侧区域中选择内部选项，然后在图形中依次选择如图 10-127 所示的 6 条边线为修剪边界，单击创建下一个边界按钮，完成设置修剪边界。

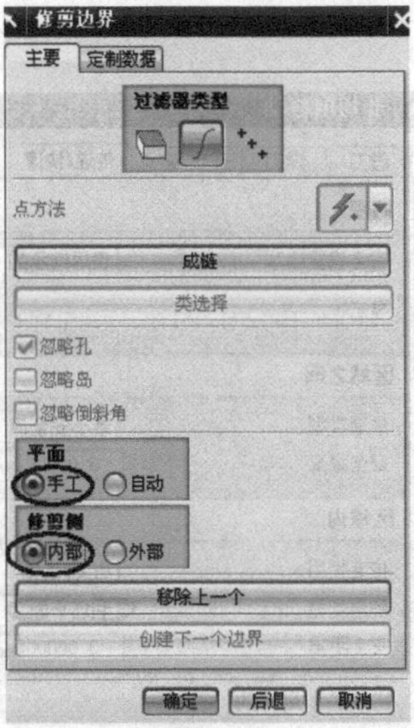
修剪边界
主要
定制数据
过滤器类型
点方法
成链
类选择
忽略孔
忽略岛
忽略倒斜角
平面
手工
自动
修剪侧
内部
外部
移除上一个
创建下一个边界
确定
后退
取消

图 10-125

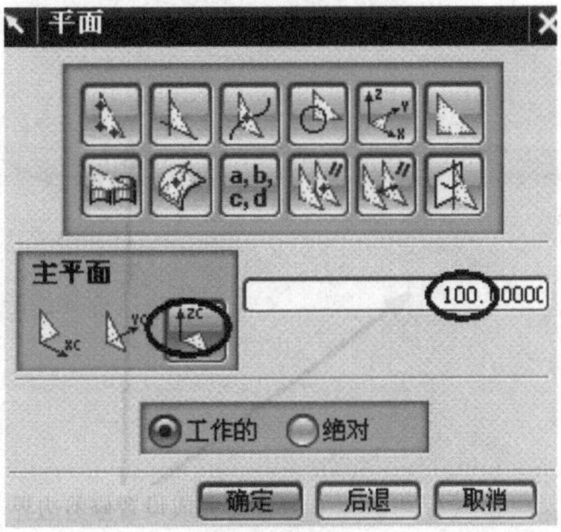
平面
主平面
100.0000
工作的
绝对
确定
后退
取消

图 10-126

旋转到模型另一侧，依次选择如图 10-128 所示的 10 条边界，单击确定按钮，完成设置修剪边界，如图 10-129 所示，系统返回【深度加工拐角】对话框。

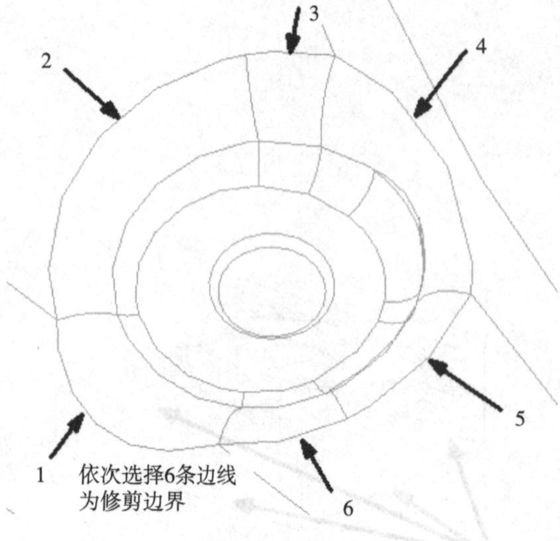

1
2
3
4
5
6
依次选择6条边线
为修剪边界

图 10-127

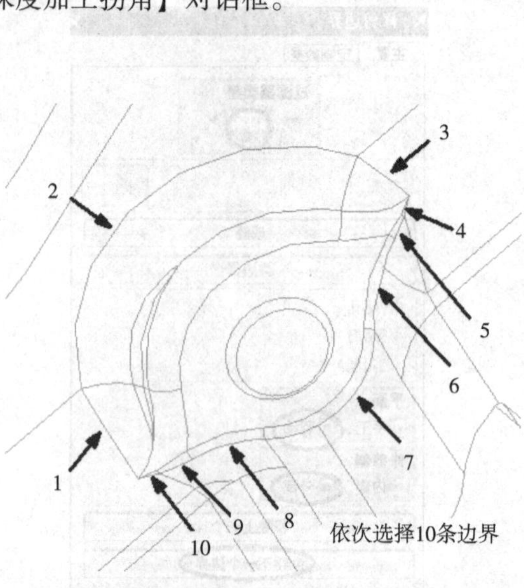

1
2
3
4
5
6
7
8
9
10
依次选择10条边界

图 10-128

3. 设置加工参数

（1）设置切削层　在【深度加工拐角】对话框中陡峭空间范围下拉框中选择仅陡峭的选项，在角度栏输入 60，然后在全局每刀深度栏输入 0.5，如图 10-129 所示。

（2）设置非切削移动参数　在【深度加工拐角】对话框中选择（非切削移动）图标，出现【非切削移动】对话框，选择传递/快速选项卡，在区域内/传递类型下拉框中选择毛坯平面选项，如图 10-130 所示。单击确定按钮，完成设置非切削移动参数，系统返回【深度加工拐角】对话框。

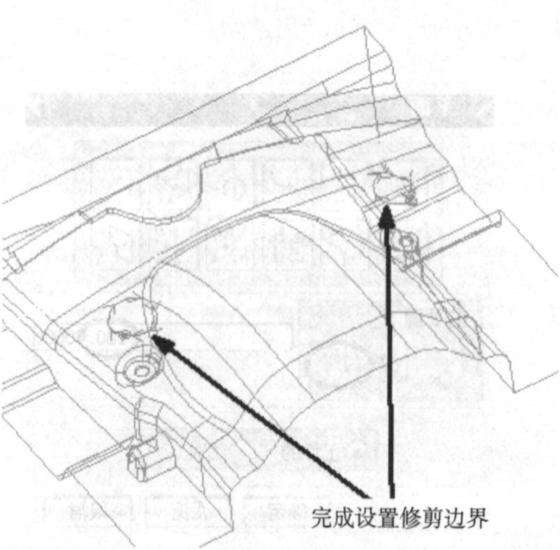

完成设置修剪边界

图 10-129

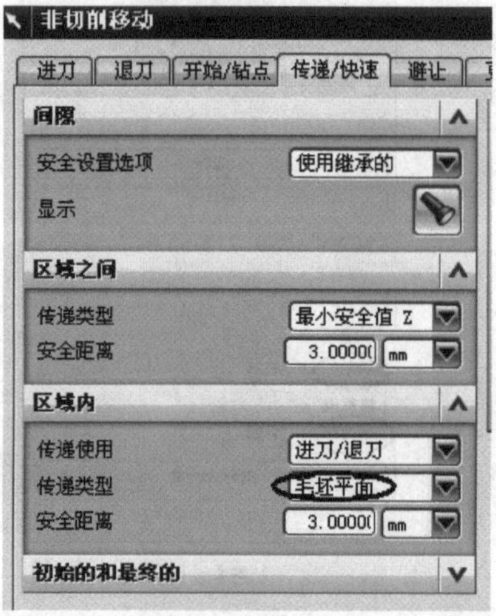

非切削移动
进刀
退刀
开始/钻点
传递/快速
避让
间隙
安全设置选项
使用继承的
显示
区域之间
传递类型
最小安全值 Z
安全距离
3.0000(
mm
区域内
传递使用
进刀/退刀
传递类型
毛坯平面
安全距离
3.0000(
mm
初始的和最终的

图 10-130

4. 生成刀轨

在【深度加工拐角】对话框中**操作**区域中选择（生成刀轨）图标，系统自动生成刀轨，如图10-131所示，单击确定按钮，接受刀轨。

10.9.4 精加工操作——清根

1. 创建操作父节组选项

选择菜单中的【插入(S)】/【操作(E)...】命令或在【插入】工具条中选择（创建操作）图标，出现【创建操作】对话框，如图10-132所示。

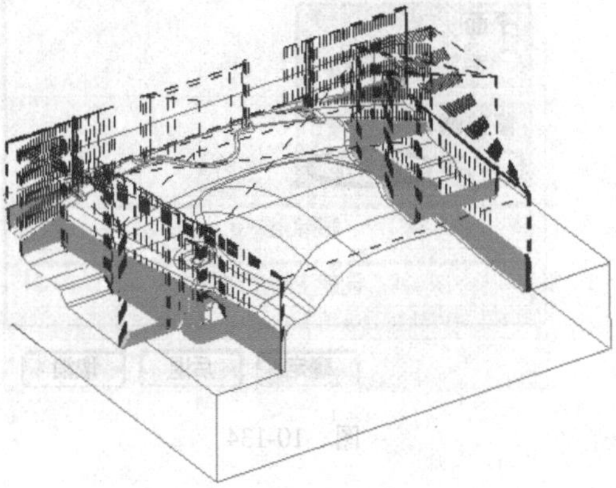

图 10-131

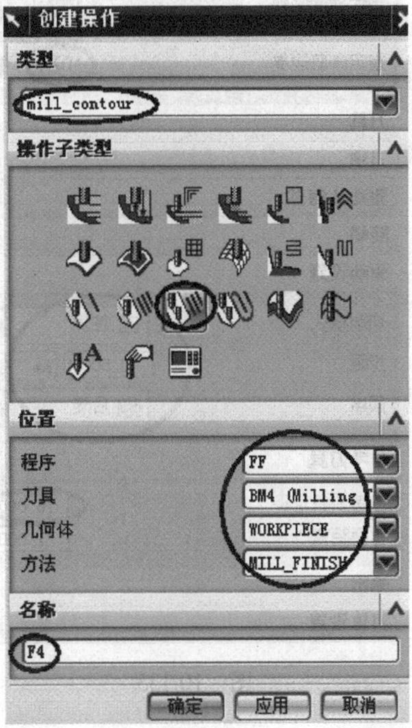
创建操作
类型
mill_contour
操作子类型
位置
程序
FF
刀具
BM4 (Milling
几何体
WORKPIECE
方法
MILL_FINISH
名称
F4
确定
应用
取消

图 10-132

在【创建操作】对话框中**类型**下拉框中选择mill_contour（型腔铣），在**操作子类型**区域中选择（清根参考刀具）图标，在**程序**下拉框中选择FF程序节点，在**刀具**下拉框中选择BM4 (Milling T刀具节点，在**几何体**下拉框中选择WORKPIECE节点，在**方法**下拉框中选择MILL_FINISH节点，在**名称**栏输入F4，如图10-132所示。单击确定按钮，系统出现【清根参考刀具】对话框，如图10-133所示。

2. 创建几何体

在【清根参考刀具】对话框中**几何体**区域中选择（选择或编辑修剪边界）图标，出现【修剪边界】对话框，如图10-134所示。在**过滤器类型**区域中选择（点边界）图标，在**平面**区域中选择自动选项，在**修剪侧**区域中选择外部选项，然后在图形中选择如图 10-135 所示的四个端点，单击【确定】按钮，完成设置修剪边界，如图 10-136 所示，系统返回【清根参考刀具】对话框。

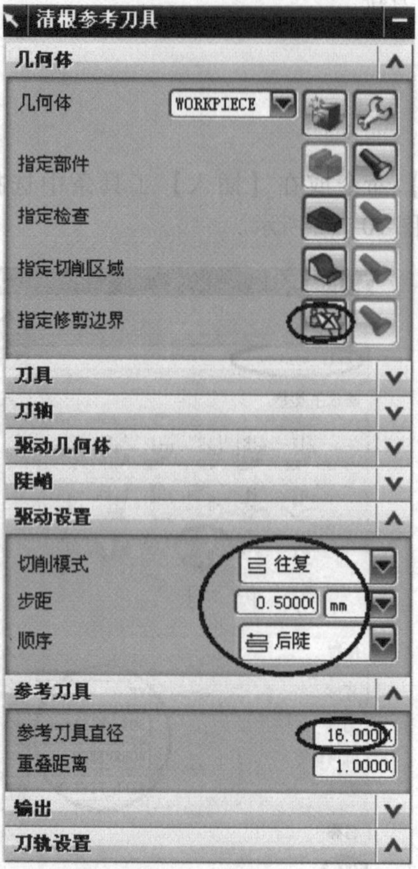
清根参考刀具
几何体
几何体 WORKPIECE
指定部件
指定检查
指定切削区域
指定修剪边界
刀具
刀轴
驱动几何体
陡峭
驱动设置
切削模式 往复
步距 0.5000 mm
顺序 后陡
参考刀具
参考刀具直径 16.000
重叠距离 1.0000
输出
刀轨设置

图 10-133

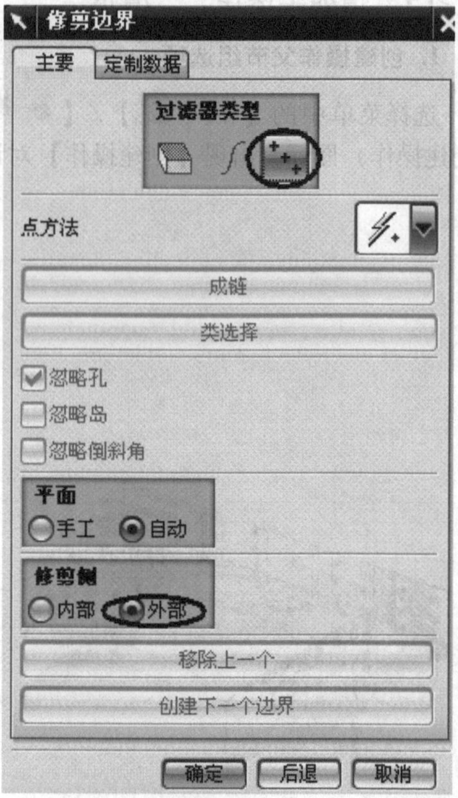
修剪边界
主要
定制数据
过滤器类型
点方法
成链
类选择
忽略孔
忽略岛
忽略倒斜角
平面
手工
自动
修剪侧
内部
外部
移除上一个
创建下一个边界
确定
后退
取消

图 10-134

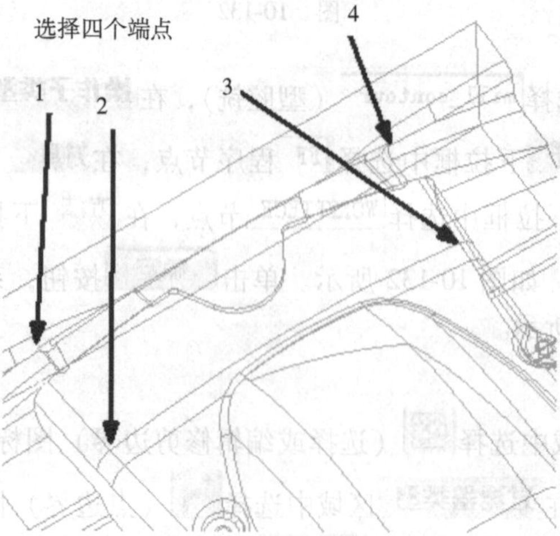
选择四个端点
1
2
3
4

图 10-135

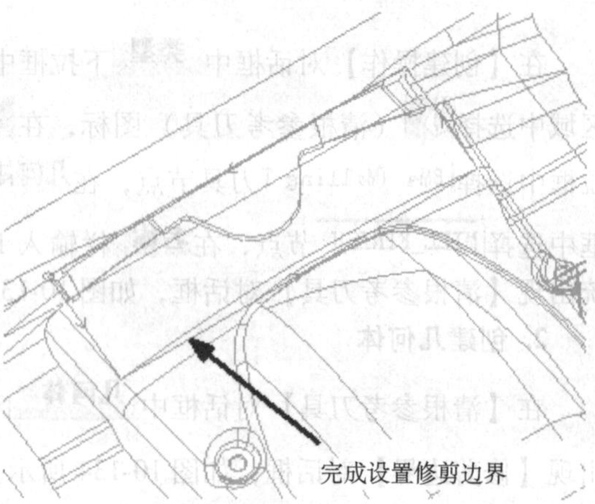
完成设置修剪边界

图 10-136

3. 设置加工参数

在【清根参考刀具】对话框中 切削模式 下拉框中选择 往复 选项，在 步距 栏输入 0.5，在 顺序 下拉框中选择 后陡 选项，如图10-133所示，在 参考刀具直径 栏输入 16。

4. 生成刀轨

在【清根参考刀具】对话框中 **操作** 区域中选择（生成刀轨）图标，系统自动生成刀轨，如图 10-137 所示，单击 确定 按钮，接受刀轨。

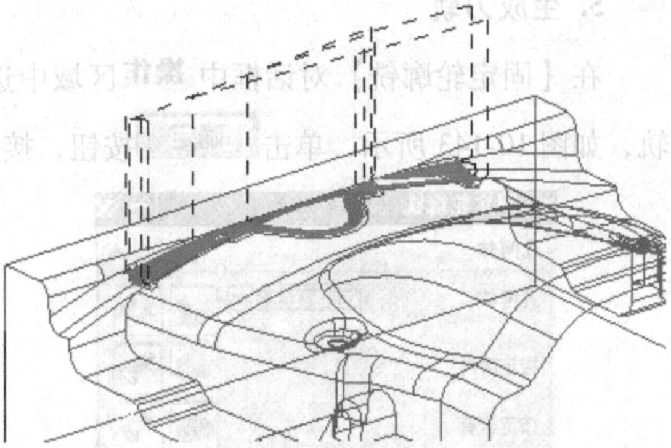

图 10-137

10.9.5 精加工操作——铣削整个表面

1. 复制操作 S5

在操作导航器程序顺序视图 RF 节点，复制操作 S5，如图 10-138 所示，并粘贴在 FF 节点下，重新命名为 F5，操作如图 10-139 所示。

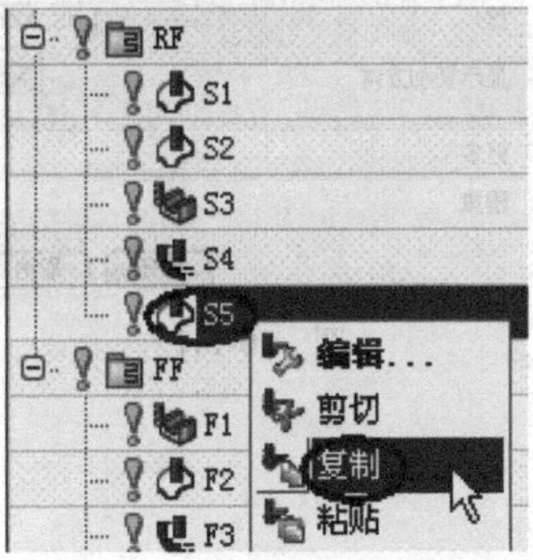
RF
S1
S2
S3
S4
S5
FF
F1
F2
F3
编辑...
剪切
复制
粘贴

图 10-138

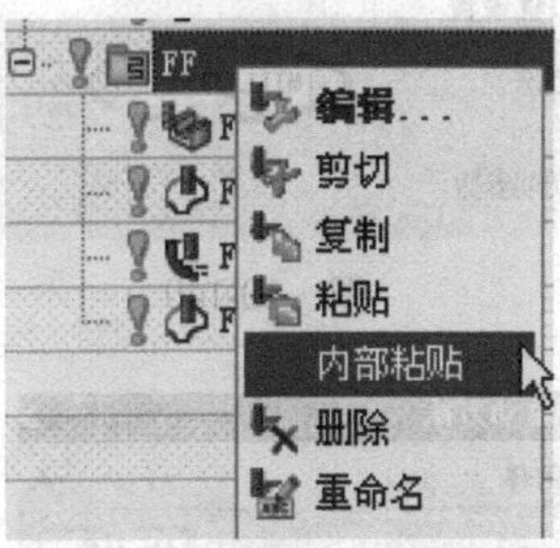
FF
编辑...
剪切
复制
粘贴
内部粘贴
删除
重命名

图 10-139

2. 编辑操作 F5

在操作导航器下，双击 F5 操作，系统出现【固定轮廓铣】对话框。

3. 创建操作父节组选项

在【固定轮廓铣】对话框中 刀具 下拉框中选择 BM4 (Milling T 刀具节点，在 方法 下拉框中选择 MILL_FINISH 节点，如图 10-140 所示。

4. 设置加工参数

在【固定轮廓铣】对话框中 **驱动方法** 区域中选择（编辑）图标，出现【边界驱动方法】对话框，如图 10-141 所示。在 步距 下拉框中选择 % 刀具平直 选项，在 平面直径百分比 栏输入 5，单击 确定 按钮，完成设置驱动方法，系统返回【固定轮廓铣】对话框，如图 10-142 所示。

5. 生成刀轨

在【固定轮廓铣】对话框中**操作**区域中选择（生成刀轨）图标，系统自动生成刀轨，如图 10-143 所示，单击确定按钮，接受刀轨。

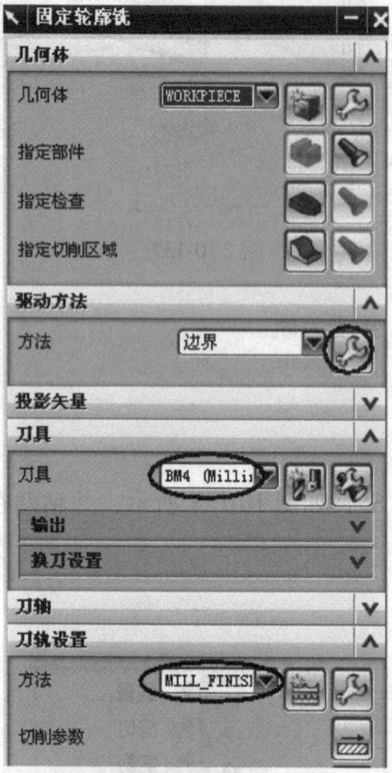
固定轮廓铣
几何体
几何体
WORKPIECE
指定部件
指定检查
指定切削区域
驱动方法
方法
边界
投影矢量
刀具
刀具
BM4 (Milli
输出
换刀设置
刀轴
刀轨设置
方法
MILL_FINIS
切削参数

图 10-140

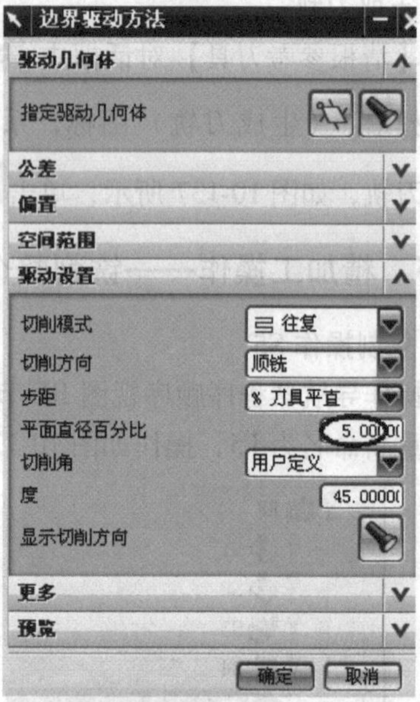
边界驱动方法
驱动几何体
指定驱动几何体
公差
偏置
空间范围
驱动设置
切削模式
往复
切削方向
顺铣
步距
% 刀具平直
平面直径百分比
5.0000
切削角
用户定义
度
45.0000
显示切削方向
更多
预览
确定
取消

图 10-141

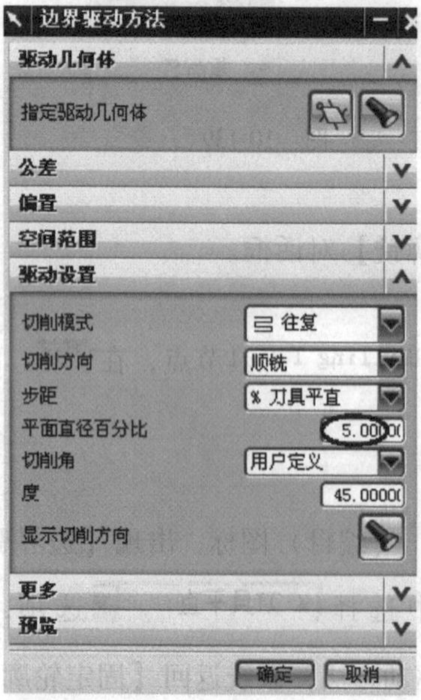
边界驱动方法
驱动几何体
指定驱动几何体
公差
偏置
空间范围
驱动设置
切削模式
往复
切削方向
顺铣
步距
% 刀具平直
平面直径百分比
5.0000
切削角
用户定义
度
45.0000
显示切削方向
更多
预览
确定
取消

图 10-142

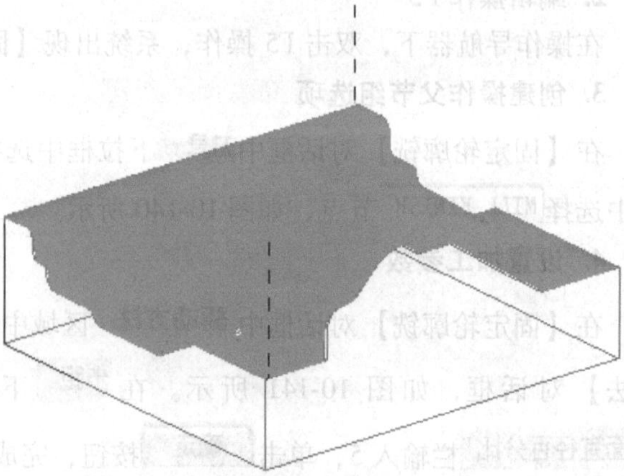

图 10-143

10.10 后处理

1. 编辑刀具

在操作导航器机床视图下，双击 UGT0202_001 ，出现【刀具】对话框，如图 10-144 所示。在 刀具号 、 长度调整 、 刀具补偿 栏分别输入 1、1、1，单击 确定 按钮，完成编辑刀具。

按照上述方法，依次编辑其他三把刀。

2. 粗加工后处理

在操作导航器程序视图下，选择 RR 节点，右击出现下拉菜单，选择 后处理 菜单，如图 10-145 所示。出现【后处理】对话框，如图 10-146 所示。选择 MILL_3_AXIS 机床后处理，指定输出文件路径和名称，在 单位 下拉框中选择 公制/部件 选项，单击 确定 按钮，完成粗加工后处理，输出数控程序文件，如图 10-147 所示。

3. 半精加工、精加工后处理

按照步骤 2 的方法，分别选择 RF 、 FF 节点进行后处理，完成输出数控程序文件。

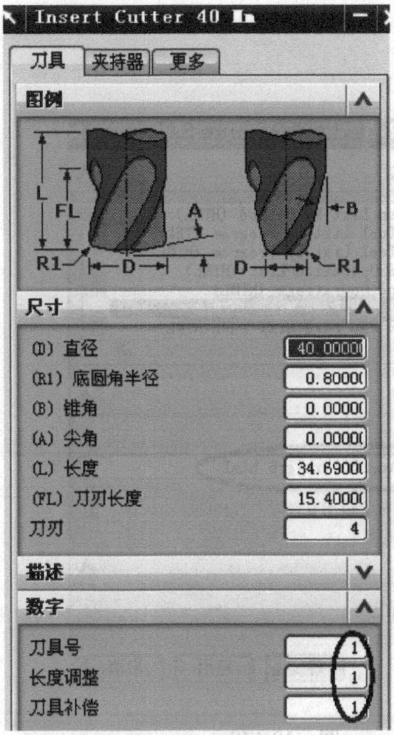
Insert Cutter 40
刀具
夹持器
更多
图例
L
FL
A
B
R1
D
尺寸
(D) 直径 40.0000
(R1) 底圆角半径 0.8000
(B) 锥角 0.0000
(A) 尖角 0.0000
(L) 长度 34.6900
(FL) 刀刃长度 15.4000
刀刃 4
描述
数字
刀具号 1
长度调整 1
刀具补偿 1

图 10-144

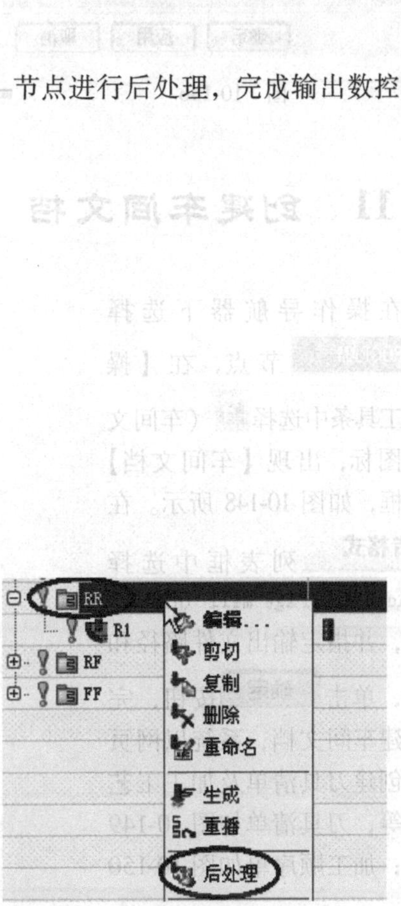
RR
R1
RF
FF
编辑...
剪切
复制
删除
重命名
生成
重播
后处理

图 10-145

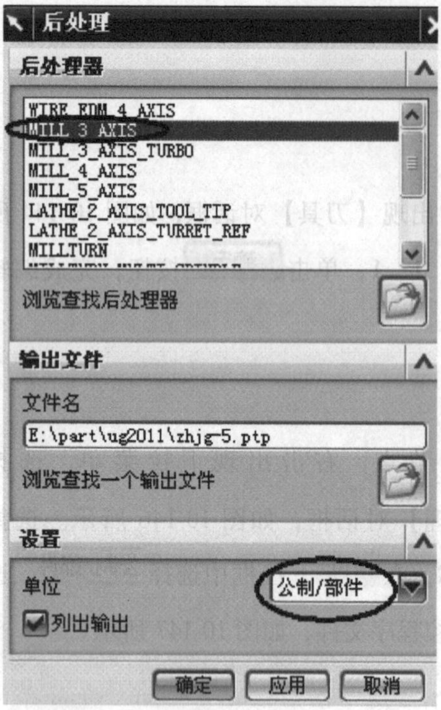
后处理
后处理器
WIRE_EDM_4_AXIS
MILL_3_AXIS
MILL_3_AXIS_TURBO
MILL_4_AXIS
MILL_5_AXIS
LATHE_2_AXIS_TOOL_TIP
LATHE_2_AXIS_TURRET_REF
MILLTURN
浏览查找后处理器
输出文件
文件名
E:\part\ug2011\zhjg-5.ptp
浏览查找一个输出文件
设置
单位
公制/部件
列出输出
确定
应用
取消

图 10-146

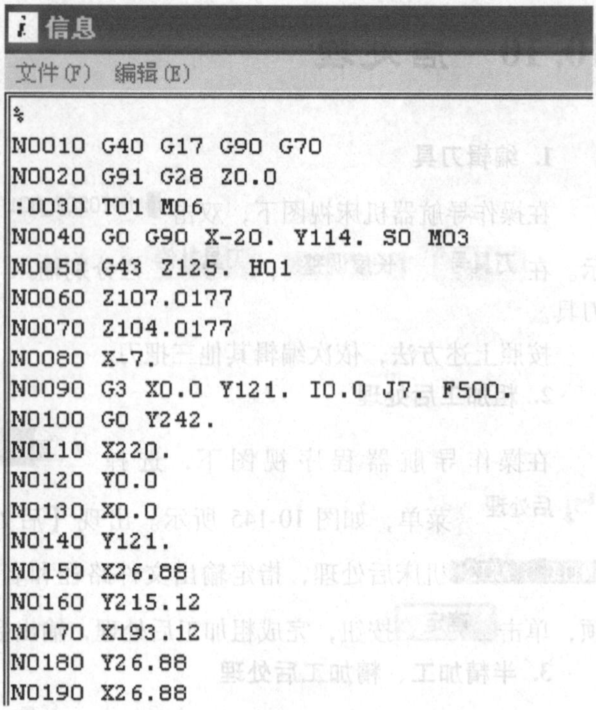
信息
文件(F) 编辑(E)
%
N0010 G40 G17 G90 G70
N0020 G91 G28 Z0.0
:0030 T01 M06
N0040 G0 G90 X-20. Y114. S0 M03
N0050 G43 Z125. H01
N0060 Z107.0177
N0070 Z104.0177
N0080 X-7.
N0090 G3 X0.0 Y121. I0.0 J7. F500.
N0100 G0 Y242.
N0110 X220.
N0120 Y0.0
N0130 X0.0
N0140 Y121.
N0150 X26.88
N0160 Y215.12
N0170 X193.12
N0180 Y26.88
N0190 X26.88

图 10-147

10.11 创建车间文档

在操作导航器下选择 NC_PROGRAM 节点，在【操作】工具条中选择（车间文档）图标，出现【车间文档】对话框，如图 10-148 所示。在 报告格式 列表框中选择 Advanced Web Page Mill (HTML) 选项，并指定输出文件路径和名称，单击 确定 按钮，完成创建车间文档，系统以网页格式创建刀具清单及加工工艺文件等，刀具清单如图 10-149 所示；加工顺序单如图 10-150 所示。

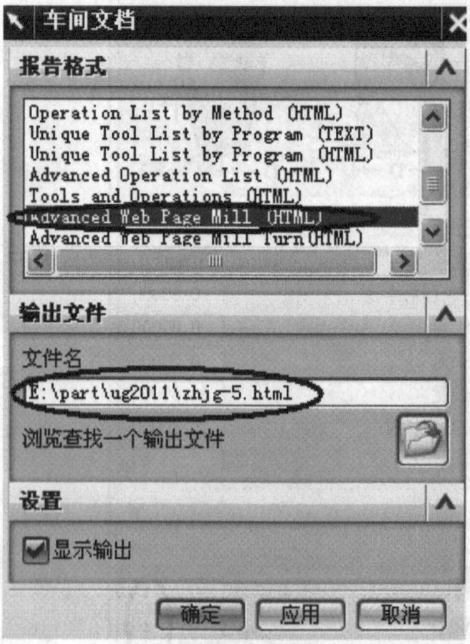
车间文档
报告格式
Operation List by Method (HTML)
Unique Tool List by Program (TEXT)
Unique Tool List by Program (HTML)
Advanced Operation List (HTML)
Tools and Operations (HTML)
Advanced Web Page Mill (HTML)
Advanced Web Page Mill Turn(HTML)
输出文件
文件名
E:\part\ug2011\zhjg-5.html
浏览查找一个输出文件
设置
显示输出
确定
应用
取消

图 10-148

UNIQUE TOOL LIST IN ORDER OF USE

Tool Name	Description	Tool Dia	Tool Length	Corner Radius	Adjust Register	Z Offset	Tool Type
UGT0202_001	Insert Cutter 40 mm	40.0000	34.6900	0.8000	1	0.0000	Milling Tool-5 Parameters
EM16R1	Milling Tool-5 Parameters	16.0000	75.0000	1.0000	2	0.0000	Milling Tool-5 Parameters
BM16	Milling Tool-Ball Mill	16.0000	75.0000	8.0000	3	0.0000	Milling Tool-Ball Mill
BM4	Milling Tool-Ball Mill	4.0000	75.0000	2.0000	4	0.0000	Milling Tool-Ball Mill

图 10-149

CUTTING SEQUENCE WITH TOOL CHANGE

Tool Change	Oper Name	Oper Type	Cut Feed	Part Stock
UGT0202_001	R1	Cavity Milling	600.0000	1.5000
EM16R1	S3	Face Milling	650.0000	0.2500
BM16	S4	Z-Level Milling	650.0000	0.2500
	S5	Fixed-axis Surface Contouring	650.0000	0.2500
EM16R1	F1	Face Milling	800.0000	0.0000
BM4	F3	Z-Level Milling	800.0000	0.0000
	F4	Fixed-axis Surface Contouring	800.0000	0.0000
	F5	Fixed-axis Surface Contouring	800.0000	0.0000

图 10-150

第11章

综合加工实例四

实例说明

本章主要讲述游戏手柄下盖后模加工。其后模模型如图 11-1 所示，毛坯材料为 P20，刀具采用硬质合金刀具。

其加工思路为：首先分析模型的加工区域，选用恰当的刀具与加工路线。

粗加工：采用 EM25R5 圆鼻刀开粗，然后用 EM8 立铣刀去除狭小区域的余量，型面留余量为 0.3mm。

半精加工：采用圆鼻刀和球铣刀局部去平坦和陡峭区域余量，初步清根，型面留余量为 0.15mm。

精加工：采用圆鼻刀、立铣刀与球铣刀精加工型面、清角。

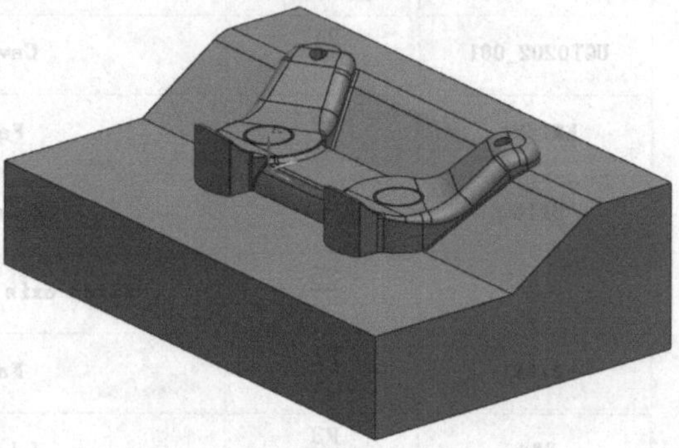

图 11-1

加工刀具选用见表 11-1。加工工艺方案见表 11-2。

表 11-1 加工刀具

序号	程序名	刀具号	刀具类型	刀具直径/mm	R 圆角/mm	刀长/mm	切削刃长/mm	余量/mm
1	R1	1	EM25R5 圆鼻刀	ϕ25	5	160	60	0.3
2	R2	2	EM8 立铣刀	ϕ8	0	65	45	0.3
3	S1	3	BM10 球铣刀	ϕ16	8	65	25	0.15
4	S2	3	BM10 球铣刀	ϕ16	8	65	25	0.15
5	S3	3	BM10 球铣刀	ϕ16	8	65	25	0.15
6	S4	4	EM13R0.8 圆鼻刀	ϕ13	0.8	160	45	0.15
7	F1	4	EM13R0.8 圆鼻刀	ϕ13	0.8	160	45	0
8	F2	4	EM13R0.8 圆鼻刀	ϕ13	0.8	160	45	0
9	F3	3	BM10 球铣刀	ϕ16	8	65	25	0
10	F4	3	BM10 球铣刀	ϕ16	8	65	25	0
11	F5	3	BM10 球铣刀	ϕ16	8	65	25	0
12	F6	5	BM4 球铣刀	ϕ4	2	65	25	0
13	F7	5	BM4 球铣刀	ϕ4	2	65	25	0
14	F8	6	EM4 立铣刀	ϕ4	0	100	35	0
15	F9	6	EM4 立铣刀	ϕ4	0	100	35	0
16	F10	7	EM2 立铣刀	ϕ2	0	100	35	0

表 11-2 加工工艺方案

序号	方法	加工方式	程序名	主轴转速 $n/\mathrm{r\cdot min^{-1}}$	进给速度 $v_f/\mathrm{mm\cdot min^{-1}}$	说明
1	粗加工	型腔铣	R1	1820	2500	去除大余量
2	粗加工	型腔铣	R2	2200	1800	去除局部余量
3	半精加工	固定轴区域轮廓铣	S1	3000	2000	平坦区域半精加工
4	半精加工	固定轴区域轮廓铣	S2	3000	2000	平坦区域半精加工
5	半精加工	固定轴区域轮廓铣	S3	3000	2000	平坦区域半精加工
6	半精加工	深度加工轮廓铣	S4	2500	1500	陡面半精加工
7	半精加工	深度加工轮廓铣	F1	2500	1200	陡面精加工
8	精加工	面铣	F2	1000	700	平面精加工
9	精加工	固定轴区域轮廓铣	F3	3000	1500	平坦区域精加工
10	精加工	固定轴区域轮廓铣	F4	3000	1500	平坦区域精加工
11	精加工	固定轴区域轮廓铣	F5	3000	1500	平坦区域精加工
12	精加工	固定轴区域轮廓铣	F6	3500	1200	平坦区域精加工
13	精加工	参考刀具清根	F7	4000	1000	清根
14	精加工	深度加工轮廓铣	F8	3000	1200	清角
15	精加工	深度加工轮廓铣	F9	3500	1500	清角
16	精加工	深度加工轮廓铣	F10	4000	1000	清角

学习目标

通过该章实例的练习，使读者能熟练掌握模具型芯加工，编程前的补面，以及用小的平底刀清角的加工技巧，开拓复杂模型的加工思路，提高编程的灵活性。

11.1 打开文件

选择菜单中的【文件】/【打开(O).】命令或选择（打开）文件图标，出现【打开】部件对话框，在本书附的资源包\parts\11\zh-4 文件，单击 OK 按钮，打开部件，模具型芯模型如图 11-1 所示。

11.2 编程前的补面

1. 进入建模和注塑模向导模块

选择菜单中的【开始】下拉框中选择【建模(M)..】模块，如图 11-2 所示，进入建模应用模块。

选择菜单中的【开始】下拉框中选择【所有应用模块】模块菜单下的注塑模向导(Z)模块，如图 11-3 所示，进入注塑模向导应用模块。

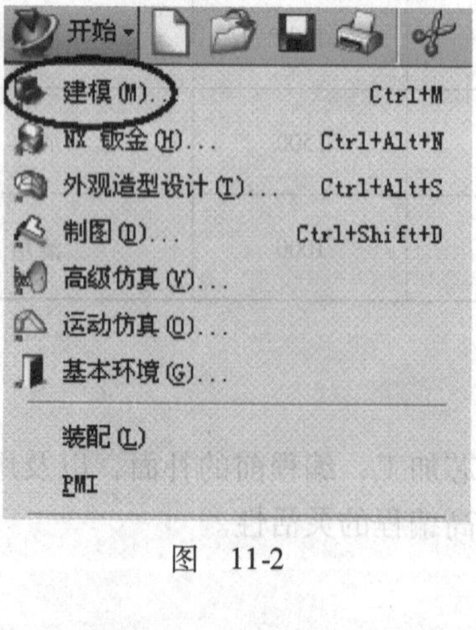
开始
建模(M)... Ctrl+M
NX 钣金(H)... Ctrl+Alt+N
外观造型设计(T)... Ctrl+Alt+S
制图(D)... Ctrl+Shift+D
高级仿真(V)...
运动仿真(O)...
基本环境(G)...
装配(L)
PMI

图 11-2

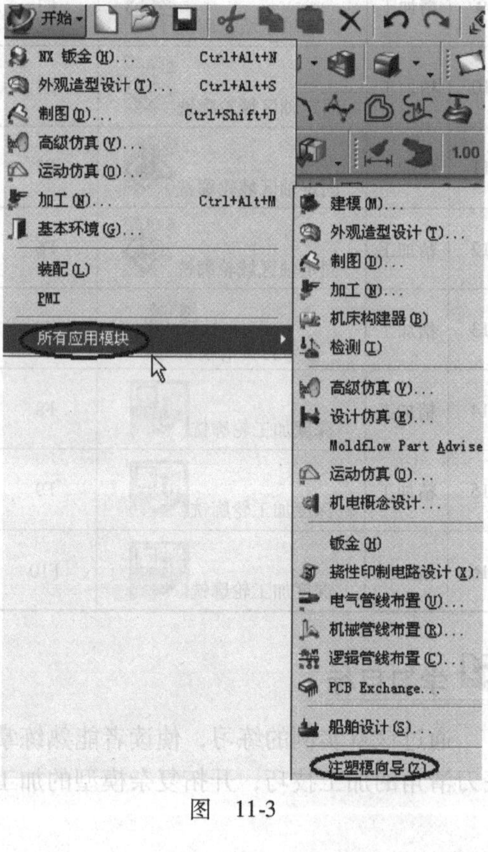
开始
NX 钣金(H)... Ctrl+Alt+N
外观造型设计(T)... Ctrl+Alt+S
制图(D)... Ctrl+Shift+D
高级仿真(V)...
运动仿真(O)...
加工(N)... Ctrl+Alt+M
基本环境(G)...
装配(L)
PMI
所有应用模块
建模(M)...
外观造型设计(T)...
制图(D)...
加工(N)...
机床构建器(B)
检测(I)
高级仿真(V)...
设计仿真(E)...
Moldflow Part Advise
运动仿真(O)...
机电概念设计...
钣金(H)
挠性印制电路设计(X)...
电气管线布置(U)...
机械管线布置(R)...
逻辑管线布置(C)...
PCB Exchange...
船舶设计(S)...
注塑模向导(Z)

图 11-3

2. 创建通过曲线组曲面

选择菜单中的【插入(S)】/【网格曲面(M)】/【通过曲线组(T)...】曲面命令或在【曲面】工具条中选择（通过曲线组）图标，出现【通过曲线组】曲面对话框，如图11-4所示。然后在主界面曲线规则下拉框中选择相切曲线选项，在图形中依次选择如图11-5所示的2条曲线为截面曲线。注意每条截面曲线选择后按下鼠标中键确认。

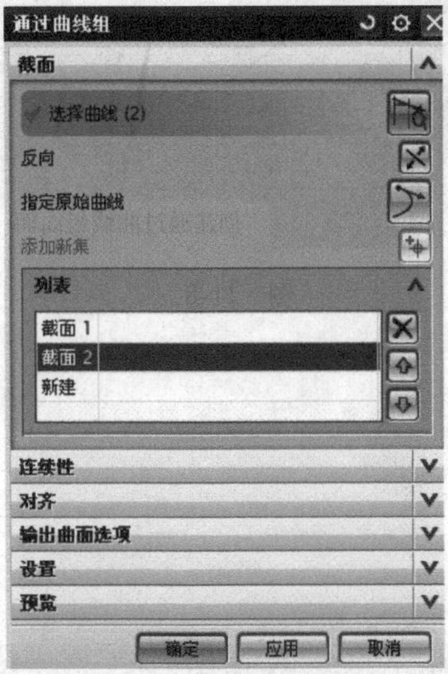
通过曲线组
截面
选择曲线 (2)
反向
指定原始曲线
添加新集
列表
截面 1
截面 2
新建
连续性
对齐
输出曲面选项
设置
预览
确定
应用
取消

图 11-4

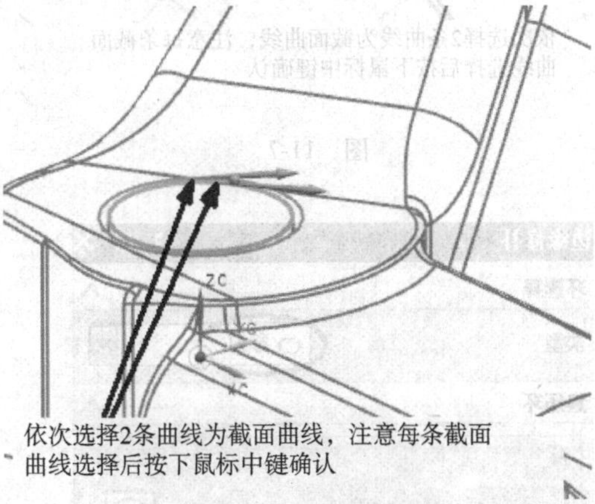
依次选择2条曲线为截面曲线，注意每条截面曲线选择后按下鼠标中键确认

图 11-5

然后在【通过曲线组】曲面对话框点击确定按钮，完成创建通过曲线组曲面，如图11-6所示。

继续创建通过曲线组曲面，按照上述方法，在图形中依次选择如图11-7所示的2条曲线为截面曲线。注意每条截面曲线选择后按下鼠标中键确认，然后在【通过曲线组】曲面对话框中点击确定按钮，完成创建通过曲线组曲面，如图11-8所示。

3. 使用模具设计功能创建边缘修补曲面

在【注塑模向导】工具条中选择（注塑模工具）图标，出现【注塑模】工具条，在【注塑模】工具条中选择（边缘修补）图标，出现【边缘修补】对话框，在类型下拉框中选择移刀选项，取消勾选按面的颜色遍历选项，如图11-9所示。然后在图形中通过（接受）图标、（循环候选项）图标的方式选择如图11-10所示的封闭边界，单击应用按钮，完成创建补面，如图11-11所示。

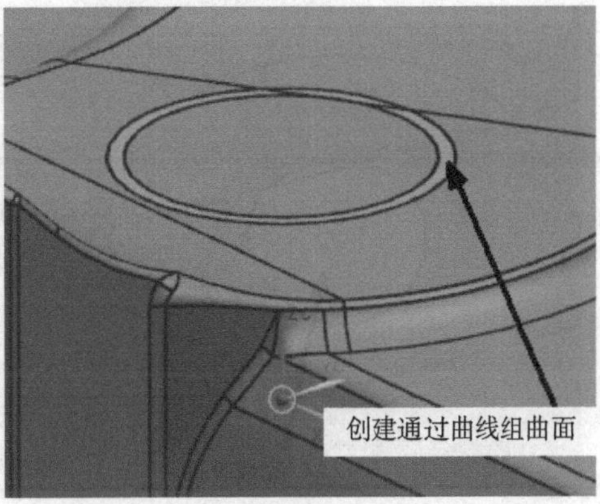
创建通过曲线组曲面

图 11-6

4. 按照 11.2 之步骤 3 的方法，依次继续补另外 3 个孔，完成的补面如图 11-12 所示。

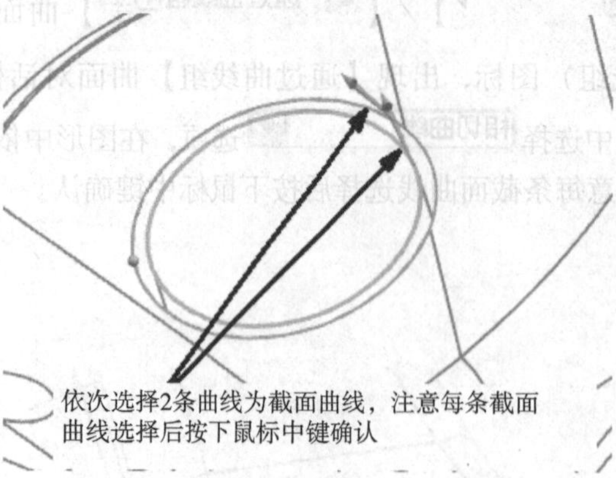
依次选择2条曲线为截面曲线，注意每条截面
曲线选择后按下鼠标中键确认

图 11-7

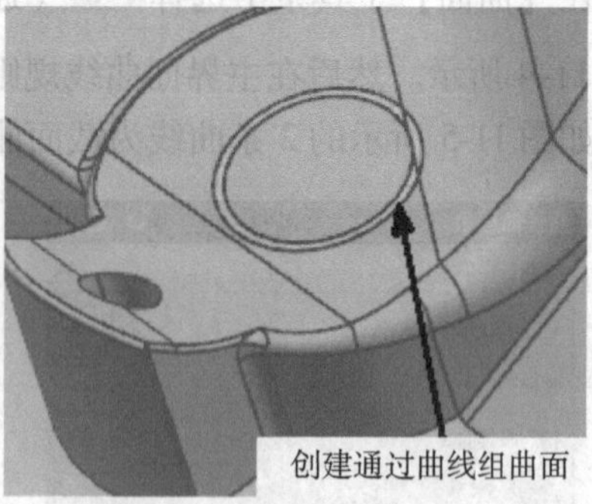
创建通过曲线组曲面

图 11-8

边缘修补
环选择
类型
移刀
遍历环
环
*选择边/曲线 (0)
分段
设置
按面的颜色遍历
终止边
公差
0.0010

图 11-9

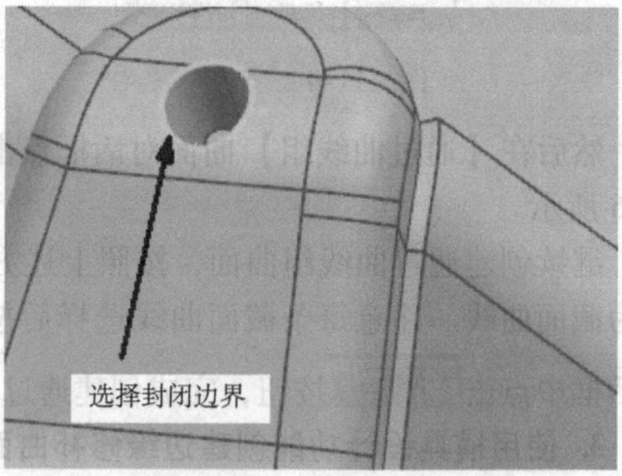
选择封闭边界

图 11-10

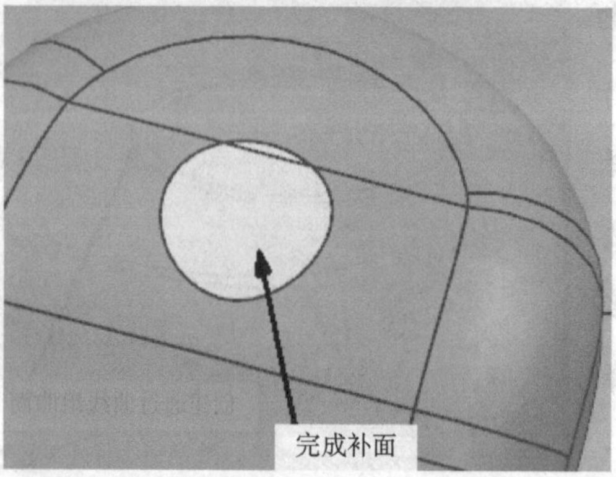
完成补面

图 11-11

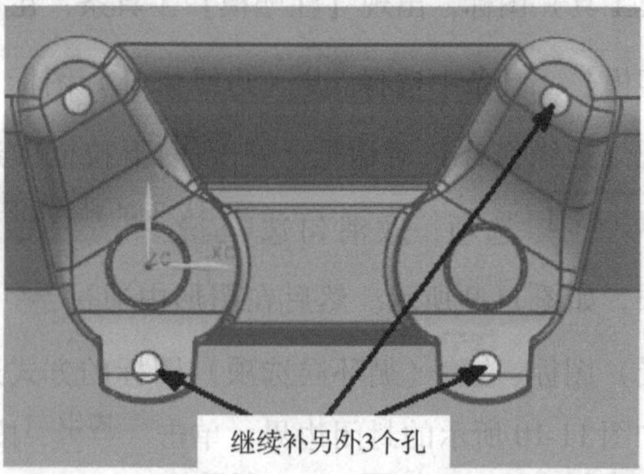
继续补另外3个孔

图 11-12

11.3 设置加工坐标系及安全平面

1. 进入加工模块

选择菜单中的【开始】下拉框中选择【加工(N)...】模块，如图 11-13 所示，进入加工应用模块。

2. 设置加工环境

选择【加工(N)...】模块后系统出现【加工环境】对话框，如图 11-14 所示。在 CAM 会话配置 列表框中选择 cam_general ，在 要创建的 CAM 设置 列表框中选择 mill_contour ，单击 确定 按钮，进入加工初始化，在导航器栏出现（工序导航器）图标，如图 11-15 所示。

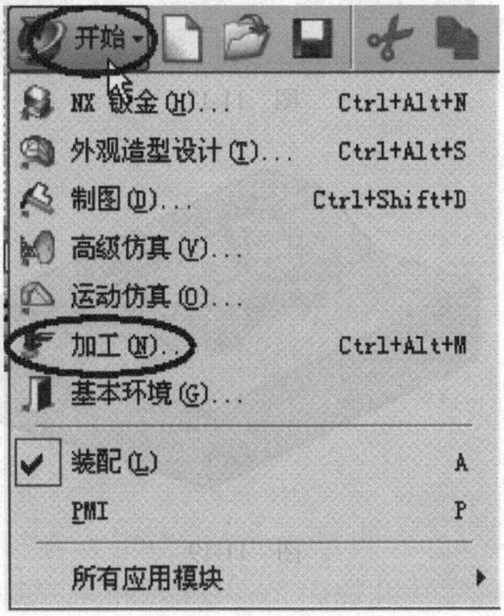
开始
NX 钣金(H)... Ctrl+Alt+N
外观造型设计(T)... Ctrl+Alt+S
制图(D)... Ctrl+Shift+D
高级仿真(V)...
运动仿真(O)...
加工(N)... Ctrl+Alt+M
基本环境(G)...
装配(L) A
PMI P
所有应用模块

图 11-13

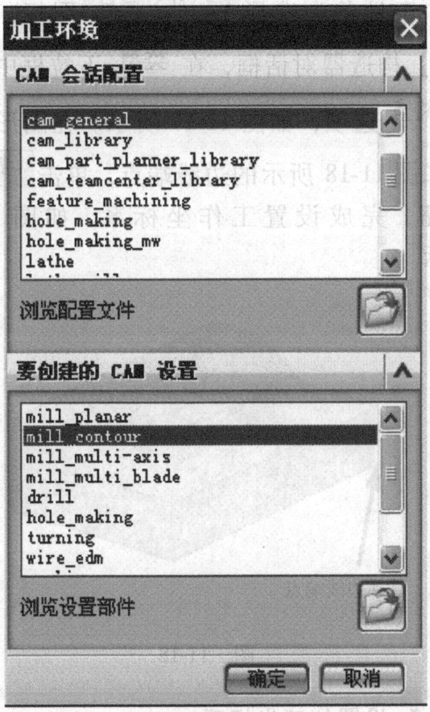
加工环境
CAM 会话配置
cam_general
cam_library
cam_part_planner_library
cam_teamcenter_library
feature_machining
hole_making
hole_making_mw
lathe
浏览配置文件
要创建的 CAM 设置
mill_planar
mill_contour
mill_multi-axis
mill_multi_blade
drill
hole_making
turning
wire_edm
浏览设置部件
确定
取消

图 11-14

3. 设置工序导航器的视图为几何视图

选择菜单中的【工具(T)】/【操作导航器(O)】/【视图(V)】/【几何视图(G)】命令或在【导航器】工具条中选择（几何视图）图标，更新的工序导航器视图如图 11-16 所示。

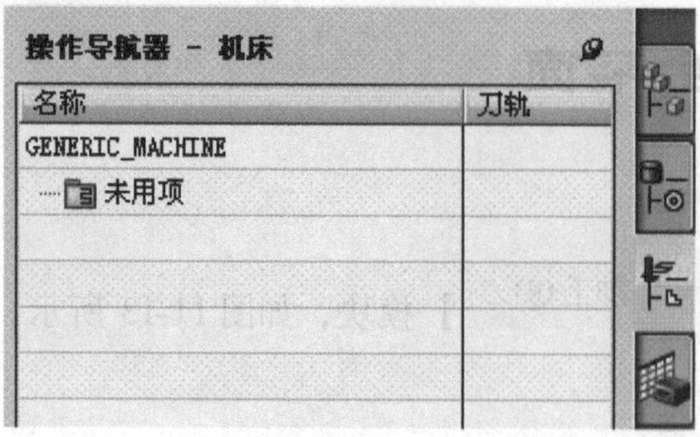
操作导航器 - 机床
名称
刀轨
GENERIC_MACHINE
未用项

图 11-15

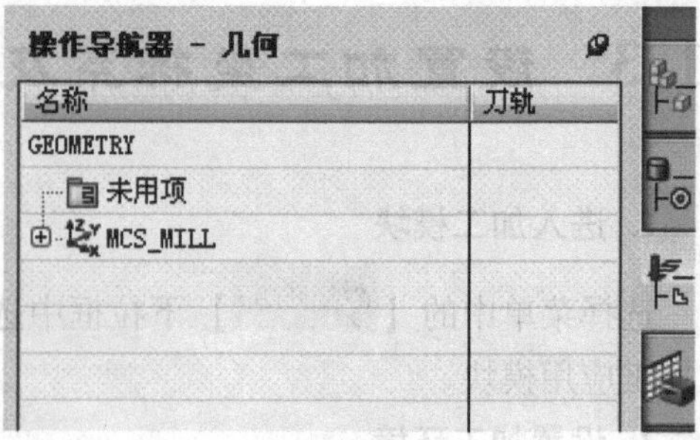
操作导航器 - 几何
名称
刀轨
GEOMETRY
未用项
MCS_MILL

图 11-16

4. 设置工作坐标系

选择菜单中的【格式(R)】/【WCS】/【原点(O)..】命令或在【曲线】工具条中选择 WCS 原点 图标，出现【点】构造器对话框，在类型下拉框中选择终点选项，如图 11-17 所示。在图形中选择如图 11-18 所示的边线端点，单击确定按钮，完成设置工作坐标系，如图 11-19 所示。

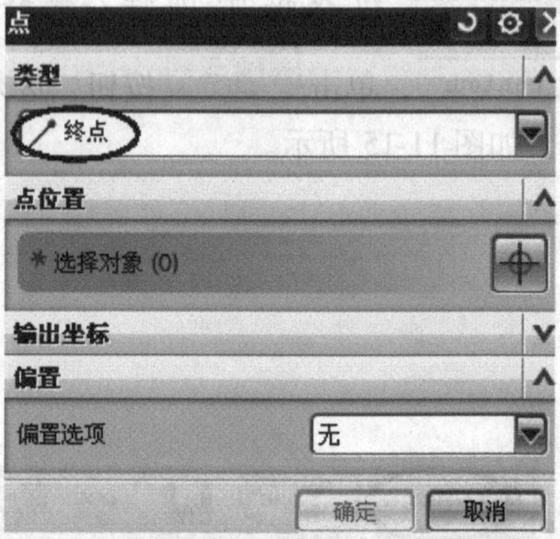
点
类型
终点
点位置
选择对象 (0)
输出坐标
偏置
偏置选项
无
确定
取消

图 11-17

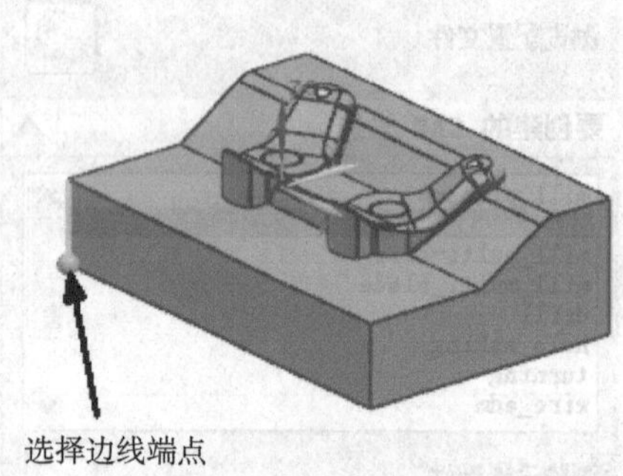
选择边线端点

图 11-18

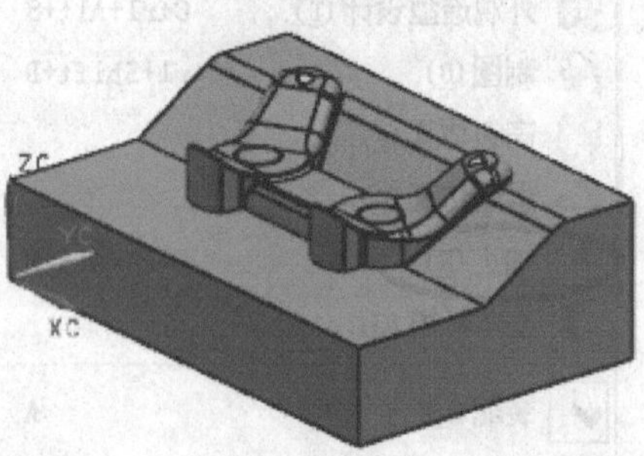
ZC
YC
XC

图 11-19

5. 设置加工坐标系

在工序导航器中双击 MCS_MILL（加工坐标系）图标，出现【Mill Orient】对话框，如图 11-20 所示。在指定 MCS 区域选择（CSYS 会话）图标，出现【CSYS】对话框，如图 11-21 所示。在类型下拉框中选择【动态】选项，在参考下拉框中选择【WCS（工作坐标系）】选项，单击确定按钮，完成设置加工坐标系，即接受工作坐标系为加工坐标系。如图 11-22 所示。

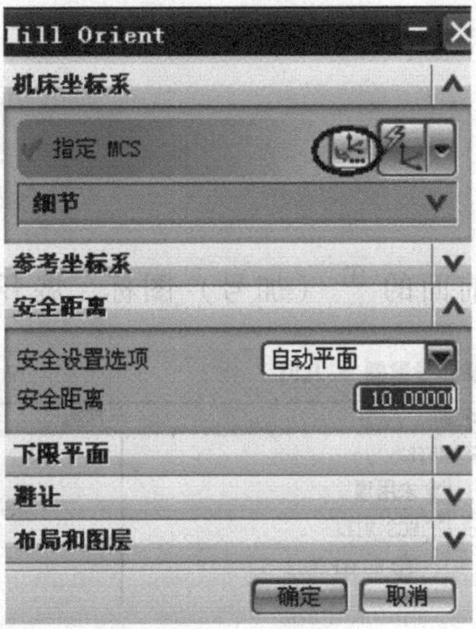
Mill Orient
机床坐标系
指定 MCS
细节
参考坐标系
安全距离
安全设置选项
自动平面
安全距离
10.0000
下限平面
避让
布局和图层
确定
取消

图 11-20

CSYS
类型
动态
参考 CSYS
参考
WCS
操控器
指定方位
确定
取消

图 11-21

注意：【Mill Orient】对话框不要关闭。

6. 设置安全平面

在【Mill Orient】对话框中 安全距离 区域 安全设置选项 下拉框中选择 平面 选项，如图11-23所示。在图形中选择如图11-24所示的实体面，在 距离 栏输入50，单击 确定 按钮，完成设置安全平面。

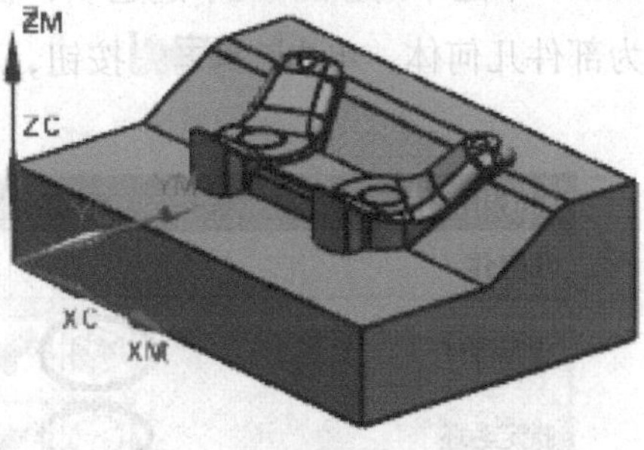
ZM
ZC
XC
XM

图 11-22

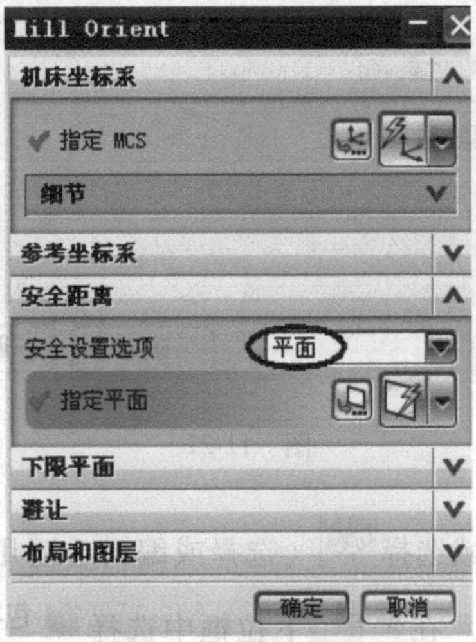
Mill Orient
机床坐标系
指定 MCS
细节
参考坐标系
安全距离
安全设置选项
平面
指定平面
下限平面
避让
布局和图层
确定
取消

图 11-23

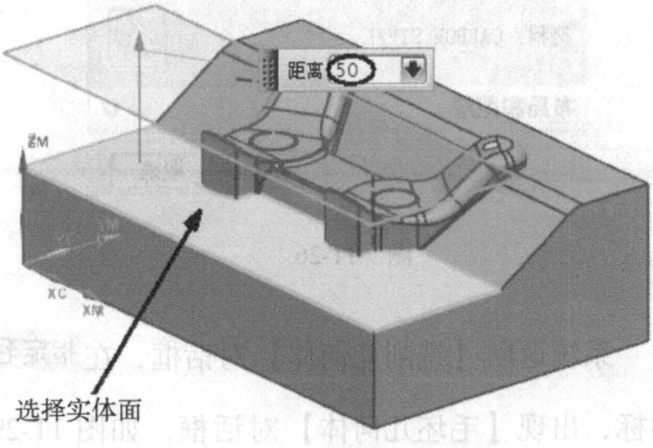
距离 50
ZM
XC
XM
选择实体面

图 11-24

11.4 设置铣削几何体

1. 展开 MCS _ MILL

在工序导航器的几何视图中单击 MCS_MILL 前面的⊕（加号）图标，展开 MCS _ MILL，进行更新。如图 11-25 所示。

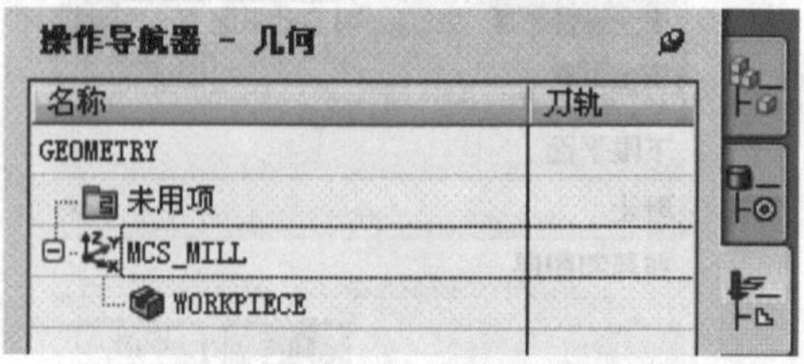
操作导航器 - 几何
名称
刀轨
GEOMETRY
未用项
MCS_MILL
WORKPIECE

图 11-25

2. 设置铣削几何体

在工序导航器中双击 WORKPIECE （铣削几何体）图标，出现【铣削几何体】对话框，如图 11-26 所示。在 指定部件 区域选择（选择或编辑部件几何体）图标，出现【部件几何体】对话框，如图 11-27 所示。在 选择选项 中选中 ◉几何体 单选选项，在图形中框选如图 11-28 所示游戏手柄下盖后模及补面为部件几何体，单击 确定 按钮，完成指定部件。

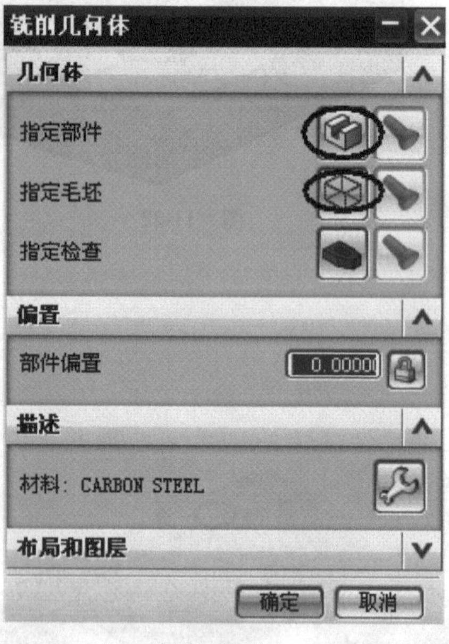
铣削几何体
几何体
指定部件
指定毛坯
指定检查
偏置
部件偏置
0.0000
描述
材料：CARBON STEEL
布局和图层
确定
取消

图 11-26

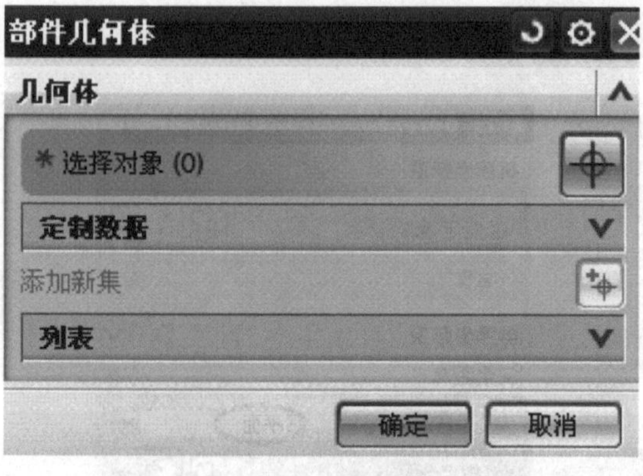
部件几何体
几何体
* 选择对象 (0)
定制数据
添加新集
列表
确定
取消

图 11-27

系统返回【铣削几何体】对话框，在 指定毛坯 区域选择（选择或编辑毛坯几何体）图标，出现【毛坯几何体】对话框，如图 11-29 所示。在 类型 下拉框中选择 包容块 选项，单击 确定 按钮，完成指定毛坯，系统返回【铣削几何体】对话框，单击 确定 按钮，完成设置铣削几何体。

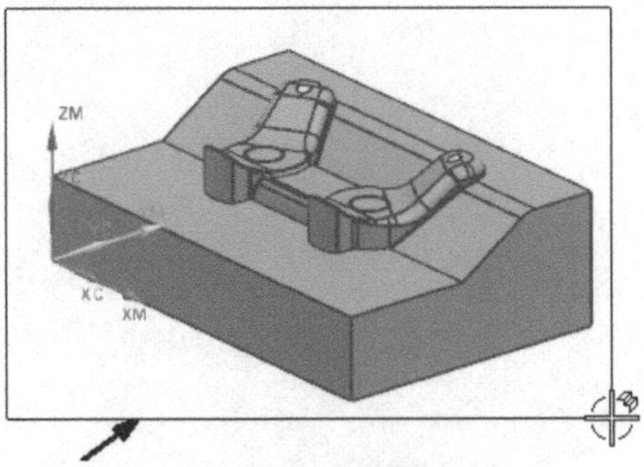
ZM
XC
XM
框选游戏手柄下盖后模及补面为部件几何体

图 11-28

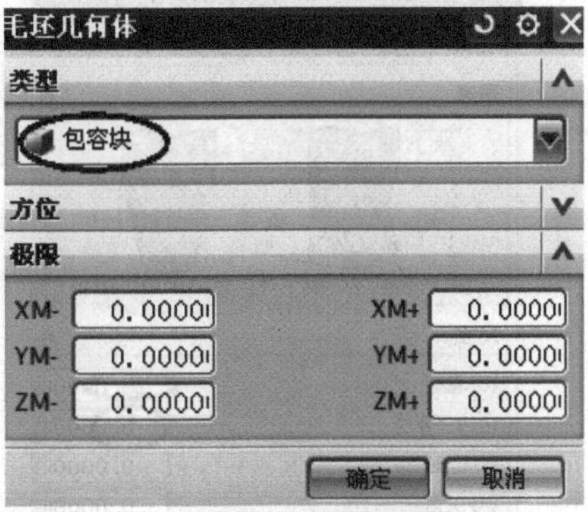
毛坯几何体
类型
包容块
方位
极限
XM- 0.0000
XM+ 0.0000
YM- 0.0000
YM+ 0.0000
ZM- 0.0000
ZM+ 0.0000
确定
取消

图 11-29

11.5 创建刀具

1. 设置工序导航器的视图为机床视图

选择菜单中的【工具(T)】/【操作导航器(O)】/【视图(V)】/【机床视图(T)】命令或在【导航器】工具条中选择（机床视图）图标，工序导航器的视图更新为机床视图。

2. 创建直径 25mm 的圆鼻刀

选择菜单中的【插入(S)】/【刀具(T)...】命令或在【插入】工具条中选择（创建刀具）图标，出现【创建刀具】对话框，如图 11-30 所示。在 刀具子类型 中选择（铣刀）图标，在 名称 栏输入 EM25R5，单击 确定 按钮，出现【铣刀-5 参数】对话框，如图 11-31 所示。在 直径、下半径、长度、刀刃长度 栏分别输入 25、5、160、60，在 刀具号、补偿寄存器、刀具补偿寄存器 栏分别输入 1、1、1，单击 确定 按钮，完成创建直径 25mm 的圆鼻刀，如图 11-32 所示。

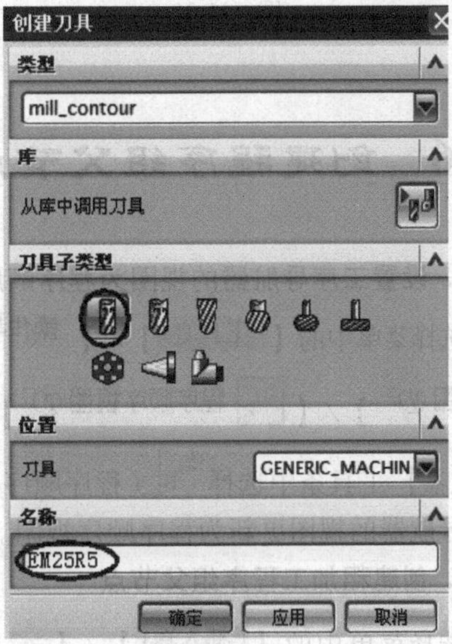
创建刀具
类型
mill_contour
库
从库中调用刀具
刀具子类型
位置
刀具
GENERIC_MACHIN
名称
EM25R5
确定
应用
取消

图 11-30

3. 按照 11.5 之步骤 2 的方法依次创建表 11-1 所列其余铣刀

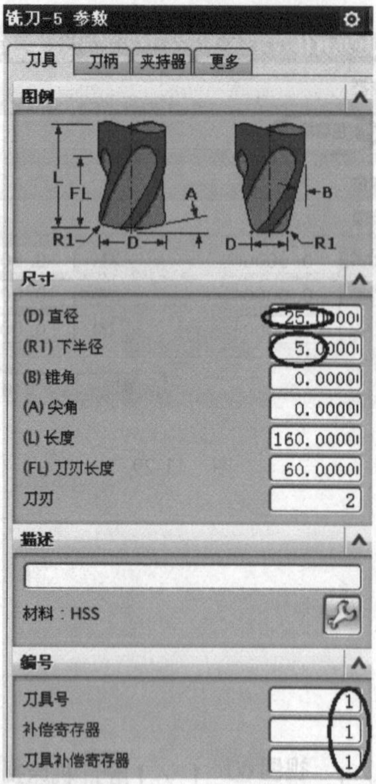
铣刀-5 参数
刀具
刀柄
夹持器
更多
图例
L
FL
A
B
R1
D
尺寸
(D) 直径
25.0000
(R1) 下半径
5.0000
(B) 锥角
0.0000
(A) 尖角
0.0000
(L) 长度
160.0000
(FL) 刀刃长度
60.0000
刀刃
2
描述
材料：HSS
编号
刀具号
1
补偿寄存器
1
刀具补偿寄存器
1

图 11-31

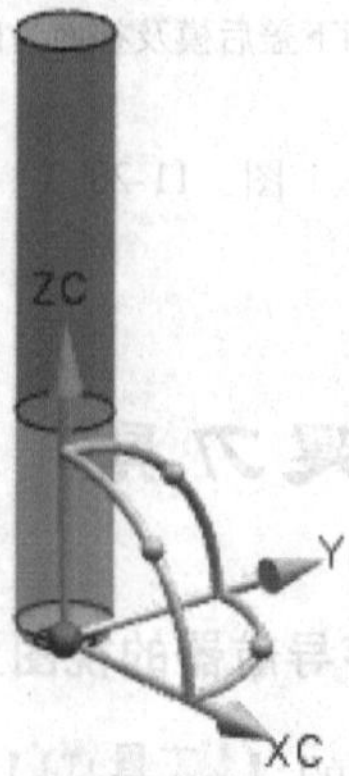
ZC
YC
XC

图 11-32

11.6 创建程序组父节点

1. 设置工序导航器的视图为程序顺序视图

选择菜单中的【工具(T)】/【操作导航器(O)】/【视图(V)】/【程序顺序视图(P)】命令或在【导航器】工具条中选择（程序顺序视图）图标，工序导航器的视图更新为程序顺序视图。

2. 创建粗加工程序组父节点

选择菜单中的【插入(S)】/【程序(P)...】命令或在【插入】工具条中选择（创建程序）图标，出现【创建程序】对话框，如图 11-33 所示。在 程序 下拉框中选择【NC_PROGRAM】选项，在 名称 栏输入 RR，单击 确定 按钮，出现【程

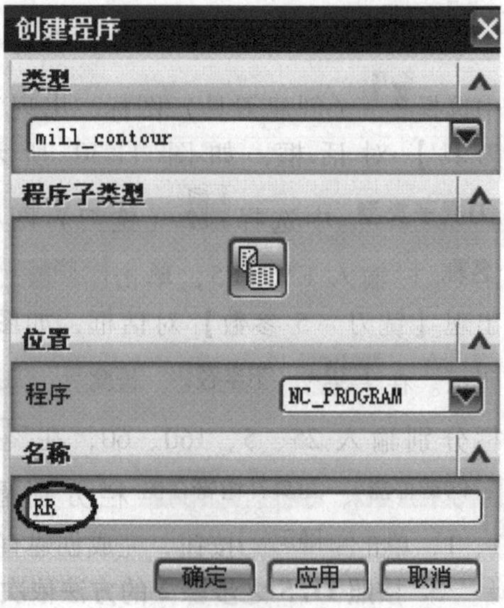
创建程序
类型
mill_contour
程序子类型
位置
程序
NC_PROGRAM
名称
RR
确定
应用
取消

图 11-33

序】指定参数对话框，如图 11-34 所示。单击【确定】按钮，完成创建粗加工程序组父节点。

3. 创建半精加工程序组父节点、精加工程序组父节点

按照 11.6 之步骤 2 的方法，依次创建半精加工程序组父节点 RF、精加工程序组父节点 FF，工序导航器的视图显示创建的程序组父节点，如图 11-35 所示。

程序
开始事件
操作员消息
Operator Message Status
操作员消息
确定
取消

图 11-34

操作导航器 - 程序顺序
名称
换刀
NC_PROGRAM
未用项
PROGRAM
RR
RF
FF

图 11-35

11.7 编辑加工方法父节点

1. 设置工序导航器的视图为加工方法视图

选择菜单中的【工具(T)】/【操作导航器(O)】/【视图(V)】/【加工方法视图(M)】命令或在【导航器】工具条中选择（加工方法视图）图标，工序导航器的视图更新为加工方法视图，如图 11-36 所示。

2. 编辑粗加工方法父节点

在工序导航器中双击 MILL_ROUGH （粗加工方法）图标，出现【铣削方法】对话框，如图 11-37 所示。在【部件余量】栏输入 0.3，在【内公差】、【外公差】栏分别输入 0.05、0.05，单击【确定】按钮，系统返回【铣削方法】对话框，单击【确定】按钮，完成编辑粗加工方法。

3. 编辑半精加工方法父节点

按照 11.7 之步骤 2 的方法，在【部件余量】栏输入 0.15，在【内公差】、【外公差】栏分别输入 0.03、0.03，如图 11-38 所示。

4. 编辑精加工方法父节点

按照 11.7 之步骤 2 的方法，在【部件余量】栏输入 0，在【内公差】、【外公差】栏分别输入 0.01、0.01，如图 11-39 所示。

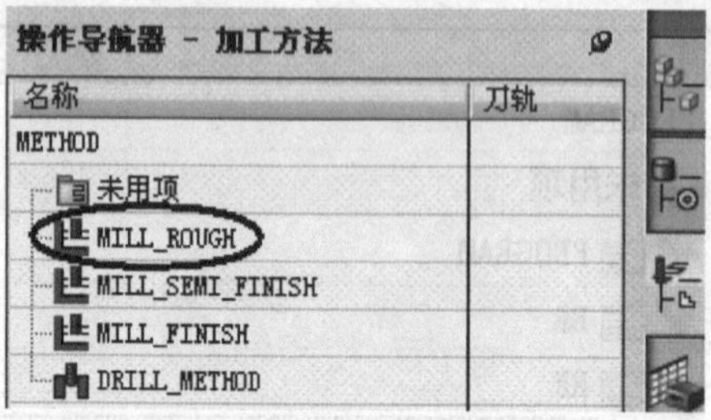
操作导航器 - 加工方法
名称
刀轨
METHOD
未用项
MILL_ROUGH
MILL_SEMI_FINISH
MILL_FINISH
DRILL_METHOD

图 11-36

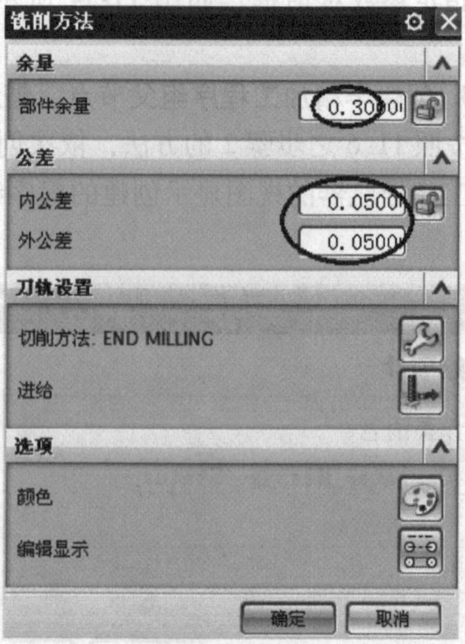
铣削方法
余量
部件余量
0.3000
公差
内公差
0.0500
外公差
0.0500
刀轨设置
切削方法: END MILLING
进给
选项
颜色
编辑显示
确定
取消

图 11-37

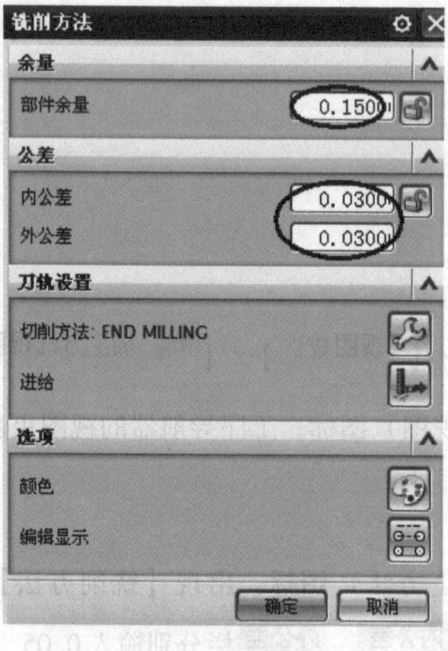
铣削方法
余量
部件余量
0.1500
公差
内公差
0.0300
外公差
0.0300
刀轨设置
切削方法: END MILLING
进给
选项
颜色
编辑显示
确定
取消

图 11-38

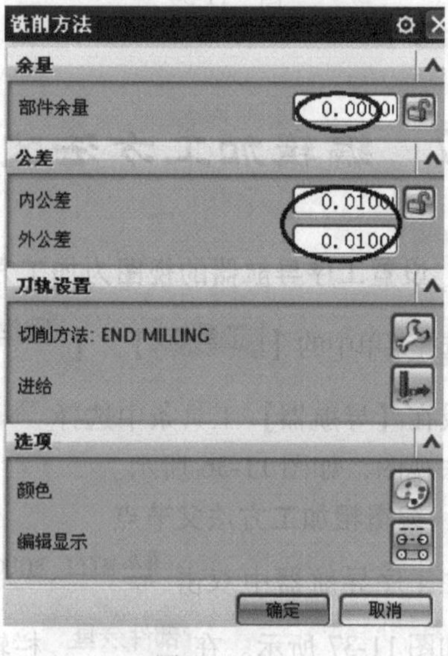
铣削方法
余量
部件余量
0.0000
公差
内公差
0.0100
外公差
0.0100
刀轨设置
切削方法: END MILLING
进给
选项
颜色
编辑显示
确定
取消

图 11-39

11.8 创建粗加工操作

11.8.1 创建粗加工操作一

1. 设置加工首选项

选择菜单中的【首选项(P)】/【加工(F)...】命令，出现【加工首选项】对话框，如图

11-40所示。选择 几何体 选项卡，勾选 ☑启用基于层的 IPW 选项，勾选 ☑保存基于层的 IPW 选项，勾选 ☑使用原始部件的目录 选项，单击 确定 按钮，完成设置加工首选项。

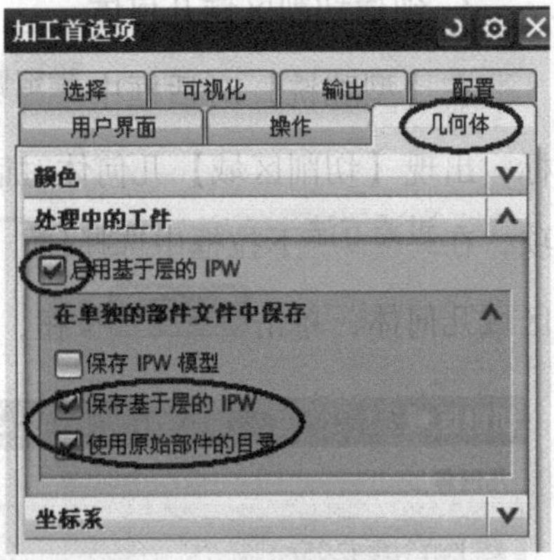

加工首选项
选择
可视化
输出
配置
用户界面
操作
几何体
颜色
处理中的工件
启用基于层的 IPW
在单独的部件文件中保存
保存 IPW 模型
保存基于层的 IPW
使用原始部件的目录
坐标系

图 11-40

2. 创建操作父节组选项

选择菜单中的【插入(S)】/【操作(E)...】命令或在【插入】工具条中选择（创建操作）图标，出现【创建操作】对话框，如图11-41所示。

在【创建操作】对话框中 类型 下拉框中选择 mill_contour（型腔铣），在 操作子类型 区域选择（通用型腔铣）图标，在 程序 下拉框中选择 RR 程序节点，在 刀具 下拉框中选择 EM25R5 (铣刀-5 参 刀具节点，在 几何体 下拉框中选择 WORKPIECE 节点，在 方法 下拉框中选择 MILL_ROUGH 节点，在 名称 栏输入 R1，如图11-41所示。单击 确定 按钮，系统出现【型腔铣】对话框，如图11-42所示。

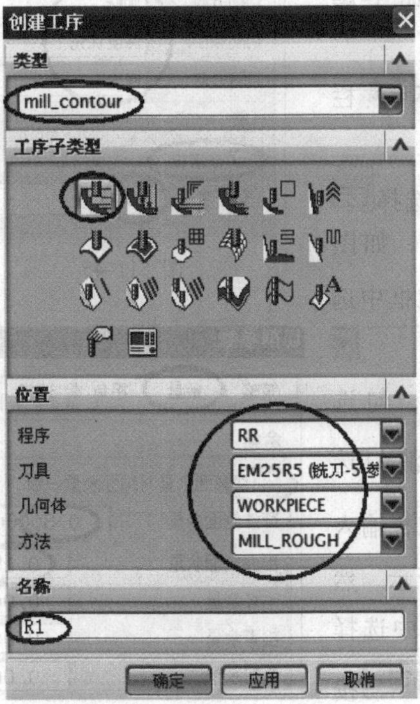

创建工序
类型
mill_contour
工序子类型
位置
程序
RR
刀具
EM25R5 (铣刀-5 参
几何体
WORKPIECE
方法
MILL_ROUGH
名称
R1
确定
应用
取消

图 11-41

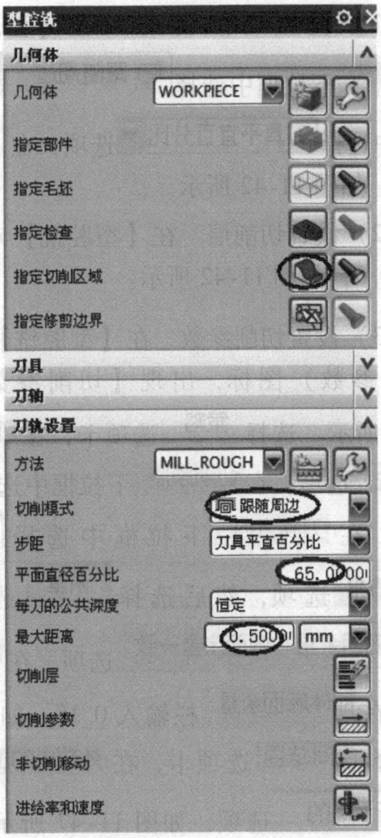

型腔铣
几何体
几何体
WORKPIECE
指定部件
指定毛坯
指定检查
指定切削区域
指定修剪边界
刀具
刀轴
刀轨设置
方法
MILL_ROUGH
切削模式
跟随周边
步距
刀具平直百分比
平面直径百分比
65.0000
每刀的公共深度
恒定
最大距离
0.5000
mm
切削层
切削参数
非切削移动
进给率和速度

图 11-42

3. 创建切削区域几何体

在【型腔铣】对话框中指定切削区域区域选择（选择或编辑切削区域几何体）图标，出现【切削区域】几何体对话框，如图 11-43 所示。在选择选项区域选择几何体选项，在过滤方法下拉框中选择面选项，然后在图形中框选如图 11-44 所示的曲面为切削区域几何体，单击确定按钮，完成创建切削区域几何体，系统返回【型腔铣】对话框。

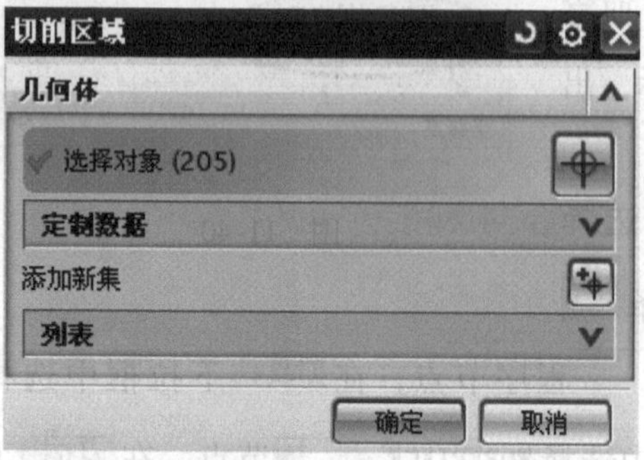
切削区域
几何体
选择对象 (205)
定制数据
添加新集
列表
确定
取消

图 11-43

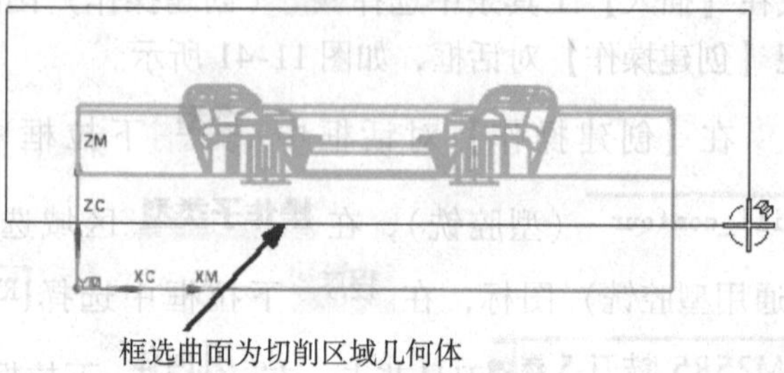
ZM
ZC
XC
XM
框选曲面为切削区域几何体

图 11-44

4. 设置加工参数

（1）设置切削模式　在【型腔铣】对话框中切削模式下拉框中选择跟随周边选项，在步距下拉框中选择刀具平直百分比选项，在平面直径百分比栏输入 65，如图 11-42 所示。

（2）设置切削层　在【型腔铣】对话框中最大距离栏输入 0.5，如图 11-42 所示。

（3）设置切削参数　在【型腔铣】对话框中选择（切削参数）图标，出现【切削参数】对话框，如图 11-45 所示。选择策略选项卡，在切削方向下拉框中选择顺铣选项，在切削顺序下拉框中选择深度优先选项，在刀路方向下拉框中选择向内选项，勾选岛清根选项，然后选择余量选项卡，取消勾选使底面余量与侧面余量一致选项，在部件侧面余量栏输入 0.3，在部件底面余量栏输入 0.15，如图 11-46 所示。然后选择空间范围选项卡，在处理中的工件下拉框中选择使用基于层的选项，如图 11-47 所示。单击确定按钮，完成设置切削参数，系统返回【型腔铣】对话框。

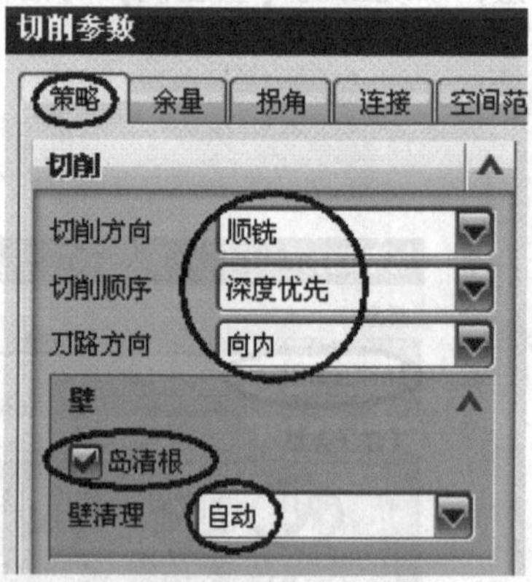
切削参数
策略
余量
拐角
连接
空间范
切削
切削方向
顺铣
切削顺序
深度优先
刀路方向
向内
壁
岛清根
壁清理
自动

图 11-45

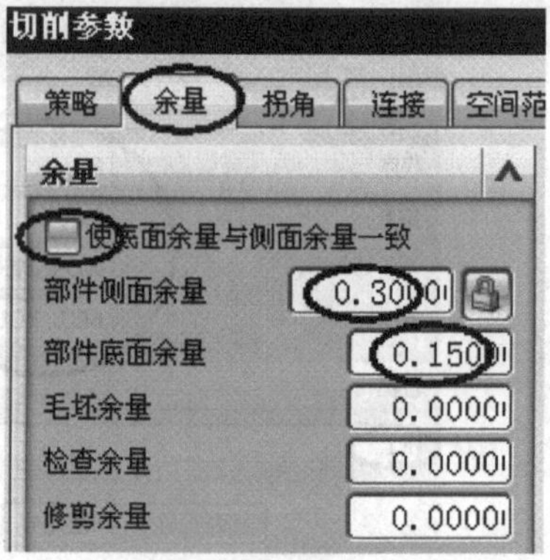
切削参数
策略
余量
拐角
连接
空间范
余量
使底面余量与侧面余量一致
部件侧面余量
0.3000
部件底面余量
0.1500
毛坯余量
0.0000
检查余量
0.0000
修剪余量
0.0000

图 11-46

（4）设置非切削移动参数　在【型腔铣】对话框中选择（非切削移动）图标，出现【非切削移动】对话框，如图11-48所示。选择 进刀 选项卡，在 封闭区域 / 进刀类型 下拉框中选择 螺旋 选项，在 斜坡角 栏输入2，在 高度 栏输入3，在 最小安全距离 栏输入1，在 最小斜面长度 栏输入40，如图11-48所示。选择 转移/快速 选项卡，在 安全设置选项 下拉框中选择 使用继承的 选项，在 区域之间 / 转移类型 下拉框中选择 前一平面 选项，在 区域内 / 转移类型 下拉框中选择 前一平面 选项，如图11-49所示。单击 确定 按钮，完成设置非切削移动参数，系统返回【型腔铣】对话框。

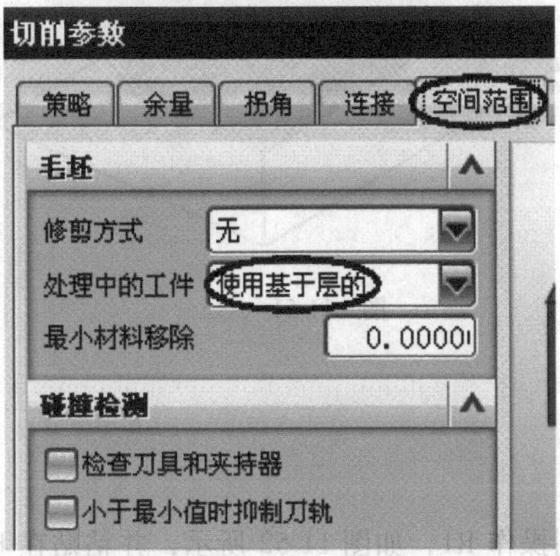
切削参数
策略
余量
拐角
连接
空间范围
毛坯
修剪方式
无
处理中的工件
使用基于层的
最小材料移除
0.0000
碰撞检测
检查刀具和夹持器
小于最小值时抑制刀轨

图　11-47

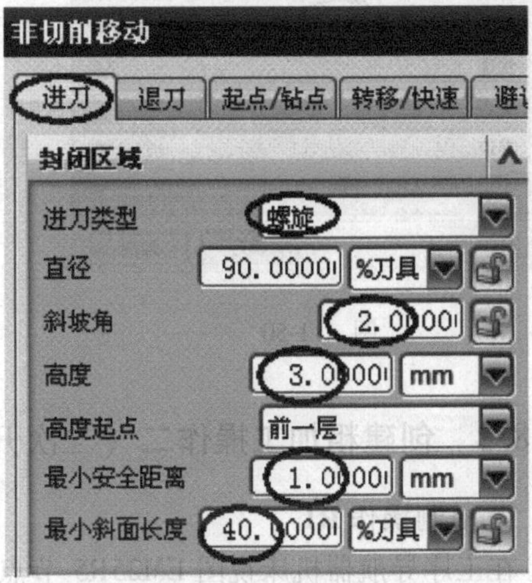
非切削移动
进刀
退刀
起点/钻点
转移/快速
封闭区域
进刀类型
螺旋
直径
90.0000
%刀具
斜坡角
2.0000
高度
3.0000
mm
高度起点
前一层
最小安全距离
1.0000
mm
最小斜面长度
40.0000
%刀具

图　11-48

（5）设置进给率和速度　在【固定轮廓铣】对话框中选择（进给率和速度）图标，出现【进给率和速度】对话框，如图11-50所示。勾选 主轴速度（rpm）选项，在 主轴速度（rpm）、进给率 / 剪切 栏分别输入1820、2500，按下回车键，单击（基于此值计算进给和速度）按钮，单击 确定 按钮，完成设置进给率和速度参数，系统返回【型腔铣】对话框。

5. 生成刀轨

在【型腔铣】对话框中 操作 区域选择（生成刀轨）图标，系统自动生成刀轨，如图11-51所示，单击 确定 按钮，接受刀轨。

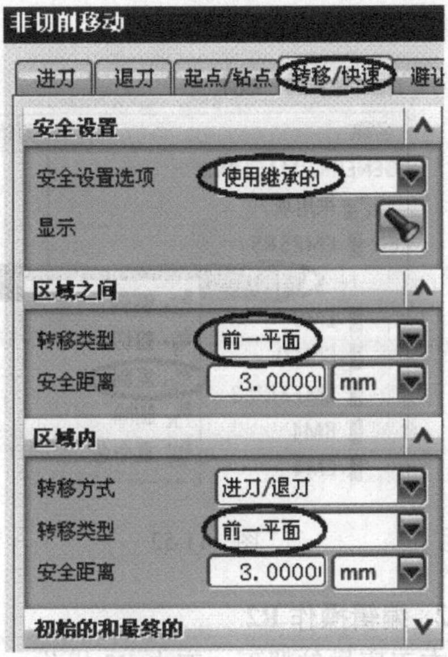
非切削移动
进刀
退刀
起点/钻点
转移/快速
安全设置
安全设置选项
使用继承的
显示
区域之间
转移类型
前一平面
安全距离
3.0000
mm
区域内
转移方式
进刀/退刀
转移类型
前一平面
安全距离
3.0000
mm
初始的和最终的

图　11-49

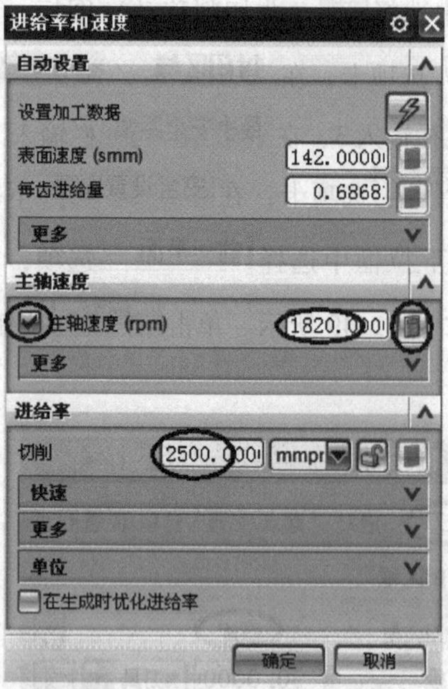
进给率和速度
自动设置
设置加工数据
表面速度 (smm)
142.0000
每齿进给量
0.6868
更多
主轴速度
主轴速度 (rpm)
1820.0000
更多
进给率
切削
2500.0000
mmpr
快速
更多
单位
在生成时优化进给率
确定
取消

图 11-50

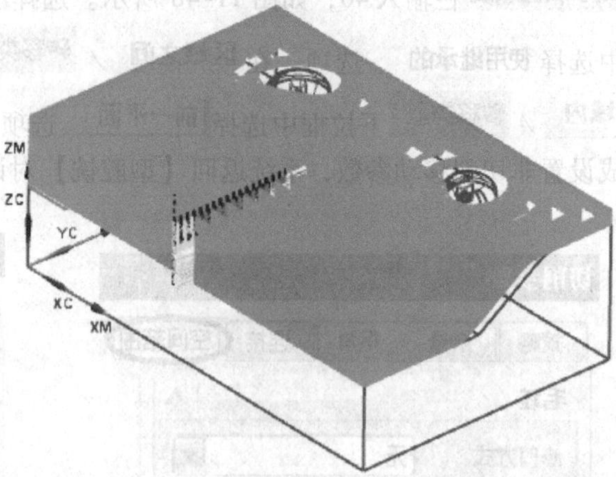
ZM
ZC
YC
XC
XM

图 11-51

11.8.2 创建粗加工操作二（二次开粗）

1. 复制操作 R1

在工序导航器机床视图 EM25R5 节点，复制操作 R1，如图 11-52 所示，并粘贴在 EM8 节点下，重新命名为 R2，操作如图 11-53 所示。

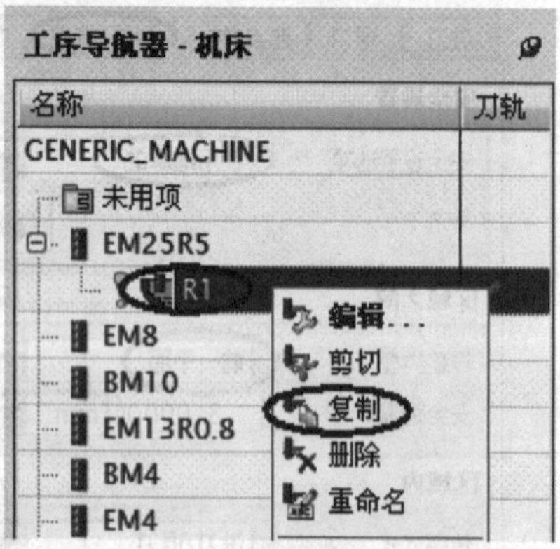
工序导航器 - 机床
名称
刀轨
GENERIC_MACHINE
未用项
EM25R5
R1
EM8
BM10
EM13R0.8
BM4
EM4
编辑...
剪切
复制
删除
重命名

图 11-52

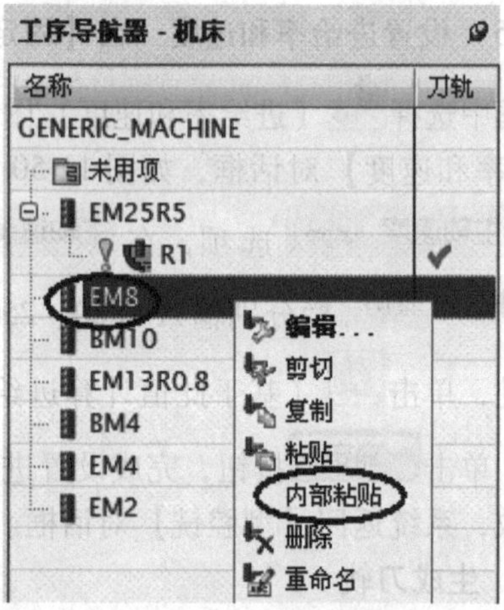
工序导航器 - 机床
名称
刀轨
GENERIC_MACHINE
未用项
EM25R5
R1
EM8
BM10
EM13R0.8
BM4
EM4
EM2
编辑...
剪切
复制
粘贴
内部粘贴
删除
重命名

图 11-53

2. 编辑操作 R2

在工序导航器下，双击 R2 操作，系统出现【型腔铣】对话框。

3. 设置加工参数

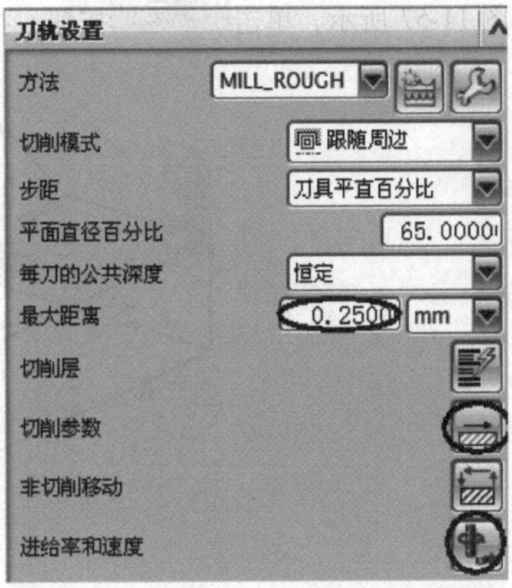

刀轨设置
方法
MILL_ROUGH
切削模式
跟随周边
步距
刀具平直百分比
平面直径百分比
65.0000
每刀的公共深度
恒定
最大距离
0.2500
mm
切削层
切削参数
非切削移动
进给率和速度

图 11-54

（1）设置切削层　在【型腔铣】对话框中 最大距离 栏输入0.25，如图11-54所示。

（2）设置切削参数　在【型腔铣】对话框中选择（切削参数）图标，出现【切削参数】对话框，如图11-55所示。选择 余量 选项卡，取消勾选 使底面余量与侧面余量一致 选项，在 部件侧面余量 栏输入0.35，在 部件底面余量 栏输入0.15，如图11-55所示。单击 确定 按钮，完成设置切削参数，系统返回【型腔铣】对话框。

（3）设置进给率和速度　在【型腔铣】对话框中选择（进给率和速度）图标，出现【进给率和速度】对话框，如图11-56所示。勾选 主轴速度（rpm）选项，在 主轴速度（rpm）、进给率 / 剪切 栏分别输入2200、1800，按下回车键，单击（基于此值计算进给和速度）按钮，单击 确定 按钮，完成设置进给率和速度参数，系统返回【型腔铣】对话框。

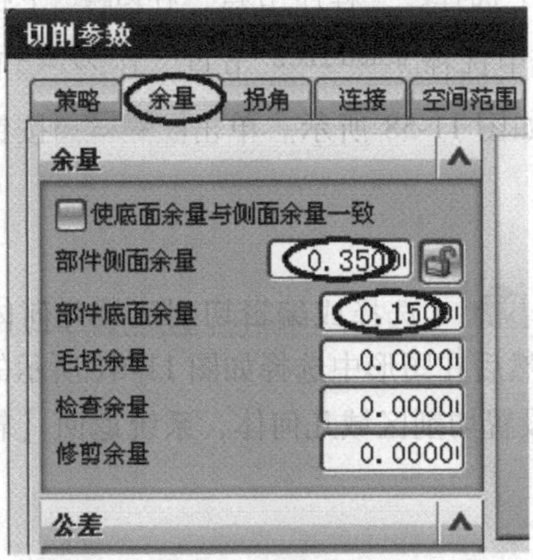

切削参数
策略
余量
拐角
连接
空间范围
余量
使底面余量与侧面余量一致
部件侧面余量
0.3500
部件底面余量
0.1500
毛坯余量
0.0000
检查余量
0.0000
修剪余量
0.0000
公差

图 11-55

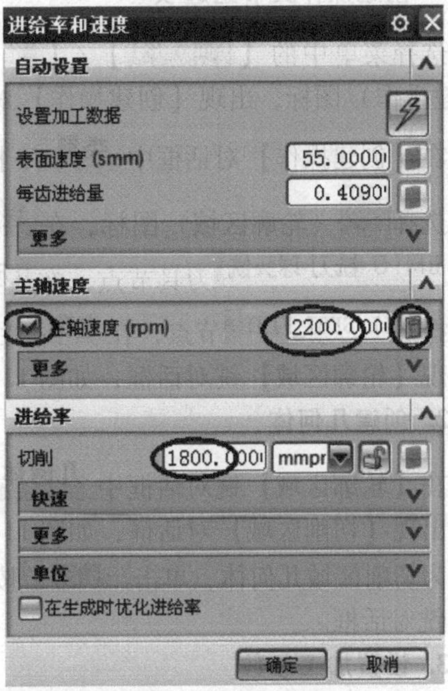

进给率和速度
自动设置
设置加工数据
表面速度 (smm)
55.0000
每齿进给量
0.4090
更多
主轴速度
主轴速度 (rpm)
2200.0000
更多
进给率
切削
1800.0000
mmpr
快速
更多
单位
在生成时优化进给率
确定
取消

图 11-56

4. 生成刀轨

在【型腔铣】对话框中 **操作** 区域选择（生成刀轨）图标，系统自动生成刀轨，如

图 11-57 所示，单击 确定 按钮，接受刀轨。

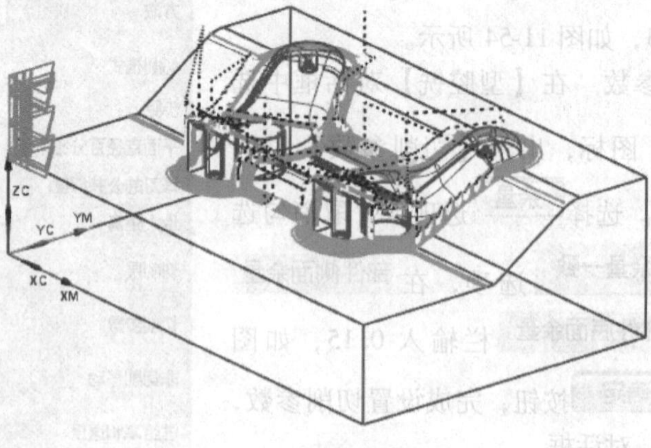
ZC
YC
YM
XC
XM

图 11-57

11.9 创建半精加工操作

11.9.1 创建半精加工操作一（平坦区域 1）

1. 创建操作父节组选项

选择菜单中的【插入(S)】/【操作(E)...】命令或在【插入】工具条中选择（创建操作）图标，出现【创建操作】对话框，如图 11-58 所示。

在【创建操作】对话框中 类型 下拉框中选择 mill_contour （型腔铣），在 操作子类型 区域选择（轮廓区域）图标，在 程序 下拉框中选择 RF 程序节点，在 刀具 下拉框中选择 BM10 (铣刀-球头铣 刀具节点，在 几何体 下拉框中选择 WORKPIECE 节点，在 方法 下拉框中选择 MILL_SEMI_FINI 节点，在 名称 栏输入 S1，如图 11-58 所示。单击 确定 按钮，系统出现【轮廓区域】铣对话框，如图 11-59 所示。

2. 创建几何体

在【轮廓区域】铣对话框中 几何体 区域选择（选择或编辑切削区域几何体）图标，出现【切削区域】对话框，如图 11-60 所示。然后在图形中选择如图 11-61 所示的曲面区域为切削区域几何体，单击 确定 按钮，完成设置切削区域几何体，系统返回【轮廓区域】铣对话框。

3. 设置加工参数

（1）设置驱动方法　在【轮廓区域】铣对话框中选择（编辑）图标，出现【区域铣削驱动方法】对话框，如图 11-62 所示。在 陡峭空间范围 / 方法 下拉框中选择 非陡峭 选项，在 陡角 栏输入 50，在 切削模式 下拉框中选择 往复 选项，在切削方向下拉框中选择顺铣选项，在步距下拉框中选择恒定选项，在最大距离栏输入0.25，在步距已应用下拉框中选择在部件上选项，在切削角下拉框中选择指定选项，在与XC的夹角栏输入45，如图11-62所示。单击【确定】按钮，完成设置驱动方法，系统返回【轮廓区域】铣对话框。

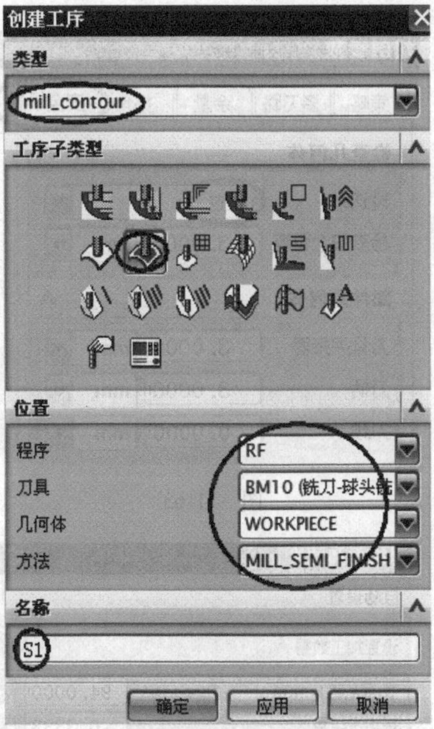
创建工序
类型
mill_contour
工序子类型
位置
程序
RF
刀具
BM10 (铣刀-球头铣
几何体
WORKPIECE
方法
MILL_SEMI_FINISH
名称
S1
确定
应用
取消

图 11-58

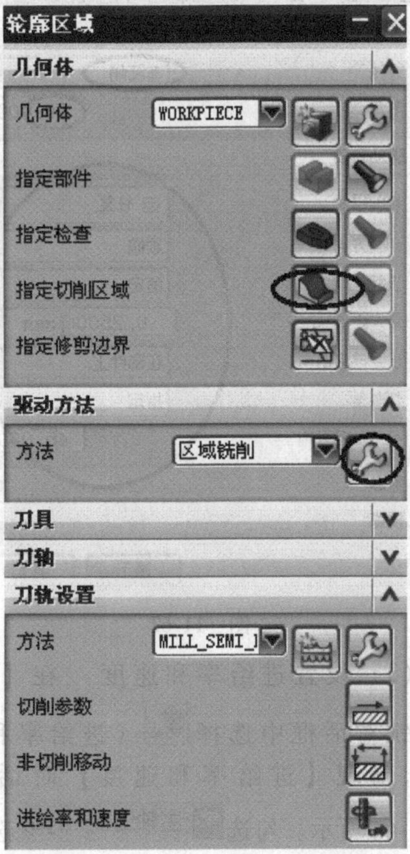
轮廓区域
几何体
几何体
WORKPIECE
指定部件
指定检查
指定切削区域
指定修剪边界
驱动方法
方法
区域铣削
刀具
刀轴
刀轨设置
方法
MILL_SEMI_
切削参数
非切削移动
进给率和速度

图 11-59

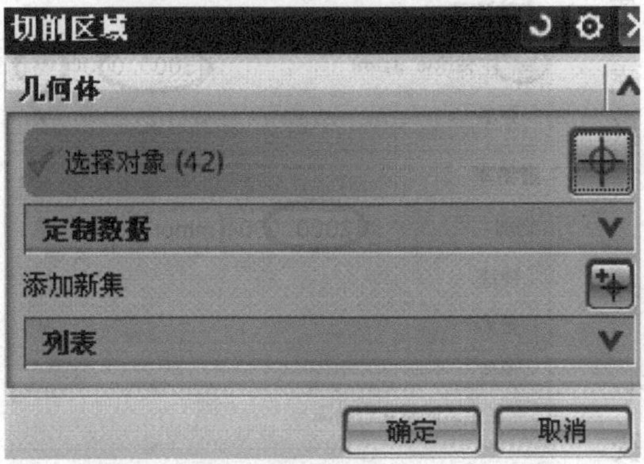
切削区域
几何体
选择对象 (42)
定制数据
添加新集
列表
确定
取消

图 11-60

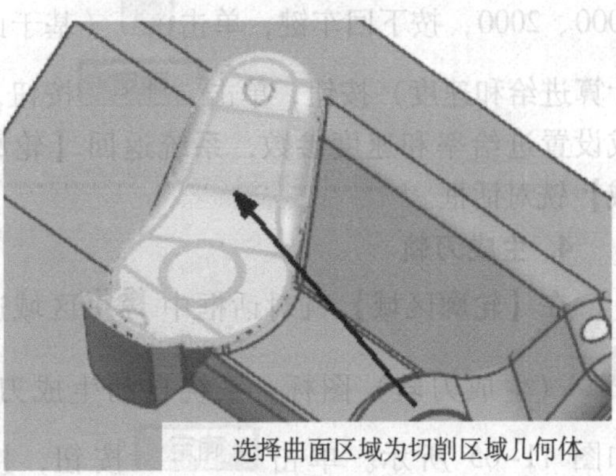
选择曲面区域为切削区域几何体

图 11-61

（2）设置切削参数　在【轮廓区域】铣对话框中选择（切削参数）图标，出现【切削参数】对话框，如图11-63所示。选择安全设置选项卡，在过切时下拉框中选择跳过选项，单击确定按钮，完成设置切削参数，系统返回【轮廓区域】铣对话框。

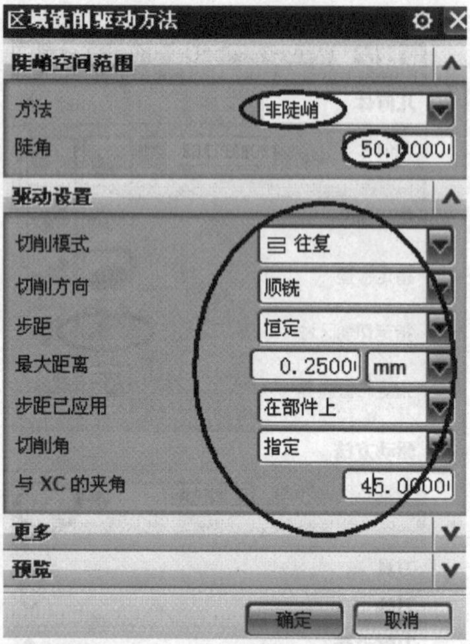
区域铣削驱动方法
陡峭空间范围
方法
非陡峭
陡角
50.0000
驱动设置
切削模式
往复
切削方向
顺铣
步距
恒定
最大距离
0.2500
mm
步距已应用
在部件上
切削角
指定
与 XC 的夹角
45.0000
更多
预览
确定
取消

图　11-62

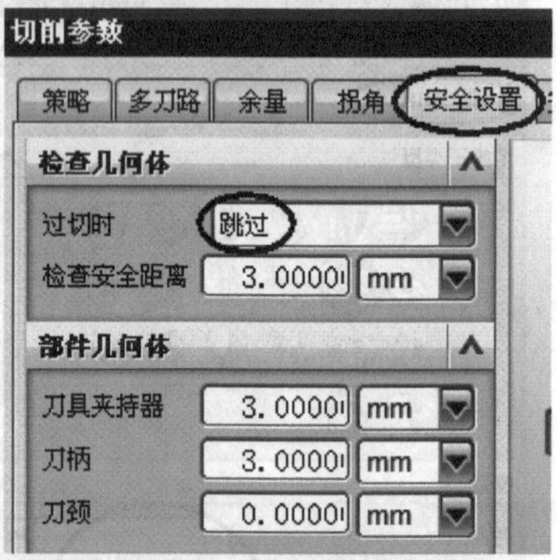
切削参数
策略
多刀路
余量
拐角
安全设置
检查几何体
过切时
跳过
检查安全距离
3.0000
mm
部件几何体
刀具夹持器
3.0000
mm
刀柄
3.0000
mm
刀颈
0.0000
mm

图　11-63

（3）设置进给率和速度　在【轮廓区域】铣对话框中选择（进给率和速度）图标，出现【进给率和速度】对话框，如图11-64所示。勾选主轴速度（rpm）选项，在主轴速度（rpm）、进给率/剪切栏分别输入3000、2000，按下回车键，单击（基于此值计算进给和速度）按钮，单击确定按钮，完成设置进给率和速度参数，系统返回【轮廓区域】铣对话框。

4. 生成刀轨

在【轮廓区域】铣对话框中操作区域选择（生成刀轨）图标，系统自动生成刀轨，如图11-65所示。单击确定按钮，接受刀轨。

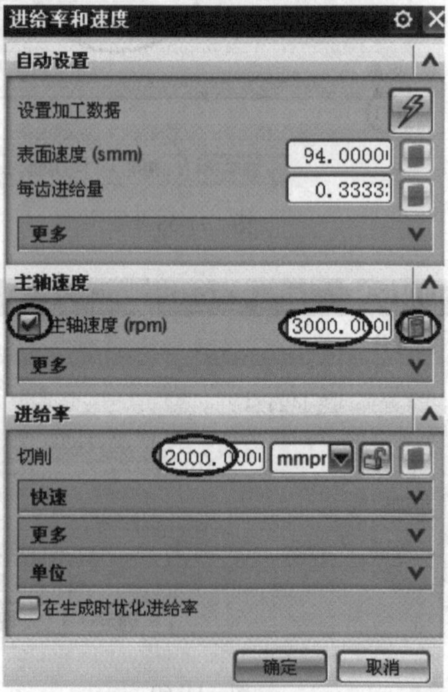
进给率和速度
自动设置
设置加工数据
表面速度 (smm)
94.0000
每齿进给量
0.3333
更多
主轴速度
主轴速度 (rpm)
3000.0000
更多
进给率
切削
2000.0000
mmpr
快速
更多
单位
在生成时优化进给率
确定
取消

图　11-64

11.9.2 创建半精加工操作二（平坦区域2）

1. 复制操作 S1

在工序导航器机床视图 BM10 节点，复制操作 S1，如图 11-66 所示，并粘贴在 BM10 节点下，重新命名为 S2，操作如图 11-67 所示。

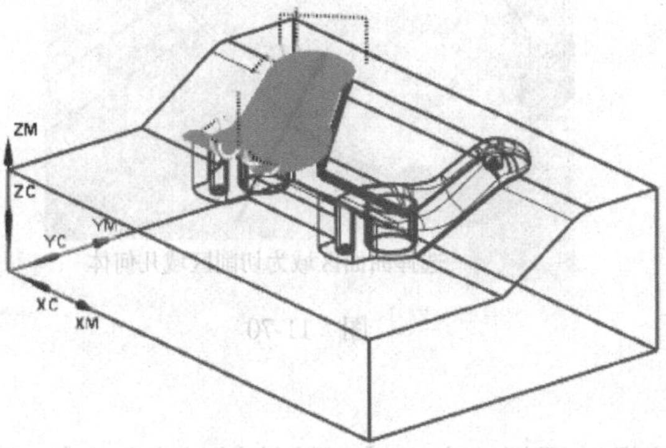
ZM
ZC
YC
YM
XC
XM

图 11-65

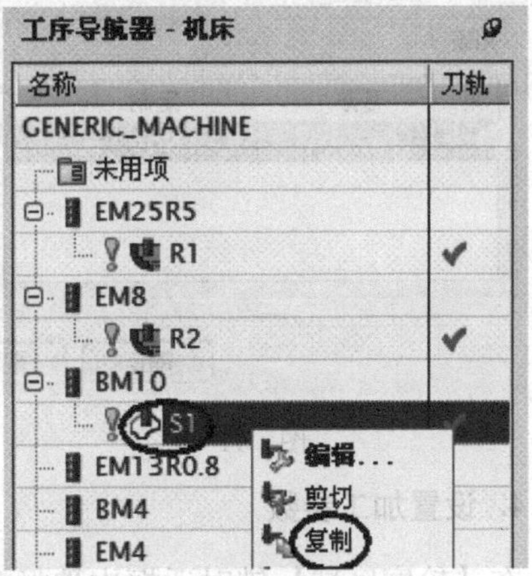
工序导航器 - 机床
名称
刀轨
GENERIC_MACHINE
未用项
EM25R5
R1
EM8
R2
BM10
S1
EM13R0.8
BM4
EM4
编辑...
剪切
复制

图 11-66

2. 编辑操作 S2

在工序导航器下，双击 S2 操作，系统出现【轮廓区域】铣对话框，如图 11-68 所示。

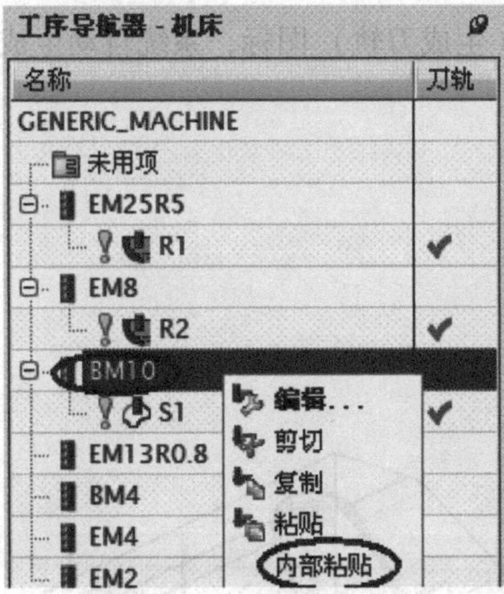
工序导航器 - 机床
名称
刀轨
GENERIC_MACHINE
未用项
EM25R5
R1
EM8
R2
BM10
S1
EM13R0.8
BM4
EM4
EM2
编辑...
剪切
复制
粘贴
内部粘贴

图 11-67

轮廓区域
几何体
几何体
WORKPIECE
指定部件
指定检查
指定切削区域
指定修剪边界
驱动方法
方法
区域铣削

图 11-68

3. 重新选择切削区域几何体

在【轮廓区域】铣对话框中 几何体 区域中选择（选择或编辑切削区域几何体）图标，出现【切削区域】对话框，如图 11-69 所示。单击（移除）按钮，然后在图形中选择如图 11-70 所示的曲面区域为切削区域几何体，单击 确定 按钮，完成设置切削区域几何体，系统返回【轮廓区域】铣对话框。

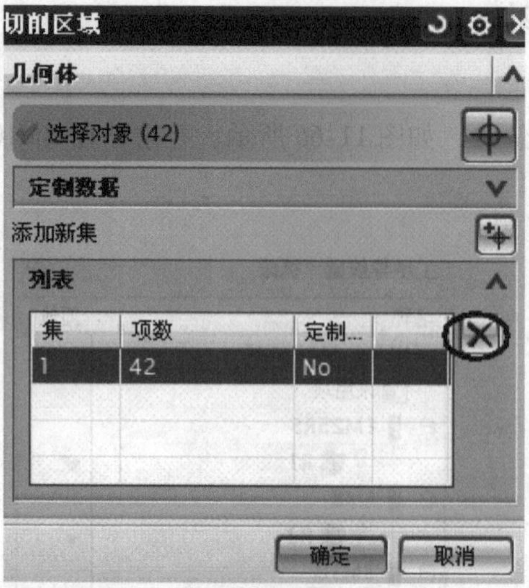
切削区域
几何体
选择对象 (42)
定制数据
添加新集
列表
集
项数
定制...
1
42
No
确定
取消

图 11-69

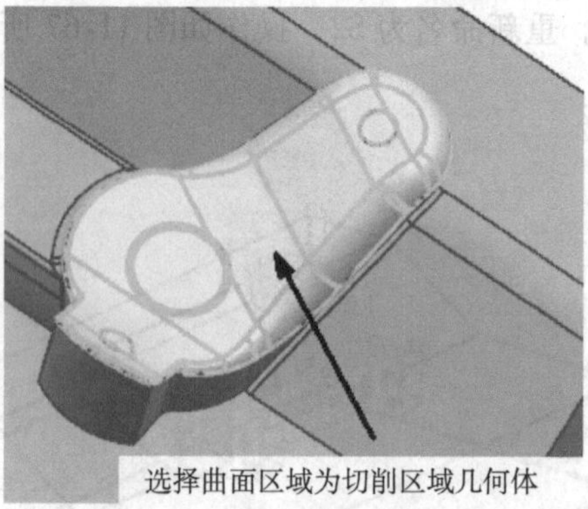
选择曲面区域为切削区域几何体

图 11-70

4. 设置加工参数

在【轮廓区域】铣对话框中选择（编辑）图标，出现【区域铣削驱动方法】对话框，如图 11-71 所示。在 与 XC 的夹角 栏输入-45，如图 11-71 所示。单击 确定 按钮，完成设置驱动方法，系统返回【轮廓区域】铣对话框。

5. 生成刀轨

在【面铣削区域】对话框中 **操作** 区域选择（生成刀轨）图标，系统自动生成刀轨，如图 11-72 所示，单击 确定 按钮，接受刀轨。

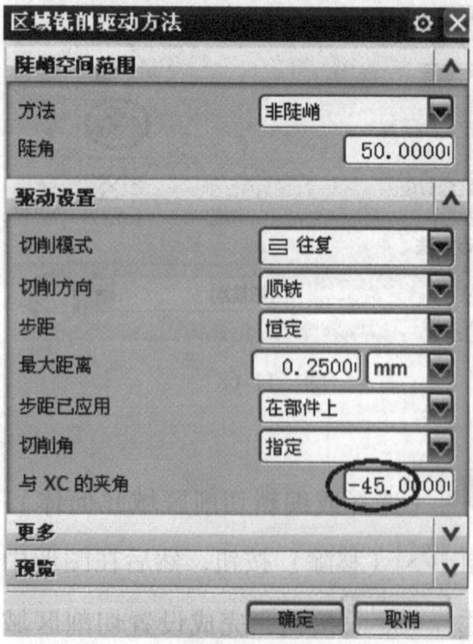
区域铣削驱动方法
陡峭空间范围
方法
非陡峭
陡角
50.0000
驱动设置
切削模式
往复
切削方向
顺铣
步距
恒定
最大距离
0.2500
mm
步距已应用
在部件上
切削角
指定
与 XC 的夹角
-45.0000
更多
预览
确定
取消

图 11-71

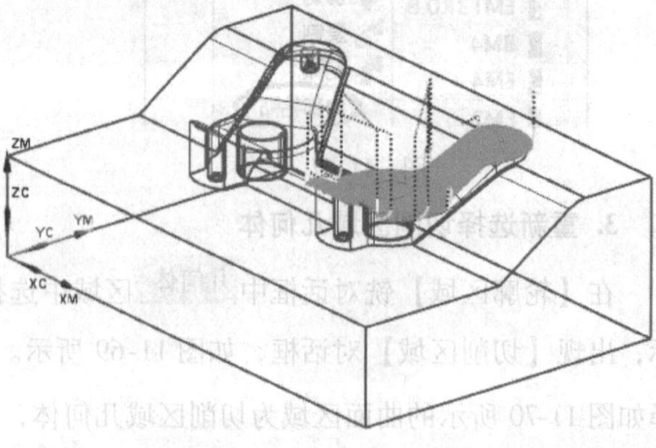
ZM
ZC
YC
YM
XC
XM

图 11-72

11.9.3 创建半精加工操作三（平坦区域3）

1. 复制操作S2

在工序导航器机床视图BM10节点，复制操作S2，如图11-73所示，并粘贴在BM10节点下，重新命名为S3，操作如图11-74所示。

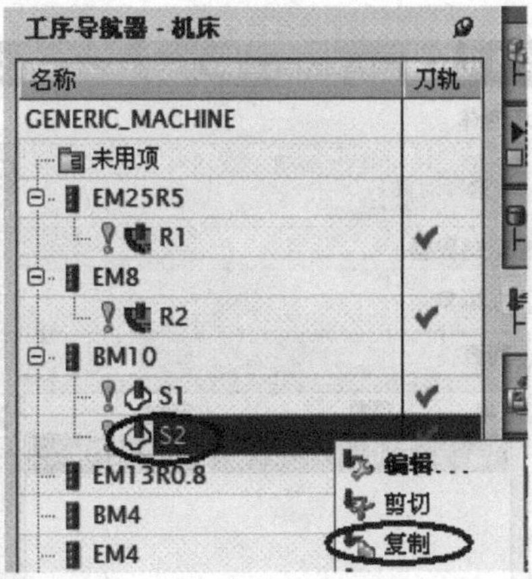
工序导航器 - 机床
名称
刀轨
GENERIC_MACHINE
未用项
EM25R5
R1
EM8
R2
BM10
S1
S2
EM13R0.8
BM4
EM4
编辑...
剪切
复制

图 11-73

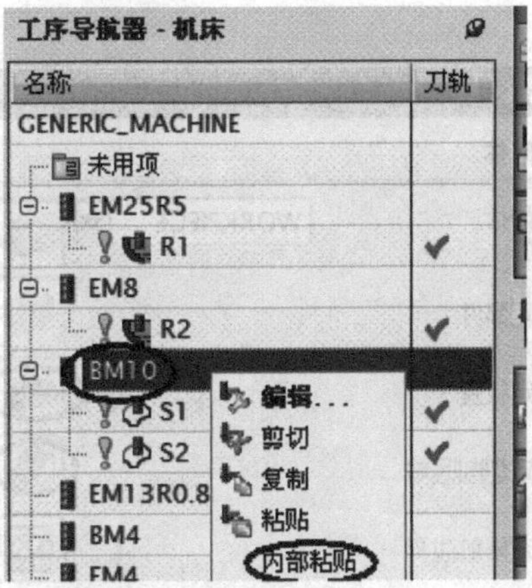
工序导航器 - 机床
名称
刀轨
GENERIC_MACHINE
未用项
EM25R5
R1
EM8
R2
BM10
S1
S2
EM13R0.8
BM4
编辑...
剪切
复制
粘贴
内部粘贴

图 11-74

2. 编辑操作S3

在工序导航器下，双击S3操作，系统出现【轮廓区域】铣对话框。

3. 重新选择切削区域几何体

在【轮廓区域】铣对话框中 几何体 区域选择（选择或编辑切削区域几何体）图标，出现【切削区域】对话框，如图11-75所示。单击（移除）按钮，然后在图形中选择如图11-76所示的曲面区域为切削区域几何体，单击 确定 按钮，完成设置切削区域几何体，系统返回【轮廓区域】铣对话框。

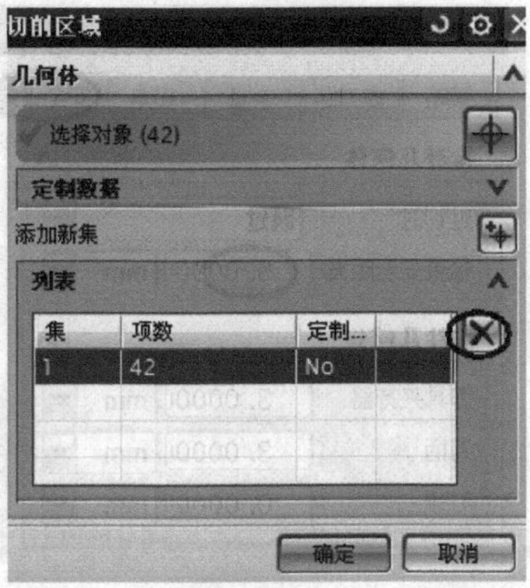
切削区域
几何体
选择对象 (42)
定制数据
添加新集
列表
集
项数
定制...
1
42
No
确定
取消

图 11-75

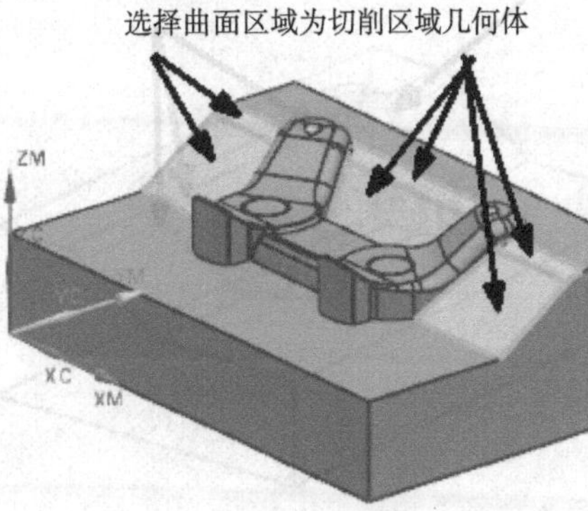
选择曲面区域为切削区域几何体
ZM
XC
XM

图 11-76

4. 创建检查几何体

在【轮廓区域】铣对话框中 几何体 / 指定检查 区域中选择 （选择或编辑检查几何体）图标，如图 11-77 所示，出现【检查几何体】对话框，如图 11-78 所示，然后在图形中选择如图 11-79 所示的曲面区域为检查几何体，单击 确定 按钮，完成设置检查几何体，系统返回【轮廓区域】铣对话框。

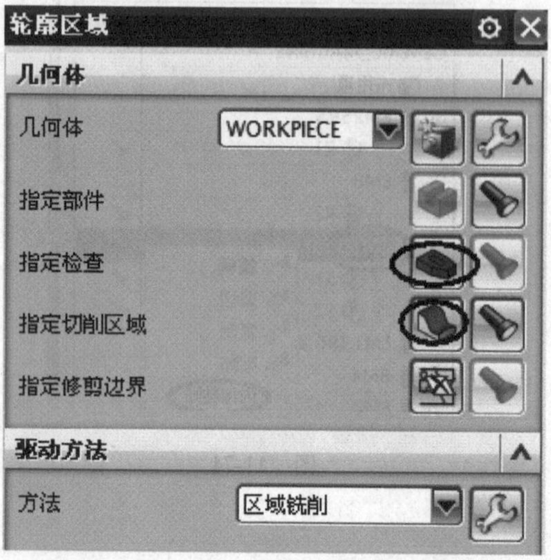
轮廓区域
几何体
几何体
WORKPIECE
指定部件
指定检查
指定切削区域
指定修剪边界
驱动方法
方法
区域铣削

图 11-77

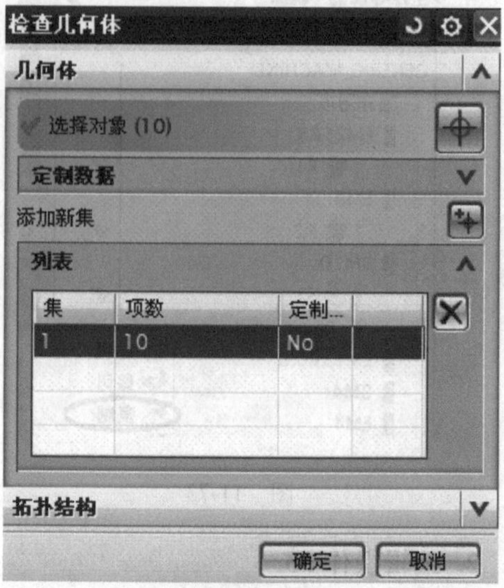
检查几何体
几何体
选择对象 (10)
定制数据
添加新集
列表
集
项数
定制...
1
10
No
拓扑结构
确定
取消

图 11-78

5. 设置加工参数

在【轮廓区域】铣对话框中选择 （切削参数）图标，出现【切削参数】对话框，如图 11-80 所示。选择 安全设置 选项卡，在 检查安全距离 栏输入 5，单击 确定 按钮，完成设置切削参数，系统返回【轮廓区域】铣对话框。

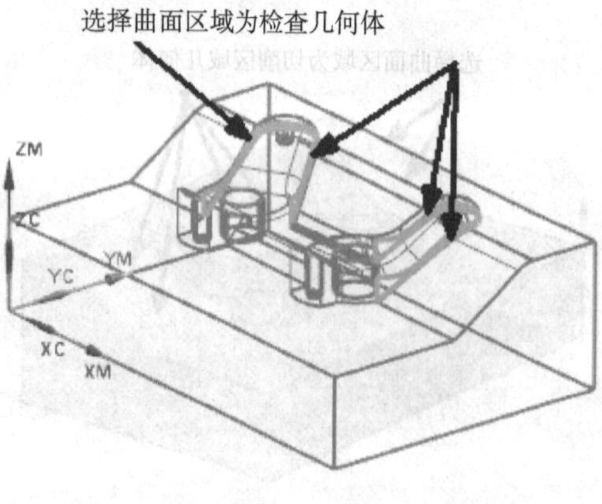
选择曲面区域为检查几何体
ZM
ZC
YC
YM
XC
XM

图 11-79

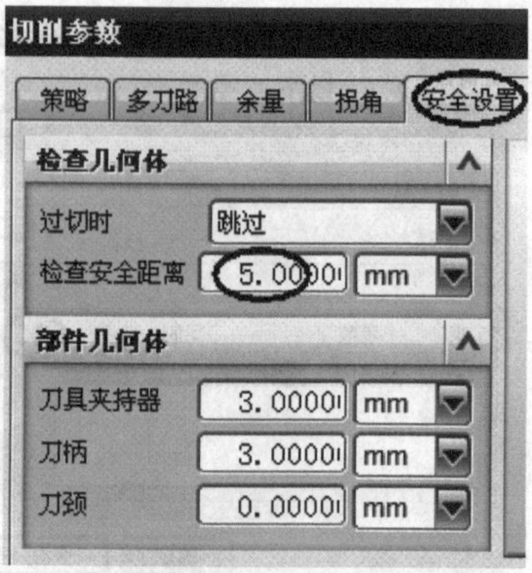
切削参数
策略
多刀路
余量
拐角
安全设置
检查几何体
过切时
跳过
检查安全距离
5.0000
mm
部件几何体
刀具夹持器
3.0000
mm
刀柄
3.0000
mm
刀颈
0.0000
mm

图 11-80

6. 生成刀轨

在【轮廓区域】铣对话框中**操作**区域选择（生成刀轨）图标，系统自动生成刀轨，如图 11-81 所示，单击确定按钮，接受刀轨。

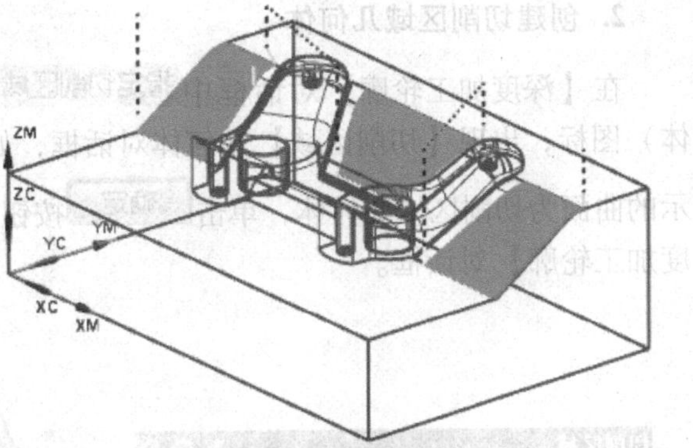
ZM
ZC
YM
YC
XC
XM

图 11-81

11.9.4 创建半精加工操作四（陡面半精加工）

1. 创建操作父节组选项

选择菜单中的【插入(S)】/【操作(E)...】命令或在【插入】工具条中选择（创建操作）图标，出现【创建操作】对话框，如图 11-82 所示。

在【创建操作】对话框中**类型**下拉框中选择mill_contour（型腔铣），在**操作子类型**区域选择（深度加工轮廓）图标，在**程序**下拉框中选择RF程序节点，在**刀具**下拉框中选择EM13R0.8 (铣刀-5刀具节点，在**几何体**下拉框中选择WORKPIECE节点，在**方法**下拉框中选择MILL_SEMI_FINI节点，在**名称**栏输入 S4，如图 11-82 所示。单击确定按钮，系统出现【深度加工轮廓】对话框，如图 11-83 所示。

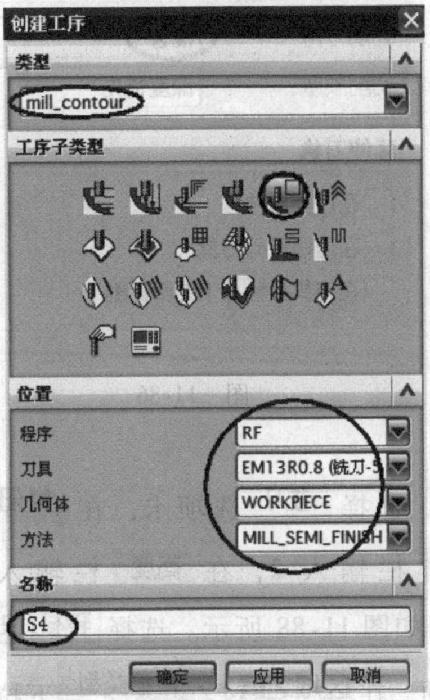
创建工序
类型
mill_contour
工序子类型
位置
程序
RF
刀具
EM13R0.8 (铣刀-5
几何体
WORKPIECE
方法
MILL_SEMI_FINISH
名称
S4
确定
应用
取消

图 11-82

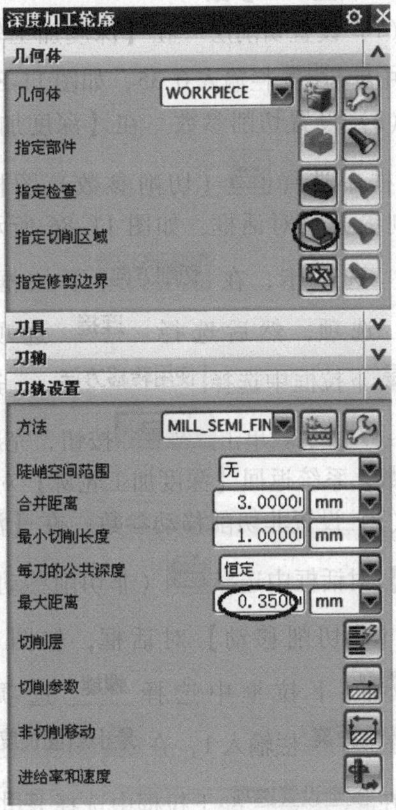
深度加工轮廓
几何体
几何体
WORKPIECE
指定部件
指定检查
指定切削区域
指定修剪边界
刀具
刀轴
刀轨设置
方法
MILL_SEMI_FIN
陡峭空间范围
无
合并距离
3.0000
mm
最小切削长度
1.0000
mm
每刀的公共深度
恒定
最大距离
0.3500
mm
切削层
切削参数
非切削移动
进给率和速度

图 11-83

2. 创建切削区域几何体

在【深度加工轮廓】对话框中指定切削区域区域选择（选择或编辑切削区域几何体）图标，出现【切削区域】几何体对话框，如图 11-84 所示。在图形中选择如图 11-85 所示的曲面为切削区域几何体，单击确定按钮，完成创建切削区域几何体，系统返回【深度加工轮廓】对话框。

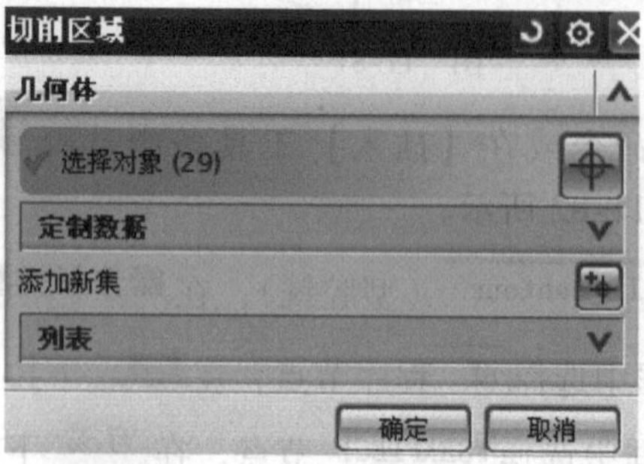

切削区域
几何体
选择对象 (29)
定制数据
添加新集
列表
确定
取消

图 11-84

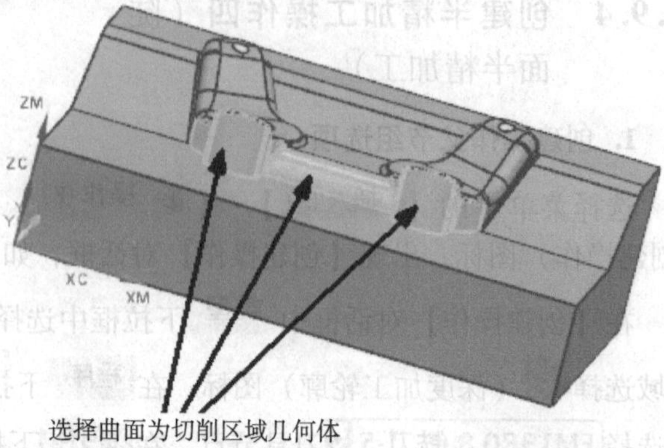

ZM
ZC
Y
XC
XM
选择曲面为切削区域几何体

图 11-85

3. 设置加工参数

（1）设置切削层　在【深度加工轮廓】对话框中最大距离栏输入 0.35，如图 11-83 所示。

（2）设置切削参数　在【深度加工轮廓】对话框中选择（切削参数）图标，出现【切削参数】对话框，如图 11-86 所示。选择策略选项卡，在切削方向下拉框中选择混合选项，然后选择连接选项卡，在层到层下拉框中选择使用转移方法选项，如图 11-87 所示。单击确定按钮，完成设置切削参数，系统返回【深度加工轮廓】对话框。

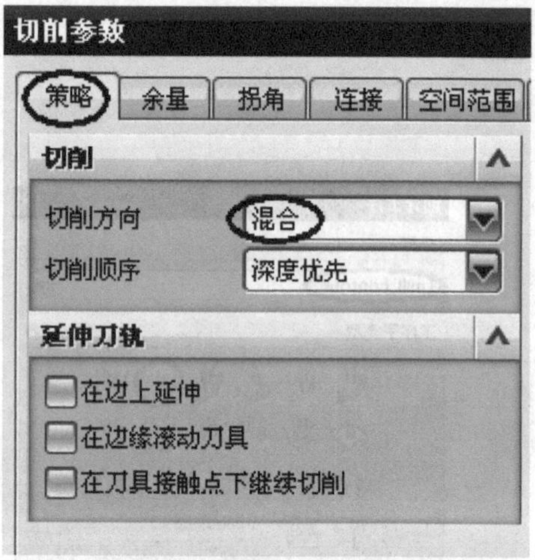

切削参数
策略
余量
拐角
连接
空间范围
切削
切削方向
混合
切削顺序
深度优先
延伸刀轨
在边上延伸
在边缘滚动刀具
在刀具接触点下继续切削

图 11-86

（3）设置非切削移动参数　在【深度加工轮廓】对话框中选择（非切削移动）图标，出现【非切削移动】对话框，如图 11-88 所示。选择进刀选项卡，在封闭区域/进刀类型下拉框中选择螺旋选项，在斜坡角栏输入 2，在高度栏输入 3，在最小安全距离栏输入 1，在最小斜面长度栏输入 40，如图 11-88 所示。选择转移/快速选项卡，在安全设置选项下拉框中选择使用继承的选项，在区域之间/转移类型下拉框中选

择 前一平面 选项，在 区域内 / 转移类型 下拉框中选择 前一平面 选项，如图 11-89 所示。单击 确定 按钮，完成设置非切削移动参数，系统返回【深度加工轮廓】对话框。

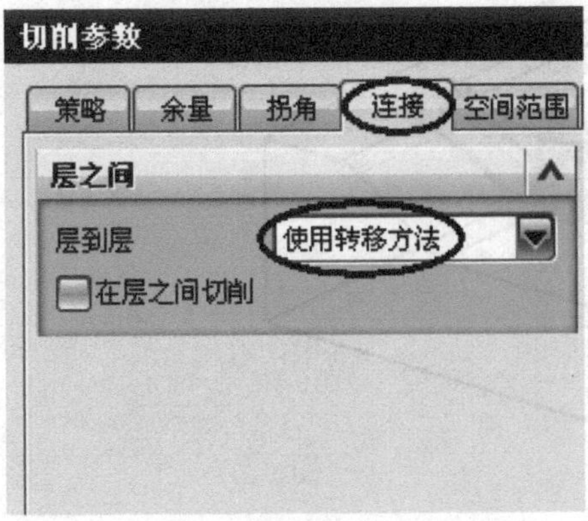
切削参数
策略
余量
拐角
连接
空间范围
层之间
层到层
使用转移方法
在层之间切削

图 11-87

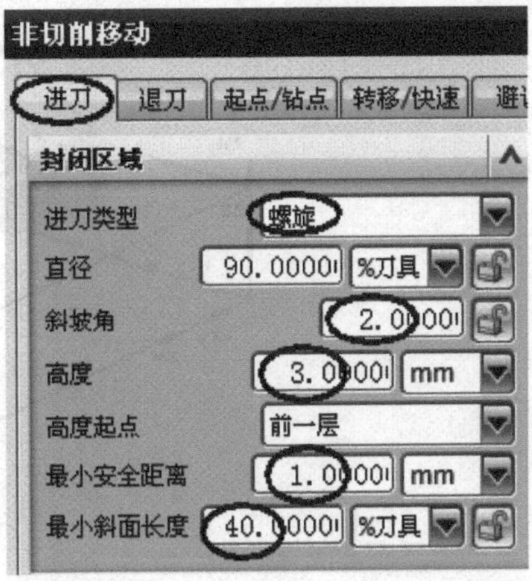
非切削移动
进刀
退刀
起点/钻点
转移/快速
封闭区域
进刀类型
螺旋
直径
90.0000
%刀具
斜坡角
2.0000
高度
3.0000
mm
高度起点
前一层
最小安全距离
1.0000
mm
最小斜面长度
40.0000
%刀具

图 11-88

(4) 设置进给率和速度 在【深度加工轮廓】对话框中选择 (进给率和速度) 图标，出现【进给率和速度】对话框，如图 11-90 所示。勾选 主轴速度 (rpm) 选项，在 主轴速度 (rpm) 、 进给率 / 剪切 栏分别输入 2500、1500，按下回车键，单击 (基于此值计算进给和速度) 按钮，单击 确定 按钮，完成设置进给率和速度，系统返回【深度加工轮廓】对话框。

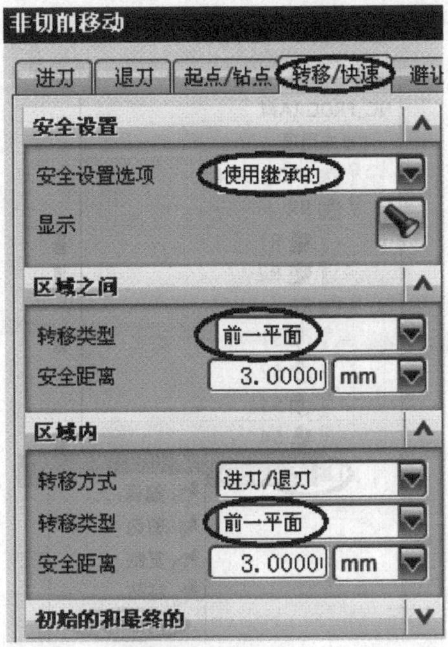
非切削移动
进刀
退刀
起点/钻点
转移/快速
安全设置
安全设置选项
使用继承的
显示
区域之间
转移类型
前一平面
安全距离
3.0000
mm
区域内
转移方式
进刀/退刀
转移类型
前一平面
安全距离
3.0000
mm
初始的和最终的

图 11-89

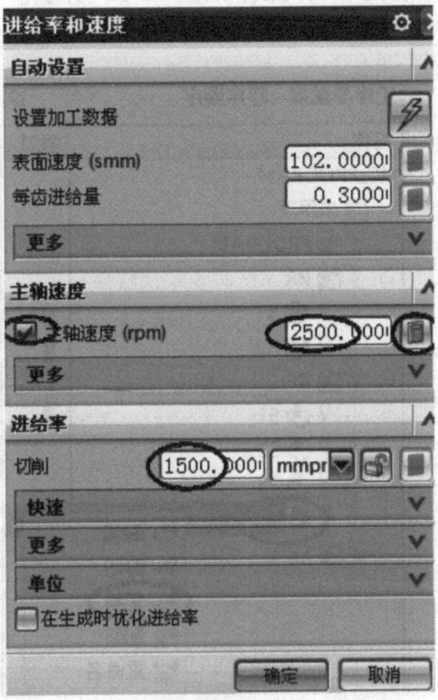
进给率和速度
自动设置
设置加工数据
表面速度 (smm)
102.0000
每齿进给量
0.3000
更多
主轴速度
主轴速度 (rpm)
2500.0000
更多
进给率
切削
1500.0000
mmpr
快速
更多
单位
在生成时优化进给率
确定
取消

图 11-90

4. 生成刀轨

在【深度加工轮廓】对话框中**操作**区域选择 （生成刀轨）图标，系统自动生成刀轨，如图 11-91 所示，单击【确定】按钮，接受刀轨。

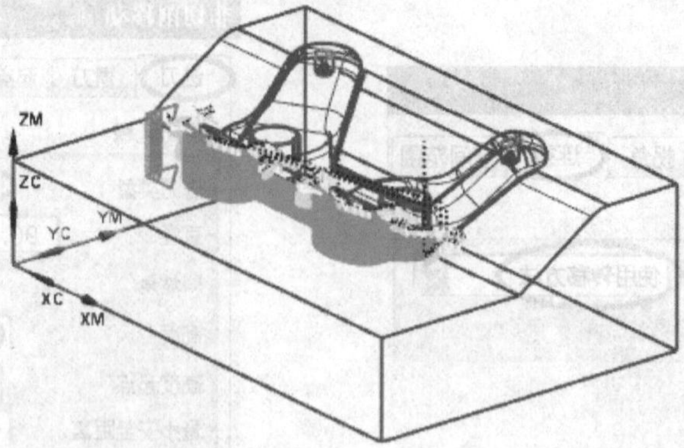
ZM
ZC
YM
YC
XC
XM

图 11-91

11.10 创建精加工操作

11.10.1 创建精加工操作一（陡面精加工）

1. 复制操作 S4

在工序导航器程序视图 RF 节点，复制操作 S4，如图 11-92 所示，并粘贴在 FF 节点下，重新命名为 F1，操作如图 11-93 所示。

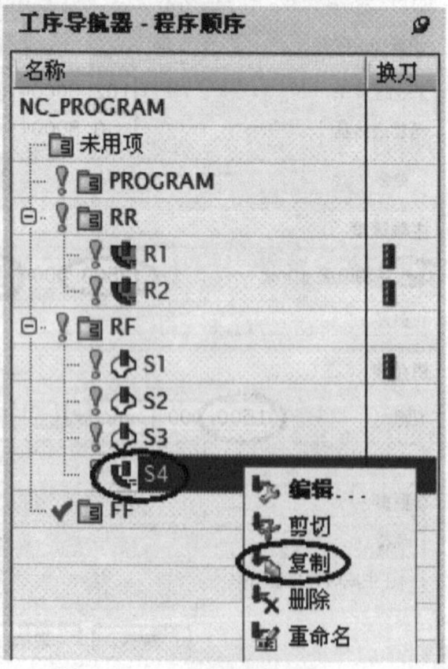
工序导航器 - 程序顺序
名称
换刀
NC_PROGRAM
未用项
PROGRAM
RR
R1
R2
RF
S1
S2
S3
S4
FF
编辑...
剪切
复制
删除
重命名

图 11-92

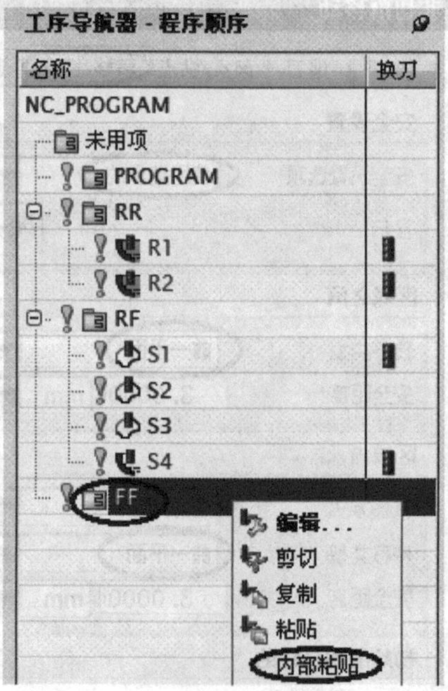
工序导航器 - 程序顺序
名称
换刀
NC_PROGRAM
未用项
PROGRAM
RR
R1
R2
RF
S1
S2
S3
S4
FF
编辑...
剪切
复制
粘贴
内部粘贴

图 11-93

2. 编辑操作 F1

在工序导航器下，双击 F1 操作，系统出现【深度加工轮廓】对话框，如图 11-94 所示。

3. 修改加工方法和切削层

在【深度加工轮廓】对话框 刀轨设置 / 方法 下拉框中选择 MILL_FINISH 选项，如图 11-94 所示，在 最大距离 栏输入 0.2，如图 11-94 所示。

4. 设置加工参数

（1）设置切削参数　在【深度加工轮廓】对话框中选择（切削参数）图标，出现【切削参数】对话框，选择 余量 选项卡，取消勾选 使底面余量与侧面余量一致 选项，在 部件侧面余量 栏输入 0，在 部件底面余量 栏输入 0.05，如图 11-95 所示，单击 确定 按钮，完成设置切削参数，系统返回【深度加工轮廓】对话框。

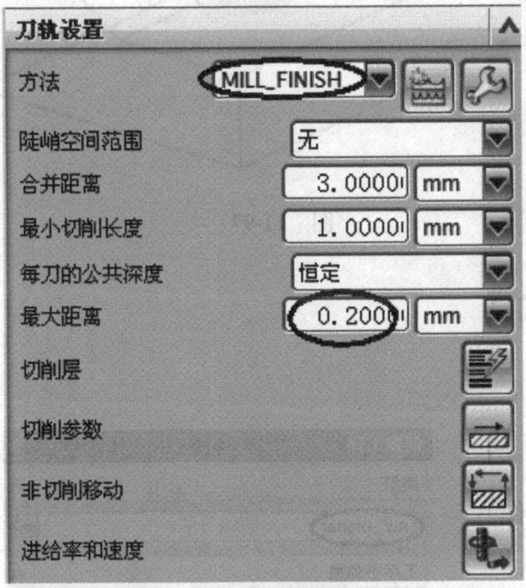
刀轨设置
方法
MILL_FINISH
陡峭空间范围
无
合并距离
3.0000
mm
最小切削长度
1.0000
mm
每刀的公共深度
恒定
最大距离
0.2000
mm
切削层
切削参数
非切削移动
进给率和速度

图 11-94

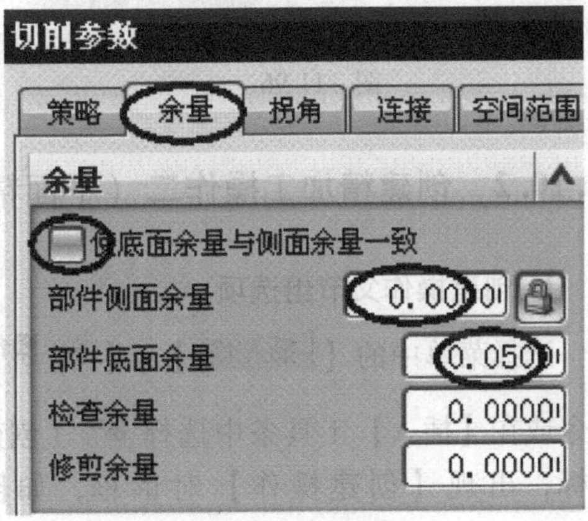
切削参数
策略
余量
拐角
连接
空间范围
余量
使底面余量与侧面余量一致
部件侧面余量
0.0000
部件底面余量
0.0500
检查余量
0.0000
修剪余量
0.0000

图 11-95

（2）设置进给率和速度　在【深度加工轮廓】对话框中选择（进给率和速度）图标，出现【进给率和速度】对话框，如图 11-96 所示。勾选 主轴速度（rpm）选项，在 主轴速度（rpm）、进给率 / 剪切 栏分别输入 2500、1200，按下回车键，单击（基于此值计算进给和速度）按钮，单击 确定 按钮，完成设置进给率和速度，系统返回【深度加工轮廓】对话框。

5. 生成刀轨

在【深度加工轮廓】对话框中 操作 区域选择（生成刀轨）图标，系统自动生成刀轨，如图 11-97 所示，单击 确定 按钮，接受刀轨。

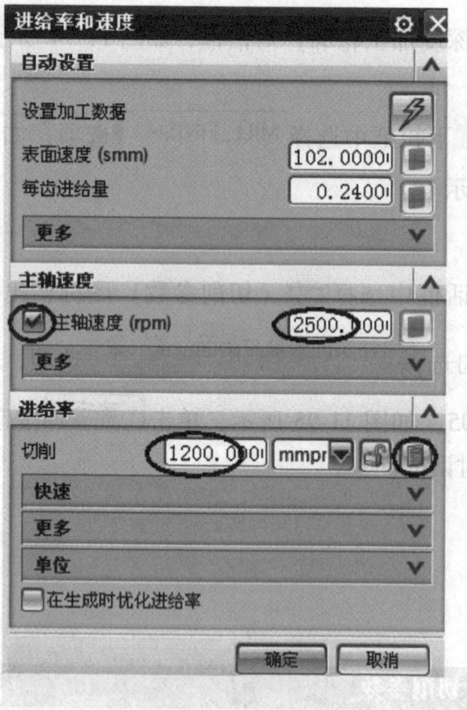
进给率和速度
自动设置
设置加工数据
表面速度 (smm)
102.0000
每齿进给量
0.2400
更多
主轴速度
主轴速度 (rpm)
2500.0000
更多
进给率
切削
1200.0000
mmpr
快速
更多
单位
在生成时优化进给率
确定
取消

图 11-96

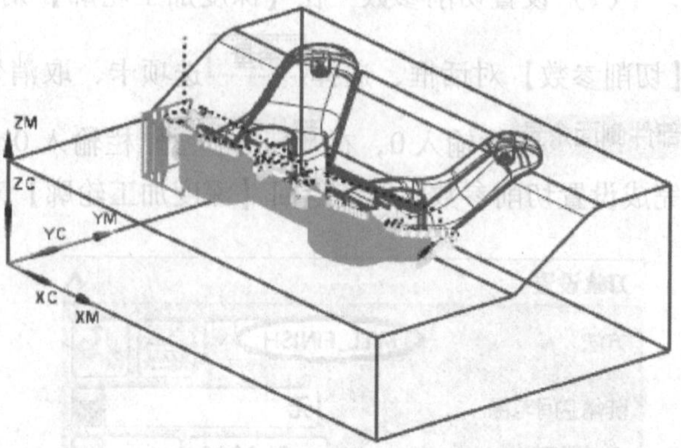
ZM
ZC
YC
YM
XC
XM

图 11-97

11.10.2 创建精加工操作二（平面精加工）

1. 创建操作父节组选项

选择菜单中的【插入(S)】/【操作(E)...】命令或在【插入】工具条中选择（创建操作）图标，出现【创建操作】对话框，如图 11-98 所示。

在【创建操作】对话框中类型下拉框中选择mill_planar（平面铣），在操作子类型区域内选择（面铣）图标，在程序下拉框中选择FF程序节点，在刀具下拉框中选择EM13R0.8 (铣刀-5刀具节点，在几何体下拉框中选择WORKPIECE节点，在方法下拉框中选择MILL_FINISH节点，在名称栏输入 F2，如图 11-98 所示。单击确定按钮，系统出现【面铣】对话框，如图 11-99 所示。

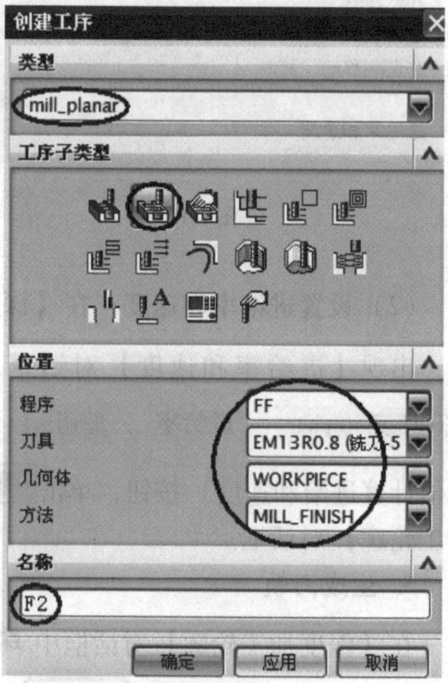
创建工序
类型
mill_planar
工序子类型
位置
程序
FF
刀具
EM13R0.8 (铣刀-5
几何体
WORKPIECE
方法
MILL_FINISH
名称
F2
确定
应用
取消

图 11-98

2. 创建几何体

在【面铣】对话框中**指定切削区域**区域中选择（选择或编辑面几何体）图标，出现【指定面几何体】对话框，如图11-100所示。在**过滤器类型**区域选择（面边界）图标，然后在图形中选择如图11-101所示的平面为切削面几何体，单击确定按钮，完成设置切削面几何体，系统返回【面铣】对话框。

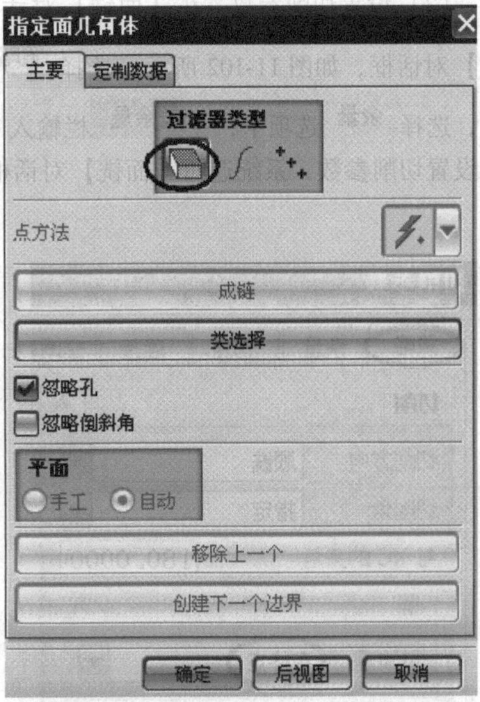
指定面几何体
主要
定制数据
过滤器类型
点方法
成链
类选择
忽略孔
忽略倒斜角
平面
手工
自动
移除上一个
创建下一个边界
确定
后视图
取消

图 11-100

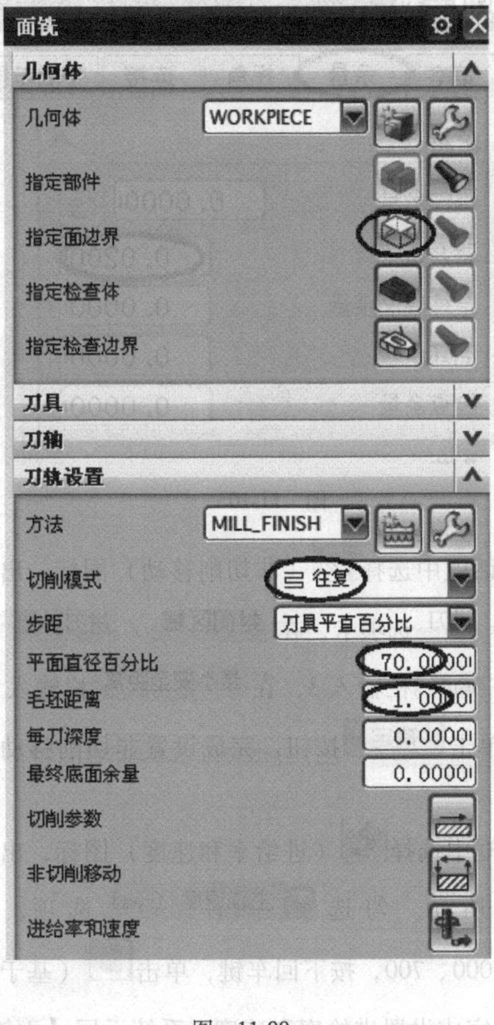
面铣
几何体
几何体 WORKPIECE
指定部件
指定面边界
指定检查体
指定检查边界
刀具
刀轴
刀轨设置
方法 MILL_FINISH
切削模式 往复
步距 刀具平直百分比
平面直径百分比 70.0000
毛坯距离 1.0000
每刀深度 0.0000
最终底面余量 0.0000
切削参数
非切削移动
进给率和速度

图 11-99

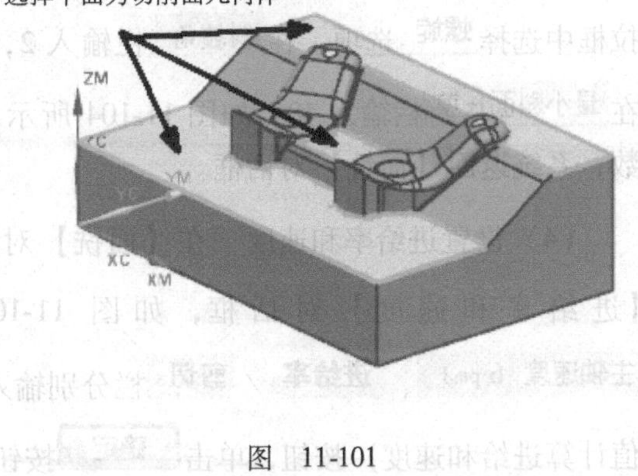
选择平面为切削面几何体
ZM
XC
XM

图 11-101

3. 设置加工参数

（1）设置切削模式　在【面铣】对话框中 切削模式 下拉框中选择 往复 选项，在 步距 下拉框中选择 刀具平直百分比 选项，在 平面直径百分比 栏输入70，在 毛坯距离 栏输入1，如图11-99所示。

注：毛坯距离设置为1，可以减少螺旋进刀的时间，提高加工效率。

（2）设置切削参数　在【面铣】对话框中选择（切削参数）图标，出现【切削参数】对话框，如图11-102所示。选择 策略 选项卡，在 壁清理 下拉框中选择 在终点 选项，选择 余量 选项卡，在 壁余量 栏输入0.02，如图11-103所示。单击 确定 按钮，完成设置切削参数，系统返回【面铣】对话框。

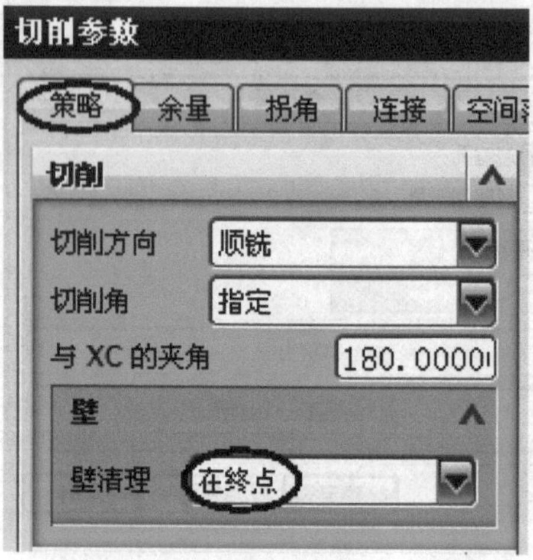
切削参数
策略
余量
拐角
连接
空间
切削
切削方向
顺铣
切削角
指定
与 XC 的夹角
180.0000
壁
壁清理
在终点

图　11-102

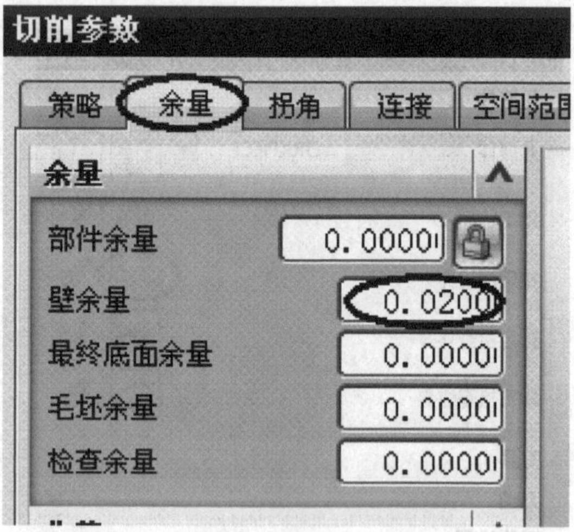
切削参数
策略
余量
拐角
连接
空间范围
余量
部件余量
0.0000
壁余量
0.0200
最终底面余量
0.0000
毛坯余量
0.0000
检查余量
0.0000

图　11-103

（3）设置非切削移动参数　在【面铣】对话框中选择（非切削移动）图标，出现【非切削移动】对话框，如图11-104所示。选择 进刀 选项卡，在 封闭区域 / 进刀类型 下拉框中选择 螺旋 选项，在 斜坡角 栏输入2，在 高度 栏输入3，在 最小安全距离 栏输入1，在 最小斜面长度 栏输入40，如图11-104所示。单击 确定 按钮，完成设置非切削移动参数，系统返回【面铣】对话框。

（4）设置进给率和速度　在【面铣】对话框中选择（进给率和速度）图标，出现【进给率和速度】对话框，如图11-105所示。勾选 主轴速度（rpm）选项，在 主轴速度（rpm）、进给率 / 剪切 栏分别输入1000、700，按下回车键，单击（基于此值计算进给和速度）按钮，单击 确定 按钮，完成设置进给率和速度，系统返回【面铣】对话框。

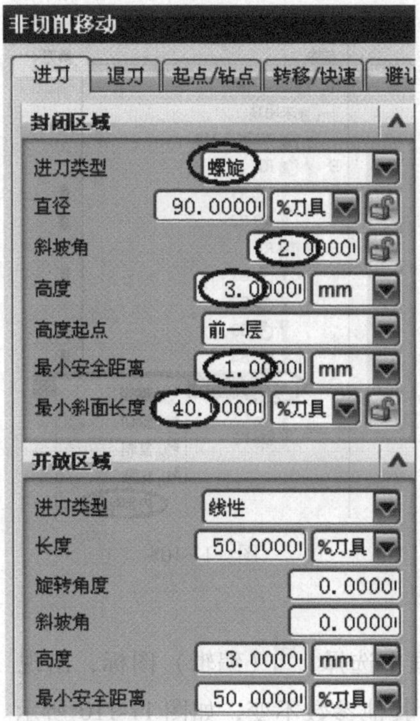
非切削移动
进刀
退刀
起点/钻点
转移/快速
避让
封闭区域
进刀类型
螺旋
直径
90.0000
%刀具
斜坡角
2.0000
高度
3.0000
mm
高度起点
前一层
最小安全距离
1.0000
mm
最小斜面长度
40.0000
%刀具
开放区域
进刀类型
线性
长度
50.0000
%刀具
旋转角度
0.0000
斜坡角
0.0000
高度
3.0000
mm
最小安全距离
50.0000
%刀具

图 11-104

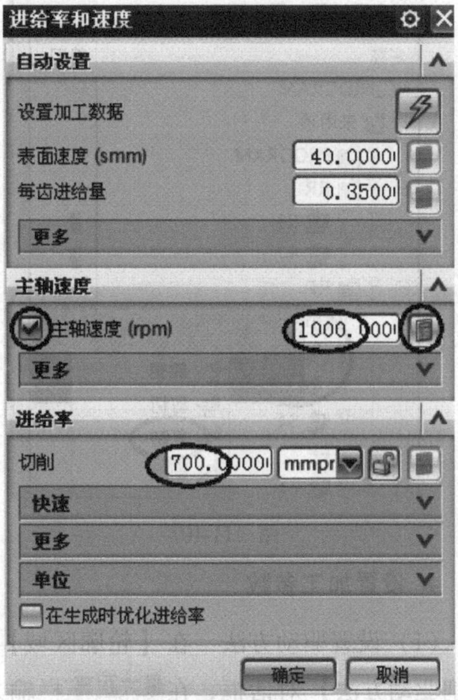
进给率和速度
自动设置
设置加工数据
表面速度 (smm)
40.0000
每齿进给量
0.3500
更多
主轴速度
主轴速度 (rpm)
1000.0000
更多
进给率
切削
700.0000
mmpr
快速
更多
单位
在生成时优化进给率
确定
取消

图 11-105

4. 生成刀轨

在【面铣削区域】对话框中 **操作** 区域选择（生成刀轨）图标，系统自动生成刀轨，如图 11-106 所示，单击 确定 按钮，接受刀轨。

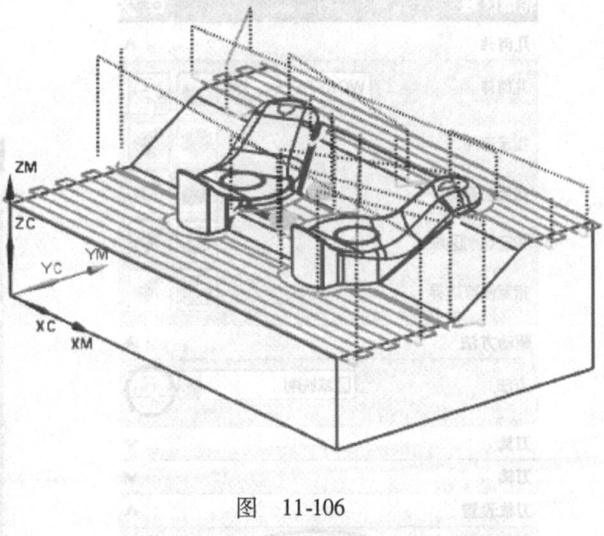
ZM
ZC
YC
YM
XC
XM

图 11-106

11.10.3 创建精加工操作三（平坦区域 1）

1. 复制操作 S1、S2、S3

在工序导航器程序视图 RF 节点，复制操作 S1、S2、S3，如图 11-107 所示，并粘贴在 FF 节点下，重新命名为 F3、F4、F5，操作如图 11-108 所示。

2. 编辑操作 F3

在工序导航器下，双击 F3 操作，系统出现【轮廓区域】铣对话框，如图 11-109 所示。

3. 修改加工方法

在【轮廓区域】铣对话框 **刀轨设置** / **方法** 下拉框中选择 MILL_FINISH 选项，如图 11-109 所示。

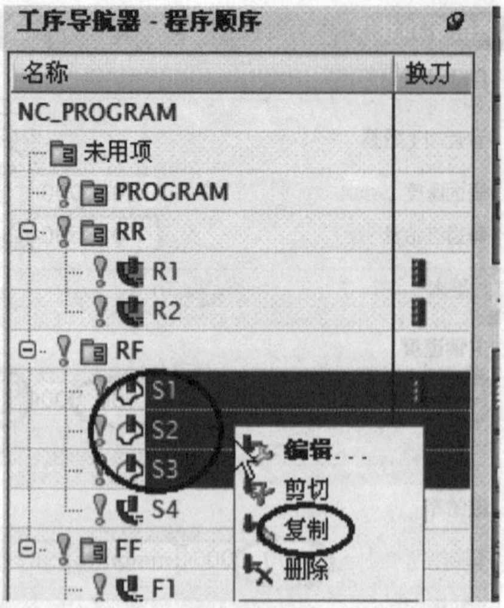
工序导航器 - 程序顺序
名称
换刀
NC_PROGRAM
未用项
PROGRAM
RR
R1
R2
RF
S1
S2
S3
S4
FF
F1
编辑...
剪切
复制
删除

图 11-107

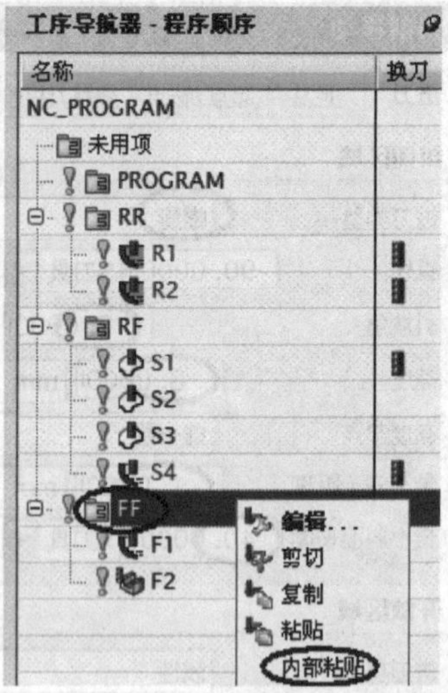
工序导航器 - 程序顺序
名称
换刀
NC_PROGRAM
未用项
PROGRAM
RR
R1
R2
RF
S1
S2
S3
S4
FF
F1
F2
编辑...
剪切
复制
粘贴
内部粘贴

图 11-108

4. 设置加工参数

（1）设置驱动方法　在【轮廓区域】铣对话框中选择（编辑）图标，出现【区域铣削驱动方法】对话框，在最大距离栏输入 0.16，其他参数不变，如图 11-110 所示。单击确定按钮，完成设置驱动方法，系统返回【轮廓区域】铣对话框。

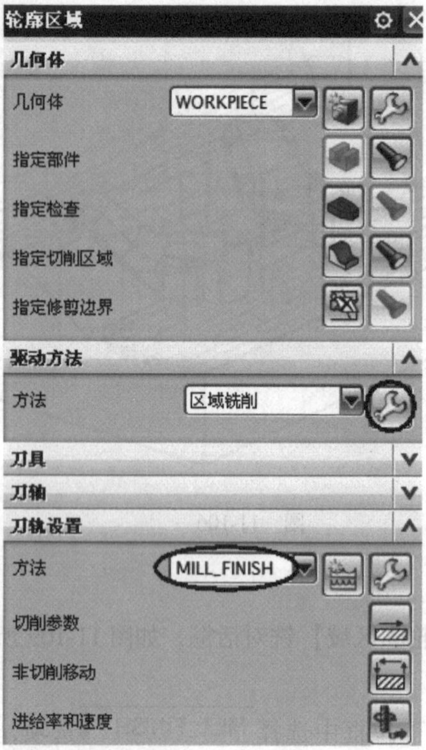
轮廓区域
几何体
几何体
WORKPIECE
指定部件
指定检查
指定切削区域
指定修剪边界
驱动方法
方法
区域铣削
刀具
刀轴
刀轨设置
方法
MILL_FINISH
切削参数
非切削移动
进给率和速度

图 11-109

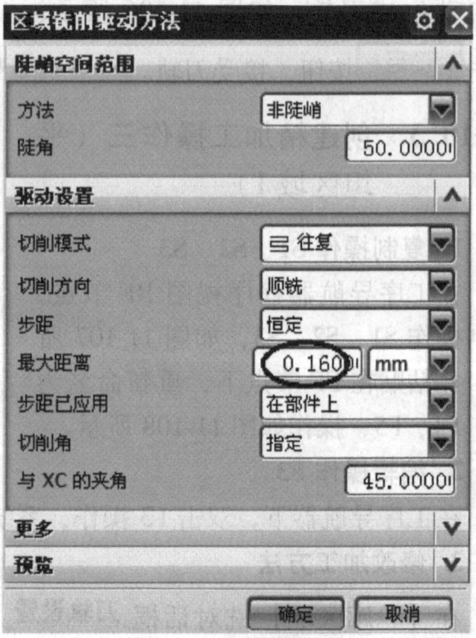
区域铣削驱动方法
陡峭空间范围
方法
非陡峭
陡角
50.0000
驱动设置
切削模式
往复
切削方向
顺铣
步距
恒定
最大距离
0.160
mm
步距已应用
在部件上
切削角
指定
与 XC 的夹角
45.0000
更多
预览
确定
取消

图 11-110

（2）设置进给率和速度 在【轮廓区域】铣对话框中选择（进给率和速度）图标，出现【进给率和速度】对话框，如图 11-111 所示。勾选 主轴速度（rpm）选项，在 主轴速度（rpm）、进给率 / 剪切 栏分别输入3000、1500，按下回车键，单击（基于此值计算进给和速度）按钮，单击 确定 按钮，完成设置进给率和速度，系统返回【深度加工轮廓】对话框。

5. 生成刀轨

在【深度加工轮廓】对话框中 操作 区域中选择（生成刀轨）图标，系统自动生成刀轨，如图 11-112 所示，单击 确定 按钮，接受刀轨。

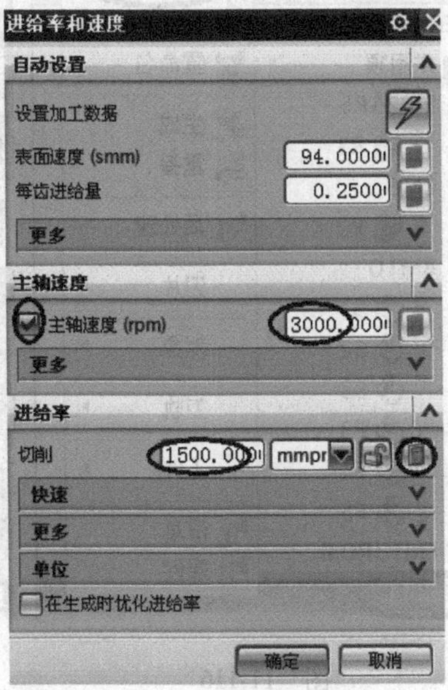
进给率和速度
自动设置
设置加工数据
表面速度 (smm)
94. 0000
每齿进给量
0. 2500
更多
主轴速度
主轴速度 (rpm)
3000. 000
更多
进给率
切削
1500. 000
mmpr
快速
更多
单位
在生成时优化进给率
确定
取消

图 11-111

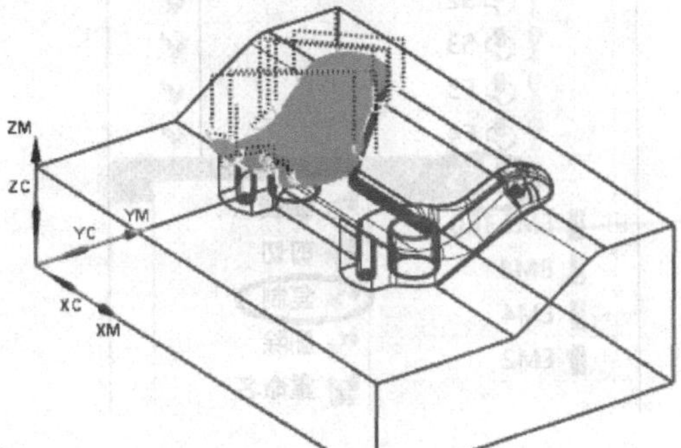
ZM
ZC
YC
YM
XC
XM

图 11-112

11.10.4 创建精加工操作四（平坦区域2）

按照 11.10.3 之步骤 2 ~ 步骤 5 的方法，创建如图 11-113 所示的刀轨。

11.10.5 创建精加工操作五（平坦区域3）

按照 11.10.3 之步骤 2 ~ 步骤 5 的方法，创建如图 11-114 所示的刀轨。

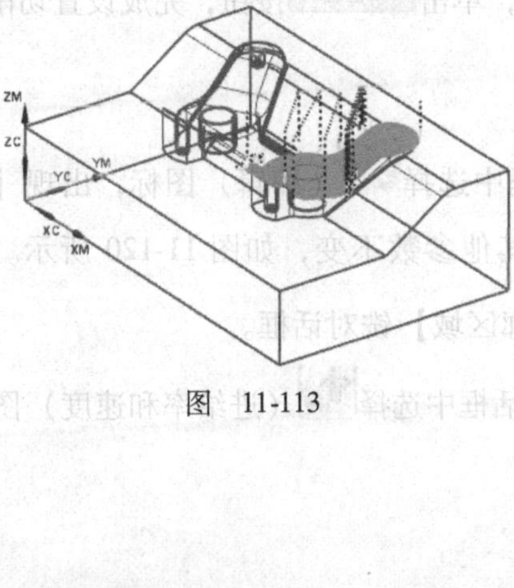
ZM
ZC
YC
YM
XC
XM

图 11-113

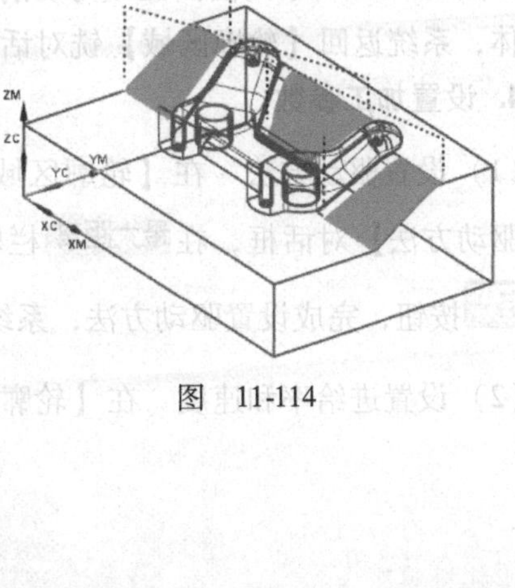
ZM
ZC
YC
YM
XC
XM

图 11-114

11.10.6 创建精加工操作六（平坦区域4）

1. 复制操作 F5

在工序导航器机床视图 BM10 节点，复制操作 F5，如图 11-115 所示，并粘贴在 BM4 节点下，重新命名为 F6，操作如图 11-116 所示。

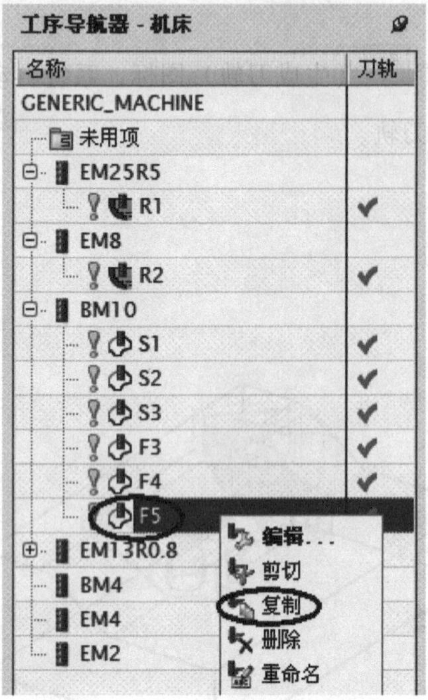
工序导航器 - 机床
名称
刀轨
GENERIC_MACHINE
未用项
EM25R5
R1
EM8
R2
BM10
S1
S2
S3
F3
F4
F5
EM13R0.8
BM4
EM4
EM2
编辑...
剪切
复制
删除
重命名

图 11-115

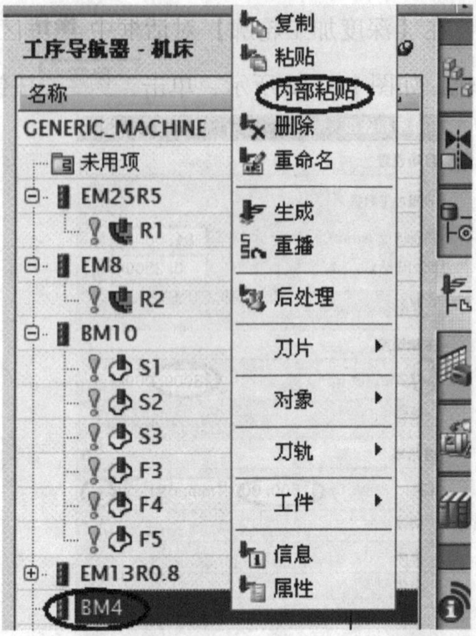
工序导航器 - 机床
名称
GENERIC_MACHINE
未用项
EM25R5
R1
EM8
R2
BM10
S1
S2
S3
F3
F4
F5
EM13R0.8
BM4
复制
粘贴
内部粘贴
删除
重命名
生成
重播
后处理
刀片
对象
刀轨
工件
信息
属性

图 11-116

2. 编辑操作 F6

在工序导航器下，双击 F6 操作，系统出现【轮廓区域】铣对话框，如图 11-117 所示。

3. 重新选择切削区域几何体

在【轮廓区域】铣对话框中几何体区域中选择（选择或编辑切削区域几何体）图标，出现【切削区域】对话框，如图 11-118 所示。单击（移除）按钮，然后在图形中选择如图 11-119 所示的曲面区域为切削区域几何体，单击确定按钮，完成设置切削区域几何体，系统返回【轮廓区域】铣对话框。

4. 设置加工参数

（1）设置驱动方法　在【轮廓区域】铣对话框中选择（编辑）图标，出现【区域铣削驱动方法】对话框，在最大距离栏输入 0.1，其他参数不变，如图 11-120 所示。单击确定按钮，完成设置驱动方法，系统返回【轮廓区域】铣对话框。

（2）设置进给率和速度　在【轮廓区域】铣对话框中选择（进给率和速度）图标，

轮廓区域
几何体
几何体
WORKPIECE
指定部件
指定检查
指定切削区域
指定修剪边界
驱动方法
方法
区域铣削
刀具
刀轴
刀轨设置
方法
MILL_FINISH

图 11-117

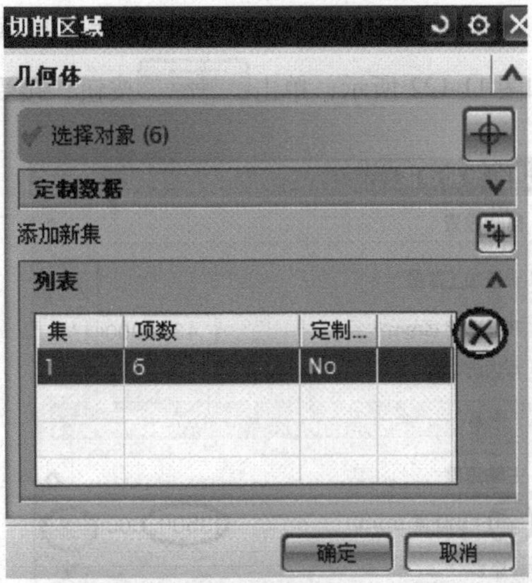
切削区域
几何体
选择对象 (6)
定制数据
添加新集
列表
集
项数
定制...
1
6
No
确定
取消

图 11-118

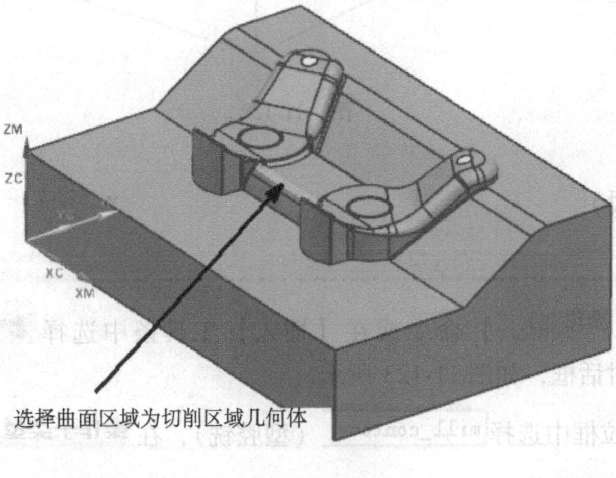
ZM
ZC
XC
XM
选择曲面区域为切削区域几何体

图 11-119

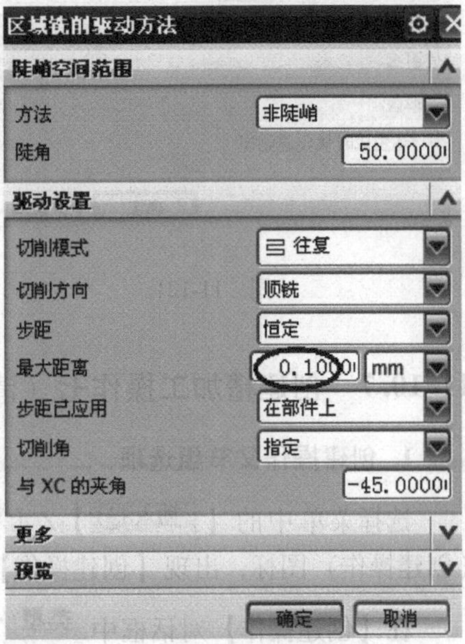
区域铣削驱动方法
陡峭空间范围
方法
非陡峭
陡角
50.0000
驱动设置
切削模式
往复
切削方向
顺铣
步距
恒定
最大距离
0.1000
mm
步距已应用
在部件上
切削角
指定
与 XC 的夹角
-45.0000
更多
预览
确定
取消

图 11-120

出现【进给率和速度】对话框，如图 11-121 所示。勾选 主轴速度（rpm）选项，在 主轴速度（rpm）、进给率 / 剪切 栏分别输入 3500、1200，按下回车键，单击 （基于此值计算进给和速度）按钮，单击确定按钮，完成设置进给率和速度，系统返回【轮廓区域】对话框。

5. 生成刀轨

在【轮廓区域】对话框中**操作**区域选择（生成刀轨）图标，系统自动生成刀轨，如图 11-122 所示，单击确定按钮，接受刀轨。

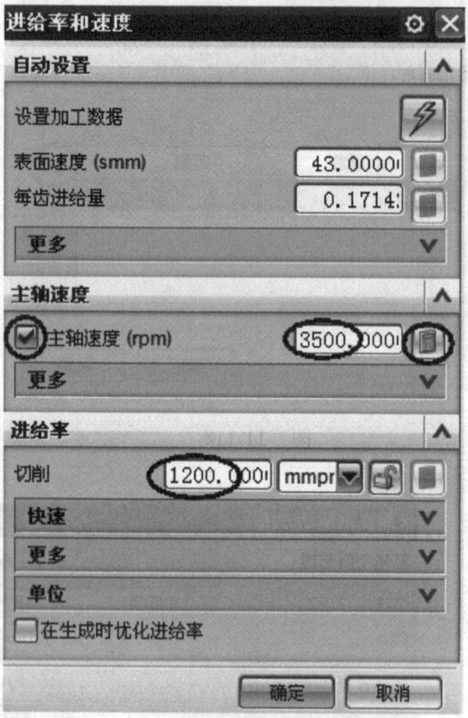
进给率和速度
自动设置
设置加工数据
表面速度 (smm)
43.0000
每齿进给量
0.1714
更多
主轴速度
主轴速度 (rpm)
3500.0000
更多
进给率
切削
1200.000
mmpr
快速
更多
单位
在生成时优化进给率
确定
取消

图 11-121

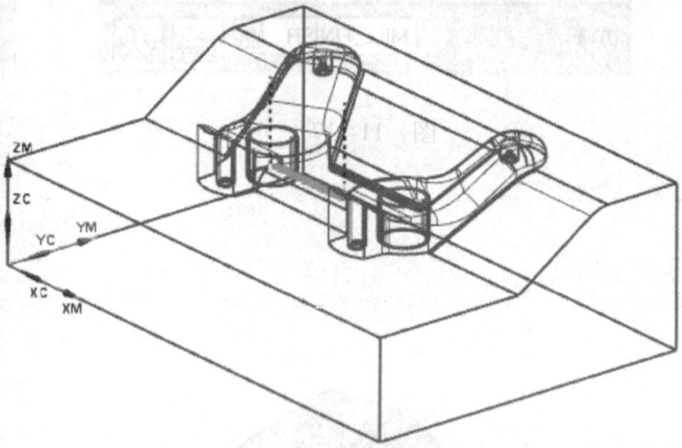
ZM
ZC
YC
YM
XC
XM

图 11-122

11.10.7 创建精加工操作七（清根）

1. 创建操作父节组选项

选择菜单中的【插入(S)】/【操作(E)...】命令或在【插入】工具条中选择（创建操作）图标，出现【创建操作】对话框，如图 11-123 所示。

在【创建操作】对话框中**类型**下拉框中选择 mill_contour（型腔铣），在**操作子类型**区域选择（清根参考刀具）图标，在**程序**下拉框中选择 FF 程序节点，在**刀具**下拉框中选择 BM4 (铣刀-球头铣) 刀具节点，在**几何体**下拉框中选择 WORKPIECE 节点，在**方法**下拉框中选择 MILL_FINISH 节点，在**名称**栏输入 F7，如图 11-123 所示。单击确定按钮，系统出现【清根参考刀具】对话框，如图 11-124 所示。

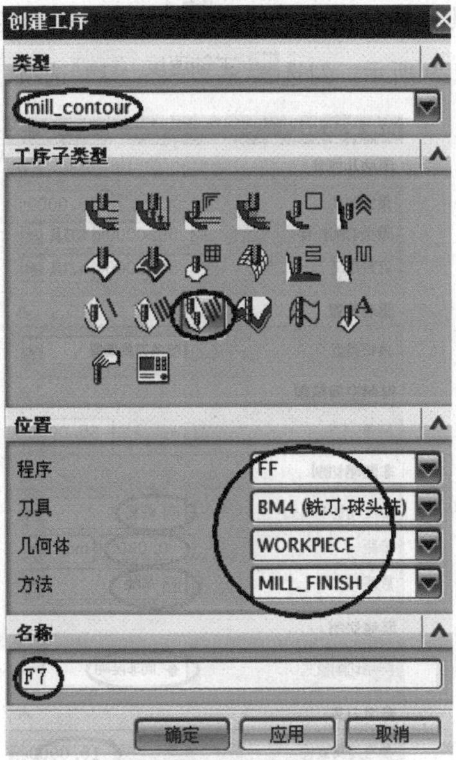
创建工序
类型
mill_contour
工序子类型
位置
程序
FF
刀具
BM4 (铣刀-球头铣)
几何体
WORKPIECE
方法
MILL_FINISH
名称
F7
确定
应用
取消

图　11-123

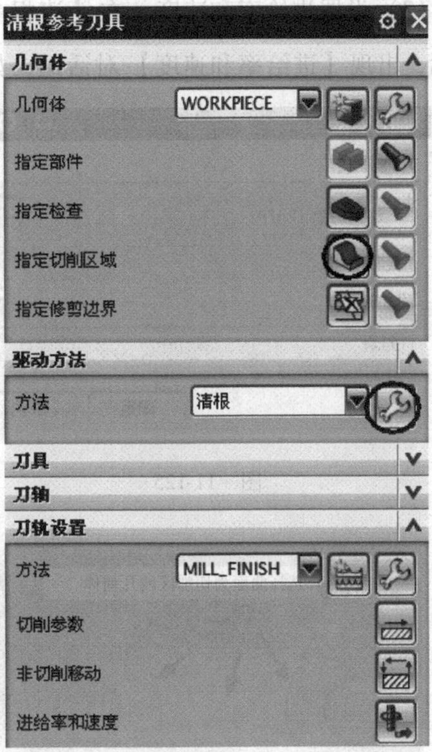
清根参考刀具
几何体
几何体
WORKPIECE
指定部件
指定检查
指定切削区域
指定修剪边界
驱动方法
方法
清根
刀具
刀轴
刀轨设置
方法
MILL_FINISH
切削参数
非切削移动
进给率和速度

图　11-124

2. 创建几何体

在【清根参考刀具】对话框中几何体区域选择（选择或编辑切削区域几何体）图标，出现【切削区域】对话框，如图11-125所示。然后在图形中选择如图11-126所示的曲面为切削区域几何体，单击确定按钮，完成选择切削区域几何体，系统返回【清根参考刀具】对话框。

3. 设置加工参数

（1）驱动设置及参考刀具设置　在【清根参考刀具】对话框中选择（编辑）图标，出现【清根驱动方法】对话框，在非陡峭切削模式下拉框选择往复选项，在步距下拉框中选择mm选项，在步距栏输入0.08，在顺序下拉框中选择后陡选项，在陡峭切削模式下拉框中选择同非陡峭选项，在参考刀具直径栏输入10，如图11-127所示。单击确定按钮，系统返回【清根参考刀具】对话框。

（2）设置切削参数　在【清根参考刀具】对话框中选择（切削参数）图标，出现【切削参数】对话框，如图11-128所示。选择余量选项卡，在部件余量栏输入0.02，如图11-128所示。单击确定按钮，完成设置切削参数，系统返回【清根参考刀具】对话框。

(3) 设置进给率和速度 在【清根参考刀具】铣对话框中选择（进给率和速度）图标，出现【进给率和速度】对话框，如图 11-129 所示。勾选 主轴速度 (rpm) 选项，在

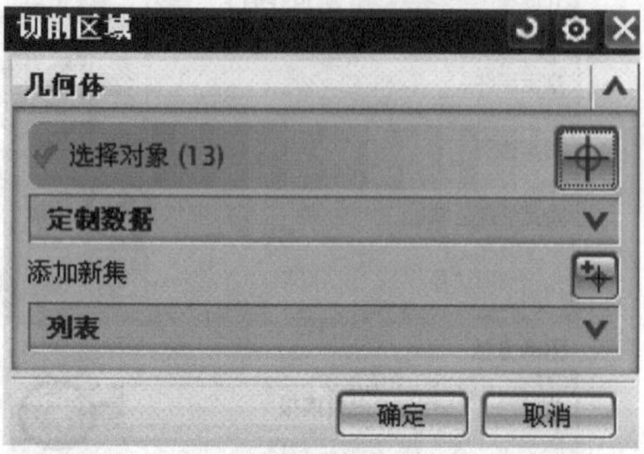
切削区域
几何体
选择对象 (13)
定制数据
添加新集
列表
确定
取消

图 11-125

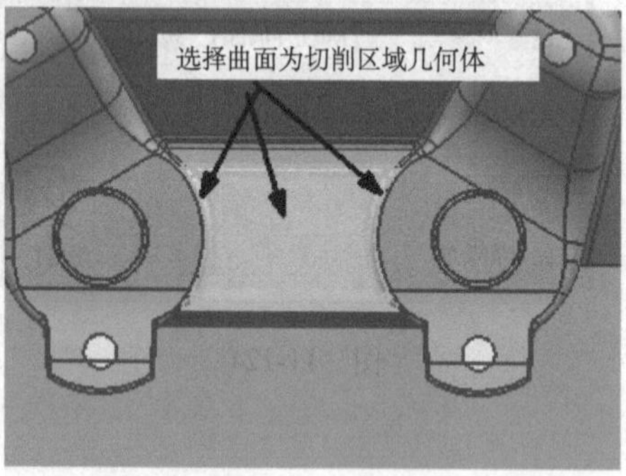
选择曲面为切削区域几何体

图 11-126

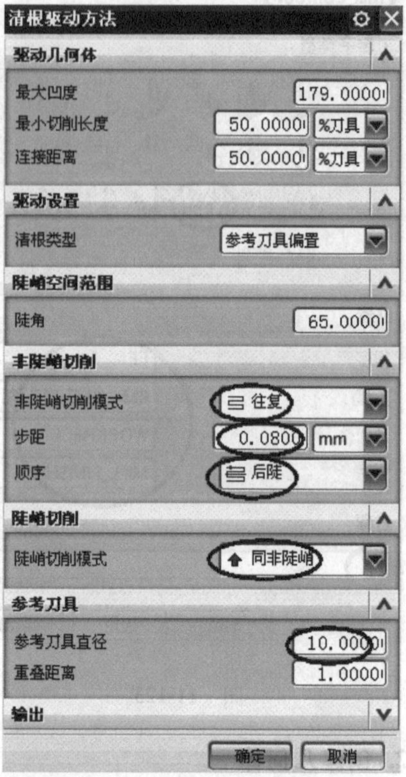
清根驱动方法
驱动几何体
最大凹度 179.0000
最小切削长度 50.0000 %刀具
连接距离 50.0000 %刀具
驱动设置
清根类型 参考刀具偏置
陡峭空间范围
陡角 65.0000
非陡峭切削
非陡峭切削模式 往复
步距 0.0800 mm
顺序 后陡
陡峭切削
陡峭切削模式 同非陡峭
参考刀具
参考刀具直径 10.0000
重叠距离 1.0000
输出
确定
取消

图 11-127

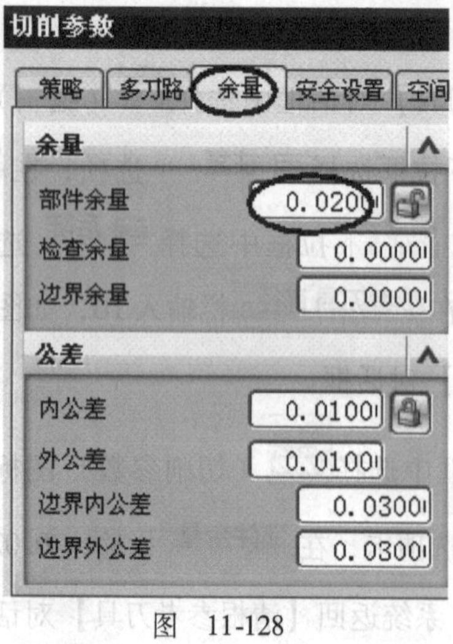
切削参数
策略
多刀路
余量
安全设置
空间
余量
部件余量 0.0200
检查余量 0.0000
边界余量 0.0000
公差
内公差 0.0100
外公差 0.0100
边界内公差 0.0300
边界外公差 0.0300

图 11-128

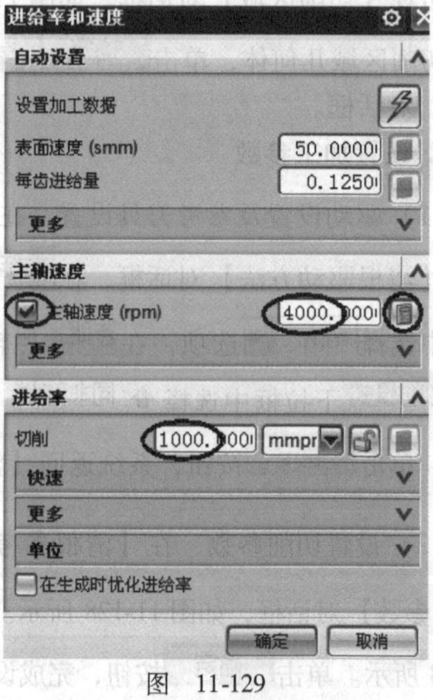
进给率和速度
自动设置
设置加工数据
表面速度 (smm) 50.0000
每齿进给量 0.1250
更多
主轴速度
主轴速度 (rpm) 4000.0000
更多
进给率
切削 1000.0000 mmpr
快速
更多
单位
在生成时优化进给率
确定
取消

图 11-129

主轴速度（rpm）、进给率/剪切栏分别输入4000、1000，按下回车键，单击（基于此值计算进给和速度）按钮，单击确定按钮，完成设置进给率和速度，系统返回【清根参考刀具】对话框。

4. 生成刀轨

在【清根参考刀具】对话框中操作区域选择（生成刀轨）图标，系统自动生成刀轨，如图11-130所示，单击确定按钮，接受刀轨。

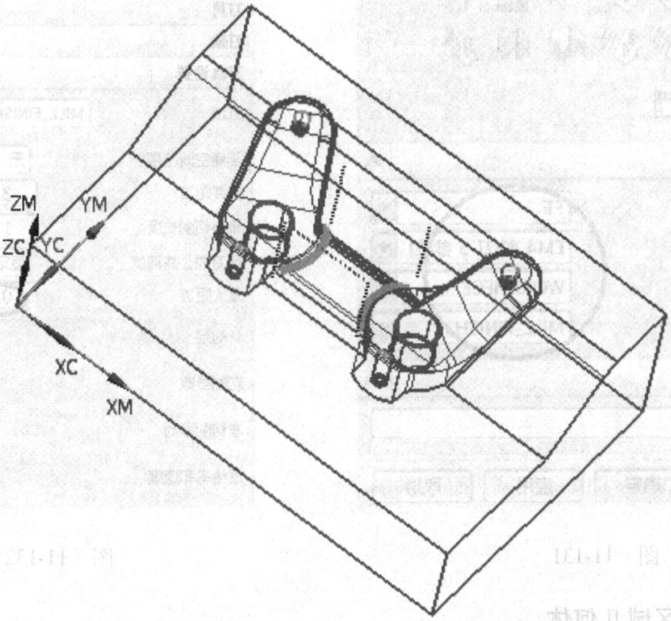
ZM
YM
ZC
YC
XC
XM

图 11-130

11.10.8 创建精加工操作八（清角一）

1. 创建操作父节组选项

选择菜单中的【插入(S)】/【操作(E)...】命令或在【插入】工具条中选择（创建操作）图标，出现【创建操作】对话框，如图11-131所示。

在【创建操作】对话框中类型下拉框中选择mill_contour（型腔铣），在操作子类型区域选择（深度加工轮廓）图标，在程序下拉框中选择FF程序节点，在刀具下拉框中选择EM4（铣刀-5参数）刀具节点，在几何体下拉框中选择WORKPIECE节点，在方法下拉框中选择MILL_FINISH节点，在名称栏输入F8，如图11-131所示。单击确定按钮，系统出现【深度加工轮廓】对话框，如图11-132所示。

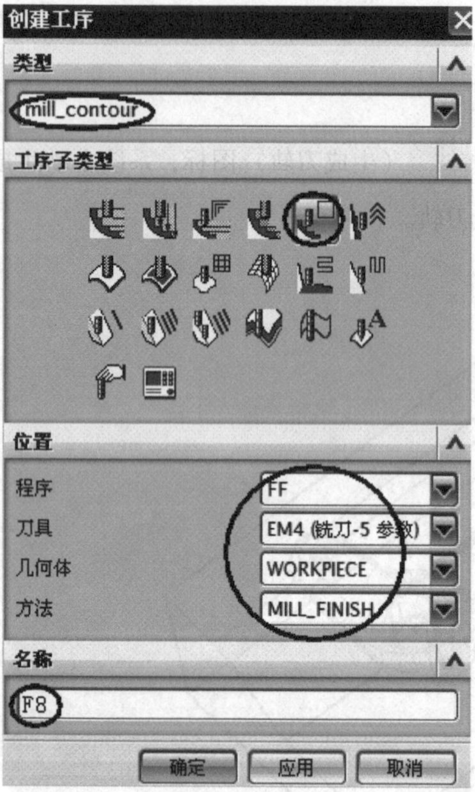
创建工序
类型
mill_contour
工序子类型
位置
程序
FF
刀具
EM4 (铣刀-5 参数)
几何体
WORKPIECE
方法
MILL_FINISH
名称
F8
确定
应用
取消

图 11-131

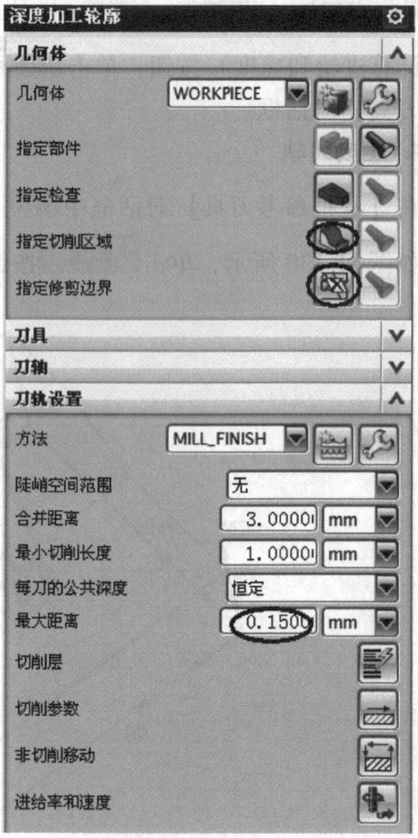
深度加工轮廓
几何体
几何体
WORKPIECE
指定部件
指定检查
指定切削区域
指定修剪边界
刀具
刀轴
刀轨设置
方法
MILL_FINISH
陡峭空间范围
无
合并距离
3.0000
mm
最小切削长度
1.0000
mm
每刀的公共深度
恒定
最大距离
0.1500
mm
切削层
切削参数
非切削移动
进给率和速度

图 11-132

2. 创建切削区域几何体

在【深度加工轮廓】对话框中指定切削区域区域中选择（选择或编辑切削区域几何体）图标，出现【切削区域】几何体对话框，如图 11-133 所示。在图形中选择如图 11-134 所示的曲面为切削区域几何体，单击确定按钮，完成创建切削区域几何体，系统返回【深度加工轮廓】对话框。

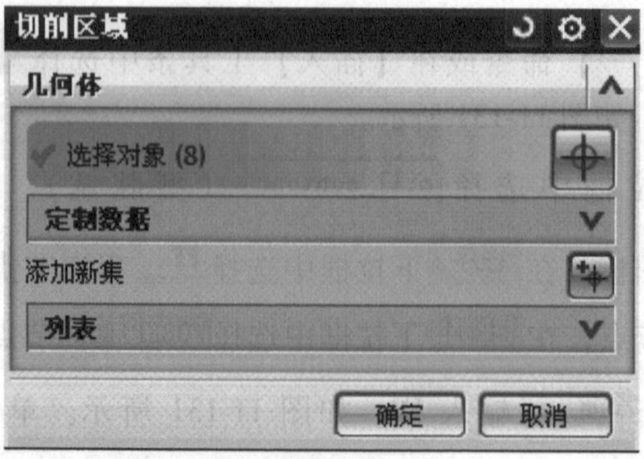
切削区域
几何体
选择对象 (8)
定制数据
添加新集
列表
确定
取消

图 11-133

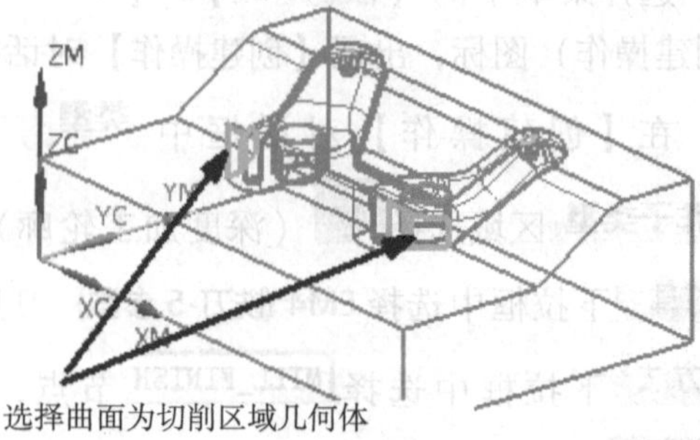
ZM
ZC
YM
YC
XC
XM
选择曲面为切削区域几何体

图 11-134

3. 创建修剪边界

在【深度加工轮廓】对话框中指定修剪边界区域选择（选择或编辑修剪边界）图标，出现【修剪边界】对话框，如图11-135所示。在过滤器类型选择（点边界）图标，在修剪侧区域选择外部单选选项，然后在图形中创建如图11-136所示的两个修剪边界，单击确定按钮，完成创建创建修剪边界，系统返回【深度加工轮廓】对话框。

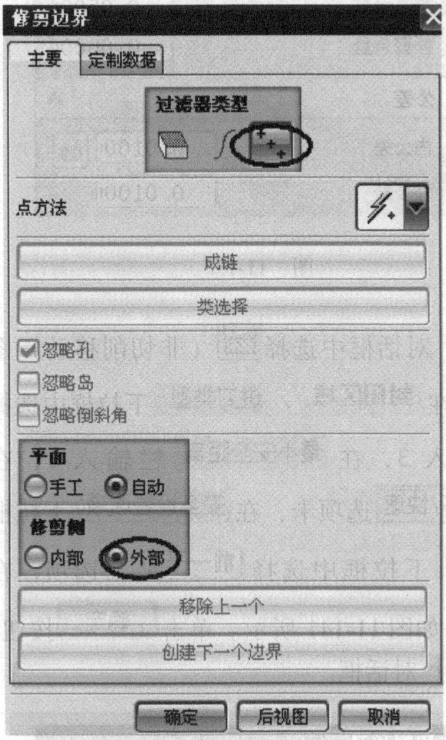
修剪边界
主要
定制数据
过滤器类型
点方法
成链
类选择
忽略孔
忽略岛
忽略倒斜角
平面
手工
自动
修剪侧
内部
外部
移除上一个
创建下一个边界
确定
后视图
取消

图 11-135

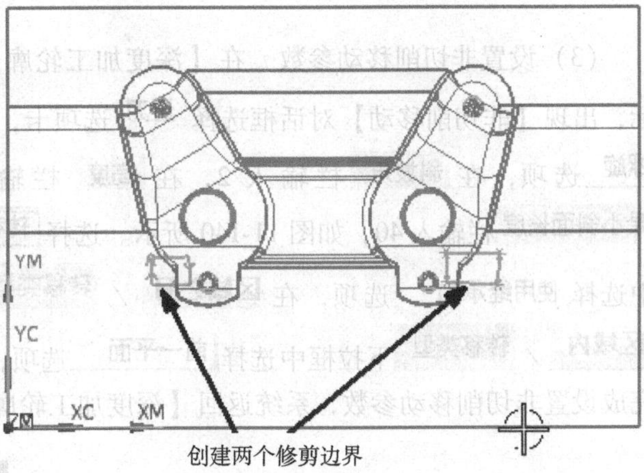
YM
YC
XC
XM
ZM
创建两个修剪边界

图 11-136

4. 设置加工参数

（1）设置切削层 在【深度加工轮廓】对话框中最大距离栏输入0.15，如图11-132所示。

（2）设置切削参数 在【深度加工轮廓】对话框中选择（切削参数）图标，出现【切削参数】对话框，如图11-137所示。选择策略选项卡，在切削方向下拉框中选择混合选项，选择余量选项卡，取消勾选使底面余量与侧面余量一致选项，在部件侧面余量栏输入0.02，在部件底面余量栏输入0.05，如图11-138所示。然后选择连接选项卡，在层到层下拉框中选择使用转移方法选项，如图11-139所示，单击确定按钮，完成设置切削参数，系统返回【深度加工轮廓】对话框。

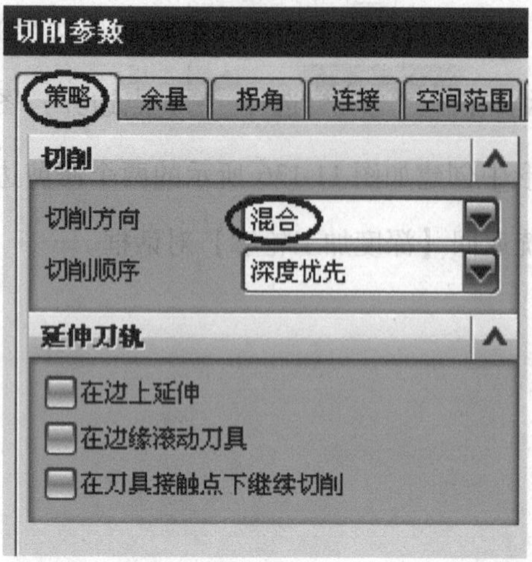
切削参数
策略
余量
拐角
连接
空间范围
切削
切削方向
混合
切削顺序
深度优先
延伸刀轨
在边上延伸
在边缘滚动刀具
在刀具接触点下继续切削

图 11-137

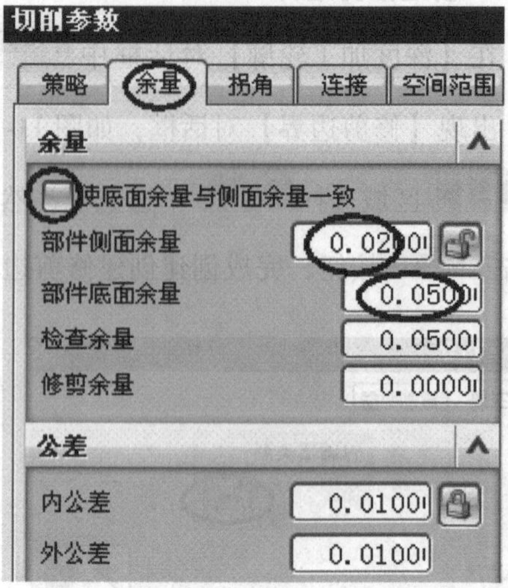
切削参数
策略
余量
拐角
连接
空间范围
余量
使底面余量与侧面余量一致
部件侧面余量
0.0200
部件底面余量
0.0500
检查余量
0.0500
修剪余量
0.0000
公差
内公差
0.0100
外公差
0.0100

图 11-138

（3）设置非切削移动参数 在【深度加工轮廓】对话框中选择（非切削移动）图标，出现【非切削移动】对话框选择 进刀 选项卡，在 封闭区域 / 进刀类型 下拉框中选择 螺旋 选项，在 斜坡角 栏输入 2，在 高度 栏输入 3，在 最小安全距离 栏输入 1，在 最小斜面长度 栏输入 40，如图 11-140 所示。选择 转移/快速 选项卡，在 安全设置选项 下拉框中选择 使用继承的 选项，在 区域之间 / 转移类型 下拉框中选择 前一平面 选项，在 区域内 / 转移类型 下拉框中选择 前一平面 选项，如图 11-141 所示。单击 确定 按钮，完成设置非切削移动参数，系统返回【深度加工轮廓】对话框。

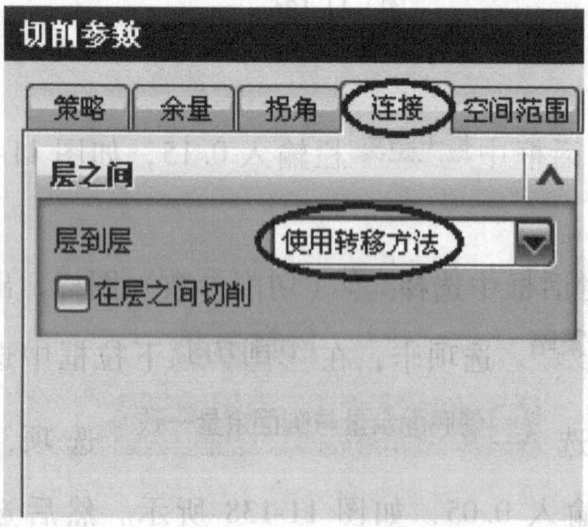
切削参数
策略
余量
拐角
连接
空间范围
层之间
层到层
使用转移方法
在层之间切削

图 11-139

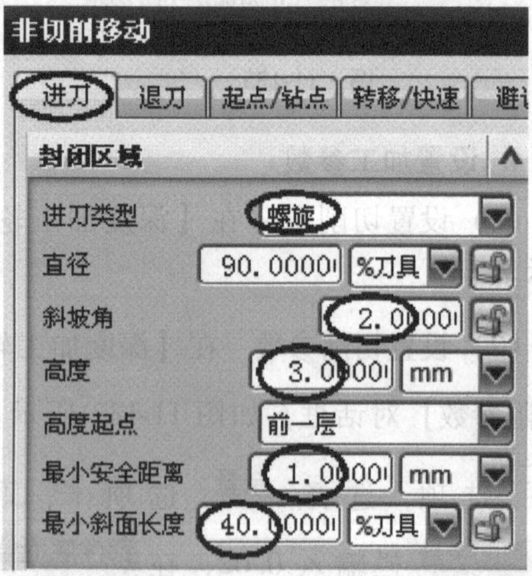
非切削移动
进刀
退刀
起点/钻点
转移/快速
封闭区域
进刀类型
螺旋
直径
90.0000
%刀具
斜坡角
2.0000
高度
3.0000
mm
高度起点
前一层
最小安全距离
1.0000
mm
最小斜面长度
40.0000
%刀具

图 11-140

（4）设置进给率和速度　在【深度加工轮廓】对话框中选择（进给率和速度）图标，出现【进给率和速度】对话框，如图 11-142 所示。勾选 主轴速度（rpm） 选项，在 主轴速度（rpm）、进给率 / 剪切 栏分别输入 3000、1200，按下回车键，单击（基于此值计算进给和速度）按钮，单击 确定 按钮，完成设置进给率和速度，系统返回【深度加工轮廓】对话框。

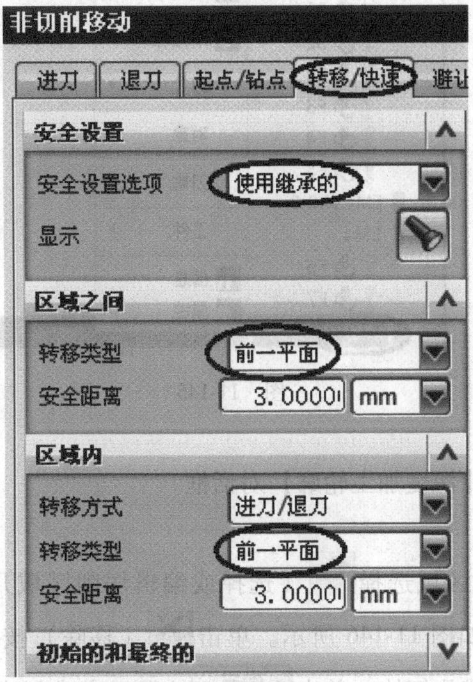
非切削移动
进刀
退刀
起点/钻点
转移/快速
避让
安全设置
安全设置选项
使用继承的
显示
区域之间
转移类型
前一平面
安全距离
3.0000
mm
区域内
转移方式
进刀/退刀
转移类型
前一平面
安全距离
3.0000
mm
初始的和最终的

图　11-141

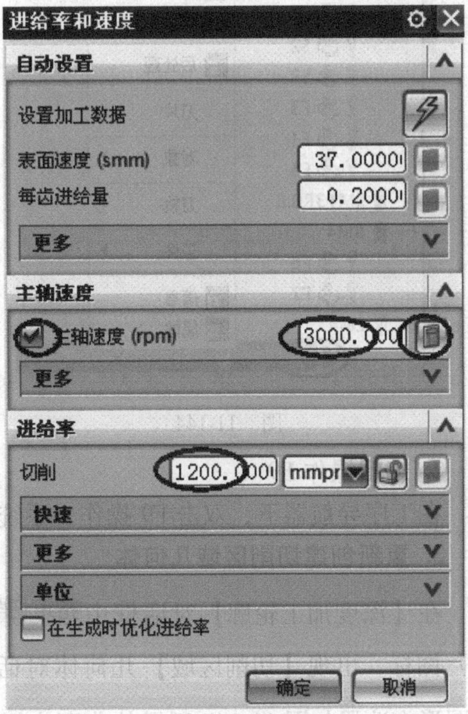
进给率和速度
自动设置
设置加工数据
表面速度 (smm)
37.0000
每齿进给量
0.2000
更多
主轴速度
主轴速度 (rpm)
3000.000
更多
进给率
切削
1200.000
mmpr
快速
更多
单位
在生成时优化进给率
确定
取消

图　11-142

5. 生成刀轨

在【深度加工轮廓】对话框中 操作 区域中选择（生成刀轨）图标，系统自动生成刀轨，如图 11-143 所示，单击 确定 按钮，接受刀轨。

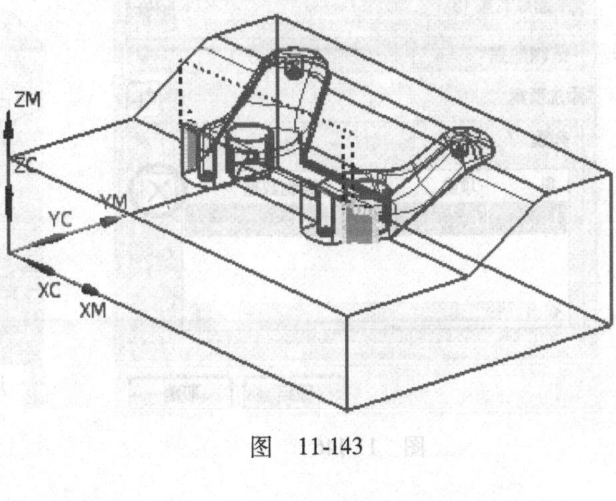
ZM
ZC
YC
XM
XC
XM

图　11-143

11.10.9　创建精加工操作九（清角二）

1. 复制操作 F8

在工序导航器机床视图 EM4 节点，复制操作 F8，如图 11-144 所示，并粘贴在 EM4 节点下，重新命名为 F9，操作如图11-145 所示。

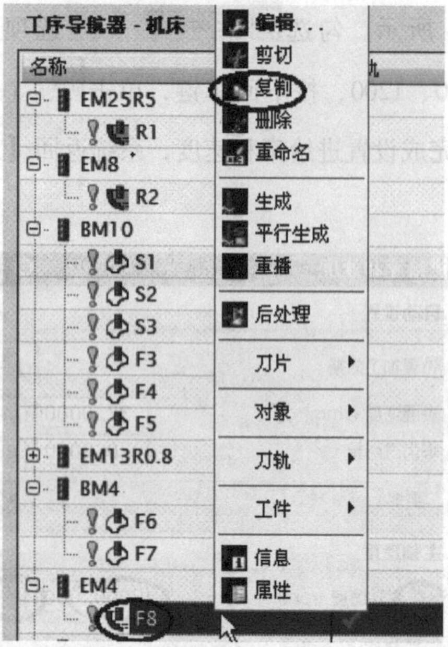
工序导航器 - 机床
名称
EM25R5
R1
EM8
R2
BM10
S1
S2
S3
F3
F4
F5
EM13R0.8
BM4
F6
F7
EM4
F8
编辑...
剪切
复制
删除
重命名
生成
平行生成
重播
后处理
刀片
对象
刀轨
工件
信息
属性

图 11-144

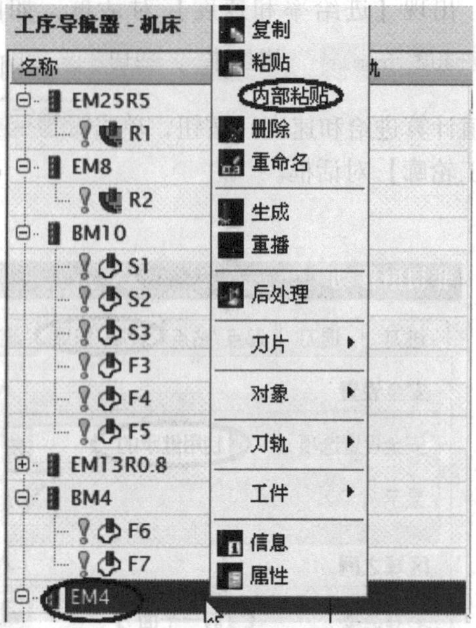
工序导航器 - 机床
名称
EM25R5
R1
EM8
R2
BM10
S1
S2
S3
F3
F4
F5
EM13R0.8
BM4
F6
F7
EM4
复制
粘贴
内部粘贴
删除
重命名
生成
重播
后处理
刀片
对象
刀轨
工件
信息
属性

图 11-145

2. 编辑操作 F9

在工序导航器下，双击 F9 操作，系统出现【深度加工轮廓】对话框。

3. 重新创建切削区域几何体

在【深度加工轮廓】对话框中指定切削区域区域选择（选择或编辑切削区域几何体）图标，出现【切削区域】几何体对话框，如图 11-146 所示。单击（移除）按钮，在图形中选择如图 11-147 所示的曲面为切削区域几何体，单击确定按钮，完成创建切

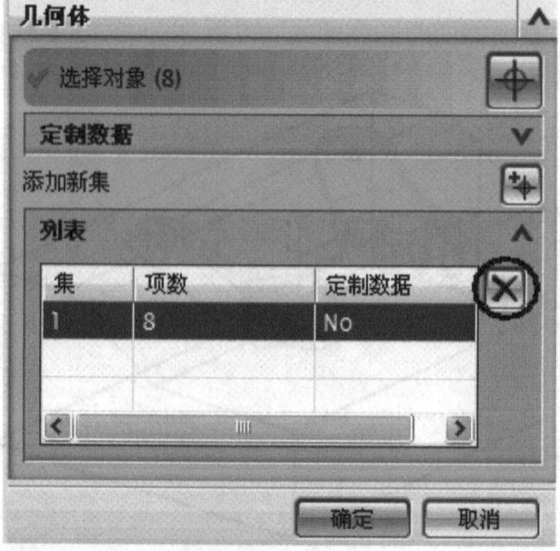
切削区域
几何体
选择对象 (8)
定制数据
添加新集
列表
集
项数
定制数据
1
8
No
确定
取消

图 11-146

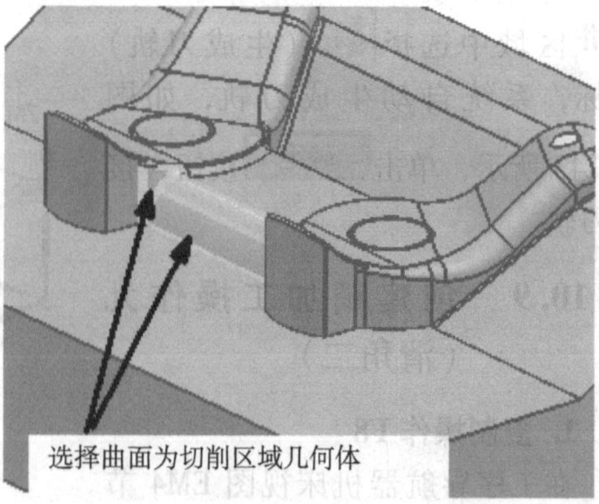
选择曲面为切削区域几何体

图 11-147

削区域几何体，系统返回【深度加工轮廓】对话框。

4. 重新创建修剪边界

在【深度加工轮廓】对话框中指定修剪边界区域选择（选择或编辑修剪边界）图标，出现【修剪边界】对话框，如图 11-148 所示。单击移除按钮两次，移除两个边修剪界，然后单击附加按钮，在过滤器类型选择（点边界）图标，在修剪侧区域选择外部单选选项，然后在图形中创建如图 11-149 所示的两个修剪边界，单击确定按钮，完成创建创建修剪边界，系统返回【深度加工轮廓】对话框。

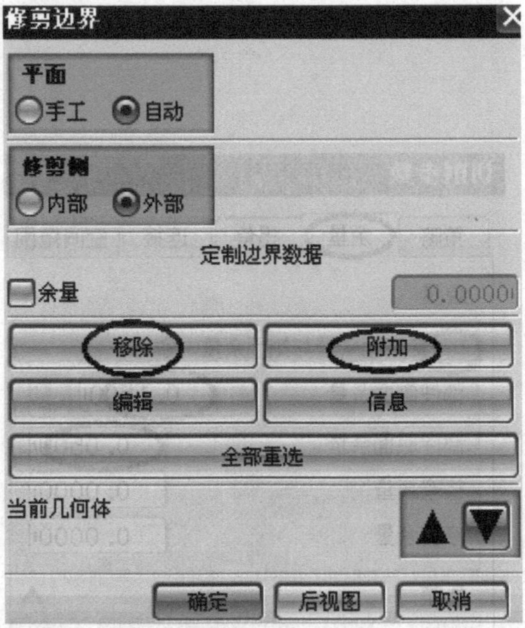
修剪边界
平面
手工
自动
修剪侧
内部
外部
定制边界数据
余量
0.0000
移除
附加
编辑
信息
全部重选
当前几何体
确定
后视图
取消

图 11-148

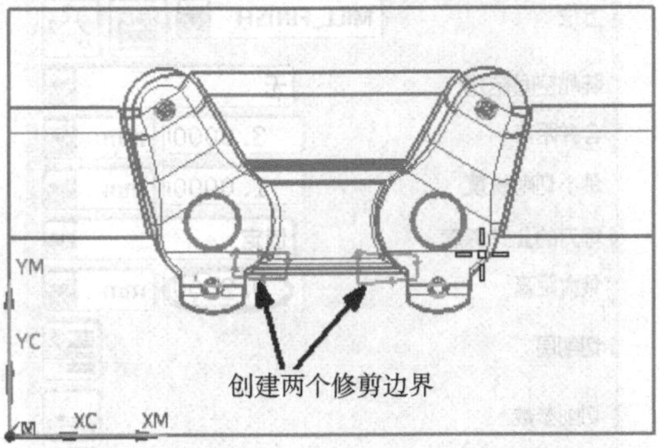
YM
YC
XC
XM
创建两个修剪边界

图 11-149

5. 设置加工参数

（1）设置切削层　在【深度加工轮廓】对话框中最大距离栏输入 0.25，如图 11-150 所示。

（2）设置切削参数　在【深度加工轮廓】对话框中选择（切削参数）图标，出现【切削参数】对话框，选择余量选项卡，取消勾选使底面余量与侧面余量一致选项，在部件侧面余量栏输入 0.15，在部件底面余量栏输入 0.05，如图 11-151 所示。单击确定按钮，完成设置切削参数，系统返回【深度加工轮廓】对话框。

（3）设置进给率和速度　在【深度加工轮廓】对话框中选择（进给率和速度）图标，出现【进给率和速度】对话框，如图 11-152 所示。勾选主轴速度（rpm）选项，在

☑ 主轴速度（rpm）、进给率 / 剪切 栏分别输入3500、1500，按下回车键，单击（基于此值计算进给和速度）按钮，单击 确定 按钮，完成设置进给率和速度，系统返回【深度加工轮廓】对话框。

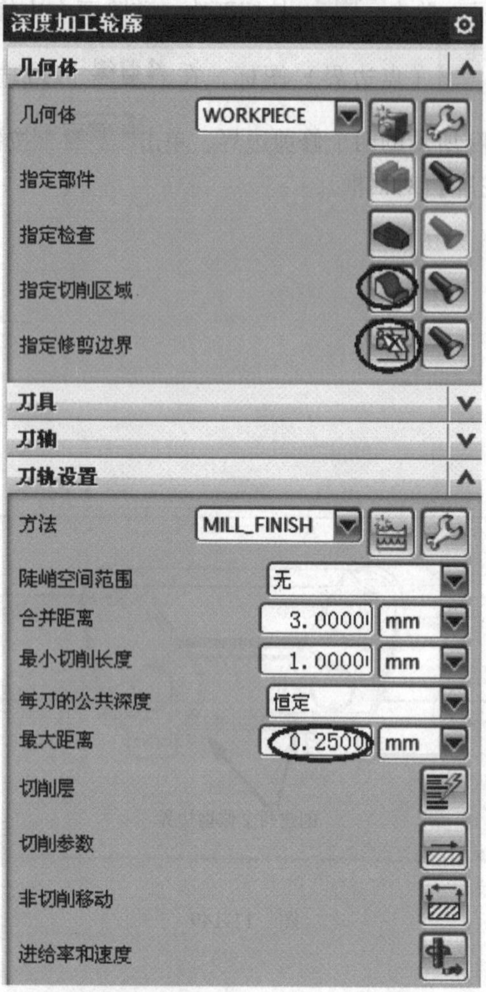

深度加工轮廓
几何体
几何体 WORKPIECE
指定部件
指定检查
指定切削区域
指定修剪边界
刀具
刀轴
刀轨设置
方法 MILL_FINISH
陡峭空间范围 无
合并距离 3.0000 mm
最小切削长度 1.0000 mm
每刀的公共深度 恒定
最大距离 0.2500 mm
切削层
切削参数
非切削移动
进给率和速度

图 11-150

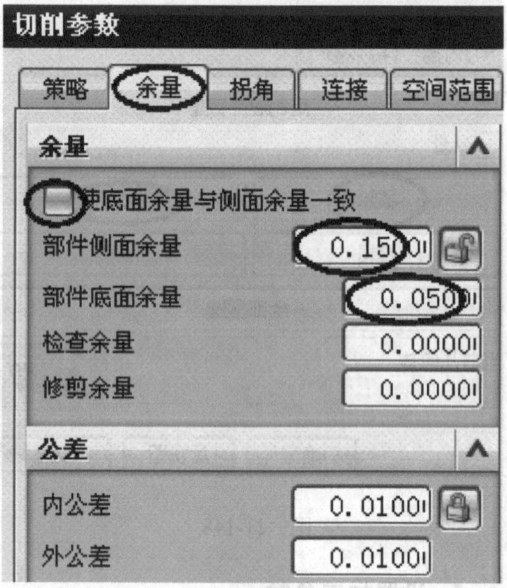

切削参数
策略
余量
拐角
连接
空间范围
余量
使底面余量与侧面余量一致
部件侧面余量 0.1500
部件底面余量 0.0500
检查余量 0.0000
修剪余量 0.0000
公差
内公差 0.0100
外公差 0.0100

图 11-151

6. 生成刀轨

在【深度加工轮廓】对话框中 操作 区域选择（生成刀轨）图标，系统自动生成刀轨，如图11-153所示，单击 确定 按钮，接受刀轨。

11.10.10 创建精加工操作十（二次清角）

1. 复制操作F9

在工序导航器机床视图EM4节点，复制操作F9，如图11-154所示，并粘贴在EM2节点下，重新命名为F10，操作如图11-155所示。

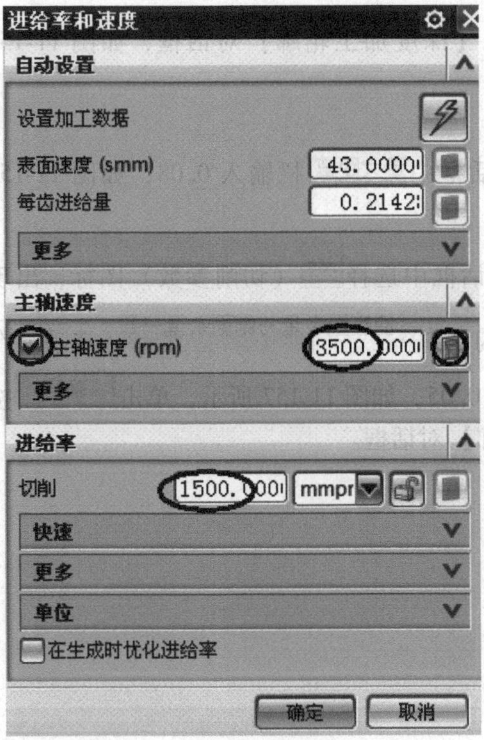

进给率和速度
自动设置
设置加工数据
表面速度 (smm)
43. 0000
每齿进给量
0. 2142
更多
主轴速度
主轴速度 (rpm)
3500. 000
更多
进给率
切削
1500. 000
mmpr
快速
更多
单位
在生成时优化进给率
确定
取消

图　11-152

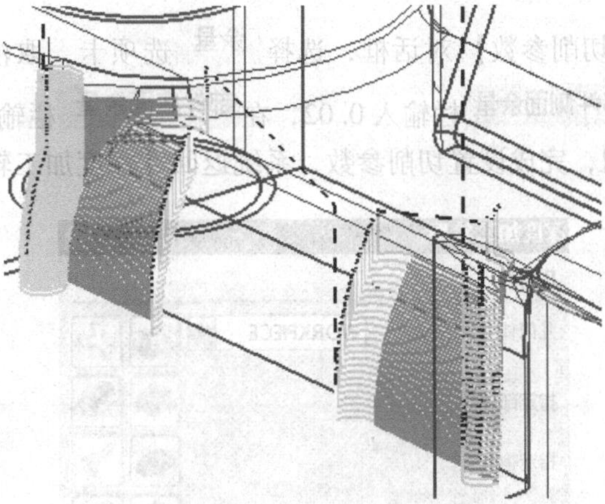

图　11-153

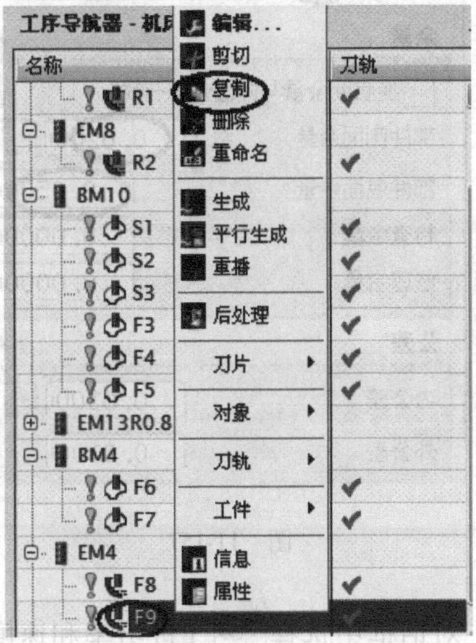

工序导航器 - 机床
名称
R1
EM8
R2
BM10
S1
S2
S3
F3
F4
F5
EM13R0.8
BM4
F6
F7
EM4
F8
F9
编辑...
剪切
复制
删除
重命名
生成
平行生成
重播
后处理
刀片
对象
刀轨
工件
信息
属性
刀轨

图　11-154

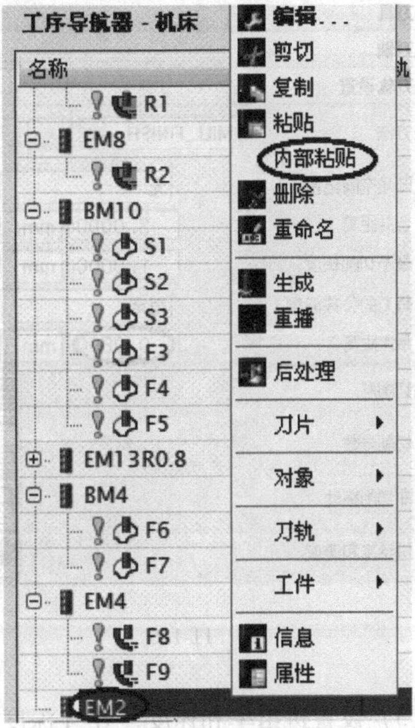

工序导航器 - 机床
名称
R1
EM8
R2
BM10
S1
S2
S3
F3
F4
F5
EM13R0.8
BM4
F6
F7
EM4
F8
F9
EM2
编辑...
剪切
复制
粘贴
内部粘贴
删除
重命名
生成
重播
后处理
刀片
对象
刀轨
工件
信息
属性

图　11-155

2. 编辑操作 F10

在工序导航器下，双击 F10 操作，系统出现【深度加工轮廓】对话框，如图 11-156 所示。

3. 设置加工参数

（1）设置切削层　在【深度加工轮廓】对话框中最大距离栏输入 0.08，如图 11-156 所示。

（2）设置切削参数　在【深度加工轮廓】对话框中选择（切削参数）图标，出现【切削参数】对话框，选择余量选项卡，取消勾选使底面余量与侧面余量一致选项，在部件侧面余量栏输入 0.02，在部件底面余量栏输入 0.05，如图 11-157 所示，单击确定按钮，完成设置切削参数，系统返回【深度加工轮廓】对话框。

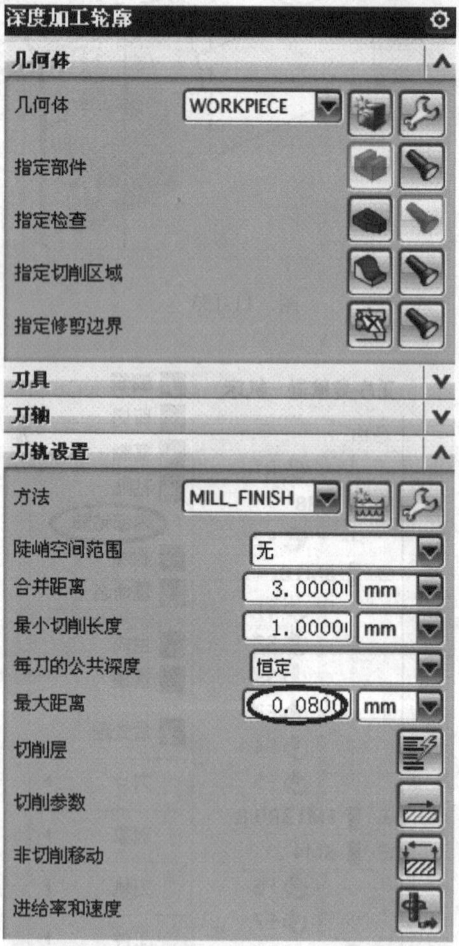
深度加工轮廓
几何体
几何体
WORKPIECE
指定部件
指定检查
指定切削区域
指定修剪边界
刀具
刀轴
刀轨设置
方法
MILL_FINISH
陡峭空间范围
无
合并距离
3.0000
mm
最小切削长度
1.0000
mm
每刀的公共深度
恒定
最大距离
0.0800
mm
切削层
切削参数
非切削移动
进给率和速度

图　11-156

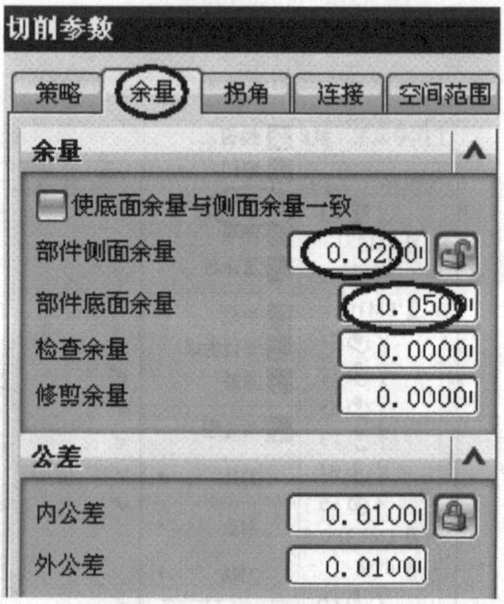
切削参数
策略
余量
拐角
连接
空间范围
余量
使底面余量与侧面余量一致
部件侧面余量
0.0200
部件底面余量
0.0500
检查余量
0.0000
修剪余量
0.0000
公差
内公差
0.0100
外公差
0.0100

图　11-157

（3）设置进给率和速度　在【深度加工轮廓】对话框中选择（进给率和速度）图

标，出现【进给率和速度】对话框，如图 11-158 所示，勾选 主轴速度（rpm） 选项，在 主轴速度（rpm） 、 进给率 / 剪切 栏分别输入 4000、1000，按下回车键，单击 （基于此值计算进给和速度）按钮，单击 确定 按钮，完成设置进给率和速度，系统返回【深度加工轮廓】对话框。

4. 生成刀轨

在【深度加工轮廓】对话框中 操作 区域选择 （生成刀轨）图标，系统自动生成刀轨，如图 11-159 所示，单击 确定 按钮，接受刀轨。

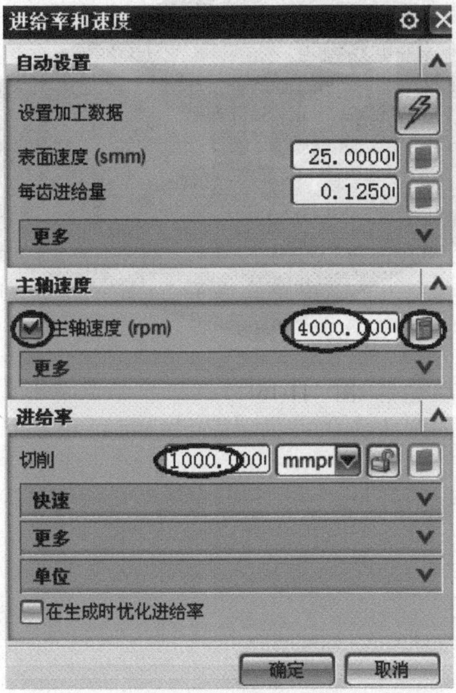
进给率和速度
自动设置
设置加工数据
表面速度 (smm) 25.0000
每齿进给量 0.1250
更多
主轴速度
主轴速度 (rpm) 4000.000
更多
进给率
切削 1000.000 mmpr
快速
更多
单位
在生成时优化进给率
确定
取消

图 11-158

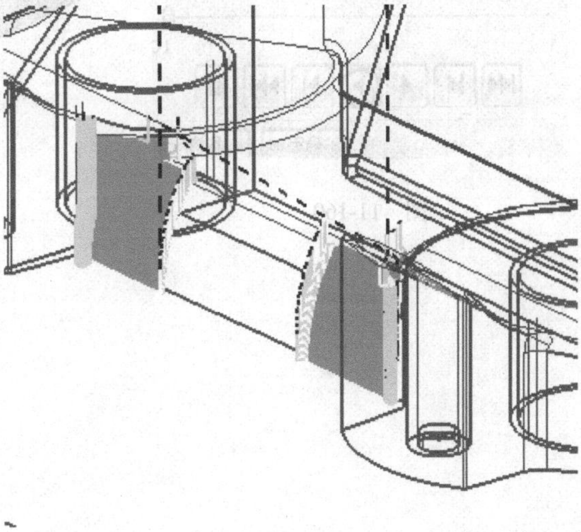

图 11-159

11.11 创建切削仿真

(1) 设置工序导航器的视图为几何视图。选择菜单中的【工具(T)】/【操作导航器(O)】/【视图(V)】/【几何视图(G)】命令或在【导航器】工具条中选择 （几何视图）图标。

(2) 在工序导航器中选择 WORKPIECE 父节组，在【操作】工具条中选择 （确认刀轨）图标，出现【刀轨可视化】对话框，选择 2D 动态 选项，然后在单击 （播放）

按钮，切削仿真完成后，在【刀轨可视化】对话框中单击 比较 （播放）按钮，如图 11-160 所示。型面显示绿色，表示已经加工到位无余量，如图 11-161 所示。除了根部有少许白色余量，还需要电火花加工。

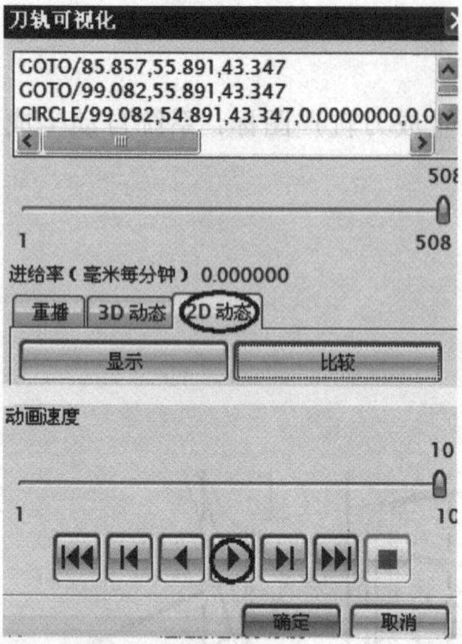
刀轨可视化
GOTO/85.857,55.891,43.347
GOTO/99.082,55.891,43.347
CIRCLE/99.082,54.891,43.347,0.0000000,0.0
508
1
508
进给率（毫米每分钟） 0.000000
重播
3D 动态
2D 动态
显示
比较
动画速度
10
1
10
确定
取消

图 11-160

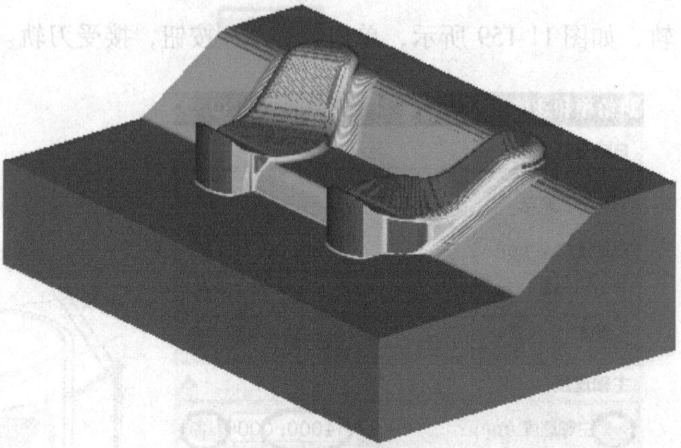

图 11-161

参 考 文 献

[1] 晏初宏．数控机床［M］．北京：机械工业出版社，2010.
[2] 王平．数控机床与编程实用教程［M］．北京：化学工业出版社，2004.
[3] 杨有君．数控技术［M］．北京：机械工业出版社，2005.
[4] 李善术．数控机床及其应用［M］．北京：机械工业出版社，2005.
[5] 王荣兴．加工中心培训教程［M］．北京：机械工业出版社，2006.
[6] 袁锋．数控车床培训教程［M］．2 版．北京：机械工业出版社，2008.
[7] 王爱玲．现代数控机床结构与设计［M］．北京：兵器工业出版社，1999.